科技工程的和谐　安全质量的呵护

圣神宝塔

孕育生命

空中舞台

绿葱中的和谐

焊接语言　前进动力

观天巨眼——世界最大射电望远镜工程基地

中国红

睁开眼睛看世界——飞速磁悬浮

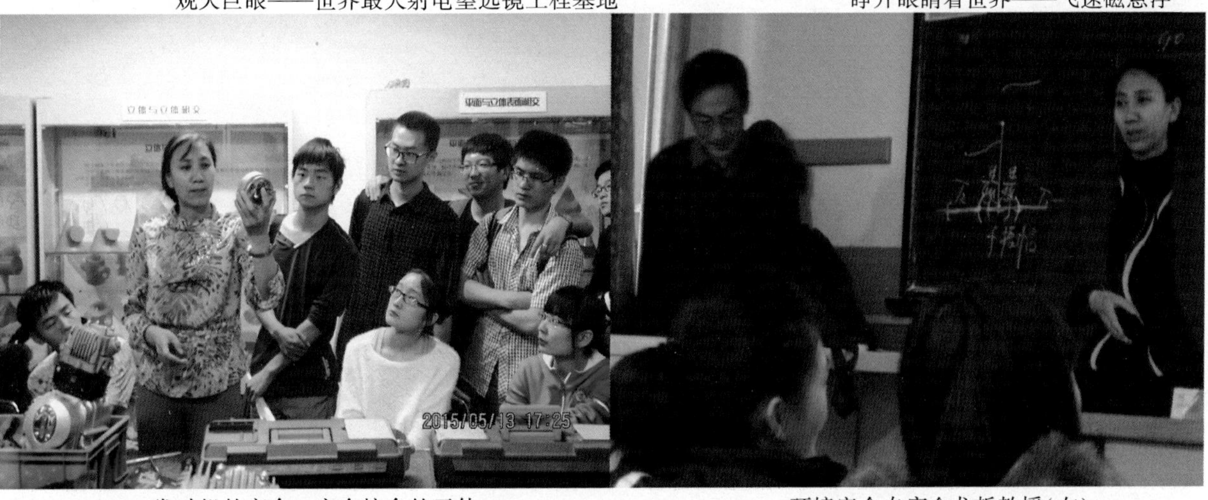

发动机的离合　安全接合的天使

环境安全专家金龙哲教授(左)
给学生讲授工程设计的严谨性和安全性

创新设计

烟灰缸(设计制作:樊百林)

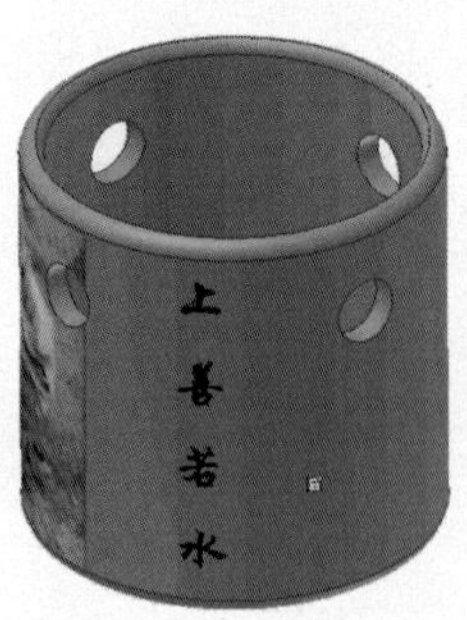

多功能笔筒(设计制作:樊百林)

鼎(设计:马佺
指导教师:樊百林)

茶杯(设计制作:樊百林)

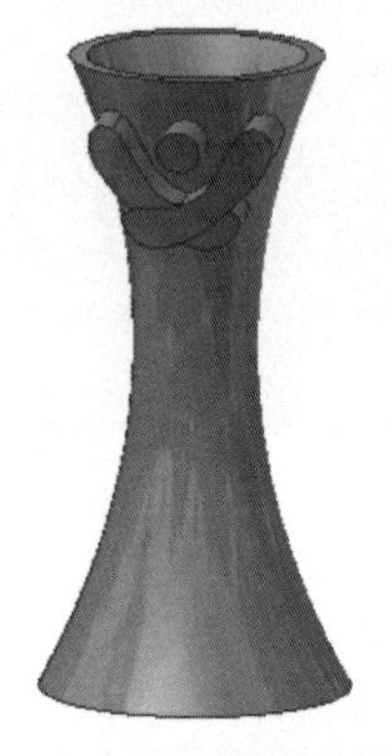

“道义瓶”(设计制作:樊百林)

24 节气—世界非物质文化遗产
(设计制作:樊百林)

鼎(设计:马佺　曹嘉明
指导教师:樊百林)

笔筒(设计:吴楠　指导教师:樊百林)

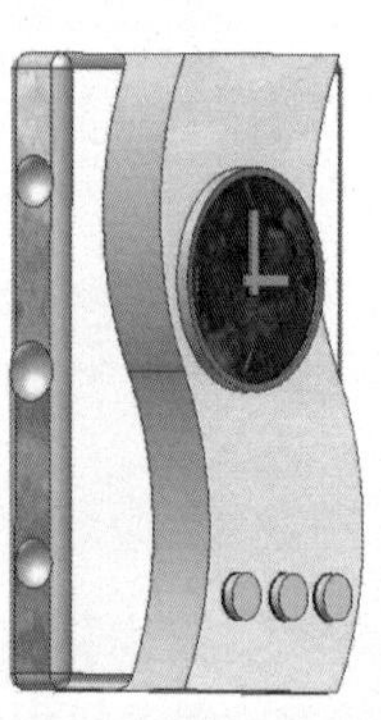

艺术钟表(设计:黄迪
指导教师:樊百林)

心经紫茶壶(设计:刘新民)

指导教师:杨光辉　李晓武

壶(制作:山全峰　指导教师:樊百林)

陌上青灯(设计:张一弛)

尊重实践　求实鼎新　创新设计

砂型铸造工艺　　浇注　　学生设计的产品

学生创新设计加工

成型加工产品　指导教师:樊百林　于海荣

国际象棋

学生自行创新设计加工的产品

(指导教师:樊百林　邹静　甑同乐　金工指导教师:于海荣　李志鹏　王建宏　李东辉　杨淑清　汪泽瑞　申默根)

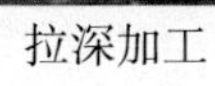

拉深加工　　标准件螺栓加工　　车曲轴

崇尚实践　创新鼎新　绿色安全

王慧(冶金):这是一堂无比重要的课,知识量远大于普通课堂。张哲铠:百闻不如一实践。
丁增噶松(机械):纸上的知识再丰富,也不及一次动手实践学得多。

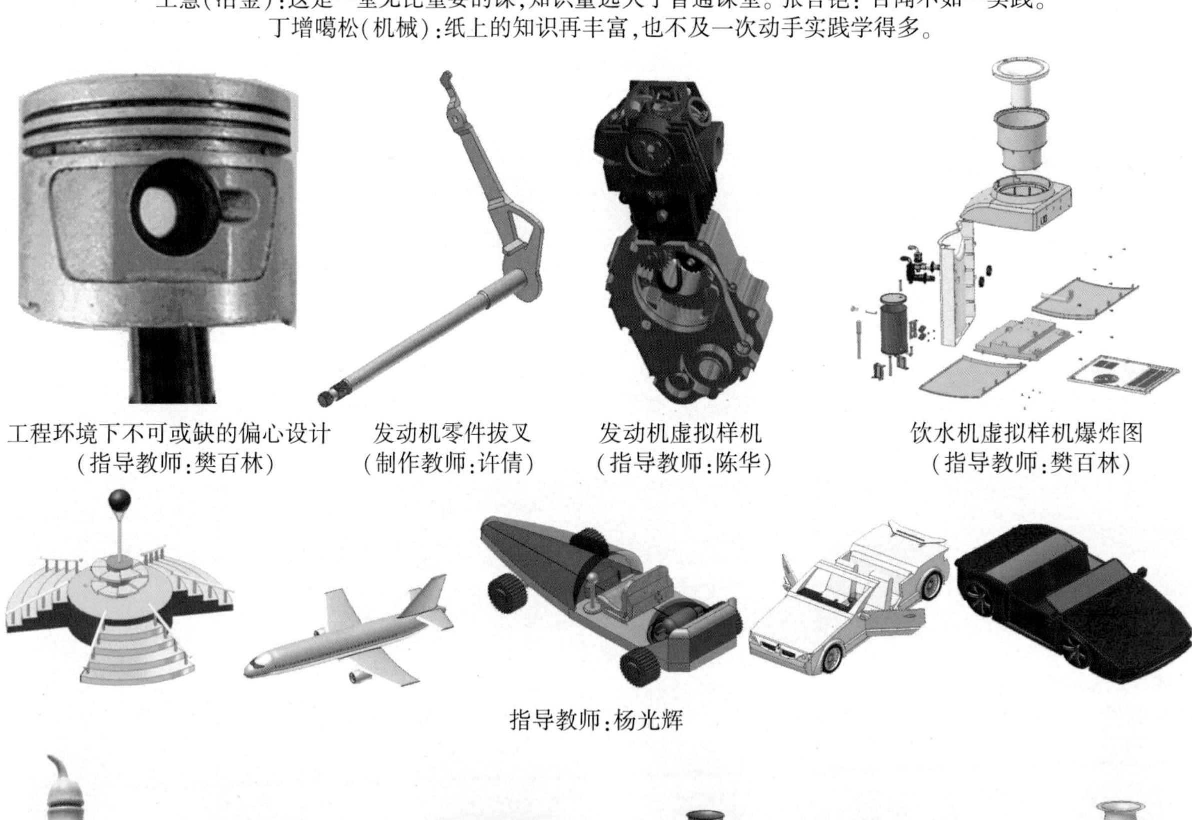

工程环境下不可或缺的偏心设计（指导教师:樊百林）　发动机零件拔叉（制作教师:许倩）　发动机虚拟样机（指导教师:陈华）　饮水机虚拟样机爆炸图（指导教师:樊百林）

指导教师:杨光辉

设计:张波　指导教师:樊百林　指导教师:许倩　指导教师:樊百林

“十三五”普通高等教育机械工程规划教材
国家级教学团队实践教学系列教材
卓越工程师教育培养规划教材

现代工程设计制图实践教程

上册

樊百林　李晓武　李大龙　许　倩　杨光辉　陈　华　编著
刘朝儒　焦永和　主审

中国铁道出版社
CHINA RAILWAY PUBLISHING HOUSE

内容简介

全书共分6篇14章,内容包括:现代工程设计与制图实践教学工程设计实践与计算机设计技术,造型工艺与投影表达,机器与工程图样,工程图样中的技术要求以及标准件和常用件,工程设计实践中的安全责任。

本教材适用于普通高等院校机械工程、车辆工程、航空工程、冶金工程、材料工程、土木与环境工程、信息计算与科学工程、自动化工程等专业,也适用于高职高专上述专业,亦可供相关技术人员参考。

图书在版编目(CIP)数据

现代工程设计制图实践教程.上册/樊百林等编著.—北京:中国铁道出版社,2017.8(2018.8重印)

"十三五"普通高等教育机械工程规划教材 国家级教学团队实践教学系列教材 卓越工程师教育培养规划教材

ISBN 978-7-113-22710-4

Ⅰ.①现… Ⅱ.①樊… Ⅲ.①工程制图—高等学校—教材 Ⅳ.①TB23

中国版本图书馆CIP数据核字(2017)第193131号

书 名:现代工程设计制图实践教程·上册

作 者:樊百林 李晓武 李大龙 许倩 杨光辉 陈华 编著

策 划:李小军　　**读者热线**:(010)63550836

责任编辑:曾露平

编辑助理:钱 鹏

封面设计:刘 颖

封面制作:白 雪

责任校对:张玉华

责任印制:郭向伟

出版发行:中国铁道出版社(100054,北京市西城区右安门西街8号)

网 址:http://www.tdpress.com/51eds/

印 刷:北京虎彩文化传播有限公司

版 次:2017年8月第1版 2018年8月第2次印刷

开 本:850 mm×1 168 mm 1/16 **印张**:29.25 **插页**:2 **字数**:735千

书 号:ISBN 978-7-113-22710-4

定 价:66.00元

序 一

无论是在日常生活中,还是在向上探索太空宇宙,向下考察大洋深渊的科学研究活动中;无论是在为提高生活水平和幸福指数对生存环境的改造中,还是在维护和平、保卫祖国的国防建设中,现代人类是绝对离不开机械产品的。

机械产品质量的好坏取决于机械设计与制造水平的高低。如果说机械设计与制造水平的高低影响着人类生活的幸福和历史进程,关系着一个国家的强弱与兴亡,这话一点也不为过。培养高水平的机械设计与制造人才显然是提高一个国家的机械设计与制造水平的关键之一。

对于培养高水平的机械设计与制造人才,高等工科院校的机械设计与制造基础系列课程是培养教育全过程的“先头部队”,是极其重要的一环。这“先头部队”下辖几个“战斗团”——几门机械设计与制造基础类课程,诸如:工程制图、认识实习、金属工艺学、机械原理、机械零件等等,有理论课,有实践课。按传统教学模式,这些课程各自独立设课;自成体系,顺序登场。

如何将这些课程有机结合,提高教学质量和教学效率,适应新形势、高要求,培养出更高水平人才,是近年来业内教师们共同热衷的课题。尝试者众,成果丰硕,各具特色。

北京科技大学樊百林老师和她的同仁撸起袖子加油干,所完成的教改项目成果令人瞩目。学校的《机械基础课堂教学与实践教学的研究与实践》获得了2005年国家级教学成果二等奖。在业内影响较大,先后有近40所院校的教师来参观、学习、交流、取经。该项目对机械设计制图以及工程制图课程教学目标、教学内容和教学模式进行了重大改革。

工程制图课程是工程图学系列课程的基础内容,量大面广,在培养机械设计与制造专业人才的全过程中属“尖刀班”。在教育部高等学校工程图学课程教学指导委员会所制定的“普通高等学校工程图学教学基本要求”中对课程性质作了如下描述:工程图学是研究工程图样表达与技术交流的一门学科。工程图样是设计与制(建)造中工程与产品信息的载体、表达和传递设计信息的主要媒介,在机械、土木、水利工程等领域的技术与管理工作中有着广泛的应用,被认为是工程界表达、交流技术思想的语言。工程图学课程理论体系严谨,与工程实践联系密切,可以培养学生工程图样绘制、阅读以及形象思维能力,提高工程素质,增强创新意识,是普通高等学校本科工科专业重要的工程基础课程。

北京科技大学的老师们在教学目标、教学内容和教学模式三方面进行了有机结合的全方位改革。在教学目标和教学内容方面,将传统工程制图课程单纯培养对已有机械零部件表达能力提升为培养“设计—表达”综合能力。在教学模式方面,将传统工程制图课程以教师讲课当先方式改革为在教师指点下学生从认识典型机械,自己动手拆装当先,师生讨论总结,从实践上升到理论的方式。采用此种方式,学生不仅学到了知识,同时也培养了在实践中获得知识的能力。在内容上的另一项改革是以实践教学为基础引入计算机绘图实践和三维造型技术实践。

实践教学和实践教学研究是教改项目成果中的重大“闪光点”。本书以樊百林及其同仁付出艰辛劳动的国家教学成果奖的成功经验为基础,总结了多年实践教学和实践教学研究成果;以“科技工程、人文工程、绿色工程”三工程综合实践教学新理念为指导思想;以培养研究型、设计型、创新型,且同时具备高人文素养的卓越工程师为目标;采用以动手实践为前提,以典型案例设备结构分析和加工工艺为引线,以零部件设计为切入点,以环保、安全、责任、经济性等为外延的方式;将传统的设计制图理论,现代的计算机辅助设计制图造型手段,工艺结构知识等相融合,进行论述、讲解，形成全新的教材体系，编写出这套符合国家“卓越工程师教育培养计划”所要求的，具有现代工程教学改革特色，实践性强、应用性强、研究性强，符合以专业工程发展规律和社会生存发展规律为理念的《现代工程设计制图实践教程》。

我盼望这套教材受广大读者欢迎，能对工程图学课程改革，形成新的课程教学体系和提高机械设计与制造人才培养的水平与效率起作用、作贡献。

清华大学机械工程学院教授　刘朝儒

2017年4月

序　二

现代社会,每一位工程、产品、工艺的设计与实践者,都应不负使命,创新、创造出符合现实需求和时代特色的品牌和产品。所以他们的设计理念和实施,都应体现当今社会倡导的人文意识和工程意识,都应具备这两方面的深厚素养,否则不能担当大任。

何谓人文意识?其一,必须体现人本思想。就是说,设计与实践必须坚决贯彻以人为本、"客户第一"的思想,不是为设计而设计,而是根据市场、百姓、客户的需求去设计与实践。而需求又分两个层面,一是现实需求,二是发展、隐性、潜在需求。现实需求,就是以市场急需、客户急需去设计出符合客户要求的方案和相应的实施工艺、程序、措施、办法;而对客户发展、隐形、潜在需求的准确把握则更难。要在充分考察市场和市场发展趋势、消费趋势、竞争优劣势的基础上,才能准确把握和提出。根据后一种需求,必须提出"超前设计"。

"超前设计",不仅要与时俱进,而且要引领风骚。"超前设计"的实质是引导、引领消费,激发潜在需求。"超前设计"必须执行"差异化方针",必须有独创性、首创性,做到人无我有,人有我变或人有我优,人有我新。在这方面,我们应该有勇气向美国比尔·盖茨和乔布斯等人学习。

其二,"人文意识"必须体现人文关怀。"百年大计,质量第一",必须把质量摆在头等位置,质量是产品、工程的生命线。要坚决杜绝豆腐渣工程和一切假冒、伪劣产品。切忌华而不实,中看不中用,金玉其外、败絮其中。人文关怀,还要体现一种人文情怀与温馨,体现人文特色、民族风情、民族文化与民族品格、民族品位,要把现代意识与民族传统、民族特色有机结合;还有一点,要体现和谐、美感,或者说体现整体美、协调美、外观与内在品质美。实用与美感结合,相得益彰。美,是设计建造与建筑艺术的本质要求之一。

因而面向市场需求,面向客户需求,面向人民日益增长的物质、文化需求,去创新、创造,去培养造就一代新人,是"人文意识"的真谛,也是中国大学教育、教改破题的题中应有之义和核心、要害所在。在此,中国大学教育和教改,必须在这方面变革上下大功夫、下苦功夫。绝不能关起门来搞教育和教改,必须敞开大门,走出去。大学要与市场、与企业结合,联合办学,联合科研,创新与创造。否则,培养、造就千百万创新、创造性人才,建设"创新型国家",就是一句空话。

所谓"工程意识",除上述"质量第一"、"质量是生命线"观念外,还需要注入高度的责任意识,对工程、产品完全负责、终身负责。还要特别注入生态文明意识。工业文明,工业现代化,诚然造就了人类物质文化的极大丰富,也改变了人类生存方式和生活方式,但工业文明的极度膨胀,资本主义的极度扩张,同时给地球、人类带来极大的灾难和危害。其一,对资源的掠夺,导致全球资源枯竭;其二,工业污染,带来全球环境污染、物种灭绝,形成全球性生态危机、生态灾难。

人类应该深刻反思。根据老子的观点,生态文明是最高文明;生态觉悟,是人类"返璞归真",回归自然,顺应自然的大彻大悟。人和人类都是自然的产物。人类任何主宰自然、凌驾于其他生物之上的思想,都是痴人说梦,是帝国主义霸权思想在作祟。因而现代设计与实践,必须将生态文明理念贯彻始终。每一项创新设计与实践,每一项工程、项目的实施,都要充分考虑资源与环境因素,考虑其承载与承受。要牢牢树立珍惜资源与保护生态环境的设计与发明理念,以及可持续发展理念,要把这种理念贯彻始终,铭记在脑海里,流淌在血液中。当代的大学生,是未来创新发明、创新设计者、实践者,是中华民族复兴的中坚力量,他们更应该把这些思想、意识、理念,时刻铭记在心中。

中国当代大学教育及大学教师,承载着为祖国、为人民、为民族复兴,培养、造就一代有国际视野、有担当的杰出人才的责任和义务。新一代杰出人才，必须：第一，有理想、抱负，以复兴中华、强国、富民为己任；第二，真正德才兼备。德，既包括做人的道德，好好做人；也包括做事的道德，即良好的职业道德，职业操守。第三，真才实学。才，包含多方面，要既博学，又专攻，这包含广博、专深的知识文化的吸纳和积累，举一反三的领悟与运用，还包括多方面的工作能力、执行力和专业技术能力；第四，有很强的创新、创造能力，不是因循守旧，只知模仿和抄袭。创新、创造是社会财富、人类进步不竭的动力与源泉；也是中华民族复兴、祖国富强、人民幸福的不竭动力与源泉，切不可等闲视之。恰恰是这几方面，是中国大学教育和教改的短板。所以，中国大学教育，光讲"传道、授业、解惑"是远远不够的，必须以更广阔的视野，即以中华民族复兴、中国四个现代化、"两个一百年"的奋斗目标，以及站在世界经济加速一体化和"后工业社会"的高度来造就、培养新一代创新、创业者，造就世纪新人。

樊百林女士是一位优秀的大学教师，从事教育工作二十余年，为国家的工程教育改革付出了艰辛的劳动，她的现代工程实践教学改革，成为2005年北京科技大学国家教学成果二等奖——《机械基础课堂教学与实践教学的研究与实践》的坚实基础。她为人勤奋好学，执着追求，且善于思考。在随后的多年教学实践中，她逐步摸索的坚持"以人为本"，构建以"绿色工程、科技工程、人文工程""三位一体"培养世纪新人的教学模式和教育实践，是教学教改的新尝试。现又略加总结，整理成《现代工程设计制图实践教程》一书，算是抛砖引玉，以期引起中国教育和社会各界对中国大学教育和教改的深度关注和深层次探索。

本人是老报人，对大学教育和教改实是外行，对大学理工科教育和教改，更是外行。请我作序，是赶着鸭子上架。外行看内行，犹如雾里看花，朦胧而不得要领；好处是：比较超脱、客观、公正。本序言实乃外行人的一点感慨，也是一家之言，不足为凭。本文没有任何贬损、贬低中国大学教育、教改成就的意图，只是提出了一种思路和见解，供大家探讨和参考。敬请各位读者、专家、学者，不吝赐教，是以为序。

人民日报资深高级记者、评论家　高新庆

2016年12月

前　言

祝贺您翻开了这本书，一种新的认识世界和改造世界的实践观将映入您的脑海。

研究性现代工程实践教学是一个长远的课堂，值得研究的课堂。2005 年北京科技大学的《机械基础课堂教学与实践教学的研究与实践》获得高等教育国家级教学成果二等奖，正如清华大学刘朝儒教授说："实践教学和实践教学研究是成果中的重大'闪光点'"，正是因为这一重大"闪光点"，实践教学和实践教学研究成为北京科技大学别具一格的一大特色，所以先后有近 40 所高校来参观交流取经。

总结多年实践教学和实践教学研究成果，编写一套符合国家"卓越工程师教育培养计划"，实践性强、应用性强、研究性强，反映现代工程教学改革特色及专业工程发展规律和社会生存发展规律的教材显得尤为必要和迫切，这样才能使教改顺利落实和开展，使更多学生受益。为国家走新型工业化发展道路、建设创新型国家和人才强国战略服务。

培养卓越工程师创新能力和实践能力，培养设计型高素质综合工程型人才非常关键和重要。这样大学生才能跻身于国际工程设计行列，服务于自身，服务于社会，感恩社会。

本教材指导思想：以培养卓越工程师为理念，突破传统的工程制图表达思想，以工程实践研究性教学为基础，以工艺为引线，以机器零部件设计为切入点，阐述投影知识、视图表达，阐述设计的严谨性、标准性、规范性、创新性，同时阐述工程设计中的质量管理因素，以表达工程设计的最终目的。

本书以现代设计为手段，介绍了虚拟样机的应用和设计，以及设计制图表达中的人文科学素养的培养，在工程案例制图设计基础下，体现制图教学研究实践内容性、应用性。总结多年的理论课堂和实践课堂的研究成果，提出了现代三工程实践教学新理念。

本教材的特色：

(1) 从培养工程教育和卓越工程师教育为理念，突出了制图的设计性、研究性、实用性。

(2) 为贯彻以"以人为本的素质教育理念"，在教材的编写上注重素质教育和能力的培养。

(3) 以现代计算机造型手段，引入人文教育理念，突出教材以设计和实践为基础的以人为本的研究性实践性教学指导思想。

(4) 在教材的编写理念上，着重培养学生发现问题、分析问题、解决工程设计问题的能力，培养设计与制图的综合能力；着重培养工程系统设计思想和制图思想。

(5) 以人文科学为基础，以工艺为引线，以工程设备表达为主体，以生态和谐为目标的教学实践新体系，参与现实，贴近生活，适应性广，实践性强、应用性强。

参加本书编著的作者来自北京科技大学、北京科技大学产业集团、燕山大学、山西省农业机械化学校，北京服装学院、山东工业职业学院。本书编写分工如下：樊百林编著第一章、第二章部分、第三章部分、第四章部分、第五章部分、第六章部分、第七章、第八章、第九章、第十章 部分、第十一章部分、第十二章部分、第十三章、第十四章、附录部分；杨光辉编著第四章部分；许倩编著第四章部分；陈华编著第三章部分；李大龙编著第五章部分；陈明艳编写第五章部分；李晓武编著第五章部分，第六章部分；姜桂荣、窦金平编著第十章部分；王宏伟编著第十一章部分、第十二章部分，附录部分；毛育润编著附录部分；杨皓编著第二章部分；曹彤编著第二章部分；万静编著第二章部分；陈平编著第二章部分。

在教材的编写过程中，清华大学刘朝儒教授，北京理工大学焦永和教授对本书进行了认真的审定，提出了许多宝贵的建议，北京理工大学张彤教授对全书的标准进行了审阅，并对全书文字进行了校正，樊百林对全书进行统稿和整理。王宏伟对全书做了文字校对，王宏伟、熊广仲、李红宇、杨帆、查向云对全书图片做了整理，在这里对他们表示衷心的感谢。

感谢武汉博能设备制造有限公司、武汉市中南万向联轴器厂、江西华伍制动器股份有限公司的大力支持。

由于水平有限，纰漏与不妥之处在所难免，敬请各位读者不吝指教，建议和意见可发：fanbailin868@ sina.cn。

本教材属于“卓越工程师培养计划项目”教学类教材，在编写过程中得到了北京科技大学教材建设经费的资助。在此特别感谢北京科技大学教务处的支持。

樊百林

于北京科技大学

2016 年 11 月

目　录

第3篇 造型工艺与投影表达

第4篇 机器与工程图样

第5篇　工程图样中的技术性与标准件

第6篇　工程设计实践中的安全责任

第0章　绪　　论

现代工程实践教学是从知识到产品,从产品到创新知识的一个创新体验过程。

——樊百林

0.1　工程教育的意义

我国工程教育相对产业发展滞后,工程教育与产业对工程人才能力要求之间还普遍存在着差距。面对中国创新梦、中国制造、工业4.0等国内国际经济发展形势,高校的教学改革和课程建设的发展被推向更高一层。为建设创新型国家,建立发展我国的高等工程教育,教育部提出了“卓越工程师教育培养计划”,开启了针对采矿、钢铁冶金、材料成型与控制、冶金机械、自动化、热能与动力工程等专业工程型人才的培养多项改革举措,旨在培养大量创新型工程科技人才。为此,培养创新型工程科技人才成为我国工程教育的新目标。

“卓越工程师教育培养计划”是贯彻落实《国家中长期教育改革和发展规划纲要》和《国家中长期人才发展规划纲要》的重大改革项目,也是促进我国由工程教育大国迈向工程教育强国的重大举措旨在培养造就一大批创新能力强、适应经济社会发展需要的高质量各类型工程技术人才,为国家走新型工业化发展道路、建设创新型国家和人才强国战略服务,对促进高等教育面向社会需求培养人才,全面提高工程教育人才培养质量具有十分重要的示范和引导作用。

0.2　三工程实践教学新理念

经过多年来的研究和实践,在2009年总结并创建了三工程综合教学新理念,即随着科技的高度发展,人类自身生存和发展的理念发生了根本变化,由过去纯粹的“技术工程”专业教学理念逐渐转型到保护地球、爱护自然生存环境、呵护人类衣食住行的安全环保责任工程的现代“科技工程、人文工程、绿色工程”三工程教学新理念。

这种综合工程教学新理念,体现了社会发展和教育发展的创新性、可持续性,体现了教育、教学与现实的密切联系性。

0.3　本课程的性质任务

本课程性质属于专业基础课程,其任务在于培养跻身于社会和国际工程设计行列的高素质人才,培养环保安全责任理念的研究型、设计型、创新型高素质工程人才,服务于自身,服务于社会,感恩社会。

0.4　本教程体系和教程特点

以人为本的“科技工程、人文工程、绿色工程”三工程综合实践教学新理念,即着眼于培养德才兼备的优秀人才,优秀人才创作出卓越的工程设计产品,使具有高度责任意识的优秀人才和工程设计产品服务于人类自身,共同保护人类和其他生命体共有的地球生态环境家园的教学新理念。

本教程以付出艰辛劳动的国家教学成果奖的成功经验为基础,以“科技工程、人文工程、绿色工程”

三工程综合实践教学新理念为指导思想，以培养研究型、设计型、创新型，且同时具备高人文素养的工程教育、卓越工程师为目标，采用以动手实践为前提，以典型案例设备结构分析和加工工艺为引线，以零部件设计为切入点，以环保、安全、责任、经济性等为外延的方式，将传统的设计制图理论，现代的计算机辅助设计制图手段，工艺结构知识等相融合，进行论述、讲解，形成全新的教材体系。

本教程特点：

1. 从各专业真正工程实际出发，引出章节内容。
2. 突出工程设计基础下的制图教学研究实践内容性。
3. 从生活工程产品出发，研究制图，突出设计和制图的趣味性。
4. 在章节中，突出实际工程设计案例的先进性、时代性，实践性、应用性。
5. 符合大脑思维规律的分层制图分析法。
6. 在章节中体现符合新技术制图手段下的设计创新性和人文意识设计性。
7. 以工艺与构形成本为引线，落实制图构形设计的创新性。
8. 以工程实际案例出发阐述工程制图设计责任意识性和安全性。
9. 突出教材以设计和实践为基础的以人为本的研究性、实践性教学指导思想。

0.5 本教程的内容

本书属于北京科技大学卓越工程师培养计划教学类教材，是以实践为基础的教材。本书适合于高等院校机械工程、车辆工程、能源工程、冶金工程、材料工程、土木与环境工程、信息计算与科学工程、自动化工程等专业技术基础课程的教学使用，也适合相关技术人员参考。

全书共分6篇14章。第1篇现代工程设计与制图实践教学，分2章，包括现代工程设计制图实践教学和现代工程制图国家标准；主要介绍现代工程实践教学，现代工程设计与设计制图的关系，虚拟技术与实践教学，以工艺为理念的制图实践教学，人类工程环境中的构形科学，以设计为理念的设计制图实践教学，国家制图标准的基本规定。

第2篇工程设计实践与计算机设计技术，分2章，包括Inventor造型设计和AutoCAD计算机绘图技术；主要介绍Inventor软件，人文科学理念的三维数字化创意设计，零件的造型，AutoCAD 2014基础知识，机械电器元件及原理图绘制，零件图的绘制。

第3篇造型工艺与投影表达，分3章，包括投影理论基础，工程中几何立体的表达，造型工艺与零件特征；主要介绍投影特性及相关国家投影理论体系，以工程意识为基础的实践教学，工程中常见的几何体，几何体的切割以及相关的制造工艺。

第4篇机器与工程图样，分2章，包括机器与工程图样，部件与装配图样；主要介绍视图，剖视图、断面图表达，发动机零件表达。装配结构设计与合理性，装配图样的相关国家标注技术要求以及画法要求，部件测绘及拆画零件图相关知识。

第5篇工程图样中的技术要求以及标准件和常用件，分3章，讲述工程图样中的技术要求，工程设计中的标准件以及工程设计中的常用件；主要介绍工程设备中零件设计结构要求以及图样要求分析，工程图样表达要素，常用标准件的类型，标准件在装配图中的画法、强度计算以及标记，工程设计中常用件的功用与类型、联结形式、标记、选用与画法。

第6篇工程设计实践中的安全责任，分2章，包括以设计为理念的饮水机以及工程设计实践中的安全责任；主要介绍饮水机的功能，结构，功能材料与工艺，饮水机的创意设计。设计中的质量，工程设计实践中的安全责任意识，实践教学中的责任与安全，三工程实践教学新理念。

0.6 现代工程实践教学

随着生产力的不断发展，科学技术的不断进步，人们为表达自己的设计思想，已经展现出较为成熟的设计方法和图样表达方法。随着电子计算机的出现,设计手段和表达方法更为先进和直观。

现代工程实践教学是从知识到产品,从产品到创新知识的一个创新体验过程,现代工程实践教学起步艰难,但内容丰富,且意义重大。

以设计为主线的现代工程教学:应以工程实践为教学背景,以发现问题为前提,以培养创新设计能力为目标,实现以培养团队和谐合作能力为基础的产品研发,达到以产品服务于社会,以解决现实生存问题为最终目的的工程系统运作能力。

第1篇　现代工程设计与制图实践教学

第1章　现代工程设计制图实践教学

崇尚实践，培养创新意识，构建创新型和谐社会。

——蔡嗣经

尊重科学，尊重实践。

——武顺贤

一切设计来自于解决物体功用性、展示艺术美学性、诠释文化内涵性三大思想领域。

——贞才子

现代工程发动机工程实践教学感想

欧阳秀文(设备1401班)　我们在拆装过程中便学习了机械工程师们设计的理念，还有他们科学严谨的设计眼光，对机械的了解又提升了一个层次，我们从一台发动机想到一辆汽车，有了更深层次的科研意识。

唐良良(机械1205班)　这门实践课程，对我们这类人来说可谓非常及时，它不仅让我们了解了这个学科也让我们了解了我们未来的工作，是很有必要的。

谭锐研(物流1502班)　“机械设计不仅仅只是核心原理，它还需要很多其他东西去支撑它，优化它，才能更好地融入实际，为广大人群所用。因此，通过拆装实践，使我深深感受到机械设计是一个很大的话题，很值得研究。这门课(发动机实践课程)把一个个理论组装起来，形成产品，然后通过优化设计，达到降低成本，提高性能的目的，这门课重要而值得研究。”

张哲锴：百闻不如一实践，我现在才深深体会到学校为什么把“实践”提到校训的地位，……

王慧(冶金)　“这是一堂无比重要的课，知识量远大于普通课堂的十倍百倍。”

范欣欣(物流1502班)：“通过本次发动机拆装，让我们体会到做任何事，没有认真的态度，耐心的精神，严谨的素质都是难以完成的。”

樊百林　摩托车是现代交通工具不可或缺的交通工具，发动机是摩托车的一个部件，发动机是将热能转变为机械能的动力装置，其零件数量以上百记数，结构复杂，它使用的材料有有色金属材料、黑色金属材料同时也涉及非金属材料，它的制造涉及到制造业的传统工艺与现代工艺。

发动机不仅涉及到机械工程方面的基础知识，涉及到车辆工程、材料工程、电器工程、制造工程等方面的基础知识，而且发动机的原理同样涉及到节能与环保工程方面的基础和专业知识。关于发动机的机械设计制图实践教学研究，可以说是“实践教学内涵广，不是一言二句猜”；可以说是“知识丰富，横向纵向绝贯穿”；可以说是“模型设备非一般，构形工程天壤别”。

通过实践教学可以了解现实社会和现实生产，通过实践教学可以获取产品真实的知识点、真实的结构复杂性、真实的配合和装配关系，直接获得直观真实的技术基础知识、专业基础知识和专业知识，直接获得工程意识、成本意识、价值意识。

现代工程实践者经历了从知识到产品，从产品到创新知识的一个创新体验过程，一切设计来自于解决物体功用性,展示艺术美学性、诠释文化内涵性三大思想领域。

本章学习目标:

✧ 现代工程发展方向与工程实践教学研究内容。

本章学习内容:

✧ 现代工程基本分类
✧ 工程设计与设计制图的关系
✧ 工程实践教学研究内容

实践教学研究:

✧ 参观实践教学基地,观察生产设备。
✧ 观察道路施工设施,观察管道连接。
✧ 在生活中观察周围建筑。

关键词:现代工程实践教学、艰难、发动机、创新设计

1.1 现代工程实践教育

1.1.1 三工程综合实践教学新理念

1. 现代工程的本质

现代工程的本质在于将现代科学技术知识、安全与环保知识、经济知识、管理知识、人文科学知识等应用于水利、建筑、环保、车辆、机械等工程实践活动中,满足人类自身精神和物质追求的需要,解决生存和就业的现实问题,达成和谐人类自身、和谐社会、和谐自然的目的。

2. 三工程实践教学新理念

21 世纪,随着科技的高度发展,人类自身生存和发展的理念发生了根本变化,由过去纯粹的"技术工程"专业理念逐渐转型到保护地球、爱护自然生存环境、绿色节能工程、呵护人类衣食住行的安全责任工程的现代"科技工程"、"人文工程"、"绿色工程"三工程新理念。这种综合工程理念,体现了社会发展、教育发展的创新性、可持续性,体现了教育、教学与现实密切联系性。

以人为本的"科技工程、人文工程、绿色工程"三工程综合实践教学新理念,即着眼于培养德才兼备的优秀人才,优秀人才创作出卓越的工程设计产品,具有高度责任意识的优秀人才和工程设计产品服务于人类自身,共同保护人类和其他生命体共有的地球生态环境家园的教学新理念。

3. 现代工程设计实践教育

笔者认为:应以工程实践为教学背景,以发现问题为前提,以培养创新设计能力为目的,实现以培养团队和谐合作能力为基础的产品研发,达到以产品服务于社会以解决现实生存问题为最终目的的工程系统运作能力。

北京三元桥整体置换工程(仅仅持续了 43 小时)就是科技工程、责任工程、环保工程的高度和谐,通俗地说是设计、制图、制造、运输、管理、施工、安全、环保等各个环节工程人员的技术、责任到位的高度显现。

随着科技的高速发展,科技工程本身已经不是科技知识、科学技术本身,科技工程涉及技术设计人员的责任意识、安全环保意识、节能意识,对现代工程技术人员的素质提出了新的挑战,工程本质的变化必然给工程技术人员的能力和品质提出新的要求,对现代大学教育提出了更高的教学要求。

1.1.2 实践教学

1. 实践教学的含义

实践教学是指主体人类对社会、自然界正在存在的事件进行去伪存真，全方位研究、分析、学习的一个过程。

这里，实践教学的主体指客观存在的人。

实践教学的客体指：

(1)来自于客观社会、自然界客观存在的自然现象、客观存在的事实、真实发生的事件等。

(2)来自于现实真实的工程设计以及现实生产、生活中正在使用的机器设备等实体。

2. 实践教学特点

实践教学是一种新的教学理念，不同于过去的纯理论教学和实验教学，是介于理论课堂与实验课堂之间的一门新型学科。实践教学的过程渗透了专业基础知识和专业知识等相关知识内容，在实践教学过程中，呈现出知识量大、知识互溶性大、知识涉及面广、现实直观性强等特点。实践教学过程充分体现了综合工程意识和综合工程知识的传递。实践教学与实验教学的区别在于：实践教学的客体是真实的工程生产或生活中正在使用的设备。实验教学是非真实的生产或生活中使用的设备[2]，能够表达原理，但不能具备工程设备的功用。

3. 实践教学目的

(1)提升人文素养、和谐自身、和谐社会、和谐自然，实现对人生真谛的正确认识。

(2)提高主体人类自身综合工程意识和工程实践能力。

4. 实践教学对主体的要求

(1)有正确的价值观和正确的实践经验；

(2)具有辨证思维意识和辨证解决客观实际问题的实践能力；

(3)具有熟练的基础知识和专业知识；

(4)具有较强的综合分析客观世界发展的能力。

通过实践教学可以了解现实社会和现实生产，通过实践教学可以获取产品真实的知识点，真实的结构复杂性，真实的配合和装配关系，直接获得直观真实的技术基础知识、专业基础知识和专业知识，直接获得工程意识、成本意识、价值意识。

1.1.3 值得研究的实践教学

作者樊百林在教学中将发动机、万向台钳、饮水机等工程设备引入机械设计制图等制图理论系列课堂中，进行了十几年的实践教学和实践教学研究，从真正的工程设备到校企合作的教学改革，从校企合作到学生的创新项目设计的工程实践，从创新项目到创业工程项目实践，教学内容不断升级。创新性、国际性、工程性、实用性越来越浓厚，创新性内容越来越丰富多彩，使教学内容在研究性基础上具有了实践性、现实性、实用性、创新性、国际性，在这个过程中实践教学和实践教学研究经历了 30 年的时间洗涤，实践磨练。

摩托车是现代生活中常见的交通工具，发动机是摩托车的一个部件，发动机是将热能转变为机械能的动力装置，其零件数量以上百记数，结构复杂，由两大机构、六大系统组成，它使用的材料有有色金属材料、黑色金属材料同时也涉及非金属材料，它的制造涉及制造业的传统工艺与现代工艺。

发动机工程实践教学涵盖了《车辆工程》、《车辆维修》、《机械制造工艺》、《机械设计》、《机械制图》、《机械原理》、《节能工程》、《安全工程》、《金工实习》、《材料工程》等方面的知识内容。这些内容要渗透到实践教学中，不仅需要教师的专业知识、专业基础知识、工程实践经验，而且需要教师投入大量的时间、精力甚至财力，才能使教学效果得到真正的保证。

在进行《机械制图》、《机械设计制图》教学同时进行发动机拆装实践教学，不仅能帮助学生消化吸收理论知识，加深了对发动机构造的了解，使学生对发动机的零部件有了实践认识（如对连杆机构、曲柄活塞、齿轮的工作原理以及结构特点等知识有了更深刻的理解；对工程中使用的真实的轴承、键、销、铆钉、螺纹连接标准件，真实的润滑油，真实的艰苦作业环境，真实的结构原理、机构、工程材料，真实的公差配合以及装配精度，真实的工具，正确的装配方法和顺序等工程知识有了进一步的实践认识），而且培养了学生的观察能力、空间结构分析能力、理论联系实践能力、动手能力、工程实践能力、创新意识和严谨务实的科学作风，提高了学生的全面素质。

通过实践教学可以了解现实社会和现实生产，通过实践教学可以获取产品真实的知识点，真实的结构复杂性，真实的配合和装配关系，直接获得直观真实的技术基础知识、专业基础知识和专业知识，直接获得工程意识、成本意识、价值意识。

在发动机拆装实践教学过程中，学生可以直接获得工程能力的培养，既是理论学习不足的补充又是工程实践意识培养的捷径。每个学生根据自已的兴趣和理解都从不同的角度获得了很大的收获。

实践教学体会——宋洋（材料 1310）　开设摩托车发动机装配实习课的目的是巩固、提高课堂上所学的知识，并学会应用所掌握的知识解决工程实际问题，是一门综合实践课程。参加学习的同学，已经完成《机械制图》等基础和专业基础课程的学习，针对工程专业素质教育目标和我们的实际情况，我们力求通过摩托车发动机装配教学内容与以上的设计基础、制造基础和机械制图三者有机结合来实现理论与实践的紧密结合。通过实践学习增长了见识，提高了动手能力，提升了创造能力，培养了学生举一反三、触类旁通的本领，促进了学生知识、能力、素质的协调发展。

实践教学体会——丁增噶松（机械）　纸上的知识再丰富，也不及一次动手实践学的多。

内行看门道，外行看热闹。
内行是工程，外行是构形。
内行是设计，外行是拆装。
能力用时方恨少，事非经过不知难；
实践教学内涵广，不是一言二句猜。
模型设备非一般，构形工程天壤别；
横向纵向绝贯穿，看君心寸与识体。

——樊百林作于 2009 年 7 月 21 日

1.1.4　实践教学并非零件认识教学

1999 年面对全新的“车辆工程”专业的挑战，作者樊百林买了许多书，抓紧时间自学了 2 个月，但仍感觉没有达到车辆专业技术水平，对发动机结构、各个零件的功用，在脑子里形不成系统的认识，更别说拆装和维修方面的知识了。

为了要开设发动机实践课，她自费去清华大学学习“车辆工程”专业的课程，咨询相关教授如何筹建“发动机拆装”实践课程。在清华大学学习期间，不仅学习了车辆工程的课程，而且参观了清华大学“车辆工程”专业的实验室，在发动机实践教学环节还亲自动手参加拆装。

在发动机拆装过程中，如果不讲发动机工作原理、结构以及工作方式等内容，只认为是零件的构形实践教学课的话，其实就不用了解发动机原理、结构以及发动机拆装顺序了，可以把几百个零件整齐的放在那里，让学生拿起零件，看看外形，分析分析结构就可以了。

实现设计人员的伟大目标，没有直接拆装的话，就不会学到机器结构的复杂性、原理的奇妙性，就不会理解设计人员的伟大、工人技术的精湛。正如古诗说得好：“纸上得来终觉浅，须知此事要躬行。”可见拆装过程实践是多么的重要啊！

如果让你观察飞机发动机，参观完毕，你的收获是什么？没有人讲解，你能明白飞机发动机的工作原理吗？每个零件的功用是什么？没人指导拆装，你知道如何下手拆第一步，如何装？如果装配不正确，七天七夜也装不上，这些方面的知识不仅仅是飞机发动机专业知识，不仅仅是拆装问题，也不是表面上的认识发动机过程。发动机实践教学是一个由七八门课程知识综合而成的工程实践教学课程。

实践教学不是单纯的零件认识课，实践教学不是单纯的零件构形分析课。如果是认识零件课程，那么我们可以采用来传统的教学模型，让学生看看分析分析就可以了。

实践教学体会——张哲铠　百闻不如一实践。

笔者也做过试验，不许学生拆发动机，让学生画发动机零件，但是学生兴致勃勃，要拆发动机，要看结构，分析原理，观察奇妙的运动。看到发动机，学生有一种说不出来的喜悦，他们迫不及待，兴奋不已，今天终于见到真实的家伙了。这就是工程背景下，工程设备带来的学生浓厚的学习兴趣和不可限量的知识结构以及不可估量的学生收获。

实践教学体会——邓昊　“齿轮、轴等这些基本零件，虽然在机械制图课程中学习过，从来没有如此直观、切身地感受过其组合在一起是什么样子，如何运行。这些东西是书本和课堂上学不到的，只有自己去亲身感受才能领悟其中的奥妙…”

发动机拆装实践教学多少学时合适？大学生普遍反映8学时。但是正如丁增噶松（机械）说：纸上的知识再丰富，也不及一次动手实践学的多。将发动机引入站在讲台上的制图理论课堂教学，制图理论课堂性质转变，成为了工程实践性教学课堂。32学时、48学时、99学时，处处显示其灵活性，应用性，适应性。

1.1.5　艰难的现代工程实践教学

1999年，作者樊百林在工程训练中心开始了现代车辆工程发动机拆装实践教学，2000年年底，参加了国家课题《机械基础课堂教学与实践教学综合改革的研究与实践（1283B07012）》，并将发动机全部教学及设备从工程训练中心搬运到机械学院工学系。

开展现代工程实践教学非常艰难，教学环境艰苦，课时费收入微薄，教学设备不齐全，指导教师不仅要付出大量的时间、精力，有时还要自掏腰包。

樊百林负责筹建开展了实践教学和实践教学研究，作为实践教学的负责人，除了正常的理论课堂课程和发动机实践教学课程之外，还承担着实践、实验室建设、管理工作，多少年来，辛勤耕耘。这些工作和事实感动了学生，学生写出了“感恩、感动、感悟”，写出了“知识会离开我们，但时间冲不淡人格的教育”，这就是科技工程实践教学研究中的人文工程实践教育。

2009年5月，樊百林参加南京第四届机械论坛会议，一位兄弟院校的制图教师说：“在制图课程中，开展摩托车发动机拆装实践教学，那给带实践课的教师带来多大的教学难度啊！”樊百林去某大学参观学习，提到北京科技大学制图课程中增加了摩托车发动机拆装实践课程，兄弟院校实验教师非常惊讶，樊百林说：“我已经负责拆装教学十几年了。”兄弟院校教师连声说：“那么复杂的设备，在那么短的学时内拆发动机，绝对不可能！”这也说明开展实践教学确实是相当艰难！

1.1.6　实践教学是思想品德修养的绝妙课堂

通过多年的教学总结，作者发现实践教学不仅仅是工程设备知识的获得，而且它还是大学生思想品德修养的绝妙课堂。它增强了对劳动人民的感情，激发了学生对机械的兴趣，培养了严谨的科学作风，培养了集体观念、协作精神和责任意识，让我们看看学生的总结和感悟。

①增强了对劳动人民的感情：“平时总是有点瞧不起那些在生产线上的工人农民，总认为自己是学知识啃书本的，应比他们高一些，可当我站在发动机面前无所事从，一片茫然时，我的心一下子凉

了,也只有此刻,我终于明白了那些劳动者的伟大”,“了解到想成为一名优秀的工人,也是不容易的。”

“通过樊老师的详细讲解和自己4个小时的辛苦拆装实践,才知道发动机是人类智慧的结晶,是设计师和工人共同创造出来的,工人和设计师是同样伟大的,我开始对工人产生了敬佩,对樊老师的知识渊博和无私奉献产生了敬仰,‘路漫漫其修远兮,吾将上下而求索’……”

②激发了学生对机械的兴趣:“通过这次实验,看到了机械制造中各个工种密切配合,共同完成的成果,令人向往。同时,也看到不足,产生了投身机械行业,为此奋斗终身的信念,可以说,在理论上,实践上及思想上均得到了升华。”

“第一次接触发动机拆装课,让我在经过亲自动手实践之后,有了许多前所未有、全新的感受。我惊喜地发现,‘机械’这一专业,同学们平常提起来都是刻薄的评价,但当你真正地面对、真正地接触时,那其中蕴含的复杂的原理,会让人感到极大的兴趣与乐趣,只一次的实践,我就能切实感到自己无论是动手能力、吃苦耐劳等各方面的能力与品质得到了较大的培养和提高,这也是让我感到最为欣喜的,这种欣喜又让我对这门课有了更大的兴趣,希望以后能持续这门课。”

“今天我们拆装的是发动机,明天我们就有信心拆装更复杂的东西,将来就有信心和能力设计出性能更优越的发动机。”“能否设计出节约能源和防止污染的新型发动机?”等等。

③培养了严谨的科学作风:“看到发动机零件每一个细小局部都制造的非常精密,设计时设计师们也一定将各种因素都考虑的非常周到,最后才确定了最佳的设计发案。譬如为了让活塞的密封性更好,以提高机械效率,活塞环从材料选择,到加工尺寸都有非常严格的要求,以前听说过这样一句话:‘当设计图纸和汽车一样重时,汽车就能上公路行驶了’,今天才体会到这句话的真正含义,做事必须要有严谨的作风,才能将事情做好。”“零件的精度要求和装配要求都很严格,使我们知道了学习机械专业,必须养成严谨的习惯。由于设计、生产、制造各部分的联系十分紧密,让我们明白了制造机械必须兼顾生产、成本、性能等因素。”

④培养了集体观念和协作精神:“通过这次实验,培养了我的责任感,使我具有一丝不苟的工作精神,并使小组成员团结起来,协作工作,具有一定的互助意识。”“使我明白集体协作可以提高工作效率,在集体协作中,分工合理可以大幅度提高生产效率。”

1.1.7 研究性现代工程实践教学

现代工程实践教学是从知识到产品,从产品到创新知识的一个创新体验过程。

实践教学是一个长远的课堂,值得研究的课堂,人们往往认为实践教学很简单,这是一种错误的观念。

实践教学体会——陈佳乐(材料1307) 发动机实践教学是我校的独特课程,它可以让我们直观地了解发动机的构造并留下更加深刻的印象,我喜欢这种寓教于乐的课程,相比于枯燥的课堂授课,这种自己动手的课程更能吸引学生的注意力,让学生专心的上课。通过上这门课我有很多进步,有许多心得。首先,这拓宽了我的工程知识领域,培养了我的综合工程实践意识和综合工程实践能力,然后这也让我初步了解了发动机的构造,学会了很多工具的正确使用方法。身为一个工科学子,了解一些机械的基本构造,清楚一些机构的运动方式应该是最基本,但是令自己汗颜的是就算是这个刚刚拆过的发动机的原理我也不能说是完全清楚,在这之后,我应该更加关注生活,仔细从生活中寻找有关自己专业的知识,成为一个合格的工科学生。

这门课真是好啊,希望学校以后还有更多类似的课程。

实践教学是主体人类对社会、自然界正在存在的事件进行去伪存真,全方位研究、分析、学习的一个过程;同时,也是主体人类对生活、生产中使用的客观实体机器、客观事物及其规律,直接进行全方位分析、研究、学习的一个过程。

1.2　工程设计与设计制图

1.2.1　工程概述

1. 中国神器——爆米花机

千百年来,爆米花机(见图 1-1)给百姓带来了生计,也给孩童带来了欢乐,体现了我国劳动人民的伟大和智慧。

(a) 美国人穿防爆服 探索神秘“神器”爆米花机　　(b) 民间传统设备

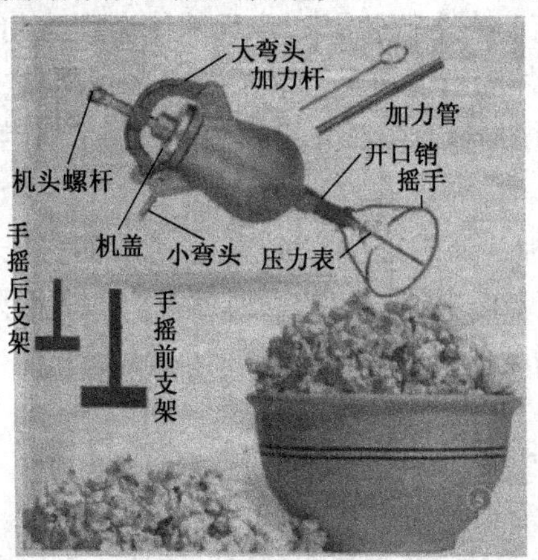

(c) 工作简单示意图

图 1-1　中国神器爆米花机

爆米花机的工作过程为:

(1)将玉米(生米)和糖精装入“神器”内;

(2)将盖子盖严,然后用铁棒拧紧;

(3)将“神器”架在火炉上,不停地转动,使其受热均匀;

(4)当达到所需压力后,将“神器”取下来,放进特制袋中;

(5)用钢棍将“神器”的盖子撬开,此时会发出“嘭”的一声巨响;

(6)将爆好的米花从袋中倒出来。

2. 中国的观天巨眼——望远镜

中国的观天巨眼——望远镜(见图 1-2)工程,是一个复杂的航天航空技术设计工程,也是一个复杂的制造、安装工程。500 m 半径的球面由 4 400 多块主动反射单元构成,是世界最大射电望远镜,每一个反射单元都可以进行对焦。因此巨大球面由周长约 1.6 km 的圈梁被 50 根 6~50 m 高低不等钢柱支在半空,FAST 的灵敏度可达 Arecibo 望远镜的 2 倍,巡天速度是它的 10 倍。

图 1-2　观天巨眼正在有序安装

3. 工程

工程是将自然科学原理应用到工农业生产部门中去而形成各学科的总称。

根据工程服务对象不同,将工程分为人力工程、资金工程、能源工程、材料工程和机械工程等。

根据专业不同,工程又细分为:土建工程、冶金工程、矿山工程、化工石油工程、水利水电工程、电力工程、农林工程、铁路工程、公路工程、港口与航道工程、航天航空工程、通信工程、市政公用工程、机电安装工程等。

1.2.2　工程设计与制图

各类工程设计都始终伴随着设计、工程图样和制图工作。

1. 材料工程

材料工程是研究、开发、生产和应用金属材料、无机非金属材料、高分子材料和复合材料的工程领域。材料工程涉及材料的获得、质量的改进,也包括生产工艺、制造技术、工程规划、工程设计、技术经济管理等。

熔模铸造工艺是我国很早就采用的一种材料制造工艺,远在春秋战国时代初期已经能够铸造比较复杂的熔模铸件。明朝宋应星的《天工开物》记载,采用熔模铸造可以铸造重达万斤的大钟,如图 1-3 所示。

图 1-3　万斤大钟

在材料应用制造工程中,设备的开发研制都离不开工程技术人员的设计与制图。图 1-4 是一种比较先进的液态模料制蜡片机结构示意图。液态模料制蜡片机是靠刮取冷却中的液态模料制成蜡片,该蜡片机主要由机架 3、冷却滚筒 4、传统系统和冷却系统组成。液态模料通过蜡挂管 6 上均匀分布的小孔,均匀地散布在冷却滚筒上,随着滚筒的转动,液态模料逐渐冷却凝固,待滚筒上的模料转到装有刀片的位置时,将其刮下制成蜡片。

2. 能源工程

能源工程学以能源科学为对象,不仅探讨能源与社会发展的关系,而且研究能源的结构、开发、输送、储藏、转换、利用等技术和方法,同时研究新能源、节能与能源系统工程以及计算机和控制技术在能源工程中的应用等问题。

在能源储藏技术中，离不开工程专业技术人员设计的工程图样，如图 1-5 所示的是压力容器与其结构示意图。在新能源的开发设计生产过程中，同样离不开工程技术人员设计制图与制造。图 1-6 所示为振发新能源公司设计制造的新能源光伏储能系统和光伏储能板。

3. 土木工程

土木工程是建造各类工程设施的科学技术的总称，它既指工程建设的对象，即建在地上、地下、水中的各种工程设施，也指所应用的材料、设备和所进行的勘测设计、施工、保养、维修等技术。

土木工程的内容非常广泛，具体包括土木工程材料、基础工程、房屋建筑工程、交通土建工程（含道路工程、铁路工程、飞机场工程、隧道工程、桥梁工程）、港口工程、地下工程、水利水电工程、给排水工程、土木工程施工、建设工程项目管理、工程灾害与抗灾、土木工程设计方法等方面的内容。

用规定的符号和线条，按照一定的规范要求，画出管道布置图案（图 1-7），可以说是在给排水工程中最简单的管道图样，如图 1-8 所示为最常用的管道三通及其结构简图。

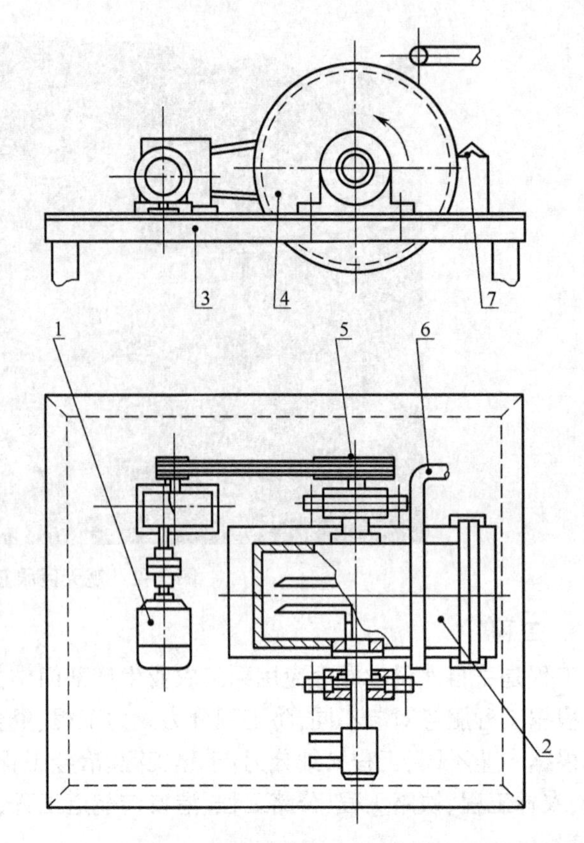

图 1-4　液态蜡制蜡片机结构示意图

1—电动机；2—减速器；3—机架；4—冷却滚筒；5—带轮；6—蜡挂管；7—刮蜡片刀

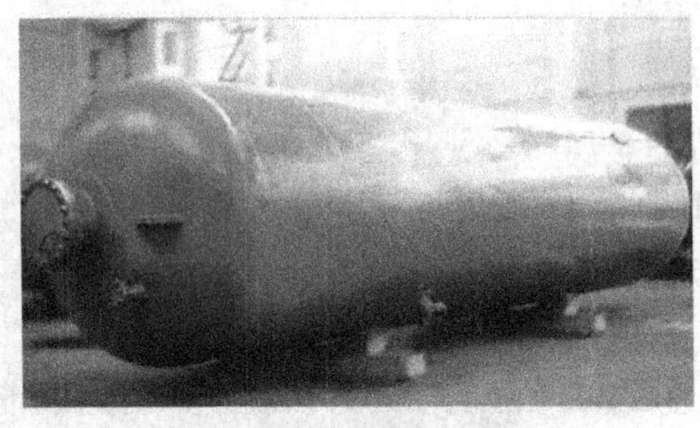

(a) 压力容器

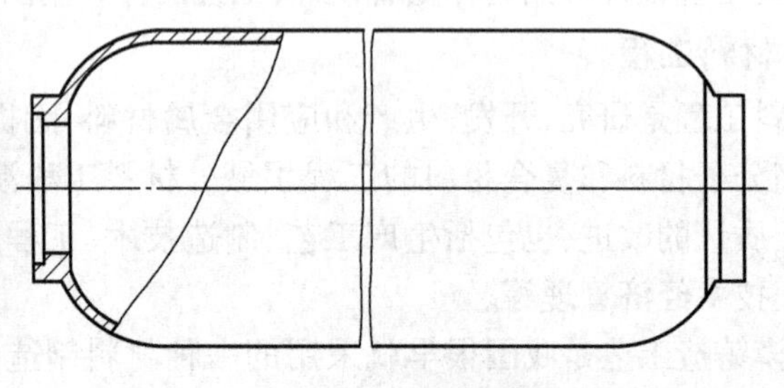

(b) 压力容器结构简图

图 1-5　压力容器和压力容器结构简图

图 1-6　振发新能源研究开发的光伏储能系统光伏储能板

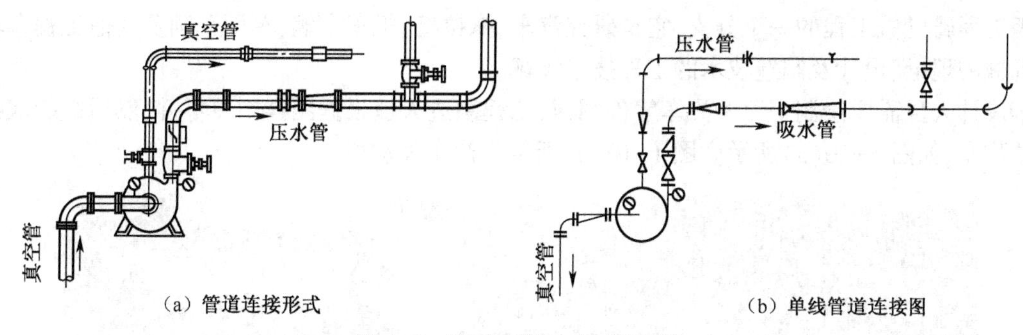

图 1-7　管道连接形式与连接图

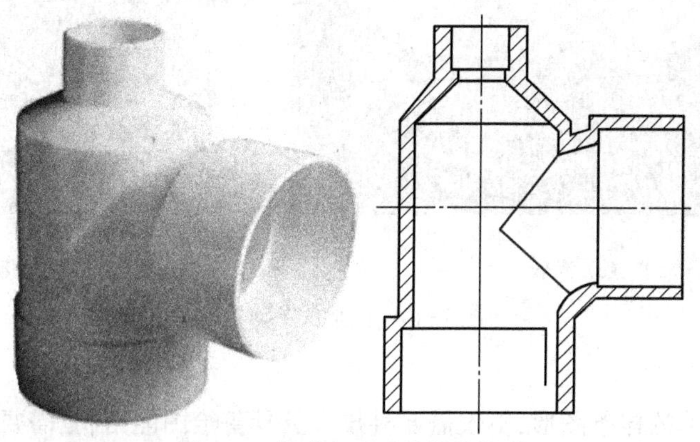

图 1-8　管道三通及其结构简图

4. 机械工程

机械工程是以有关的自然科学和技术科学为理论基础,结合生产实践中的技术经验,研究和解决各种机械在开发、设计、制造、安装、运用和维护中的科学理论和工程问题的应用学科。

机械工程学的知识广泛应用于汽车、飞机、空调、建筑、工业仪器及机器等各个专业领域中。

图 1-9(a)、图 1-9(b)所示的钢板和型材广泛应用于设备、建筑等工程中。钢板通常用轧制而成,型材采用轧制与焊接方法制造而成。图 1-9(c)是三机架横列式 650 型钢轧机主传动装置简图。型钢轧机的设计离不开工程专业人员的工程制图基础知识。

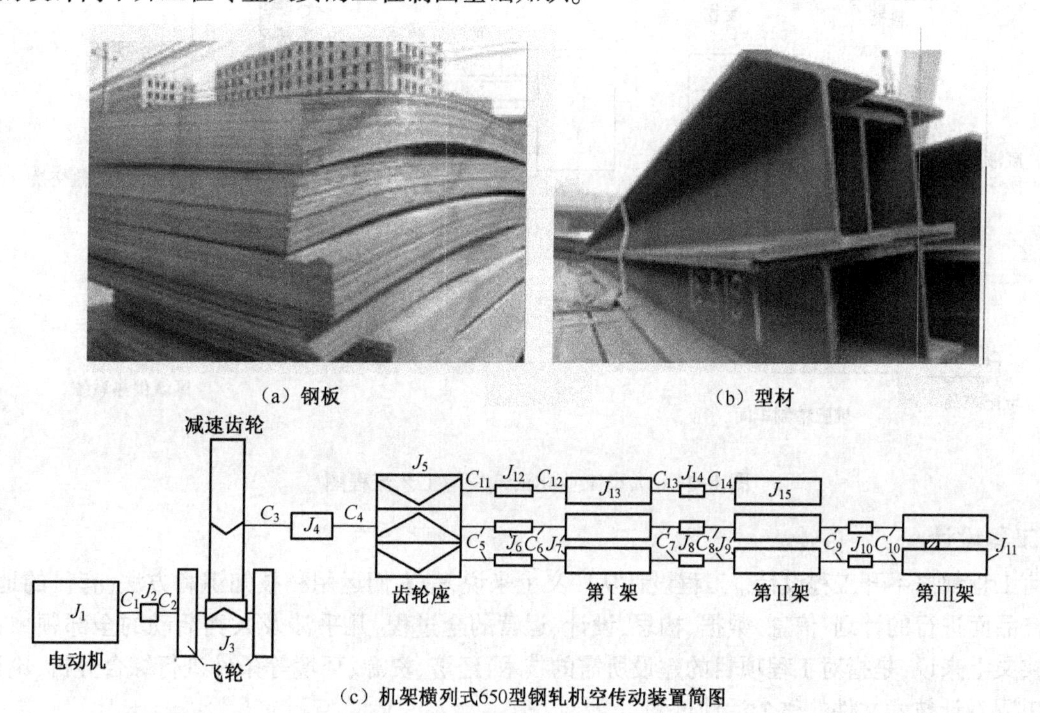

(c) 机架横列式650型钢轧机空传动装置简图

图　1-9

车辆工程属机械工程的一个分支，它是研究汽车、拖拉机、机车车辆、军用车辆及其他工程车辆等陆上移动机械的理论、设计及制造技术的工程技术领域。

汽车设计人员需要绘制上万个汽车零件图样，工程制造人员根据图样制造零件，然后组装成我们现在看到的汽车，如图 1-10(a) 所示。图 1-10(b) 所示为汽车发动机。

(a) 汽车　　(b) 汽车发动机

图 1-10　汽车及发动机

5. 工艺流程图

工艺流程图是最简单的样条图形，不仅需要科技人员具备绘图能力，更需要科技人员懂生产的全过程，图 1-11 所示为大型工业化沼气发酵工艺流程图。

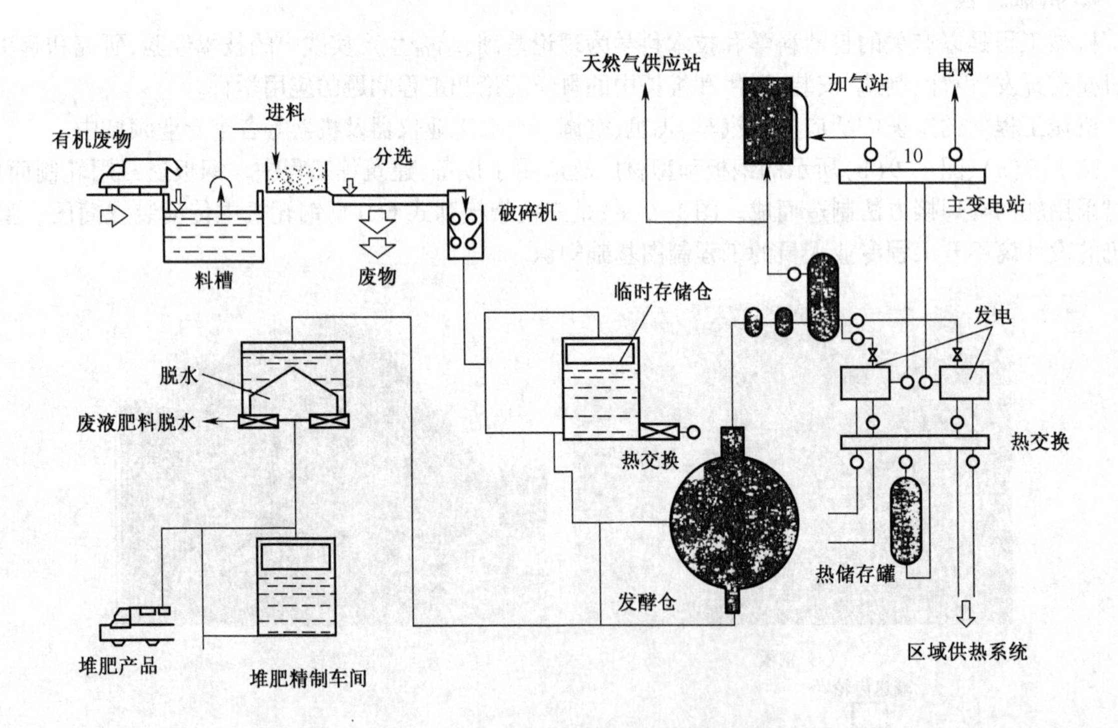

图 1-11　大型工业化沼气发酵工艺流程图

6. 工程设计

任何工程都离不开工程设计。工程设计从广义上来说，是人们运用科技知识和方法，有目的地为创造工程产品而进行的计划、信息、数据、构思、设计、运营的全过程，几乎涉及人类活动的全部领域；工程设计从狭义上来说，是指对工程项目的建设所需的技术、经济、资源、环境等条件进行综合分析、论证，编制建设工程设计技术文件的整个活动过程。

在工程设计中，从简单的工业产品到上万的零件的汽车，以及制造生产线中的各种机器设备，这些产品的设计都离不开设计人员的设计与制图。美国主持人2013年01月23日，曾经穿防爆服"探索"过"中国神器爆米花机"，而这一设备是我国民间流传已久的机器。在液态蜡制蜡片机工艺方案设计中，电动机功率的选择、减速器型号的选择、联轴器规格，及根据工艺需求设计的机架、冷却滚筒、进蜡管、刮蜡片刀、带轮等零部件，这些技术信息都是工程设计人员应该提供的必不可少的技术文件。

工程设计与工程制图的思想体现在各个行业，因此工程设计表达方案离不开图样，图样又根据各专业方向不同，分为很多种，其中有：指导施工队伍进行施工作业的图纸，机器设备图纸和图样，零部件图样、具有立体感的轴测图图样，以及生产工艺流程图、生产线传动平面布置图等。国家对各个专业的制图进行了规定，形成各个行业规范化的标准。

7. 工程设备设计过程

工程设备的一般设计过程为：提出任务，本体设计，制造，试车，销售。

工程设备的宏观设计过程如图1-12所示。

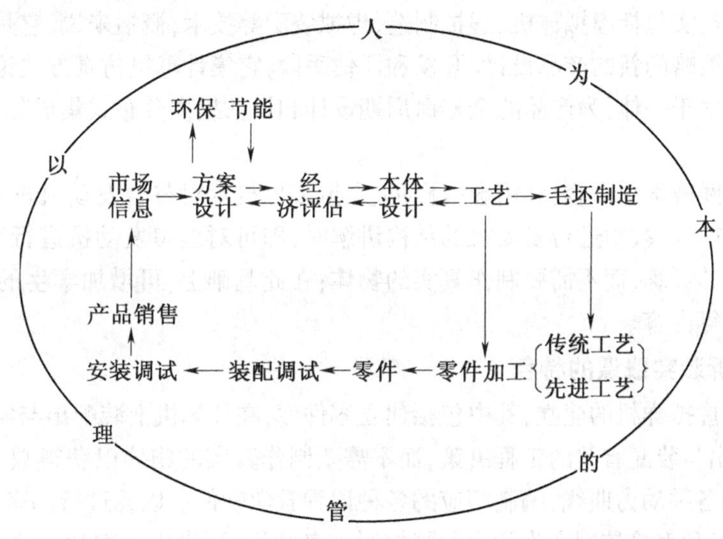

图1-12　工程设备的宏观设计过程——以人为本的管理

1.3　虚拟技术与实践教学

1.3.1　现代三维数字化教学与实践教学的关系

现代绘图技术和造型软件发展非常迅猛，其技术普及到各个工程设计领域。三维设计是新一代数字化、虚拟化、智能化设计平台的基础，它是建立在平面和二维设计的基础上，让设计目标更立体化、更形象化的一种新兴设计方法。图1-13所示为饮水机爆炸图。

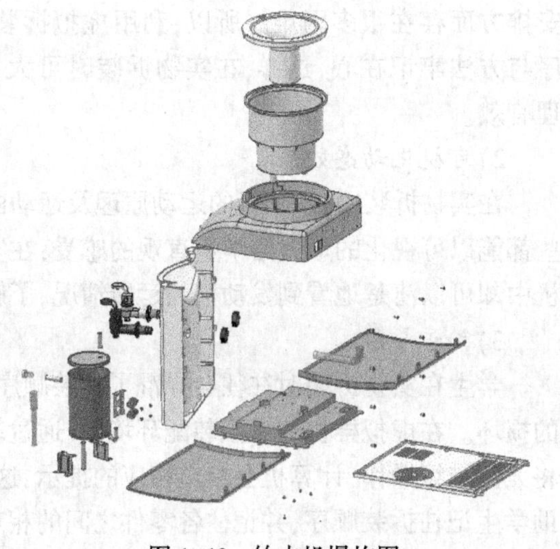

图1-13　饮水机爆炸图

三维数字化教学不能完全取代实践教学。随着三维数字化造型技术的蓬勃发展，工程实践是否需要教师付出心血筹建开展呢？观看形象逼真的三维造型产品模型是否就不需要工程实践教学呢？我们听听学生如何说。

实践教学体会——姚轶薄（物流1502）　由三视图想象出来的实物图与真实的实物有一定的差距，虽然老师的PPT做的生动形象，但是看PPT平面图，不如看实物生动形象。这是任何一堂理论课都无法比拟的课程,知识量远大于普通理论课堂的十倍百倍。

1.3.2 虚拟技术在发动机实践教学中的应用前景

西方国家在飞机、汽车工程专业设计中,除平面视图表达外,虚拟样机以及绿色设计与绿色装配的应用比例已经非常可观。

在现代大工业时代,工程设计技术的表达从简单的二维视图表达,发展成更为直观的三维造型、虚拟样机以及今天的绿色设计和绿色装配与制造的应用,使设计表达更为直观化、环保化和经济化。

近年来,虚拟现实技术在各领域得到了广泛的应用。机械领域中,计算机辅助设计与制造技术,已从过去简单的平面绘图,发展到今天三维实体设计、装配和加工等各个方面。能否在实践课中结合虚拟现实技术的优点,使教学与当前的科技成果相结合,达到更直观的教学效果,使学生更好地掌握已学的理论知识,掌握先进的工程设计技术呢?

机械系统的虚拟现实包括虚拟样机、虚拟制造、虚拟装配等技术,概括来说,它是一种新型的基于集成化产品和过程开发策略的新的产品设计、开发和评估手段,它集计算机仿真方法论、现代管理、系统工程、模型技术、网络技术于一体,为产品的全寿命周期设计和评估提供分布式集成化环境,从而降低了成本、缩短了开发周期。

以发动机作为实践教学的内容,利用虚拟样机、虚拟装配技术对整台发动机进行模拟仿真,学生可以在具体实体拆装之前,在教师进行发动机的结构讲解时,即可对虚拟发动机进行观察,然后对虚拟发动机进行拆卸和组装的训练,而不需要制作真实的物体;在此基础上,可增加学生的个性化设计以及在网络上进行并行设计等内容。

1. 虚拟发动机拆装实践课的特色

利用计算机进行虚拟样机的建立,其中包括建立零件库,在计算机上装配出与实物参数相一致的虚拟三维发动机,并做出与装配有关的工程决策,而不需要制作真实的物体以获得数据;同时可模拟发动机的工作状态及绘制各种动力曲线,编制相应的各种课程教学软件。以此进行的多媒体教学,强调了学生的参与,使过去由教师直接控制变为师生共同控制信息的传递,优化了教学方法与教学手段,达到教学目标。

将虚拟技术引进发动机的拆装实践课,具有以下特点:

1)提高实体拆装效率

实物拆装直观性强,实践性强,有它无可比拟的优点。但是,实物拆装受到教学学时的限制,我们曾指导学生拆装过汽车发动机,需要连续拆装5~6个小时,显然连续5~6个学时的实验,在教学安排方面存在很多困难。所以,利用虚拟拆装实验可使学生在实物拆装前反复操作,直至将拆装程序与方法牢记在心,这样,在实物拆装时可大大缩短拆装时间,提高拆装效率,使课程的安排更加合理有效。

2)可视化动态效果

在实物拆装中,发动机的运动原理及运动曲线只能通过讲解或以图表显示来实现,在虚拟样机中这些都能以可视化的形式给学生直观的感受;在实物拆装中,不可能看到发动机的工作过程,而在虚拟样机中却可以清楚地看到发动机的运转情况,了解发动机的工作原理,从而取得非常好的教学效果。

3)知识导航

学生在实物拆装时往往会弄混了拆装顺序,并且对零件的装配位置也记不清,这对零部件会有较大的损坏。在虚拟样机的虚拟装配环境下,通过教学指导软件可对拆装步骤进行编号说明,若弄错了顺序将无法继续操作,计算机会给出相应的提示,这样能适时地以自然方式给学习者以信息反馈,较好地帮助学生记住拆装顺序,并记住各零件之间的相对位置关系。这一训练过程可使学生在实物拆装中更好地摆设各零件的位置,培养学生的管理意识和做事的条理性,为学生今后从事任何工作都奠定了基础。

4) 参数校验

在虚拟样机中,可对公差配合及运行干涉进行校验。学生可以选择各种公差进行模拟装配,虚拟体验公差不同时,零部件的装配效果,是否具有运动干涉,从而对公差有了一定的感性认识。这样可以不必实际加工不同尺寸公差的零件,也不必进行实际装配来了解和体验公差与运动精度之间的关系,就能培养学生严谨的科学作风。用虚拟样机可大大节省材料和加工工时,同样能达到教学目的。

5) 个性化的设计训练

学生可利用教师提供的参数化的三维零件库和相应的软件进行设计,在计算机上,学生可以积极参与和发挥创新精神,设计"虚拟操作"产品,开发支持机械零件装配的模型、工具,辅助开发装配设计和装配计划,最后装配出自己的发动机。这样就调动了学生学习和探索新知识的积极性,激发了他们的想象力,让学生在自我设计中去发现问题,寻找方法去解决问题。

6) 集体设计与装配

在进行复杂的发动机设计与装配时,可以为学生设计一种虚拟联盟,利用多媒体教室的计算机局域网络,使学生每人负责一部分部件的设计,然后在虚拟装配线上进行虚拟组装。这就要求学生对各自设计和装配的零件或组件负责。最后集体设计并组装出一台完整的发动机。这有助于锻炼学生的相互协作和协调人际关系的能力,增强学生的责任感和集体荣誉感。

7) 网络化教学及远程教育

虚拟技术的应用,可使诸如发动机拆装之类的实践课适用于非在校生的学习,通过网络化教学,教师可随时指导学生进行虚拟拆装实验。这样,资源可异地共享,提高资源的可利用率,加速信息的流通。

2. 虚拟技术应与传统教学相结合

虚拟技术为实践和理论之间搭起了一座桥梁,它一方面强调了实践课的实体感性认识,使学生具有强烈的沉浸感,激发学生的创造性和学习热情,富有挑战性;另一方面,它将发动机的一些理论知识贯穿其中。虚拟样机、虚拟装配技术横跨多个领域,涉及的知识面宽泛,使学生更好地掌握已学的理论知识,掌握先进的工程设计技术。同时,计算机的随时、随地性,使学生可以根据自己的特点进行个性化的学习,使整个教学环节灵活起来。

将虚拟技术应用在发动机拆装实验中,是实践课程教学的一个新起点,它可以融入到信息时代的机械设计当中,因其具有高度的可视化和直观感受,为学生理解实验的目的与要求起到了重要作用。虚拟技术与实验课的紧密结合,扩展了实践课的内容,形成了一个新的实践课程体系,大大提高了实践课的教学效果,培养了学生工程设计的综合能力。

但虚拟技术并不能代替传统的实体发动机拆装课,对实体的第一感性认识,以及在实体操作过程中,各种工具的使用、施加力的大小与方向等实际的动手能力是无法通过虚拟样机真切感受到的。虚拟技术的应用,使我们能够利用现代信息技术拓展传统的教学方法,使之互助互补,进一步提高教学质量,为学生的思维开发和实践能力的训练构筑一种良好、宽泛的氛围。

1.4 以工艺为理念的制图实践教学

1.4.1 零件的毛坯制造工艺展示

从毛坯生产工艺,了解各种毛坯零件的结构特点。

学生根据所学的各种立体特征元素及其兴趣特点,可为后续课程中的产品制造做好前期设计,设计出自己喜欢的作品,如图 1-14(c)所示。

1.4.2 零件的加工制造工艺展示

圆柱、锥、球及平面立体,这些都是产品的主要特征元素,根据学生掌握的知识点和兴趣,可设计加工自己喜欢的产品,参见彩插。

1.4.3 制造视频工艺的魅力

工艺(Craft)是劳动者利用生产工具对各种原材料、半成品进行增值加工或处理,最终使之成为制成品的方法与过程。

针对不同的制图知识点,可让学生观看不同的加工工艺视频(见图1-14),帮助学生理解结构工艺,如退刀槽、越程槽、表面结构参数、精度等级概念、焊接结构等制图知识点。将现代制造工艺视频引入制图系列课程,利用独特的工程实践手段讲解课本上枯燥无味的知识,使学生收获的不仅是制图本身知识,而是更多的工艺与设计的知识容量,激发了学生的学习兴趣。

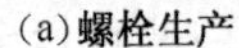

(a)螺栓生产　(b)车发动机曲轴　(c)镗削发动机缸体

图1-14　工艺视频截图

通过实践教学,使学生得到工艺与设计理念的培养,而不局限于知识传授和能力的基本训练,更重要的是培养学生研究方法和解决实际问题的能力。

1.5 人类工程环境中的构形科学

设计目的有三,其一解决物体功用性,其二展示艺术美学性,其三诠释人类文明内涵性。无论从哪个角度设计,最终目的都是为了解决现实生存和就业问题,提高人类自身品质,满足人类自身物质和精神的需求,从而达到和谐自身、和谐社会、和谐自然。

1.5.1 工程设计中的零件功用与工艺

零件的设计基础来自于零件功用与工艺,通过拆装发动机活塞销实践教学,了解活塞销的功用、工作环境和工作性质,从而理解零件的构形设计基础来自于零件的功用。在机械制图教学中,以工艺为引线,零件的“功用、工艺和尺寸标注”相结合的制图教学是一种创新性教学理念。激发了学生的学习兴趣,强化了学生对制图知识点的理解和掌握,为培养应用型、实用型、设计型人才奠定了坚实的基础。

1. 零件的功用

活塞销是发动机曲柄活塞连杆部件中的一个重要零件,其外形一般为圆柱形,是制图中构形最简单的零件,它装在活塞裙部,如图1-15(a)、图1-15(b)所示。

2. 零件的工作状况

活塞销的中部穿过连杆小头孔[见图1-15(c)],用来连接活塞和连杆,并将活塞承受的气体作用力传给连杆。活塞销在高温条件下承受很大的周期性冲击负荷,且由于活塞销在销孔内摆动角度不大,难以形成润滑油膜,因此润滑条件较差。为此活塞销必须有足够的刚度、强度和耐磨性,质量尽可能小,

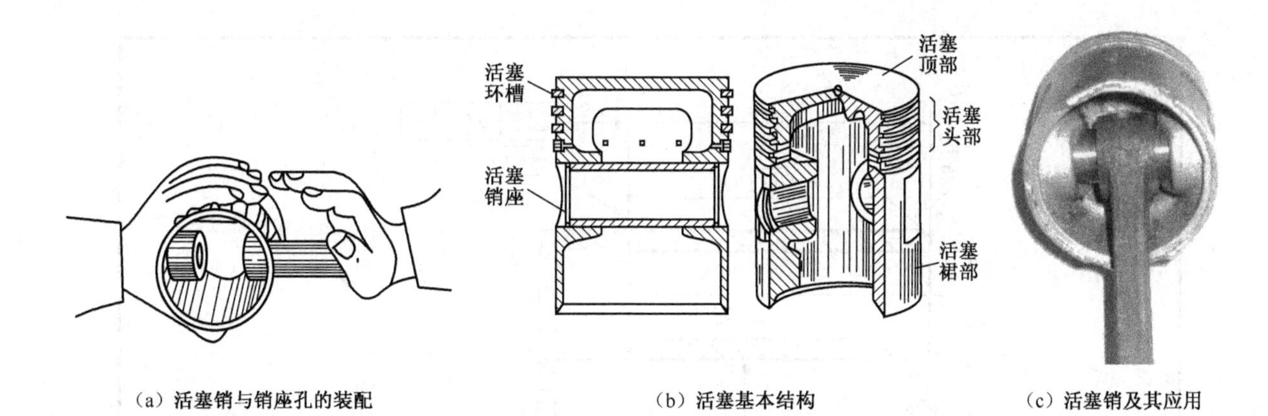

(a) 活塞销与销座孔的装配　　(b) 活塞基本结构　　(c) 活塞销及其应用

图 1-15　活塞及活塞销

销与销孔应该有适当的配合间隙和良好的表面质量。在一般情况下,活塞销的刚度尤为重要,如果活塞销发生弯曲变形,可能使活塞销座损坏,造成人身事故。为了减轻质量,活塞销一般用优质合金钢制造,并作成空心。

3. 零件的工艺知识

考虑到活塞销的工作性质,为提高其强度和刚度,活塞销一般采用挤压生产的方法制造,如图 1-16 所示,外表面需进行研磨。

4. 活塞销的尺寸标注

组织学生进行实践教学,拆装发动机并分析活塞销,获取真实的零件结构和有关的知识点,真实的配合和装配关系等,在掌握活塞销功用的基础上,对活塞销进行测绘(见图 1-17)和构形分析,并绘制出其零件图(见图 1-18)。

图 1-16　活塞销挤压生产

图 1-17　活塞销测绘

活塞销结构简单,对于学生来说,构形没有难度,难度在于如何标注尺寸公差,如何认识形位公差对活塞销特定工作环境下的重要性。

1.5.2　科学技术中的艺术美学创新实践

北京水立方如图 1-19 所示,建筑结构就像不规则排列的金属晶格(见图 1-20),类似多晶体金属结构。

它是我国自主创新科技的亮点,设计及制造工作量是同等工程的 2~3 倍。它采用了使用年限达 100 年的混凝土结构及基于“气泡理论”的新型多面体空间钢架结构。

水立方使用杆件 20 670 根,球节点 10 080 个,每个杆件都不一样,每个节点的空间三维坐标均不同。建设中运用独特的聚四氟乙烯(ETFE 膜)立面装配系统及钢化膜结构,展现了一种金属晶体结构中的艺术之美。

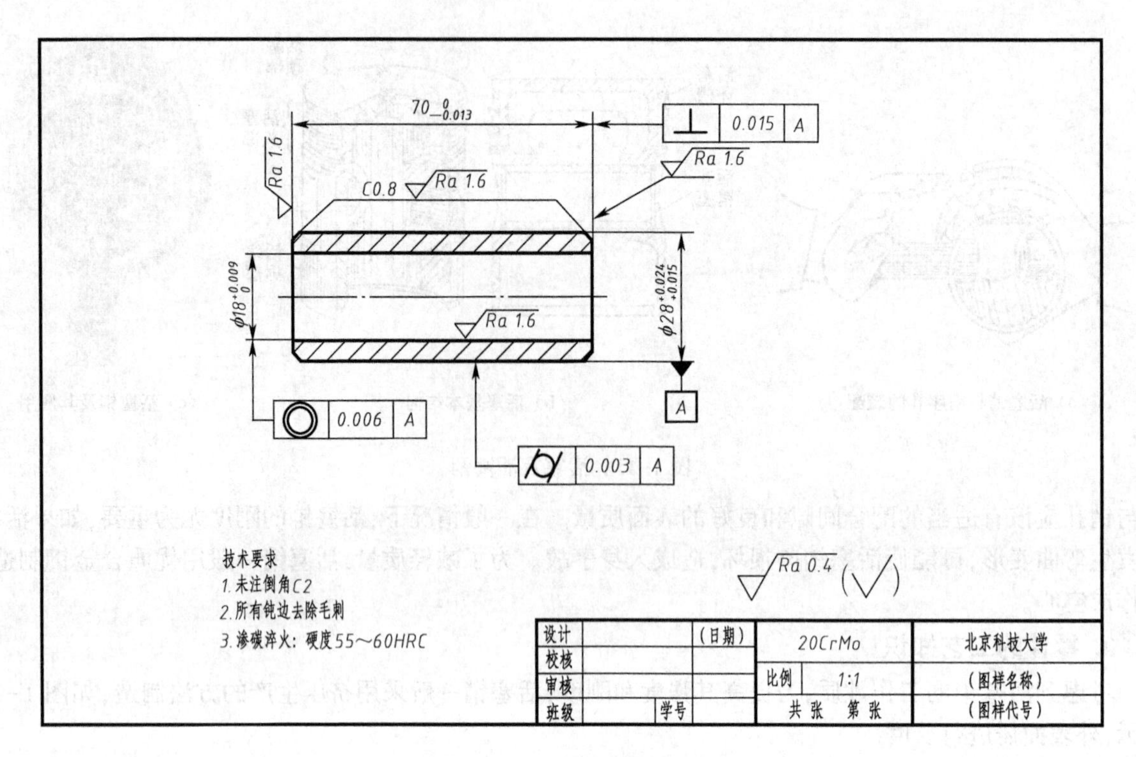

图 1-18　活塞销零件图样

图 1-19　晶体结构艺术之美多面体空间钢架结构

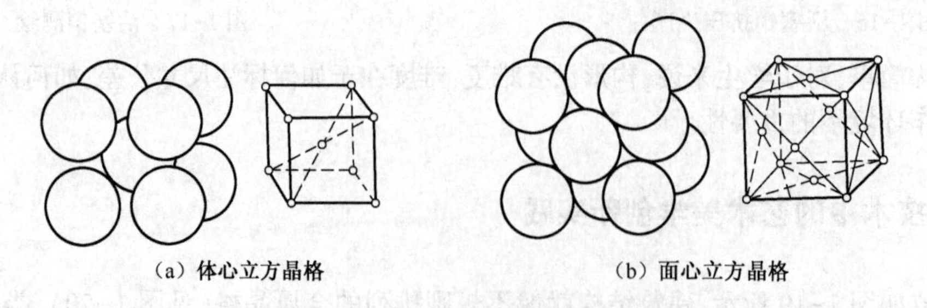

(a) 体心立方晶格　　(b) 面心立方晶格

图 1-20　金属晶体结构

水立方投资约为 10.2 亿元，这笔款项包含来自 107 个国家和地区的 35 万多港澳台同胞及海外侨胞捐献的 9.4 亿人民币。其中郑裕彤、郑家纯父子及属下企业曾捐赠 75 000 万元人民币，展示出港澳台同胞及海外侨胞伟大的爱国思想和情操。

科学技术中展示的艺术美学有许多，图 1-21 就是其一。

专业基础知识、专业知识的升华与实践使人类能够享受科技中带来的艺术美感。

(a) 焊接连接结合面犬牙交错互相咬合展示的艺术美

(b) 奥运工程金属连接工艺艺术之美

图 1-21　艺术美学展示

1.5.3　工程设计中的文化创意实践

平等、公正、和谐是人类文明的基础。在人类历史长河的发展进程中,马克思代表了无产阶级消灭剥削阶级、辩证法的文化美。古代教育家孔子代表了真诚礼的和谐文化美。朴素的哲学家老子代表了天人合一、保护环境的和谐中道思想美……多元文化代表了不贪、忍辱、无私奉献、平等关爱的文化美。

图 1-22 带有齿轮的雕塑是人文科学与自然科学的完美结合。齿轮,自工业革命之后,几乎无处不在,现代机械器件大多都有齿轮,是近现代工业科学发展的标志性体现。整个雕塑给人以美的感受,融大自然之神韵于巨大齿轮转动之中,体现了现代社会发展与自然保护的和谐,表达了天人合一的思想。

图 1-22(b)的"鸟巢",唤醒人类回归自然,呵护资源的责任意识。正如人们所说:人类善待自然就是善待自己。国家安全体系注册审核员黄钢汉先生说:人类慢慢地脱离自然,背离自然;人们现在认识它、学习它,还算是亡羊补牢,否则人类很快会废在自己的手里。

(a) 雕塑

(b) 回归自然"鸟巢"

图 1-22　工程设计案例

任何一位工程设计人员都有责任为保护我们的地球环境,保护我们的生态家园而考虑以人文科学为基础、以环保安全为理念的绿色生态和谐设计工程方案。科学发展的文化基础必然是一种"回归自然"的思想。所谓:执古之道,以御今有,能知古始,是为道纪。

现代工程设计实践教学是以现代工程实践为基础的一门综合性新型课程,具备了专业课程、基础课程、传统实验课程、专业维修课程等课程特性,主要目的是培养大学生综合工程实践意识和综合工程实践能力，具体体现在对人文工程、科技工程、绿色工程意识和能力三方面的培养。

21世纪，社会需要更高的应用型人才、实践型人才、创新创业型人才，同时由于就业和生存的压力，需要大学生提高工程意识和工程实践能力，开展实践教学是中国创新、全民创业的发展必然。

1.6 以设计为理念的设计制图实践教学

高层次创新人才的培养目标，不仅要求具有扎实的理论基础，而且要求具有多方面的实践能力。教育事业长期坚持理论与实践相结合，坚持教学与科研、生产相结合，使各层次学生始终在理论与实践、科研和发展的环境中学习成长。根据我国的实际国情和就业形势，尤其应该注重实践能力和科技创新能力的教学和培养，而这却是我国高等教育事业的薄弱环节。

1.6.1 实践教学基础

以复杂设备发动机（见图1-23）和民用工程简单设备饮水机（见图1-24）为实践设计教学基础。实践、创新设计、虚拟样机及拆装、三维一体、机电一体化的实践创新设计教学，使学生得到了工程实践能力的培养，得到了工艺与设计理念的培养，学生收获的不只是对制图课程本身简单工程设备的熟悉，而且还掌握了工程系统的设计思维，培养了学生解决实际问题的思维和能力，使制图实践教学内涵得到进一步升华和拓展。

图1-23 发动机实践教学

图1-24 实践教学现场

1.6.2 以创新设计为理念的制图实践教学

通过拆装了解机器、部件的功用，熟悉零部件之间的装配关系，在此基础上进行设计，培养学生机器设计思维和实践意识，培养总工程项目设计师的设计思维和实践意识。让学生绘制亲自拆装的生产生活机器和设备，对零件进行表达方案的讨论，提出不合理处并进行创新改造设计。如在拆装饮水机接水盒时，有学生建议对接水盒进行改造，从复杂变为简单，如图1-25所示。也有同学对饮水机整机提出了改进意见，如图1-26所示。在实践性教学课堂中，注重解决问题能力和创新设计意识的培养，如图1-27所示。

饮水机上面板设计凹凸不平并有复杂的曲面，制造工艺复杂，因而使成本增大，设计人员一定要考虑制造工艺成本，设计应该为我们人类自己生存服务而考虑。

实践教学体会——彭亚（安全0802班）：“樊老师延续以往的教学风格，将设计理念融入制图教学中，一个简单的饮水机和家用压面机（见图1-28），就能引发我们对设计制图的思考，会想到：设计是为什么？如果设计出来一大堆图纸，却因为制图错误而不能将所设计的东西生产出来，那么设计的意义是什么？等问题，如果大一时我们专业就开设了这门课程，说不定，我现在就转去机械学院了。”

（a）　（b）

图 1-25　接水盒从复杂到简单

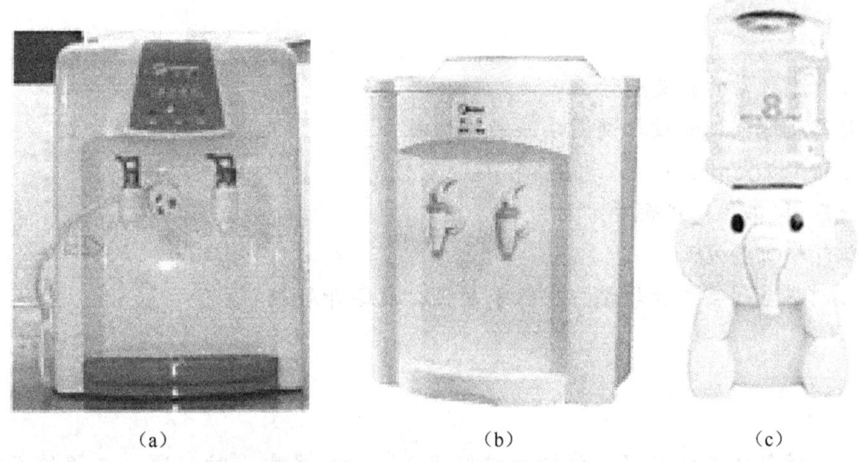
（a）　（b）　（c）

图 1-26　整机改型从复杂到简单再到情趣设计

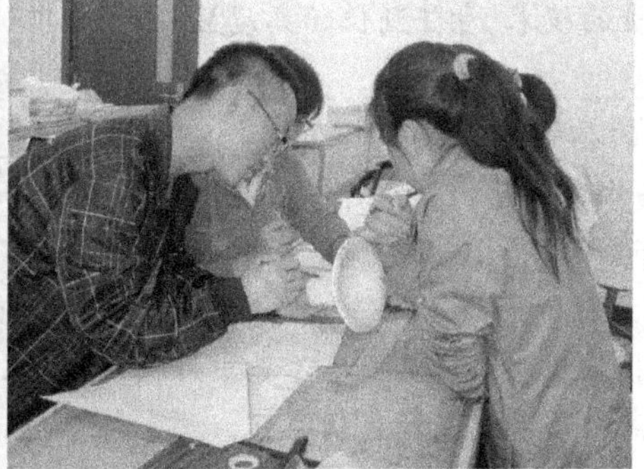

图 1-27　实践教学设计意识培养

通过开展实体拆装，结构设计和创新改进，建立虚拟样机和虚拟拆装，三维一体化和机电一体化的设计制图实践教学，使学生得到了工程实践能力的培养，得到了设计理念的培养，学生不仅熟悉了制图时需要绘制的简单的工程设备，而且掌握了工程系统的设计思维，培养了学生解决实际问题的思维和能力。机电一体化的实践创新设计教学使制图课程教学内涵进一步得到升华和拓展。

图 1-28　家用压面机

通过十几年的实践教学研究，发现实践教学课堂是大学生综合工程意识和工程实践能力培养的主阵地，它给学生提供了认识社会和生产并亲自实践的机会，了解了制造工艺和加工工艺的知识，培养了总工程项目设计师的设计思维和实践意识,同时也是安全意识教育的主阵地。

实践教学是一种生动的机器设计实战课堂,通过这种实战激发了学生对机械的兴趣 ,提升了道德品性,增强了对劳动人民的感情,增强了集体观念和协作精神,了解了现实生产工程。

通过实践教学可以了解现实社会和现实生产,可以获取真实的知识点,了解真实的结构复杂性、真实的配合和装配关系,获得直观真实的基础知识、技术知识和专业知识,直接获得成本意识、价值意识、工程意识,提高社会适应能力。

思 考 题

1. 现代工程实践教学的意义是什么?
2. 有无必要开展现代工程设计制图实践教学课程?
3. 实践教学的定义是什么?
4. 根据专业不同,工程包括哪些方面?
5. 工程意识包括哪些方面?
6. 你认为在制图系列实践教学课程中应采用什么设备开展教学?

习　　题

1. 高效的三元桥整体置换工程工作仅仅持续了________多少小时。这一工程的成功实施体现了____________________的高度和谐,通俗地说是____等各个环节工程人员的技术、责任到位的高度显现。

2. ____________________ ____________________是人类文明进步的基础。

3. 常见的晶格类型有________、________、________。水立方建筑结构就像不规则排列的金属晶格,类似多晶体金属结构。用杆件将晶胞连接并________成为一个整体．水立方使用杆件有________根,球节点有________个,每个杆件都不一样,每个节点的空间三维坐标均不同。

4. 水立方投资约为________亿人民币,这笔款项中由107个国家和地区的35万多港澳台同胞及海外侨胞共捐献了9.4亿人民币。其中郑裕彤、郑家纯父子及属下企业曾捐赠五千万元人民币,显示港澳台同胞及海外侨胞伟大的爱国热情。

参考文献

1. 樊百林,蔡嗣经,黄钢汉.在实践教学中培养大学生现代工程意识和能力的探索和实践[R].机械类课程报告论坛.2010.5.

2．樊百林,霍煜梅,张锁梅.人类工程环境中的构形科学的探究与实践[M]. 北京:清华大学出版社,2010.

3. 樊百林,陈华,李晓武,等.工艺和设计理念的制图实践教学研究[J].科技创新导报,2011- NO13.

4. 樊百林.发动机原理与拆装实践教程—现代工程实践教学[M].北京:中国邮电出版社,2011.

5. 樊百林.从空中回来——现代大学新论语生命的意义[M].北京:时代文化出版社,2014.

6. 樊百林,甄同乐,彭亚.综合工程意识和能力培养的实践性制图教学哲学思考[J].中国科技纵横,2011,6.

7. 樊百林,蔡嗣经,黄钢汉.人文科学与现代工程设计有机结合的创新实践[J].金属世界.2009.

8. 樊百林.时间的付出和知识的渊博是实践教学效果的基本保证[J].中国科技创新导刊.2010(4).

9. 樊百林,许倩,申炎华.对实践教学系统化的思考以及虚拟技术在教学中的应用探讨[J].北京科技大学学报(自然科学版),2004(2).

第 2 章　现代工程设计制图国家标准

发动机工程实践学习感想

李佳宇(材料 14)　开展发动机实践教学很有必要,因为实践教学本身就有助于课上理论的消化和吸收,又可作为调节剂调节传统枯燥的理论课堂,同时培养学生们的见识,培养学生们严谨的科学态度,团队合作意识、系统意识、动手操作技能等这些都是只有实践教学才能培养出来的能力。

对工作要有科学严谨的态度,就本次实践来说,要按部就班的按照发动机拆装顺序拆装,千万不能错乱,否则很有可能失败,科学的方法都是樊老师从多年的教学实践中总结出来的,我们应该严格遵守。

张冰芦(冶金 E13)　实践这本书,内容丰富,使用价值高,使我们受益匪浅,樊老师的 ppt 做的非常生动,但我们仍然愿意亲自拆发动机,看看发动机中的标准件,对我们学习标准件知识和认识国家标准作用更加直观。一切理论只有付诸了实践才有它的价值,实践是检验真理的唯一标准,谢谢樊老师的无私奉献,这些知识我们终生受用!

赵泓(冶金 E13)　脱离书本,将头脑中知识应用于实践,观察,交流,分工合作。这门课是我们的自豪和骄傲!这是一门真正将理论课付诸实践的课程,这是一门真正考验我们团队合作能力的课程,回首老师建立实验室时的种种不易,感谢老师带着真诚和信念开创这门让我们收益匪浅的课程。

马佺(材料 0710 班)　我们在上完老师的机械制图课后,颇有感受。感觉中国的文化博大精深,以前了解的很少,对文化的不重视是我们学习的弊端。往常的学习中,我们习惯了传授式的教育,很少有老师会讲一些真正立足人生高度的知识,而在樊老师的课上我们感受到了异样的感觉,觉得老师是真正在用心教我们学习。我们不只学到了制图,更感受到老师人格的魅力。

本章学习目标:

✧ 学习工程制图的国家标准及手工绘图的基本技能。

本章学习内容:

✧ 制图标准的基本规定
✧ 尺规绘图的工具及其使用方法
✧ 图形尺寸基本规范
✧ 常见几何图形的作图方法
✧ 掌握视图表达的各种符号

实践教学研究:

✧ 观察工程设备中哪些产品在国家制图标准中规定了图样的画法。

关键词:国家制图标准,标题栏,字体,图线。

工程图样是工程技术人员表达设计思想,进行技术交流的工具,也是指导生产的重要技术文件,因此国家有关部门制定了统一的规范,即《技术制图》及《机械制图》的国家标准。这些标准是绘制和阅读工程图样的准则,因此应该严格遵守。

2.1 国家制图标准的基本规定

2.1.1 制图标准的基本规定

国家标准的代号为 GB,T 为推荐性标准,表 2-1 为国家部分标准清单。GB/T 10609.1—2008 表示该标准的编号为 10609.1,2008 年修定颁布。本节主要介绍图纸幅面及格式、比例、字体、图线和尺寸等标准。

表 2-1 国家部分标准清单

序号	标准编号	标准名称
1	GB/T 10609.1—2008	技术制图 标题栏
2	GB/T 10609.2—2009	技术制图 明细栏
3	GB/T 10609.3—2009	技术制图 复制图的折叠方法
4	GB/T 10609.4—2009	技术制图 对缩微复制原件的要求
5	GB/T 14689—2008	技术制图 图纸幅面和格式

1. 图纸幅面及格式

图纸幅面和格式由国家标准 GB/T 14689—2008《技术制图 图纸幅面和格式》规定。

1)图纸幅面

图纸幅面是指由图纸长度和宽度组成的图面。绘制图样时,应优先采用表 2-2 中规定的基本幅面。必要时,可按规定加长幅面,需要时可查阅有关标准。

表 2-2 图纸幅面及图框尺寸 单位:mm

<table>
<tr><th colspan="2">幅面代号</th><th>A0</th><th>A1</th><th>A2</th><th>A3</th><th>A4</th></tr>
<tr><td colspan="2">$B\times L$</td><td>841×1 189</td><td>594×841</td><td>420×594</td><td>297×420</td><td>210×297</td></tr>
<tr><td rowspan="3">周边尺寸</td><td>a</td><td colspan="5">25</td></tr>
<tr><td>c</td><td colspan="3">10</td><td colspan="2">5</td></tr>
<tr><td>e</td><td colspan="2">20</td><td colspan="3">10</td></tr>
</table>

2)图框格式

图纸上限定绘图区域的线框称为图框,必须用粗实线绘制。常用格式为装订型和非装订型两种,如表 2-2 所示,其尺寸按表 2-2 确定。

3)标题栏

(1)标题栏格式。每张图样上都必须画出标题栏,用来表达零部件名称、绘图比例及其管理等信息。标题栏的位置一般位于图纸的右下角,底边与图框底边线重合,右边与图框右边线重合,如表 2-3 所示。国家标准 GB/T 10609.1—2008《技术制图 标题栏》规定了标题栏的格式和尺寸,如图 2-1 所示。制图作业推荐使用图 2-2 所示的简化格式。

(2)看图方向:如表 2-3 所示,当标题栏的长边置于水平方向并与图纸的长边平行时,构成 X 型图纸,见表 2-3 中的图(a),图(c);标题栏的长边与图纸的长边垂直时,构成 Y 型图纸,见表 2-3 中的图(b),图(d),此时,标题栏中文字方向为看图方向。

当使用印好边框的图纸或布图受限时,标题栏可位于图纸的右上角,但应画出方向符号,方向符号是一等边三角形,放置在图纸下端对中符号处,如图 2-3 所示。

2. 比例

比例是指图样中图形与实物相应要素的线性尺寸之比。国家标准 GB/T 14690—1993《技术制图 比例》对比例的选用进行了规定。绘制图样时,应按表 2-4 规定的系列中选取适当的比例。

表 2-3　图框格式和边框画法

类型		X 型	Y 型
常用格式	装订型	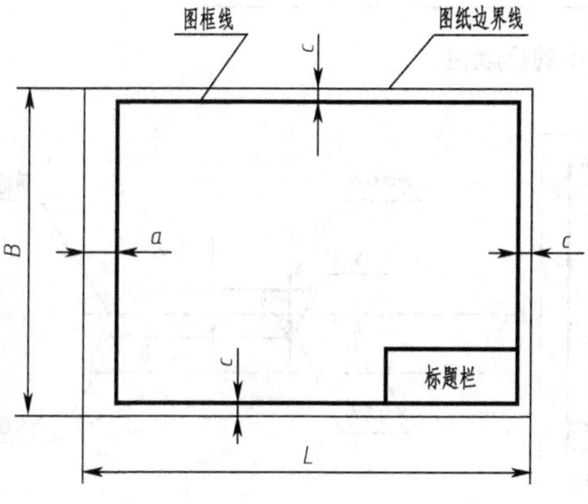 (a)	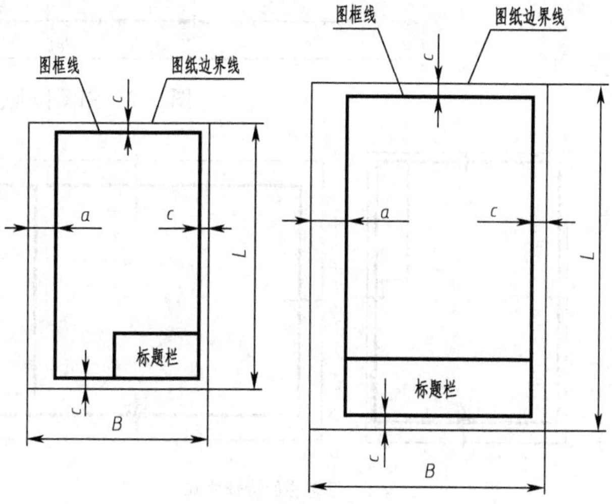 (b)
	非装订型	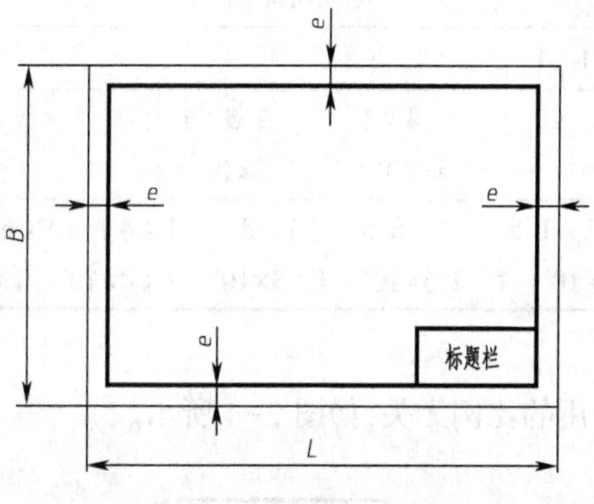 (c)	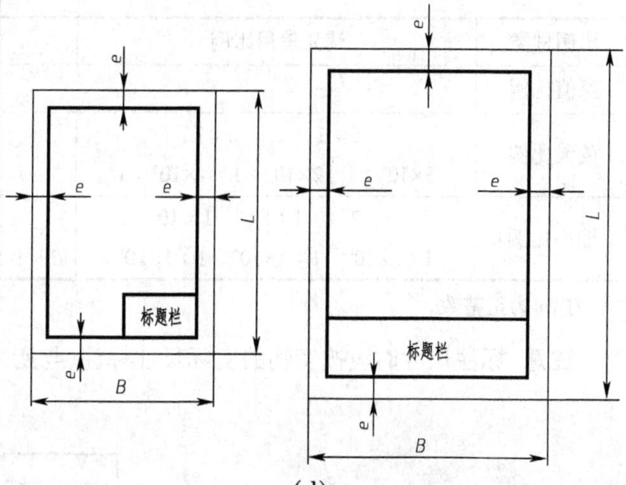 (d)

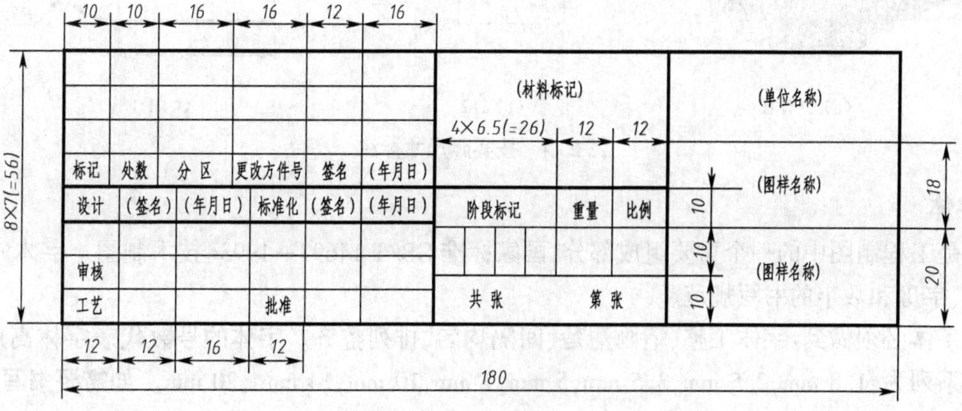

图 2-1　标题栏

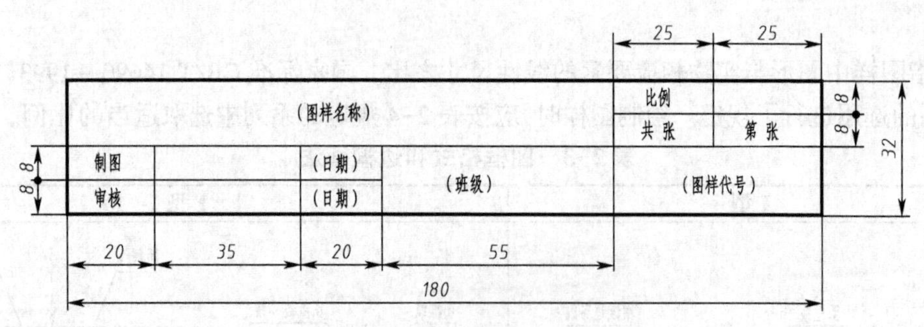

图 2-2　制图作业使用的标题栏

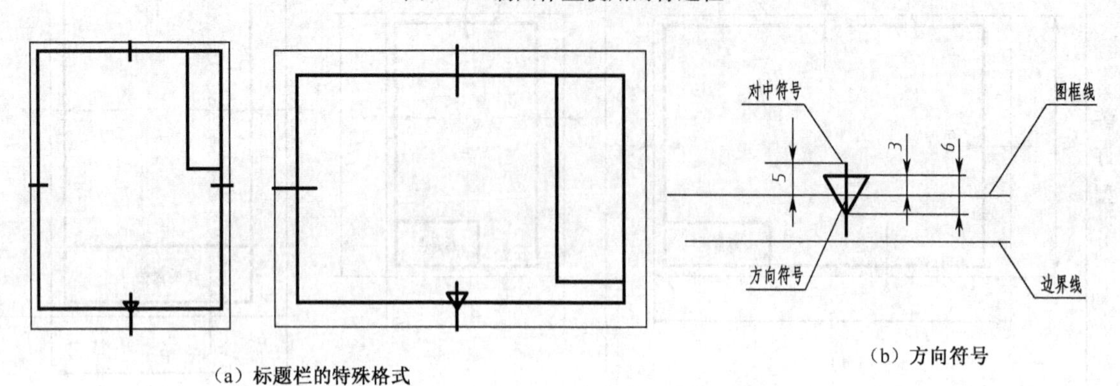

(a) 标题栏的特殊格式

(b) 方向符号

图 2-3　标题栏的特殊位置及方向符号

表 2-4　绘图比例

比例种类	优先使用比例	可使用比例
原值比例	1 : 1	
放大比例	5 : 1　2 : 1 5×10^n : 1　2×10^n : 1　1×10^n : 1	4 : 1　2.5 : 1 4×10^n : 1　2.5×10^n : 1
缩小比例	1 : 2　1 : 5　1 : 10 1 : 2×10^n　1 : 5×10^n　1 : 1×10^n	1 : 1.5　1 : 2.5　1 : 3　1 : 4　1 : 6 1 : 1.5×10^n　1 : 2.5×10^n　1 : 3×10^n　1 : 4×10^n　1 : 6×10^n

注:n 为正整数。

注意:标注尺寸时应按实物的实际尺寸标注,与所采用的比例无关,如图 2-4 所示。

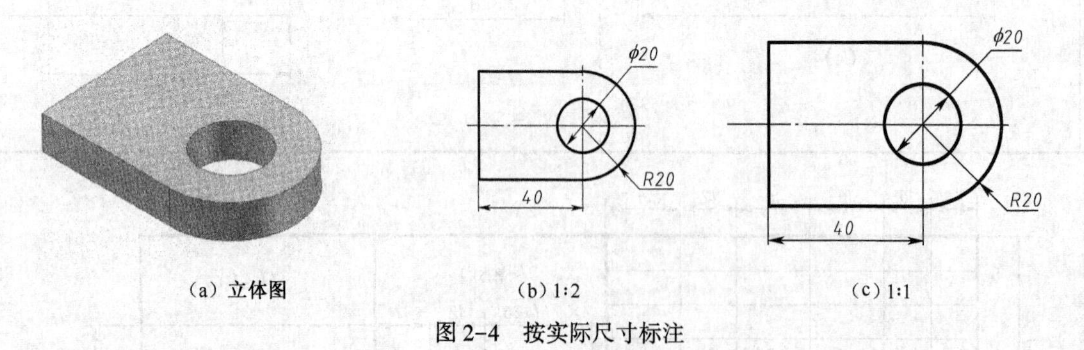

(a) 立体图　(b) 1:2　(c) 1:1

图 2-4　按实际尺寸标注

3. 字体

字体是工程制图中的一个重要组成部分,国家标准 GB/T 14691—1993《技术制图　字体》规定了图样上汉字、字母和数字的书写规范。

书写字体必须做到:字体工整、笔画清楚、间隔均匀、排列整齐。字体的号数代表字体高度(h),其公称尺寸系列为:1.8 mm,2.5 mm,3.5 mm,5 mm,7 mm,10 mm,14 mm ,20 mm。如需要书写更大的字时,其字体高度应按$\sqrt{2}$的比率递增。

1) 汉字

如图 2-5 所示，汉字应写长仿宋体，并采用国家正式公布的简化字。汉字的高度不应小于 3.5 mm，其宽度一般为字高的 $1/\sqrt{2}$。长仿宋体的基本笔画见表 2-5。

表 2-5　长仿宋体的基本笔画

点	横	竖	撇	捺	挑	钩	折

心 点 字	于 工	中	厂 八 匀	楚 边 处	均 拉	材 代 气	马 方

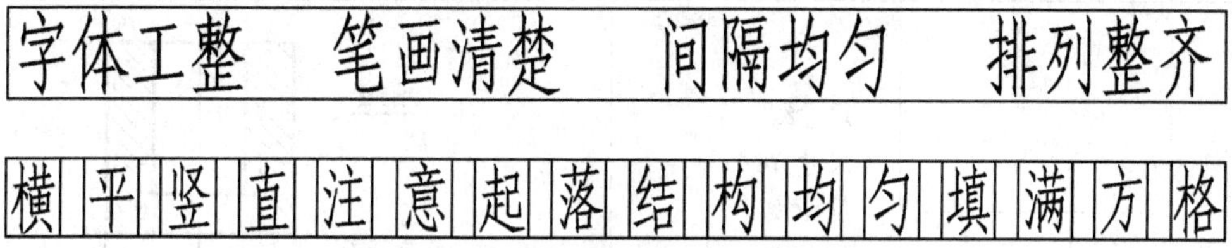

字体工整　笔画清楚　间隔均匀　排列整齐

横平竖直注意起落结构均匀填满方格

图 2-5　长仿宋体汉字书写示例

2) 字母与数字

字母和数字分 A 型（笔画宽为 $h/14$）和 B 型（笔画宽为 $h/10$）两类，在同一图样上，只允许选用一种形式的字体。在书写时可写成斜体或直体，一般机械制图采用斜体。斜体字字头向右倾斜，与水平方向成 75°，如图 2-6 所示。

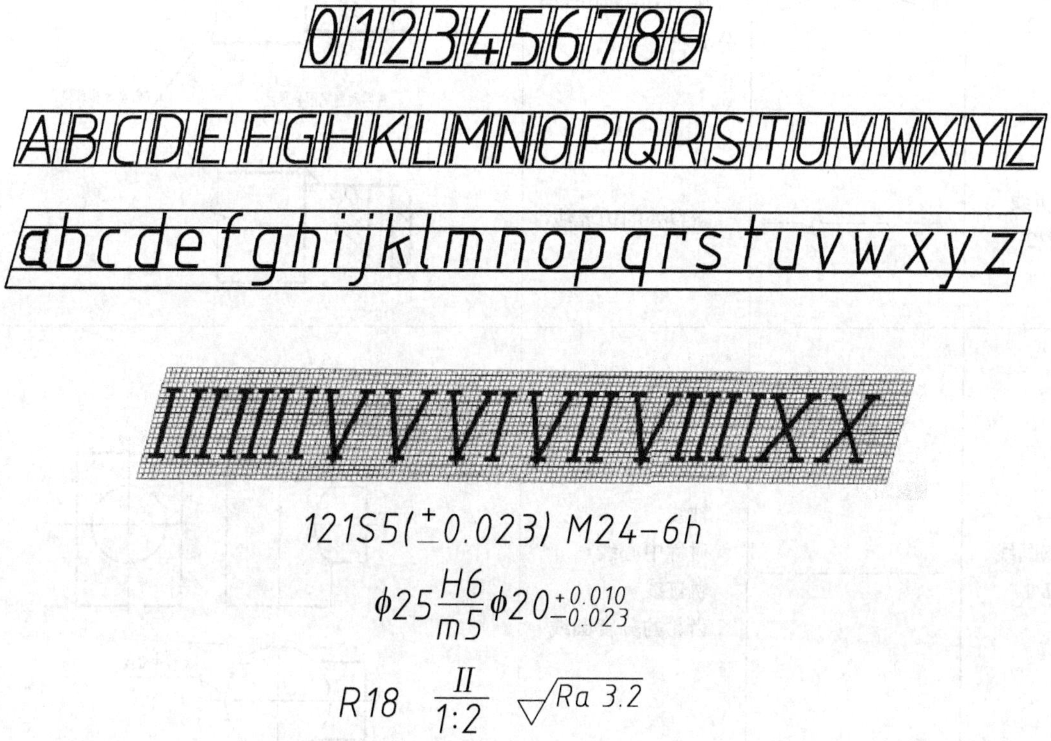

0123456789

ABCDEFGHKLMNOPQRSTUVWXYZ

abcdefghijklmnopqrstuvwxyz

I II III IV V VI VII VIII IX X

121S5($\pm$0.023) M24-6h

$\phi 25\frac{H6}{m5}\phi 20^{+0.010}_{-0.023}$

R18　$\frac{II}{1:2}$　$\sqrt{Ra\ 3.2}$

图 2-6　数字及字母的 A 型斜体字示例

4. 图线

1) 图线的基本线型及应用

机械工程图样中的图形是由不同形式的图线组成的。国家标准 GB/T 17450—1998《技术制图　图线》和 GB/T 4457. 4—2002《机械制图　图样画法　图线》中有详细规定。在绘制图样时，应采用规定的标准图线。表 2-6 所示为机械工程图样中常用的标准图线的名称、形式及其主要用途。

表 2-6　图线的基本线型及应用

名称及线宽	图线形式	主要用途	图例
粗实线 d		可见轮廓线	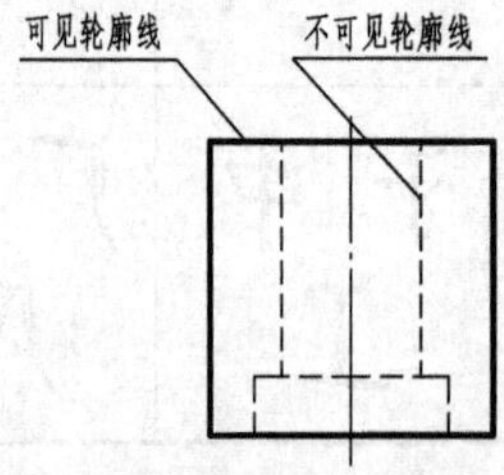 可见轮廓线；不可见轮廓线
虚线 $d/2$		不可见轮廓线	
细实线 $d/2$		尺寸线 尺寸界线 剖面线 辅助线 引出线	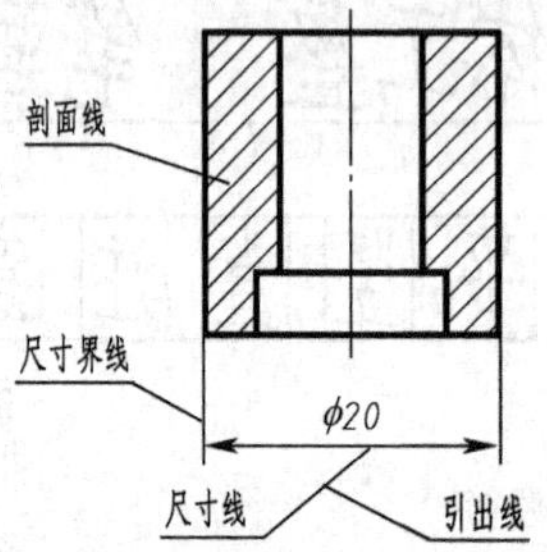 剖面线；尺寸界线；$\phi20$；尺寸线；引出线
波浪线 $d/2$		断裂处的边界线 视图和剖视图的分界线	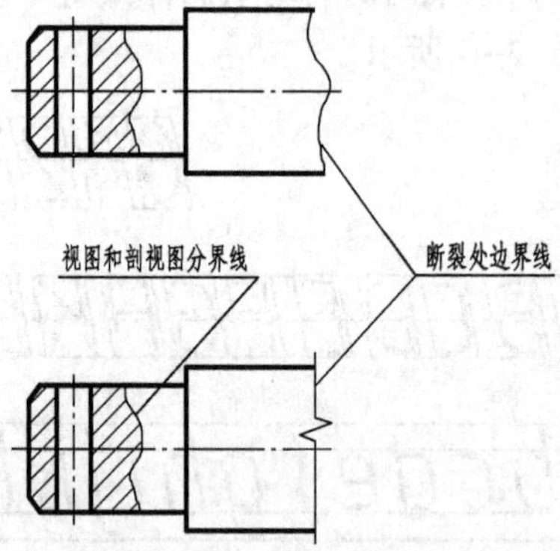 视图和剖视图分界线；断裂处边界线
双折线 $d/2$		断裂处的边界线	
细点画线 $d/2$		轴线 对称中心线 轨迹线 齿轮的分度圆线	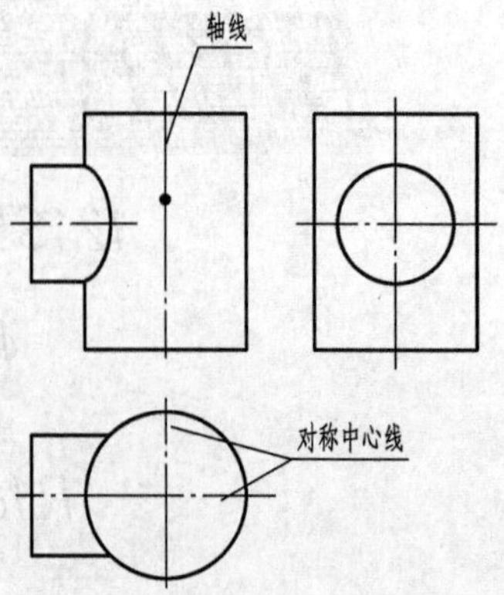 轴线；对称中心线

续表

名称及线宽	图线形式	主要用途	图例
细双点画线 $d/2$	—— · · —— · · ——	相邻辅助零件的轮廓线 运动零件极限位置的轮廓线 假想投影轮廓线	相邻辅助零件 极限位置

2)图线的宽度

机械工程图样中采用两种图线宽度——粗线和细线,粗线宽度 d,细线宽度约为 $d/2$。所有线型的图线宽度应按图样的复杂程度和尺寸大小,在下列数系中选择:0.13 mm,0.18 mm,0.25 mm,0.35 mm,0.5 mm,0.7 mm,1.0 mm,1.4 mm,2 mm。

3)图线画法

在绘图过程中,除了正确掌握图线的标准和用法以外,还应遵守以下各点:

①同一图样中同类图线的宽度应保持一致;虚线、点画线及双点画线的线段长度和间隔应各自大致相等,如图 2-7 所示。

②点画线的首末两端应是线段,且应超出图形轮廓线 2~5 mm;在较小图形上绘制点画线有困难时,可用细实线代替,如图 2-7 所示。

③图线相交时应以线段相交,但当虚线在粗实线的延长线上时,连接处应空开,粗实线画到分界点,如图 2-7 所示。

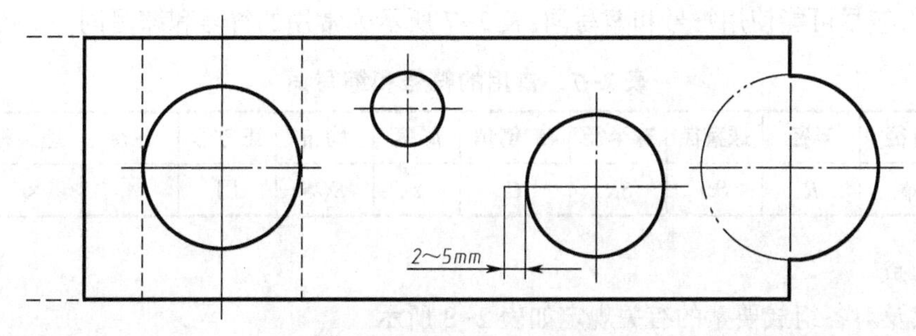

图 2-7 图线画法注意事项

4)线型的优先次序

当各种图线重合时,应按粗实线、虚线、点画线的优先顺序画出,如图 2-8 所示。

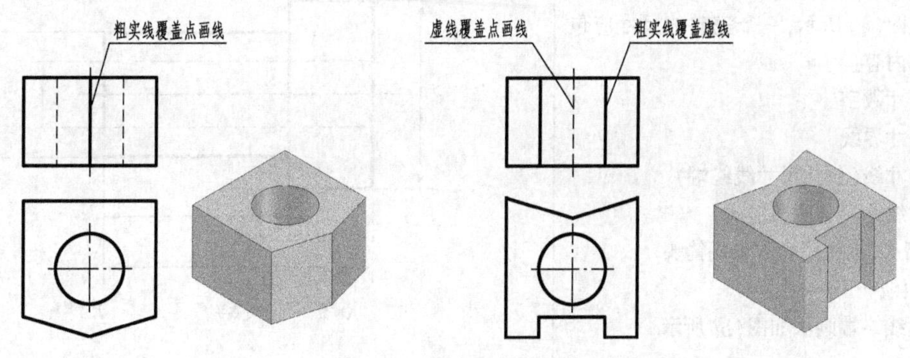

图 2-8 图线的优先次序

5) 图线的应用

图线的应用如图 2-9 所示。

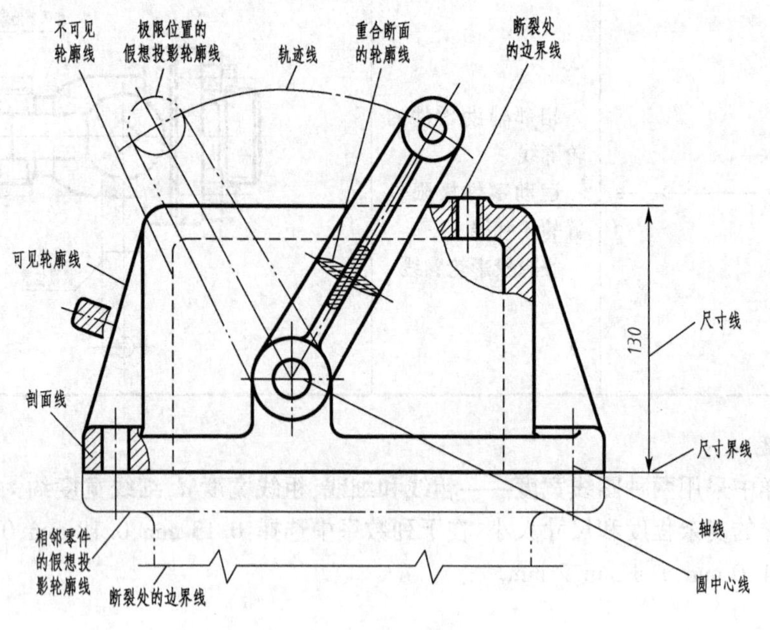

图 2-9 图线的应用

2.1.2 尺寸注法

1) 常用的符号

机件的大小是通过图样中的尺寸来确定的,因此标注尺寸是一项极为重要的工作,必须严格遵守国家标准中的有关规则。

标注尺寸时,应尽可能使用符号和缩写词,表 2-7 所示为常用的符号和缩写词。

表 2-7 常用的符号和缩写词

名 称	直径	半径	球直径	球半径	45°倒角	厚度	均布	正方形	深度	埋头孔	沉孔或锪平
符号或缩写词	*ϕ*	*R*	*Sϕ*	*SR*	*C*	*t*	*EQS*	□	⊤	∨	⊔

2) 尺寸的组成

尺寸的组成及对各组成要素的有关规定如表 2-8 所示。

表 2-8 尺寸的组成及有关规定

项目	说 明	图 例
尺寸的组成	如右图(a)所示,一个完整的尺寸应包含下列内容: ①尺寸数字 ②尺寸界线 ③尺寸线(包括尺寸线终端) 尺寸线终端有两种形式: a. 箭头,机械图样常采用箭头 b. 斜线 尺寸线终端画法如图(b)所示	ϕ24 ϕ8 ϕ16 26 38 尺寸线 尺寸数字 尺寸界线 (a)

项目	说 明	图 例
尺寸的组成	注意： ①尺寸界线和尺寸线均用细实线绘制 ②同一图样中只能采用一种终端形式。当采用斜线形式时，尺寸线与尺寸界线必须相互垂直	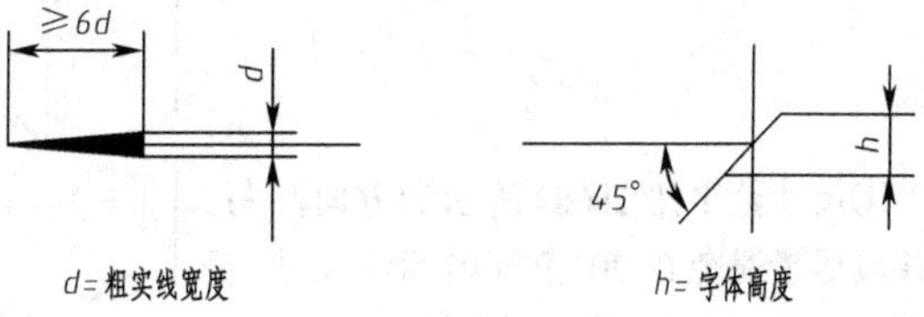 ≥6d d d=粗实线宽度 h 45° h=字体高度 （b）
尺寸界线	①尺寸界线用细实线绘制，并由轮廓线或中心线引出，也可以利用轮廓线或中心线作尺寸界线	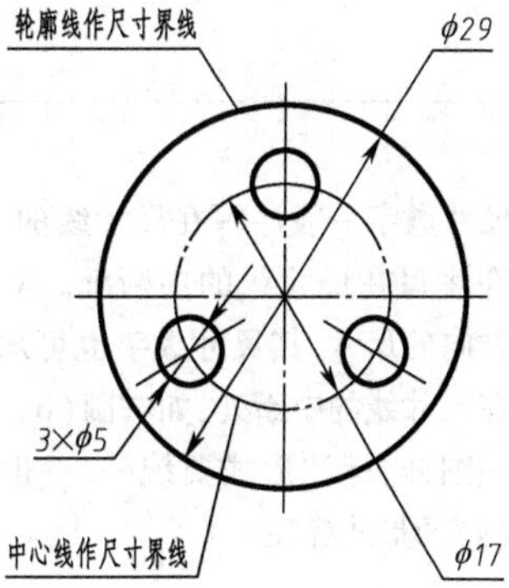 轮廓线作尺寸界线 φ29 3×φ5 中心线作尺寸界线 φ17
	②尺寸界线一般与尺寸线垂直。当尺寸界线贴近轮廓线时，允许尺寸界线与尺寸线倾斜	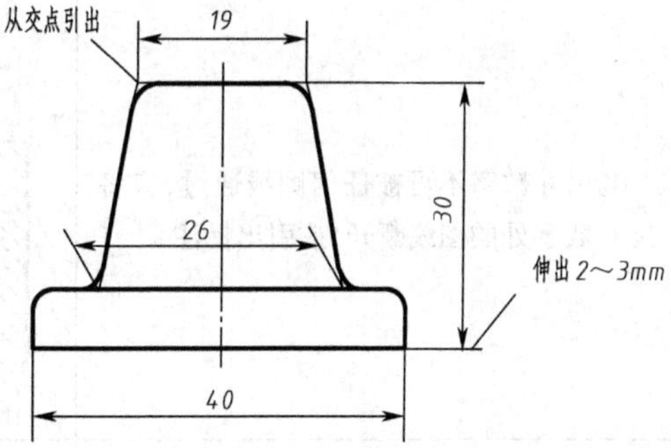 从交点引出 19 26 30 伸出2～3mm 40
尺寸线	①尺寸线用细实线单独绘制，不能用其他图线代替，也不得与其他图线重合或画在其延长线上	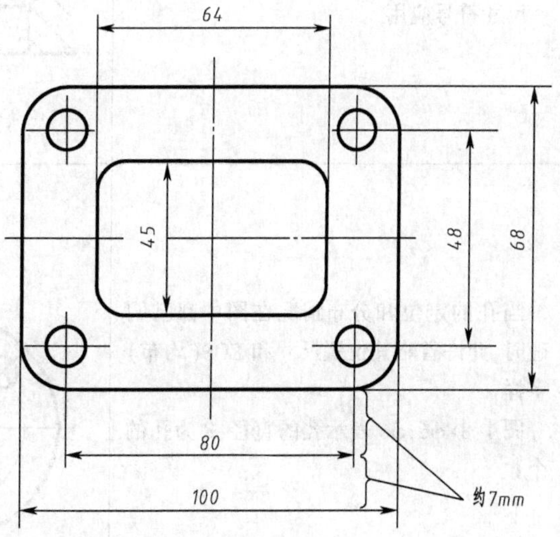 64 45 48 68 80 100 约7mm
	②标注线性尺寸时，尺寸线必须与所注的线段平行。并将大尺寸注在小尺寸外面，以免尺寸线与尺寸界线相交	
	③圆的直径和圆弧的半径尺寸线或其延长线须通过圆心	

续表

项目	说明	图例
尺寸数字	①尺寸数字按图(a)所示的方向注写,并应尽量避免在30°范围内标注尺寸,否则按图(b)所示的形式引出标注	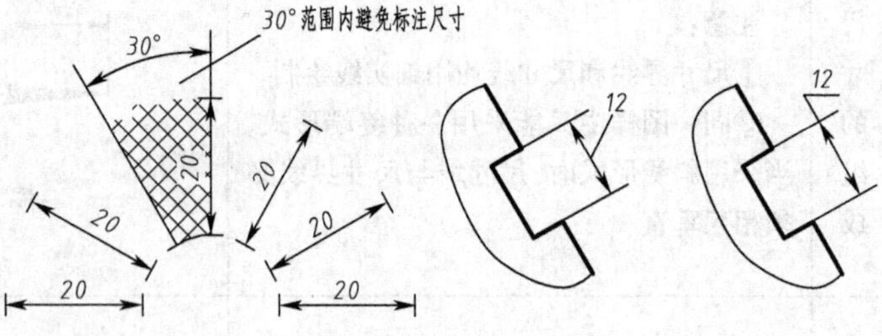 30°范围内避免标注尺寸 (a) (b)
	②尺寸数字一般注写在尺寸线的上方,也允许注写在尺寸线的中断处。对于非水平方向的尺寸,其尺寸数字也可水平地注写在尺寸线的中断处,如右图(b)所示,但同一图样,标注形式要统一,一般采用右图(a)的形式标注	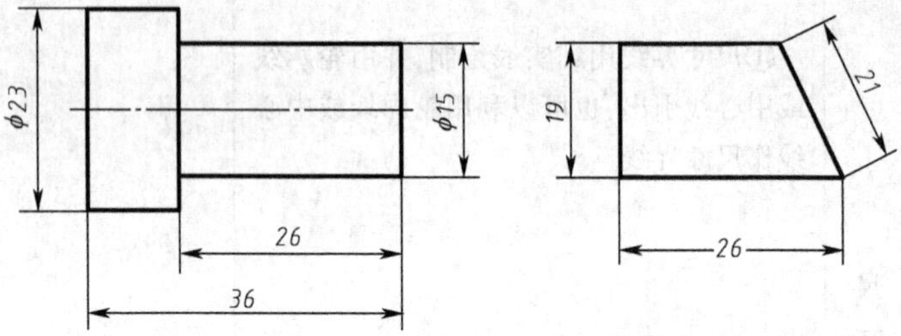 (a) (b)
	③尺寸数字不可被任何图线通过,应将尺寸数字处的图线断开,或引出标注	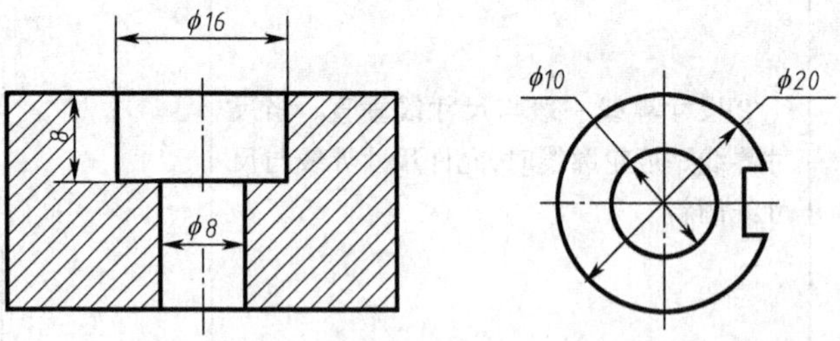
符号	尺寸符号应用	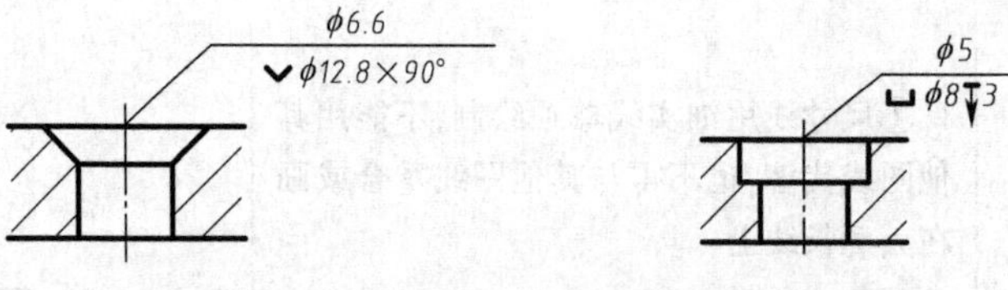 表示埋头孔 φ12.8×90° 表示沉孔 φ8 mm,深3 mm
均布孔	当孔的定位和分布情况在图中都已明确时,允许省略其位置尺寸和EQS(均布)字样 图中8×φ6,φ6表示孔的直径,8为孔的个数	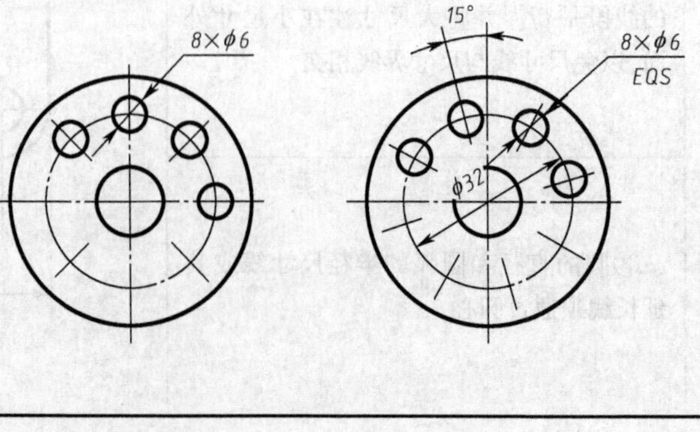

3) 尺寸注法示例

常见尺寸注法示例如表 2-9 所示。

表 2-9　尺寸标注示例

项目	基本规则	图　　例
直径与半径	① 圆或大于半圆的圆弧，注直径尺寸，并在尺寸数字前加“ϕ”。直径相等的圆只注一次，并在 ϕ 前加“数量×”	
	②小于或等于半圆的圆弧，注半径尺寸，并在尺寸数字前加“*R*”，且必须注在投影为圆弧的图形上	
	③在图纸范围内无法标出圆心位置时，可按图(a)所示标注；不需标出圆心位置时，可按图(b)所示标注	(a)　(b)
球面	①标注球面的直径和半径时，应在“ϕ”或“*R*”前加注“*S*”	
	②对于螺钉、铆钉的头部、轴及手柄的端部，在不致引起误解的情况下可省略“*S*”	

续表

项目	基本规则	图例
角度	①角度的尺寸界线沿径向引出，尺寸线是以角的顶点为圆心的圆弧	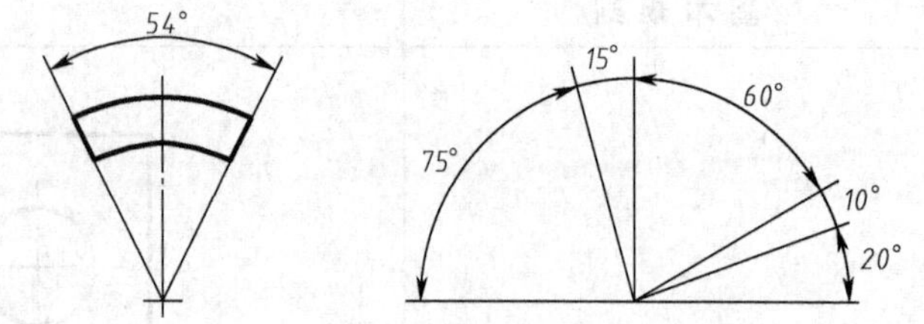 54° 15° 60° 75° 10° 20°
	②角度的尺寸数字一律水平书写，一般写在尺寸线的中断处，也可写在外侧或上方，或引出标注	
弦长和弧长	①弧长和弦长的尺寸界线应平行于该弦的垂直平分线；当弧度较大时，尺寸界线可沿径向引出 ②标注弧长时，应在尺寸数字前加符号“⌒”	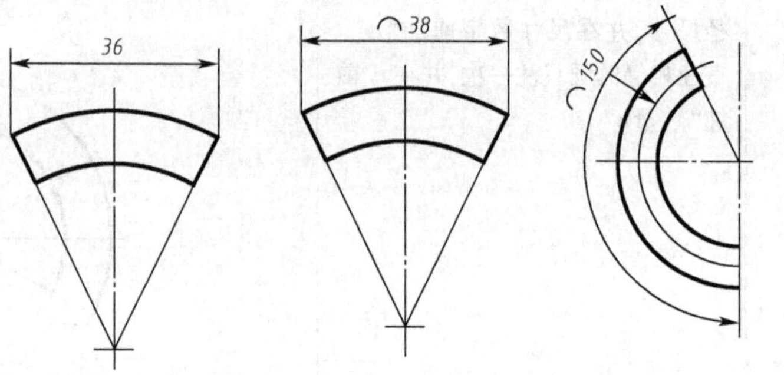 36 ⌒38 ⌒150
对称图形	对称结构应将对称中心线两边结构合起来注，不可只注一边或分两边注	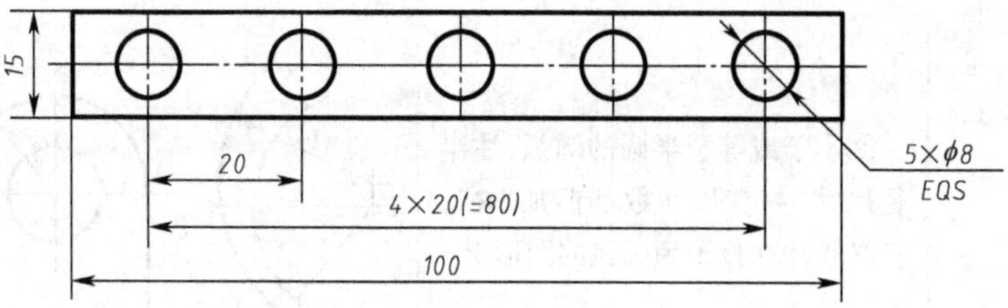 15 20 4×20(=80) 100 5×ϕ8 EQS
狭小部位的尺寸	①当没有足够的位置画箭头或标注数字时，可将箭头或数字布置在外面，位置更小时，两者都可以布置在外面	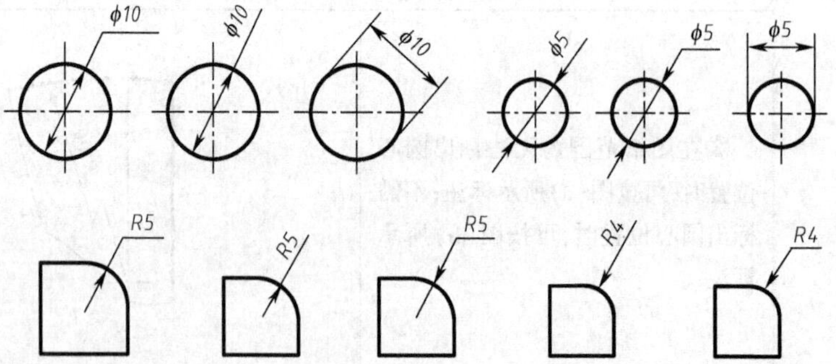 ϕ10 ϕ10 ϕ10 ϕ5 ϕ5 ϕ5 R5 R5 R5 R4 R4
	②几个小尺寸连续标注时，中间的箭头可用斜线或圆点代替	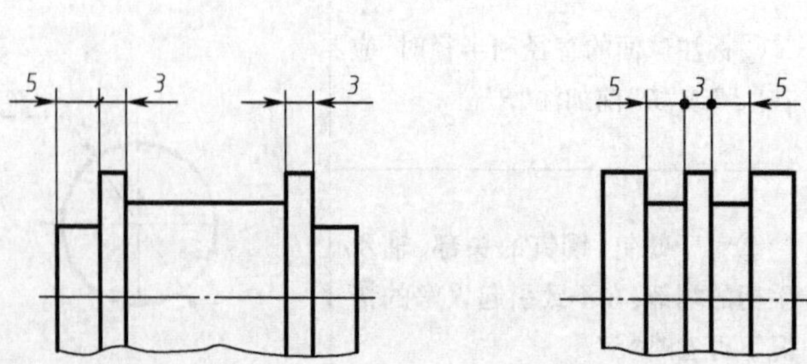 5 3 3 5 3 5

续表

项目	基本规则	图例
正方形	标注正方形结构的尺寸时，可在正方形边长尺寸数字前加注符号“□”或用 $B \times B$ 的形式注出，图中相交的两细实线是平面符号	□14　14×14　□14
板状零件	标注板状零件的厚度时，可在尺寸数字前加注符号“t”	t2

2.2 绘图工具

2.2.1 尺规绘图工具及其使用方法

常用尺规绘图的工具如图 2-10 所示，掌握它们的正确使用方法，是保证尺规绘图质量和提高绘图速度的一个重要前提。下面将介绍几种常用的绘图工具及其使用方法。

1. 铅笔

绘图时根据不同的使用要求，应准备以下几种硬度不同的铅笔：

B 或 HB——画粗实线用，加深圆弧时用的铅芯应比画粗实线的铅芯软一号；

HB 或 H——画细线、箭头和写字用；

H 或 2H——画底稿用。

铅笔的铅芯可削磨成两种，如图 2-11 所示，锥形用于画细线和写字，楔形用于加深粗线。

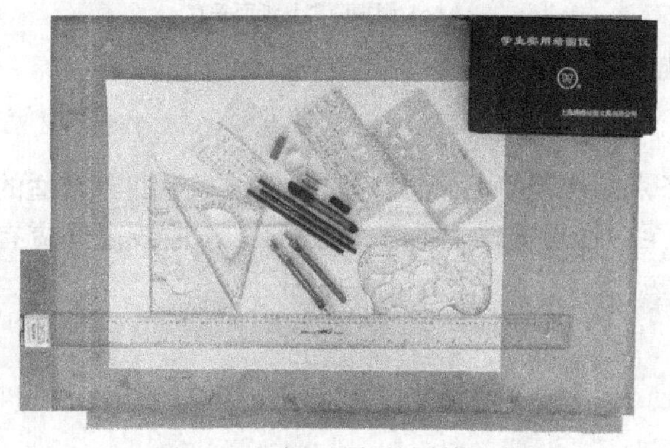

图 2-10　常用尺规绘图的工具

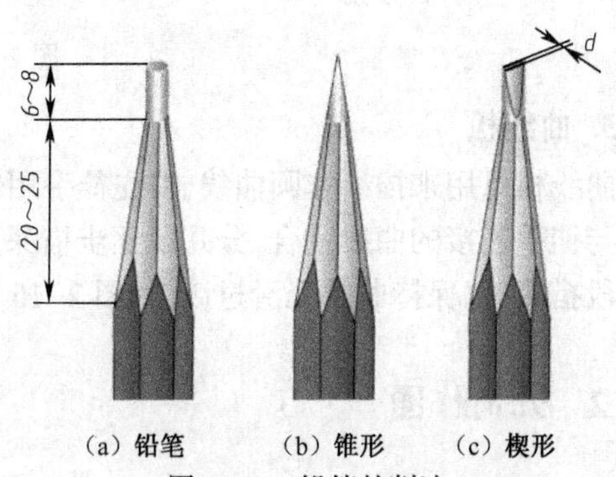

图 2-11　铅笔的削法

2. 图板和丁字尺

(1) 图板

图板可作为画图的垫板，图纸用胶带纸固定在图板上，如图 2-12 所示。图板表面应当平坦光洁，其左边作为导边，必须平直。

(2)丁字尺

丁字尺由尺头和尺身组成，用于绘制水平线。画图时，尺头要紧靠图板左边，按住尺身上下移动，自左向右画水平线，如图 2-12 所示。

3. 三角板

三角板可配合丁字尺画垂直线及与水平成 15°整数倍的倾斜线，画垂直线时应自下向上画，如图 2-13 所示。

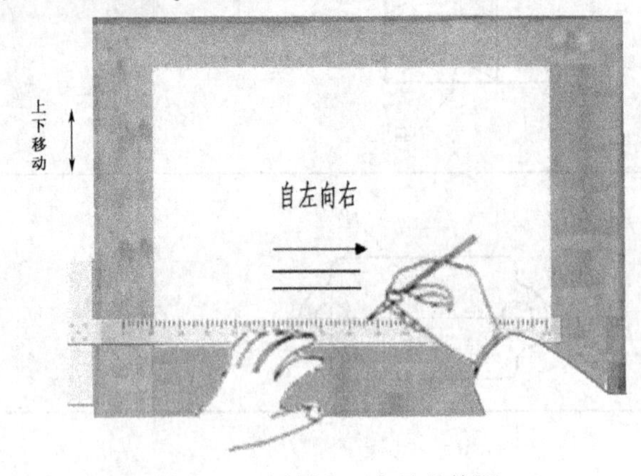

图 2-12　图板和丁字尺的使用

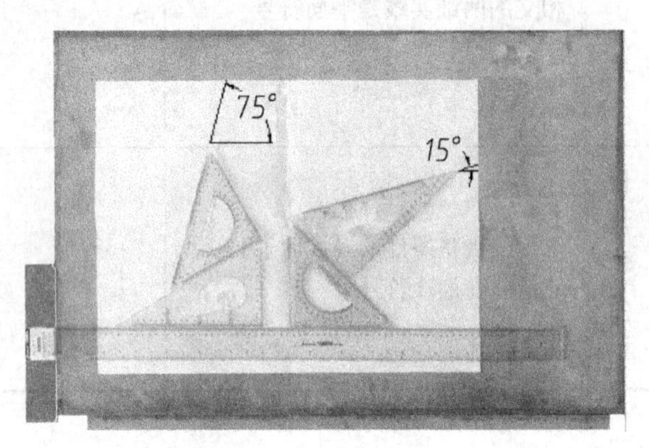

图 2-13　三角板的使用

4. 圆规

圆规用来画圆和圆弧。圆规针尖两端的形状不同用途也不同，普通针尖用于分规，带支承面的小针尖用于画圆和圆弧以保护圆心。使用前应调整针尖，使其略长于铅芯，如图 2-14(a)、(b)所示。

画圆时，用力要均匀。画大圆时针尖和铅芯尽可能与纸面垂直，如图 2-14(c)所示。

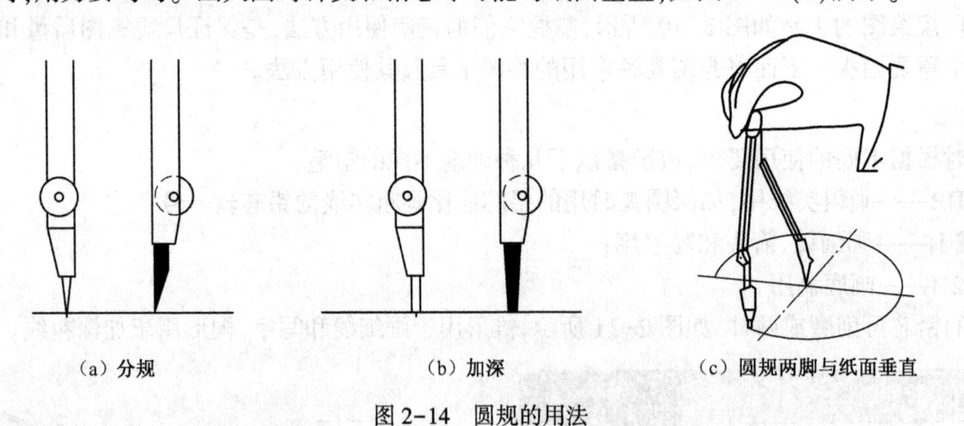

(a) 分规　　(b) 加深　　(c) 圆规两脚与纸面垂直

图 2-14　圆规的用法

5. 曲线板

曲线板可用来描绘非圆曲线，首先徒手用铅笔将各点顺次连接起来，然后选择曲线板上曲率合适的部分与徒手连接的曲线重合，分几段逐步描深，每段应至少通过曲线上的三个点，每二段曲线之间应有一小段搭接，以保持曲线光滑过渡，如图 2-15 所示。

2.2.2　几何作图

机械零件的轮廓形状是复杂多样的，为了确保绘图质量，提高绘图速度，必须熟练掌握一些常见几何图形的作图方法和作图技巧。

1. 正多边形的作图方法

正多边形的作图常用等分其外接圆的方法进行。表 2-10 列出了常见正多边形的作图方法和步骤。

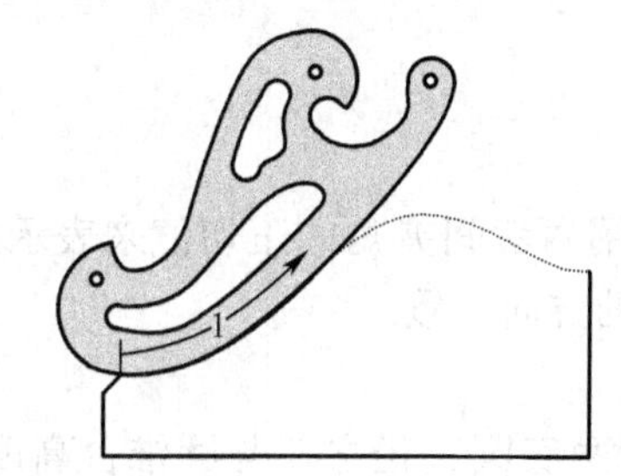

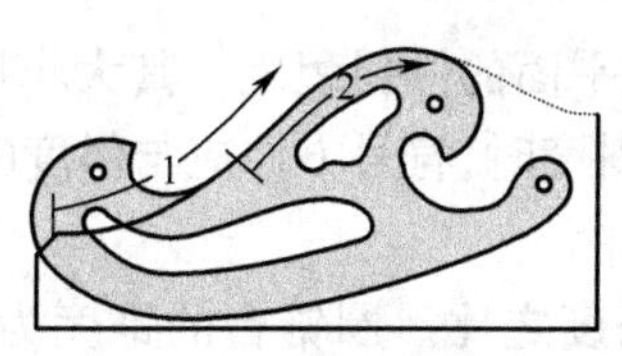

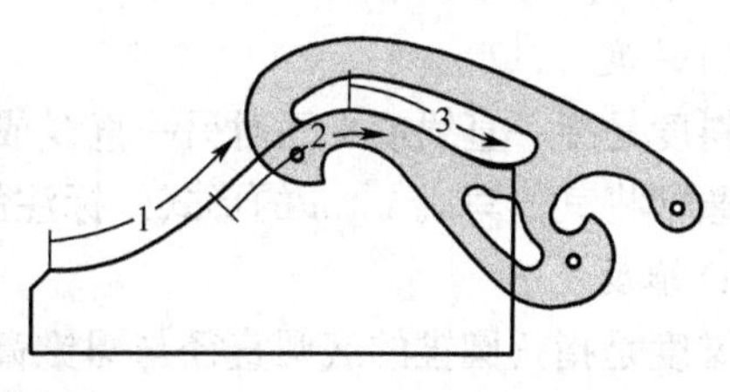

图 2-15 曲线板及曲线的描绘方法

表 2-10 常见几何图形的作图方法及步骤

种类	作图方法及步骤
正五边形	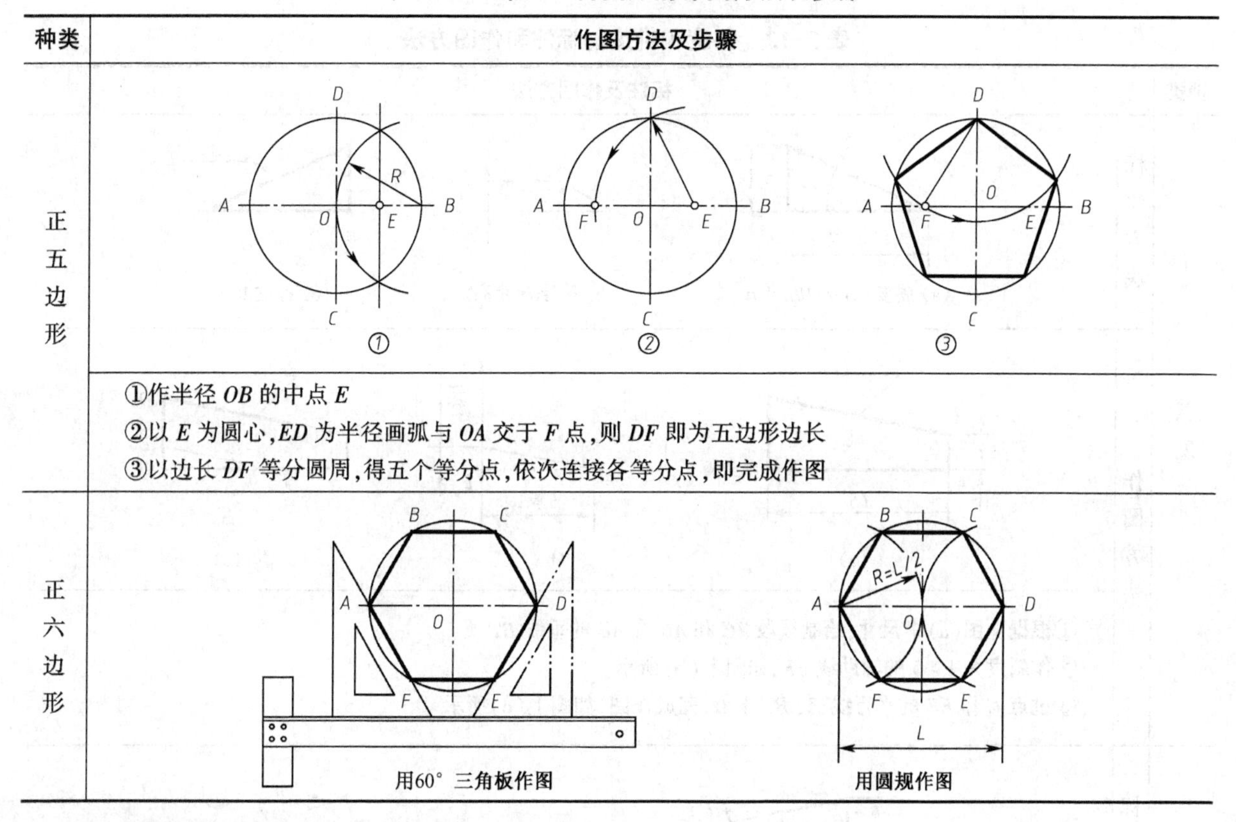
	①作半径 OB 的中点 E ②以 E 为圆心,ED 为半径画弧与 OA 交于 F 点,则 DF 即为五边形边长 ③以边长 DF 等分圆周,得五个等分点,依次连接各等分点,即完成作图
正六边形	用60° 三角板作图　　用圆规作图

2. 椭圆

椭圆是机件中常见的轮廓形状之一,椭圆的画法较多,由长、短轴画椭圆最常用的近似画法是四心圆法。其作图方法及步骤见表 2-11(其中 AB 为长轴、CD 为短轴)。

表 2-11 椭圆的作图方法及步骤

作图方法	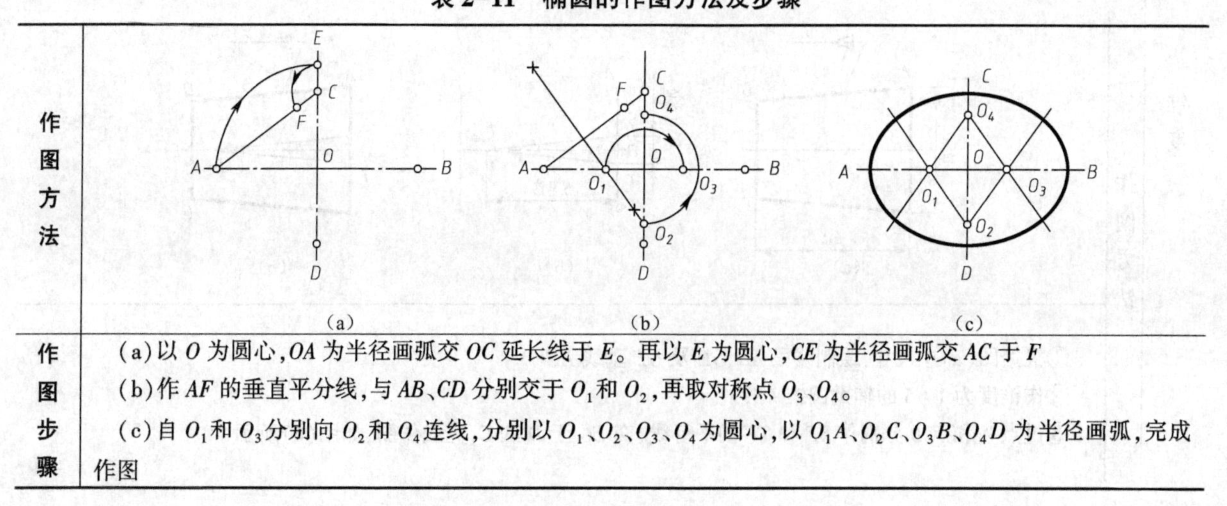 (a)　(b)　(c)
作图步骤	(a)以 O 为圆心,OA 为半径画弧交 OC 延长线于 E。再以 E 为圆心,CE 为半径画弧交 AC 于 F (b)作 AF 的垂直平分线,与 AB、CD 分别交于 O_1 和 O_2,再取对称点 O_3、O_4。 (c)自 O_1 和 O_3 分别向 O_2 和 O_4 连线,分别以 O_1、O_2、O_3、O_4 为圆心,以 O_1A、O_2C、O_3B、O_4D 为半径画弧,完成作图

3. 斜度和锥度

1) 斜度

斜度是指一直线或平面对另一直线或平面的倾斜程度。其大小用两者间夹角的正切值来表示，在图上通常将其值写成 1 : *n* 的形式。标注斜度时，符号方向应与斜度的方向一致。

2) 锥度

锥度是指正圆锥的底圆直径与圆锥高度之比。圆锥台的锥度为两底圆直径之差与圆锥台高度之比。在图上通常将其值注写成 1 : *n* 的形式，标注锥度时，符号方向应与锥度的方向一致。

表 2-12 列举了斜度的标注和作图方法。

表 2-12　斜度和锥度的标注和作图方法

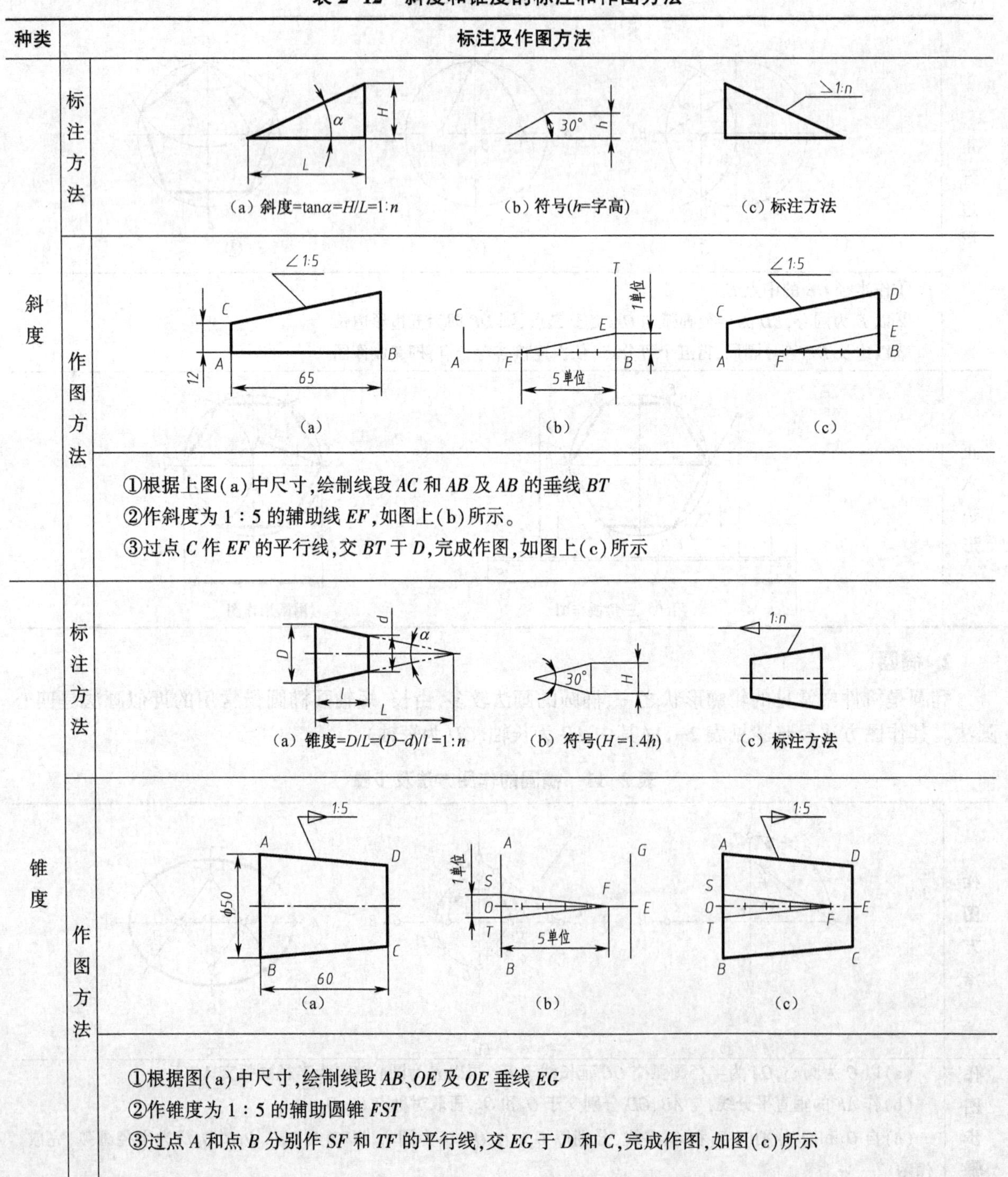

种类		标注及作图方法
斜度	标注方法	(a) 斜度=tanα=H/L=1:n　(b) 符号(h=字高)　(c) 标注方法
	作图方法	(a)　(b)　(c)
		①根据上图(a)中尺寸，绘制线段 *AC* 和 *AB* 及 *AB* 的垂线 *BT* ②作斜度为 1 : 5 的辅助线 *EF*，如图上(b)所示。 ③过点 *C* 作 *EF* 的平行线，交 *BT* 于 *D*，完成作图，如图上(c)所示
锥度	标注方法	(a) 锥度=$D/L=(D-d)/l$=1:n　(b) 符号(H=1.4h)　(c) 标注方法
	作图方法	(a)　(b)　(c)
		①根据图(a)中尺寸，绘制线段 *AB*、*OE* 及 *OE* 垂线 *EG* ②作锥度为 1 : 5 的辅助圆锥 *FST* ③过点 *A* 和点 *B* 分别作 *SF* 和 *TF* 的平行线，交 *EG* 于 *D* 和 *C*，完成作图，如图(c)所示

2.3 尺规绘图的方法和步骤

1. 做好绘图前的准备工作

(1)准备绘图工具和仪器。

(2)分析图形,并确定绘图比例和图纸幅面。

(3)固定并校正图纸(丁字尺的刻度边应与图纸边或图框线对齐)。

2. 布置图形

(1)绘出图框线和标题栏框线。

(2)按图形的总长、总宽均匀布置图形,并留有注写尺寸和文字的位置。

(3)绘制图形基准线、定位线,如中心线、对称线或图形中的主要直线。

(4)绘制其他线,完成全部图形,标注尺寸界线和尺寸线。

3. 画底稿

用H铅笔按照平面图形的作图步骤绘制底稿,采用细实线,便于擦除、修改。

4. 加深图线

加深是提高图面质量的重要阶段。要求线型正确,粗细分明,均匀光滑,深浅一致。

(1)先加深圆和圆弧,圆弧与圆弧相接时应顺次加深。

(2)再加深直线,直线的加深顺序为先水平线,再垂直线,后斜线。

(3)先加深粗实线,再加深细实线,虚线、点画线。

5. 标注尺寸、填写标题栏

标注尺寸前应再次检查图形,无误后再标注尺寸,填写标题栏。

思 考 题

1. 国家标准图纸尺寸有哪些规定?
2. 国家标准对标题栏的内容、格式有什么要求?
3. 国家标准中,放大比例如何应用,有什么规定?
4. 国家标准对标题栏的内容,格式有什么要求?

习 题

1. 测绘饮水机聪明座,用视图表达并标注尺寸。
2. 将8个$\phi10$的孔,标注在图2-16视图中。
3. 将$R500$尺寸标注在图2-17中。

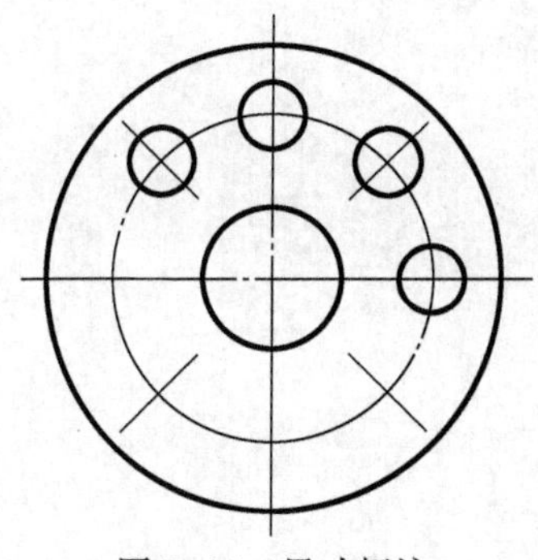

图2-16 尺寸标注

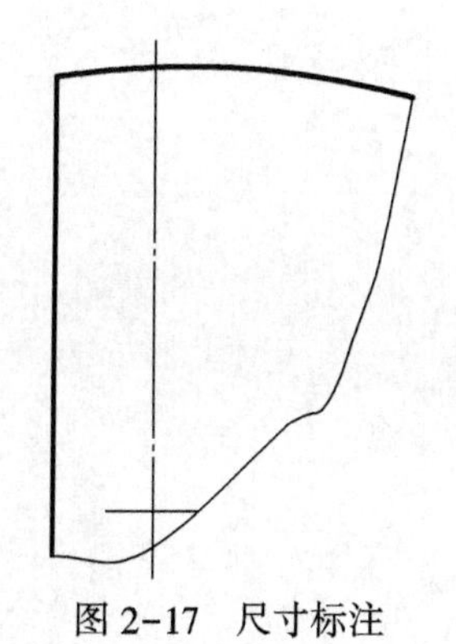

图2-17 尺寸标注

4. 补画图 2-18 中所缺少的图线。

5. 用视图表达图 2-19 的结构，并按照实际量取的尺寸标注。

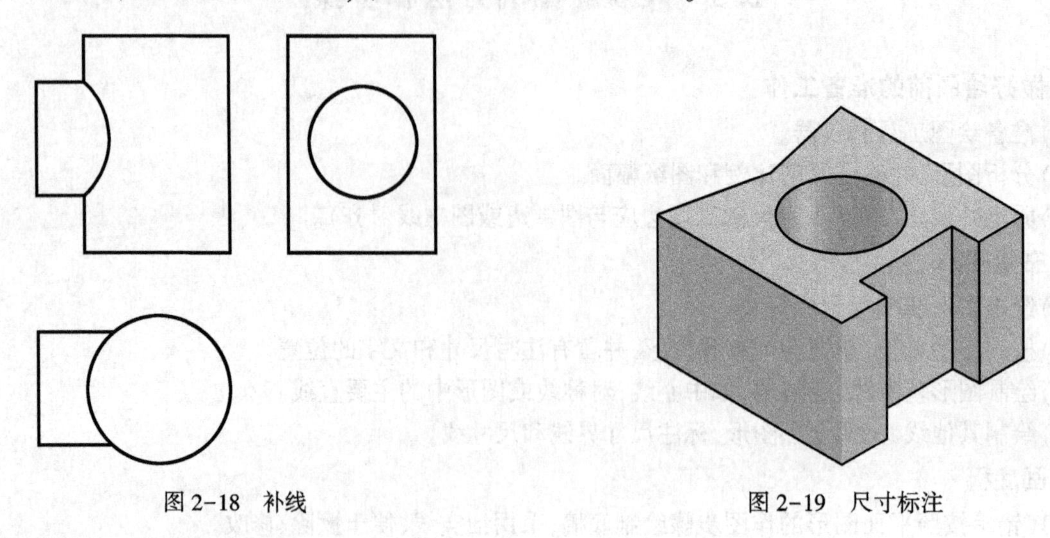

图 2-18　补线　　　　图 2-19　尺寸标注

参考文献

1. 全国技术产品文件标准化技术委员会，中国标准出版社第三编辑室.技术产品文件汇编：机械制图卷[M].北京：中国标准出版社，2009.

2. 胡林.工程制图[M].北京：机械工业出版社，2005.

3. 金大膺.工程制图[M].北京：机械工业出版社，2012.

第2篇　工程设计实践与计算机设计技术

第3章　Autodesk Inventor 造型设计

专 家 言 论

一个具有科学创新能力的人不但要有科学知识，还要有文化艺术修养。

——钱学森

现代工程发动机工程实践学习感想

席奎(材料1309)　通过拆装细致的观察了每个零件结构，对零件的结构、装配方法有了较为深刻的直观的认识，又使用Inventor软件，绘制了零件的三视图，使我进一步熟悉了软件，也使我感受到如何将理论所学运用于实践。本课程是大学学习中不可或缺的精品课程。

万晨(材料1309)　这是第一次自己动手拆装一个这么复杂的结构，虽然对发动机的原理我们很早就知道，但实际上对发动机的具体结构一点都不清楚。在实践之前，就怀着十分期待的心情，花了很长时间写预习报告，对结构有了一点了解。在实践之中，看到了发动机的内部构造，进行了部分的拆卸，最后又安装好。想要完美的实现发动机的功能，对设计的要求、对材料的要求、对精确度的要求可想而知。正是通过这次实践课，切身感受到实践的博大精深，发动机结构的巧妙，也只有多学习，多思考，才能设计出完美实用的结构。

徐龙(信息0507)　我总是很期待上樊老师的课，因为在课上的前几分钟，老师总会给我们讲一些中国的古典文化，并结合现实情况来教我们如何做人。她让我了解到老子的哲学观，让我了解到如何交朋友，如何去孝敬父母，如何积极地面对人生等。这些内容是对心灵的一种净化，感觉樊老师不仅仅在教我们知识，使我们受益更多的是接受了中国传统文化的洗涤，老师希望我们成为一个有道德的人，然后去学好知识。

老师的课穿越了古典与文明，传播道德与文化。不仅仅让我们对机械知识有了更深刻的理解，更重要的是帮助我们提高了人生境界，也使我们能更好的融入社会。

本章学习目标：

✧ 结合发动机零件和生活环境中的产品，掌握使用Inventor三维造型的基本操作方法。通过创意设计，激发软件学习情趣，启迪心灵，和谐社会。

本章学习内容：

✧ 掌握Inventor 2014界面与操作方法
✧ 学习基本修改编辑命令
✧ 掌握几何约束的种类
✧ 掌握草图特征种类以及基本造型命令
✧ 掌握熟悉定位特征的类型

✧ 掌握工作平面、工作轴和工作点的使用方法

实践教学研究：

✧ 拆装发动机,仔细观察发动机零件的构型,分析如何利用 Inventor 三维软件选型表达。

✧ 观察生活环境中产品,分析如何利用 Inventor 三维软件造型表达。

✧ 参观模型室,分析组合体模型,及如何利用 Inventor 三维软件造型表达。

关键词：三维造型　拉伸　气缸盖　工作平面

3.1　Autodesk Inventor 软件简介

Inventor 是美国 Autodesk 公司研制开发的基于特征的参数化三维实体设计软件。通过 Inventor 快速创建数字样机,并利用数字样机验证设计,能够加速概念设计到产品制造的整个流程。

3.1.1　Inventor 的设计环境

本章基于 Autodesk Inventor Professional 2014 中文版,介绍 Inventor 的一些基本功能和利用三维参数化设计系统进行零件设计的一般流程。

Inventor 的启动界面如图 3-1 所示。

若新建立一个模型文件,单击图 3-1 所示界面中左上角的“新建”按钮,出现“新建文件”对话框,如图 3-2 所示。Inventor 提供了 7 种工作环境模板,如表 3-1 所示。双击某一个模板图标,即可进入相应的工作环境。

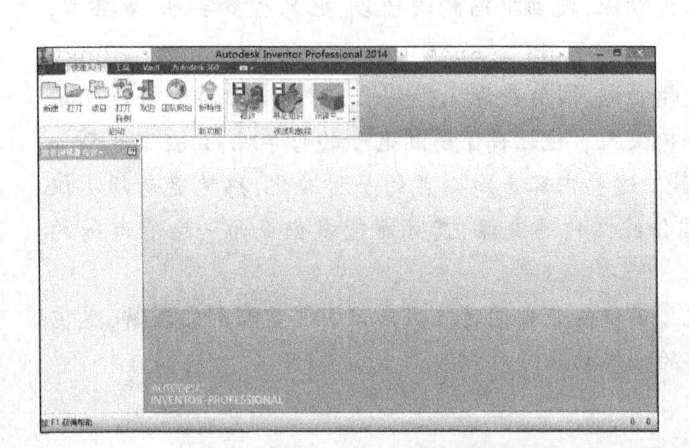

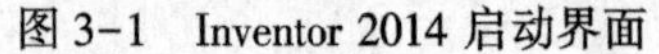
图 3-1　Inventor 2014 启动界面

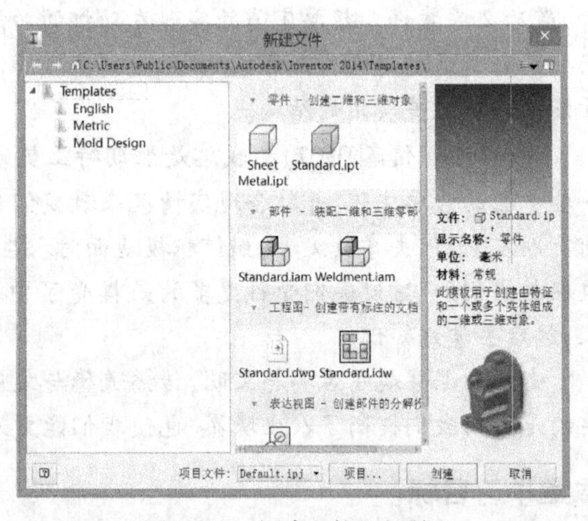

图 3-2　“新建文件”对话框

表 3-1　主要模板类型

模板文件图标及扩展名	Sheet Metal.ipt	Standard.ipt	Standard.iam	Weldment.iam	Standard.dwg	Standard.idw	Standard.ipn
所创建文件类型	钣金零件	零件	部件	焊接设计	工程图(.dwg)	工程图(.idw)	表达视图

Inventor 的用户界面由“功能区”、“浏览器”、“绘图区”以及“状态栏”等构成,图 3-3 所示为零件设计环境的用户界面。

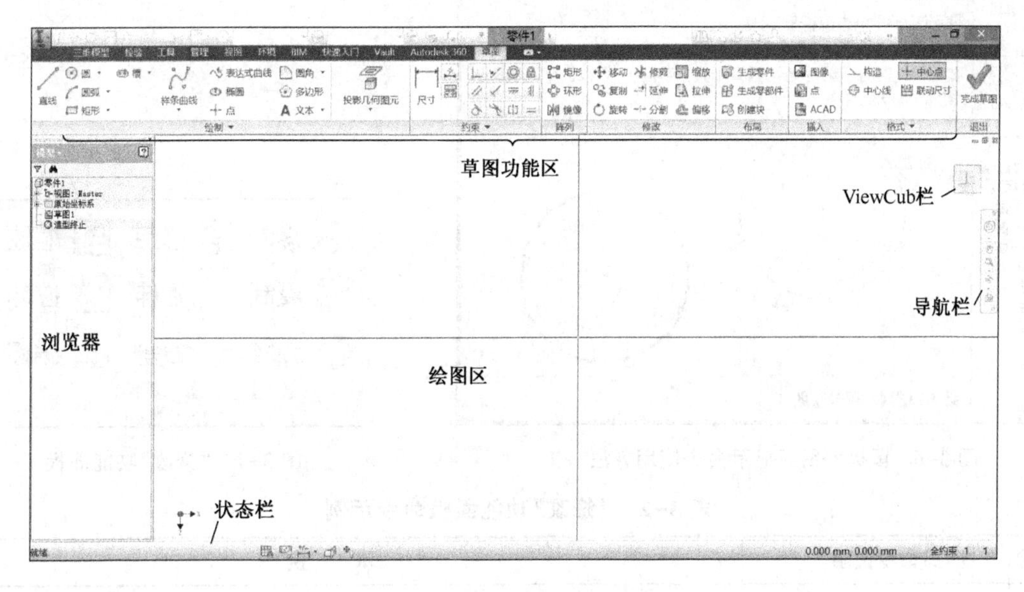

图 3-3　零件设计环境的用户界面

3.1.2　三维零件的草图设计

草图是三维造型的基础,特征是构建模型的基本单元,模型是特征的集合。特征可分为基于草图的特征和非基于草图的特征两种。但是,一个零件最先得到造型的特征,一定是基于草图的特征。

双击命令图标,系统进入零件设计环境。单击左上角的“创建二维草图”图标,并选择一个坐标平面,系统即进入草图设计环境。

1. 绘制命令

绘制草图的命令可在“草图功能区”的“绘制”命令栏中找到,草图绘制命令包括直线、圆、圆弧、矩形、槽、样条曲线、表达式曲线、椭圆、点、圆角、正多边形和文字等,如图 3-4 所示。

单击命令图标旁的黑箭头▼,可以展开显示该命令的子命令。如单击“圆角”右侧的黑箭头,则同时显示出“圆角”和“倒角”两个命令,如图 3-5 所示。

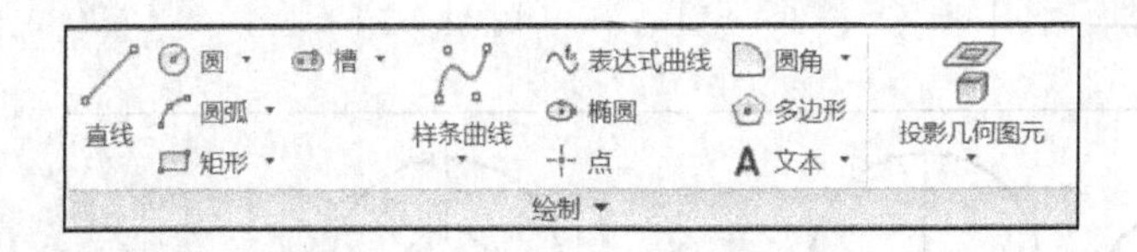

图 3-4　草图绘制命令

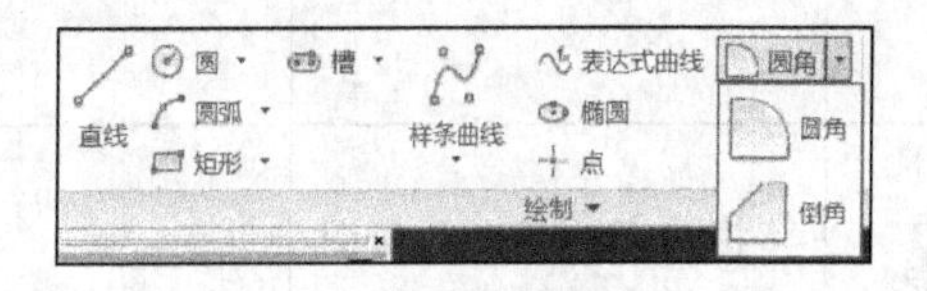

图 3-5　单击黑箭头展开命令

当鼠标在一个绘制命令图标上停留约一秒钟后,系统会显示出该命令的使用方法,如图 3-6 所示。

2. 修改编辑命令

图形的编辑是基本绘图方法的必要补充和扩展,“修改”功能面板如图 3-7 所示,示例如表 3-2 所示。

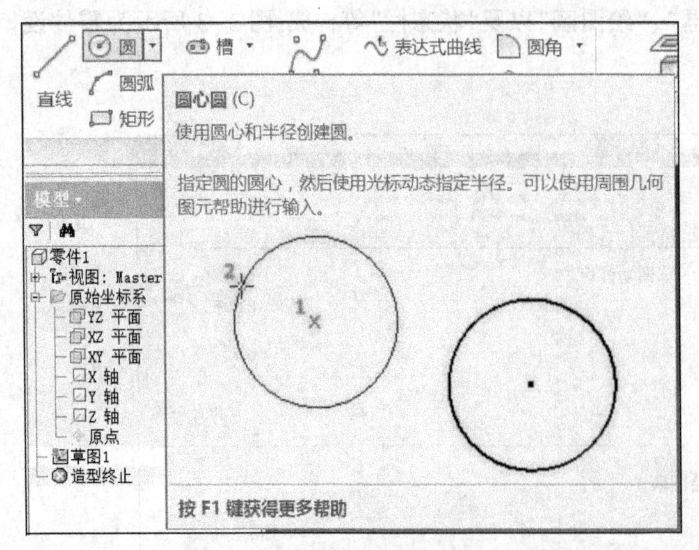

图 3-6　鼠标停留后显示命令使用方法

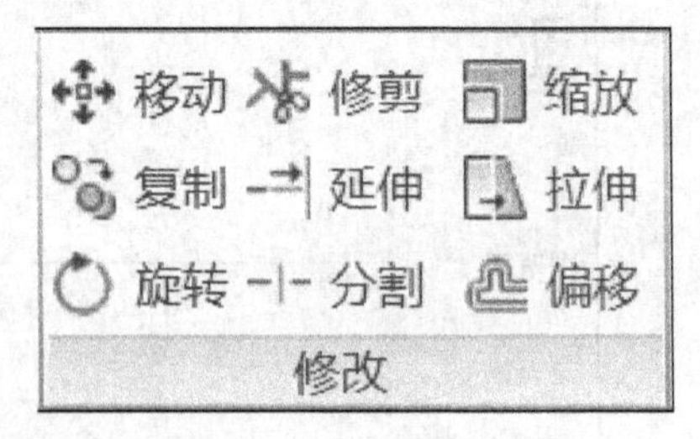

图 3-7　“修改”功能面板

表 3-2　“修改”功能面板命令示例

命令名称	命令说明	示　例
矩形阵列	复制选定的草图几何图元并以行和列进行排列	
环形阵列	复制选定的草图几何图元并以圆弧或环形阵列进行排列	
镜像	跨轴创建草图的镜像副本	
移动	将选定的草图几何图元从一点移至指定的另一点	
复制	复制选定的草图几何图元并在草图中放置一个或多个实例	

续表

命令名称	命令说明	示 例
旋转	相对指定的中心点旋转选定的几何图元或其副本	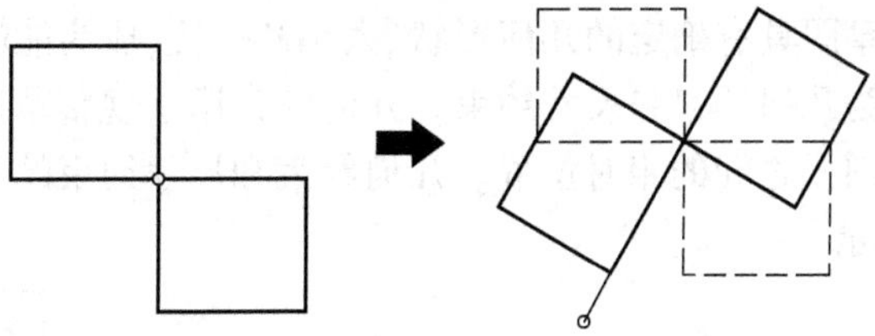
修剪	将曲线修剪到最近的相交曲线或选定的边界几何图元	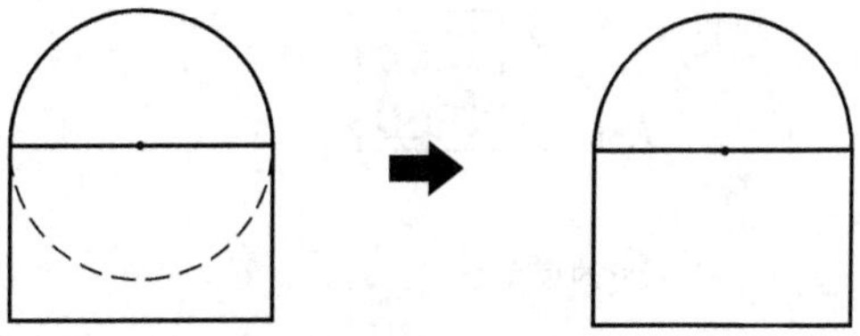
延伸	将曲线延伸到最近的相交曲线或选定的边界几何图元	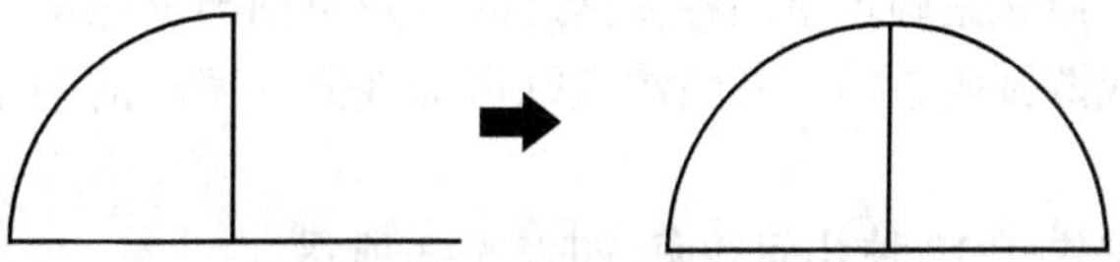
分割	将曲线实体分割为两个或更多部分	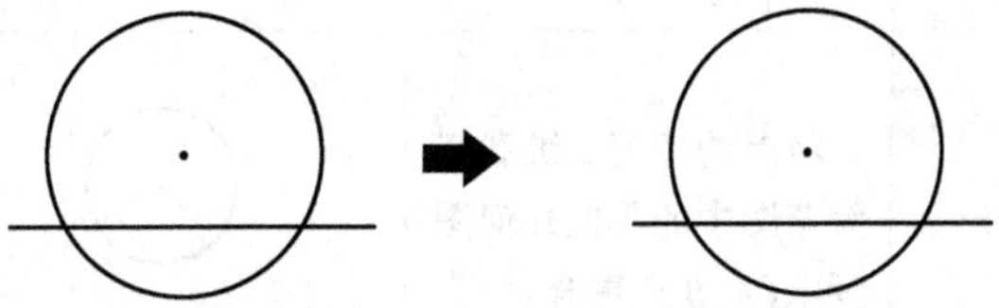
缩放	按比例增大或减小选定草图几何图元的大小	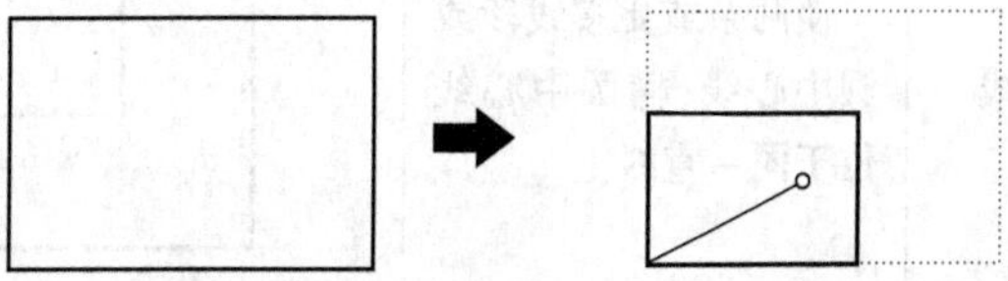
拉伸	使用指定点拉伸选定的几何图元	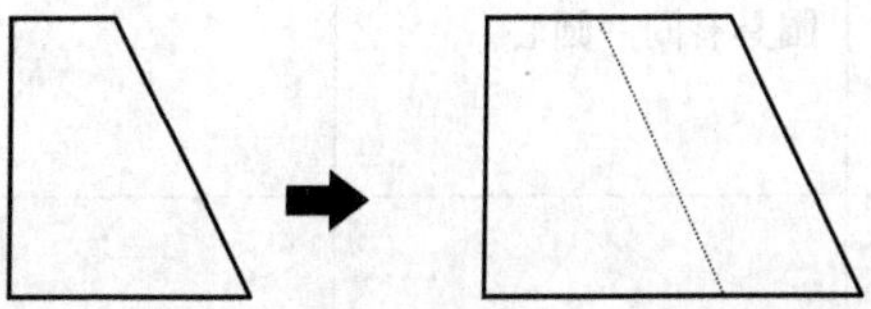
偏移	复制选定的草图几何图元并将其从原始位置动态偏移	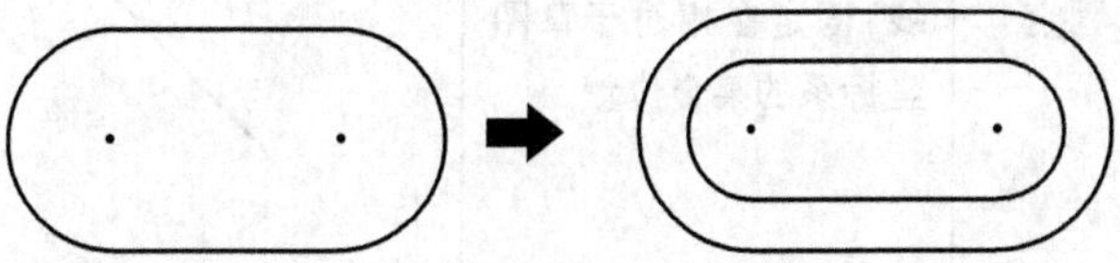

3.1.3 约束命令

为了使草图具有确定的几何形状、大小和位置，成为能够参数化的精确草图，需要对草图进行约束。约束可以分为几何约束和尺寸约束。几何约束用于规整草图的几何形状，尺寸约束则用于定义草图的大小和草图图元之间的相对位置。几何约束和尺寸约束的命令在“草图”功能面板的“约束”命令栏中，如图 3-8 所示。

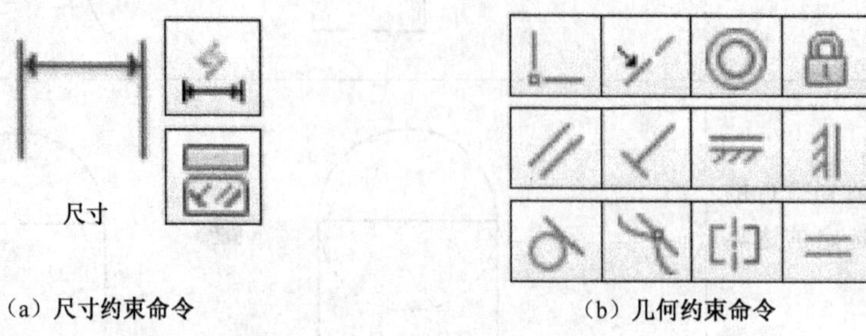

（a）尺寸约束命令　　（b）几何约束命令

图 3-8　约束命令

1. 几何约束命令

几何约束就是确定草图各要素之间以及草图与其他实体要素之间的相互关系。如两线平行、垂直、两线等长或两圆同心等。几何约束既可加在同一草图的两个图元之间，也可以加在草图和已有的实体的边之间。

系统提供了 12 种几何约束，如表 3-3 所示。

表 3-3　几何约束的种类和意义

图标	意义	命令说明	约束前	约束后
	重合	将点约束到二维和三维草图中的其他几何图元上（A、B 点重合）		
	共线	使两条或更多线段或圆中心线、椭圆中心线位于同一直线上		
	同心	使两个圆弧、圆或椭圆具有同一圆心		
	固定	将点和曲线（或直线）固定在相对于草图坐标系的某个位置		

续表

图标	意义	命令说明	约束前	约束后
	平行	使所选的线性几何图元相互平行	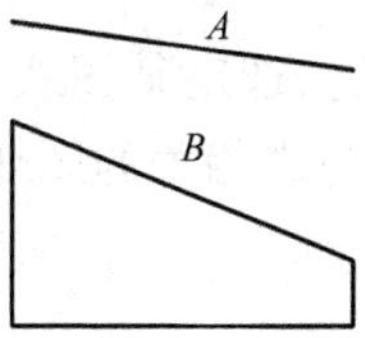	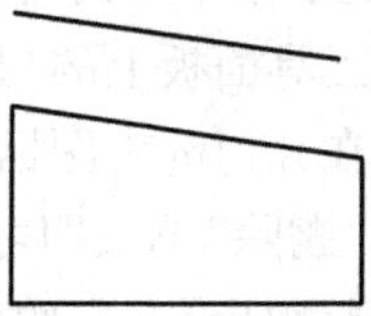
	垂直	使所选的线性几何图元相互垂直	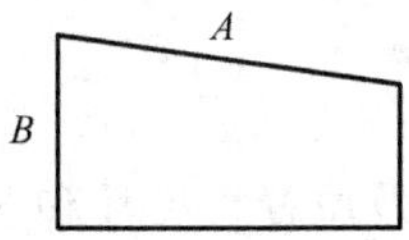	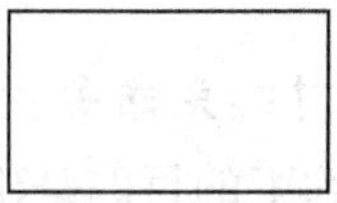
	水平	使直线、圆中心线、椭圆中心线或成对的点平行于草图坐标系的 X 轴	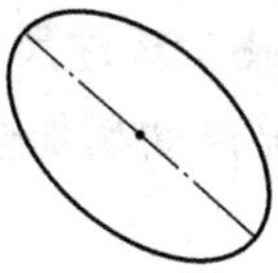	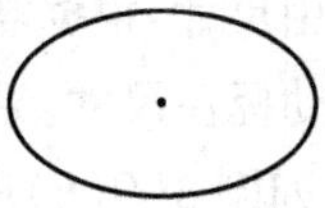
	竖直	使直线、圆中心线、椭圆中心线或成对的点平行于草图坐标系的 Y 轴	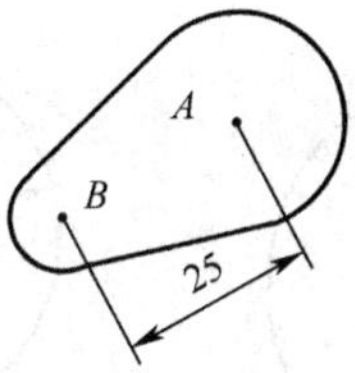	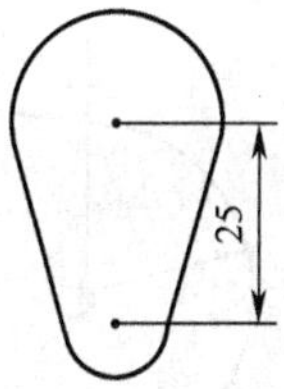
	相切	约束曲线（包括样条曲线的末端）使其与其他曲线或直线相切	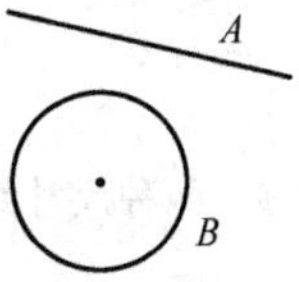	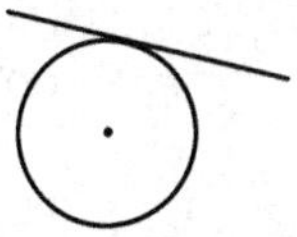
	平滑	将曲率连续（G2）条件应用到样条曲线	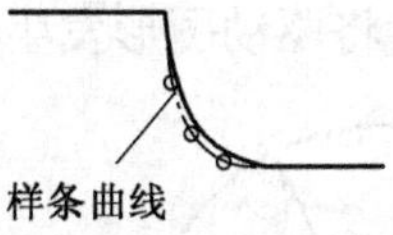	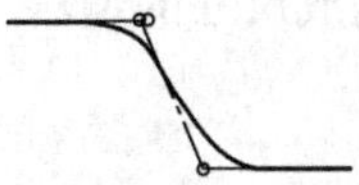
	对称	约束选定的直线或曲线以使它们相对所选直线对称	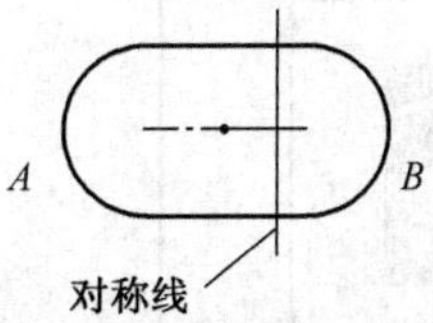	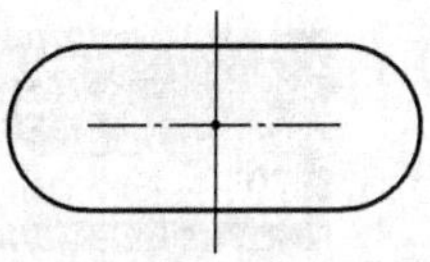
	等长	将选定圆和圆弧约束为相同半径，或将选定线段约束为相同长度	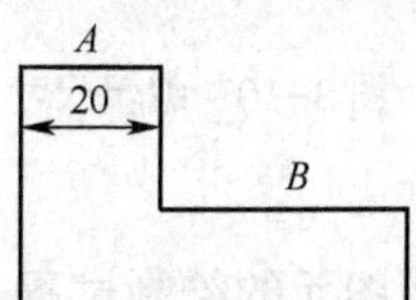	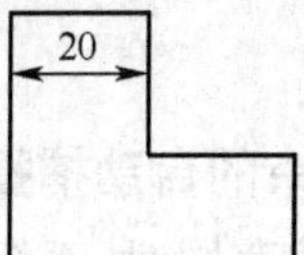

2. 几何约束的查看和删除

完成草图的几何约束设置之后,默认情况下这些约束是不显示的,查看约束的方法有以下两种:

(1)显示单个几何约束

单击工具面板上的"显示约束"工具,选定某图线后,将在图线附近显示出所有的几何约束。当光标悬停在几何约束图标上时,软件会将与之相关的图线以红色显示。如果想删除此约束,右击,在菜单中选择"删除"选项即可。

(2)显示所有几何约束

在绘图空白区域,右击,在菜单中选择"显示所有约束"选项,所有图线上的所有约束都将被显示出来。

3. 尺寸约束命令

尺寸约束的目的是确定草图的大小及位置。尺寸和图形是"关联"的,尺寸不但定义当前草图的大小和位置,而且当改变尺寸的数值后,该尺寸将驱动图形发生变化。

添加尺寸约束一般在几何约束之后进行。尺寸约束的方法有以下两种。

通用尺寸:根据需要,由用户为草图逐个标注尺寸,如图 3-9(a)所示。

自动标注尺寸:系统根据草图的情况自动添加全约束的尺寸。但常常标注的不尽合理,还需要个别修改,如图 3-9(b)所示。

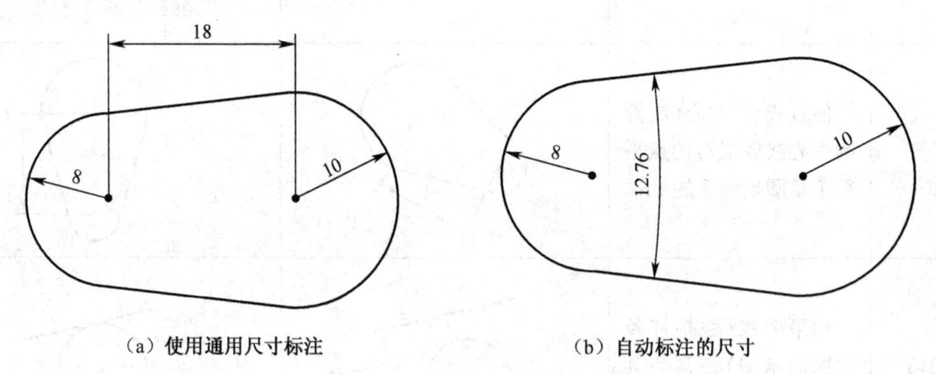

(a)使用通用尺寸标注　　(b)自动标注的尺寸

图 3-9　两种尺寸约束的结果

4. 尺寸约束的编辑

在草图设计环境下,双击要修改的尺寸,在弹出的"编辑尺寸"对话框中输入新的数值,回车或按按钮完成尺寸的编辑。修改后的尺寸将驱动图形发生变化,如图 3-10 所示。

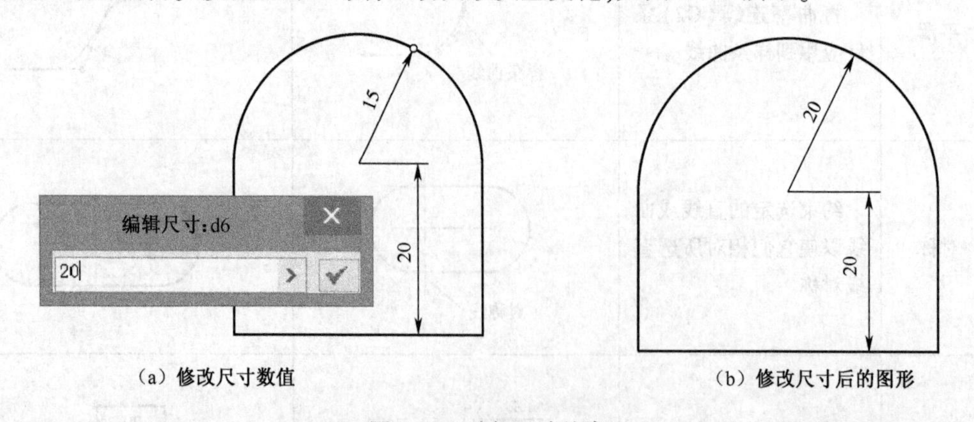

(a)修改尺寸数值　　(b)修改尺寸后的图形

图 3-10　编辑尺寸约束

5. 约束的自动捕捉

在创建草图时,系统支持在草图几何图元的绘制过程中自动捕捉几何约束及输入尺寸约束。移动鼠标时会在相关的位置上显示出当前线与坐标轴或与其他线的几何关系符号及可供修改的尺寸数值。

如图 3-11 所示，当要创建的直线与下方水平方向的直线垂直且长度为 10 mm 的时候，则在显示了垂直约束符号后输入 10 即可。

绘制草图时，约束通常是被自动添加的。如需防止自动添加约束，在按住【Ctrl】键的条件下绘制草图即可，但是“点重合”约束是依然会被添加的，其他约束将不会被添加。

当需要修改多个尺寸约束数值时用【Tab】键进行切换。

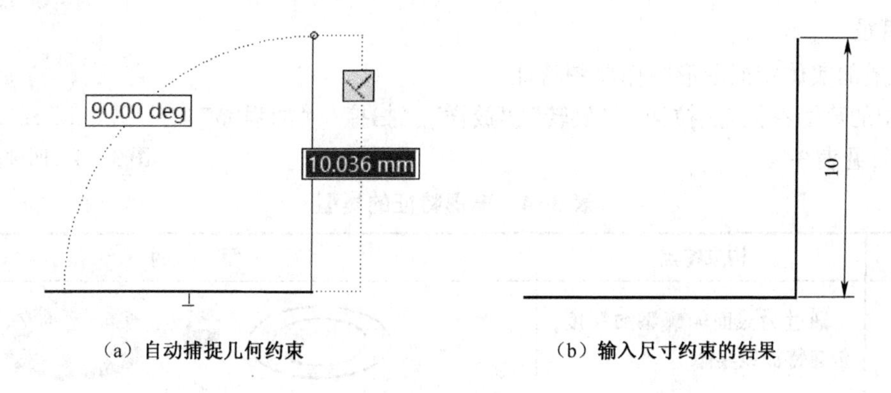

（a）自动捕捉几何约束　　（b）输入尺寸约束的结果

图 3-11　自动捕捉几何约束及输入尺寸约束

3.1.4　零件特征设计

“完成草图”后，系统自动进入“零件特征”设计环境中，如图 3-12 所示。

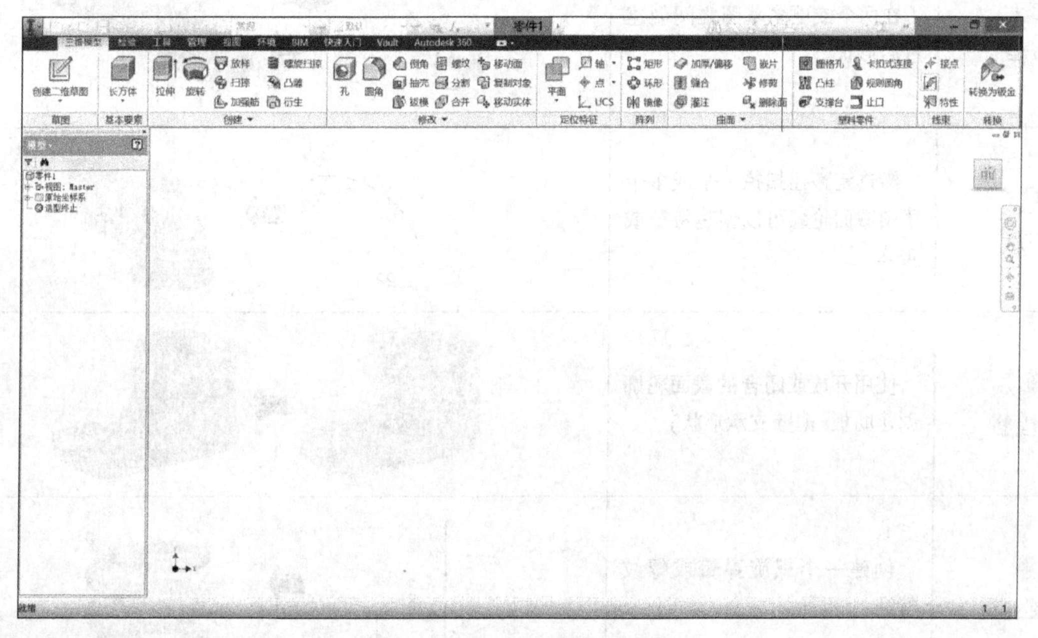

图 3-12　零件设计环境屏幕界面

零件特征命令分布在“基本要素”、“创建”、“修改”、“定位特征”、“阵列”等功能面板里，如图 3-13 所示。

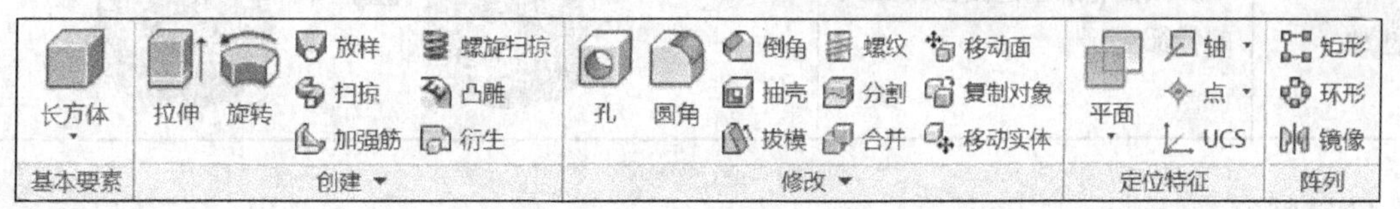

图 3-13　“零件特征”命令

1. 基本要素

基本要素是 Inventor 提供的创建基本几何体的快捷方法，单击“长方体”命令图标下方的▼，将显示可以快捷创建的四种基本几何体，它们分别是长方体、圆柱体、球体和圆环体，如图 3-14 所示。单击图标即可创建相应的基本几何体。

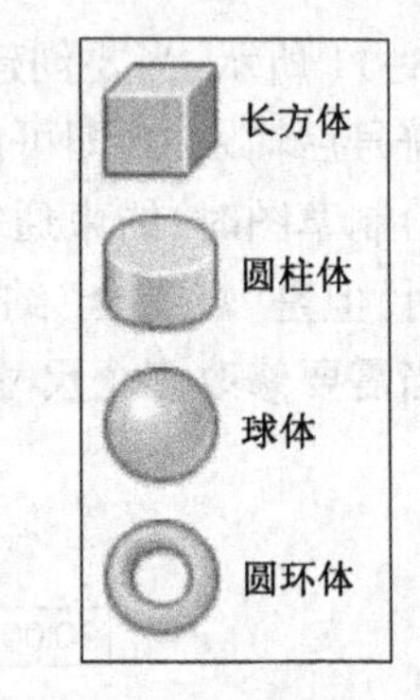

图 3-14　四种基本几何体

2. 草图特征

由草图生成的实体特征图形叫作草图特征。

Inventor 中的草图特征有“拉伸”、“旋转”、“放样”、“扫掠”、“加强筋”、“螺旋扫掠”等，见表 3-4。

表 3-4　草图特征的类型

特征名称	构成特点	示　例
拉伸	通过为截面轮廓添加深度，创建特征或实体	
旋转	通过绕轴旋转一个或多个草图截面轮廓来创建特征或实体	旋转轴
放样	在两个或更多草图之间创建过渡形状	
扫掠	沿选定路径扫掠一个或多个草图截面轮廓可以创建特征或实体	
加强筋	使用开放或闭合的截面轮廓创建肋板（薄壁支承形状）	
螺旋扫掠	创建一个螺旋弹簧或螺纹特征	8　2
凸雕	从截面轮廓创建凸出或凹入的特征	

3. 放置特征

Inventor 中的放置特征有“孔”、“圆角”、“倒角”、“抽壳”、“拔模”、“螺纹”和“分割”等，见表 3-5。

表 3-5　放置特征的类型

特征名称	构成特点	示　例
孔	根据草图点或选择的其他几何图元创建孔	
圆角	为一个或多个边或面添加圆角或圆边	
倒角	为一个或多个零部件边应用倒角	
抽壳	从零件内部去除材料,创建一个具有指定厚度的空腔	
拔模	向指定的零件面应用角度	
螺纹	在孔、轴、螺柱或螺栓上创建螺纹	
分割	分割零件面、修剪和删除零件的剖面或将零件分割为多个实体	
矩形阵列	创建重复特征或实体并在行和列中或沿路径排列它们	
环形阵列	创建重复的特征、实体或体并在圆弧或环形阵列中排列它们	
镜像	以跨平面的等距离为一个或多个特征或整个实体创建镜像副本	

4. 定位特征

定位特征是一个辅助性的图元。常用它来帮助建立新的草图或把它作为对草图施加几何约束和尺寸约束的基准。

定位特征有三种类型:工作平面、工作轴和工作点。

1)**工作平面**　工作平面是一个无限大的构造平面,可以使用工作平面创建工作轴、草图平面、终止平面或分割面,或将工作平面作为尺寸定位的基准面、其他工作平面的参照平面以及定位剖视观察位置或剖切位置的平面等。

单击工作平面命令图标下方的▼,显示创建工作平面的方法,如图 3-15(a)所示。

2)**工作轴**　工作轴是无限长的参数化直线,常用来辅助创建工作平面,或者投影到草图上,用以作为添加尺寸的基准或作为旋转特征的旋转轴、环行阵列的轴线等。单击工作轴命令图标右侧的▼,

显示创建工作轴的方法,如图 3-15(b)所示。

3)工作点　工作点是一个能够放置在零件已有特征上的参数化的构造点,可放置于零件几何图元或三维空间的任意位置。单击工作点图标◈右侧的▼,显示创建工作点的方法,如图 3-15(c)所示。

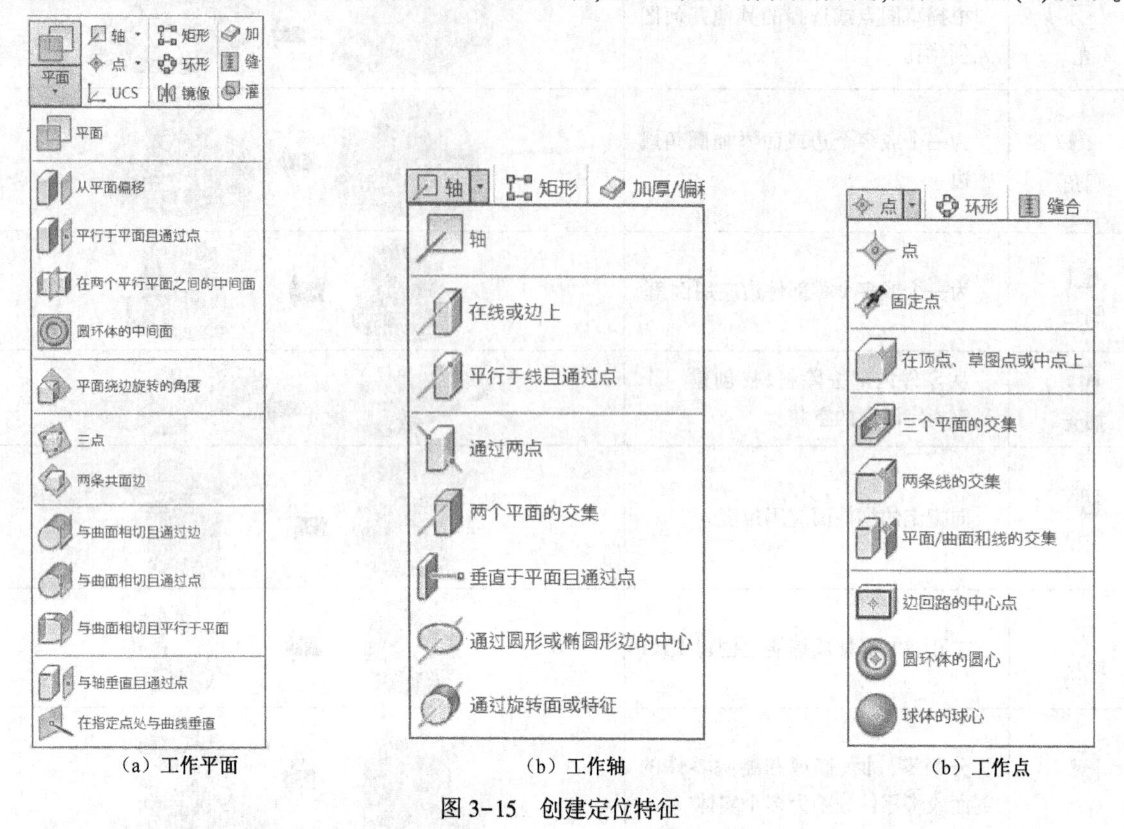

(a) 工作平面　(b) 工作轴　(b) 工作点

图 3-15　创建定位特征

3.2　人文科学理念的三维数字化创意设计

创意设计目的:激发软件学习兴趣,启迪心灵。

天 人 合 一

沉潭水止如镜,映照万物似真;
云过遮日无影,水岸物境鉴分。
风吹落叶飘零,鱼跃水面声声;
夜深万籁俱静,谁将水影再分。

——黄源趾

3.2.1　茶杯设计理念

在工作、生活中,提倡返璞归真、爱护自然的理念。

3.2.2　茶杯的三维设计过程

1. 熟悉面板和工具菜单、草图面板

(1)双击 Autodesk Inventor Professional 图标,出现启动界面,如图 3-16 所示。

图 3-16　启动界面

(2)单击“新建”,则弹出“新建文件”对话框,如图 3-17 所示。

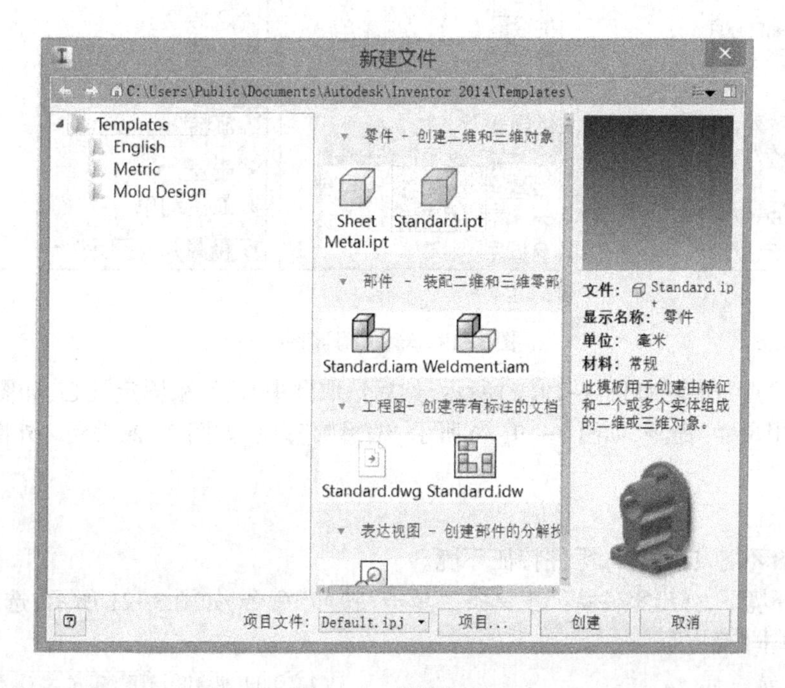

图 3-17　新建文件

在“默认”选项卡下,standard. ipt 用于创建新零件,standard. idw 用于创建新的工程图,standard. ipn 用于创建新的部件表达视图。

(3)单击“standard. ipt”,然后单击“确定”,则进入草图工作环境,如图 3-18 所示。草图工作环境由绘图区域、草图工具面板、浏览器和工具栏等部分组成。

Inventor 的用户界面由“功能区”、“浏览器”、“绘图区”以及“状态栏”等构成,图 3-3 所示为零件设计环境的用户界面。

草图工具面板,如图 3-19(a)、(b)、(c)所示。

2. 绘制圆柱三维模型

(1)在草图环境下,选取“圆心、半径”命令,如图 3-19(a)所示。以自定义的 *XOY* 平面坐标原点作为圆的中心。

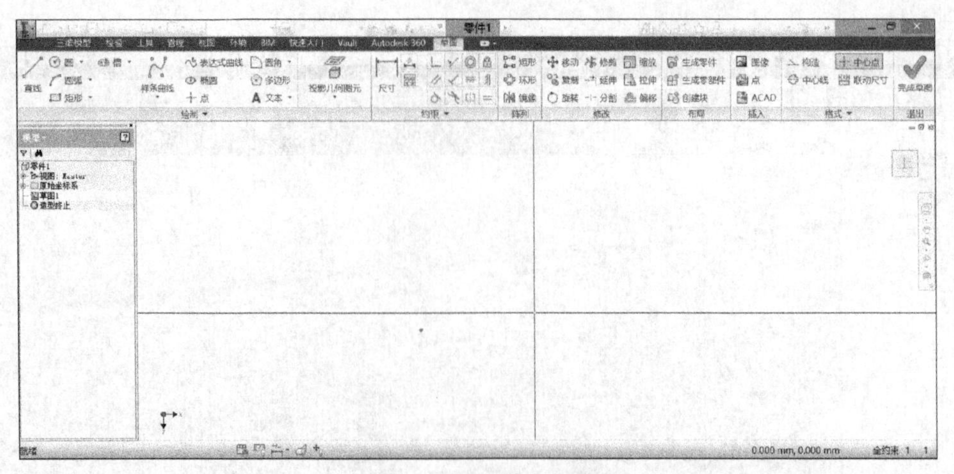

图 3-18　草图工作环境

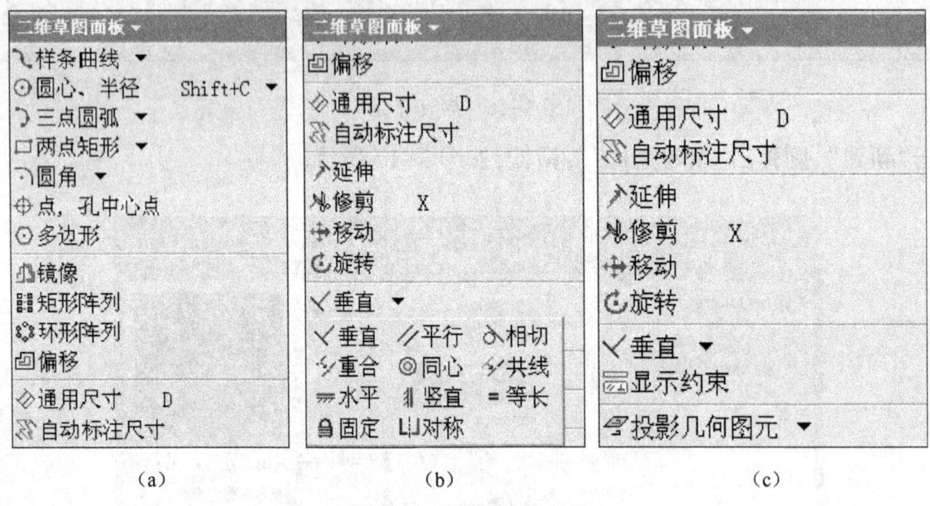

图 3-19　草图工具命令

(2)选取草图“点”命令,如图 3-19(a)所示,然后选取圆中心,约束固定圆心,如图 3-19(b)所示。

(3)选取“通用尺寸”命令,如图 3-19(a)所示,编辑圆直径,如图 3-20 所示,外圆直径 40,回车结束尺寸编辑。

(4)拉伸圆柱。

右击结束草图环境,自动进入零件特征环境。

在零件特征环境下,弹出零件特征工具条。单击“拉伸”命令,如图 3-21 所示,选取截面轮廓,设置拉伸距离“80”,单击“确定”。

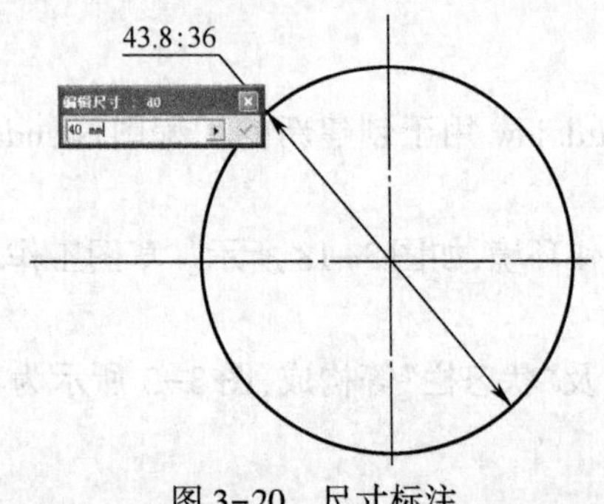

图 3-20　尺寸标注

图 3-21　拉伸

3. 茶杯手把的绘制

1)绘制样条曲线

建立草图环境,在 *YOZ* 平面上,绘制样条曲线,点击 *YOZ* 平面,右击新建草图,如图 3-22 所示。

单击“观察方向”,如图 3–23 所示,选择正视,如图 3–24 所示。

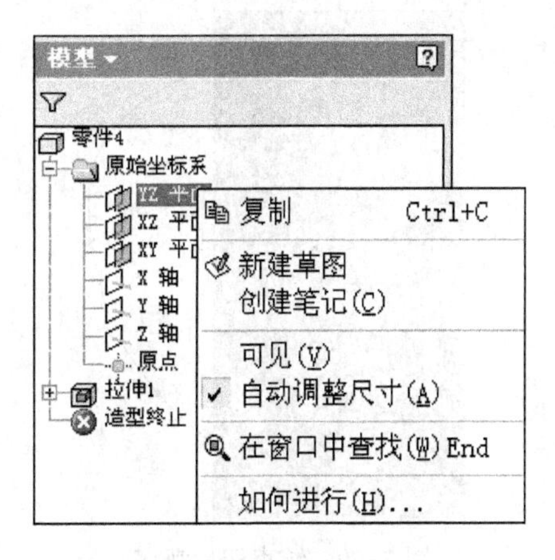

图 3–22 新建草图平面

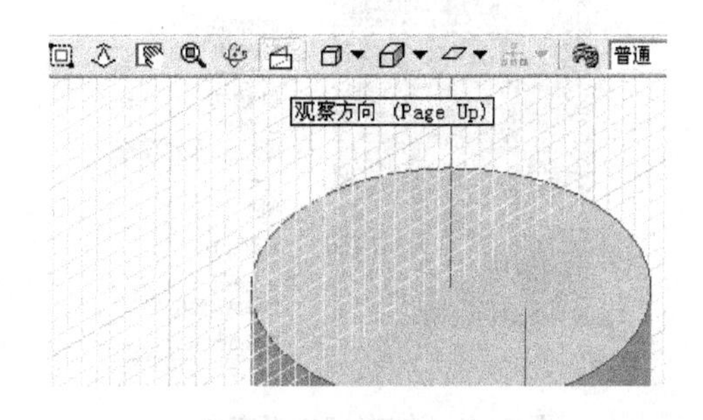

图 3–23 观察草图平面

2)绘制样条曲线

单击“样条曲线”命令,在 *YOZ* 草图平面上绘制样条曲线,如图 3–25 所示。

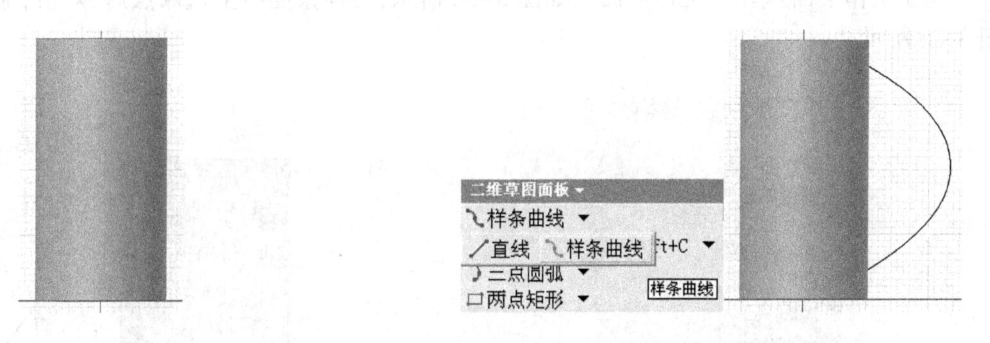

图 3–24 观察方向

图 3–25 样条曲线

3)切片观察

单击“视图”弹出下拉菜单,单击“切片观察”,如图 3–26 所示。对样条曲线进行合理调整,如图 3–27所示。

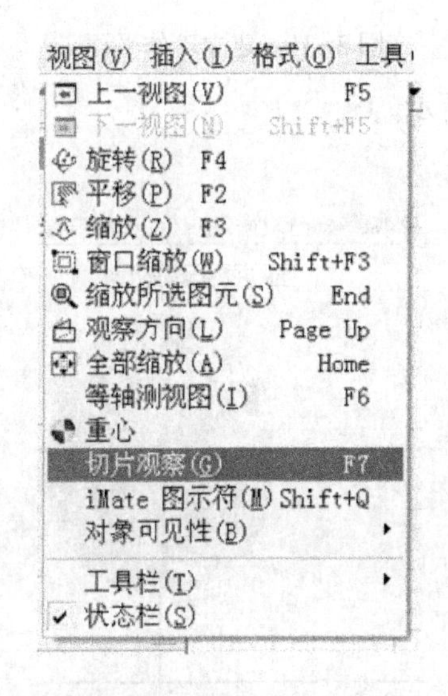

图 3–26 “切片观察”命令

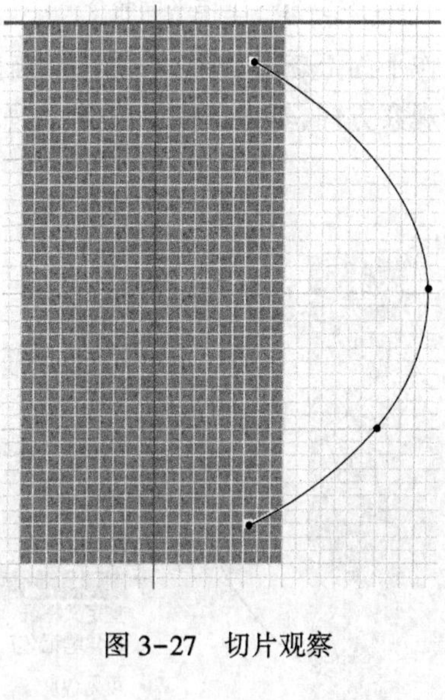

图 3–27 切片观察

右击,结束切片观察,如图 3–28 所示。

右击“结束草图”,如图 3–29 所示,进入零件特征环境。

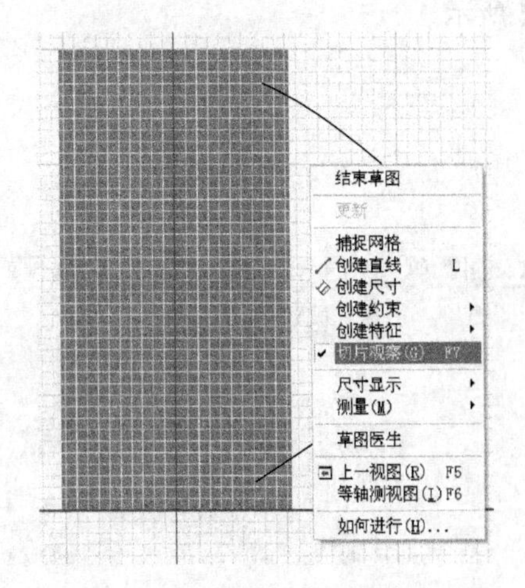

图 3-28 结束切片观察命令

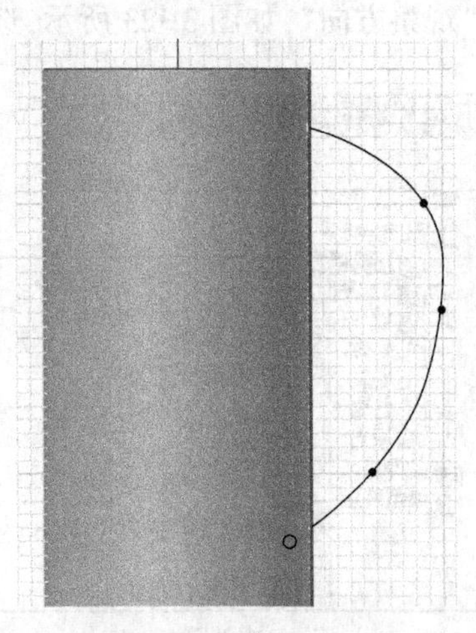

图 3-29 结束切片观察

4)扫掠

(1)绘制手把截面轮廓。

建立工作平面:单击“工作平面”,如图 3-30 所示,在样条曲线上选取点后,双击,显示工作平面,如图 3-31所示。

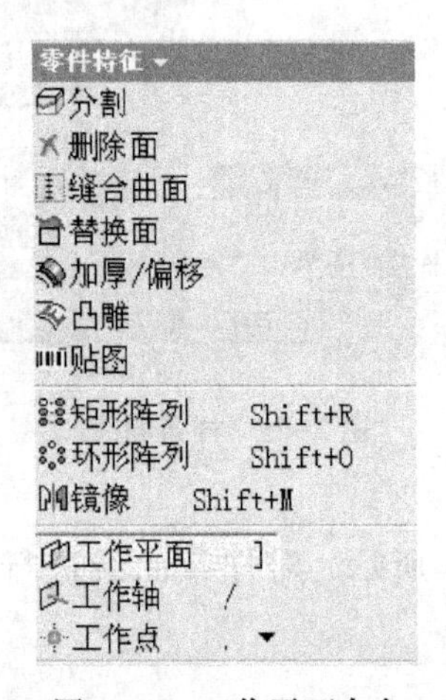

图 3-30 工作平面命令

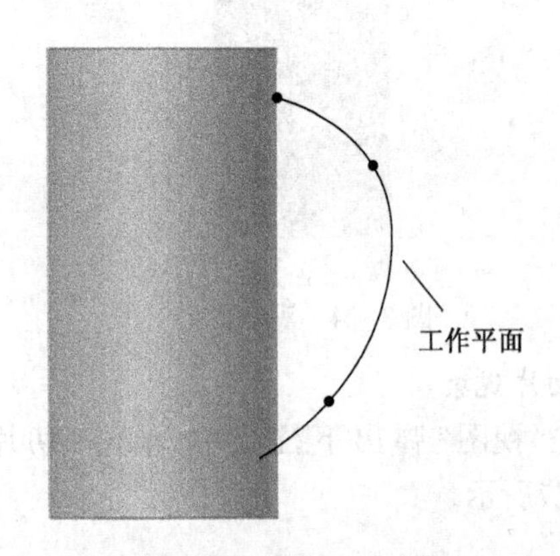

图 3-31 建立工作平面

在工作平面上新建草图:右击,选“新建草图”,如图 3-32 所示。

单击观察方向,单击工作平面,视图如图 3-33 所示。

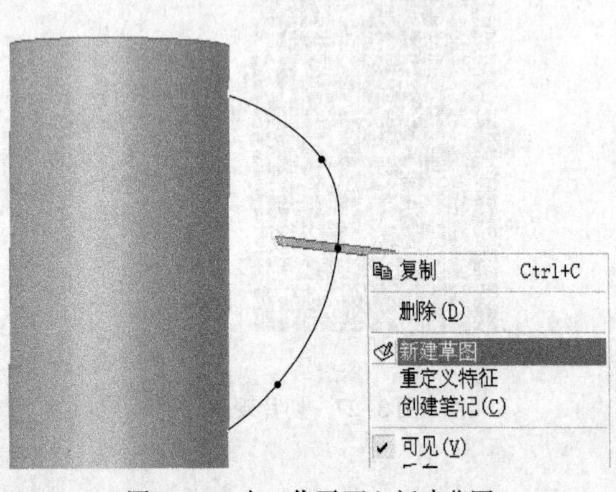

图 3-32 在工作平面上新建草图

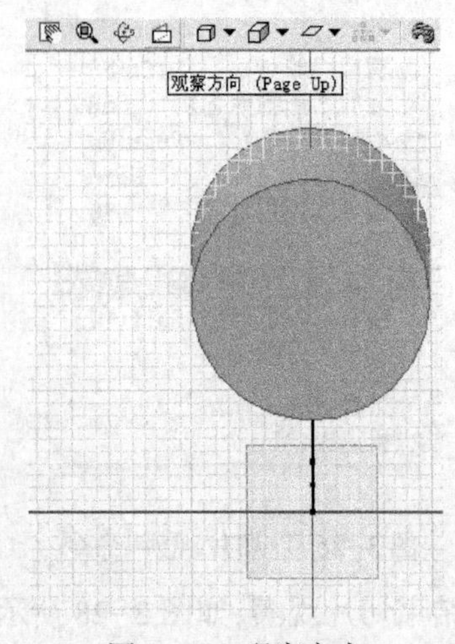

图 3-33 观察方向

绘制手把截面轮廓曲线,在草图工具条中,单击“椭圆”命令,如图 3-34 所示。

绘制椭圆,设置尺寸,回车,如图 3-35 所示,结束草图环境。旋转观察方向,如图 3-36 所示。

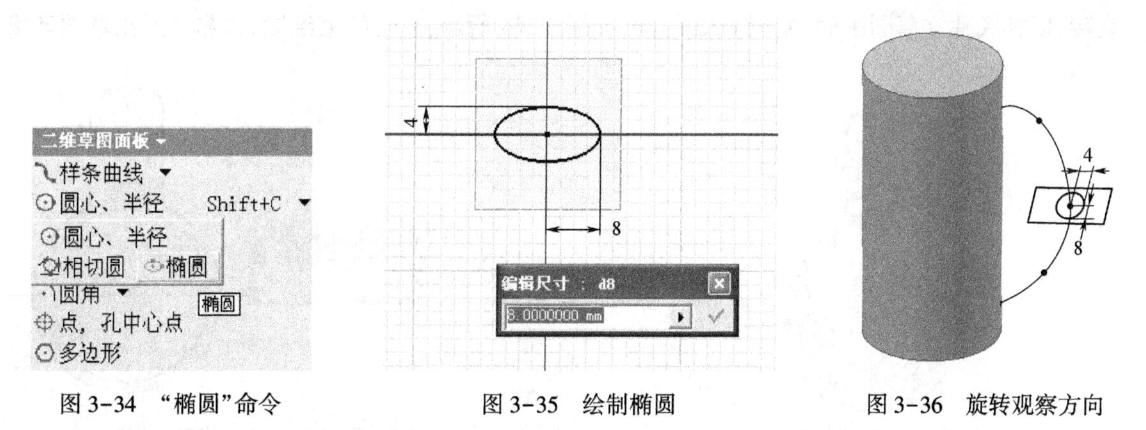

图 3-34 “椭圆”命令　　图 3-35 绘制椭圆　　图 3-36 旋转观察方向

(2)进行扫掠

单击零件特征“扫掠”命令,如图 3-37 所示,单击扫掠路径——样条曲线,单击“确定”,完成三维手把创建,如图 3-38 所示。

将工作平面设置为不可见:选中工作平面,右击,如图 3-39 所示。在弹出的快捷菜单中,取消“可见”前的勾选,工作平面变为不可见,完成手把创建,如图 3-40 所示。

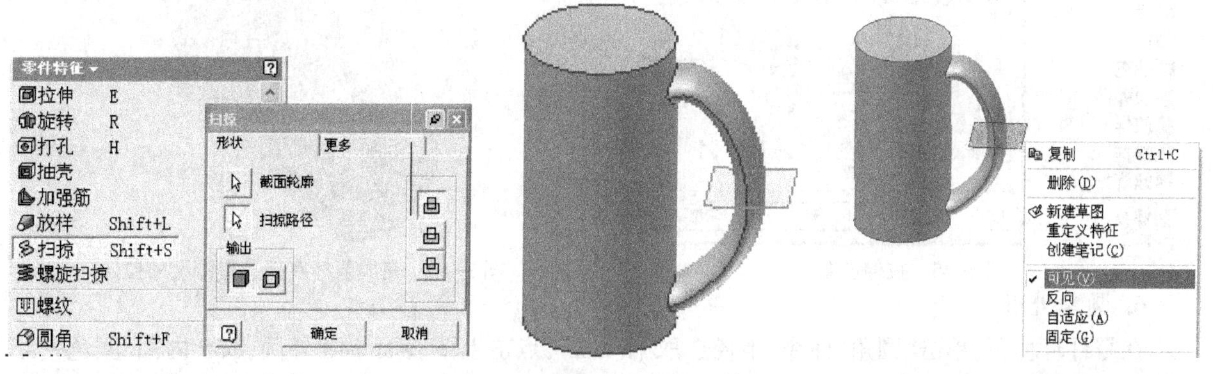

图 3-37 扫掠　　图 3-38 完成三维手把创建　　图 3-39 工作平面设置为不可见

如果要显示该平面,在“浏览器”窗口中找到该平面,右击,在弹出的快捷菜单中勾选“可见”。

4. 茶杯深度创建

1)绘制草图

在上表面建立草图平面,画 $\phi35$ 的圆与 $\phi40$ 的圆同心,如图 3-41 所示,右击结束再右击退出草图环境。

2)茶杯深度拉伸

单击零件特征“拉伸”命令,拉伸设置深度 70,选取截面轮廓为 $\phi35$ 的圆,单击“确定”,如图 3-42 所示。完成拉伸,如图 3-43 所示。

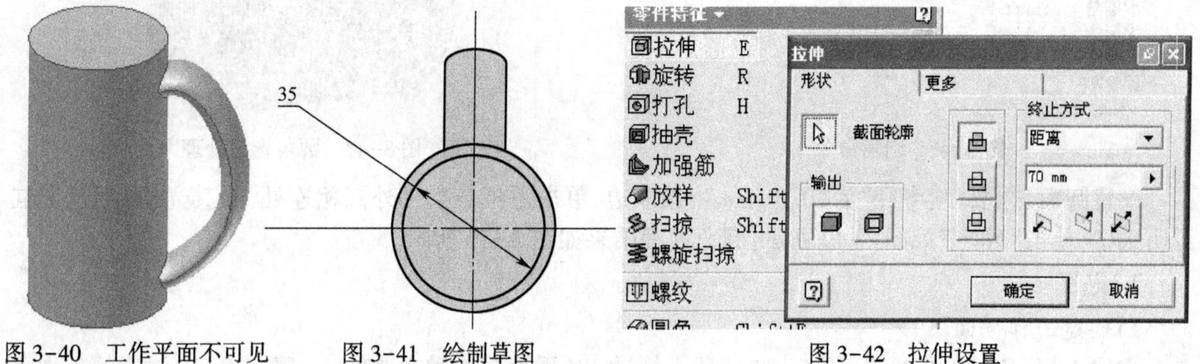

图 3-40 工作平面不可见　　图 3-41 绘制草图　　图 3-42 拉伸设置

5. 茶杯底部散热深度创建

1)绘制草图

旋转,以杯底建立草图平面,绘制 $\phi35$ 的圆,如图 3-44 所示,右击结束绘制,再右击退出草图环境。

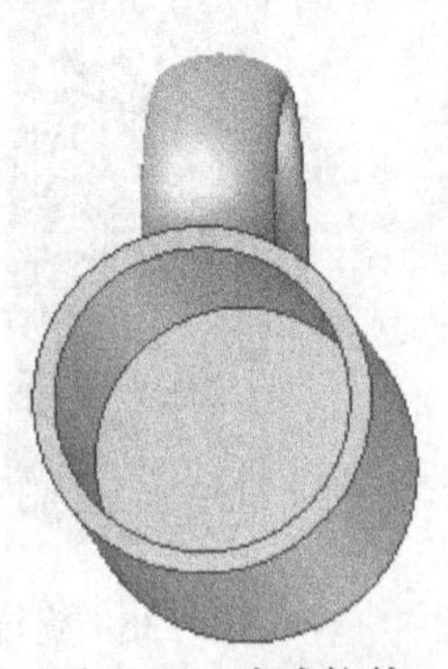

图 3-43　完成拉伸

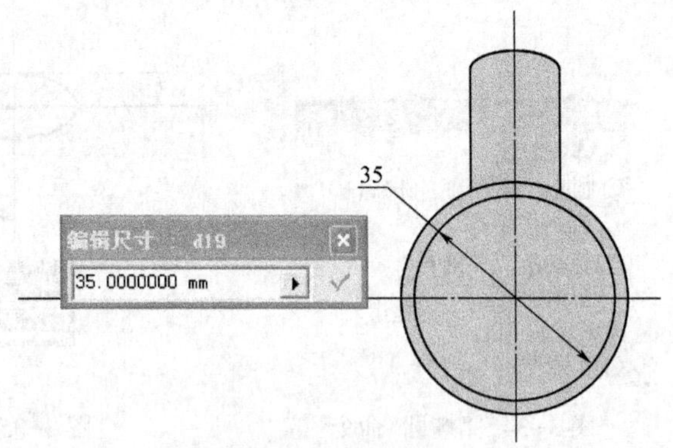

图 3-44　绘制草图

2)杯底散热深度拉伸

单击零件特征“拉伸”命令,设置深度为 4,截面轮廓为 $\phi35$ 的圆,如图 3-45 所示,单击“确定”,完成杯底散热深度的拉伸,如图 3-46 所示。

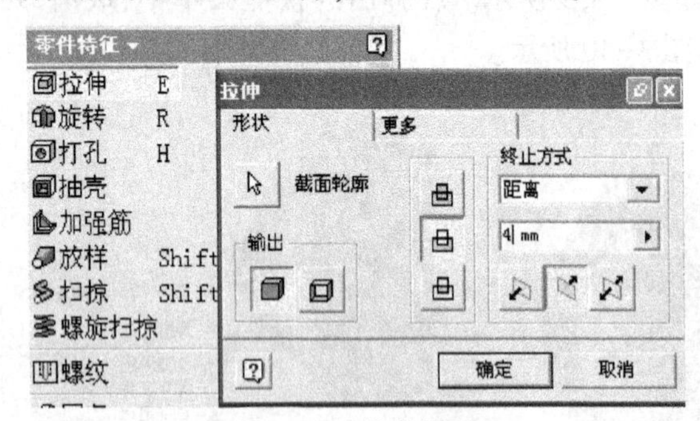

图 3-45　拉伸设置

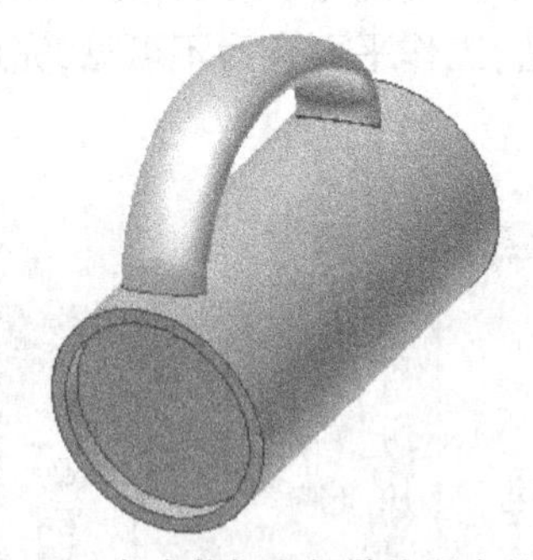

图 3-46　完成茶杯底部散热深度的拉伸

6. 圆角处理

在零件环境下,单击“圆角”命令,半径选取“1 mm”,点击上下表面 $\phi40$ 外圆,$\phi35$ 内圆,颜色变红说明已选中,如图 3-47 所示,单击“确定”,完成圆角光滑处理,如图 3-48 所示。

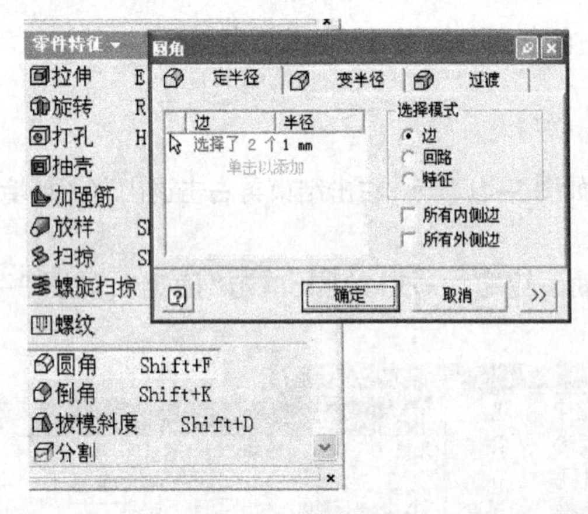

图 3-47　圆角命令

图 3-48　圆角光滑处理

设置圆角,选取“变半径”为“0.01 mm”,选取边,单击手把与茶杯外圆相连处,使其光滑,颜色变红说明选中,单击“确定”如图 3-49 所示,圆角处理结果如图 3-50 所示。

7. 贴图

1)创建工作平面

选取 *YZ* 平面,如图 3-51,图 3-52 所示。拖动 *YZ* 平面向前移动 20 mm,回车确定,创建的工作平面，如图 3-53 所示。

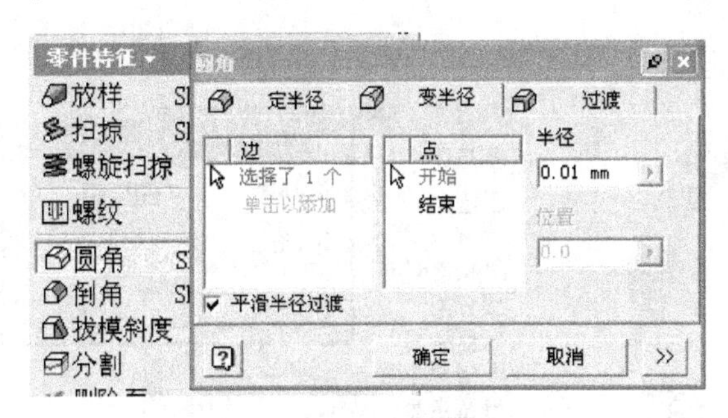

图 3-49　圆角设置

图 3-50　选取圆角处理

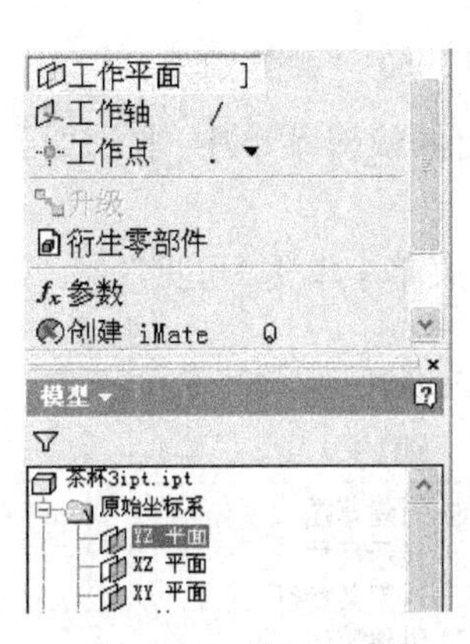

图 3-51　建工作面

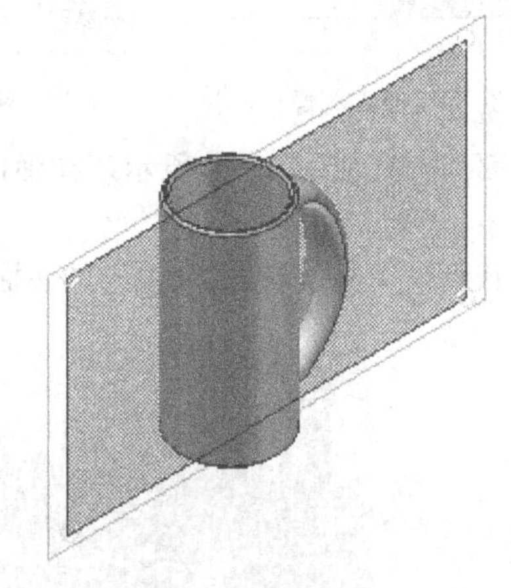

图 3-52　观察工作面

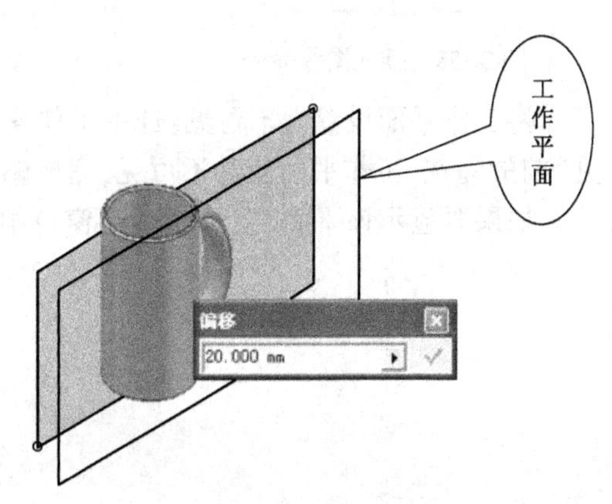

图 3-53　工作平面

点击观察方向，正视，结果如图 3-54 所示。

2）插入图像

建立文档，文件名：莲花，在新建的工作平面上新建草图平面，插入图像，将所建立的“莲花”文档插入，如图 3-55，图 3-56 所示。

图 3-54　正视

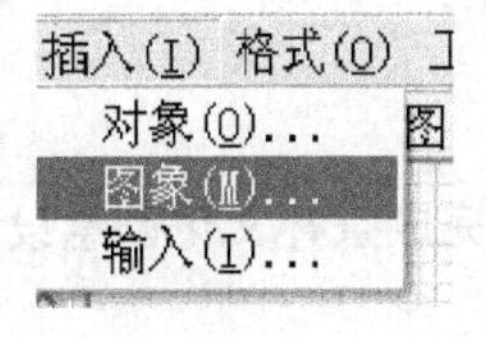

图 3-55　插入图像

图 3-56　插入莲花文挡

3）贴图

退出草图环境，进入零件环境，点击贴图命令，缠绕到面为外圆柱面，确定，如图 3-57 所示。

图 3-57　贴图

8. 帖字

（1）建立 word 文档，文件名：道法自然天人合一

（2）插入图像。在图 3-53 所示的工作平面上，建立草图平面，插入图像，将所建立的 word 文档“道法自然天人合一”插入，右击结束，如图 3-58，图 3-59 所示，插入的图像可以缩小、放大。

（3）贴图。结束草图环境，进入零件环境，单击“贴图”命令，勾选

“缠绕到面”,即外圆柱面,如图 3-60,图 3-61 所示。

点击“确定”,如图 3-62 所示。

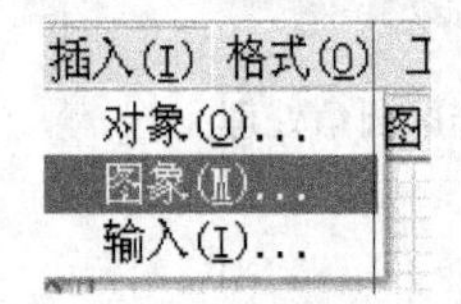

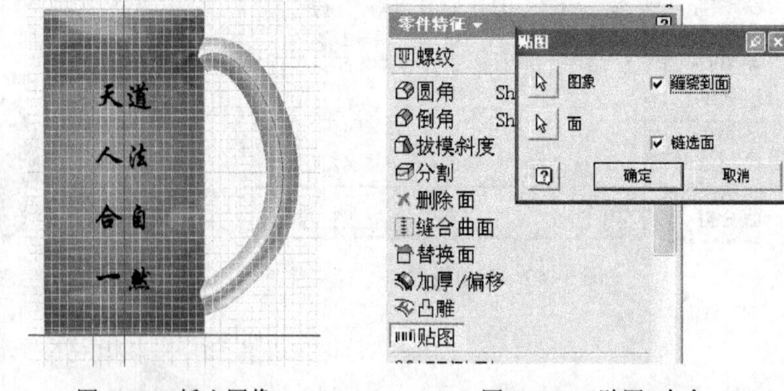

图 3-58　插入图像命令　　图 3-59　插入图像　　图 3-60　“贴图”命令

将工作平面设置为不可见:选中工作平面,右击,如图 3-63 所示。在弹出的快捷菜单中,取消“可见”前的勾选,工作平面变为不可见,完成帖字。

如果要显示该平面,在“浏览器”窗口中找到该平面。右击,在弹出的快捷菜单中单击“可见”。

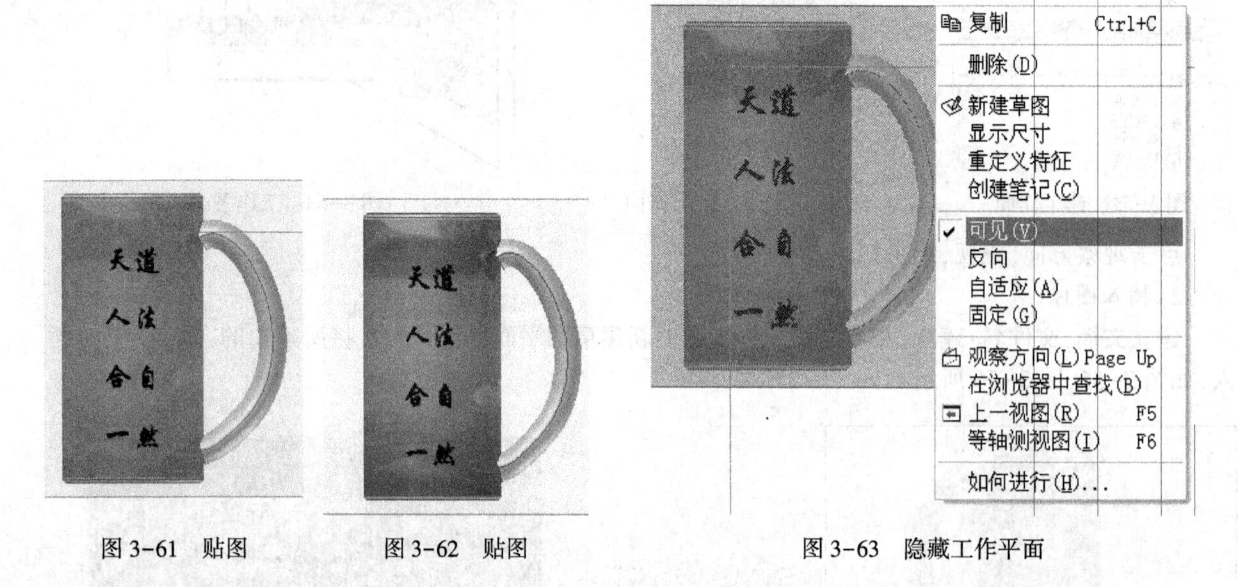

图 3-61　贴图　　图 3-62　贴图　　图 3-63　隐藏工作平面

9. 完成茶杯文化创意设计

选取材料“金属黄铜”,如图 3-64 所示。完成茶杯文化创意设计,如图 3-65 所示。

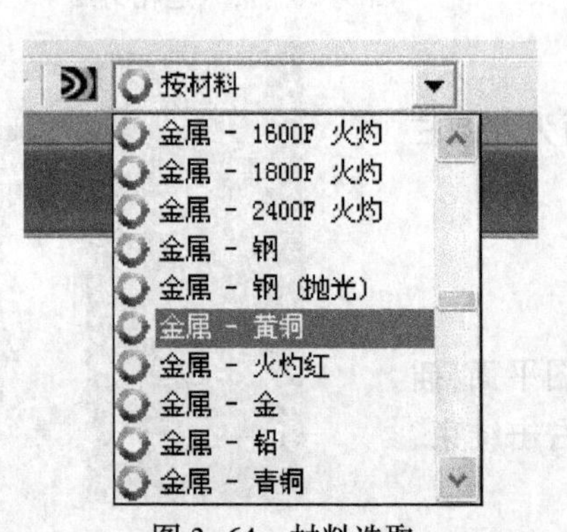

图 3-64　材料选取

图 3-65　三维茶杯文化创意设计作品

3.3 发动机气缸体造型实例

气缸体是发动机的重要零件。下面以发动机气缸体三维造型为例学习工程零件的造型方法以及熟悉软件的命令和功能。

建立摩托车发动机气缸体零件的三维模型，如图 3-66 所示。

图 3-66 摩托车发动机气缸体零件

3.3.1 模型分析

（1）可以采用先创建散热片，再生成主体部分及缸筒、正时链条通道，接着创建连接孔、安装孔，最后进行倒圆角和外观处理的顺序建立模型。

（2）散热片框架上下表面尺寸不同，可由“放样”特征生成，然后采用“拉伸”特征的“求差”方式生成散热片。

（3）主体部分由于上下表面尺寸不同，同样采用“放样”特征生成。主体部分和气缸盖、曲轴箱连接部分的草图比较相近，可以采用“偏移”命令绘制草图。

（4）采用“孔”特征生成气缸盖曲轴箱连接孔、张紧轮安装孔等。

3.3.2 操作步骤

1. 生成散热片

（1）进入零件设计环境。

（2）创建散热片整体框架。绘制草图，如图 3-67（a）所示。使用“工作平面”命令创建与已绘制草图平行的工作平面，如图 3-67（b）所示。使用“投影几何图元”命令和“偏移”命令在此工作平面上绘制图 3-67（c）所示草图。并将光标放置在一段图线上，右击，选择“闭合回路”命令将曲线闭合。使用“放样”命令将绘制的两个草图放样成图 3-67（d）所示立体。

（3）生成散热片。在下表面上使用“矩形”命令和“矩形阵列”命令绘制散热片草图，如图 3-67（e）所示。使用“拉伸”命令“求差”方式生成散热片，如图 3-67（f）所示。在上表面上继续绘制散热片草图，如图 3-67（g）所示，并拉伸成图 3-67（h）所示散热片。

（4）完善散热片。采用上述方法继续完善散热片，结果如图 3-67（i）所示。

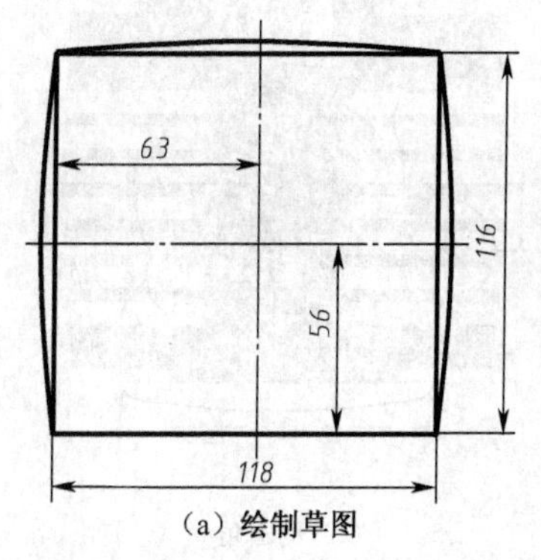

（a）绘制草图

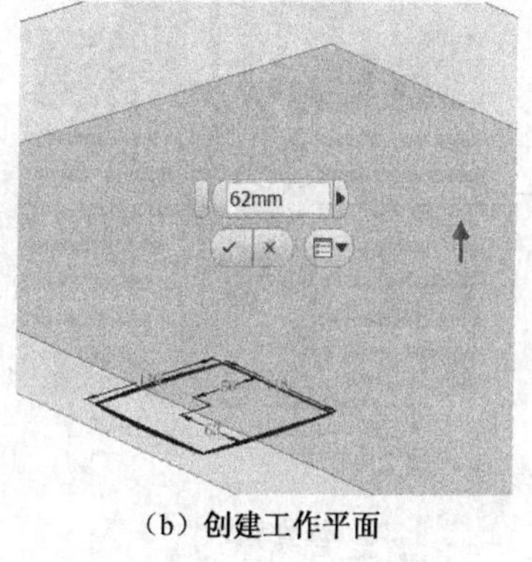

（b）创建工作平面

（c）绘制草图

图 3-67 生成散热片模型

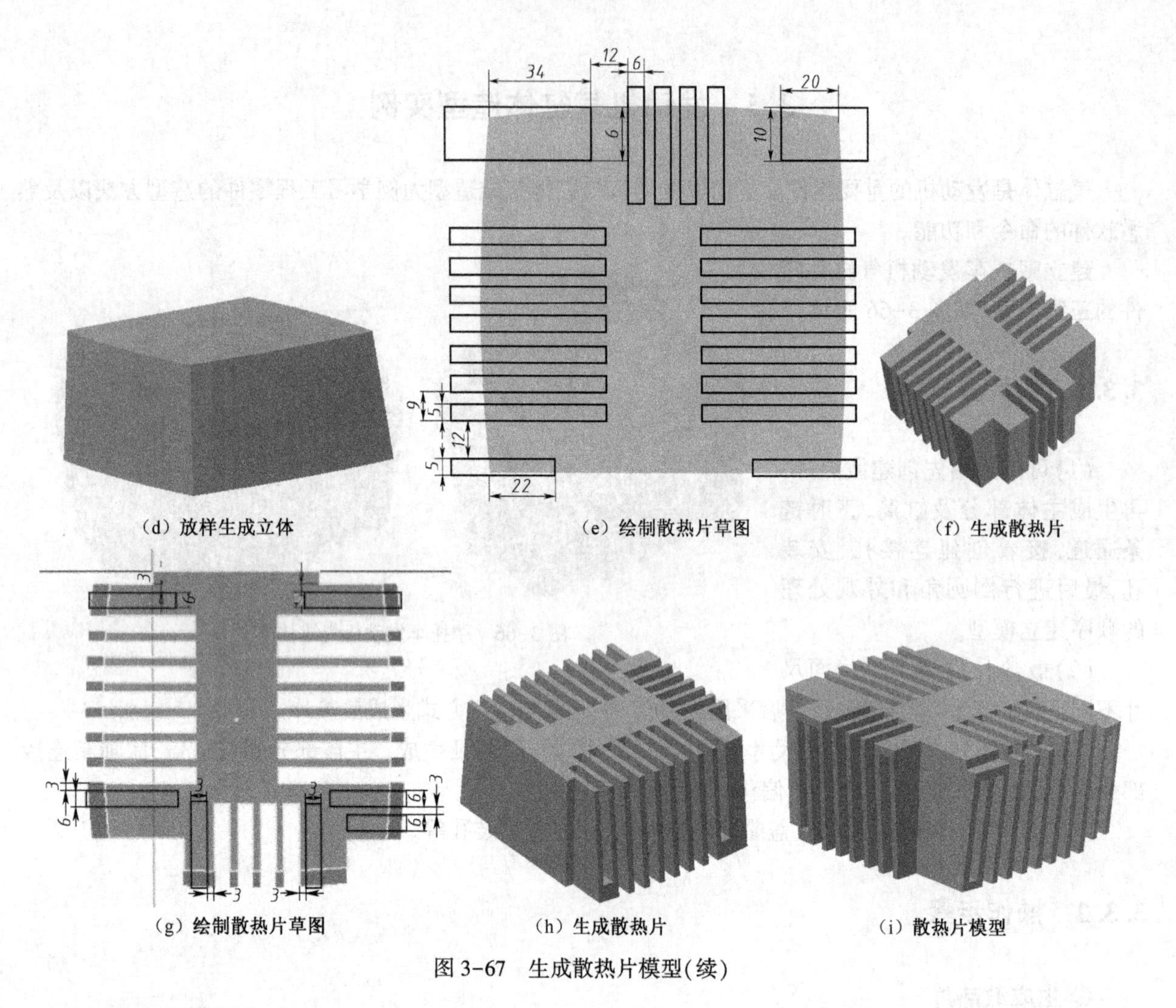

（d）放样生成立体　（e）绘制散热片草图　（f）生成散热片

（g）绘制散热片草图　（h）生成散热片　（i）散热片模型

图 3-67　生成散热片模型(续)

2. 创建主体部分

(1)创建气缸体与气缸盖连接部分。在上表面上绘制图 3-68(a)所示草图,并使用“修剪”命令修剪成图 3-68(b)所示图形。使用“圆角”命令对草图进行倒圆角操作,结果如图 3-68(c)所示。使用图 3-68(d)所示锥度拉伸方法,生成气缸体与气缸盖的连接部分,如图 3-68(e)所示。

(2)生成气缸体主体部分。在上表面上创建草图,使用“投影几何图元”命令和“偏移”命令绘制图 3-68(f)所示草图。在下表面上创建草图,投影图 3-68(g)所示几何图元。使用“偏移”命令和“圆角”命令绘制图 3-68(h)所示草图。将图 3-68(f)和图 3-68(h)两个草图进行放样操作,生成气缸体主体部分如图 3-68(i)所示。

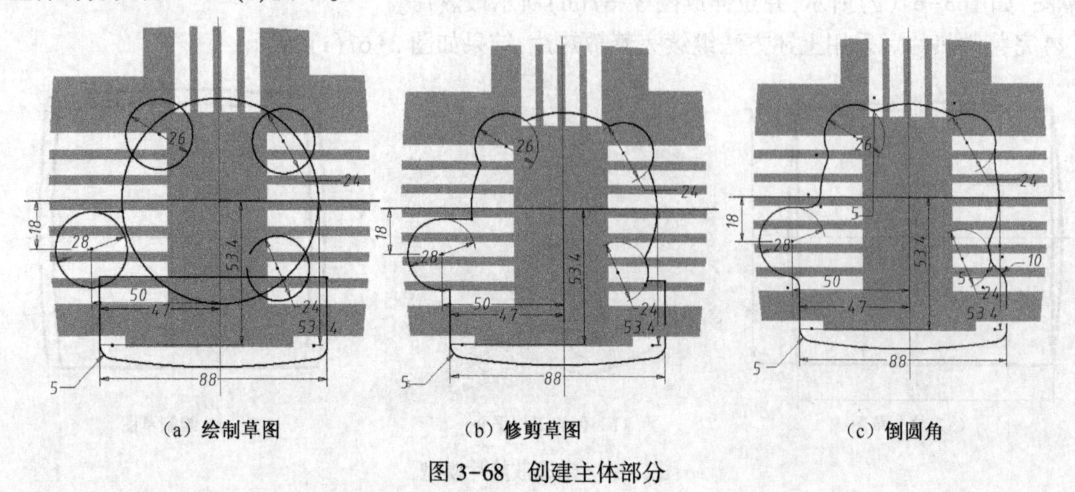

（a）绘制草图　（b）修剪草图　（c）倒圆角

图 3-68　创建主体部分

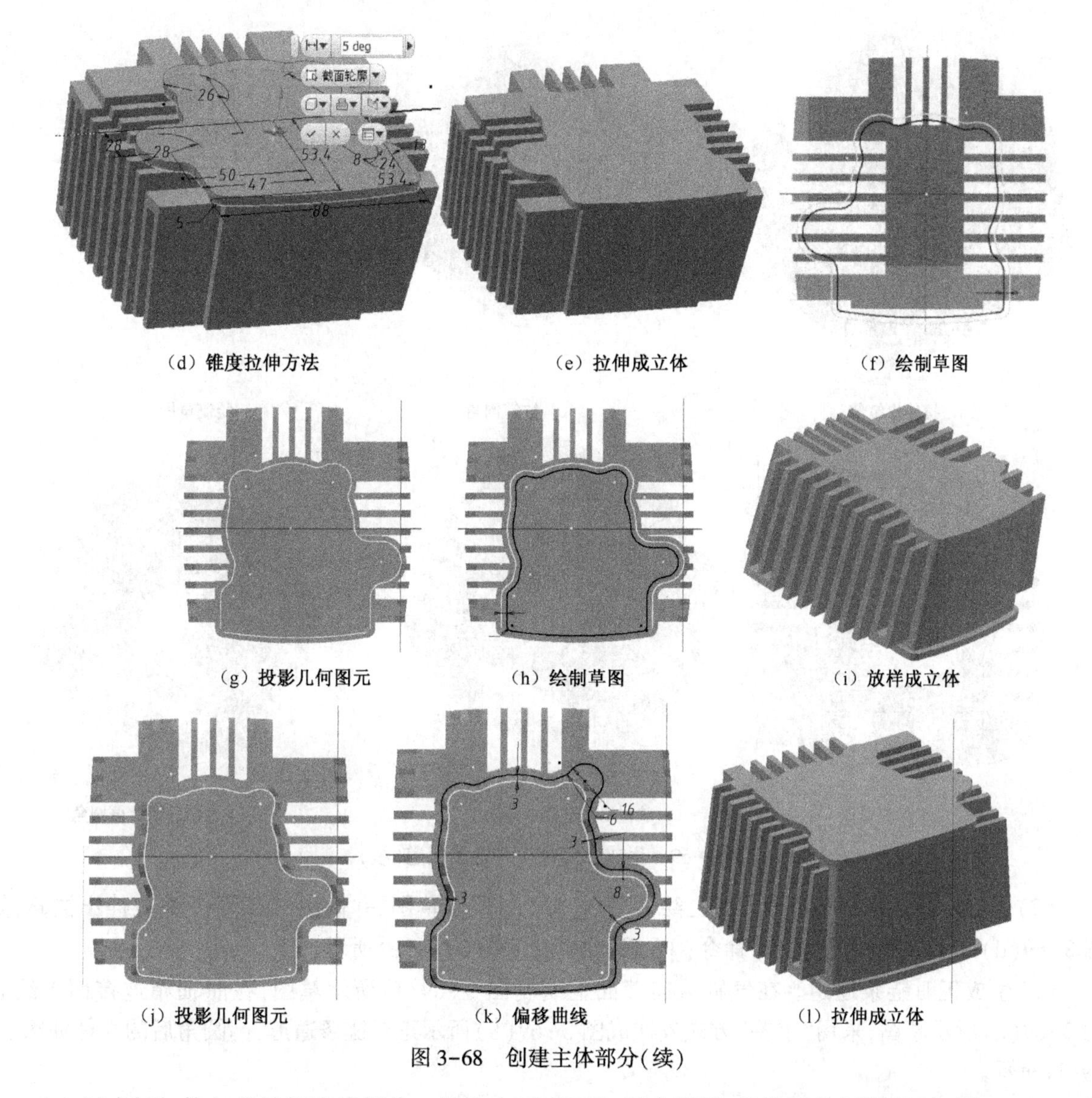

(d) 锥度拉伸方法　(e) 拉伸成立体　(f) 绘制草图

(g) 投影几何图元　(h) 绘制草图　(i) 放样成立体

(j) 投影几何图元　(k) 偏移曲线　(l) 拉伸成立体

图 3-68　创建主体部分(续)

(3)创建气缸体与曲轴箱连接部分。继续在下表面上创建草图,并投影几何图元,如图 3-68(j)所示,偏移曲线并绘制图 3-68(k)所示草图。同样采用锥度拉伸方法生成气缸体与曲轴箱的连接部分如图 3-68(l)所示。

3. 生成缸筒和正时链条通道

(1)创建缸筒圆柱体。在曲轴箱连接面上绘制图 3-69(a)所示草图并拉伸成圆柱体,如图 3-69(b)所示。

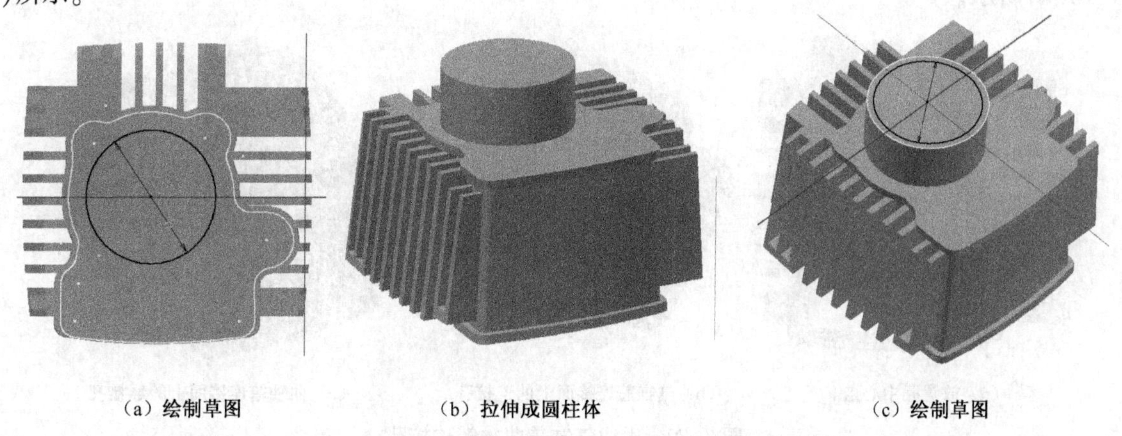

(a) 绘制草图　(b) 拉伸成圆柱体　(c) 绘制草图

图 3-69　生成缸筒和正时链条通道

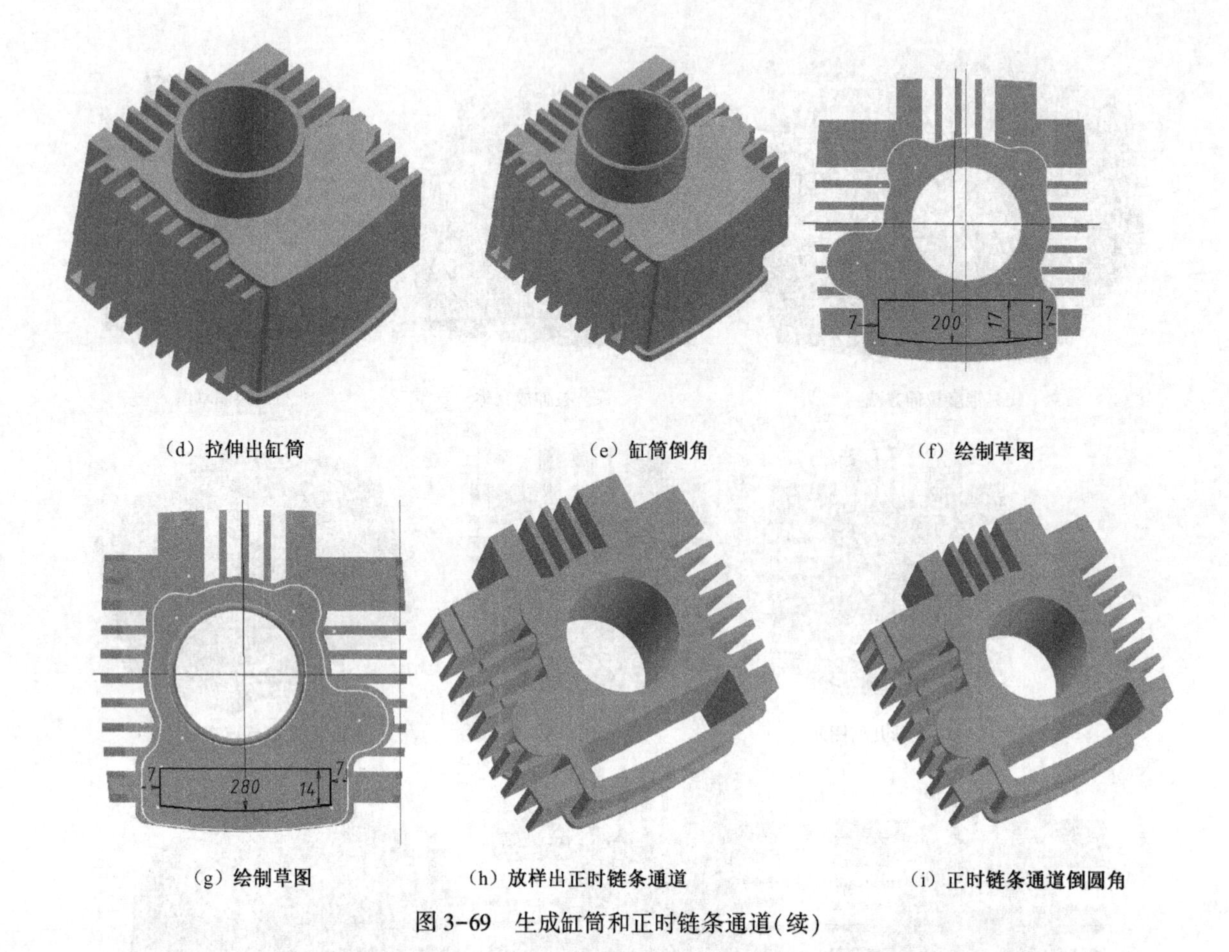

(d) 拉伸出缸筒　　(e) 缸筒倒角　　(f) 绘制草图

(g) 绘制草图　　(h) 放样出正时链条通道　　(i) 正时链条通道倒圆角

图 3-69　生成缸筒和正时链条通道(续)

(2)生成缸筒。在圆柱体上表面上绘制图 3-69(c)所示草图,并使用“求差”方式拉伸出缸筒,如图 3-69(d)所示。再应用“倒角”命令生成的缸筒,如图 3-69(e)所示。

(3)生成正时链条通道。在气缸盖连接面上绘制图 3-69(f)所示草图,在曲轴箱连接面上绘制图 3-69(g)所示草图,采用“求差”方式放样成图 3-69(h)所示正时链条通道,倒圆角后的立体如图 3-69(i)所示。

4. 生成气缸盖曲轴箱连接孔

(1)生成双头螺柱连接孔。在草图上使用“点”命令放置孔中心点,如图 3-70(a)所示。使用“孔”命令分别在气缸盖和曲轴箱连接面上生成图 3-70(b)和 3-70(c)所示连接孔。

(2)生成气缸盖连接孔。在气缸盖连接面上绘制图 3-70(d)所示草图,拉伸草图并倒圆角如图 3-70(e)所示。继续绘制图 3-70(f)所示草图,拉伸并倒圆角后如图 3-70(g)所示。生成气缸盖连接孔如图 3-70(h)所示。

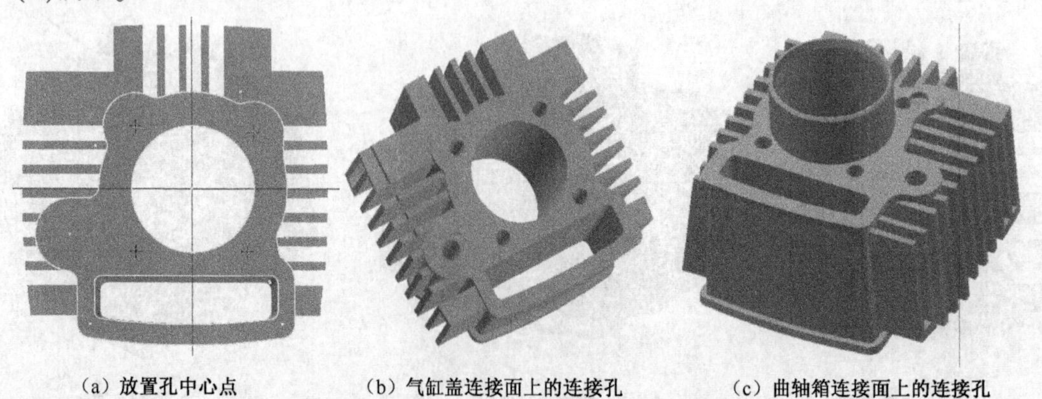

(a) 放置孔中心点　　(b) 气缸盖连接面上的连接孔　　(c) 曲轴箱连接面上的连接孔

图 3-70　生成气缸盖曲轴箱连接孔

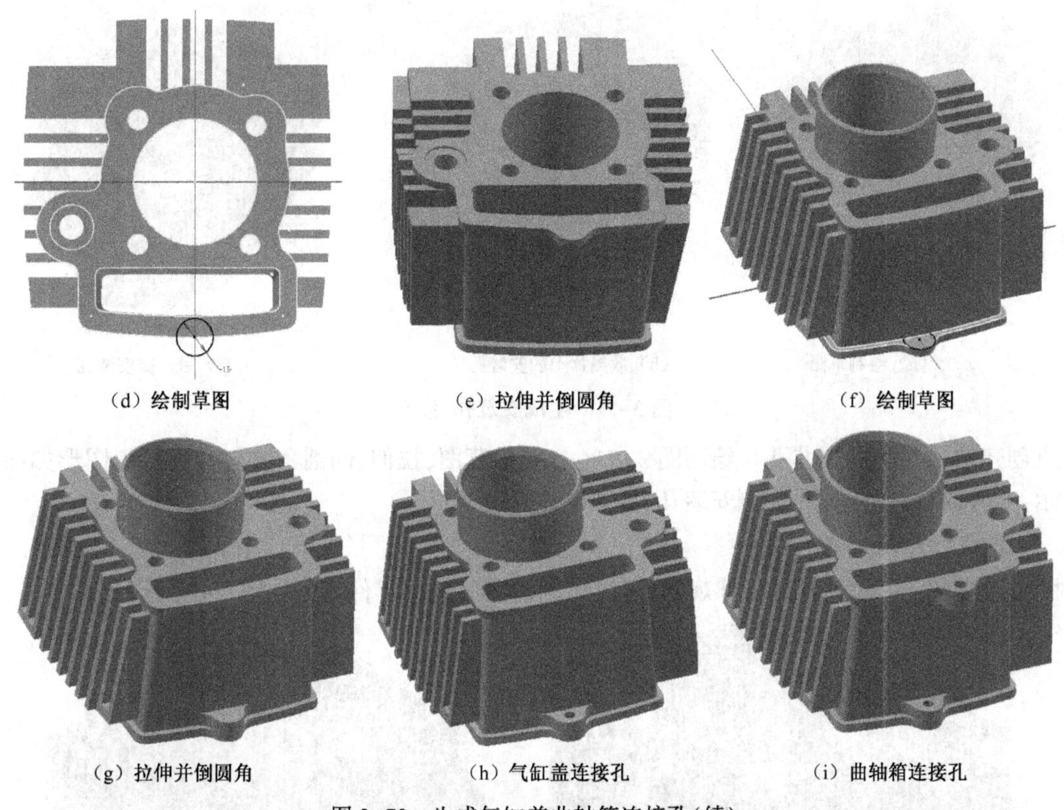

图 3-70　生成气缸盖曲轴箱连接孔(续)

(3)生成曲轴箱连接孔。用上述方法生成曲轴箱连接孔如图 3-70(i)所示。

5. 生成安装孔

(1)生成张紧轮安装孔。在图 3-71(a)所示通过缸筒轴线的平面上绘制图 3-71(b)所示草图,并拉伸草图切割出平面,如图 3-71(c)所示。创建图 3-71(d)所示工作平面,在此工作平面上绘制图 3-71(e)所示草图,并拉伸出圆柱体打孔,如图 3-71(f)所示。

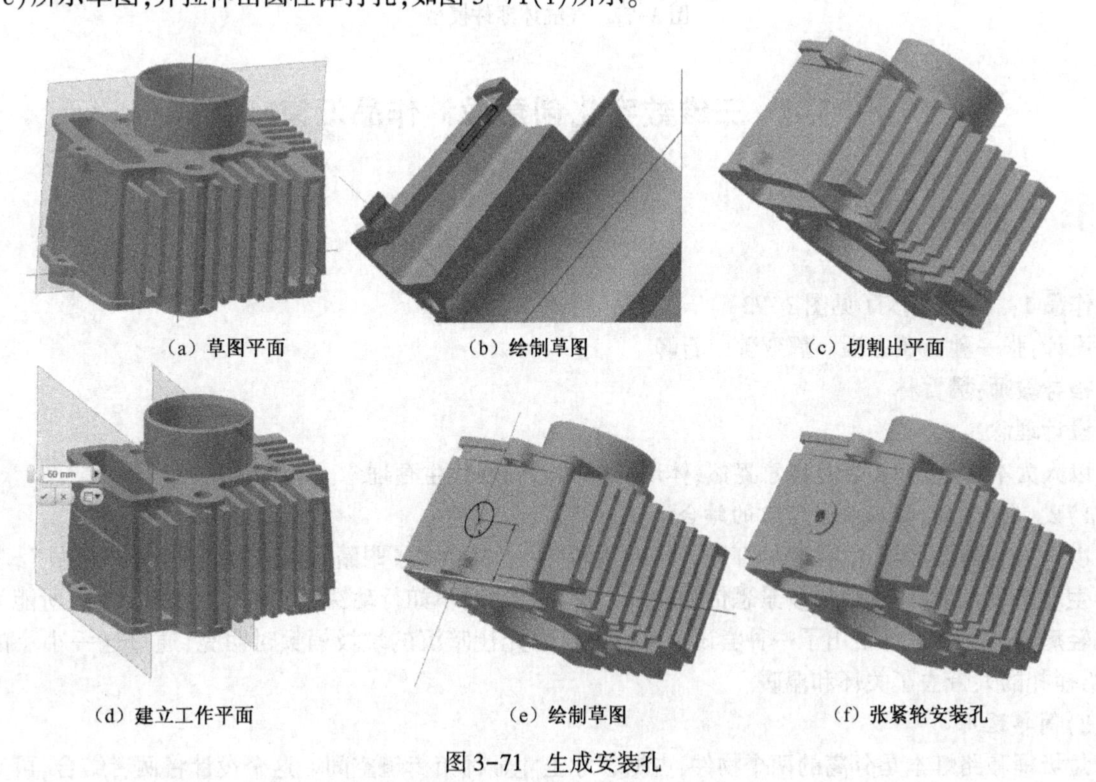

图 3-71　生成安装孔

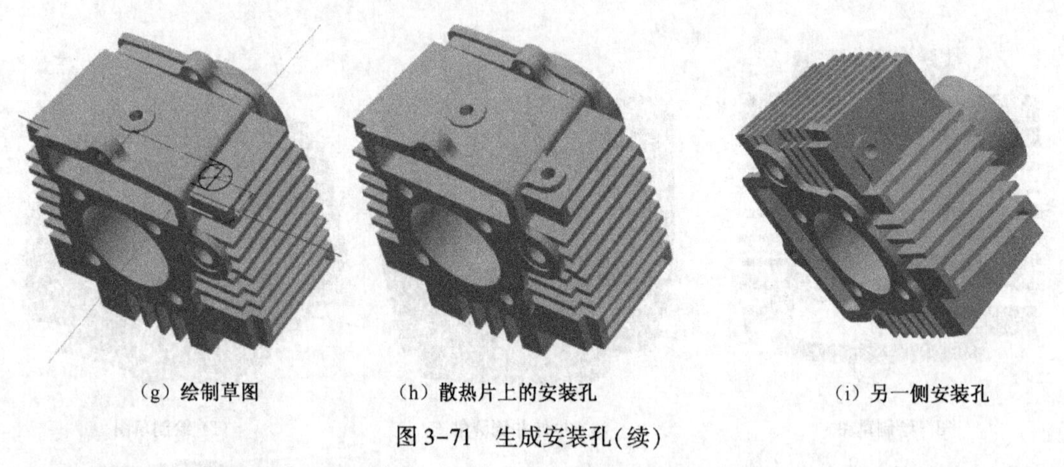

（g）绘制草图　　（h）散热片上的安装孔　　（i）另一侧安装孔

图 3-71　生成安装孔(续)

(2)创建散热片上的安装孔。绘制图 3-71(g)所示草图,拉伸、倒圆角并打孔后所得图形如图 3-71(h)所示。用同样方法生成另一侧安装孔,如图 3-71(i)所示。

6. 倒圆角和外观处理

对气缸体模型倒圆角,并进行外观处理,最终创建的气缸体零件模型如图 3-72 所示。

图 3-72　气缸体零件模型

3.4　三维数字化创意设计作品汇集

3.4.1　作品展示 1

作品 1:　陌上清灯(见图 3-73)

设计:张一驰　黄思溢　郭亚琼　石峰

指导教师:樊百林

设计理念:

以人为本,俯首仰头皆是绿意盎然,体现环保和谐的现代生存理念。

1)爱心的体现,垃圾桶与路灯的结合

以人为本的设计理念,昏暗的灯光下,“拾荒者”躬下背睁大了眼睛寻觅着垃圾桶里的“宝贝”,艰难的求生之路令人动容,这样的场景恐怕触动过不少人。心动不如行动,我们高校学生能否尽己所能为他们减轻痛苦呢?本设计给出了一种尝试。来自路灯的光让暗沉的垃圾桶顿时明亮,通过这一小小的改动,给挣扎的人带去了关怀和温暖。

2)简单适用

垃圾桶和路灯本是分离的两个物件,占据着寸土寸金都市街道空间。这个设计将两者结合,可节省空间,节省土地资源,并美观大方;又由于其轻便简洁,同样适合于交通不便的社区或乡村;略加改装,缩小尺寸后甚至可放置于家庭居室。

3)绿色环保的设计理念

无论是青绿色的垃圾桶标识,橄榄绿的漆,还是灯罩面上绘制的陌上青田、手捧地球图都在传递着绿色生活,保卫地球的信息,清新自然中透露出人文与责任的厚重。

4)人文科学—古典元素的介入

六角路灯源自宫灯造型,而本名“天一生水”源自诗经“天一生水,地六成之”,表达了天地和谐之意。另拟名“陌上青灯”,取自“陌上花开,执手采薇”,意为举手即可献爱心。

设计说明:

本设计物件下部分为垃圾桶,上部分为路灯,两者之间用廊柱相连。材质为16Mn。制作工艺为下料、焊接、喷漆、装饰。

本设计获得北京科技大学朗涤环保有限公司“睿贞杯”创意设计和谐责任特等奖。

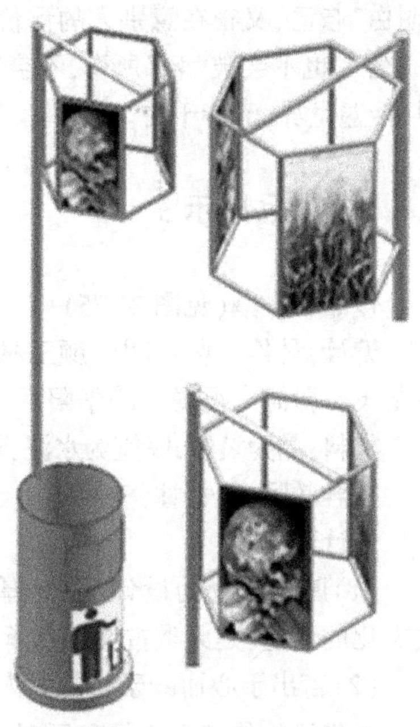

图 3-73　陌上清灯

解意:

老子曰:昔之得一者,天得一以清,地得一以宁,神得一以灵;谷得一以盈;万物得一以生;侯王得一以为天下贞,其致之一也。故贵以贱为本,高以下为基。

一,天地浩然正气,无私无我,贯通日月,太极也。真人也,天人合一也。

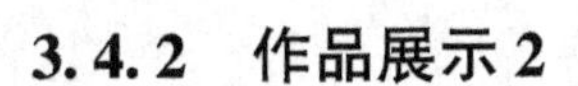

3.4.2　作品展示 2

作品 2　笔筒(见图 3-74)

设计:吴楠

指导教师:樊百林

设计理念:

效率工作,美化环境,见文思齐。

1)效率工作　笔筒是一种普及很广的日用文具产品,主要用于收纳文具。它可收纳品种多,作用大,而且一个设计出色的笔筒必然可以减少空间的占用,合理安置各种文具用品,大大提高了使用效率,方便使用者取用文具。

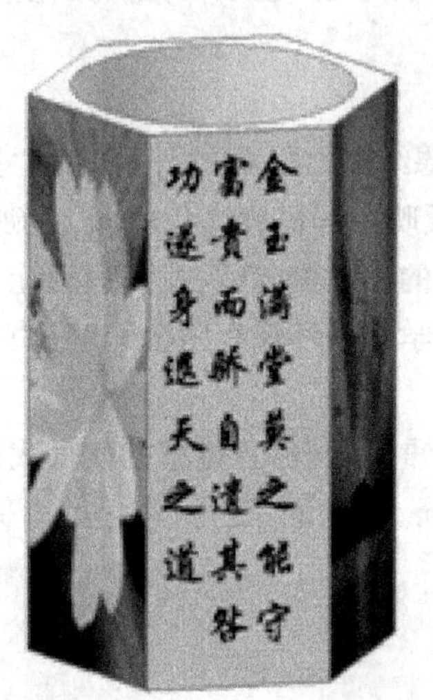

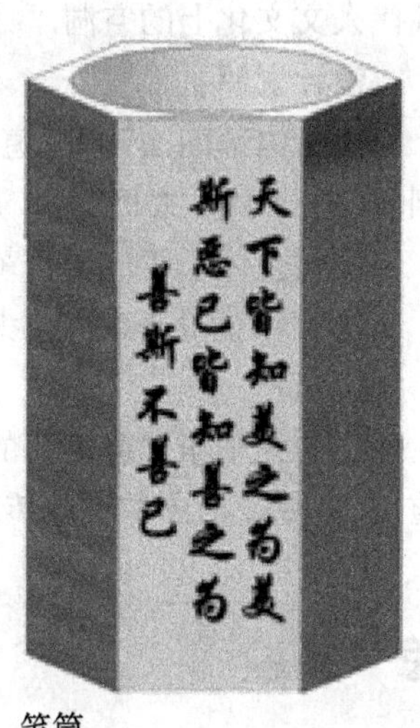

图 3-74　笔筒

2)美化环境　笔筒还有很大的美化作用,可以美化桌面,愉悦心情。

3)见文思齐　引导人生品质生活。

老子曰:持而盈之,不如其已。揣而锐之,不可长保。金玉满堂,莫之能守。富贵而骄,自遗其咎。功遂身退,天之道。

解意:

黄钢汉:“老子的时代谁能金玉满堂?帝王将相也,那些可称“万岁”、“千岁”的人。他们也都认为自己的江山能千年、万年,他们也能长久享用那些富丽堂皇,可是历史的事实并非如此。现在是一个好时代,帝王没有了,人类文明也发展了,金玉满堂的地方属于大家的了,更多的人都可以享受到好的生活了,这是人类进步的结果。不管你多有钱,不如把这些财富用到为人民、为社会服务中去,这样财富也才真正发挥了它应有的作用,你的人生也才真正有了意义。”

《道德经》:天下皆知美之为美,斯恶已。皆知善之为善,斯不善已。

黄钢汉:“他们把你捧在天上,你未必在天上,他们把你打入地狱,你也不一定在地狱。如果自己不

'明白'自己,又很在意别人的评价,你将失去自由,你会围绕他人的评价而东奔西跑。所以,圣人不在乎"名",也不会被"名"所牵,不会被"名"所累。圣人无名,道隐无名。圣人的思想却被善性人士所学习,传遍世界,流传千古。"

3.4.3 作品展示3

作品三 鼎(见图3-75)

设计:马佺 曹嘉明 颜玉林 谢宝盛 康斐飞 瞿海 冯聪 陈午阳

材料:鼎为黄铜,底座为水泥,外贴大理石。

指导教师:樊百林

设计理念:

(1)厚德载物的设计理念:厚德载物是人类文化的精邃,是人类古文明传承的基础。

图3-75 鼎

(2)言出于心而践于行的为人理念:

中华民族传统文化是我国现代文化不可或缺的一部分,基于中华民族文化的底蕴,在产品的设计过程中充分加入了中国古典元素。以鼎为主题,体现中国人道德文化的深邃。

(3)人文主义的工程艺术价值:一件成功的工程作品不仅具有其本身所表现的工程气息,更应在结合人文主义底蕴基础之上充分展现其艺术价值。文化需要发扬,这是我们的作品借此为大家透视一个现代人文文化上的空洞。

设计说明:

鼎的内部四面铸着《道德经》经文,鼎的外部铸着"感恩"和"厚德载物"几个字。底部大理石表面刻着"道"字和"太极图"。反映中华民族文化内涵,突破单纯的外表美观。传递我们对于母校的感情。

我们全体小组成员真挚的感谢樊老师,我们只想让樊老师知道,我们心存感恩!

本设计获得北京科技大学朗涤环保有限公司"睿贞杯"创意设计文化责任一等奖。

解意:

感恩是中华民族美德的重要表现;感恩精神使得我们民族具有了敬畏自然,不忘先祖,尊敬师长,尊重他人,热爱祖国的良好传统。《礼记》云:报本返始。保护环境就是对大自然的感恩之举。

思考题

1. 下列是学生金工实习铸造产品,谈谈你对道的认识。
2. 拉伸命令主要哪些因素?
3. 工作平面如何应用?
4. 利用三维软件,对下列铸造产品进行造型并谈谈你对道(见图3-76)的认识。

图3-76 道

5. 对饮水机的箱体后盖板零件进行三维造型设计。

6. 对饮水机的接水盒零件进行三维造型设计。

习　　题

1. 拆装发动机,将气缸盖进行三维数字化造型。

2. 拆装发动机,将发动机箱体进行三维数字化造型。

3. 将图 3-77 利用 Inventor 进行三维造型。

4. 根据自己的情趣和爱好,利用三维软件进行创意设计。

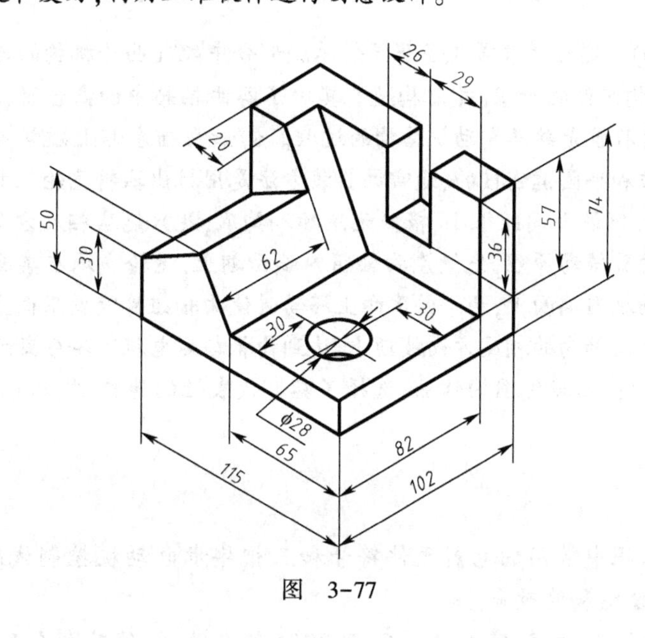

图　3-77

参考文献

1. 全国技术产品文件标准化技术委员会,中国标准出版社第三编辑室.技术产品文件汇编:机械制图卷[M].北京:中国标准出版社,2009.

2. 樊百林.发动机原理与拆装实践教程——现代工程实践教学[M].北京:人民邮电出版社,2011.

3. 王建华,毕万全.机械制图与计算机实践[M].2 版.北京:国防工业出版社,2009.

4. 樊百林.从空中回来:现代大学新论语生命的意义[M].香港:时代文化出版社,2014.

5. 胡仁喜.Autodesk Inventor 2014 基础培训教程[M].北京:电子工业出版社,2014.

6. 樊百林,窦忠强,张一弛,等.人文意识理念的三维数字化创新设计实践[J].中国科技创新导刊,2010,n0. 2.

7. 黄钢汉.老子如是说:道德经科学之演绎[M].北京:人民邮电出版社,2013.

第4章 AutoCAD 2014 计算机绘图技术

现代工程发动机工程实践学习感想

宋洋(材料1310) 通过拆装首先了解气缸总成部分中配气凸轮机构的传动路线,及其构造和润滑系统,了解曲轴连杆机构组件的活塞、气缸构造。其次了解曲轴箱中的离合器、机油泵、滤油器、换挡装置的构造。实际拆装的过程就是熟悉发动机结构的过程。例如曲轴左部上磁电机飞轮的拆卸,磁电机飞轮与曲轴是用圆锥面定位和半圆键连接的,通常的拆装方法是用拉出器将飞轮从曲轴上拉出来,可是实际飞轮内侧端面距曲轴箱外侧端面间距很小,根本无法插入钩爪,就只能从相反方向拉出,其最后方案采用的方式如图所示。利用螺旋传动原理,先使左曲轴箱内端面朝上,飞轮支承在桌面上,再将拉出器的两个钩爪勾在曲轴组件的右曲柄内端面上,两个钩爪向上移动时使曲轴组件随钩爪向上移动,随之曲轴组件也向上移动而使磁电机飞轮从轴向的相反方向被顶出,达到曲轴与磁电机飞轮分离的目的。

接着课下又增加了学生画零件图的作业,选择了具有代表性的连杆、气缸 CAD 图,使学生更加细致的观察其构造。

本章学习目标:

✧ 结合电器机械工程中常用的电器元件符号和三相异步电动机控制线路的设计实例,学习掌握 AutoCAD 2014 基本绘图和修改命令。

✧ 通过学习零件的绘制过程,掌握 AutoCAD 2014 基本绘图、修改命令和零件的表达。

本章学习内容:

✧ AutoCAD 2014 的界面与操作方法
✧ 基本绘图与编辑命令
✧ 尺寸与文字的标注
✧ 图块与图形样本文件的制作
✧ 平面图形的分析和画法
✧ 零件图的绘制

实践教学研究:

✧ 观察工程中常用的电器元件符号和三相异步电动机控制线路。

✧ 参观发动机零件,分析结构,利用 AutoCAD 2014 绘制其零件图。

关键词:零件　发动机　修改　复制

云服务是一种虚拟化的资源。随着网络、互联网技术的发展,计算机绘图技术资料将成为未来云服务系统的内容之一,成为工程网络设计和制造不可或缺的流通商品。

通过使计算机 CAD 和 CAM 计算数据分布在大量的分布式计算机上,使企业能够根据所需把资源切换到需要的应用上。这就使得企业获得了极大的便捷服务。

云服务可以将企业的资料和所需要的软件和硬件全部放在网络上,可以实现任何时间任何地点的自由传输。

对于大型企业来说,云服务使企业的网络系统更加强大和发达,使技术数据应用更加便捷和低成本,云服务技术给企业带来了低能耗的人力、物力、管理、技术流通服务。云技术是技术发展的生产物也可以说云服务又反过来推进了整个社会的发展。

计算机绘图(Computer Graphics)是应用计算机,通过程序和算法或图形交互软件,在专用设备上实现图形的显示及绘图的输出。计算机绘图是计算机辅助设计 CAD 和计算机辅助制造 CAM 的重要组成部分。

使用计算机进行绘图的能力也成为工科学生的必备技能之一。AutoCAD 是美国 Autodesk 公司推出的计算机辅助设计和绘图软件,在机械、电子、建筑等工程设计领域得到了普遍的应用,是计算机 CAD 系统中应用最为广泛和普及的图形软件之一。

4.1 AutoCAD 2014 基础知识

4.1.1 启动和关闭

双击 AutoCAD 2014 快捷图标,启动 AutoCAD 软件,新建“ * . dwg”文件后,系统会直接进入图 4-1所示界面。

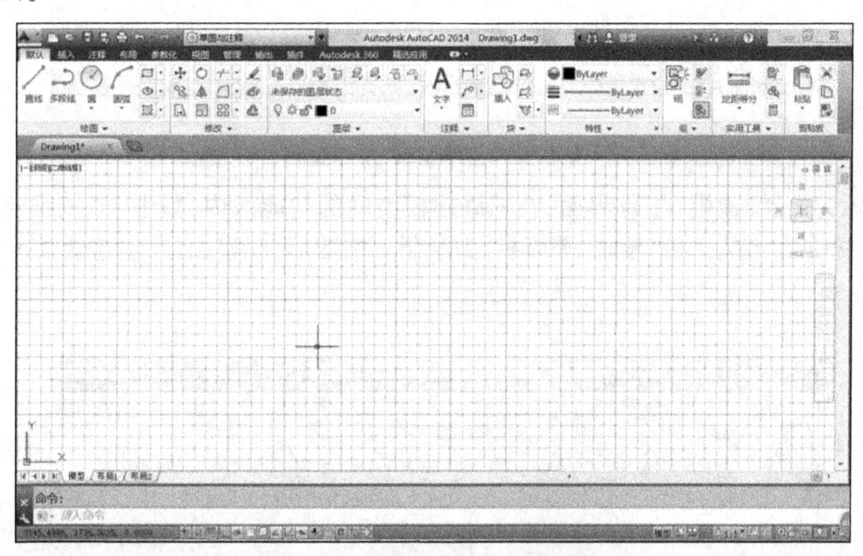

图 4-1 “草图与注释”工作界面

退出时,保存新建文件后,单击该对话框右上角的按钮,退出 AutoCAD 2014。

4.1.2 工作空间

AutoCAD 2014 版本,其界面提供了“草图与注释”、“三维基础”、“三维建模”和“AutoCAD 经典”四种工作空间,工作空间切换方法如图 4-2 所示,这几种工作空间可以根据自己工作需求切换使用,如

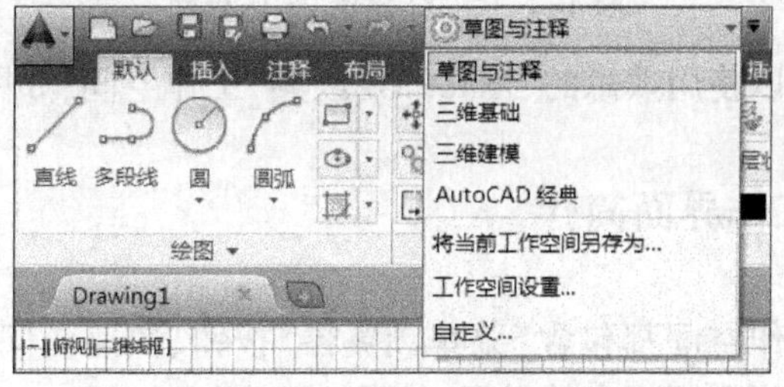

图 4-2 工作空间切换

图 4-3、图 4-4、图 4-5 所示。

系统默认打开的是“草图与注释”空间，其工作界面如图 4-1 所示，在该空间中，可以使用“绘图”、“修改”、“图层”、“标注”、“文字”、“表格”等面板方便绘制二维图形。

在三维基础空间，可以方便地绘制图形，其选项卡提供了“默认”、“渲染”、“插入”、“管理”、“输出”、“插件”、“Autodesk360”、“精选应用”8 个面板，为绘制三维图形、观察图形、创建动画等提供了最基础的绘图环境，如图 4-3 所示。

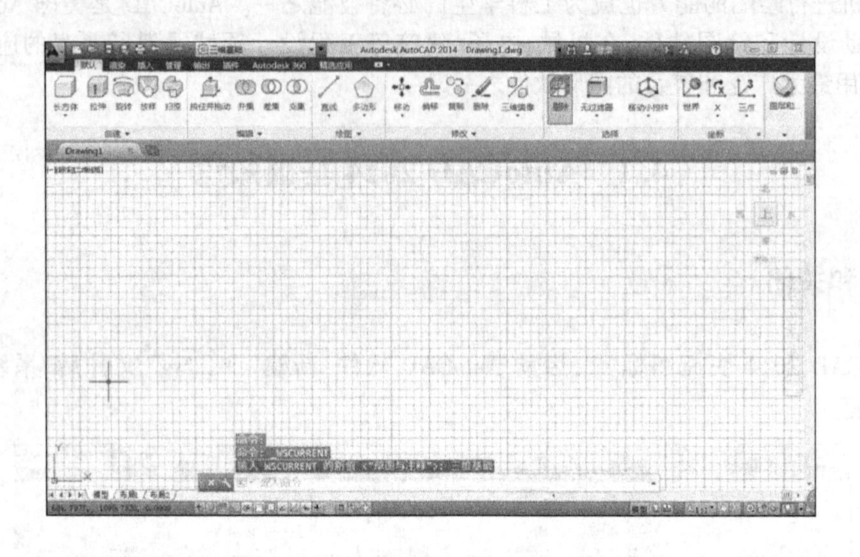

图 4-3 “三维基础”工作界面

图 4-4 所示为“三维建模”工作界面，在三维建模空间的功能区内，集中了“三维建模”、“视觉样式”、“光源”、“材质”、“渲染”和“导航”等面板，为绘制三维图形、观察图形、创建动画等提供了非常便利的操作环境。

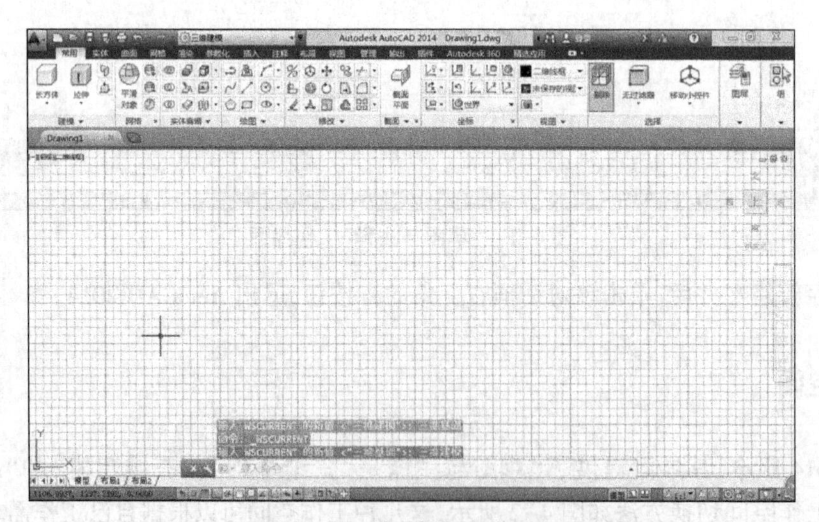

图 4-4 “三维建模”工作界面

对大多数老用户来说，可以使用熟悉的“AutoCAD 经典”工作空间，如图 4-5 所示。

4.1.3 AutoCAD 2014 工作界面简介

AutoCAD 2014 的各个工作空间都包含“菜单浏览器”按钮、快速访问工具栏、当前工作空间、标题栏、绘图窗口、命令窗口、状态栏和选项卡等元素，如图 4-6 所示。

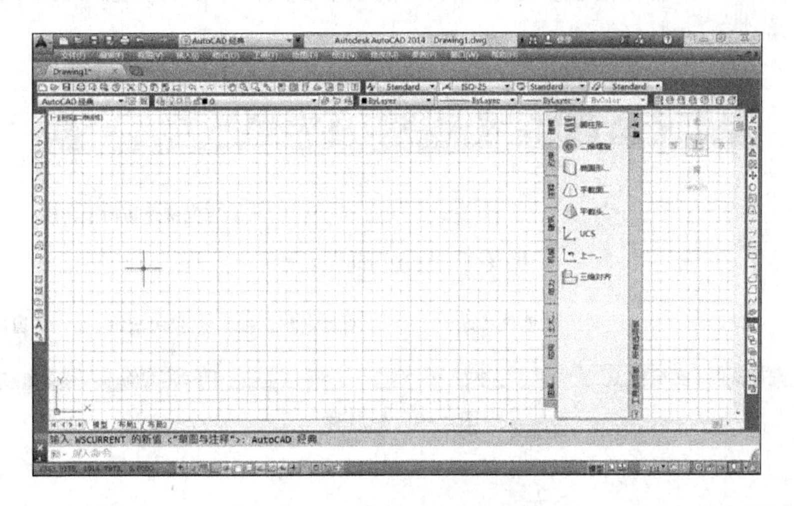

图 4-5 “AutoCAD”经典工作界面

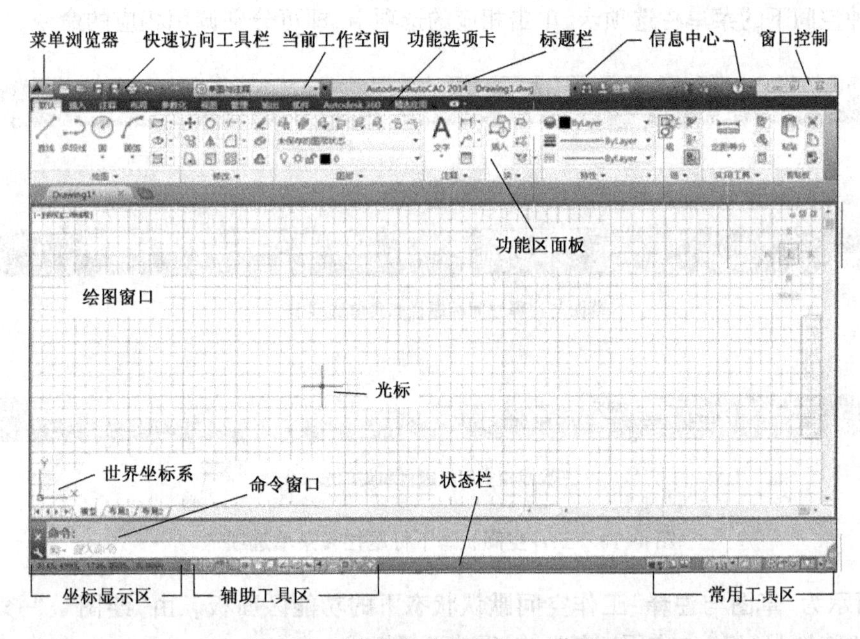

图 4-6 “草图与注释空间”工作界面

1. 菜单浏览器

菜单浏览器按钮位于界面左上角。单击该按钮，系统弹出 AutoCAD 菜单，如图 4-7 所示，其中包含了 AutoCAD 的功能和命令，选择命令后即可执行相应操作。

图 4-7 AutoCAD 菜单浏览器

2. 快速访问工具栏

AutoCAD 2014 的快速访问工具栏中包含最常用的快速按钮，从左到右依次是“新建”、“打开”、“保存”、“另存为”、“打印”、“放弃”、“重做”、“工作空间切换”、“自定义快速访问工具栏”，如图 4-8 所示。

3. 标题栏

标题栏位于应用程序窗口的顶部，用于显示当前正在运行的软件名称及文件名等信息。标题栏中的信息中心提供了多种信息来源,如图 4-9 所示。

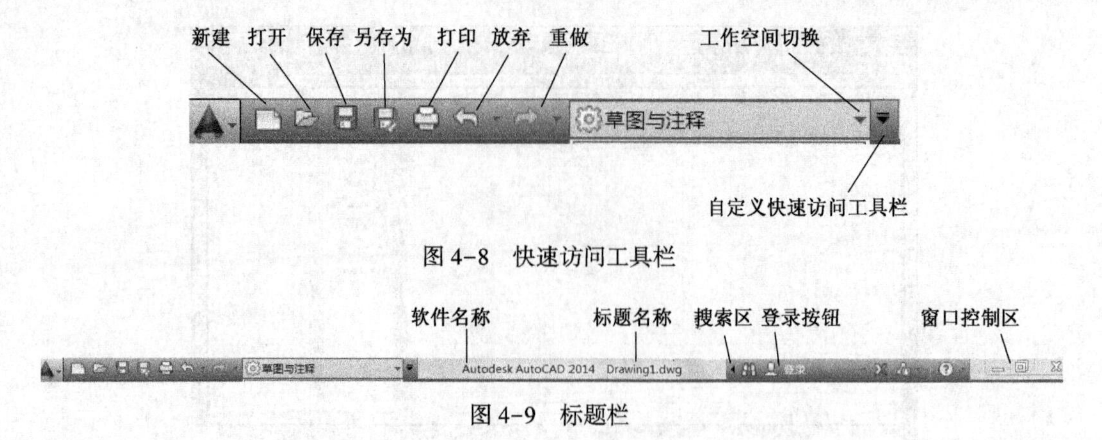

图 4-8 快速访问工具栏

图 4-9 标题栏

4. 菜单栏

菜单栏位于标题栏下方,由“文件”、“编辑”、“视图”、“插入”、“格式”、“工具”、“绘图”、“标注”、“修改”、“参数”、“窗口”和“帮助”等 12 个菜单项构成,如图 4-10 所示。

下面是三种空间下的菜单栏选项卡,单击相应的选项卡,即可分别调用相应的命令。

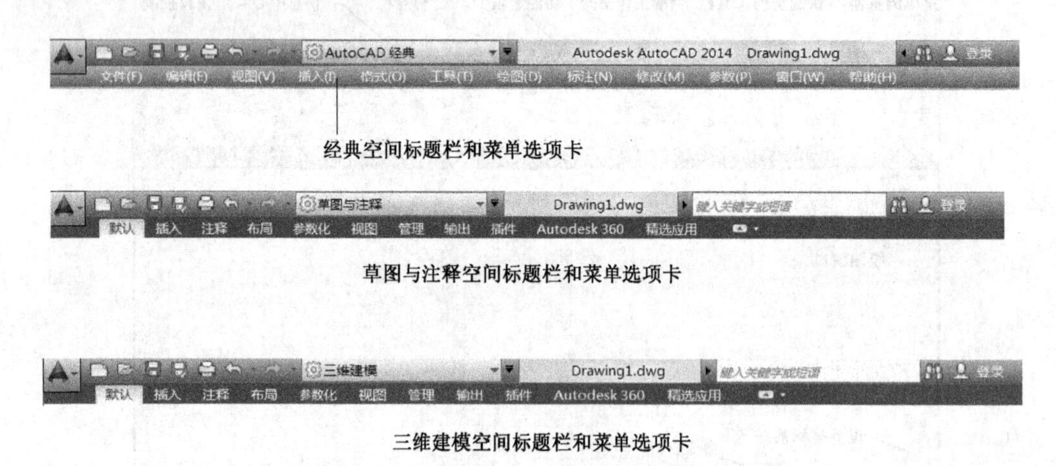

图 4-10 三种空间状态下标题栏和菜单选项卡

图 4-11 所示为“草图与注释”工作空间默认状态下的功能区面板。由“绘图”、“修改”、“图层”、“注释”、“块”、“特性”、“组”、“实用工具”、“剪贴板”等组成。

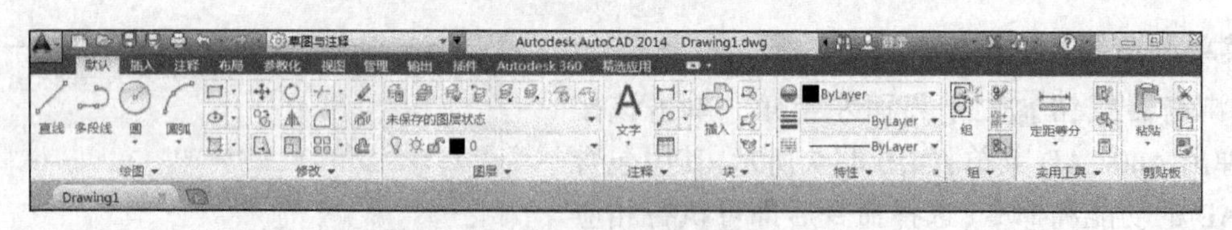

图 4-11 默认功能区面板

在 AutoCAD 2014 的“草图与注释”工作空间状态下,如果要显示其菜单栏,那么在标题栏的“工作空间”右侧单击倒三角按钮,从弹出的“自定义快速访问工具栏”列表框中选择“显示菜单栏”命令,即可显示 AutoCAD 的常用菜单栏,如图 4-12 所示。

5. 工具栏

AutoCAD 2014 中配置了二十多个工具栏,用户可以根据需要打开或者关闭某个工具栏,在“AutoCAD 的经典”工作空间下,可以选择“工具—工具栏”菜单项,从弹出的菜单中选择相应的工具栏即可,如图 4-13 所示。

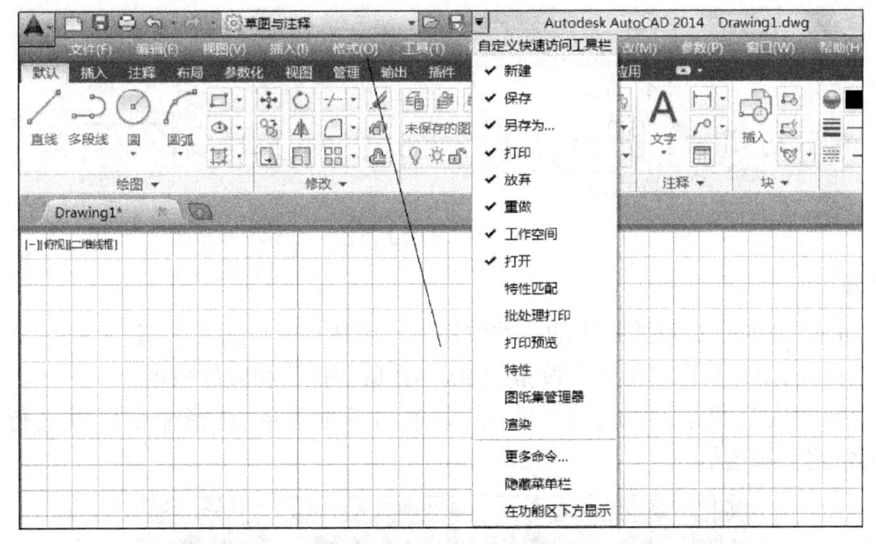

图 4-12　显示菜单栏状态

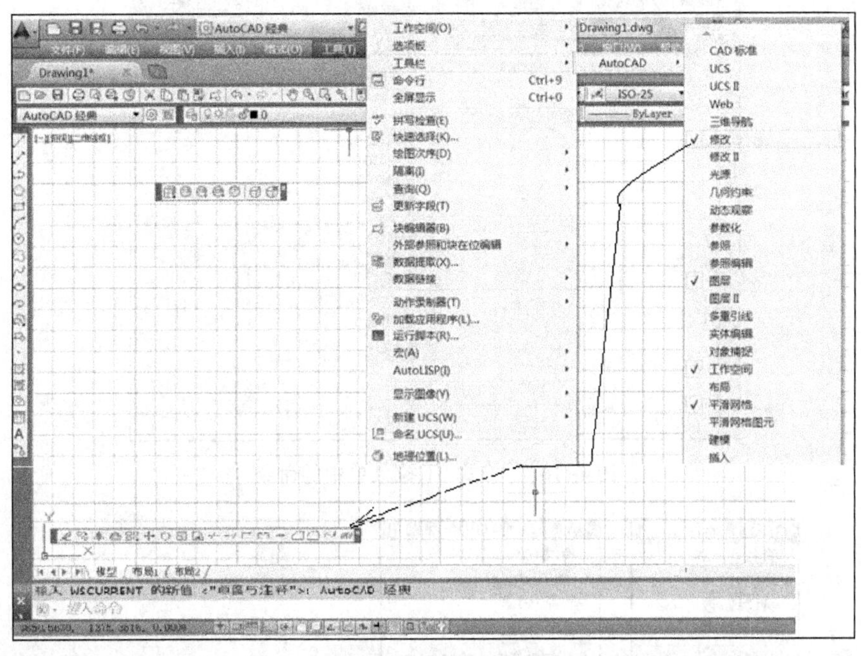

图 4-13　工具-工具栏

如果需要使用某个工具栏，也可以在已有的工具栏上右击，在弹出的快捷菜单中选择需要显示的工具，工具条即弹出，如图 4-14 所示。常用工具条如图 4-15 所示。

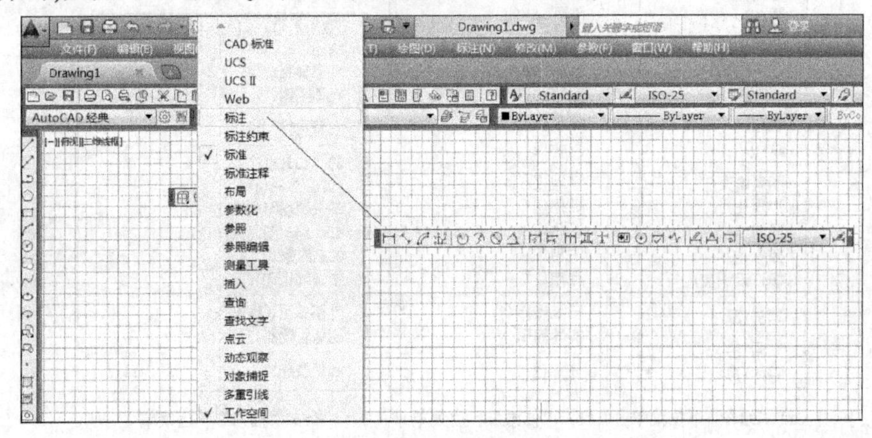

图 4-14　工具条

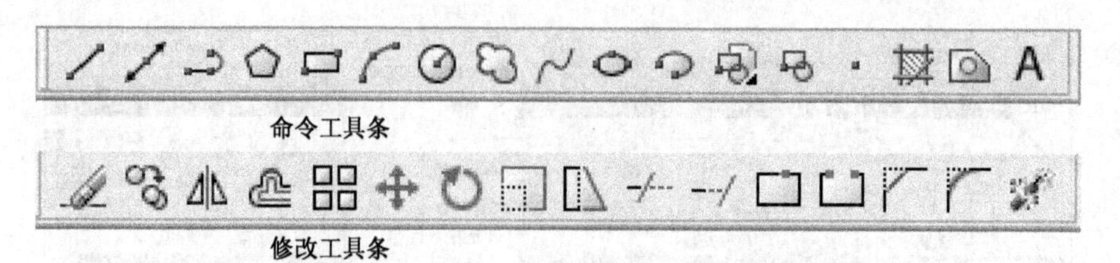

图 4-15 常用工具条

6. 下拉菜单

工具栏是 AutoCAD 以图标形式提供的一种快速输入和执行命令的集合,其中的每个按钮均代表了 AutoCAD 的一条命令,用户只需单击某个按钮,AutoCAD 就会执行相应的命令。

图 4-16 所示为在经典空间状态下"格式"菜单的下拉菜单,选择命令即可进行相应的操作。图 4-17 所示为常用下拉菜单。

图 4-16 "格式"下拉菜单中的命令

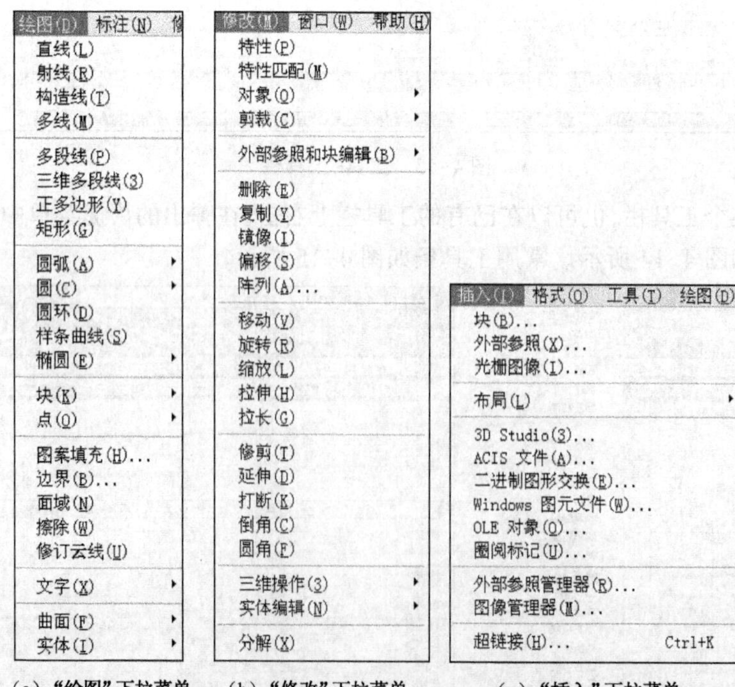

(a)"绘图"下拉菜单　(b)"修改"下拉菜单　(c)"插入"下拉菜单

图 4-17 常用下拉菜单

7. 绘图窗口

绘图窗口是用来绘制、编辑、显示图形的工作区域。绘图窗口内有一个十字形光标,其交点反映当前光标的位置,主要用于定位点和选择对象。在绘图窗口中不仅显示当前的绘图结果,而且还显示了用户当前使用的坐标系图标,表示了该坐标系的类型和原点、*X* 轴和 *Y* 轴的方向,如图 4-18 所示。

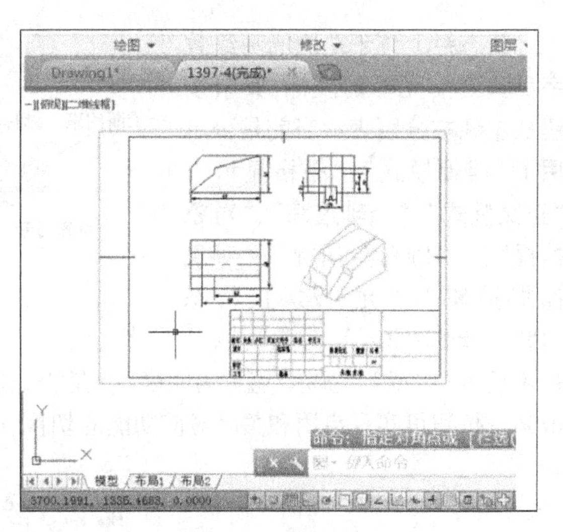

图 4-18　绘图窗口

8. 命令窗口

命令的使用有三种方式,第一种在工具条中选择命令,第二种在下拉菜单中选取,第三种用户直接在命令行输入命令,用户输入的命令及 AutoCAD 提示的信息都将在命令提示窗口中显示出来,该窗口是 AutoCAD 和用户进行命令式交互的窗口,如图 4-19 所示。

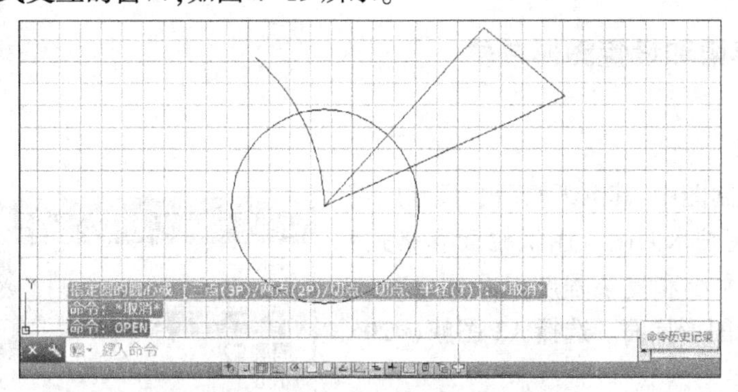

图 4-19　命令显示与命令历史记录

9. 文本窗口

文本窗口用于显示在绘图过程中,产生的过程数据和操作数据,如命令历史记录文本,如图 4-20 所示。

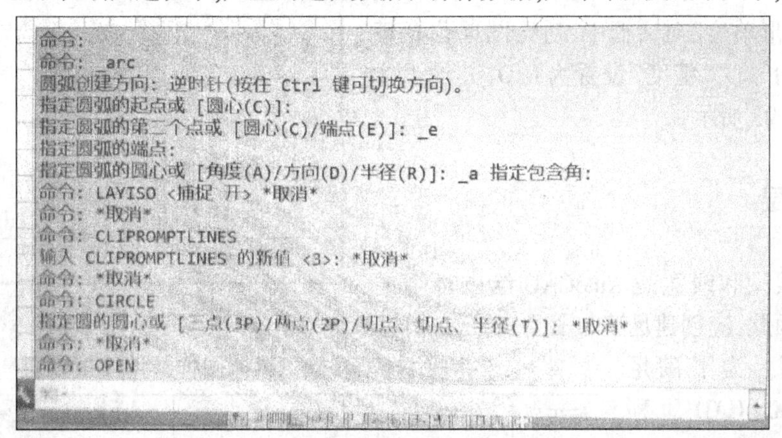

图 4-20　文本窗口

10. 状态栏

状态栏位于屏幕的底部,用于显示或设置当前的绘图状态,如图 4-21 所示。

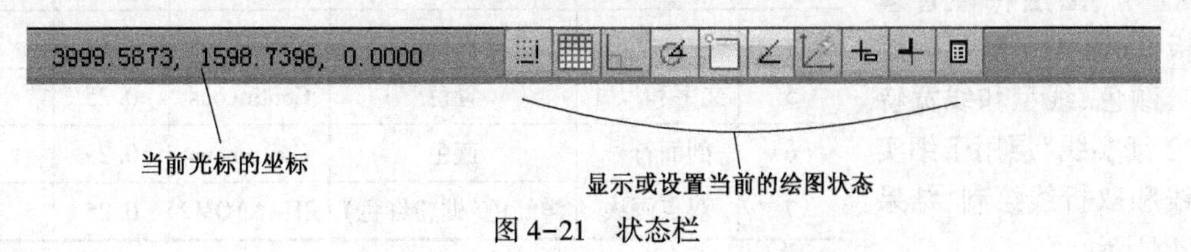

图 4-21　状态栏

状态栏上位于左侧的一组数字反映当前光标的坐标,其余按钮从左到右分别表示当前是否启用了"捕捉模式"、"栅格显示"、"正交模式"、"极轴追踪"、"对象捕捉"、"三维对象捕捉"、"对象捕捉追踪"、"允许/禁止状态UCS"、"动态输入等功能",以及是否显示"线宽"、"显示/隐藏透明度"、"是否开启快捷特性面板"、"选择循环"、"注释监视器"等。单击某一按钮可实现启用和关闭对应功能的切换,图4-22所示为状态栏放大部分。

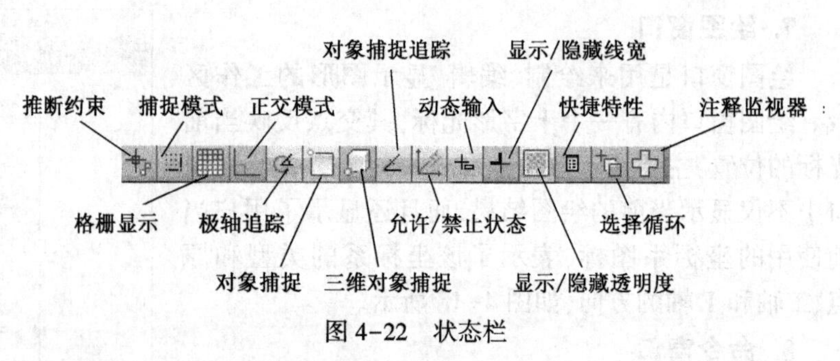

图4-22　状态栏

4.2　绘图环境设置

4.2.1　设置图形界限和设置图形单位

1. 设置图形界限

在机械CAD工程制图中,其图纸幅面和尺寸应符合GB/T 14689—2008《技术制图　图纸幅面和格式》有关规定。根据零件大小和复杂程度以及国家标准规定的图纸幅面,设置图形界面。选择A3图幅(420×297)。

命令:LIMITS

2. 设置图形单位

命令:UNITS

在弹出的"图形单位"对话框中,对绘图单位及精度进行设置。将"长度""精度"设置为0.0,其他设置为默认值,如图4-23所示。

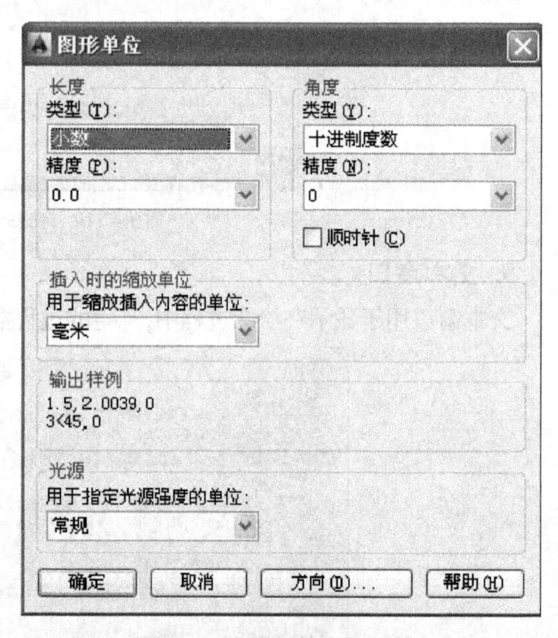

图4-23　【图形单位】对话框

4.2.2　设置图层

图层、颜色、线型和线宽是AutoCAD绘图环境的重要组成部分。因此,应创建足够的图层,以便在相应图层上进行绘图。为了满足GB/T 18229—2000《CAD工程制图规则》和GB/T 14665—2012《机械工程　CAD制图规则》规定,在"图层"工具栏上单击按钮,打开"图层特性管理器"选项板,如表4-1所示设置图层名称、颜色、线型和线宽特性,其中"2 细实线"层用于细实线、波浪线和双折线绘制,结果如图4-24所示。

表4-1　机械图样常用图层设置

标识号	描述	颜色	线型	线宽	线型比例
1	粗实线	白色	Continuous	0.5	
2	细实线	绿色	Continuous	0.25	
3	点画线	红色	CENTER2	0.25	0.3
4	虚线	黄色	HIDDEN	0.25	0.5
5	文字和尺寸	青色	Continuous	0.25	
6	剖面符号	蓝色	Continuous	0.25	
7	双点画线	洋红色(即粉红色)	PHANTOM2	0.25	0.3

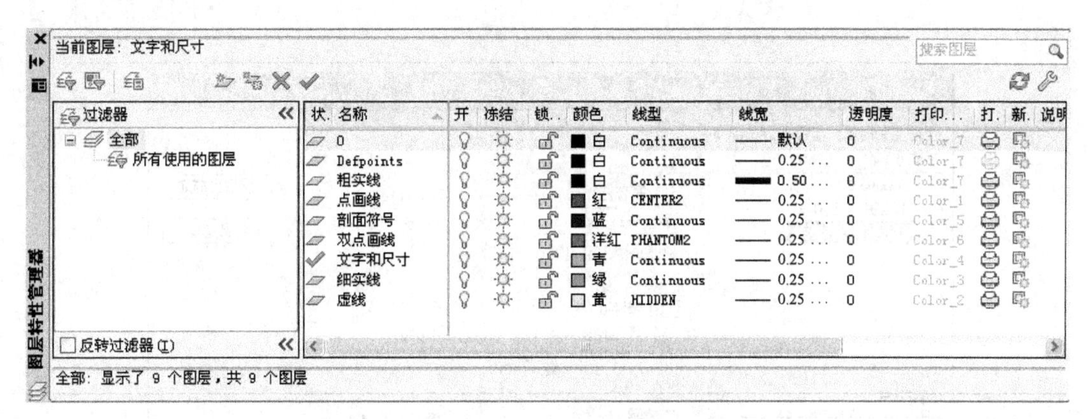

图 4-24 【图层特性管理器】选项板

4.2.3 设置文字样式和尺寸标注样式

GB/T 14665—2012《机械工程　CAD 制图规则》规定汉字一般采用正体(长仿宋体)，而字母和数字应采用斜体。机械 CAD 制图的字高与文字用途和图纸幅面有关，如表 4-2 所示。

表 4-2　文字高度

<table>
<tr><th>字体</th><th colspan="2">文字用途</th><th>A0</th><th>A1</th><th>A2</th><th>A3</th><th>A4</th></tr>
<tr><td rowspan="7">汉字、字母和数字</td><td colspan="2">图形尺寸及文字</td><td colspan="2" rowspan="2">5</td><td colspan="3" rowspan="2">3.5</td></tr>
<tr><td colspan="2">技术要求中内容</td></tr>
<tr><td colspan="2">图样中零、部件序号</td><td colspan="2" rowspan="2">7</td><td colspan="3" rowspan="2">5</td></tr>
<tr><td colspan="2">“技术要求”四字</td></tr>
<tr><td rowspan="2">标题栏</td><td>图样名称、单位名称、图样代号和材料标记</td><td colspan="5">5</td></tr>
<tr><td>其他</td><td colspan="5" rowspan="2">3.5</td></tr>
<tr><td colspan="2">明细表</td></tr>
</table>

1. 设置文字样式

在“样式”工具栏中单击按钮，弹出“文字样式”对话框，设置“工程字(正体)”和“工程字(斜体)”两种文字样式，其中“工程字(正体)”样式用于标注汉字、正体字母和数字，“工程字(斜体)”样式用于标注汉字、斜体字母和数字，如图 4-25 所示。

2. 设置尺寸标注样式

关于尺寸标注样式，主要有两种情况需要进行设置：

(1)设置符合国家标准规定的一般标注样式，即“尺寸标注”，3 个子样式，即“尺寸标注：角度”、“尺寸标注：半径”和“尺寸标注：直径”，在“样式”工具栏中单击按钮，弹出“标注样式管理器”对话框，设置结果如图 4-26 所示。

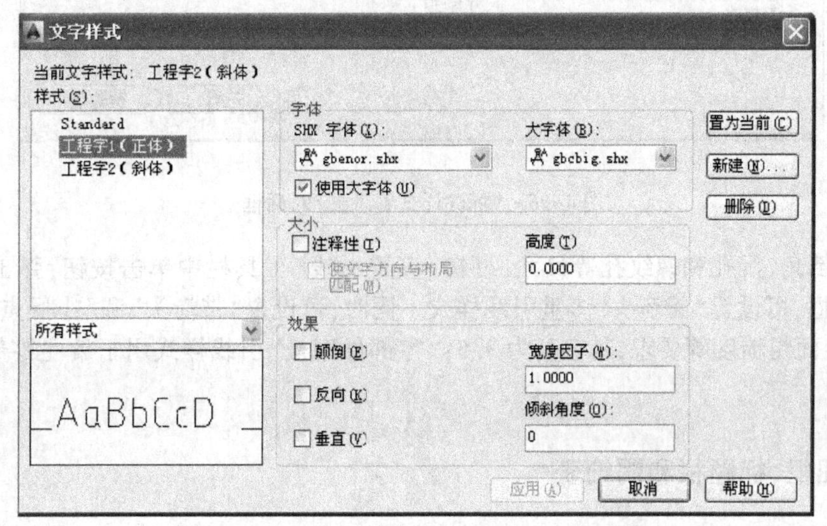

(a)

图 4-25 “文字样式”对话框

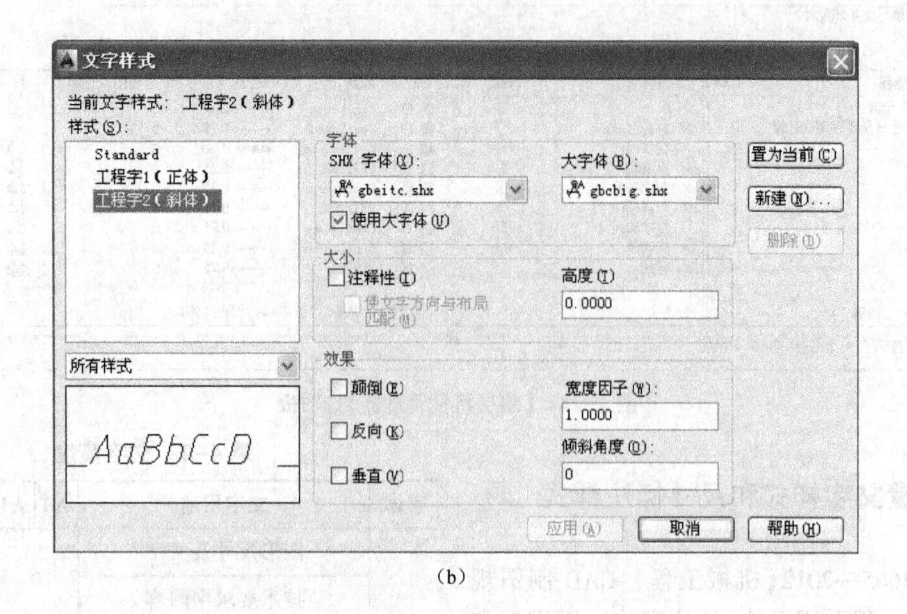

(b)

图 4-25 “文字样式”对话框(续)

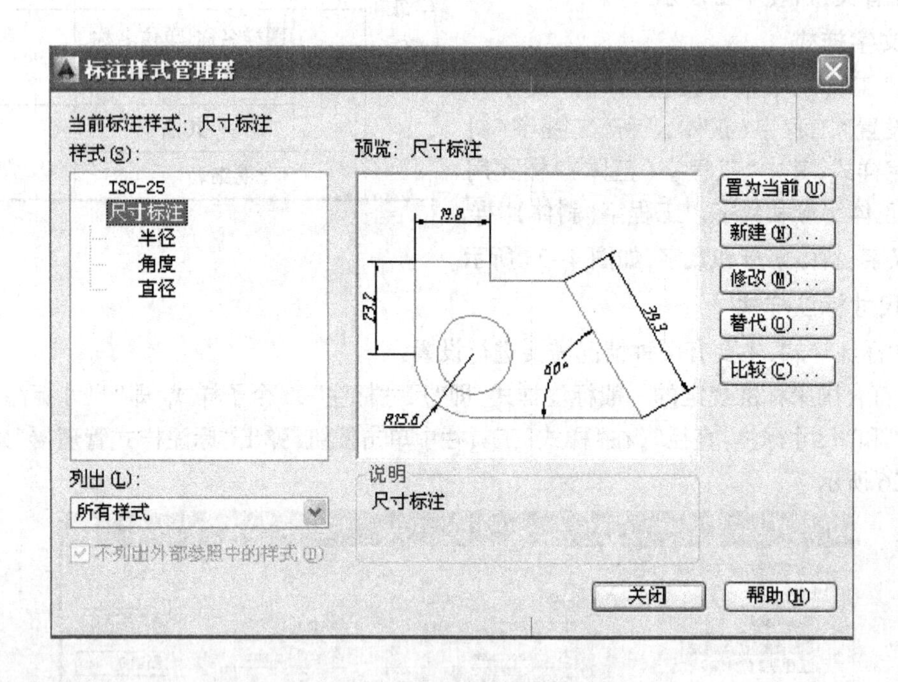

图 4-26 “标注样式管理器”对话框

(2)要标注倒角、沉孔和螺纹孔等尺寸,可在“多重引线”工具栏中单击按钮,弹出“多重引线样式管理器”对话框,可设置“无箭头”多重引线样式。同时,可设置“带箭头”和“小黑点”引线样式,以便标注零件的表面粗糙度等要求,其字高为 3.5;“零部件序号”引线样式用于编注零部件序号,其字高为 5。

4.2.4 绘制图框、标题栏和明细表

绘图时一般先画零件图的图框(包括图纸边界线盒图框线)和标题栏。图纸幅面和图框尺寸详见第 2 章第 2.2 节,这里不再赘述。

1. 绘制图框

(1)绘制图纸边界线:启用“栅格捕捉”模式,使其状态栏上的按钮处于亮显状态。在“图层”工具栏的下拉列表中单击“2 细实线”层置为当前层,用 RECTANG 命令绘制 A3 图纸的图纸边界线。

命令:RECTANG

(2)绘制图框线:用“偏移”命令绘制偏移距离为 25 和 5 的平行线,然后用“修剪”命令修剪多余的图线,并将图线改为粗实线;也可将“1 粗实线”置为当前层,用 RECTANG 命令结合“捕捉自”模式绘制 A3 图纸幅面的图框线。

2. 绘制标题栏和明细表

在机械 CAD 工程制图中,标题栏格式应符合 GB/T 10609. 1—2008《技术制图　标题栏》有关规定,明细表格式应符合 GB/T 10609. 2—2009《技术制图　明细表》有关规定。绘制明细表的方法与绘制标题栏的方法相同,下面介绍绘制标题栏的步骤。

(1)绘制图线

①在“图层”工具栏的下拉列表中单击“2 细实线”层置为当前层;执行 LINE 命令结合对象捕捉中的“捕捉自”模式绘制水平线;在“修改”工具栏中单击“偏移”命令,绘制其水平线,采用同样方法绘制竖直线。

②单击“修剪”按钮,在绘图区域空白处右击,修剪掉多余线。

③用“特性”工具栏或“特性匹配”命令将图线修改为规定的线宽。

(2)输入标题栏的文字

①将“5 文字和尺寸”层置为当前层,并将“工程字(斜体)”文字样式置为当前。

②在命令行中输入“t”或在“绘图”工具栏上单击“多行文字”按钮执行 MTEXT 命令,在标题栏中捕捉“设计”框格的左下角点和右上角点,弹出多行文字“在位文字编辑器”。在“文字格式”工具栏上单击“多行文字对正”按钮,选择“正中 MC”选项;在文字输入框中输入“设计”。单击“确定”按钮,完成注写文字“设计”。

③在“修改”工具栏上单击“复制”按钮,将“设计”文字带基点复制到“审核”和“批准”等处,再双击复制后的“设计”文字,然后修改为“审核”。采用同样方法,填写其他文字内容。

4.2.5　坐标及其输入法

用户在绘图过程中,常需要设立坐标系作为参照,AutoCAD 提供的 3 种坐标设置法,便于用户正确地选择、设计并绘制图形。

1. 基本坐标输入

(1)世界坐标系(WCS)

世界坐标系是 AutoCAD 默认的坐标系,如图 4-27 所示。该坐标系沿 X 轴正方向向右为水平距离增加的方向,沿 Y 轴正方向向上为垂直距离增加的方向,垂直于 XY 平面,沿 Z 轴方向从所视方向向外为 Z 轴距离增加的方向,该坐标系不可更改。

(2)用户坐标系(UCS)

图 4-28 所示为用户坐标系,用户坐标系是相对于世界坐标系而言的,该坐标系可以创建无限多的坐标系,并且可以沿着指定位置移动或旋转。

2. 坐标的表示方法

用 AutoCAD 绘图时,经常需要指定点的位置。利用鼠标单击定点虽然方便快捷,但不能用来精确定位。当要精确定位一个点时,可以采用坐标输入方式。

点的坐标可以用直角坐标、极坐标表示,每一种坐标又分别具有两种坐标输入方式:绝对坐标和相对坐标。

①直角坐标：直接输入点的 X、Y、Z 坐标值，每个坐标之间用“,”分开。

②极坐标：用长度和角度的组合表示点的坐标，其中长度指该点与坐标原点的距离，角度指该点与坐标原点连线与 X 轴正向的夹角，逆时针为正，顺时针为负，角度数值前加“<”。

常用的坐标输入法介绍如下。

①绝对坐标：坐标值是以原点作为基准，如图 4-29(a)所示。

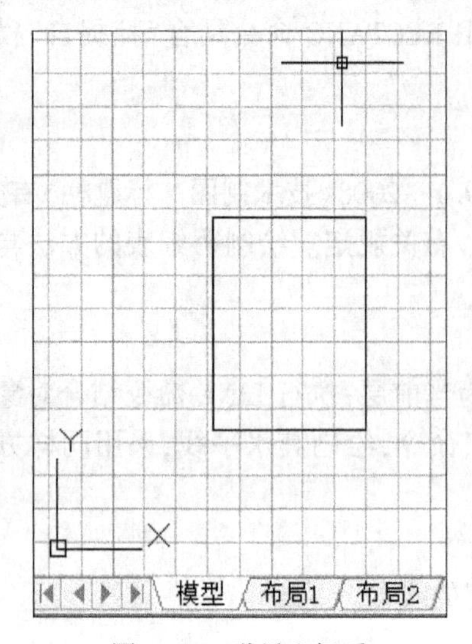

图 4-27　世界坐标系

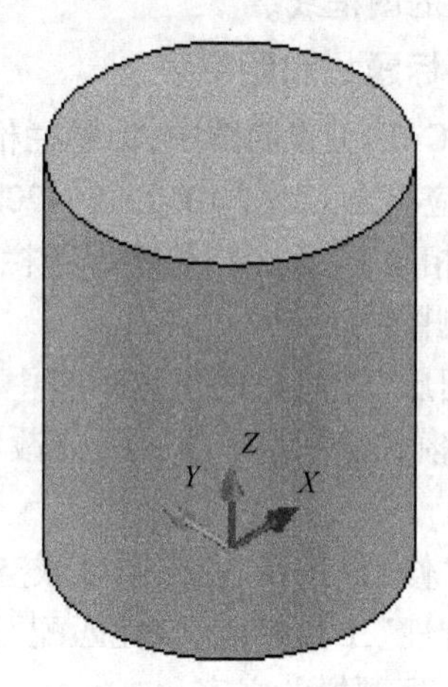

图 4-28　用户坐标系

②相对坐标：坐标值是以上一个输入点作为基准，输入相对于一点坐标(x,y,z)增量为($x+,y+,z+$)的坐标时，格式为(@$x+,y+,z+$)。“@字符”是指相对于上一个点的偏移量，如图 4-29(b)所示。

③相对极坐标：是以上一个点为参考极点，通过输入极距增量和角度定义下一个点的位置，其输入格式为(@距离<角度)如图 4-29(c)所示。

坐标输入方式见表 4-3。

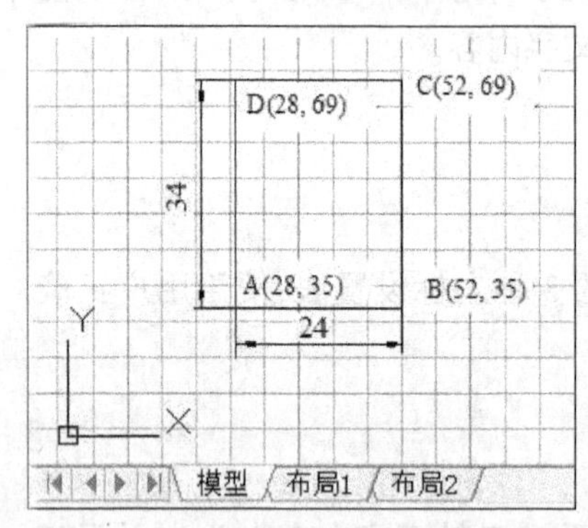

(a) 绝对直角坐标方式

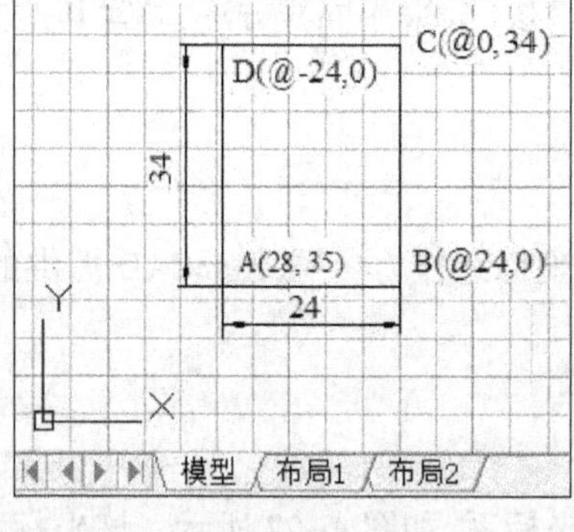

(b) 相对直角坐标方式

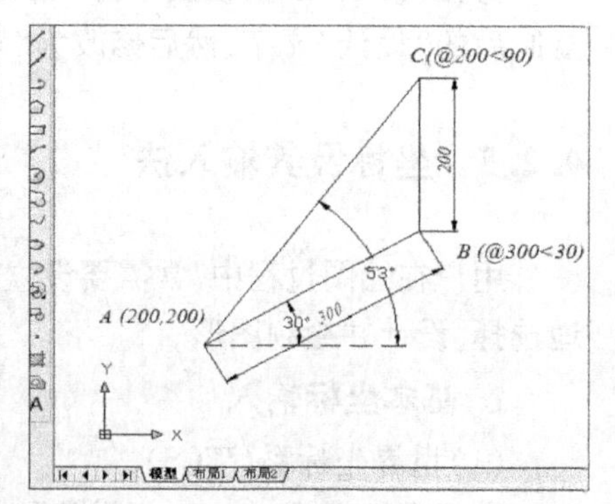

(c) 相对极坐标方式

图 4-29　点的坐标输入方式

表 4-3　坐标输入方式

绝对直角坐标方式	相对直角坐标方式	相对极坐标方式
指定 A 点:28,35 指定 B 点 52,35 指定 C 点 52,69 指定 D 点 28,69	指定 A 点:28,35 指定 B 点@ 24,0 指定 C 点@0, 34 指定 D 点@ -24,0	指定 A 点 (200,200) 指定 B 点:(@300<30) 指定 C(@200<90) 捕捉闭合

4.2.6 图块和块属性

块是一组由用户定义的图形对象的集合，利用 AutoCAD 提供的块功能，可以将重复使用的图形对象预先定义成块，在使用的时候只需要在相应的位置插入它们即可，从而大大提高了绘图的速度。

1. 创建、使用和存储块

(1)创建块

“创建块”命令用于以对话框的形式创建块定义。

单击菜单栏中的“绘图”工具栏上“创建块”按钮，如图 4-30 所示，启动创建块命令，弹出“块定义”对话框，如图 4-31 所示。在该对话框中，给出块的名称，指定基点并选择要转换为块的图形对象，然后单击“确定”按钮即可完成块的定义。

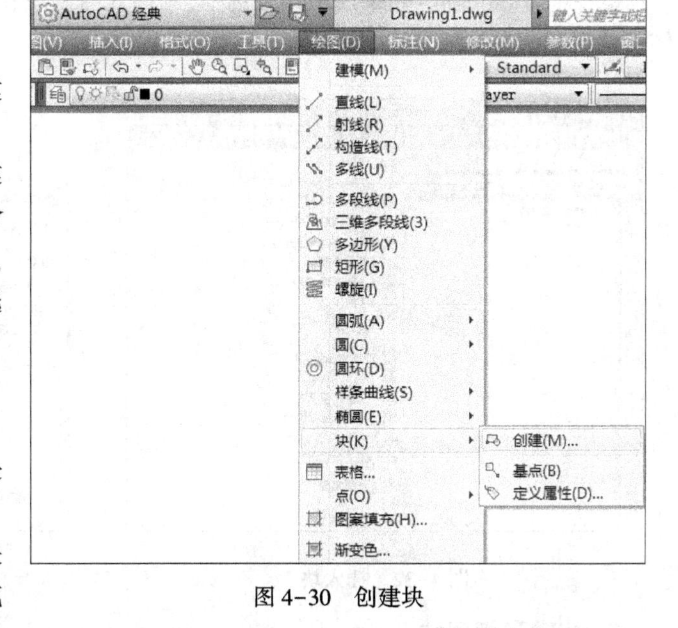

图 4-30 创建块

该对话框中一些选项的功能如下：

①“名称”下拉列表框：块的名称可以是中文或由字母、数字、下画线构成的字符串。

②“基点”选项组：指定块的基准点，即块插入时的参考点。可以直接输入点的坐标或者单击“拾取点”按钮在屏幕上拾取。

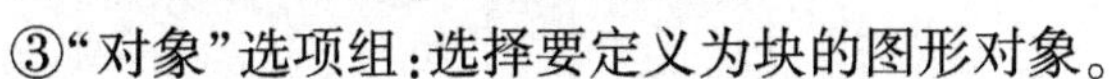
③“对象”选项组：选择要定义为块的图形对象。

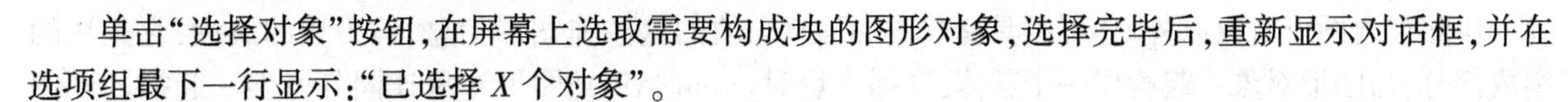
单击“选择对象”按钮，在屏幕上选取需要构成块的图形对象，选择完毕后，重新显示对话框，并在选项组最下一行显示：“已选择 X 个对象”。

点选“保留”单选按钮表示保留构成块的对象；

点选“转换为块”单选按钮表示将选取的图形对象转换为插入的块；

点选“删除”单选按钮表示定义块后，将删除生成块定义的对象。

④“块单位”下拉列表框：用于设定块插入的单位。

⑤“说明”列表框：显示对所定义块的用途、用法等的说明。

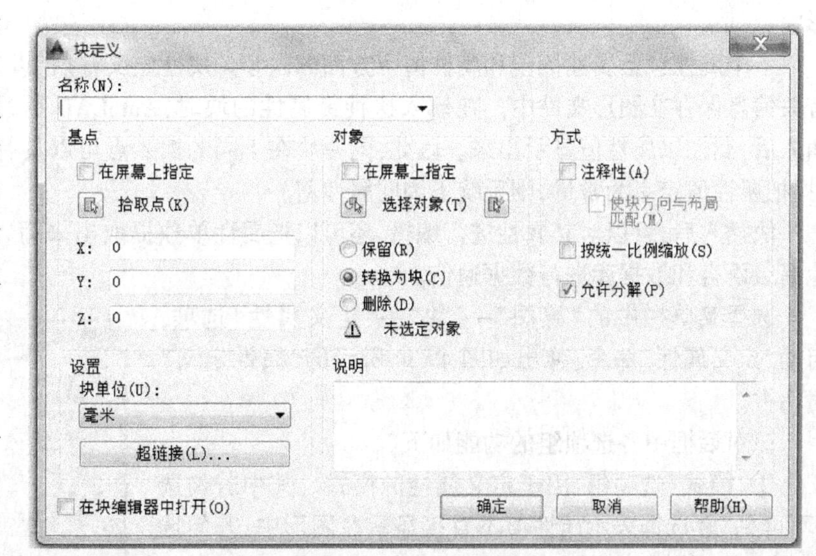

图 4-31 “块定义”对话框

(2)插入块

“插入块”命令用于将块按照指定位置插入到当前图形中。单击菜单栏上“插入”工具栏“插入块”按钮，如图 4-32 所示。

启动该块命令，弹出对话框，如图 4-33 所示。

该对话框各选项的功能如下：

①“名称”下拉列表框：选择要插入块的名称。在该下拉列表框中列出的块都是“内部块”，如果要选择一个“外部块”，则单击“浏览”按钮，从弹出的“选择文件”对话框中进行选择。

②“插入点”选项组：指定插入点，可以直接输入点的坐标或通过鼠标在屏幕上指定。

③“比例”选项组：设置块插入的比例，默认在 3 个方向上都为 1 : 1。可以直接输入比例数值或者通过在屏幕上拖动鼠标来确定。

④“旋转”选项组：设置块插入时选择的角度。

⑤“分解”复选框：如果选中该复选框，则插入后的块将自动被分解为多个单独的对象，而不再是整体的块对象。

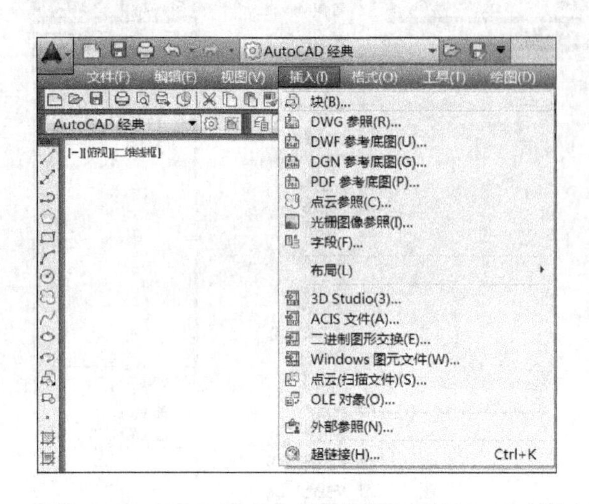

图 4-32　插入块

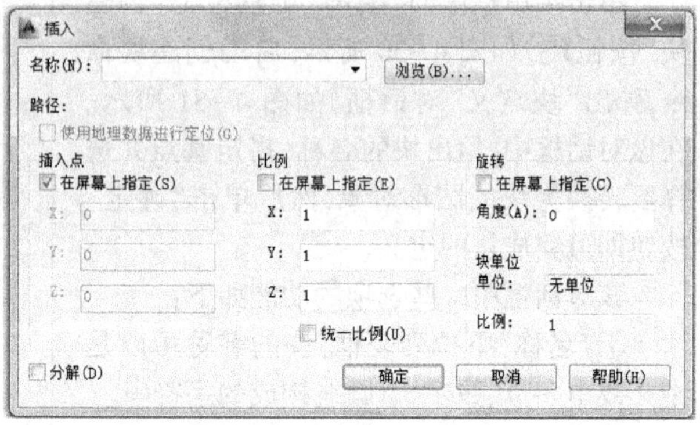

图 4-33　“插入”对话框

2. 编辑和管理块

(1)定义块属性

块除包含图形对象以外，还可以具有非图形信息。块的这些非图形信息，称为块的属性，它是块的组成部分，与图形对象一起构成一个整体，在插入块时，AutoCAD 把图形对象连同其属性一起插入到图形中。

一个属性包括属性标记和属性值两方面的内容。属性定义好后，以其标记在图形中显示出来，而把有关信息保存在图形文件中。在插入这种带属性的块时，AutoCAD 通过属性提示要求输入属性值，块插入后，属性以属性值显示出来。因此，同一块在不同的插入点可以具有不同的属性值。若在定义属性时，把属性值定义为常量，则系统不询问属性值。

块插入后，可以对其属性进行编辑，还可以把属性单独提取出来写入文件，以供统计、制表，或与其他高级语言和数据库进行数据通信。

选择菜单栏中的“绘图”—“块”—“定义属性”选项，启动“定义属性”命令，弹出如图 4-34 所示的“属性定义”对话框。

该对话框中各选项组的功能如下：

①“模式”选项组：用于定义属性的模式。其中若勾选“不可见”复选框表示属性值不直接显示在图形中；若勾选“固定”复选框表示属性值是固定不变的，不能更改；若勾选“验证”复选框表示在插入块时可以更改属性值，并要求用户进行验证，通常采用此模式；若勾选“预设”复选框表示在插入块时不能更改属性值，但是可以通过修改属性的办法来修改。

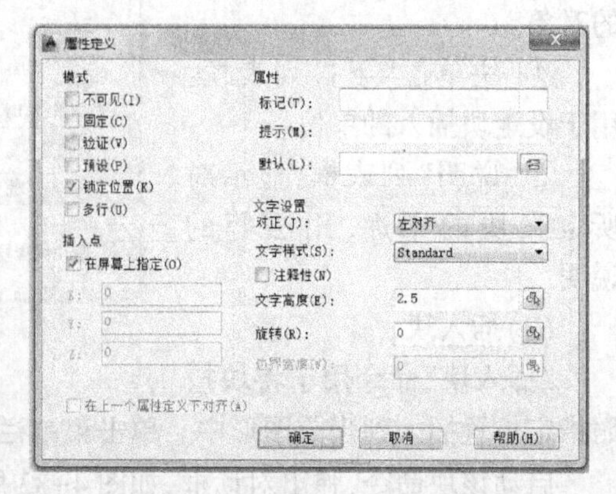

图 4-34　“属性定义”对话框

②“属性”选项组:用来定义属性。在“标记”和“默认”文本框中分别输入属性标记和属性默认值,“标记”文本框不能空白;在“提示”文本框中输入在命令行显示的提示信息。

③“插入点”选项组:通过鼠标在屏幕上选取或者采用直接输入坐标的方式来确定文本在图形中的位置。

④“文字设置”选项组:用于定义文字的对正方式、文字样式、文字高度和旋转角度。

⑤“在上一个属性定义下对齐”复选框:若勾选则表示在上一个属性文本的下一行对齐,并使用与上一个属性文本相同的文字选项,选中该选项后,插入点和文字选项不能再定义。

(2)保存块

WBLOCK 命令可以用来将当前图形中的块或指定图形保存为图形文件,以便其他图形文件调用。启动该命令后,将弹出图 4-35 所示的“写块”对话框。

比较“写块”和“块定义”对话框,可以看出,两者的区别在于:在“写块”对话框中多出了“文件名和路径”下拉列表框,需要指定该“块”存储在硬盘上的位置,因此称之为“外部块”,而“块定义”制作的称为“内部块”。实质上,“外部块”就是一个图形文件,在保存为块文件后其文件名的扩展名为 dwg。从这个意义上说,可以将任意的图形文件作为块插入到其他文件中去。

例 制作图 4-36(a)所示的粗糙度符号,粗糙度值定义为块属性并保存,然后将其插入到图 4-36(b)的图形中。

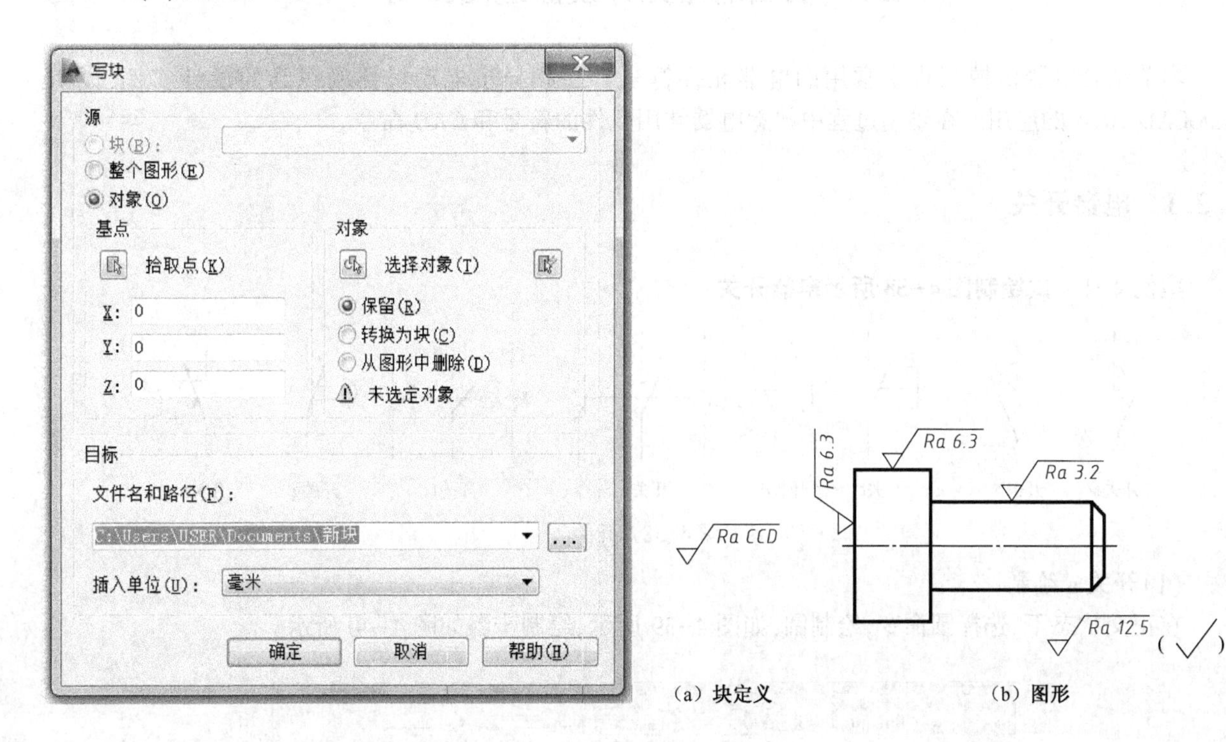

图 4-35 “写块”对话框

图 4-36 粗糙度标注

①绘制表面粗糙度基本符号。

②定义属性:选择“绘图”→“块”→“定义属性”选项,按图 4-37 填写“属性定义”对话框,并在图形适当位置拾取属性的插入点,单击“确定”按钮,完成定义。

运行 WBLOCK 命令,弹出“写块”对话框,选择块“BSZ”作为源对象,输入存储文件名,单击“确定”按钮,完成存储。

③插入块。

命令:_insert

指定插入点或[基点(B)/比例(S)/X/Y/Z/旋转(R)]:

输入属性值

输入粗糙度值 <6. 3>:

……

单击“插入块”按钮，在对话框中选择制作好的“BSZ”块，用鼠标拾取合适位置把块插入图形中。回车，接受默认属性值 6. 3，一个粗糙度符号标注完成，继续标注其余的粗糙度符号。

④绘制右下角的“其余”位置处的表面结构参数符号：使用“插入块”命令在“其余”位置处插入一个粗糙度块，并在插入时选取合适的放大比例。最后使用“分解”命令将插入的粗糙度块分解，对粗糙度进行局部修改，输入粗糙度值 12. 5。

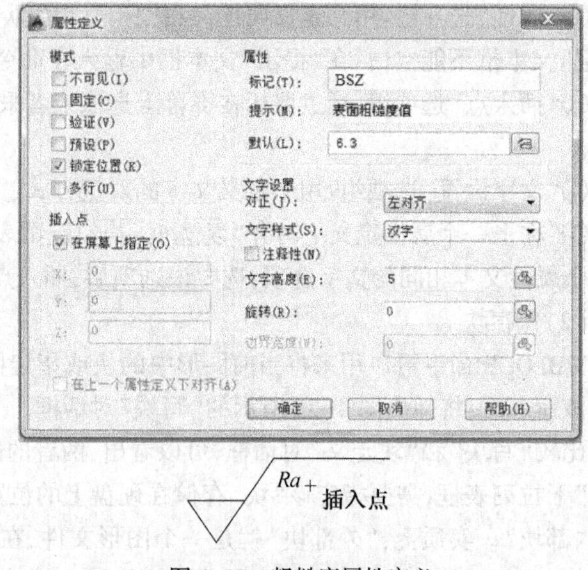

图 4-37 粗糙度属性定义

4. 3 机械电器元件及原理图绘制

本节结合电器机械工程中常用的电器元件符号和三相异步电动机控制线路的设计实例，说明 AutoCAD 2014 的应用。在绘制过程中熟悉电器常用元件的符号和 CAD 命令。

4. 3. 1 电器开关

案例 4-1 试绘制图 4-38 所示电器开关

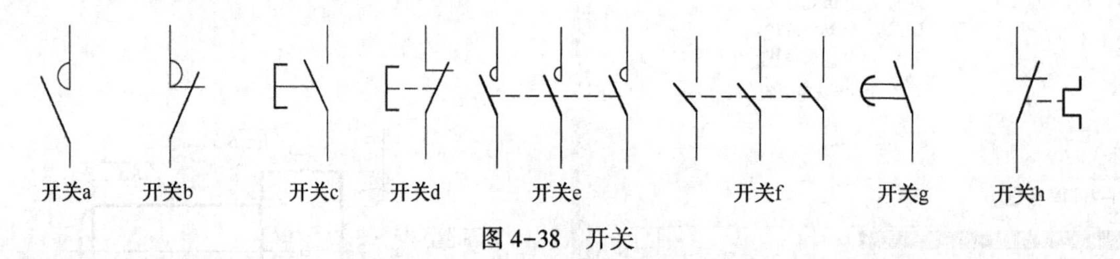

图 4-38 开关

(1)开关 a 绘制

在正交状态下，选择圆命令，绘制圆，如图 4-39 所示，绘制步骤如图 4-40 所示。

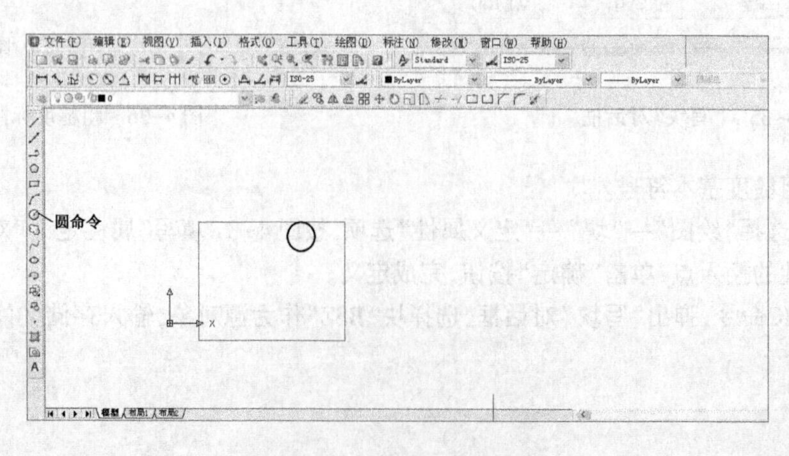

图 4-39 选择圆命令绘制圆

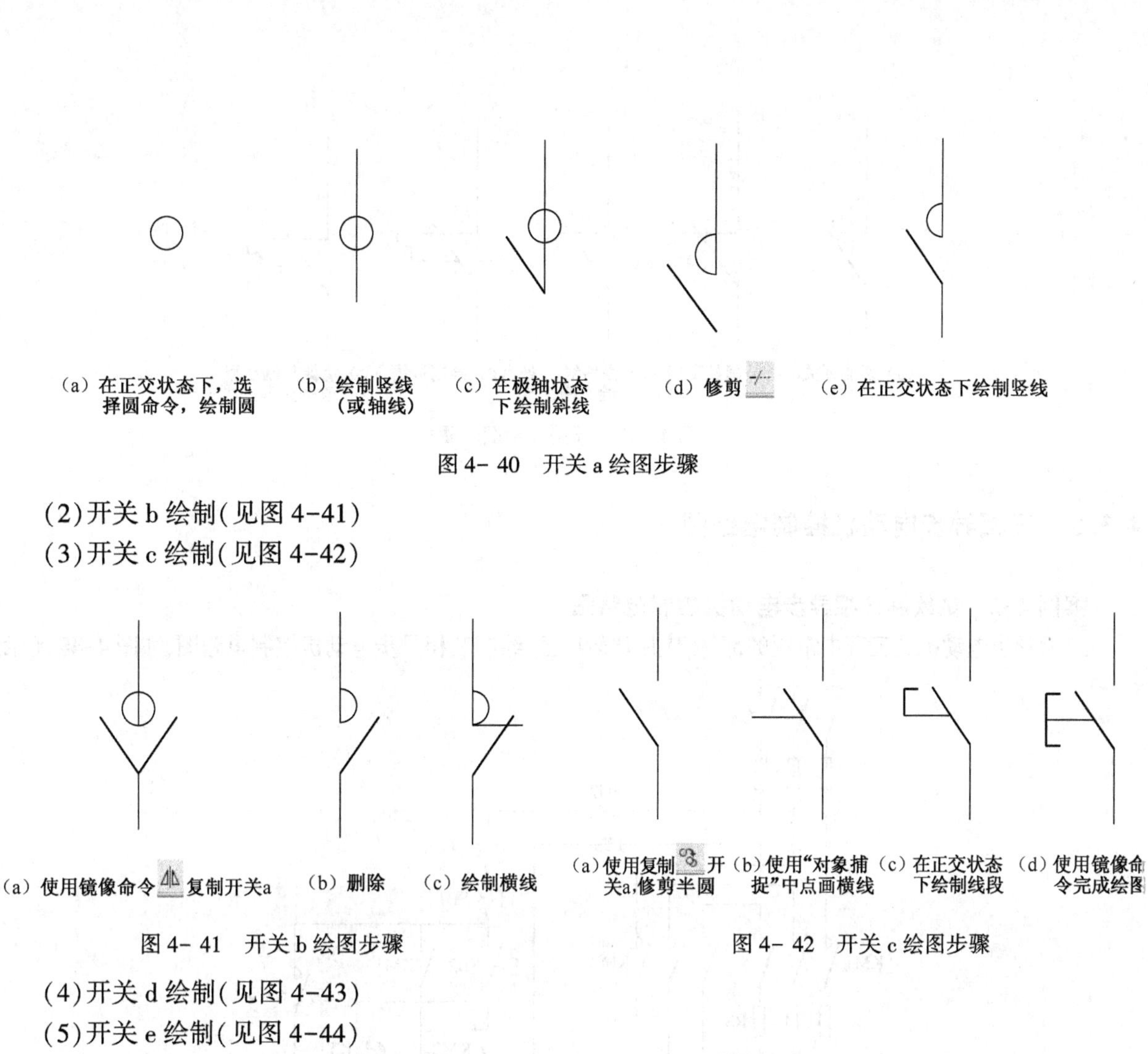

图 4- 40　开关 a 绘图步骤

(2)开关 b 绘制(见图 4-41)

(3)开关 c 绘制(见图 4-42)

图 4- 41　开关 b 绘图步骤　　图 4- 42　开关 c 绘图步骤

(4)开关 d 绘制(见图 4-43)

(5)开关 e 绘制(见图 4-44)

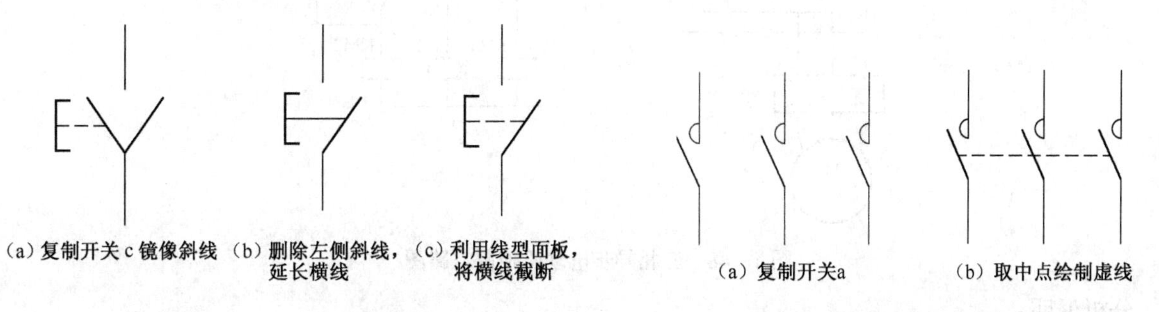

图 4- 43　开关 d 绘图步骤　　图 4- 44　开关 e 绘图步骤

(6)绘制开关 f(见图 4-45)

(7)绘制开关 g(见图 4-46)

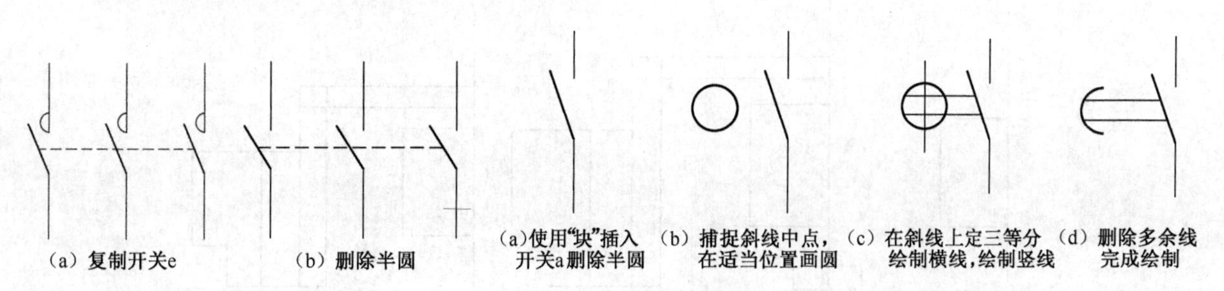

图 4- 45　开关 f 绘图步骤　　图 4- 46　开关 g 绘图步骤

(8)绘制开关 h(见图 4-47)

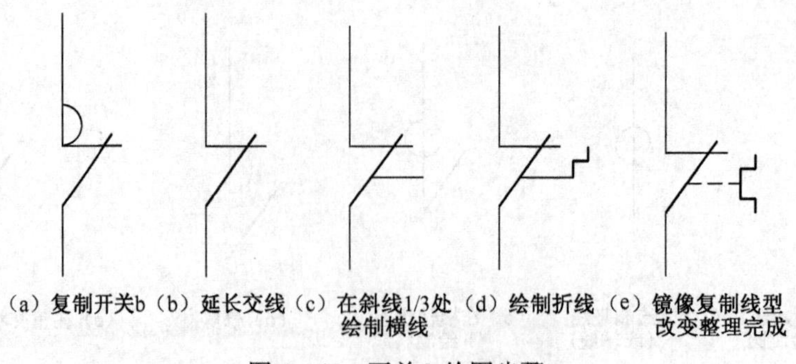
（a）复制开关b（b）延长交线（c）在斜线1/3处绘制横线（d）绘制折线（e）镜像复制线型改变整理完成

图 4- 47　开关 h 绘图步骤

4.3.2　三相异步电动机控制电路图

案例 4-2　试绘制三相异步电动机控制电路图

三相异步电动机是工程中常用的部件，应用比较广泛，绘制三相异步电动机控制电路图，如图 4-48 所示。

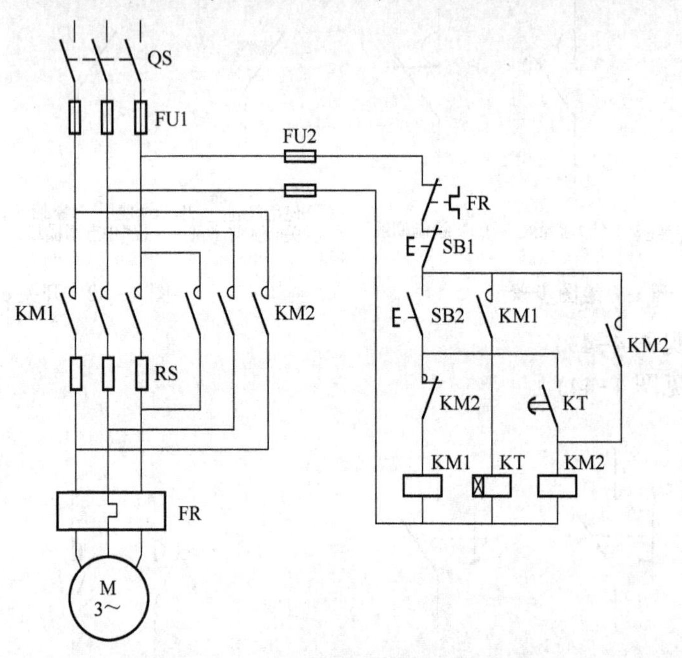

图 4- 48　三相异步电动机控制电路图

分析说明：

绘制各种继电器、电动机、熔断器并保存为块。

绘图步骤 1，如图 4-49 所示。

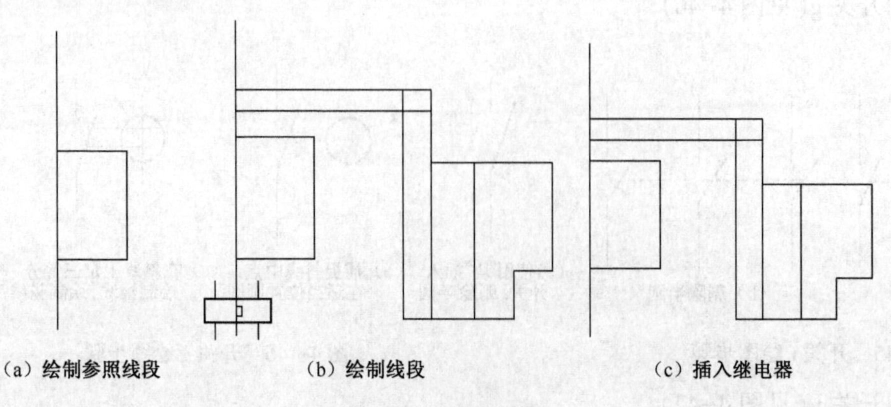
（a）绘制参照线段　（b）绘制线段　（c）插入继电器

图 4- 49　绘图步骤 1

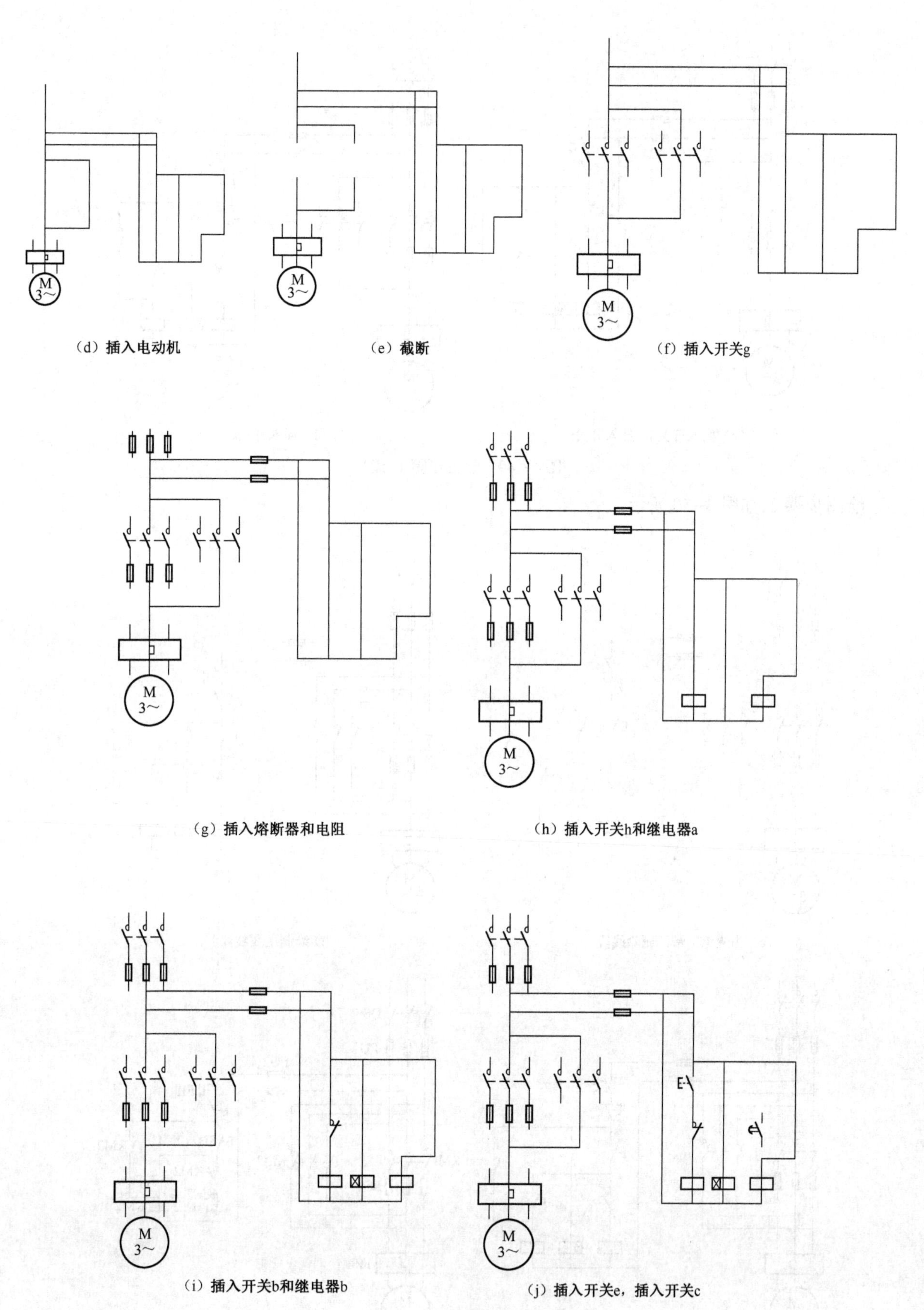
M
3～
（d）插入电动机
（e）截断
（f）插入开关g
（g）插入熔断器和电阻
（h）插入开关h和继电器a
（i）插入开关b和继电器b
（j）插入开关e，插入开关c

图 4- 49　绘图步骤 1(续)

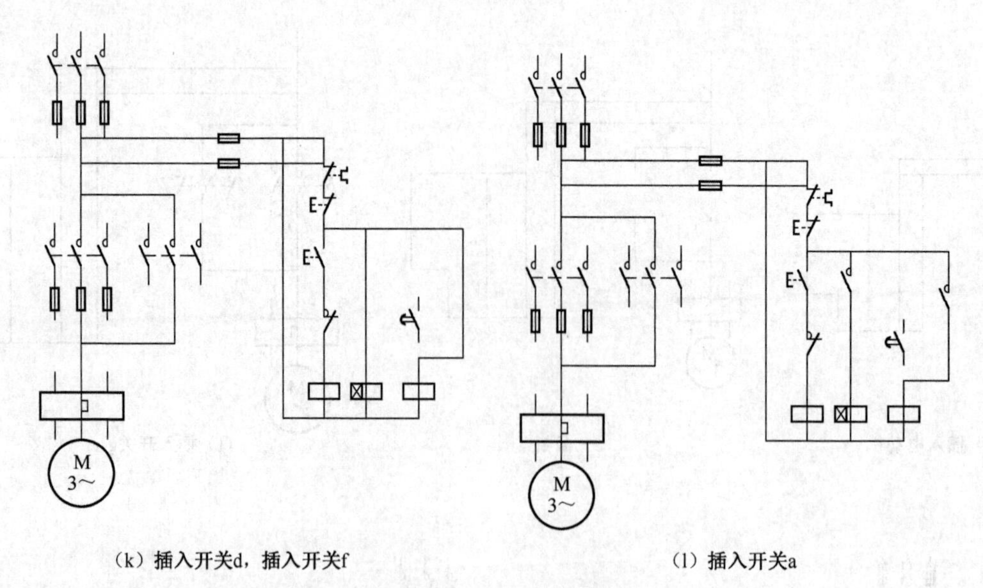

（k）插入开关d，插入开关f　　（l）插入开关a

图 4- 49　绘图步骤 1(续)

绘图步骤 2,如图 4-50 所示。

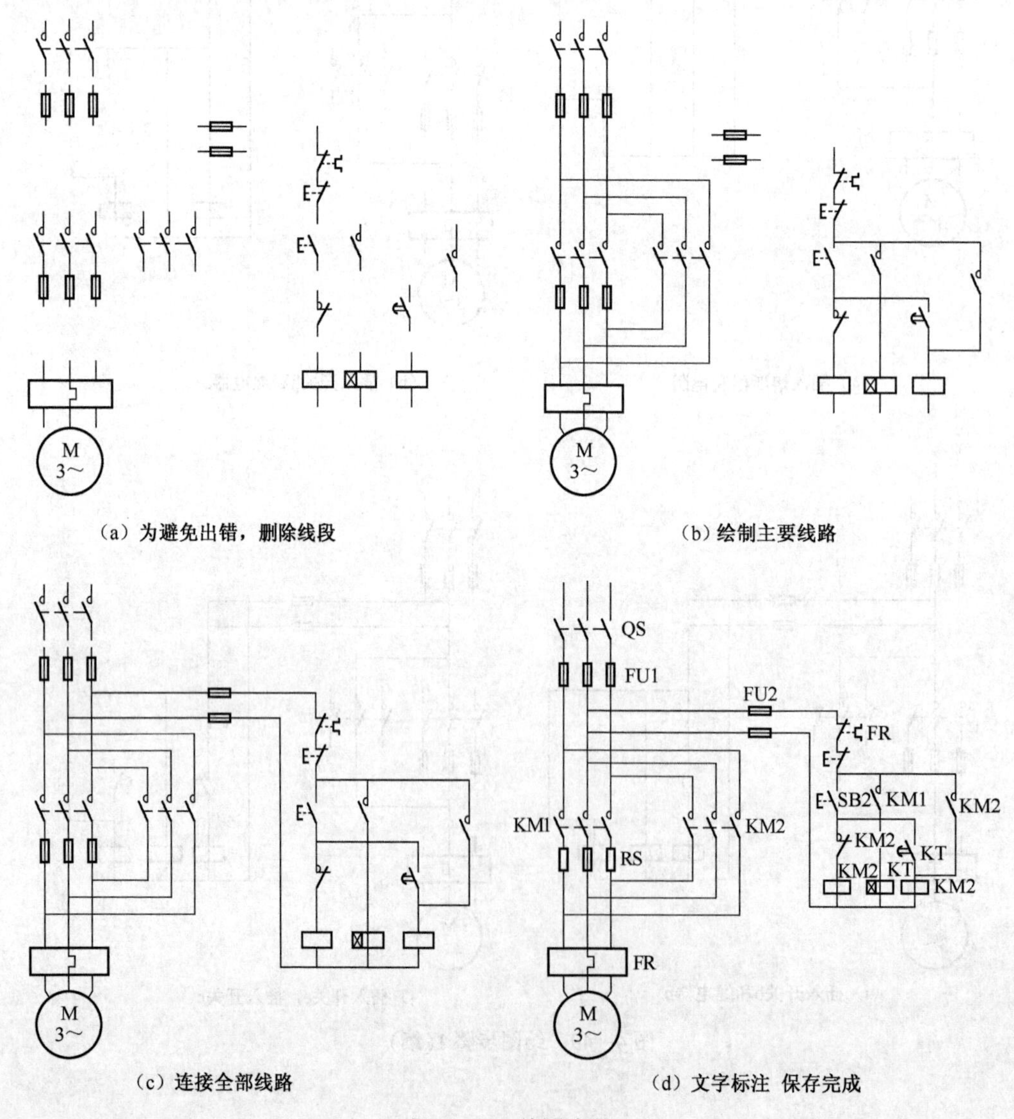

（a）为避免出错，删除线段　　（b）绘制主要线路

（c）连接全部线路　　（d）文字标注 保存完成

图 4- 50　绘图步骤 2

4.3.3 并励绕阻

案例 4–3 试绘制图 4- 51 所示的并励绕阻

操作步骤如下。

选择输入命令:“圆心、起点、角度”模式;

指定圆弧的圆心(C):指定圆弧圆心 1;

指定圆弧的第一个起点:输入“右端距离 E”;

指定圆弧的角度(A):输入“180”所示;

选择矩形阵列:行 1,列 4,列偏移量选择弦长 如图 4–52 所示。

图 4- 51 并励绕阻

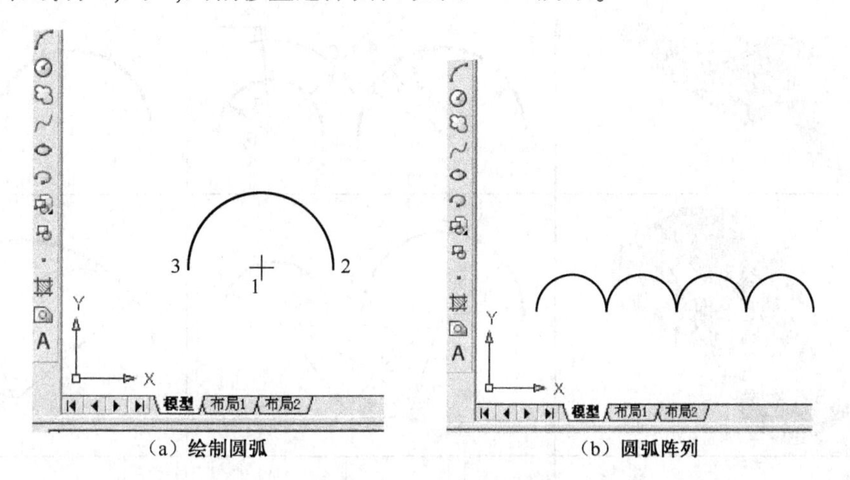

(a)绘制圆弧　　(b)圆弧阵列

图 4- 52 绘图步骤

4.4 工程中圆弧零件

工程设计中带圆弧的零件应用很广,下面简单介绍圆弧连接的应用案例和圆弧画法。

4.4.1 圆弧连接的绘制

绘制图样时,常常需要用圆弧来光滑连接已知直线或圆弧,光滑连接即相切连接,切点称为连接点,该圆弧称为连接弧。作图的要点是准确地作出连接弧的圆心和切点。表 4–4 列举了典型圆弧连接的作图方法和步骤。

表 4–4 典型圆弧连接作图方法和步骤

形　式	步　骤 实　例	求圆心、求切点	画 连 接 弧
两直线			

续表

形式	步骤 实例	求圆心、求切点	画连接弧
直线和圆弧		O_1 R_1 R_1+R T_1 O R T_2	O_1 T_1 R O T_2
外切两圆弧		R_2+R O R_1 R_1+R T_1 O_1 T_2 R_2 O_2	R O T_1 T_2 O_1 O_2
内切两圆弧		T_1 R_1 O_1 R_2 T O_2 O $R-R_2$ $R-R_1$	T_1 R T_2 O_1 O_2 O
混切两圆弧		T_1 R_1 O_1 $R-R_1$ R_2 O_2 T_2 O $R+R_2$	T_1 O_1 R T_2 O_2 O

4.4.2 计算机绘制圆弧

1. 起点、圆心、端点模式(见图 4-53)

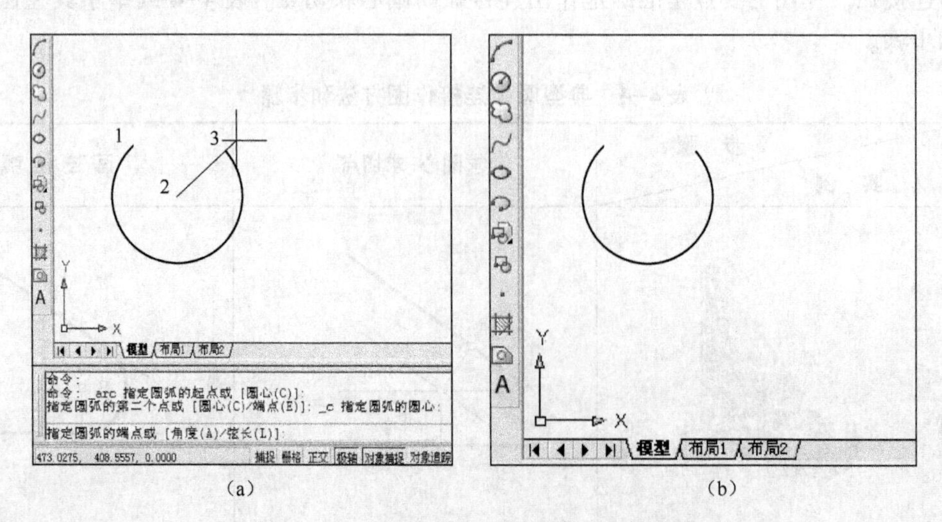

(a)　　　　(b)

图 4-53 “起点、圆心、端点”模式绘制圆弧

操作步骤如下。

输入命令;

指定圆弧的起点或[圆心(C)]:指定圆弧起点 1;

指定圆弧的第二个点或[圆心(C)/端点(E)]:输入“C”;

指定圆弧的圆心:指定 2 点;

指定圆弧的端点或[角度(A)/弦长(L)]:指定圆弧端点 3。

2. 起点、圆心、角度模式

操作步骤,如图 4-54 所示。

输入命令;

指定圆弧的起点或[圆心(C)]:指定圆弧起点 1;

指定圆弧的第二个点或[圆心(C)/端点(E)]:输入“C”;

指定圆弧的圆心:指定 2 点;

指定圆弧的端点或[角度(A)/弦长(L)]:输入“A”;

指定包含角:输入包含角度“160”。

3. 起点、端点、半径模式

操作步骤,如图 4-55 所示。

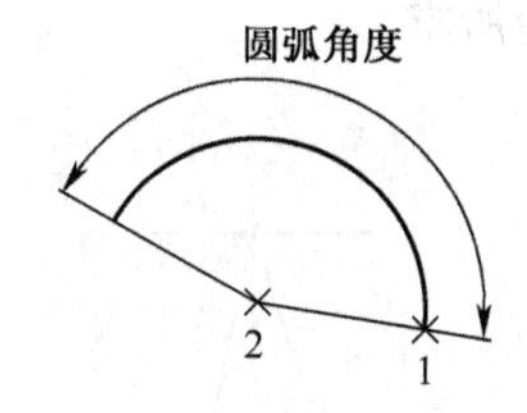

图 4-54 “起点、圆心、角度”模式绘制圆弧

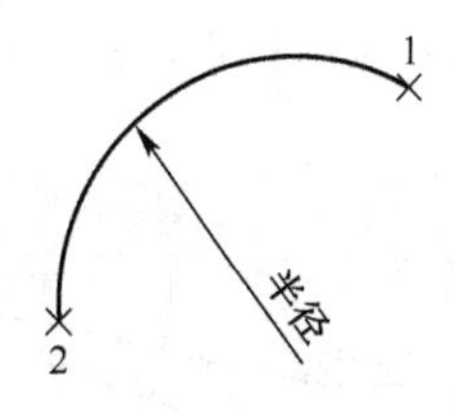

图 4-55 “起点、端点、半径”模式绘制圆弧

输入命令;

指定圆弧的起点或[圆心(C)]:指定圆弧起点 1;

指定圆弧的第二个点或[圆心(C)/端点(E)]:输入“E”;

指定圆弧的端点:指定 2 点;

指定圆弧的端点或[角度(A)/方向(D)/半径(R)]:输入“R”;

指定圆弧的半径:输入“150”。

4. 圆心、起点、端点模式

操作步骤,如图 4-56 所示。

输入命令;

指定圆弧的起点或[圆心(C)]:输入“C”;

指定圆弧的圆心:指定 1 点;

指定圆弧的起点:指定 2 点;

指定圆弧的端点或[角度(A)/弦长(L)]:指定 3 点;

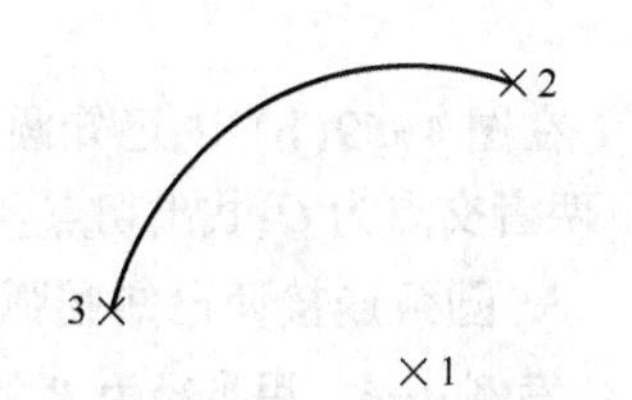

图 4-56 “圆心、起点、端点”模式绘制圆弧

4.4.3 工程零件的圆弧绘制

1. 圆弧连接两已知直线

案例 4-4 用半径为 *R* 的圆弧连接两已知直线,以图 4-57 中连杆 1 上的 *a* 弧为例,其步骤如图 4-58 所示。

将两已知直线 Ⅰ、Ⅱ分别平移距离 R，两线交于点 O；找出切点；以 O 为圆心、R 为半径画连接圆弧即为所求。

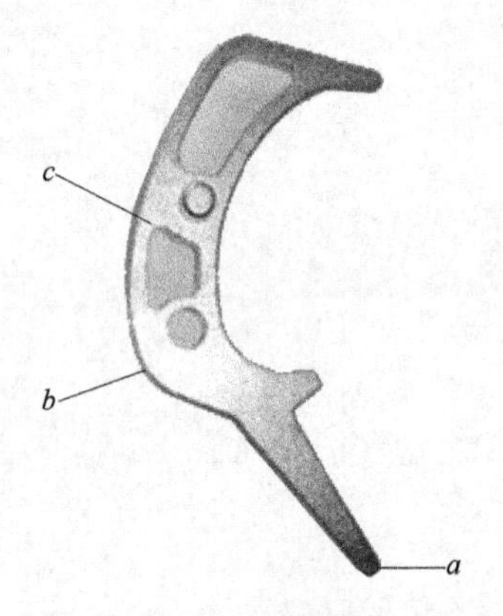

图 4-57　连杆 1

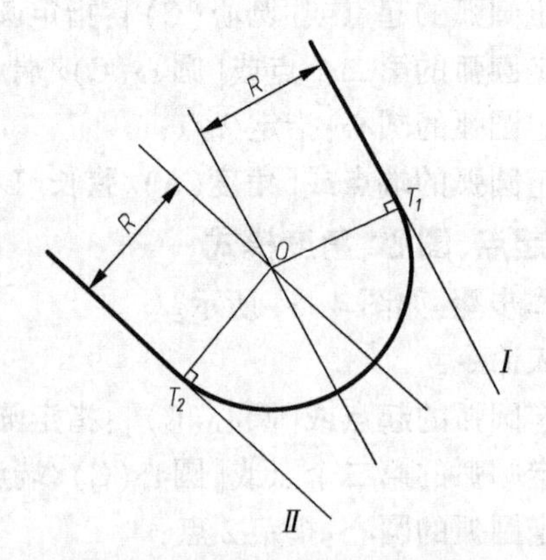

图 4-58　圆弧连接两已知直线

2. 圆弧连接一圆弧一直线

案例 4-5　用半径为 R 的圆弧连接一圆弧一直线，以图 4-57 中连杆 1 上的 b 和 c 弧为例，其作图步骤如图 4-59(a)和图 4-59(b)所示。

在图 4-59(a)中，已知圆弧半径为 R_1，将已知直线平移距离 R，以半径 R_1-R 作已知圆弧的同心圆弧，两者交点为 O；找出切点；以 O 为圆心、R 为半径画连接圆弧即为所求。

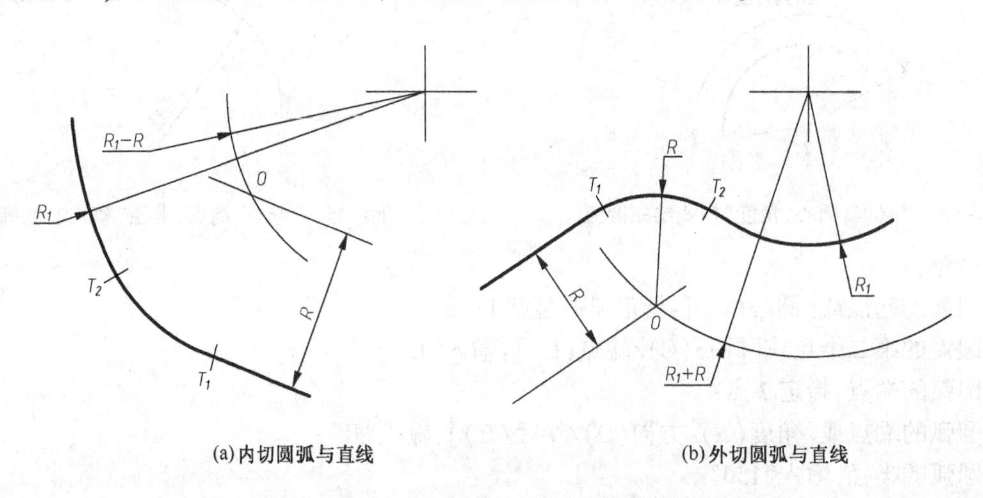

(a) 内切圆弧与直线　　(b) 外切圆弧与直线

图 4-59　圆弧连接—圆弧—直线

在图 4-59(b)中，已知圆弧半径为 R_1，将已知直线平移距离 R，以半径 R_1+R 作已知圆弧的同心圆弧，两者交点为 O；找出切点；以 O 为圆心、R 为半径画连接圆弧即为所求。

3. 圆弧连接两已知圆弧

案例 4-6　用半径为 R 的圆弧连接两已知圆弧，以图 4-60 中连杆 2 上的 a 弧和图 4-61 中吊钩上的 b 弧和 c 弧为例作以说明，其步骤如图 4-62(a)、图 4-62(b)和图 4-62(c)所示。

在图 4-62(a)中，已知小圆半径为 R_1，大圆半径为 R_2，以半径 $R-R_1$ 作小圆的同心圆弧，以半径 $R-R_2$ 作大圆的同心圆弧，两者交点为 O；找出切点；以 O 为圆心、R 为半径画连接圆弧即为所求。

在图 4-62(b)中，已知小圆半径为 R_1，大圆半径为 R_2，以半径 R_1+R 作小圆的同心圆弧，以半径 R_2+R 作大圆的同心圆弧，两者交点为 O；找出切点；以 O 为圆心、R 为半径画连接圆弧即为所求。

在图 4-62(c)中，已知小圆弧半径为 R_1，大圆弧半径为 R_2，以半径 R_1+R 作小圆弧的同心圆弧，以半径 R_2-R 作大圆弧的同心圆弧，两者交点为 O；找出切点；以 O 为圆心、R 为半径画连接圆弧即为所求。

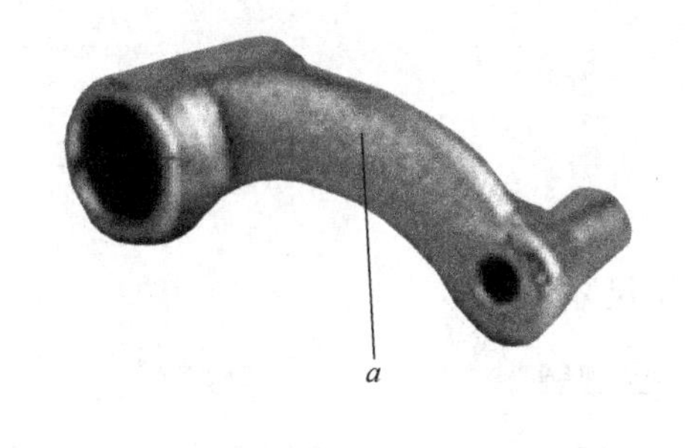

图 4-60　连杆 2

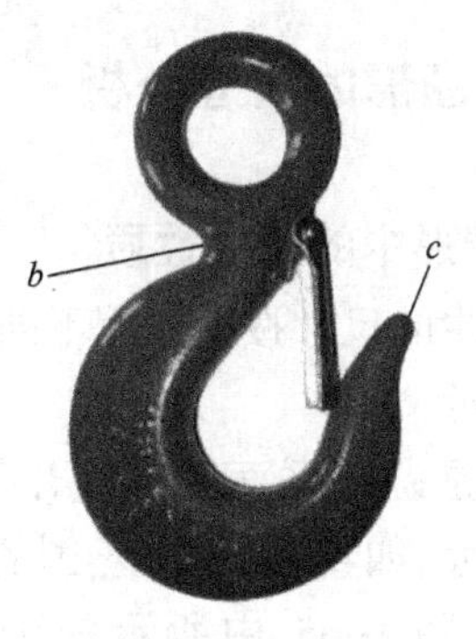

图 4-61　吊钩

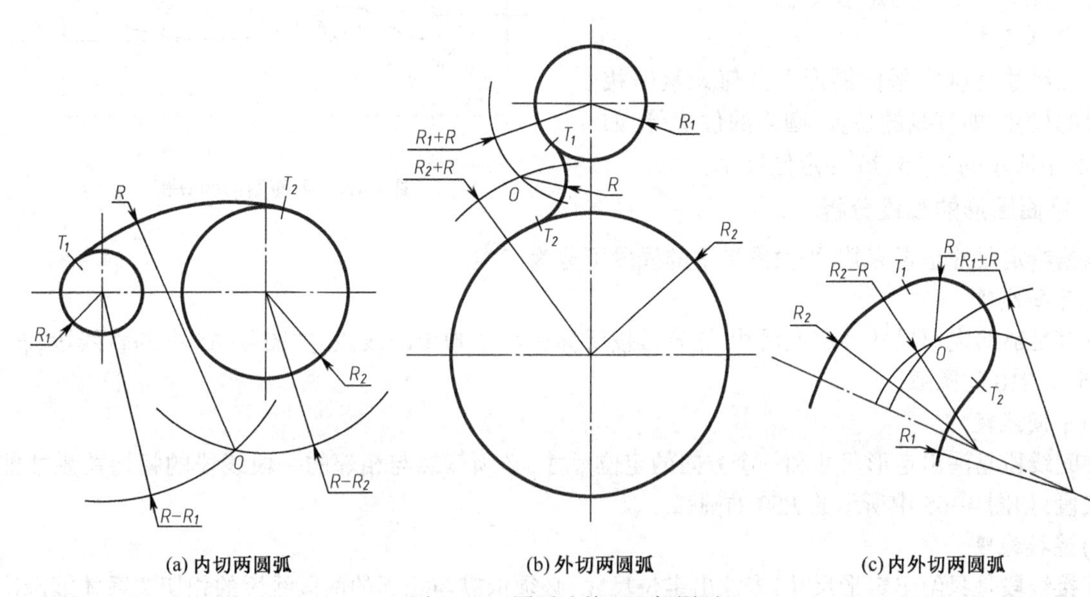

图 4-62　圆弧连接两已知圆弧

4. 直线外切两已知圆

案例 4-7　直线外切两已知圆弧，以图 4-63 中连杆 3 上的 *a* 线段为例，其步骤如图 4-64 所示。

在图 4-63 中，已知小圆半径为 R_1，大圆半径为 R_2，以两圆圆心距离为直径作辅助圆，以半径 R_2-R_1 作大圆的同心圆，两圆交点为 A 点，连接 AO_1，将 AO_1 平移距离 R_1 得线段 BC 即为所求，如图 4-64 所示。

图 4-63　连杆 3

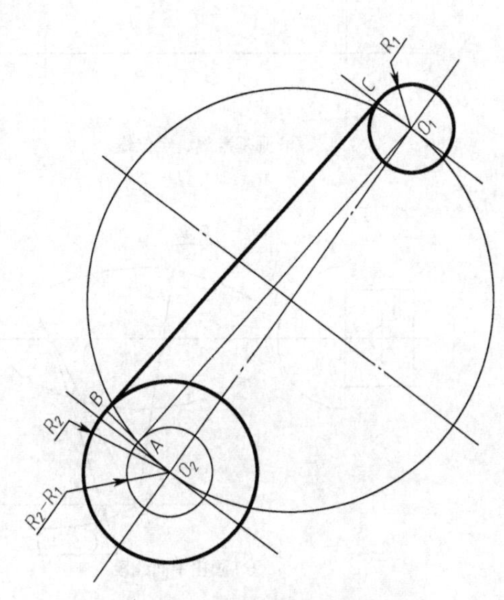

图 4-64　直线外切两已知圆

4.4.4 平面图形的尺寸分析

1. 平面图形中的尺寸性质

平面图形中的尺寸按其作用不同可分为定形尺寸和定位尺寸。

1)定形尺寸

定形尺寸是确定平面图形上几何元素的形状和大小的尺寸,如直线的长短、圆的直径、圆弧的半径等。如图4-65中所示的15、ϕ20、ϕ5、R15、R12、R10、R50都为定形尺寸。

2)定位尺寸

定位尺寸是确定平面图形上几何元素间相对位置的尺寸,如直线的位置、圆心的位置等,如图4-65中所示的8、35、75为定位尺寸。

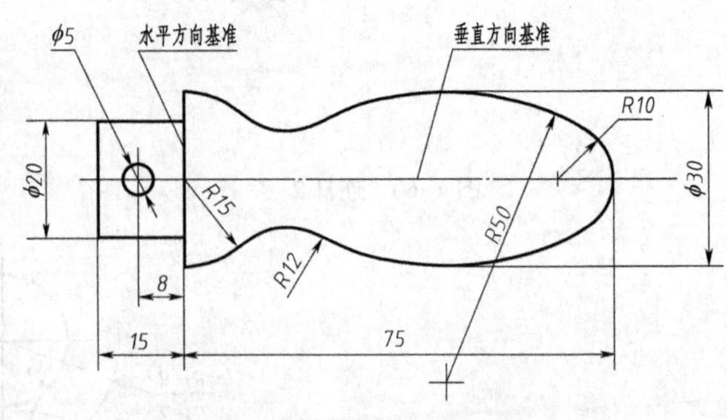

图4-65 平面图形的分析

2. 平面图形的线段分析

根据给定尺寸是否完整,平面图形中的线段可分为三类。

1)已知线段

具有足够的定形尺寸和定位尺寸,能直接按所标注尺寸画出的线段,如图4-65中的直线段,ϕ5的圆,R15和R10的圆弧。

2)中间线段

中间线段是注出定形尺寸和一个方向的定位尺寸,必须依靠与相邻的一段线段的相切关系才能画出的线段,如图4-65中所示的R50的圆弧。

3)连接线段

连接线段是只给出定形尺寸,未注出定位尺寸,必须依靠与相邻的两段线段的相切关系才能画出的线段,如图4-65中的R12的圆弧。

3. 平面图形的作图步骤

画平面图形时,首先要进行尺寸和线段分析,以便确定作图步骤。一般应先画已知线段,再画中间线段,最后画连接线段。图4-65所示平面图形的作图步骤如图4-66所示。

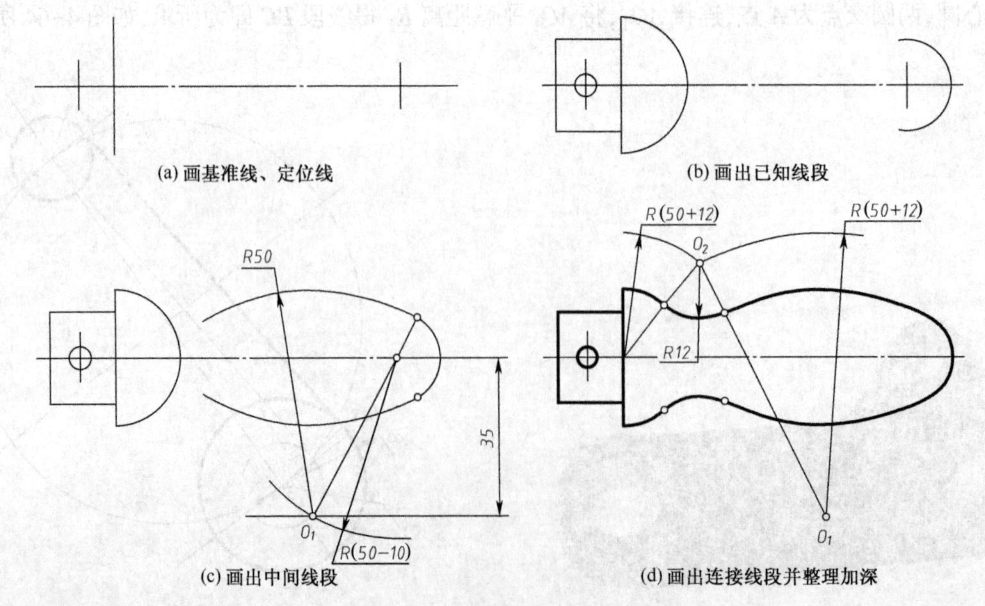

图4-66 平面图形的作图步骤

4.4.5　圆弧连接应用案例

案例 4-8　用尺规和计算机分别绘制图 4-67 所示吊钩。

尺规绘图步骤如下：

（1）按照图 4-67 所示的尺寸绘制全部点画线，如图 4-68（a）所示。

（2）根据尺寸绘制图中全部能确定圆心的圆和圆弧，如图 4-68（b）所示。

（3）绘制相切直线和连接圆，如图 4-68（c）所示。其中以 ϕ44 圆的圆心为圆心，以 R(22+8) 为半径画第一个辅助弧，以 ϕ96 圆的圆心为圆心，以 R(48+8) 为半径画第二个辅助弧，两弧交点即为 R8 圆弧的圆心，由此绘制出 R8 圆弧。另外以 R67 圆弧的圆心为圆心，以 R(67−5) 为半径画第一个辅助弧，以 R19 圆弧的圆心为圆心，以 R(19+5) 为半径画第二个辅助弧，两弧交点即为 R5 圆弧的圆心，由此绘制出 R5 圆弧。以 ϕ44 的圆心为圆心，以 R22+R18.5 为半径画辅助弧，以 ϕ44 圆和 ϕ37 圆的圆心为直径两端点画辅助圆，将辅助弧和辅助圆的交点与 ϕ37 的圆心相连，得到 ϕ37 的圆心到 R(22+18.5) 辅助弧的切线，将此切线平移 18.5 mm 即为所求相切斜线。

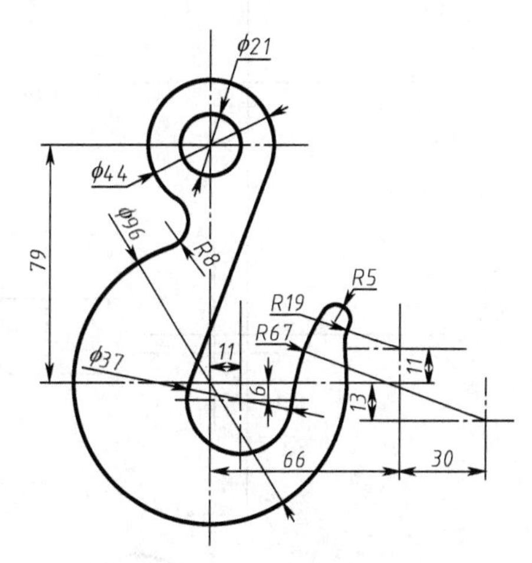

图 4-67　图形和尺寸

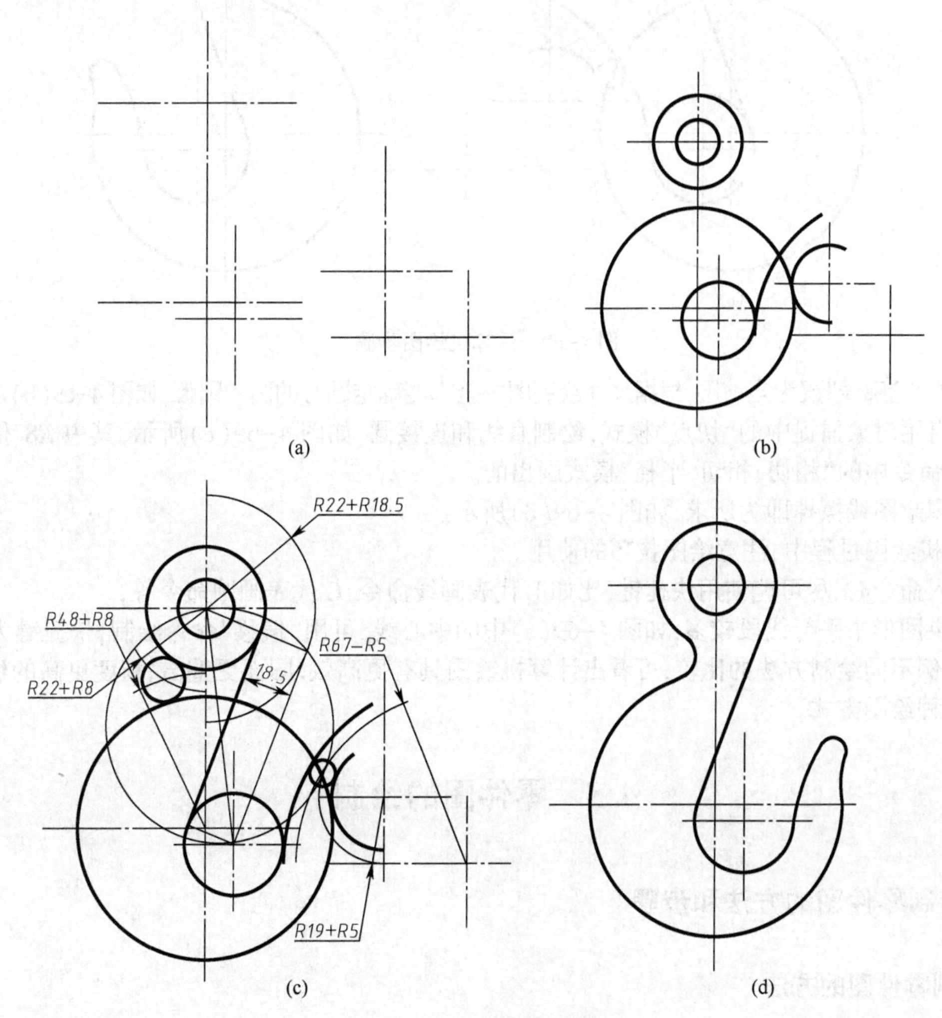

图 4-68　尺规绘图步骤

(4)将所有多余图线擦掉,所绘图形如图 4-68(d)所示。

计算机绘图步骤如下:

(1)设置“中心线”层为当前层,按照图中的尺寸绘制全部点画线,如图 4-69(a)所示。

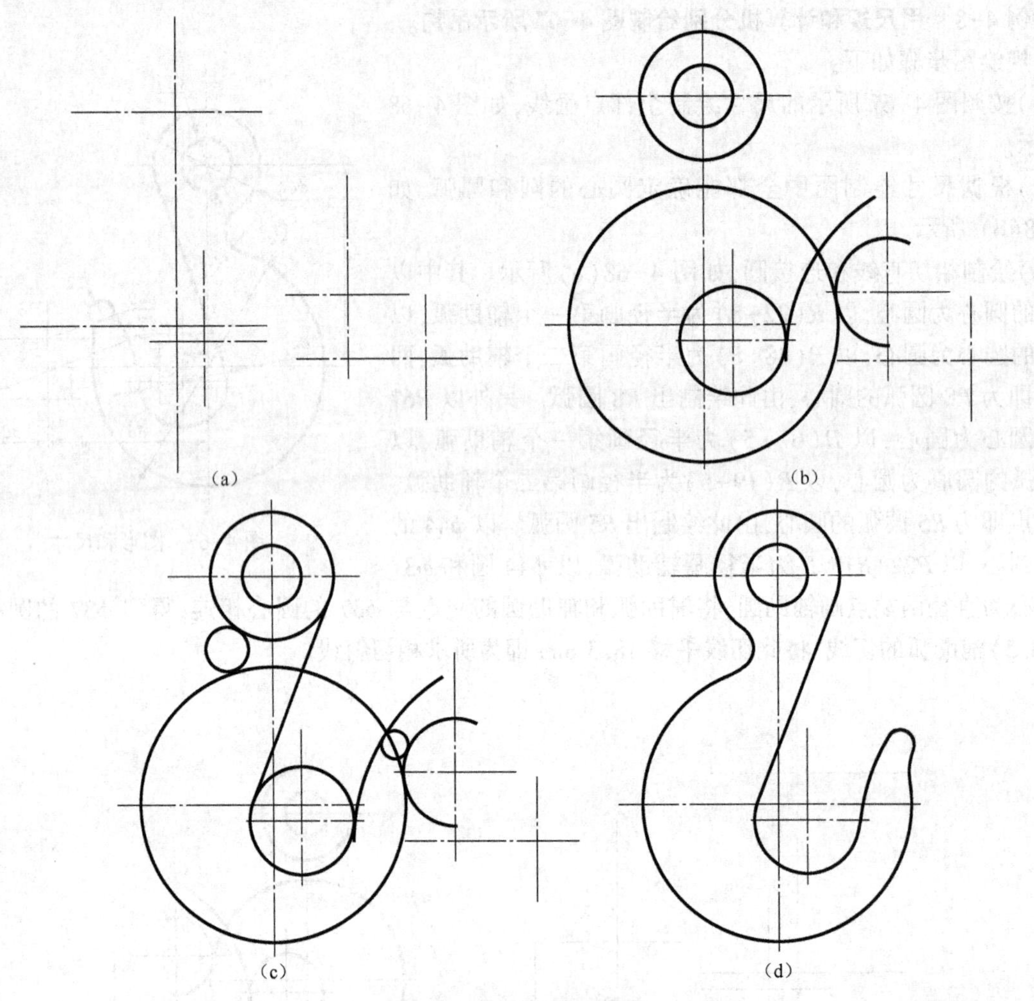

图 4-69 计算机绘图步骤

(2)设置“轮廓线”层为当前层,根据尺寸绘制图中全部能确定圆心的圆和圆弧,如图 4-69(b)所示。

(3)只启用对象捕捉中的“切点”模式,绘制直线和连接圆,如图 4-69(c)所示,其中 *R*8 和 *R*5 的圆弧是用画圆命令中的“相切、相切、半径”模式画出的。

(4)将多余图线擦掉即为所求,如图 4-69(d)所示。

在计算机绘图过程中,注意绘图技巧的使用。

(1)输入命令时,尽可能使用快捷键,比如 L 代表画线命令、C 代表画圆命令等;

(2)如果图形中平行线段较多,如图 4-69(a)中的中心线,可用“偏移”命令绘制,快捷键为 O;

经过本例不同绘制方法的比较,可看出计算机绘图具有更高效、图面更整洁、精度更高的优点,已成为普及的一种绘图方式。

4.5 零件图的绘制

4.5.1 绘制零件图的方法和步骤

1. 绘制零件图的方法

用 AutoCAD 绘制零件图,一般综合应用如下 4 种方法。

(1)对象捕捉追踪法和辅助线法

在绘制工程图样时,通常采用"对象捕捉追踪法"和"辅助线法",以满足三等关系,即"长对正"、"高平齐"和"宽相等"的投影关系要求。

①对象捕捉追踪法:常用此方法绘制零件的三视图等多视图,即结合"极轴追踪"、"对象捕捉"和"对象捕捉追踪"绘制完成两视图后,将一个视图复制、旋转和平移,启用"极轴追踪"、"对象捕捉"和"对象捕捉追踪"完成第3个视图。

②辅助线法:用"偏移"命令或"构造线"命令绘制水平和竖直的平行线,完成三视图后删除或修剪其辅助线。

(2)坐标定位法

通过给定视图中各点的准确坐标值来绘制零件图。先用坐标定位法绘制出作图基准线,确定各个视图位置,然后再运用其他方法绘制完成图形。

(3)带基点复制法

带基点复制法是用COPYBASE命令将已画好标题栏、表面粗糙度和技术要求的基点和图形及文字复制到剪贴板,然后在零件图中按基点粘贴,通过双击编辑其中文字。具体步骤为:

①打开或切换到带有标题栏的图形文件,选择菜单"编辑"|"带基点复制"命令,按命令行提示操作。

②打开或切换到零件图的图形文件,按【Ctrl+V】键或选择菜单"编辑"|"粘贴"命令,按命令行提示操作。

(4)插入法

通过INSERT命令,插入已保存的外部块(如表面粗糙度等)绘制零件图。应建立常用图形库和符号库,以便快速将块插入零件图中。

2. 绘制零件图的步骤

在绘图前,要了解、分析零件并确定其表达方案,然后用AutoCAD绘制零件图。

(1)创建新图

可用多种方式创建新图,通常调用零件图的图形样板文件或打开已有零件图,再另存为一个新图,其中保存各种设置,包括图纸幅面、图层、文字样式、尺寸标注样式以及图框和标题栏等。在绘制零件图之前,应按图幅大小创建若干个零件图的图形样板。

(2)绘制图形

一般先将状态栏上"栅格显示"、"极轴追踪"、"对象捕捉"、"对象捕捉追踪"和"显示线宽"处于启用状态,然后用各种绘图命令和编辑命令绘图。在绘制过程中,应根据零件图形的对称性和重复性等特征,灵活运用复制、镜像和阵列等编辑命令。

(3)标注尺寸及尺寸公差

①将"5 文字和尺寸"层置为当前层,并在"样式"工具栏上将"机械工程标注"标注样式置为当前尺寸标注样式。

②标注全部尺寸,其中带有极限偏差的尺寸常用"多行文字"命令的"堆叠"功能进行标注。

3. 标注表面粗糙度和几何公差

(1)标注表面粗糙度

AutoCAD无直接标注表面粗糙度代号的功能,通常将其表面粗糙度创建成两个块,一个用于去除材料获得的表面,另一个用于不去除材料获得的表面,然后插入到零件图中。

(2)标注几何公差

①标注几何公差框格的3种方式:执行QLEADER命令标注带引线的几何公差框格;在"标注"工具栏上单击"公差"按钮,标注不带引线的几何公差框格;采用带基点复制法将其他图形中常用几何公差框格模板复制到当前零件图中。

②标注基准代号:采用带基点复制法,将"基准代号"块图形文件中的基准代号复制到零件图中;或采用插入法,将"基准代号"块插入到零件图中。

4. 文字标注

将“5文字和尺寸”层置为当前层，并将“工程字（斜体）”文字样式置为当前。在“绘图”工具栏上单击“多行文字”按钮，标注技术要求和标题栏等，其中文字高度设置参见表4-2。

此外，齿轮的零件图中应该有啮合特性表，绘制表格并标注文字可采用两种方式：

（1）用绘图和编辑命令，可用如下几种方式绘制表格，然后在“绘图”工具栏上单击“多行文字”按钮，标注文字。

①“直线”命令结合“定数等分点”命令。

②“直线”命令结合“偏移”命令。

③“直线”命令结合对象捕捉“捕捉自”模式。

（2）执行TABLE STYLE命令设置表格样式，再用TABLE命令绘制表格并输入文字。

5. 调整、保存和打印出图

检查图形，对零件图视图、文字和尺寸进行整体调整，并保存，可按要求打印出图。

4.5.2 AutoCAD绘制零件图的实例

案例4-9 壳体

以壳体为例，介绍用AutoCAD绘制零件图的方法和步骤。

1. 形体分析

由图4-70可以看出，壳体可以分为7部分，分别为底板、圆柱筒、水平圆柱、水平圆柱筒、拱形圆柱筒、法兰盘和肋板。

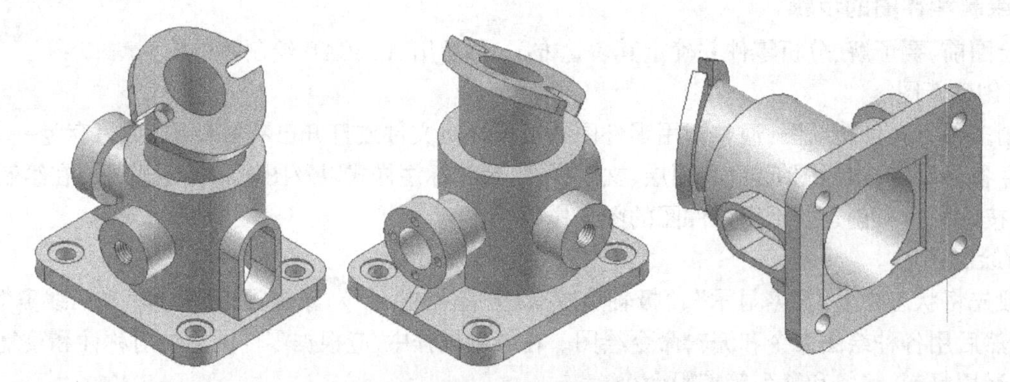

图4-70 壳体不同方向的轴测图

2. 视图选择

从零件分类来看，此零件为箱体类零件（壳体类零件），主视图应重点考虑工作位置和主要结构的形状特征，一般需要3个或更多的基本视图，并用局部视图和断面图等表达局部结构。

该壳体的外形和内部结构比较复杂，可选用3个基本视图，如图4-71所示。

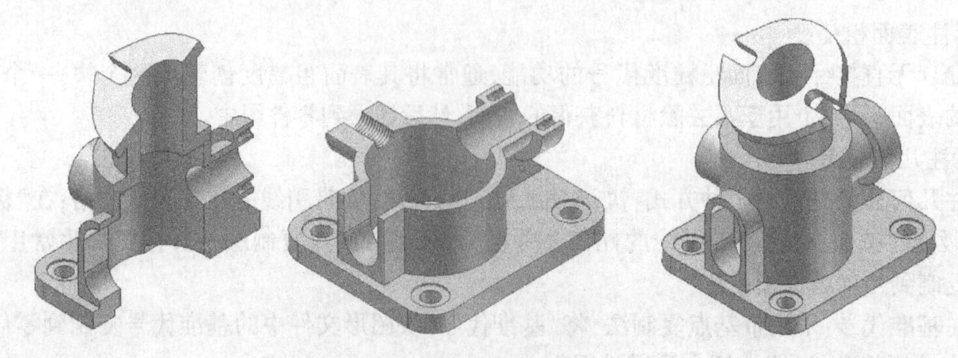

图4-71 采用3个基本视图表达

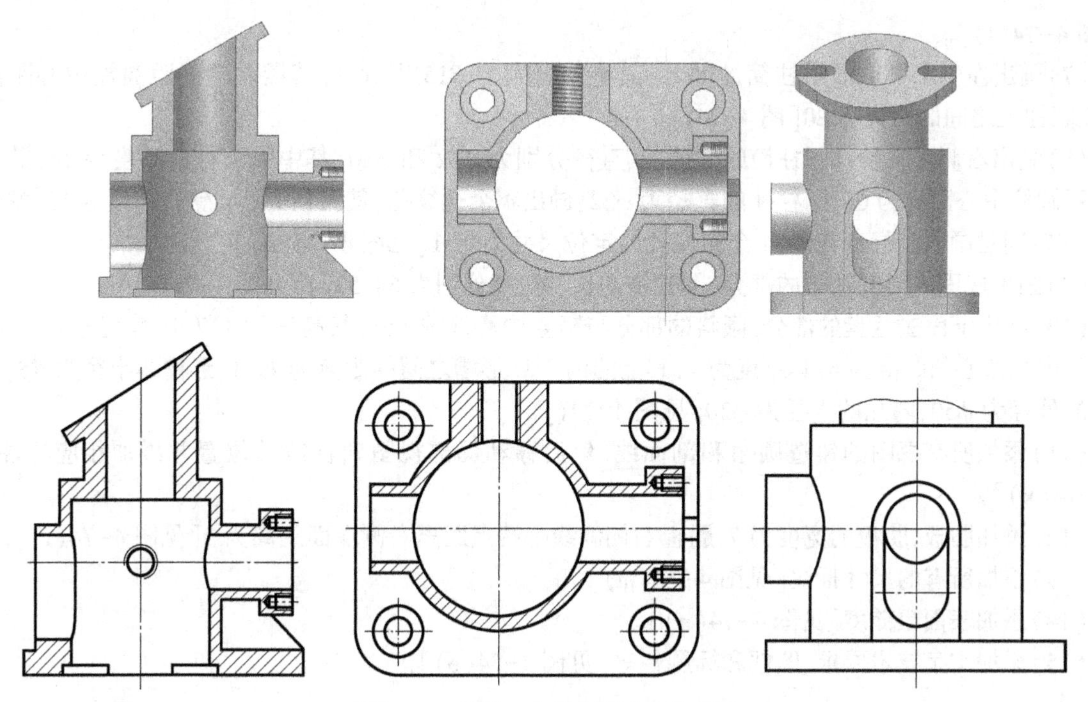

图 4-71　采用 3 个基本视图表达(续)

该壳体的可选用 3 个局部视图或斜视图来表达局部的部分结构,如图 4-72 所示。

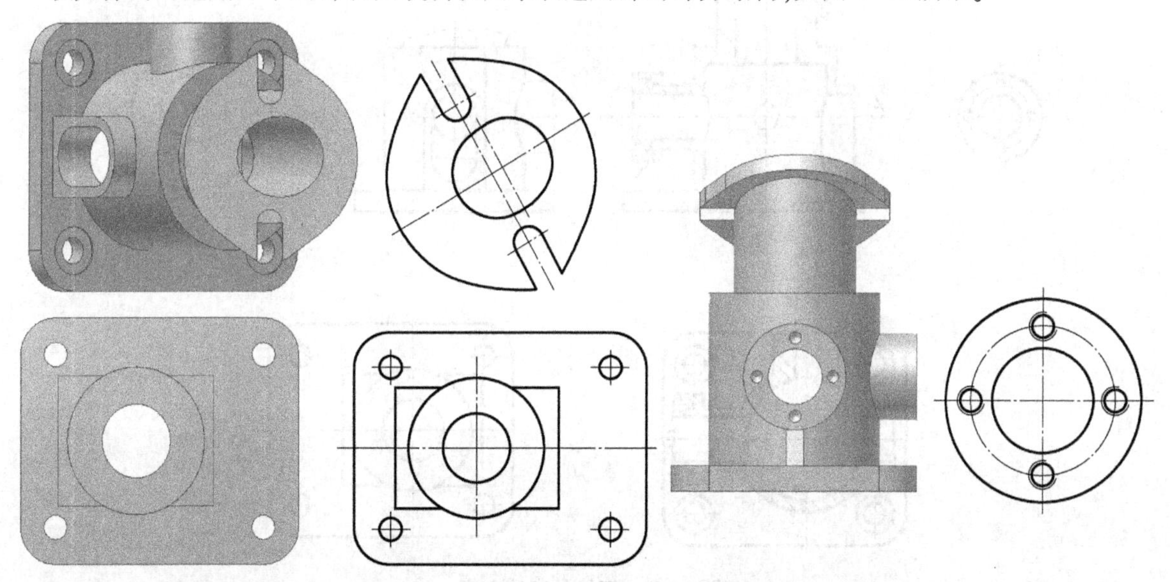

图 4-72　采用 3 个局部视图(或斜视图)表达

经过以上分析可以看出该壳体的表达应采用图 4-73 所示方案。

3. AutoCAD 绘制零件图的步骤

(1)画出主视图、俯视图和左视图的主要中心线[见图 4-74(a)];

(2)画出底板的主体,底板的长、宽、高分别为 120、100、10,底板的圆角半径为 $R15$[见图 4-74(b)],沉孔轴线之间的距离分别为 90 和 70;

(3)画出底板上的沉孔,沉孔的直径尺寸分别为 $\phi18$ 和 $\phi10$,沉孔的深度为 1[见图 4-74(c)];

(4)使用“移动”命令,将主视图和俯视图的中心线沿长度方向向左偏移距离 10[见图 4-74(d)];

(5)画出下圆柱筒的主体部分,内外直径分别为 $\phi70$ 和 $\phi60$,在主视图上的高度分别为 78 和 70[见图 4-74(e)];

(6)画出后面水平圆柱及其螺纹孔的部分,圆柱的直径为 $\phi34$,高度为 45,螺纹的大径为 $\phi12$

[见图 4-74(f)]。

(7)画出左侧水平拱形圆柱筒的部分,其半径分别为 $R15$ 和 $R11$,其最左端面距圆柱中心距离为 45,长圆柱孔之间的距离为 20[图 4-74(g)];

(8)画出右侧水平阶梯圆柱筒的部分,其直径分别为 $\phi42$ 和 $\phi30$,其中大圆柱的高度为 14,其最右端面距圆柱中心距离为 65,圆柱孔的直径为 $\phi22$;画出 4 个螺纹孔,其大径为 $\phi5$,钻孔深度为 10,螺纹孔深度为 7;同时画出其局部视图,4 个螺纹孔的定位尺寸为 $\phi31$[见图 4-74(h)];

(9)画出底面方形圆柱槽的部分,圆柱槽的长、宽、高分别为 68、53、4[见图 4-74(i)];

(10)画出上面法兰盘的部分,倾斜的部分与竖直中心线成 65°,其高度为 117.1,其直径为 $\phi70$,其圆心与内孔圆心的距离为 4,其厚度为 7,其上的两个 U 形槽之间的距离为 49,U 形槽的半径为 $R5$,上面圆柱的外径为 $\phi50$,内孔的直径为 $\phi30$[见图 4-74(j)]。

(11)添加所有视图的铸造圆角和剖面线,然后移动局部视图到合适的位置并添加相应标注[见图 4-74(k)]。

(12)添加肋板,肋板的宽度为 7,肋板右侧斜线上端点距离右侧端面距离为 9[见图 4-74(l)]。

(13)添加所有的尺寸标注[见图 4-74(m)]。

(14)添加表面粗糙度[见图 4-74(n)]。

(15)添加文字技术要求、图框和标题栏等[见图 4-74(o)]。

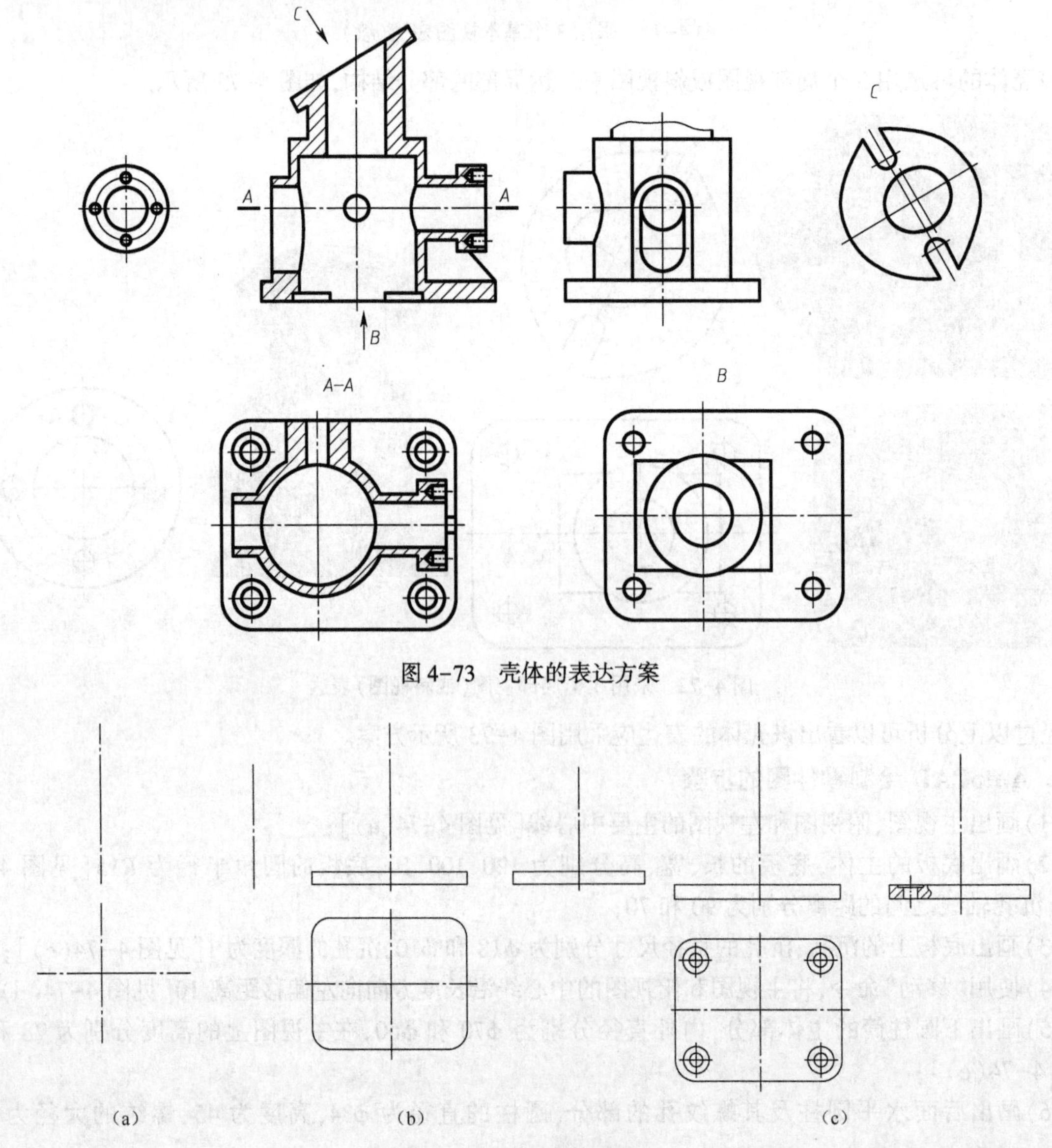

图 4-73　壳体的表达方案

图 4-74　绘制壳体零件图

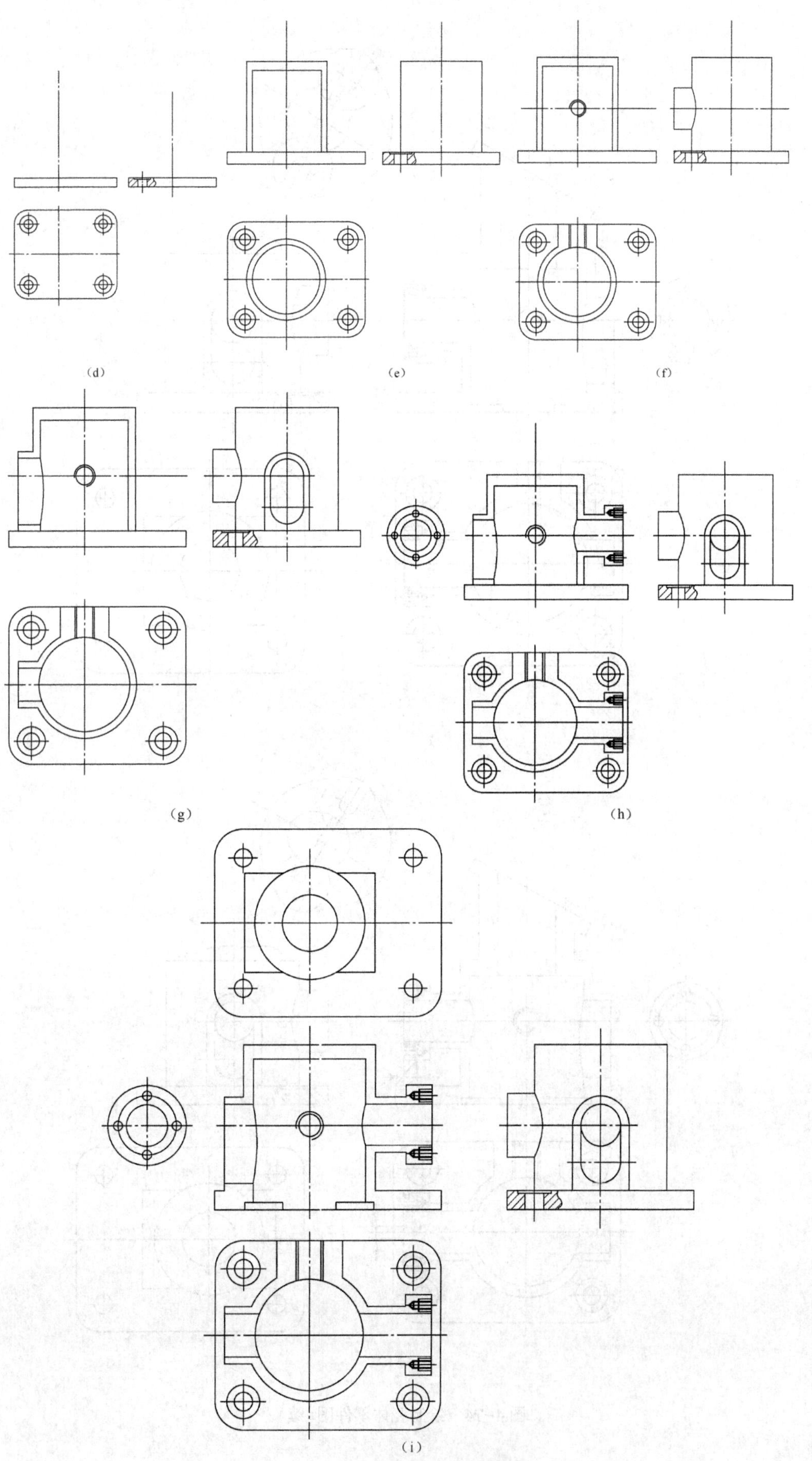

图 4-74　绘制壳体零件图(续)

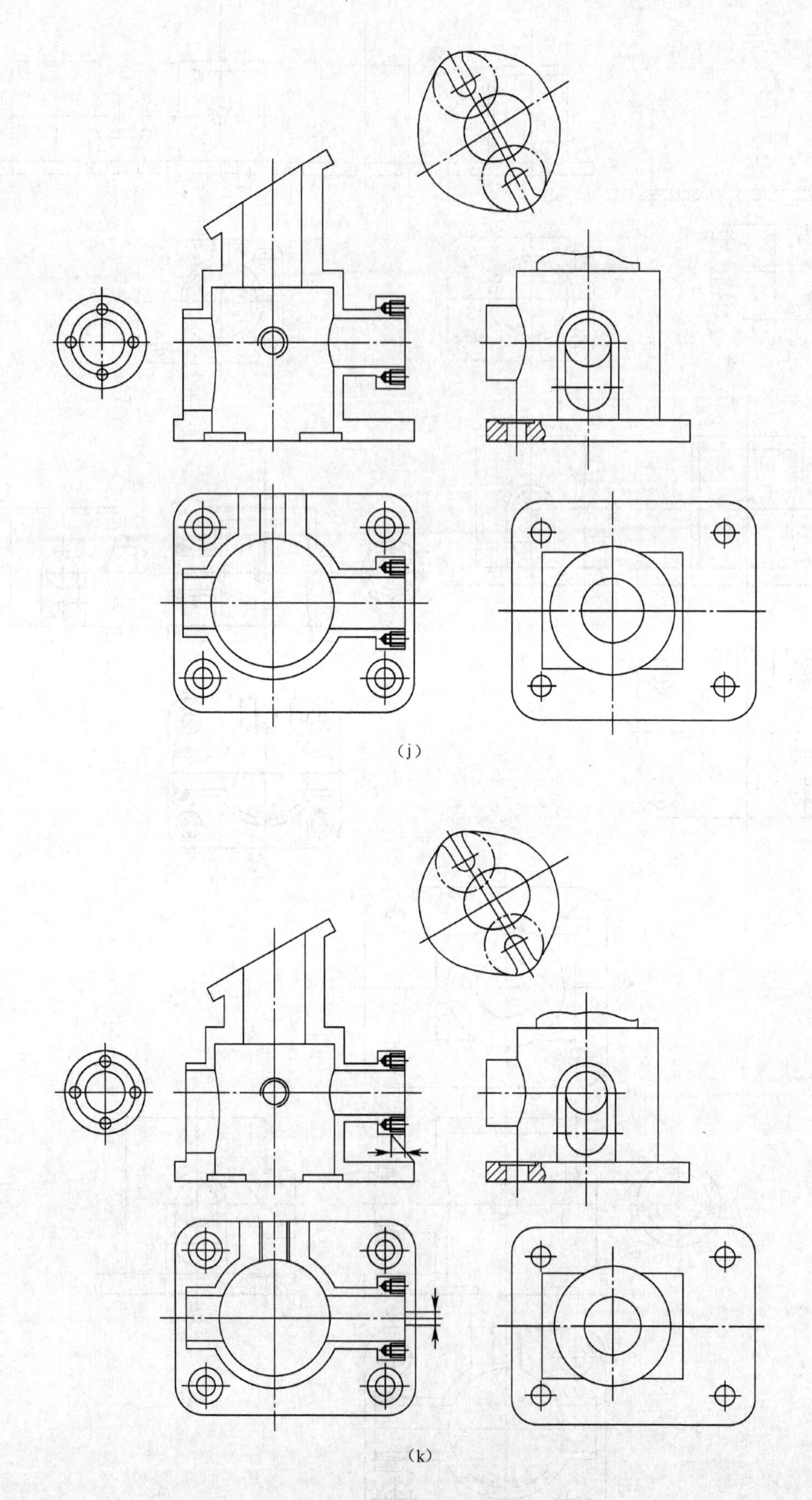

图 4-74　绘制壳体零件图(续)

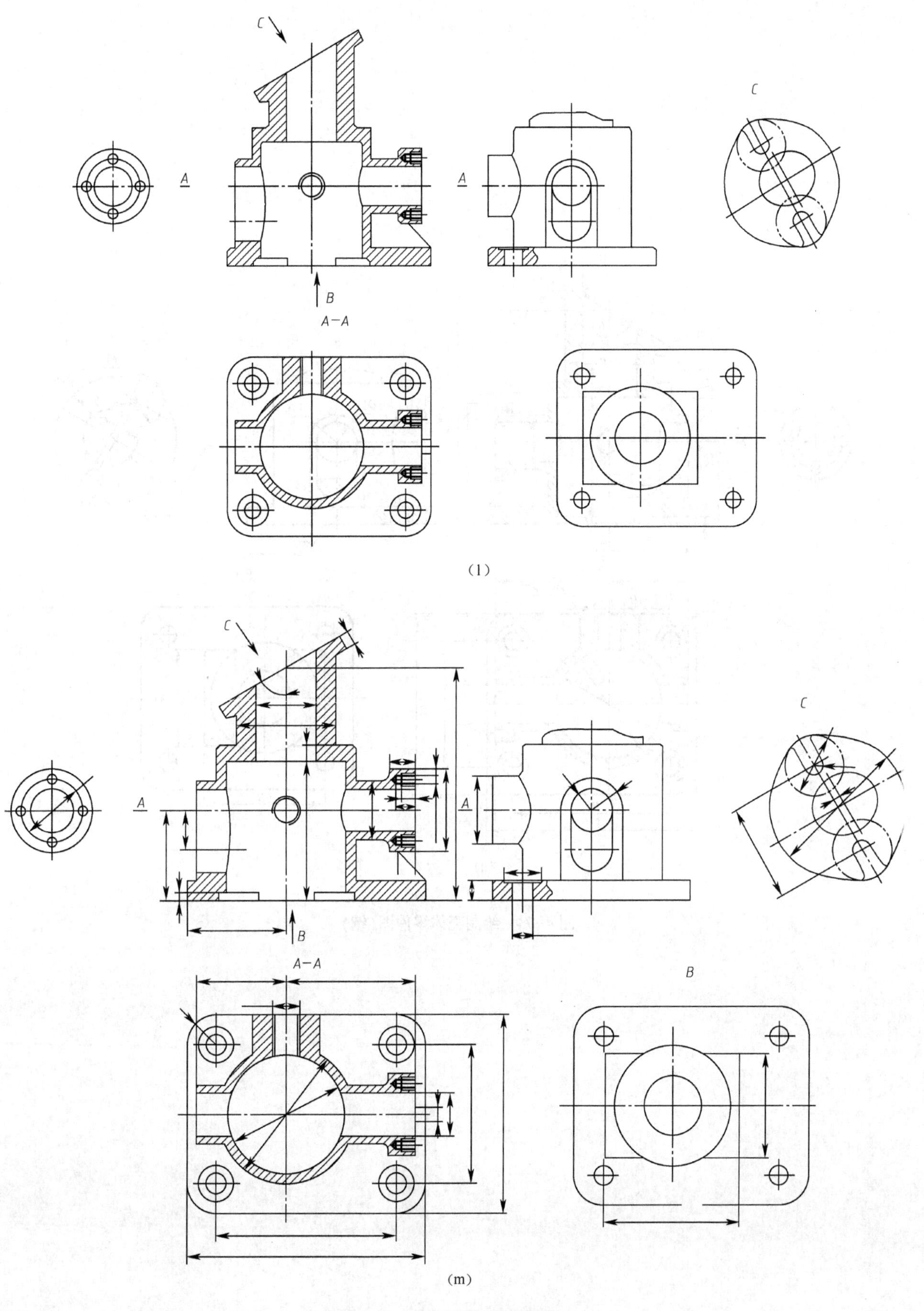

图 4-74　绘制壳体零件图(续)

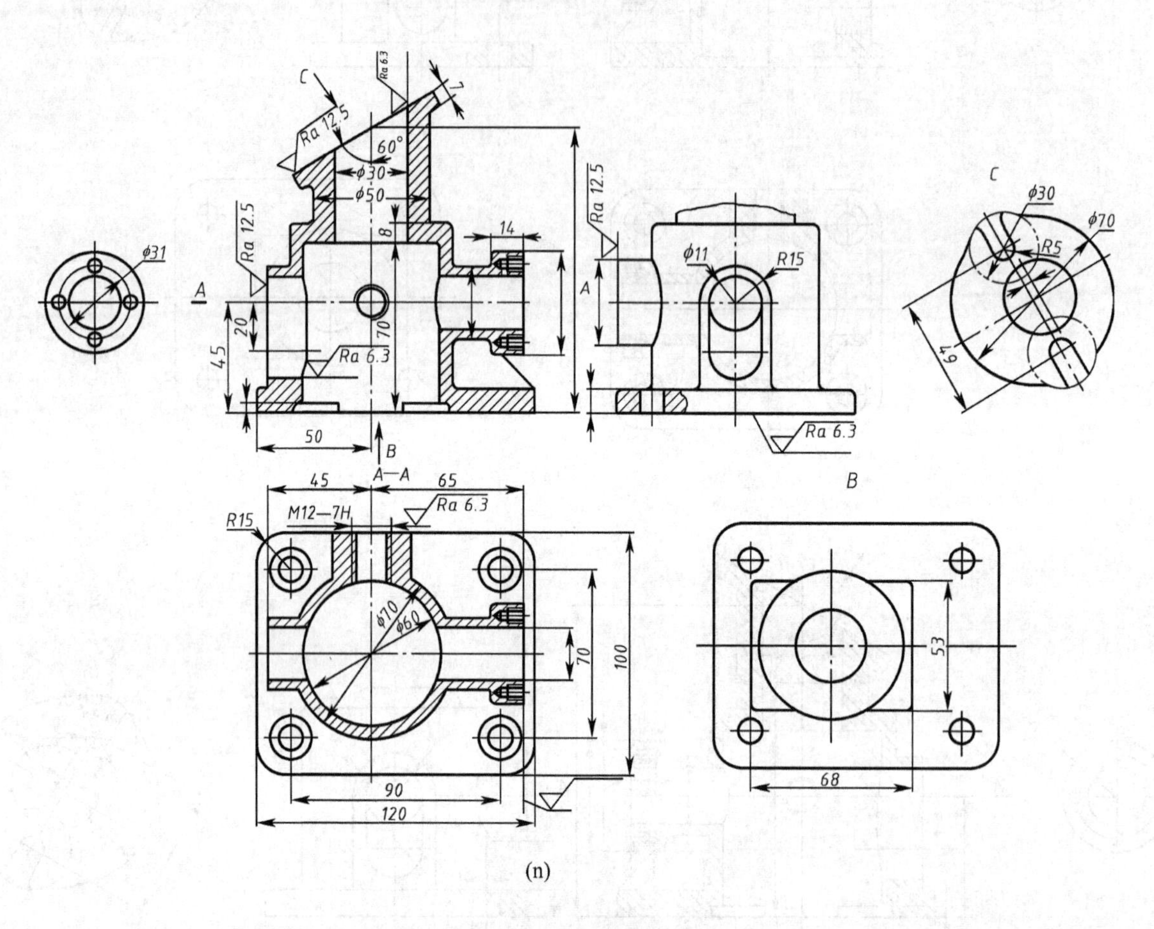

(n)

图 4-74　绘制壳体零件图(续)

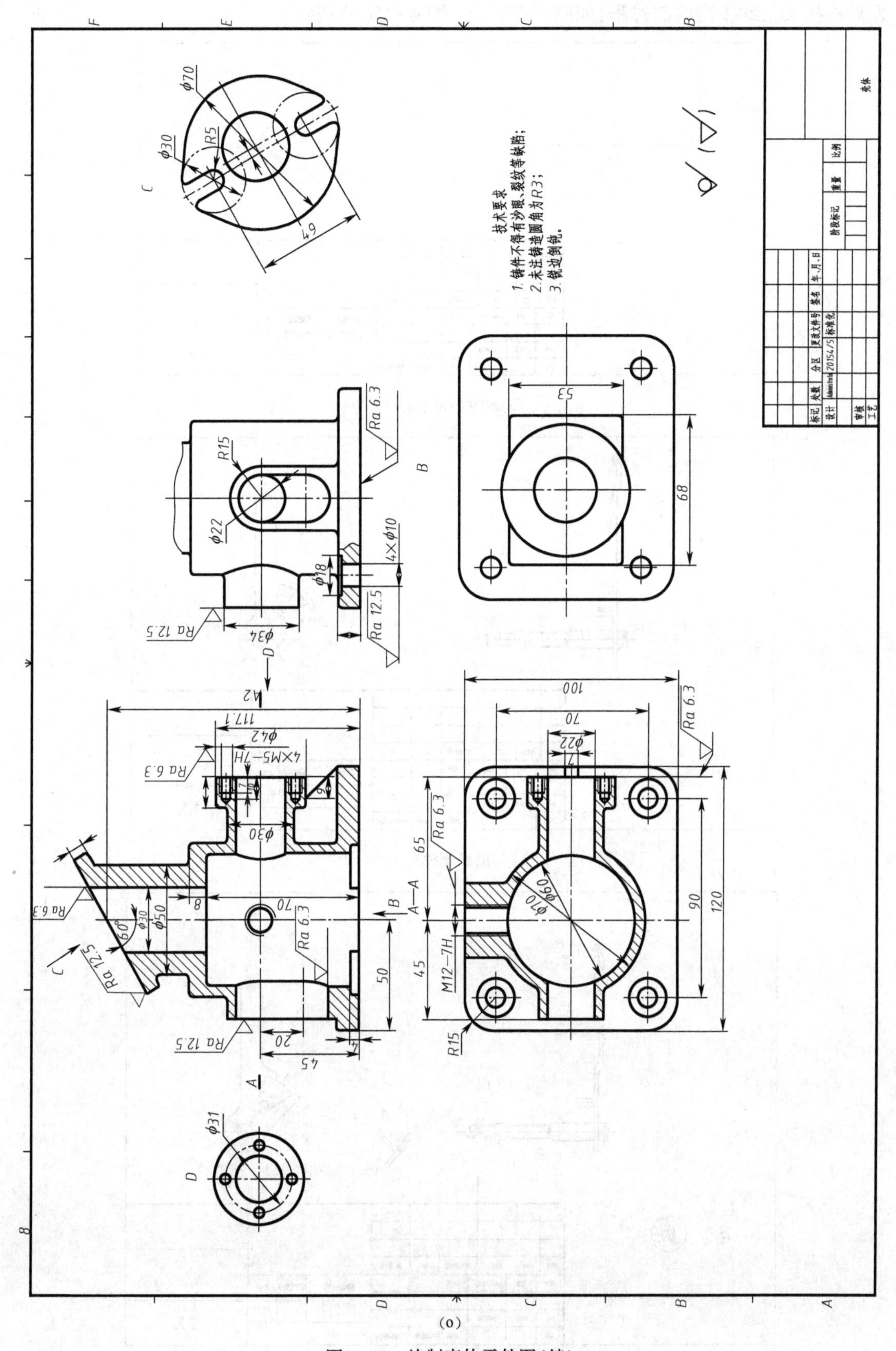

(o)

图 4-74　绘制壳体零件图(续)

案例 4-10　发动机拔叉

发动机拔叉二维视图绘制过程,如图 4-75(a)~图 4-75(d)所示。

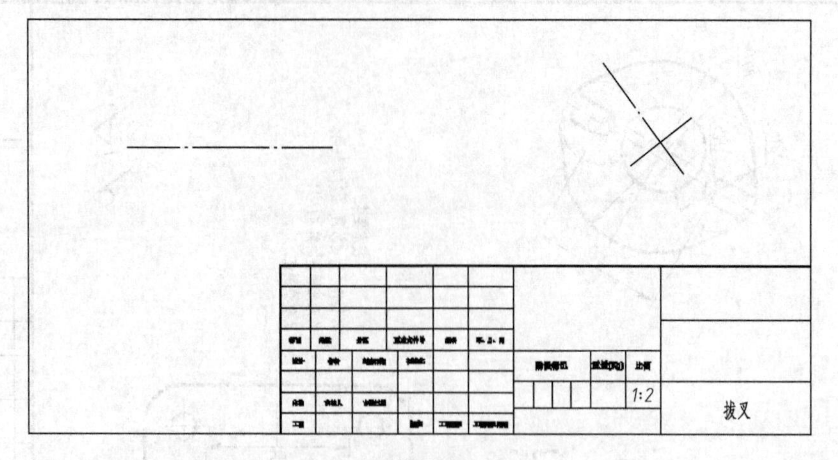

(a)绘制图框中心线

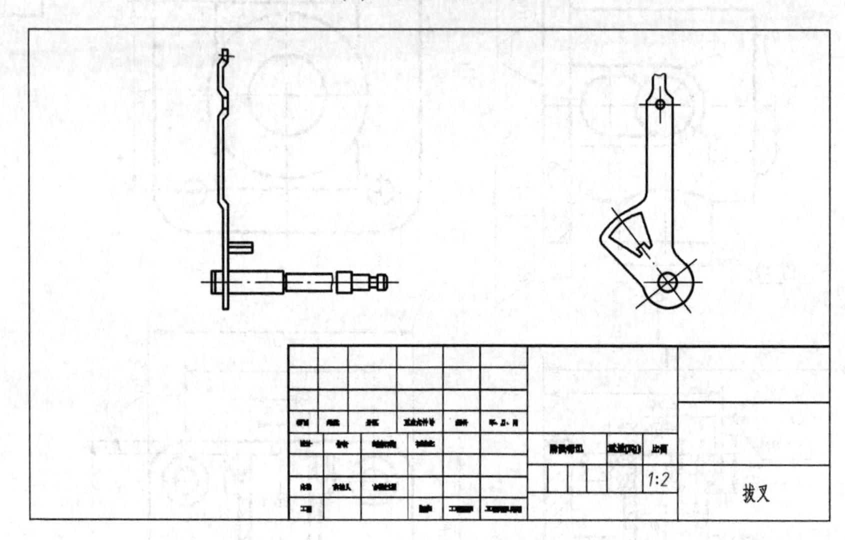

(b)绘制拔叉

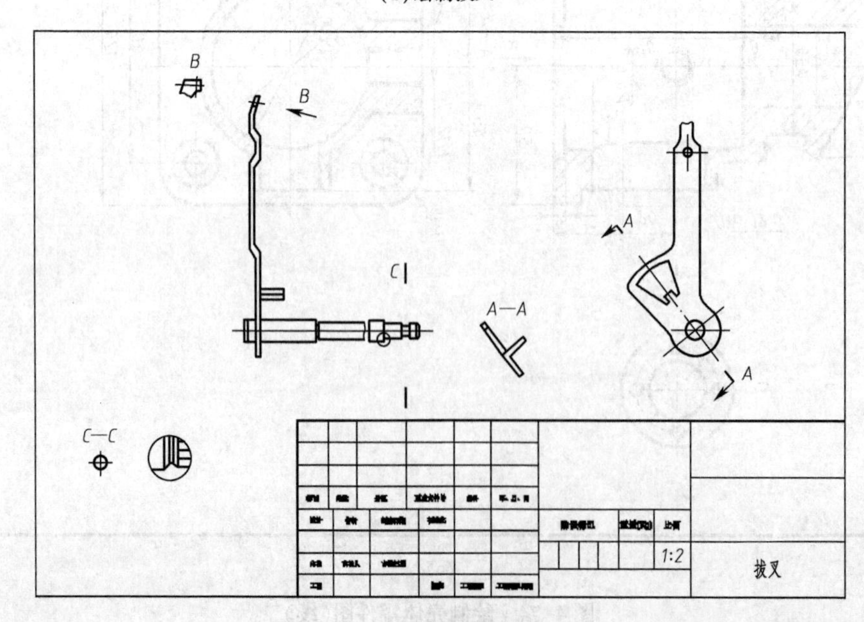

(c)绘制移出视图

图 4-75　拔叉绘制过程

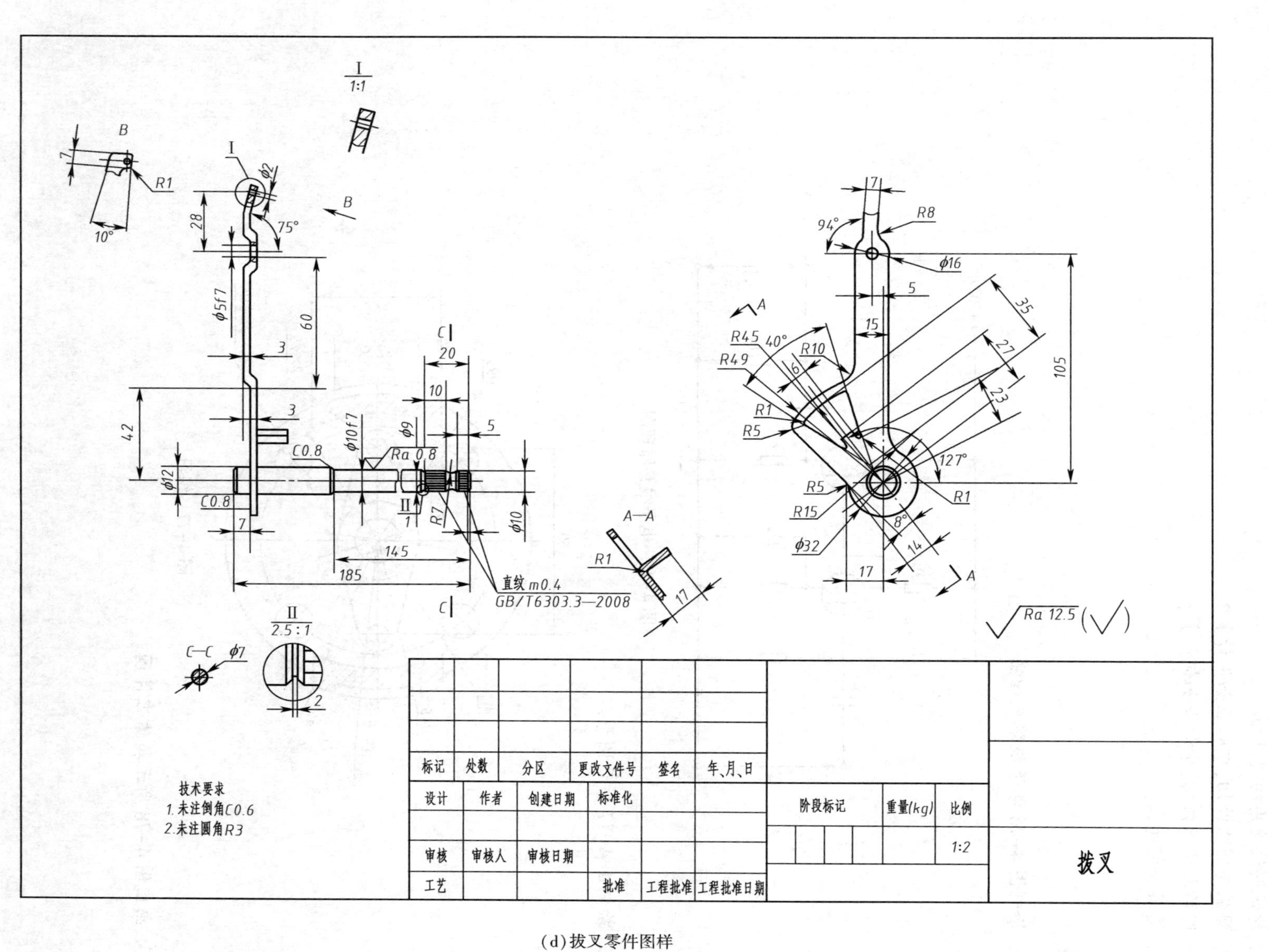

(d)拔叉零件图样

图 4-75　拔叉绘制过程(续)

思考题

1. 请说明块使用的规范。
2. 圆弧与圆弧外切，中心点如何计算？
3. 圆弧与圆弧内切，中心点如何计算？
4. 图层如何建立？

习题

1. 绘制图 4-76 电子线路原理图

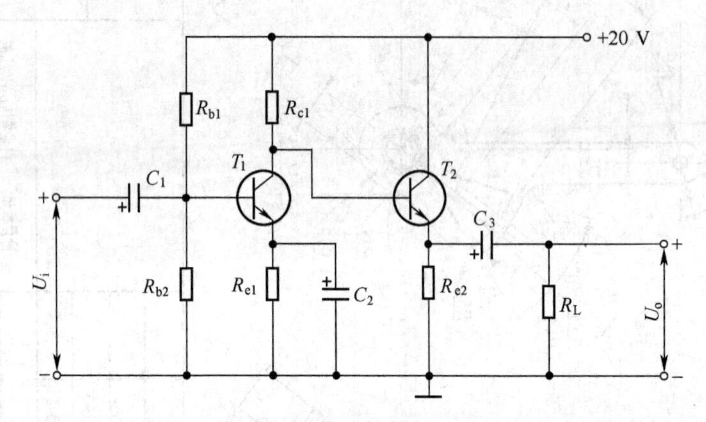

图 4-76　电子线路原理图

2. 绘制图 4-77 所示图形。

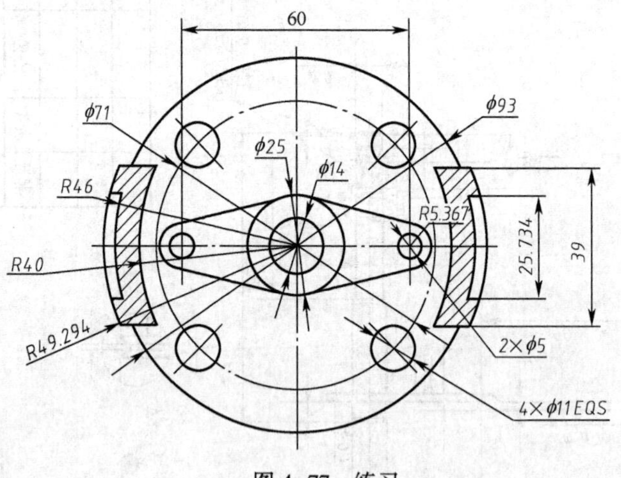

图 4-77　练习

3. 画出图 4-78 所示箱体零件图。

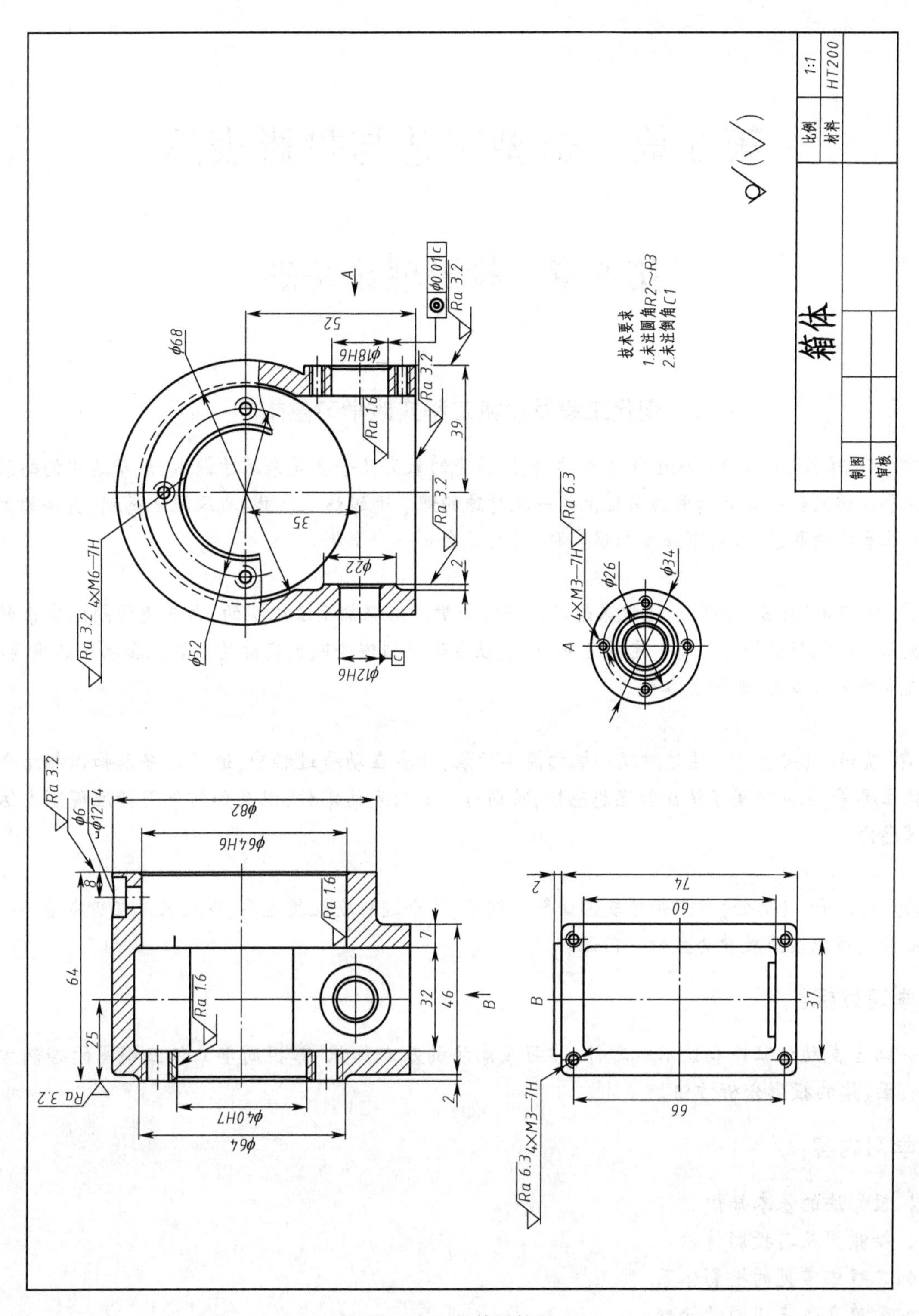

图 4-78　箱体零件图

参考文献

1. 全国技术产品文件标准化技术委员会,中国标准出版社第三编辑室.技术产品文件汇编:机械制图卷[M].北京:中国标准出版社,2009.

2. Solidworks2014 机械设计完全自学手册[M].北京:机械工业出版社,2015.

3. 郭迎.AutoCAD 2013 中文版实用教程[M].北京:清华大学出版社,2013.

第3篇　造型工艺与投影表达

第5章　投影理论基础

现代工程发动机工程实践学习感想

宋杰(机036班)　从小学到大学,我们接受的教育几乎全是来源于课本,然而这次的拆装实践给我这个以前只会一心只读书的书生上了一次特殊的课。通过这次实践,我深深地感到,当今的大学生如果不注重理论联系实际,不注重积累实践经验,就会是一个书橱。

张竣博(物流1502)　这堂课是以前任何一堂理论课都无法比拟的,由三视图想像出来的实物与直观真正的机器实物还是有一定的差距,这也让我认识到理论联系实际的重要性和动手的重要性,以后应该多拆多装多看,掌握真本领。

贾婷　(安全)　通过对发动机的简单拆装,让我在动手过程中,通过与书本知识相结合加上自己独立思考,充分提高了认识和思想感悟,特别对于如何表达零件,以及如何采用标准视图表达零件有较深感悟。

宋舒平　(冶金)　老师给我们讲解和演示,这个过程我收获最多,虽然只是在听在看……制图课程应该变成以实践教学为主的一门课程。

本章学习目标:

✧ 结合发动机零件和饮水机零件,学习投影法的基本知识,掌握简单立体三视图的绘制方法及点、线、面、体的投影分析方法。

本章学习内容:

✧ 投影法的基本知识
✧ 轴测图及其投影特性
✧ 工程中常见的投影体系
✧ 简单立体三视图的绘制
✧ 点、直线和平面的投影
✧ 基本立体的三视图
✧ 换面法的基本知识

实践教学研究:

✧ 参观实践教学基地,分析发动机气缸体零件特征,研究三视图的表达方案。
✧ 在生活中分析饮水机零件的形状特征,研究三视图的表达方案。

关键词：三视图　轴测图　六面投影体系

5.1 投影特性

5.1.1 概述

在金工实习时都会用到车床[见图 5-1(a)]，车床上的尾架如图 5-1(b)所示，它具有立体感，看上去尾架的外形很简单，那么究竟尾架内部是由什么组成的，怎样能够看清楚内部结构？观察车床尾架装配图 5-1(c)，从这张平面图中，能够清晰的看到内部装配结构，而且装配图的投影表达符合国家制图标准规范。下面我们学习有关投影的内容。

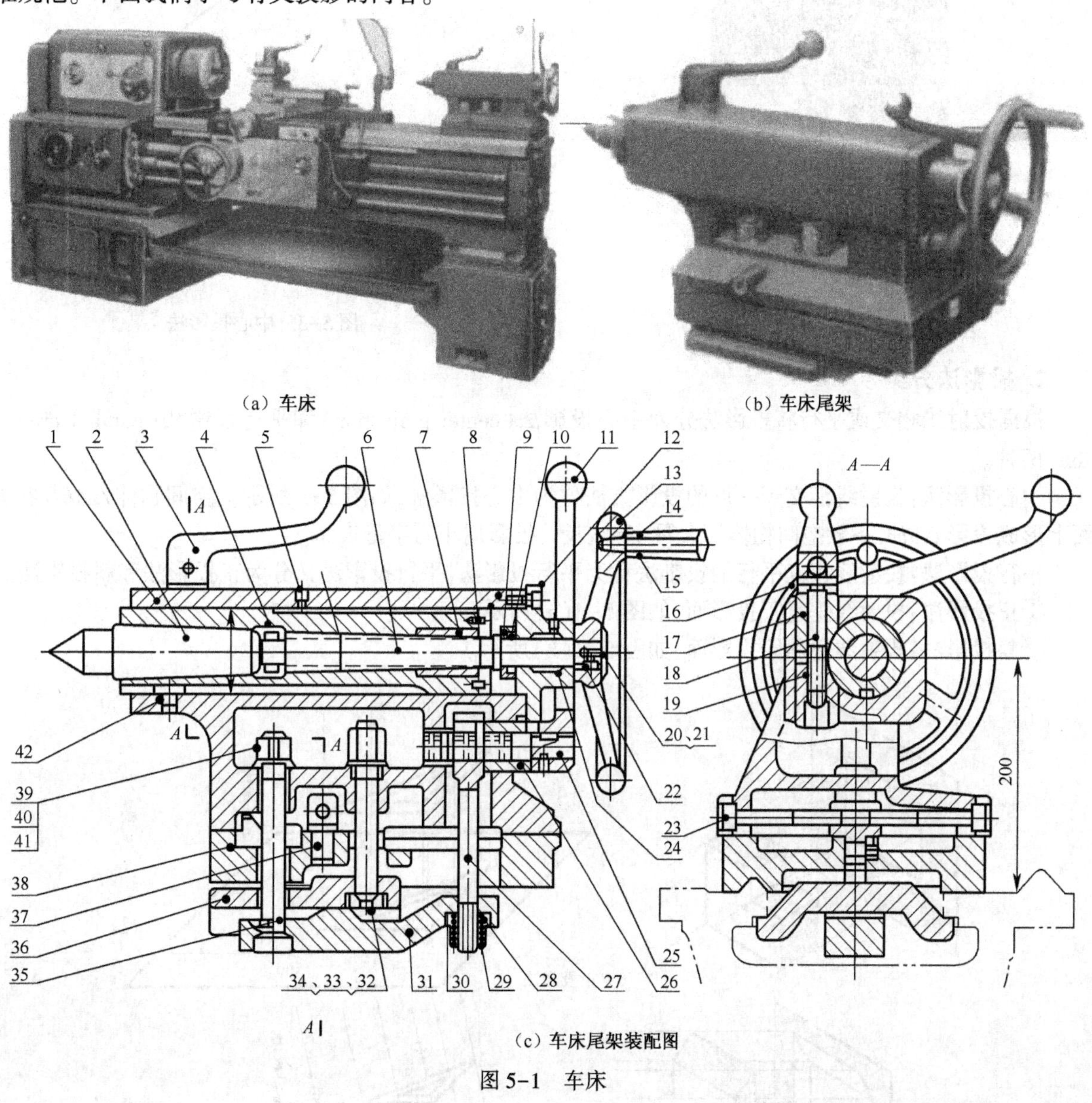

(a) 车床　　(b) 车床尾架

(c) 车床尾架装配图

图 5-1　车床

5.1.2 投影

自行车在太阳光照射下在地面上形成影子，这就是一种投影现象。太阳是光源，即投射中心，自行车是空间物体，大地是投影面，如图 5-2 所示。

投影的方法是从这一自然现象抽象出来的，并随着科学技术的发展而应用到机械工程、建筑工程等各类工程中。

1. 投影法的概念

国家标准 GB/T16948—1997 和国家标准 GB/T13361—2012 规定：投射线通过物体，向选定的投影面投射，并在该面上得到图形的方法称为投影法。

通常将光源抽象为投射中心，发自投射中心且通过物体上各点的直线称为投射线，投射线通过物体，向选定的平面投射，并在该面上得到图形的方法称为投影法。选定的平面称为成影面（投影面），投射所得到的图形称为投影，如图 5-3 所示。

工程上物体要形成投影需要三个条件：投射中心、空间物体、投影面，又称投影三要素。

图 5-2 投影

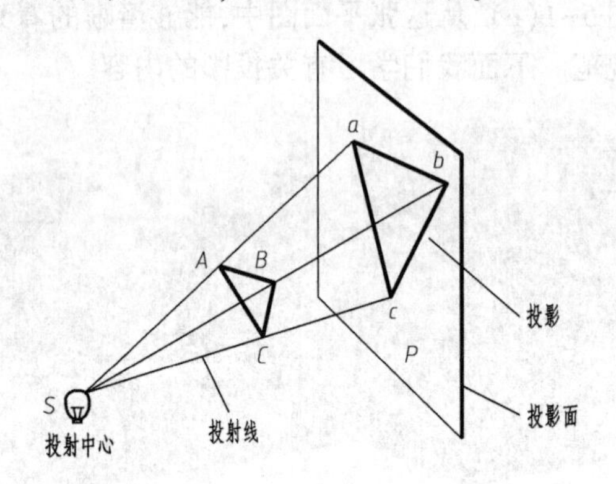

图 5-3 中心投影法

2. 投影法分类

根据投射线相交或平行将投影法分为中心投影法（center projection）和平行投影法（parallel projection）两种。

中心投影法：投射线汇交于一点的投影方法称为中心投影法，如图 5-3 所示。空间物体△*ABC* 在 *P* 面上形成投影△*abc*，一般空间物体用大写字母表示，投影用小写字母表示。

平行投影法：投射线相互平行的投影法称为平行投影法，平行投影法又分为正投影法和斜投影法。

①正投影法：投射线垂直于投影面，如图 5-4（a）所示。

②斜投影法：投射线倾斜于投影面，如图 5-4（b）所示。

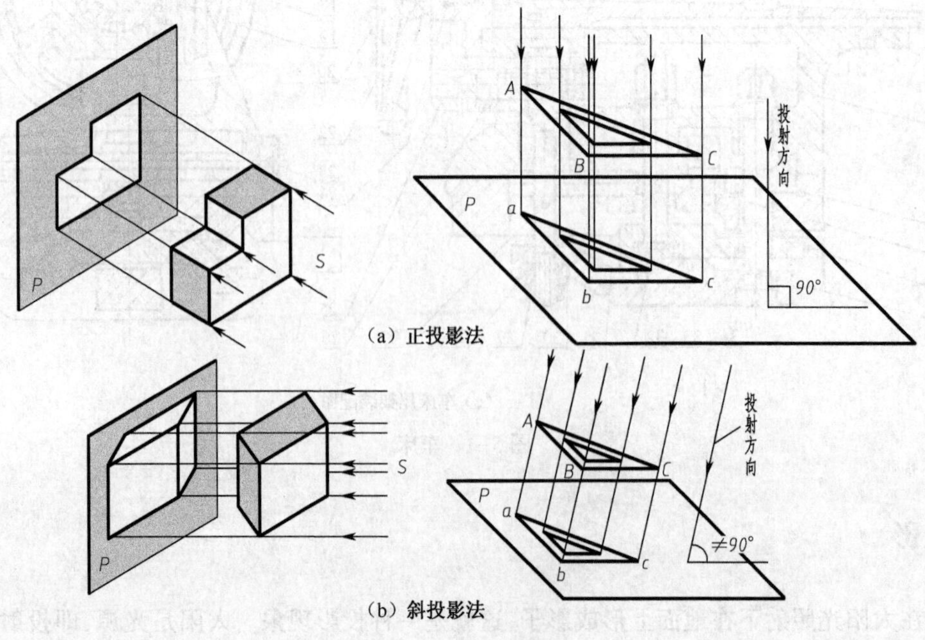

图 5-4 平行投影法

3. 平行投影法的主要投影特性

物体由点线面组成,物体在投影面上的投影,就是这些点、线、面投影的组合,平行投影法的主要投影特性如表 5-1 所示。

表 5-1　平行投影法的主要投影特性

性质	图　　例	性质	图　　例
实形性		积聚性	
投影特性	当平面图形或直线平行于投影面时,其投影反映实形或实长	投影特性	当直线、平面或曲面垂直于投影面时,其投影分别积聚为点、直线或曲线
类似性		平行性	
投影特性	当平面图形或直线倾斜于投影面时,其平面图形的投影成类似形;线段的投影长度比实长短	投影特性	空间相互平行的直线,其同面投影一定平行;空间相互平行的平面,其积聚性投影一定平行
定比性		投影特性	直线上的点分割线段成一定的比例,则点的投影也将线段的投影分割成相同的比例。$AE:EB=ae:eb$
从属性			属于直线的点,或平面上的直线或点,其投影仍在该直线或该平面的投影上

5.1.3　工程中常用的投影图

我们常坐的动车如图 5-5(a)所示,其内部空间应用布置示意图如图 5-5(b)所示。这种示意图是工程中常用的一种空间布局视图表达法。

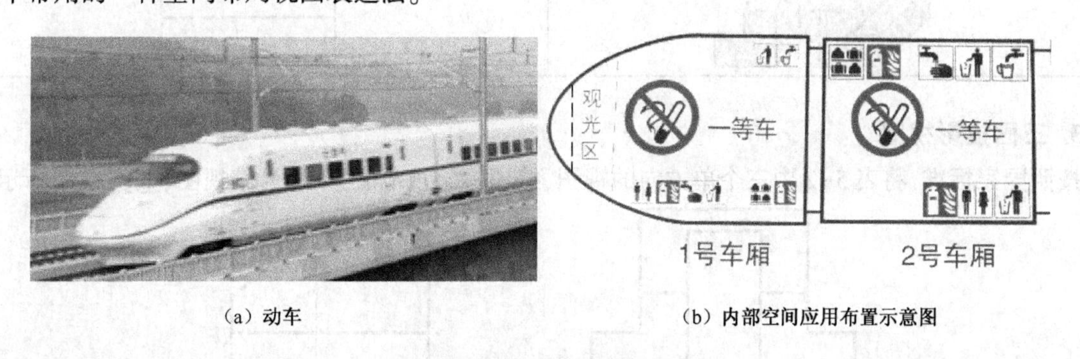

(a) 动车　　(b) 内部空间应用布置示意图

图 5-5　动车示意图

由于各种投影法有各自的特点,通常适用于不同的工程图样,常用的投影图有轴测图、多面投影图和透视图。

1. 轴测图

图 5-6 所示为一种从简单到复杂的物件的平面投影,但却具有立体感,这种视图称为轴测图。轴测图是一种采用平行投影法,能同时反映物体三维空间形状的单面投影图。轴测图特点富有立体感,但

度量性差，作图过程较烦琐，因此，在工程应用中一般作为辅助图样，用来表达机件的结构。

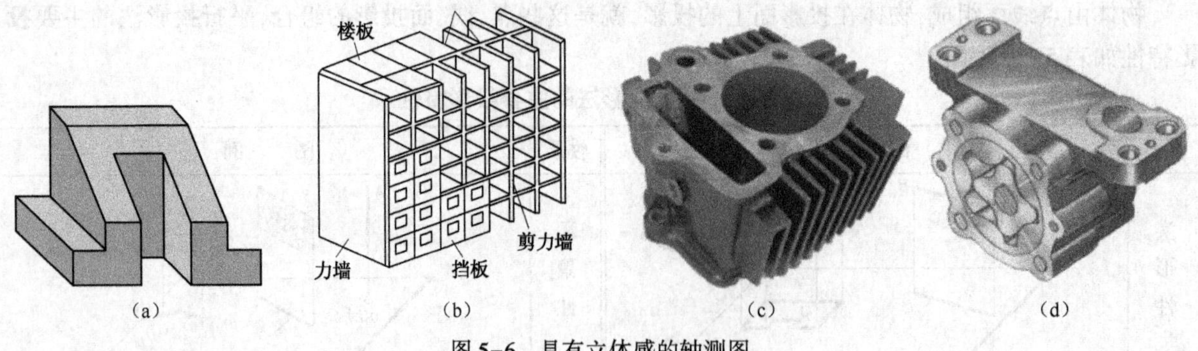

图 5-6　具有立体感的轴测图

2. 单面视图

利用正投影的方法，从一个方向来投射视图，得到的视图称为单面视图，图 5-6(a)所示物体的单面视图见表 5-2。

表 5-2　单面视图

单个方向投射	单面视图
	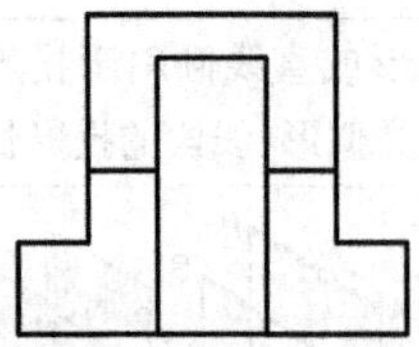
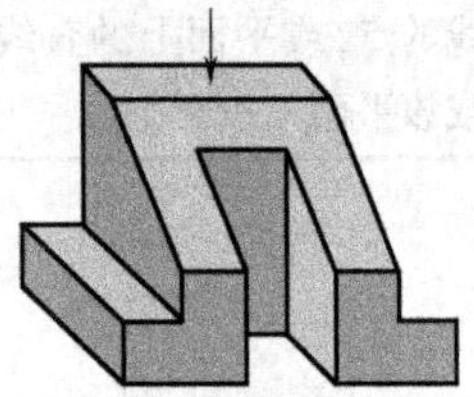	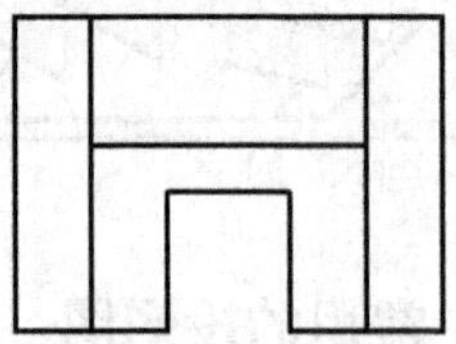
	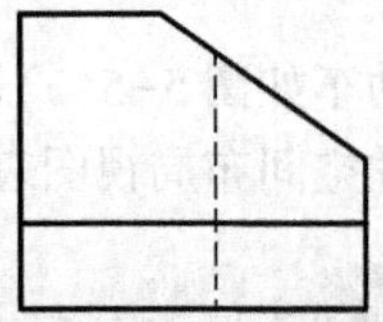

3. 三面投影视图

按照国家标准，将表 5-2 中三个单方向的视图，按照一定规范放置，称为三视图，如图 5-7 所示。

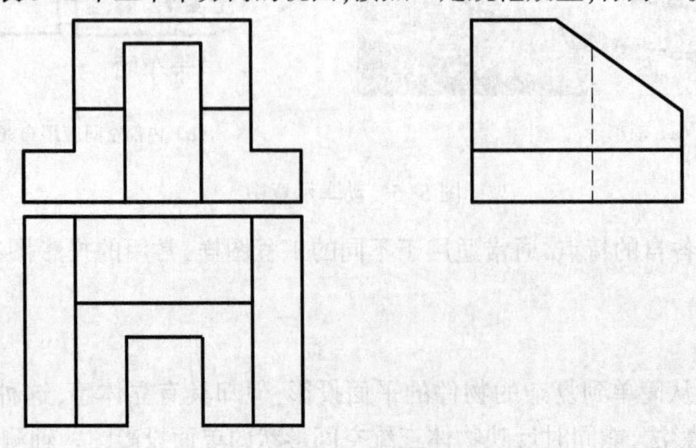

图 5-7　三视图

4. 六面基本视图

空间六个方位，上、下、左、右、前、后，从这六个方位进行投射，得到物体的六个单面投影图。

摩托车发动机气缸体如图 5-6(c)所示，其形状复杂，只用单面视图，或三视图很难表达清楚，从空间上、下、左、右、前、后六个方向进行投射得到的视图可以清楚的看到六面的形状，如图 5-8(a)、(b)、(c)所示。这六个单面投影视图按照国家标准放置，称为六面投影视图。

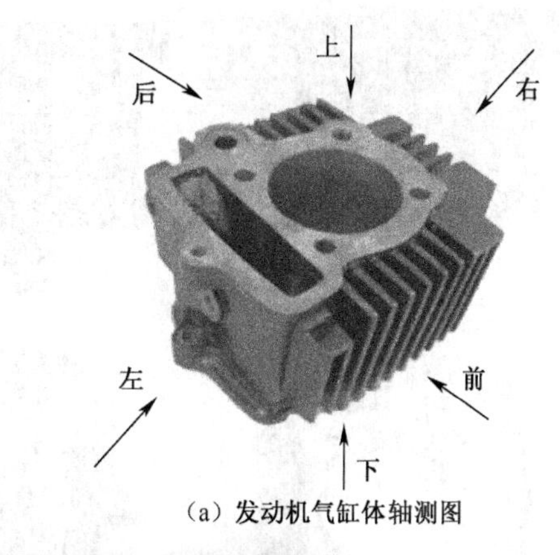

(a) 发动机气缸体轴测图

主视图
从前往后投射

左视图
从左往右投射

俯视图
从左往右投射

(b) 气缸体三视图

右视图
从右往左投射

后视图
从后往前投射

仰视图
从下往上投射

(c) 气缸体其他三个单面投影

图 5-8 发动机气缸体

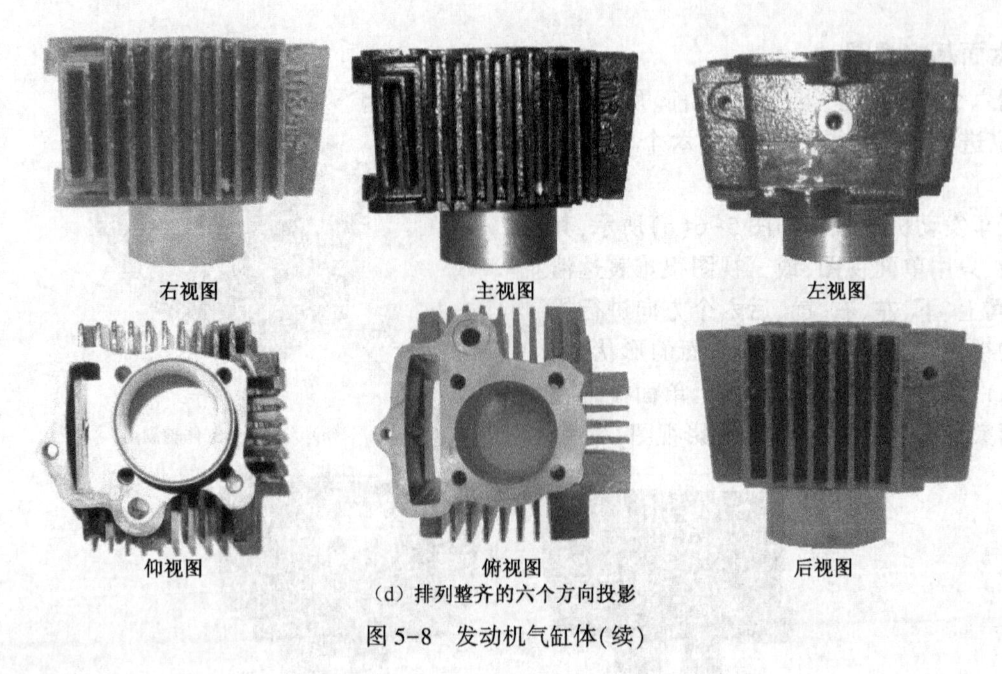

（d）排列整齐的六个方向投影

图 5-8　发动机气缸体(续)

5. 透视图

采用中心投影法绘制得到的图 5-9(a)所示的具有立体感的视图称为透视图,其特点是度量性较差,但它与人的视觉相符,立体感较强,适用于建筑物等外观效果的设计、艺术设计以及计算机仿真技术。

根据画面对物体的长宽高三个方向的轮廓线的相对关系,可将透视图分为一点透视[见图 5-9(b)],两点透视,三点透视。这里不再详细阐述。

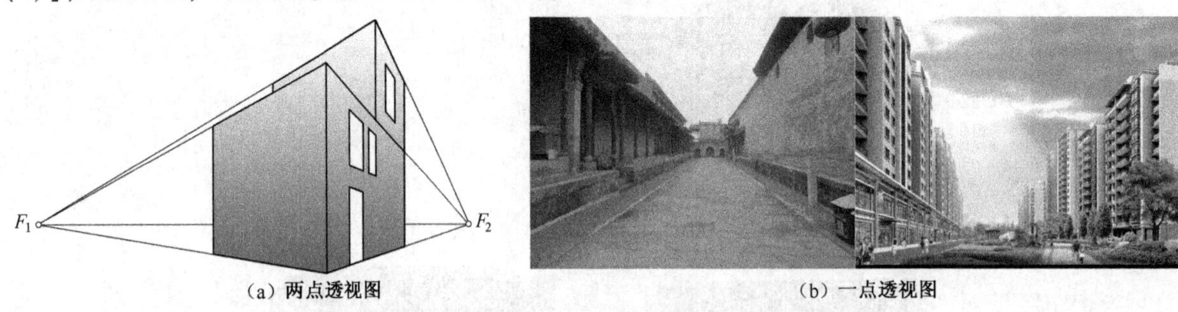

（a）两点透视图　（b）一点透视图

图 5-9　透视图

5.2　轴　测　图

5.2.1　轴测图的特性

1. 轴测图的形成

将空间物体连同其参考直角坐标系,沿不平行于任一坐标平面的方向,用平行投影法将其投射在单一投影面上,所得到具有立体感的图形,称为轴测投影图,简称轴测图,如图 5-10 所示。轴测图能同时反映物体三个方向的形状,并可沿坐标轴方向按比例进行度量。图 5-10(a)为物体的多面正投影图和正轴测图;图 5-10(b)为手压阀轴测分解图。

2. 轴测轴与轴间角

投影面 P 称为轴测投影面,如图 5-10(a)所示;投射方向 S 称为轴测投射方向;空间直角坐标轴 OX、OY、OZ 在轴测投影面上的投影 O_1X_1、O_1Y_1、O_1Z_1 称为轴测投影轴,简称轴测轴。

在轴测投影中,任意两根直角坐标轴在轴测投影面上的投影之间的夹角称为轴间角,即轴测轴之间

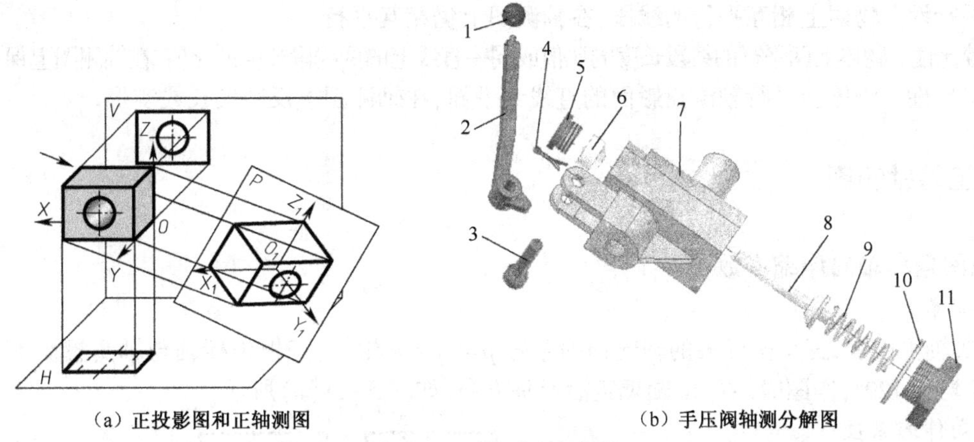

（a）正投影图和正轴测图　　（b）手压阀轴测分解图

图 5-10　轴测图的形成

1—球头；2—手柄；3—螺栓；4—销钉；5—螺塞；6—填料；7—阀体；8—阀杆；9—弹簧；10—胶垫；11—调节螺母

的夹角$\angle X_1O_1Y_1$、$\angle X_1O_1Z_1$、$\angle Y_1O_1Z_1$，三个轴间角之和为 360°。

3. 轴向伸缩系数

轴测轴上的单位长度与相应空间直角坐标轴上的单位长度之比称为轴向伸缩系数，X、Y、Z 三个轴的轴向伸缩系数分别用 p、q、r 表示。

4. 轴测图的种类

按轴测投射方向与轴测投影面处于垂直或倾斜位置的不同，轴测图可以分为正轴测图和斜轴测图两类。根据轴向伸缩系数不同；每类轴测图又可分为三种。

（1）正轴测投影（投射方向垂直轴测投影面）

a. 正等轴测投影（简称正等测）：轴向伸缩系数 $p=q=r$。

b. 正二等轴测投影（简称正二测）：轴向伸缩系数 $p=r\neq q$。

c. 正三测轴测投影（简称正三测）：轴向伸缩系数 $p\neq q\neq r$。

（2）斜轴测投影（投射方向倾斜于轴测投影面）

a. 斜等轴测投影（简称斜等测）：轴向伸缩系数 $p=q=r$。

b. 斜二等轴测投影（简称斜二测）：轴向伸缩系数 $p=r\neq q$。

c. 斜三测轴测投影（简称斜三测）：轴向伸缩系数 $p\neq q\neq r$。

一般采用下列三种轴测图，如图 5-11 所示。

（1）正等轴测图　投射方向 S 垂直于投影面 P，$p=r=q$，简称正等测，如图 5-11（a）所示。

（2）正二等轴测图　投射方向 S 垂直于投影面 P，$p=r=2q$，简称正二测，如图 5-11（b）所示。

（3）斜二等轴测图　投射方向 S 倾斜于投影面 P，$p=r=2q$，简称斜二测，如图 5-11（c）所示。

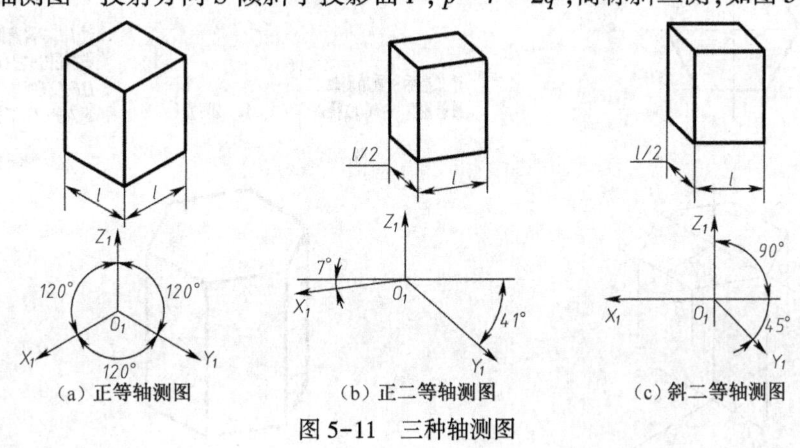

（a）正等轴测图　（b）正二等轴测图　（c）斜二等轴测图

图 5-11　三种轴测图

5. 轴测图的投影特性

轴测图是由平行投影法投射得到的，因此，它具有平行投影法的投影特性平行性、等比性、实形性。

(1)平行性。物体上相互平行的线段,在轴测图上仍相互平行。

(2)等比性。物体上两平行的线段长度的比值或同一直线上的两线段长度的比值,在轴测图上保持不变。

(3)实形性。物体上平行轴测投影面的直线或平面,在轴测图上反映实长或实形。

5.2.2 正等轴测图

1. 轴间角和轴向伸缩系数

1)轴间角

在正等轴测图中,三个坐标轴的轴向伸缩系数 $p=q=r$ 相等,三根坐标轴与轴测投影面的倾角相同,轴间角均为120°,作图时,O_1Z_1 轴规定沿铅垂方向,如图5-11(a)所示。

2)轴向伸缩系数

正等轴测图的三个轴向伸缩系数相等,根据计算,约为0.82,为简化作图,一般将轴向伸缩系数简化为1,即 $p=q=r=1$ 称为简化伸缩系数,这样绘出的正等测图,相当于三个轴向的尺寸都大约放大 $1/0.82\approx1.22$ 倍,但物体的形状并无改变。同一立体的正投影图和正等轴测图,如图5-12所示。

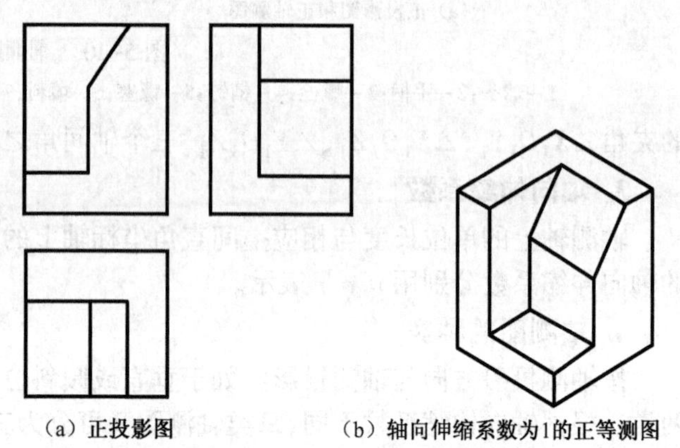
(a)正投影图　(b)轴向伸缩系数为1的正等测图

图5-12　立体的正等测图

2. 正等轴测图的画法

正等轴测图的画法一般分为坐标法和切割法。

坐标法的作图方法为,根据物体的特征,选定坐标轴,然后根据坐标轴绘出物体各顶点,再连接各点而形成物体的轴测图。物体的不可见轮廓线(虚线)一般不必画出,下面举例说明作图步骤。

例5-1　绘出图5-13(a)所示的正六棱柱的正等轴测图。

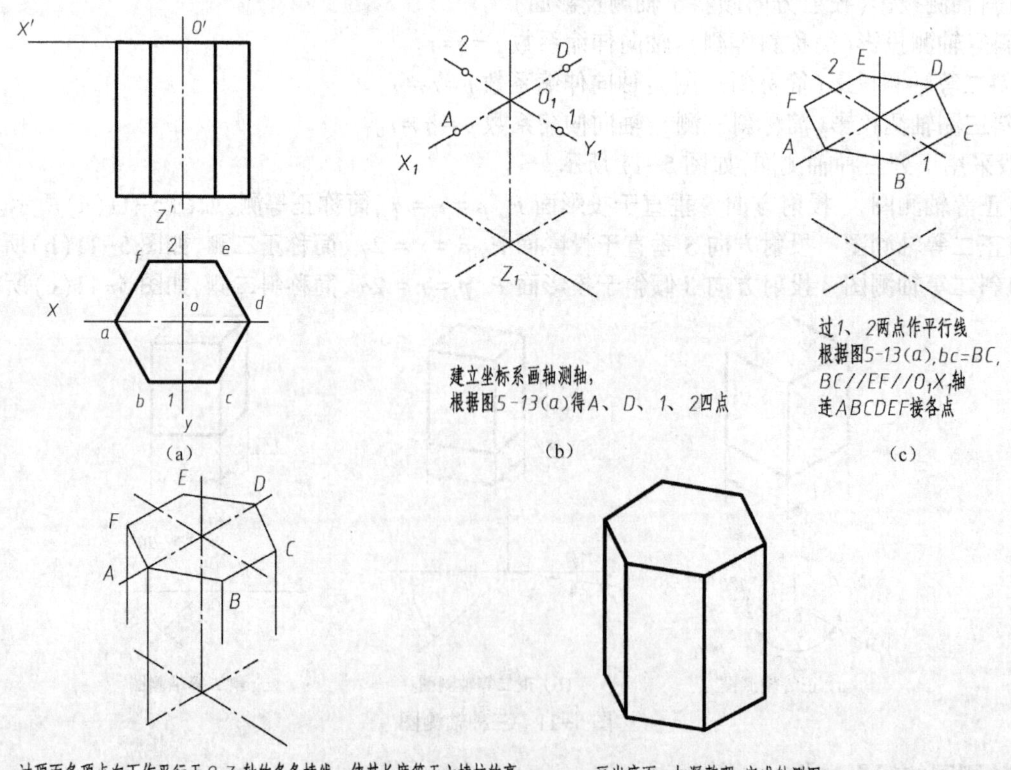

(a)　(b)　(c)　(d)　(e)

图5-13　六棱柱正等轴测图的画图步骤

作图步骤如图 5-13 所示。

对于由长方体切割形成的平面立体,可用坐标法先画出完整长方体的轴测图,然后用切割法画出它的切去部分。切割法作图步骤如下:

例 5-2 绘出图 5-14(a)所示物体的正等轴测图。

图 5-14(a)所示物体的正等轴测图作图步骤如图 5-14 所示。

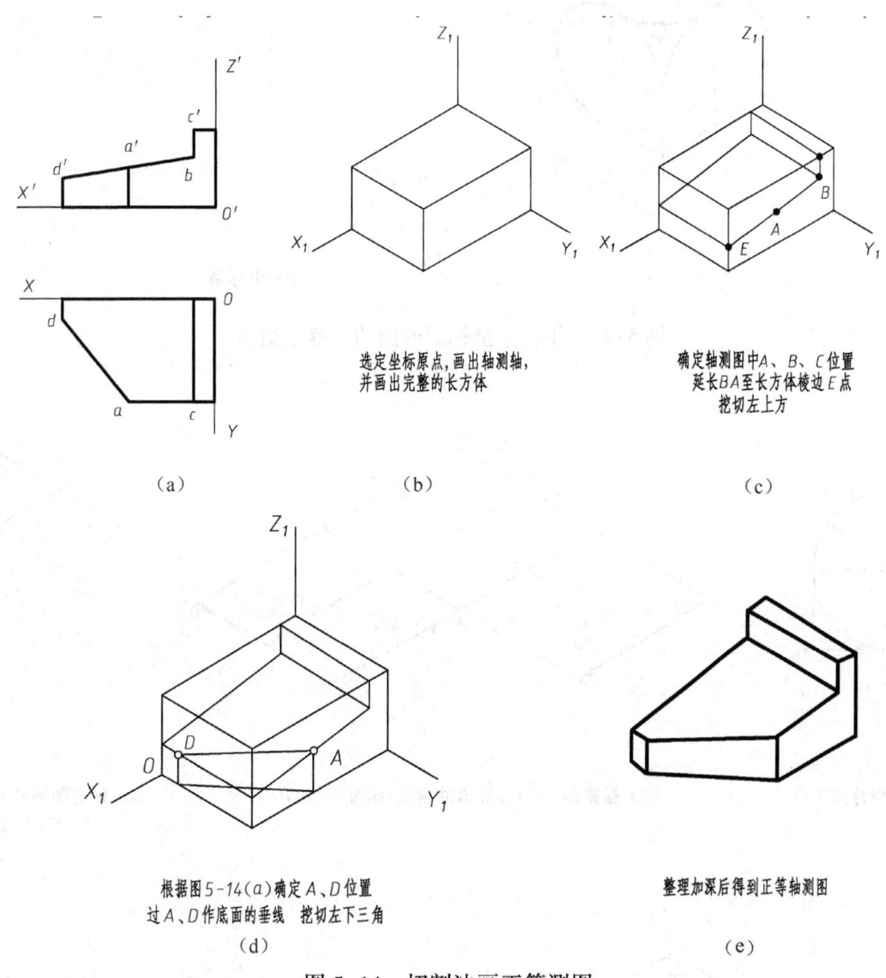

图 5-14 切割法画正等测图

5.2.3 回转体正等轴测图的画法

1. 平行于坐标面的圆的正等轴测投影

从正等轴测图的形成原理可知,平行于坐标面的圆的正等轴测投影是椭圆。图 5-15 所示为立方体平行于坐标面的各表面上的内切圆的正等轴测投影(按 $p=q=r=1$ 作图)。从图中可以看出:

(1) 三个平行于坐标面上圆的正等轴测图为椭圆,其形状、大小完全相同,但方向各不相同。

(2) 各椭圆的长轴方向与菱形(圆的外切正方形的轴测投影)的长对角线重合,与该坐标平面相垂直的轴测轴垂直;短轴方向与菱形的短对角线重合,与该坐标平面相垂直的轴测轴平行。

(3)按简化轴向伸缩系数作图,椭圆的长轴为 1.22d,短轴为 0.7d,如图 5-15 所示。

2. 正等测椭圆的近似画法

为简化作图,椭圆常采用四段圆弧连接的近似画法。由于这四段圆弧的四个圆心是根据椭圆的外切菱形求得的,因此这种近似画法也叫菱形四心法。如图 5-16 所示,以平行于 $X_1O_1Y_1$ 坐标面的圆的正等测投影为例,说明这种近似画法。

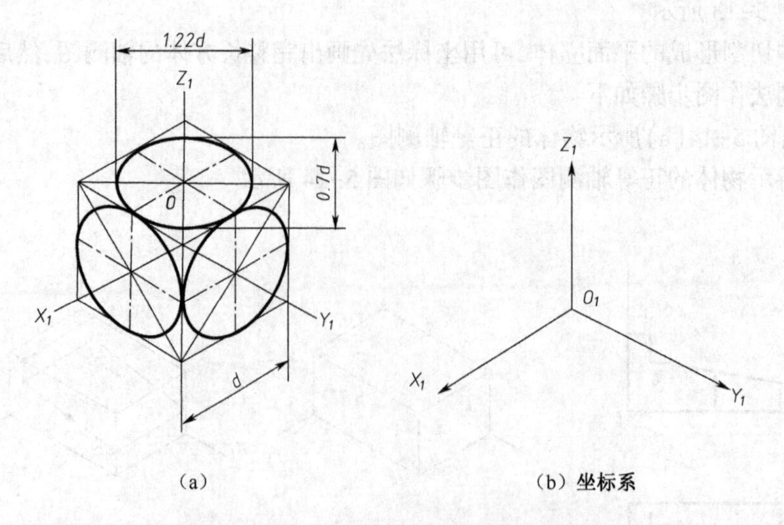

（a）　（b）坐标系

图 5-15　平行于坐标面的圆的正等轴测图

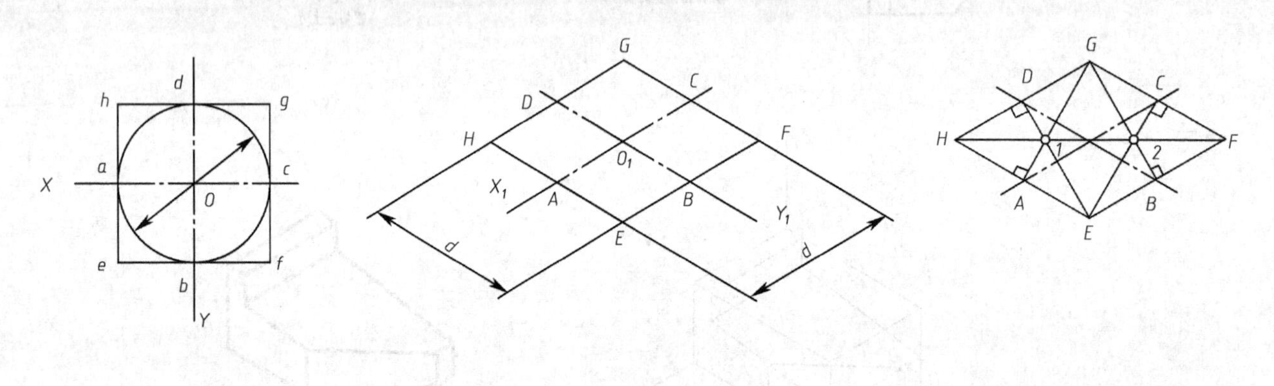

（a）建立坐标系　（b）根据图 5-16（a），画轴测轴 画菱形 $EFGH$　（c）确定四圆心 $ED \perp GH$、$EC \perp GF$ E、G、1、2 即为四个圆心

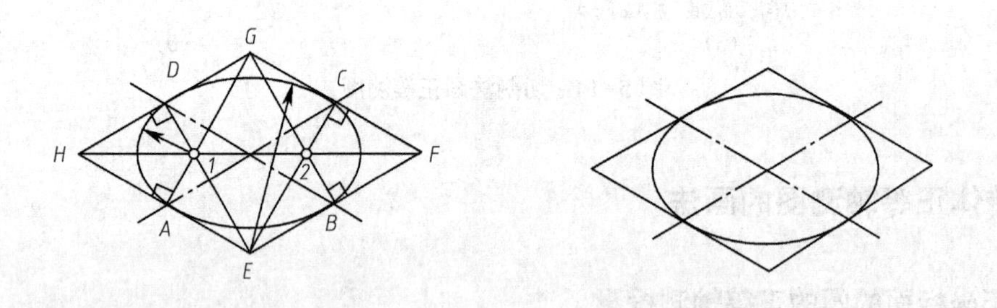

（d）画椭圆弧以 1、2、E、G 为圆心　（e）完成作图，加深整理后得圆的正等轴测图

图 5-16　用菱形四心法画平行于坐标面的圆的正等测投影

3. 截切圆柱体正等轴测图的画法

例 5-3　已知图 5-17(a)所示截切圆柱体，试绘制正等轴测图。

依据正等测椭圆的近似画法，作图步骤如图 5-17(b)～(e)所示。

4. 圆角的正等轴测投影的画法

例 5-4　已知图 5-18(a)所示为底板的正面投影和水平投影，试绘制正等轴测图。

底板圆角相当于四分之一整圆，根据椭圆的近似画法，可以看出：菱形的钝角与大圆弧相对，锐角与小圆弧相对，作图步骤如图 5-18(b)～(e)所示。

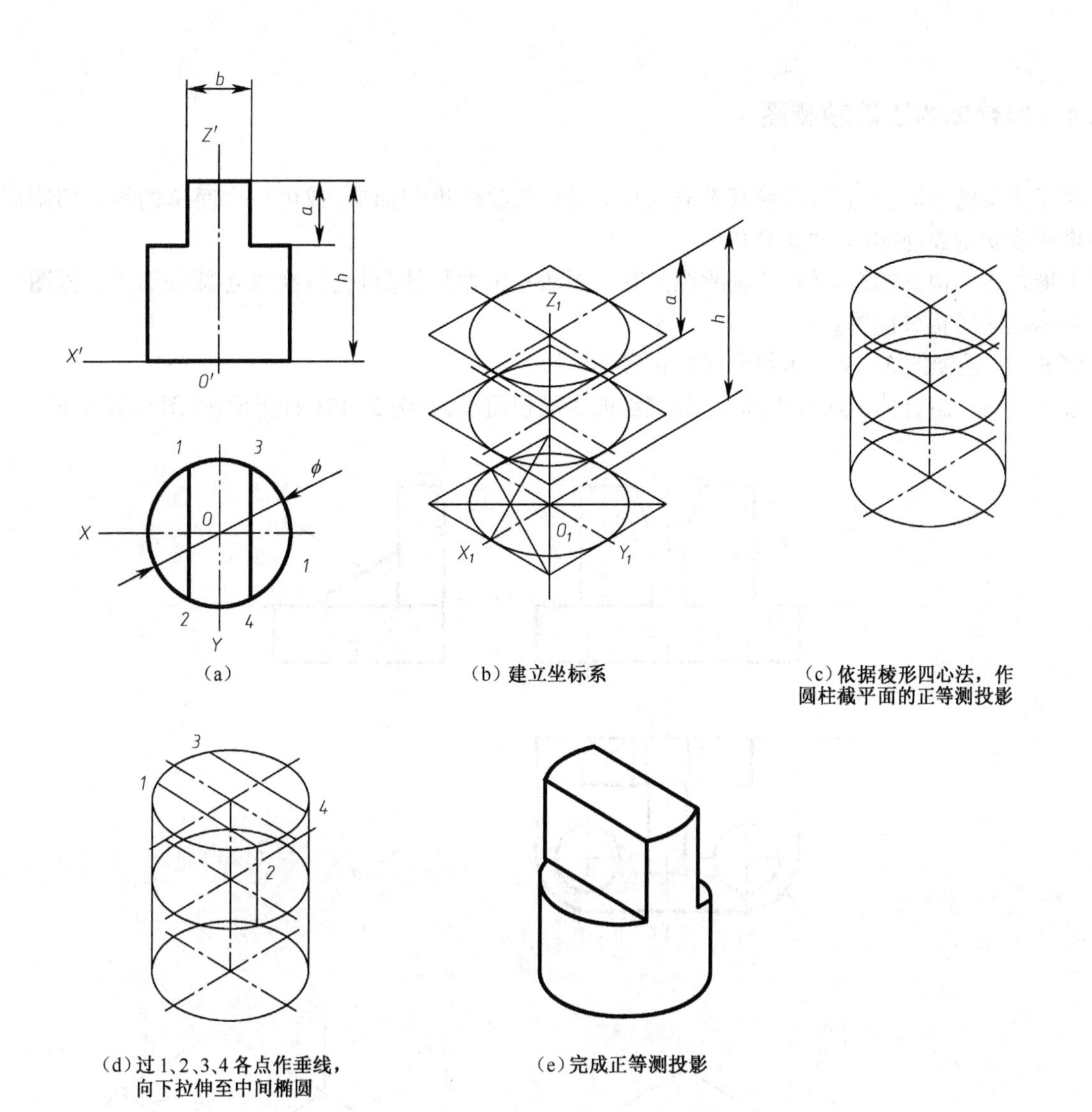

图 5-17　截切圆柱体正等轴测图的作图步骤

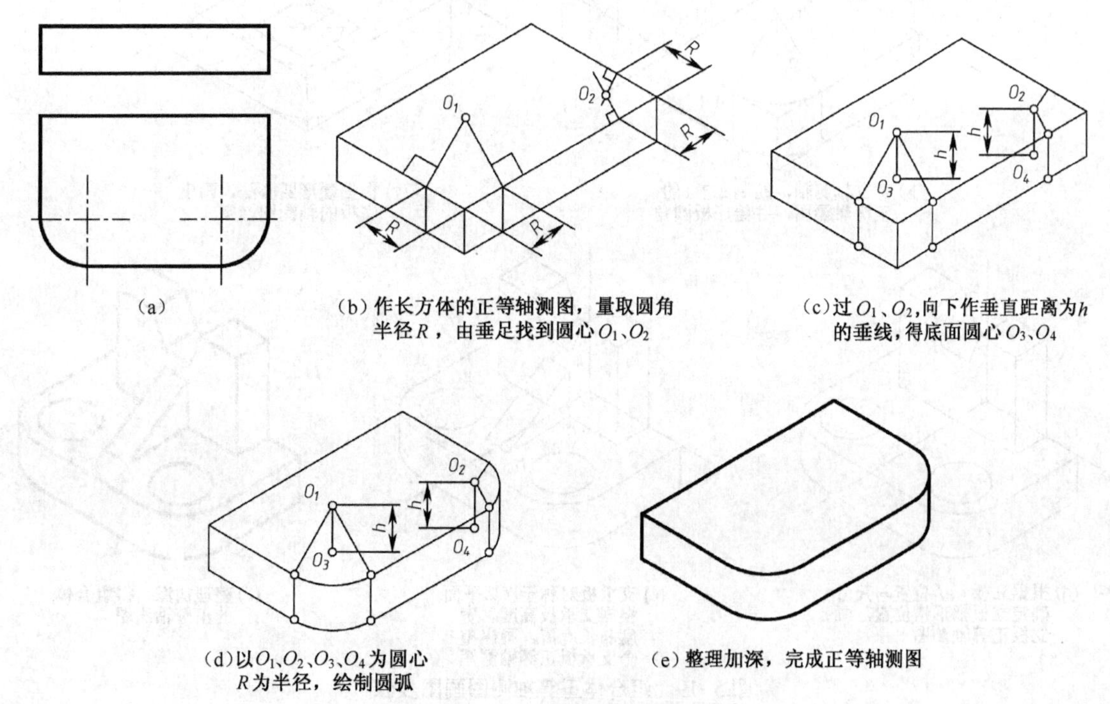

图 5-18　圆角的正等测图的画法

5.2.4 组合体的正等轴测图

对于复杂的物体，我们可以将其看成由几个简单的物体堆积而成，或由一个简单的物体切割而成，这种堆积或切割的物体称为“组合体”。

由堆积方式构成的组合体，其轴测图的基本画法是依据形体分析，依次画各部分形体。画图时，注意各形体之间的相对位置。

例 5-5 绘制图 5-19 所示组合体的正等轴测图

形体分析 组合体由底板 1、立板 2、支承板 3 堆积而成，如图 5-19(a)所示，作图步骤如下：

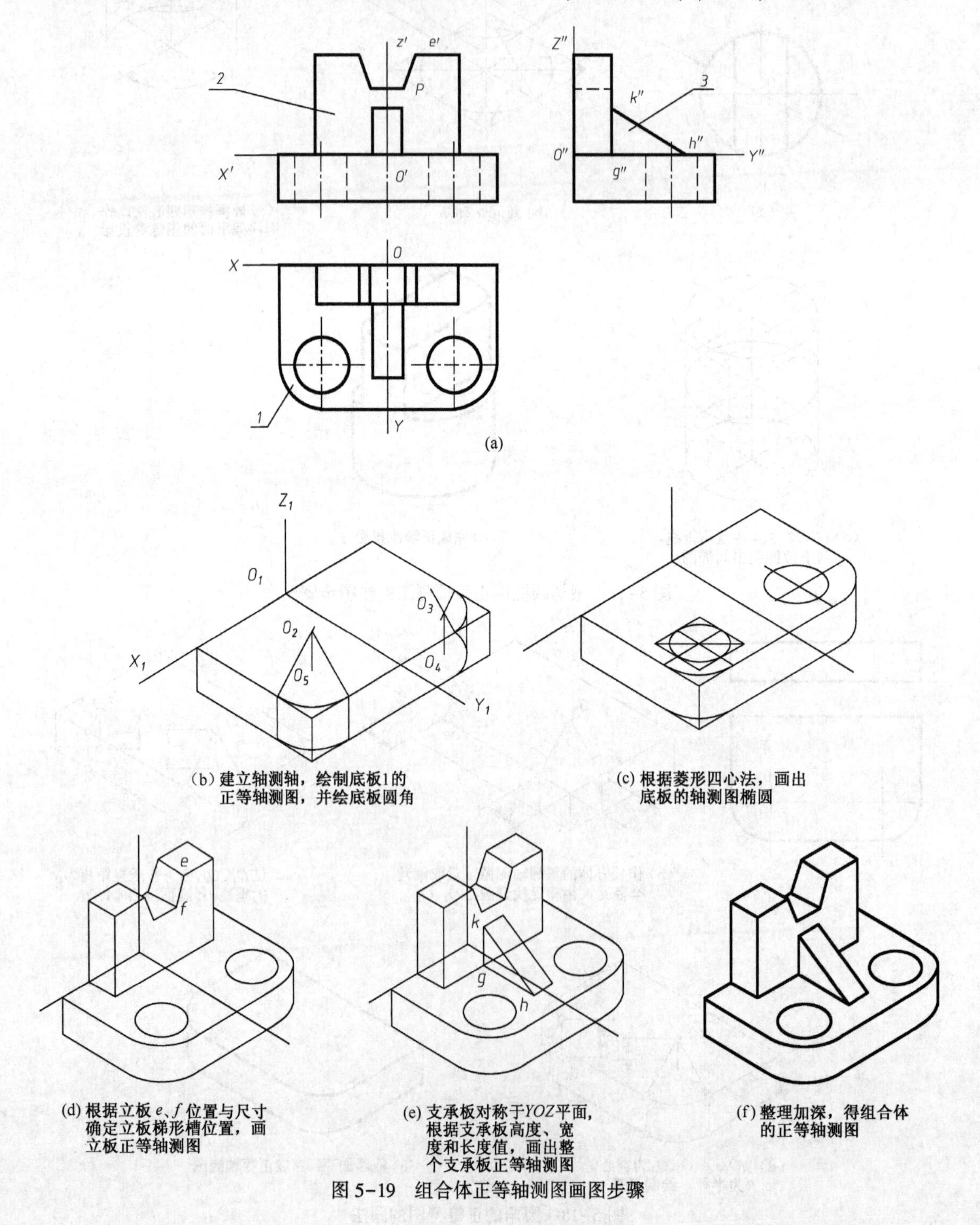

(a)

(b) 建立轴测轴，绘制底板1的正等轴测图，并绘底板圆角

(c) 根据菱形四心法，画出底板的轴测图椭圆

(d) 根据立板 e、f 位置与尺寸确定立板梯形槽位置，画立板正等轴测图

(e) 支承板对称于YOZ平面，根据支承板高度、宽度和长度值，画出整个支承板正等轴测图

(f) 整理加深，得组合体的正等轴测图

图 5-19 组合体正等轴测图画图步骤

例 5-6 试绘制台阶正等轴测图(见图 5-20)。

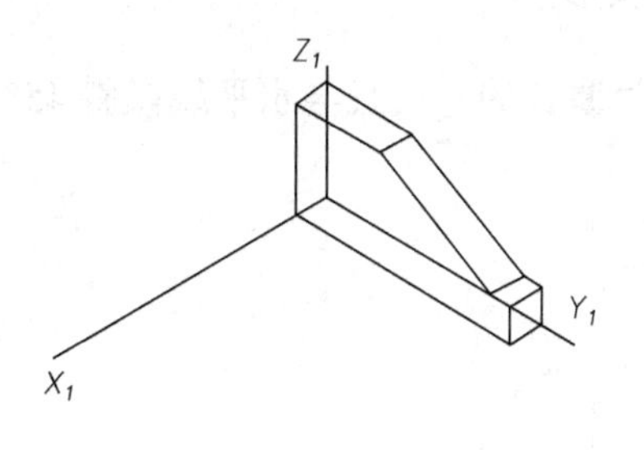

（a）建立坐标系，依据尺寸，绘制右墙体轴测图

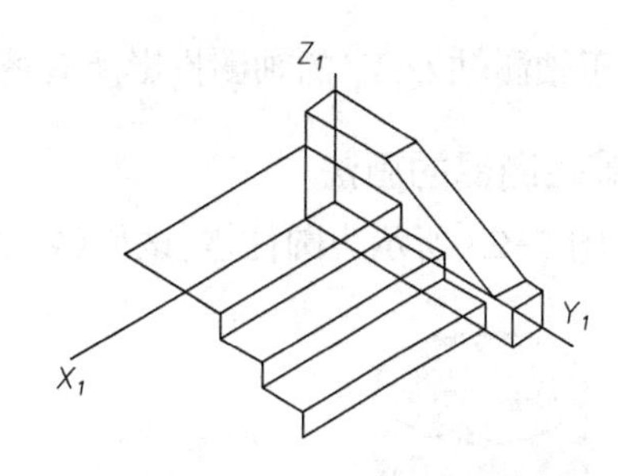

（b）依据尺寸，绘制台阶

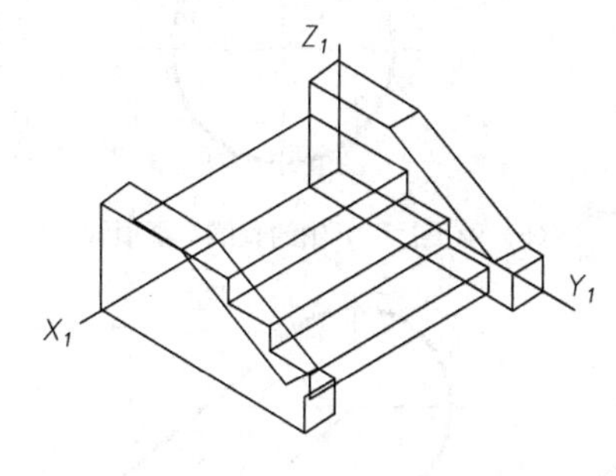

（c）依据尺寸，绘制左墙体轴侧图

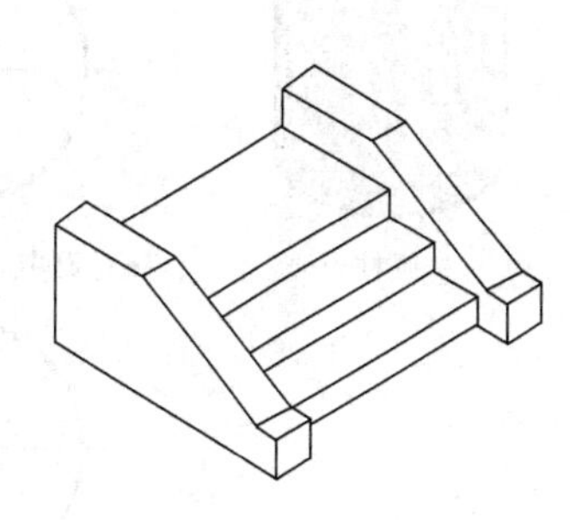

（d）整理，完成台阶正等轴侧图

图 5-20 台阶正等轴测图的作图步骤

5.2.5 斜二等轴测图

1. 形成及轴间角与轴向伸缩系数

1) 形成

当物体的坐标面 XOZ 与轴测投影面平行时,采用斜投影法,也能得到具有立体感的轴测图。这种轴测图称斜轴测图,如图 5-21 所示。

2)轴间角与轴向伸缩系数

根据国家制图标准规定,选择投射方向使轴测图上的轴间角成 $\angle X_1O_1Y_1=135°$, $\angle X_1O_1Z_1=90°$, $\angle Y_1O_1Z_1=135°$,并取 O_1Y_1 轴的轴向伸缩系数为 0.5, O_1X_1 轴与 O_1Z_1 轴轴向伸缩系数为 1, 这样绘制的轴测图通常称为斜二等轴测图,简称斜二轴测图,如图 5-22 所示。

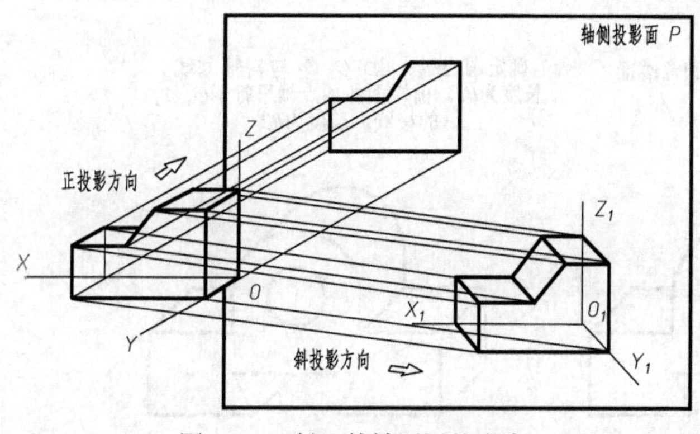

图 5-21 斜二等轴测图的形成

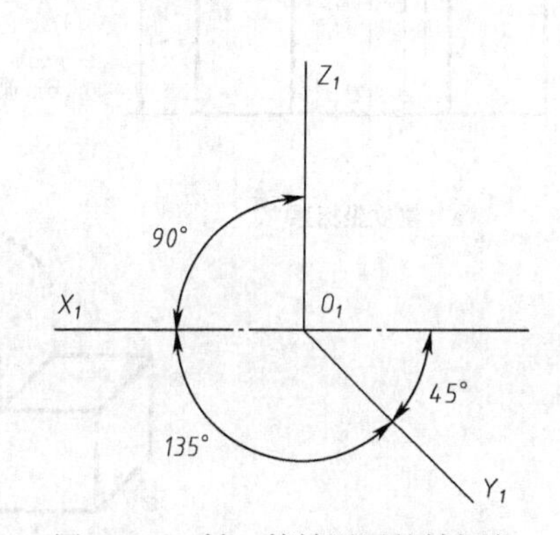

图 5-22 斜二等轴测图的轴间角

3)特点

(1)平行于轴测图坐标面 $X_1O_1Z_1$ 的轴测投影反映物体实形。

(2)平行于轴测轴 O_1Y_1 的轴测投影所有棱线长度缩短为原长的 $\frac{1}{2}$,且与水平线倾斜 45°。

2. 斜二等轴测图的画法

例 5-7 图 5-23 所示为圆柱体,试用斜二等轴测图表达。

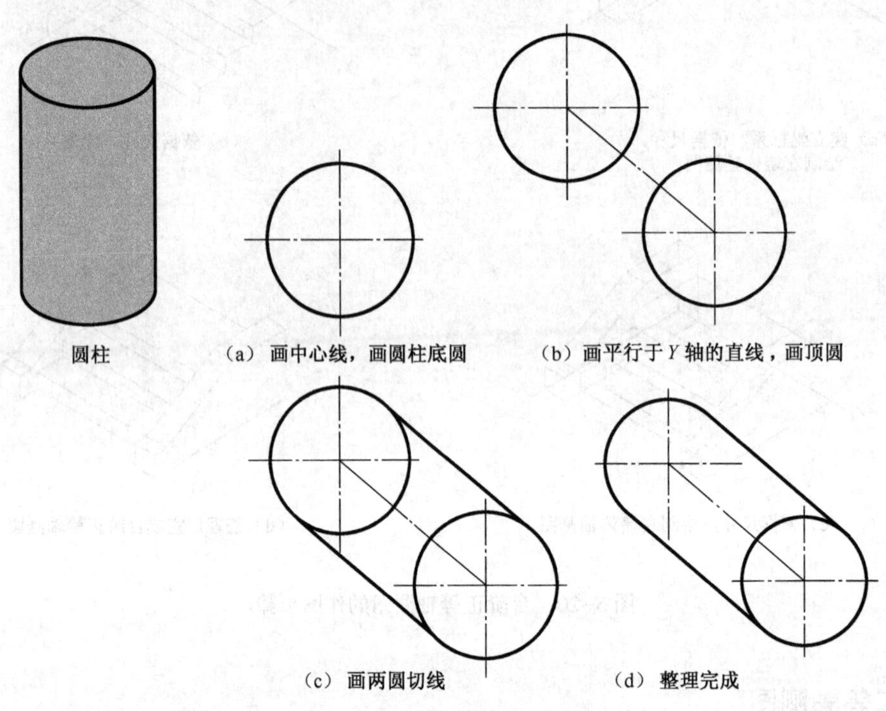

图 5-23 圆柱轴测图的画法

例 5-8 图 5-24(a)所示为组合体主、俯视图,试用斜二等轴测图表达。

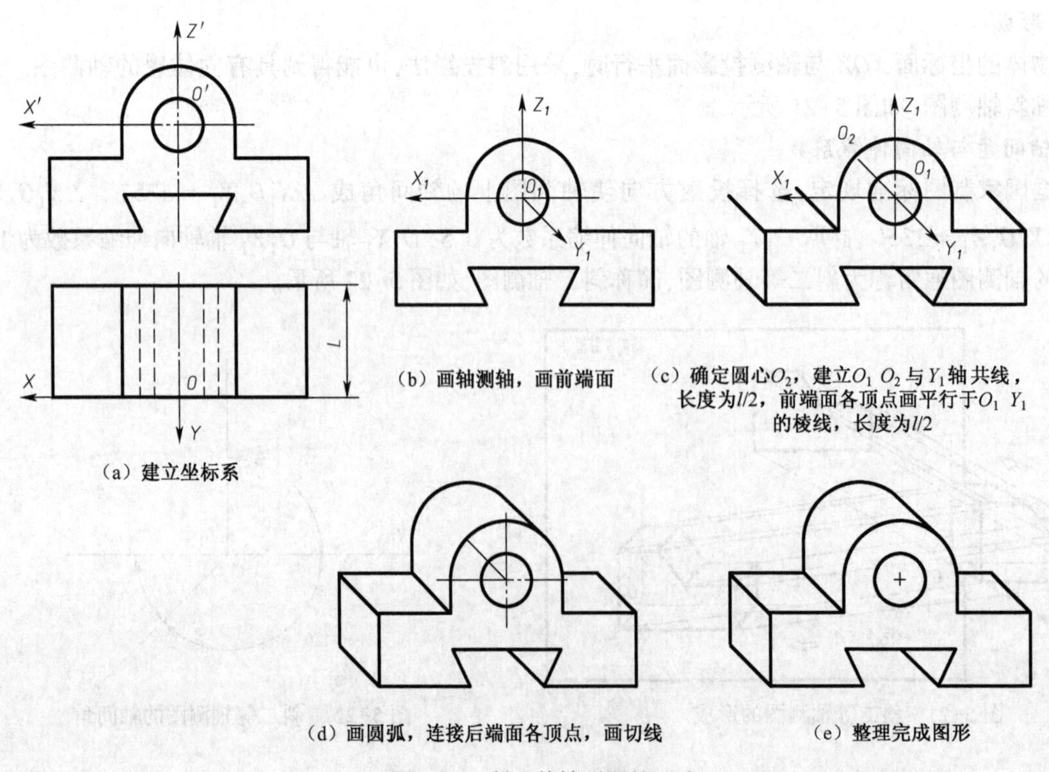

图 5-24 斜二等轴测图的画法

例 5-9 图 5-25(a)所示为端盖,试用斜二等轴测图表达。

选定坐标轴如图 5-25(a)所示。建立轴测轴,在 Y_1 轴上确定圆心,具体作图步骤如图 5-25(b)、(c)所示。

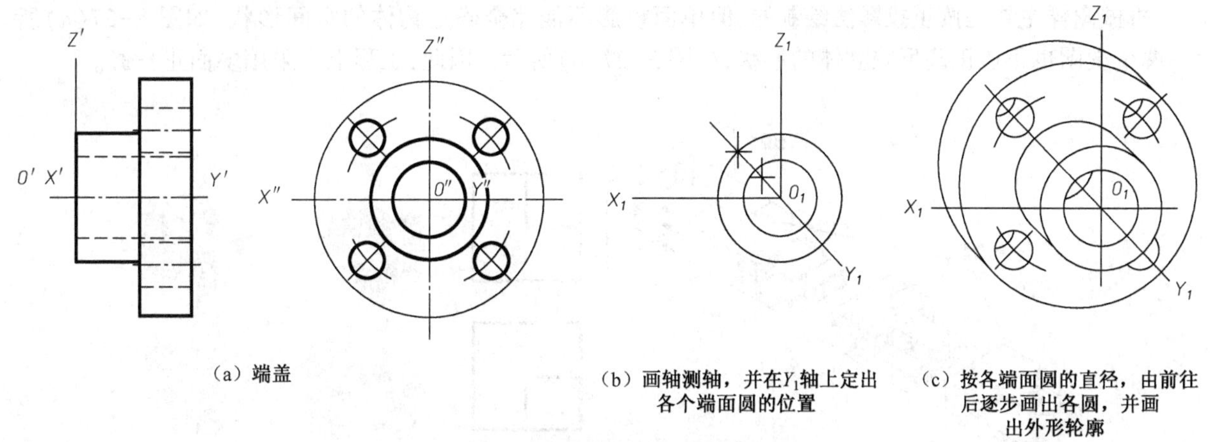

(a) 端盖　(b) 画轴测轴,并在Y_1轴上定出各个端面圆的位置　(c) 按各端面圆的直径,由前往后逐步画出各圆,并画出外形轮廓

图 5-25　端盖轴测图的画法

3. 平行于坐标面的圆的斜二等轴侧图的画法

图 5-26 所示为平行于三个坐标面,而且内切圆直径相等的立体的斜二等轴测图。由图可知,平行于 XOZ 坐标面的圆的斜二等轴测图反映实形,平行于 XOY 和 YOZ 坐标面的圆的斜二等轴测图是椭圆,这两个椭圆形状相同,但长短轴方向不同根据理论计算,椭圆的长轴与圆面所平行的坐标面上的一根轴测轴成 7°9′20″(可近似为)°10′)的夹角,长轴长度为 1.06d,短轴长度为 0.33d,d 为圆直径。水平面上长轴对 x 轴偏转 7°10′,侧面上椭圆的长轴对 z 轴的偏转 7°10′如图 5-26(a)所示,作图时可用平行弦法。

采用平行弦法画平行于坐标面 XOY 的圆的斜二等油测图,其作图步骤如图 5-26 所示。

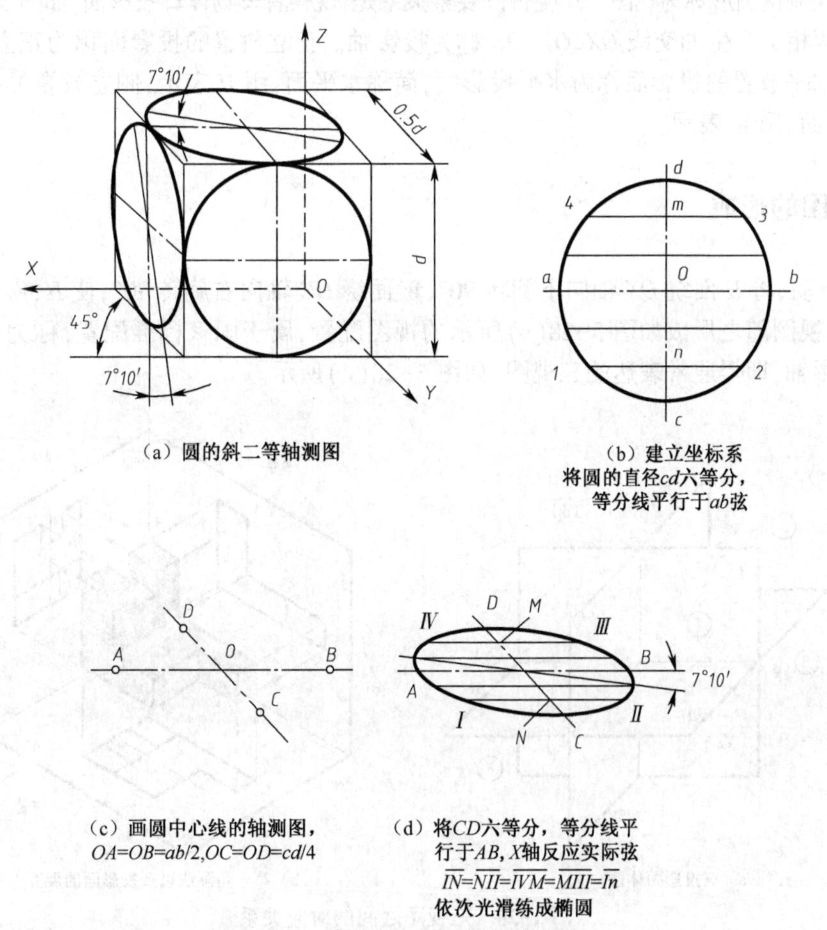

(a) 圆的斜二等轴测图　(b) 建立坐标系将圆的直径cd六等分,等分线平行于ab弦

(c) 画圆中心线的轴测图,$OA=OB=ab/2, OC=OD=cd/4$　(d) 将CD六等分,等分线平行于AB,X轴反应实际弦$\overline{IN}=\overline{NII}=\overline{IVM}=\overline{MIII}=\overline{In}$依次光滑练成椭圆

图 5-26　圆的斜二等轴测图的作法

5.3 三　视　图

机械图样主要是按正投影法绘制的,但单面投影不能完全确定物体的空间形状,如图 5-27(a)所示,两个视图也不能正确反映立体的形状,如图 5-27(b)所示。因此,工程上常采用多面正投影。

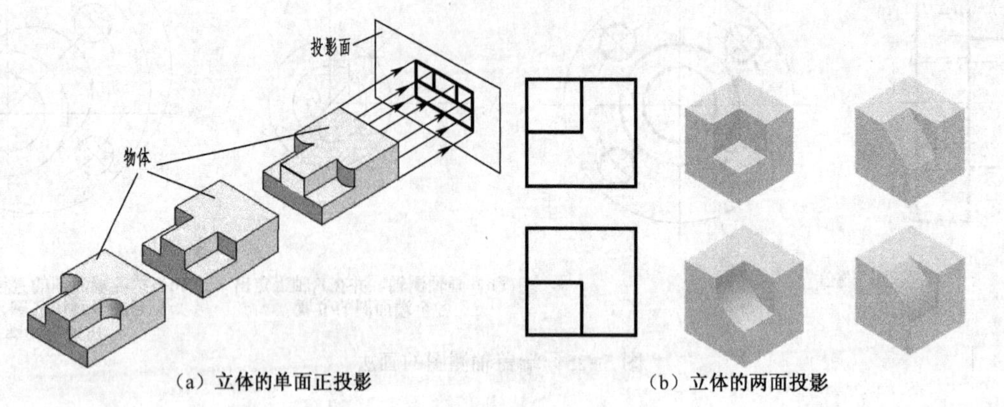

(a) 立体的单面正投影　　(b) 立体的两面投影

图　5-27

5.3.1　三面投影体系

由三个互相垂直的平面构成的投影面体系称为三投影面体系。三个投影面将空间分成八个分角,如图 5-28(a)所示,国家标准规定,图样采用第一分角,将物体放在第一分角内,在每个投影面上分别用正投影线投射,得到的绘制例图形称为视图。产生视图要素关系是:观察者⇒物体⇒投影面,如图 5-28(b)所示。

投影面两两相交产生的交线 *OX*、*OY*、*OZ* 称为投影轴。正立放置的投影面称为正立投影面,简称正面,用 *V* 表示;水平放置的投影面称为水平投影面,简称水平面,用 *H* 表示;侧立放置的投影面称为侧立投影面,简称侧面,用 *W* 表示。

5.3.2　三视图的形成

V 面保持不动,将 *H* 面绕 *OX* 轴向下旋转 90°,*W* 面绕 *OZ* 轴向右旋转 90°,使 *H*、*V*、*W* 三个投影面共面,这三个基本视图随之形成如图 5-28(c)所示的视图配置,属于国家标准配置,称为三视图。省略投影面边框和投影轴,即得通常表达的三视图,如图 5-28(d)所示。

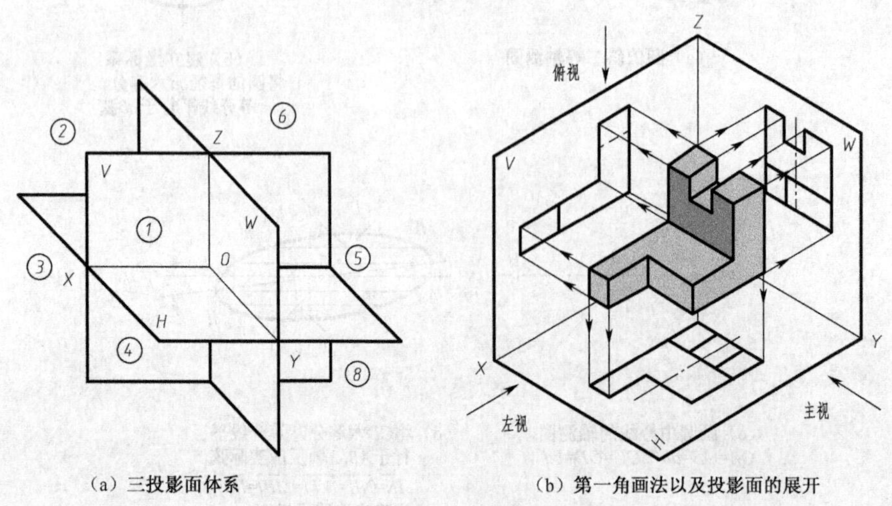

(a) 三投影面体系　　(b) 第一角画法以及投影面的展开

图 5-28　三视图之间的对应关系

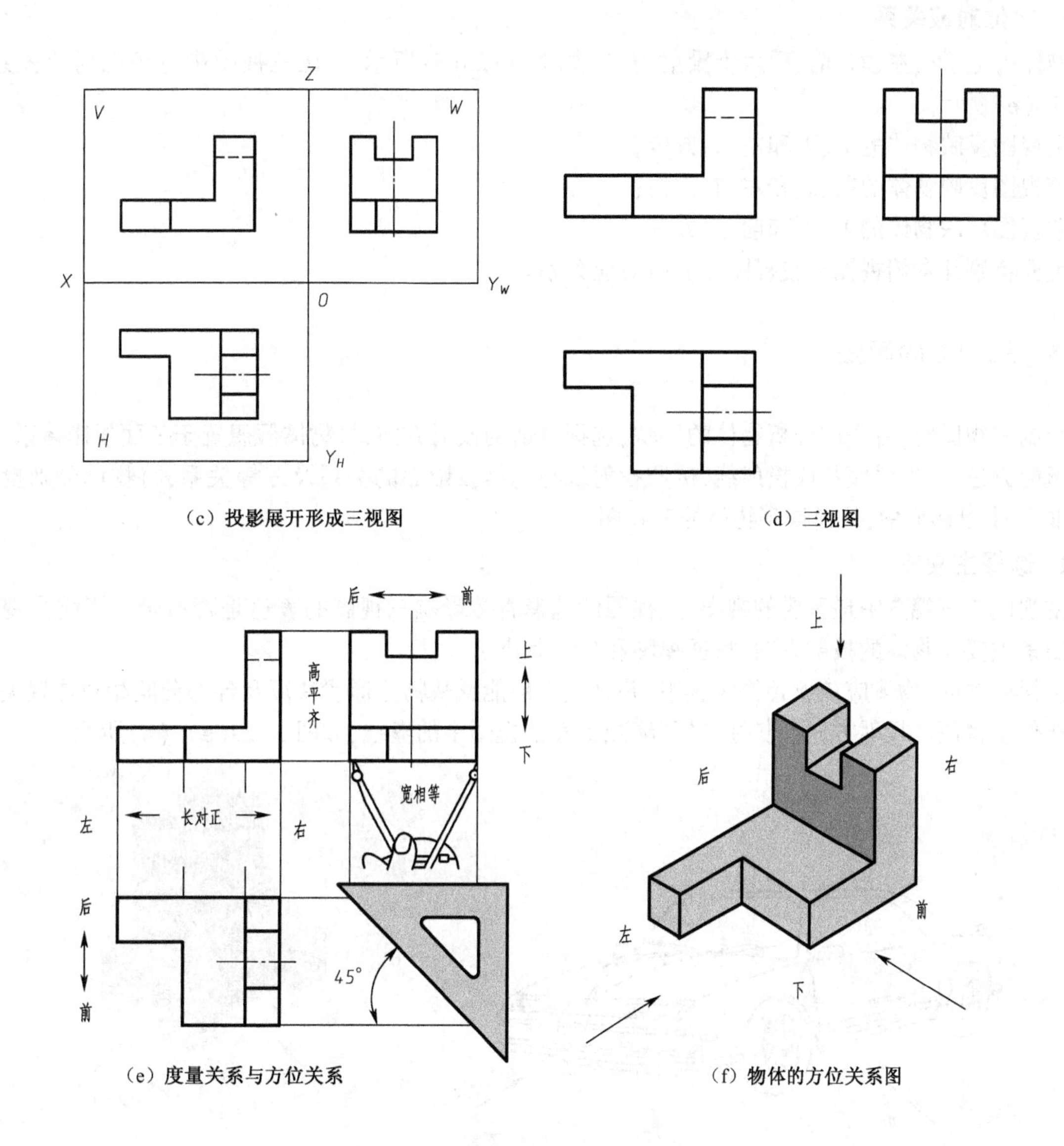

（c）投影展开形成三视图

（d）三视图

（e）度量关系与方位关系

（f）物体的方位关系图

图 5-28　三视图间的对应关系(续)

在 *V*、*H*、*W* 三个投影面上的单面投影视图,分别称为主视图、俯视图、左视图。投射方向分别为由前向后投射,由上向下投射,由左向右投射。

5.3.3　三视图的投影特性

1. 度量对应关系

任何物体都有大小尺寸,在三视图中,同样应该反映物体的尺寸。在三视图中,*X* 轴表示物体的长度尺寸;*Y* 轴表示宽度尺寸;*Z* 轴表示高度尺寸。如图 5-28(e)所示,三视图间的度量关系为:

主视图和俯视图长度相等且对正——长对正;

主视图和左视图高度相等且平齐——高平齐;

左视图和俯视图宽度相等且对应——宽相等。

"长对正、高平齐、宽相等"的投影对应关系,简称"三等"关系,是三视图的重要特性,也是画图和读图的依据。在画图时,各视图无论在整体上,还是各个相应部分都必须满足这一投影对应关系,宽相等可作 45°辅助线,也可用圆规直接量取,如图 5-28(e)所示。

2. 方位对应关系

物体有上、下、左、右、前、后六个投射方向，如图 5-28(f)所示 。在三视图中方位的对应关系，如图 5-28(e)所示。

主视图反映物体的上、下和左、右方位；

俯视图反映物体的前、后和左、右方位；

左视图反映物体的上、下和前、后方位。

需要特别注意俯视图与左视图的前后对应关系。

5.3.4 三视图的画法

绘制三视图时，首先应分析物体的形状，选择合适的投射方向，将物体假想置于三面投影体系中，用正投影的方法，将视线模拟成投射线，按照投射线与物体投影面的关系及三等关系，将物体分别投射到 V、H、W 三个投影面中，从而得到物体的三视图。

1. 选择主视图

主视图是三视图中最重要的视图，主视图的选择直接影响三视图的表达是否清晰。影响主视图选择的因素主要有物体的投射方向、特征视图和放置状态。

①投射方向：物体应该放置稳定状态，并且应将最能反映物体形状特征及各部分间相对位置关系的方向选作主视图的投射方向；同时应尽可能减少其他视图中的虚线，如图 5-29(a)、(b)所示。

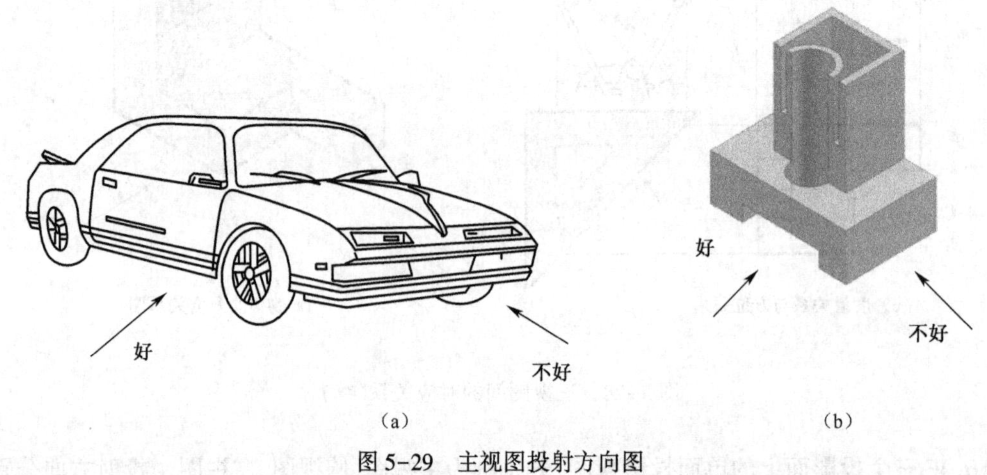

图 5-29 主视图投射方向图

②特征视图：在选择好投射方向的基础上，选择特征视图入手绘制，要特别注意的是，特征视图有时可能在主视图呈现，有时在俯视图或左视图呈现。绘图时，选择从特征视图开始绘制。

③安放状态：除了机器零件常规放置原则外，物体应放置稳定，同时使物体上尽可能多的线、面平行或垂直于投影面，以便真实反映立体各部分的形状和尺寸，同时也方便作图。

④应将物体上可见的轮廓线画成粗实线，不可见的轮廓线画成虚线，如果物体的上、下或左、右或前、后是对称的，一般应用点画线绘制其对称线。对于圆及回转体的投影视图，应该画出中心线和对称轴线。

2. 三视图的作图步骤

例 5-10 试用三视图表示图 5-30 所示工艺品。

分析：忽略工艺因素，物件特征是在四方体开一定深度的孔，根据其特征视图，将该特征视图放在俯视图，所以绘制视图时，首先绘制俯视图。然后根据三等关系绘制其他视图。作图步骤如图 5-30 所示。

例 5-11 试用三视图表示图 5-31(a)所示工艺品。

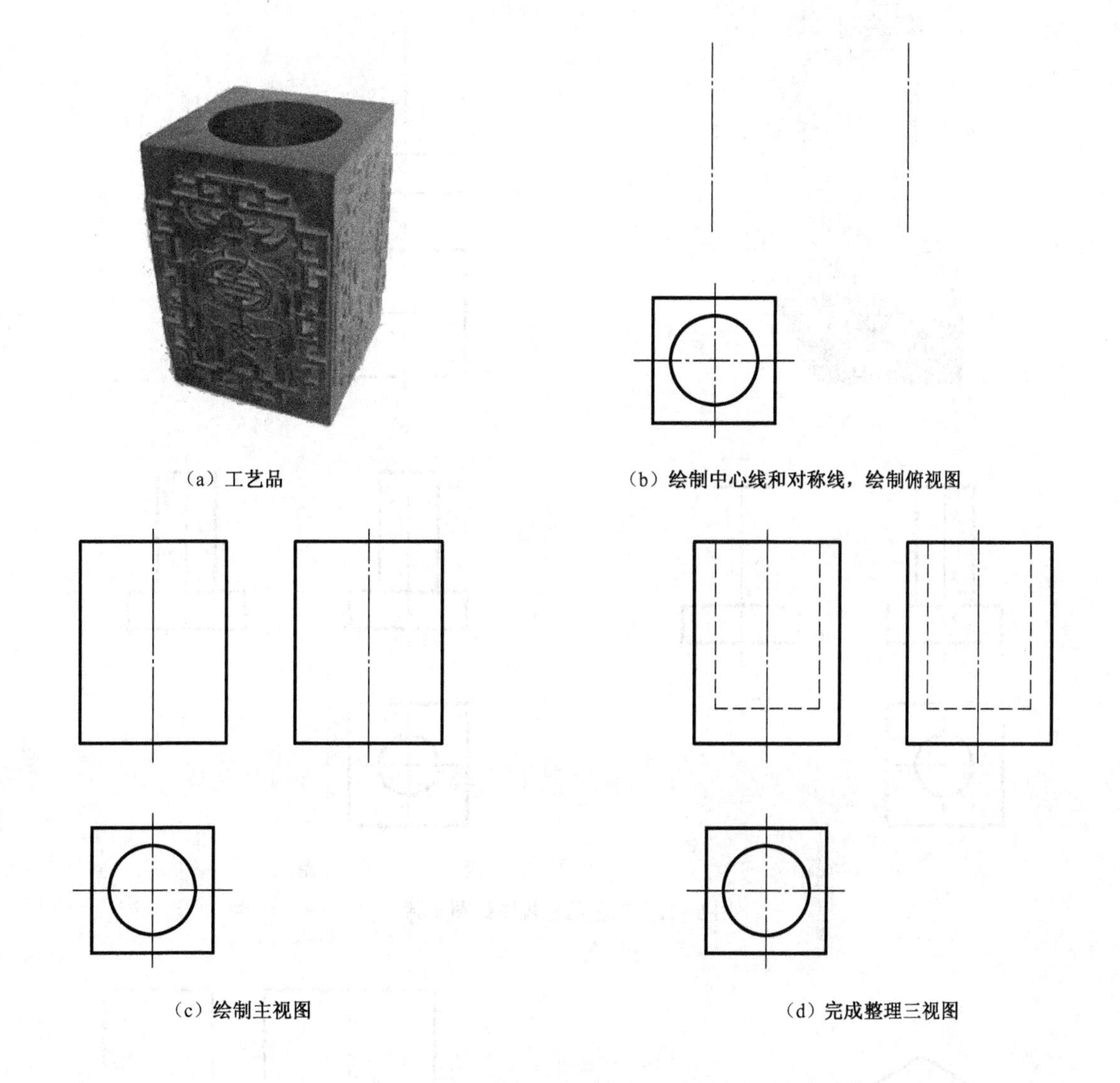
(a) 工艺品
(b) 绘制中心线和对称线，绘制俯视图
(c) 绘制主视图
(d) 完成整理三视图

图 5-30　三视图作图步骤

分析形体:工艺品是由底盘四方体和上方的圆柱组合成一体的。

(1)首先绘制特征视图四方形底盘,依据三等关系绘制底盘的其他视图,如图 5-31(b)所示。

(2)根据上方的圆柱特征,在俯视图上绘制圆柱的投影,根据三等关系绘制其他视图,如图 5-31(c)所示。

(3)描粗整理完成三视图,如图 5-31(d)所示。

例 5-12　试绘制图 5-32(a)所示立体的三视图。

形体分析: 此立体是在长方体上挖切两个圆心相同但半径不同的半孔而形成的。

绘制三视图过程如图 5-32(b)、(c)、(d)所示。

例 5-13　绘制图 5-33(a)所示三视图。

形体分析:在本体上进行打孔、挖切而成。

(1)模型本体主要由带有低槽的底板和上方堆积的长方体组成,如图 5-33(b)所示。

(2)在本体基础上方的适当位置打孔,如图 5-33(c)所示。

(3)在上面的长方体上挖去一部分到一定深度,得到模型如图 5-33(a)所示。

绘图步骤如图 5-33(d)~(i)所示。

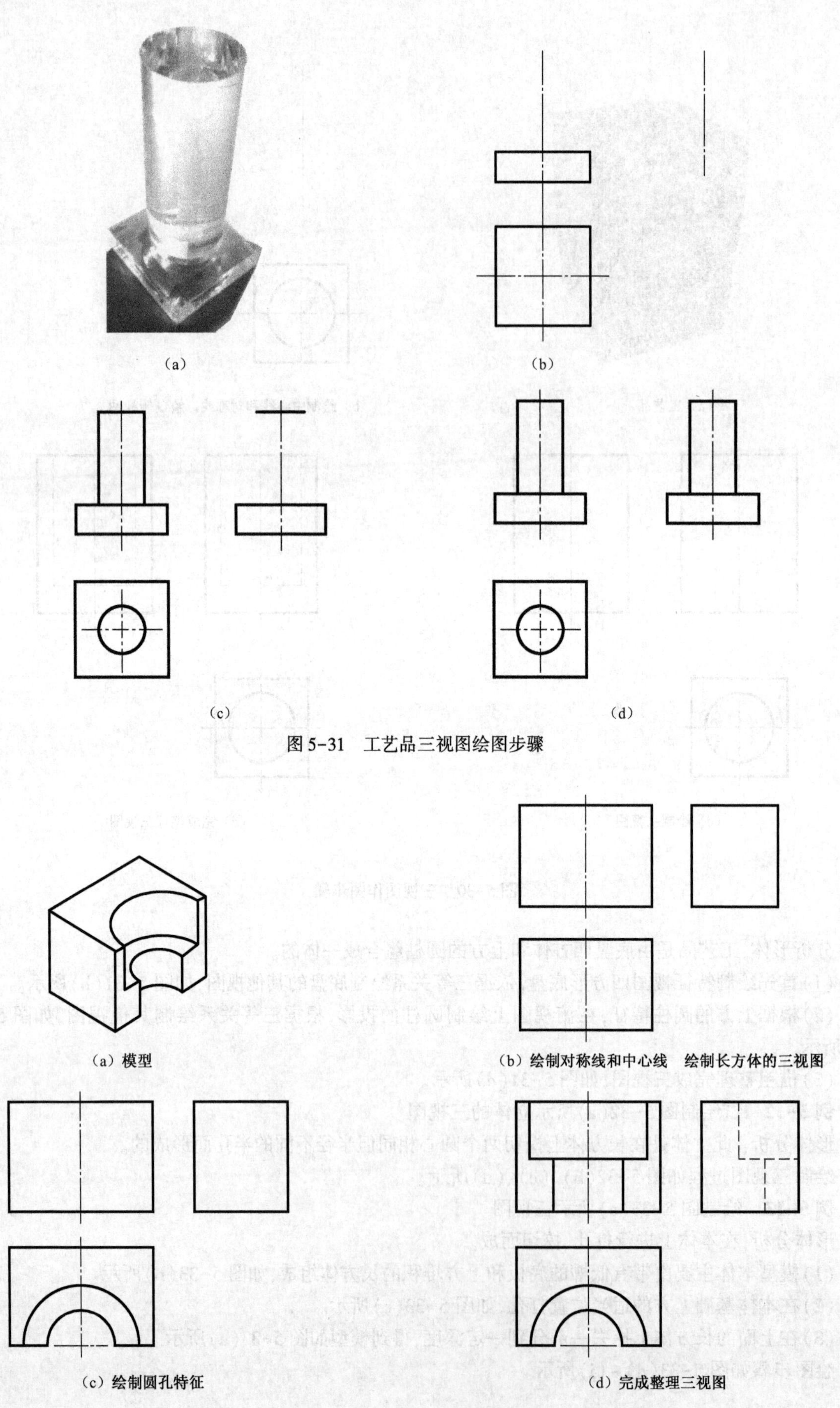

图 5-31 工艺品三视图绘图步骤

图 5-32 立体三视图绘图步骤

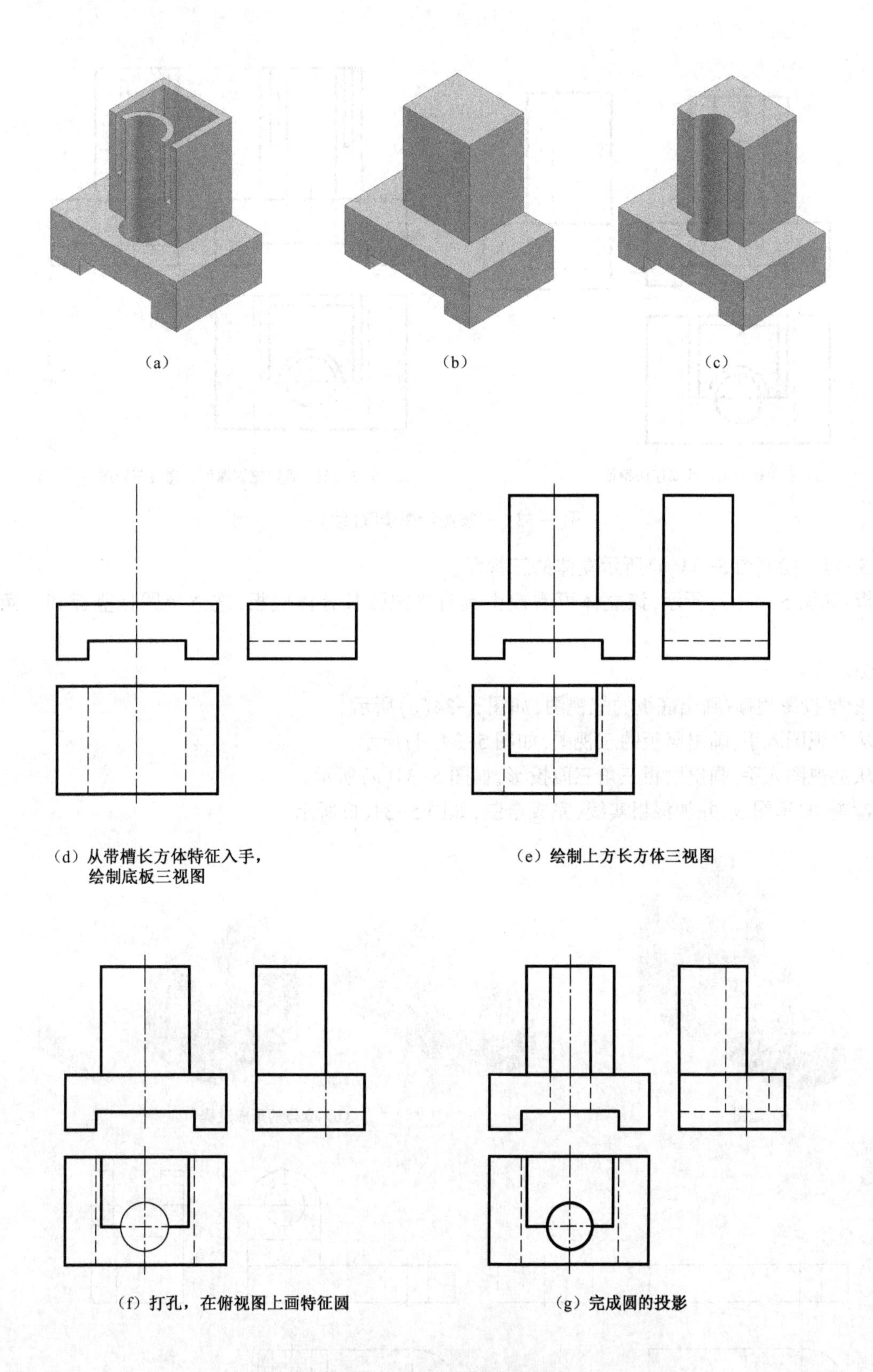

图 5-33　三视图绘图步骤

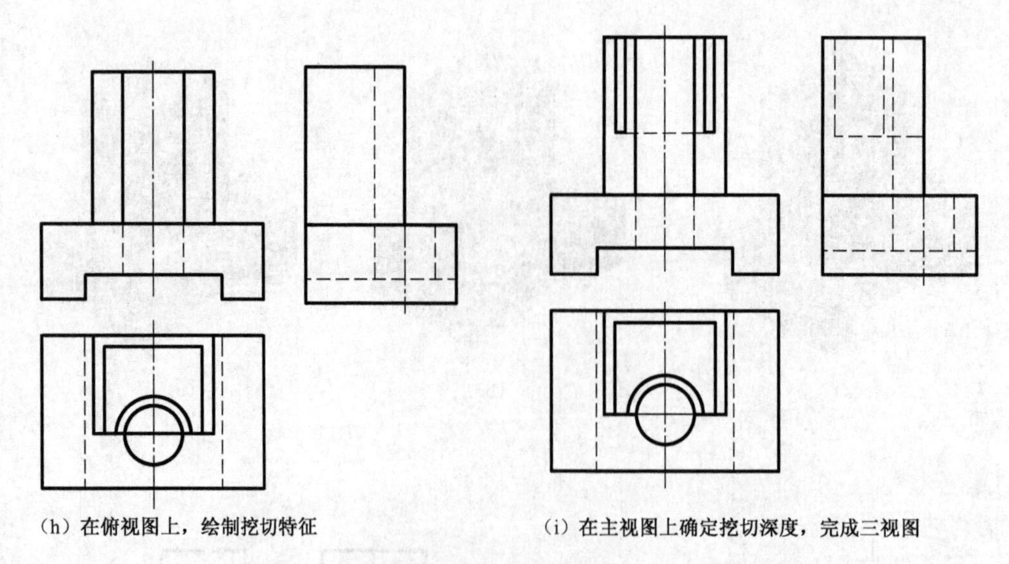

（h）在俯视图上，绘制挖切特征　　（i）在主视图上确定挖切深度，完成三视图

图 5-33　三视图绘图步骤(续)

例 5-14　绘制图 5-34(a)所示立体的三视图。

分析：如图 5-34(b)所示，该立体可看成由具有半圆弧长方体底板，连体半圆柱竖板和三角肋板组成。

作图步骤：

① 根据投影规律，画出底板的三视图，如图 5-34(c)所示。

②从主视图入手，画出竖板的三视图，如图 5-34(d)所示。

③从主视图入手，画出肋板三角三面投影，如图 5-34(e)所示。

④检查、整理图线，并加深粗实线，完成全图，如图 5-34(f)所示。

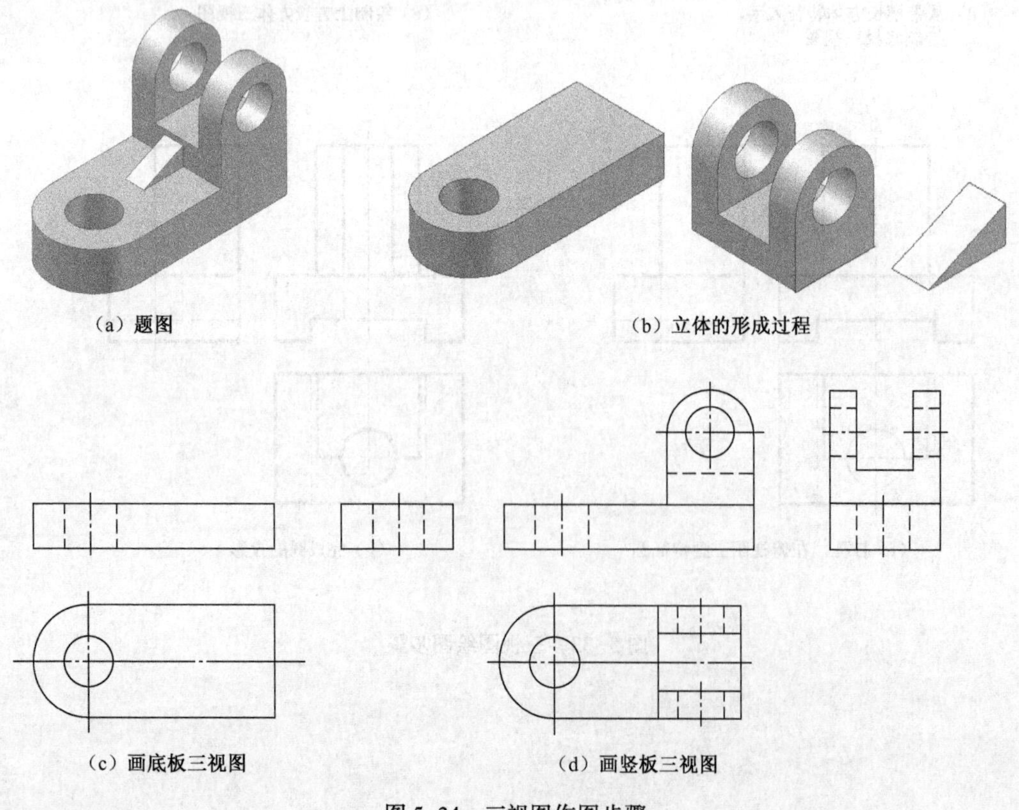

（a）题图　（b）立体的形成过程

（c）画底板三视图　（d）画竖板三视图

图 5-34　三视图作图步骤

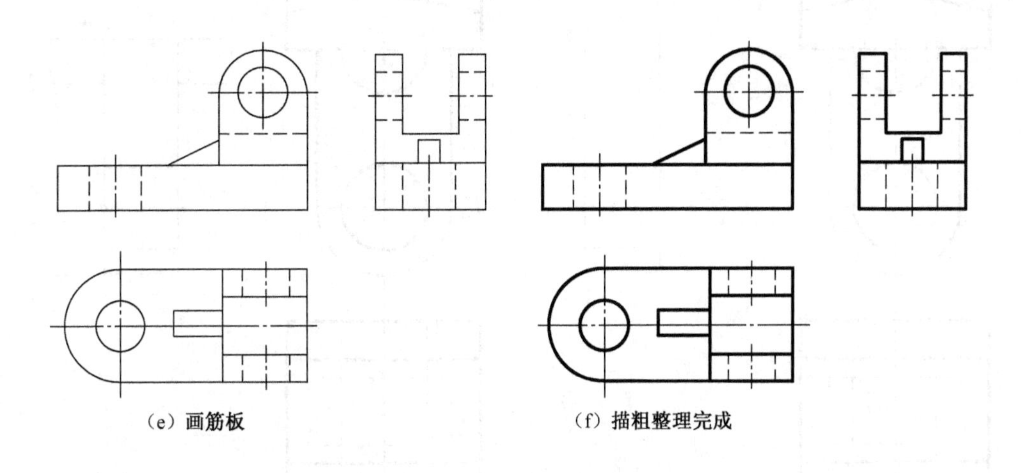

图 5-34　三视图作图步骤(续)

例 5-15　已知图 5-35(a),补画图 5-35(a)的左视图。

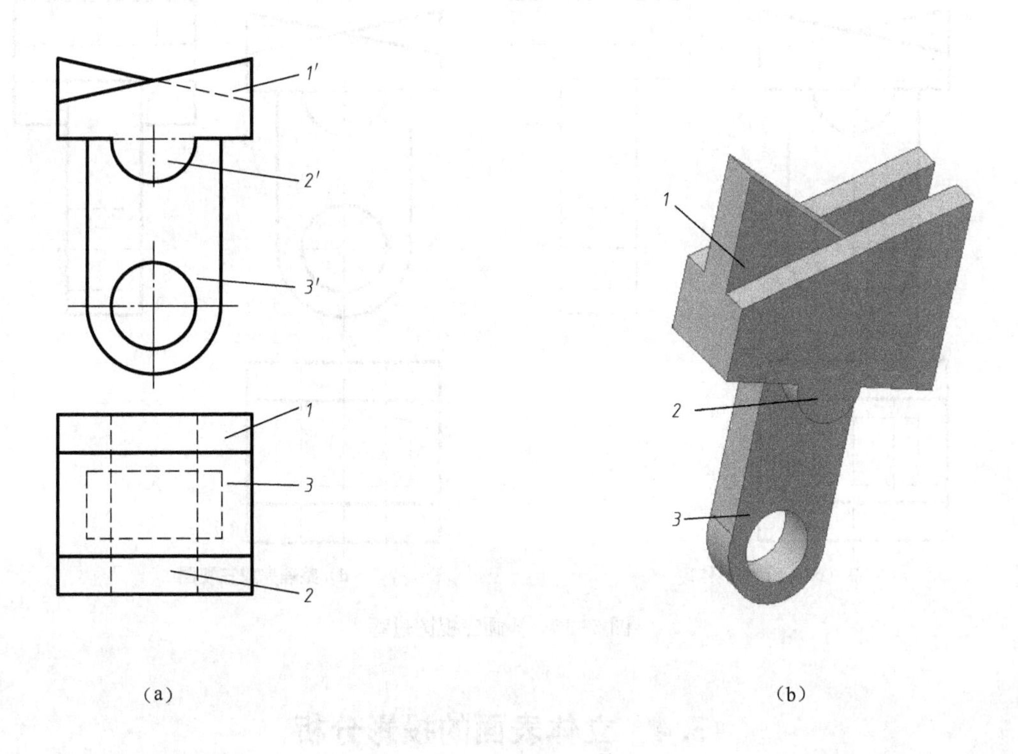

图 5-35　立体的三视图

分析视图:根据主视图和俯视图的三等关系,判断该立体由三部分组成,从主视图上顶部的虚线,判断出凸凹关系,得知上部为形体 1,与顶部在一个平面有半圆体 2,下部位手柄 3,如图 5-35(a)所示,其立体如图 5-35(b)所示。

补画三视图过程如图 5-36 所示。

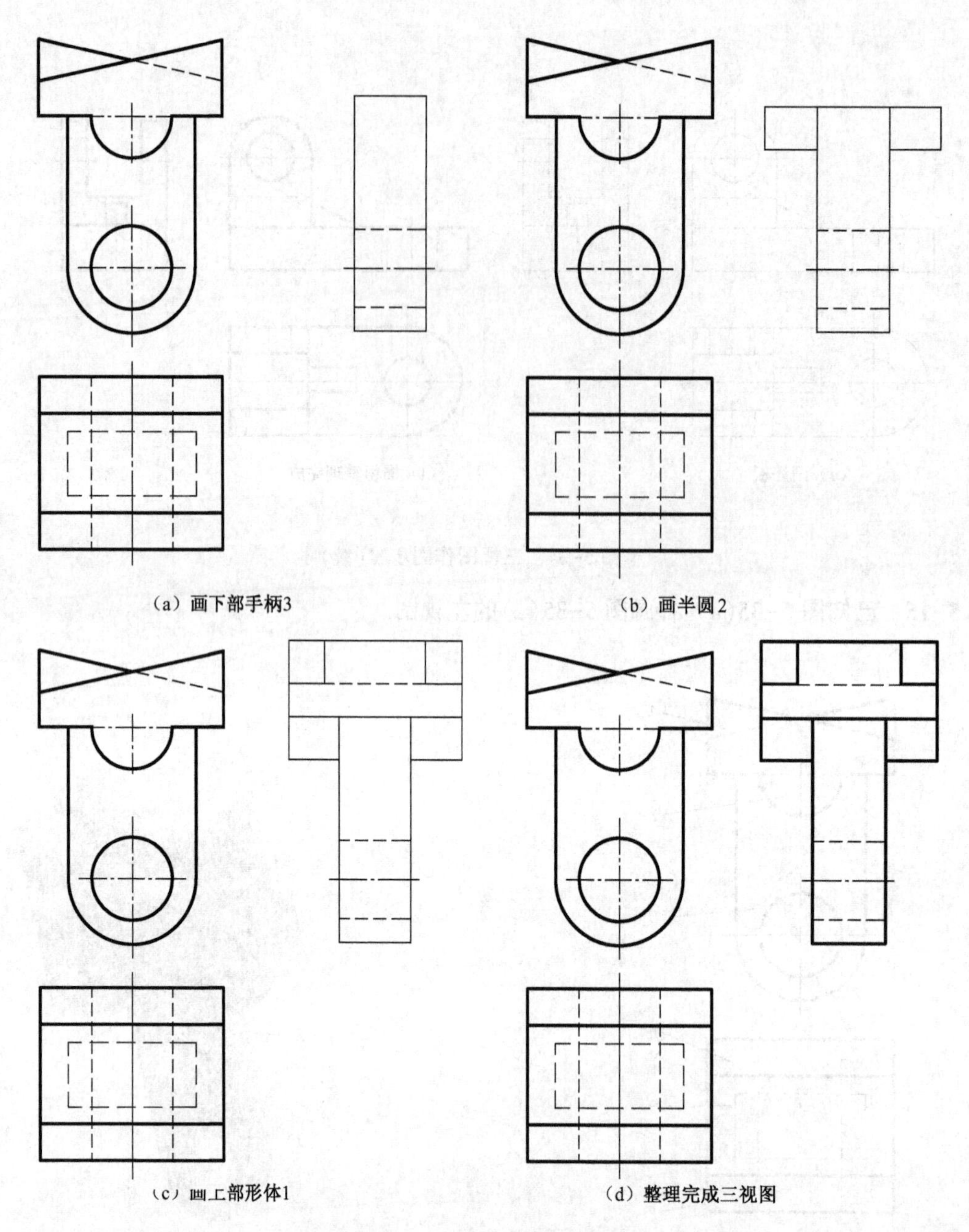

图 5-36　补画三视图过程

5.4　立体表面的投影分析

5.4.1　点的投影表示

立体在三面投影体系中的投影,如图 5-37(a)所示。投影法规定,空间点用大写字母表示,其水平投影用相应的小写字母表示,正面和侧面投影分别在相应的小写字母上加“′”和“″”。

5.4.2　点的投影规律

在图 5-37(a)所示的立体上取点 A 作为分析对象,点 A 在空间直角坐标系中的投影如图 5-37(b)所示,点 A 的三视图如图 5-37(c)所示。

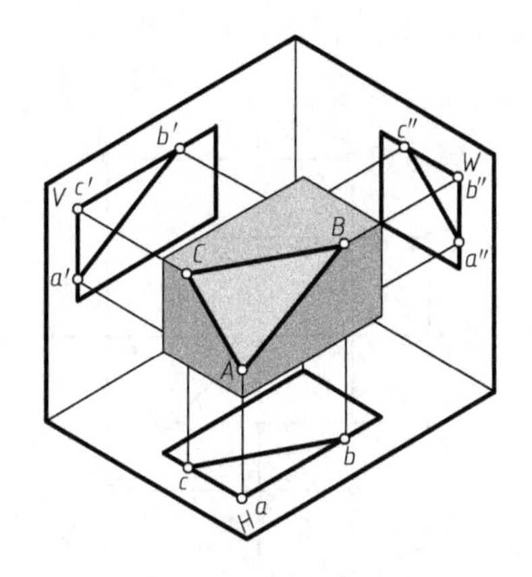

（a）立体在直角坐标系中的投影

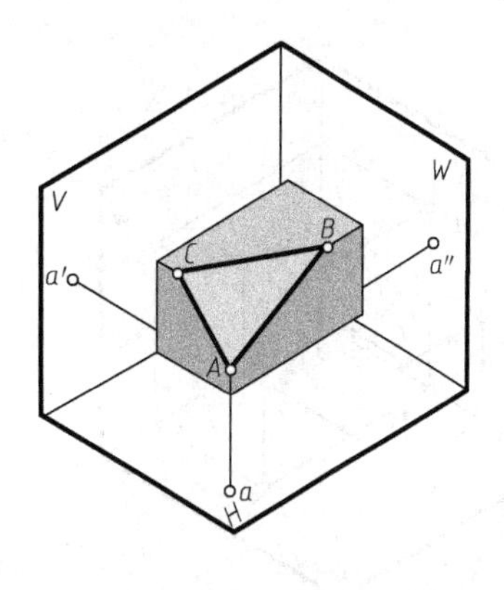

（b）点A在直角坐标系中的投影

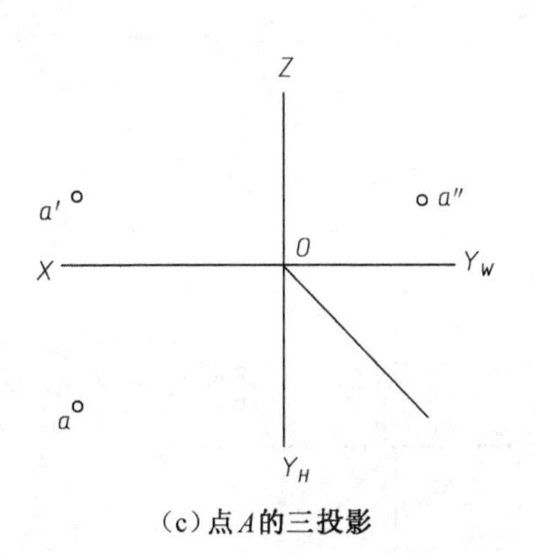

（c）点A的三投影

（d）点到投影面的距离

图 5-37

分析点A的投影规律，点A的投影连线垂直于投影轴，如图5-37(d)所示。

①点的正面投影与水平投影的连线垂直于投影轴OX，即$a'a \perp OX$。

②点的正面投影与侧面投影的连线垂直于投影轴OZ，即$a'a'' \perp OZ$。

1. 点到坐标面的距离

点的水平投影到OX轴的距离等于点的侧面投影到OZ轴的距离，即$aa_x = a''a_z$。

$$a'a_x = a''a_{yW} = \text{点} A \text{到} H \text{面的距离} Aa;$$
$$aa_x = a''a_z = \text{点} A \text{到} V \text{面的距离} Aa';$$
$$aa_{yH} = a'a_z = \text{点} A \text{到} W \text{面的距离} Aa''.$$

空间点A的坐标为$A(Aa'', Aa', Aa)$，在图5-37(d)中，点A到每个投影平面的距离分别反映了两次，知道同一个点在两个投影面上的投影，根据三等关系，就可以得知点在第三个投影面上的位置。

2. 两点的相对位置

两点的相对位置是指两点在空间的左右(即沿X方向)、前后(即沿Y方向)、上下(即沿Z方向)三个方向上的相对位置。在图5-38中，点C在点A的左方、后方、下方。两点的空间直角坐标投影如图5-38(a)所示，三视图投影如图5-38(b)所示。

3. 重影点

当两点位于某一投影面的同一条投射线上时，这两点在该投影面上的投影就会重合在一起，则这两点称为对该投影面的重影点。

图5-39(a)所示为点A、E的空间坐标，点A、E在平面H的投影重合，属于重影点，如图5-39(b)所示。

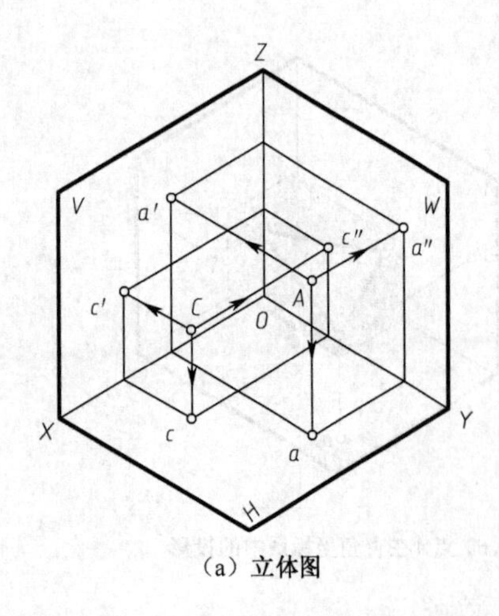

(a) 立体图

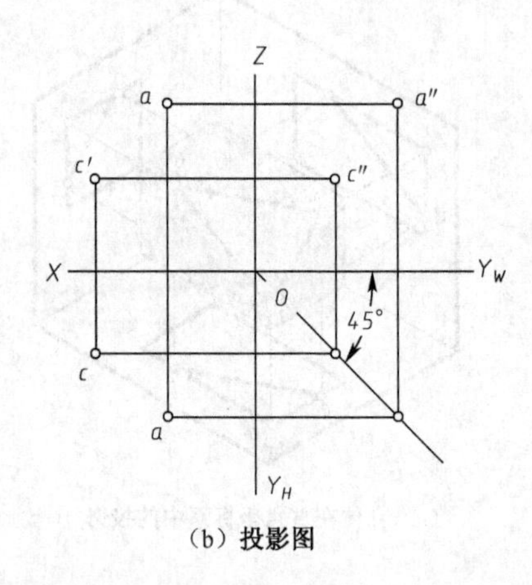

(b) 投影图

图 5-38 两点的相对位置

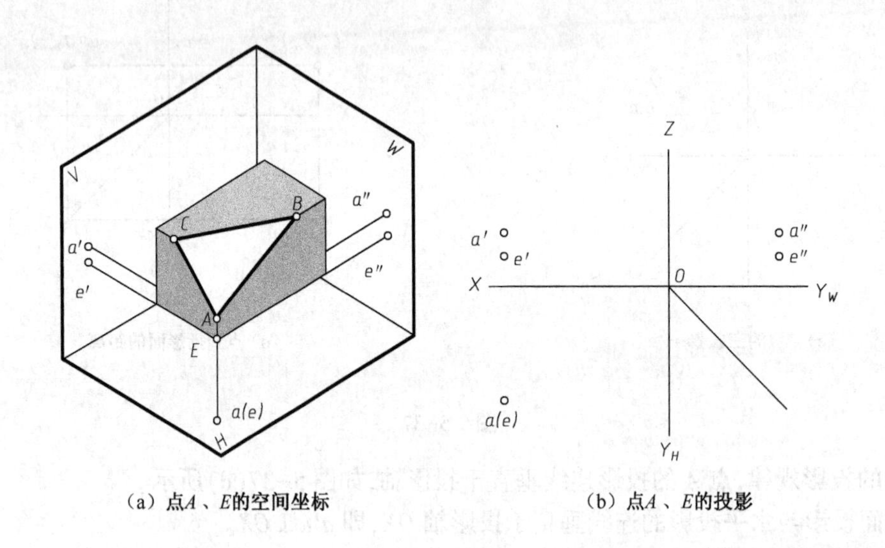

(a) 点A、E的空间坐标　　(b) 点A、E的投影

图 5-39 重影点

5.4.3 直线的投影特性

根据直线与三投影面之间的相对位置关系,可将直线分为:投影面平行线、投影面垂直线和一般位置直线,前两种直线又称为特殊位置直线。

1. 投影面平行线

平行于某一个投影面而与其余两投影面倾斜的直线称为投影面平行线。投影面平行线可分为:正平线(//V);水平线(//H);侧平线(//W)。

通常书中描述的直线指线段,以下将线段简称直线。

根据图 5-37(a)所示立体上三条线段 AB、BC、AC 的投影,分析其投影特性见表 5-3。

2. 投影面垂直线

垂直于某一个投影面从而与其余两个投影面平行的直线称为投影面垂直线。投影面垂直线可分为:正垂线($\perp V$);铅垂线($\perp H$);侧垂线($\perp W$)。

图 5-40(a)所示为立体在空间直角坐标系中的投影,线段 $AD \perp H$ 面,$CF \perp V$ 面,$BE \perp W$ 面,立体的三视图如图 5-40(b)所示,分析线段 AD、CF、BE 的投影特性,见表 5-4 。

表 5-3　投影面平行线的投影特性

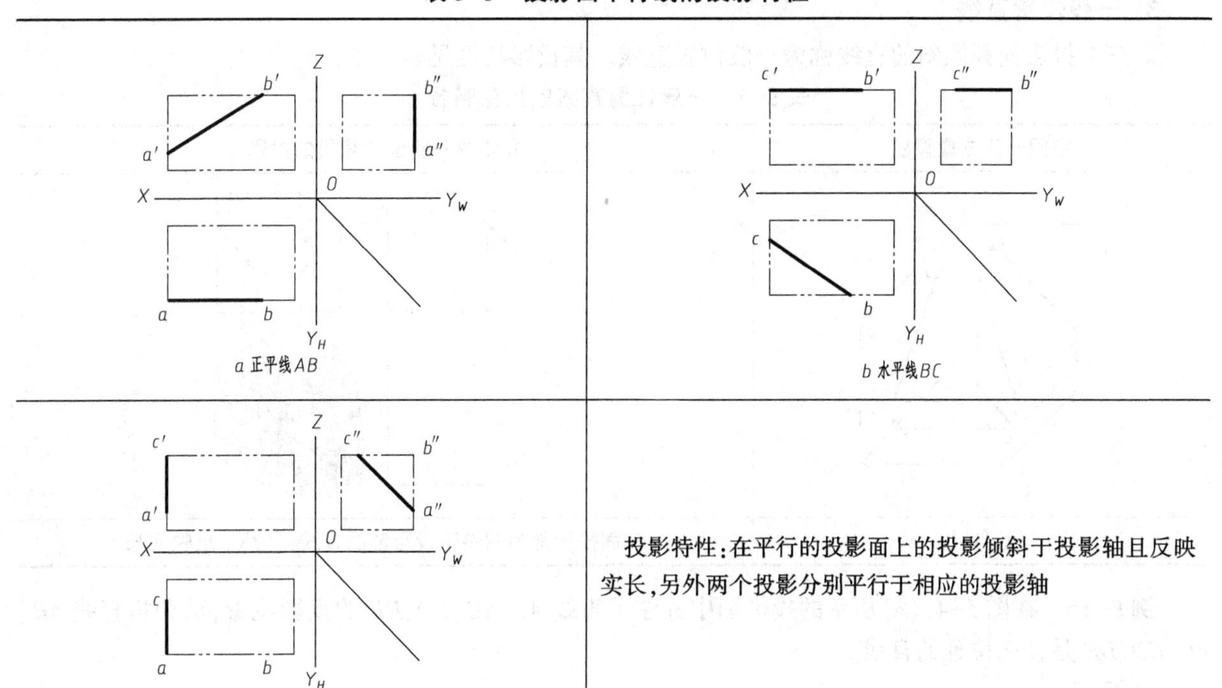

投影特性：在平行的投影面上的投影倾斜于投影轴且反映实长，另外两个投影分别平行于相应的投影轴

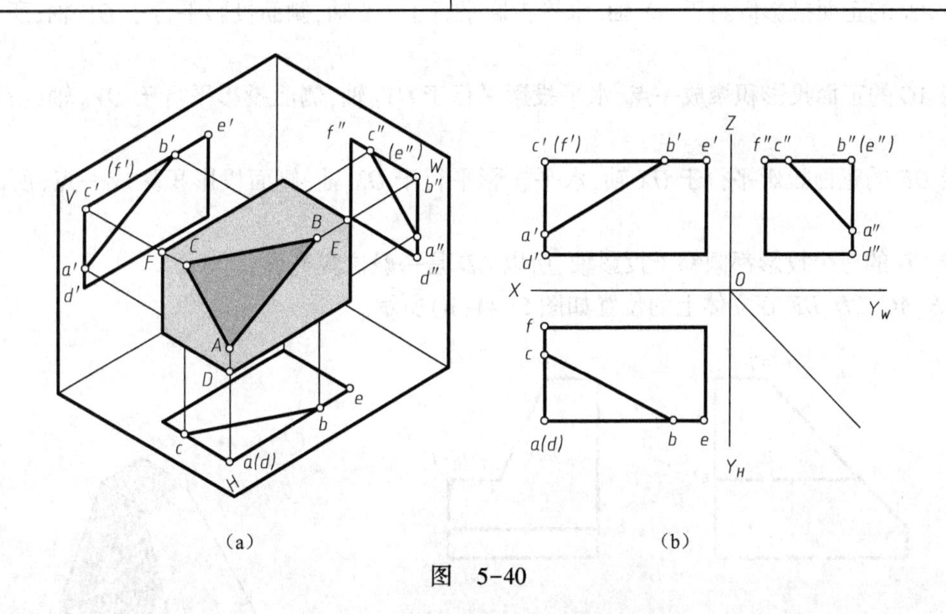

（a）　　　　（b）

图　5-40

表 5-4　投影面垂直线的投影特性

正垂线	铅垂线	侧垂线
c′(f′)　Z　f″c″　X　O　Y_W　f　c　Y_H	Z　a′　d′　a″　d″　X　O　Y_W　a(d)　Y_H	b′　e′　Z　b″(e″)　X　O　Y_W　b　e　Y_H
投影特性	在垂直的投影面上的投影积聚成点，另外两个投影分别平行于相应的投影轴且反映实长	

3. 一般位置直线

对三个投影面都倾斜的直线称为一般位置直线。其投影特性见表 5-5。

表 5-5　一般位置直线的投影特性

空间一般位置直线	立体中一般位置线段的投影
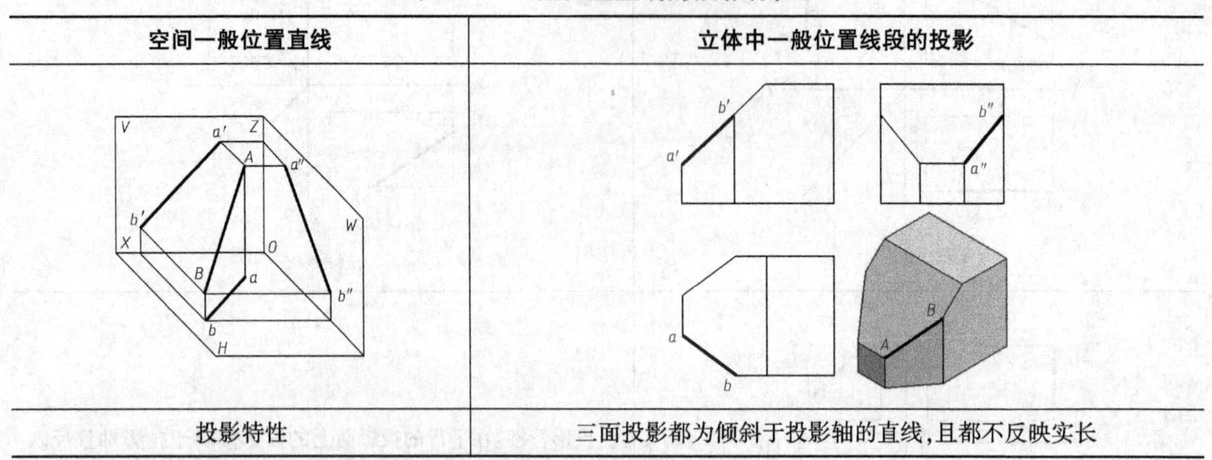	
投影特性	三面投影都为倾斜于投影轴的直线,且都不反映实长

例 5-16　在图 5-41(a)所示的投影图中标注了直线 AB、AC、CD、DE 的投影位置,试分析直线 AB、AC、CD、DE 是什么位置的直线。

分析:

①直线 AB 的正面投影倾斜于 OX 轴,水平投影平行于 OX 轴,侧面投影平行于 OZ 轴,所以直线 AB 是正平线。

②直线 AC 的正面投影积聚成一点,水平投影平行于 OY_H 轴,侧面投影平行于 OY_W 轴,所以直线 AC 是正垂线。

③直线 DE 的正面投影平行于 OX 轴,水平投影平行于 OX 轴,侧面投影积聚成一点,所以直线 DE 是侧垂线。

④直线 CD 的三个投影都倾斜于投影轴,所以 CD 是一般位置直线。

直线 AB、AC、CD、DE 在立体上的位置如图 5-41(b)所示。

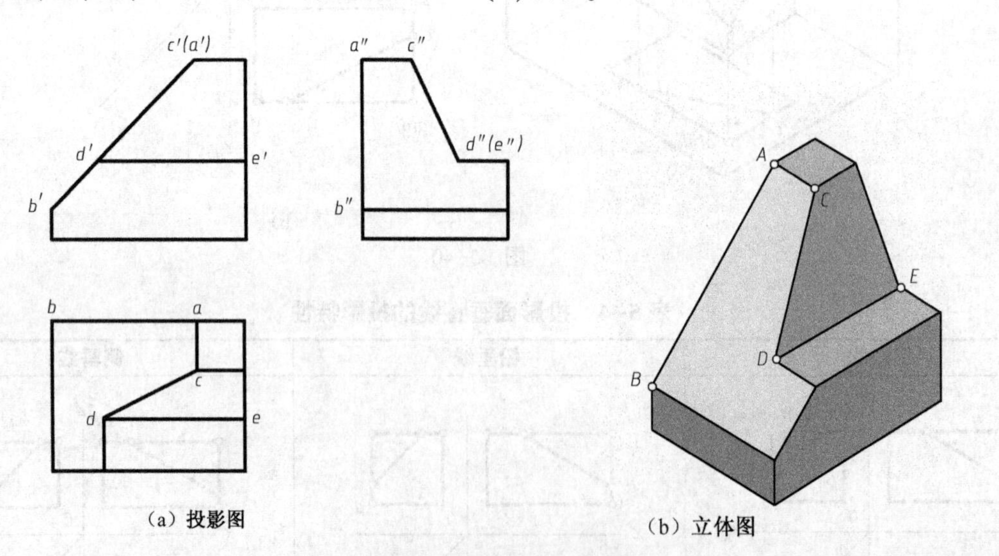

(a) 投影图　　(b) 立体图

图 5-41　分析立体各标记直线的特性

5.4.4　平面的投影特性

立体上的平面是由若干条线段围成的平面图形。根据平面与三投影面之间的相对位置,可将平面分为:一般位置平面、投影面平行面和投影面垂直面,后两种平面又称为特殊位置平面。

1. 一般位置平面

对三个投影面都倾斜的平面称为一般位置平面。图 5-37(a)所示立体中的一般位置平面△*ABC*,其投影及其特性见表 5-6。

2. 投影面平行面

平行于某一个投影面,但又垂直于其余两投影面的平面称为投影面平行面。投影面平行面可分为:正平面(∥*V*);水平面(∥*H*);侧平面(∥*W*)。根据图 5-37(a)所示立体,分析其平面投影特性,见表 5-6。

表 5-6　一般位置平面和投影面平行面的投影特性

一般位置平面	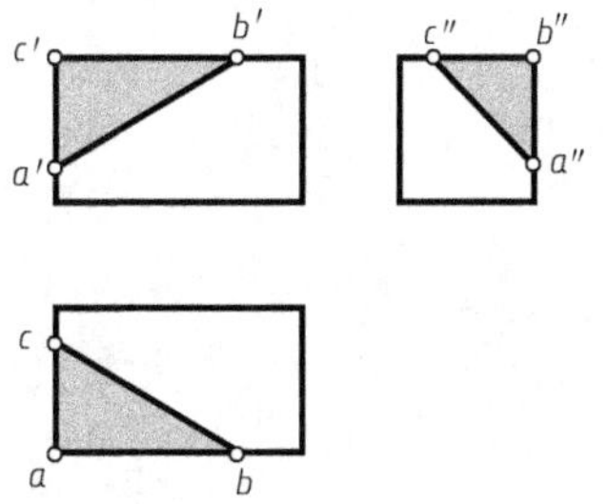	水平面	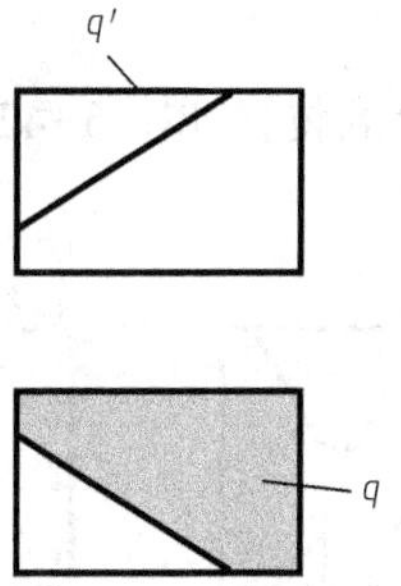
正平面	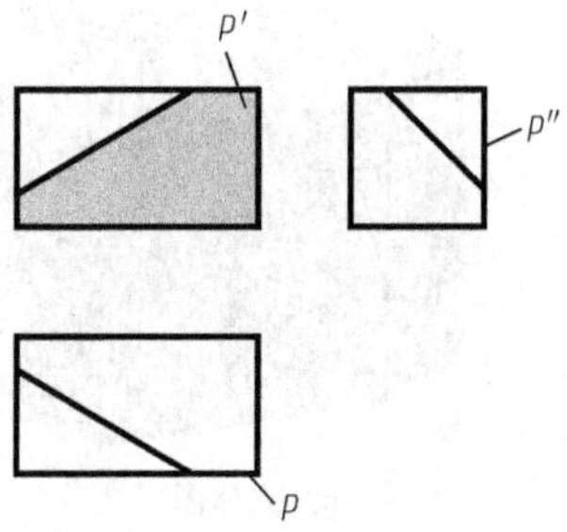	侧平面	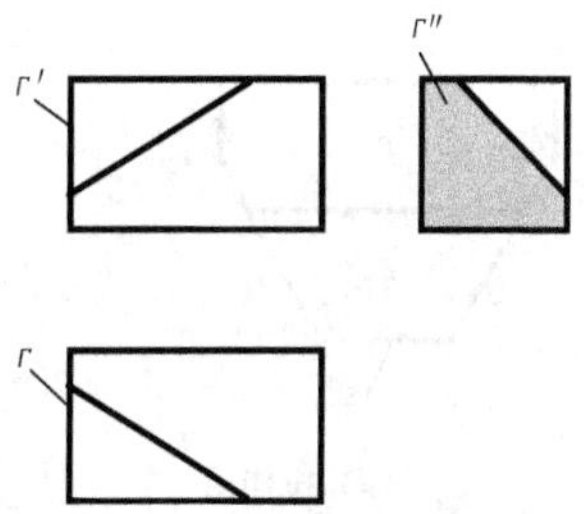
投影特性	一般位置平面,在三个投影平面上的投影均为类似形,都不反映实形	投影面平行面,在平行于投影面上的投影反映实形,另外两个投影积聚成直线且平行于相应的投影轴	

3. 投影面垂直面

垂直于某一个投影面而与其余两投影面都倾斜的平面称为投影面垂直面。投影面垂直面可分为:正垂面(⊥*V*);铅垂面(⊥*H*);侧垂面(⊥*W*)。其投影特性见表 5-7。

表 5-7　投影面垂直面的投影特性

立体	正垂面	侧垂面
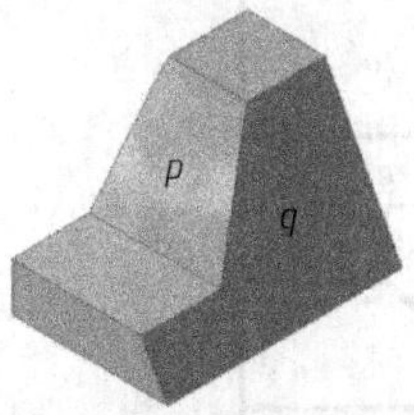	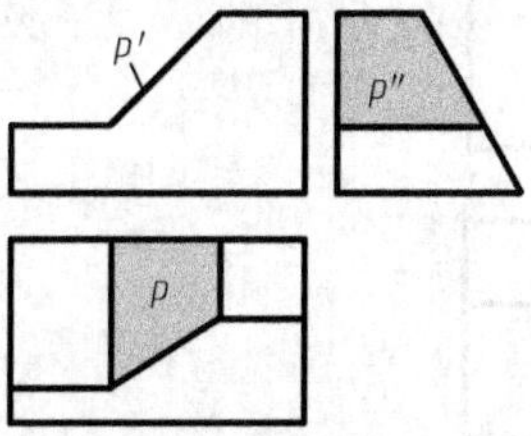	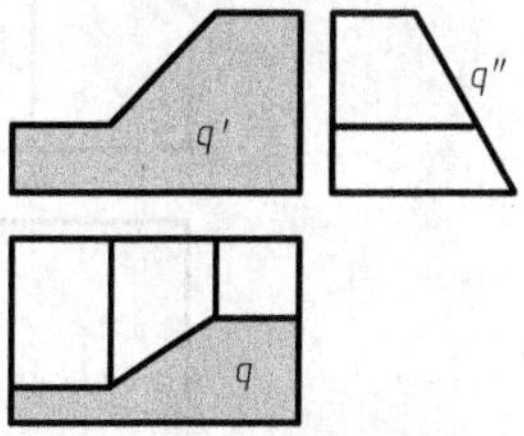
立体	**铅垂面**	**投影特性**
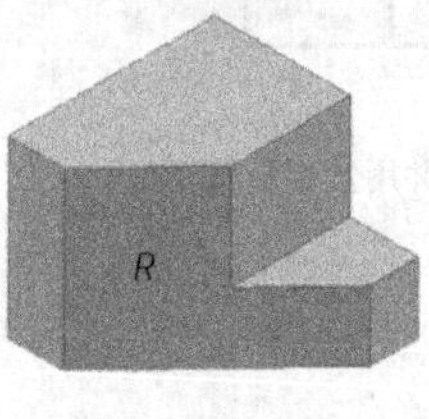	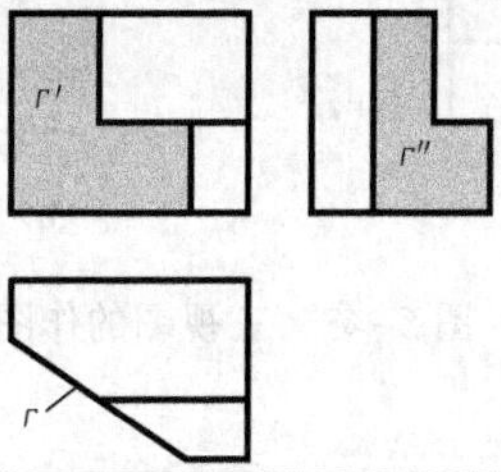	在垂直的投影面上的投影积聚成直线,且倾斜于投影轴,另外两个投影均为该平面的类似形

例 5-17　试分析图 5-42(a)中各标记平面特性，并在图 5-42(b)所示的立体图上标出各面位置。

分析：

①平面 P 的水平投影积聚成直线，且倾斜于 OX 轴，正面和侧面投影都是类似形，所以平面 P 是铅垂面。

②平面 Q 的侧面投影积聚成直线，且倾斜于 OZ 轴，正面和水平投影都是类似形，所以平面 Q 是侧垂面。

③平面 R 的正面和侧面投影积聚成直线，且分别平行于 OX 和 OY_W 轴，水平投影反映实形，所以平面 R 是水平面。

④平面 S 的水平和侧面投影积聚成直线，且分别平行于 OX 和 OZ 轴，正面投影反映实形，所以平面 S 是正平面。

各平面在立体上的位置如图 5-42(b)所示。

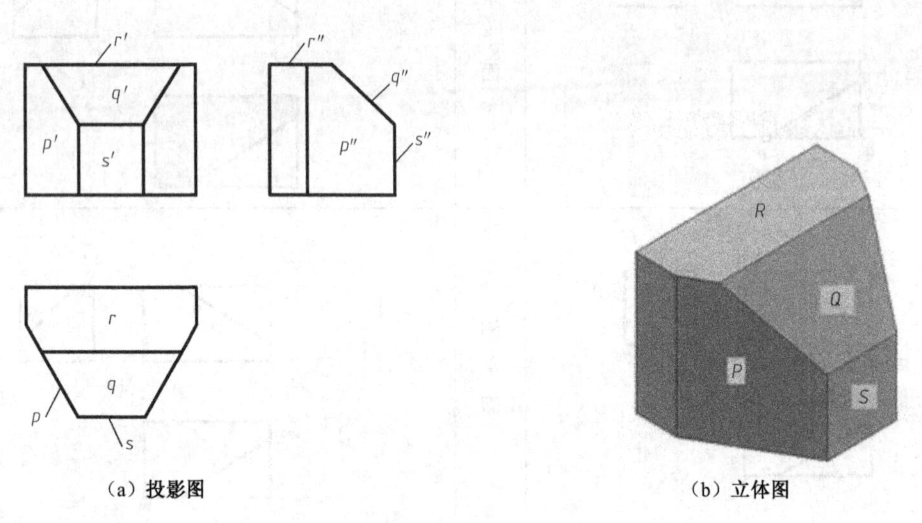

(a) 投影图　　(b) 立体图

图 5-42　标记平面

例 5-18　已知图 5- 43(a)主视图和俯视图，补画左视图。

根据点的投影特性，已知点在两个投影面上的投影位置，根据三等关系，可以求得第三个投影面上的投影位置。作图步骤如图 5-43 所示。

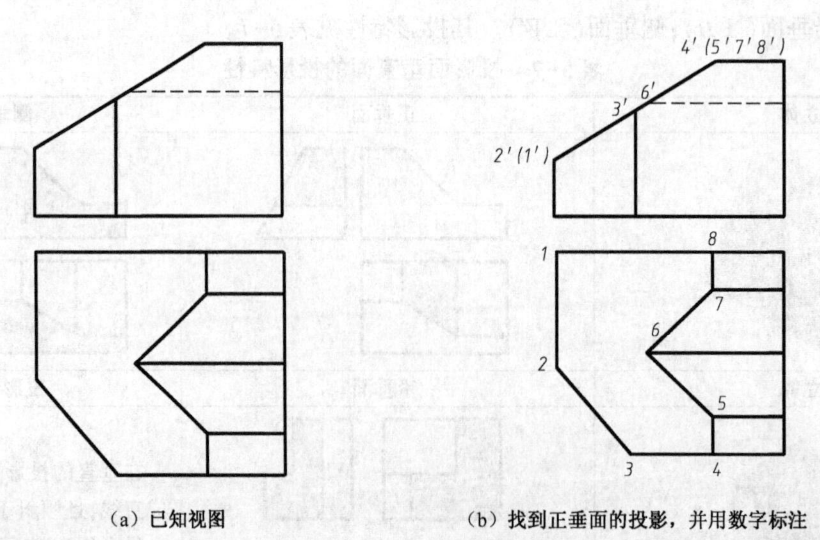

(a) 已知视图　　(b) 找到正垂面的投影，并用数字标注

图 5-43　三视图的作图步骤

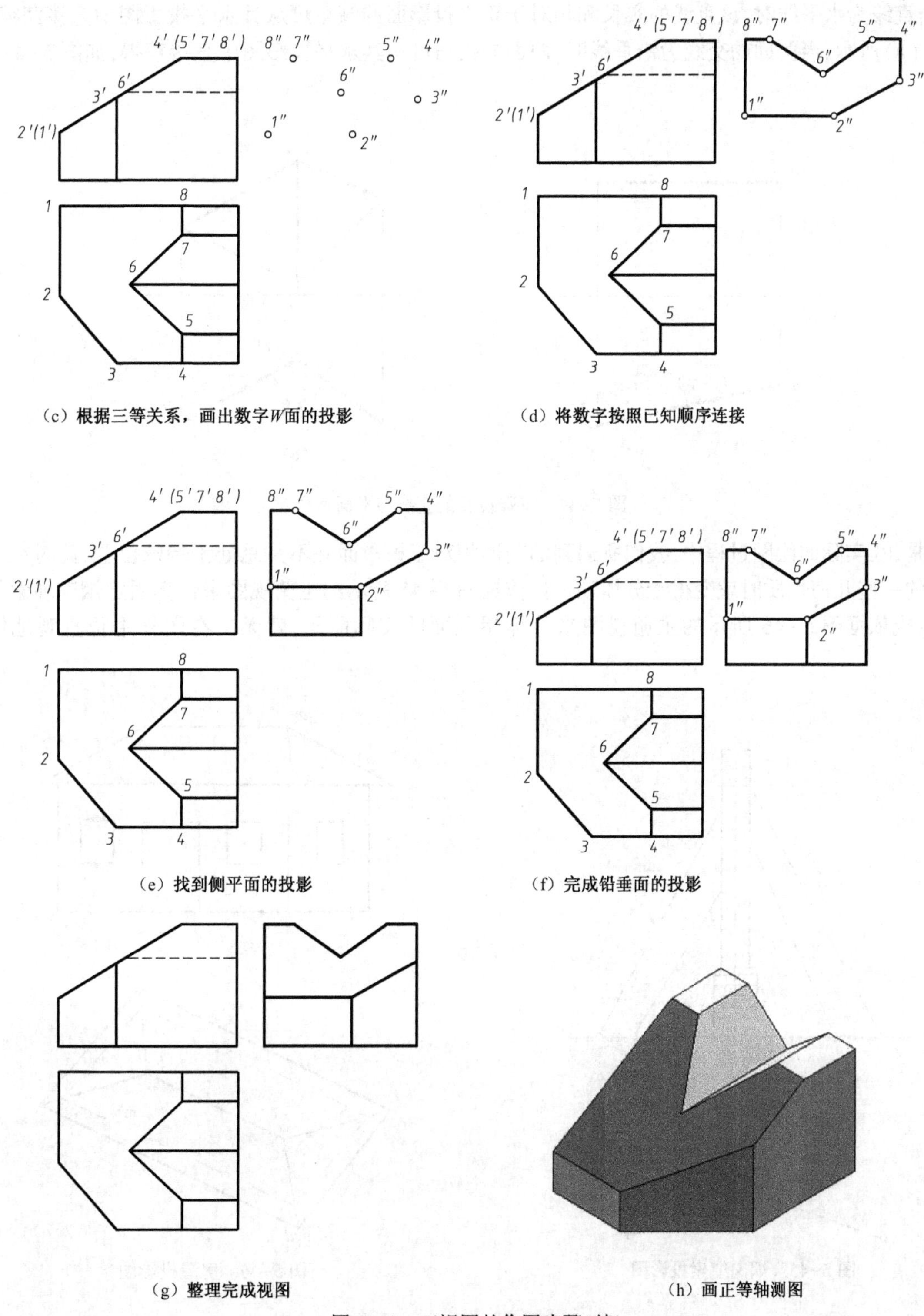

图 5-43　三视图的作图步骤(续)

5.5　换　面　法

5.5.1　换面法的基本概念

当直线或平面相对于投影面处在特殊位置时,其自身的一些几何性质可以直接从投影图中获得。

例如,当直线为水平线时,该直线的实长和相对于正立投影面的倾角可从其水平投影图中直接获得,如图 5-44(a)所示;当两面的交线为铅垂线时,两面的夹角可从其水平投影图中直接获得,如图 5-44(b)所示。

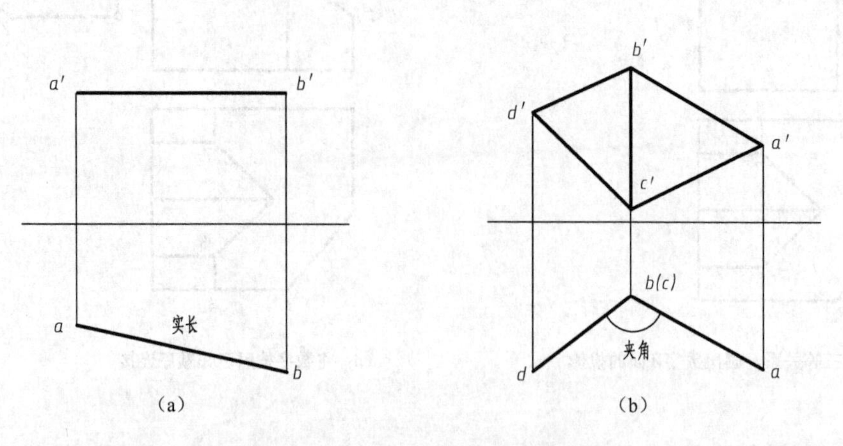

图 5-44　特殊位置的直线与平面

但是,在实际的绘图过程中,我们所遇到的图形相对于投影面并不是总处于特殊位置,此时在求解图形中的一些几何性质时就变得十分烦琐。如依据图 5-45 所示的主俯视图来计算固定烟囱缆索的实际长度;或依据图 5-46 所示的主俯视图来计算屋顶面的实际面积,就无法在图样中很直观地体现出来。

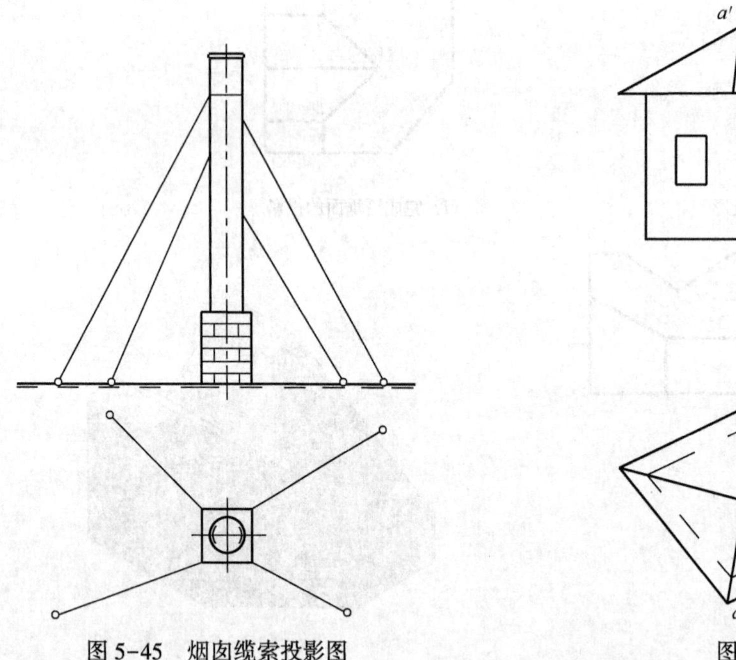

图 5-45　烟囱缆索投影图

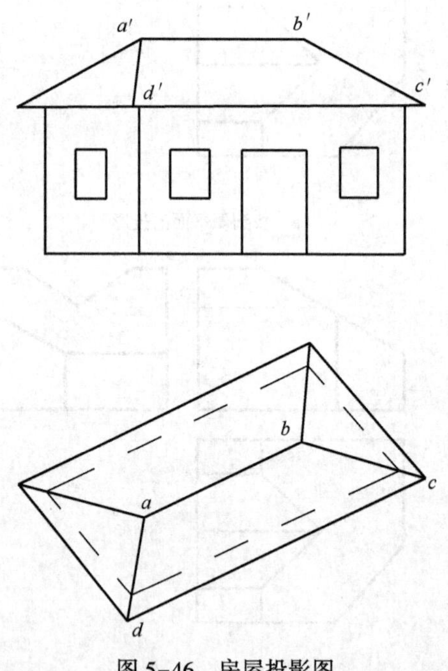

图 5-46　房屋投影图

试想能否找到一种办法把处在一般位置的直线或平面变换为特殊位置,从而求解图形中线面的几何性质呢?本章所涉及的内容就是要达到这一目的——使直线和平面相对于投影面由一般位置变换为特殊位置,从而使图形几何性质的求解过程得以简化。为了达到这一目的,我们可以采用变化投影面的方法,也就是说,保持直线或平面在空间的位置不变,在原投影面体系中设立一个新的投影面,使得新投影面垂直于原投影体系中的一个投影面,并与直线或平面保持平行或垂直的关系,这样在新的投影面体系中,直线或平面就处在了特殊位置,从而简化了图形几何性质的求解过程,这种方法被称为换面法。

换面法的实例如图 5-47 所示。在水平投影面 H 和正投影面 V 构成的两投影面体系中,绘制了铅垂面$\triangle ABC$ 的正面投影和水平投影,此时$\triangle ABC$ 的两面投影 abc 和 $a'b'c'$ 都没有反应出该三角形平面的真实大小。为了获得△ABC平面的真实大小，我们设立一个与水平投影面H相垂直且与△ABC平面相平行的投影面V_1，那么在新设立的投影面V_1上的△ABC的投影$a'_1b'_1c'_1$就体现了三角形平面ABC的真实大小。但是已知的条件是△ABC的两面投影abc和$a'b'c'$，所以我们面临的问题就是如何根据已知的投影图abc和$a'b'c'$来求解出新投影图$a_1'b_1'c_1'$。我们知道只要求出a_1'、b_1'和c_1'三点，就可以得出新投影图$a_1'b_1'c_1'$了，所以这个问题的求解要从点的投影变换开始。

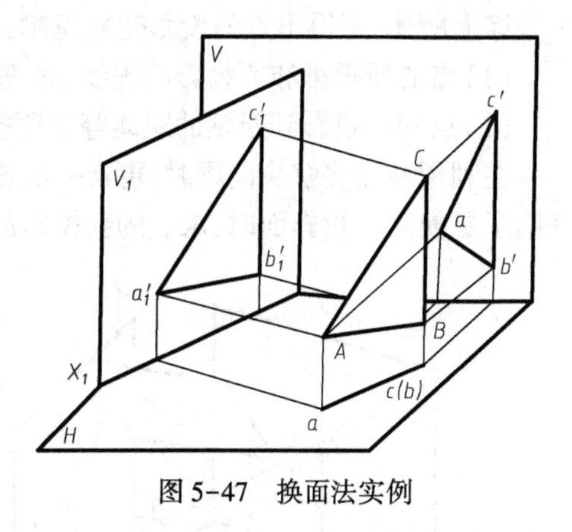

图 5-47　换面法实例

5.5.2　点的投影变换

如图5-48所示，点A的两投影面体系H和V投影面上分别获得了投影a和a'，下面设立一个与水平投影面H相垂直的投影面V_1来代替原正投影面V，构成了新的两投影面体系H和V_1。H和V_1的交线即为新的投影轴O_1X_1轴，空间点A向新投影面V_1投射得到新的正面投影a_1'。再将水平投影面H和新投影面V_1一起绕OX轴向下旋转，使投影面H与投影面V处在同一平面内，然后再将新投影面V_1绕着O_1X_1轴旋转90°，使新投影面V_1与投影面H处在同一平面内，即完成空间投影体系的展开过程。在展开后的投影图中，aa_1'的连线垂直于O_1X_1轴，且$a_1'a_{x1}$等于$a'a_x$。

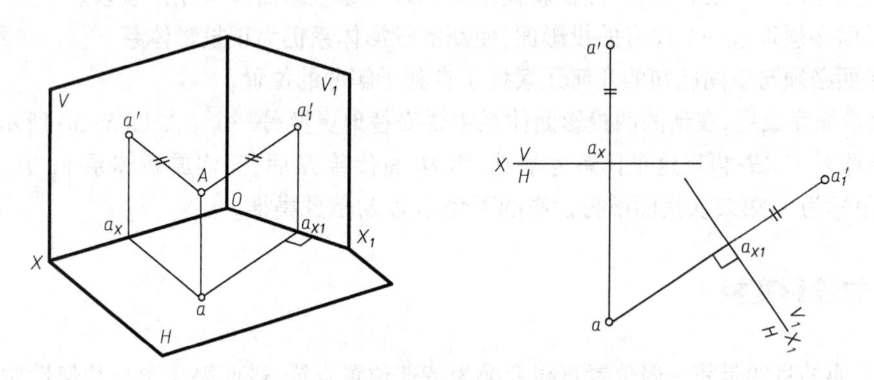

图 5-48　点的投影变换(更换V面)

同样，也可以设立一个与正投影面V相垂直的投影面H_1来代替原水平投影面H，构成了新的两投影面体系H_1和V，如图5-49所示。H_1和V的交线即为新的投影轴O_1X_1轴，空间点B向新投影面H_1投射得到新的正面投影O_1。将新投影面H_1绕着O_1X_1轴旋转90°，使新投影面H_1与投影面V处在同一平面内，再将投影面H绕着OX轴旋转90°，使投影面H与投影面V处在同一平面内，即完成空间投影体系的展开过程。在展开后的投影图中，$b'b_1$的连线垂直于O_1X_1轴，且b_1b_{X1}等于bb_X。

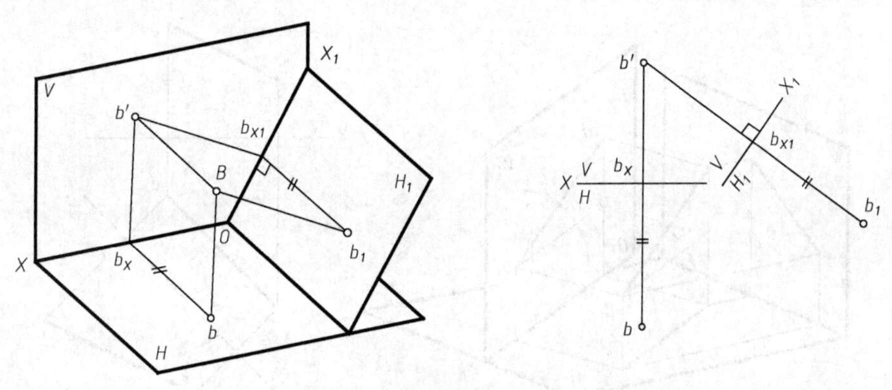

图 5-49　点的投影变换(更换H面)

综上所述,可得出点的投影变换规律:

(1)点的新投影和原投影的连线,必垂直于新投影轴(如 $b'b_1$ 的连线垂直于 O_1X_1 轴);

(2)点的新投影到新轴的距离等于原投影到原轴的距离(如 b_1b_{X1} 等于 bb_X);

在利用换面法解决问题时,更换一次投影面有时不足以达到目的,而必须更换两次或多次,图 5-50 表明了更换两次投影面时,求点的新投影的方法。其原理和更换一次投影面相同。

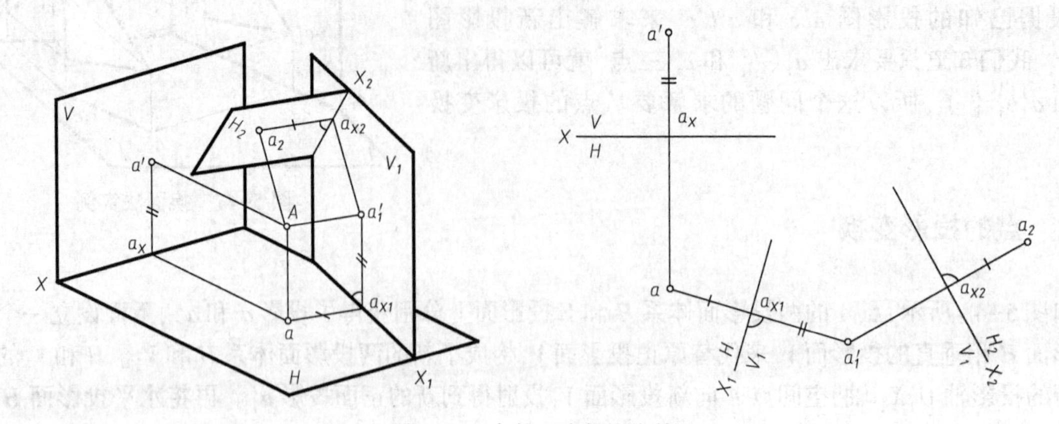

图 5-50 点的二次投影变换

注意在更换投影面时,新投影面的选择必须符合三个原则:

(1)一次只能变换一个投影面,以便使新投影面体系与原投影面体系保持联系。

(2)新投影面必须垂直一个原有的投影面,使新的投影体系仍为正投影体系。

(3)新投影面必须与空间已知的几何元素处于有利于解题的位置。

另外,一次换面完成后,在新的两投影面体系中要交替地更换另一个。如图 5-50 所示先由 V_1 面代替 V 面,构成新体系 V_1/H;再以这个体系为基础,用 H_2 面代替 H 面,又构成新体系 V_1/H_2,第一次换面所得投影的下角标为 1,第二次换面所得投影的下角标为 2,依此类推。

5.5.3 直线的投影变换

直线投影变换的目的是将一般位置直线变换为特殊位置直线,进而简化图形几何性质的求解过程,在直线的一次投影变换过程中涉及到两个内容,一是将一般位置直线变换为投影面的平行线;二是将投影面的平行线变换为投影面的垂直线。

1. 一般位置直线变换为投影面的平行线

在图 5-51 中,AB 为一般位置直线,若要将它变换成投影面的平行线,可新设立一投影面 V_1,使 V_1 面即平行于直线 AB 又垂直于 H 面。此时直线 AB 在新的两投影面体系 H 和 V_1 中为 V_1 面的平行线。H

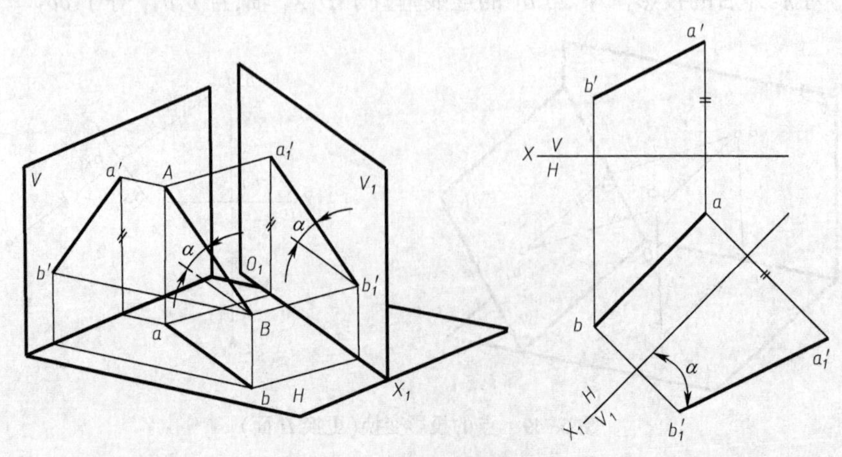

图 5-51 点的二次投影变换

和 V_1 的交线即为新的投影轴 O_1X_1 轴，由于正平线的水平投影平行于投影轴，所以新的两投影面体系 H 和 V_1 展开后的直线的水平投影 ab 一定平行于新投影轴 O_1X_1 轴。作图时，可在水平投影 ab 的适当位置做平行于 ab 的 O_1X_1 轴，然后依据点的投影变换方法，分别求出 a_1' 和 b_1'，用粗实线连接 a_1' 和 b_1' 后得到直线 AB 在新投影面 V_1 上的投影。直线在 H 和 V_1 投影面体系中平行于 V_1 面，所以 $a_1'b_1'$ 反映直线 AB 的实长，$a_1'b_1'$ 与 O_1X_1 轴的夹角反映直线 AB 与 H 面的倾角 α。

同理，也可以设立一个与正立投影面 V 相垂直的投影面 H_1 来代替原水平投影面 H，构成了新的两投影面体系 H_1 和 V。使一般位置直线 AB 变换为 H_1 面的平行线，此时 a_1b_1 反映直线 AB 的实长，a_1b_1 与 O_1X_1 轴的夹角反映直线 AB 与 H 面的夹角 β。

2. 投影面的平行线变换为投影面的垂直线

在图 5-52 中，AB 为正平线，若要将它变换成投影面的垂直线，可新设立一投影面 H_1，使 H_1 面既垂直于直线 AB 又垂直于 V 面。此时直线 AB 在新的两投影面体系 H_1 和 V 中为投影面 H_1 的垂直线。H_1 和 V 的交线即为新的投影轴 O_1X_1 轴，由于铅垂线的正面投影垂直于投影轴，所以新的两投影面体系 H_1 和 V 展开后的直线正面投影 $a'b'$ 一定垂直于新投影轴 O_1X_1 轴。作图时，可在正面投影 $a'b'$ 的适当位置作垂直于 $a'b'$ 的 O_1X_1 轴，然后依据点的投影变换方法，分别求出 a_1 和 b_1。直线在 H_1 和 V 投影面体系中垂直于 H_1 面，所以直线 AB 在 H_1 面上的投影积聚为一点。

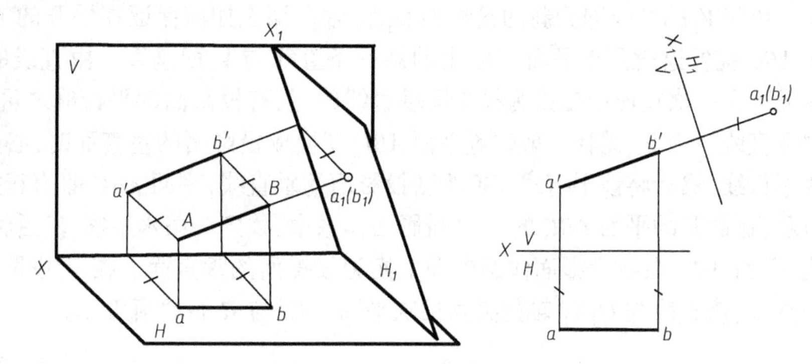

图 5-52　投影面的平行线变换为投影面的垂直线

同理，针对水平线也可以将一水平线 AB 变换为投影面的垂直线，此时需设立一个与水平投影面 H 相垂直的投影面 V_1 来代替原正投影面 V，构成新的两投影面体系 H 和 V_1。新的两投影面体系 H 和 V_1 展开后的直线的水平投影 ab 一定垂直于新投影轴 O_1X_1 轴，新投影 $a_1'b_1'$ 在 V_1 面上的投影积聚为一点。

3. 一般位置直线变换为投影面的垂直线

一般位置直线变换为投影面的垂直线必须经过两次换面，这是因为一般位置直线与原投影面都倾斜，新设立的投影面如果与一般位置直线垂直，就不可能与原投影面垂直，不能构成正投影体系。此时，应首先将一般位置直线变换为投影面的平行线，然后再将投影面的平行线变换为投影面的垂直线，如图 5-53 所示。

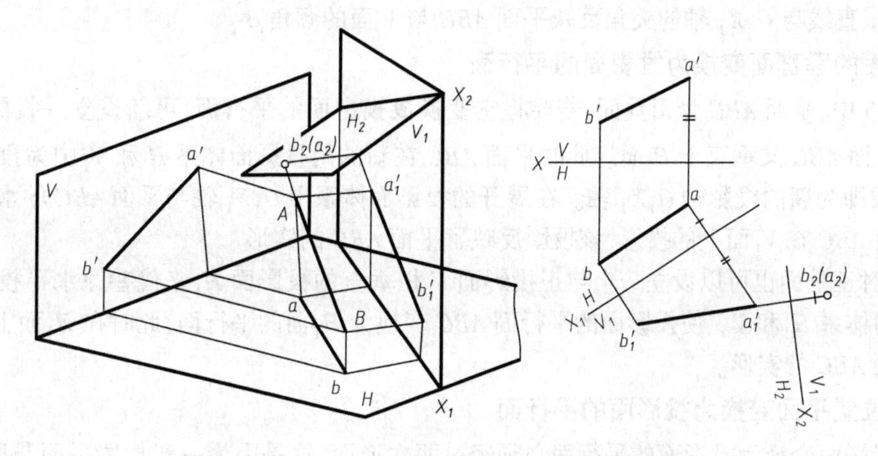

图 5-53　一般位置直线变换为投影面的垂直线

5.5.4 平面的投影变换

平面投影变换的目的是为了将一般位置平面变换为特殊位置平面,进而简化图形几何性质的求解过程,在平面的一次投影变换过程中涉及到两个内容,一是将一般位置平面变换为投影面的垂直面;二是将投影面的垂直面变换为投影面的平行面。

1. 一般位置平面变换为投影面的垂直面

在图5-54中,平面ABC为一般位置平面,若要将它变换成投影面的垂直面,可新设立一投影面V_1,使V_1面既垂直于平面ABC又垂直于H面。此时直线AB在新的两投影面体系H和V_1中为V_1面的垂直面。H和V_1的交线即为新的投影轴O_1X_1轴。那么如何保证在展开的H和V_1投影系中V_1面垂直于平面ABC呢?这就要求平面ABC上的某一条直线与V_1面垂直。由直线的投影变换可知,一般位置直线是无法在一次换面中变换为投影面垂直线的,只有投影面的平行线才可在在一次换面中变换为投影面的垂直线。因此,需将一般位置平面ABC变换成投影面的垂直面时,必须在平面ABC上找一条投影面的平行线,然后将该平行线变换为新投影面的垂直线,平面ABC即为新投影面的垂直面了。如图5-54所示,在展开的平面ABC的V/H投影面体系中,找到一条水平线,然后将该水平线变换为投影面的垂直线,平面ABC在新投影面体系中即变换为投影面的垂直面。在V_1投影面上平面ABC的投影积聚为一条直线,该直线与O_1X_1轴的夹角反映平面ABC与H面的倾角α。

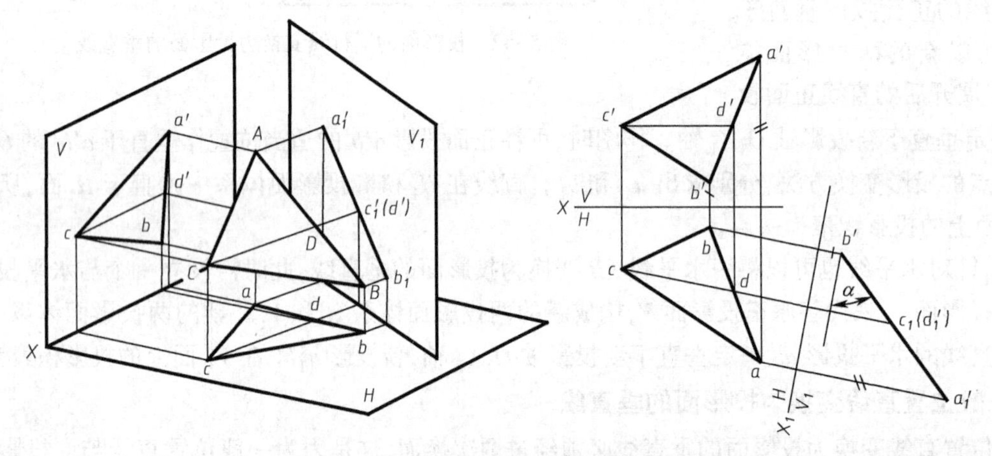

图5-54　一般位置平面变换为投影面的垂直面

同理,也可以设立一个与正立投影面V相垂直的投影面H_1来代替原正立投影面H,构成了新的两投影面体系H_1和V。使一般位置平面ABC变换为H_1面的垂直面,此时在H_1面上平面ABC的投影积聚为一条直线,该直线与O_1X_1轴的夹角反映平面ABC与V面的倾角β。

2. 投影面的垂直面变换为投影面的平行面

在图5-55中,平面ABC为铅垂面,若要将它变换成投影面的平行面,可新设立一投影面V_1,使V_1面既平行于平面ABC又垂直于H面。此时平面ABC在新的两投影面体系H和V_1中为投影面平行面。H和V_1的交线即为新的投影轴O_1X_1轴。在展开的投影面体系中O_1X_1轴与平面ABC的水平投影平行,然后求出平面ABC在V_1面上的投影,该投影反映了平面ABC的实形。

同理,针对正垂面也可以设立一个与正投影面V相垂直的投影面H_1来代替原水平投影面H,构成新的两投影面体系H_1和V。使投影面的平行面ABC变换为H_1面的平行面,此时在H_1面上平面ABC的投影反映平面ABC的实形。

3. 一般位置平面变换为投影面的平行面

一般位置平面变换为投影面的平行面必须经过两次换面,这是因为一般位置平面与原投影面都倾斜,新设立的投影面如果与一般位置平面平行,就不可能与原投影面垂直,此时不能构成正投影体系。

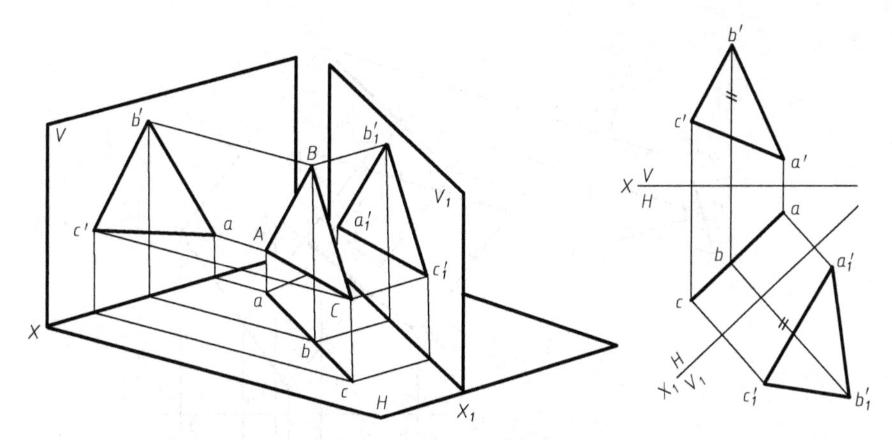

图 5-55　投影面的垂直面变换为投影面的平行面

所以应首先将一般位置平面变换为投影面的垂直面(见图 5-54),然后再将投影面的垂直面变换为投影面的平行面(见图 5-55)。

5.5.5　换面法解题实例

应用投影变换方法解题时,首先分析已知条件和待求问题间的关系,再分析空间几何元素与投影面处于何种相对位置,进而确定需经过几次变换及变换顺序。在解题思路明确的情况下,依据上面所介绍的投影变换方法,确定具体的作图步骤。

例 5-19　求两交叉直线的公垂线(见图 5-56)。

直线 AB 与 CD 间的最短距离为其公垂线的长度,因此,本题可归结为求交叉两直线最短距离的实长问题。

观察图 5-57,若将两交叉直线之一(如 AB)变成新投影面的垂直线(需两次换面),则公垂线 FE 必平行于新投影面,其在新投影面的投影反应实长,且与另一直线在新投影面上的投影垂直。

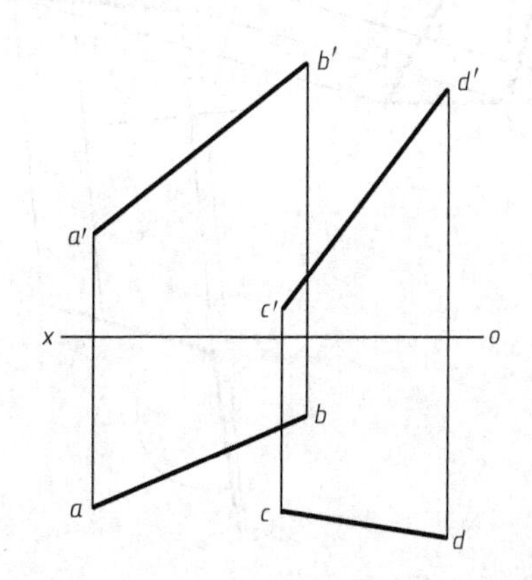

图 5-56　求两交叉直线的公垂线

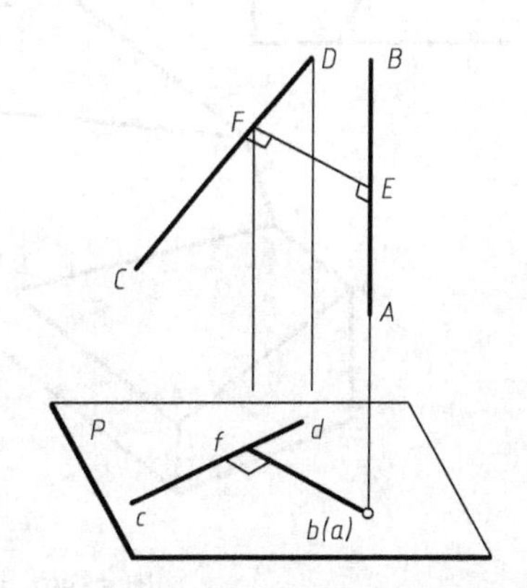

图 5-57　两交叉直线的公垂线

其作图步骤如图 5-58 所示。先将直线 AB 在 V/H_1 体系中变成 H_1 面的平行线,再在 V_2/H_1 体系中变成 V_2 面的垂直线,此时直线 AB 的投影积聚为一点。直线 CD 也随之作相应的变换。在 V_1/H_2 新体系中,作公垂线 FE。由前分析可知,FE 一定是水平线,其水平投影 f_2e_2' 既垂直 $a_2'b_2'$ 又与 $c_2'd_2'$ 投影垂直,故可过 e_2' 作 $c_2'd_2'$ 的垂线,垂足即为 f_2,因为在 V_1/H_2 体系 FE 是水平线,所以 $f_1'e_1'//O_2X_2$ 轴,故过 f_1 作 x_2 轴的平行线交 a_1b_1 于 e_1,这样就确定了 AB 线上 E 点的位置。将 FE 返回到原投影系 V/H 中,得到 fe 和 $f'e'$,即为公垂线的投影。而 f_2e_2' 反映了它的实长,即交叉二直线 AB,CD 之间的距离。

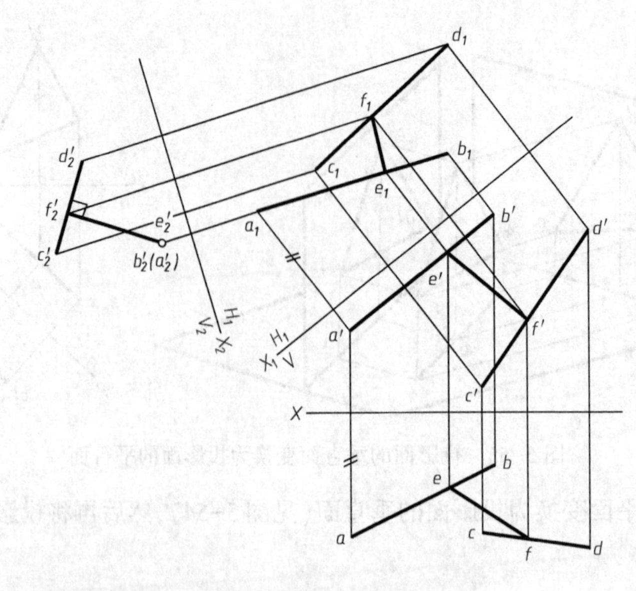

图 5-58　两交叉直线公垂线的求解

例 5-20　求解立体表面 $ABCD$ 与 $CDEF$ 的夹角(见图 5-59)。

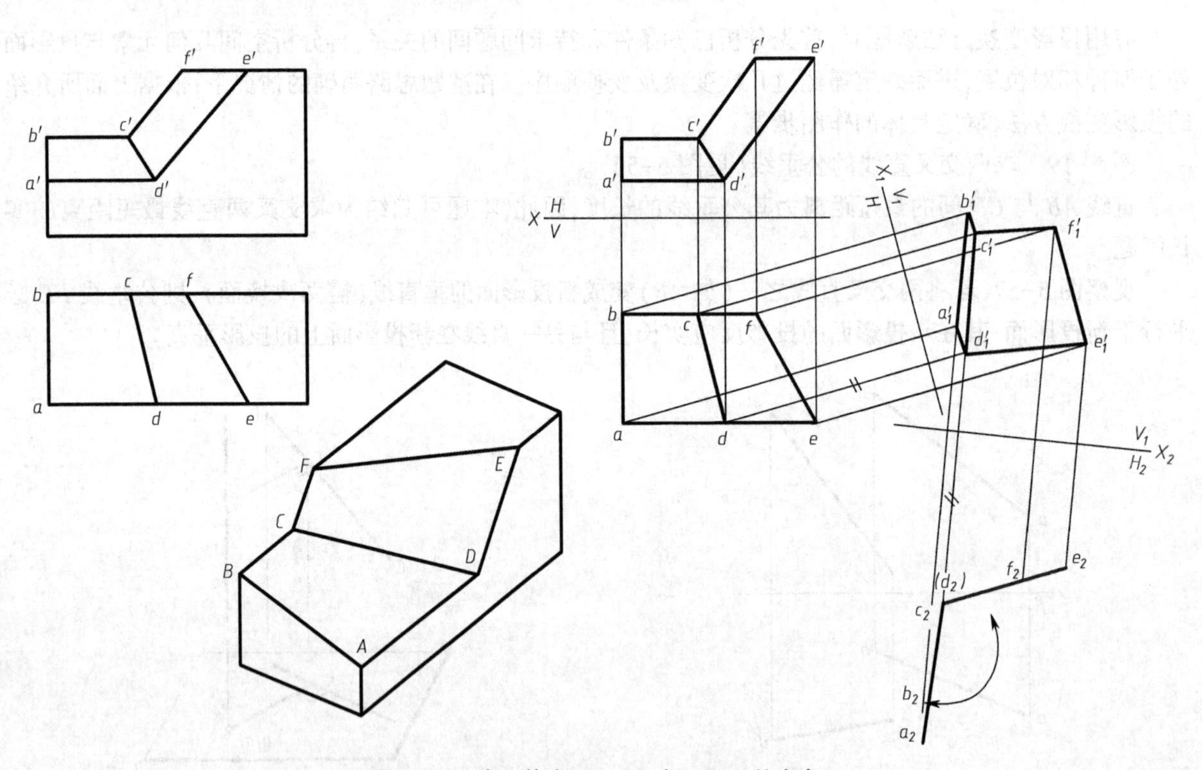

图 5-59　求立体表面 $ABCD$ 与 $CDEF$ 的夹角

当两面的交线为投影面垂直线时,两面的夹角可从其投影图中直接获得,因此,本题可归结为将两面交线变换为投影面垂直线的问题。

观察图 5-59,由于 CD 线在投影图中为一般位置直线,所以将两面交线 CD 变成新投影面的垂直线(需两次换面)。两次换面后,CD 线为投影面的垂直线。

其作图步骤如下:

先将直线 CD 在 V_1/H 体系中变成 V_1 面的平行线,再在 V_1/H_2 体系中变成 H_2 面的垂直线,此时 CD 直线的投影积聚为一点。原投影图中的其他各线也随之作相应的变换。在 V_1/H_2 体系中,面 $ABCD$ 与 $CDEF$ 为投影面的垂直面。两面的夹角直接体现在该投影图中。

5.6 第三角投影法简介

5.6.1 第三角投影法

我国的工程制图都采用第一角投影法，而美国等一些国家采用第三角投影法，即将物体置于第三分角内，产生视图的要素关系是观察者⇒透明投影面⇒物体，如图 5-60 所示。

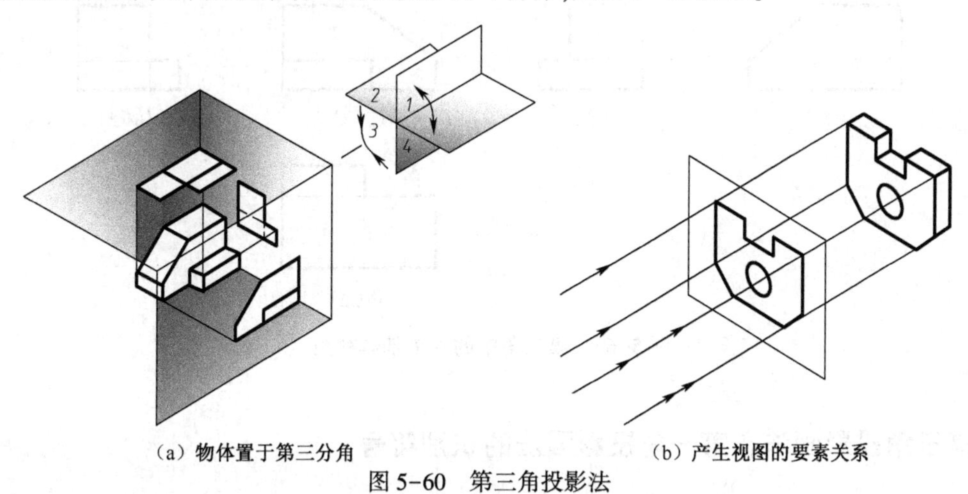

(a) 物体置于第三分角　　(b) 产生视图的要素关系

图 5-60　第三角投影法

5.6.2 第三角三视图

如图 5-61 所示，物体在 V、H、W 三个投影面上的投影，分别称为前视图(front view)、顶视图(top view)及右视图(right view)。为了使三投影面共面，规定 V 面不动，H 面绕它与 V 面的交线向上翻转 90°，W 面绕它与 V 面的交线向右翻转 90°，展开后三视图的配置如图 5-62 所示，三个视图同样符合“长对正，高平齐、宽相等”的投影规律。

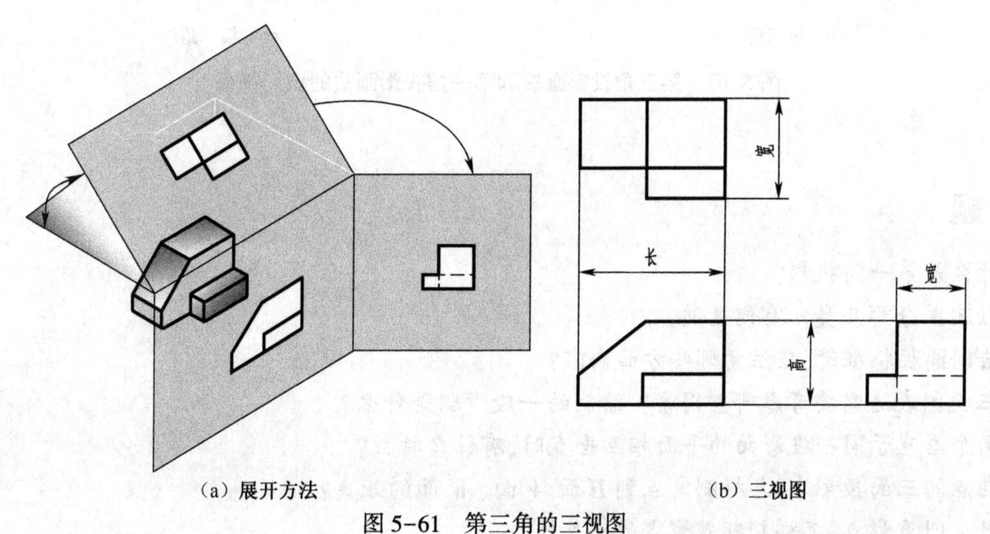

(a) 展开方法　　(b) 三视图

图 5-61　第三角的三视图

5.6.3 第三角投影法中基本视图的配置

同第一角投影法一样，将机件置于正六面体中，向基本投影面投射所得的视图，称为基本视图。除前视图、俯视图及右视图外，其余三个视图分别为：后视图(rear view)、底视图(bottom view)、左视图(left view)。六个基本视图的配置如图 5-62 所示。

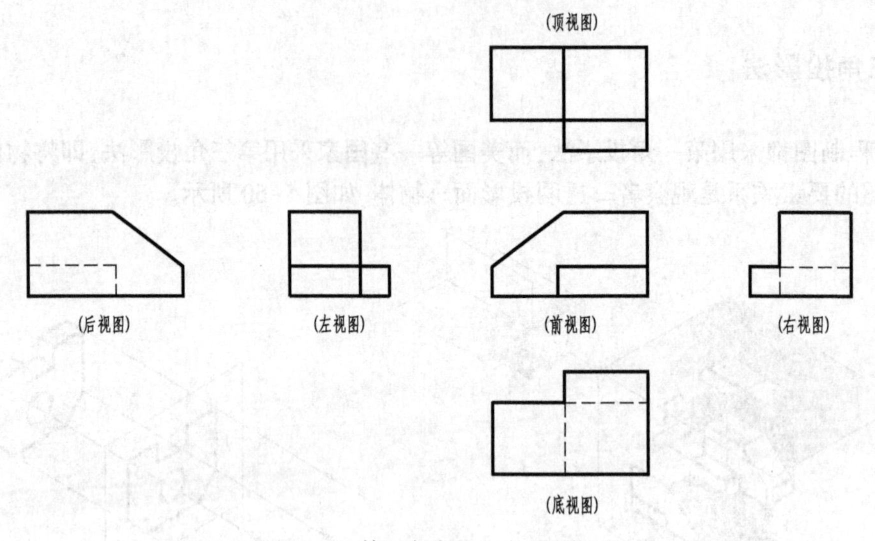

图 5-62　第三角中的六个基本视图

5.6.4　第三角投影画法和第一角投影画法的识别符号

为了识别第三角投影画法和第一角投影画法，国家标准规定了相应的标识符号，如图 5-63 所示。一般标在标题栏的上方或左方，采用第三角投影画法时，必须在图样中标出其标识符号；采用第一角投影画法时，必要时也应在图样中标出其标识符号。

(a) 第三角　　(b) 第一角

图 5-63　第三角投影画法和第一角投影画法的识别符号

思 考 题

1. 什么是第一角投影？
2. 轴测图分哪几类？有何区别？
3. 绘制圆柱特征时，应注意哪些方面内容？
4. 三视图表达需要考虑哪些因素？绘制的一般步骤是什么？
5. 两个垂直于同一投影面的平面相互垂直时，有什么特性？
6. 在点的三面投影中，怎样测定点到 H 面、V 面、W 面的距离？
7. 什么叫重影点，怎样判断重影点的可见性？

习　　题

1. 观察图 5-64 所示发动机气缸体，绘制六个基本视图。

2. 将图 5-65 所示轴测图绘制成三视图。

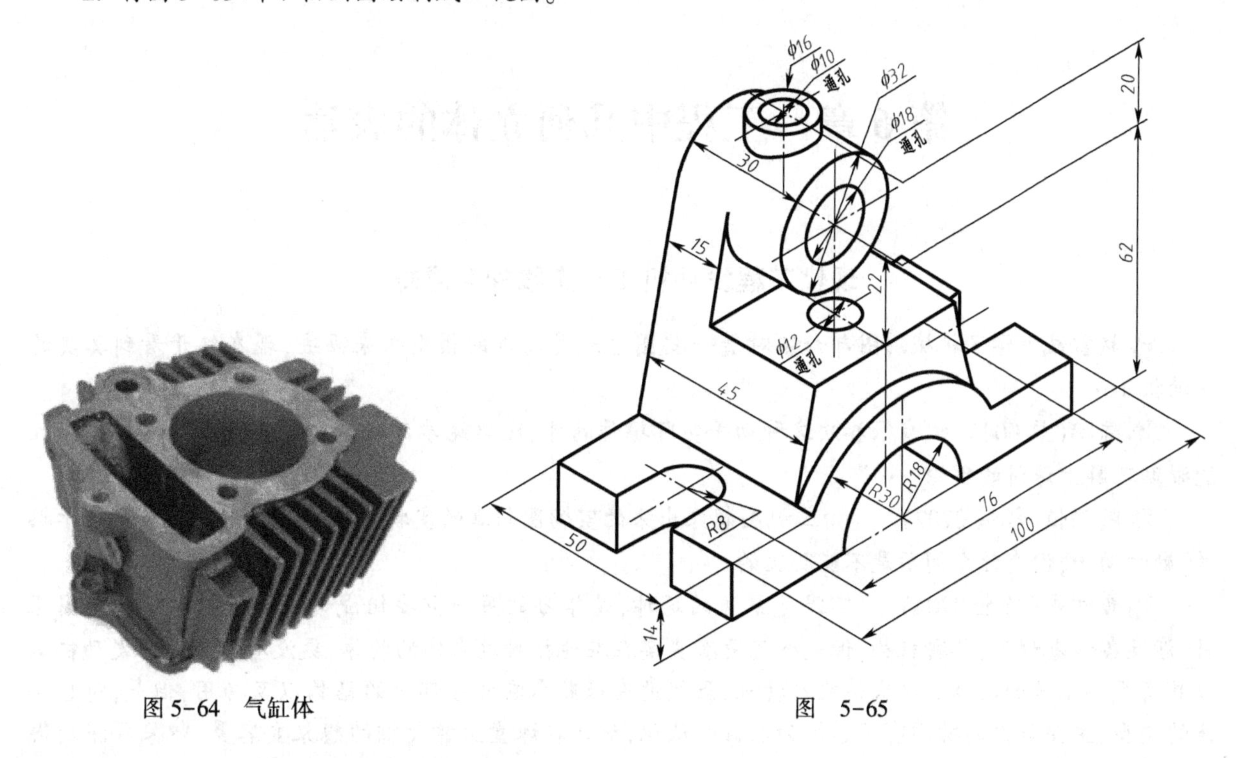

图 5-64　气缸体　　　　图　5-65

参考文献

1. 樊百林.发动机原理与拆装实践教程—现代工程实践教学[M].北京:人民邮电出版社,2011.
2. 万静.机械工程制图基础[M].北京:机械工业出版社,2012.
3. 蔡小华.工程制图[M].北京:中国铁道出版社,2009.

第6章　工程中几何立体的表达

现代工程发动机工程实践学习感想

赵雪斌　学了机械制图却始终对着一些图片或是简单的模型画来画去，现在终于看到真实的发动机了……

陈鹏（热004）　"我很喜欢这种动手实际操作的课，比单纯学习理论更容易让学生得到知识且能帮助理解上课讲的理论……"

阙福恒（机械0702）　"由三视图想象出来的实物图与真的实物体有一定的差距。只要勤于思考，勤于动手，没有什么问题是不能解决的。

鱼江永（冶金0704）　"实践是课堂的延伸，是学习的另一重要组成部分。平时学习的制图课时，涉及各种零部件、各种机构，但是终究没有实实在在地接触过真实的物体，更没有拆装过像发动机这样具有复杂结构的实体。这次拆装发动机，虽然没有很熟悉它的各部分的结构以及功用，但是，对它整体的构型，主要部件的功用有了感性加理性的认识，这比在课堂上靠大脑的想象要容易，印象要深刻得多。就是这种实践行动，让人认识了动手的重要性、现实性，可以说，实践是课堂的延伸，是学习的另一重要组成部分。"

李佳奇（设备14）　发动机拆装实训使我们收获颇丰，不仅是知识方面，而且让我们学会了如何正确面对未来工作中的困难与挫折，是一次非常有意义的经历。

本章学习目标：

✧ 结合发动机零件和生活中各种产品，分析、研究其构型特征，掌握几何体的绘制与阅读。

本章学习内容：

✧ 工程中常见的几何体的基本知识
✧ 平面立体的基本知识
✧ 曲面立体的基本知识

实践教学研究：

✧ 观察生活周围中常见的几何体。
✧ 观察周围环境的路灯和路灯罩，是如何设计的？有哪些方面的立体？
✧ 分析发动机，其零件由哪些基本几何立体组成？

关键词：平面立体　曲面立体　截交线　相贯线

6.1　以工程意识为基础的实践教学

发动机由三百多个零件组成,零件的形状不同,工程中的零件需要在特定的工作环境下工作,所以了解零件的功用、工作环境和工作载荷性质是《机械设计制图》工程零件设计的基础。以活塞为例说明。

6.1.1　零件的奇妙功能

活塞是发动机中最重要的零件之一。其功能是构成燃烧室,承受气体压力,并通过活塞销和连杆驱使曲轴旋转。

活塞具有独特的零件工程温度,活塞在高温和化学腐蚀下工作,润滑不良、散热条件差;顶部工作温度高达 600~700 K,且分布不均匀。

图 6-1　工程实践教学零件活塞

6.1.2　奇妙的结构设计

奇妙的功能促成了独特的设计结构。活塞顶部构形设计要考虑到燃烧室的形状,如图 6-1 所示。燃烧室的形状与发动机的能量传递和压缩比有很大的关系。活塞结构如图6-2 所示。

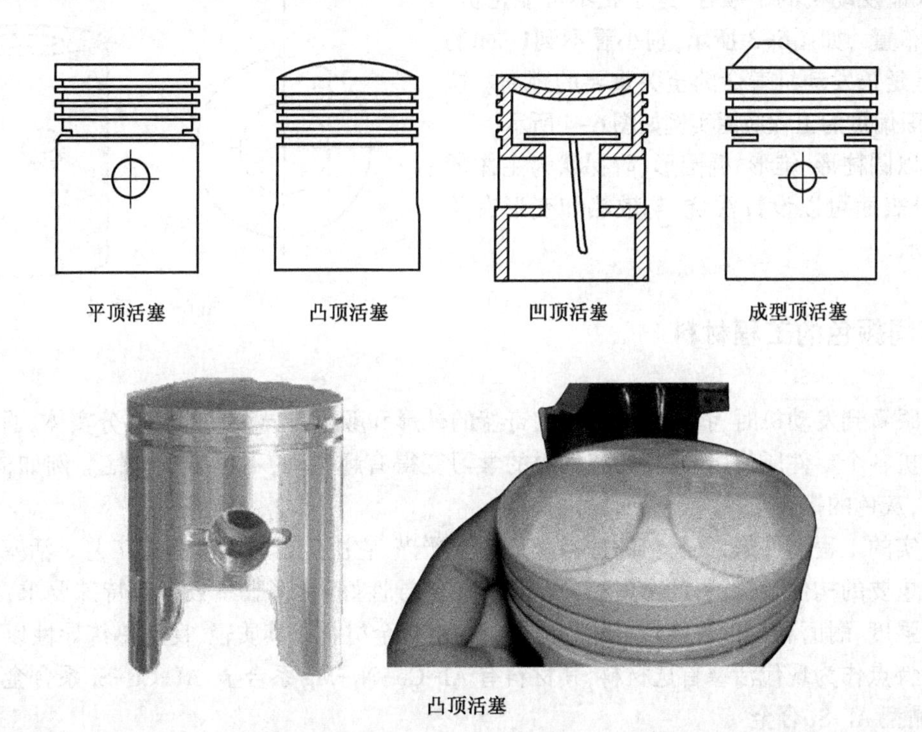

图 6-2　活塞结构

根据工程环境,在制图形状构形设计时要考虑到温度的变化,如图 6-3 所示。考虑到温度上高下低的不同,活塞由圆柱体演变而成锥体、阶梯状、椭圆形的活塞,使构形扩展知识点赋予了工程意识和工程知识内涵,学生说:当今的大学生如果不注重理论联系实际,不注重积累实践经验,就会是一个的书橱。正所谓知识来源于社会又回归于社会。

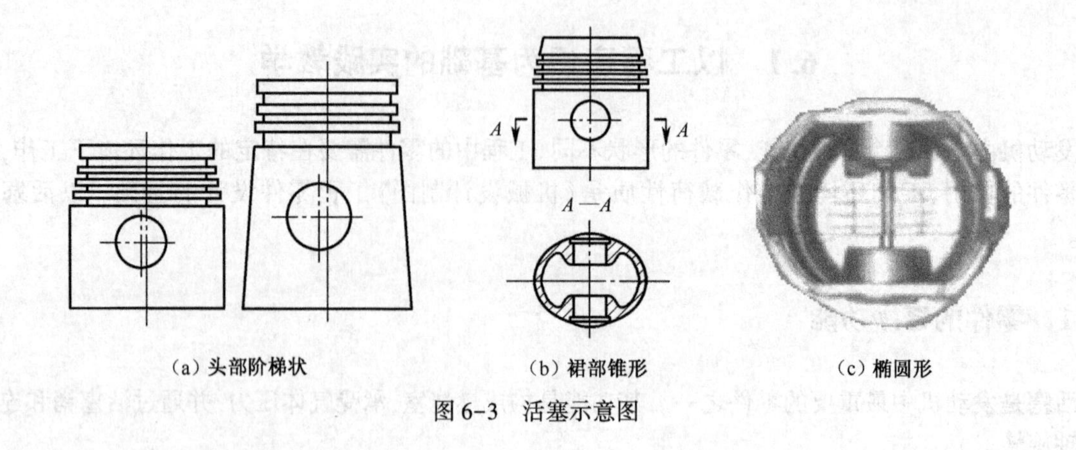

图 6-3　活塞示意图

6.1.3　防止敲缸偏贯设计

活塞在高速下工作,线速度达到 10m/s, 承受很大的惯性力。活塞顶部承受最高的压力、附加载荷和热应力,使之变形,容易导致活塞和气缸在工作中卡紧。活塞将承受的气体作用力传递给连杆时,需要借助活塞销,应为活塞销设计一个安稳的孔,以防止出现敲缸,从而使活塞较平顺地从压向气缸的一面过渡到压向另一面,保证发动机的平顺性,这个孔不可能正贯,一定要偏贯布置 ,如图6-3 所示,别小看不到1 mm的偏心,它可是延长发动机寿命的至关重要的距离。这是曲面与曲面偏贯的工程应用实例如图 6-4 所示。

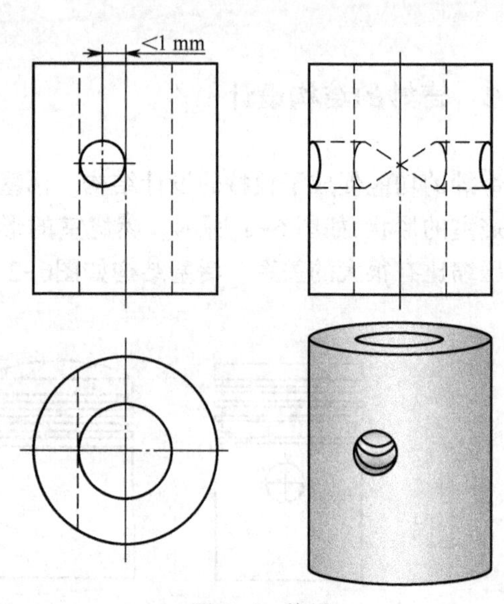

图 6-4　偏贯

活塞是以圆柱形、锥形、椭圆形、阶梯状为主体的零件,圆柱外表面可以设计浅坑,与散热和变形有关如图6-1 所示。

6.1.4　不同颜色的工程材料

当第一眼看到发动机时,我们看到的是它奇特的外形和颜色差异很大的各部分实体,通过颜色不同来判别发动机各个零件所使用的材料,使材料的学习变得有趣生动,不再难于记忆。例如,黑色的气缸体铸铁材料,灰色的铝合金等。

对于真实的工程零件来说,材料的选择必须非常严谨,它决定了成本和制造工艺。活塞作为传递能量一个非常重要的构件,对材料的密度小、质量轻、热传导性好、热膨胀系数小等特殊要求;并要求具有足够的高温强度、耐磨和耐蚀性能且尺寸稳定性好。铝合金材料以其质轻、良好热传导性以及较低的热膨胀系数等特点作为现代活塞首选材料,其材料有 AI-Cu-Ni-Mg 系合金,AI-Cu-Si 系合金,共晶、亚共晶型、过共晶型 Al-Si 合金 。

铝基复合材料以及碳纤维增强碳基复合材料均以其优良的材料综合性能作为发展材料,陶瓷材料的应用对于解决温度问题有一定帮助,目前存在复合缺陷有待进一步研究解决。

6.1.5　制造工艺

工程制图零件设计构形的基础是在满足功用的条件下,降低成本。对于一般负荷 Al-Si 类合金,采用重力铸造成形,成本较低,如图 6-5 所示。对于高负荷的 Al-Si 类合金材料,采用挤压铸造成形,对于更高负荷的赛车活塞,采用锻造成形等,为了改善铝活塞的磨合性,可对活塞裙部进行表面处理镀锡、石墨涂层等工序。

图 6-5 铸造成型

6.1.6 三维数字化结构造型设计

组成活塞各部分的基本形体在满足功能要求的前提下,应尽可能结构简单,各形体间相互协调、造型美观,工艺简单,成本低廉。

活塞是以圆柱形、锥形、椭圆形、阶梯形为主体的零件,圆柱外表面可以设计浅坑,与散热和变形有关。头部简单的环槽,是用于控制密封和润滑的必须结构。活塞的形状与工况有很大的关系,根据发动机的工作要求、成本等要求,各个厂家设计方案也有所不同。

6.1.7 尺寸标注实践教学

通过拆装活塞,获取真实的零件结构和有关的知识点,真实地感受配合的松紧程度和装配关系,在掌握活塞功能的基础上,对活塞进行构形分析,并绘制出其零件结构示意图,这里不再累赘。

活塞结构简单,难度在于如何标注尺寸公差,如何认识形位公差对活塞特定工作环境下的重要性。在理解了零件功能和工作性质情况下,进行尺寸标注,选择形位公差,使难以理解的知识点变得简单容易。

粗糙度值的大小与零件的冲击、振动、噪声有很大的关系,不同的加工工艺,所能达到的粗糙度值不同,其加工经济成本不同。

工程实践教学的学习来自于工程实践,获得较真实的工程经历,有利于培养大学生工程实践能力与工程应用能力、分析解决实际问题的能力和培养总工程项目设计师的设计思维,培养了大学生现代工程制图设计意识。

6.2 工程中常见的几何体

6.2.1 概　　述

摩托车发动机箱体是由许多的曲面和平面立体组成的,如图 6-6(a)所示;啤酒厂某一车间设备,最上面是圆柱管道,中间圆锥围成伞盖,再下面是两个薄壁圆柱,如图 6-6(b)所示;生活中使用的车位障碍器由半圆和圆柱相贯组成,如图 6-6(c)所示;锻炼身体使用的呼啦圈[见图 6-6(d)],可以看成一个圆环;图 6-6(e)所示的产品是由基本平面体设计而成。

在工程上经常使用的单一几何形体柱、锥、球、环等称为基本体。基本体可分为:

①平面立体,表面全是由平面所围成的立体,最常见的是棱柱、棱锥。

②曲面立体,表面由曲面或曲面和平面所围成,最常见的是圆柱、圆锥、球。

掌握基本体的投影特性,是绘制和阅读工程图样的重要基础。

6.2.2 平面立体

平面立体是设计中常用的基本构形体。平面立体包括棱柱、棱锥等,下面介绍平面立体的视图表达。图 6-7(a)、(b)所示的底座其组成的基本要素是平面。

（a）摩托车发动机　　（b）啤酒厂的某一车间

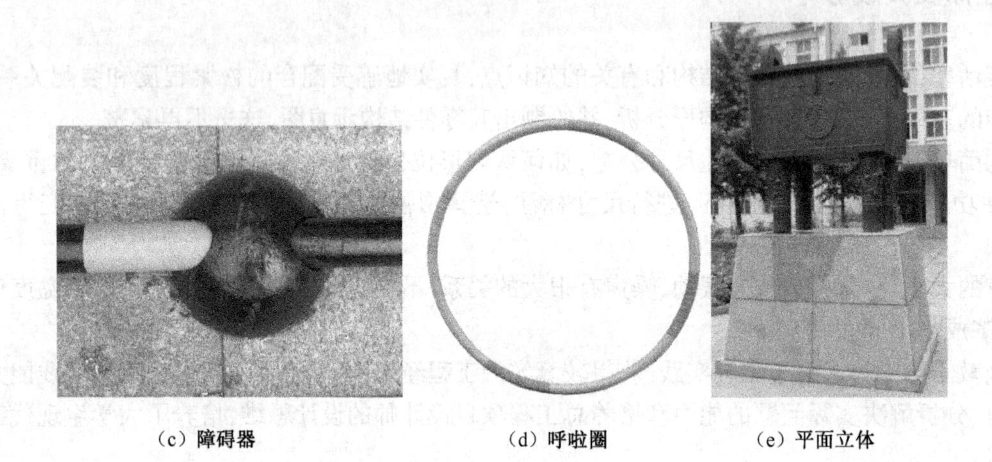

（c）障碍器　　（d）呼啦圈　　（e）平面立体

图 6-6　几何体的应用

（a）底座　　（b）底座　　（c）底座

图 6-7　平面立体底座

1. 棱　　柱

棱柱由两个底面和若干侧棱面组成。各侧棱面的交线称为棱线，棱线互相平行，如图 6-8 所示。棱线与底面垂直的棱柱称为直棱柱，其中六棱柱的三视图见表 6-1。

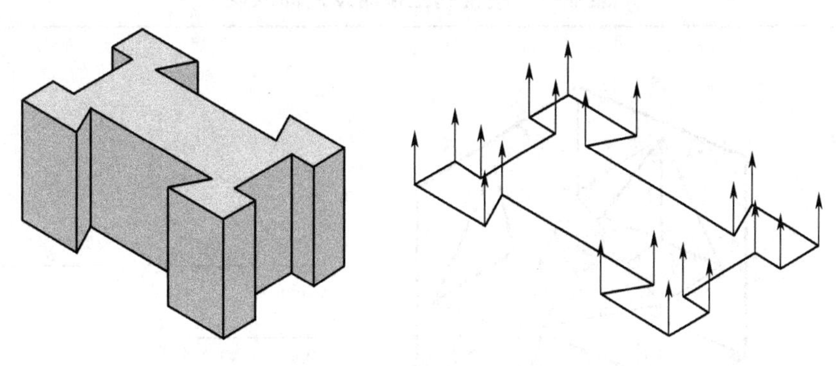

图 6-8　直棱柱体及其形成方式

表 6-1　六棱柱的三视图及表面取点

三视图及作图过程	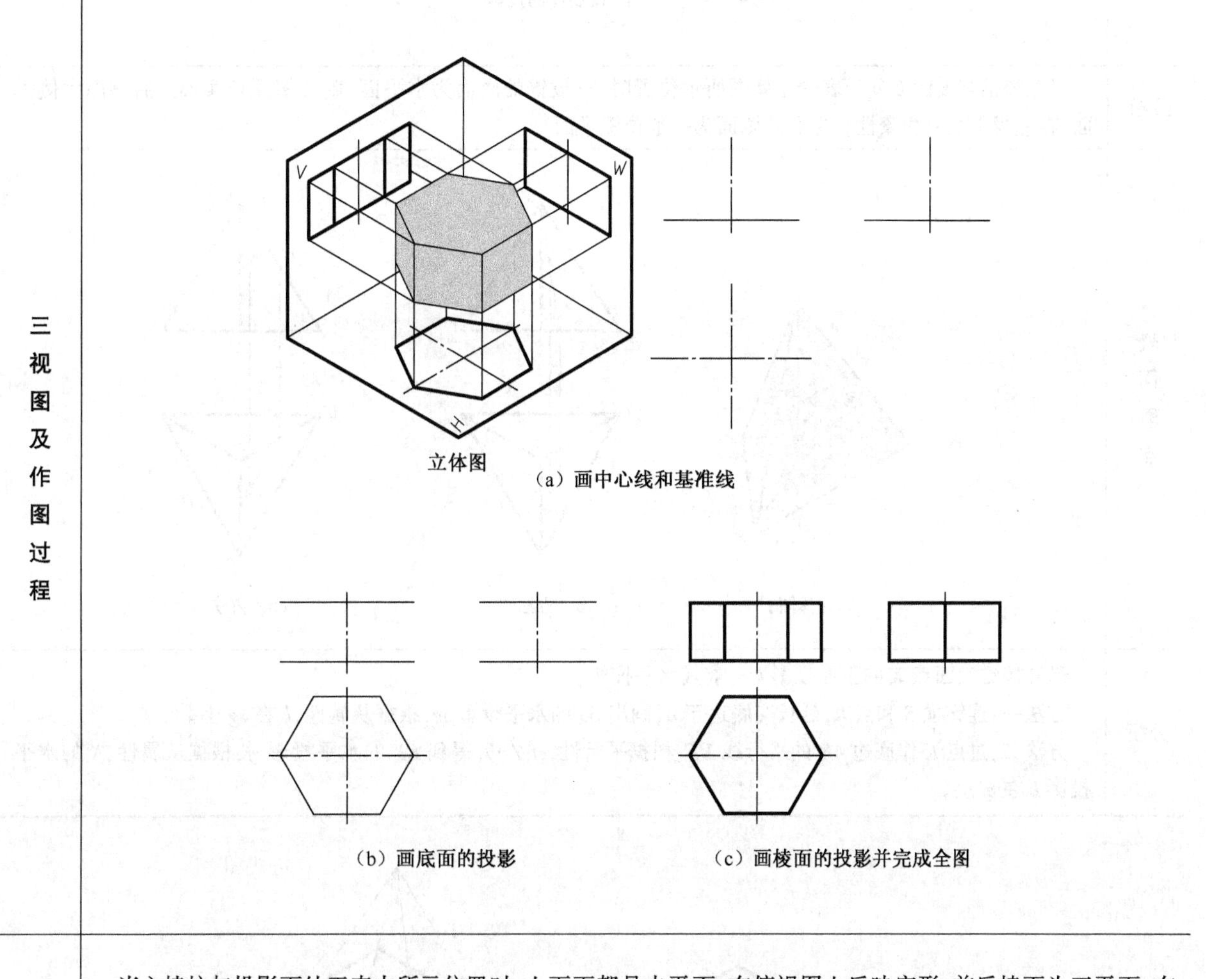 (a) 画中心线和基准线 (b) 画底面的投影 (c) 画棱面的投影并完成全图
分析	当六棱柱与投影面处于表中所示位置时，上下面都是水平面，在俯视图上反映实形，前后棱面为正平面，在主视图上反映实形。其余四个棱面为铅垂面，六个棱面在俯视图上都积聚成与六边形的边重合的直线。

2. 棱　　锥

棱锥与棱柱的区别在于棱锥的侧棱线交于一点——锥顶。棱锥的三视图，在棱锥表面取点，可利用辅助线作图，见表 6-2。

用平行于棱锥底面的平面切割棱锥，底面和截面之间的部分称为棱台。图 6-9(a)、(b)所示的四棱锥体是在四棱锥的基础上切割而成的。

表 6-2　棱锥的三视图及表面取点

三视图及作图过程	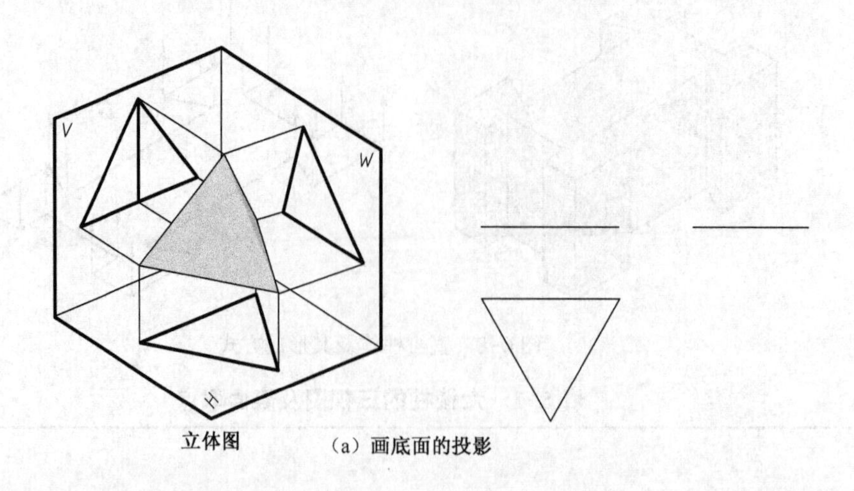 立体图　（a）画底面的投影
分析	当三棱锥与投影面处于表中立体图所示位置时，三棱锥的底面为水平面，俯视图反映实形。后侧面为侧垂面，在左视图上有积聚性。左右两侧面为一般位置平面
表面取点	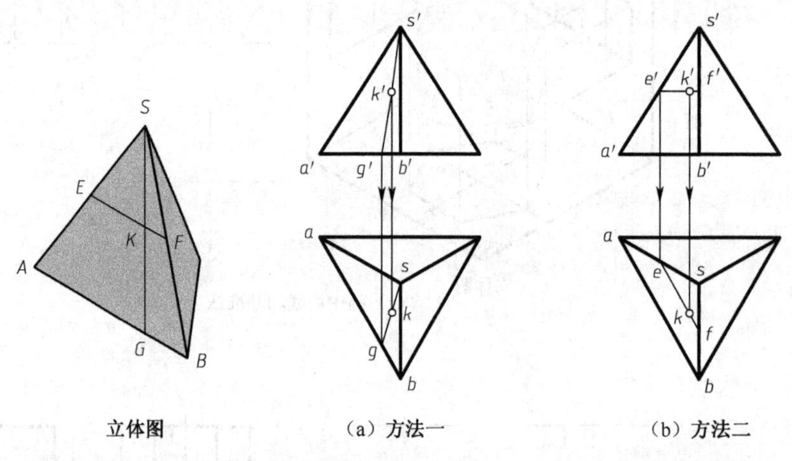 立体图　（a）方法一　（b）方法二
分析	已知棱锥表面点 K 的正面投影 k'，求其水平投影。 方法一：连锥顶 S 和点 K，延长交底边于 a，画出 Sa 的水平投影 sg，根据从属性，k 在 sg 上。 方法二：过点 K 作底边 AB 的平行线 EF，根据平行性，$ef /\!/ ab$，得到 EF 的水平投影 ef，根据从属性，K 的水平投影 k 在 ef 上。

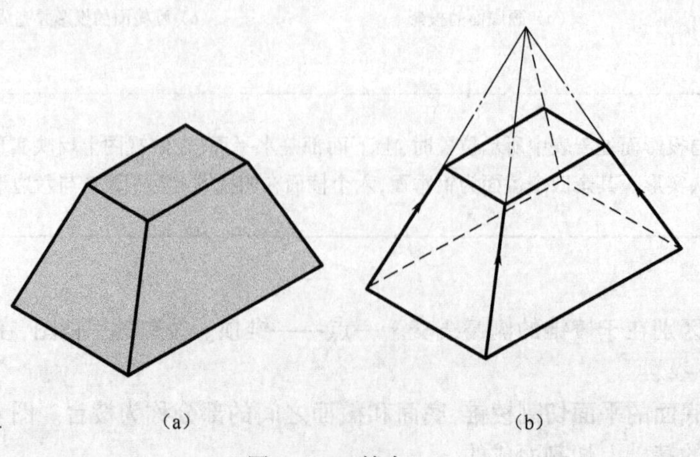

（a）　　（b）

图 6-9　四棱台

例 6-1 已知三棱锥主视图上各点如图 6-10(a)所示,求解俯视图和左视图上各点的投影。

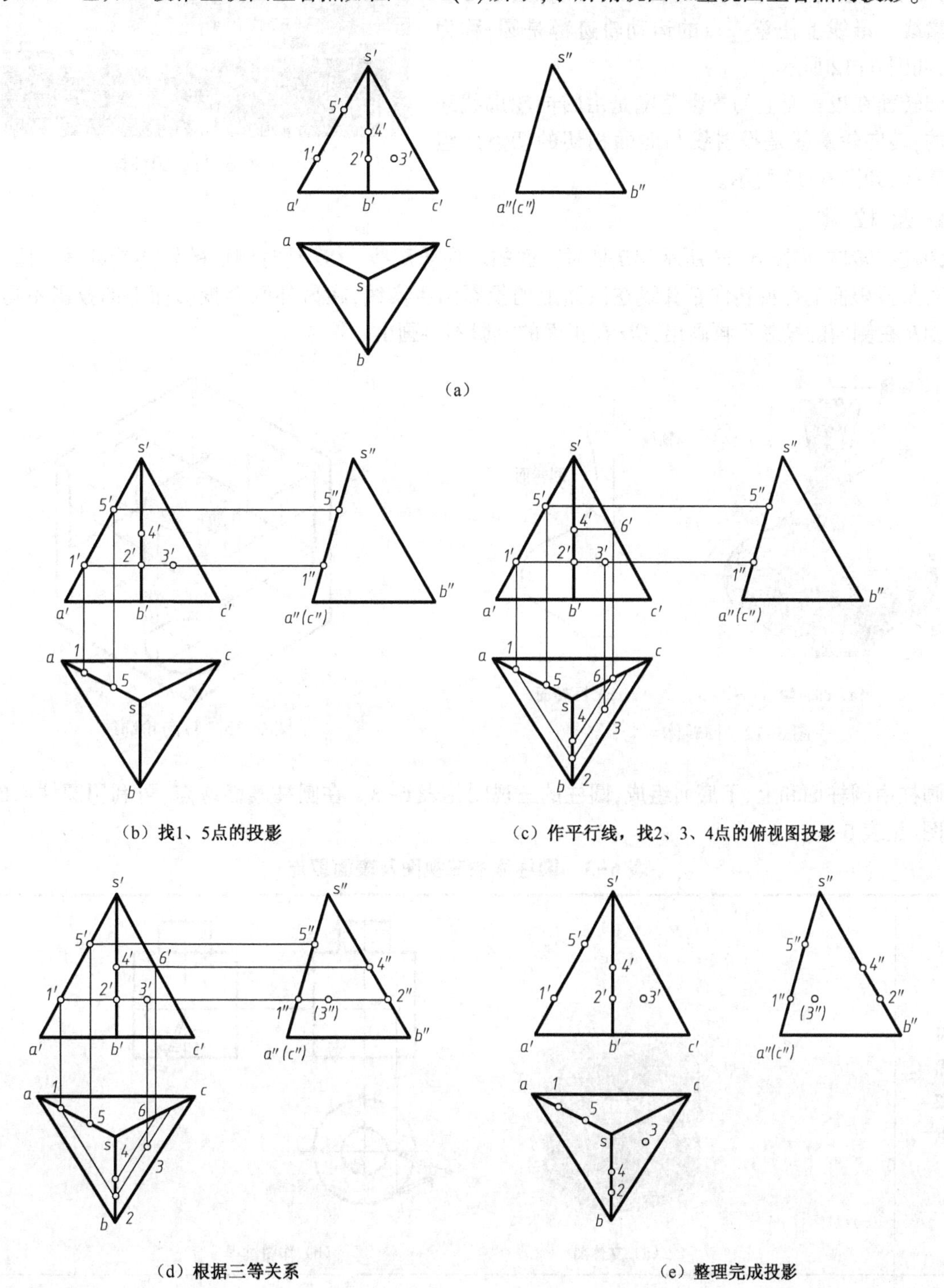

(a)

(b) 找1、5点的投影

(c) 作平行线,找2、3、4点的俯视图投影

(d) 根据三等关系

(e) 整理完成投影

图 6-10 三棱锥

6.2.3 曲面立体

工程中常见的曲面立体是回转体,最常见的回转体有圆柱、圆锥、圆球,图 6-11 所示轴为工程中最常见的简单圆柱回转体。

回转体包含有回转面,回转面是由一动线(直线或曲线)绕一固定的直线旋转形成的。该动线称为母线，固定的直线称为轴线，回转面上任一位置的母线称为素线。母线上任意一点的运动轨迹都是圆，称为纬圆，如图 6-12 所示。

回转面在投影面上的投影范围是由转向轮廓线来确定的，转向轮廓线是投射线与曲面相切的切点所组成的素线，如图 6-13 所示。

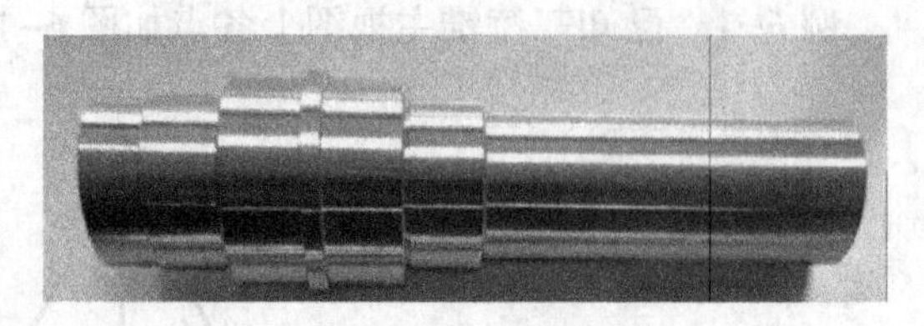

图 6-11　圆柱体

1. 圆 柱 体

圆柱回转体，如图 6-13 所示，*AB* 是对正面的转向轮廓线，*CD* 是对侧面的转向轮廓线。国家标准规定对某投影面的可见转向轮廓线在该面上的投影画粗实线，在另外两个投影面上的投影不再画出。例如，*AB* 在侧面的投影不再画出，*CD* 在正面的投影不再画出。

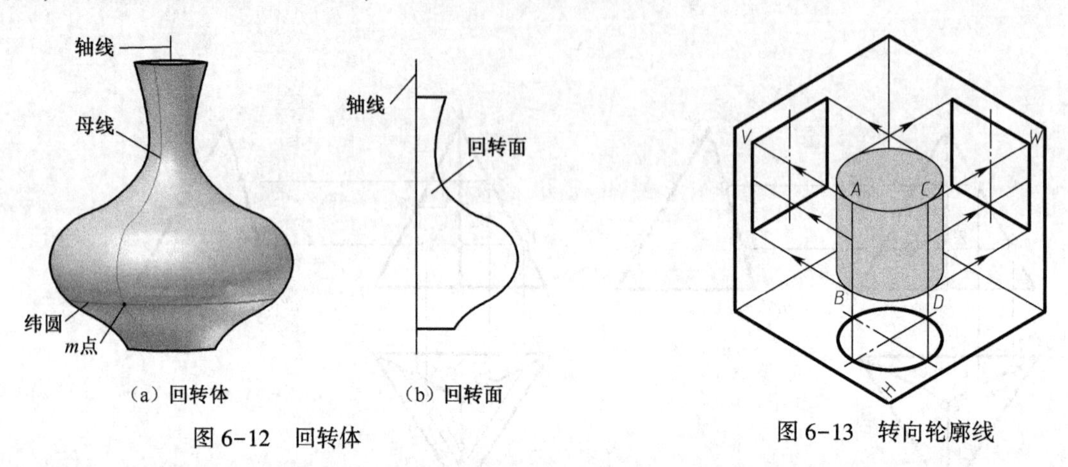

图 6-12　回转体

图 6-13　转向轮廓线

圆柱由圆柱面和上、下底面组成，圆柱的三视图见表 6-3。在圆柱表面取点，可利用圆柱面的积聚性作图，见表 6-3。

表 6-3　圆柱体的三视图及表面取点

表面取点	K　(a) 立体图　k′　k″　k　(b) 作图过程
作图分析	当圆柱体的轴线垂直于 *H* 面时，圆柱体的上、下底面为水平面，水平投影为圆，另两个投影积聚成直线，圆柱面在俯视图上积聚为圆，其主视图和左视图的轮廓线为圆柱面上最左、最右、最前、最后轮廓线的投影
取点分析	已知圆柱表面点 *K* 的正面投影 *k*′，求其另外两个投影 分析：点 *K* 所在的圆柱面在俯视图上具有积聚性，则点 *K* 的水平投影 *k* 应位于该圆柱面的积聚性投影(圆)上。利用“三等”关系求得 *k*″

例 6-2　图 6-14(a)所示为发动机的活塞销，忽略工艺因素，试用三视图表示。

分析:忽略工艺因素,活塞销特征是空心圆柱,对于圆的特征,一般情况下,将其特征放在俯视图,所以绘制视图时,首先绘制特征视图。然后根据三等关系绘制其他视图。作图步骤如图 6-14 所示。

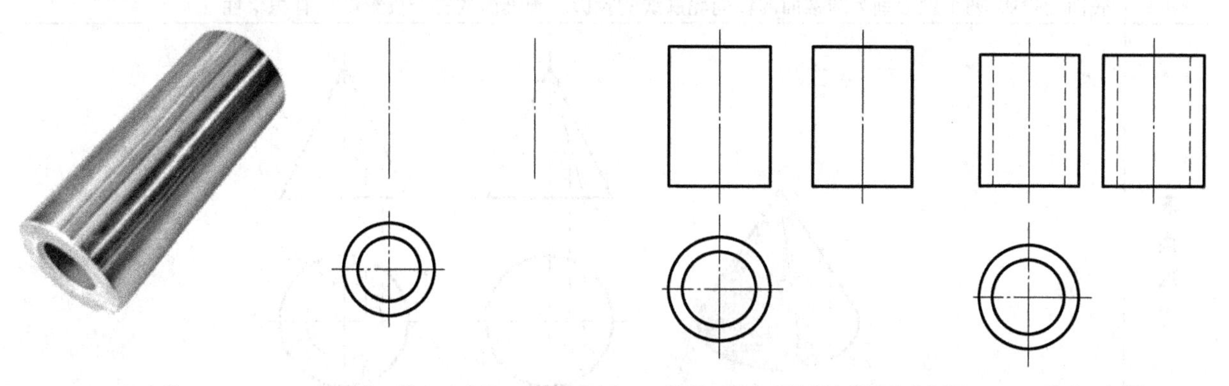

(a)活塞销　(b)绘制中心线和对称线,绘制俯视图　(c)按照三等关系绘制主视图和左视图　(d)完成三视图

图 6-14　活塞销

2. 圆锥体(见图 6-15)

图 6-15　圆锥体在建筑上的应用

圆锥由圆锥面和底面组成,圆锥的三视图见表 6-4。在圆锥表面取点,可利用作辅助线(直线或圆)作图,见表 6-4。

表 6-4　圆锥体的三视图及表面取点

三视图及作图过程	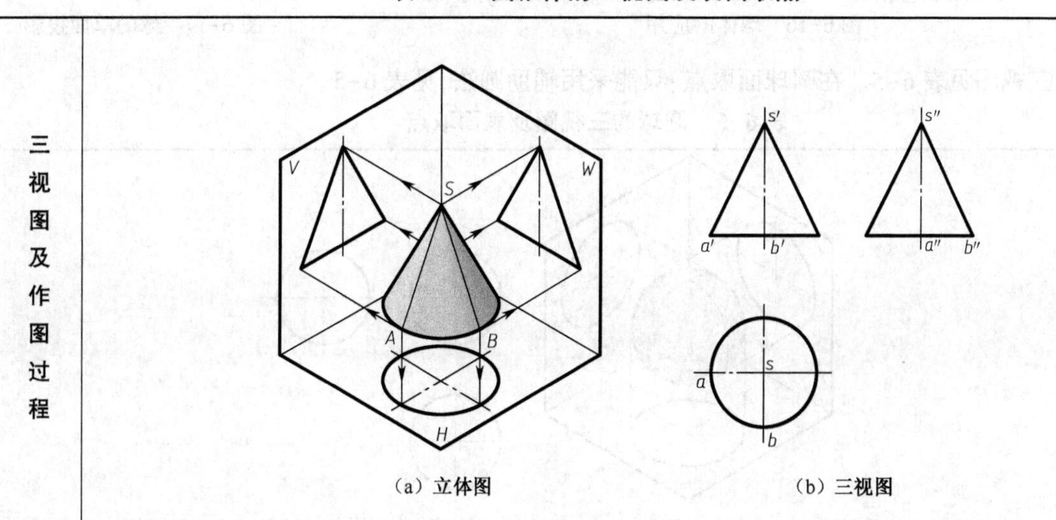 (a) 立体图　(b) 三视图

续表

分析	当圆锥体的轴线垂直于 H 面时，其俯视图为圆，其主视图和左视图为两个等腰三角形，三角形的底边为圆锥底面的投影，两个腰分别为圆锥面的转向轮廓线的投影。圆锥面的三个投影都没有积聚性
表面取点	立体图　辅助直线法　辅助圆法 已知条件：圆锥表面点 K 的正面投影 k'
分析	辅助直线法：连锥顶 S 和点 K，延长交底面于 T，根据从属性，k 在 ST 的水平投影 st 上 辅助圆法：过点 K 作与底面平行的纬圆 P，P 的正面投影 p' 积聚成直线，其长度为纬圆直径，该圆的水平投影 p 反映实形，k 在 p 上

3. 圆　　球

图 6-16(a)所示为球的艺术图 6-16(b)所示球磨机中使用的球回转体磨球。圆球由球面围成，图 6-17 为球的单面投影。

(a) 球的艺术

(b) 磨球

图 6-16　球体的应用

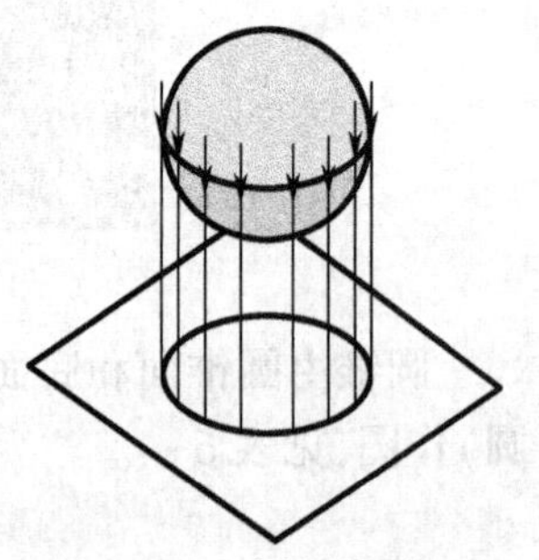

图 6-17　球的单面投影

圆球的三视图见表 6-5。在圆球面取点，只能采用辅助圆法，见表 6-5。

表 6-5　圆球的三视图及表面取点

三视图	(a) 立体图　(b) 画转向轮廓线的投影并完成全图

续表

分析	如表中立体图所示，球体的三个视图均为大小相等的圆（圆的直径即为球的直径），它们分别是球的三个方向的转向轮廓圆的投影。三个投影都没有积聚性。	
表面取点	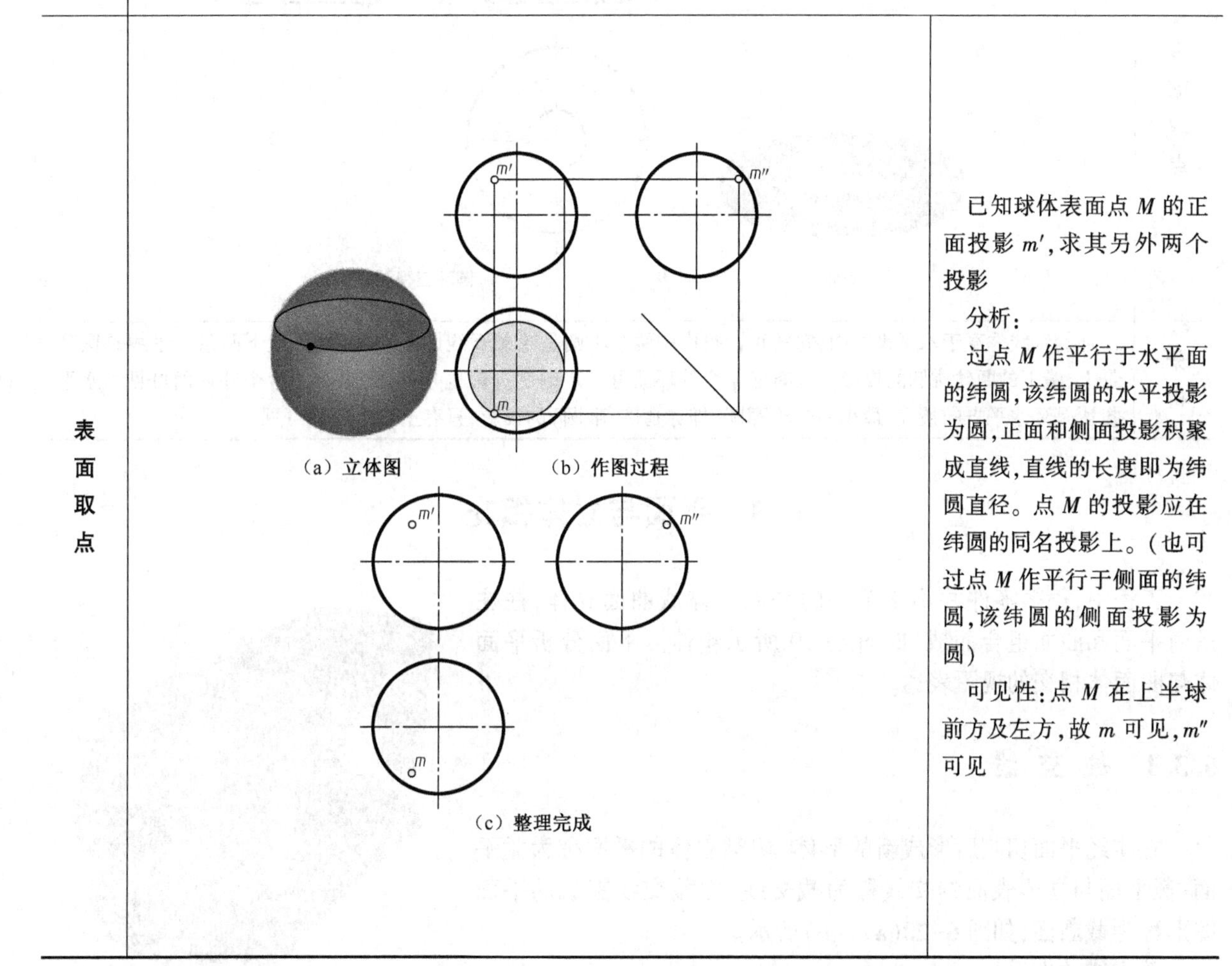（a）立体图 （b）作图过程 （c）整理完成	已知球体表面点 M 的正面投影 m'，求其另外两个投影 分析： 过点 M 作平行于水平面的纬圆，该纬圆的水平投影为圆，正面和侧面投影积聚成直线，直线的长度即为纬圆直径。点 M 的投影应在纬圆的同名投影上。（也可过点 M 作平行于侧面的纬圆，该纬圆的侧面投影为圆） 可见性：点 M 在上半球前方及左方，故 m 可见，m'' 可见

4. 环的三视图

环的形成如图 6-18 所示，圆环面是由一圆母线，绕过圆心的共面轴线旋转形成的。*BAD* 半圆母线形成外环面，*BCD* 半圆母线形成内环面。环的三视图见表 6-6。

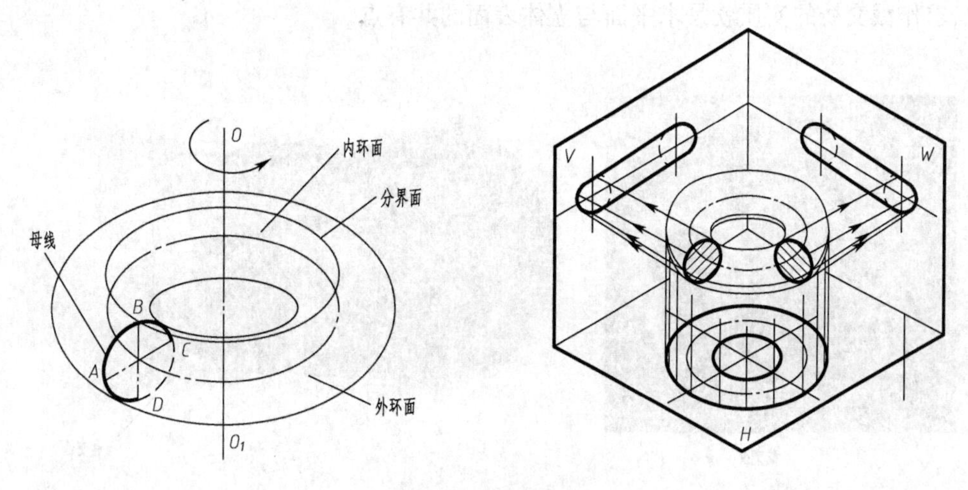

图 6-18　环的形成

表 6-6　环的三视图

表面取点	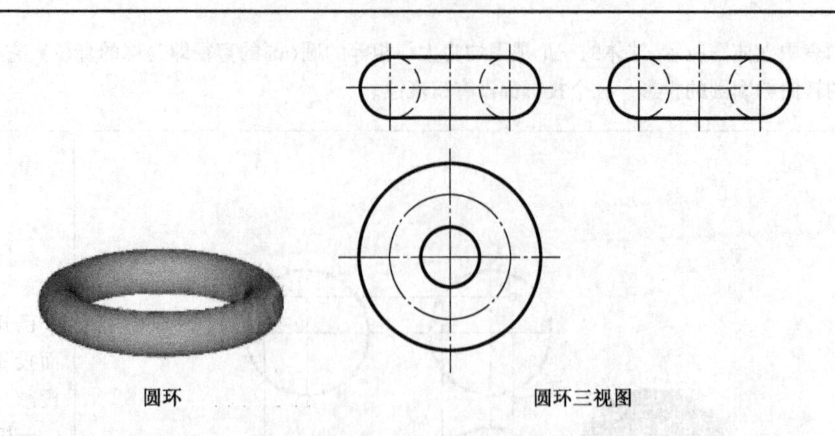
分析	环的轴线垂直于水平投影面，它的正面投影中两个小圆是轮廓素线圆的正面投影，上下两条水平线是圆环最上、最下的两轮廓圆的投影。只有前半个外环面可见。侧面投影也是如此，只有左半个外环面可见。水平投影是环水平方向最大、最小两个轮廓圆（即赤道圆、喉圆）的投影，只有上半个环面可见

6.3　平面与立体相交

工程中，很多零件并不是单一的平面立体或曲面立体，往往是由平面和曲面组合而成，如图 6-19 所示箱体。下面分析平面体与曲面体相交的视图表达。

图 6-19　箱体

6.3.1　截 交 线

立体经平面切割后形成新的形体，切割立体的平面称为截平面；截平面与立体表面的交线称为截交线；由截交线围成的平面图形称为截断面，如图 6-20（a）、（b）所示。

截交线的性质：

①共有性：截交线是截平面与立体表面的共有线，截交线上的点是截平面与立体表面的共有点。

②封闭性：单个截平面与立体产生的截交线一定是封闭的平面图形。

因此，求作截交线的实质就是求平面与立体表面的共有点。

（a）

（b）

图 6-20　截切的基本概念

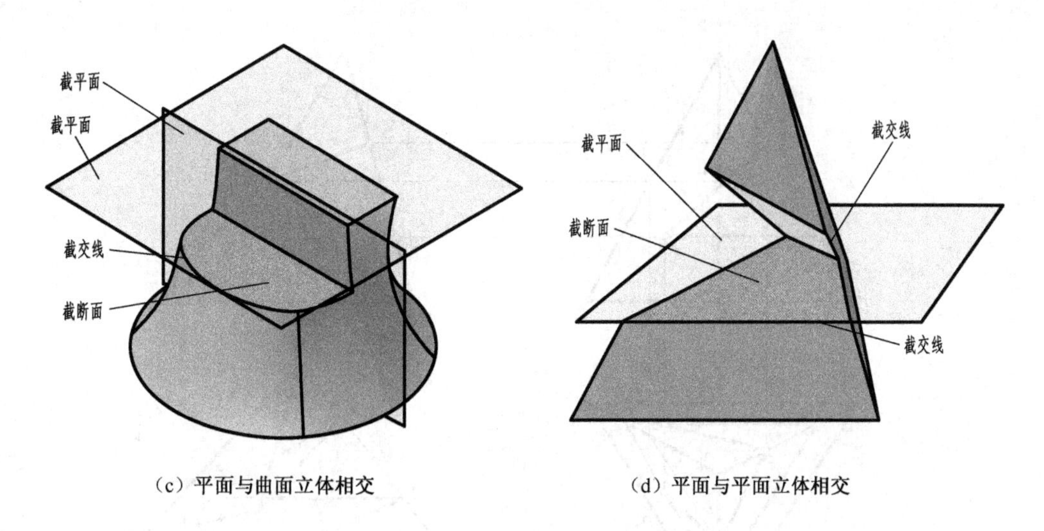

（c）平面与曲面立体相交

（d）平面与平面立体相交

图 6-20　截切的基本概念(续)

6.3.2　平面与平面立体相交

平面立体的截交线是由直线围成的平面多边形,多边形的边是截平面与立体表面的交线,多边形的顶点是截平面与立体棱线的交点。

例 6-3　已知被切割三棱锥的主视图[见图 6-21(a)],求解俯视图和左视图。

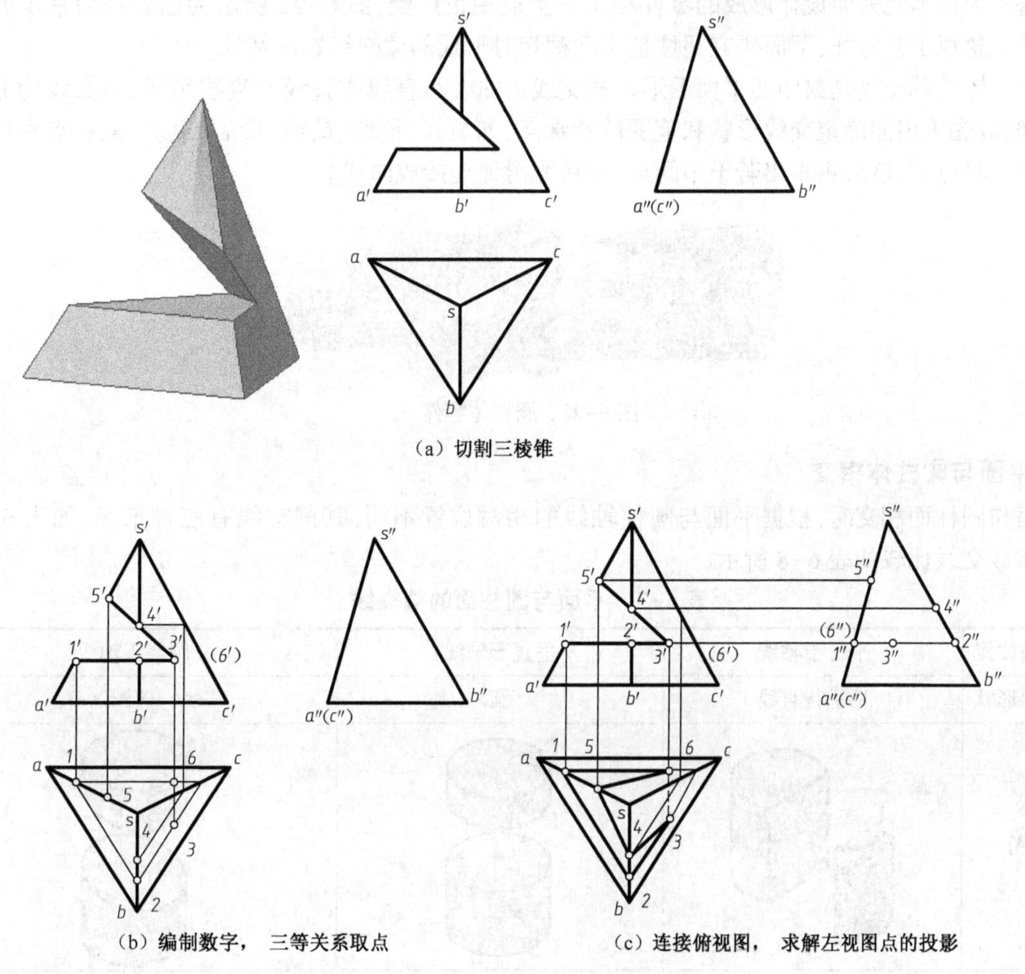

（a）切割三棱锥

（b）编制数字，三等关系取点

（c）连接俯视图，求解左视图点的投影

图 6-21　作图步骤

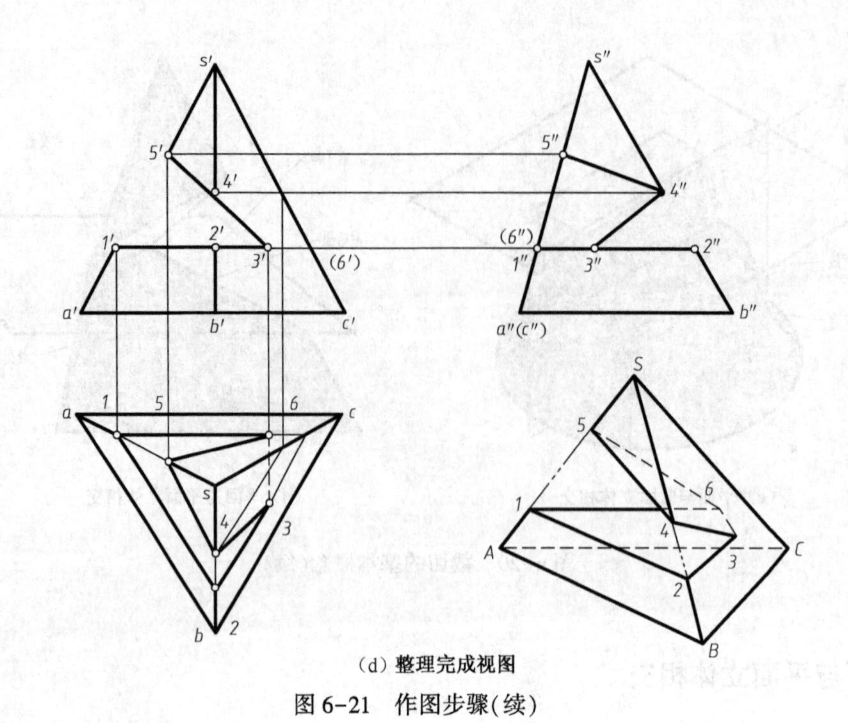

(d) 整理完成视图

图 6-21　作图步骤(续)

6.3.3　平面与曲面立体相交

以圆柱为基本元素而设计形成的零件在工程上应用很广泛,图 6-22 所示为以圆柱为基本要素的工程零件。忽视工艺特征,下面研究圆柱被平面截切时形成的截交线轨迹特征。

曲面立体的截交线是封闭的平面图形。截交线由曲线与直线或直线与直线组成,当交线为非圆曲线时,一般应先求出能确定交线形状和范围的特殊点,如最高、最低、最前、最后、最左、最右点和可见与不可见的分界点等,然后再求出若干中间点,最后光滑地连接成曲线。

图 6-22　圆柱体零件

1. 平面与圆柱体相交

平面与圆柱面相交时,根据平面与圆柱轴线的相对位置不同,其截交线有三种情况,如表 6-7 所示。立体截交线比较如表 6-8 所示。

表 6-7　平面与圆柱面的截交线

截平面的位置	平行于轴线	垂直于轴线	倾斜于轴线
截交线的形状	两平行直线	圆	椭圆
立体图			

续表

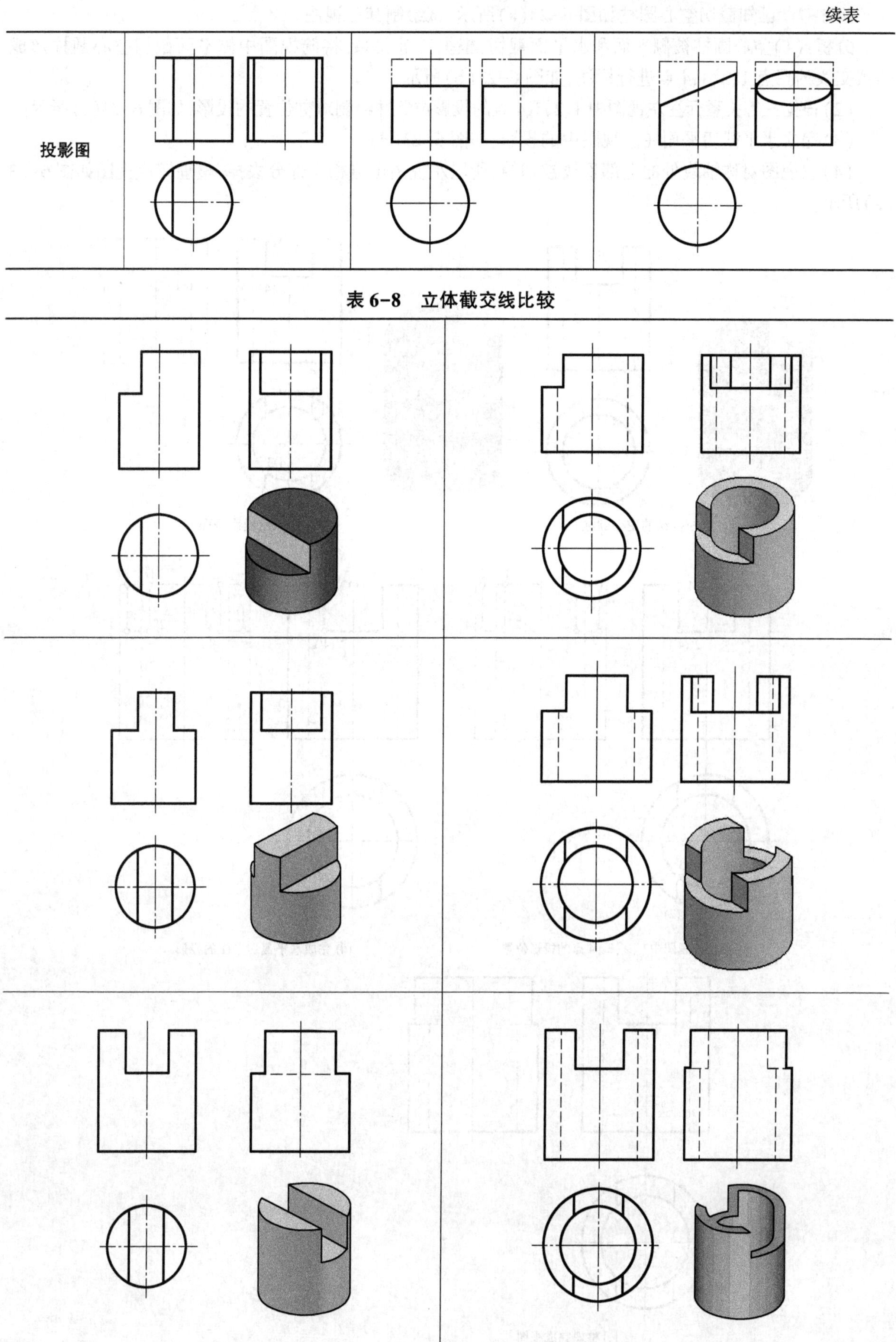

表 6-8　立体截交线比较

例 6-4 已知截切空心圆柱如图 6-23(a)所示，试绘制其三视图。

分析：(1)空心圆柱被侧平面和水平面截切，根据三等关系，将俯视图中侧平面截切空心圆柱形成的截交线的拐点 1、2、3、4 点进行标注，如图 6-23(b)所示；

(2)根据三等关系标注左视图中 1、2、3、4 点的投影位置并绘制对称位置的投影，如图 6-23(c)所示；

(3)完成水平截切平面在左视图中的投影，如图 6-23(d)；

(4)主视图对称轴线处的上部素线被切掉，所以左视图也将相应部分去掉，整理完成视图如图 6-23(e)所示。

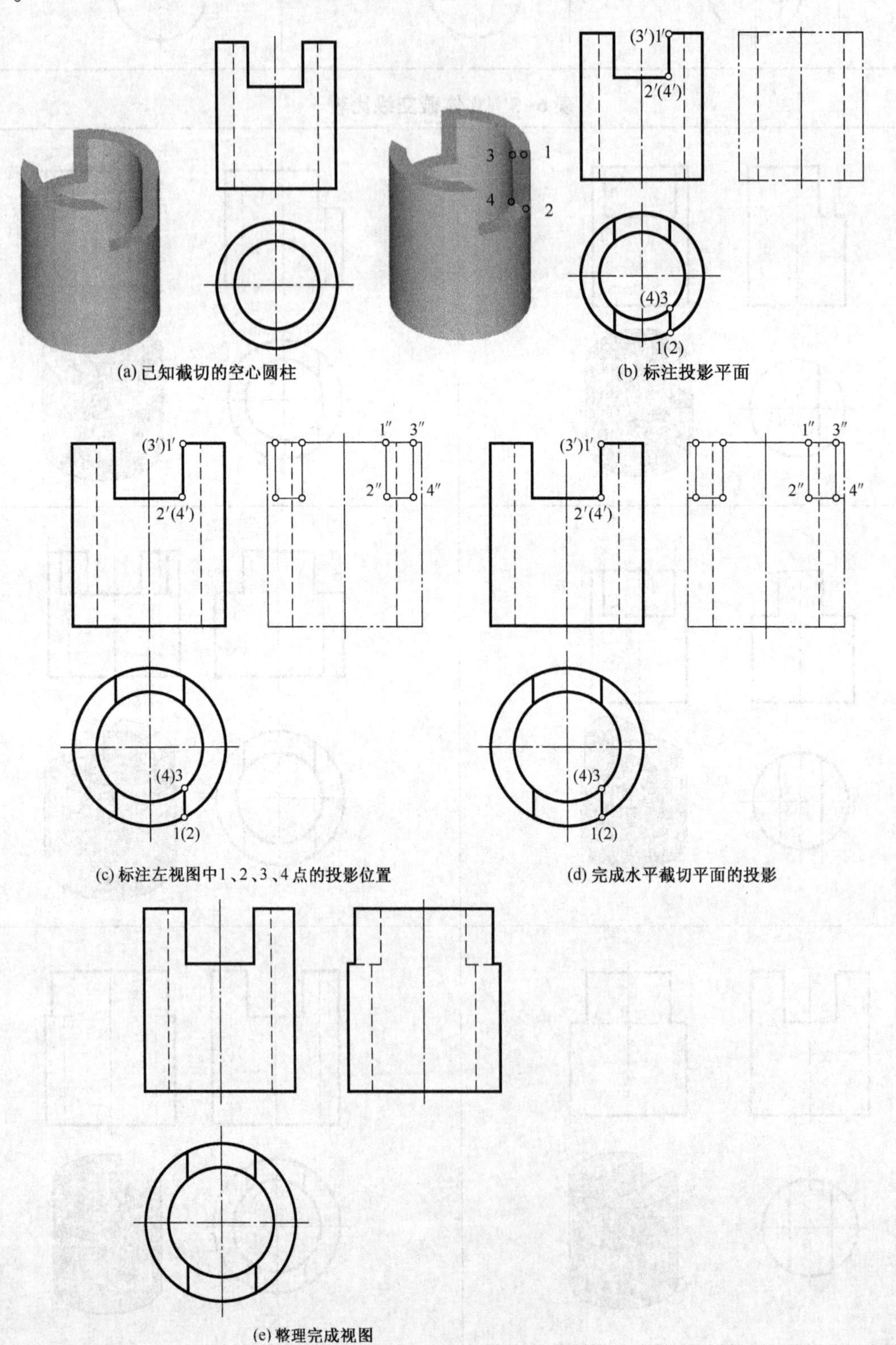

图 6-23　截切空心圆柱作图过程分析

例 6-5　已知立体的主视图和左视图[见图 6-24(a)],试绘制其俯视图。

分析:

(1)分析各平面,如图 6-24(b)所示。

(2)作截平面 P 的截交线。截平面 P 垂直于圆柱轴线,它和圆柱面的截交线是一段圆弧,根据三等关系投影特点,找到Ⅱ、Ⅰ、Ⅲ、Ⅰ、Ⅱ这几个特殊点的投影位置。平面 P 和平面 Q 的交线是一段正垂线ⅠⅠ,如图 6-24(c)所示。

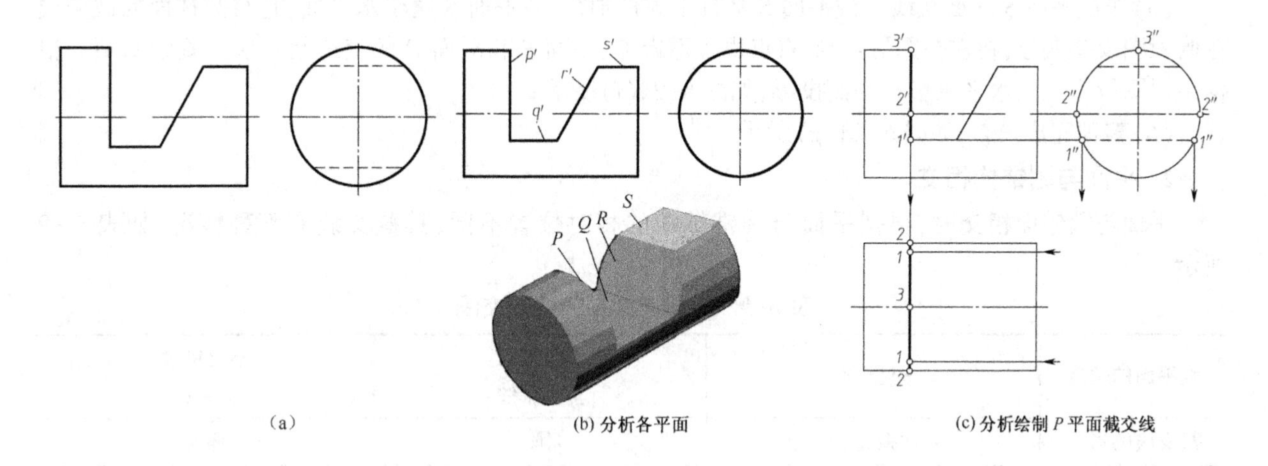

(a)　　(b) 分析各平面　　(c) 分析绘制 P 平面截交线

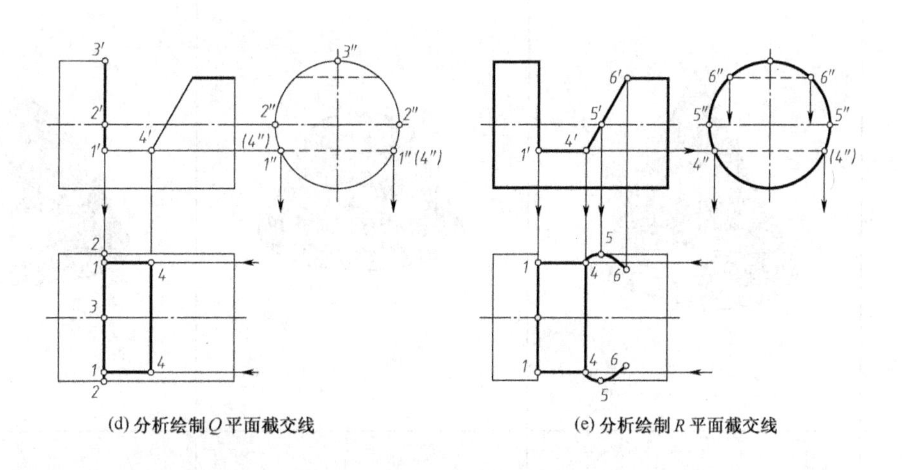

(d) 分析绘制 Q 平面截交线　　(e) 分析绘制 R 平面截交线

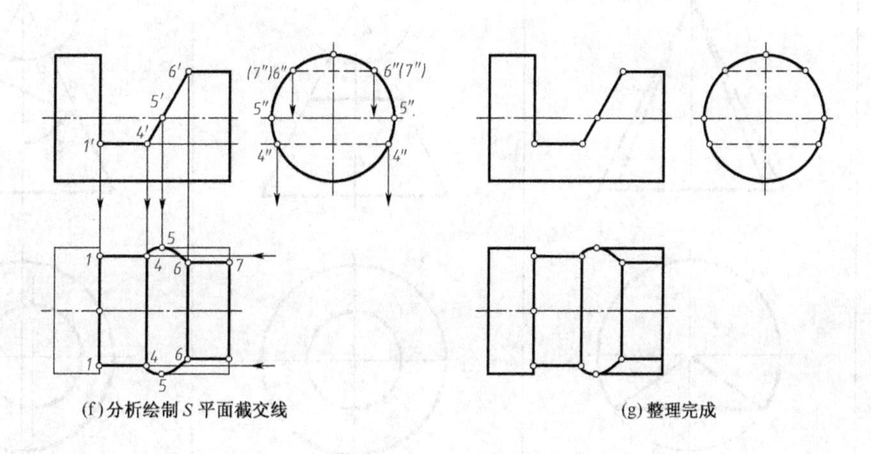

(f) 分析绘制 S 平面截交线　　(g) 整理完成

图 6-24　作图步骤

(3)作截平面 Q 的截交线。截平面 Q 平行于圆柱轴线,它在俯视图上的投影应该是矩形框Ⅰ Ⅳ Ⅳ Ⅰ Ⅰ反映实形,根据三等关系,左视图Ⅳ点与Ⅰ点是重影点。截平面 Q 在左视图投影积聚成一条线段,如图 6-24(d)所示。

(4)作截平面 R 的截交线。截平面 R 倾斜于圆柱轴线,它与圆柱面的截交线是部分椭圆[见图 6-24(e)左视图],平面 Q 和平面 R 的交线是一段正垂线Ⅳ Ⅳ,它们组成了部分椭圆Ⅳ Ⅴ Ⅵ,Ⅵ Ⅴ Ⅳ。根据部分椭圆的正面和侧面投影,可作出它的水平投影,如图 6-24(e)所示。

(5)作截平面 S 的截交线。截平面 S 平行于圆柱轴线,截平面 S 属于水平面,它与圆柱面的截交线在俯视图反映实形,在左视图Ⅵ点与 Ⅶ点属于重影点,平面 S 和平面 R 的交线是一段正垂线Ⅵ Ⅵ。根据主视图投影做出水平投影和侧面投影,如图 6-24(f)所示。

(6)整理完成投影,如图 6-24(g)所示。

2. 平面与圆锥体相交

平面与圆锥面相交时,根据平面与圆锥轴线的相对位置不同,其截交线有五种情况,如表 6-9 所示。

表 6-9　平面与圆锥面的截交线

截平面的位置	过锥顶	不过锥顶 垂直轴线	不过锥顶 $\theta > \alpha$
截交线的形状	两条直线	圆	椭圆
立体图	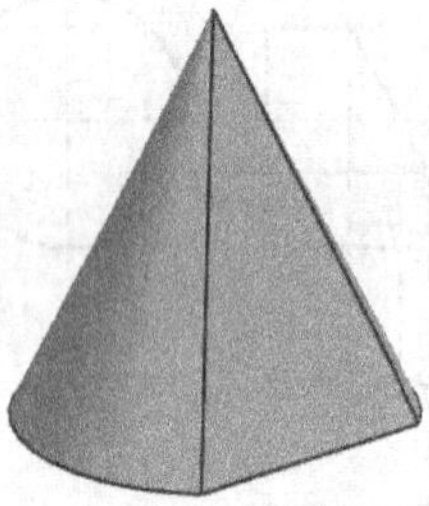	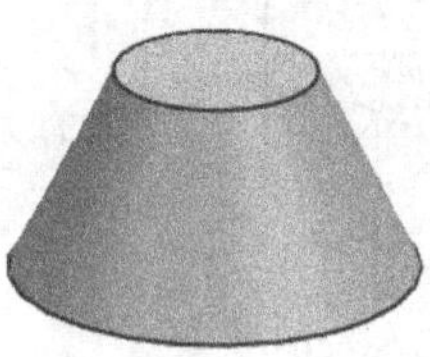	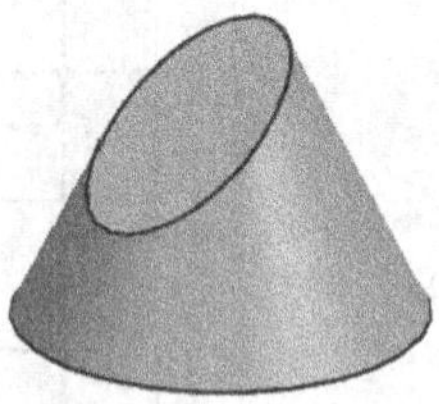
投影图	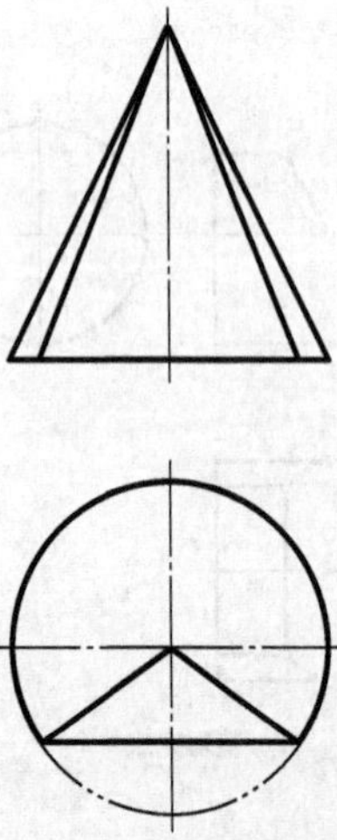	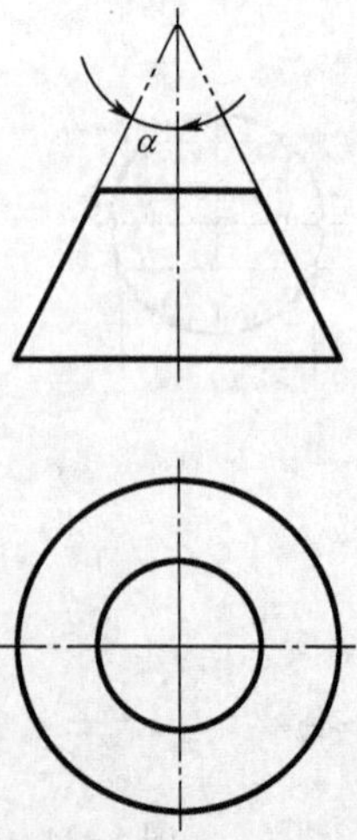 α	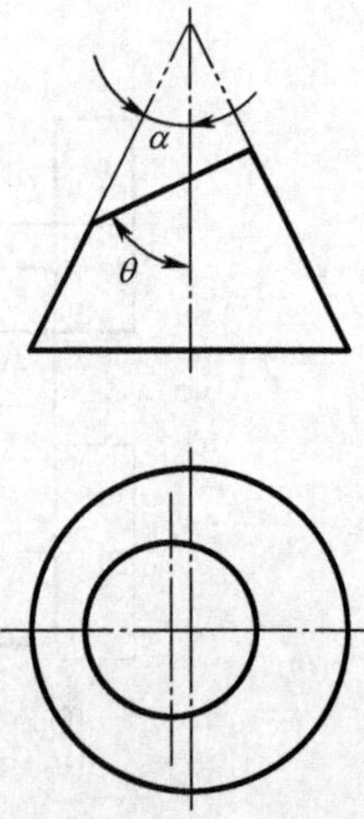 α θ

截平面的位置	不过锥顶 $\theta = \alpha$ 截平面平行一条素线	不过锥顶 $\theta < \alpha$ 截平面平行两条素线
截交线的形状	抛物线	双曲线
立体图		
投影图		

例 6-6　如图 6-25(a)所示,圆锥被平行于轴线的平面截切,补全截交线的主视图投影。

分析:如图 6-25(b)所示,截平面 Q 平行于圆锥轴线,截交线为双曲线,其水平投影与截平面 Q 的水平投影 q 重合,正面投影反映实形。

作图步骤:

作图过程如图 6-25(c)、(d)、(e)所示。

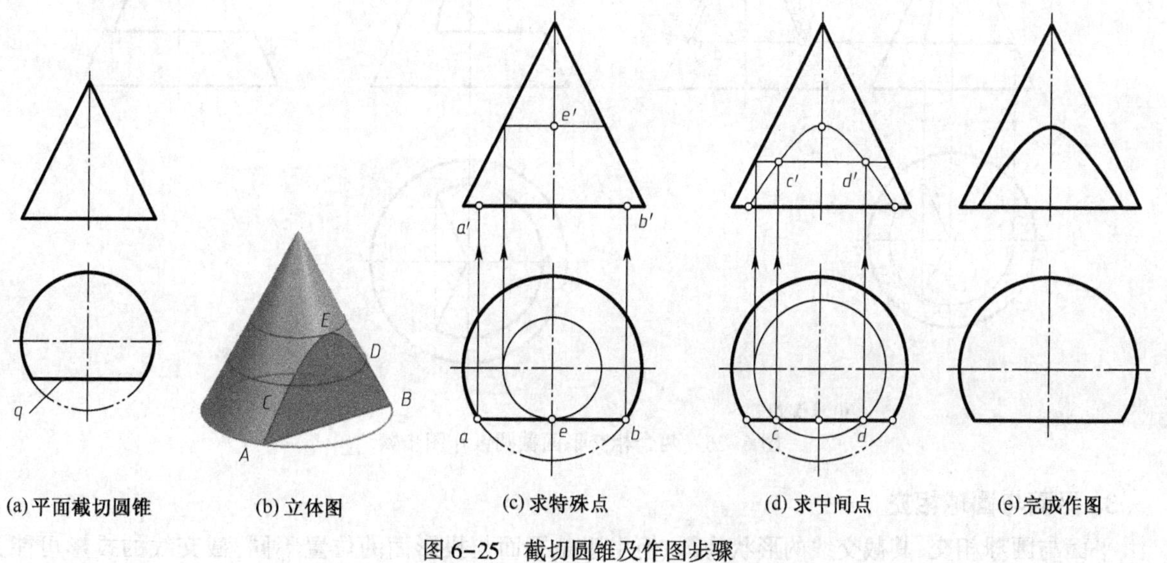

(a)平面截切圆锥　(b)立体图　(c)求特殊点　(d)求中间点　(e)完成作图

图 6-25　截切圆锥及作图步骤

①求特殊点：截交线的最低点 A、B 的水平投影 a、b 位于截平面 Q 与圆锥底圆投影的交点处，由此作出正面投影 a'、b'；双曲线的最高点 E 位于圆锥最前素线上，其水平投影 e 在 ab 中点，利用辅助纬圆法可求得正面投影 e'。

②求中间点：在截交线的水平投影上任取中间点 c、d，利用辅助纬圆法求出 c'、d'。

③依次光滑连接各点的正面投影，完成作图。

例 6-7 已知圆锥被过锥顶的正垂面和一水平面截切，如图 6-26(a)所示，已知主视图，补全俯视图和左视图。

分析：如图 6-26(b)所示，正垂截面 P 过锥顶，截交线为过锥顶的相交两直线 SA、SB；水平截面 Q 垂直于圆锥的轴线，截交线为圆弧 AB；截平面 P 与 Q 的交线为正垂线 AB。

作图步骤：作图过程如图 6-26(c)、(d)所示。

①圆弧 AB 在水平投影图上反映实形，以 s 为圆心画圆，其半径从正面投影图上量取。

②A、B 的正面投影 a'、b'，位于平面 P 和 Q 正面投影的交点处，由此作出其水平投影和侧面投影。

③判断可见性，连 SA、SB 的同面投影，连 A、B 的同名投影。

④检查、加深，完成作图。

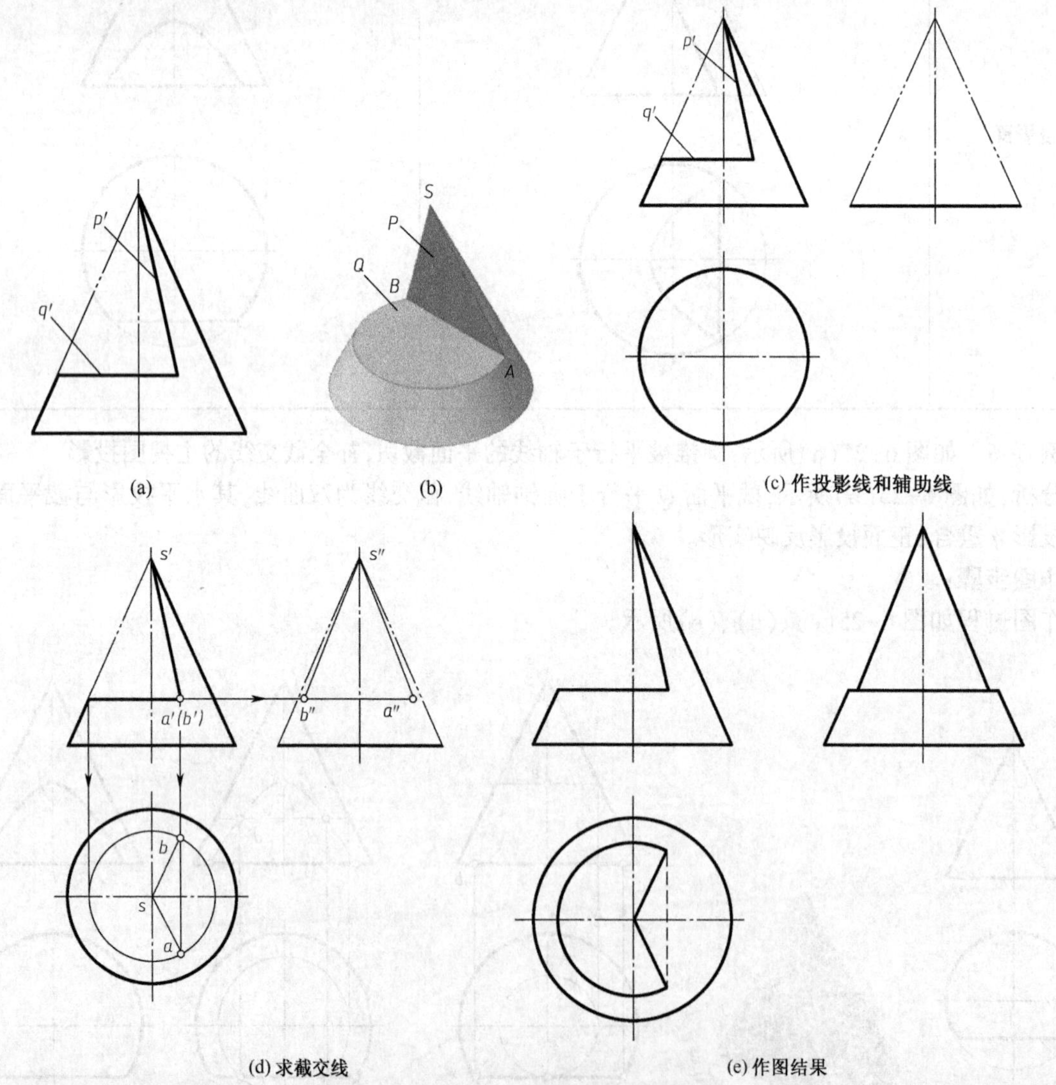

(a) (b) (c) 作投影线和辅助线

(d) 求截交线 (e) 作图结果

图 6-26 两个相交平面截圆锥作图步骤

3. 平面与圆球相交

平面与圆球相交，其截交线的形状为圆，但由于截平面与投影面的位置不同，截交线的投影可能为圆、椭圆或直线，见表 6-10。

表 6-10　平面与圆球的截交线

截平面的位置	与 *V* 面平行	与 *H* 面平行	与 *V* 面垂直
立体图			
投影图			

例 6-8　完成开槽半圆球的俯视图并画出左视图，如图 6-27(a)所示。

分析：半圆球上方的切槽是由一个水平面和两个对称侧平面截切而成，其交线的空间形状均为圆弧。水平面与半圆球的交线的水平投影反映实形，正面投影和侧面投影积聚成直线。

两个侧平面与半圆球的截交线的侧面投影反映实形，正面投影和水平投影积聚成直线；水平截平面和侧平截平面的交线为两条正垂线。

作图步骤：作图过程如图 6-27(b)、(c)、(d)所示。

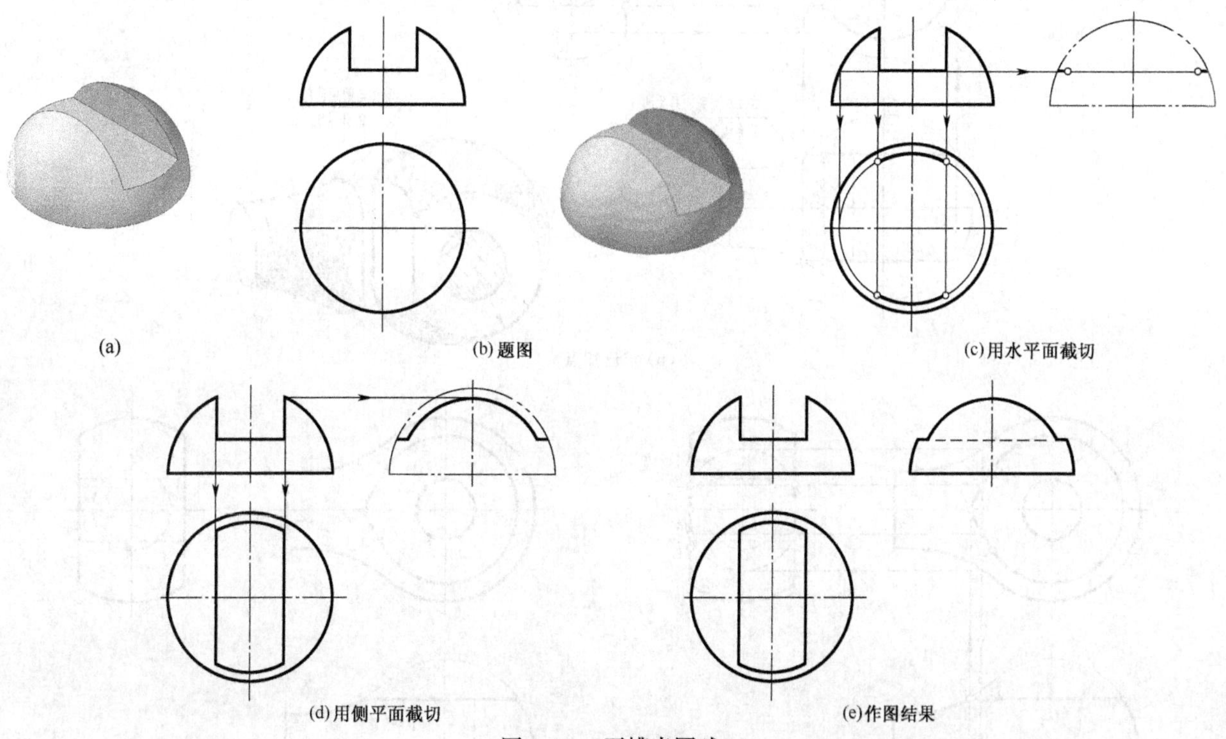

(a)　(b)题图　(c)用水平面截切

(d)用侧平面截切　(e)作图结果

图 6-27　开槽半圆球

①假设水平面将半球整体截切，求出截交线的水平投影(圆)后取局部。

②假设侧平面将半球整体截切，求出截交线的侧面投影后取局部。

③求截平面间的交线，检查、加深，完成作图。

注意：半圆球的侧面投影的转向轮廓线被切去一段。

4. 平面与组合回转体相交

组合回转体由若干个基本回转体所组成，当它们被截平面截切后，其表面产生不同形状的截交线，求作截交线时，应逐个作出基本回转体截交线的投影，然后综合分析，最后连接成完整的截交线。

例 6-9 已知：拉杆被 *H* 平面截切，如图 6-28 所示，求作拉杆头部的截交线投影。

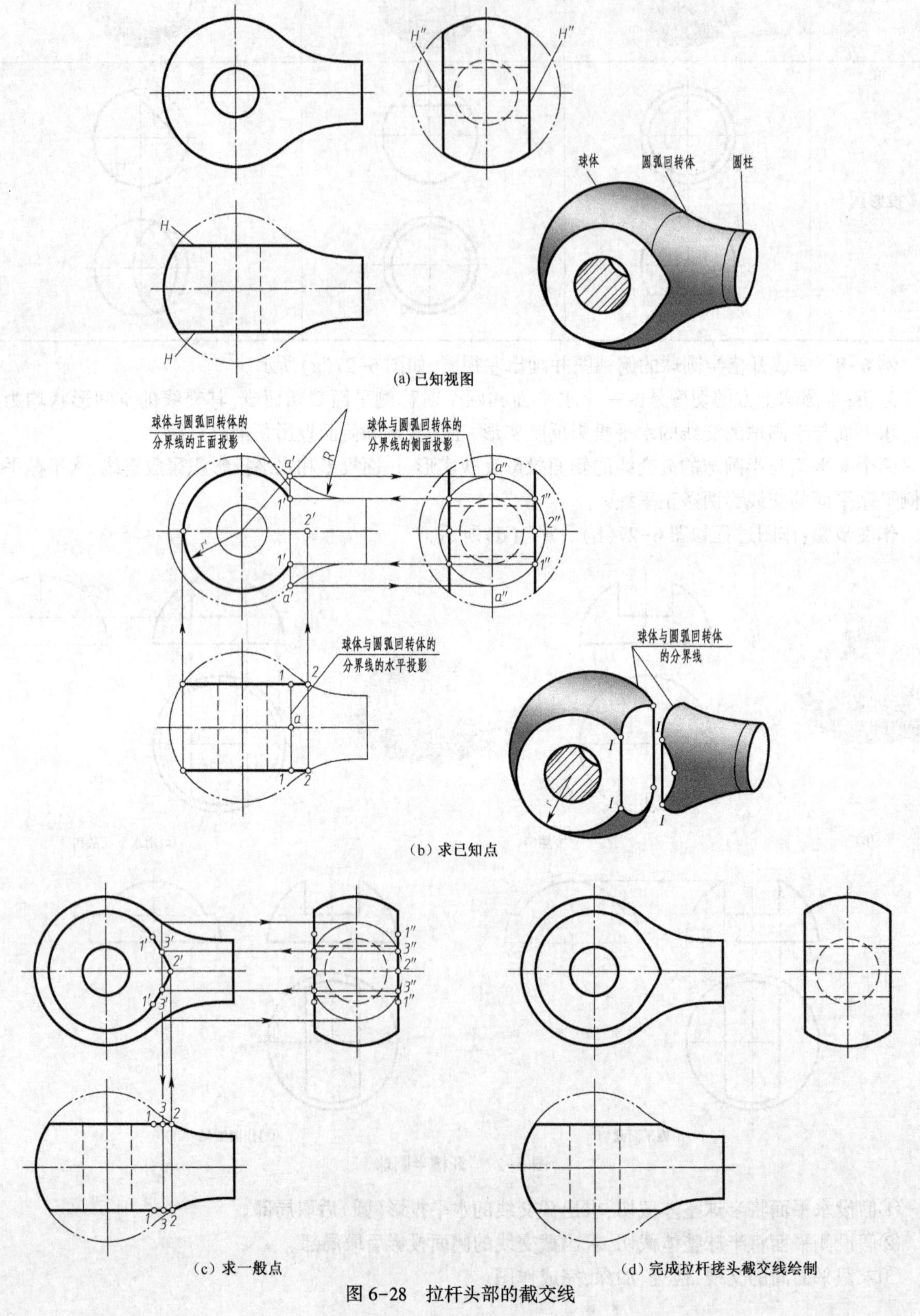

图 6-28 拉杆头部的截交线

分析:拉杆头部由球、圆弧和圆柱回转体组成。截平面 H 属于正平面,已知它的水平投影和侧面投影。

作图分析:

(1)求截切球的投影;截切球与圆弧回转体的分界点为 I 点,根据截切球投影特点,作出主视图截交线圆弧以及 1 点位置,根据三等关系得到 1 点左视图投影位置,如图 6-28(b)所示。

(2)求特殊点Ⅱ,根据截回转体投影特点,22 点属于特殊点,根据三等关系,得到 22 点主视图投影位置,如图 6-28(b)所示。

(3)求一般点的投影。在俯视图取一般位置点 3,作辅助圆平面得到 3 点侧面投影位置,根据三等关系,得到 3 点的主视图投影位置,光滑连接 123 圆弧,如图 6-28(c)所示。

(4)完成作图,如图 6-28(d)所示。

6.4 立体与立体相交

6.4.1 概　　述

机械零件(工业产品)的形状往往是由两个以上的基本立体,通过不同的方式组合而形成,如图 6-29(a)所示。

(a) 工业产品

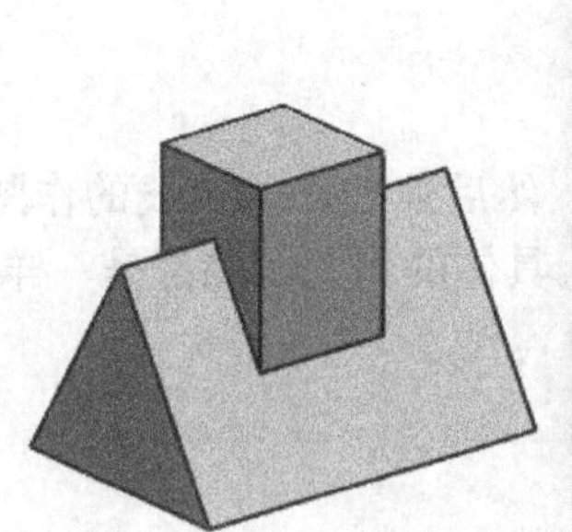

(b) 两平面立体相交

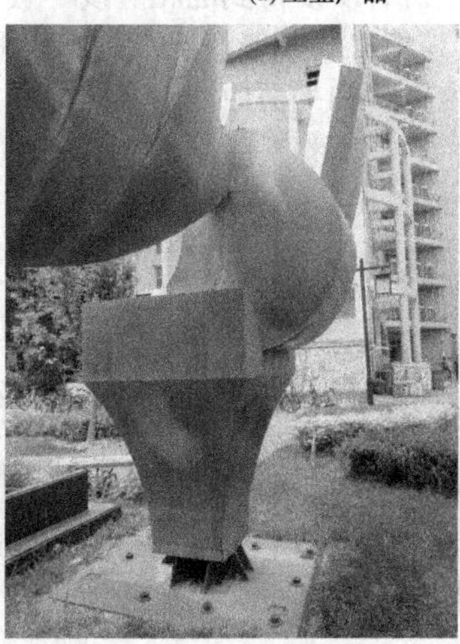

(c) 平面立体与曲面立体相交

(d) 两回转体相交

图 6-29　立体与立体相交

两立体相交称为相贯,两立体相交所形成的表面交线称为相贯线。相贯线是两个立体表面的分界线。

一般两立体相交可分为三种情况:

(1)平面立体与平面立体相交,相贯线一般是封闭的空间折线,如图 6-29(b)所示。

(2)平面立体与曲面立体相交,相贯线是由若干段平面曲线或直线所围成的空间曲线,如图 6-29(c)所示。

(3)两曲面立体相交,相贯线一般为封闭的空间曲线,如图 6-29(d)所示。

本节只介绍两曲面立体的相交。

如图 6-30(a)所示,三通管是由水平横放的圆筒与垂直竖放的带孔圆锥台组合而成,图 6-30(b)所示为由水平横放的圆筒与垂直竖放的带孔圆锥台、圆筒组合而成的盖。它们的表面(外表面或内表面)相交,均出现了箭头所指的相贯线,在画该类零件的视图时,必须正确分析并绘制相贯线的投影。

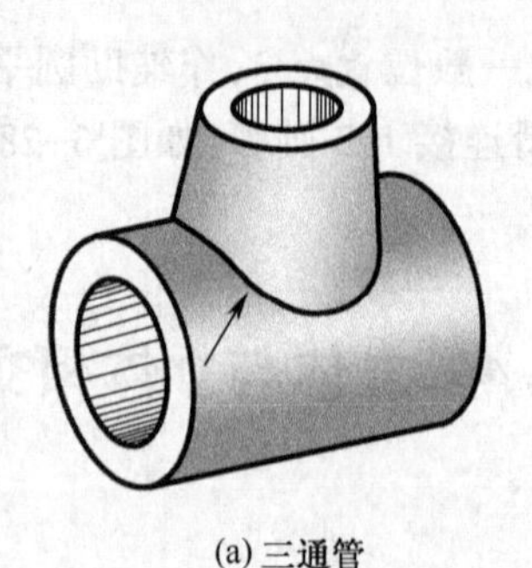

(a) 三通管

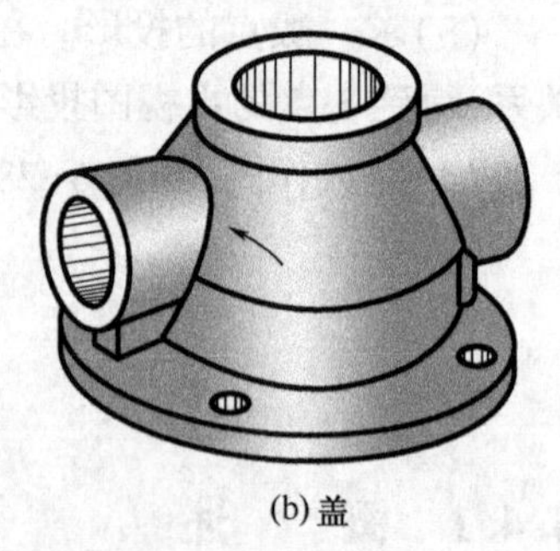

(b) 盖

图 6-30　立体与立体相交实例

讨论两曲面立体相交的问题,主要是讨论如何求相贯线。工程图上画出两立体相贯线的意义,在于用它来完善、清晰地表达出零件各部分的形状和相对位置,为准确地制造该零件提供条件。

6.4.2　相贯线的性质

由于组成相贯体的各立体的形状、大小和相对位置的不同,相贯线也表现为不同的形状,但任何两曲面立体表面相交的相贯线都具有下列基本性质:

1)共有性

相贯线是两相交曲面立体表面的共有线,也是两曲面立体表面的分界线,相贯线上的点一定是两相交立体表面的共有点。

2)封闭性

当两个曲面立体完全相贯时,相贯线一般是封闭的曲线,当相贯的曲面立体不是完全相贯的时候,得到的相贯线是完全相贯时的封闭相贯线中的一段。

3)相贯线的形状

由于曲面立体都具有一定的空间形状,所以得到的相贯线一般情况下也是空间曲线。其中,最常见的曲面立体是回转体,两回转体相交,其相贯线一般情况下是封闭的空间曲线。特殊情况下,两个曲面立体的相贯线可能是平面曲线,或者由直线和平面曲线组成的曲线。关于相贯线的特殊情况,本书后面会专门详述。

6.4.3　相贯线的作图方法

求画两回转体的相贯线,就是要求出相贯线上的一系列共有点,然后连线。相贯线的作图方法有:面上取点法、辅助平面法和辅助同心球面法。不管是哪种作图方法,具体的作图步骤都是一样的:

(1)求特殊点(特殊点包括:极限位置点、转向点、可见性分界点);

(2)求出一般点;

(3)判别可见性;

(4)连线。

1. 面上取点法

面上取点法的基本思想主要是利用相贯的两个曲面立体的投影特点,相贯线又是两个曲面立体表面的共有点，当曲面立体表面投影具有积聚性时，相贯线上的点也在这个积聚性的曲线上，利用表面上取点方法，作出它的其他投影。

例如，当相交的两回转体中有一个（或两个）圆柱，且其轴线垂直于投影面时，则圆柱面在该投影面上的投影具有积聚性且为一个圆，相贯线上的点在该投影面上的投影也一定积聚在该圆上，而其他投影可根据表面上取点方法作出。

例 6-10 求轴线正交的两圆柱表面的相贯线（见图 6-31）。

两圆柱的轴线垂直相交，相贯线是封闭的空间曲线，且前后对称、左右对称。相贯线的水平投影与垂直竖放圆柱体的圆柱面水平投影的圆重合，其侧面投影与水平横放圆柱体相贯的柱面侧面投影的一段圆弧重合。因此，需要求作的是相贯线的正面投影，故可用面上取点法作图。

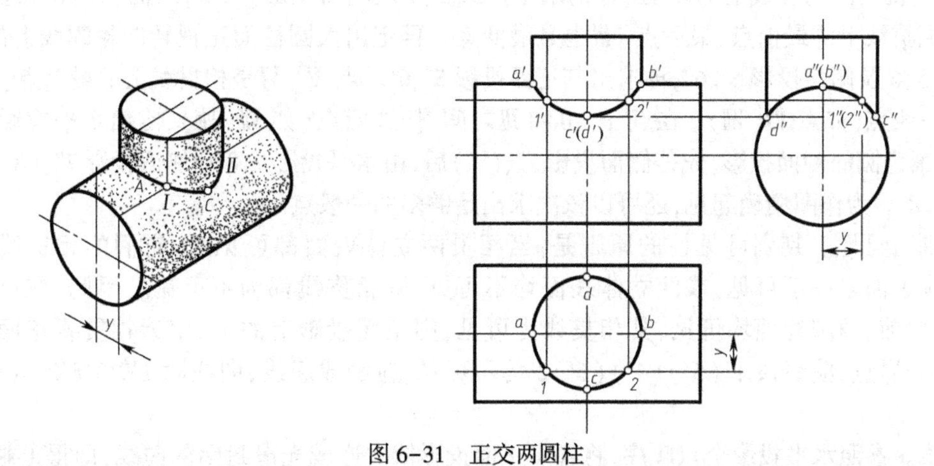

图 6-31 正交两圆柱

作图步骤：

（1）求特殊点（如点 A、B、C、D）。由于两圆柱的正视转向轮廓线处于同一正平面上，故可直接求得 A、B 两点的投影。点 A 和 B 是相贯线的最高点（也是最左和最右点），其正面投影为两圆柱面正视转向轮廓线的正面投影的交点 a' 和 b'。点 C 和 D 是相贯线的最前点和最后点（也是最低点），其侧面投影为垂直竖放圆柱面的侧视转向轮廓线的侧面投影与水平横放圆柱的侧面投影为圆的交点 c'' 和 d''。而水平投影 a、b、c 和 d 均在直立圆柱水平投影的圆上。由 c、d 和 c''、d'' 即可求得正面投影上的 c' 和（d'）。

（2）求一般点（如点 Ⅰ、Ⅱ）。先在相贯线的侧面投影上取 1″和（2″），过点 Ⅰ、Ⅱ 分别作两圆柱的素线，由交点定出水平投影 1 和 2。再按投影关系求出 1′和 2′（也可用辅助平面法求一般点）。

（3）判别可见性，然后按水平投影各点顺序，将相贯线的正面投影依次连成光滑曲线。因前后对称，相贯线正面投影其不可见部分与可见部分重影。相贯线的水平投影和侧面投影都积聚在圆上。

例 6-11 求轴线交叉垂直的两圆柱表面的相贯线（见图 6-32）。

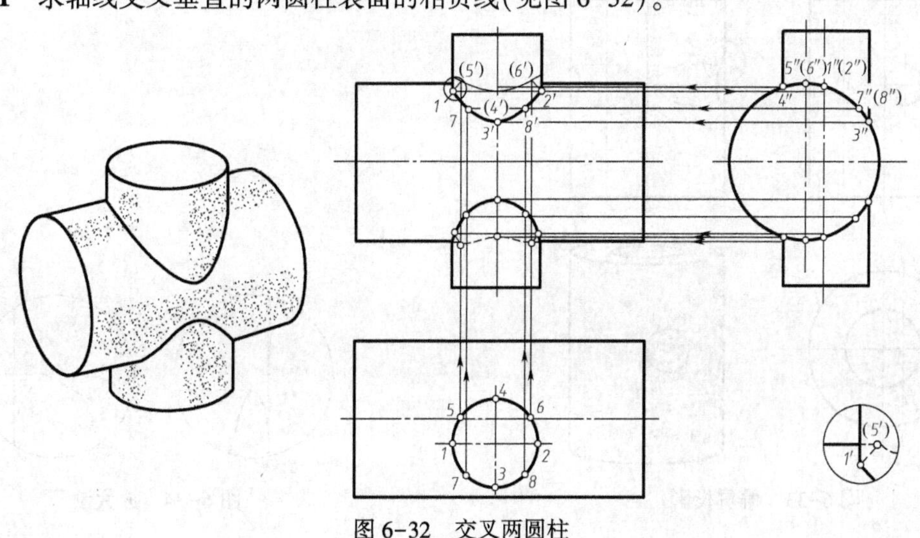

图 6-32 交叉两圆柱

两圆柱的轴线彼此交叉垂直，分别垂直于水平面和侧面，所以相贯线的水平投影与直立小圆柱面的水平投影的圆重合，侧面投影与水平大圆柱面参与相贯的侧面投影的一段圆弧重合，因此本题只需求出相贯线的正面投影。由于直立小圆柱面的全部素线都贯穿于水平大圆柱面，且小圆柱轴线位于大圆柱轴线之前，两个圆柱面具有公共的左右对称面和上下对称面，所以相贯线是上、下两条左右对称的封闭的空间曲线。此题可用面上取点法（或辅助平面法）作图。

作图步骤：

（1）求特殊点（如点 Ⅰ、Ⅱ、Ⅲ、Ⅳ、Ⅴ、Ⅵ）。定出小圆柱面正视转向轮廓线上的点 Ⅰ、Ⅱ 的水平投影 1、2 及侧面投影 1″、2″，从而求出正面投影 1′、2′。点 Ⅰ、Ⅱ 是相贯线上的最左点、最右点。同理，可定出小圆柱面侧视转向轮廓线上的点 Ⅲ、Ⅳ 的水平投影 3、4 及侧面投影 3″、4″，从而求出正面投影 3′、4′。点 Ⅲ、Ⅳ 是相贯线上的最前点、最后点；Ⅲ 也是最低点。再定出大圆柱面正视转向轮廓线上的点 Ⅴ、Ⅵ 的水平投影 5、6 及侧面投影 5″、6″，再求出其正面投影 5′、6′。点 Ⅴ、Ⅵ 是相贯线上的最高点。

（2）求一般点（如点 Ⅶ、Ⅷ）。在点 Ⅰ、Ⅱ 和 Ⅲ 之间，任选两点（如 Ⅶ、Ⅷ），定出水平投影 7、8，利用大圆柱面积聚为圆的侧面投影，先得侧面投影 7″、（8″）后，由水平投影 7、8 和侧面投影 7″、（8″）求得正面投影交点 7′、8′。为作图精确起见，还可以依次求出足够多的一般点。

（3）判别可见性。判别可见性的原则是：当相贯两立体表面都可见时，它们的相贯线才是可见的，若两立体表面之一不可见，或两立体表面均不可见，则相贯线都为不可见。因此，在小圆柱正视转向轮廓线之前，两圆柱面均可见，其相贯线为可见，则正面投影上的 1′、2′ 为相贯线正面投影可见与不可见的分界点，曲线段 1′（5′）（4′）（6′）2′ 为不可见，应画成虚线，曲线段 1′7′3′8′2′ 为可见，应画成粗实线。

（4）连线。参照水平投影个点顺序，将各点正面投影依次连成光滑封闭的曲线，即得上端相贯线的正面投影（下端相贯线的正面投影作法与上端相同）。将两圆柱看成一个整体，大圆柱的正视转向轮廓线应画至（5′）及（6′）处，被小圆柱遮住部分应画成虚线；小圆柱的正视转向轮廓线应画至 1′ 及 2′ 处（见放大图）。

例 6-12 防止敲缸的偏贯设计案例。

活塞在高速下工作，承受很大的惯性力。活塞顶部承受最高的压力、附加载荷和热应力，使之变形，容易导致活塞和气缸在工作中卡紧。活塞为承受气体作用力设计有一个不可或缺的活塞销，为活塞销设计一个安稳的孔，以防止出现敲缸，使活塞较平顺地从压向气缸的一面过渡到压向另一面，保证发动机的平顺性，因此这个孔不可能正贯，一定要偏贯布置，如图 6-1 所示。

活塞销孔与活塞属于偏贯，不计工艺因素和工作活塞结构因素，图 6-33 所示为圆柱与圆柱的偏贯投影。图 6-34 所示为两处放大投影。

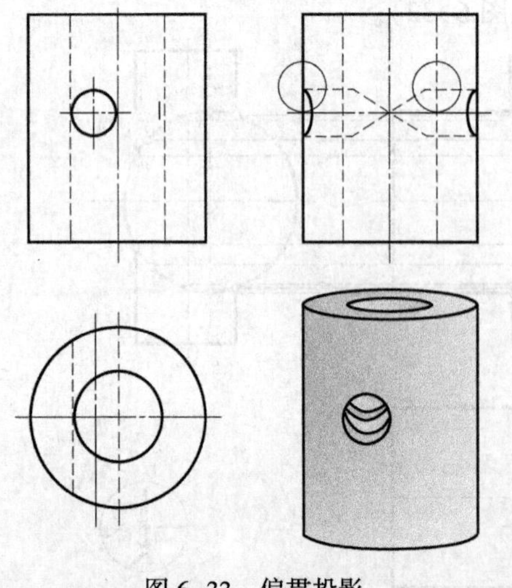

图 6-33　偏贯投影

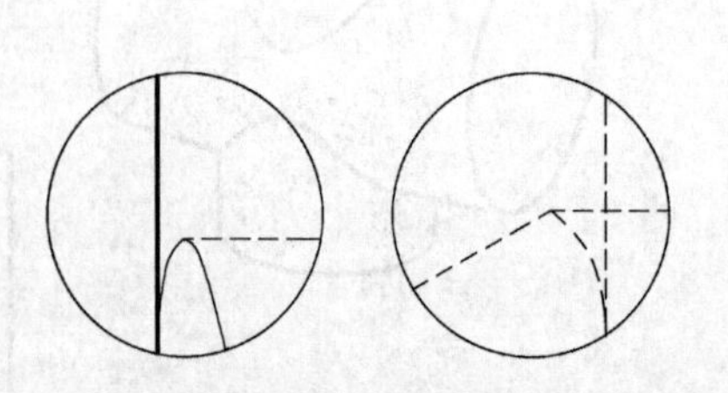

图 6-34　放大图

2. 辅助平面法

辅助平面法的基本思想主要是借助平面与曲面立体相交的截交线来实现的，假设作一辅助平面，使其与相贯线的两回转体相交，先求出辅助平面与两回转体的截交线，则两回转体上截交线的交点必为相贯线上的点，如图 6-35 所示。作一系列的辅助平面，便可得到相贯线上的若干点，然后判别可见性，依次光滑连接各点，即为所求的相贯线。

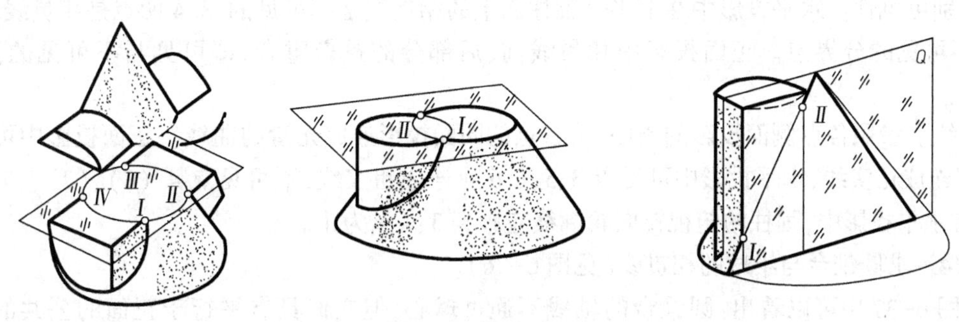

图 6-35　辅助平面法

辅助平面选择原则——为了便于作图，辅助平面应为特殊位置平面并作在两回转面的相交范围内，同时应使辅助平面与两回转面的截交线的投影都是最简单易画的图形（多边形或者圆）。

用辅助平面法求共有点的作图步骤：

（1）作辅助平面；

（2）分别作出辅助平面与两回转面的截交线；

（3）两回转面截交线的交点，即为所求的共有点。

例 6-13　求轴线正交的圆柱与圆锥台的相贯线（见图 6-36）。

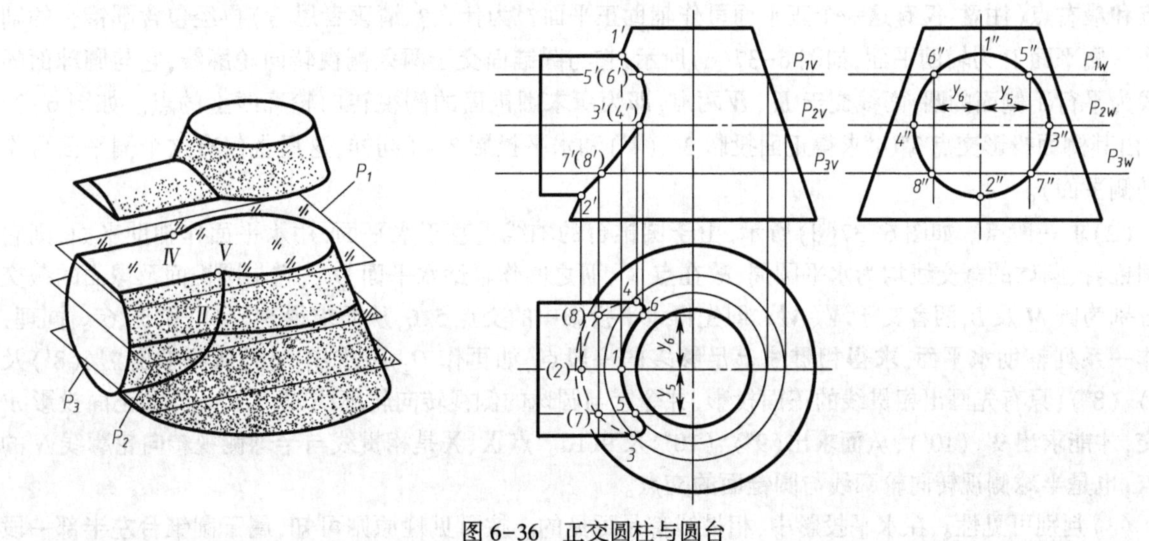

图 6-36　正交圆柱与圆台

如图 6-36 所示。圆柱和圆锥台的轴线垂直相交，相贯线为一封闭的空间曲线。由于圆柱轴线是侧垂线，则圆柱的侧面投影是有积聚性的圆，所以相贯线的侧面投影与此圆重合，需要求的是相贯线的正面投影和水平投影。由于圆锥台轴线垂直于水平面，所以采用水平面作为辅助平面。作图步骤：

（1）求特殊点。相贯线的最高点 *Ⅰ* 和最低点 *Ⅱ* 分别位于水平横放圆柱和圆锥台的正视转向轮廓线上，所以在正面投影中其交点 1′、2′可以直接求出。由 1′、2′可求得侧面投影 1″、2″和水平投影 1、2。相贯线的最前点 *Ⅲ* 和最后点 *Ⅳ*，分别位于水平圆柱最前和最后两条俯视转向轮廓线上，其侧面投影 3″、4″可直接求出。水平投影 3、4 可过圆柱轴线作水平面 P_2 求出（P_2 与圆柱和圆锥台的截交线在水平投影上的交点），由 3、4 和 3″、4″可求得正面投影 3′、(4′)。

(2)求一般点。作辅助水平面 P_1。平面 P_1 与圆锥台的截交线为圆，与圆柱的截交线为两平行直线。两截交线的交点 V、VI即为相贯线上的点。求出两截交线的水平投影，则它们的交点 5、6 即为相贯线上点 V、VI的水平投影。其侧面投影 5″、6″积聚在 P_{1W}上，正面投影 5′、6′积聚在 P_{1V}上。再作辅助水平面 P_3，又可求出相贯线上 VII、VIII两点的侧面投影 7″、8″和水平投影(7)、(8)和侧面投影 7″、8″可求得正面投影 7′、(8′)。

(3)判别可见性。水平投影中在下半个圆柱面上的相贯线是不可见的，3、4 两点是相贯线水平投影的可见与不可见的分界点。正面投影中相贯线前、后部分的投影重合，即可见与不可见的投影互相重合。

(4)连线。参照各点侧面投影的顺序，将各点的同面投影连成光滑的曲线。正面投影中可见点 1′、5′、3′、7′、2′连成粗实线，水平投影中可见点 3、5、1、6、4 连成粗实线，不可见点 4、(8)、(2)、(7)、3 点连成虚线。在水平投影中，圆柱的俯视转向轮廓线应画到 3、4 点为止。

例 6-14 求圆锥台与半球的相贯线(见图 6-36)。

解：由图 6-37 中可以看出：圆锥台的轴线不通过球心，但它们具有平行于正面的公共的对称面。因此，相贯线是一条前后对称的封闭的空间曲线。锥面、球面的各个投影都无积聚性，故相贯线的各个投影都需要通过选用合适的辅助平面求解。

作图步骤：

(1)求特殊点。如图 6-37(b)所示，由于圆锥台的轴线与半球铅垂方向的轴线平行，并与圆锥台、半球的正视转向轮廓线处于同一正平面内，故可用包含圆锥轴线和圆球轴线所决定的正平面(即它们的前后公共对称面)作为辅助平面 S，它与圆锥面交于两条正视转向轮廓线，与球面交于一条正视转向轮廓线，两者交于 I、II两点，即为所求的处于二者正视转向轮廓线上的点。现可由其正面投影交点 1′、2′，求得水平投影 1、2 和侧面投影 1″、(2″)。I、II两点分别为相贯线上的最低点和最高点，也是最左点和最右点(注意：仅有这一个正平面可作辅助正平面？为什么？请读者思考)再经包含圆锥台的轴线作一侧平面 P 为辅助平面，如图 6-37(c)所示，它与圆锥面交于两条侧视转向轮廓线，它与圆球面的交线为平行于侧面的圆，两线交于 III、IV两点，即为所求圆锥面的侧视转向轮廓线上的点。如图 6-37(b)由其侧面投影交点 3″、4″求得正面投影 3′、(4′)和水平投影 3、4(同样，这里也仅有这个侧平面可作辅助侧平面)。

(2)求一般点。如图 6-37(d)所示，由于圆锥台的轴线垂直于水平面，用水平面作辅助平面，则它与圆锥台、圆球的截交线均为水平圆周，故在点 I、III之间作辅助水平面 Q_{1V}，它与圆锥面及球面的截交线分别为圆 M 及 L，两者交于 V、VI。即先得水平投影中的交点 5、6，从而求得 5′、(6′)和 5″、6″。同理，可作一系列辅助水平面，求得相贯线上足够多的一般点，如再作 Q_{2V} 可求出 7、8，从而求出 7′、(8′)及(7″)、(8″)；只有先画出相贯线的正面投影，并令它与圆球的侧视转向轮廓线 $N(n、n'、n'')$ 的正面投影 n' 相交，才能求出 9′、(10′)，从而求出(9″)、(10″)及 9、10。点IX、X是相贯线与半球侧视转向轮廓线 N 的交点，也是半球侧视转向轮廓线与圆锥面的交点。

(3)判别可见性。在水平投影中，相贯线都是可见的。按可见性原则可知，属于圆锥台左半部一段可见相贯线的侧面投影 4″、6″、1″、5″、3″曲线段画成粗实线，3″、4″为侧面投影可见与不可见的分界点，应把不可见的侧面投影 4″(8″)(10″)(2″)(9″)(7″)3″曲线段画成虚线。

(4)连线。如图 6-37(f)所示，将正面投影中可见点 1′5′3′7′9′2′连成光滑曲线。然后依次光滑连接各点的水平投影和侧面投影。在正面投影中，圆锥台和半球的正视转向轮廓线应分别画到 1′、2′处为止。在侧面投影中，圆锥台的侧视转向轮廓线的侧面投影只画到 3″、4″处；半球的侧视转向轮廓线 n'' 只画到(9″)、(10″)处为止，其中被圆锥台遮住的部分应画成虚线。

当两相交回转体，其两轴线相交时，可用交点为球心作辅助球面，分别与两回转体相交的相贯线均为圆，这两个圆因位于同一球面上，彼此相交，两圆的交点是两回转体表面上的共有点，即相贯线上的点，同理可求得相贯线上若干点，此方法称为辅助球面法，本书不另阐述。

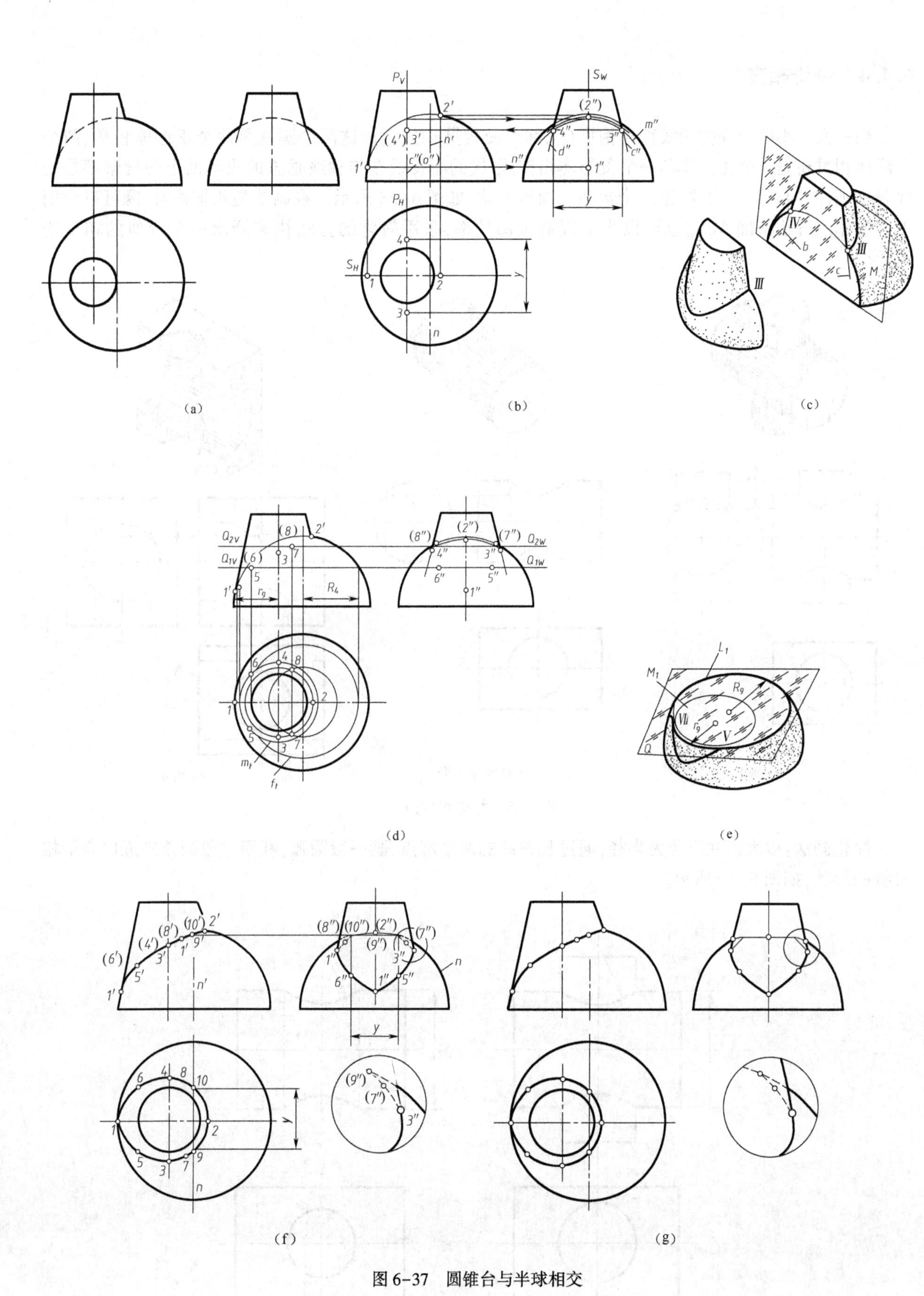

图 6-37　圆锥台与半球相交

6.4.4 特殊相贯

当一大一小两个圆柱轴线垂直相贯(又称正交相贯)时,无论这两个圆柱是两个正形体相贯、两个负形体相贯还是一个正形体和一个负形体相贯,形成的相贯线在与轴线垂直的投影面上的投影都是围绕着小圆柱,伸入到大圆柱,是一个弯曲的曲线形状,如图 6-38 所示。在画该类相贯线时,既可以利用上述的作图方法精确作出,也可以为了提高画图效率,采用简化的方法快速画出一个近似的相贯线形状。

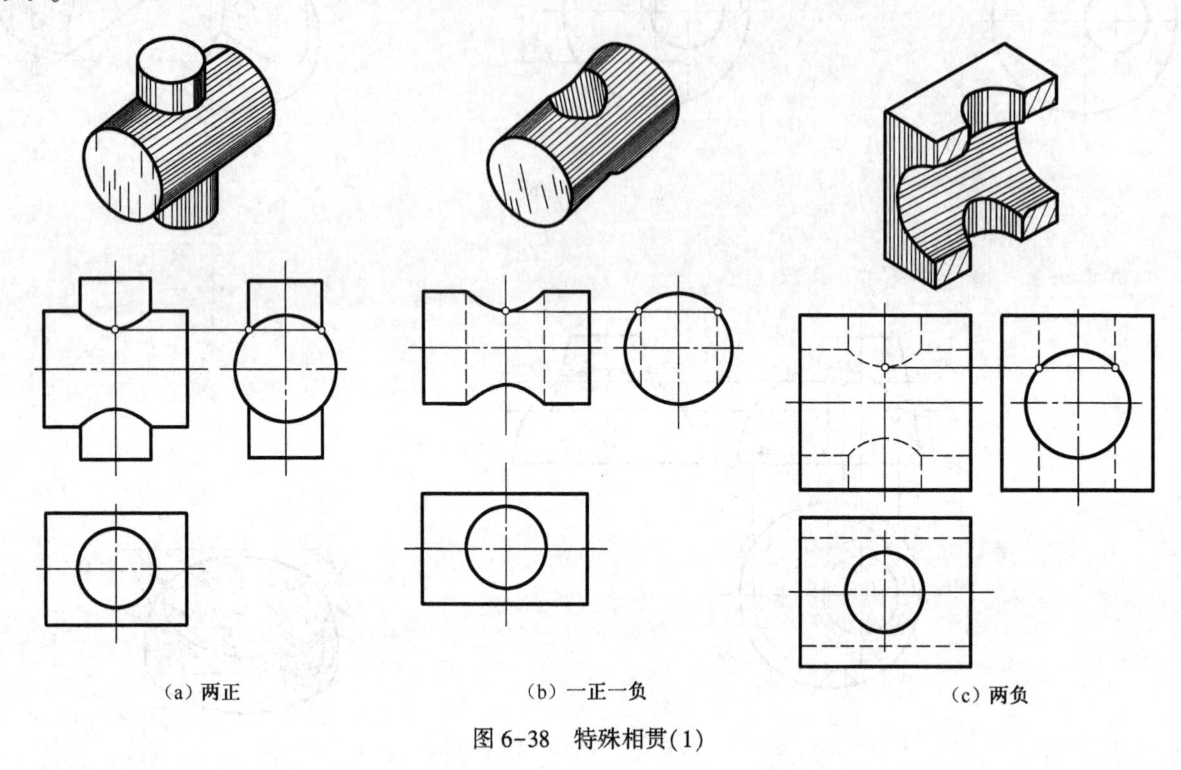

(a) 两正　　(b) 一正一负　　(c) 两负

图 6-38　特殊相贯(1)

简化画法:以大圆柱半径为半径,通过相贯线的两个端点,画一段圆弧,利用这段圆弧来近似表示相贯线的形状,如图 6-39 所示。

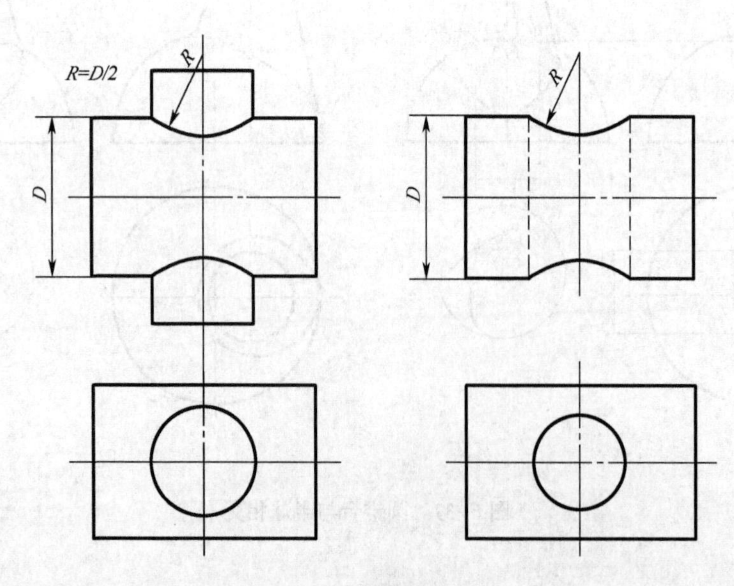

图 6-39　特殊相贯(2)

特殊相贯：两回转体相交，在一般情况下相贯线是空间曲线，但在特殊情况下相贯线也可能是平面曲线或直线。几种常见的特殊情况如下：

(1)两回转体同轴相贯。当两个相贯的回转体同一轴线时，此时的相贯线在空间是个圆，如图 6-40(a)所示柱锥同轴相贯、图 6-40(b)所示柱球同轴相贯、图 6-40(c)所示锥球同轴相贯。当轴线平行于某一投影面时，其相贯线在该投影面上的投影积聚成一直线。

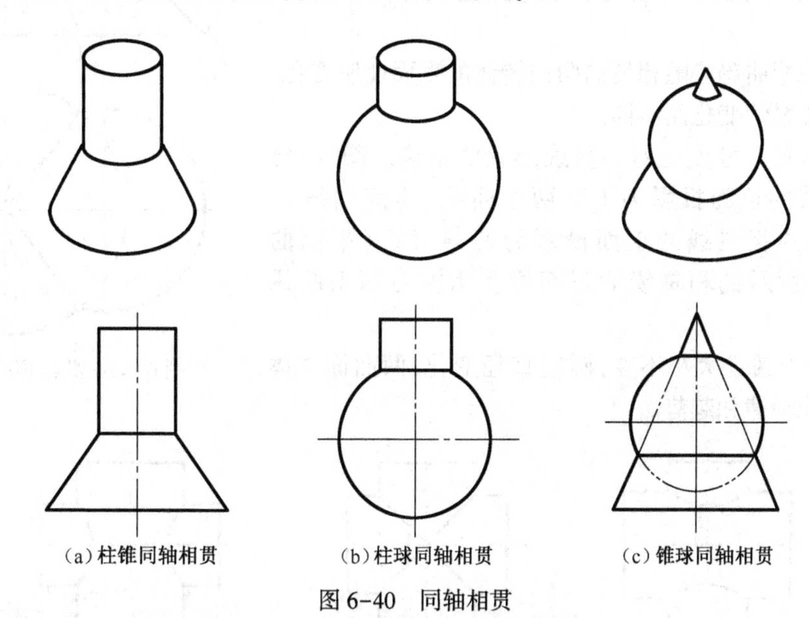

图 6-40　同轴相贯

(2)两回转体相切于同一球。当两个回转体(如圆柱与圆柱、圆柱与圆锥、圆锥与圆锥)同时和一个球面相切时，其相贯线是一个平面曲线——椭圆。举例如下：

①当两圆柱轴线相交(无论轴线垂直相交还是倾斜相交)、直径相等、同切于一球面时，其相贯线在空间为两个椭圆的形状，如图 6-41 所示。在与椭圆垂直的视图上的投影是两个回转体轮廓线对角线交点的连线。

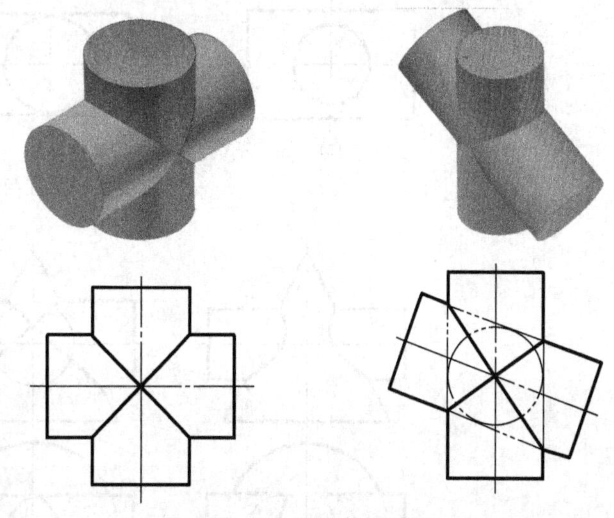

图 6-41　圆柱等径相贯

②当圆柱与圆锥的轴线相交(无论轴线垂直相交还是倾斜相交)，且同切于一球面时，其相贯线为两个椭圆的形状，如图 6-42 所示。在与椭圆垂直的视图上的投影是两个回转体轮廓线对角线交点的连线。

(3)轴线相互平行的两圆柱相交，两圆柱面上的相贯线是两条平行于轴线的直线，如图 6-43 所示。

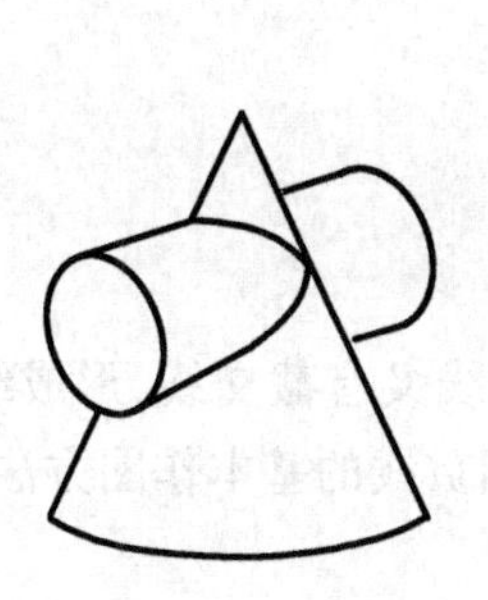

图 6-42　柱锥共切于一个球

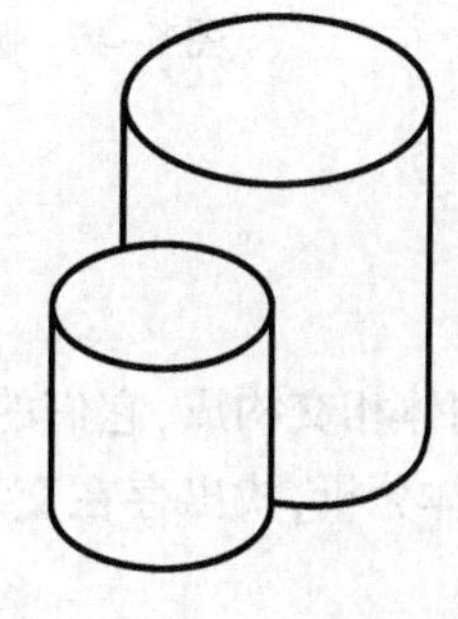

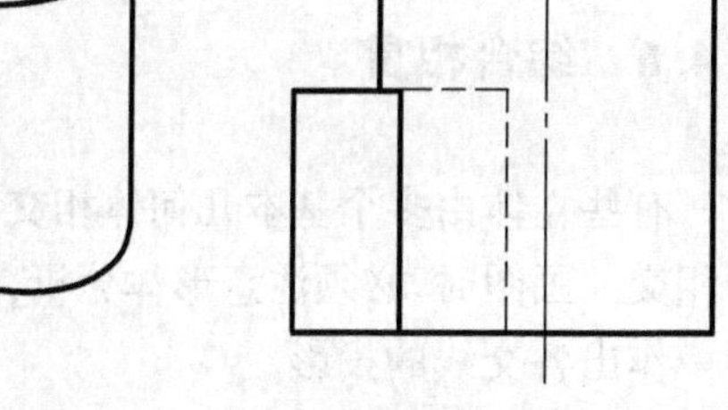

图 6-43　两圆柱轴线平行

(4)共锥顶的两个圆锥。当两个圆锥共锥顶时，两个圆锥面的相贯线是通过锥顶到两个圆锥底面圆交点的连线，如图 6-44 所示。

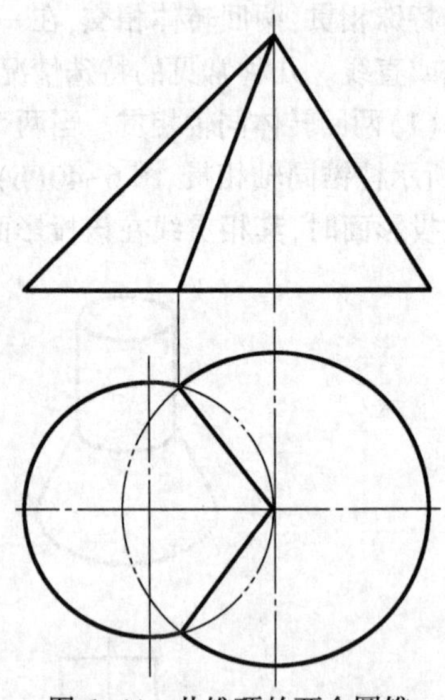
图 6-44　共锥顶的两个圆锥

6.4.5　相贯线投影的弯曲趋势和变化情况

相贯线投影的弯曲趋势随相贯的两回转体的表面性质变化、尺寸变化和相对位置的变化而不同。

图 6-45 所示是尺寸变化对相贯线形状的影响。图 6-45(a)所示的相贯线的正面投影为上下两条曲线(空间曲线)，图 6-45(b)所示的相贯线的正面投影为两条直线(平面曲线)，图 6-45(c)所示的相贯线的正面投影为左右两条曲线(空间曲线)。

图 6-46 所示为圆锥大小不变，圆柱直径变化，两曲面立体形成的相贯线变化规律和趋势。

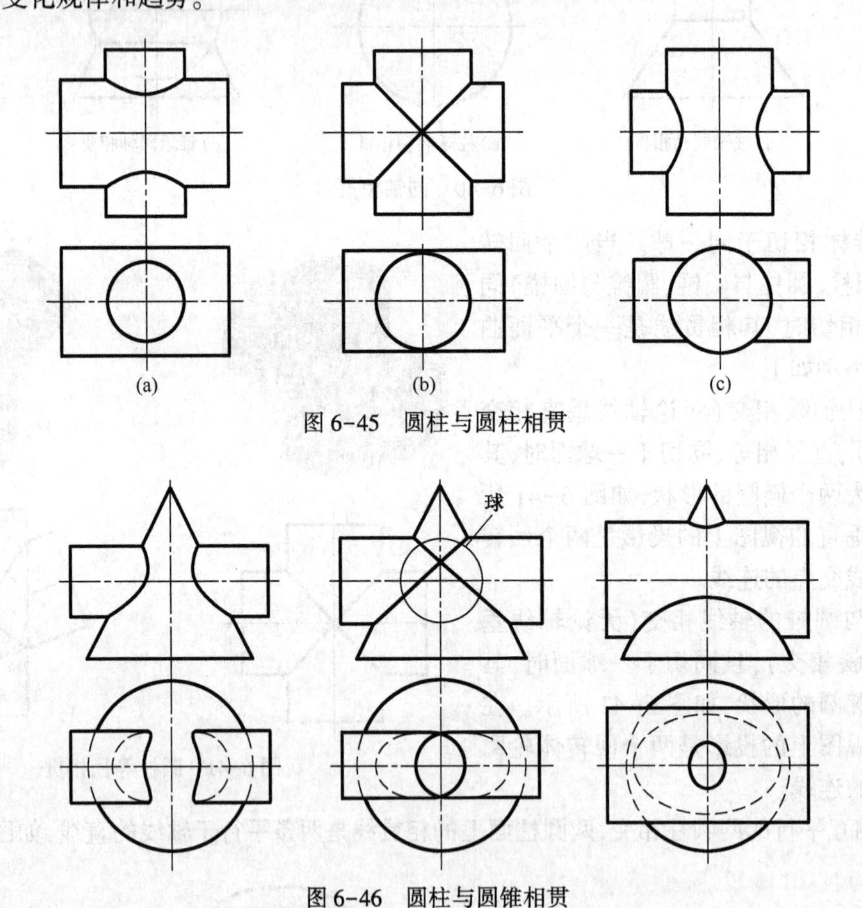

图 6-45　圆柱与圆柱相贯

图 6-46　圆柱与圆锥相贯

6.4.6　综合相贯

有些立体由多个基本几何体相交构成，它们的表面交线比较复杂，既有相贯线又有截交线，形成综合相交。画图时，必须注意形体分析，找出存在交线的各个表面，应用截交线和相贯线的基本作图方法，逐一作出各交线的投影。

例 6-15　已知图 6-47(a)立体以及俯视图，完成其正面投影和侧面投影。

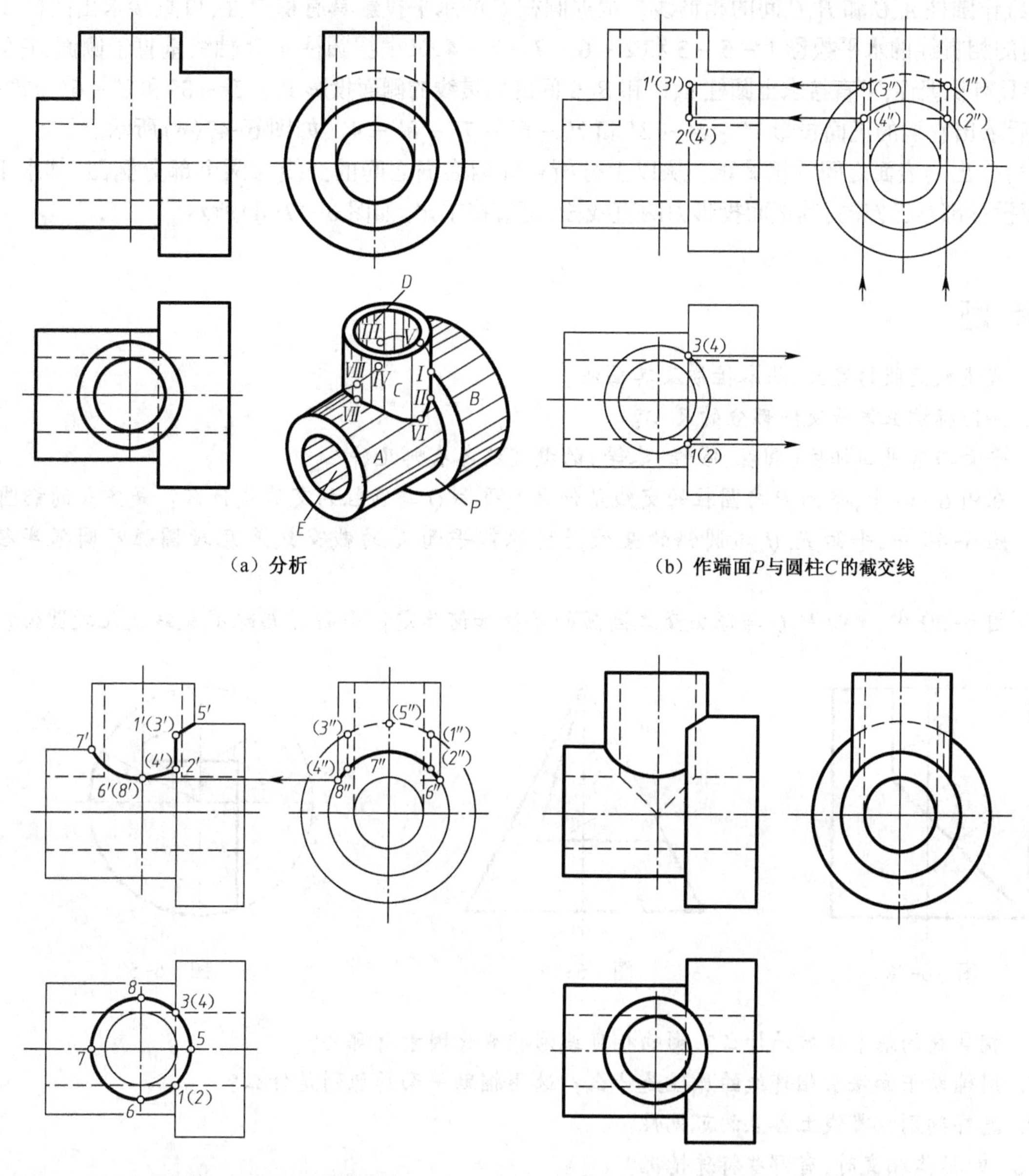

（a）分析　　（b）作端面P与圆柱C的截交线

（c）作圆柱A、C和B、C间的相贯线　　（d）作圆柱孔D、E间的相贯线

图 6-47　立体相交做图步骤

分析：

(1)形体分析。由图示可知，组合体前后对称，由三个空心圆柱A、B、C组成，圆柱A和B同轴；圆柱C的轴线与圆柱A、B的轴线垂直相交；圆柱B的端面P与圆柱C截交；竖直圆柱孔D与水平圆柱孔E的轴线正交，如图 6-47(a)所示。

(2)投影分析。圆柱A、C的相贯线是空间曲线；圆柱B、C的相贯线也是空间曲线；圆柱B的端面P与圆柱C之间的截交线是两直线段。由于圆柱C的水平投影有积聚性，这些交线的水平投影都是已知的。

圆柱孔D与圆柱孔E的直径相同，轴线相交，交线为两个部分椭圆。由于圆柱孔D的水平投影和圆柱孔E的侧面投影都有积聚性，交线的水平投影和侧面投影都是已知的。

作图步骤：

(1)作端面P和圆柱C之间的截交线。圆柱C与端面P的截交线Ⅰ Ⅱ和Ⅲ Ⅳ是两条垂直于水平面的直线段，可根据水平投影 1(2)、3(4)，作出它们的侧面投影 1′(3′)、2′(4′)和正面投影 1′(3′)、2′(4′)，如图 6-47(b)所示。

(2)作圆柱 A、C 和 B、C 间的相贯线。根据圆柱 C 的水平投影具有积聚性,可直接求出圆柱 A、C 和 B、C 间的相贯线的水平投影 1 - 5 - 3 和 2 - 6 - 7 - 8 - 4,又根据圆柱 A、B 轴线垂直于侧面,它们的侧面投影具有积聚性,可直接求出圆柱 A、C 和 B、C 间的相贯线的侧面投影 $1''-5''-3''$ 和 $2''-6''-7''-8''-4''$,最后求出它们的正面投影 $1'-5'-3'$ 和 $2'-6'-7'-8'-4'$,如图 6-47(c)所示。

(3)作出内表面之间的相贯线。从以上分析可知内表面之间的交线为两个部分椭圆,其水平投影和侧面投影都是已知的,其正面投影为两直线段,可直接求出,如图 6-47(d)所示。

思考题

1. 试述截交线的定义、基本性质及其画法。
2. 如何标注立体截交线部分的尺寸?
3. 平面与常见回转体(圆柱、圆锥、球等)的截交线各有哪几种?
4. 在图 6-48 中,平面 P 与圆柱的交线是什么?平面 Q 与圆柱的交线是什么?是完整的椭圆吗?
5. 图 6-49 中,平面 R,Q 与圆锥的交线是什么?平面 R 的截交线是几段圆弧?圆弧半径怎样确定?
6. 图 6-50 中,平面 P,Q 与球截交线圆弧的半径如何确定?平面 R 与球截交线是几段圆弧?

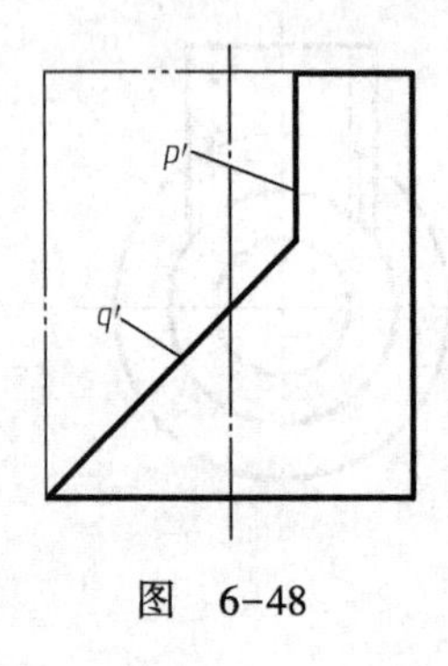

图 6-48

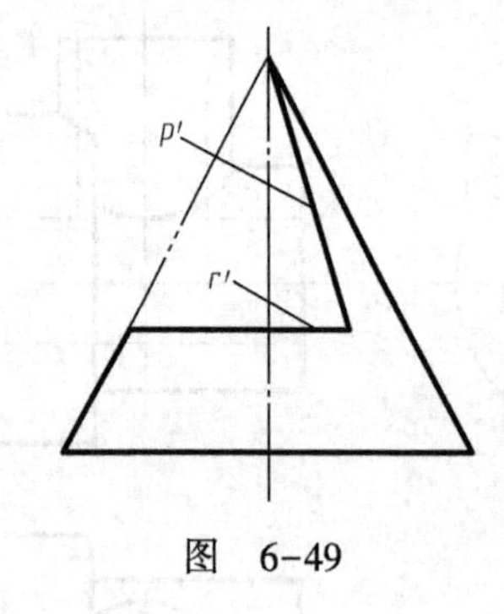

图 6-49

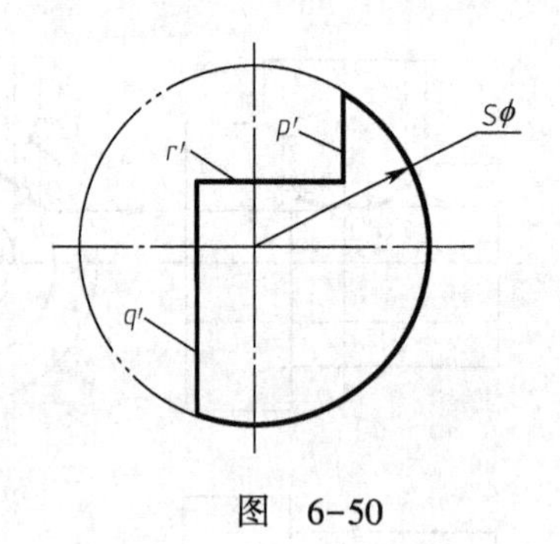

图 6-50

7. 相贯线的基本性质是什么?影响相贯线形状变化因素有哪些?
8. 用辅助平面法求相贯线的原理是什么?选用辅助平面的原则是什么?
9. 怎样判别相贯线上各点的可见性?
10. 回转体相交时,有哪些特殊情况?

习　题

1. 试绘制图 6-48 的三视图。
2. 试绘制图 6-49 的三视图。
3. 试绘制图 6-50 的三视图。
4. 试完成图 6-51 的三视图。

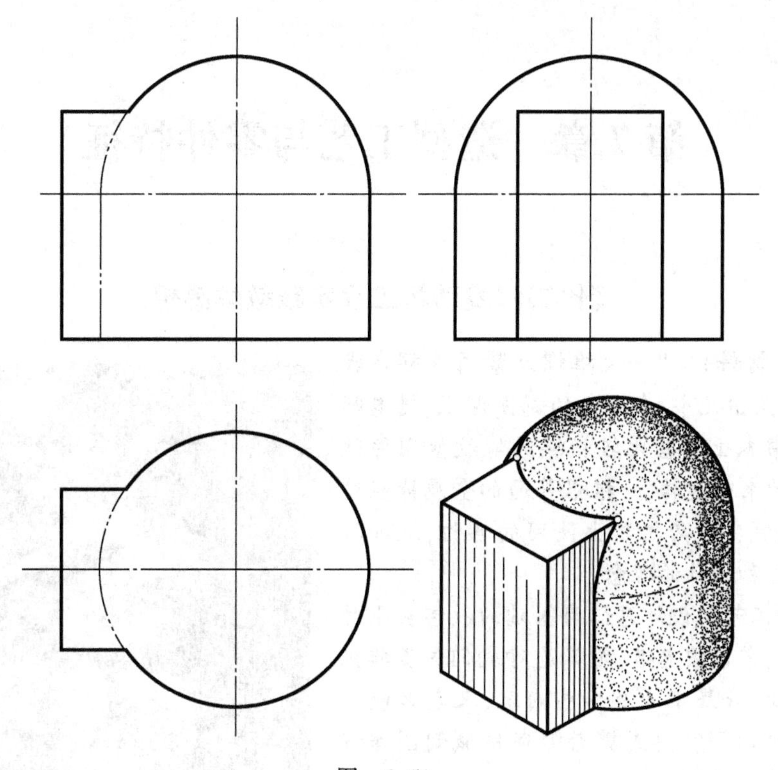

图 6-51

参考文献

1. 樊百林. 发动机原理与拆装实践教程—现代工程实践教学[M].北京:人民邮电出版社,2011.
2. 曹彤.机械设计制图[M]. 北京:高等教育出版社,2011.
3. 王建华.机械制图与计算机绘图[M].北京:国防工业出版社,2009.
4. 樊百林,蔡嗣经,陈华.一个年轻设计者眼中的发动机[J].金属世界,2011.

第7章　造型工艺与零件特征

现代工程发动机工程实践教学感想

彭亚(09材料)　“一大堆螺纹紧固件摆在我们面前,我们只能认出几个,在今天的制图课上,樊老师讲解的却远不止书本上那些比较枯燥的螺纹紧固件理论……看到机器的来回运转,一根根普通的金属棒经过一道道工序,改造蜕变成为机器上使用的螺钉,这加深了我们对制造工艺和设计的理念。”

螺栓生产

“以机械制造工艺与设计意识为基础的教学在平时的机械制图课堂上常常被忽略,尤其是对我们这类非机械专业的学生来说,如果不涉及这些内容,又怎么能成功地了解和学会这门课?感谢樊老师在机械制图课程中给我们讲授制造工艺知识。”

宋舒平(09材料)　“通过这次拆装,对我有许多帮助,不至于稀里糊涂标上尺寸,到最后画装配图时却不合理、装不上。‘当设计图纸和汽车一样重时,汽车就能上公路行驶了’,今天才体会到这句话的真正含义。”

学生创新实践

几何体成型加工

本章学习目标:

✧ 结合金工实习,了解各种工艺所能生产的产品特征,掌握零件特征元素的绘制和阅读方法以及尺寸标注方法。

本章学习内容:

✧ 了解先进工艺造型产品特征
✧ 熟悉组成零件的基本特征元素
✧ 掌握产品结构工艺要素
✧ 基本特征元素的基本知识
✧ 基本几何体的尺寸标注

✧ 组合体的尺寸标注
✧ 组合体视图的表达
✧ 组合体的尺寸标注
✧ 零件的尺寸标注
✧ 组合体的构形设计

实践教学研究:

✧ 参观工程训练中心先进制造工艺和传统制造工艺。
✧ 观察你所看到的饮水机零件,分析其零件的特征元素。
✧ 观察你所拆齿轮泵泵盖零件的特征元素,试分析该零件采用什么加工工艺制造而成?
✧ 观察你所拆的发动机变速轴零件特征,分析其视图表达方案。

关键词: 焊接　零件　特征元素　组合体　尺寸标注

7.1　先进工艺成型产品

各种产品形状不同,可以通过不同的工艺成型加工而成,每种工艺成型的产品特征不同,下面介绍几种先进工艺成型产品。

7.1.1　先进工艺

1. 数控加工中心

数控加工中心是一种功能较全的数控加工机床。它把铣削、镗削、钻削、攻螺纹和切削螺纹等功能集中在一台设备上,使其具有多种工艺手段。加工中心设置有刀库,刀库中存放着不同数量的各种刀具或检具,在加工过程中由程序自动选用和更换。

数控加工中心如图 7-1(a)所示,数控加工中心成型产品如图 7-1(b)所示。

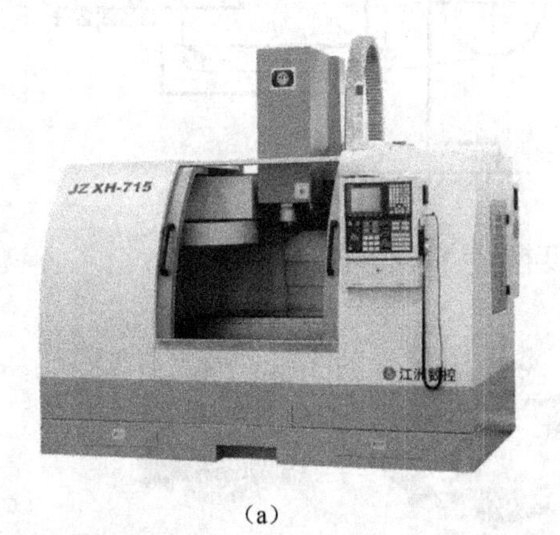

(a)

(b)

图 7-1　数控加工中心

2. 电火花加工

电火花加工是利用浸在工作液中的两极间脉冲放电时产生的电蚀作用,蚀除导电材料的特种加工方法。电火花加工原理示意图如图 7-2(a)所示,电火花加工成型产品如图 7-2(b)所示。

3. 线切割加工

线切割加工是利用移动的细金属丝作工具电极,按预定的轨迹进行脉冲放电切割。线切割加工机

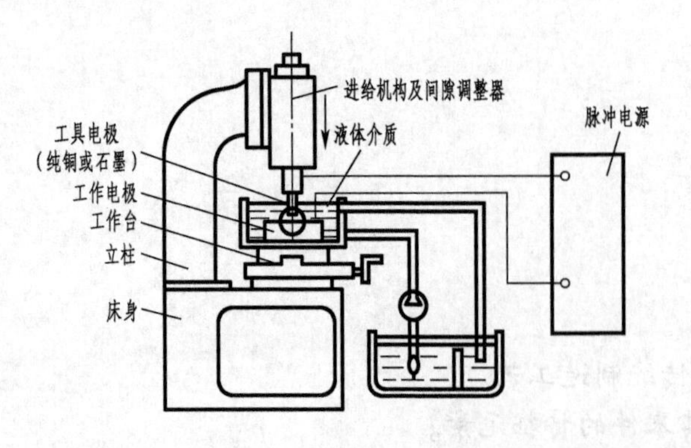

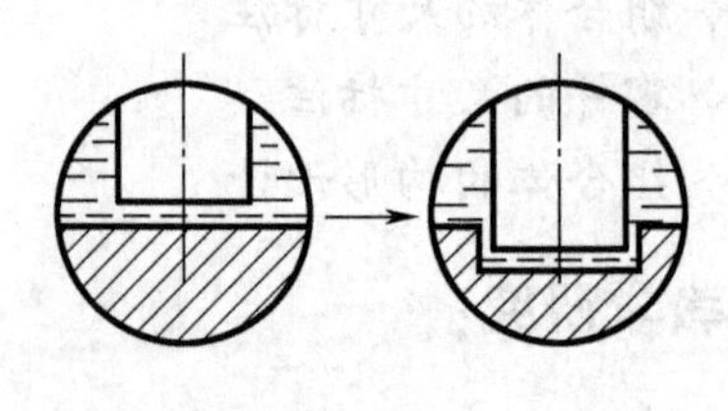

（a）电火花加工原理

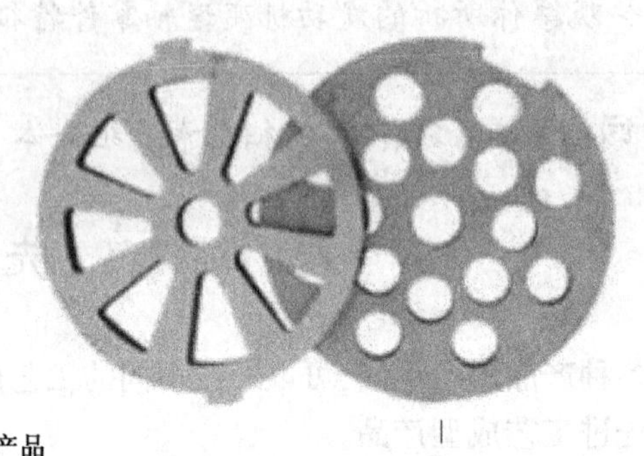

（b）电火花成型产品

图 7-2　电火花加工

床与加工原理示意图如图 7-3(a)所示，线切割加工成型产品如图 7-3(b)所示。

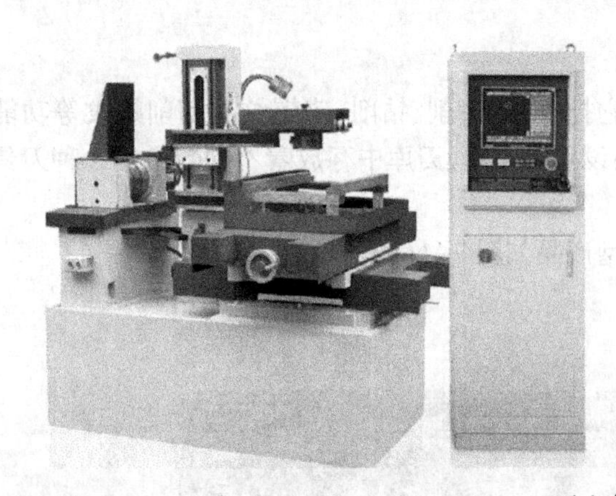
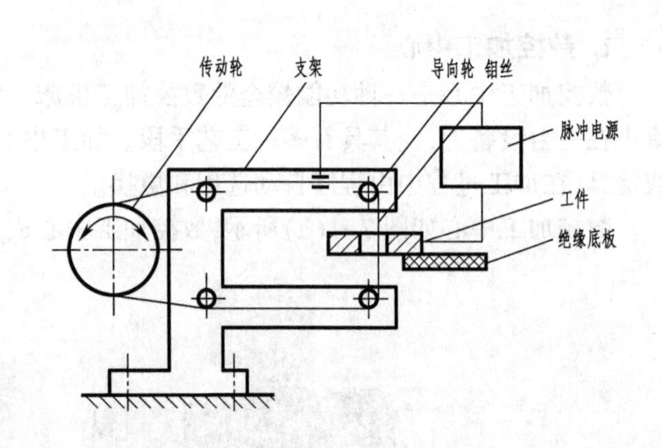

（a）线割加工机床与加工原理示意图

（b）线切割加工成型产品

图 7-3　线切割加工

4. 熔模铸造产品

熔模是在由易熔材料制成的模样上涂敷耐火材料形成型壳，熔出模样，注入液态金属，待金属冷却后将耐火材料敲碎得到铸件的方法，熔模铸造产品如图 7-4(a)所示，熔模铸造工艺流程如图 7-4(b)所示。

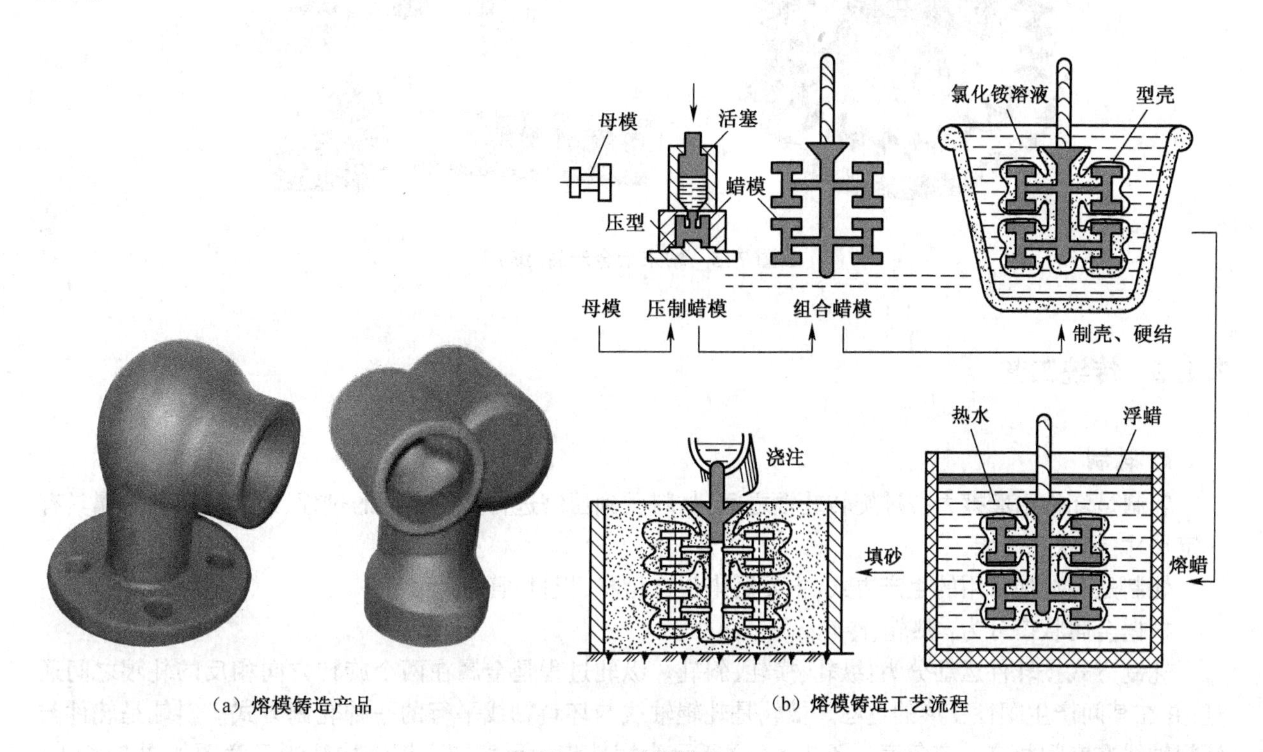

(a) 熔模铸造产品　　(b) 熔模铸造工艺流程

图 7-4　熔模铸造

5. 粉末冶金

粉末冶金是一种制取金属粉末以及采用成形和烧结工艺将金属粉末或金属粉末与非金属粉末的混合物制成制品的工艺技术。

粉末冶金成形技术作为一种应用广泛的精密成形技术，具有少或无切屑加工、材料利用率高、制造过程清洁高效、生产成本低的优点，并可制造形状复杂和难以加工的产品。

经精整后的零件精度达 IT6~IT7 级，经复压复烧精整后的零件精度可达 IT5~IT6 级。粉末冶金齿轮的精度可达滚齿加工的相同精度。粉末冶金零件的表面粗糙度可达到 $Ra1.0\sim6.3\mu m$。熔模铸造成型产品如图 7-5 所示。

图 7-5　粉末冶金产品

图 7-5　粉末冶金产品(续)

7.1.2　传统工艺

1. 轧制

轧制是轧件由摩擦力拉进旋转轧辊之间,材料受到压缩进行塑性变形的过程,通过轧制使金属具有一定尺寸、形状和性能。

轧制是钢材最常用的生产方式,主要用来生产型材、板材、管材。

根据金属状态分为:热轧、冷轧。

轧制方式按轧件运动分为:纵轧、横轧、斜轧。纵轧过程是金属在两个旋转方向相反的轧辊之间通过,并在其间产生塑性变形的过程。横轧是轧辊轴线与坯料轴线平行的一种轧制方式。斜轧是轧件与轧辊轴线在空间相夹一定角度。图 7-6(a)所示为横轧齿轮示意图。钢结构轧制示意图如图 7-6(b)所示。

钢结构是由各种形状的钢材组合连接而成的结构物,常应用于建筑结构环境中以及桥梁、机器机架、底座等结构中。图 7-6(c)、(d)、(e)所示为钢结构的应用。

钢结构的型材是由轧钢厂按标准规格轧制而成,统称型钢,图 7-7 所示为型材断面。常见的型钢有角钢、工字钢、槽钢及钢板、钢管等,其代号和标注方法见表 7-1。

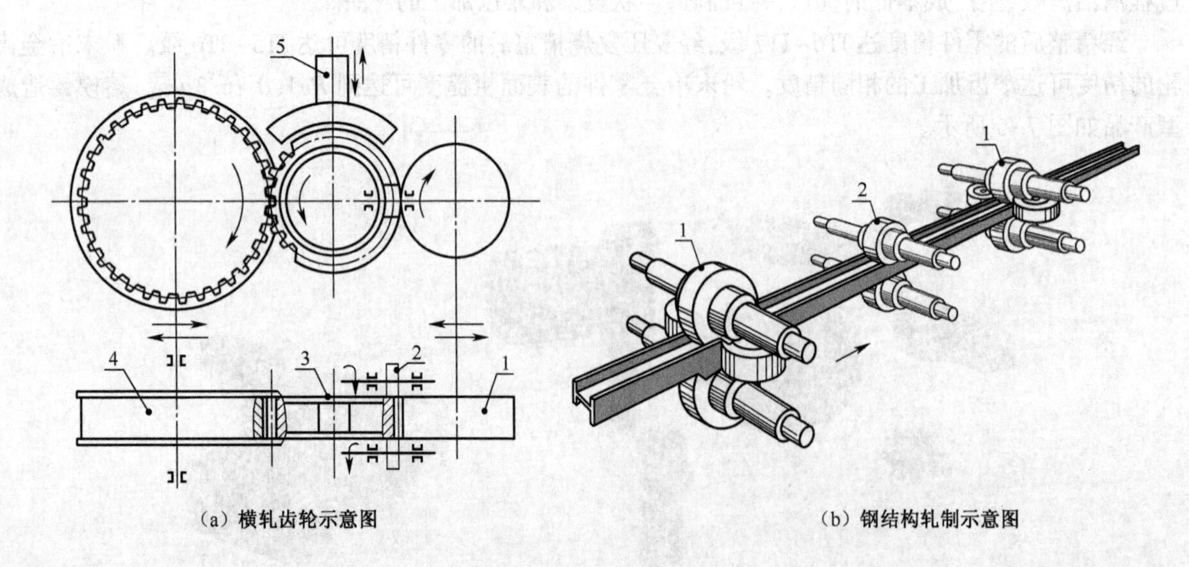

(a) 横轧齿轮示意图　　(b) 钢结构轧制示意图

图 7-6　钢结构应用

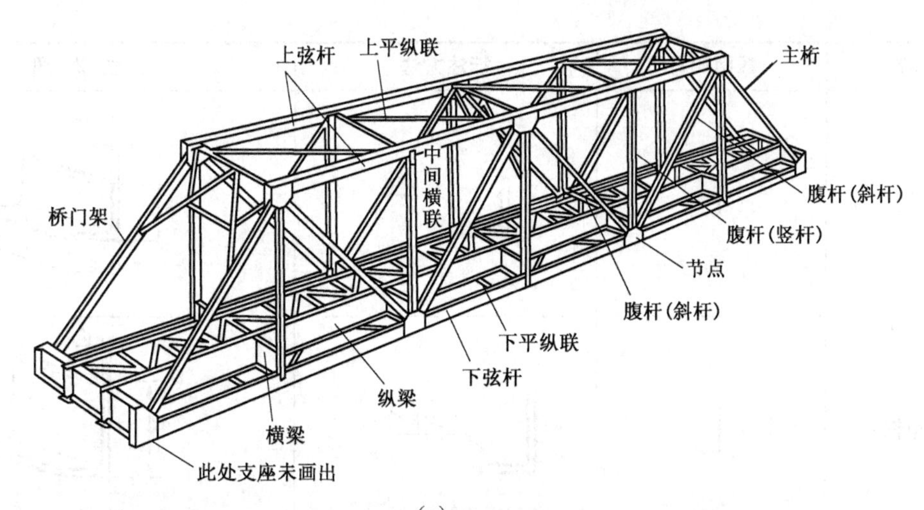

(c)

(d) (e)

图 7-6 钢结构应用(续)

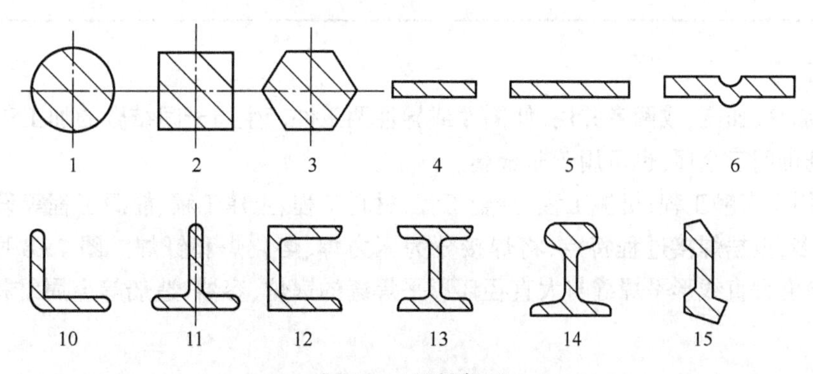

图 7-7 型材断面

表 7-1 型钢代号及标注

名　称	截面代号	标注方法	立 体 图
扁　钢	—	$-b\times t$ l	t　b　l
钢　板	—	$-t$	t

名　　称	截面代号	标注方法	立体图
等边角钢	L	Lb×d / l	d b b l
不等边角钢	L	LB×b×d / l	d B b l
工字钢	I	QIN / l (轻型钢时才加注Q)	N l
槽　　钢	[	QCN / l (轻型钢时才加注Q)	N l

2. 焊接工艺

焊接是通过加热、加压，或两者并用，使同性或异性两工件产生原子间结合的加工工艺和连接方式。焊接应用广泛，既可用于金属，也可用于非金属。

焊接广泛应用于车辆工程、机械工程、冶金工程、材料工程、土建工程、能源工程等设备的生产中。

焊接方法很多，根据焊接过程特点，将焊接分为压力焊、熔化焊和钎焊。图7-8所示为埋弧自动焊，广泛应用于厚度大直线形平焊缝与大直径环形平焊缝的锅炉、容器、造船等金属结构。图7-9所示为焊接产品。

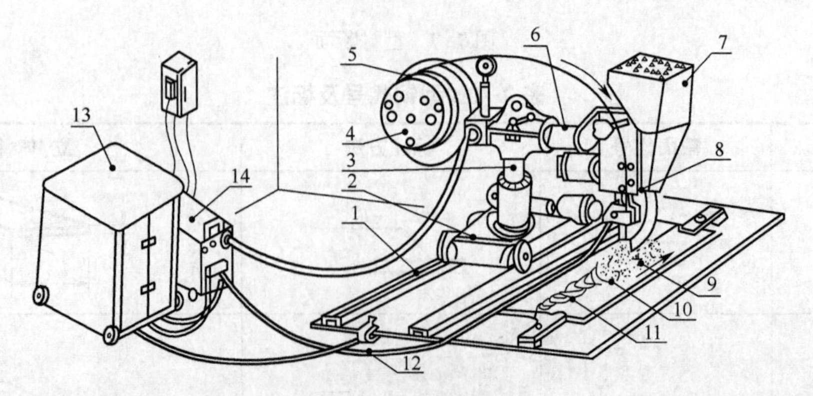

图7-8　埋弧自动焊

1—导轨；2—焊接小车；3—立柱；4—操纵盘；5—焊丝盘；6—横梁；7—焊剂漏斗；8—焊接机头；9—焊剂；10—渣壳；11—焊缝；12—焊接电缆；13—焊接电源；14—控制箱

3. 车床加工

普通车床加工是传统机械加工工艺之一，主要形式是工件旋转作主运动，车刀固定并作进给运动来加工工件的一种加工方法。图 7-10 所示为车床加工各种特征形面。

各种工艺成型的产品特征有一定的成型范围，而且产品成型的工艺选择与产品的成本、批量、设计有密切关系。机器设备的成本与零件的成型选择密不可分。

(a) 压力容器

(b) 锅炉

图 7-9　焊接产品

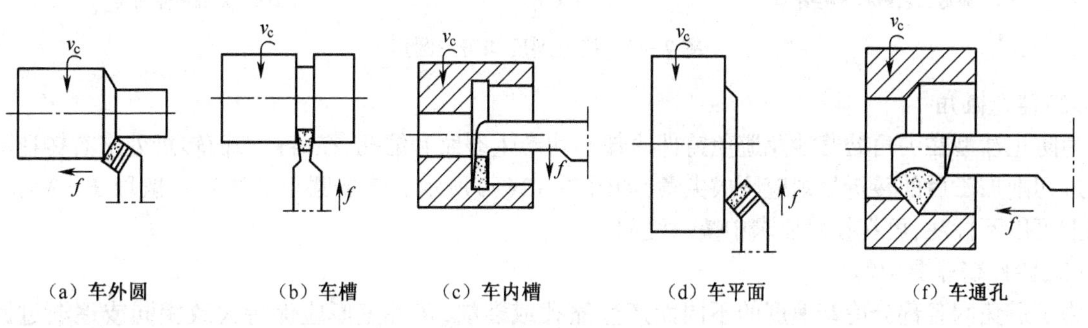

(a) 车外圆　(b) 车槽　(c) 车内槽　(d) 车平面　(f) 车通孔

图 7-10　车床加工

7.1.3　零件上常见的工艺结构

造型产品分为毛坯产品和零件产品，在制造过程中，工艺上有一定的结构要求，在产品设计时，须考虑制造工艺，下面介绍毛坯产品或零件上常见的工艺结构。

在工程设备中看到的减速器箱体，如图 7-11 所示，就是铸造而成的。

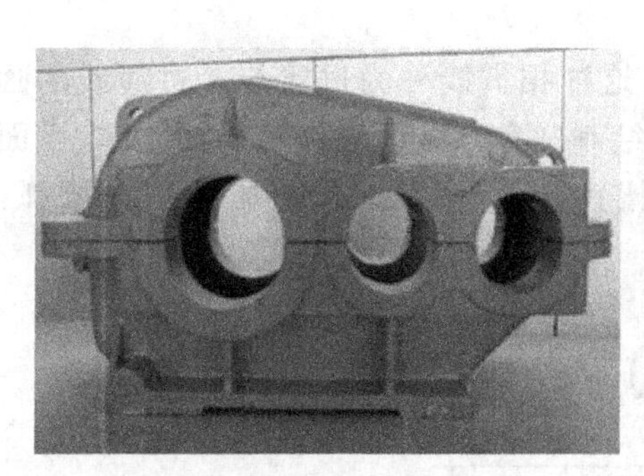

图 7-11　铸造产品

1. 铸造工艺结构

(1)拔模斜度

在铸造时，为了便于取模，零件的内、外壁沿起模方向，根据高度，做成不同的斜度，称为拔模斜度。拔模斜度在零件图上可以不标注，也不一定画出，必要时，可在技术要求中用文字说明，在铸造工艺图上需要绘制，如图 7-12(a)所示。

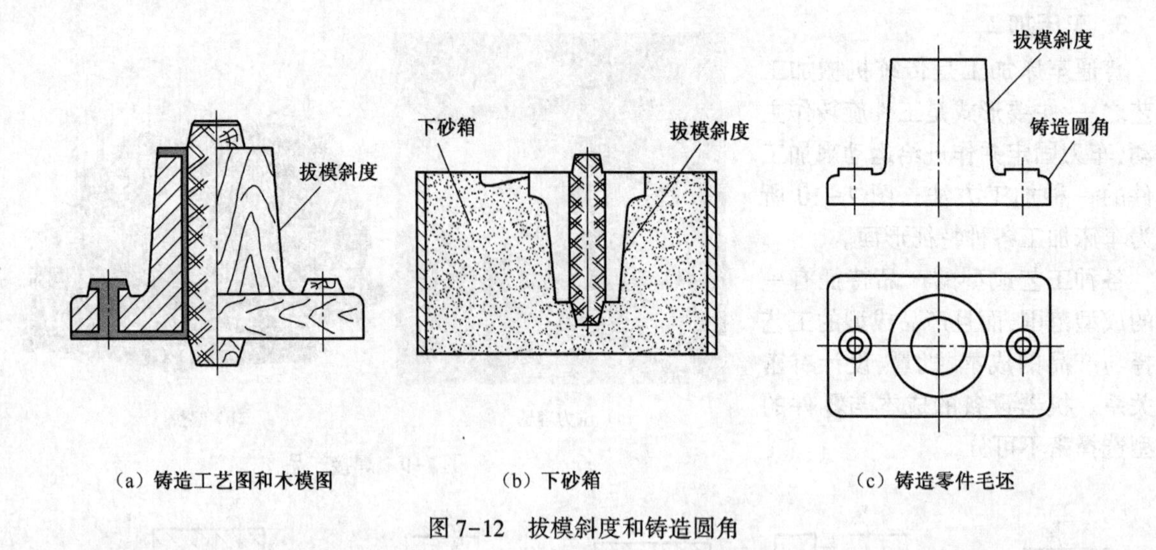

（a）铸造工艺图和木模图　（b）下砂箱　（c）铸造零件毛坯

图 7-12　拔模斜度和铸造圆角

(2)铸造圆角

为防止沙型在尖角处落沙及避免铸件冷却不均产生裂纹和缩孔，在铸件表面转折处应有铸造圆角，但经过切削加工后的转折处则应画成尖角，如图 7-12(c)所示。铸造圆角的半径一般取 $R=3\sim5$ mm，在图上可以不标注，可在技术要求中统一注明。

(3)铸件壁厚要均匀

为了避免因各部分冷却速度的不同而产生缩孔或裂纹，铸件壁厚应保持大致相同或逐渐过渡，如图 7-13 所示。

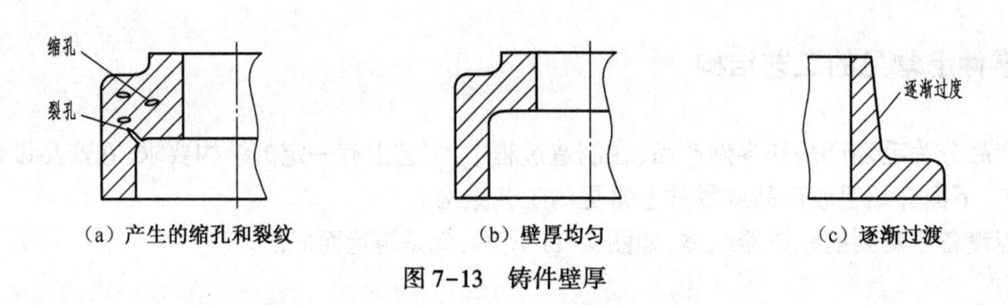

（a）产生的缩孔和裂纹　（b）壁厚均匀　（c）逐渐过渡

图 7-13　铸件壁厚

(4)过渡线

由于铸造圆角的存在，铸件表面的相贯线变化不太明显，这种相贯线称为过渡线。过渡线的画法与相贯线相同，只是其端点处不与轮廓线接触，并用细实线绘制。在画平面立体与平面立体、平面立体与曲面立体相交的过渡线时，应在交线两端断开，并按铸造圆角弯曲方向加画过渡圆弧，如图 7-14所示。

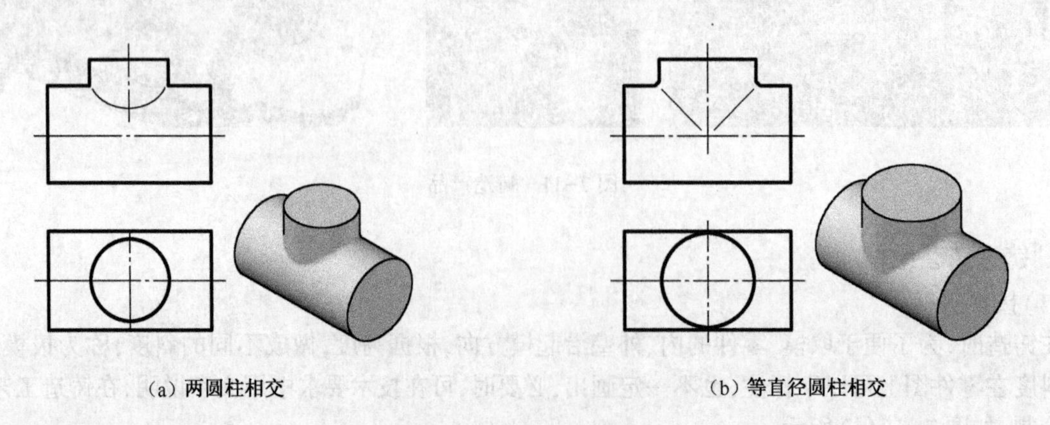

（a）两圆柱相交　（b）等直径圆柱相交

图 7-14　过渡线的画法

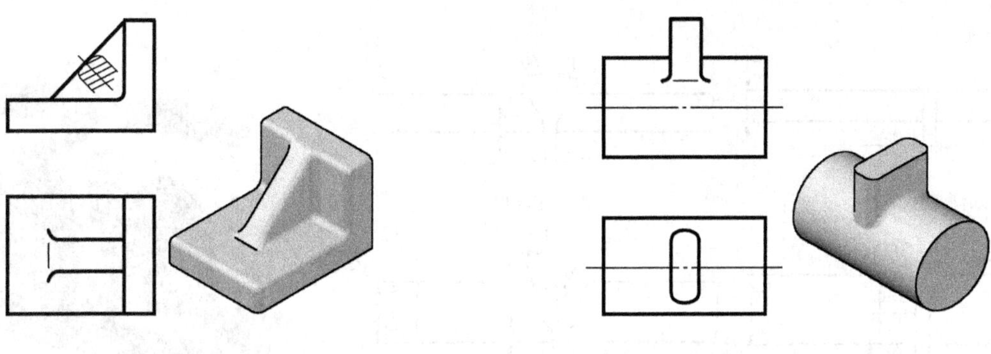

（c）平面立体与平面立体相交　　（d）平面立体与曲面立体相交

图 7-14　过渡线的画法(续)

2. 焊接结构件接头与坡口

钢管焊接生产如图 7-15 所示。焊接生产对焊接件的接头形式和焊接坡口要求需要符合国家标准规范。

图 7-15　焊接生产及焊接件

1)焊接接头形式

常用的焊接接头形式有对接接头、搭接接头、角接接头和 T 形接头等,如图 7-16 所示。

其中对接接头是指两焊件表面构成大于 135°、小于 180°夹角的接头;搭接接头是指两焊件部分重叠构成的接头;角接接头是指两焊件端部构成大于 30°小于 135°夹角的接头;T 形接头是指一焊件的端面与另一焊件表面构成直角或近似直角的接头。

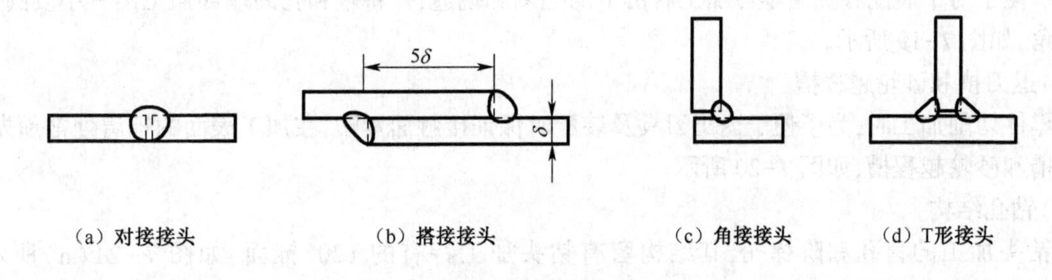

（a）对接接头　　（b）搭接接头　　（c）角接接头　　（d）T形接头

图 7-16　常见焊接接头形式

2)坡口形式

焊件较薄时,在焊件接头处只要留出一定的间隙,采用单面焊或双面焊就可以保证焊透。焊件较厚时,为了保证焊透,焊接前要把焊件的待焊部位加工成为所需的几何形状,即需要开坡口。对接接头常用的坡口形式有 I 形坡口、Y 形坡口、双 Y 形坡口和带钝边 U 形坡口等,如图 7-17 所示。

施焊时,对 I 形坡口、Y 形坡口和带钝边 U 形坡口,可根据实际情况,采用单面焊或双面焊完成。一般情况下,若能双面焊时应尽量采用双面焊,因为双面焊容易保证焊透,并减小变形。

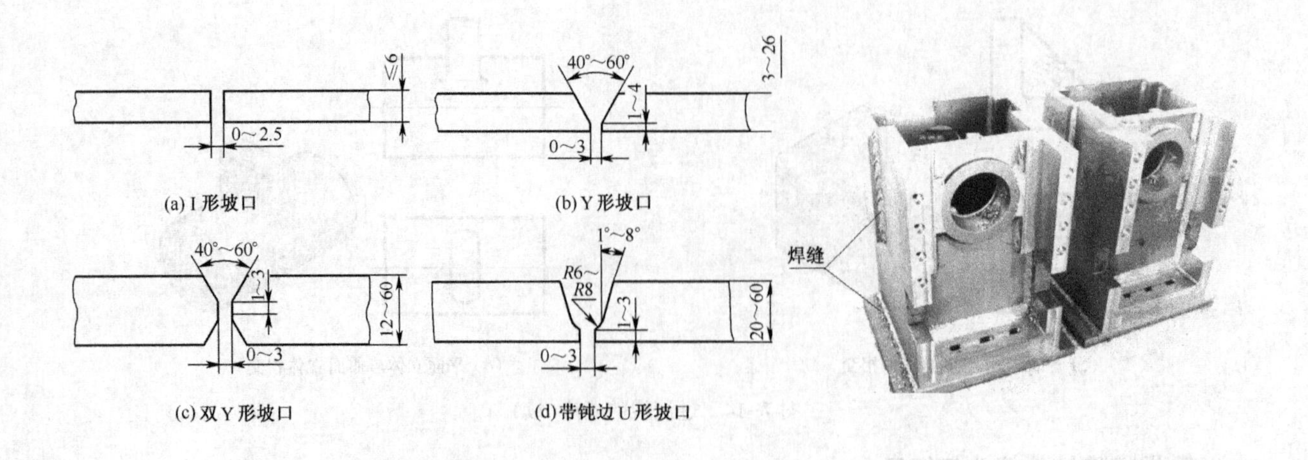

图 7-17　焊条电弧焊对接接头的坡口形式及适用的焊件厚度

加工坡口时,通常在焊件端面的根部留有一定尺寸的直边,其作用是防止烧穿。接头组装时,往往留有间隙,这是为了保证焊透。

焊件较厚时,为了焊满坡口,要采用多层焊或多层多道焊。

3) 铝及铝合金焊接的坡口形式和尺寸

GB/T 985.3—2008 规定了铝及铝合金焊接的坡口形式和尺寸。

焊接方法:表 7-2 规定的各类坡口适用于气体保护焊的焊接方法。必要时,也可采用两种以上适用方法组合焊接。

坡口的加工处理:坡口边缘应采用机械加工方法加工,不得使用矿物油类的清洁剂。采用等离子切割时,应注意表面的质量,不得出现裂纹。

坡口的纵边,特别是不带衬垫的单面对接焊坡口,应做打磨或倒角处理。

焊接坡口:坡口具体的选择与焊接厚度、焊接位置和焊接方法有关。

4) 焊接件图样

齿轮焊接件图样如图 7-18 所示。

3. 机械加工工艺结构

(1)倒角

为了便于对中装配和除去零件加工后留下的毛刺和锐边,常将轴和孔的端部加工出一小段圆锥面,称为倒角,如图 7-19 所示。

(2)退刀槽和砂轮越程槽

在零件切削加工时,为了便于退出刀具及装配时保证接触面紧贴,在加工表面的轴肩处常预先加工出退刀槽和砂轮越程槽,如图 7-20 所示。

(3)钻孔结构

用钻头加工的盲孔和阶梯孔,其结构留有钻头加工特有的 120°锥面,如图 7-21(a)所示,不必在图样上标注。为防止钻头折断或钻孔倾斜,一般被钻孔的端面应与钻头的轴线垂直,如图 7-21(b)所示。

(4)凸台和凹坑

凡是两零件的接触面都要加工,为减少加工面,保证两零件表面接触平稳,常在零件的接触面作出凸台、凹坑、凹槽等,如图 7-22 所示。

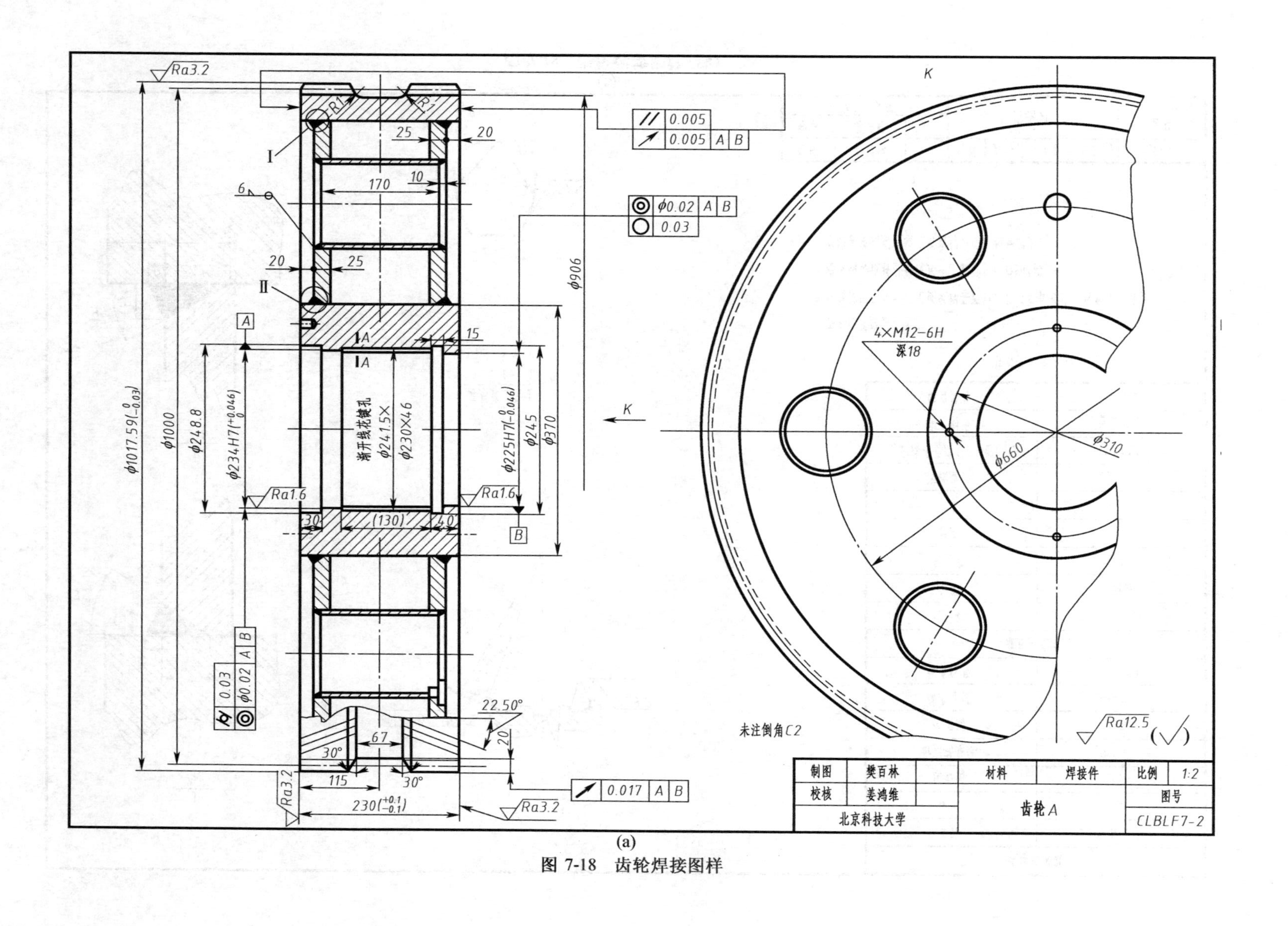

(a)

图 7-18 齿轮焊接图样

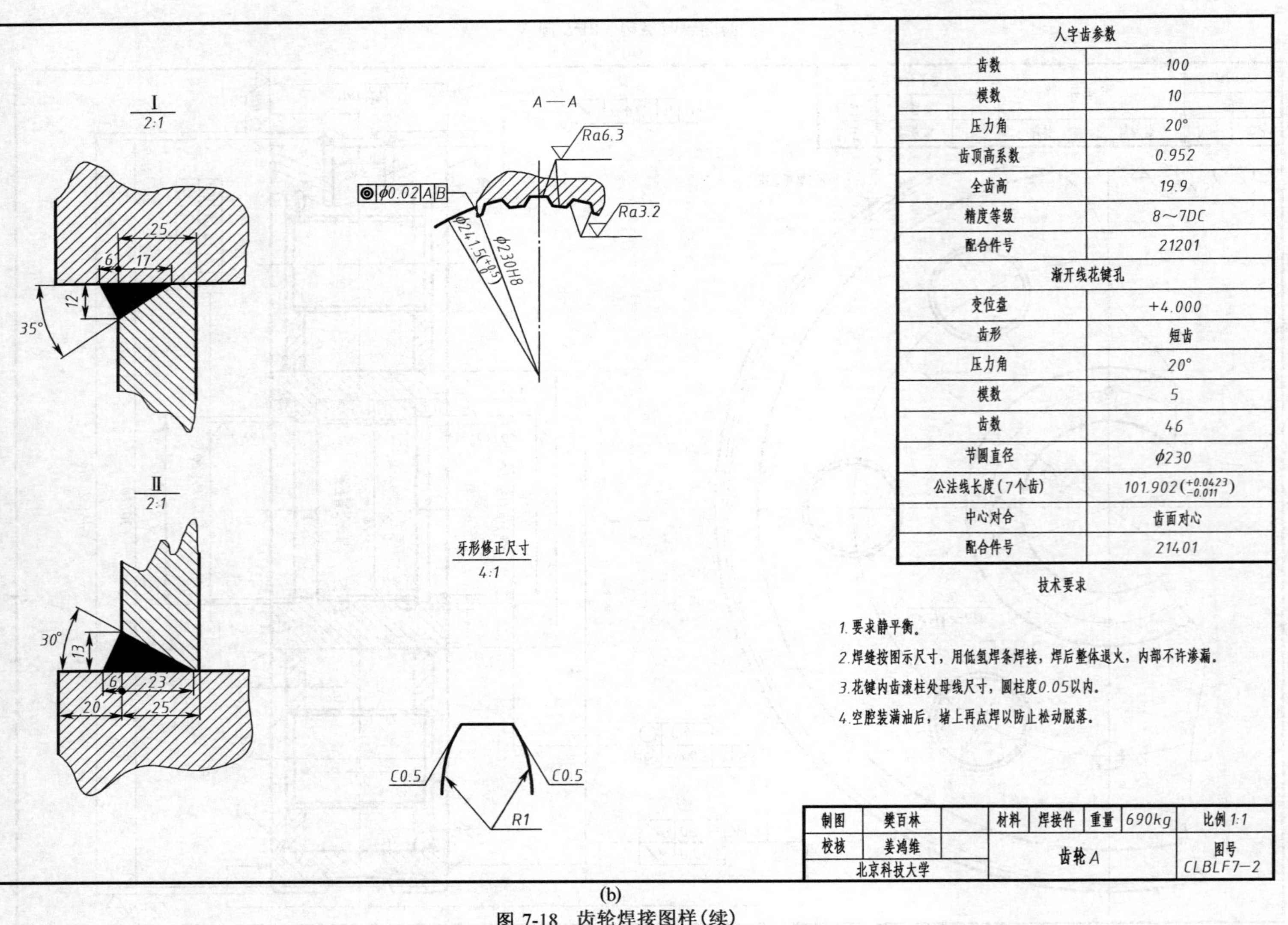

人字齿参数	
齿数	100
模数	10
压力角	20°
齿顶高系数	0.952
全齿高	19.9
精度等级	8～7DC
配合件号	21201
渐开线花键孔	
变位量	+4.000
齿形	短齿
压力角	20°
模数	5
齿数	46
节圆直径	ϕ230
公法线长度(7个齿)	101.902($^{+0.0423}_{-0.011}$)
中心对合	齿面对心
配合件号	21401

技术要求

1. 要求静平衡。
2. 焊缝按图示尺寸，用低氢焊条焊接，焊后整体退火，内部不许渗漏。
3. 花键内齿滚柱处母线尺寸，圆柱度0.05以内。
4. 空腔装满油后，堵上再点焊以防止松动脱落。

制图	樊百林	材料	焊接件	重量	690kg	比例 1:1
校核	姜鸿维	齿轮A				图号 CLBLF7—2
北京科技大学						

(b)

图 7-18　齿轮焊接图样(续)

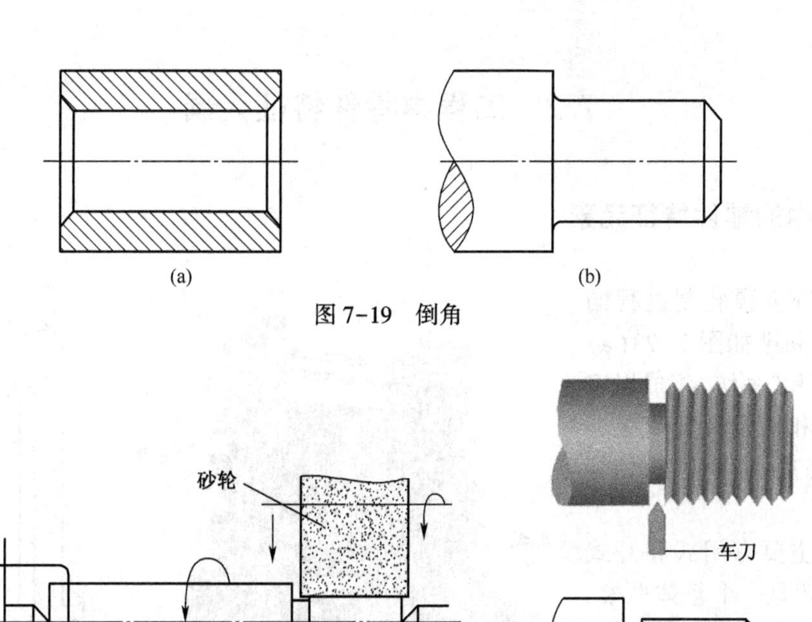

(a)　　(b)

图 7-19　倒角

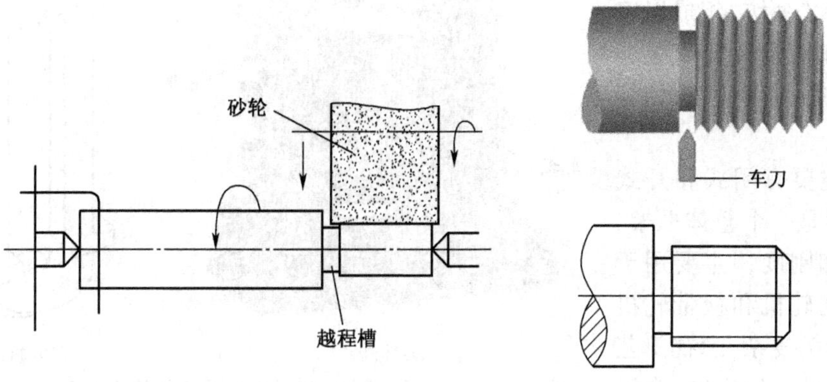

(a) 砂轮越程槽　　(b) 退刀槽

图 7-20　砂轮越程槽和退刀槽

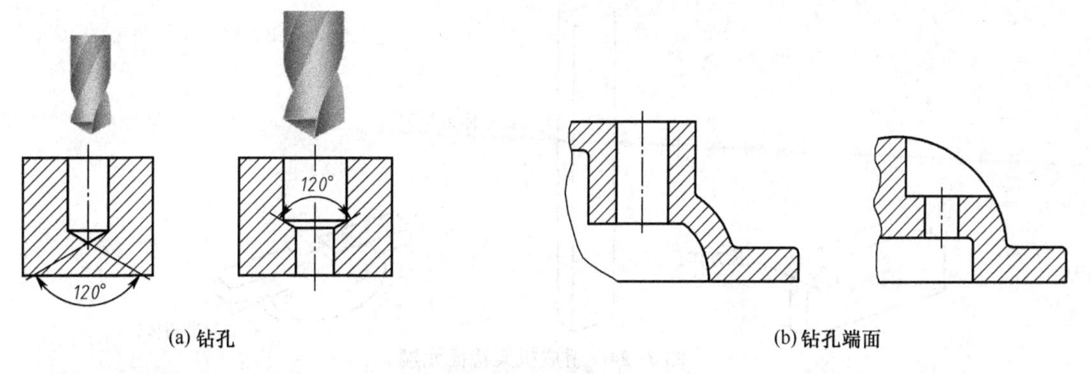

(a) 钻孔　　(b) 钻孔端面

图 7-21　钻孔结构

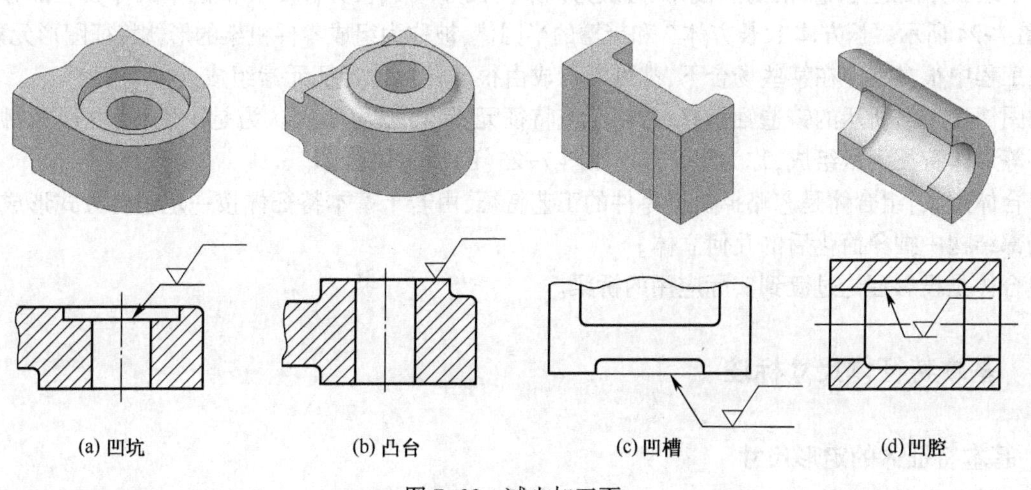

(a) 凹坑　　(b) 凸台　　(c) 凹槽　　(d) 凹腔

图 7-22　减少加工面

7.2 工程中零件特征元素

7.2.1 工程中的零件特征元素

轧机是实现金属轧制过程的主要设备,轧机机架如图 7-23(a)所示,主要由两片"牌坊"组成以安装轧辊轴承座和轧辊调整装置,需有足够的强度和钢度承受轧制力。

机架形式主要有闭式和开式两种。闭式机架是一个整体框架,具有较高强度和刚度,主要用于轧制力较大的初轧机和板带轧机等。机架结构较为复杂,忽视工艺因素,在机架有限元分析中,为简化计算,常常建立三维结构模型如图 7-23(b)所示,我们以图 7-24 模型来说明机架的组成。

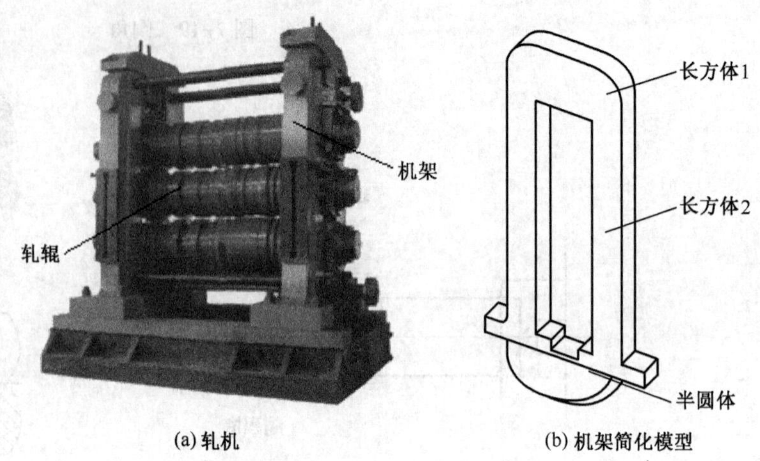

图 7-23 轧机及机架简化模型

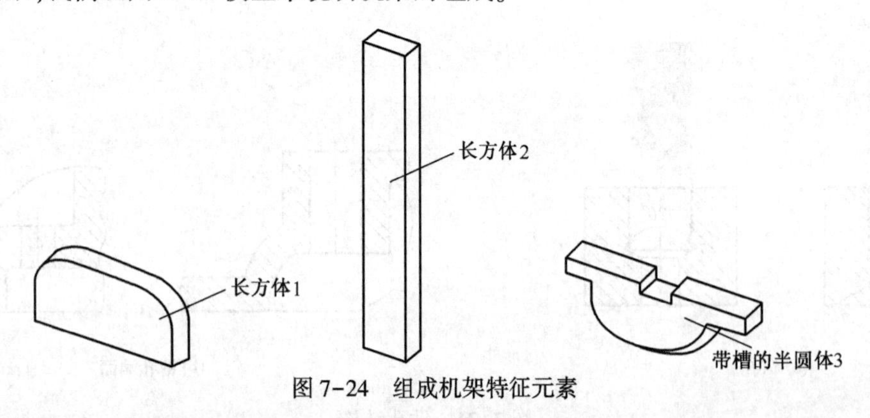

图 7-24 组成机架特征元素

为了绘制方便起见,忽略圆角、倒角等,认为机架由长方体 1、长方体 2 带槽的半圆体 3 三部分组合而成,如图 7-24 所示。长方体 1、长方体 2 和带槽的半圆体,被称为组成零件机架的形体特征图形元素。

在工程中很多零件在某些场合下,都可以看成由很多种形体特征元素组成。

如图 7-25(a)所示的铸造轴承座,忽略工艺特征元素,可以简单的认为是由底板、立板、圆弧凸台、半圆环等形体特征元素组成,称为组合体, 如图 7-25(b)所示组合体。

组合体定义:组合体是忽略掉机械零件的工艺特征,由若干基本特征体按一定组合方式形成的立体或从局部结构中抽象简化后的几何立体。

组合体是投影理论过渡到实际应用的桥梁。

7.2.2 基本特征体尺寸标注

1. 基本特征体的定形尺寸

组合体是由若干基本特征体按一定组合方式形成的立体,图 7-26 列出了常见基本特征立体的尺寸标注。

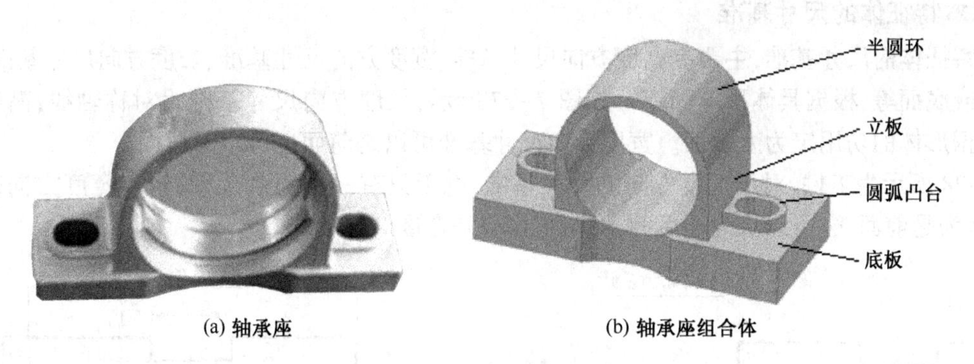

(a) 轴承座　　(b) 轴承座组合体

图 7-25　轴承座

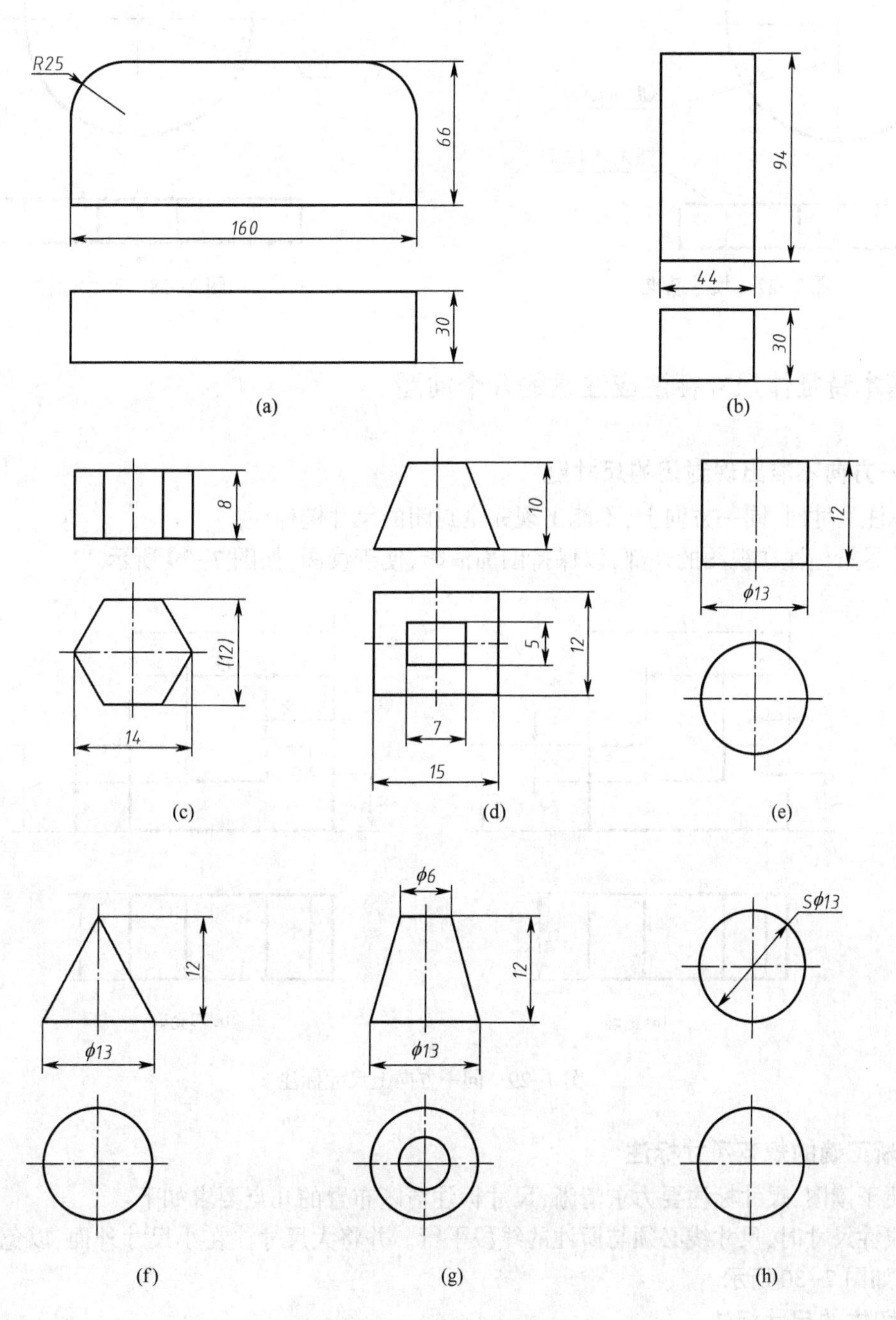

(a)　(b)　(c)　(d)　(e)　(f)　(g)　(h)

图 7-26　基本体的定形尺寸

2. 基本特征体的尺寸基准

基本特征体的尺寸基准,主要有高度方向尺寸基准、宽度方向尺寸基准、长度方向尺寸基准,有时是对称轴线或底面等,根据具体形体而定。如图 7-27 所示,长度方向尺寸基准为对称轴线,高度方向尺寸基准根据形体的功用定为上表面。宽度方向尺寸基准可以是前面也可以是后面。

图 7-28 所示为工件,对于宽度方向的尺寸基准,由于只有一个宽度尺寸,所以宽度方向的尺寸基准,可以认为是前面,也可以认为是后面,有时也可以是宽度对称轴线。

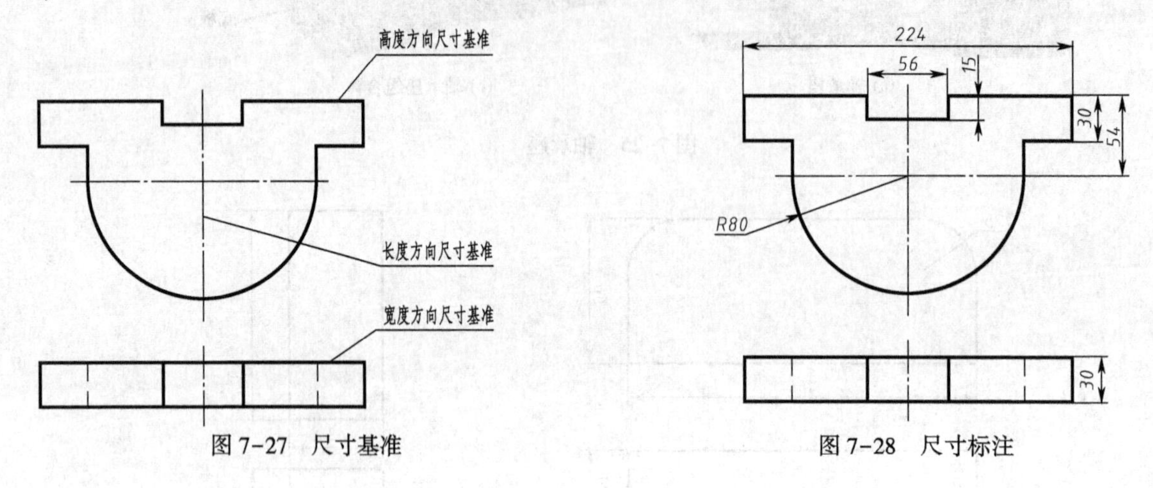

图 7-27　尺寸基准　　　图 7-28　尺寸标注

7.2.3　基本特征体尺寸标注应注意的几个问题

1. 同一方向不准出现封闭的尺寸链

①在标注尺寸时,同一方向上,不能出现完全封闭的尺寸链标注。

②尺寸尽量标注在视图的外部,以保持图面清晰,便于读图,如图 7-29 所示。

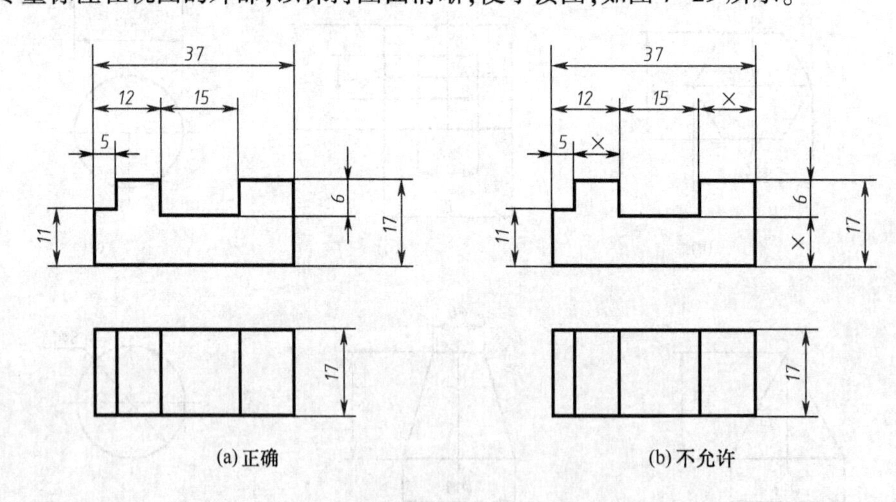

(a)正确　　　(b)不允许

图 7-29　同一方向上尺寸标注

2. 清晰正确的规范尺寸标注

为了便于读图,尺寸标注要力求清晰,尺寸标注清晰布置的几点要求如下:

标注线性尺寸时,尺寸线必须与所注的线段平行。并将大尺寸注在小尺寸外面,以免尺寸线与尺寸界线相交,如图 7-30 所示。

3. 截切体的尺寸标注

带截交线的立体应标注立体的大小和形状尺寸以及截平面的相对位置尺寸,不能标注截交线的尺寸,如图 7-31 所示。

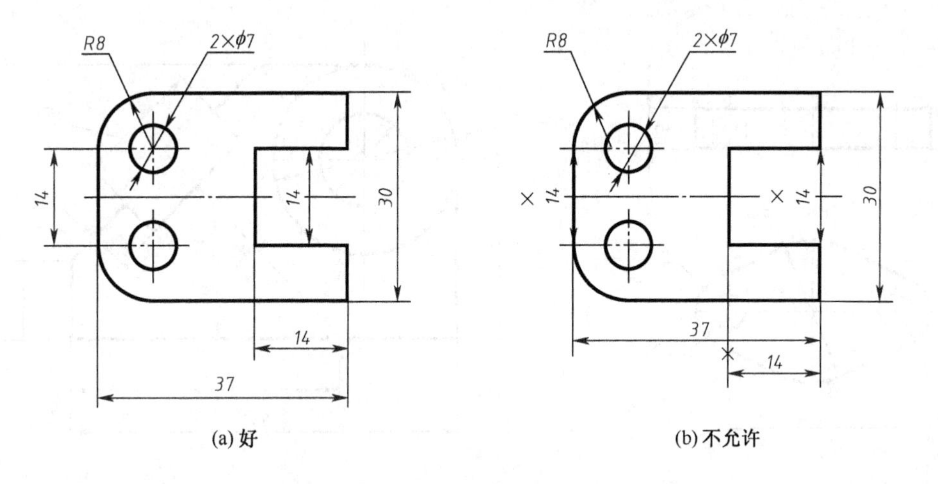

(a) 好　　(b) 不允许

图 7-30　正确规范的尺寸标注

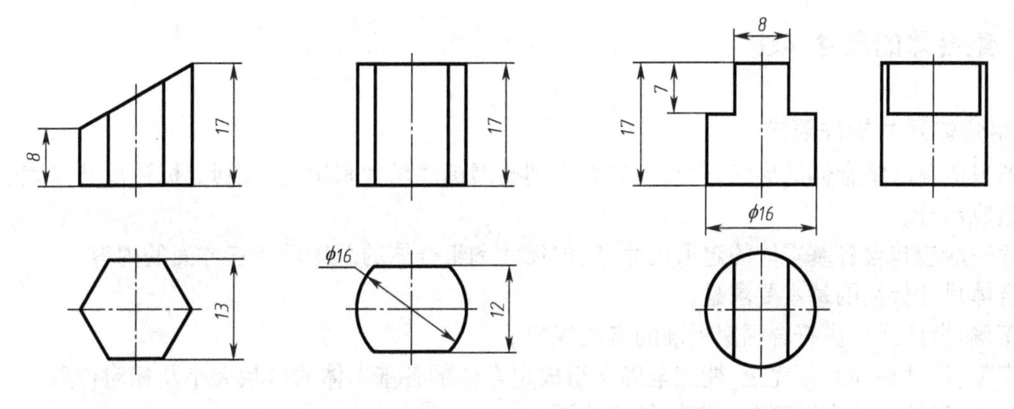

图 7-31　截切体的尺寸标注

4. 常见薄板零件的尺寸标注

对一些薄板零件，如底板、法兰盘等，它们通常是由两个以上的基本体组成，图 7-32 所示为常见底板的尺寸标注。

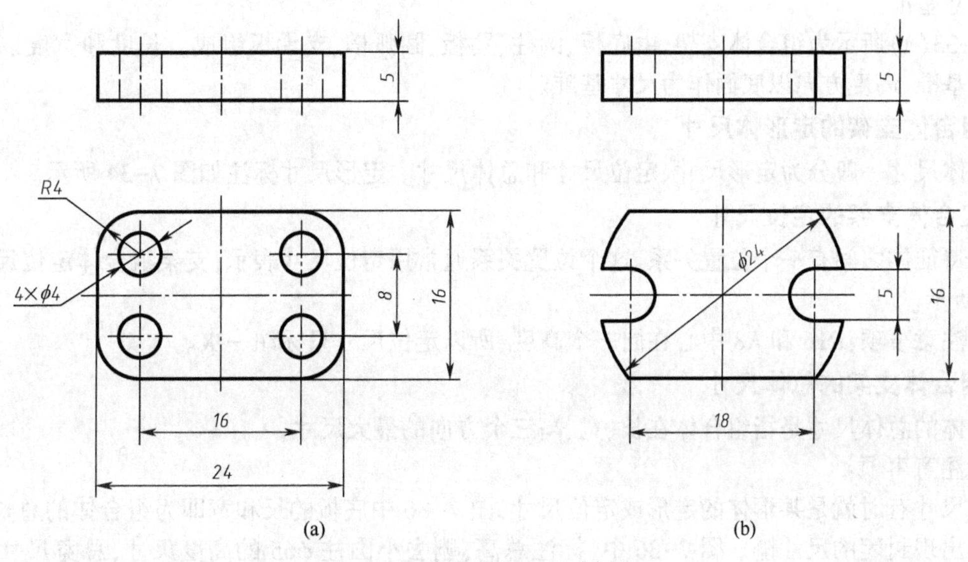

(a)　　(b)

图 7-32　常见底板的尺寸标注

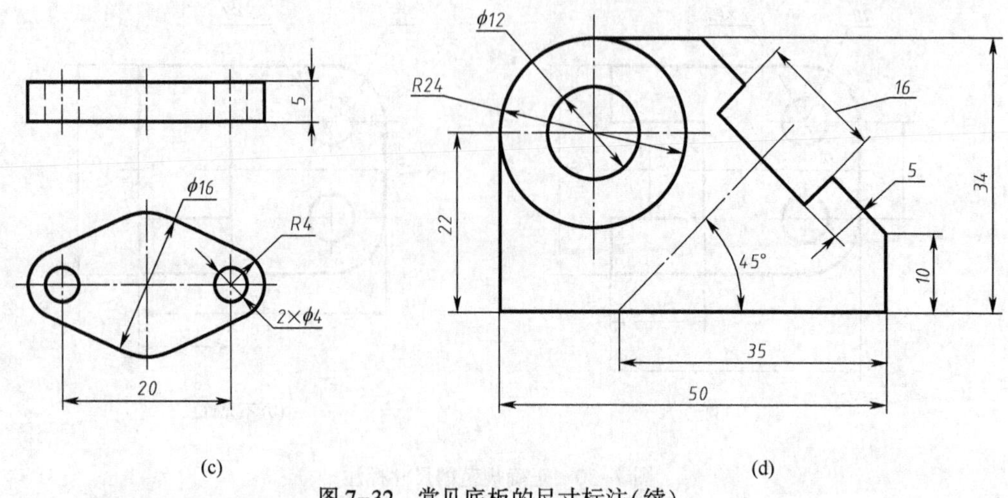

图 7-32　常见底板的尺寸标注(续)

7.2.4　组合体的尺寸标注

1. 组合体尺寸标注要求

视图只能反映组合体的形状,而其真实大小则要靠标注尺寸来确定。因此,标注尺寸是表达零部件的重要组成部分。

尺寸一般应包含各基本体的定形尺寸、定位尺寸和组合体的总体尺寸三方面的内容。

组合体尺寸标注的基本要求是:

①正确:所注尺寸应符合国家标准的有关规定。

②完整:尺寸标注必须完全,能完全确定组成组合体的各基本体的形状大小及相对位置。

③清晰:所注尺寸布置整齐、清楚,便于读图。

2. 组合体尺寸基准

在标注复杂特征组合体尺寸时,除了标注定形尺寸外,还需要标注定位尺寸和总体尺寸,而在标注定位尺寸之前,需要确定尺寸基准,物体有长、宽、高三个方向的尺寸,每个方向至少要有一个尺寸基准。尺寸基准一般根据零件或组合体的功用来选择,通常以物体的底面、端(侧)面、对称平面和大孔的轴线等作为尺寸基准。

图 7-33(a)所示为组合体支架,由底板、圆柱、肋板、圆弧槽、支承板组成。长度和宽度以对称轴线作为尺寸基准,高度方向以底面作为尺寸基准。

3. 组合体支架的定形体尺寸

组合体尺寸一般分为定形尺寸、定位尺寸和总体尺寸。定形尺寸标注如图 7-34 所示。

4. 组合体支架的定位尺寸

基本特征体之间有一个位置关系,这个位置关系通常用定位尺寸表示,支架组合体定位尺寸标注如图 7-35 所示。

标注注意事项:*R*16 和 *R*8 中心在同一个高度,所以定位尺寸只标注一次。

5. 组合体支架的总体尺寸

组合体的总体尺寸是指组合体在长、宽、高三个方向的最大尺寸。

标注注意事项:

总体尺寸有时就是某形体的定形或定位尺寸,图 7-36 中底板的长和宽即为组合体的总长和总宽。

避免出现封闭的尺寸链。图 7-36 中,标注总高,删去小圆柱 $\phi65$ 的高度尺寸,总宽尺寸根据底板宽度 75 一半与定位尺寸 48 之和得到,删去总宽尺寸。组合体支架标注结果如图 7-37 所示。

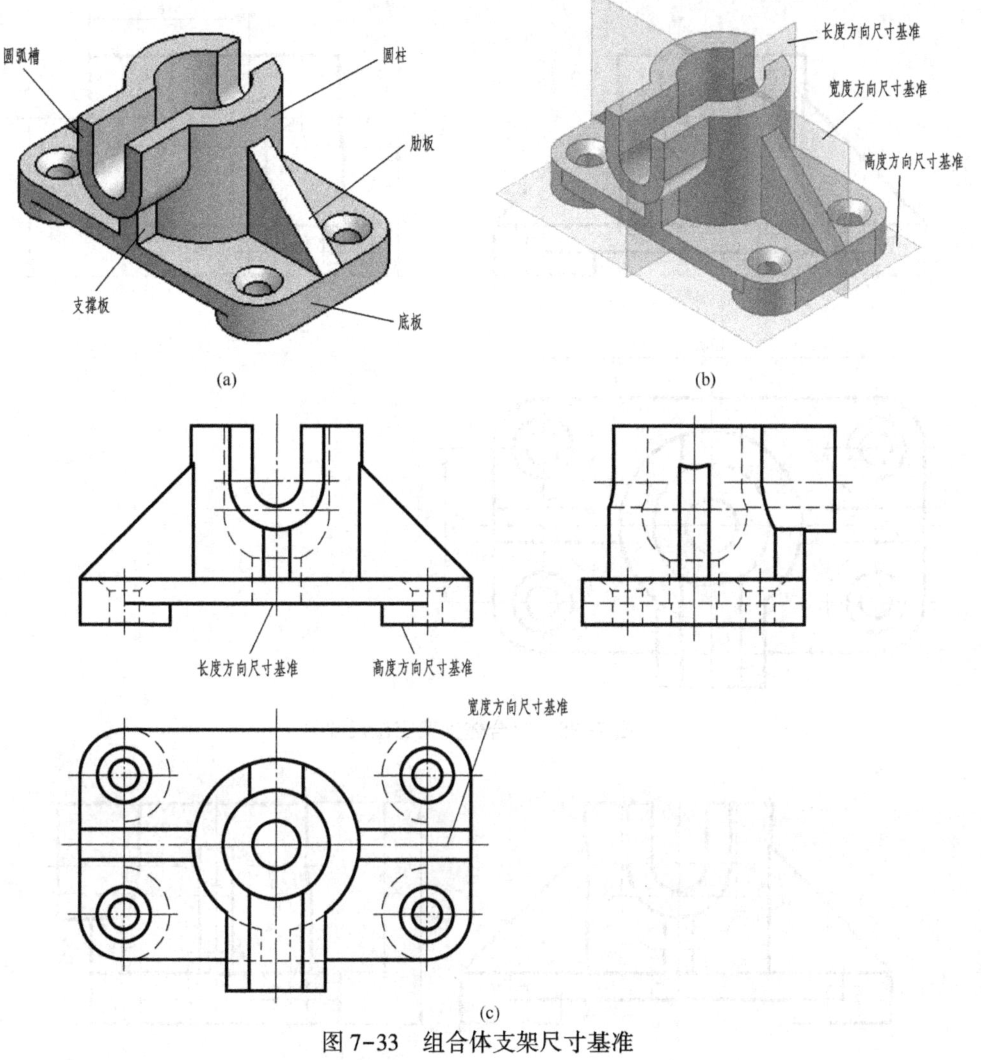

图 7-33　组合体支架尺寸基准

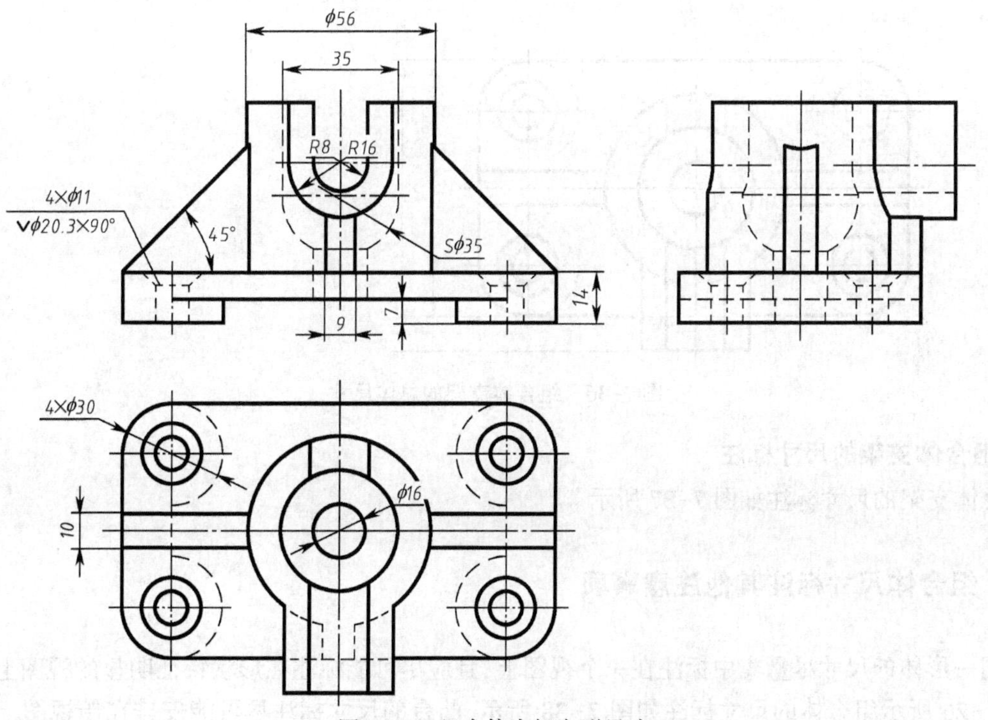

图 7-34　组合体支架定形尺寸

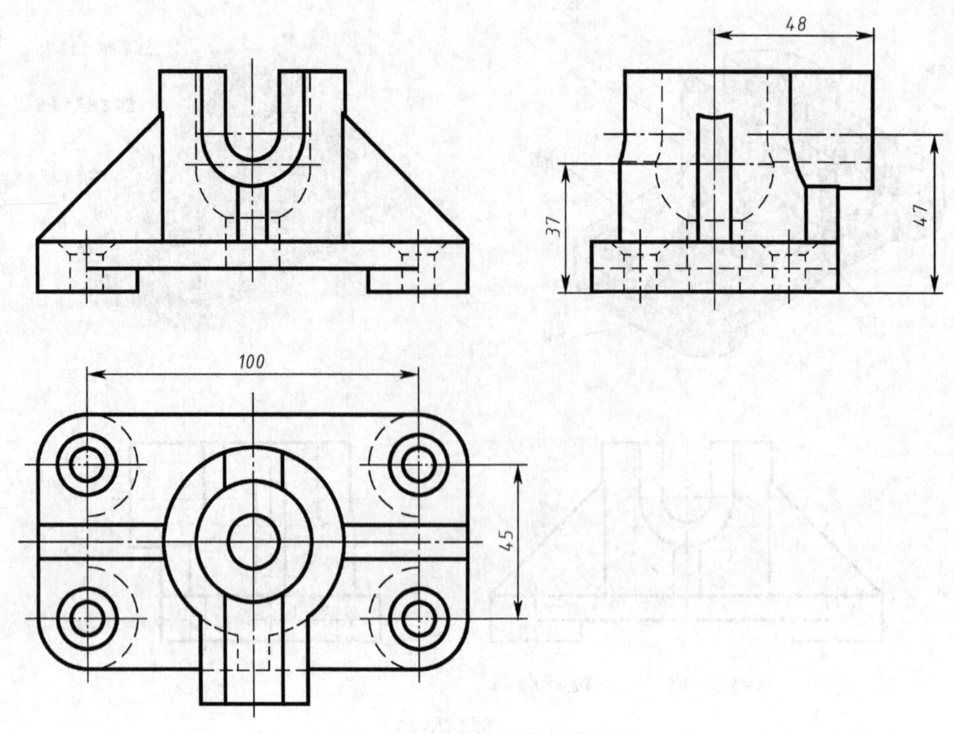

图 7-35　组合体支架定位尺寸

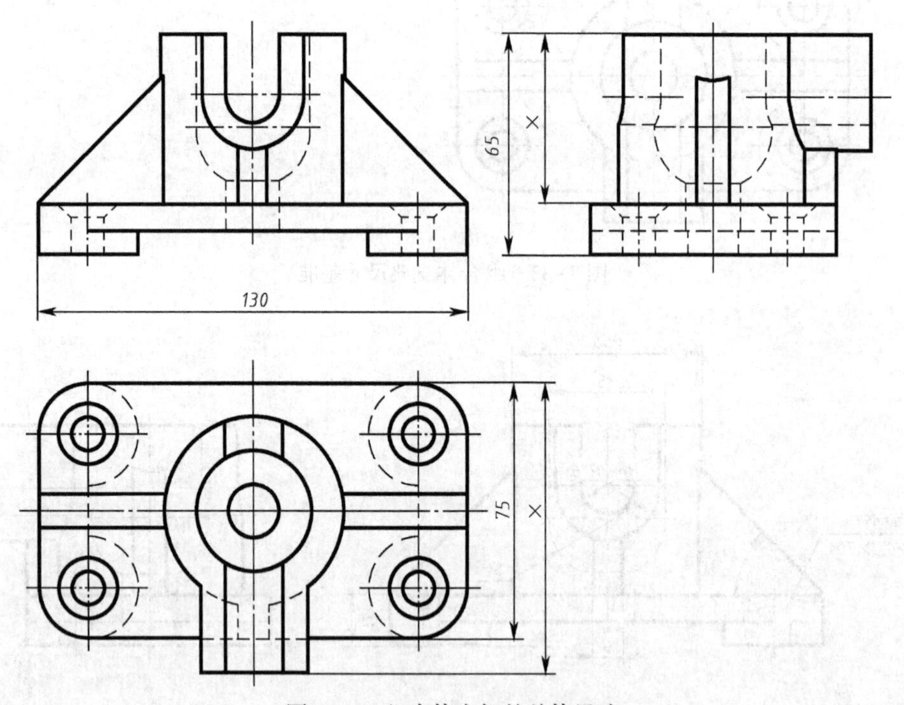

图 7-36　组合体支架的总体尺寸

6. 组合体支架的尺寸标注

组合体支架的尺寸标注如图 7-37 所示。

7.2.5　组合体尺寸标注其他注意事项

①同一形体的尺寸尽量集中标注在一个视图上,且应尽可能标注在形状特征明显的视图上。

图 7-26 所示组合体的尺寸标注如图 7-38 所示,凸台的尺寸标注尽可能安排在俯视图上,便于观

察和读图。

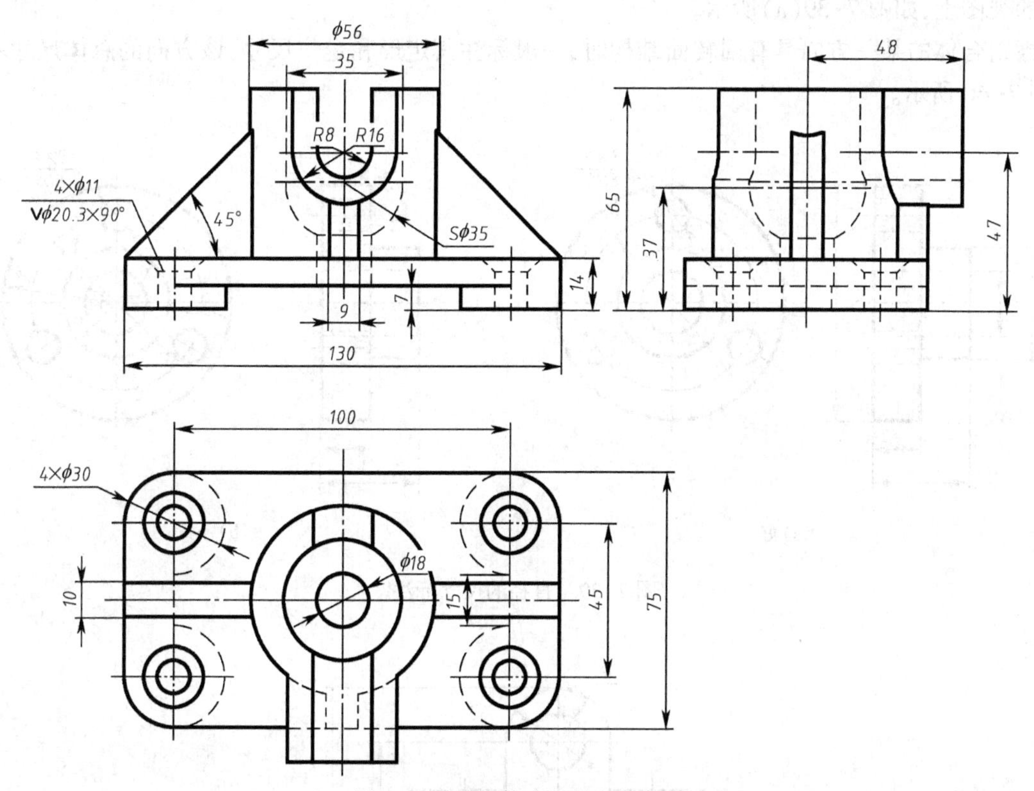

图 7-37　组合体支架的尺寸标注

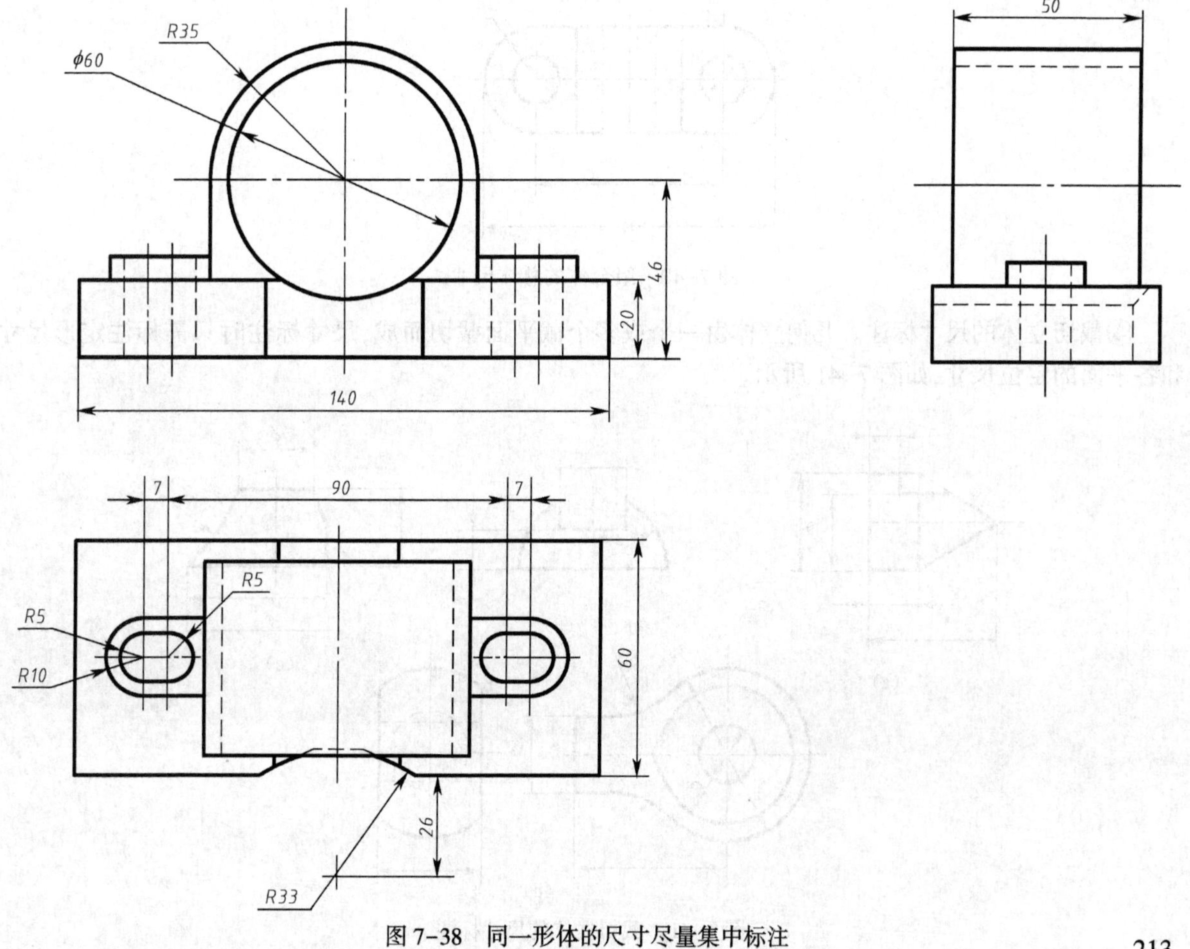

图 7-38　同一形体的尺寸尽量集中标注

②两个以上回转体直径尺寸尽量标注在非圆视图上，如图 7-39 所示；半径尺寸应该标注在反映圆弧实形的视图上，如图 7-39(a)所示。

③当组合体的某一方向具有回转面结构时，一般标注其定形和定位尺寸，该方向的总体尺寸不再标注，如图 7-40 所示。

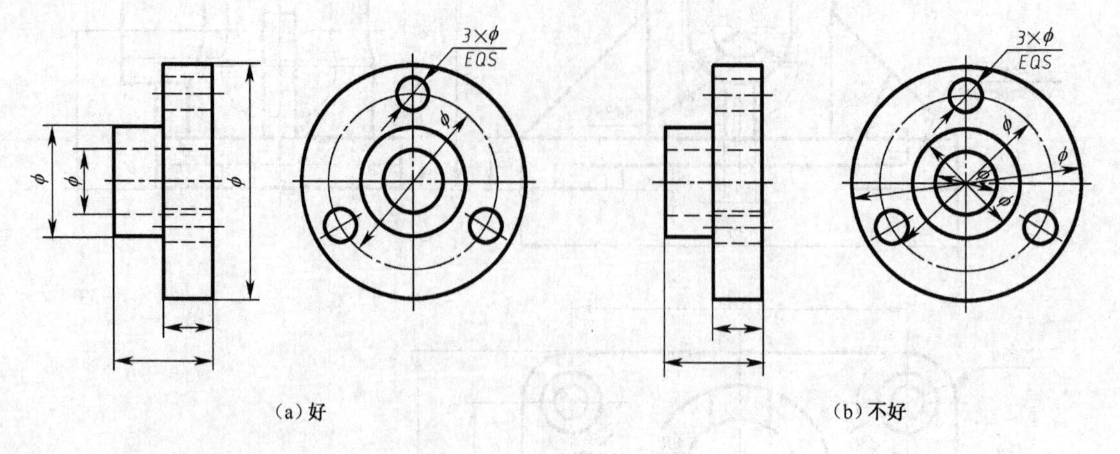

图 7-39　直径的尺寸标注

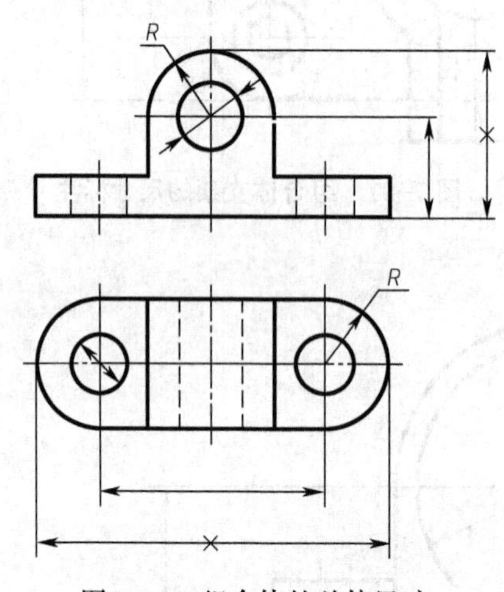

图 7-40　组合体的总体尺寸

④截切立体的尺寸标注。几何立体由一个或多个截平面截切而成，尺寸标注时只需标注定形尺寸和各平面的定位尺寸，如图 7-41 所示。

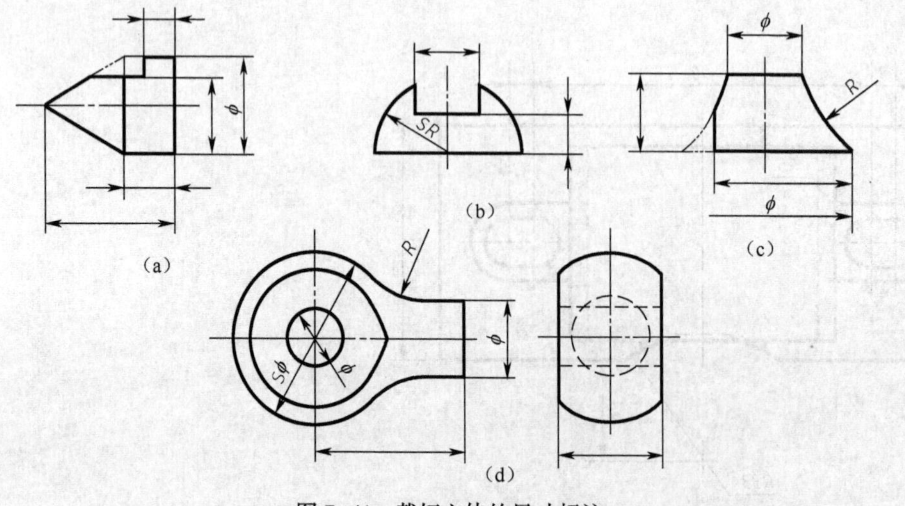

图 7-41　截切立体的尺寸标注

⑤相贯体的尺寸标注。带相贯线的立体应标注立体的定形状尺寸以及相贯体间的相对位置尺寸，不能在相贯线上标尺寸，如图 7-42 所示。

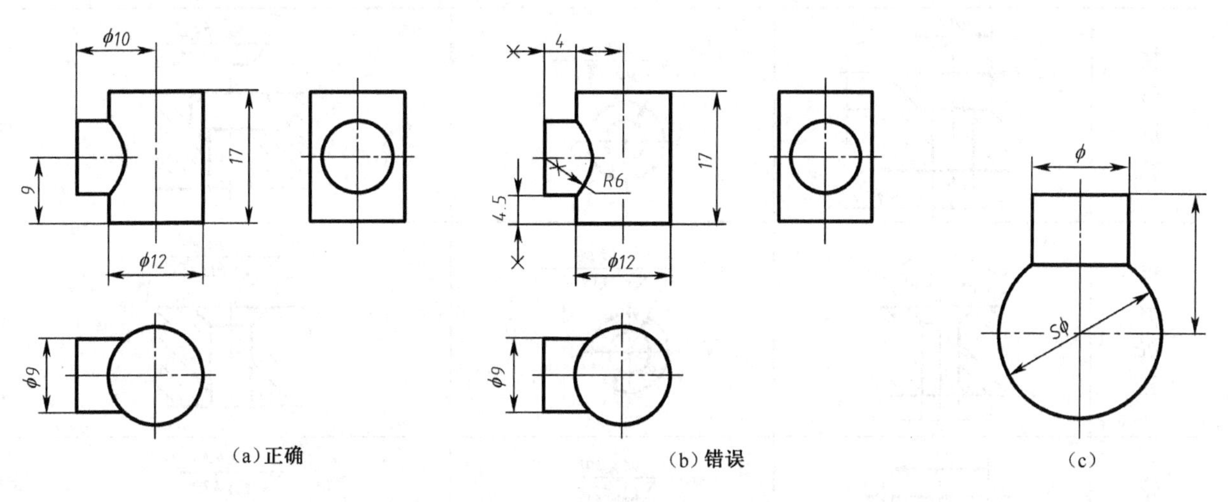

(a)正确　　(b)错误　　(c)

图 7-42　相贯体的尺寸标注

7.2.6　零件上常见结构的尺寸注法

倒角、退刀槽及各种小孔的注法见表 7-2 和表 7-3。

表 7-2　倒角和退刀槽的尺寸标注

结构名称	尺寸标注示例	说　明
倒角	C2　C2　C2　30°　2　30°　2	一般 45°倒角按“C 宽度”注出。30°和 60°,倒角,应分别注出宽度和角度
退刀槽	2×φ22　2×1	一般按“槽宽×直径”或“槽宽×槽深”注出

表 7-3　常见孔的尺寸标注

类型	普通注法	旁注法	
柱形沉孔	φ12　4.5　4×φ6.4	4×φ6.4 ⌴φ12↧4.5	4×φ6.4 ⌴φ12↧4.5
锥形沉孔	90°　φ13　6×φ7	6×φ7 ⌵φ13×90°	6×φ7 ⌵φ13×90°
锪平沉孔	φ20　4×φ9	4×φ9 ⌴φ20	4×φ9 ⌴φ20
光孔	4×φ5　10	4×φ5↧10	4×φ5↧10
螺孔	3×M6　12　10	3×M6↧10 ↧12	3×M6↧10 ↧12

7.2.7　标注尺寸要便于加工测量

(1)测量方便

尺寸标注应考虑测量方便的要求,图 7-43(b)所示注法测量方便。

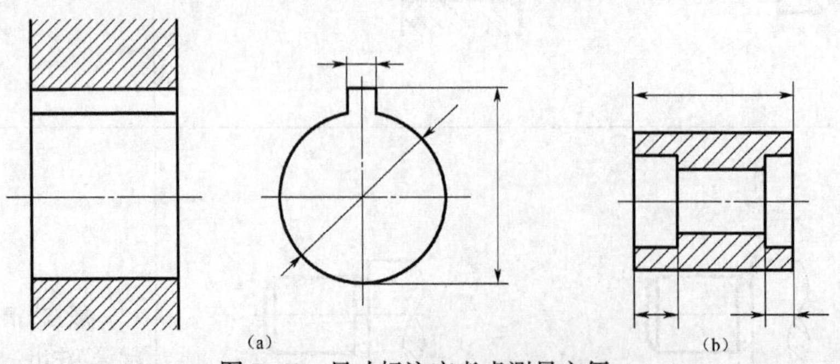

图 7-43　尺寸标注应考虑测量方便

(2)符合加工顺序

为了加工时便于识读,轴标注尺寸应按加工顺序标注尺寸,如图 7-44 所示的轴的尺寸标注符合表 7-4 所示的该轴的加工顺序,重要尺寸应直接标出。

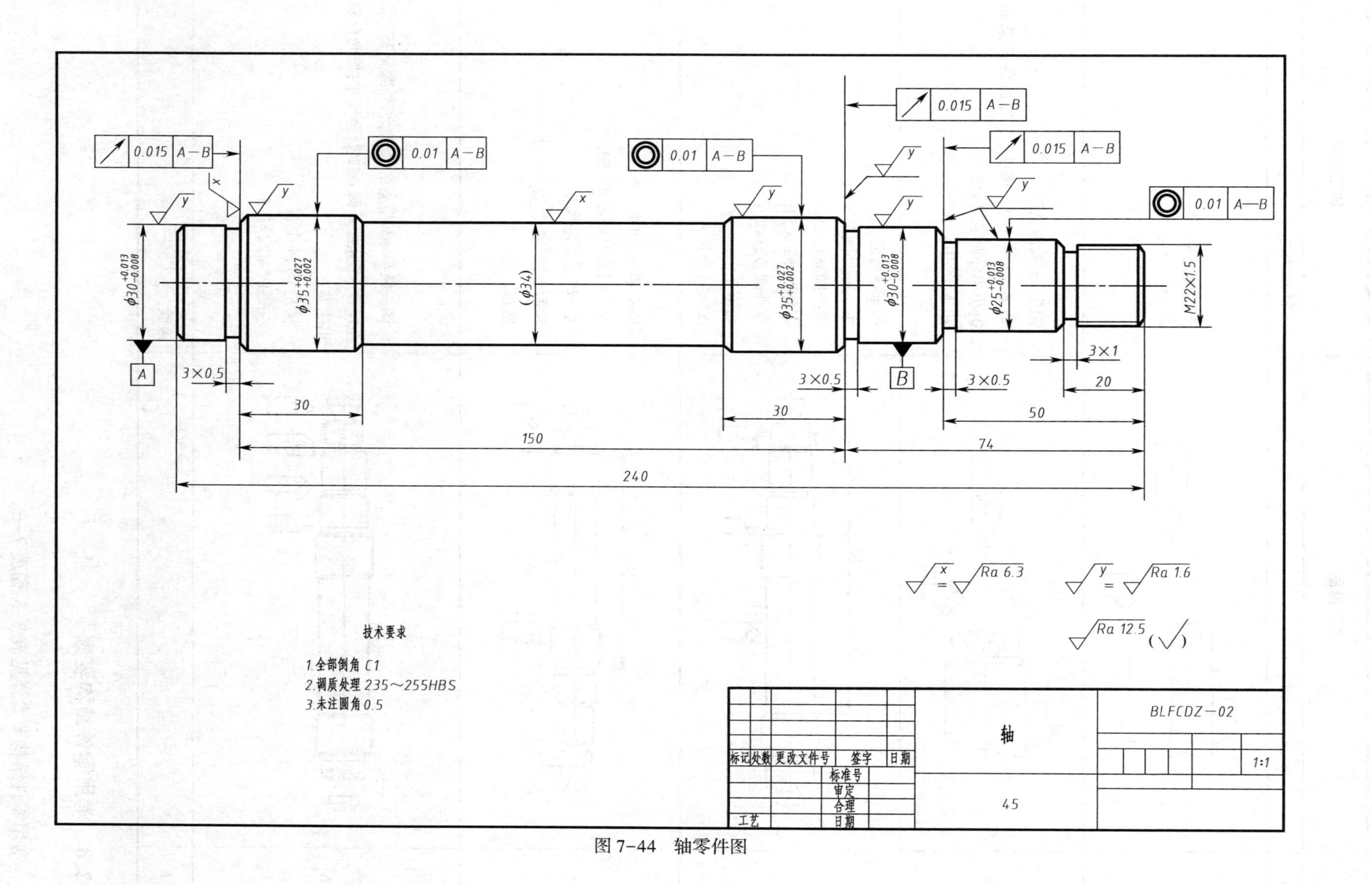
0.015 A—B
0.01 A—B
0.01 A—B
0.015 A—B
0.015 A—B
0.01 A—B
φ30+0.013 −0.008
φ35+0.027 +0.002
(φ34)
φ35+0.027 +0.002
φ30+0.013 −0.008
φ25+0.013 −0.008
M22×1.5
A
B
3×0.5
3×0.5
3×0.5
3×1
30
30
20
50
150
74
240
x = Ra 6.3
y = Ra 1.6
Ra 12.5 (√)
技术要求
1.全部倒角 C1
2.调质处理 235～255HBS
3.未注圆角 0.5
轴
45
BLFCDZ—02
1:1
标记 处数 更改文件号 签字 日期
标准号
审定
合理
日期
工艺

图 7-44　轴零件图

表 7-4 轴的车削工艺过程

加工顺序	加工简图	加工内容
1		下料 $\phi43\times243$
2	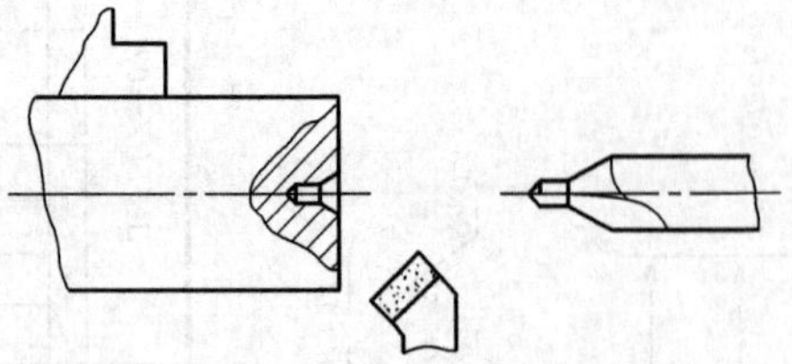	车端面见平； 钻 $\phi2.5$ 中心孔
3	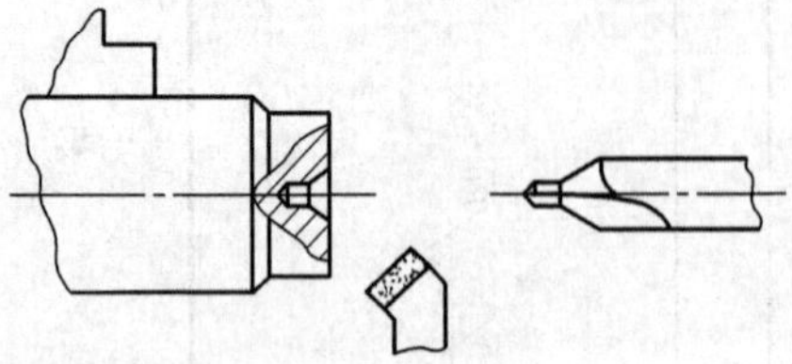	调头：车端面见平； 钻 $\phi2.5$ 中心孔，调头，车端面保证总长240；粗车外圆 $\phi32\times15$； 钻 $\phi2.5$ 中心孔
4	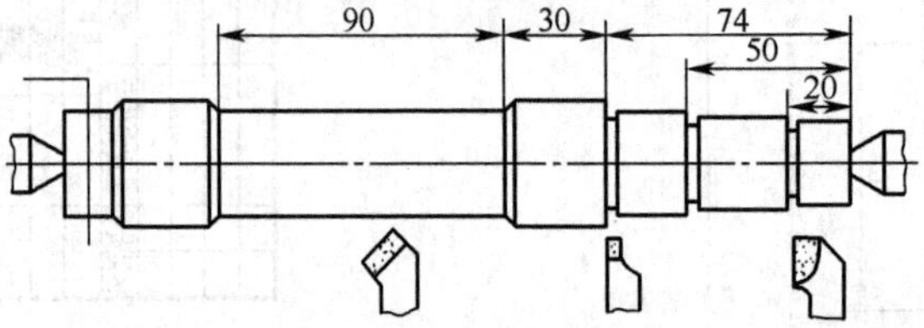 90　30　74　50　20	粗车各台阶， 车 $\phi36$ 外圆全长； 车外圆 $\phi31\times74$； 车外圆 $\phi26\times50$； 车外圆 $\phi23\times20$； 切槽 3 个； 车 $\phi34$ 至尺寸
5	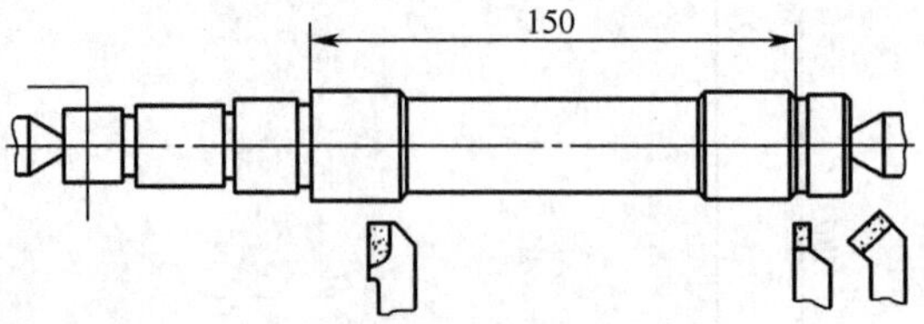 150	调头精车，切槽 1 个； 车小端面保证尺寸 150； 车 $\phi30^{+0.013}_{-0.008}$至尺寸； 车两外圆 $\phi35^{+0.027}_{+0.002}$至尺寸； 倒角 $C1$，两个
6	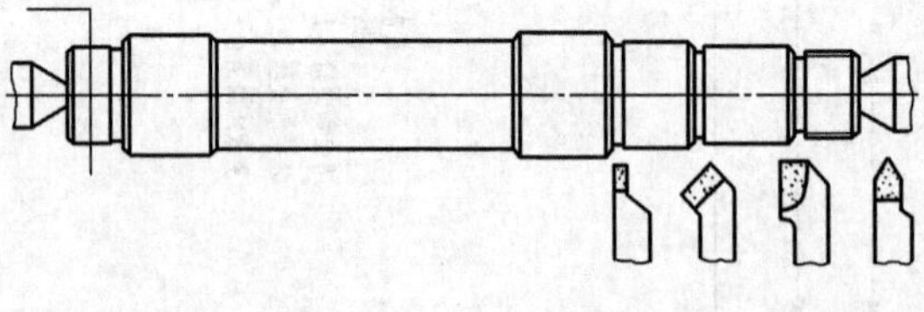	调头精车 $\phi30^{+0.013}_{-0.008}$至尺寸，车外圆 $\phi25^{+0.013}_{-0.008}$至尺寸，车螺纹外圆 $\phi22^{-0.1}_{-0.2}$至尺寸；修光台肩小端面； 倒角 $C1$，4 个； 挑螺纹 M22×1.5
7		检验

7.2.8 常用零件结构要素

常用零件结构要素详见表 7-5 和表 7-6。

表 7-5 零件倒角与倒圆（GB/T 6403.4—2008） mm

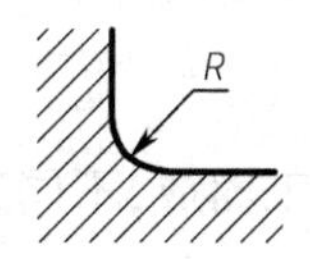

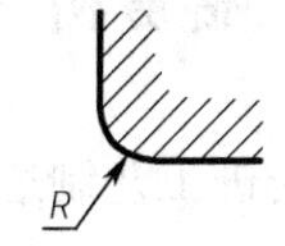

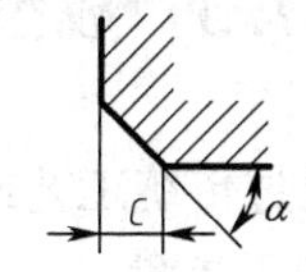

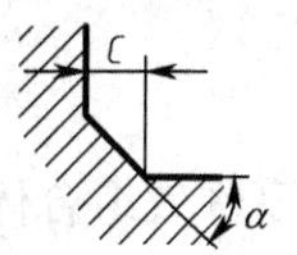

注：α 一般采用 45°，也可采用 30°或 60°。

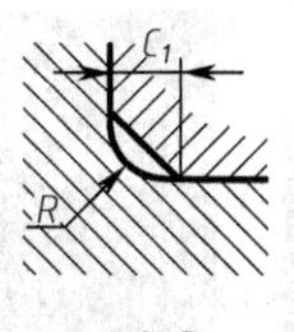

$C_1>R$

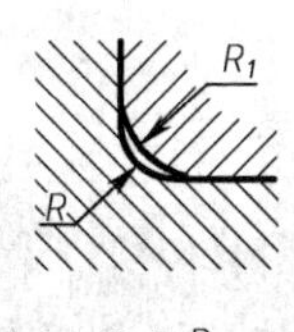

$R_1>R$

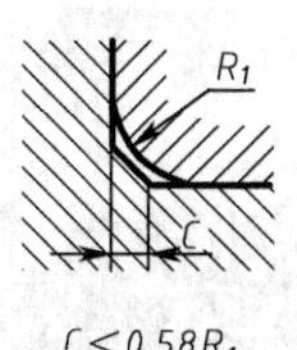

$C<0.58R_1$

$C_1>C$

注：上述关系装配时，内角与外角取值要适当，外角的倒圆或倒角过大会影响零件工作面，内角的倒圆或倒角过小会产生应力集中。

与直径 φ 相应的倒角 C、倒圆 R 的推荐值

φ	~3		>3~6		>6~10		>10~18	>18~30	>30~50		>50~80
C 或 R	0.1	0.2	0.3	0.4	0.5	0.6	0.8	1.0	1.2	1.6	2.0
φ	>80~120	>120~180	>180~250	>250 320	>320~400	>400~500	>500~630	>630~800	>800~1 000	>1 000~1 250	>1 250~1 600
C 或 R	2.5	3.0	4.0	5.0	6.0	8.0	10	12	16	20	25

内角倒角，外角倒圆时 C 的最大值 C_{max} 与 R_1 的关系

R_1	0.1	0.2	0.3	0.4	0.5	0.6	0.8	1.0	1.2	1.6	2.0
C_{max}	—	0.1	0.1	0.2	0.2	0.3	0.4	0.5	0.6	0.8	1.0
R_1	2.5	3.0	4.0	5.0	6.0	8.0	10	12	16	20	25
C_{max}	1.2	1.6	2.0	2.5	3.0	4.0	5.0	6.0	8.0	10	12

表 7-6 回转面及端面砂轮越程槽（GB/T 6403.5—2008） mm

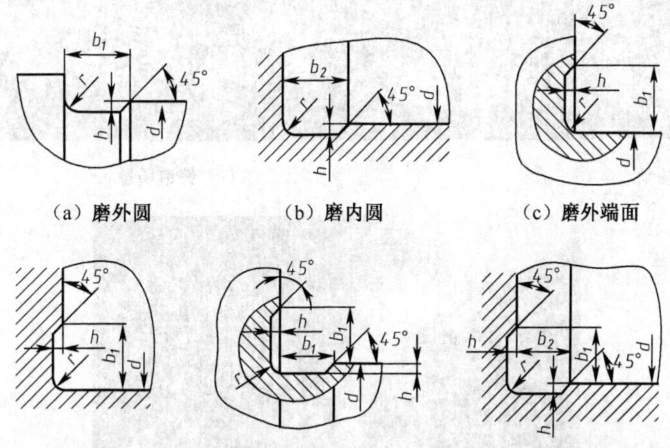

（a）磨外圆　（b）磨内圆　（c）磨外端面

（d）磨内端面　（e）磨外圆及端面　（f）磨内圆及端面

d	~10			>10~50		>50~100		>100	
b_1	0.6	1.0	1.6	2.0	3.0	4.0	5.0	8.0	10
b_2	2.0	3.0		4.0		5.0		8.0	10
h	0.1	0.2		0.3	0.4		0.6	0.8	1.2
r	0.2	0.5		0.8	1.0		1.6	2.0	3.0

注：1. 越程槽内与直线相交处，不允许产生尖角。

2. 越程槽深度 h 与圆弧半径 r，要求满足 $r\leqslant 3h$。

7.3 成型产品赏析

形状特征不同的零件或组合体，通过传统工艺或先进工艺制造加工而成，不同工艺加工不同形状特征的工件。图 7-45 所示为传统工艺加工场景。

（a）车床加工场景及大学生加工产品

（b）铣床加工场景　　（c）铸造场景

（d）浇注及大学生设计产品

图 7-45　传统工艺加工场景

7.3.1 工艺品赏析

海外校友、太原钢铁公司以及 Buderus/Edelstahl 海外人士赠给北京科技大学的工艺品如彩插图所示。观察分析各种工艺产品的构形特征，分析采用的什么制造工艺加工而成。

7.3.2 工程零件产品

观察分析图 7-46 各种工程零件产品的构形特征，分析它们是采用的什么制造工艺加工而成的。

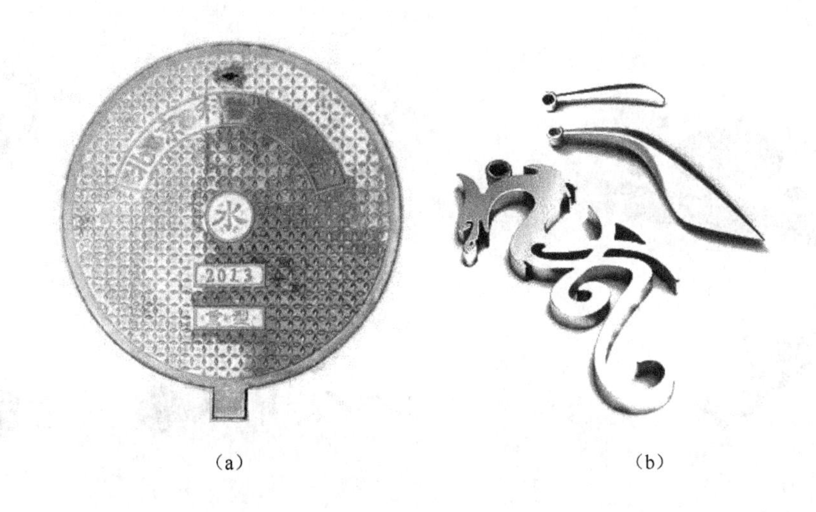

(a) (b)

(c) (d) (e) (f)

(g) (h) (i) (j)

图 7-46 工程零件产品

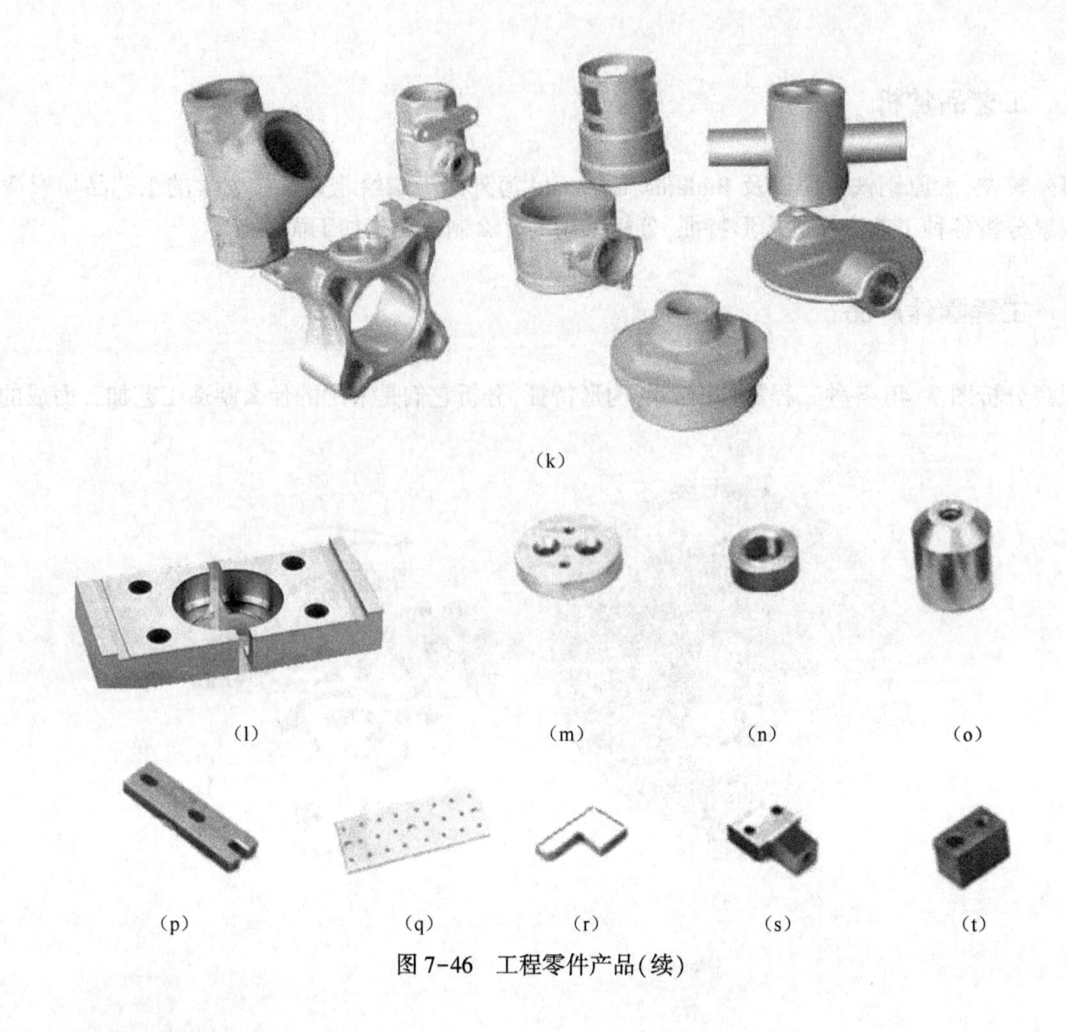

(k)

(l)　(m)　(n)　(o)

(p)　(q)　(r)　(s)　(t)

图 7-46　工程零件产品(续)

7.3.3　三维造型组合体

图 7-47 所示为各种组合体,分析其构形特征元素。

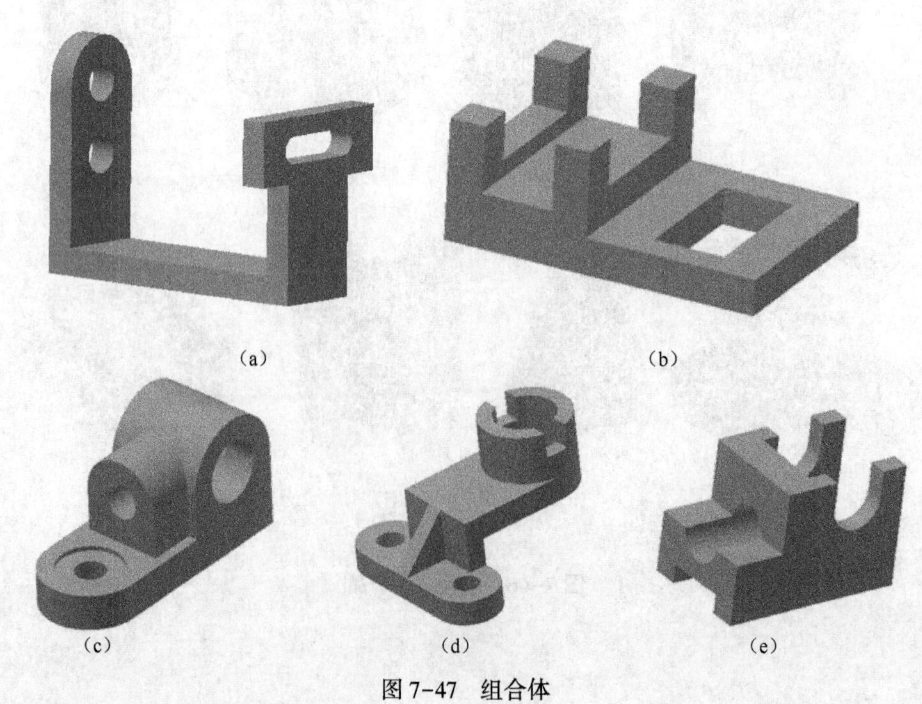

(a)　(b)

(c)　(d)　(e)

图 7-47　组合体

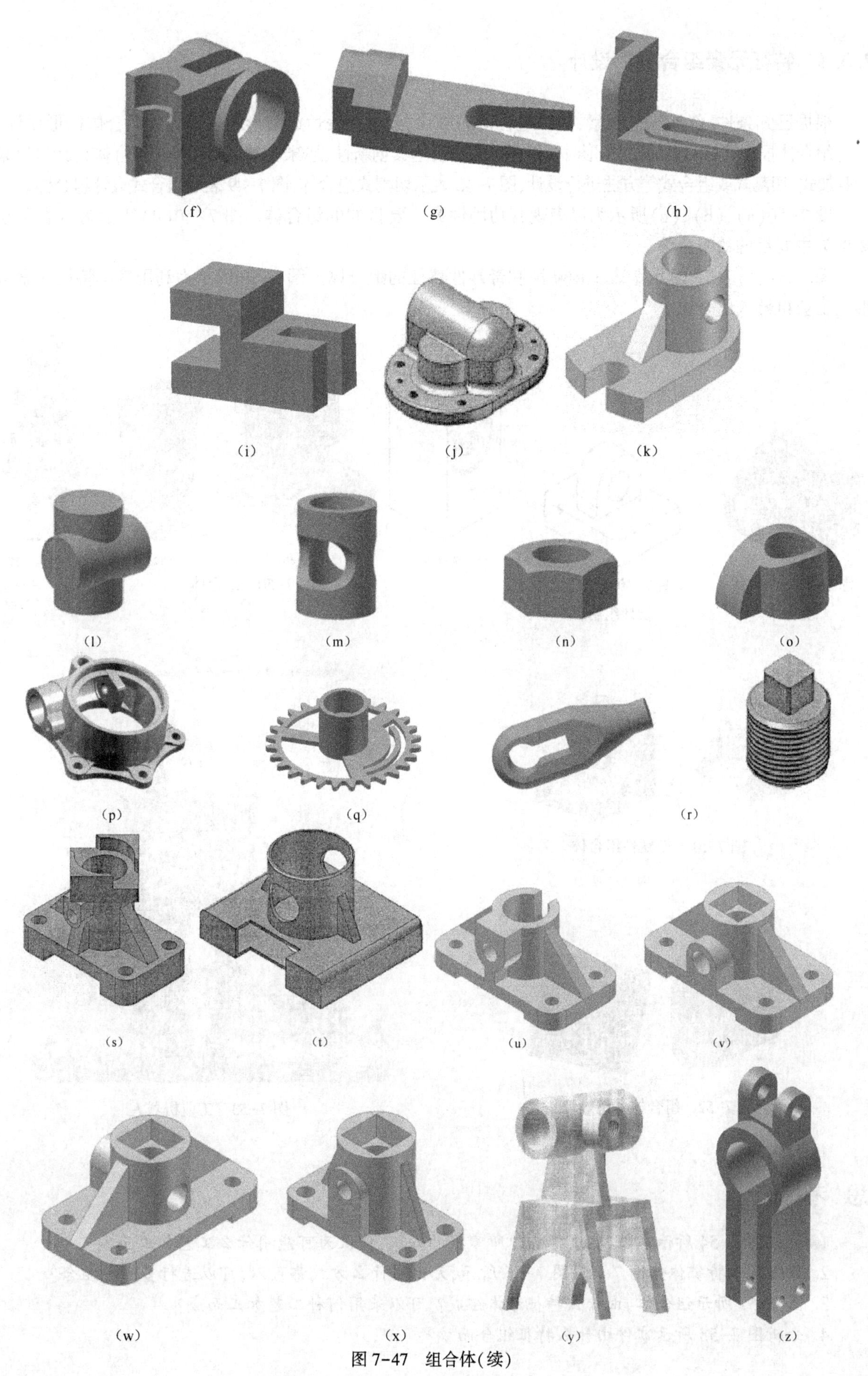

图 7-47　组合体(续)

7.3.4 特征元素组合构形设计

根据已知条件，忽略工艺因素，构思组合体的形状、大小并表达成图形的过程称为组合体构形设计。

组合体根据要求和目的，在构形时可以侧重考虑表达其创新性、趣味性或功用性等。组合体设计可以采用叠加式、切割式或组合式等方法进行设计，图 7-48 表示切割式组合体，图 7-49 表示组合式设计组合体。

图 7-50(a)、(b)、(c)所示为以表现其功用性为主要目的的组合体。图 7-50(d)所示为以表示趣味性为主要目的的组合体。

图 7-51、图 7-52 所示是表现创新性和奇妙性特征的组合体。图 7-53 所示为利用基本特征元素构形的工业机器人组合体。

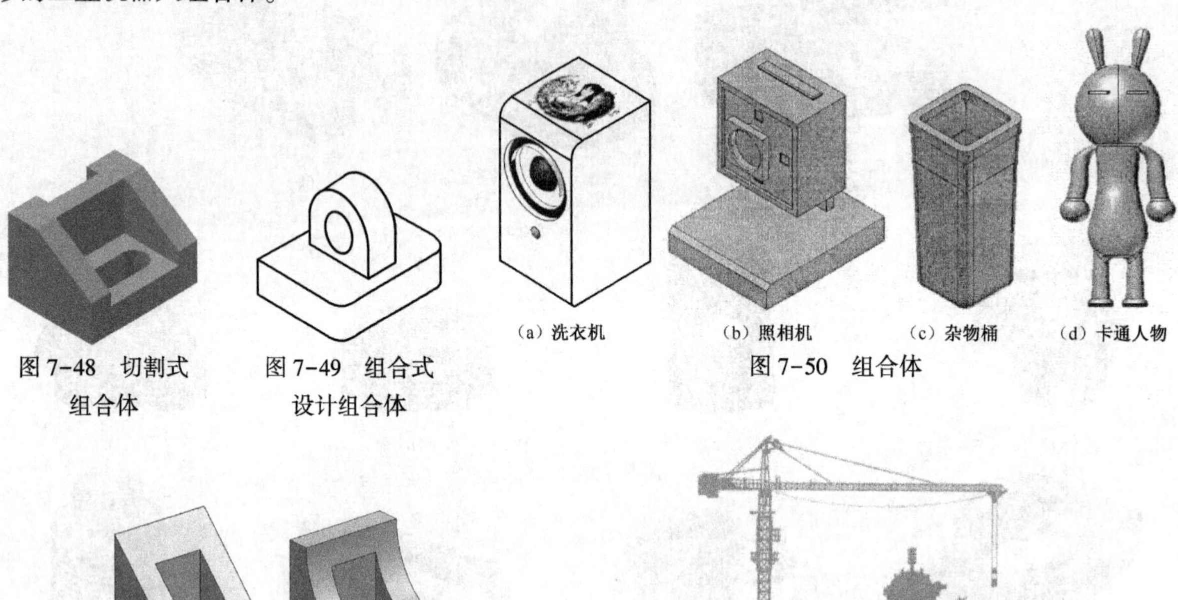

(a) 洗衣机　(b) 照相机　(c) 杂物桶　(d) 卡通人物

图 7-48　切割式组合体　图 7-49　组合式设计组合体　图 7-50　组合体

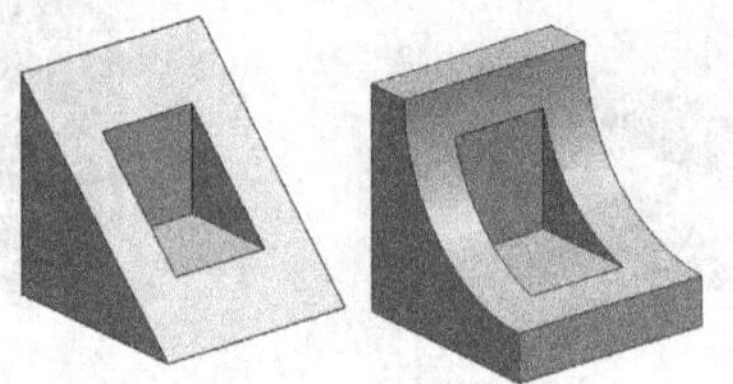

图 7-51　创新性组合体

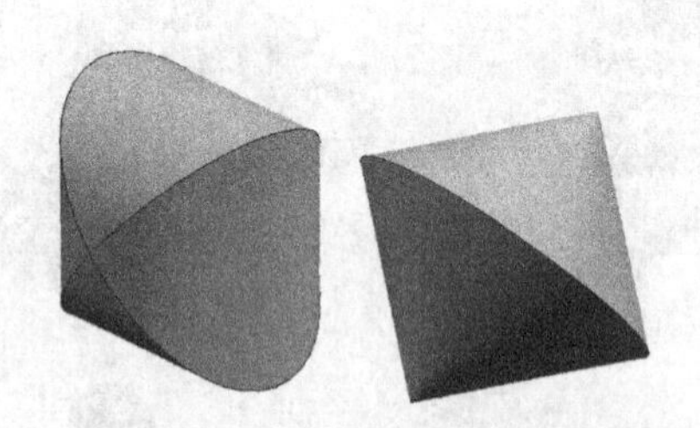

图 7-52　组合体的奇妙性

图 7-53　工业机器人

思 考 题

1. 观察图 7-54 所示零件特征，根据你所掌握的知识，你认为可能用什么工艺加工而成？
2. 已知基本特征体如图 7-55、图 7-56 所示，无论用什么方式都可以，可以进行多少种组合？
3. 图 7-57 所示组合体，由什么特征形体组成？可以采用何种工艺加工而成？
4. 分析图 7-58 所示零件由什么特征组合而成？

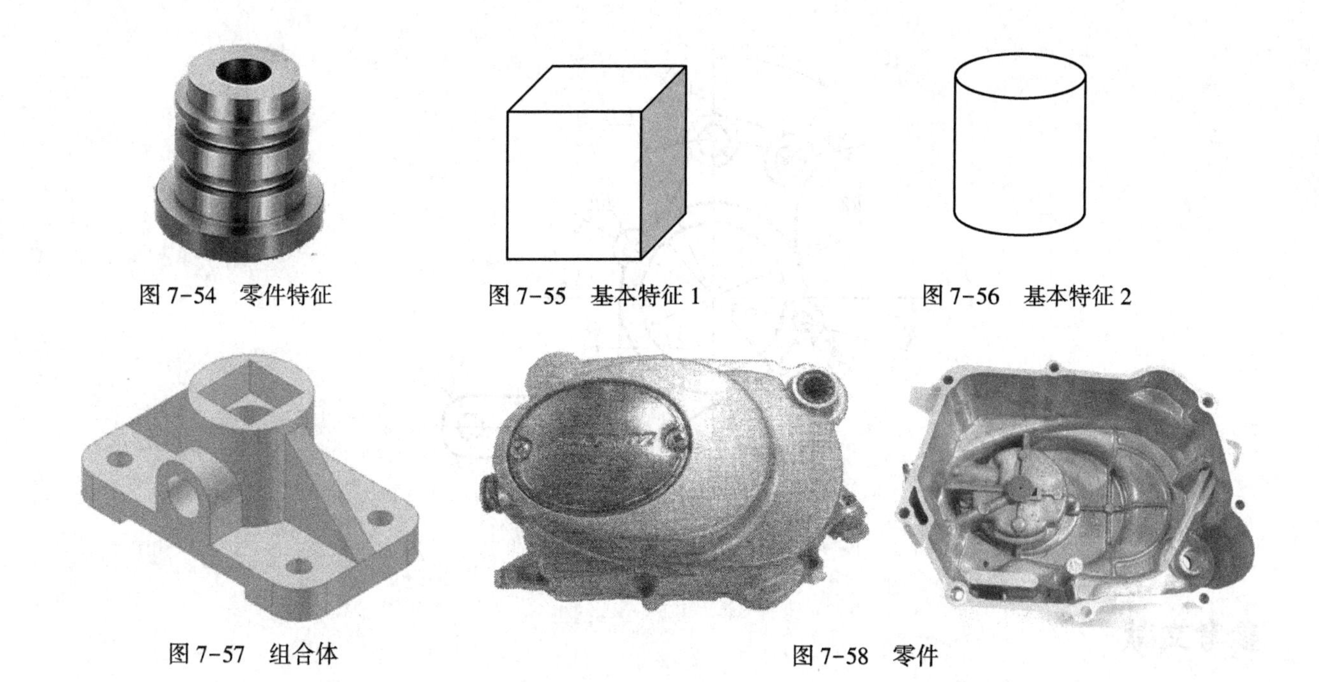

图 7-54　零件特征　　图 7-55　基本特征 1　　图 7-56　基本特征 2

图 7-57　组合体　　图 7-58　零件

习　题

1. 补全图 7-59 中的尺寸，尺寸数值按照 1∶1 比例实际量取，数值取整。

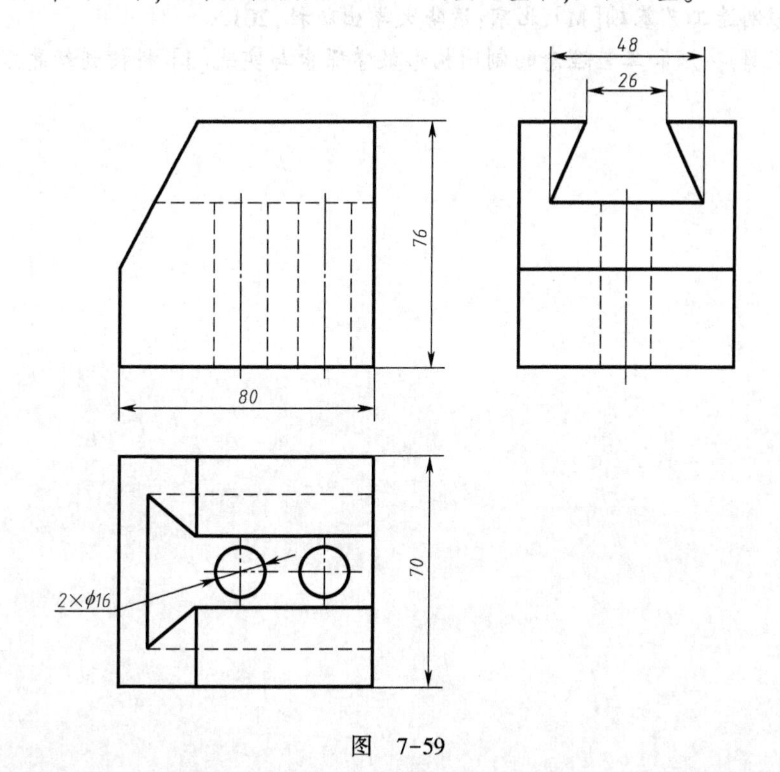

图　7-59

2. 补全图 7-60 中的尺寸，并进行尺寸标注，尺寸数值按照 1∶1 比例实际量取，数值取整，并用 Auto CAD 或 Inventor 进行实体建模。

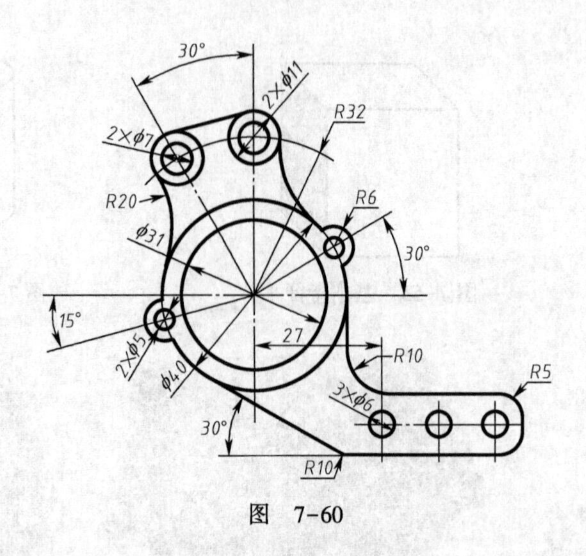

图 7-60

参考文献

1. 全国技术产品文件标准化技术委员会,中国标准出版社第三编辑室.技术产品文件汇编:机械制图卷[M].中国标准出版社,2009.

2. 樊百林.发动机原理与拆装实践教程——现代工程实践教学[M].北京:人民邮电出版社,2011.

3. 樊百林, 陈华,李晓武,等.工艺和设计理念的制图实践教学研究[J].科技创新导报,2011(13).

4. 傅水根.机械制造工艺基础[M].北京:清华大学出版社,2012.

5. 樊百林,杨光辉.功用和工艺理念的制图构形教学探索与实践[J].科技创新导报,2010(34).

第4篇　机器与工程图样

第8章　机器与工程图样

现代工程发动机工程实践教学感想

谢小岗　通过此实践,直接感受了机械之间真实传递和作用的过程,对机器的运转、做功和维修有一个整体印象和初步了解,对零件的认识更具体化和立体化,对零件之间相互配合、相互制约以及工作也有一个比较深刻的印象。对机械自动化以及机器重要性在思想认识上有较高提高和较具体的感受。

严政　樊老师给我们演示了一遍拆发动机的过程和步骤,让我们体会到自己在课堂上学到的东西都是来源于生活的,其中最重要的还是樊老师利用发动机给我们上了一节生动的机器设计的课程,所有的零件都是在先想到应有的功能下,再来进行构形设计,让其很多问题得以解决。比如,什么样的地方应用什么样的形状,怎样安装固定,其中还要注意的就是保证其可靠性、准确性和应用性……

勾雪　“经过一上午的拆装实践(实验),我了解了什么是YG150,认识了活塞、气缸、曲轴、变速箱等各种零件,大概明白了发动机的工作原理,更重要的是我懂得了怎样才能成为一个合格的大学生。这不仅需要渊博的学识,更重要的是能联系实际。实际生活中到处充满我们不懂的知识,我们今后应该更多地在实践中摸索、学习,真正学好实践这本书。”

徐龙　“实践真的是一种学习知识的捷径,书本上乏味的知识居然可以这样的生动,同时我们也学到了书本上根本学不到的知识!”,“对机械自动化、机器重要性在思想认识上有较大提高和较具体的感受。零件的精度要求和装配要求都很严格,使我们知道了学习机械专业,必须养成严谨的习惯。各部分的联系十分紧密,让我们明白了制造机械必须兼顾生产、成本、性能等因素……”

本章学习目标:

✧ 结合万向台钳、发动机零件、模型,研究和学习掌握视图、剖视图、断面图、局部放大图以及其他规定画法和简化画法。

本章学习内容:

✧ 机器与零件的概念
✧ 视图的基本知识及其应用
✧ 剖视图的基本知识及其应用
✧ 断面图的基本知识及其应用
✧ 规定画法和简化画法

实践教学研究:

✧ 拆装万向台钳,分析主钳口视图表达。
✧ 拆装发动机,分析气缸体、曲轴箱的视图表达。

关键词:剖视图　断面图　简化画法

8.1 机　　器

机器是人们通过智慧研究设计制造出的由各种金属和非金属部件组装成的装置，装置内部的零件、部件间具有确定的相对运动，用来代替人的劳动，完成有用功、能量变换、信息处理或代替人劳动。

机构是人们设计制造的组合装置，装置内部零件实体之间具有确定的相对运动。机器和机构习惯上统称为机械。

机器的种类很多，从结构制造角度来分析，机器是由部件和单独作为装配单元的零件组成。其中部件是机器的装配单元，它由若干个零件按照一定的方式装配而成。

从功能的角度来看机器是由原动部分、传动部分和工作部分以及控制部分组成。从机构角度分析，机器是由具有确定运动的机构组成，构件是组成机构的最小单元体。图 8-1 为冲压设备及其机构简图。该机器是由曲柄滑块机构、传动带传动机构等组成。

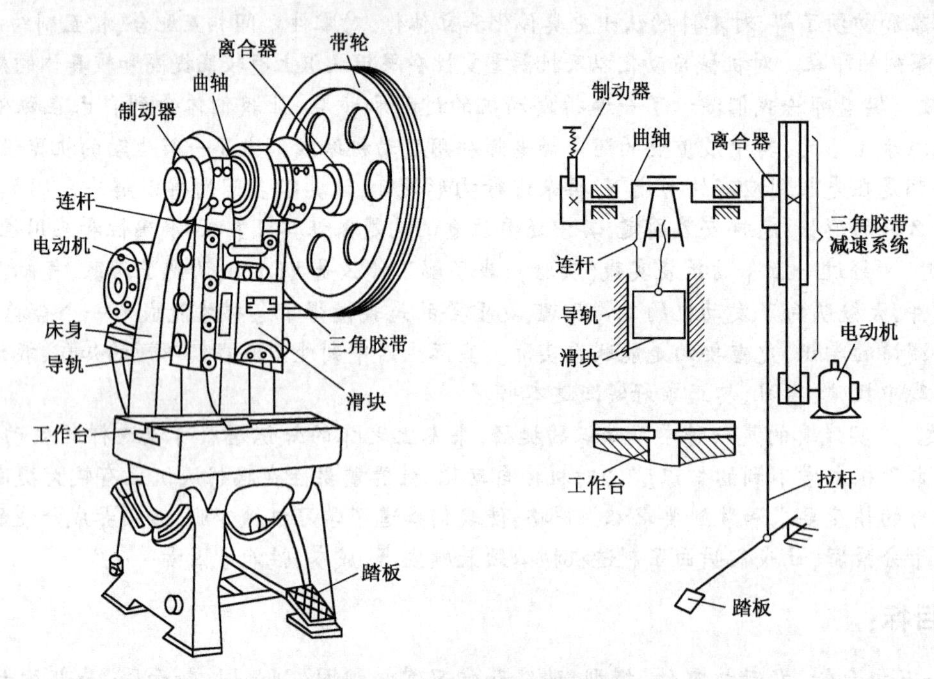

图 8-1　冲压设备与机构简图

摩托车和万向台钳就是两台具有不同功能的机器。

从结构制造角度分析，摩托车由发动机、电气部分、传动部分、行走部分、操纵部分五大系统组成。发动机提供整车动力，电气部分由磁电机、电瓶、点火系统、照明系统、信号系统等组成；传动部分包括离合器、变速器、传动链等组成部分；行走部分包括车架、前叉、前后减震、车轮等；操纵部分由车把、刹车、各类开关等组成。而发动机是摩托车的一个重要的部件，也是由数百个零件组成的比较复杂的部件，如图 8-2(a)所示。从外形分析，摩托车发动机由气缸盖、气缸体、曲轴箱组成，从结构制造角度分析，发动机是由两大机构，即曲柄连杆机构、配气机构和六大系统组成，这里不再赘述。

从结构制造角度分析，万向台钳，是由 12 个零件组成，如图 8-2(b)所示，其中主钳口零件由于形状复杂，仅用前面章节介绍的三视图还不能完全清楚地表达其内外结构特征，如图 8-3(a)、(b)所示，因此，国家标准规定了图样的一系列表达方法，以便更加清楚方便地表达机器零件的内外结构。

(a) 摩托车　　(b) 万向台钳

(c) 发动机

图 8-2　机器及部件

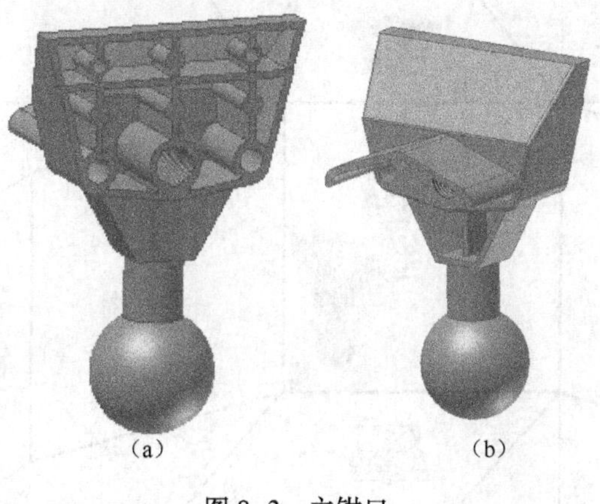
(a)　　(b)

图 8-3　主钳口

8.2 视　　图

视图主要用于表达机件的外部结构和形状,视图分为基本视图、向视图、局部视图和斜视图四种。

8.2.1 基本视图

在相互垂直的直角坐标系中,第一分角内,放置正六面体,正六面体的六个侧面称为基本投影面,如图 8-4(a)所示。将机件置于正六面体中,向基本投影面投射所得的视图,称为基本视图。除前面我们提到的主视图、俯视图和左视图外,其余三个视图称为右视图、仰视图、后视图。

右视图——由右向左投射所得的视图;

仰视图——由下向上投射所得的视图;

后视图——由后向前投射所得的视图。

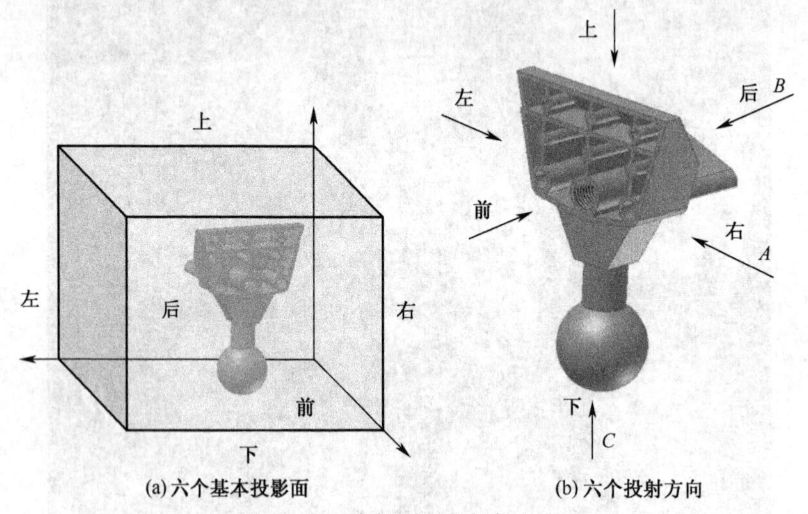

(a)六个基本投影面　　(b)六个投射方向

图 8-4　基本投影面及投射方向

六个基本视图:空间六个方位,上、下、左、右、前、后,从这六个方向进行投射[见图 8-4(b)],得到物体的六个方向的单面投影视图,称为六个基本视图。

按照图 8-5 所示的方法将六个基本投影面展开并且使六个投影面共面。

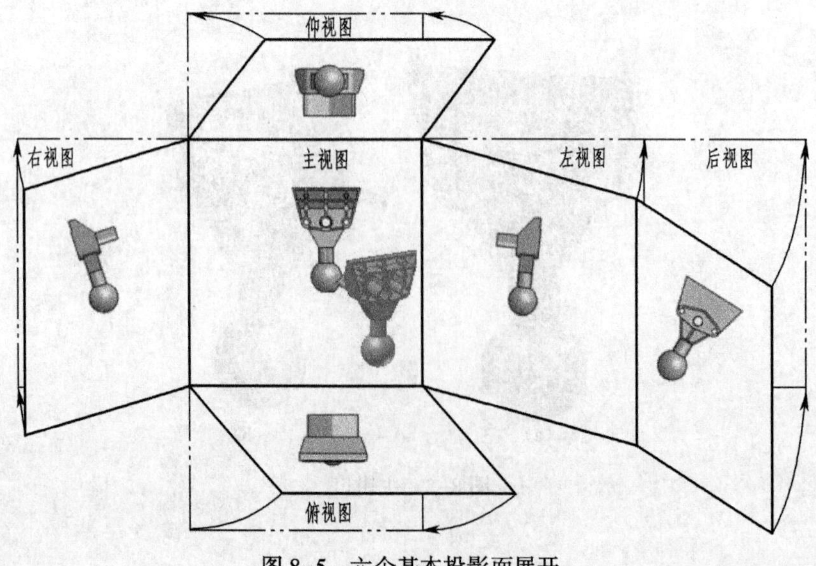

图 8-5　六个基本投影面展开

展开后六个基本视图的配置和度量、方位对应关系如图 8-6 所示，各视图之间仍保持“三等”关系。

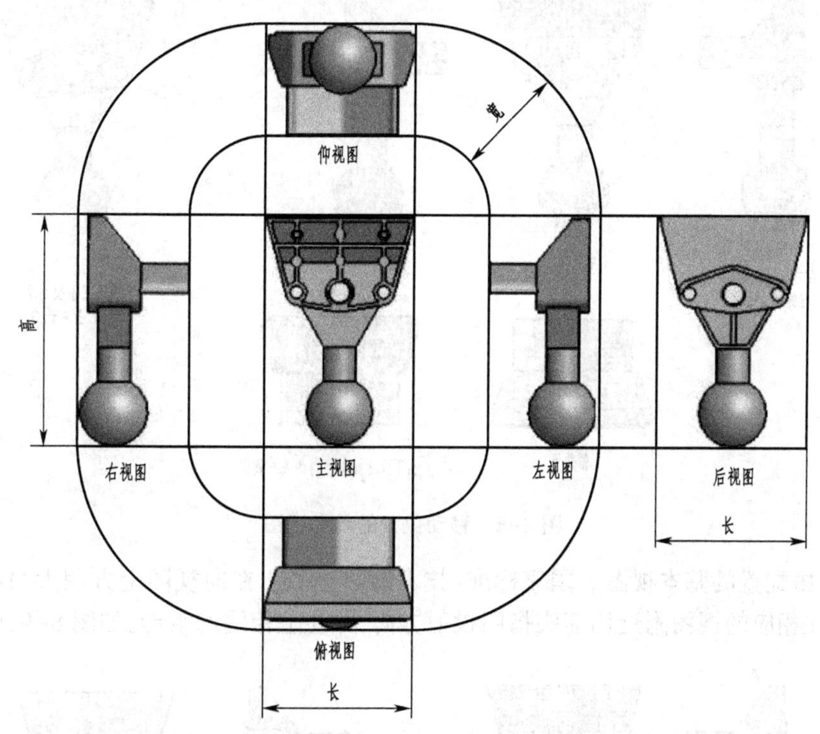

图 8-6　展开后的六个基本视图配置及度量、方位对应关系

根据国家制图标准规定，基本视图按图 8-7 所示的位置配置时，一律不标注视图名称。

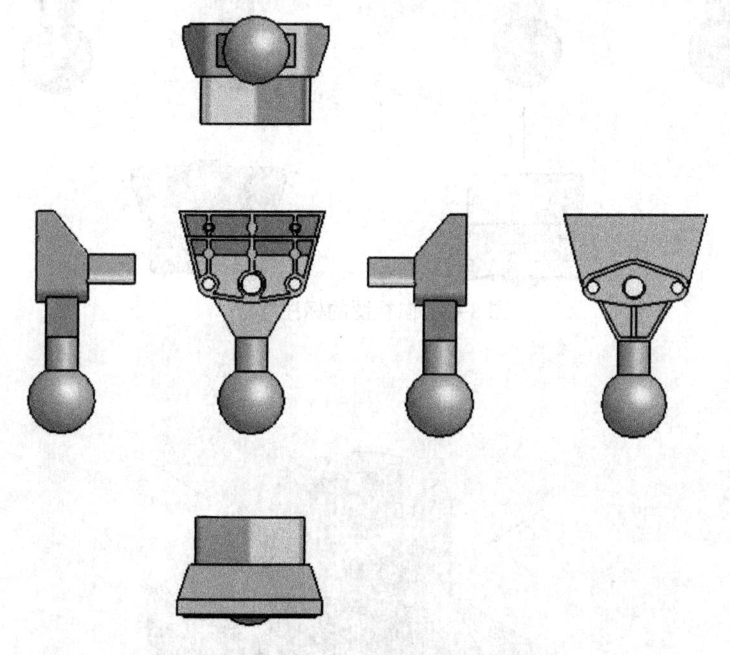

图 8-7　标准配置的六个基本视图

8.2.2　向视图

为了便于读图，也为了美观和节省图纸空间，将基本视图进行移动，无论如何移动，主视图、俯视图和左视图的位置不变，其余三个基本视图，右视图、仰视图和后视图可以根据图纸的大小，空间位置进行合理的安排，如图 8-8 所示。

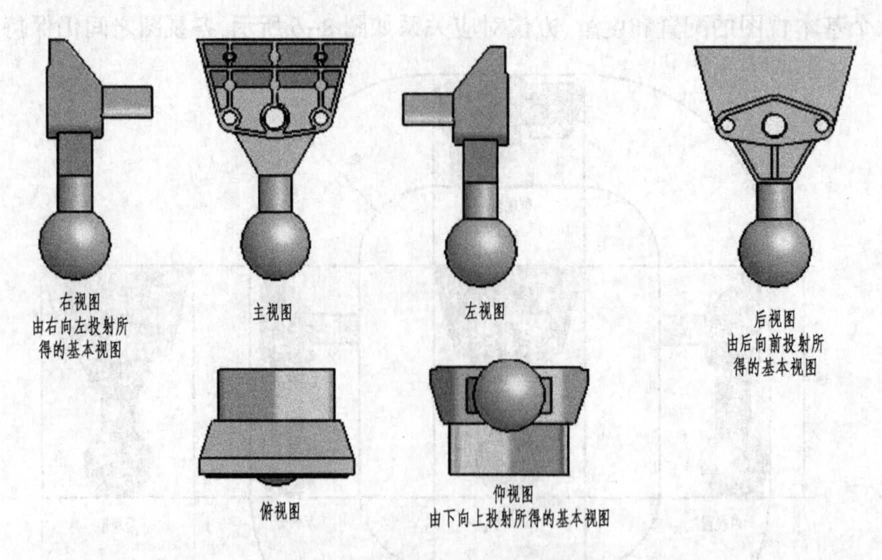

图 8-8 移动位置的单向视图

向视图是自由配置的基本视图。国家标准《技术制图》规定,在向视图上方用大写的拉丁字母标出该向视图名称,在相应的视图附近用箭头指明投射方向,并注上相同的字母,如图 8-9、图 8-10 所示。

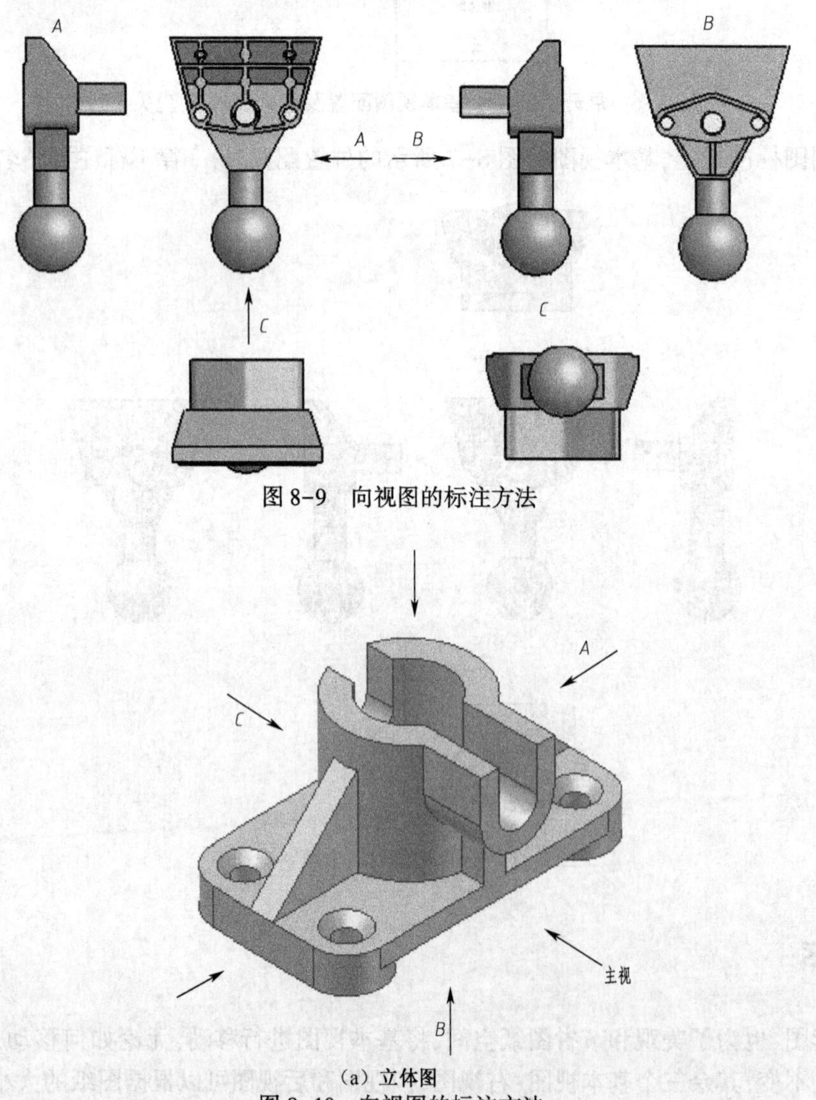

图 8-9 向视图的标注方法

(a) 立体图

图 8-10 向视图的标注方法

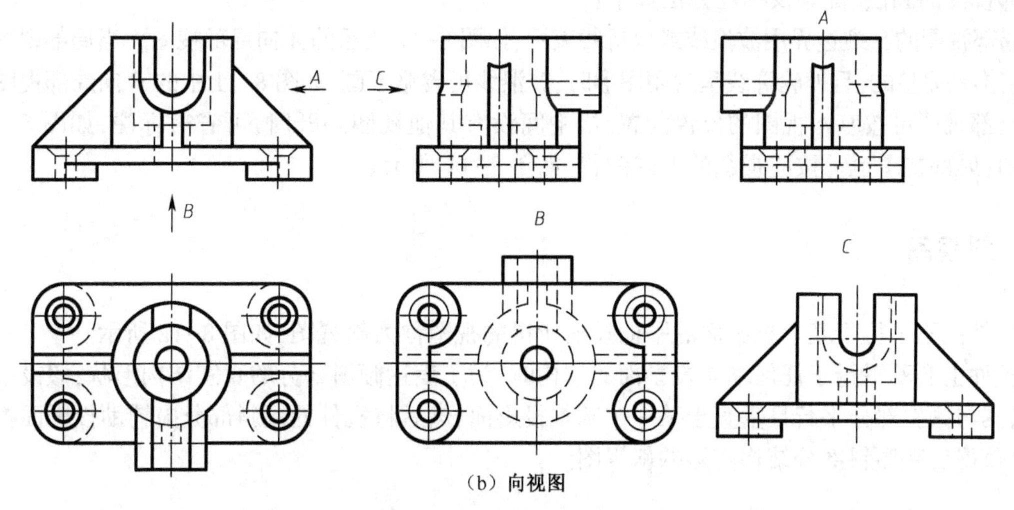

（b）向视图

图 8-10　向视图的标注方法(续)

绘图时,并非要同时选用六个基本视图,应根据机件结构和形状特点,选用必要的几个基本视图,以清楚表达机件内外结构为原则。

8.2.3　局部视图

将机件的某一部分向基本投影面投射所得的视图,称为局部视图,如图 8-11 所示。

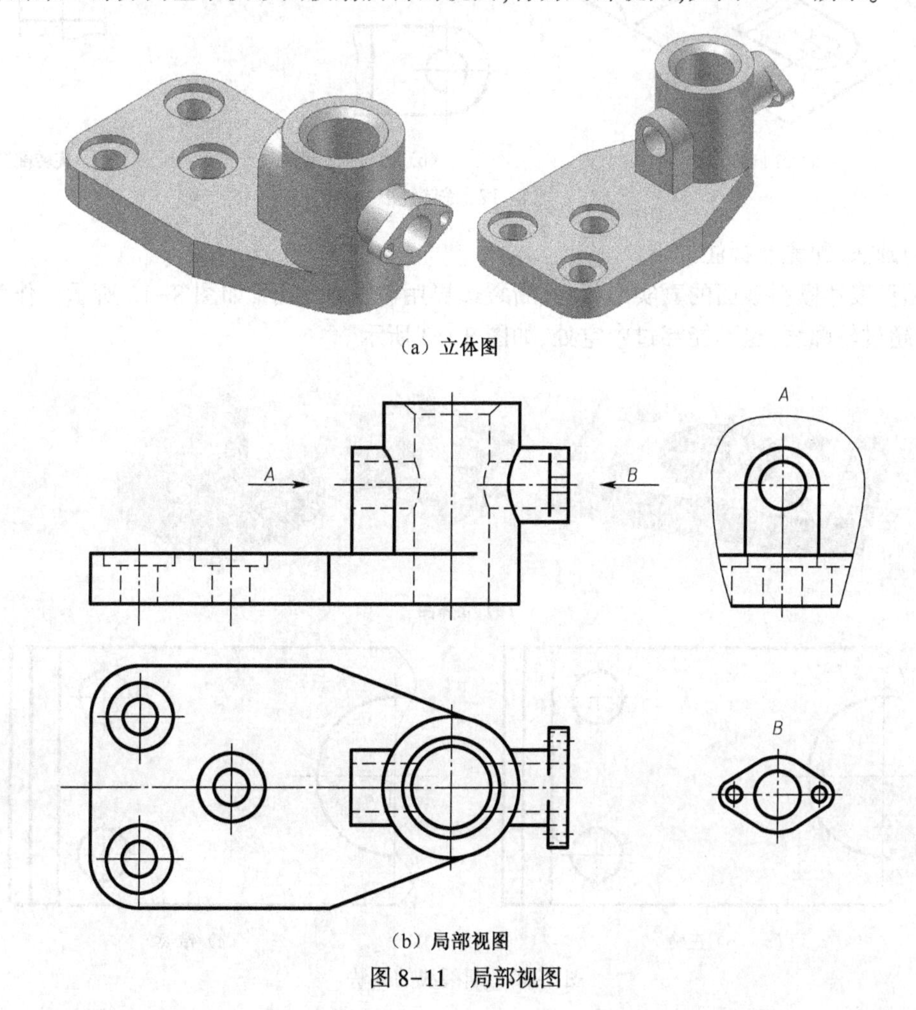

（a）立体图

（b）局部视图

图 8-11　局部视图

局部视图的画法、配置及标注方法如下：

①局部视图的断裂边界用波浪线或双折线表示，如图 8-11 所示的 *A* 向局部视图。当局部视图所表示的局部结构是完整的，且外轮廓线呈封闭图形时，波浪线可省略不画，如图 8-11 中的 *B* 向局部视图。

②局部视图可按基本视图的位置配置，当中间没有其他视图隔开时，可省略标注，如图 8-12 所示的俯视图；局部视图也可按向视图的形式配置，如图 8-11 所示。

8.2.4 斜视图

将机件向不平行于基本投影面的平面投射所得的视图称为斜视图，如图 8-12 所示。

当机件上有不平行于任何基本投影面的结构时，为了表达倾斜部分的真实结构形状，假设一个辅助投影面，其与倾斜部分平行且垂直于某一个基本投影面，然后将机件的倾斜部分向辅助投影面投射并展开，即可获得反映倾斜部分结构实形的斜视图。

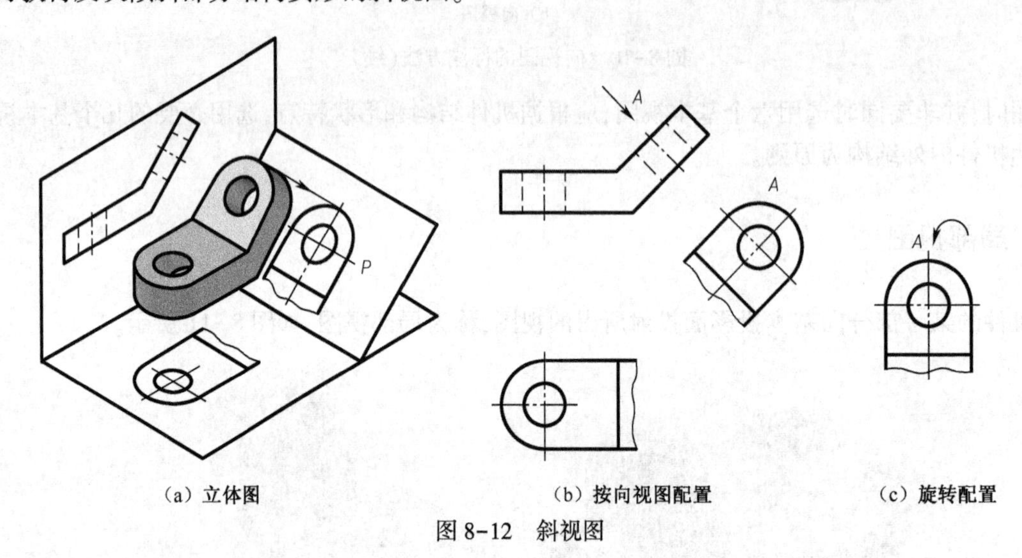

（a）立体图　（b）按向视图配置　（c）旋转配置

图 8-12　斜视图

斜视图的画法、配置及标注如下：

①斜视图仅表达倾斜表面的真实形状，其断裂边界用波浪线表示，如图 8-12 所示。作为断裂线的波浪线，不能超过轮廓线，也不能穿过中空处，如图 8-13 所示。

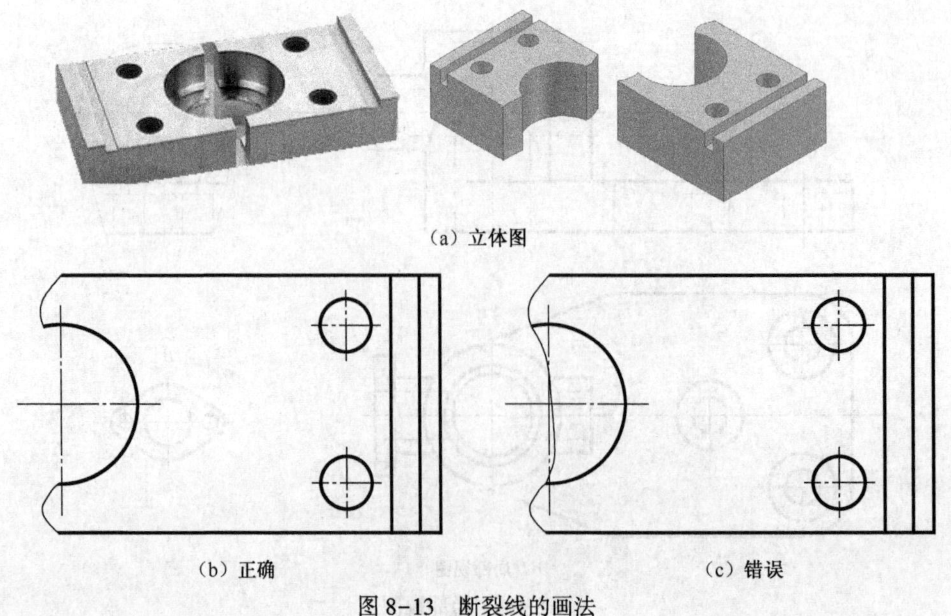

（a）立体图

（b）正确　（c）错误

图 8-13　断裂线的画法

②斜视图通常按投射方向配置,其标注形式与向视图相同,如图 8-12(b)所示。

③允许将斜视图旋转配置,并加注旋转符号,如图 8-12(c)所示。旋转符号为半圆形,半径等于字高。表示该视图名称的字母应靠近旋转符号的箭头端,也允许将旋转角度标注在字母后。箭头方向与实际旋转方向一致。

图 8-14 所示为灵活应用斜视图和向视图的视图表达应用,A 向视图表达底板的结构,B 向视图表达倾斜结构。

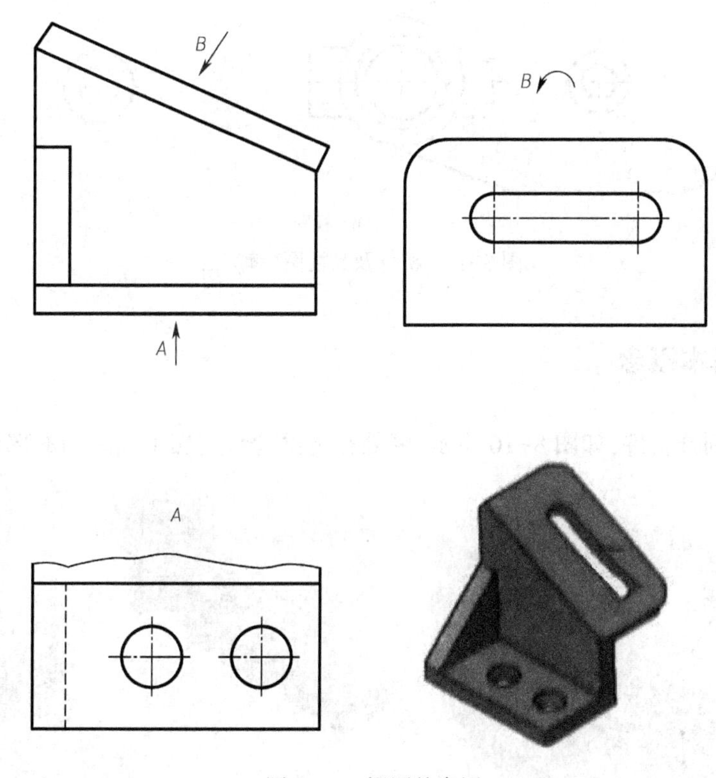

图 8-14　视图的应用

8.3 剖　视　图

当机件内部结构比较复杂时,视图中的虚线较多而影响到图形的清晰程度,不利于读图和标注尺寸,如图 8-15 所示。为了清晰地表达机件内部结构,常采用剖视的画法。

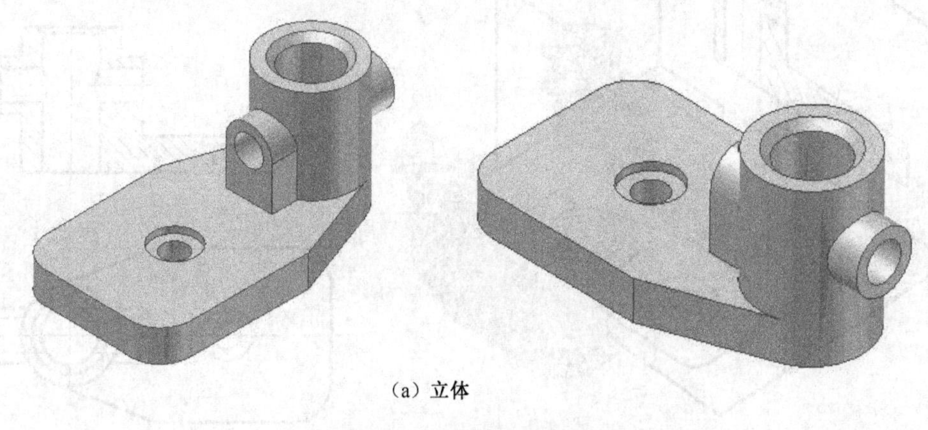

(a) 立体

图 8-15　机件及其视图

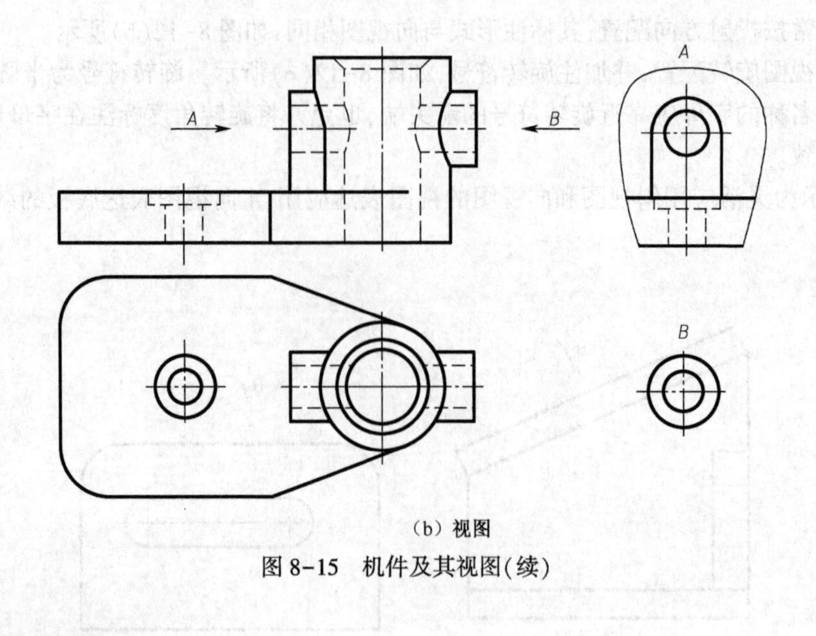

（b）视图

图 8-15　机件及其视图(续)

8.3.1　剖视图的基本概念

假想用剖切平面剖开机件,如图 8-16 所示,将处在观察者和剖切平面之间的部分移去,而将其余

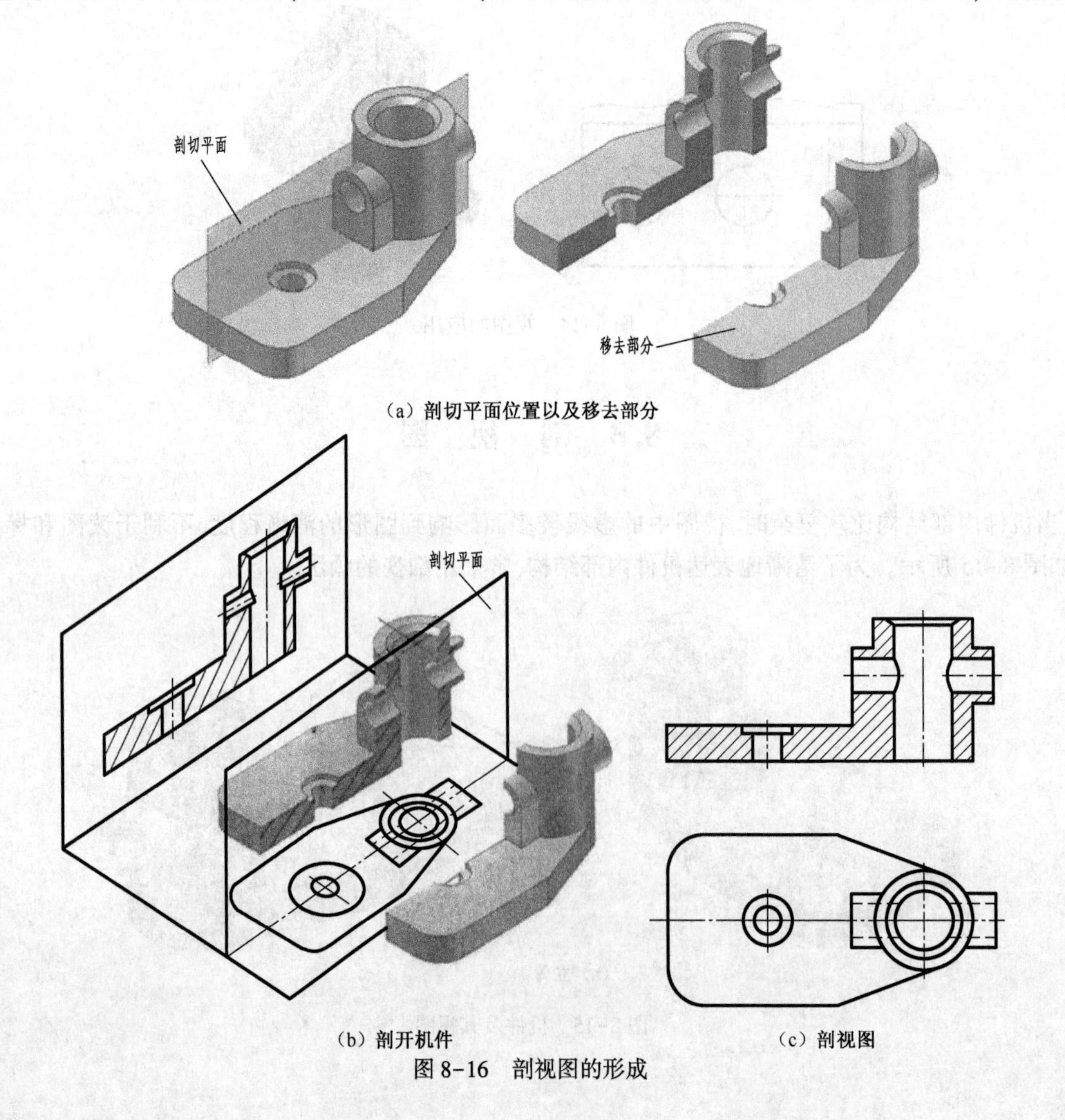

（a）剖切平面位置以及移去部分

（b）剖开机件　　（c）剖视图

图 8-16　剖视图的形成

部分向投影面投射，并在剖面区域（剖切平面与被剖机件相接触的部分）内画上剖面符号，所得的图形称为剖视图，简称剖视。

8.3.2 剖视图的画法

1. 确定剖切面的位置

一般用平面作为剖切面（也可用柱面），为了清晰地表达机件内部真实形状，应使剖切平面平行于投影面，且通过机件内部孔、槽的轴线或对称面，如图 8-16(a)、图 8-17(a)所示。

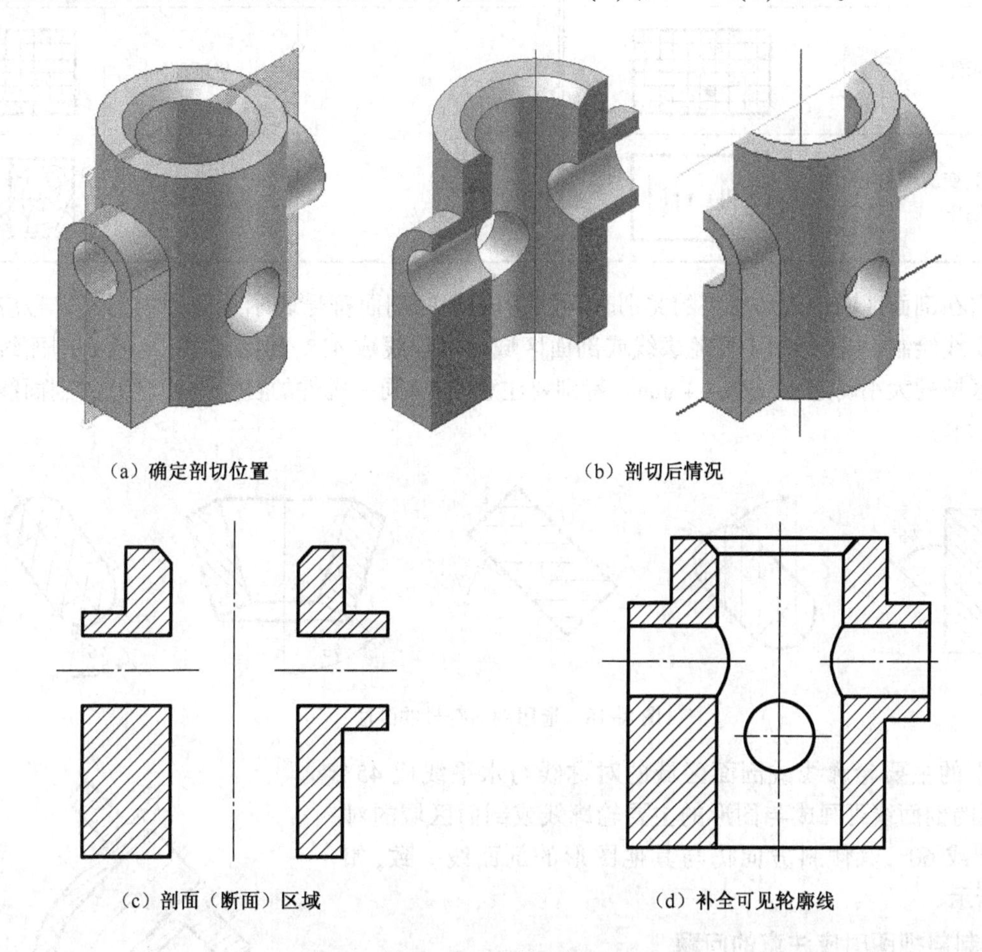

图 8-17 剖视图的画法

2. 绘制与剖切平面接触的区域

移开观察者与假想剖切平面之间的部分，想象剖切后的情况，如图 8-17(b)所示，绘制剖切平面区域即断面轮廓线，断面上绘制剖面符号，如图 8-17(c)所示。

3. 画剖切后的投影图

补全剖面区域和剖切面后面的可见轮廓线，如图 8-17(d)所示。

8.3.3 剖面符号

1. 常用剖面符号

在绘制剖视图时，通常应在剖面区域画出剖面符号，剖面符号一般与机件的材料有关，表 8-1 所示为国家标准规定的常用的几种剖面符号。

表 8-1　常见材料的剖面符号

材料名称	剖面符号	材料名称	剖面符号
金属材料通用剖面符号		玻璃及供观察用的其他透明材料	
非金属材料（已有规定剖面符号者除外）		液体	
线圈绕组元件		木材　纵断面	
转子、电枢、变压器和电抗器等的迭钢片		木材　横断面	

当不需在剖面区域中表示材料的类别时，可采用通用的剖面符号表示。通用的剖面符号应以间隔均匀的细实线绘制，与图形的主要轮廓线或剖面区域的对称线成 45°，如图 8-18 所示。剖面线的间距应按剖面区域的大小确定，一般 2~4 mm。特别要注意的是：同一机件的各个剖面区域的剖面线应方向相同，间隔相等。

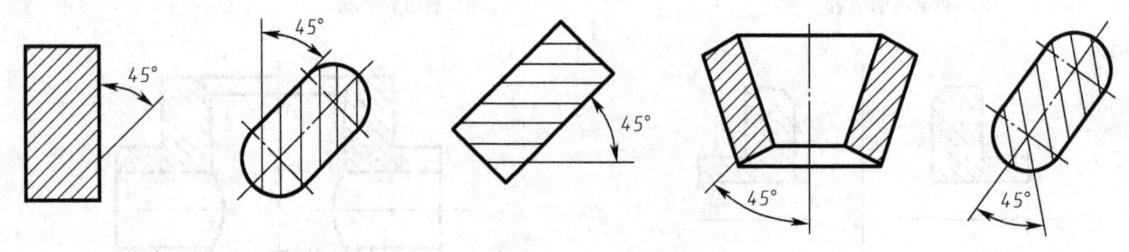

图 8-18　通用剖面符号的画法

当图形的主要轮廓线或剖面区域的对称线与水平线成 45° 时，该图形的剖面线可画成与图形的主要轮廓线或剖面区域的对称线成 30° 或 60°，其倾斜方向仍与其他图形的剖面线一致，如图 8-19 所示。

2. 绘制剖视图时应注意的问题

①剖切是假想的，因此除剖视图外，其他视图仍应完整绘出，如图 8-20 所示。

②剖视图或其他视图上已表达清楚的结构形状，在剖视图中或其他视图上投影为虚线时，一般不再画出。但没有表达清楚的结构，如图 8-20、图 8-21 所示俯视图上的圆和方的结构需要表达清楚，允许画少量虚线。

③对于机件上的肋板、轮辐及薄壁结构，若是纵向剖切即剖切平面通过肋板、薄壁厚度的对称面或轮辐的轴线，这些结构都不画剖面符号，而是用粗实线将它与邻接部分分开，如图 8-22 中的 *A-A* 剖视图。若是横向剖切即剖切平面垂直肋板、薄壁厚度的对称面或轮辐的轴线，则仍要画出剖面符号，如图 8-22 中的 *B-B* 剖视图。图 8-23 中 *A-A* 表示十字肋板的画法。

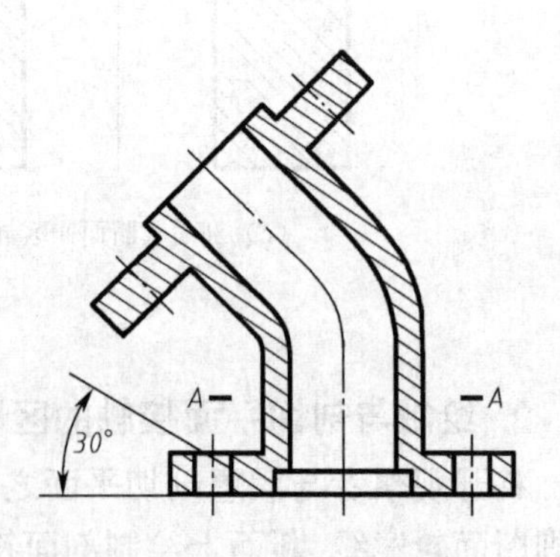

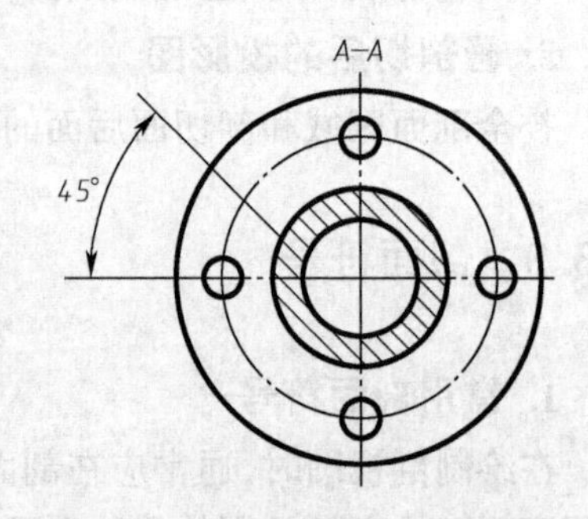

图 8-19　特殊角度的剖面线画法

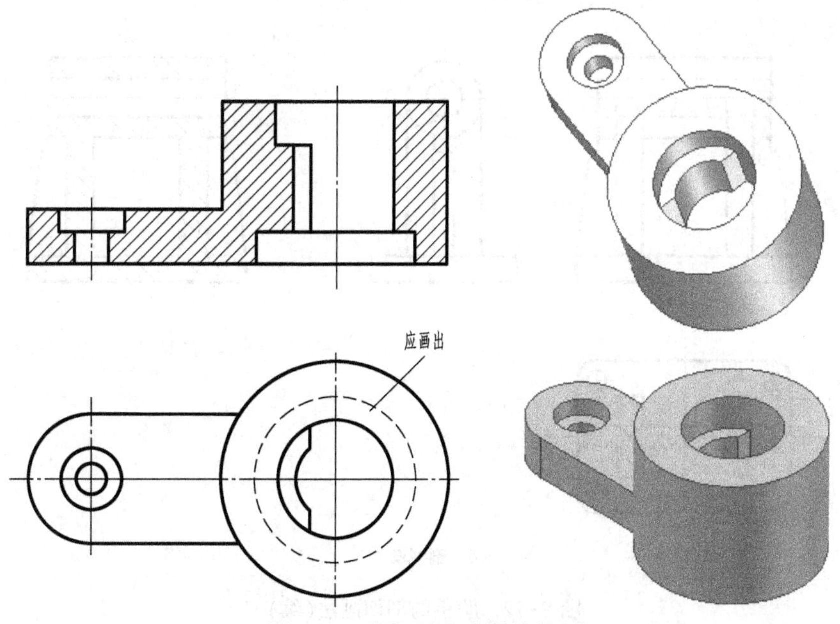

图 8-20　剖视图中虚线的处理

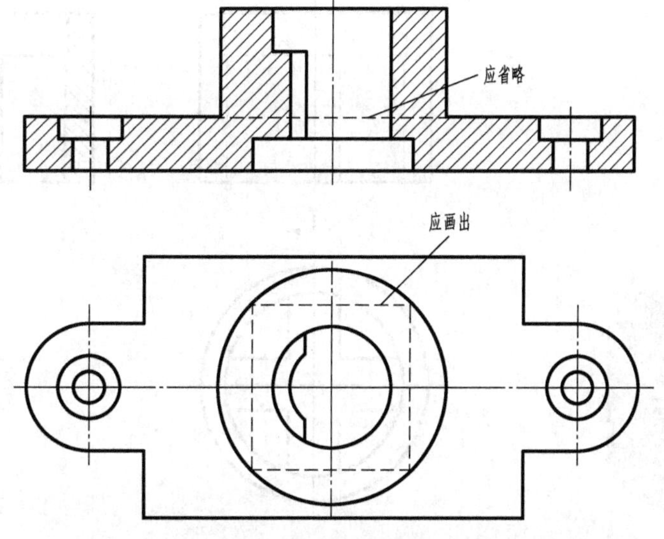

图 8-21　剖视图中虚线的处理

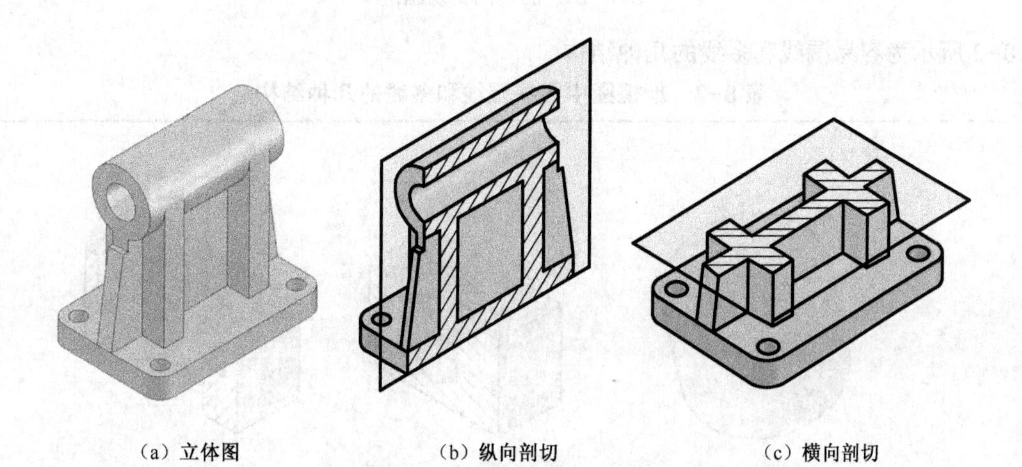

（a）立体图　（b）纵向剖切　（c）横向剖切

图 8-22　肋板的剖切画法

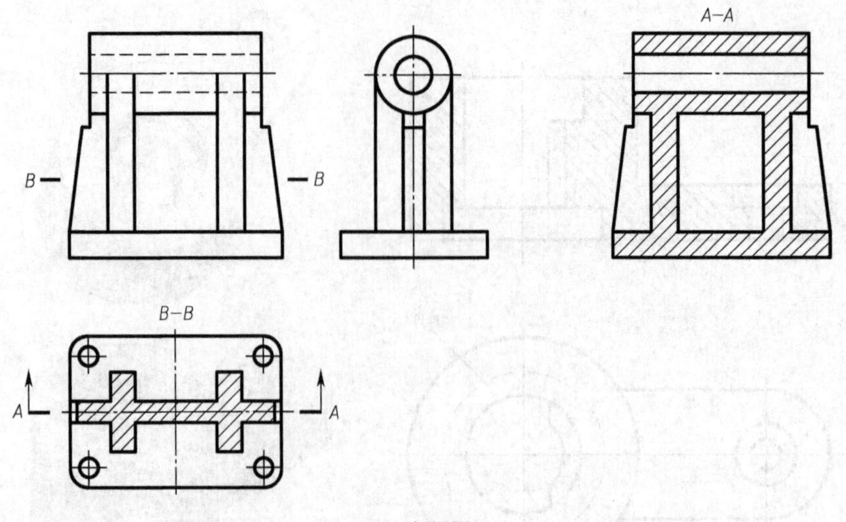

（d）剖视图

图 8-22　肋板的剖切画法(续)

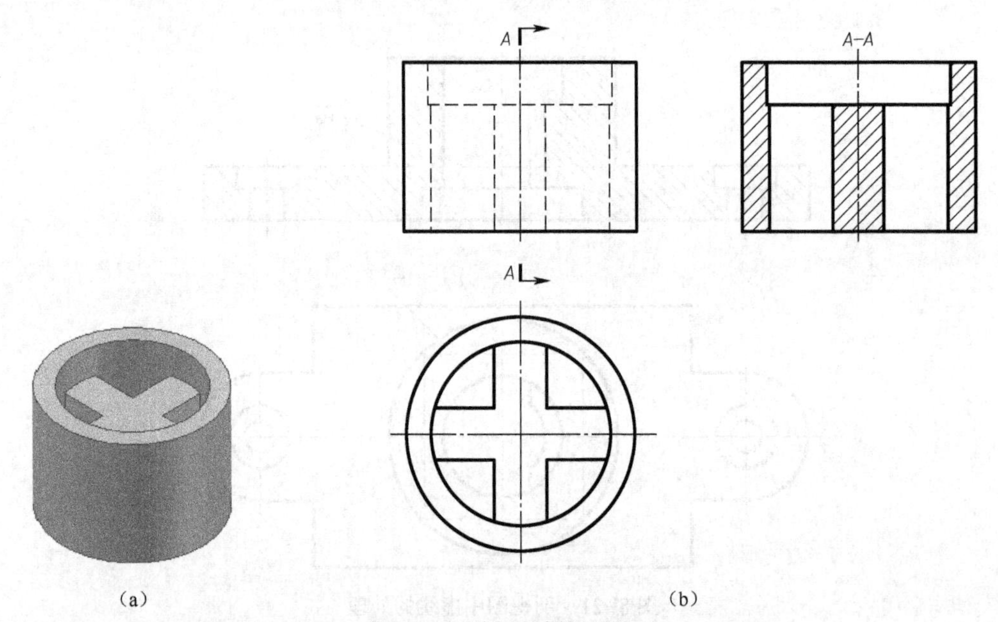

（a）　　　　　　　　　　（b）

图 8-23　肋板的剖切画法

表 8-2 所示为容易漏线和多线的几种结构。

表 8-2　剖视图中容易漏线和多线的几种结构

立体与剖面体	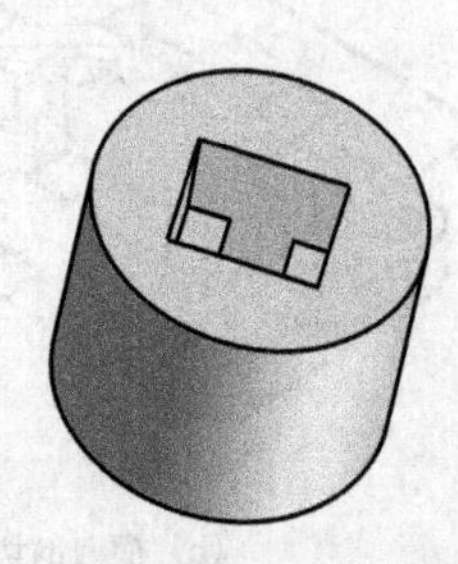	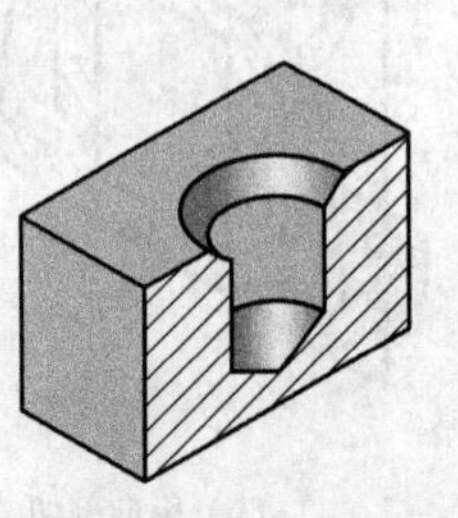	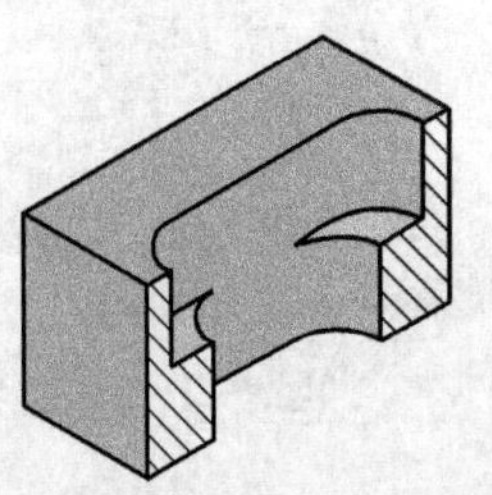

续表

正确画法	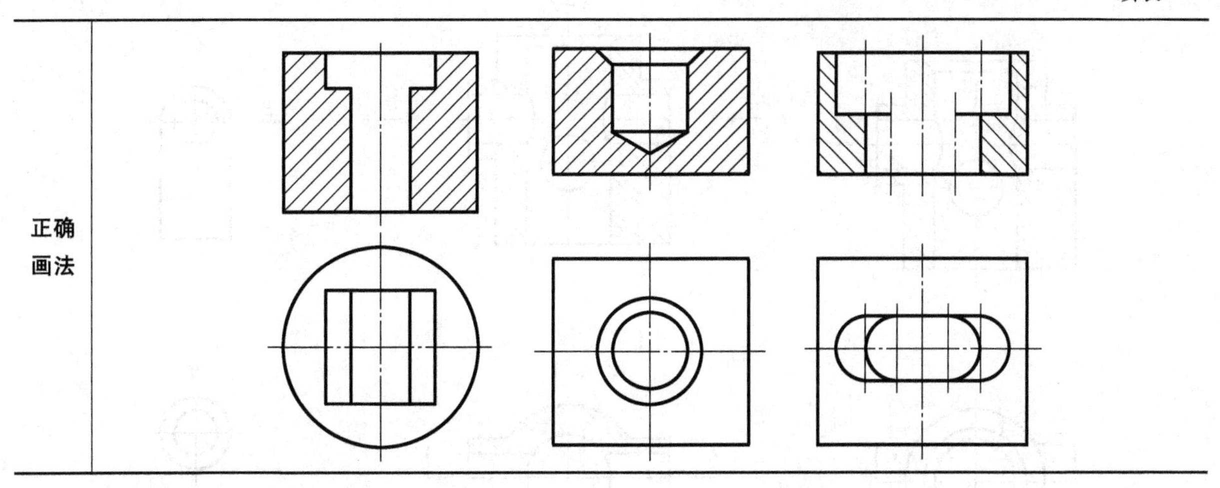

8.3.4 剖视图的配置与标注

为了便于读图,剖视图一般需要标注,标注内容有:剖切位置、投射方向、剖视图名称。

以图 8-24 为例说明。

(1)剖视图的名称

在剖视图的上方,用大写拉丁字母标出剖视图的名称“×-×”,如图 8-24(a)所示 *A*—*A*。

(2)投射方向

投射方向用箭头表示,如图 8-24(a)所示。

(3)剖切位置

在相应的视图上,在要剖切的位置处,用剖切符号短粗线表示剖切面的起、止和转折位置,并注上与剖视图名称相同的字母,如图 8-24 所示。粗短线宽为 1 *d*~1.5 *d*,长度约为 5 mm。

下列情况可省略或简化标注:

①当单一剖切面通过机件的对称平面或基本对称平面,且剖视图按基本视图的位置配置,中间又没有其他图形隔开时,可不标注,如图 8-24(c)所示。

②当剖视图按基本视图的位置配置,中间又没有其他图形隔开,可省略箭头,如图 8-24(b)所示。

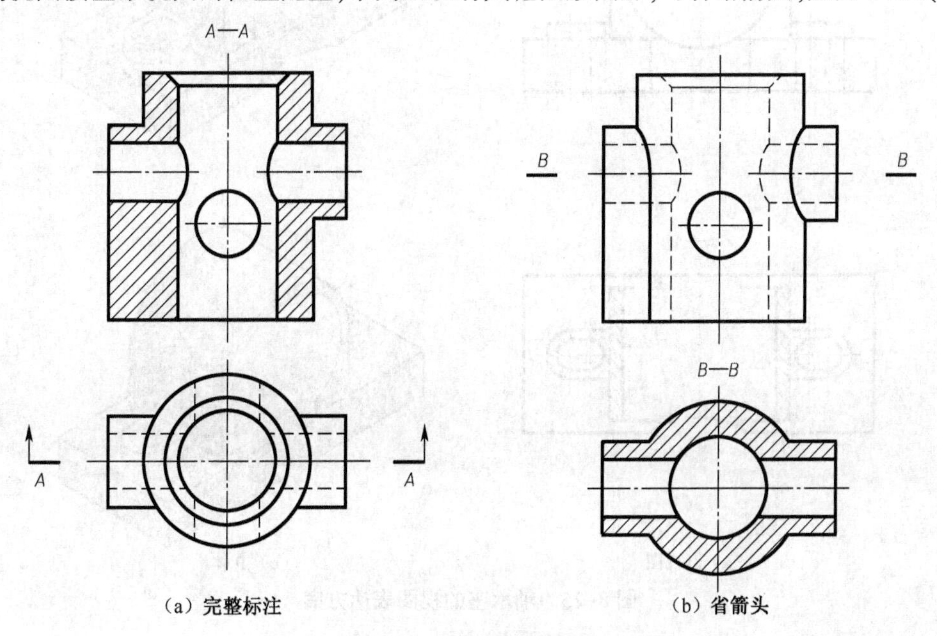

(a) 完整标注　　(b) 省箭头

图 8-24　剖视图的标注

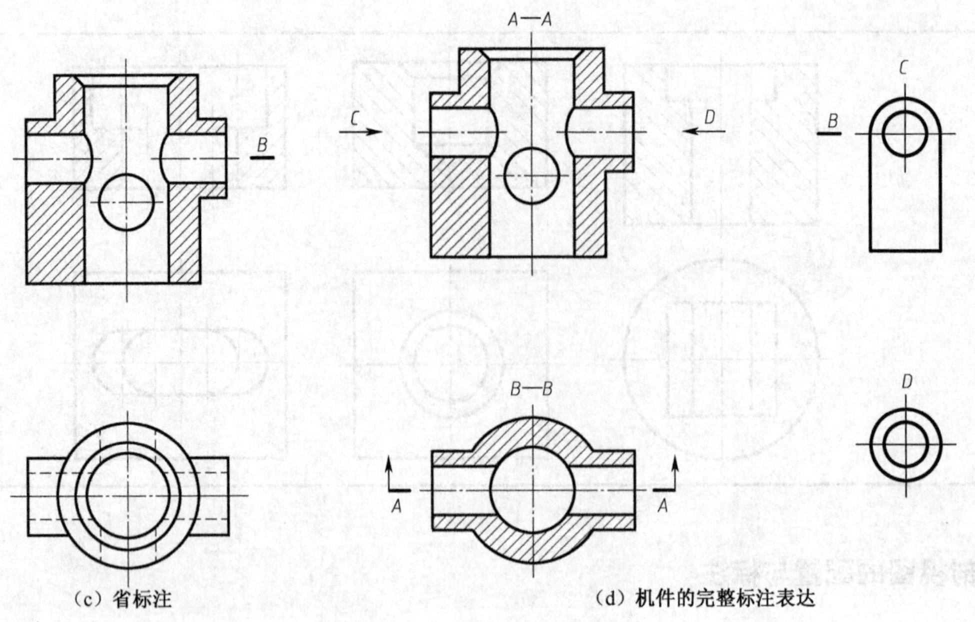

图 8-24　剖视图的标注(续)

8.3.5　剖视图的种类

运用剖切平面,根据机件被切开的范围大小,剖视图可分为全剖视图、半剖视图和局部剖视图三种。

1. 全剖视图

用剖切面完全地剖开机件所得的剖视图称为全剖视图。如图 8-25 所示的剖视图都是用一个剖切平面剖切机件而获得的全剖视图。

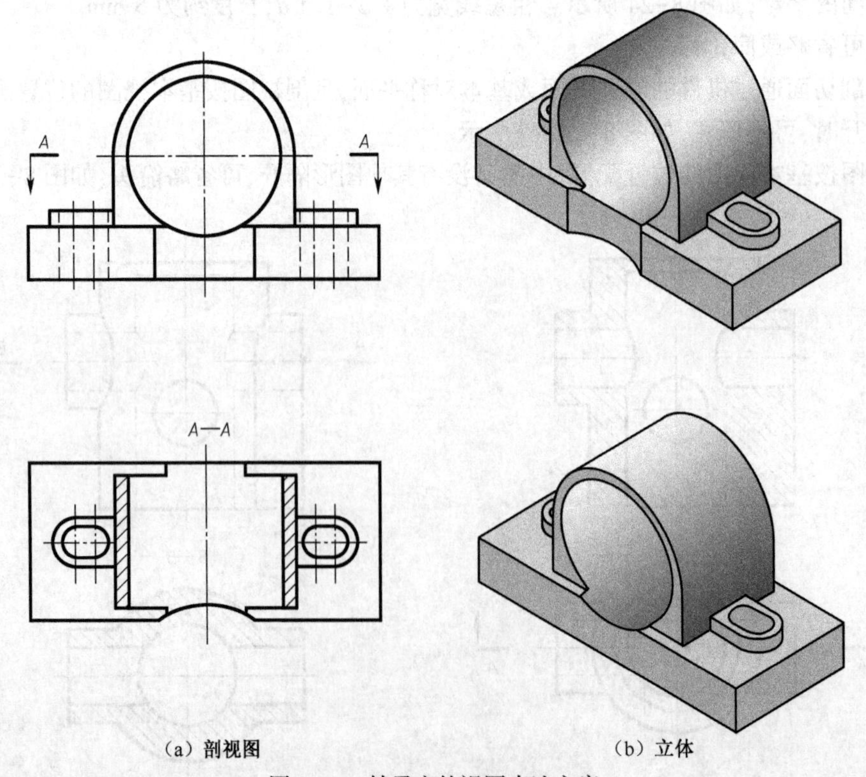

图 8-25　轴承座的视图表达方案

全剖视图主要用于表达外形简单、内部结构比较复杂且不对称的机件,如图 8-26、图 8-27 所示。在某些情况下,全剖视图同样适用于外形简单的对称零件,如图 8-22 和图 8-23 所示,其标注方法和省略标注原则与前述剖视图的标注相同。

2. 半剖视图

当机件具有对称结构时,在垂直于对称平面的投影面上的投影可以以对称中心线为界,一半画成剖视,一半画成视图,这样得到的图形称为半剖视图,半剖视图用于结构对称的机件,外部形状和内部结构都比较复杂,均需要表达时,可用半剖视图表达,一半表达外部形状,一半表达内部结构。

图 8-28 中的 *A—A* 和 *B—B* 剖视图是用平行于基本投影面的剖切平面剖切获得的半剖视图。其中上下底板的孔用局部剖视图表示。

画半剖视图时应注意以下几个问题:

①半剖视图的标注方法和省略标注原则同前述剖视图的标注,如图 8-28(c)所示。

②半个视图与半个剖视图以细点画线为界,如图 8-28(c)所示。

③在剖视图上已表达清楚的内部结构,在视图中,表示该部分结构的虚线不画。但应画出孔、槽中心线位置,如图 8-28(c)所示。

④机件的形状基本对称,且不对称部分另有视图表达清楚时,也可以画成半剖视图,如图 8-29、图 8-30 所示。

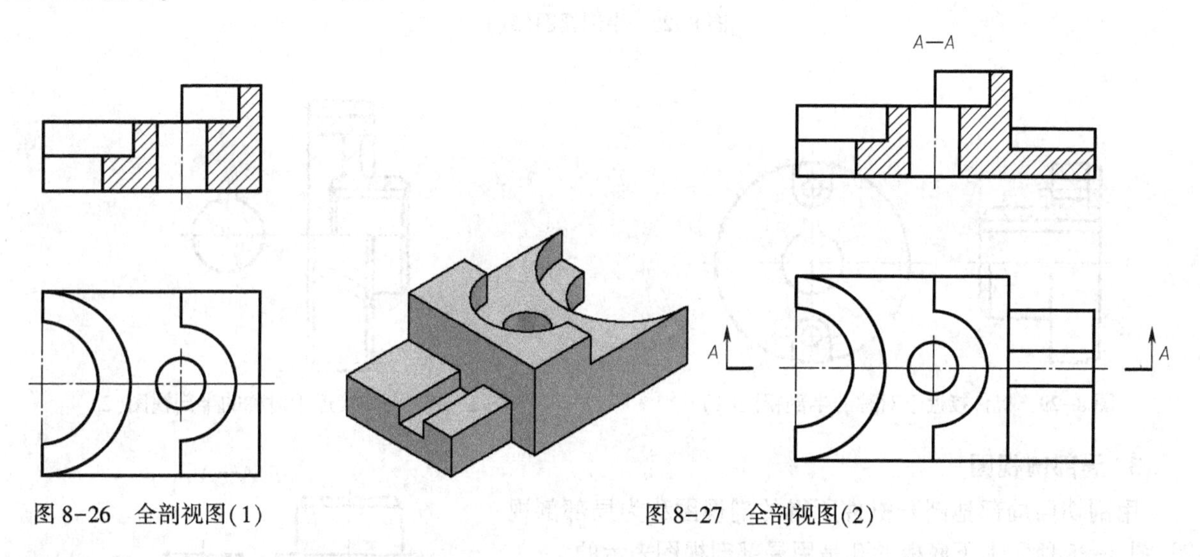

图 8-26　全剖视图(1)　　图 8-27　全剖视图(2)

(a) 立体

图 8-28　半剖视图

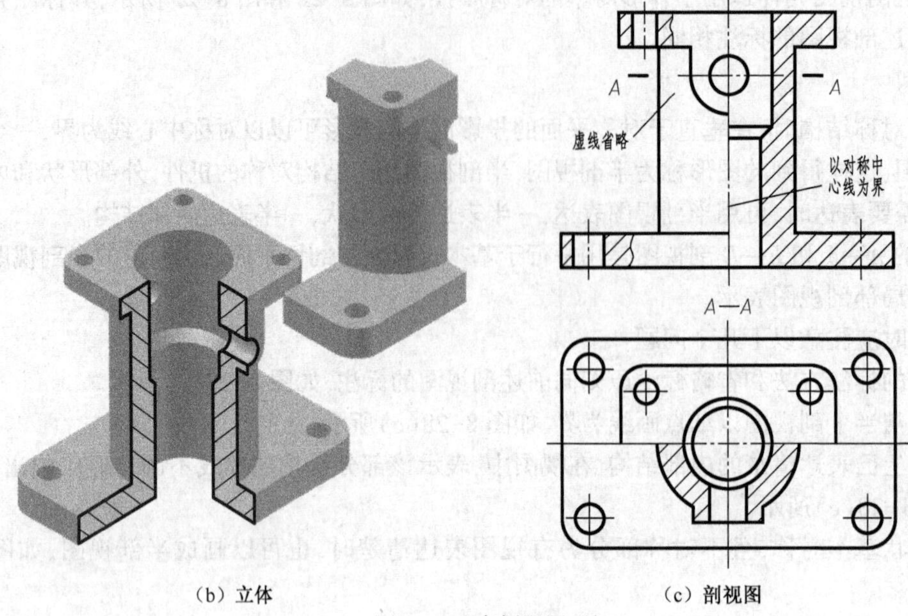

（b）立体　　（c）剖视图

图 8-28　半剖视图(续)

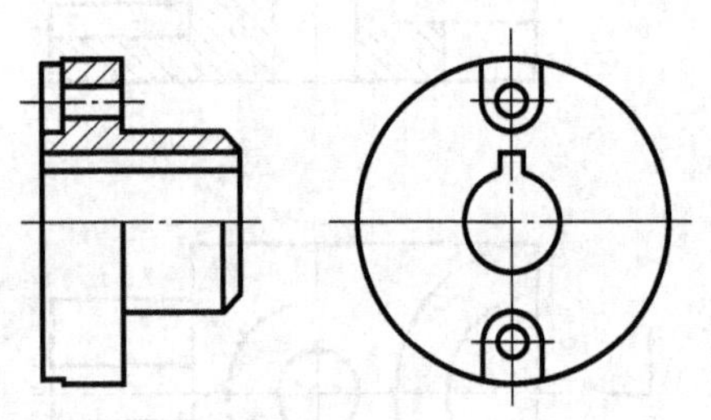

图 8-29　机件接近于对称的半剖视图(1)

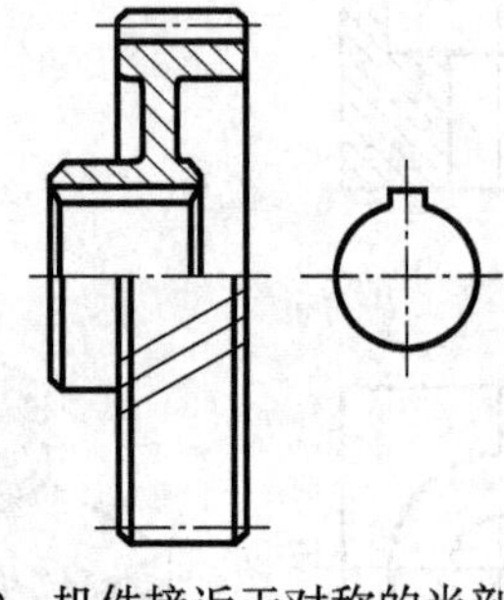
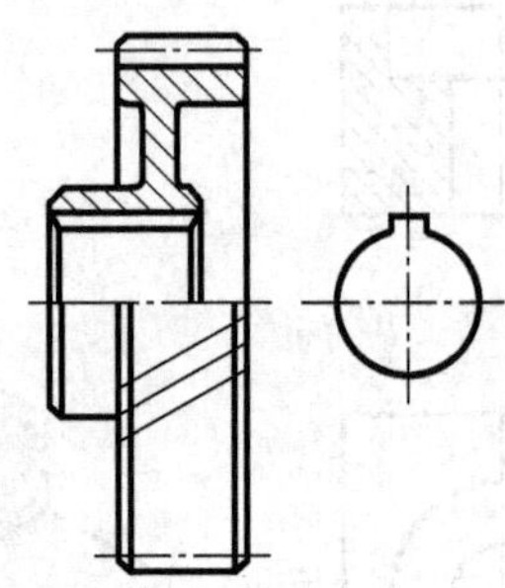

图 8-30　机件接近于对称的半剖视图(2)

3. 局部剖视图

用剖切面局部地剖开机件所得的剖视图称为局部剖视图,图 8-28 所示上下底板的孔是用局部剖视图表示的。

局部剖是一种比较灵活的表达方法,在工程中应用广泛,图 8-31 是采用几个平行剖切平面获得的局部剖视图。

A—A

A　A　A　A

图 8-31　采用几个平行平面剖切获得的局部剖视图

局部剖视图常用于下面几种情况:

①当被剖切位置为回转体时,允许将该结构的轴线作为局部视图与视图的分界线,如图 8-32 所示。

②当对称机件的轮廓线与中心线重合,不宜采用半剖视时,如图 8-33 所示。

③当机件只有局部内部需要表达,但不必或不宜采用全剖视时,如图 8-34 所示。

④当不对称机件的内、外形状都需要表达时,可以采用局部剖视图表达,如图 8-35 所示。

画局部剖视图时,应注意以下几个问题:

①局部剖视图和视图用波浪线分界。波浪线不能画在实体范围之外,不应与轮廓线重合或画在其他轮廓线的延长线上,如图 8-36 所示。

②同一图形中,局部剖切的数量不宜过多,否则图形会显得支离破碎。

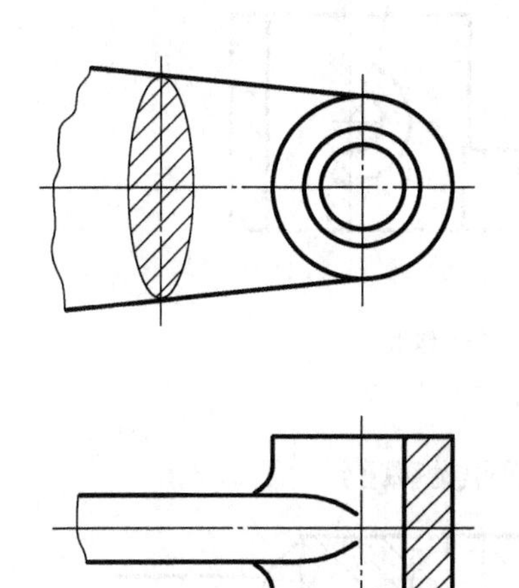

图 8-32　被剖切结构为回转体的局部剖视图

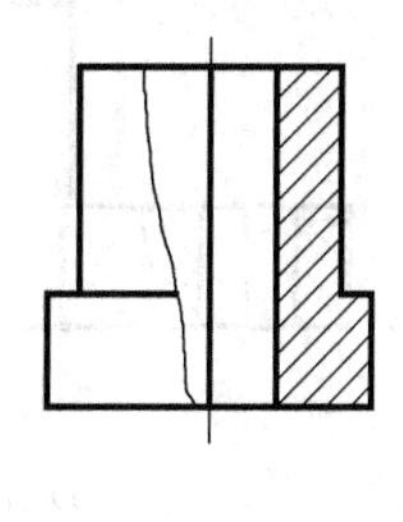

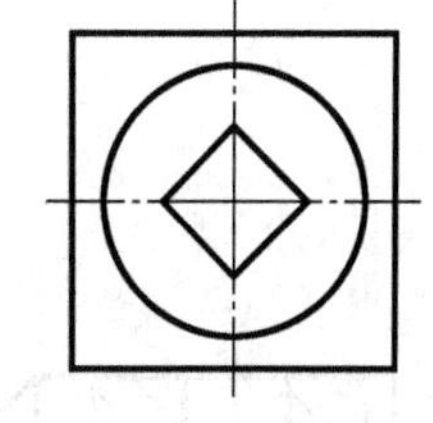

图 8-33　不宜采用半剖视

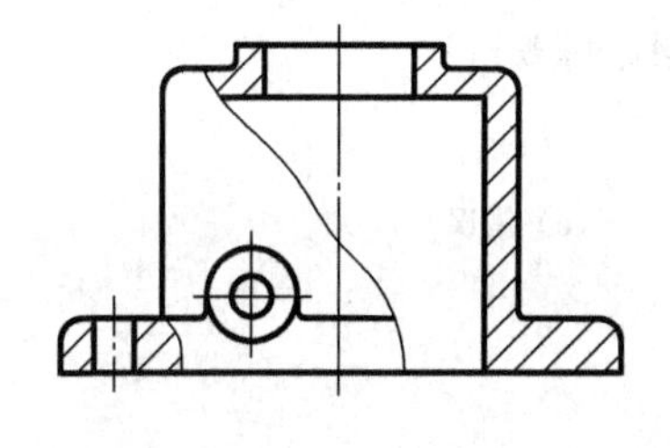

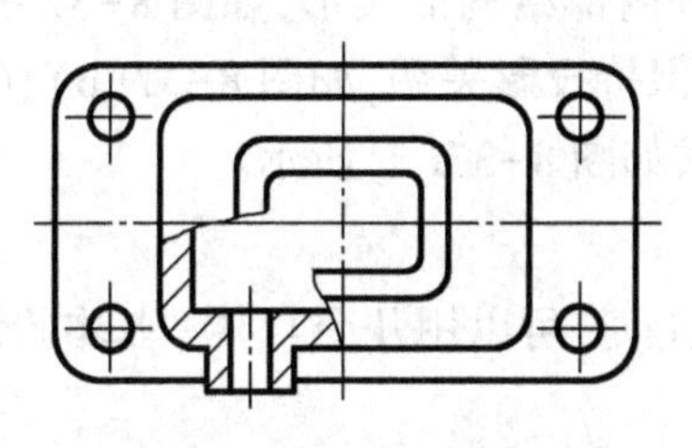

图 8-34　局部剖视图

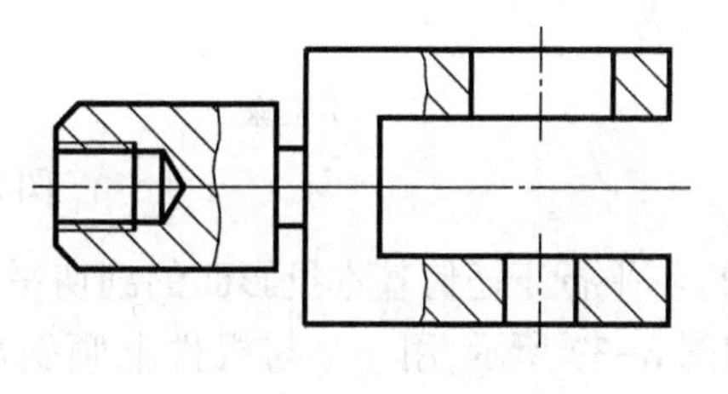

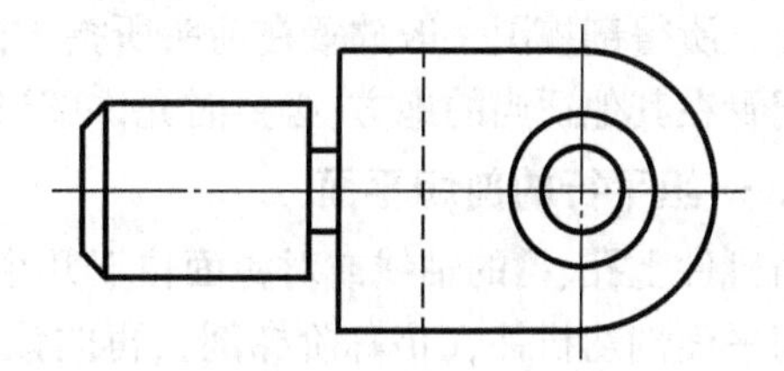

图 8-35　不宜采用全剖视

8.3.6　剖切平面的种类

由于工程中机件的内部结构复杂,为清晰地表达机件各种位置内部结构的需要,在制国标准中明确表示,可用不同数量、位置及形状的剖切平面剖切机件。

1. 单一剖切平面

单一剖切平面是指用一个剖切平面剖切机件。

单一剖切面有两种情况:

(1)平行于某一基本投影面的剖切平面

单一剖切平面可以获得全剖视图或半剖视图和局部剖视图。

图 8-27 中的 *A—A* 剖视图是单一平面剖切获得的全剖视图,图 8-28 中的 *A—A* 剖视图,都是用平行于基本投影面的单一平面剖切获得的半剖视图。

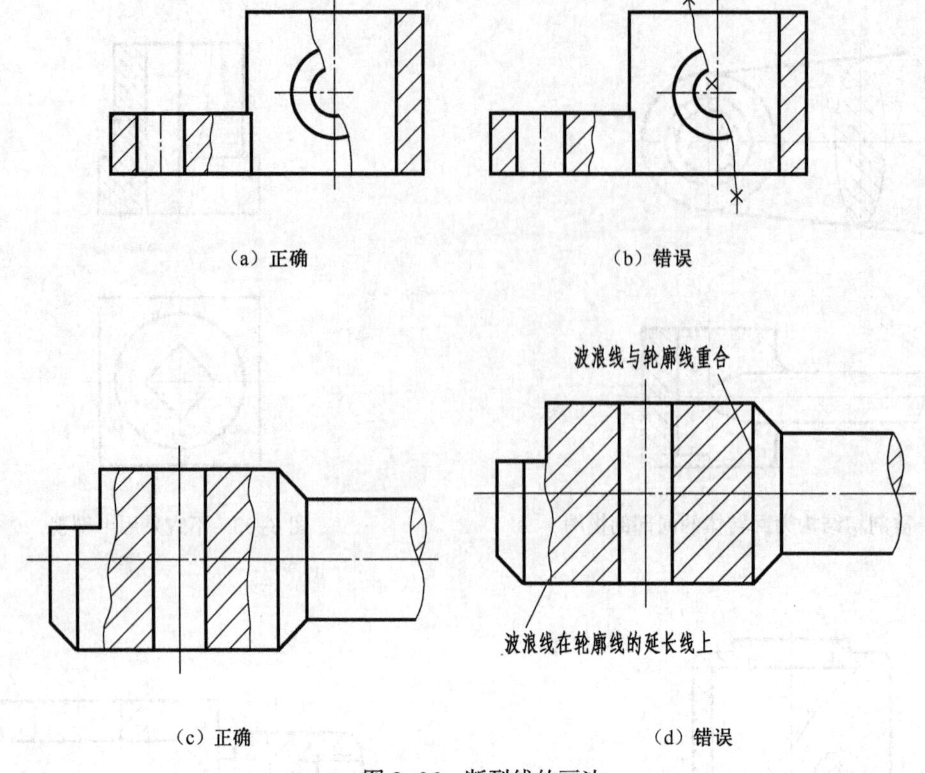

图 8-36　断裂线的画法

(2)不平行于任何基本投影面的剖切平面

如图 8-37 所示,用一个与机件上倾斜部分的主要平面平行,且垂直于某一基本投影面的平面剖切,再投射到与该剖切平面平行的投影面上,即可得到倾斜部分内部结构的实形,如图 8-37 中的 *A—A* 剖视图。所得剖视图一般放置在箭头所指方向,并与基本视图保持投影关系,如图 8-37(b)、(c)所示;也可配置在其他适当的地方,必要时允许图形旋转,其标注形式如图 8-37(d)所示。

2. 一组平行的剖切平面

当机件上孔、槽的轴线或对称面位于几个相互平行的平面上时,可以用几个与某一基本投影面平行的剖切平面剖切机件,(俗称阶梯剖),再向该基本投影面投射。

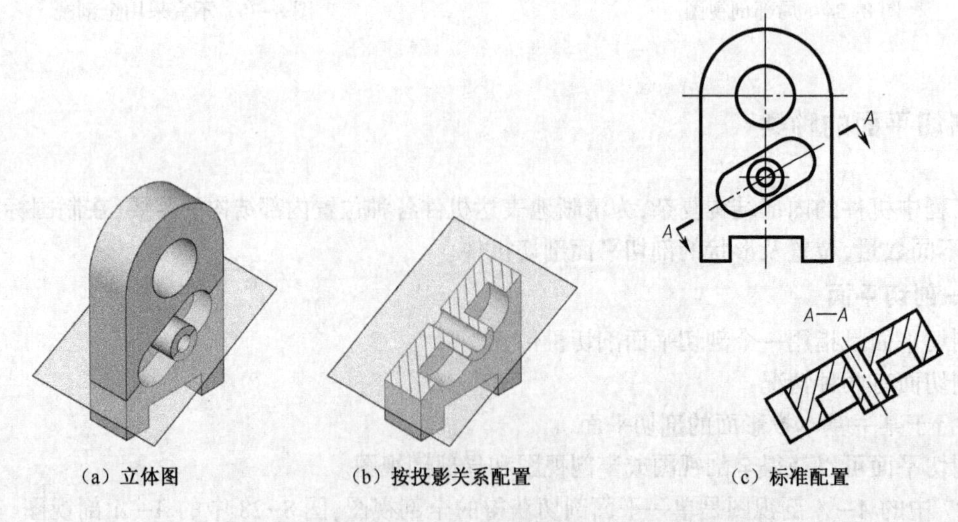

图 8-37　用不平行于基本投影面的单一剖切平面剖切

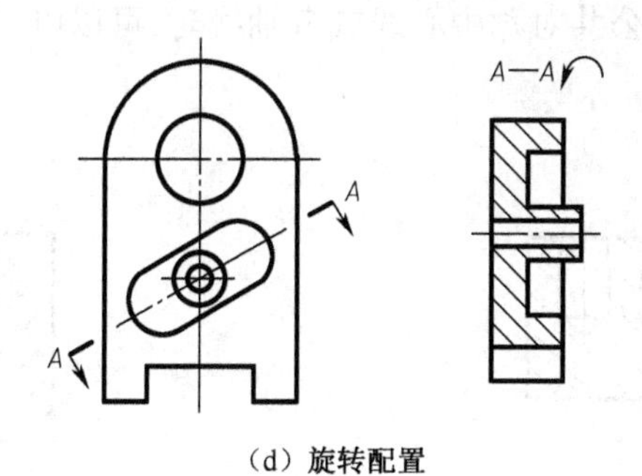

（d）旋转配置

图 8-37　用不平行于基本投影面的单一剖切平面剖切(续)

用这种剖切方法获得的剖视图,须加以标注,如图 8-38(a)所示,在剖视图的上方注写剖视图的名称"×—×",在剖切平面起、止和转折处标注剖切符号且转折处是直角,并标注与剖视图名称相同的字母。当转折处地方有限又不会引起误解时,可省略字母。

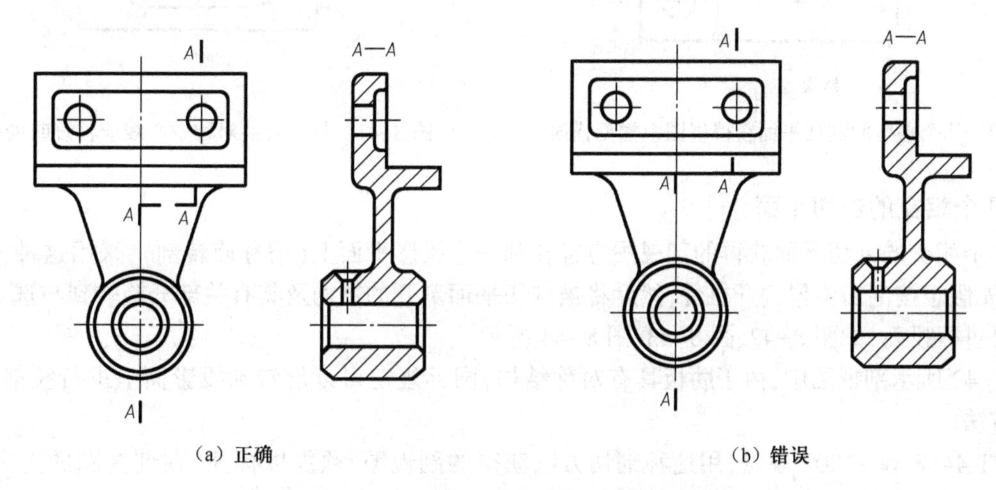

（a）正确　　（b）错误

图 8-38　几个相互平行的剖切平面获得的剖视图

画一组平行的剖切面剖切的剖视图时应注意以下几个问题:

①剖切符号的转折处不应与视图中的轮廓线重合,如图 8-38(b)所示。

②在剖视图上不应画出两个剖切平面转折处的投影,如图 8-39(b)所示。

③要正确选择剖切位置,在剖视图上不应出现不完整的要素,如图 8-40 所示。

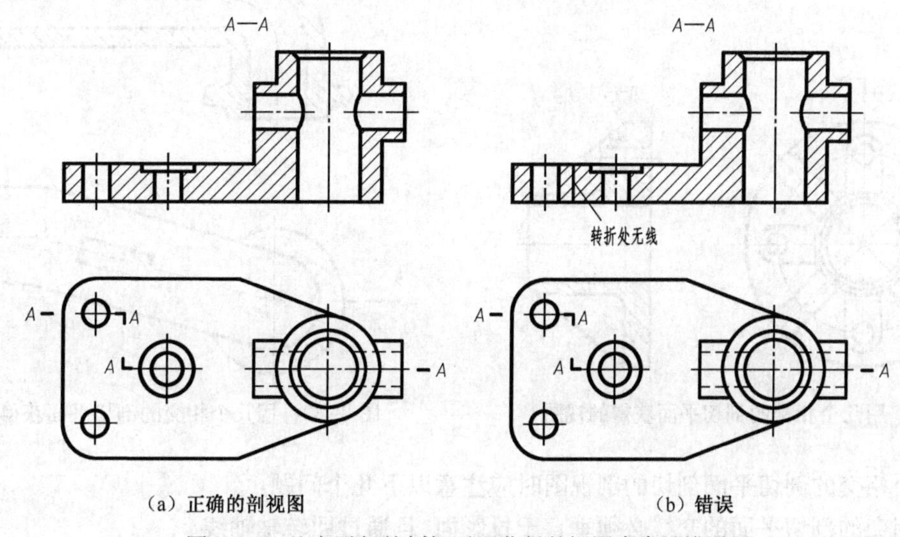

（a）正确的剖视图　　（b）错误

图 8-39　几个平行的剖切平面获得的视图中常见错误

④当两个要素在图形上具有公共对称中心线或者轴线时,可以以对称中心线或轴线为界各画一半,如图 8-41 所示。

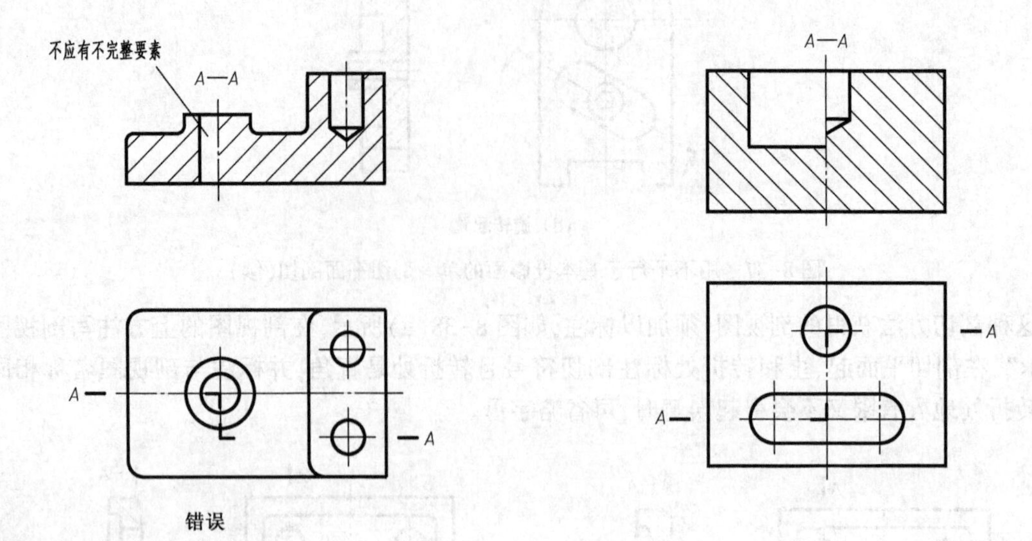

图 8-40 几个平行的剖切平面获得视图中常见错误

图 8-41 具有公共对称中心线或轴线时的画法

3. 几个相交的剖切平面

用几个相交的剖切平面获得的剖视图应旋转到一个投影平面上(俗称旋转剖),采用这种方法画剖视图时,先假想按剖切位置剖开机件,然后将被剖切平面剖开的结构及其有关部分旋转到与选定的投影面平行再进行投射,如图 8-42、图 8-43、图 8-44 所示。

图 8-42 所示剖视图中,由于肋板具有对称结构,国标规定可以旋转到投影面上进行投射,详见其他剖切方法。

GB/T 4458.6—2002 规定,用这种剖切方法获得的剖视图,须加以标注,在剖视图的上方注写剖视图的名称"×—×",在剖切平面起、止和转折处画上剖切符号,并标注与剖视图名称相同的字母。当转折处空间有限又不会引起误解时,可省略字母。当采用展开画法时,应标注"×-×"展开,如图 8-45 所示。

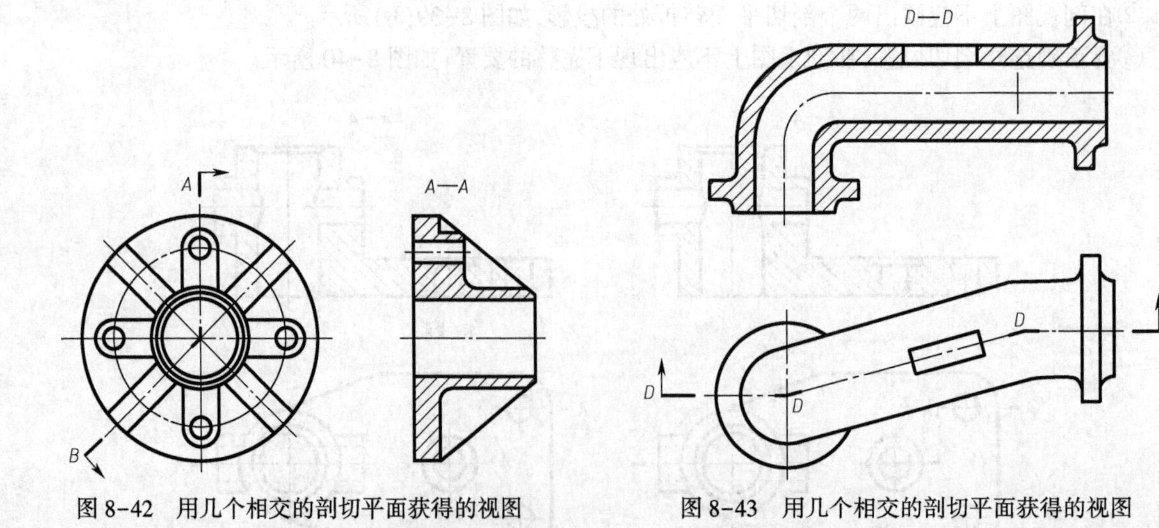

图 8-42 用几个相交的剖切平面获得的视图

图 8-43 用几个相交的剖切平面获得的视图

画由几个相交的剖切平面剖切的剖视图时应注意以下几个问题:

①两个相交的剖切平面的交线必须垂直于投影面,且通过回转轴轴线。

②位于剖切平面后面且与所表达的倾斜结构关系不太密切的结构,或一起旋转容易引起误解的结

构，一般仍按原来的位置投射，如图 8-46 所示的油孔。

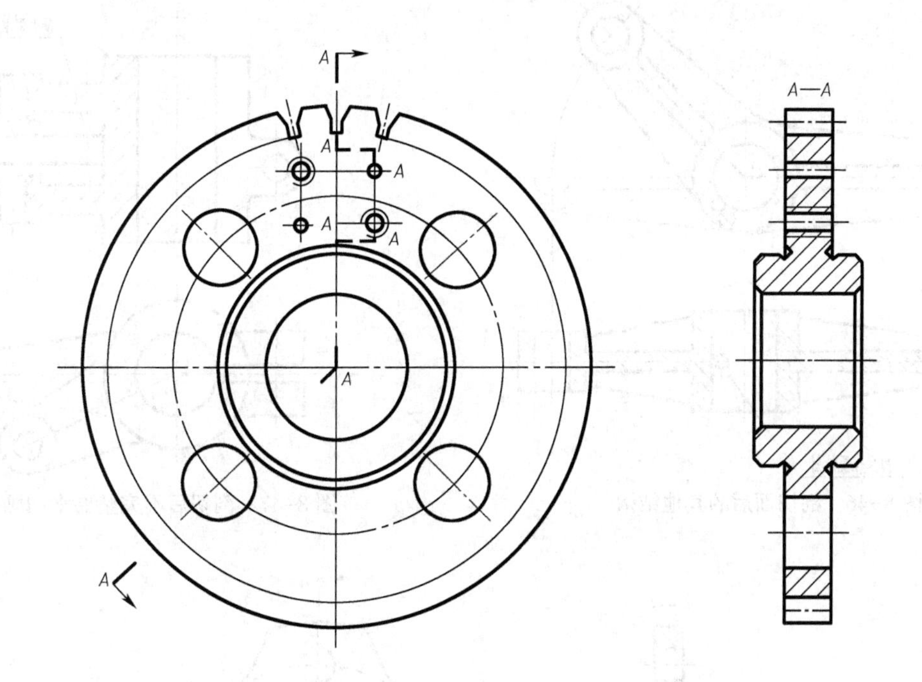

图 8-44　用几个相交的剖切平面获得的剖视图

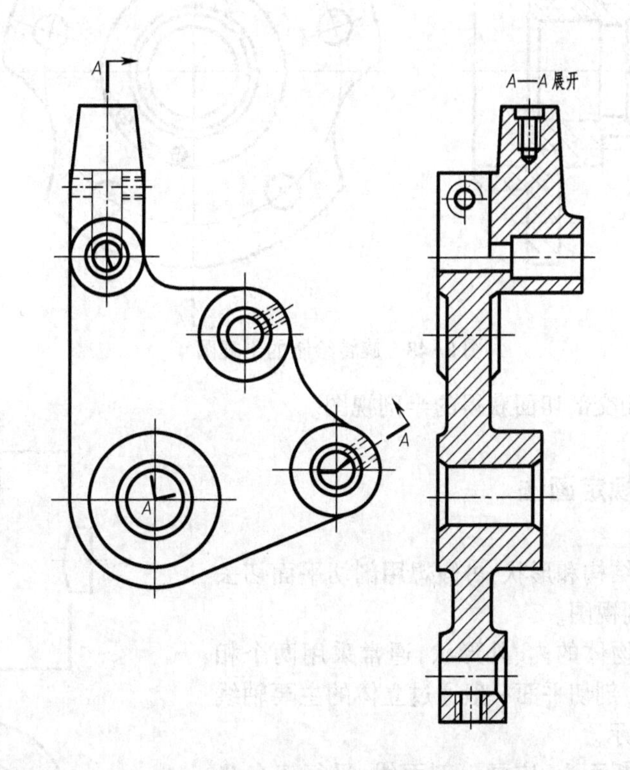

图 8-45　剖切展开画法获得的视图

③当剖切后产生不完整要素时，该部分应按不剖绘制，如图 8-47 所示。

4. 组合剖切平面复合剖切

某些机件的内部结构在同一方向仅用相交面或平行面剖切不能表达完全时，可采用既有相交面又有平行面的组合剖切平面剖切（俗称复合剖）。先假想按剖切位置剖开机件，然后将被剖切平面剖开的结构及其有关部分旋转到与选定的投影面平行再进行投射，如图 8-48 所示。

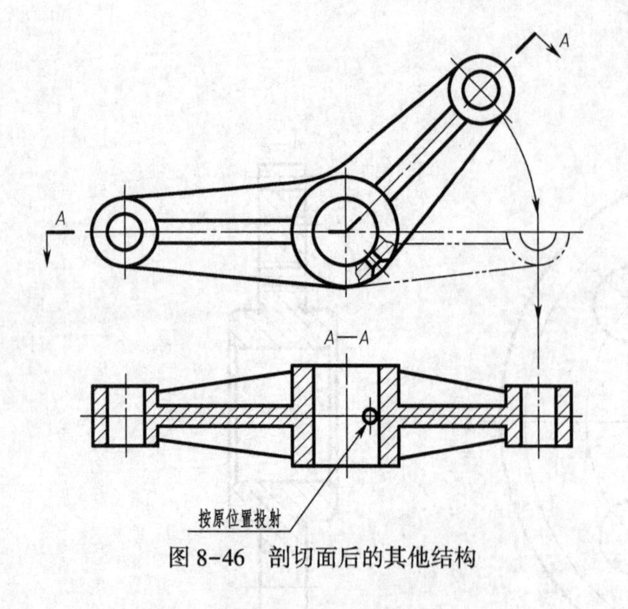

图 8-46　剖切面后的其他结构

图 8-47　剖切后不完整要素的画法

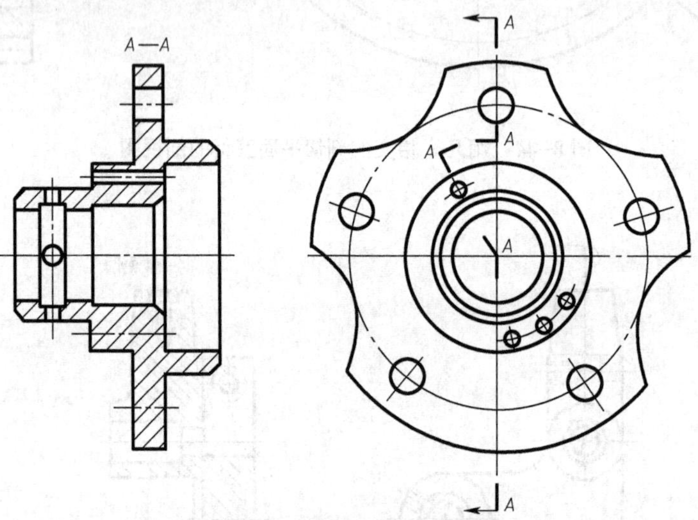

图 8-48　旋转绘制的剖视图

图 8-49 所示为采用相交剖切面获得的半剖视图。

8.3.7　轴测剖视图的规定画法

为了表达物体的内部结构和形状，可假想用剖切平面切去物体的一部分，画成轴测剖视图。

(1)为了能同时表达物体的内、外形状，通常采用两个相互垂直的平面来剖切物体，剖切平面一般通过立体的主要轴线或对称平面，如图 8-50 所示。

(2)被剖切物体的截断面上，应画上剖面线，平行于各坐标面的截断面上剖面线的方向如图 8-50 所示。

(3)当剖切平面平行地通过物体的肋或薄壁结构的对称面时，这些结构上都不画剖面线，而用粗实线将它与相邻部分分开，如图 8-51 所示。

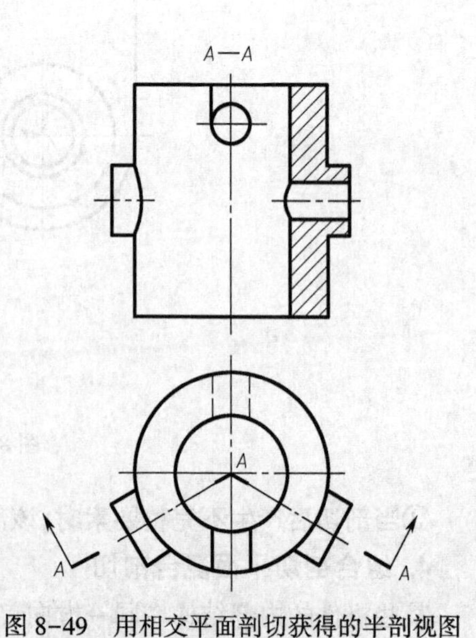

图 8-49　用相交平面剖切获得的半剖视图

(4)根据需要采用局部剖切时，其剖切平面也应平行于坐标面，断裂处的边界线用波浪线表示，并在可见断裂面布点以代替剖面线，如图 8-52 所示。

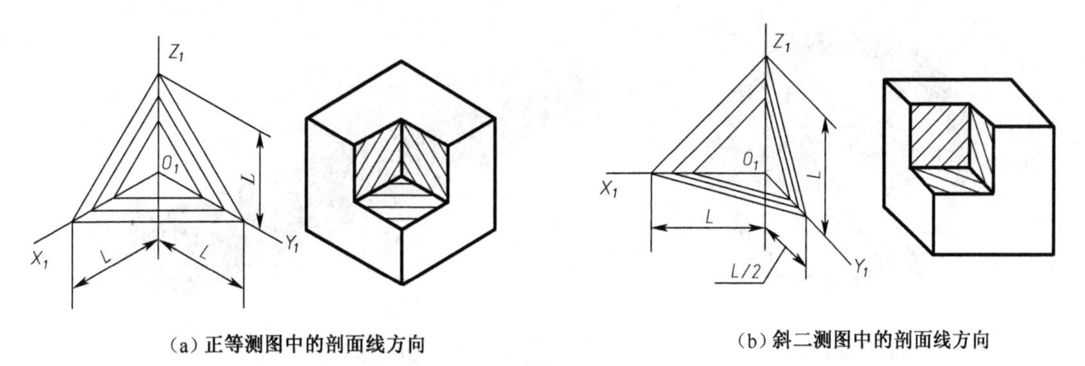

（a）正等测图中的剖面线方向　　　　（b）斜二测图中的剖面线方向

图 8-50　轴测图中的剖面线方向

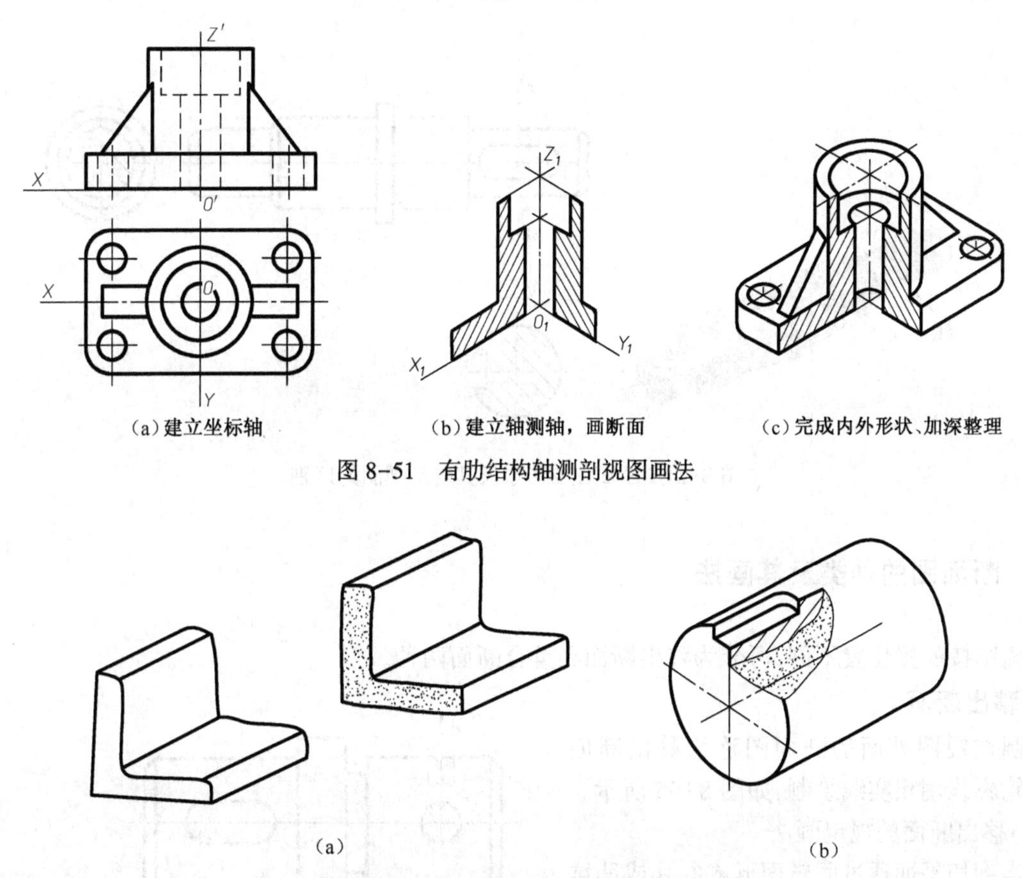

（a）建立坐标轴　　　　（b）建立轴测轴，画断面　　　　（c）完成内外形状、加深整理

图 8-51　有肋结构轴测剖视图画法

（a）　　　　（b）

图 8-52　轴测图中折断或局部剖断裂时断面的画法

8.4　断　面　图

断面图常用于表达机件上某处的断面形状，如车轮轮辐、孔、肋、各种细长杆件、各种型材以及轴上键槽等，如图 8-53、图 8-54。

8.4.1　断面的概念

假想用剖切平面将机件的某处切断，仅画出该剖切面与机件接触部分的图形，称为断面图，它与剖视图的区别在于：断面图只画机件的断面形状，见图 8-54 所示的 *A—A* 断面，而剖视图则须将断面以及它后面的可见结构一起画出，如图 8-54 中的左视图。

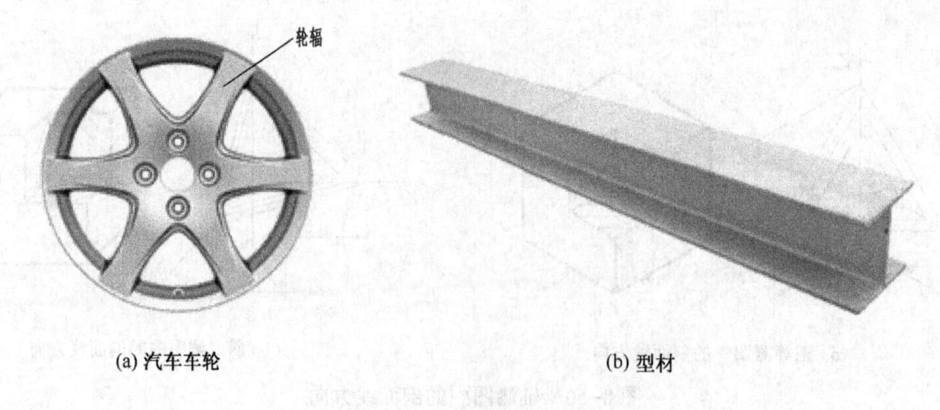

(a) 汽车车轮　　(b) 型材

图 8-53　断面举例

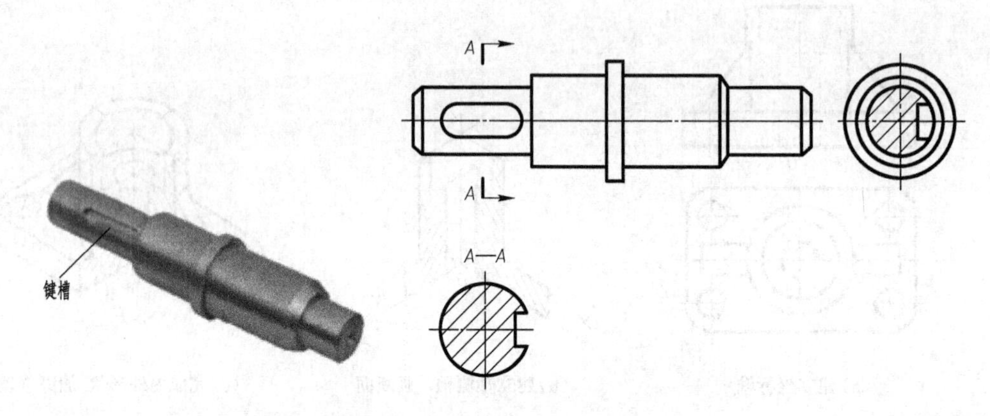

图 8-54　断面图的形成及其与剖视图的区别

8.4.2　断面图的种类及其画法

断面图按配置位置不同,可分为移出断面和重合断面两种。

1. 移出断面

绘制在视图外面的断面图称为移出断面图。其轮廓线用粗实线绘制,如图 8-55 所示。

(1)移出断面的规定画法

①当剖切平面通过回转面形成的孔或凹坑的轴线时,这些结构应按剖视绘制,如图 8-55 所示。

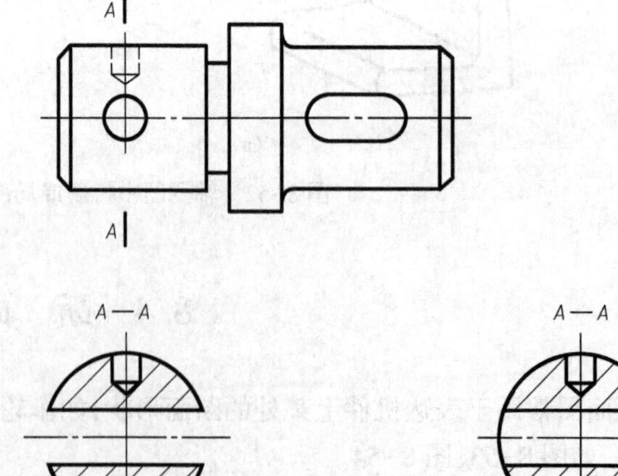

(a) 错误　　(b) 正确

图 8-55　绘制移出断面图

②当剖切平面通过非圆孔,会导致出现完全分离的两个断面时,这些结构应按剖视绘制,如图 8-56 所示。在不致引起误解时,允许将图形旋转。

③由两个或多个相交的剖切平面剖切得到的移出断面图,中间应断开,一般配置在剖切线(剖切平面与投影面交线)的延长线上,如图 8-57 所示。

④当断面图形对称时,移出断面图可画在视图中断处,视图用波浪线(或双折线)断开,不需标注,如图 8-58 所示。

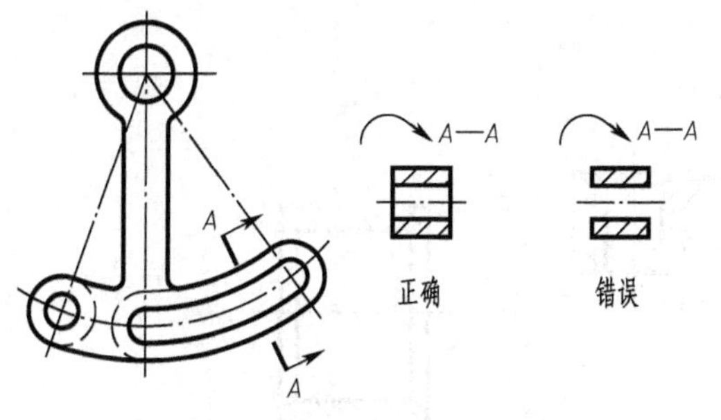

图 8-56　剖切平面通过非圆孔

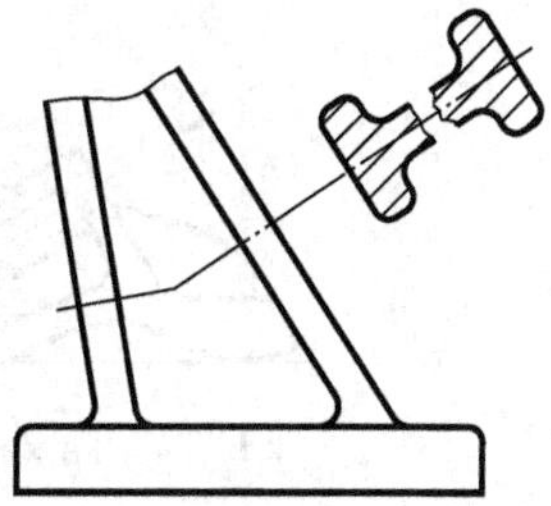

图 8-57　断开的移出断面图

(2)移出断面的配置和标注

移出断面应尽量配置在剖切符号或剖切线的延长线上,必要时可将移出断面配置在其他适当位置,但需标注,标注内容与剖视图相同,具体标注方法如表 8-3 所示。

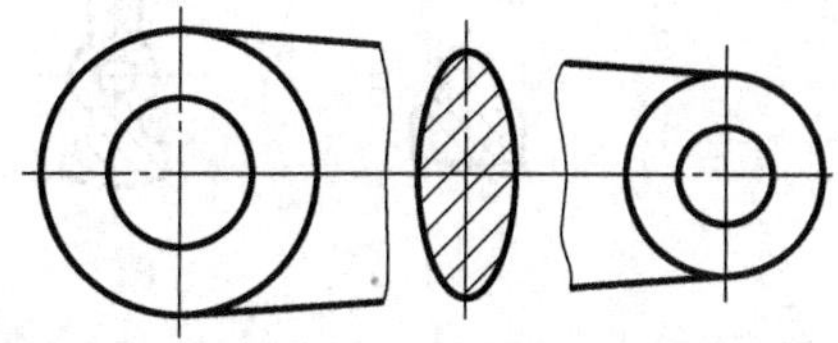

图 8-58　配置在视图中断处的移出断面图

表 8-3　移出断面的配置和标注

断面形状	配置与标注		
	在剖切符号或剖切线的延长线上	不在剖切符号或剖切线的延长线上	按投影关系配置
对称移出断面图	省字母和名称	标注剖切符号、字母、名称	省箭头
不对称移出断面图	省略标注	省箭头	省箭头

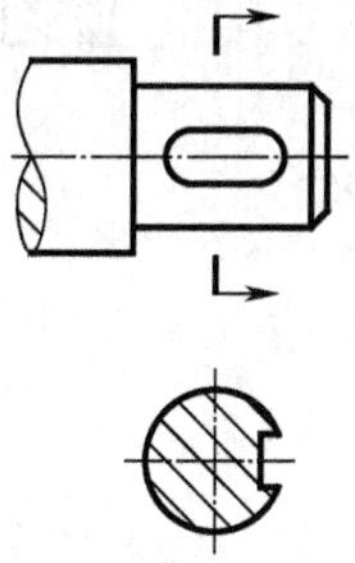

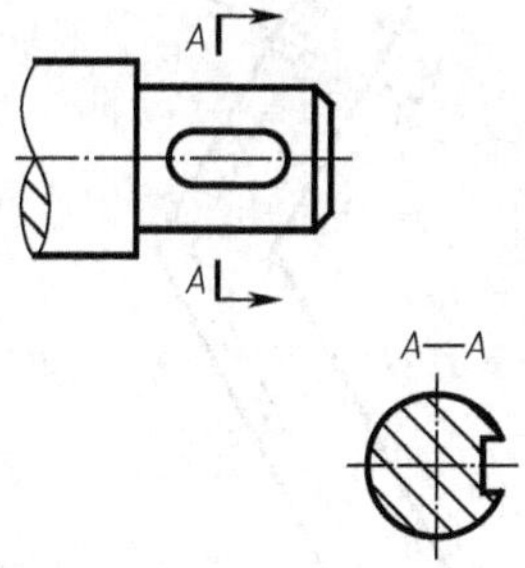

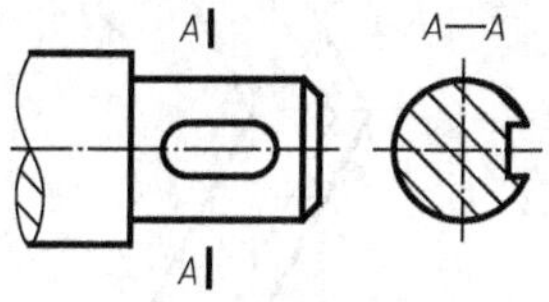

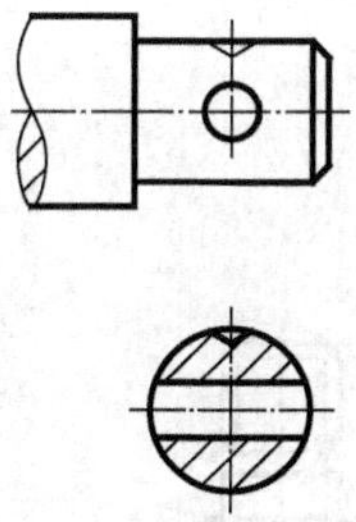

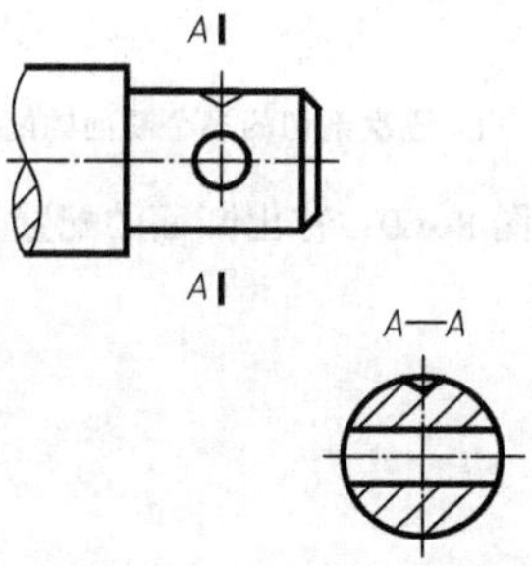

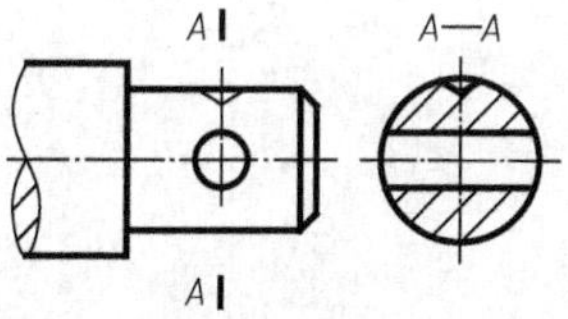

(3)移出断面的旋转表达

将移出断面配置在其他适当位置,在不引起误解时,可以将图形作适当旋转,如图 8-59、图 8-60 所示。

2. 重合断面

画在视图内的断面图称为重合断面图。图中其轮廓线用细实线绘制。图 8-61 所示为工字钢重合断面图,图 8-62 所示为吊钩重合断面图。

当视图的轮廓线与重合断面图形重叠时,视图中的轮廓

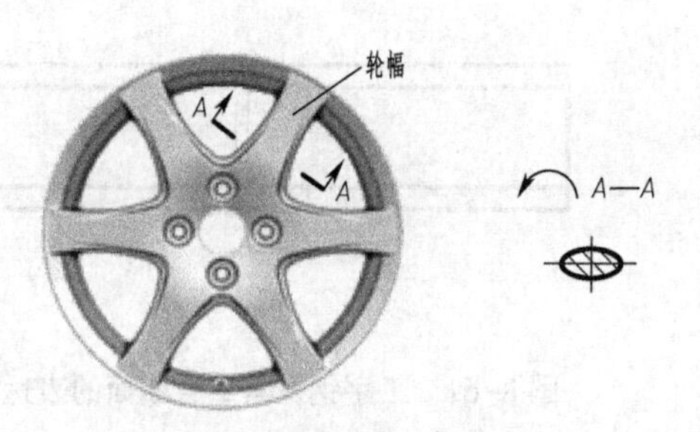

图 8-59　汽车车轮轮辐断面表达

线仍应连续画出，不可间断，如图 8-58 所示。

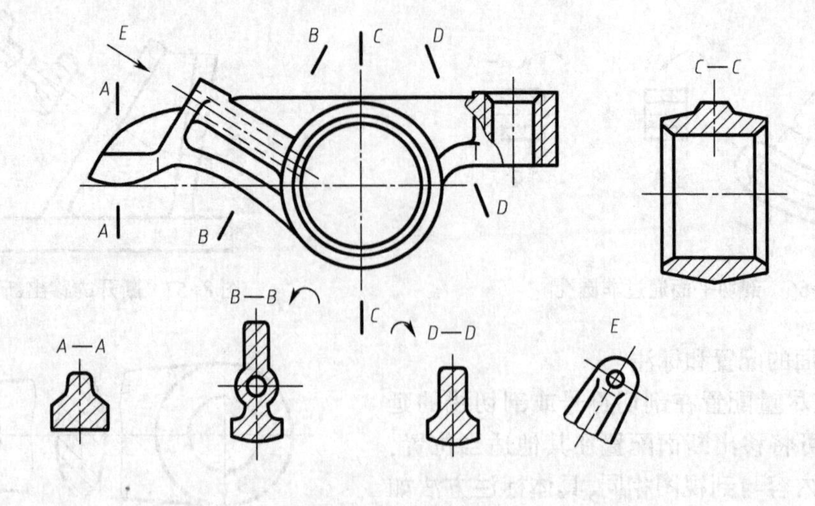

(a) 移出断面

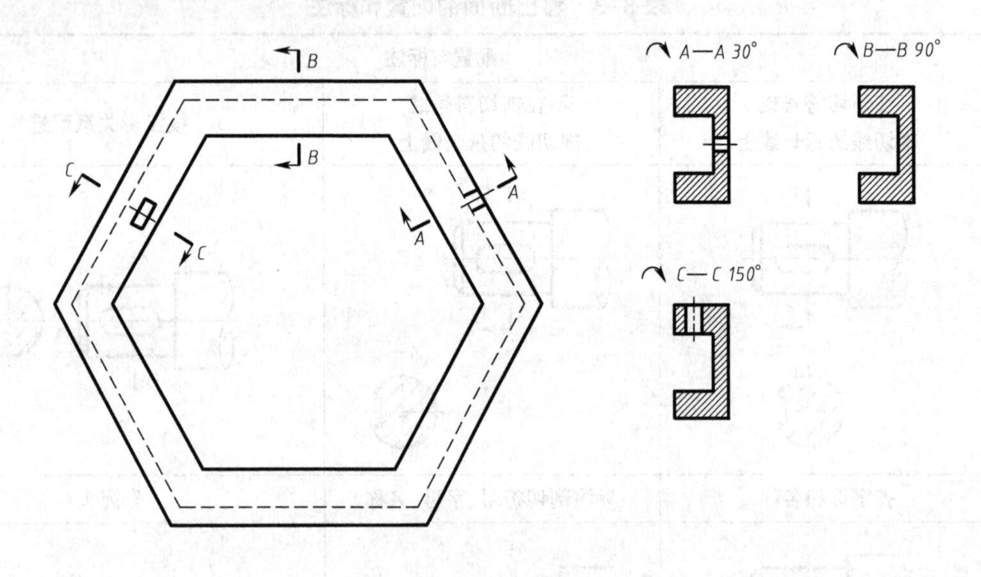

(b) 逐次剖切的多个断面的配置

图 8-60 移出断面的配置

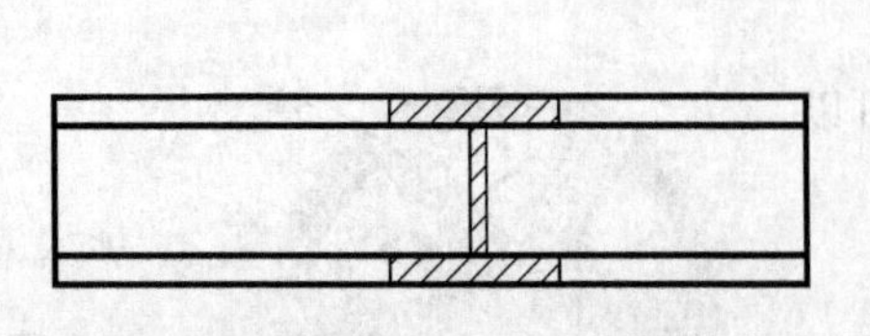

图 8-61 工字钢及其重合断面的表达

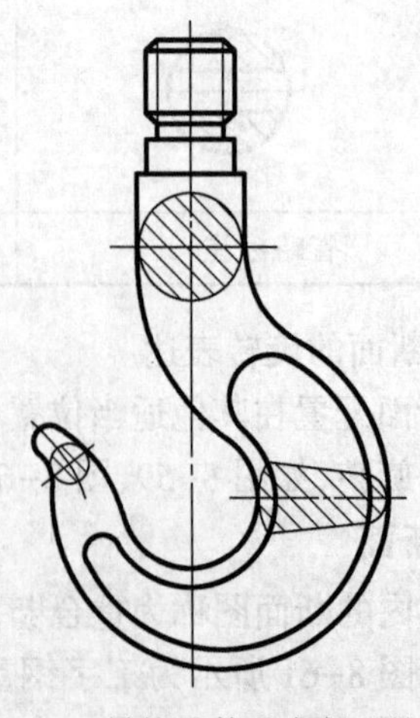

图 8-62 吊钩及其重合断面的表达

对称的重合断面,不必标注,如图 8-61、图 8-62 所示。不对称的重合断面,在剖切符号处画出表示投射方向的箭头,不必标注字母,如图 8-63。在不至于引起误解的情况下,不对称的重合断面也可省略标注。

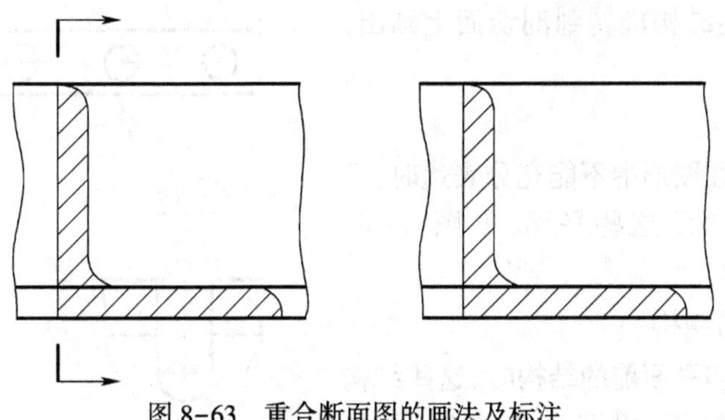
图 8-63　重合断面图的画法及标注

8.5　其他表达方法

为了使图形清晰并简化绘图步骤,国家标准规定了局部放大图和图样的简化画法。

8.5.1　局部放大图

用大于原图形所采用的比例画出的图形,称为局部放大图,如图 8-64 所示。局部放大图尽量配置在被放大部位附近,画局部放大图时应注意以下几点:

①局部放大图可以画成视图、剖视图或断面图,与被放大部分的表达方式无关,如图 8-64 所示。

②绘图比例仍为图形与实物相应要素的线性尺寸之比,与原图采用的比例无关。

③局部放大图尽量配置在被放大部位附近,用细实线圈出被放大的部位。在同一机件上若有几处需要放大时,用罗马数字编号标明放大部位,并在局部放大图的上方标注出相应的罗马数字和所采用的比例;若只有一处放大,只需在局部放大图的上方注明所采用的比例,如图 8-64 所示。

④必要时,可用几个视图表达同一个被放大部位的结构,如图 8-65 所示。

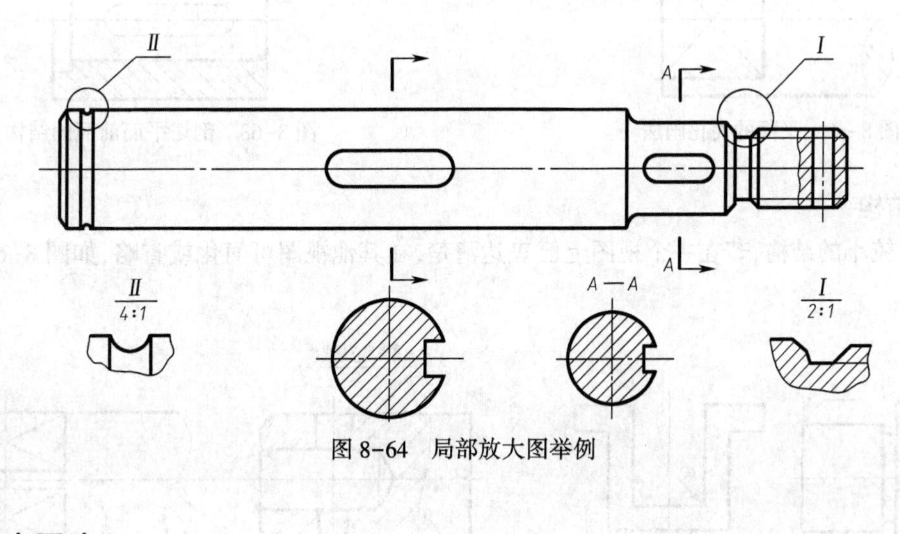

图 8-64　局部放大图举例

8.5.2　规定画法

为了规范作图,在保证不引起歧义的前提下,国家标准《技术制图》还制定了一些规定画法,本节只介绍一些常用的画法。

1. 均匀分布的肋、轮辐、孔等结构

当回转体上均匀分布的肋、轮辐、孔等结构不处于剖切面上时，可将这些结构旋转到剖切面上画出，如图 8-66 所示。

2. 平面的表示法

当回转体上的平面在图形中不能充分表达时，可用两条相交的细实线表示这些平面，如图 8-67 所示。

3. 剖切平面前面的结构

在需要表示位于剖切平面前的结构时，这些结构按假想投影的轮廓线绘制，以双点画线表示，如图 8-68示。

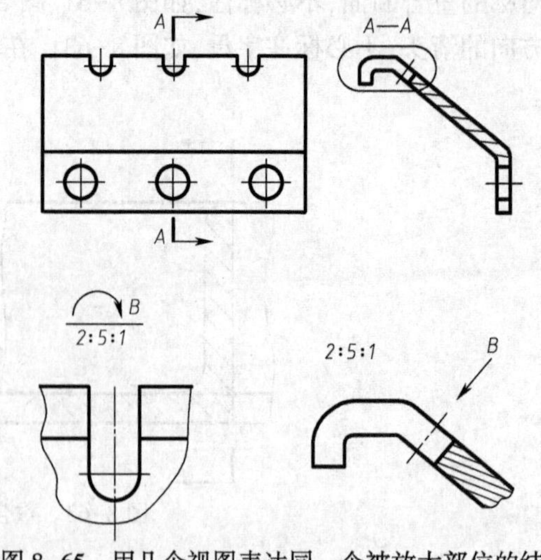

图 8-65　用几个视图表达同一个被放大部位的结构

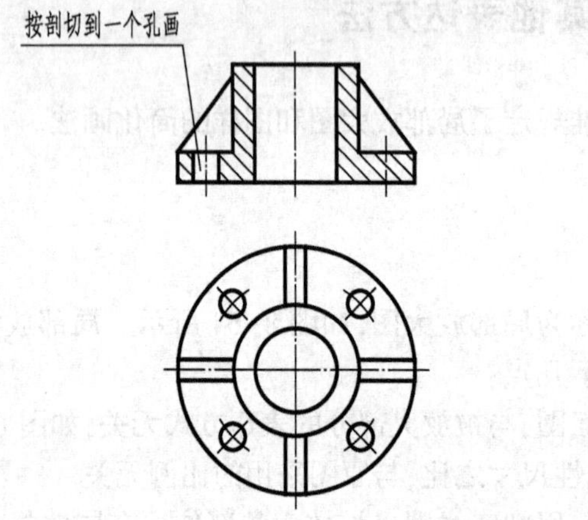

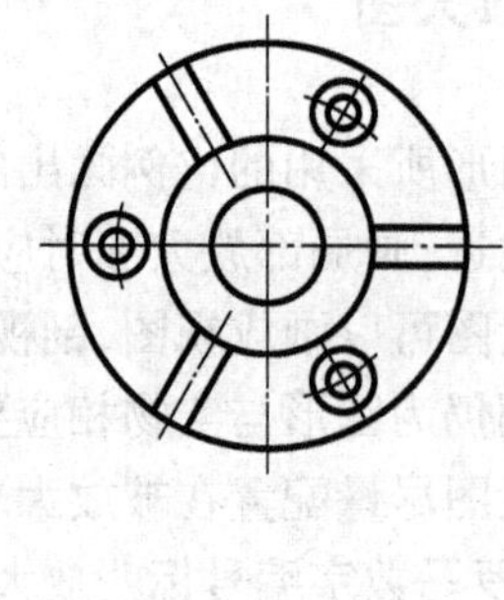

图 8-66　均布的肋和孔的画法

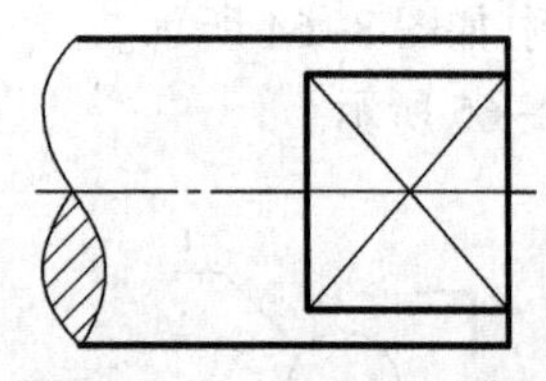

图 8-67　平面的简化画法

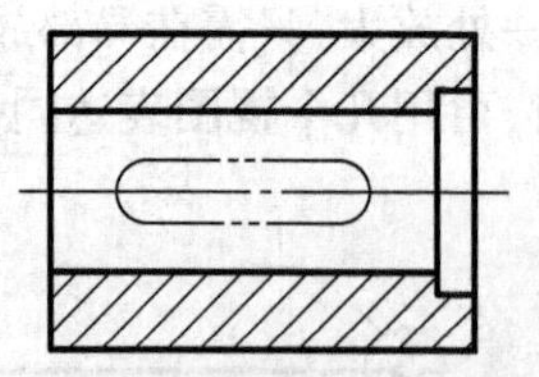

图 8-68　剖切平面前面的结构

4. 较小结构

对机件上较小的结构，若在一个视图上已表达清楚，在其他视图可简化或省略，如图 8-69 所示。

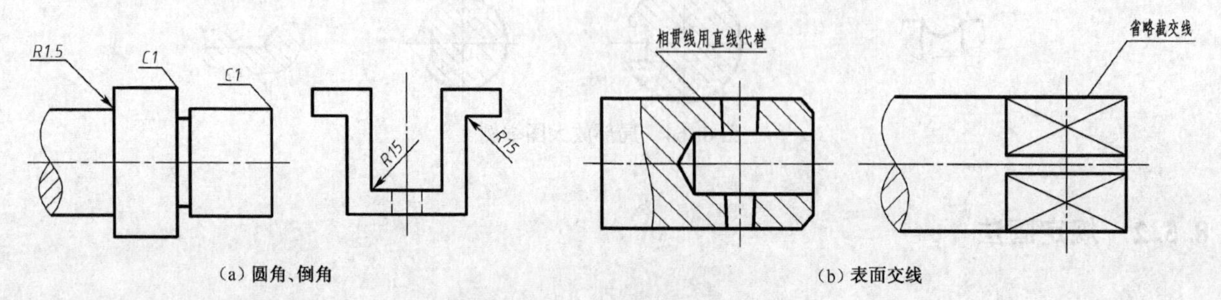

(a) 圆角、倒角　　(b) 表面交线

图 8-69　较小结构的简化画法

5. 较长机件

对于一些较长的机件(轴、杆类),当沿其长度方向的形状相同且按一定规律变化时,允许断开画出,但标注尺寸时,仍标注其实际长度,如图 8-70 所示。

6. 对称结构

在不致引起误解时,对称机件的视图可以只画一半或四分之一,并在对称中心线的两端画出两条与其垂直的平行细实线,如图 8-71 所示。

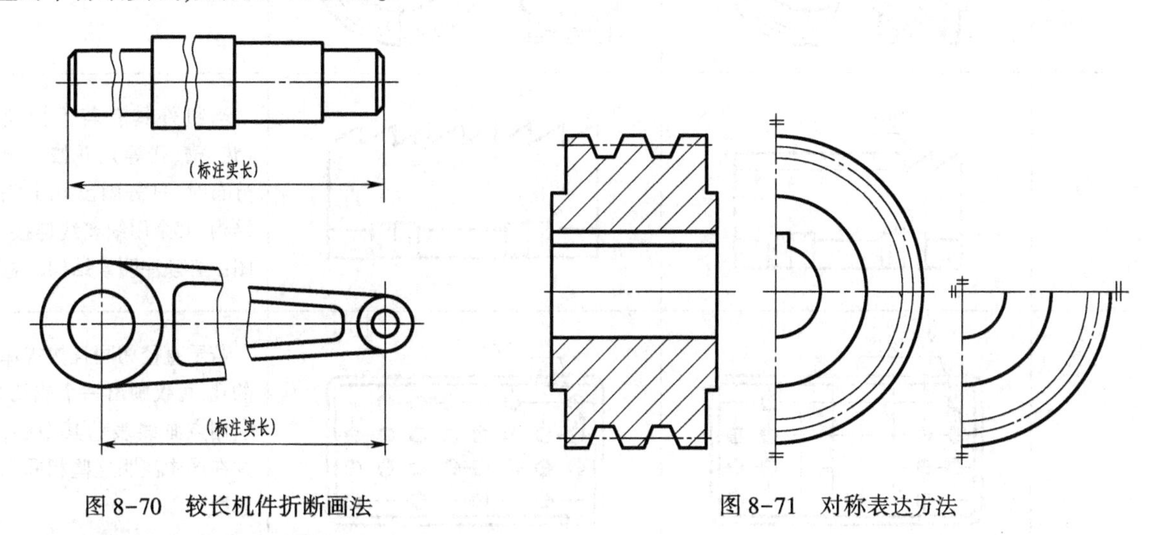

图 8-70　较长机件折断画法　　图 8-71　对称表达方法

7. 按圆周均匀分布的孔

圆柱形法兰和类似零件上均匀分布的孔,可按图 8-72 所示的方法表示(由外向法兰端面方向投射)。

8. 剖中剖的画法

在剖视图中可再作一次局部剖视(剖中剖),采用这种方法表达时,两个剖面区域的剖面线应同方向、同间隔,但要互相错开,并用引出线标注其名称,如图 8-73 所示。

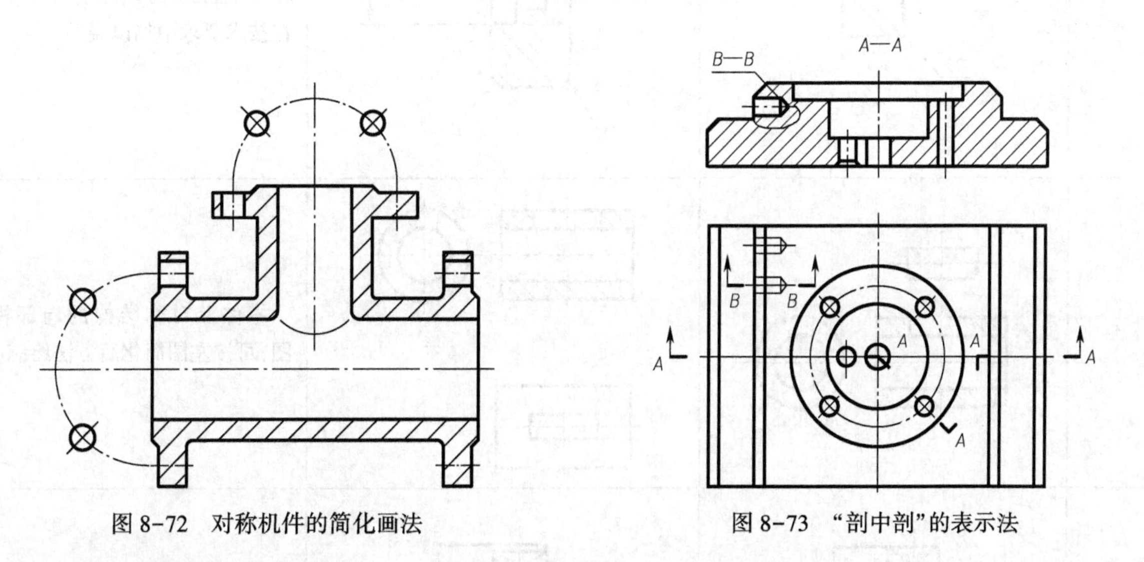

图 8-72　对称机件的简化画法　　图 8-73　"剖中剖"的表示法

8.5.3　简化画法

为了简化作图,在保证不引起歧义的前提下,国家标准《技术制图》还制定了一些常用简化画法。

表 8-4 为技术标准中制定的一些机件的常用简化画法。

表 8-4　技术图样中通用的简化画法

序号	简化后	简化前	备注
1	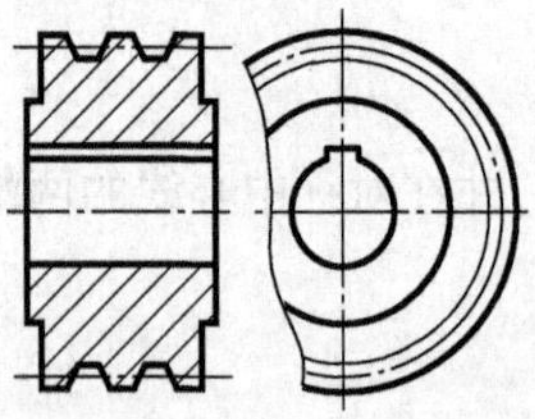	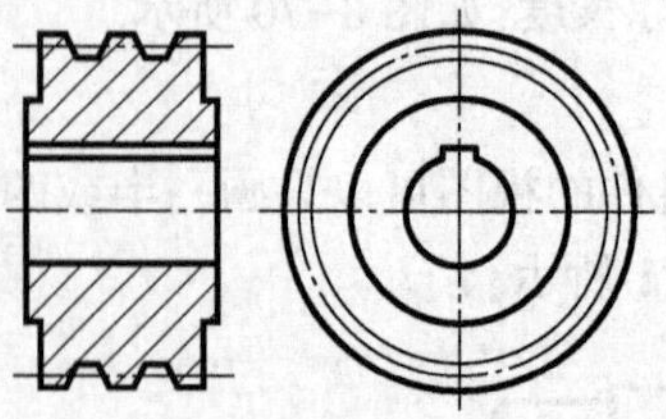	可以用波浪线撕裂一部分，用大于一半的视图表达整体视图
2	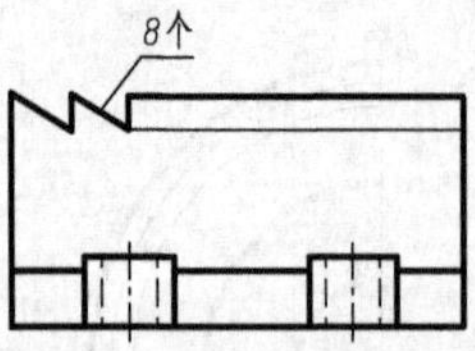 8个	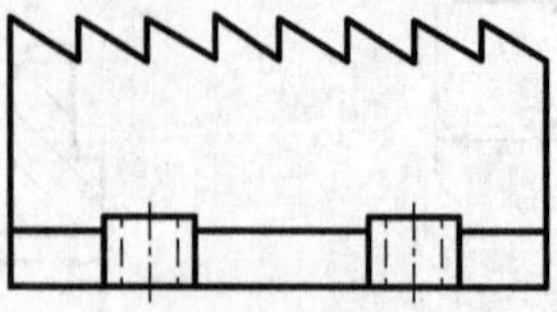	当机件具有若干相同结构(齿、槽、孔等)，并按一定规律分布时，只需画出几个完整的结构，其余用细实线连接，但在图中必须注明该结构的总数
3	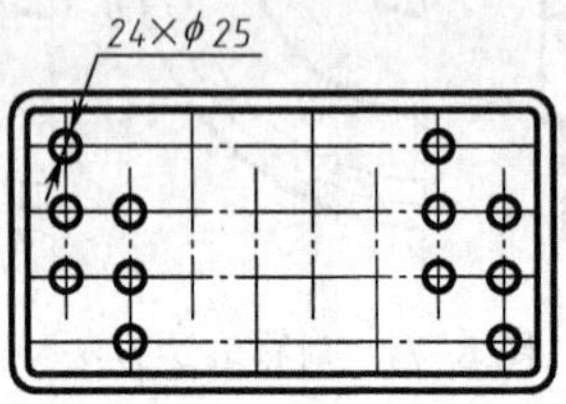 24×φ25	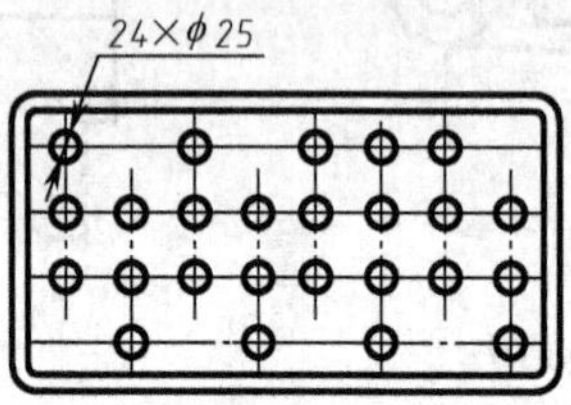 24×φ25	若干直径相同且按规律分布的孔，可仅画出一个或几个，其余用点画线表示其中心位置，并在图中注明这些相同结构的总数
4	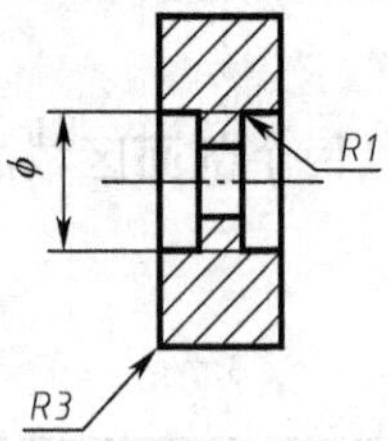 R1 φ R3	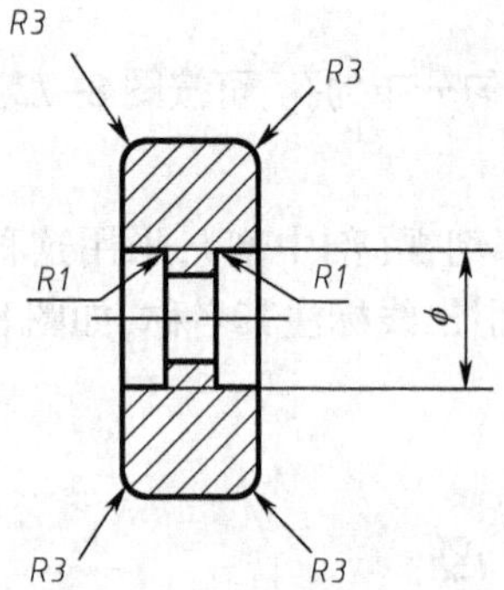 R3 R3 R1 R1 φ R3 R3	除确属需要表示的某些结构圆角外，其他圆角在零件图中均可不画，但必须注明尺寸，或在技术要求中加以说明
5	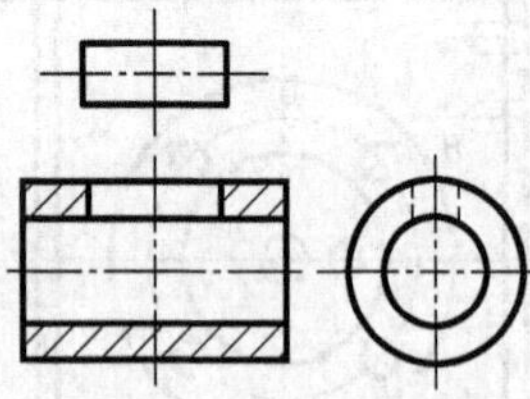	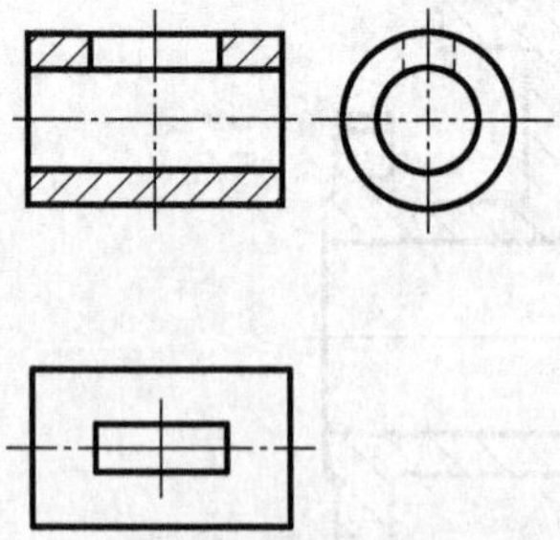	零件上对称结构的局部视图，可按左图简化后方法绘制
6	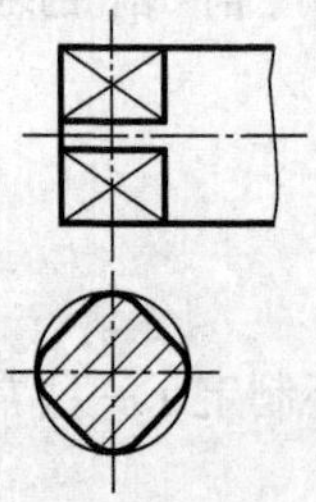	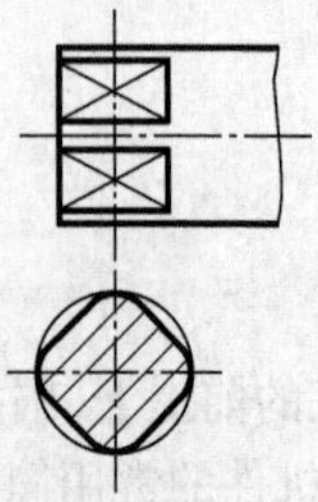	当机械上较小的结构等已在一个图形上表达清楚时，其他图形应当简化或省略

续表

序号	简化后	简化前	备注
7	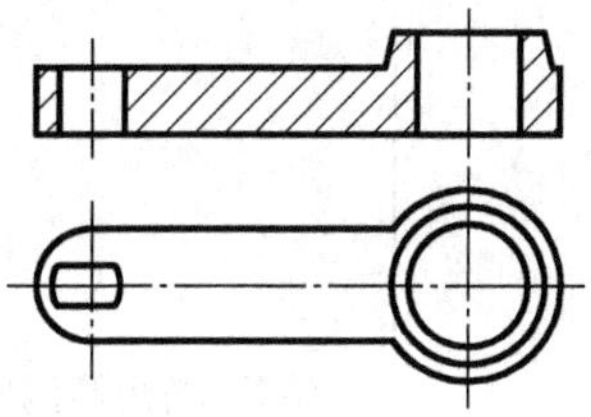	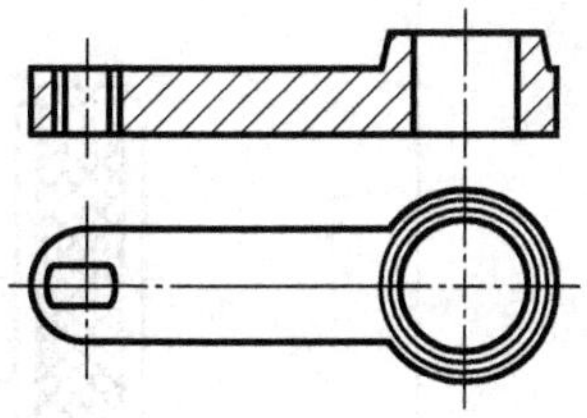	当零件上锥度较小时，可省略锥度圆投影
8	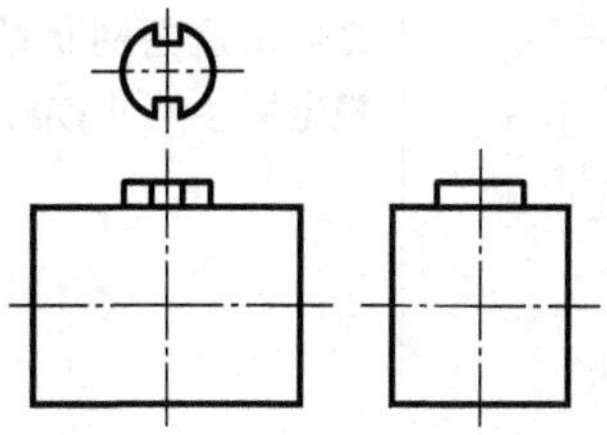	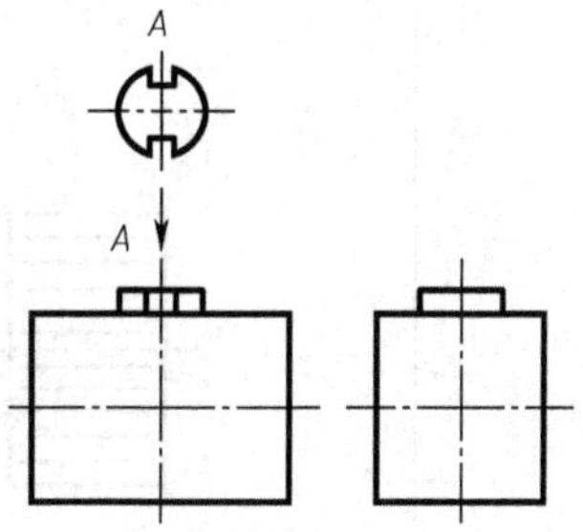 A A	零件上对称结构的局部视图，可按左图简化后的方法绘制
9	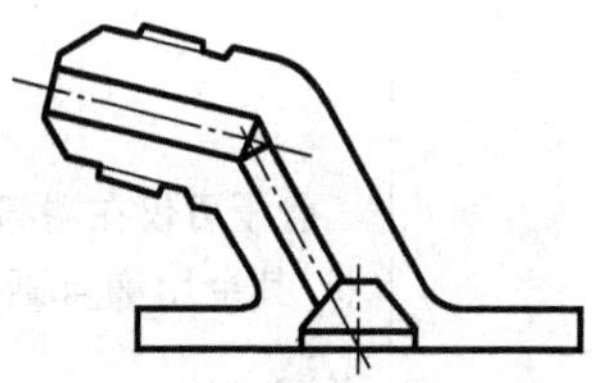	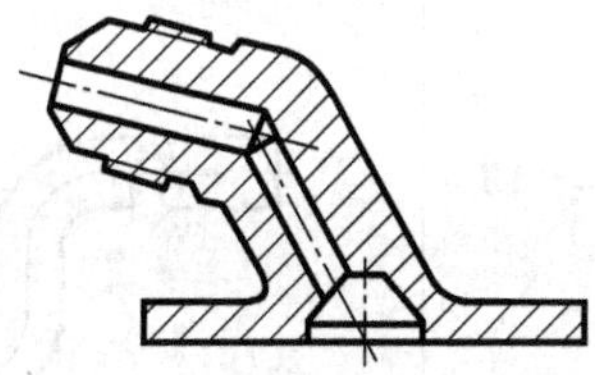	在不引起误解的情况下，剖面符号可以省略
10	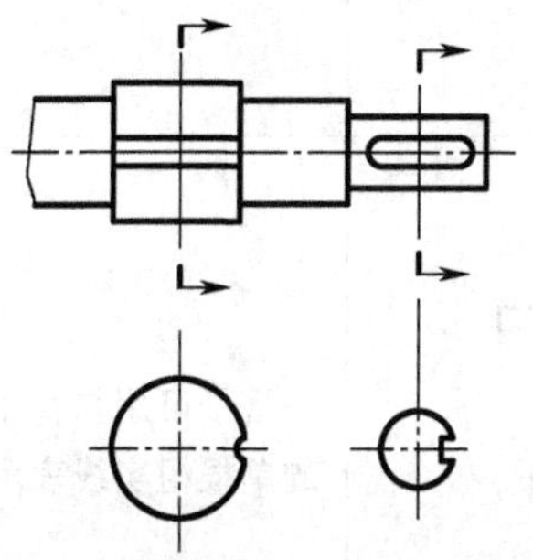	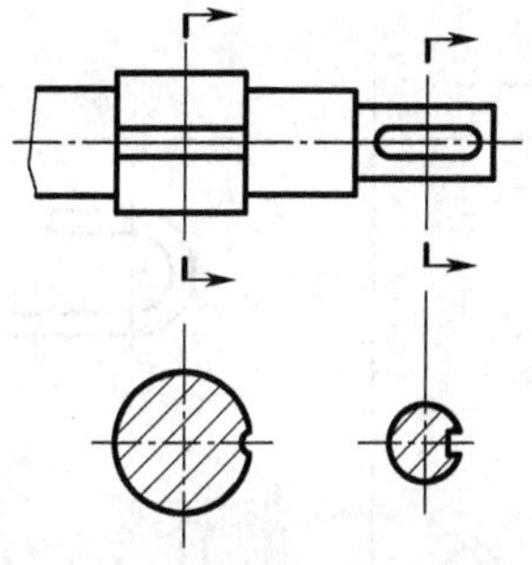	在不引起误解的情况下，剖面符号可以省略
11	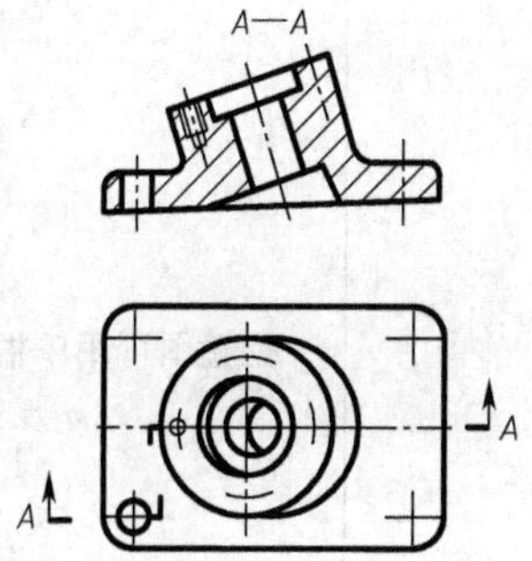 A—A A A	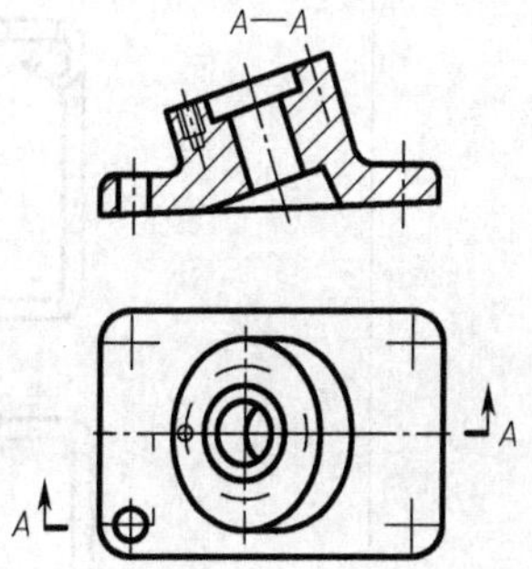 A—A A A	与投影面倾斜角度小于或等于30°的圆或圆弧，其投影可用圆或圆弧代替，如图

续表

序号	简化后	简化前	备注
12	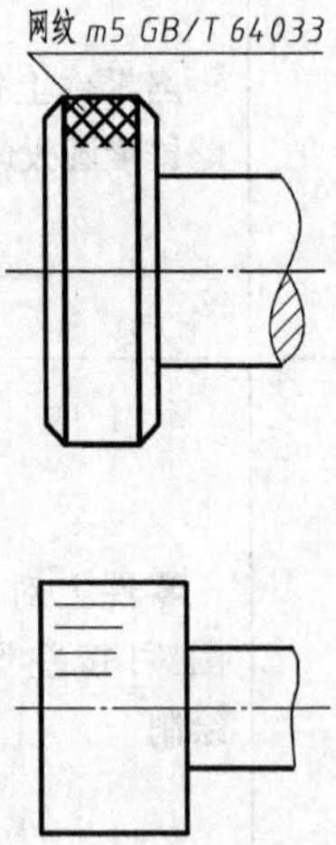 网纹 m5 GB/T 64033	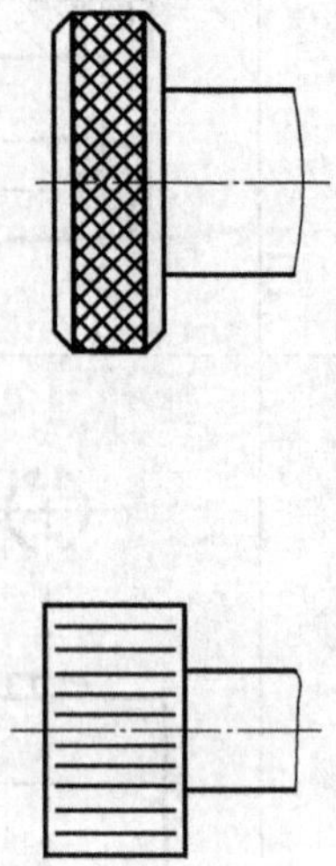	滚花、槽沟等网状结构,应用粗实线完全或部分地表示出来,但也可以用简化表示法,不必画出这些网状结构,只需按规定标注。见 GB /T 64033
13	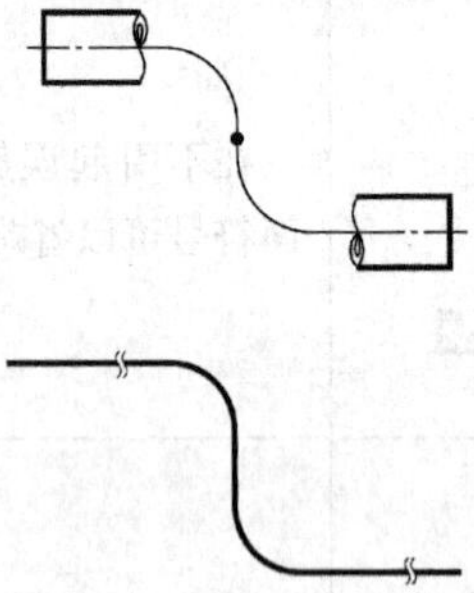	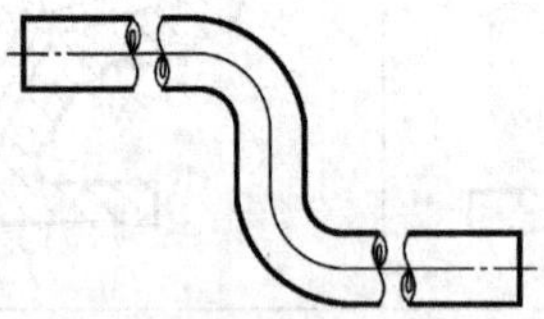	管子可仅在端部画出部分形状,其余用细点画线画出其中心线
14	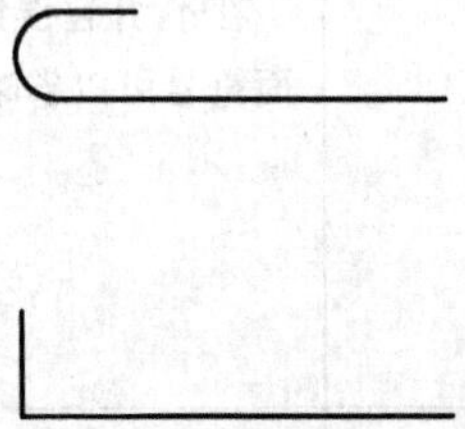	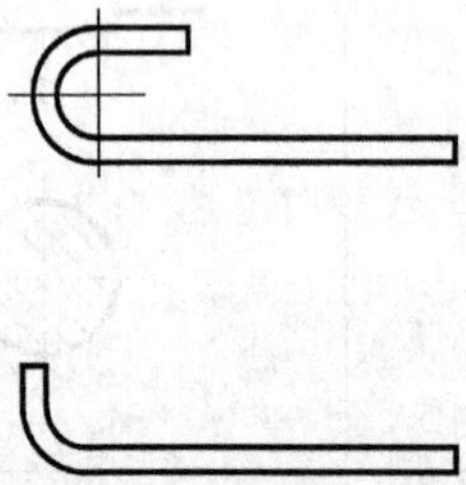 钢筋图可用单根粗实线表示	管子可用与管子中心线重合的单根粗实线表示
15			钢箍图可用单根粗实线表示

8.6　发动机零件表达综述

8.6.1　零件类型

机器主要由零件和部件组成,发动机是摩托车机器中的一个主要部件,机器零件按照外形特点,一般大致分为五种:长杆、轴套类零件;盘套类零件;叉架类零件;箱体类零件;板类零件。关于零件分类详细内容见第10章,通常轴类、盘套类零件根据加工位置安排主视图,叉架类零件、箱体类零件按照工作位置安排主视图,但是也不是一成不变的。如图8-74所示发动机拆装课堂,图8-75所示为发动机零件。

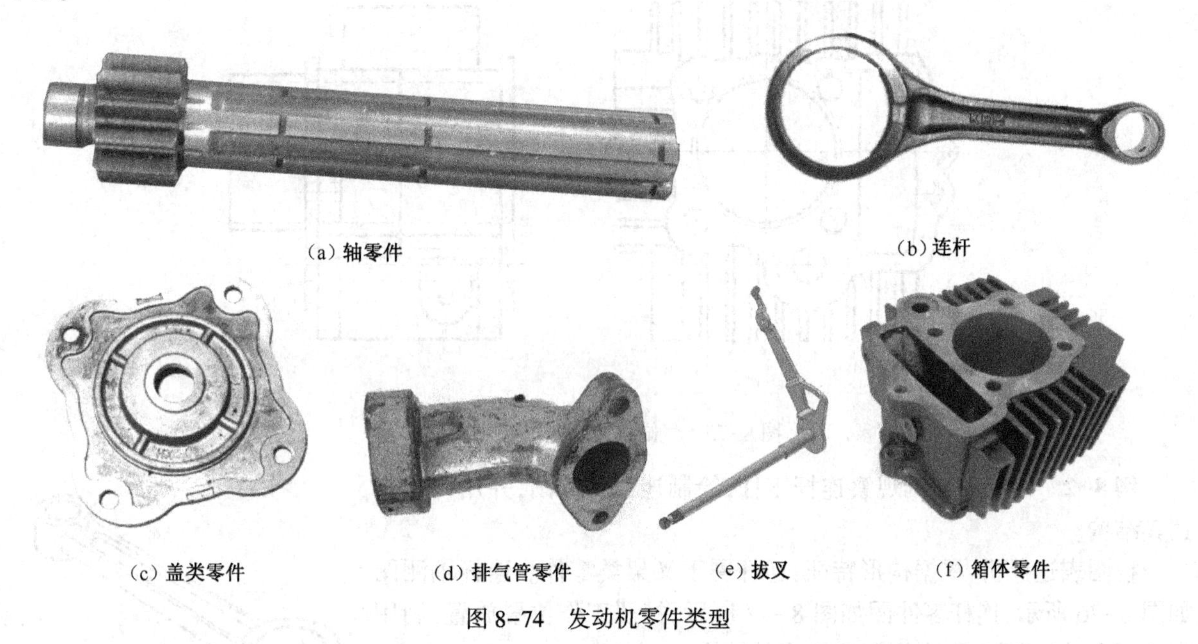

(a)轴零件　(b)连杆

(c)盖类零件　(d)排气管零件　(e)拔叉　(f)箱体零件

图8-74　发动机零件类型

8.6.2　发动机零件表达综述

在选择机件的表达方法时,应根据机件的结构特点,正确选用适当的表达方法,以完整、清晰为目的,以看图方便、绘图简便为原则。

例8-1　图8-75所示为气缸体零件,试绘制六面基本视图。

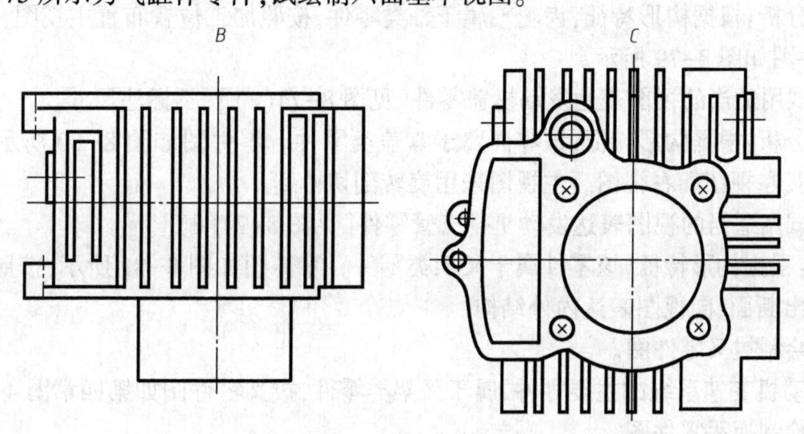

图8-75　气缸体六面基本视图

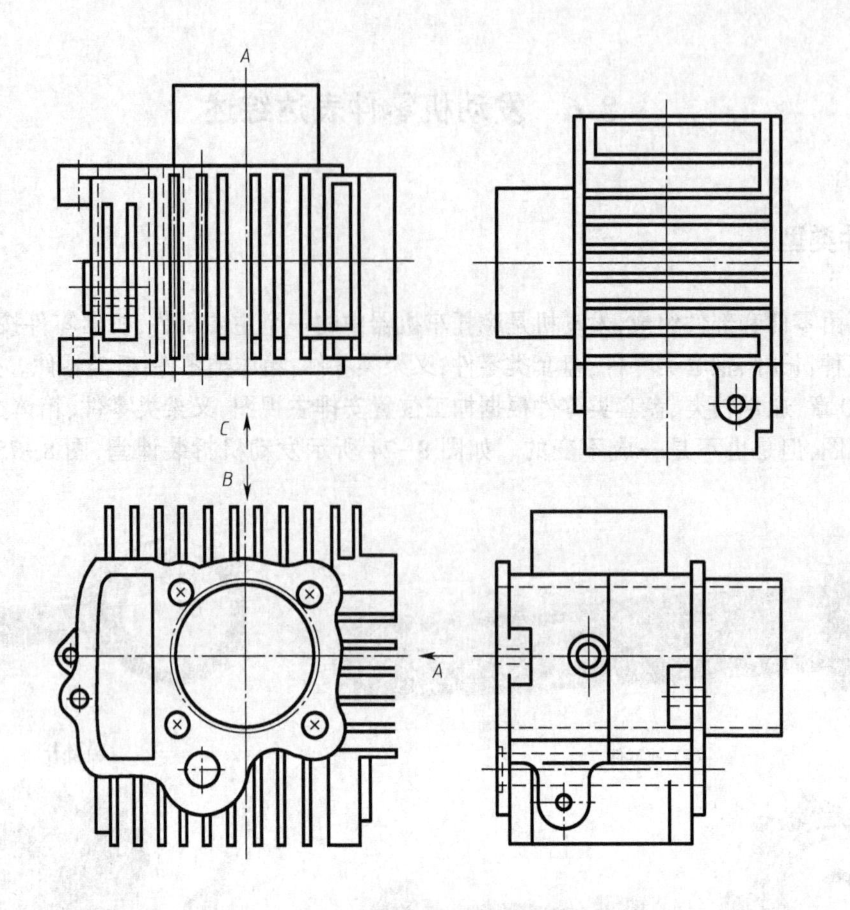

图 8-75　气缸体六面基本视图(续)

例 8-2　拆装发动机观察连杆零件,绘制连杆轴测图,并用视图表达其结构。

视图表达分析:根据构形特征,连杆属于叉架类零件。连杆轴测图如图 8-76 所示,连杆零件图如图 8-77 所示,按照工作位置放置,利用主视图和移出断面图、向视图表达内外结构。

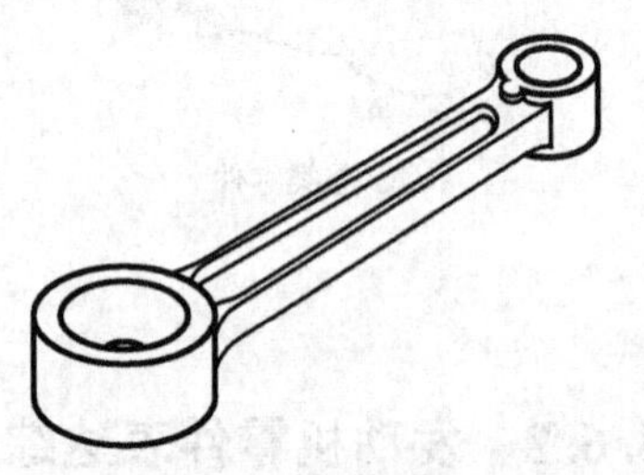
图 8-76　连杆轴测图

例 8-3　试用视图表达发动机零件气门,不标注尺寸,如图 8-78 所示。

视图表达分析:根据构形特征,气门属于简单轴类零件,按照加工位置布置主视图,如图8-78(b)所示。

例 8-4　试用适当的视图表达发动机齿轮轴,如图 8-74(a)所示。

视图表达分析:根据构形特征,齿轮轴属于轴类零件,按照加工位置布置主视图,再用两个移出断面表达结构,零件图如图 8-79 所示。

例 8-5　试用适当的视图表达发动机盖零件[见图 8-74(c)],不标注尺寸。

视图表达分析:根据构形特征,该零件属于盘盖类零件。零件图如图 8-80 所示,按照加工位置放置,采用主视图、左视图和右视图。主视图采用旋转剖切得到。

例 8-6　试用适当的视图表达发动机排气管零件[见图 8-74(d)]。

零件分析:根据构形特征,该零件属于叉架类零件。零件图如图 8-81 所示,按照工作位置放置,利用主视图和移出断面、向视图表达内外结构。

例 8-7　绘制拔叉零件图。

拔叉是发动机变速系统的主要零件,属于叉架类零件,拔叉零件图如第四章图 4-75 所示。

例 8-8　绘制扳手零件图。

扳手属于拆装工具,属于长轴类零件,图 8-82 为扳手的零件图。

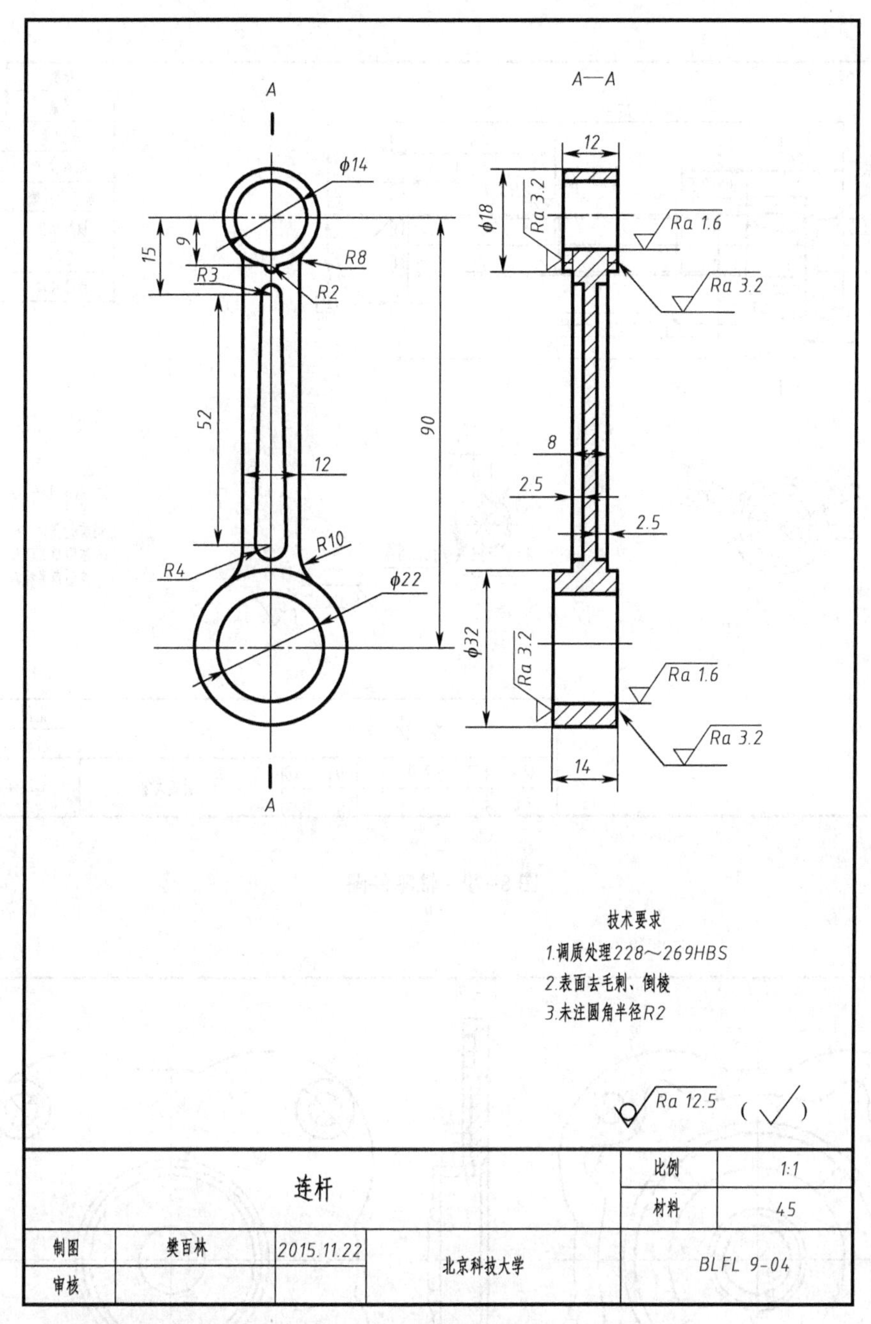

图 8-77　连杆视图

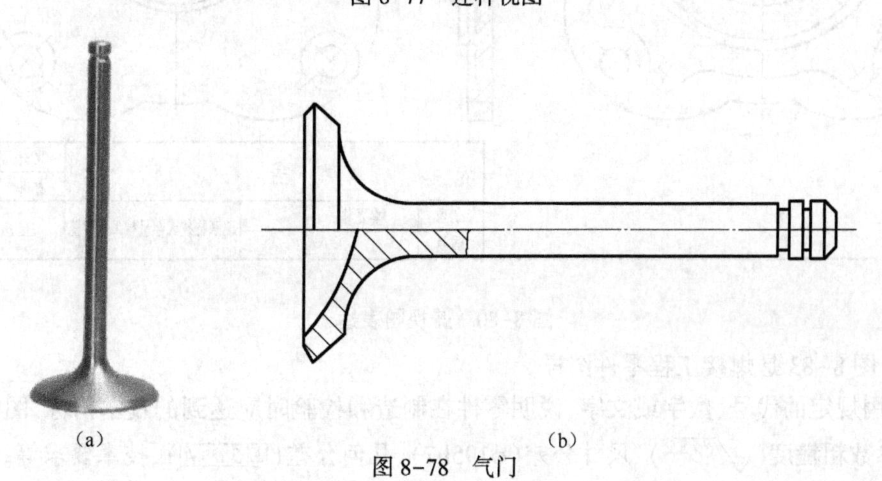

(a)　(b)

图 8-78　气门

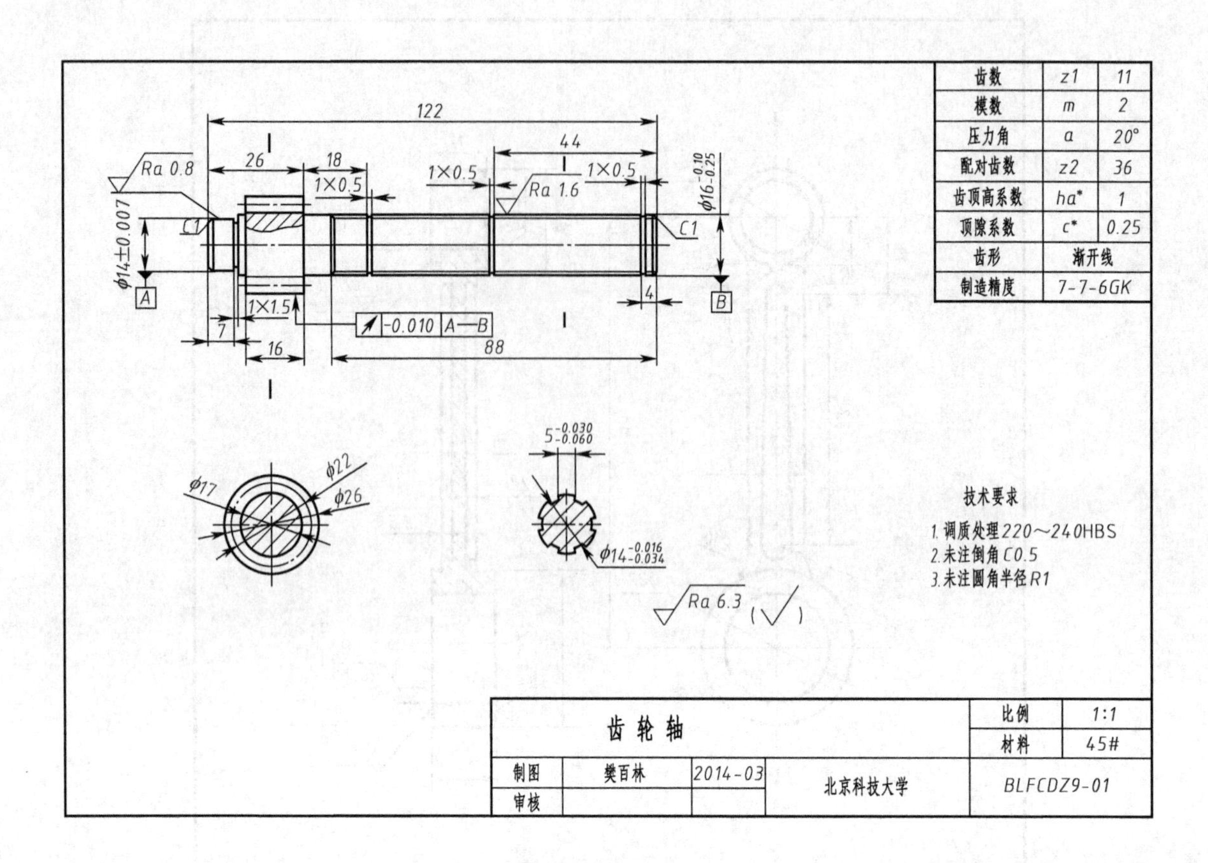

图 8-79　轴零件图

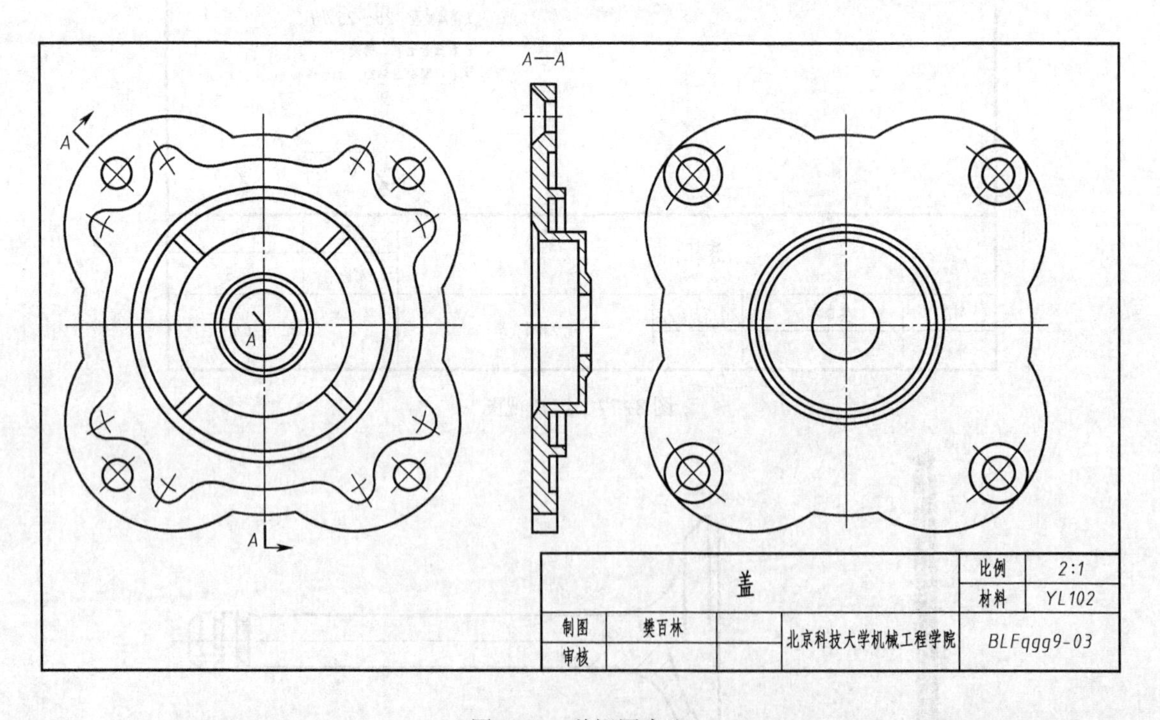

图 8-80　盖视图表达

例 8-9　图 8-83 是焊接工程零件图样。

图样中，用规定的代号、数字或文字，说明零件在制造和检验时应达到的技术指标，图 8-83 中所示的表面结构参数粗糙度（$\sqrt{Ra\ 3.2}$）、尺寸公差（ϕ195h7）、几何公差（⊥0.05A）、技术要求等。

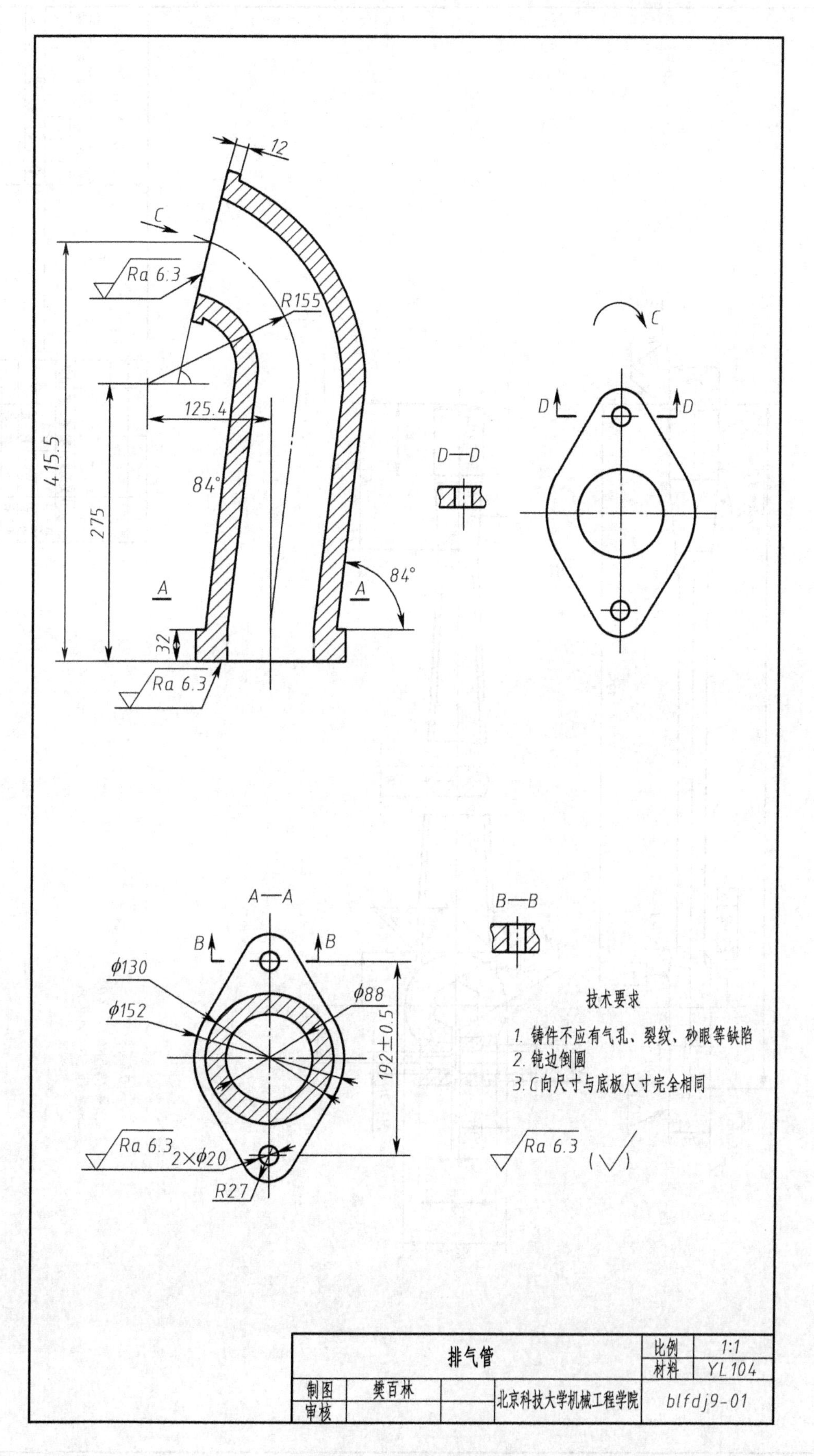
12
C
Ra 6.3
R155
415.5
125.4
84°
275
A
84°
A
32
Ra 6.3
C
D
D
D—D
A—A
B
B
B—B
ϕ130
ϕ152
ϕ88
192±0.5
技术要求
1. 铸件不应有气孔、裂纹、砂眼等缺陷
2. 钝边倒圆
3. C向尺寸与底板尺寸完全相同
Ra 6.3
2×ϕ20
R27
Ra 6.3
排气管
比例
1:1
材料
YL104
制图
樊百林
审核
北京科技大学机械工程学院
blfdj9-01

图 8-81　排气管零件图

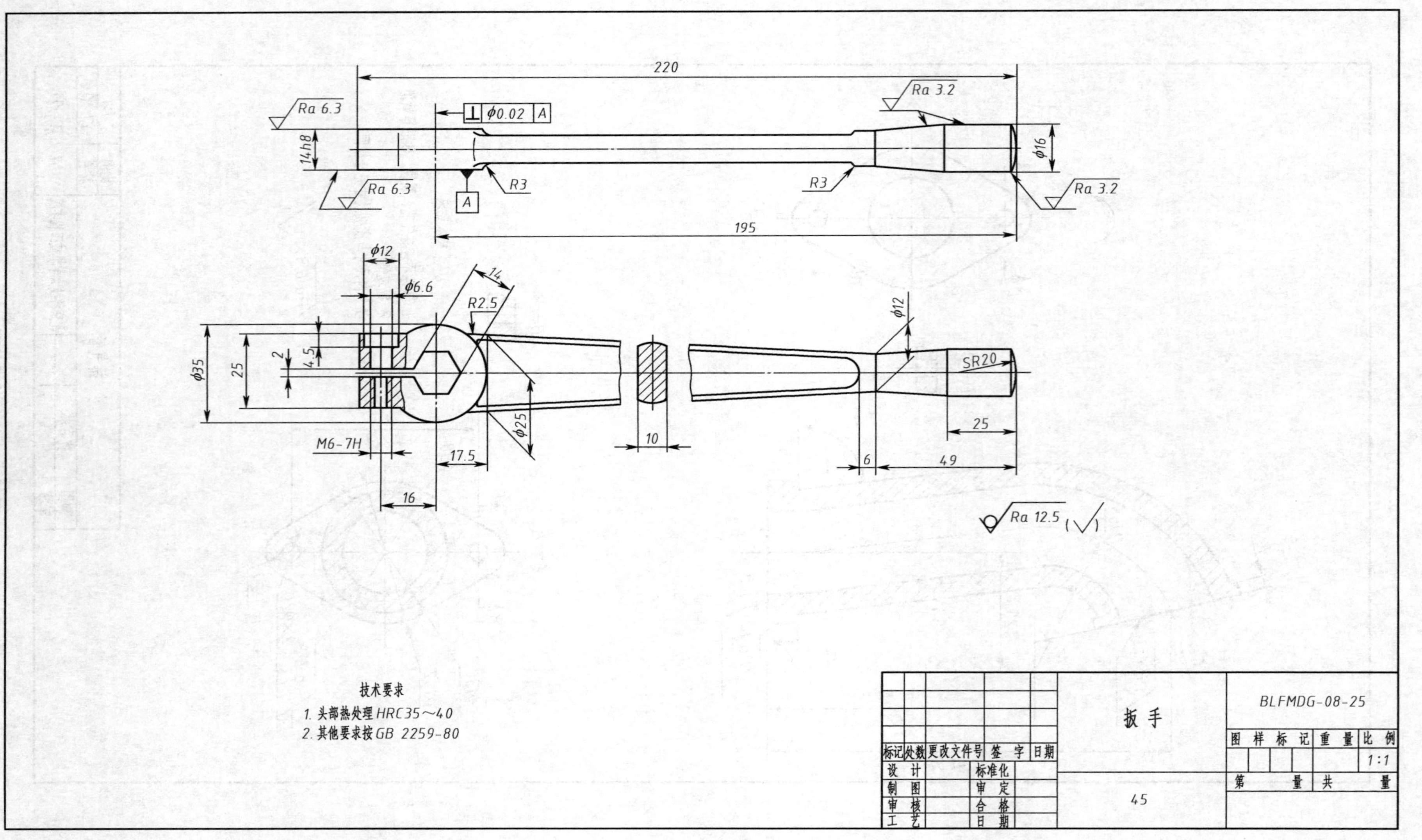
220
195
Ra 6.3
Ra 3.2
φ0.02 A
14h8
φ16
R3
A
φ12
φ6.6
14
R2.5
φ35
25
2
4.5
φ25
M6-7H
17.5
16
10
SR20
6
49
Ra 12.5
技术要求
1. 头部热处理HRC35～40
2. 其他要求按GB 2259-80
扳手
45
BLFMDG-08-25
标记 处数 更改文件号 签字 日期
设计 标准化
制图 审定
审核 合格
工艺 日期
图样标记 重量 比例
1:1
第 量 共 量

图 8-82　扳手零件图

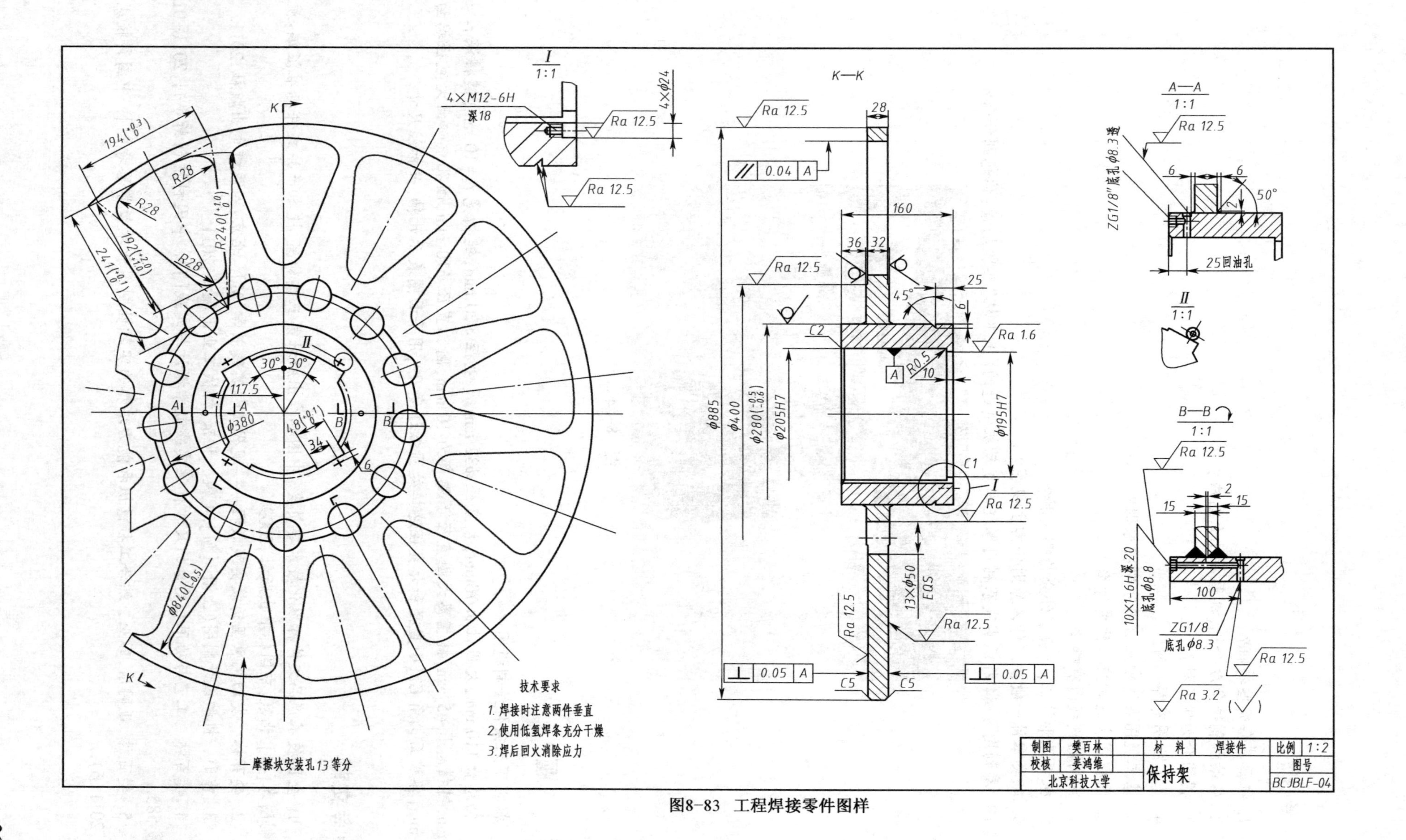

图8-83 工程焊接零件图样

思考题

1. 机器具备哪些特征?
2. 从结构制造角度分析,机器由什么组成?
3. 视图分为哪几种?
4. 基本视图有哪几种?
5. 基本视图表达中应该遵守哪些原则?
6. 向视图表达时应该注意什么?
7. 常用的剖视图有哪些?
8. 根据外形特征,一般零件分为哪几种?
9. 轴类零件一般按照什么原则安排主视图?
10. 看到图 8-84 所示实践家利用摩托车发动机制造的“土飞机”实验场景,你想到什么?

图 8-84

习题

根据下列条件绘制视图。

轴总长 110 mm,大圆柱长 70mm,大直径 ϕ32 mm,小直径 ϕ20 mm,键槽宽 b = 10 mm,键槽深 t_1 = 5 mm,键槽总长 45 mm,键槽离大圆直径下端部为 10 mm,圆孔直径 ϕ10 mm,圆孔中心离大直径端面 30 mm,各端面倒角 C2,小直径和大直径连接处圆弧过度 R2,用平面图表示此轴,并标注尺寸。

参考文献

1. 全国技术产品文件标准化技术委员会,中国标准出版社第三编辑室.技术产品文件标准汇编:机械制图卷[M].北京:中国标准出版社,2009.

2. 樊百林. 发动机原理拆装实践教程——现代工程实践教学[M]. 北京:人民邮电出版社,2011.

3. 曹彤. 机械设计制图(上册)[M].4 版. 北京:机械工业出版社,2011.

4. 樊百林. 工艺与功用相结合的尺寸标注实践教学探讨与实践[J]. 中国科技创新导刊,2011-01-第 585.

5. 樊百林,甄同乐,彭亚. 综合工程意识和能力培养的实践性制图教学哲学思考[J]. 中国科技纵横,2011(6).

第 9 章　部件与装配图样

现代工程发动机工程实践教学感想

李大东　首先让我们兴奋的是老师对于马达各部件的讲解对于我们较顺利的拆装确实起到了一定的作用！使我们能够按照一定顺序，逐步对马达进行分解，而不是简单的见螺丝就拧，因工作的无序使拆卸后的零件呈一盘散沙般地放置。

我们才感觉我们并没有完全吸收老师在开始的讲解，陆陆续续地遇到了一系列的问题，多出了几个零件！我们不得不再拆了，让老师在再指导，我们再装，我们手心上的汗越来越多，但我们知道这也是掌握技术的必经过程。

这次拆装的过程是“充实”的，它让我们更加了解了“什么是机械”“什么是耐心”“什么是熟练”以及“什么是‘学会’而不是‘学了’”！

鱼江永(冶金 0704)　平时学到制图课时，涉及到各种零部件，各种机构，但是终究没有实实在在地接触过真实的某些东西，更没有拆装过像发动机这样具有复杂结构的实体。这次拆装发动机，虽然没有说已经很熟悉它的各部分的结构以及功用，但是，对它整体的构型，主要部件的功用有了一个感性加理性的认识，这相比于课堂上靠大脑的想象要容易且印象要深刻的多，这就是一种实践行动，让人认识了动手的重要性、现实性，可以说，实践是课堂的延伸，是学习的另一重要组成部分。

尹滇平(机 036)　我们对一台摩托车发动机进行了拆装实习，通过这次实际的动手操作，以及教师的指导，我们对齿轮传动等复杂结构有了一定的感性认识，同时，在实践中，我们动手动脑的能力也有了一定程度的提高。

樊老师给予的汽车专业结构知识和实践知识，例如四冲程发动机，它是由气缸盖、气缸体、曲轴箱组成……在实践中，我们不仅学到了知识，而且还学到了有关装配知识。例如，拆装零件要做到有序，拆装要注意的一些问题，例如，拧螺丝时不要一下都拧紧，要在拧的过程中解决零件间的内应力等。

我们在动手的过程中，逐步学会了思考遇到的问题，例如：某个结构起什么作用？哪个部件安在哪？这样安对不对等一系列问题，在分析、解决问题过程中，我们提高了技能，学到了知识和处理问题的方法，所有这些将对我们今后的继续学习打下良好的基础。

本章目标：

✧ 结合万向台钳和齿轮泵，培养绘制和阅读简单装配图的能力，掌握装配结构设计方法并保证合理性。

本章学习内容：

✧ 装配图的作用及内容

✧ 装配图的表达方法

✧ 装配图的尺寸标注

✧ 装配图的零件序号和明细栏

✧ 部件测绘和装配图画法

✧ 读装配图及由装配图拆画零件图

实践教学研究：

✧ 拆装发动机，分析发动机零件之间的装配顺序。

✧ 拆装万向台钳，分析其零部件之间的装配顺序。

关键词：装配图　技术要求　序号　装配结构设计

9.1 装配图样

任何机器或部件都是由零件或零件和部件，根据其性能和工作原理，按一定的装配关系和技术要求装配而成的。表达机器或部件的工作原理、结构性能以及各零件之间的连接装配关系的图样，称为装配图。装配图也是指导产品生产和使用、进行技术交流的重要技术文件。

图 9-1(a)所示为齿轮泵。图 9-1(b)所示为齿轮泵装配图。

9.1.1 装配图的作用

在产品设计时，一般先绘制设计装配图，然后再根据装配图拆画零件图，再根据零件工作图拼画装配工作图；装配时，则根据装配工作图把加工制造成的零件装配成机器或部件；在使用和维修时，通过装配图了解、调试、操作、检修机器或部件。因此，装配图是设计、制造、使用、维修以及技术交流的重要技术文件。

9.1.2 装配图的内容

一张装配图，应包括以下内容：

1. 一组视图

一组视图用以表达机器或部件的工作原理、结构性能以及零件之间的连接装配关系等。

(a) 齿轮泵实体视图

图 9-1　齿轮泵

2. 必要的尺寸

在装配图中，标注出与机器或部件的性能、规格、装配、安装等有关的尺寸。

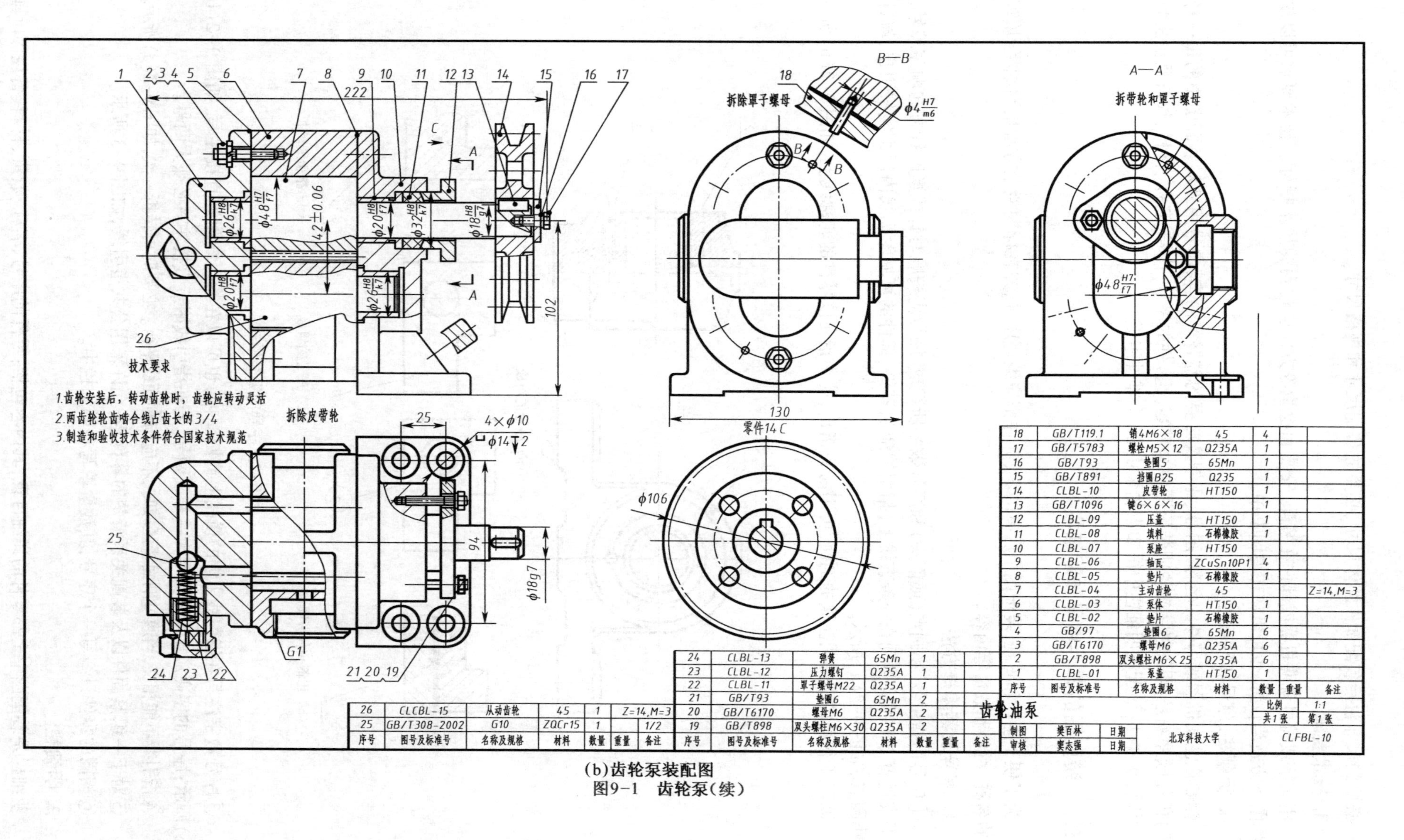

序号	图号及标准号	名称及规格	材料	数量	重量	备注
18	GB/T119.1	销4M6×18	45	4		
17	GB/T5783	螺栓M5×12	Q235A	1		
16	GB/T93	垫圈5	65Mn	1		
15	GB/T891	挡圈B25	Q235	1		
14	CLBL-10	皮带轮	HT150	1		
13	GB/T1096	键6×6×16		1		
12	CLBL-09	压盖	HT150	1		
11	CLBL-08	填料	石棉橡胶	1		
10	CLBL-07	泵座	HT150			
9	CLBL-06	轴瓦	ZCuSn10P1	4		
8	CLBL-05	垫片	石棉橡胶	1		
7	CLBL-04	主动齿轮	45			Z=14,M=3
6	CLBL-03	泵体	HT150	1		
5	CLBL-02	垫片	石棉橡胶	1		
4	GB/97	垫圈6	65Mn	6		
3	GB/T6170	螺母M6	Q235A	6		
2	GB/T898	双头螺柱M6×25	Q235A	6		
1	CLBL-01	泵盖	HT150	1		

序号	图号及标准号	名称及规格	材料	数量	重量	备注
24	CLBL-13	弹簧	65Mn	1		
23	CLBL-12	压力螺钉	Q235A	1		
22	CLBL-11	罩子螺母M22	Q235A	1		
21	GB/T93	垫圈6	65Mn	2		
20	GB/T6170	螺母M6	Q235A	2		
19	GB/T898	双头螺柱M6×30	Q235A	2		

序号	图号及标准号	名称及规格	材料	数量	重量	备注
26	CLCBL-15	从动齿轮	45	1		Z=14,M=3
25	GB/T308-2002	G10	ZQCr15	1		1/2

齿轮油泵				比例	1:1
				共1张	第1张
制图	樊百林	日期	北京科技大学	CLFBL-10	
审核	窦忠强	日期			

(b)齿轮泵装配图

图9-1 齿轮泵(续)

必要的尺寸包括装配部件总体尺寸、必要的装配尺寸和规格尺寸。

3. 技术要求

用文字或符号说明机器或部件在装配、安装和检验等方面应达到的技术指标。技术要求可以放在装配图下方适当位置，也可以放在说明书中。

4. 标题栏、序号和明细栏

标题栏注明机器或部件的名称、图号、比例及必要的签署等内容；序号用来对装配图中的每一种零(组)件按顺序编号；明细栏用来说明装配图中全部零(组)件的序号、代号、名称、材料、数量及备注等。

从图 9-1(b)装配图明细栏中得知齿轮泵由 26 个零件组成。

9.1.3 装配图的零件序号和明细栏

为了便于生产和管理，装配图中所有的零、部件都应编写序号，并在标题栏上方画出明细栏，填写零件的名称、材料和数量等内容。

1. 序号及其编排方法

①序号由指引线、小圆点(或箭头)和序号数字所组成，序号应按顺时针或逆时针方向顺序编号，沿水平或垂直方向整齐排列在一条直线上；指引线应从零件、部件的可见轮廓线内用细实线引出，端部画一小圆点，如图 9-2(a)所示。

②对于很薄的零件或涂黑的剖面，可用箭头指出，箭头指在该零件的轮廓线上，如图 9-2(b)所示。

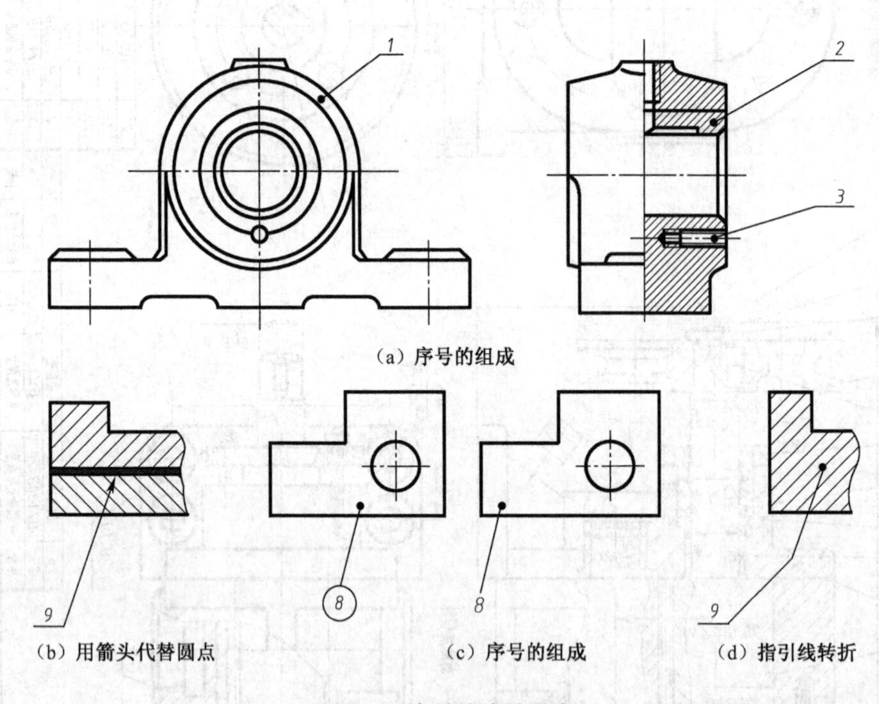

图 9-2 序号的编号形式

③序号数字注写在指引线末端的横线上或圆圈内，也可以在指引线附近直接注写，如图 9-2(b)、(c)所示；序号的字高应比尺寸数字大一号或两号，若在指引线附近直接注写必须大两号。

④指引线不能相交，当通过剖面线区域时，不应与剖面线平行。必要时可转折一次，如图 9-2(d)所示。

⑤对于一组紧固件以及装配关系清楚的零件组，允许采用公共指引线，如图 9-3 所示。

⑥相同的零件只编写一个序号，其数量填写在明细栏中。

2. 明细栏

明细栏是装配图中全部零件的详细目录，其内容包括：零件的序号、名称、数量、材料、备注等。国家标准对明细栏的格式进行了规定,如图 9-4(c)所示。

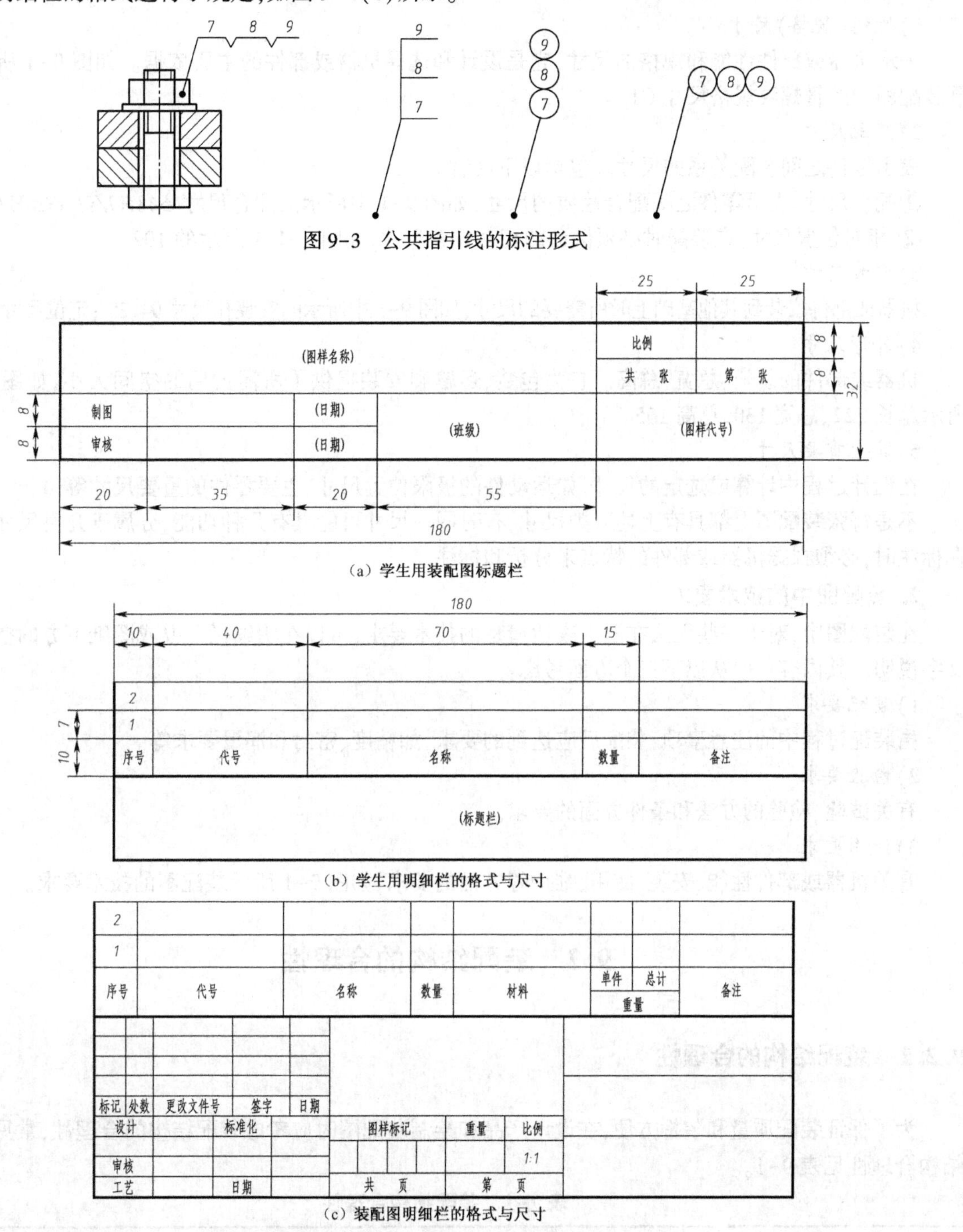

图 9-3 公共指引线的标注形式

(a) 学生用装配图标题栏

(b) 学生用明细栏的格式与尺寸

(c) 装配图明细栏的格式与尺寸

图 9-4 标题栏和明细栏的格式与尺寸

明细栏置于标题栏的上方,并与标题栏相连。序号自下而上按顺序填写,若位置受限制,可移一部分紧接标题栏左侧继续填写。明细栏的序号应与该零件的序号一致,如图 9-1 所示。

9.1.4 装配图中的尺寸标注和技术要求

装配图主要用于机器或部件的设计及装配,因此在装配图上需注写出与机器或部件的性能、规格、装配、安装等有关的尺寸及在装配、安装和检验等方面应达到的技术指标。

1. 装配图中的尺寸标注

装配图是表达机器或部件各组成部分的相对位置、连接及装配关系的图样,因此不必注出各零件的全部尺寸，只须标注以下几类尺寸。

1）性能（规格）尺寸

表示机器或部件性能和规格的尺寸，它是设计和选择机器或部件的主要依据。如图 9–1 所示齿轮泵装配图中的管螺纹规格尺寸 G1。

2）装配尺寸

表示零件之间装配关系的尺寸。包括以下两种。

①配合尺寸：表示零件之间配合性质的尺寸，如图 9–1 中所示的配合尺寸 ϕ48H7/f7、ϕ20H7/f7 等。

② 相对位置尺寸：在装配时必须保证的相对位置尺寸，如图 9–1 中所示的 102。

3）安装尺寸

机器或部件安装到其他基础上时所需要的尺寸，如图 9–1 中所示的安装孔尺寸 94、25；定位尺寸 42 等。

4）外形尺寸

机器或部件的总长、总宽、总高。它为包装、运输和安装提供了所需占用的空间大小，如图 9–1 中所示总长 222、总宽 130、总高 155。

5）其他重要尺寸

在设计过程中计算或选定的尺寸，如运动件的极限位置尺寸、主要零件的重要尺寸等。

不是每张装配图上都具有上述五类尺寸，有时同一尺寸可能具有几种功能，分属于几类尺寸。因此在标注时，必须根据机器或部件的特点来分析和标注。

2. 装配图中的技术要求

在装配图中，对于一些无法在图上表达清楚的技术要求，可以在明细栏上方或图纸下方的空白处用文字说明。其内容一般从以下三个方面考虑：

1）装配要求

指装配过程中的注意事项，装配后应达到的要求，如精度、密封和润滑要求等。

2）检验要求

有关试验、检验的方法和条件方面的要求。

3）使用要求

有关机器或部件性能、安装、使用、维护等方面的要求，如图 9–1 所示装配图的技术要求。

9.2 装配结构的合理性

9.2.1 装配结构的合理性

为了保证装配质量和装拆方便，在设计产品和绘制装配图时应考虑装配结构的合理性，常见的装配结构合理性见表 9–1。

表 9–1 装配结构合理性

结构	图例
配合结构设计	较差　较好　较差　较好　错误　正确
	说明：①零件安装部位应该有必要的倒角，机器手装配，宜采用卡扣和内部锁定结构 ②过盈配合的轴和毂要有一定的长度

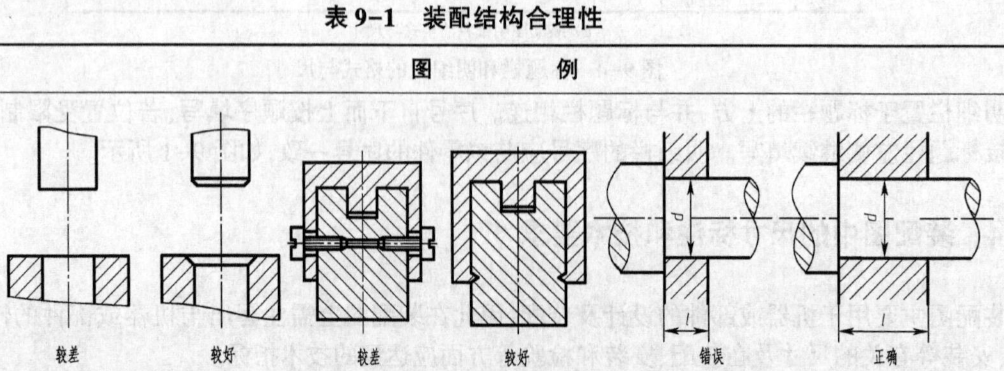

续表

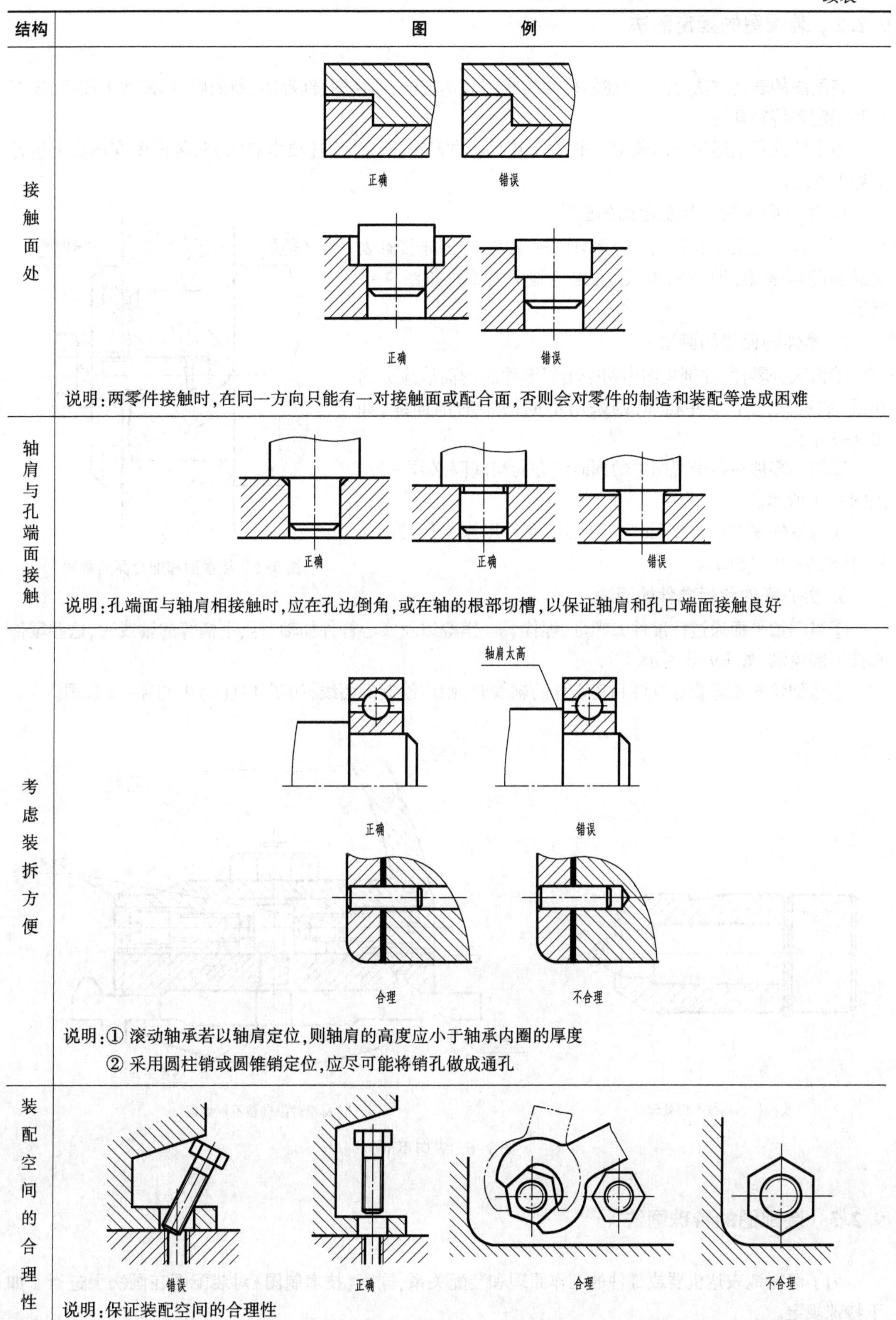

结构	图例
接触面处	说明：两零件接触时，在同一方向只能有一对接触面或配合面，否则会对零件的制造和装配等造成困难
轴肩与孔端面接触	说明：孔端面与轴肩相接触时，应在孔边倒角，或在轴的根部切槽，以保证轴肩和孔口端面接触良好
考虑装拆方便	说明：① 滚动轴承若以轴肩定位，则轴肩的高度应小于轴承内圈的厚度 ② 采用圆柱销或圆锥销定位，应尽可能将销孔做成通孔
装配空间的合理性	说明：保证装配空间的合理性

9.2.2　装配图的规定画法

装配图的表达方法，除了前述的机件的常用表达方法，如视图、剖视图、断面图、局部放大图等，还有一些规定和特殊画法。

为了使读者能迅速地从装配图中区分出不同的零件，国家标准《技术制图》对装配图在画法上进行了如下规定。

1. 零件间接触面和配合面的画法

两零件的接触表面和配合表面只画一条线，对于非接触表面或非配合表面，即使间距很小，也应画两条线，如图 9-5 所示。

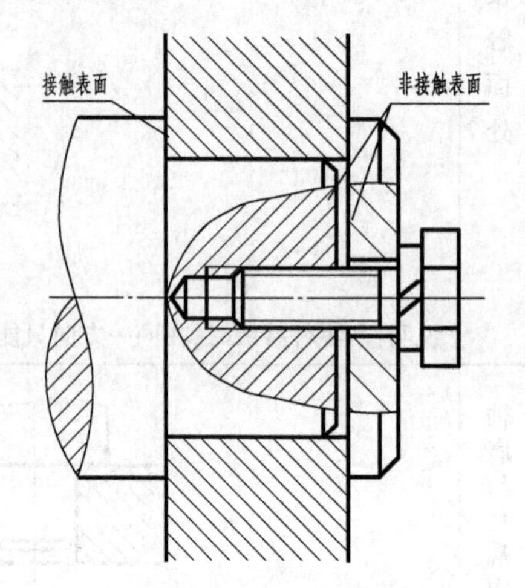

图 9-5　接触面和配合面的画法

2. 零件剖面线的画法

①为区分零件，在剖视图中两个相邻零件的剖面线应方向相反，如有第三个零件相邻，则采用不同间距的剖面线，如图 9-5所示。

②同一零件在各个视图中的剖面线方向与间隔必须一致，如图 9-1 所示。

③当零件厚度小于 2 mm 时，剖切后允许用涂黑代替剖面线，如图 9-2(b)所示。

3. 实心杆件和标准件的画法

①当剖切平面通过标准件如螺母、螺栓、键、销等以及实心杆件如轴、杆、手柄等的轴线时，这些零件都按不剖绘制，如图9-6 所示。

②当剖切平面垂直标准件和实心杆的轴线时，则应绘制剖面线，如图 9-1(b)中的 *A—A* 视图。

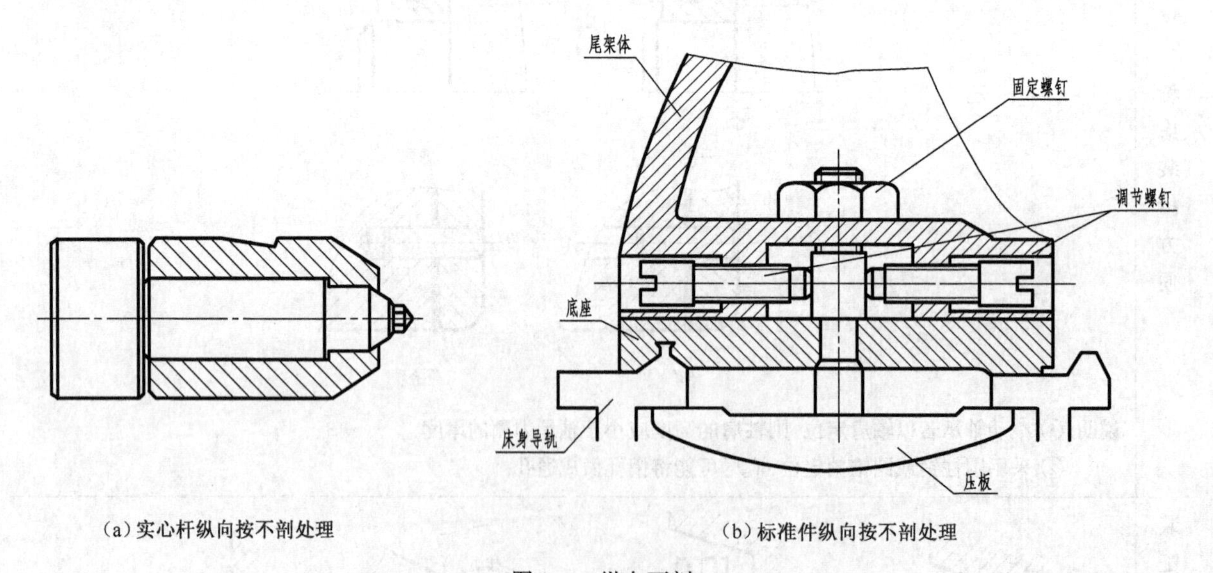

(a)实心杆纵向按不剖处理　　(b)标准件纵向按不剖处理

图 9-6　纵向不剖

9.2.3　装配图的特殊画法

为了清晰地表达机器或部件的工作原理和装配关系，国家《技术制图》对装配图在画法上进行了如下特殊规定。

1. 沿结合面剖切画法

在装配图中,为表达某些内部结构,可沿零件间的结合面处剖切后进行投射,这种表达方法称为沿结合面剖切画法。结合面不画剖面线,但螺钉等实心零件,若垂直轴线剖切,则应绘制剖面线。图 9-7(a)所示为拆去零件并沿结合面剖切画法。

2. 拆卸画法

在装配图中可假想将某些零件拆卸后绘出视图,需要说明时可加注“拆去××等”。图 9-1 中的 *A*—*A* 视图,是在拆卸了传动带轮等零件后,在 *A*—*A* 位置投射并采用局部剖形成的视图,在视图的上方进行了标注,如图 9-7(b)所示。

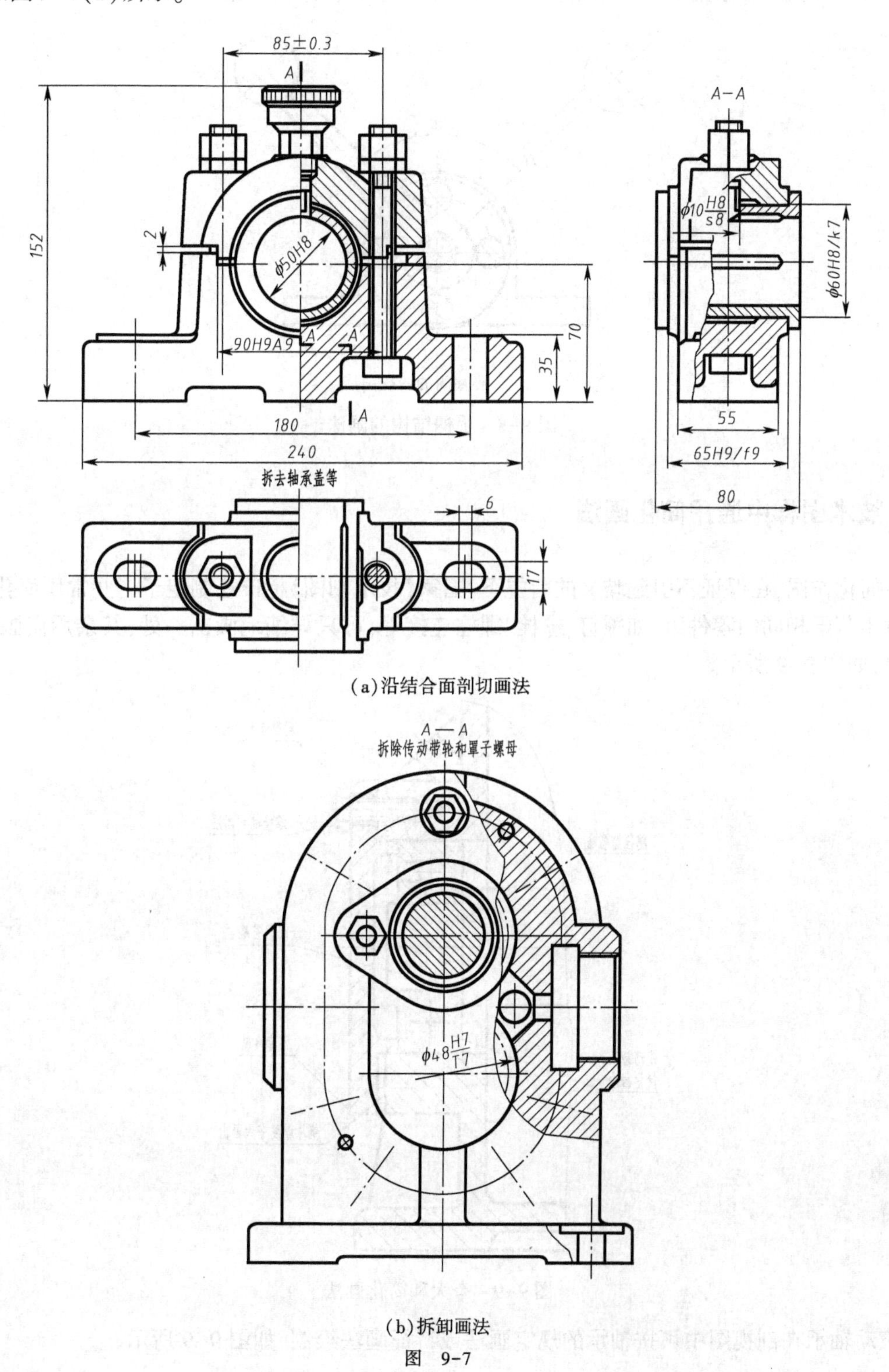

(a)沿结合面剖切画法

(b)拆卸画法

图 9-7

3. 假想画法

为了表示某一部件与其他零件的安装和连接关系,可把与这个有密切关系的其他相关零件,用双点画线画出。

机器或部件中某些运动零件,当需要表示运动零件的极限位置时,也可用双点画线画出,如图 9-8 所示的双点画线表示手柄转动 90°的极限位置。

4. 夸大画法

装配图中的薄片、细小零件、较小间隙、较小的斜度或锥度,若按全图采用的比例绘制无法表达清楚时,允许将其夸大画出,如图 9-9 所示的间隙夸大画出、垫片厚度夸大画出。

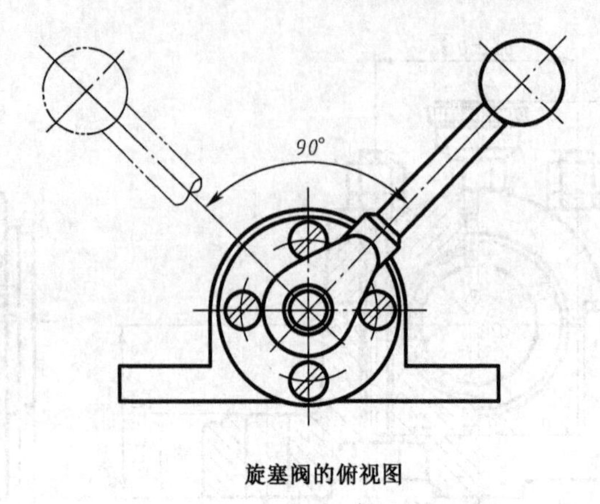

图 9-8　手柄结构的画法

9.2.4　技术图样中通用简化画法

为了简化作图,在保证不引起歧义的前提下,国家《技术制图》标准还制定了一些常用简化画法。

①对于若干相同的零件组,如螺钉、螺栓、螺柱连接等,可只详细地画出一处,其余用点画线表明其中心位置,如图 9-9 所示。

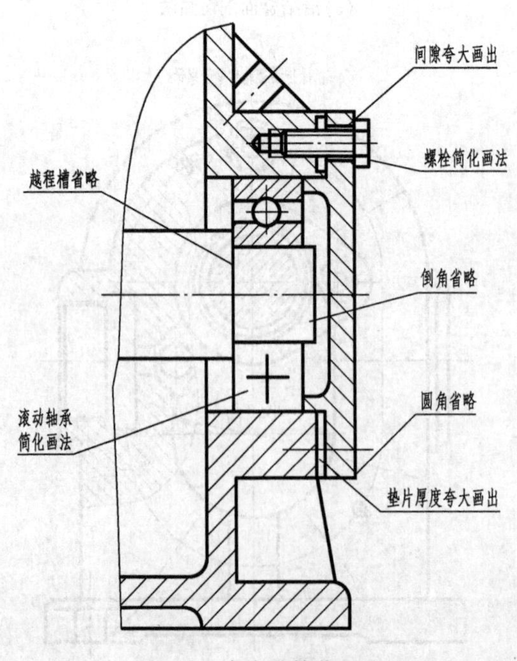

图 9-9　夸大和简化画法

②滚动轴承在剖视图中可按轴承的规定画法或特征画法绘制,如图 9-9 所示。

③在装配图中,零件的工艺结构,如小圆角、倒角、退刀槽等允许省略不画,螺栓、螺母头部可采用简化画法,如图 9-9 所示。

④在锅炉、化工设备等装配图中,可用细点画线表示密集的管子,如图 9-10 所示。

在化工设备等装配图中,如果连接管口等结构的方位已在其他图形表示清楚时,可以将这些结构分别旋转到与投影面平行再进行投射。但必须标注,其标注形式如图 9-10 所示。

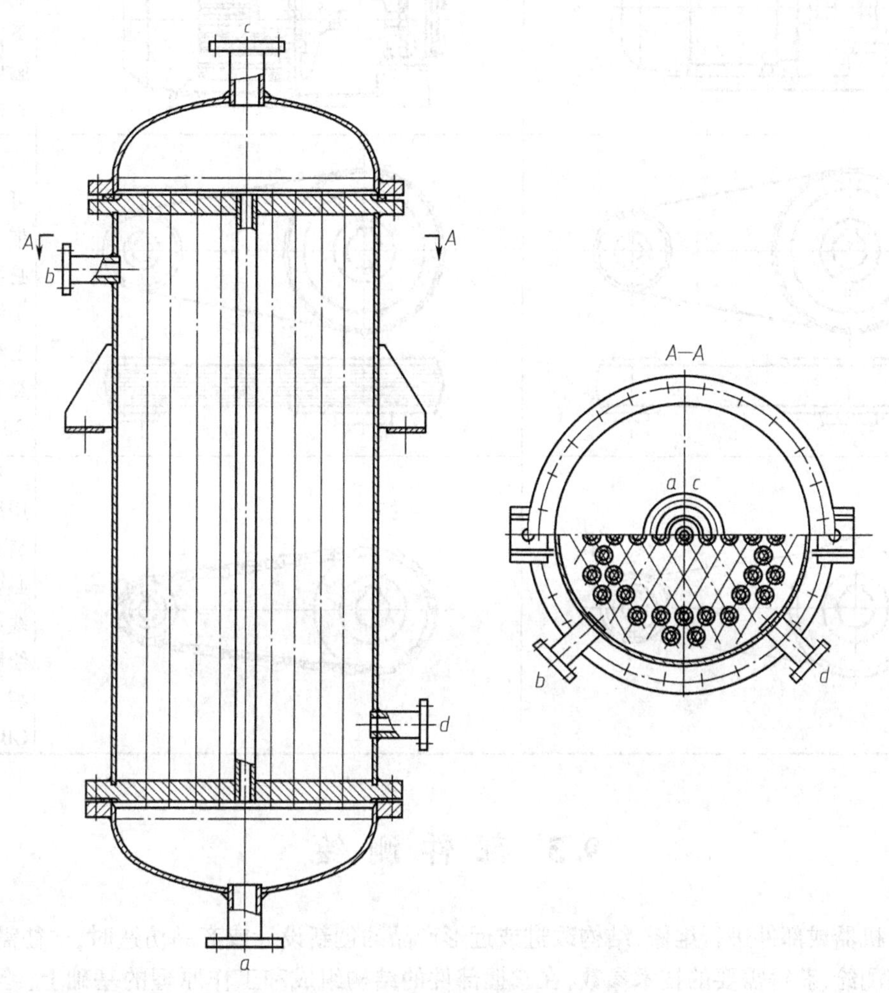

图 9-10　锅炉、化工设备等装配图

9.2.5　技术图样其他结构通用简化画法

在技术图样中,其他结构通用简化画法,详见表 9-2。

表 9-2　技术图样中其他结构通用简化画法

序号	简化后	简化前	备　注
1			在装配图中有相同的结构,利用简化画法,可以绘制成简化画法,相同的结构只要绘制一个,其余用十字中心线代替

续表

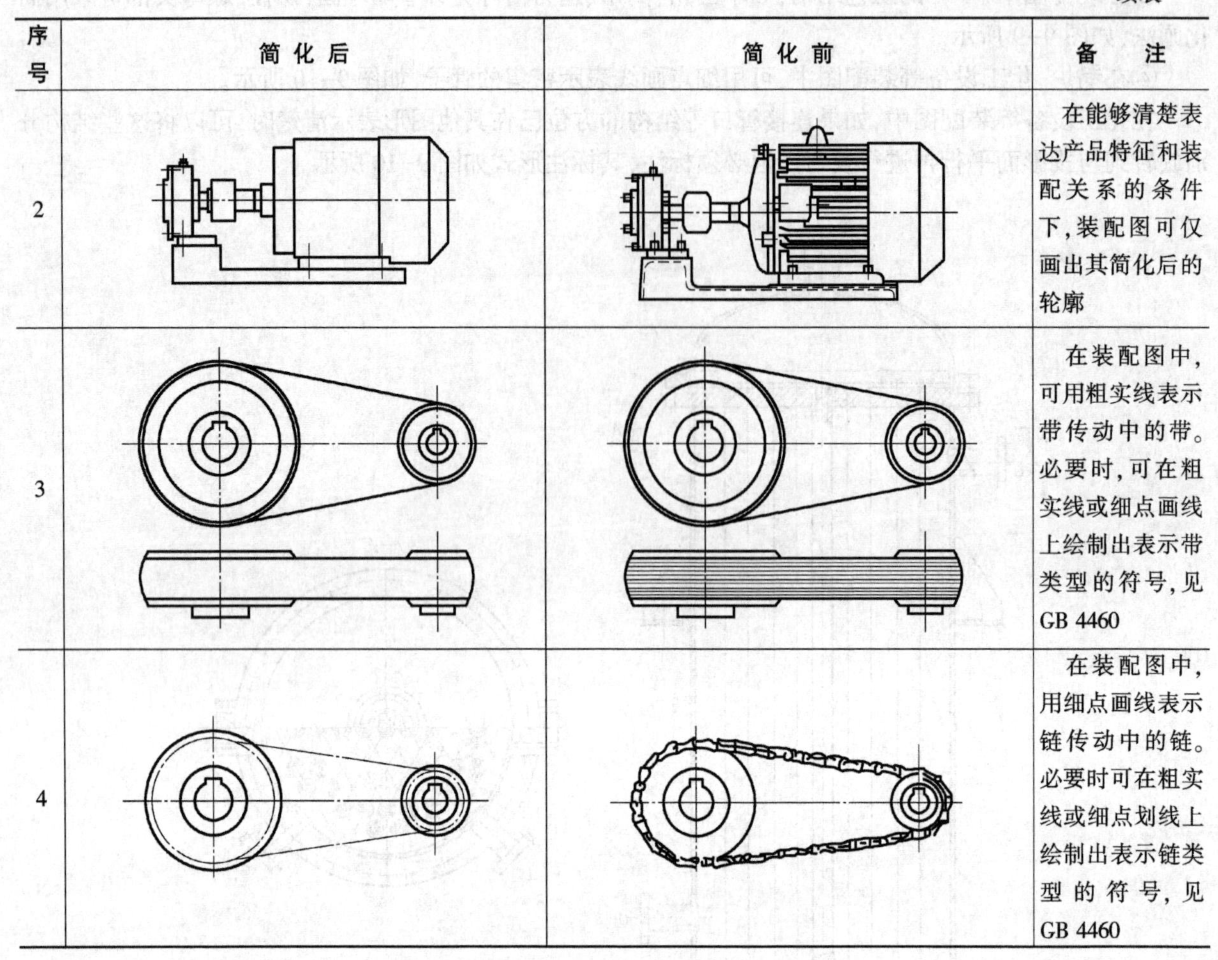

序号	简化后	简化前	备　注
2			在能够清楚表达产品特征和装配关系的条件下，装配图可仅画出其简化后的轮廓
3			在装配图中，可用粗实线表示带传动中的带。必要时，可在粗实线或细点画线上绘制出表示带类型的符号，见 GB 4460
4			在装配图中，用细点画线表示链传动中的链。必要时可在粗实线或细点划线上绘制出表示链类型的符号，见 GB 4460

9.3　部件测绘

在对原有机器或部件进行维修、结构改进或近形产品的创新设计或产品仿造时，往往需要对现有的部件进行拆装测绘，获得需要的技术参数，在掌握部件的结构组成和工作原理的基础上，绘制出部件装配图。

9.3.1　部件测绘的准备工作

(1)准备测绘工具和掌握工具的使用方法。

(2)查阅与部件相关的技术信息资料。

阅读部件或机器的相关文字等技术资料，并作如下分析：

①分析工作原理。对尚未拆卸的部件进行多方位的观察，分析测绘部件的外形特点、技术特点，研究分析部件的结构组成、装配关系及工作原理。

②确定表达方案。根据部件的结构外形特点，分析部件装配图表达方案。

③确定图幅大小。根据部件的实际大小，确定所测绘使用图幅的大小。

9.3.2　部件测绘的步骤

部件测绘分为拆卸部件之前测绘和拆卸部件之后测绘。

1. 拆卸部件之前测绘

(1)绘制中心线。根据确定的图幅大小,绘制中心线、对称线、基准线等。

(2)测绘并反算重要设计尺寸。确定装配图表达方案以后,在没有拆卸部件之前,根据测量基准或安装基准,反算部件的某些重要设计尺寸,并进行及时的记录。此设计尺寸要在测绘零件后进一步计算核对。

如图 9-1(a)所示齿轮泵经过拆卸以后,有些零件(如垫片是易损件),经过拆卸后,再装上使用,影响设备的密封和整体性能,从而直接影响部件的重要设计尺寸,所以重要的设计尺寸,在没有拆卸齿轮泵之前,要根据测量基准,测量相关尺寸数据后,反推计算得出,并要求及时标注在测绘中心线草图中,如进油腔中心与带轮宽度对称线之间的距离 l_1,要在拆卸设备之前测量,通过过度尺寸的测绘,反推计算获得,并及时标注,l_2,l_3同理。如图 9-11(a)、(b),此设计尺寸将来测绘零件后要进一步计算核对。

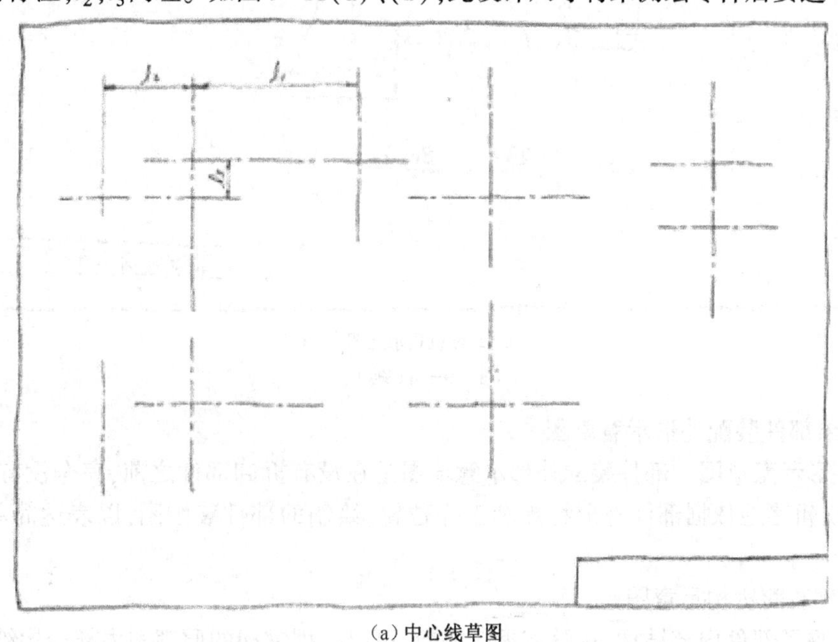

(a) 中心线草图

(b) 装配外形示意图

图 9-11

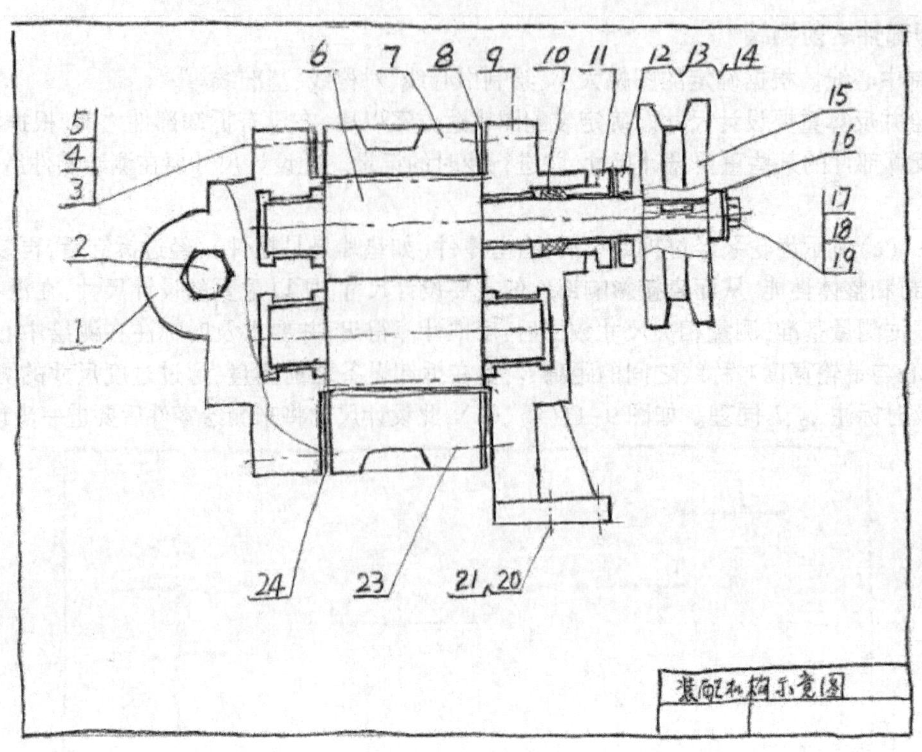

（c）装配机构示意图

图　9-11(续)

(3)绘制测绘部件装配外形示意草图

部件装配外形示意草图　部件装配外形示意草图是在没有拆卸部件之前，完全没有掌握内部结构的前提下，第一次粗略地依据部件外形特点和工作位置，绘制的部件装配图，以表达简单的装配关系。如图 9-11(b)所示。

(4)绘制部件装配机构示意图

如果早已掌握了部件内部结构，在没有拆卸之前，可以根据掌握的原理和内部结构绘制出装配机构示意草图，如图 9-11(c)所示。

部件装配机构示意图是用简单的线条和符号示意性的画出部件图样。绘制时应采用国家标准《机械制图　机构运动简图符号》(GB/T 4460—2013)中所规定的符号，可参见有关技术标准。

装配示意机构草图是用来表示部件中各零件的相互位置和装配关系的示意性图样，是重新装配部件和画装配图的参考依据。

(5)测绘记录重要尺寸

在没有拆卸部件之前，需要测量部件的重要安装尺寸、总体尺寸、规格尺寸，并进行及时的记录。

2. 拆卸部件之后测绘

对上述数据记录之后，在初步了解了部件工作原理及结构的基础上，对部件进行拆卸，要按照主要装配关系和装配干线，或按照系统功用依次拆卸各零件，分析观察部件的内部结构，在掌握部件内部零件详细结构和装配关系之后，对部件中的零件进行测绘。

拆卸时为了避免零件的丢失与混乱，一方面要妥善保管零件，另一方面可对各零件进行编号或做标记，并分清标准件与非标准件，作出相应的记录。

1)对部件中的零件进行测绘

通过对各零件的作用和结构的仔细观察分析，进一步熟悉各零件间的装配关系。要特别注意零件间的配合关系，弄清其配合性质。

(1)对部件中标准件的测绘

对于标准件，一般不需要画出零件草图和零件图，只需正确测量其工程尺寸、规格尺寸、主要尺寸，然后查阅国家设计手册有关标准,确定标准件类型、规格和国家标准代号,核对写出规定标记,并将其注入示意图中,或用文字说明,或填入装配图明细表中。

对成套使用的螺纹紧固件,如螺栓、螺母、垫圈,以及轴用挡圈、轴端挡圈、销、键等标准件,可以测量记录其工程直径、工程长度或者是规格尺寸,然后查找有关设计手册,记录其国家标准代号和标记,并填入装配图明细表中。

对于滚动轴承标准件,要记录其刻记数据,如果没有刻记,测量记录其内外径和宽度等规格尺寸。

对非标准件上的标准结构,同样测量记录主要尺寸,但对于键和键槽,不仅要测量零件上的相关尺寸,而且要查标准手册核对零件上的有关键和键槽尺寸是否选用正确,选用不正确应及时修正。

(2)借用零件

借用零件一般不需另绘零件图,在技术文件中,读取这类零件的图号或重要规格数据,如果只有图号,没有重要数据,也需测绘画图。

(3)特殊零件

设计时确定的特殊零件,在技术文件中附有特殊零件的图样或重要数据,以供读取所需要的技术信息,应按给定的图样或数据绘制零件图。

(4)常规非标准零件

非标准零件,测绘方法详见本章零件测绘。按照要求,绘制零件,绘制测绘草图。

2)绘制部件装配草图

在掌握部件内部详细结构或测绘完内部重要零件结构之后,在上述部件装配外形结构示意图基础上,进行剖视表达,以表达内部零件结构和装配关系。进一步补充完善部件装配草图。

3)测绘并标注尺寸

在装配图草图中,应该标注拆卸之前和拆装之后的测量的重要尺寸。

规格性能尺寸:如进出油口规格尺寸、两轴线间距。

装配尺寸:键连接、轴瓦与孔、轴的配合,销连接,铰制孔螺栓连接等配合尺寸。轴承内圈与轴,轴承外圈与孔的配合尺寸。

关键零件间装配尺寸:零件之间要求配合的装配尺寸等,如齿轮中心距的尺寸公差。

总体尺寸:部件总体长、宽、高等尺寸。

安装尺寸:部件与底座安装的安装孔的直径、孔距、轴端直径、轴颈长等。

其他重要尺寸:涉及到部件以外的协调关系的尺寸,如齿轮齿宽等。

4)明细表

根据外部看到的零部件数量和内部的零件数量,整理写出明细表。

5)技术说明

写出对部件的装配要求、调试、检验要求等相关技术内容,如转动平稳,无松动现象、无异常响声;连接处不应有漏油现象,接触面检验方法等。

6)完成装配草图

仔细检查视图表达、标出序号,检查尺寸标注、查阅相关技术标准,计算、修改和核对相关数据后,绘制完善装配图,填写标题栏。

9.3.3 万向台钳测绘案例

1. 工作原理

万向台钳工作原理:多功能万向台钳属机械加工的通用装夹工具,其工作原理是:

转动手柄,调整座垫上下移动到合适位置,使座垫吸附安装在工作台面;松开旋柄,钳身可以在水平面和垂直面内360°范围内转动,调整适合的工作角度。旋转手杆,带动螺杆旋转,螺杆带动钳口作轴向移动,调整钳口开口度。

2. 万向台钳结构组成

通过了解相关的技术信息资料和技术说明等，在掌握万向台钳的功用和工作原理基础上，我们进一步分析部件的结构组成。

没有拆卸之前从外形观察万向台钳，如图 9-12 所示，为了分析方便起见，根据功能和装配单元对万向台钳部件进行分析，万向台钳主要由 17 个(含标准件)零部件组成。具体组成见表 9-3。

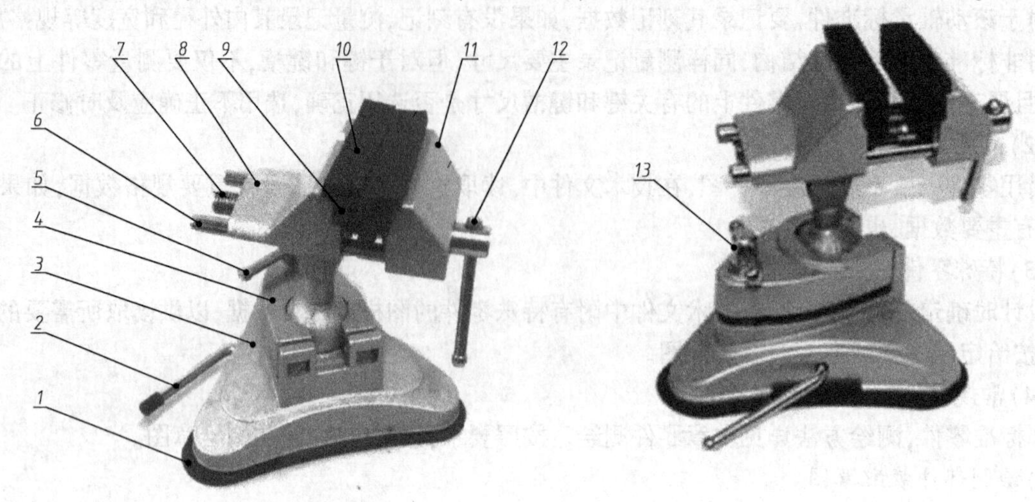

(a) 万向台钳　　(b) 万向台钳

图 9-12　万向台钳组成示意图

表 9-3　万向台钳零部件组成

序号	名称	数量	类型	序号	名称	数量	类型
1	座垫	1	部件	10	衬垫	2	零件
2	手柄	1	零件	11	主钳口	1	零件
3	底座	1	零件	12	旋杆	1	零件
4	球座	1	零件	13	短螺杆	1	零件
5	旋柄	1	零件		螺钉	4	标准件
6	光杆	2	零件		垫片	4	标准件
7	螺杆	1	零件		垫圈	1	标准件
8	钳口	1	零件		挡圈	1	标准件
9	钳舌	2	零件				

注：标准件未在图中指出。

3. 万向台钳测绘步骤

1) 拆卸之前测绘工作

(1) 确定表达方案

通过了解外形特点、运动规律、分析工作原理、结构组成和工作状态，初步确定部件装配图视图表达方案。选定主视图，俯视图、左视图表达的侧重点。视图初步表达方案示意图，如图 9-13 所示。

①主视图按照工作状态布置，钳口水平调整，按轴线的水平位置放置，符合部件的工作状态和结构特征。

②在视图表达中，尽可能多地反应装配结构和零件外形。主视图、左视图布置能够反应更多零件装配信息。仰视图反应安装信息。

(2) 绘制中心线

根据万向台钳实体的大小，确定图幅大小，绘制中心线、对称线、基准线等，如图 9-14 所示。

(3) 测绘并反算重要设计尺寸

对于尺寸 L_1 和 e，要求在测绘前和测绘后核对其尺寸；需要在拆卸万向台钳之前测量尺寸，拆卸后测绘主钳口的球心位置，计算出 L_1 和 e，如图 9-14 所示。

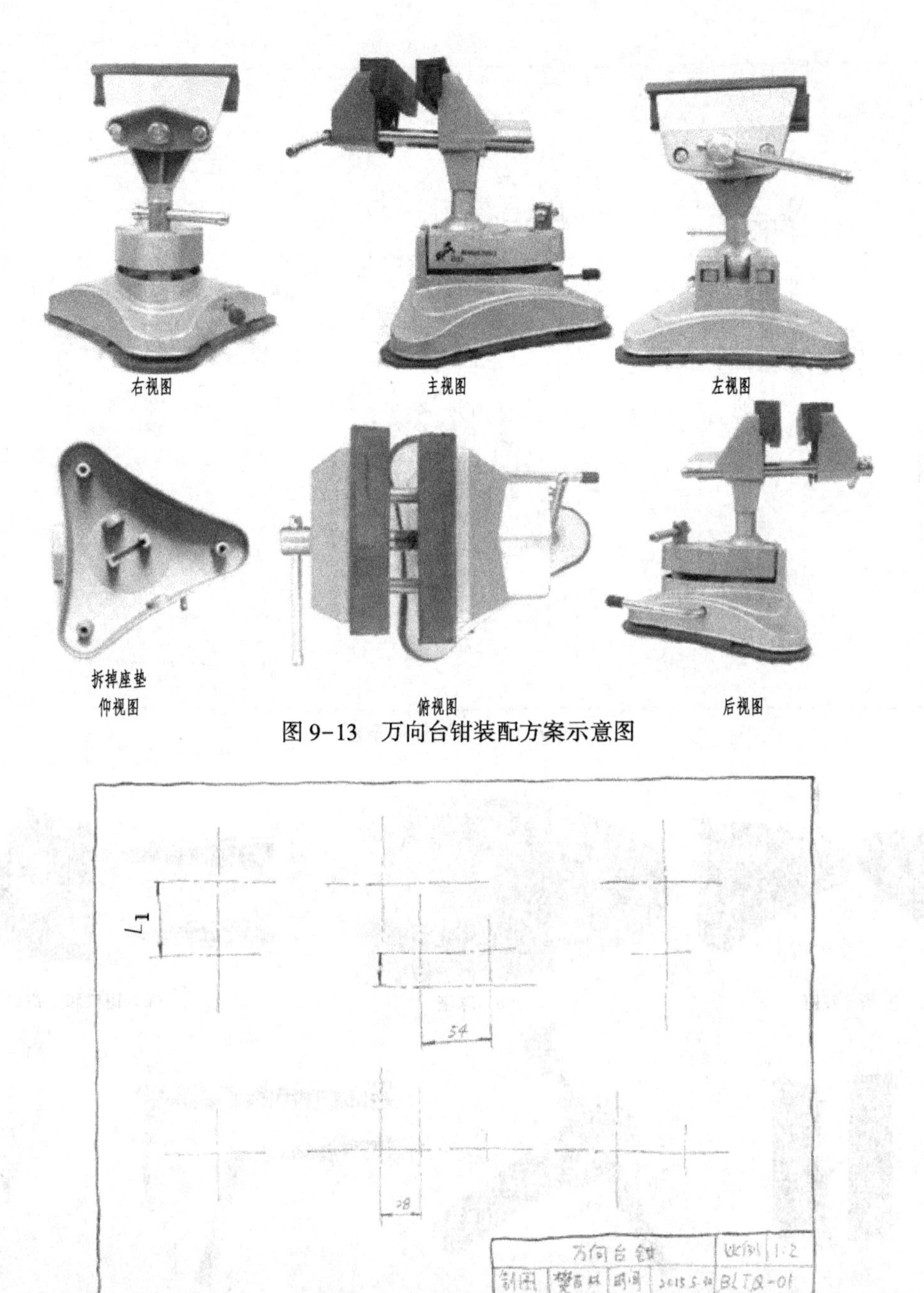

图 9-13　万向台钳装配方案示意图

图 9-14　绘制中心线草图

(4)绘制测绘部件装配外形示意草图

在没有拆卸万向台钳之前,绘制万向台钳装配外形示意草图,在装配外形示意草图中,标注部件总体长、宽和高的尺寸,测绘重要的安装尺寸,并进行标注或者及时记录,要求尺寸标注符合标注规范,如图 9-15 所示。

2)拆卸万向台钳后测绘工作

(1)拆卸部件

以上重要尺寸测绘完成后,拆卸万向台钳,按照系统功用和装配干线,拆卸钳舌、钳口、底座等部件,如图 9-16 所示。

分析观察部件的内部结构,分析零件的功用,在掌握部件内部零件详细结构和装配关系之后,对部件中的零件进行测绘。

拆卸时为了避免零件的丢失与混乱,需要妥善保管零件并对各零件进行分类、编号或作标记,并作出相应的记录。

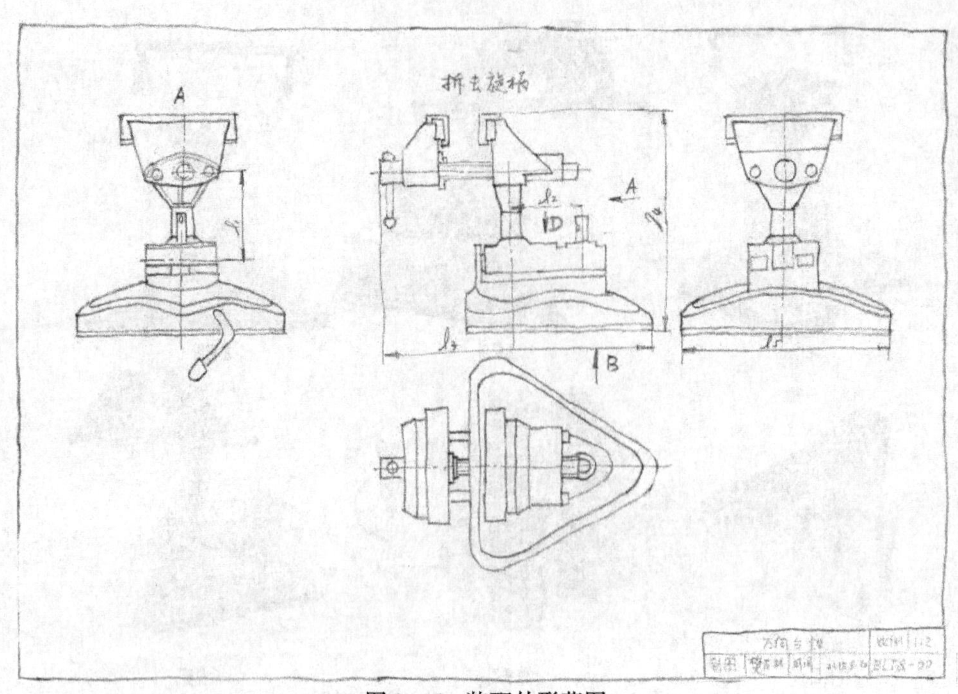

图 9-15　装配外形草图

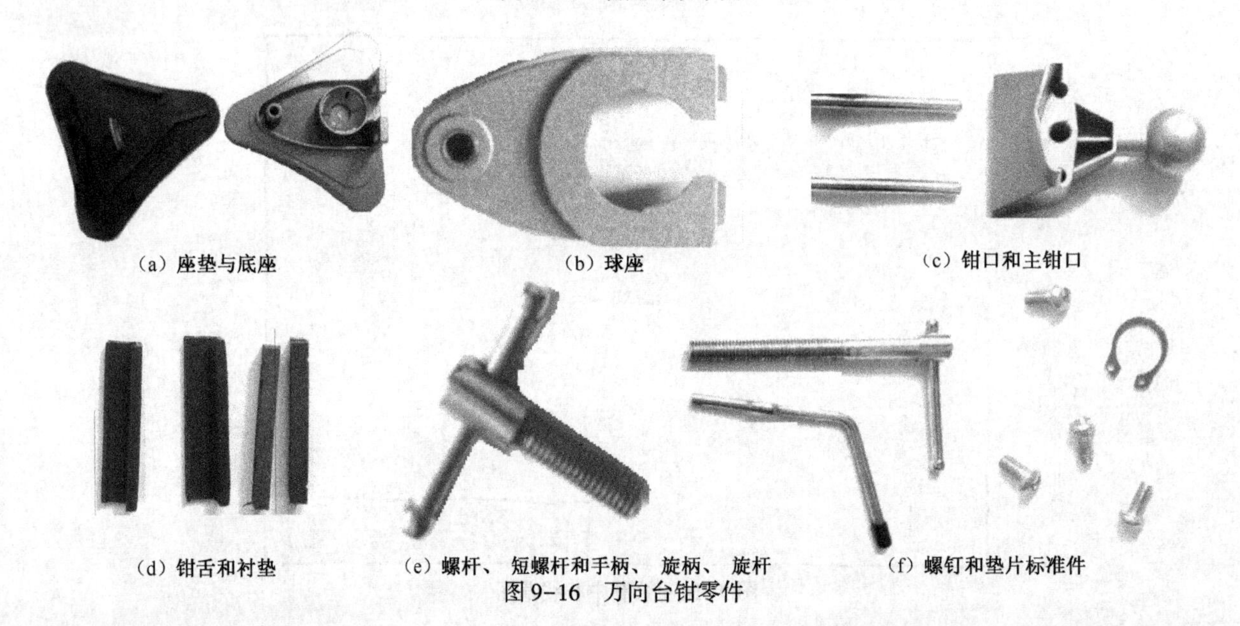

（a）座垫与底座　（b）球座　（c）钳口和主钳口

（d）钳舌和衬垫　（e）螺杆、短螺杆和手柄、旋柄、旋杆　（f）螺钉和垫片标准件

图 9-16　万向台钳零件

(2)部件中的零件测绘

通过对各零件的功用和结构仔细分析,进一步熟悉各零件间的装配关系,特别注意零件间的配合关系以及配合性质。

零件分为标准件和非标准件。

万向台钳中使用的螺钉、垫片、挡圈等标准件,按照标准件测绘方法、测量记录其规格尺寸、工程直径、工程长度等并及时记录。

测绘常规非标准件,按照零件测量方法,逐个测量,绘制零件草图并及时标注尺寸。

(3)剖视表达内部结构

在掌握部件内部详细结构或测绘完内部重要零件结构之后,在部件装配外形结构示意图基础上,进行剖视表达,以表达内部零件结构和装配关系。进一步补充完善部件装配草图,如图 9-17(a)所示。

(4)标注尺寸

在装配草图中,标注规格尺寸,标注配合尺寸、总体尺寸等。万向台钳测绘装配草图尺寸标注,如图 9-17(b)所示。

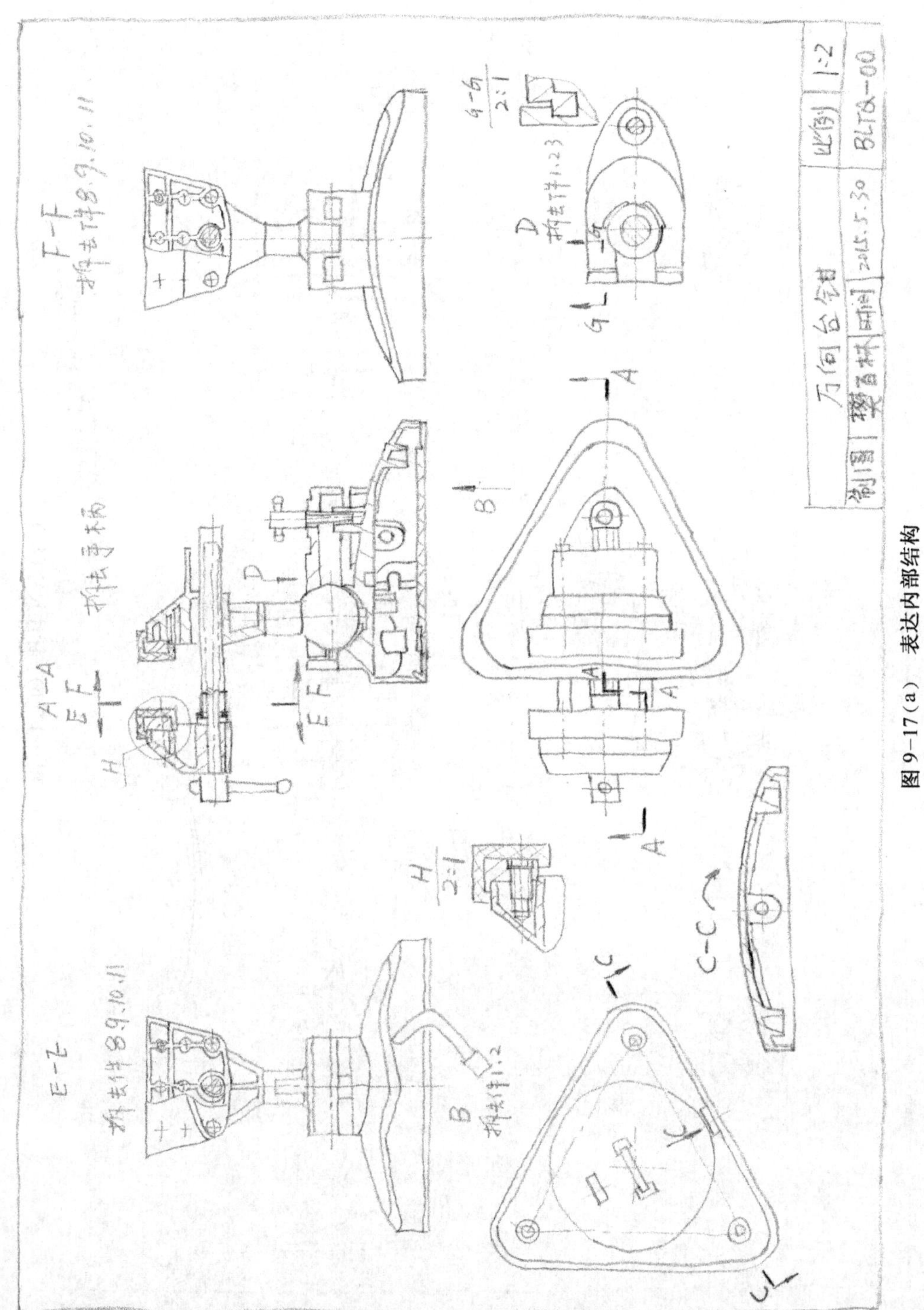

图 9-17（a） 表达内部结构

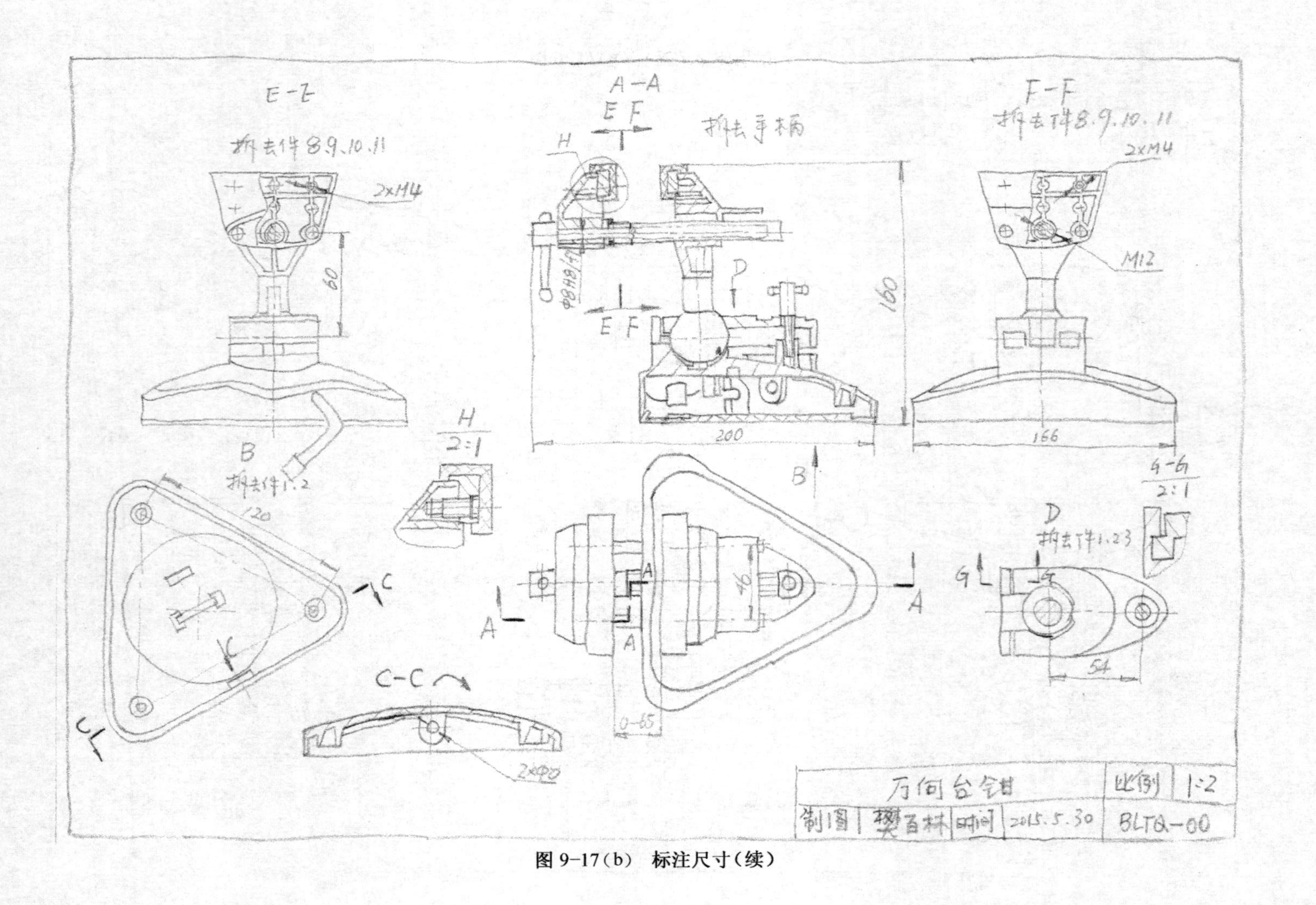

E-E
拆去件8.9.10.11
2×M4
60
A-A
E F
拆去手柄
H
160
200
F-F
拆去件8.9.10.11
2×M4
M12
166
B
拆去件1.2
120
H
2:1
B
D
拆去件1.23
G-G
2:1
54
C-C
2×Φ10
0~65
万向台钳
比例
1:2
制图
时间
2015.5.30
BLTQ-00

图 9-17(b) 标注尺寸(续)

万向台钳装配图表达分析：

在图 9-17(b)中，主视图主要表达装配主干线。

主视图表达钳口传动装配，包括钳口与螺杆和光杆之间的装配关系，钳口与钳舌、衬套、螺钉之间的装配关系；钳口与球座之间的装配关系，底座与座垫之间的装配关系。

俯视图主要表达外形。

左视图拆去了钳舌、衬套等零件，表达钳口外形和内部结构。

右视图拆去了钳舌、衬套等零件，表达钳口外形和内部结构。

B 向视图表达底座内部结构。

D 向视图表达球座外形。

C—C 视图表达底座的手柄调整安装孔的位置和大小。

G—G 视图 表达底座与球座之间的局部装配关系。

(5)序号和明细表

整理明细表，在测绘装配草图中标出序号或另附明细表，如图 9-18 所示。

(6)技术说明

写出对部件的装配要求、调试、检验等相关技术内容，见图 9-19 所示。

17	TQBLW-13	旋柄	Q235	1
16	TQBLW-12	短螺杆	45	1
15	TQBLW-11	球座	HT200	1
14	TQBLW-10	主钳口	HT200	1
13	GB/T893.1	挡圈12	65Mn	1
12	GB/T848	垫圈12	Q235	1
11	TQBLW-09	衬垫	橡胶	2
10	TQBLW-08	钳舌	HT200	2
9	GB/T971-2002	垫片	Q235	4
8	GB/T5783-2000	螺钉M4×8	Q235A	4
7	TQBLW-07	钳口	QT-400-16	1
6	TQBLW-06	光杆	45	1
5	TQBLW-05	旋杆	Q235A	1
4	TQBLW-04	螺杆	45	1
3	TQBLW-03	底座	HT150	1
2	TQBLW-02	手柄	Q235A	1
1	TQBLW-01	座垫	橡胶	1
序号	图号	名称	材料	数量

图 9-18　明细表

技术说明

1. 旋转手柄，调整垫上下移动到适合位置，使座垫吸附在工作台面。
2. 松开旋柄，钳口可以在360°范围内根据需要调整角度
3. 旋转旋杆，调整主钳口左右移动，调整钳口工作范围。

图 9-19　技术说明

(7)完善装配图

仔细检查视图表达、尺寸标注、查阅相关技术标准,标注配合尺寸,计算、修改和核对相关数据后,填写标题栏,绘制完善装配草图。

用计算机绘制万向台钳装配图,如图 9-20(a)、(b)、(c)、(d)所示。

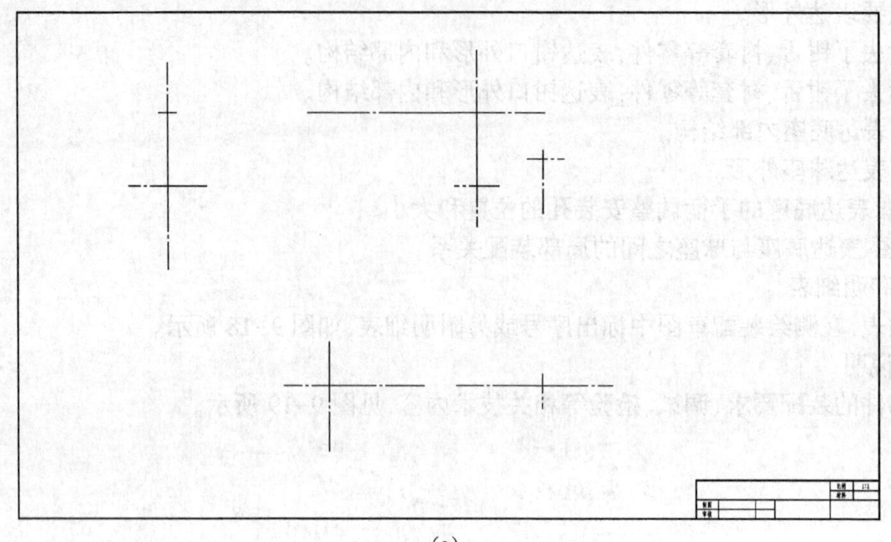

(a)

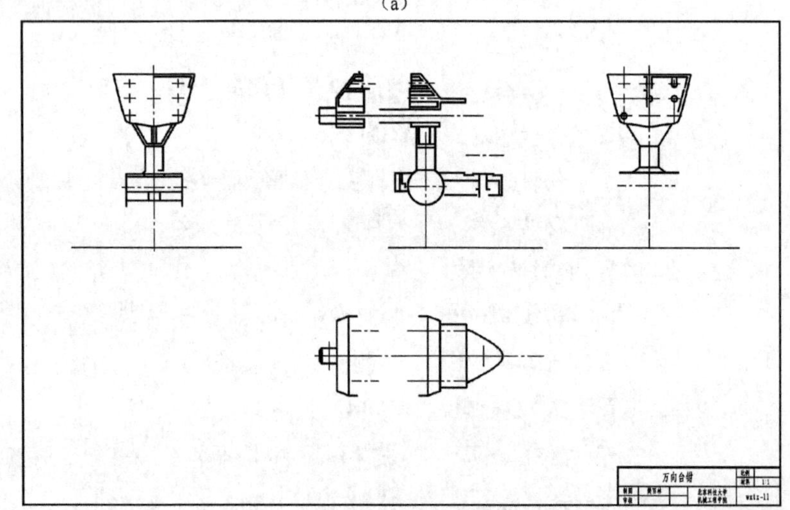

(b)

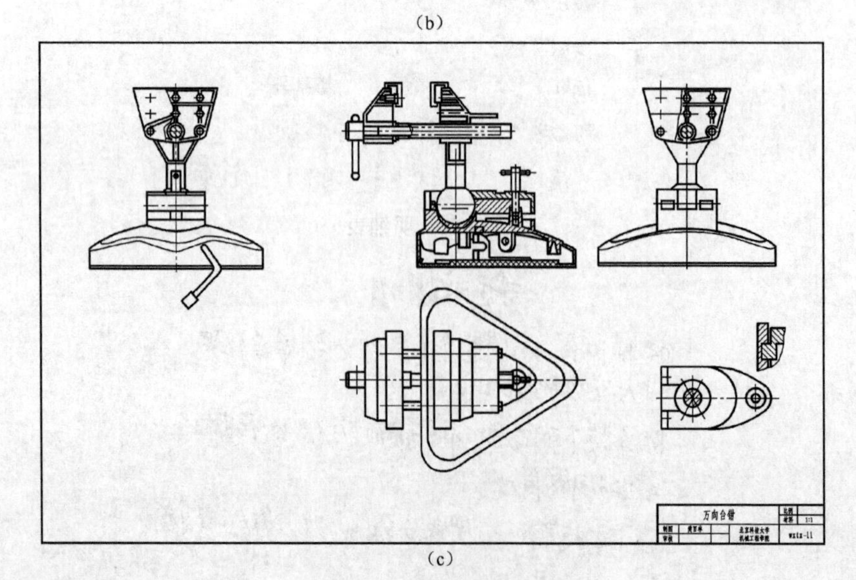

(c)

图 9-20　万向台钳装配图

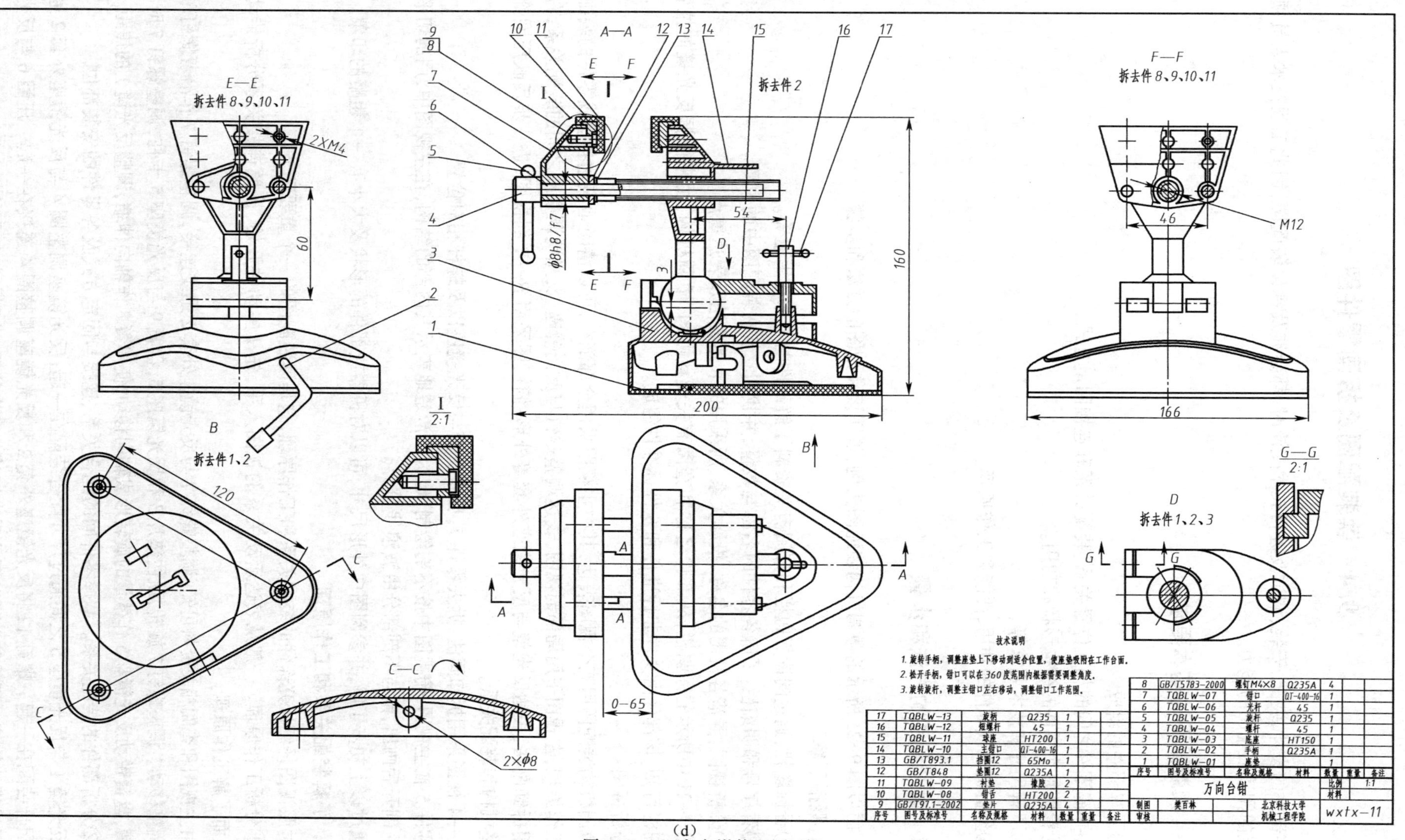

技术说明

1. 旋转手柄，调整座垫上下移动到适合位置，使座垫吸附在工作台面.
2. 松开手柄，钳口可以在360度范围内根据需要调整角度.
3. 旋转旋杆，调整主钳口左右移动，调整钳口工作范围.

序号	图号及标准号	名称及规格	材料	数量	重量	备注
17	TQBLW-13	旋柄	Q235	1		
16	TQBLW-12	短螺杆	45	1		
15	TQBLW-11	球座	HT200	1		
14	TQBLW-10	主钳口	QT-400-16	1		
13	GB/T893.1	挡圈12	65Mo	1		
12	GB/T848	垫圈12	Q235A	1		
11	TQBLW-09	衬垫	橡胶	2		
10	TQBLW-08	钳舌	HT200	2		
9	GB/T97.1-2002	垫片	Q235A	4		
8	GB/T5783-2000	螺钉M4×8	Q235A	4		
7	TQBLW-07	钳口	QT-400-16	1		
6	TQBLW-06	光杆	45	1		
5	TQBLW-05	旋杆	Q235	1		
4	TQBLW-04	螺杆	45	1		
3	TQBLW-03	底座	HT150	1		
2	TQBLW-02	手柄	Q235A	1		
1	TQBLW-01	座垫		1		

万向台钳				比例	1:1
				材料	
制图	樊百林		北京科技大学 机械工程学院	wxtx-11	
审核					

(d)
图9-20　万向台钳装配图(续)

9.4 读装配图及拆画零件图

在部件的设计、装配、安装、调试及进行技术交流时，都会涉及到读装配图，因此工程技术人员须具备一定的阅读装配图的能力。

9.4.1 读装配图的基本要求

①了解部件的组成。

②弄清零件之间的相互位置关系、装配关系和连接固定方式。

③看懂每个零件的结构形状和功用。

④了解尺寸和技术要求等。

⑤分析机器或部件的功用、性能和工作原理。

9.4.2 读装配图的方法和步骤

下面以图9-21所示的微调机构装配图为例，说明读装配图的方法和步骤。

1. 概括了解

①看标题栏：通过阅读标题栏和查阅有关资料了解部件的名称和用途等。

②看序号和明细栏：了解各零件的名称与数量，并找到它们在装配图中的位置。

③分析视图：弄清各视图的名称、投影关系、所采用的表达方法及表达重点。

图9-21中所示的标题栏，从部件名称和查阅有关资料可知，微调机构，用来微调反光镜的位置。从明细栏可知，该部件由9件非标准件和5件标准件组成。

分析视图：

微调机构装配图用五个视图表达，其中主视图采用全部剖视，可以清晰地表达各组成零件的装配关系和工作原理；左视图采用局部剖视图，表达调整螺钉与反光镜座、反光镜调整圈之间的装配关系；右视图使用拆卸画法，表达反光镜与反光镜座外套等外形；俯视图采用 *B—B* 剖视图，进一步反映压圈部位的调整机构和装配关系。

A—A 视图采用拆卸画法，拆去零件7，反映盘簧与反光镜座以及螺杆相对位置。

零件5在主视图、俯视图中按不剖绘制，但为了清楚地表示其内部的结构，在左视图中，用剖切平面局部地剖开后画出，剖与不剖部分由波浪线分界。

通过以上初步了解，并参阅图中外形尺寸，可以对机器或部件的形状及大小有一个粗略的印象。

2. 了解装配关系和工作原理

对照视图仔细研究部件的装配关系和工作原理，这是读装配图的一个重要环节。

①分析工作原理。一般从表达运动关系的视图入手，先从主动件开始，按照连接关系分析传动路线，从而了解工作原理。

由主视图和查阅相关资料可知，调整螺钉7与反光镜座外套2螺纹连接，调整螺钉7作沿着螺钉轴线方向调整移动。调整螺钉7旋转，顶住垫片3和反光镜座5，盘簧9与反光镜座5卡住，调整螺钉7时，带动盘簧，盘簧带动反光镜座5作微量的旋转形成轴向移动，使弹簧8作轴向伸缩，调整反光镜1的焦距。

②分析部件的装配关系。掌握零件间的配合关系、连接与固定方式及各零件的安装部位。

反光镜1与反光镜座5之间通过尺寸配合装配在一起；反光镜座调整圈4与反光镜座外套2通过尺寸配合装配在一起。螺钉12将反光镜座外套2和反光镜座调整圈4连接在一起。压圈6与反光镜座5通过螺纹连接。压圈移动可以调整反光镜片的微小位置，达到调焦的目的。

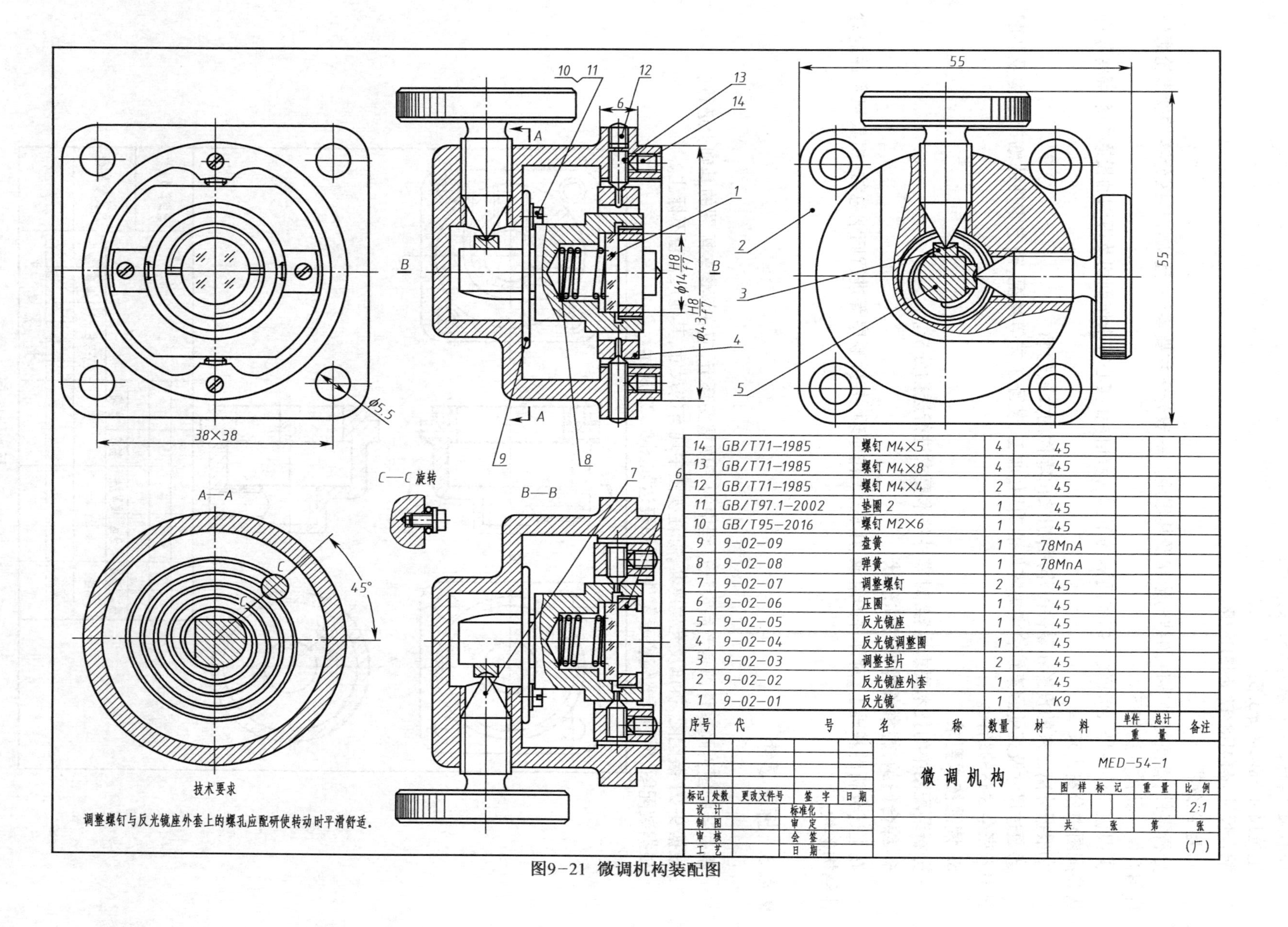

序号	代号	名称	数量	材料	单件重量	总计重量	备注
14	GB/T71—1985	螺钉 M4×5	4	45			
13	GB/T71—1985	螺钉 M4×8	4	45			
12	GB/T71—1985	螺钉 M4×4	2	45			
11	GB/T97.1—2002	垫圈 2	1	45			
10	GB/T95—2016	螺钉 M2×6	1	45			
9	9-02-09	盘簧	1	78MnA			
8	9-02-08	弹簧	1	78MnA			
7	9-02-07	调整螺钉	2	45			
6	9-02-06	压圈	1	45			
5	9-02-05	反光镜座	1	45			
4	9-02-04	反光镜调整圈	1	45			
3	9-02-03	调整垫片	2	45			
2	9-02-02	反光镜座外套	1	45			
1	9-02-01	反光镜	1	K9			

图9-21 微调机构装配图

3. 尺寸分析

分析装配图上的尺寸，掌握部件的规格、零件间的配合性质以及外形大小等，如图9-21所示。

外形尺寸：总长45，总高55，总宽55；

定位尺寸38×38、ϕ5.5；

配合尺寸：ϕ14H8/f7、ϕ43H8/f8。

4. 零件分析

分析零件，看懂每个零件的结构形状及其作用。一般先看主要零件，且从容易区分零件投影轮廓的视图开始。具体方法如下：

①根据零件序号，剖面线方向和间隔的不同、标准件和实心杆未作剖切及视图的投影关系等将零件从装配图中分离出来。

②根据分离出来的投影和零件的作用，想象出零件的大致轮廓。

③通过尺寸及其他因素综合考虑零件的功用、加工、装配工艺等情况，确定零件的细部结构及装配图中未完全表达的结构。

5. 读懂技术要求

分析装配图中的技术要求内容，对零件技术要求进行透彻分析。

6. 综合归纳，想象部件的总体形状

在上述分析的基础上，对部件的组成、用途、工作原理、装拆顺序等进行归纳总结，想象出零件的总体结构形状。

9.4.3 拆画零件

根据装配图拆画零件图是产品设计过程中的一项重要环节，应在读懂装配图的基础上进行。

根据9-21装配图，拆画反光镜座套，标注视图中现有的尺寸，其他尺寸暂不标注。

根据装配图，拆画反光镜座套零件，视图表达如图9-22所示。

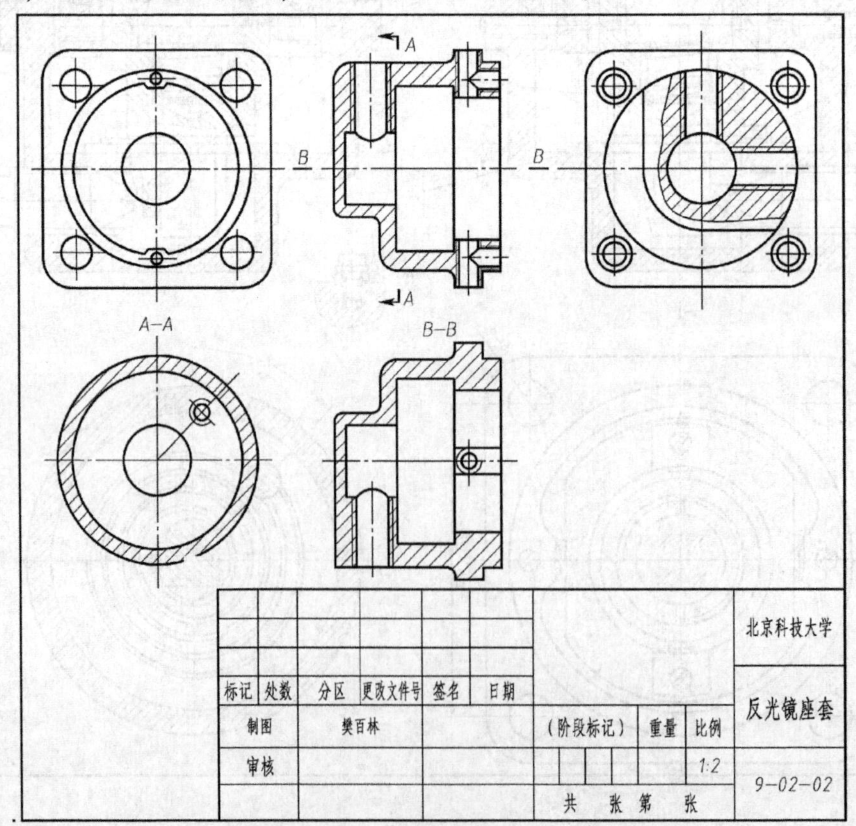

图9-22 反光镜座套

9.5 零件的测绘

零件测绘是指对给定的零件进行实际测量，根据测量的尺寸绘制零件表达方案草图，编制相应的技术文件，为仿制零件、修配零件和产品的开发设计提供技术文件和图样的过程。

通常技术人员在测绘零件草图过程中，由于零件的磨损和测量工具的误差以及测量者读取数据的误差，对于一些主要技术尺寸、标准部位的结构尺寸以及与标准件相配合的相关尺寸，需要参考国家标准和行业标准，与标准中相关数据核对后，记录下相关的标准结构尺寸。

9.5.1 测绘工具和使用方法

准备相应的测绘工具，如钢板尺、游标卡尺、游标测高仪、千分尺、外卡钳、内卡钳，百分表、塞尺、冲头、平行度测量仪和螺纹测量仪等工具。简单使用方法见表 9-4。

表 9-4 工具与测量

项目	用途	项目	用途
钢尺 三角尺	 测量长度	游标卡尺	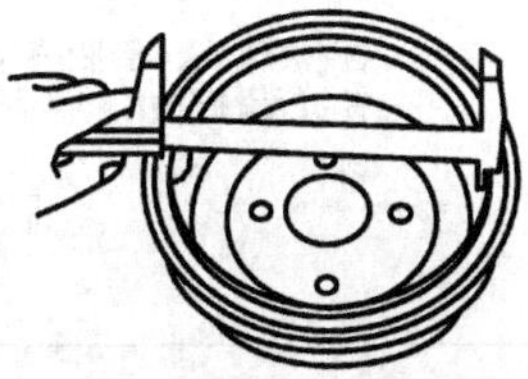 测量制动鼓内表面直径 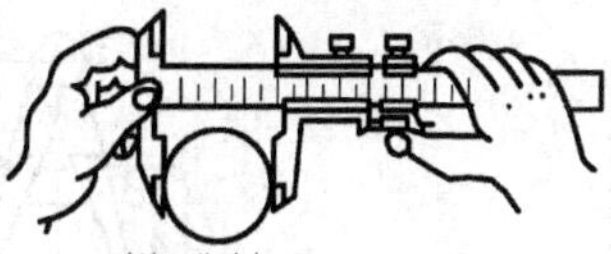 测量工件外径  测量深度
百分表	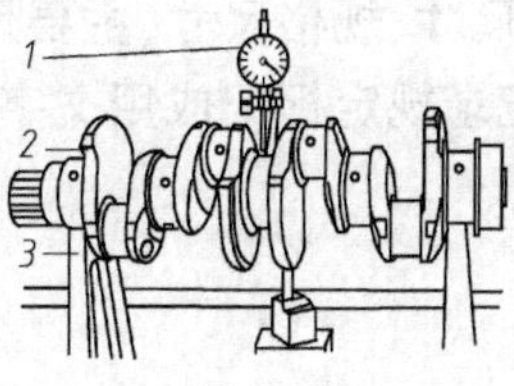 1 2 3 曲轴直线度测量	平行度测量仪	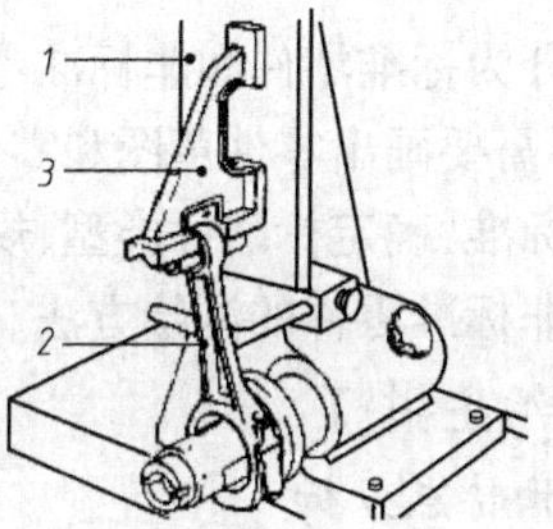 1 3 2 1—平行度测量仪；2—连杆；3—量规 检测连杆大小头孔平行度

续表

项目	用　　途	项目	用　　途
千分尺	活塞外径测量	冲头	密封检测:曲轴润滑油密封塞的密封检测
圆角规	圆角规测量圆弧半径:圆角规折叶能以任意角度在任何位置测量拐角内的圆角和半径	螺距规	4×螺距 P=L 螺距规测量螺纹螺距:螺距规上标有螺距,当与工件螺距符合时则为被测螺纹的螺距
内卡钳	内卡钳测量内凹尺寸	外卡钳	外卡钳测量外形尺寸

9.5.2　零件测绘实例

零件分为标准零件和非标准零件,对于标准件如螺栓、螺母、垫圈以及轴用挡圈、轴端挡圈、销、键等,一般不需要画出零件草图和零件图,只需正确测量其工程尺寸、规格尺寸、主要尺寸,然后查阅设计手册有关标准,确定标准件类型、规格和国家标准代号,核对记录规定标记或用文字说明。本节通过实例来阐述非标准零件的测绘方法。

1. 测绘主钳口

1)结构特点分析

主钳口是万向台钳的一个主要零件,其功用是夹持物件。如图 9-23 所示,根据外形特征分析,主钳口属于箱体类零件,通过铸造成型。

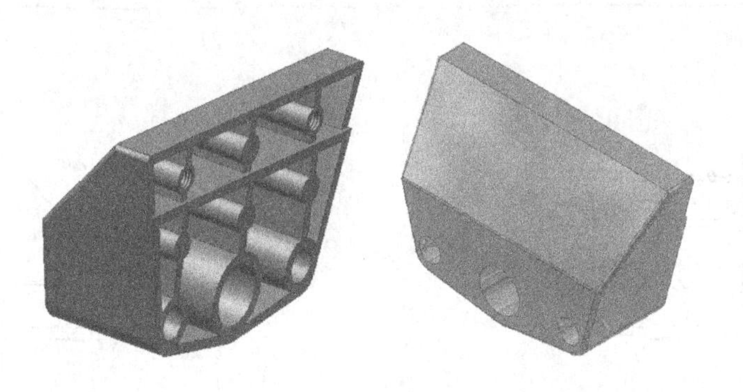

图 9-23　主钳口

表达方案分析:主视图表达钳口比较多的孔、沟槽、凸台等结构,左视图表达内部各个孔的结构,俯视图表达螺纹孔和壁厚等结构。

2) 测绘步骤

(1)在主钳口表达方案确定后,绘制中心线和基准线,如图 9-24(a)所示。

(2)利用工具进行尺寸、角度等的测量,绘制表达外形方案草图,如图 9-24(b)所示。

(3)进行剖切,表达内部结构,如图 9-24(c)所示,在需要进行标注尺寸的位置,如零件的定形尺寸、定位尺寸、安装尺寸等位置,绘出尺寸的尺寸界线、尺寸线及箭头等。

(4)根据测量尺寸,标注尺寸数字,查阅机械设计手册,标注有关尺寸公差和几何公差。完善齿轮泵体测绘零件图,如图 9-25 所示。

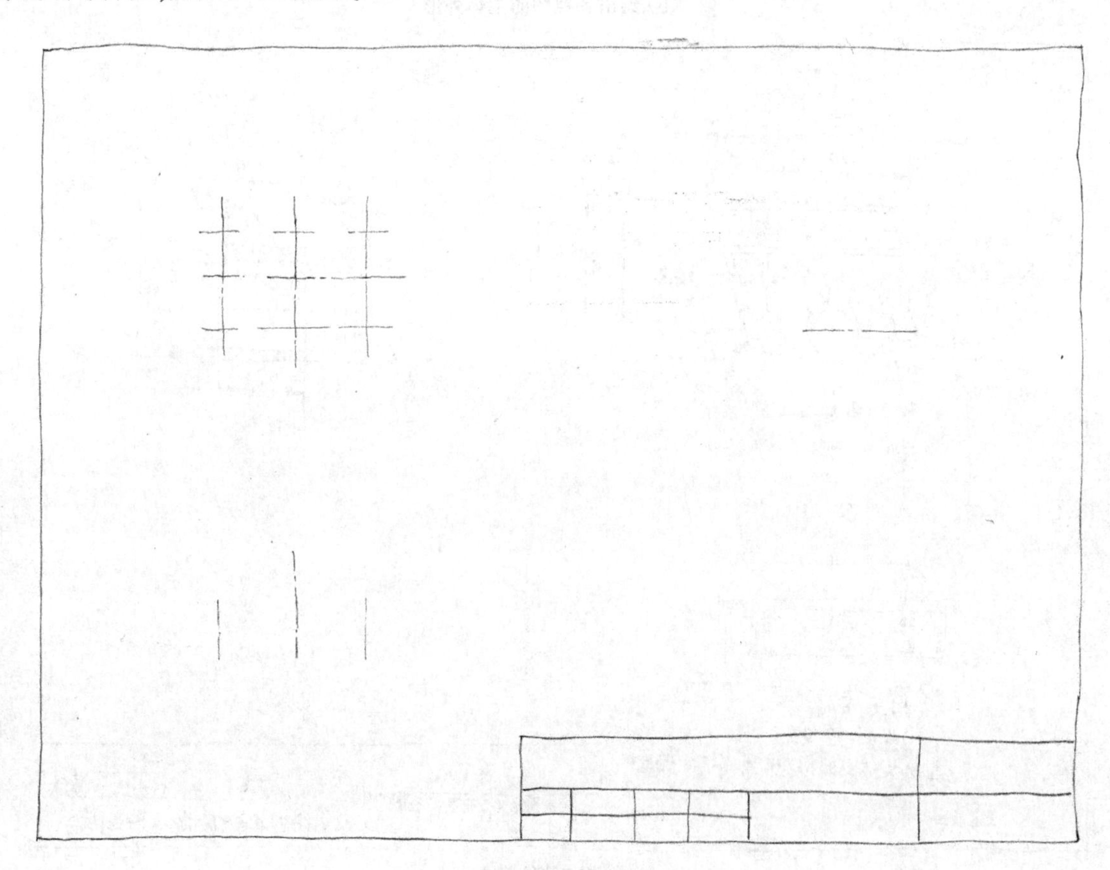

(a) 绘出各视图的中心线、基准线

图　9-24

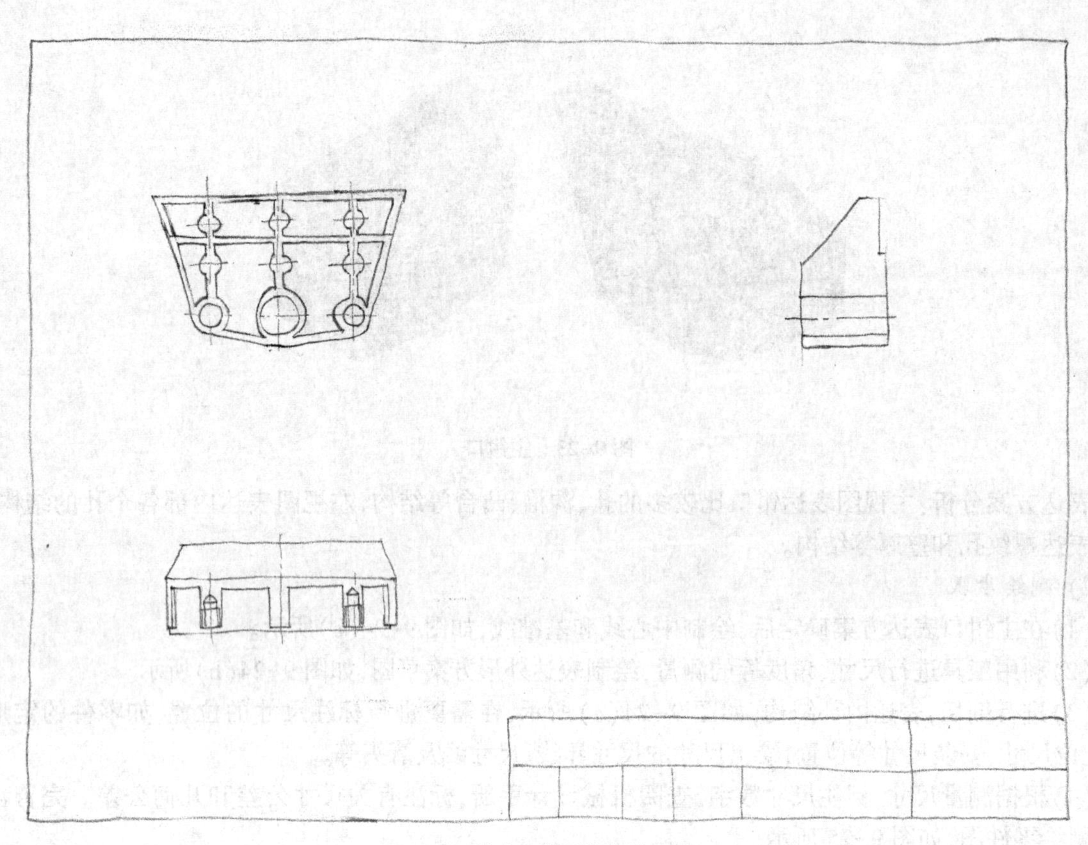

（b）绘出各视图的主体外形

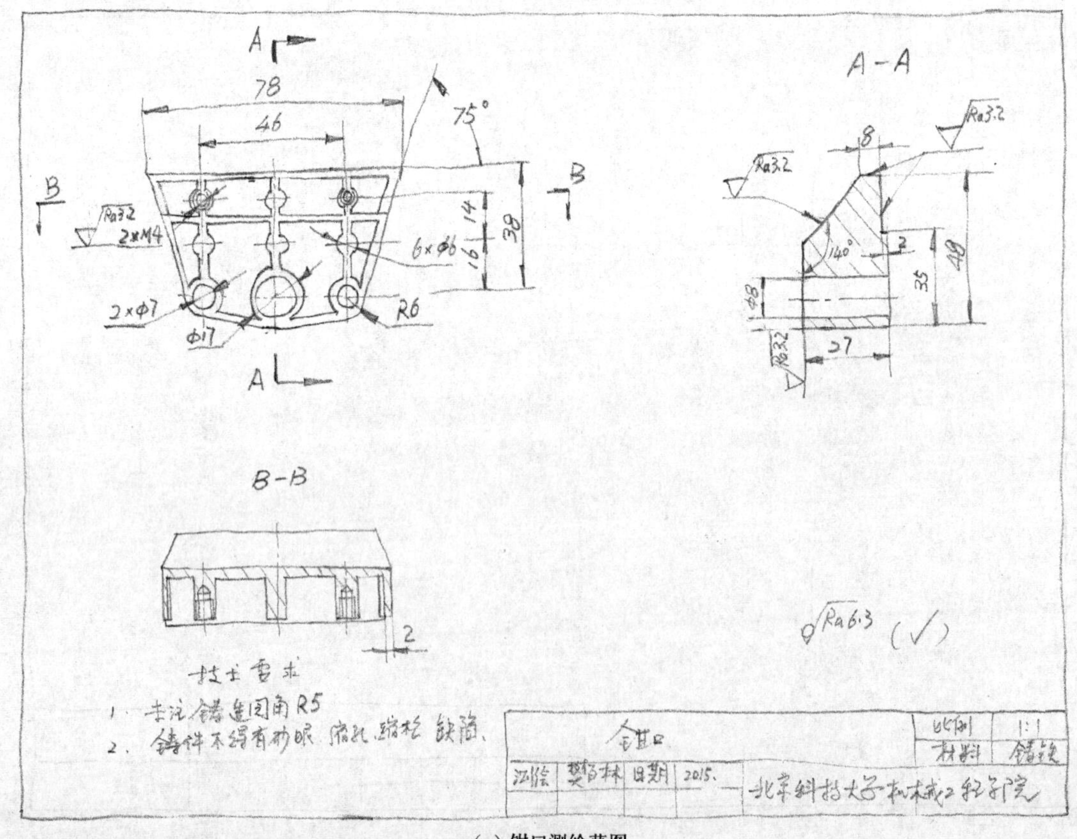

（c）钳口测绘草图

注：用计算机绘钳口图样时肋板注意不画剖面线

图　9-24

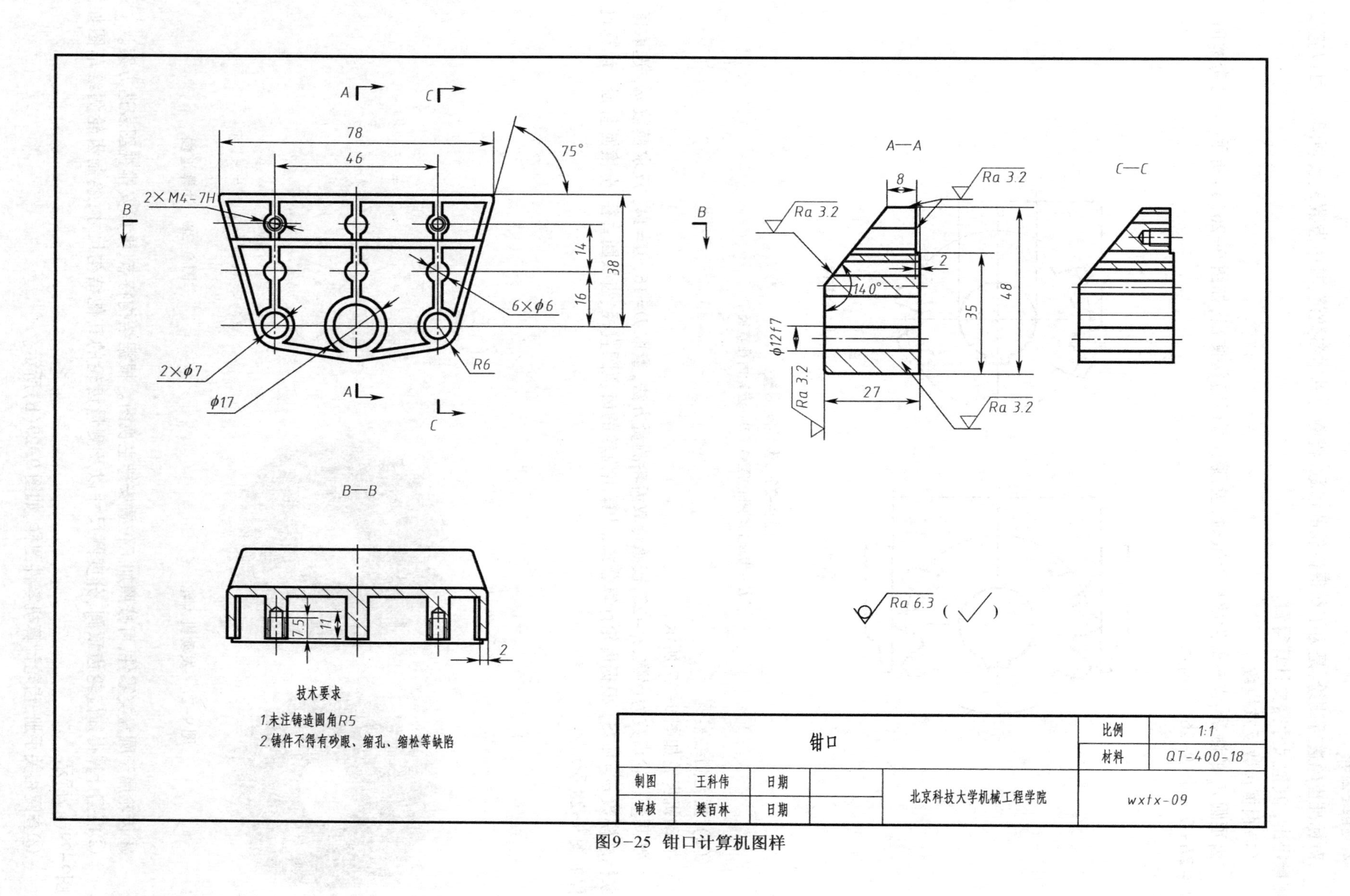

图9-25 钳口计算机图样

2. 测绘齿轮

对标准齿轮进行测绘,是为了获得齿轮的齿数、模数等基本参数值,其中齿数 z、齿顶圆 d_a 可以直接测量得出，其他尺寸需要计算得知。

(1)根据齿数反求模数

齿顶圆 d_a 的测量:齿轮的齿数是偶数时,齿顶圆可以直接测出,如图 9-26(a)所示,若为奇数时,$d_a=2H+D$,如图 9-26(b)所示。

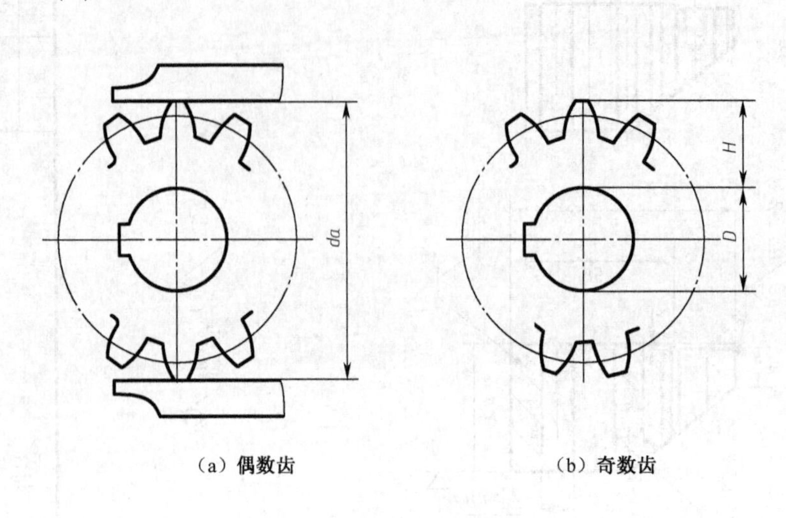

(a) 偶数齿　　(b) 奇数齿

图 9-26　齿顶圆测量

H—齿顶到轴孔的距离　D—齿轮内孔直径

(2) 齿轮测绘案例

发动机齿轮如图 9-27 所示。

被测量齿轮齿数为偶数,$z_1=23$,按照奇数齿轮测量方法,量取 $D=16$，$H=14$，反求模数 m，选取国家标准模数 $m=1.75$，根据齿轮计算公式,计算出齿轮的齿顶圆直径、齿根圆直径、分度圆直径，计算过程如图 9-28 所示。

图 9-27　发动机齿轮

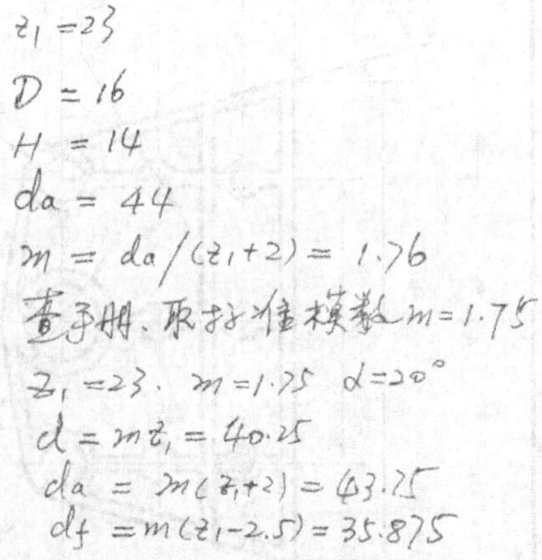

$z_1=23$

$D=16$

$H=14$

$da=44$

$m=da/(z_1+2)=1.76$

查手册,取标准模数 $m=1.75$

$z_1=23$. $m=1.75$　$\alpha=20°$

$d=mz_1=40.25$

$da=m(z_1+2)=43.75$

$d_f=m(z_1-2.5)=35.875$

图 9-28　计算过程

①齿轮属于圆盘类零件,可按照加工位置安排主视图。根据结构特点,考虑安排视图表达方案。

②根据计算得知齿轮齿顶圆、分度圆尺寸以及测量齿轮的其他结构尺寸,绘制齿轮测绘草图如图9-29(a)所示。

③查阅相关手册,齿轮计算机零件图样,如图 9-29(b)所示。

9.5.3 测绘注意事项

(1)零件制造时产生的误差、缺陷或使用过程中产生的磨损，如图形的不对称，图形不圆，以及砂眼、倒角和裂纹等不应照画。

(2)对于零件上的非主要尺寸应该四舍五入圆整为整数，并应选择标准尺寸系列的数据。

(3)对一些关键性技术尺寸，不能单纯靠测量得到，还需要通过设计计算来检验，如齿轮啮合中心距。

(4)零件上具有标准结构要素，如倒角、圆角、退刀槽、键槽和螺纹等尺寸，根据测量尺寸，需要查阅有关标准来最终选定。

(5)零件上与标准零件、部件(如滚动轴承)相配合的轴与孔的尺寸，可通过标准零部件的型号查阅设计手册确定。

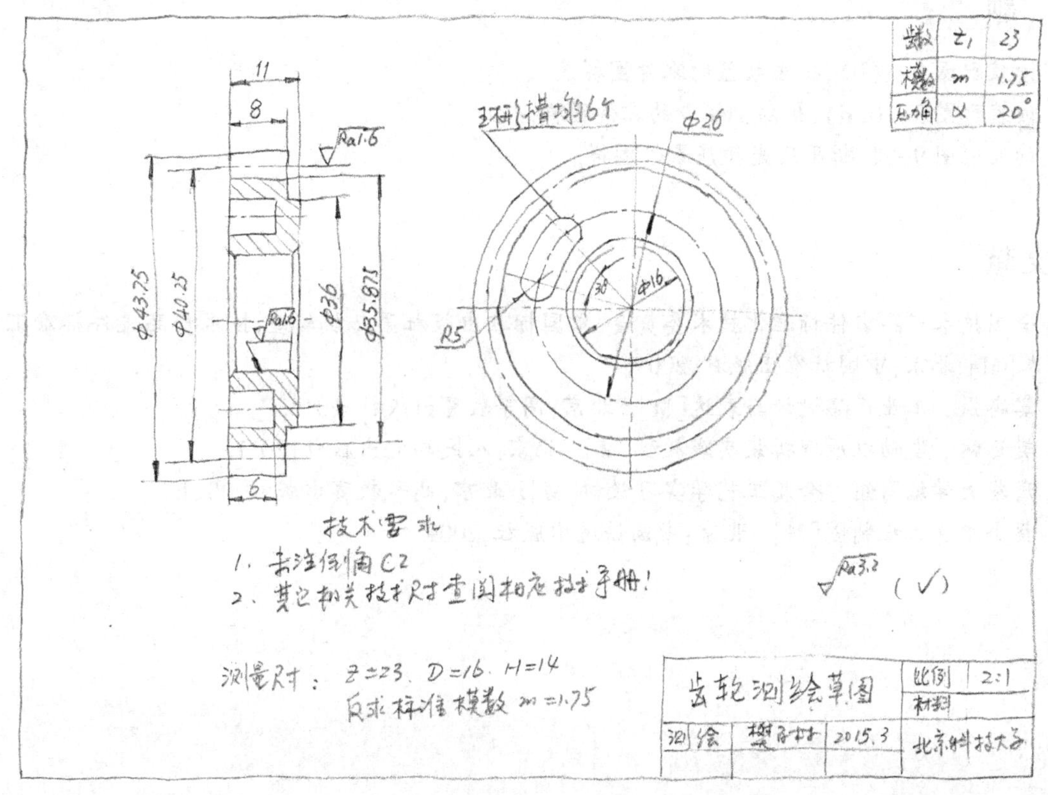

(a)

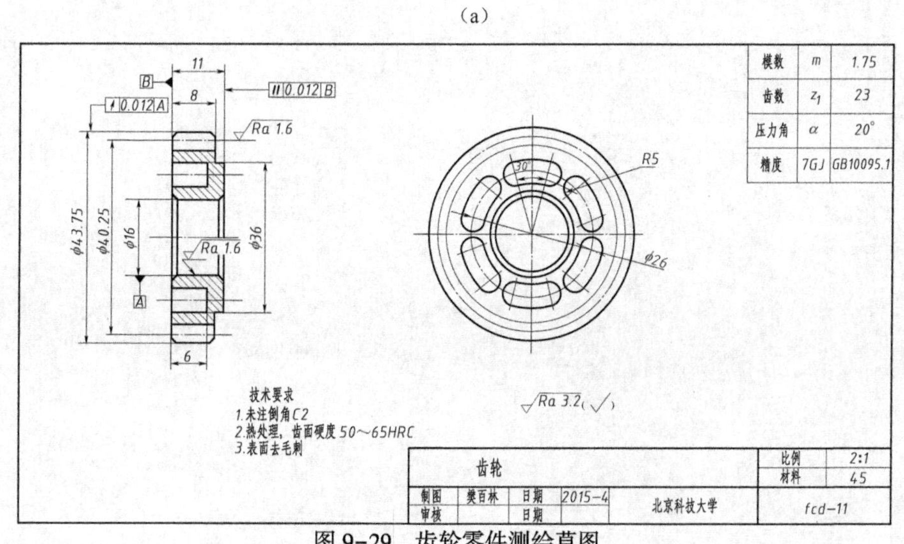

图 9-29 齿轮零件测绘草图

思 考 题

1. 发动机部件从外形上看是由哪些零件组成?
2. 万向台钳底座由什么工艺造型而成?
3. 装配图中序号有哪些要求?
4. 装配图中对尺寸标注有哪些要求?
5. 测绘零件应注意哪些内容?
6. 装配图中有哪些简化画法?
7. 装配结构设计中,应该注意什么原则?

习 题

1. 读装配图 9-1(b),拆画泵盖的零件图样。
2. 读装配图 9-20(d),拆画主钳口的零件图样。
3. 读装配图 9-21,拆画反光镜座零件图样。

参考文献

1. 全国技术产品文件标准化技术委员会,中国标准出版社第三编辑室.技术产品文件标准汇编:机械制图卷[M].北京:中国标准出版社,2009.
2. 窦忠强．工业产品设计与表达[M]．北京:高等教育出版社,2016.
3. 樊百林．发动机原理拆装实践教程[M]．北京:人民邮电出版社,2011.
4. 清华大学编写组．金属工艺学实习教材[M]．北京:高等教育出版社,2014.
5. 蔡小华．工程制图[M]．北京:中国铁道出版社,2009.

第5篇　工程图样中的技术性与标准件

第10章　工程图样中的技术性

现代工程发动机工程实践学习感想

吴忌(机械F15)　实践课让我明白了,在机械的设计和制造中,一毫米的误差都是不行的,我要养成严谨细心的习惯。”

芦海洋(材料1307)　在拆装过程中我深刻体会到:

1. 设计的人性化和零件的互换性问题。

比如,螺钉的位置的设计是否便于拆卸?本次实习的发动机固定发电机和进排气管总成的螺钉比较容易拆装。而且大多数的螺钉都可互换,那就不用劳神记哪个件的螺母是多大号了,也不用频繁地换扳手了,这使得拆装过程比较顺利。

2. 对工作要有科学严谨的态度。

就本次实习来说,要按部就班地按照的拆装顺序,拆有拆的顺序,装有装的顺序,拆装的方法也不同,都包含一定的科学道理。特别是一些注意事项和拆装顺序必须严格执行,不可硬来,否则会造成零件的破坏,也容易造成擦伤等意外。

最后,这次学习达到了我预先的目标,让我对发动机组件有了一个很深的认识。以前只有在生活上的感观性的认识,现在则是学践中的深入性的认识。这次拆装学习不仅把理沦和实践紧密的结合起来,而且还加深了对摩托车组成、结构、部件的工作原理的了解,也初步掌握了拆装的基本要求和一般的工艺线路,同时也加深了对工具的使用和了解。提高了我们的动手能力,而且也增进了我们团队申的合作意识,因为发动机不是一个人就能随便能够拆卸得下来的,这就需要我们的配合与相互间的学习,通过这次学习我们收获颇丰,不仅是知识方面,而且在我们未来的工作之路上,它让我们学会了如何正确面对未来工作中的困难与挫折,是一次非常有意义的经历。

谢小岗(材料408)　“听樊老师说,这种经过我们的手拆装过的发动机早已不能发动起来,即使把零件全部正确装上,其各种精确的程度也不能满足要求。我不禁感叹,这个普普通通的发动机尚且如此,各种精密车床和仪器更不必说,我们应该学的东西太多了!零部件的绘图精确度和密封性多么重要啊!

“通过这次实验,看到了机械制造中各个工种密切配合,共同完成的成果,令人向往。同时,也看到了不足。可以说,在理论上、实践上及思想上均得到了升华。”“机械制造业是令人向往,值得尊重的行业……”

张旭(机1036)　当发动机映入我的眼帘时,我好一阵欢喜,因为我特别喜欢机动车辆,从品牌、性能、外观到内部结构、零件作用,都在我喜欢的范畴。

今天的拆装实践使我受益匪浅,不仅仅是知识方面的,更重要的是提高了自己的动手能力,多人之间的协调配合能力。现在几乎每一个工厂都不可能独立地制造出它所需要的所有零件,一个工人或者技术人员也不可能精通产品制造的每一个过程,因此合作就显得尤为重要。要想配合协调,实现较为完美的合作其实并不是一件简单的事。多动手(脑筋),多实践,我觉得很重要。几个小时的拆装实践很快结束了,我真的希望以后能多有些这样的实践。

本章学习目标：

✧结合发动机零件，齿轮泵零件，学习零件设计思维，学习绘制和阅读零件图的方法，并能正确标注尺寸公差和表面粗糙度等技术要求。

本章学习内容：

✧零件图的内容
✧零件图的结构分析
✧零件的视图选择和尺寸分析
✧零件的技术要求
✧零件图的阅读
✧掌握尺寸公差与配合的基本概念和应用
✧掌握表面结构参数的基本概念和应用
✧实践与研究
✧参观实践教学基地，分析发动机气缸体与活塞之间的配合
✧分析饮水机零件的形状特征，其表面结构参数应该属于哪个数值范围

实践教学研究

✧分析发动机零件的工作环境以及零件的功用。
✧分析齿轮泵零件的功用。

关键词：表面结构参数　粗糙度　公差配合

10.1　零件结构设计分析

齿轮油泵，以下简称齿轮泵，按结构不同分为外啮合齿轮泵和内啮合齿轮泵。齿轮泵的种类很多，图 10-1 所示为一种外啮合齿轮泵，是液压系统中广泛采用的一种液压油泵。

10.1.1　工作原理

(1)齿轮泵工作原理

齿轮泵机体组主要由分离的三片式结构泵盖、泵体和泵座组成，泵体内装有一对宽度和泵体接近而又互相啮合、齿数相同的外啮合齿轮。这对齿轮与两端盖和泵体形成一密封腔，并由齿轮的齿顶和啮合线把密封腔划分为两部分，即吸油腔和压油腔，如图 10-2 所示。

油泵将油箱内的润滑油吸入吸油腔，经加压后，从压油腔压出输送到需要润滑的部位，使用时，通过动力源将动力传递给传动带轮，传动带轮轮毂与键配合传递转矩并带动主动齿轮转动，主动齿轮转动又带动从动齿轮转动。

当齿轮泵的主动齿轮由带轮带动不断旋转时，齿轮脱开啮合一侧，由于密封容积变大，则不断从油箱中吸油，轮齿进入啮合的一侧，由于密封容积减小则不断地排油，形成一个不断循环的进油出油的工作过程。

(2)泄压原理

在工作过程中，当出油口的压力超过正常压力时，高压油将会对钢球形成压力，钢球压缩弹簧，使钢球脱离原始的位置，如图 10-3 所示的卸压装置，由于形成了高压区与低压区的直接回路，使这种泄压

装置可防止输油管路及油泵零件因压力过高而受到损坏。

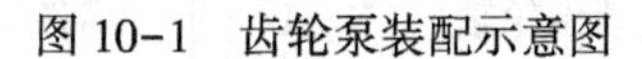

图 10-1　齿轮泵装配示意图

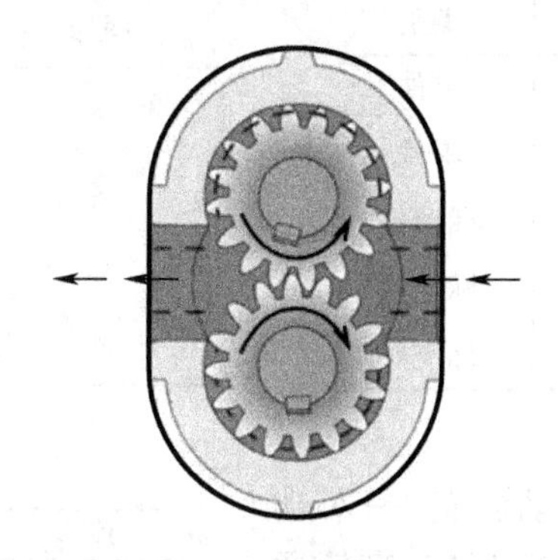

图 10-2　齿轮泵工作原理示意图

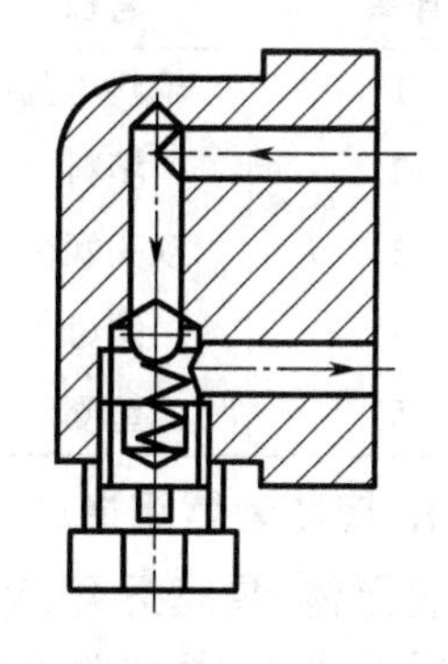

图 10-3　泄压装置原理示意图

10.1.2　齿轮泵结构组成

图 10-4 所示为齿轮泵组成示意图。

1. 齿轮泵结构组成

根据功能和装配单元对齿轮泵部件进行分析，齿轮泵分为机体组、传动装置、泄压装置和密封装置等四大部分。齿轮泵主要由 14 个零部件组成，具体组成见表 10-1。

机体组是组成齿轮泵的机体骨架，主要由泵体、泵盖、泵座以及螺栓、螺母、垫片、定位销等零件组成。为防止漏油，在泵盖 2 与泵体 6 之间加有垫片，同时可以借此垫片调节齿轮端面与泵体、泵盖间的间隙。

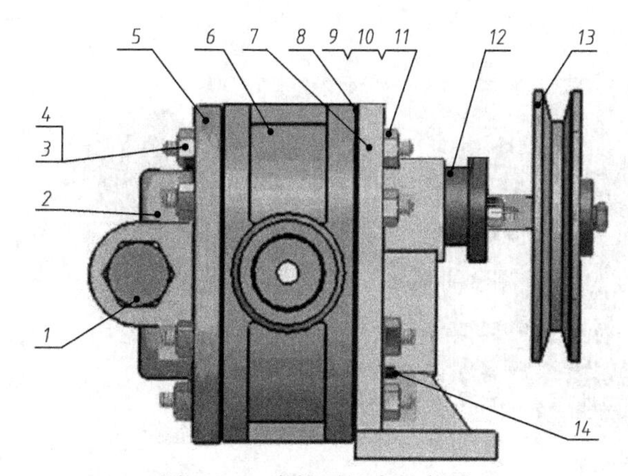

图 10-4　齿轮泵组成示意图

表 10-1　齿轮泵组成

序号	名称	数量	类别	序号	名称	数量	类别
1	泄压装置	1	部件	8	垫片	1	零件
2	泵盖	1	零件	9	双头螺柱	6	标准件
3	螺栓	13	标准件	10	螺母	6	标准件
4	垫圈	13	标准件	11	垫圈	6	标准件
5	垫片	1	零件	12	密封装置	1	部件
6	泵体	1	零件	13	传动装置	1	部件
7	泵座	1	零件	14	定位销	4	标准件

2. 密封装置组成

为防止漏油，在主动齿轮轴右端装有密封装置。密封装置其内部零件组成见表 10-2。

3. 泄压装置

在泵盖的前方装有泄压装置，其内部零件组成见表 10-3。

表 10-2　密封装置组成

序号	名称	数量	类别
1	填料压盖	1	零件
2	填料	1	零件
3	双头螺柱	2	标准件
4	螺母	2	标准件
5	垫圈	2	标准件

表 10-3　泄压装置组成

序号	名称	数量	类别
1	罩子螺母	1	零件
2	压力螺钉	1	零件
3	弹簧	1	零件
4	钢球	1	标准件

4. 传动装置组成

将泵体、泵座拆开，观察到传动装置，一对啮合的传动齿轮，通过源动力带动带轮运转，带轮通过键传递转矩，带动主动齿轮转动，主动齿轮带动从动齿轮转动，形成齿轮啮合运动，其组成见表10-4。

表 10-4　传动装置组成

序号	名称	数量	类别
1	从动齿轮轴	1	零件
2	主动齿轮轴	1	零件
3	轴瓦	4	零件
4	键	1	标准件
5	皮带轮	1	零件
6	挡圈	1	零件
7	弹簧垫圈	1	标准件
8	螺栓	1	标准件

5. 齿轮泵实体零件

图 10-5 所示为齿轮泵拆卸实体零件。

(a) 泵盖、泵体拆卸

(b) 拆卸带轮和密封零件

(c) 传动零件

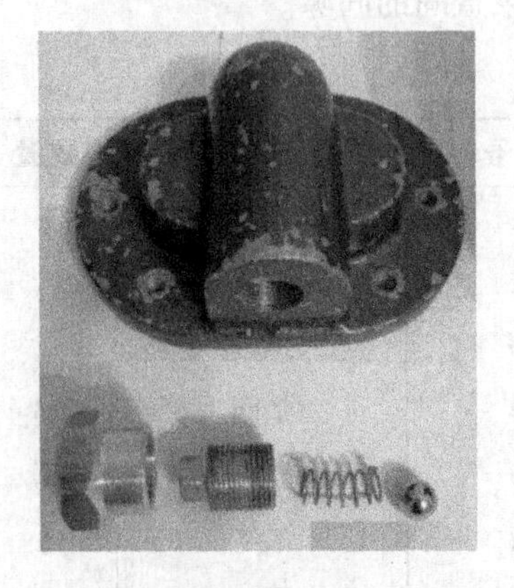

(d) 泄压零件

图 10-5　齿轮泵实体零件

10.1.3　零件结构设计要素分析

从齿轮泵零件分析，零件分为标准件和非标准件，如螺栓、弹簧、键等属于标准件；非标准件根据外形特征一般分为四大类:轴杆类、盘盖类、叉架类、箱体类。

1. 零件结构设计原则

这里谈的设计主要侧重于零件的满足功用性的设计原则。

机械零件设计分为结构设计和强度设计。设计机械零件时应满足如下基本要求:

(1)零件须满足功能要求。

根据功能合理性设计结构尺寸、断面尺寸形状;采用强度性能好的材料,使零件具有足够的强度;采用热处理等工艺方法以提高材料的强度特性;提高运动零件的精度,以降低动载荷;合理设计零件的结构,以降低载荷集中和应力集中等。

(2)零件须在承受载荷时,具有抵抗产生弹性变形的能力。

(3)零件在承受载荷时须具有合理的寿命。

影响零件工作寿命的主要因素有:一是零件的磨损;二是零件材料的疲劳;三是高温时零件材料的蠕变。

(4)机械零件要具有良好的工艺性。

在一定的生产条件下,零件应满足使用及技术要求,且工艺简单、成本低。

(5)机械零件质量轻。

减轻机械零件和机器的质量有两方面的好处:一是可以节约材料;二是相对运动的零件,可以减小惯性,减小机器的启动功率。

(6)强度设计。在零件尺寸尚未决定之前,应对零件进行机械设计计算,即根据载荷情况,由计算公式计算零件的几何尺寸。

设计计算的必要条件是了解零件的实际承载状态、材料性能和零件的工作情况,以及应力分布规律。在了解以上规律基础上,根据计算公式,在满足强度、刚度或寿命,不产生失效的前提下,校核零件的强度或寿命,最终计算确定结构尺寸。

2. 机器设计原则

(1)使零件种类与数量最少。

(2)尽可能减少、消除装配时的调整及重新定位的工作。

(3)设计机器的零件时,尽可能具有自行对准与自行定位功能。

(4)在零件装配时,具有足够的空间使拆卸方便。

(5)等强度设计原则节约成本,节约材料。

3. 轴类零件常考虑的因素

按照轴的功能来看,轴可分为连接部分、支承部分和工作部分。

轴的设计包括两个方面,结构设计:使轴具有合理的结构形状,良好的加工工艺性。强度计算:保证轴在载荷作用下不致断裂或产生过大的变形。

1)轴的结构设计

轴的结构设计主要根据以下几个方面。

轴上零件的配置:如轴在使用过程中,要考虑到轴上安装齿轮、带轮、联轴器、轴承等零件,因此应该考虑这些配置尺寸。

轴上零件的固定:如齿轮、带轮、联轴器、轴承的周向固定需要的结构尺寸,轴向固定需要考虑的卡环、圆螺母、套筒、挡板等配置尺寸。

轴上零件的装拆:轴上零件的拆卸结构空间,如轴承的拆卸,要考虑轴径大小,带轮拆卸考虑拆卸空间尺寸。

轴的加工工艺:轴加工过程中还要考虑加工工艺性,如倒角、圆弧、键槽在同侧等。

2)轴的强度设计

根据结构设计考虑的因素,选择材料,保证在载荷作用下不致断裂或产生过大的变形的前提下,初步估算最小轴径,绘制结构草图。

在掌握了零件的实际承载状态、材料性能和零件的工作情况以及应力分布规律的基础上,根据相应的理论计算公式进行强度设计,如按许用弯曲应力校核危险轴径。

进一步修改结构,计算确定轴的最终结构尺寸,最后绘制轴的零件图。

3)等强度设计

轴类零件设计也要考虑等强度设计原则。

10.1.4 案例分析

1. 依据零件功用的结构设计

每个零件在机器或部件中必然承担着特定的功能,如具有支承、传动、连接、定位、密封、承载等功能,零件一般由一项或几项功能组成,功能要求确定了零件的主体结构。

2. 零件设计考虑的因素

零件依据在机器中的功用而进行结构设计,功用不同,结构不同,考虑到成本因素,设计的结构形状也会有所差别。以泵体泵盖为例说明。

案例1 活塞销

1)工作环境

活塞销是发动机曲柄活塞连杆部件中的一个重要零件,活塞销如图10-6(a)所示。

活塞基本结构如图10-6(b)所示,活塞销与销座孔的装配如图10-6(c)所示,图10-6(d)所示为活塞销与连杆连接基本结构。

活塞销的中部穿过连杆小头孔,用来连接活塞和连杆,把活塞承受的气体作用力传给连杆。它是装在活塞裙部。

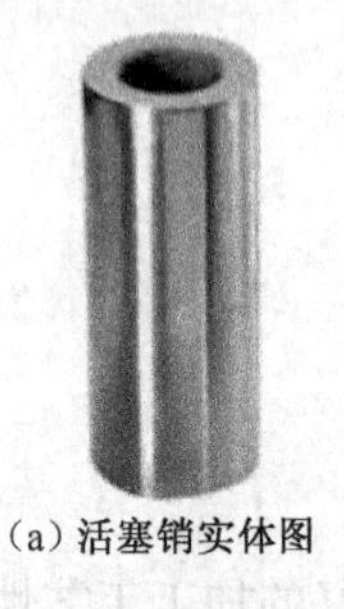
(a) 活塞销实体图

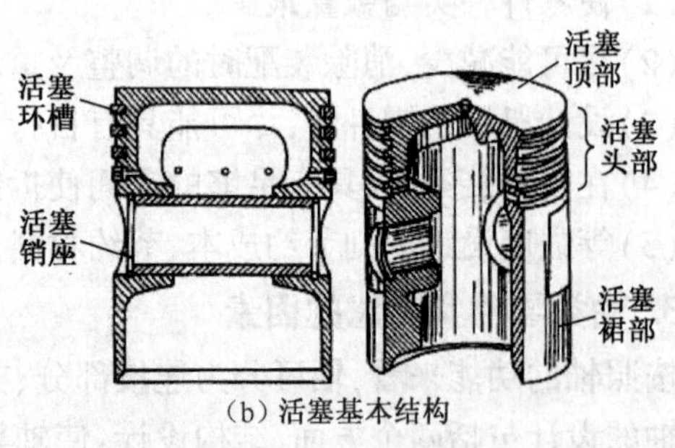

(b) 活塞基本结构

(c) 活塞销与销座孔的装配

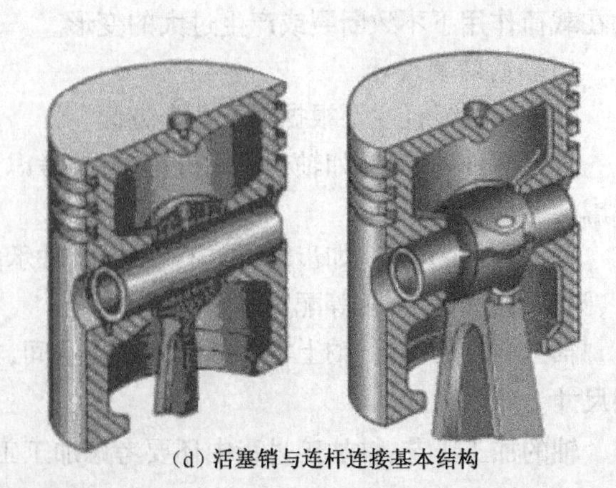
(d) 活塞销与连杆连接基本结构

图10-6 活塞销

2)零件的工作状况

活塞销在高温条件下承受很大的周期性冲击载荷,且由于活塞销在销孔内摆动角度不大,难以形成润滑油膜,因此润滑条件较差。为此活塞销必须有足够的刚度、强度和耐磨性,质量尽可能小,销与销孔应该有适当的配合间隙和良好的表面质量。在一般情况下,活塞销的刚度尤为重要,如果活塞销发生弯曲变形,可能使活塞销座损坏。

设计时一般用优质合金钢制造,并作成厚壁空心圆柱,如图 10-7(a)所示。圆柱形孔加工容易,但活塞销的质量较大,因此为减轻质量,设计成等强度销。

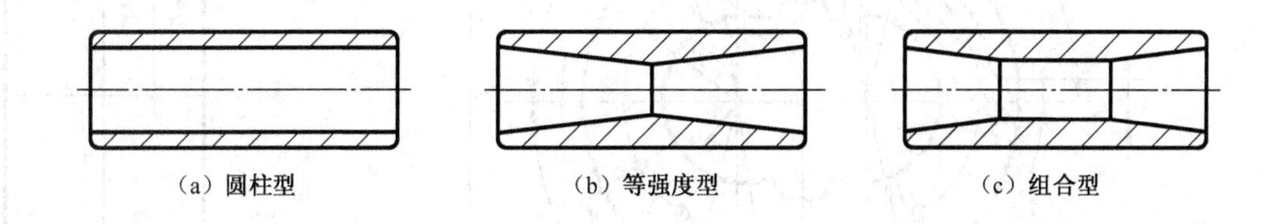

(a) 圆柱型　(b) 等强度型　(c) 组合型

图 10-7　销设计

两段截锥形孔的活塞销质量较小,且因为活塞销所受的弯矩在其中部最大,所以接近于等强度梁,[见图 10-7(b)]但锥孔加工较困难。

采取综合方案,采用组合型销,如图 10-7(c)所示。

活塞销的材料一般为低碳钢或低碳合金钢。外表面渗碳淬硬,再经精磨和抛光等精加工。这样既提高了表面硬度和耐磨性,又保证有较高的强度和冲击韧性。

案例 2　泵体结构设计分析

齿轮泵泵体属于箱体零件,由于泵体内部放置了一对啮合齿轮,因此,齿轮泵泵体内部设计有两个半圆孔,并对半圆孔的尺寸和结构参数提出设计要求,同时泵体前后设计有进出油腔,泵体左右与泵盖和泵座相连,所以设计有定位销和连接孔,另外泵体、泵盖零件内、外形以及各相邻结构间都应相互协调,所以泵盖与泵体接触面设计并一致,如图 10-8(a)所示。

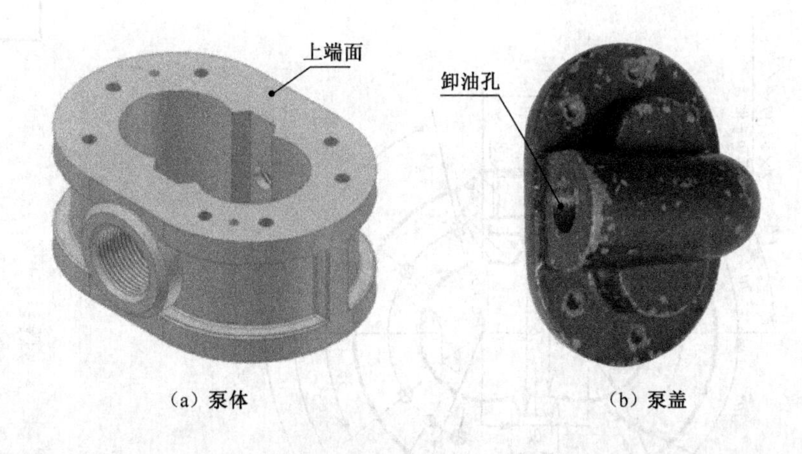

(a) 泵体　(b) 泵盖

图 10-8　齿轮泵体及泵盖

对于铸件,应该考虑铸造工艺结构要求,零件在加工过程中考虑机械加工工艺要求。

泵体零件图,如图 10-9 所示。

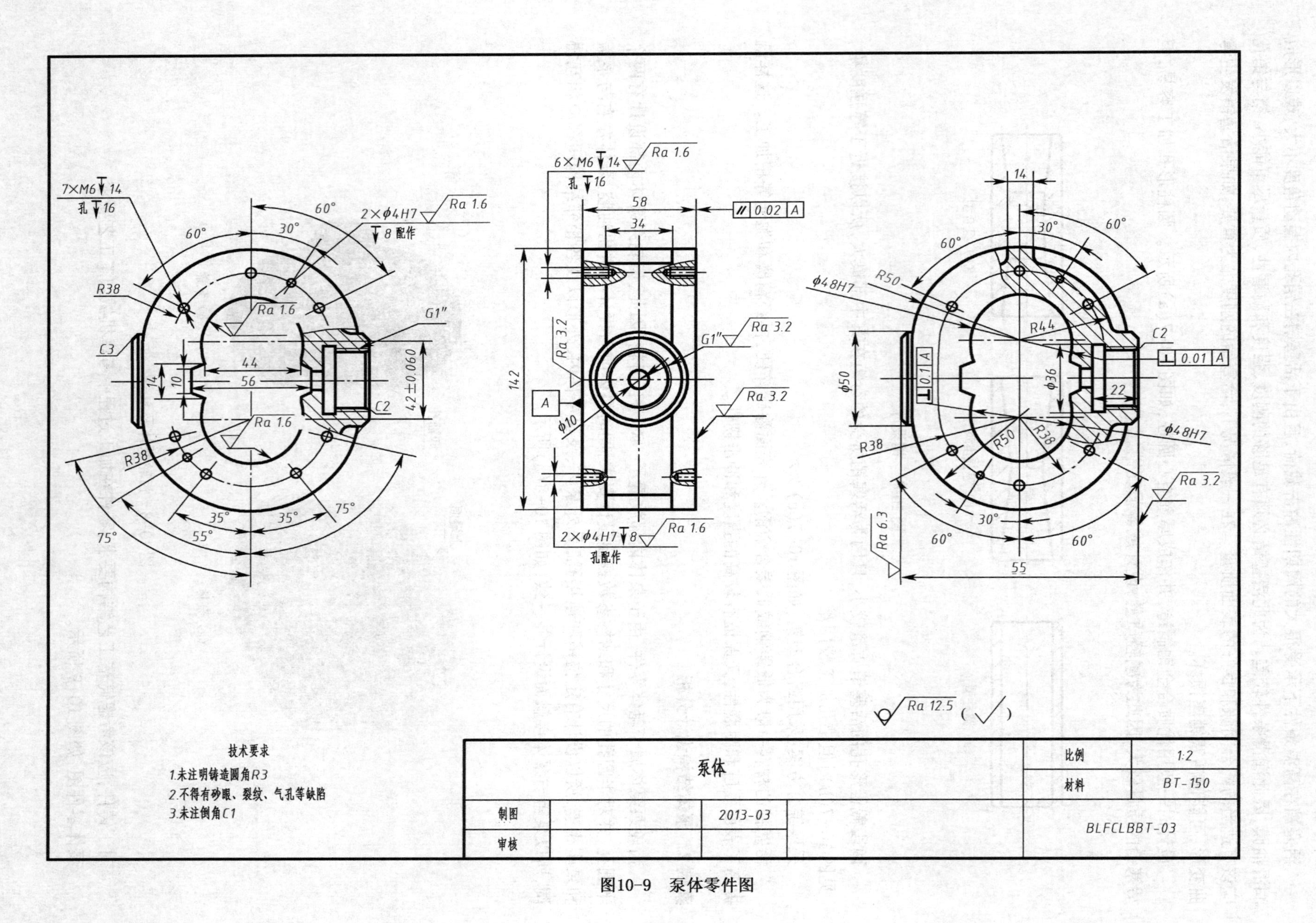
7×M6↧14
孔↧16
2×ϕ4H7
↧8 配作
Ra 1.6
R38
G1"
C3
44
56
14
10
42±0.060
C2
75°
35°
55°
60°
30°
6×M6↧14
孔↧16
58
34
0.02 A
142
Ra 3.2
A
ϕ10
2×ϕ4H7↧8
孔配作
ϕ48H7
R50
R44
0.01 A
0.1 A
ϕ50
ϕ36
22
Ra 6.3
55
Ra 12.5 (√)
技术要求
1.未注明铸造圆角R3
2.不得有砂眼、裂纹、气孔等缺陷
3.未注倒角C1
泵体
比例 1:2
材料 BT-150
制图 2013-03
审核
BLFCLBBT-03

图10-9　泵体零件图

10.2 工程图样表达要素

10.2.1 零件图中的表达要素

表达单个零件的结构形状、大小及技术要求的图样称为零件图,零件图是制造和检验零件的主要依据,是设计和生产过程中的重要技术文件。

在零件图中,不仅要对零件内外结构形状提出合理性设计,而且要对零件的尺寸形状提出科学严谨性技术要求,需更对零件的材料、加工、检验、测量提出必要的技术指标。图 10-9 所示的零件图,具备如下内容:

1. 表达结构的一组视图

正确、完整、清晰和简便地表达零件内外结构形状的一组视图,根据零件形状不同,视图数量、表达方法不同。

2. 完整的尺寸

正确、完整、清晰、合理地注出被制造零件所需的全部尺寸。

3. 技术要求

用规定的代号、数字或文字,说明零件在制造和检验时应达到的技术指标。如图 10-9 所示的零件的表面结构参数粗糙度($\sqrt{Ra\ 3.2}$)、尺寸公差(ϕ48H8)、几何公差(⊥ 0.01 A)、技术要求等。

4. 标题栏

用以填写零件的名称、材料、比例、图号及必要的签署等。

10.2.2 零件的视图选择和尺寸标注

在第 7 章中,阐述了组合体和零件的视图选择和尺寸标注应该遵守的规范原则,这里讲述的工程机械零件的视图选择和尺寸标注是在满足组合体的视图选择和尺寸标注总体原则的基础上,进一步强调了零件的功能性和工艺性。

1. 零件的视图选择

零件的视图选择,是指在分析零件结构的基础上,选择一组适当的视图,正确、完整、清晰地表达零件的内外结构形状,同时又要考虑到读图方便并减少绘图量。

主视图的选择:主视图是反映零件信息量最多的一个视图,应首先选择。投射方向选择恰当,则会使主视图尽可能多地反映零件的形状特征。

选择主视图原则:

(1)按照加工位置放置。对于轴类、盘盖类零件主视图应与加工状态保持一致,按照零件的加工位置选择,这样便于加工和测量,如图 10-10(a)中所示的轴;

(2)对于箱体类零件,主视图与工作状态保持一致,有利于分析零件在机器或部件中的工作状态,便于画图和读图,如图 10-10(b)中所示的减速箱体,投射方向所表达的信息最清楚,最多,最稳定。

(3)其他视图的选择。主视图选定以后,适当选择其他视图以补充主视图表达的不足,优先采用基本视图进行表达或剖视表达,如表达不足,再用其他辅助视图,如局部视图、斜视图、断面图等表达次要结构、局部形状及细小部位。

2. 零件的尺寸标注

在零件图上标注尺寸,除了要符合正确、完整、清晰的要求外,还要尽量考虑标注的合理性,即所标

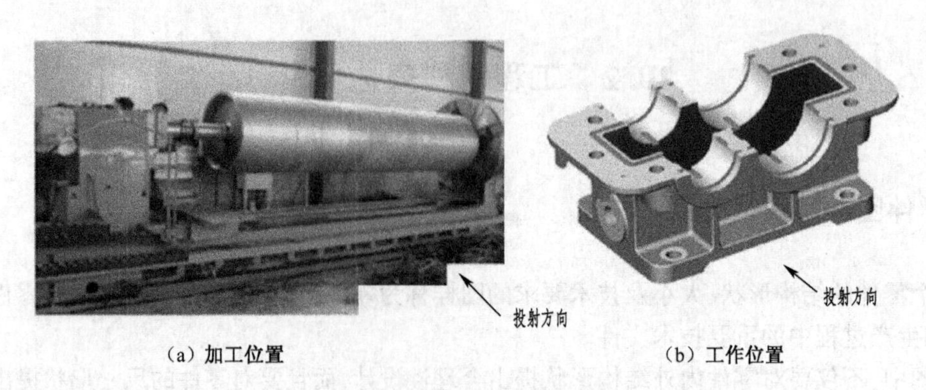

（a）加工位置　（b）工作位置

图 10-10　零件的安放位置

注的尺寸能满足设计、检测和加工工艺的要求。

1）基准的选择

基准：用以确定零件在部件中的位置，或在加工时在机床上的位置的一些点、线、面。

根据作用的不同，基准分为设计基准和工艺基准两类。

①设计基准：用于确定零件在机器或部件中准确位置而选定的基准。

②工艺基准：在加工和装配过程中选定的基准。在这里主要指为便于零件在加工和测量所选定的基准。

根据基准的重要性，基准又可分为主要基准（一般为设计基准）和辅助基准，零件在长、宽、高三个方向都应该有一个主要基准。

标注零件的尺寸时，一般选取零件的安装面、与其他零件的结合面、重要的端面和轴肩、对称面、回转体的轴线作为尺寸基准。

如图 10-11 所示的轴承座，用来支承轴，标注轴孔中心高 46 时，应以底面作为基准，以保证两轴孔到底面距离相等；所以轴承座底座作为高度方向设计基准和测量基准；宽度方向的对称面作为设计基准，宽度前端面作为辅助基准也是测量基准。长度方向以长度方向对称轴线作为设计基准，标注两安装孔间距 90 时，以保证安装孔与轴孔的对称关系，从而实现两轴承座安装后同轴。

如图 10-11 所示，主要基准和辅助基准之间应有直接联系的尺寸，见图 10-11 中的尺寸 26 和 7。

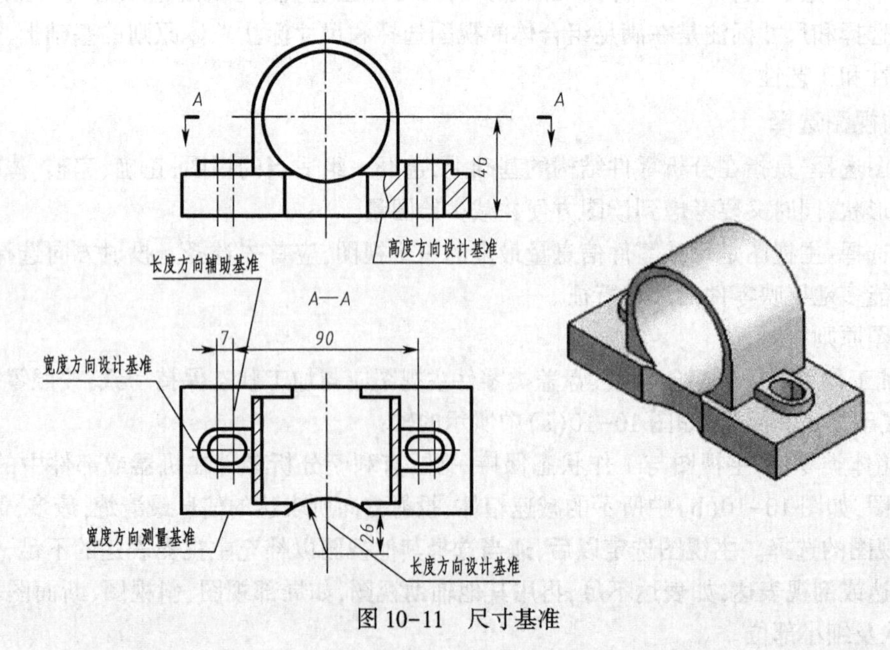

图 10-11　尺寸基准

2）重要尺寸必须直接注出

重要尺寸是指直接影响零件在机器中的工作性能的尺寸，如图 10-11 所示轴孔的中心高 46、安装孔间距 90 都是重要尺寸，不仅须直接注出而且需要标注尺寸精度，详见第三节，同时重要尺寸不能通过间接计算得到，这样容易造成误差积累。

10.2.3 工程零件的图例分析

零件的功用不同，结构尺寸千变万化，但就其结构特点来分析，大致可以分为板状类、轴杆类、盘盖类、叉架类、箱体类五大类，如图 10-12 所示。

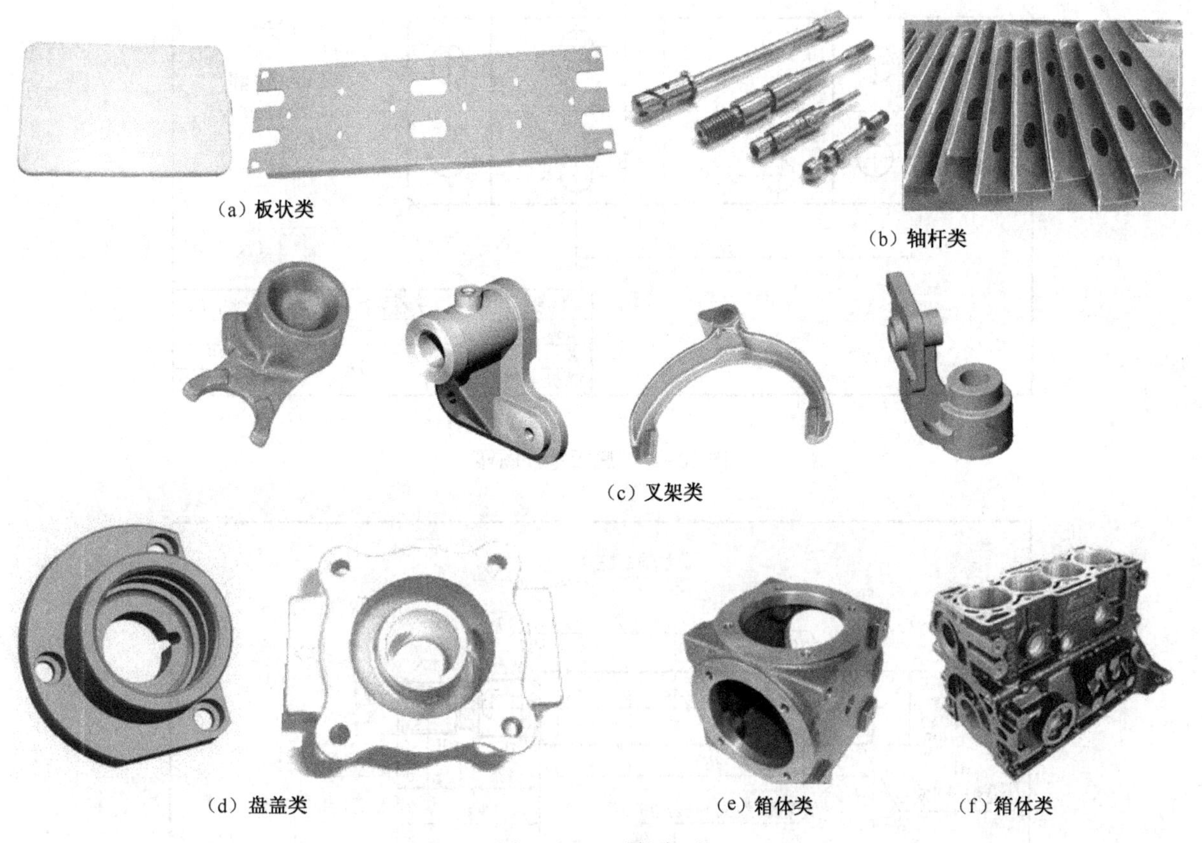
(a) 板状类 (b) 轴杆类 (c) 叉架类 (d) 盘盖类 (e) 箱体类 (f) 箱体类

图 10-12 零件类型

1. 板状类零件

1) 制造特点

板状类零件常用在机架中使用，有时作为衬板、垫板零件等，一般通过轧制成型，再通过机械加工达到技术要求，有时用于焊接结构件。

2) 结构特点

结构简单，以平面为主，常加工孔、槽等。

3) 表达分析

一般按照工作位置放置。三视图剖视表达，或两个基本视图表达，如果局部位置没有表达清楚，再采用局部剖视、局部放大视图等表达，如图 10-13 所示。

2. 轴套类零件

(1) 结构特点

轴套类零件一般有轴、衬套等，轴主要用来支承转动零件和传递扭矩，套类零件用来包容和支承活动件，如图 10-14 所示。

(2) 表达分析

轴类零件一般用车床、磨床加工，因此主视图按加工位置将轴横放，如图 10-10(a) 所示。垂直于轴

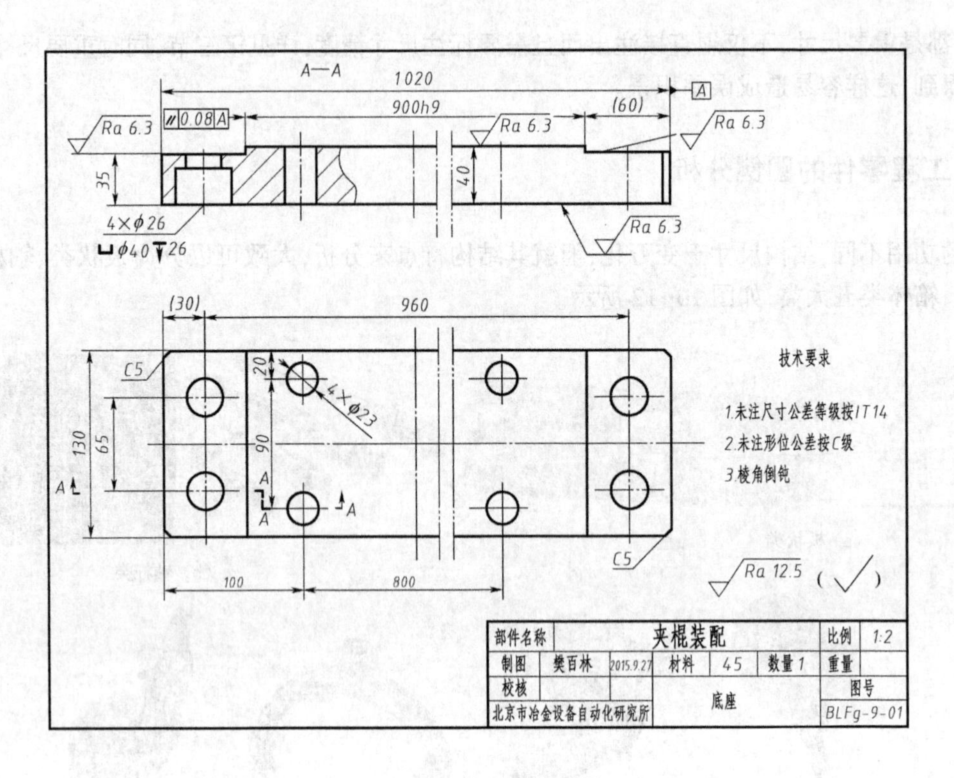

图 10-13　底板零件图样

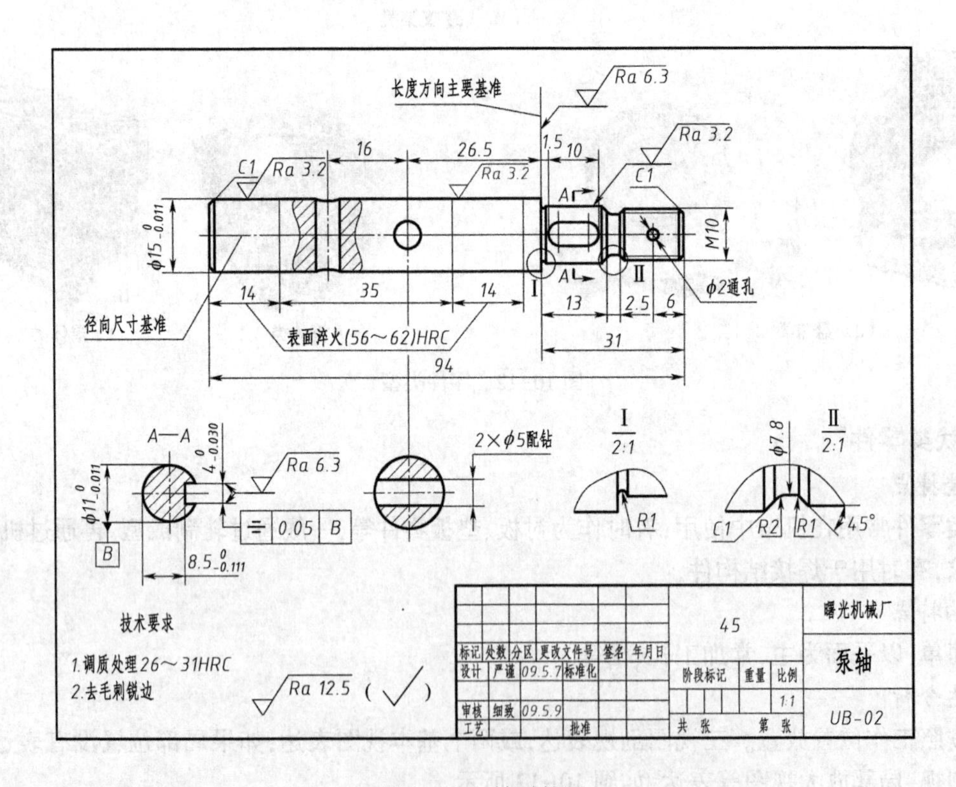

图 10-14　轴零件图

线的方向作为主视图的投射方向，一般只用一个视图。对轴上的孔、键槽等结构，用局部剖视图或断面图表示；对越程槽、退刀槽、圆角等细小结构用局部放大图表达，如图 10-14 所示。

(3)尺寸标注

轴套类零件的轴线既是径向的设计基准，也是工艺基准，轴向尺寸常以重要端面、接触面(轴肩)为主要基准，轴的两个端面为轴向尺寸辅助基准，如图 10-14 所示。

3. 盘盖类零件

轮盘类零件包括法兰盘、端盖、各种轮子(手轮、齿轮、带轮)等。

1)结构特点

轮盘类零件的基本形状是扁平的盘状,主体是回转体,通常还带着各种形状的凸缘、均布安装孔及轮辐等局部结构,如图 10-15 所示。

2)表达方法

盘盖类零件一般在车床上加工。在选择主视图时,常将轴线水平放置,一般取剖视图以表达内部结构,同时还需增加一个视图以表达零件的外形和均布结构,如图 10-15 所示。

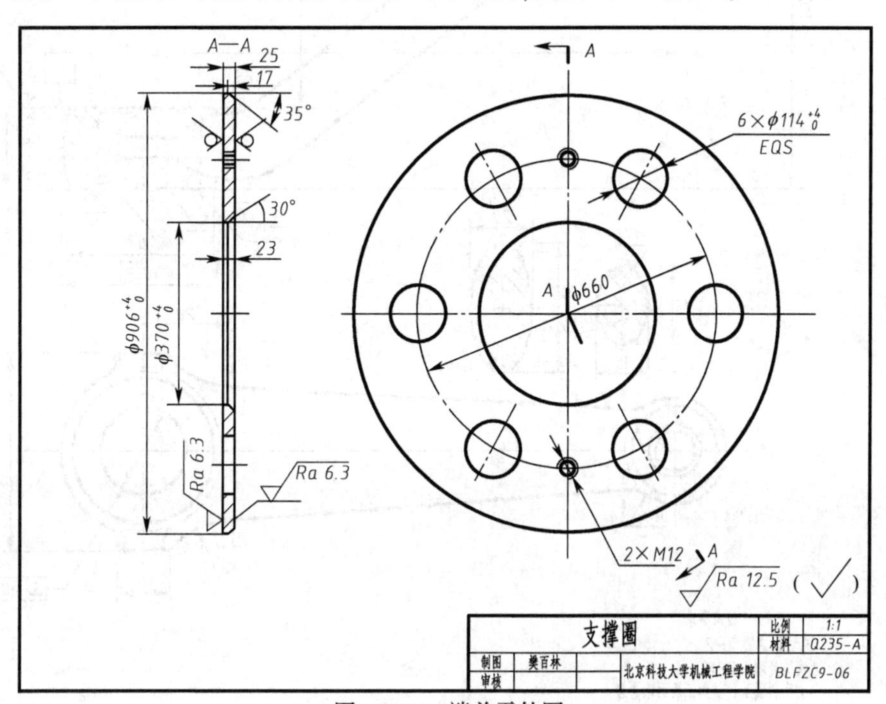

图 10-15　端盖零件图

3)尺寸标注

轮盘类零件宽度和高度方向尺寸的主要基准通常是轴孔的轴线,长度方向尺寸的主要基准一般是重要的端面(如结合面)。

4. 叉架类零件

叉架类零件主要起支承、连接、操纵等作用,包括拨叉、支架、连杆、摇臂等。

1)结构特点

该类零件的结构形状多样化,但主体的结构一般都是由支承部分、连接部分和安装部分组成的。

2)表达方法

由于叉架类零件的加工位置多变,选择主视图时主要考虑工作位置和形状特征,常采用两个或两个以上的基本视图表示,根据结构特点再辅以断面图、局部视图、斜视图等适当的表达方法,如图 10-16 所示。

3)尺寸标注

支架类零件通常选用安装基准面或零件的对称中心面作为尺寸基准,如图 10-16 所示。

5. 箱体类零件

箱体类零件是机器或部件的外壳或座体,它是机器或部件中的骨架零件,用来支承、包容、保护其他零件。

1)结构特点

一般来说,该类零件的内外结构、形状比较复杂,常有空腔、轴承孔、凸台、肋、安装板、光孔、螺纹孔等结构,如图 10-17 所示。

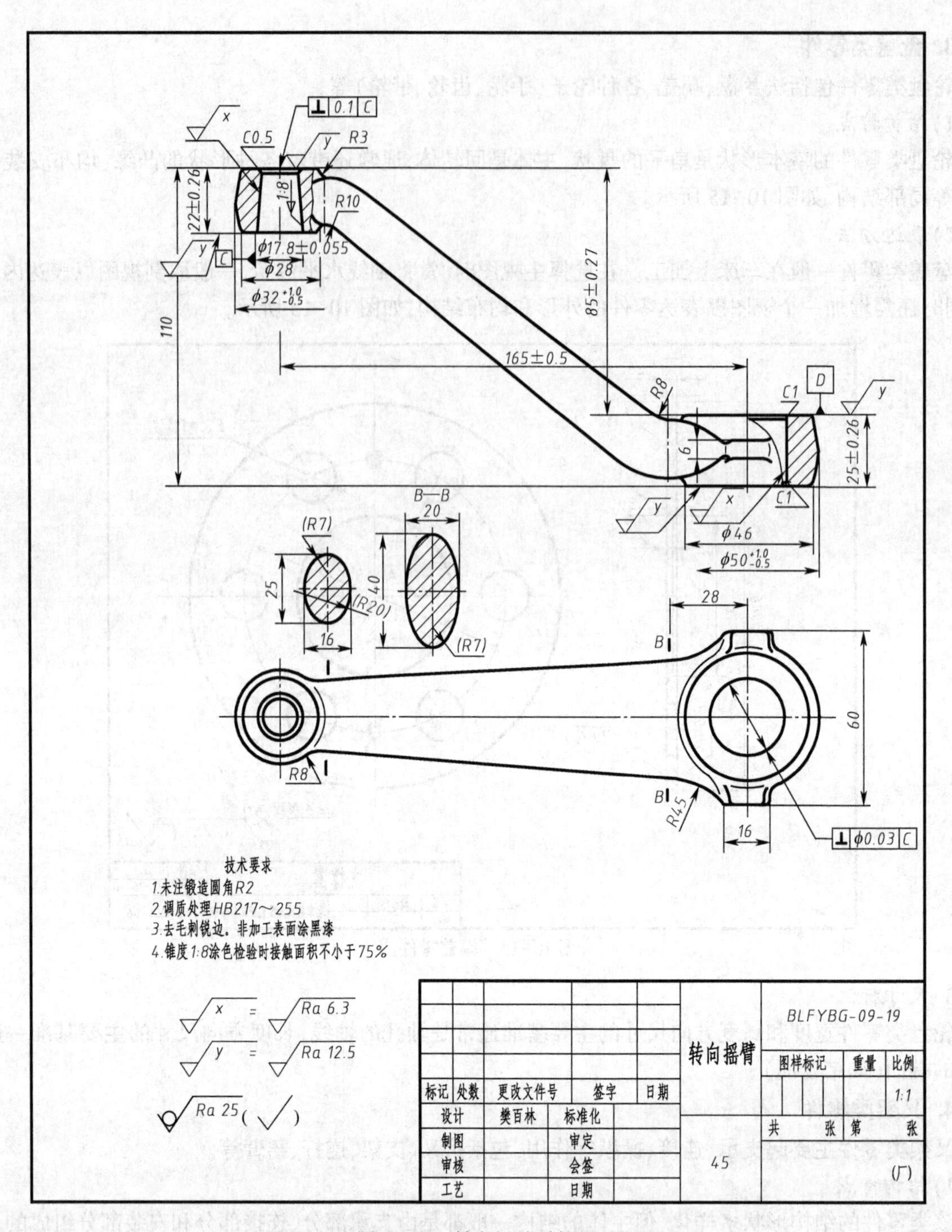

图 10-16　转向摇臂零件图

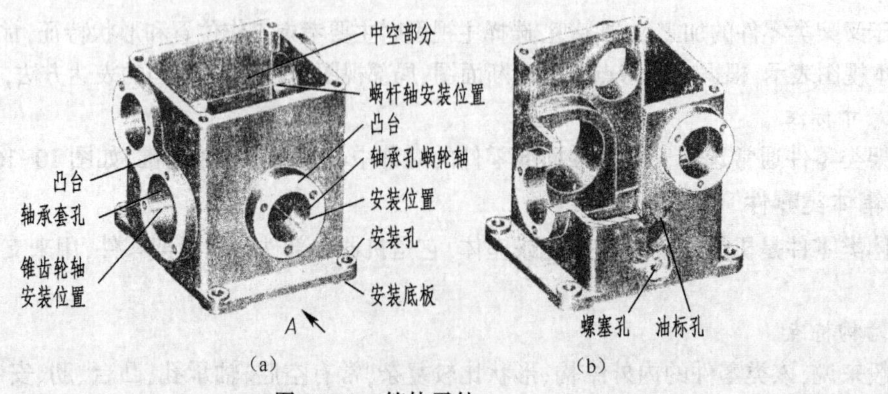

图 10-17　箱体零件

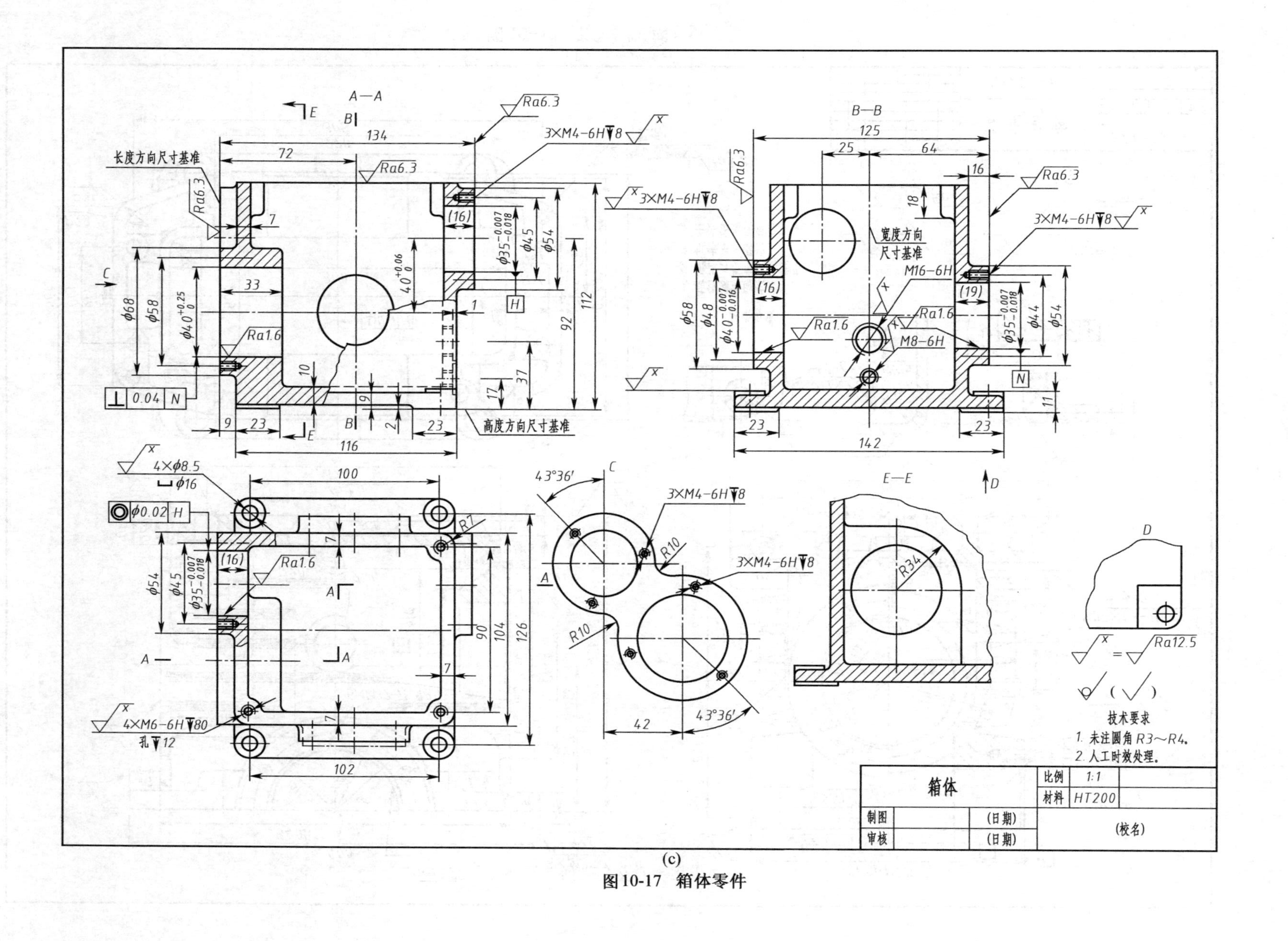
A—A
B—B
E—E
长度方向尺寸基准
高度方向尺寸基准
宽度方向尺寸基准
3×M4-6H▼8
4×M6-6H▼80
孔▼12
4×ϕ8.5
⌴ϕ16
M16-6H
M8-6H
技术要求
1. 未注圆角R3~R4。
2. 人工时效处理。
箱体
比例
1:1
材料
HT200
制图
(日期)
审核
(日期)
(校名)

(c)

图10-17 箱体零件

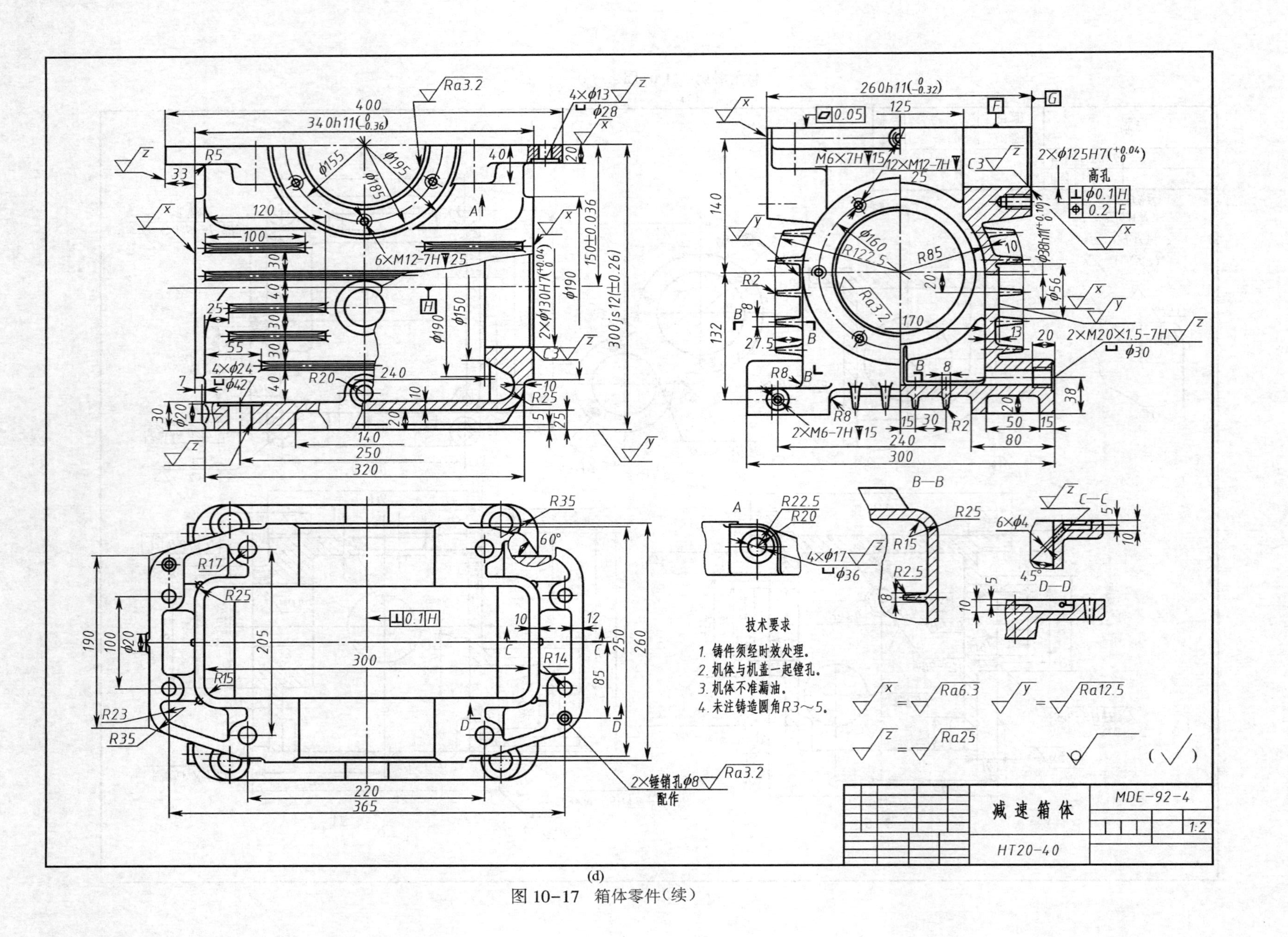

(d)

图 10-17 箱体零件(续)

2)表达方法

这类零件的加工位置更加多变,选择主视图时主要考虑工作位置和形状特征,通常要采用三个或三个以上的视图,选择其他视图时应根据实际情况采用适当的剖视图、断面图、局部视图和斜视图等多种视图,以清晰地表达出零件的内外结构。

3)尺寸标注

尺寸标注时,通常选用设计要求的轴线、重要的安装面、接触面(或加工面)、箱体主要结构的对称中心面等作为主要尺寸基准,如图 10-17 所示。对于箱体上需要切削加工的部分,应尽可能按便于加工和检验的要求来标注尺寸。

下面以图 10-17(a)、(b)箱体为例进行说明。

箱体类零件,如图 10-17(a)所示,由于箱体内、外要安装许多零件,结构复杂,需要进行机械加工的部位很多,所以其主视图主要是依据零件的形状特征和工作位置确定的。

箱体类零件一般要采用三个或三个以上的基本视图表达。另外,根据需要还可以采用一些其他视图,如对零件上局部结构常采用局部视图,对零件上的倾斜结构常采用斜视图或剖视图,对筋的断面形状常采用移出断面图或重合断面图等。其他视图的选择则要根据零件内、外结构全面考虑,以使各视图都有各自的表达重点并全面表达清楚内、外结构。

图 10-17(c)所示为箱体零件图。该零件内、外形都比较复杂,因此,该图选用了三个基本视图和三个其他视图。在其主视图投射方向上,由于要表示的内部结构形状复杂,外部结构形状简单,所以采用了 *A—A* 局部剖视图;在左视图投射方向上,由于要表达的外部结构与内部结构都比较复杂,不能结合起来表达,所以在左视图投射方向上采用 *C* 向局部视图表达零件外部结构形状,而用 *B—B* 全剖视图表达其内部结构形状;在俯视图上,为了表达零件的外形并表达主、左两视图尚未表达清楚的一个轴孔,采用了着重表达外形的局部剖视。此外,为了表达尚未表达清楚的外形和内部结构,又采用了 *E* 向局部视图和 *D—D* 剖视图。

零件图上的尺寸是制造零件时加工和检验的依据,因此,图中所标注的尺寸除应正确、完整、清晰、符合国家标准规定之外,还应做到合理。所谓合理,即是使所标注的尺寸能满足设计和加工工艺要求,也就是要使零件既能在部件(或机器)中很好地工作,又便于加工、测量和检验,如图 10-17(d)所示。

10.2.4 读零件图的方法和步骤

在零件制造、创新仿制、检测等过程中,读懂零件图非常重要。通过读零件图,分析理解零件的结构特征,分析尺寸和技术要求,从而明确零件的全部功能和质量要求。据此确定加工方法和加工工序,以及测量和检验方法。

下面以图 10-9 所示的齿轮泵泵体为例,说明读零件图的一般方法和步骤。

1. 概括了解

1)看标题栏

从标题栏中的名称、材料、比例等,可以分析零件的大概作用、类型、大小、材料等情况。

图 10-9 中标题栏的名称是泵体,材料为 HT150,比例为 1∶2,由此可见,它是个箱体类零件,其毛坯为铸造件。

2)零件功用

参考其他技术资料,如装配图及其相关的零件图等技术文件,进一步了解该零件的功用以及它跟其他零件的关系。

泵体是齿轮泵中非常重要的一个零件,可用来安装一对啮合的齿轮,V 带轮带动齿轮轴转动,从而带动齿轮转动,这对齿轮与泵座、泵盖和泵体形成一密封腔,并由齿轮的齿顶和啮合线把密封腔划分为两部分,即吸油腔和压油腔。

2. 结构分析

1)表达分析

首先应确定主视图,并弄清主视图与其他视图的关系,了解所采用的表达方法,确定剖视图的剖切位置、局部视图或斜视图的投射方向,分析各视图的表达目的。

泵体属于简单箱体零件,主视图按工作位置放置,采用局部剖视表达连接孔和定位孔,右视图表达泵体与泵盖结合的外形特征,局部剖视图表达进油腔的内部结构,左视图表达泵体与泵座结合的外形特征,局部剖视图表达出油腔的内部结构。

2)形体分析

采用形体分析、线面分析、结构分析等方法,根据投影关系,分析零件的内、外结构,一般先看整体、后看局部,先看简单、后看复杂,想象出零件的整体结构形状。

该泵体内部上下部分均为半圆柱状结构,前后为管螺纹孔,泵体左右分别与泵盖和泵座结合,所以上下部位按一定角度设计有连接螺纹孔和定位孔,如图 10-9 所示。

3)基准与尺寸

根据零件的结构特点和加工方法找出尺寸基准,确定零件的定形尺寸、定位尺寸和总体尺寸,特别要注意精度高的尺寸,并了解其要求和作用。

如图 10-9 所示,根据尺寸标注分析,泵体以进出油腔轴线和高度对称轴线作为长度、宽度、高度设计基准,左端面作为测量基准 *A*。

主要定型尺寸:$\phi48$,$\phi4$ 等 。

主要定位尺寸:42 ,螺纹孔的定位角度等。

总体尺寸:高度 142,长度 58,宽度 55。

3 . 技术要求分析

零件的技术要求主要包括表面加工要求、尺寸公差、形状和位置公差、热处理等内容。分析图中的技术要求,了解表面粗糙度、尺寸公差、几何公差和其他技术要求,对其加工难易程度有所了解。

以 *A* 作为测量基准,右端面平行于左端面,形位公差 | // | 0.02 | *A* | 。

上下半圆 $\phi48$ 孔轴线要求垂直于左端面,形位公差 | ⊥ | 0.01 | *A* | ,具有公差尺寸 $\phi48$H7 的轴孔的直径,轴孔的表面结构参数粗糙度为 $\sqrt{Ra1.6}$,右视图中 42 尺寸,其上下偏差±0. 060,左右端面分别有两个带有公差尺寸的定位孔 $\phi4$H7,定位孔表面结构参数粗糙度为 $\sqrt{Ra1.6}$。其他各尺寸表面有一定的表面结构参数粗糙度值要求,详见图 10-9。

对材料要求不得有砂眼、裂纹等。

通过以上分析,对零件的形状、结构特点及其功用、尺寸、技术要求有了较深刻的认识,然后结合装配图、相关零件图等技术资料,就可以真正读懂零件图。

10. 3　极限与配合

当发动机运行不畅时,需要对发动机进行维修,常常更换发动机总成或者更换发动机零件以及螺纹紧固件等,这说明同型号的发动机及其零部件具有互换性。发动机如图 10-18 所示。

在现代化的大规模生产中,要求零件具有互换性,即在一批相同规格零件中任取一件,不经修配和调整,装配到机器上就能保证其使用性能的特性。由于加工和测量误差,使零件的尺寸不可能做得绝对准确。为了保证零件具有互换性,必须根据极限与配合标准,规限零件尺寸的误差范围和确定零件合理的配合要求。

10. 3. 1　极限尺寸与公差

1. 极限尺寸与公差

现以图 10-19 为例说明尺寸极限与公差的概念。

图 10-18　发动机

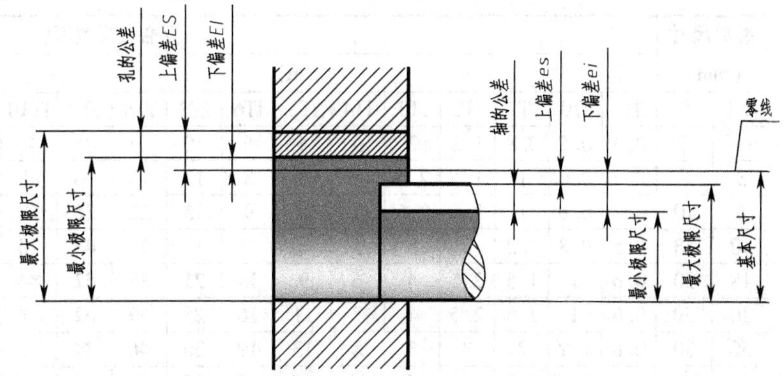

图 10-19　极限与配合示意图

①基本尺寸：设计时根据零件的使用要求确定的理想尺寸。

②实际尺寸：工人加工制造后的实际零件，通过测量所得的实际尺寸。

③极限尺寸：满足零件使用要求下，允许零件尺寸变化的两个极限值。其中较大的一个尺寸称为最大极限尺寸，较小的一个称为最小极限尺寸。

④极限偏差：极限尺寸减去基本尺寸所得的代数差，极限偏差分为上偏差和下偏差。

上偏差=最大极限尺寸-基本尺寸

下偏差=最小极限尺寸-基本尺寸

国家标准规定：用代号 ES 和 es 分别表示孔和轴的上偏差；用 EI 和 ei 分别表示孔和轴的下偏差。

⑤尺寸公差：允许尺寸的变动量，简称公差，即

公差=最大极限尺寸-最小极限尺寸

或　　公差 = 上偏差-下偏差

⑥公差带和公差带图：在图 10-19 中，由代表上、下偏差的两平行直线所限定的区域称为尺寸公差带，简称公差带。将上、下偏差和基本尺寸的关系，按同一放大的比例画成的简图，称为公差带图，如图 10-20 所示。

⑦零线：在公差带图中，表示基本尺寸的一条直线称为零线，它是确定正、负偏差的基准线。通常零线沿水平方向绘制时，正偏差位于其上方，负偏差位于其下方。

2. 标准公差和基本偏差

国家标准《极限与配合》规定了公差带由标准公差和基本偏差两个要素组成。标准公差确定公差带的大小，而基本偏差确定公差带的位置，如图 10-21 所示。

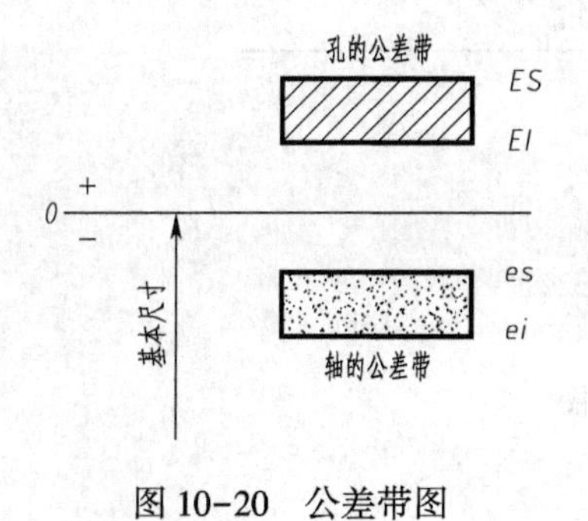

图 10-20　公差带图

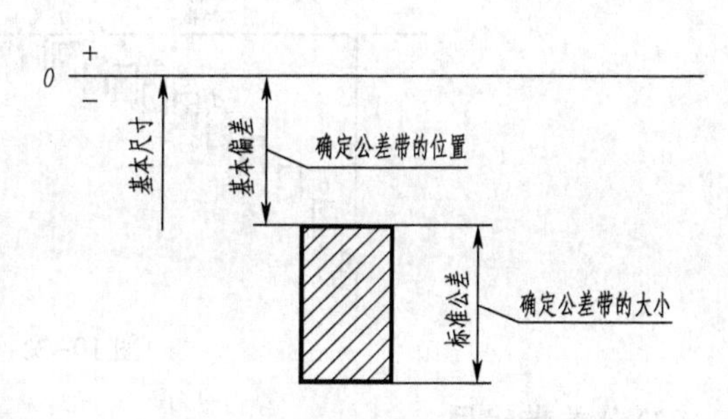

图 10-21　标准公差与基本偏差

(1)标准公差(IT)

标准公差的数值由基本尺寸和公差等级来确定,其中公差等级确定尺寸精确程度。标准公差分为20级,用代号IT表示,如表10-5所示,其尺寸精确程度从IT01~IT18依次降低。

表10-5 标准公差数值(GB/T 1800.2—2009)

基本尺寸(mm)		标准公差等级																			
		(μm)													(mm)						
大于	至	IT01	IT0	IT1	IT2	IT3	IT4	IT5	IT6	IT7	IT8	IT9	IT10	IT11	IT12	IT13	IT14	IT15	IT16	IT17	IT18
—	3	0.3	0.5	0.8	1.2	2	3	4	6	10	14	25	40	60	0.1	0.14	0.25	0.40	0.60	1.0	1.4
3	6	0.4	0.6	1	1.5	2.5	4	5	8	12	18	30	48	75	0.12	0.18	0.30	0.48	0.75	1.2	1.8
6	10	0.4	0.6	1	1.5	2.5	4	6	9	15	22	36	58	90	0.15	0.22	0.36	0.58	0.90	1.5	2.2
10	18	0.5	0.8	1.2	2	3	5	8	11	18	27	43	70	110	0.18	0.27	0.43	0.70	1.10	1.8	2.7
18	30	0.6	1	1.5	2.5	4	6	9	13	21	33	52	84	130	0.21	0.33	0.52	0.84	1.30	2.1	3.3
30	50	0.6	1	1.5	2.5	4	7	11	16	25	39	62	100	160	0.25	0.39	0.62	1.00	1.60	2.5	3.9
50	80	0.8	1.2	2	3	5	8	13	19	30	46	74	120	190	0.30	0.46	0.74	1.20	1.90	3.0	4.6
80	120	1	1.5	2.5	4	6	10	15	22	35	54	87	140	220	0.35	0.54	0.87	1.40	2.20	3.5	5.4
120	180	1.2	2	3.5	5	8	12	18	25	40	63	100	160	250	0.40	0.63	1.00	1.60	2.50	4.0	6.3
180	250	2	3	4.5	7	10	14	20	29	46	72	115	185	290	0.46	0.72	1.15	1.85	2.90	4.6	7.2
250	315	2.5	4	6	8	12	16	23	32	52	81	130	210	320	0.52	0.81	1.30	2.10	3.20	5.2	8.1
315	400	3	5	7	9	13	18	25	36	57	89	140	230	360	0.57	0.89	1.40	2.30	3.60	5.7	8.9
400	500	4	6	8	10	15	20	27	40	63	97	155	250	400	0.63	0.97	1.55	2.50	4.00	6.3	9.7

(2)基本偏差

基本偏差是指在标准的极限与配合制中,确定公差带相对零线位置的那个极限偏差。它可以是上偏差或下偏差,一般为靠近零线的那个偏差。当公差带在零线上方时,基本偏差为下偏差;反之,则为上偏差,如图10-21所示。基本偏差代号用拉丁字母表示,大写的为孔、小写的为轴,各28个,形成基本偏差系列,如图10-22所示。

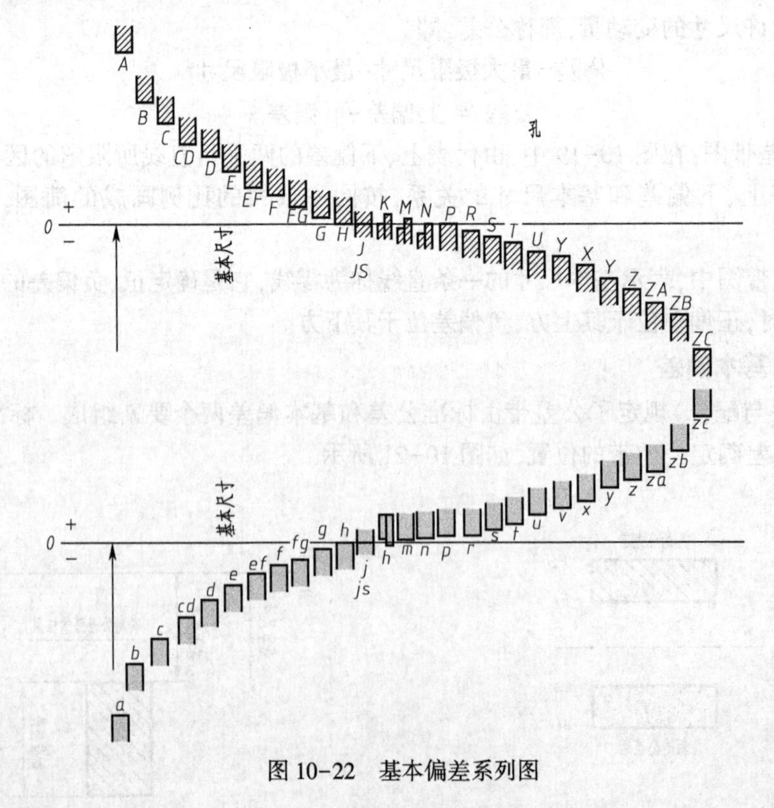

图10-22 基本偏差系列图

(3)公差带代号

孔和轴的公差带代号用基本偏差代号与公差等级代号组成。

例如：H8 表示孔的基本偏差代号为 H，公差等级为 IT8 级；f6 表示轴的基本偏差代号为 f，公差等级为 IT6 级。

10.3.2 配　　合

发动机的活塞和气缸之间的配合的松紧程度，如图 10-19 所示，即配合程度影响着发动机工作性能，因此国家对包容件和被包容件之间配合的松紧程度做出了相应的规定。

1. 配合

配合是指基本尺寸相同的，相互结合的孔和轴公差带之间的关系。

配合的种类：

根据使用要求的不同，国家标准规定，包容件和被包容件之间的配合分为间隙配合、过渡配合、过盈配合三类，如图 10-23 所示。

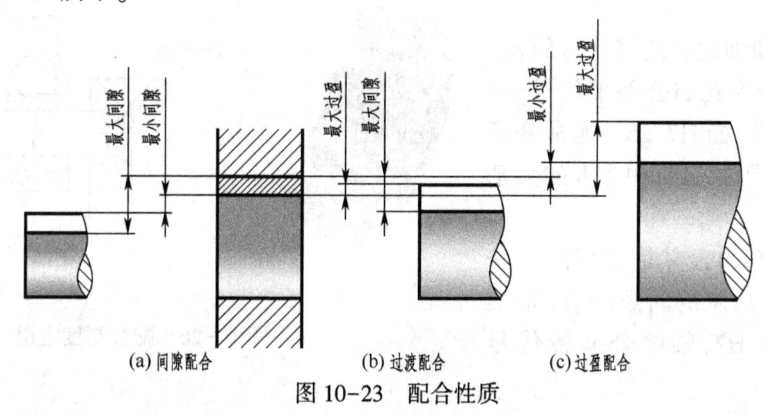

图 10-23　配合性质

①间隙配合：孔和轴装配时有间隙（包括最小间隙等于零）的配合。

②过盈配合：孔和轴装配时有过盈（包括最小过盈等于零）的配合。

③过渡配合：孔和轴装配时可能有间隙或有过盈的配合。

从孔和轴的公差带来看，采用间隙配合时，孔的公差带在轴的公差带之上；采用过渡配合时，孔的公差带与轴的公差带相互交叠；过盈配合时，孔的公差带在轴的公差带之下，如图 10-24 所示。

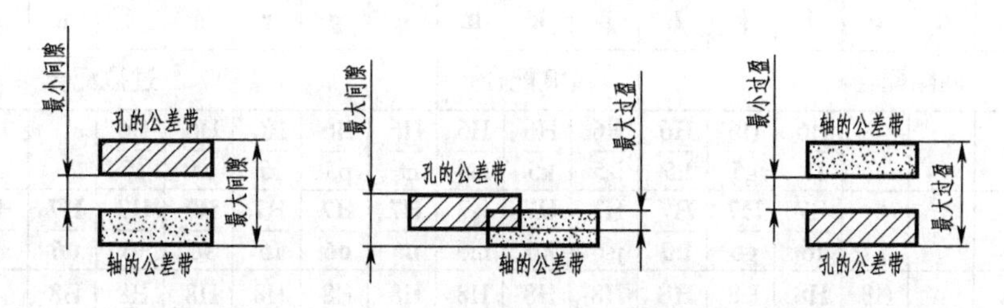

图 10-24　各种配合的公差带关系

2. 配 合 制

为了便于零件的设计与制造，国家标准规定了基孔制和基轴制两种配合制度，如图 10-25 所示。

①基孔制：基本偏差为 H 的孔的公差带与不同基本偏差的轴的公差带形成各种配合的一种制度。基孔制中的孔为基准孔，基本偏差代号为 H，其下偏差为零。

②基轴制：基本偏差为 h 的轴的公差带与不同基本偏差的孔的公差带形成各种配合的一种制度。基轴制中的轴为基准轴，基本偏差代号为 h，其上偏差为零。

配合制应用：在实际生产中，由于孔比轴更难加工，一般情况下应选用基孔制，只有在特殊情况下采用基轴制，如轴承的外圈与轴承座之间的配合（因轴承为标准件，其外圈尺寸已确定）；一个轴上有多段配合制度，铰制孔装配的配合处等，如图 10-26 所示。

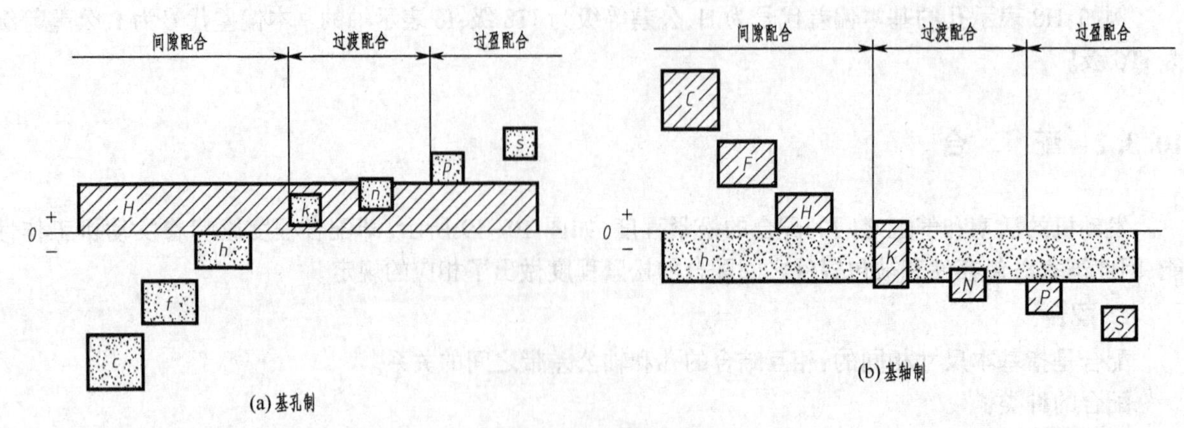

图 10-25 配合制度

3. 配合代号

配合代号由孔和轴的公差带代号组成，写成分数形式，分子为孔的公差带代号，分母为轴的公差带代号，如 H7/g6。通常分子中含 H 的为基孔制配合，分母中含 h 的为基轴制配合。

例如：ϕ60H7/g6 的含义是指该配合是基本尺寸为 ϕ60，基孔制的间隙配合，基准孔的公差带代号为 H7，轴的公差带代号为 g6。

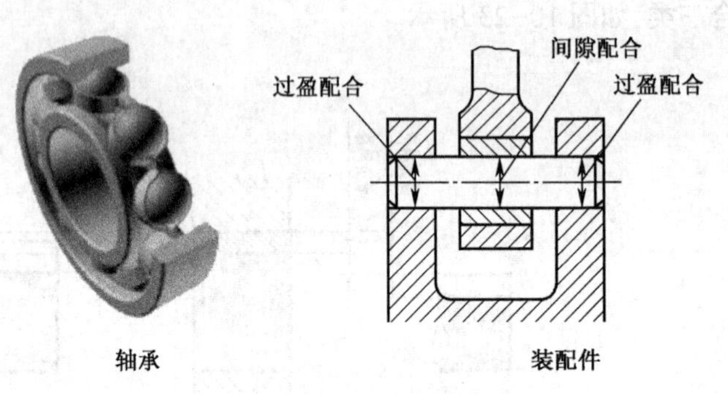

图 10-26 配合制度应用

4. 优先、常用配合

国家标准根据机械工业产品生产使用的需要，制定了优先及常用配合。基本尺寸至 500 mm 的基孔制和基轴制的优先配合如表 10-6、10-7 所示。

表 10-6 基孔制优先、常用配合（GB/T 1801—2009）

基准孔	轴																				
	a	b	c	d	e	f	g	h	js	k	m	n	p	r	s	t	u	v	x	y	z
	间隙配合								过渡配合				过盈配合								
H6						H6/f5	H6/g5	H6/h5	H6/js5	H6/k5	H6/m5	H6/n5	H6/p5	H6/r5	H6/s5	H6/t5					
H7						H7/f6	**H7/g6**	**H7/h6**	H7/js6	**H7/k6**	H7/m6	**H7/n6**	**H7/p6**	H7/r6	**H7/s6**	H7/t6	**H7/u6**	H7/v6	H7/x6	H7/y6	H7/z6
H8					H8/e7	**H8/f7**	H8/g7	**H8/h7**	H8/js7	H8/k7	H8/m7	H8/n7	H8/p7	H8/r7	H8/s7	H8/t7	H8/u7				
				H8/d8	H8/e8	H8/f8		H8/h8													
H9			H9/c9	H9/d9	**H9/e9**	H9/f9		**H9/h9**													
H10			H10/c10	H10/d10				H10/h10													
H11	H11/a11	H11/b11	**H11/c11**	H11/d11				**H11/h11**													
H12		H12/b12						H12/h12	黑体为优选配合												

注：$\frac{H6}{n5}$，$\frac{H7}{p6}$ 在基本尺寸小于或等于 3 mm 和 $\frac{H8}{r7}$ 在小于或等于 100 mm 时，为过渡配合。

表 10-7　基轴制优先、常用配合(GB/T 1801—2009)

基准孔	孔																				
	A	B	C	D	E	F	G	H	JS	K	M	N	P	R	S	T	U	V	X	Y	Z
	间隙配合								过渡配合			过盈配合									
h5						$\frac{F6}{h5}$	$\frac{G6}{h5}$	$\frac{H6}{h5}$	$\frac{JS6}{h5}$	$\frac{K6}{h5}$	$\frac{M6}{h5}$	$\frac{N6}{h5}$	$\frac{P6}{h5}$	$\frac{R6}{h5}$	$\frac{S6}{h5}$	$\frac{T6}{h5}$					
h6						$\frac{F7}{h6}$	$\mathbf{\frac{G7}{h6}}$	$\mathbf{\frac{H7}{h6}}$	$\frac{JS7}{h6}$	$\mathbf{\frac{K7}{h6}}$	$\frac{M7}{h6}$	$\mathbf{\frac{N7}{h6}}$	$\mathbf{\frac{P7}{h6}}$	$\frac{R7}{h6}$	$\mathbf{\frac{S7}{h6}}$	$\frac{T7}{h6}$	$\mathbf{\frac{U7}{h6}}$				
h7					$\frac{E8}{h7}$	$\mathbf{\frac{F8}{h7}}$		$\mathbf{\frac{H8}{h7}}$	$\frac{JS8}{h7}$	$\frac{K8}{h7}$	$\frac{M8}{h7}$	$\frac{N8}{h7}$									
h8				$\frac{D8}{h8}$	$\frac{E8}{h8}$	$\frac{F8}{h8}$		$\frac{H8}{h8}$													
h9				$\mathbf{\frac{D9}{h9}}$	$\frac{E9}{h9}$	$\frac{F9}{h9}$		$\mathbf{\frac{H9}{h9}}$													
h10				$\frac{D10}{h10}$				$\frac{H10}{h10}$													
h11	$\frac{A11}{h11}$	$\frac{B11}{h11}$	$\mathbf{\frac{C11}{h11}}$	$\frac{D11}{h11}$				$\mathbf{\frac{H11}{h11}}$													
h12		$\frac{B12}{h12}$						$\frac{H12}{h12}$													

10.3.3　公差与配合在图样上的标注

(1)装配图中配合代号的标注

在装配图中,有严格控制机器精度或安装精度的位置需标注的配合代号,其标注格式如图 10-27(a)所示。在尺寸线上标注尺寸配合,分子和分母分别为孔和轴的公差带代号。

(2)零件图中极限的标注

零件图上标注的尺寸公差有三种形式:只注极限偏差数值;只注出公差带代号;同时注出公差带代号和极限偏差数值,如图 10-27 所示。

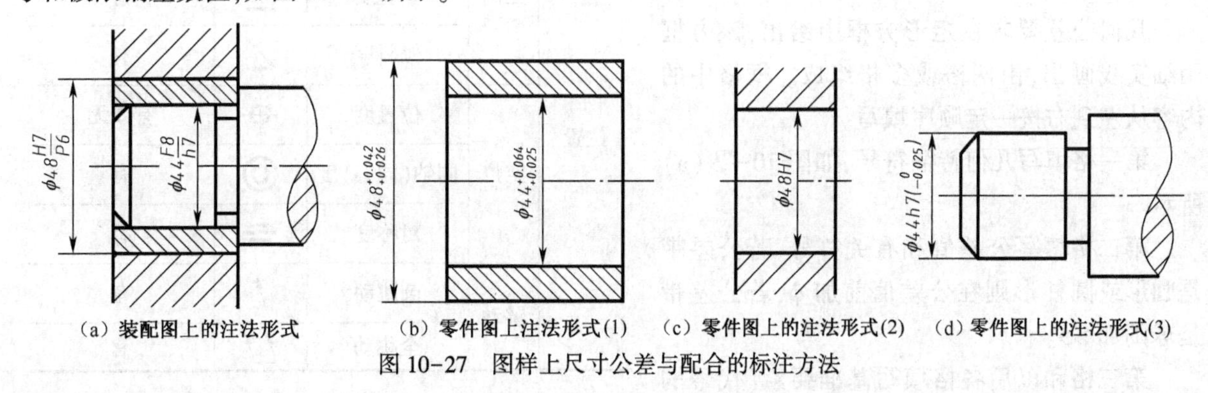

(a) 装配图上的注法形式　(b) 零件图上注法形式(1)　(c) 零件图上的注法形式(2)　(d) 零件图上的注法形式(3)

图 10-27　图样上尺寸公差与配合的标注方法

10.3.4　几何公差简介

由于刀具、车床精度、工人技术水平以及不可估量等因素的影响,零件被加工后,不仅存在尺寸误差,还会产生几何形状及相互位置的误差,如图 10-28(a)所示的活塞销,若将形状误差较大的活塞销装入发动机中,则最终影响设备的使用精度。图 10-28(b)所示焊接件,由于焊接工艺不当,发生变形,装入设备中,影响设备的精度。因此,在机器中,对精度要求较高的零件,应限制零件几何要素的形状、方向、位置和跳动公差。

几何要素的形状、方向、位置和跳动公差，统称为几何公差。

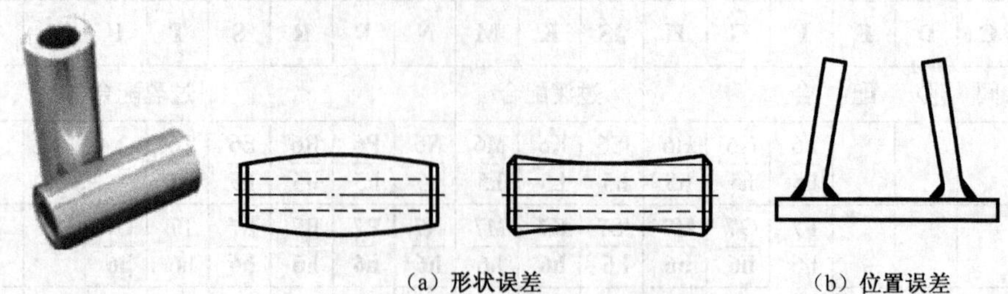

（a）形状误差　　（b）位置误差

图 10-28　几何形状和相互位置的误差

1. 通则

要素——要素是零件上的实际存在的特征部分，如点、线、面，也可以是由实际要素取得的轴线或中心平面。

被测要素——给出了几何公差要求的要素。

基准要素——用来确定被测要素的方向和（或）位置的要素。

形状公差——零件要素的实际形状对其理想形状的允许变动量。

方向公差——零件要素的实际方向对其理想方向的允许变动量。

位置公差——零件实际位置对理想位置的允许变动量。

跳动公差——根据检测方法来定义的公差项目，即当被测实际要素绕基准轴线回转时，被测表面法线方向的跳动量的允许值。

2. 几何公差的几何特征及符号

国家标准规定了几何公差的几何特征及符号，见表 10-8。

表 10-8　几何公差的几何特征及符号

公差		特征项目	符号	有或无基准要求
形状	形状	直线度	—	无
		平面度	⏥	无
		圆度	○	无
		圆柱度	⌭	无
形状或位置	轮廓	线轮廓度	⌒	有或无
		面轮廓度	⌓	有或无
位置	定向	平行度	//	有
		垂直度	⊥	有
		倾斜度	∠	有
	定位	位置度	⌖	有或无
		同轴（同心）度	◎	有
		对称度	⌯	有
	跳动	圆跳动	↗	有
		全跳动	⌰	有

3. 几何公差框格表示形式

几何公差要求在矩形方框中给出，该方框用细实线画出，由两格或多格组成。框格中的内容从左到右按一定顺序填写。

第一格填写几何特征符号，如图 10-29（a）所示。

第二格填写公差值和有关符号，若公差带是圆形或圆柱形则在公差值前加 ϕ，若公差带是球则加 Sϕ。

第三格和以后各格填写基准要素（代号的字母）或基准体系，如图 10-29（b）所示。

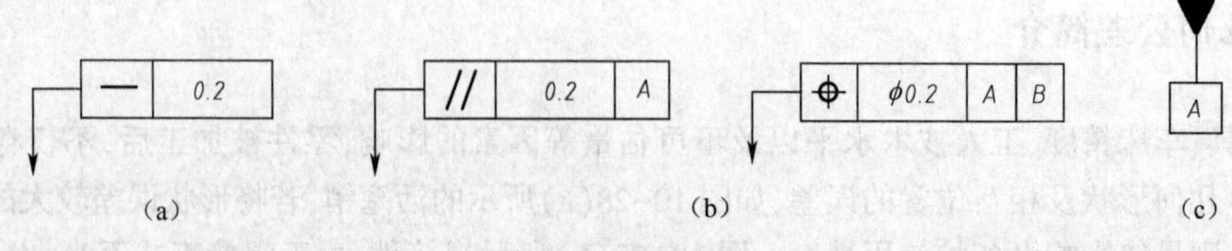

（a）　（b）　（c）

图 10-29　形位公差

在位置公差中，基准要素用基准符号标注。基准符号由带方框（细实线）的大写字母和细实线连接的实心三角形组成，如图 10-29(c)所示。

几何公差标注的内容有几何公差框格、指引线和基准符号（除形状公差），见表 10-9，框格中字体的高度与图样中的尺寸数字等高，框格的高度为字体高度的两倍，框格的一端连指引线，指引线通过箭头与被测要素相连。详见表 10-9、表 10-10 和图 10-30。

4. 公差带示意图及标注图例

(1)公差带定义与标注释义

一些公差带特征项目的公差带及其定义、示意图及标注解释见表 10-9。

表 10-9　公差带示意图及标注图例

符　号	公差带定义	标注和释义
—	在给定平面内，公差带是距离为公差值 t 的两平行直线之间的区域 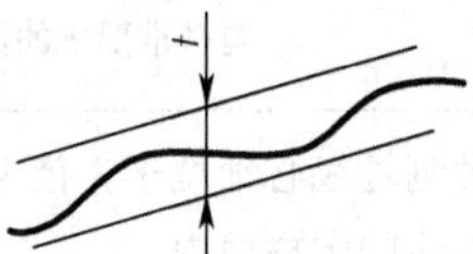	被测表面的（提取线）素线必须位于平行于图样所示投影面且距离为公差值 0.1 的两平行直线之间 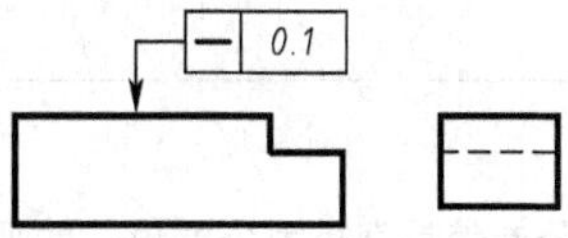
—	在给定方向上公差带距离为公差值 t 的两平行平面之间的区域 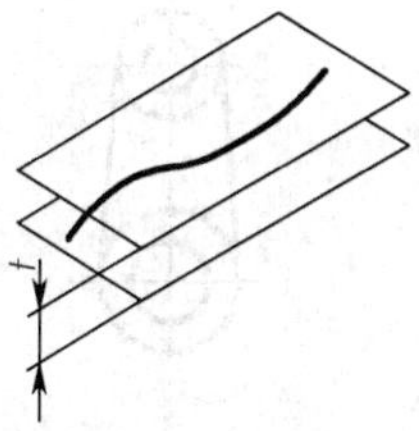	被测圆柱面的任意一素线必须在距离公差值为 0.1 的两平行平面之间 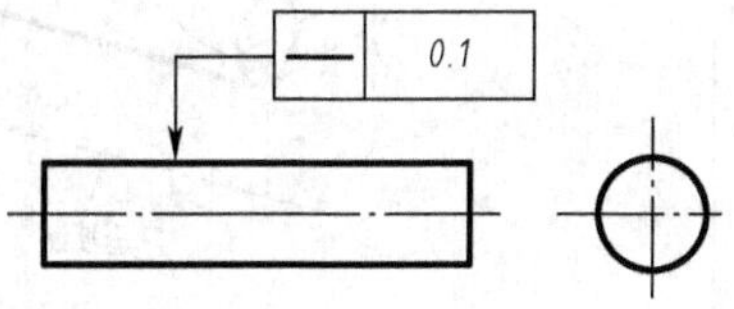
▱	公差带是距离为公差值 t 的两平行平面之间的区域。 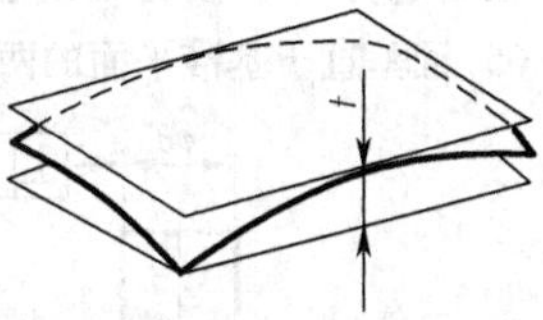	被测表面必须位于距离为公差值 0.08 的两平行平面之间 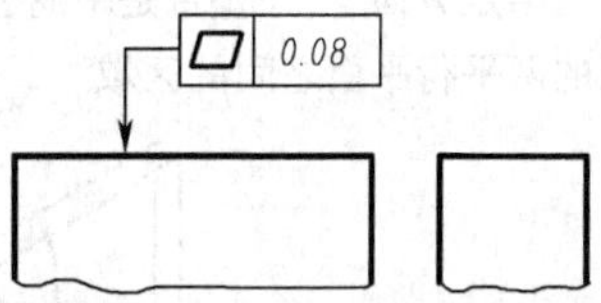
○	公差带是在同一正截面上，半径差为公差值 t 的两同心圆之间的区域 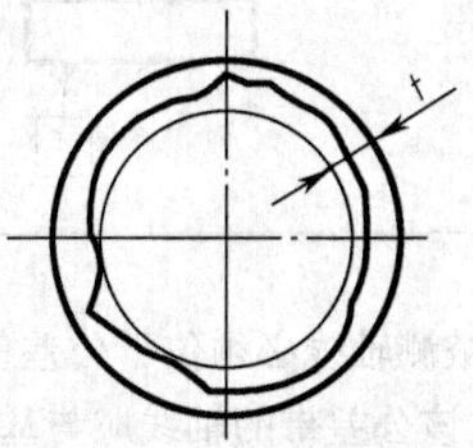	被测圆柱面任一正截面的圆周必须位于半径差为公差值 0.03 的两同心圆之间 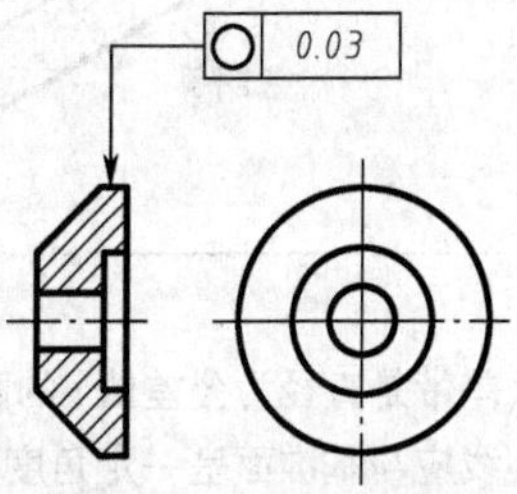
⌭	公差带是半径差为公差值 t 的两同轴圆柱面之间的区域 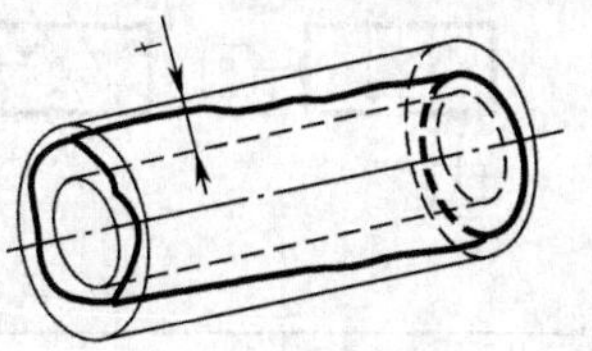	被测圆柱面必须位于半径差为公差值 0.1 的两同轴圆柱面之间 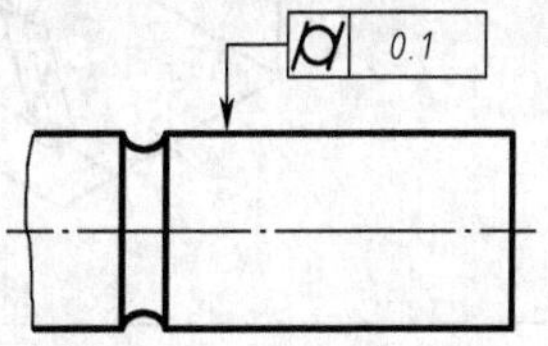

符　　号	公差带定义	标注和释义
⌓	公差带是包络一系列直径为公差值 t 的球的两包络线之间的区域。诸球的球心位于具有理论正确几何形状的面上 t　$S\phi t$ 分为无基准要求和有基准要求的面轮廓度公差	⌓ 0.02　SR 无基准要求的面轮廓度公差 ⌓ 0.1 A　SR　A 有基准要求的面轮廓度公差
//	公差带是直径为公差值 t 且平行于基准线的圆柱面内的区域 ϕt 基准线	被测轴线必须位于直径为公差值 0.03 且平行于基准轴线的圆柱面内 // ϕ0.03 A　A
⊥	在给定方向上，公差带是距离公差值 t 且垂直于基准平面的两平行平面之间的区域 t 基准平面	在给定方向上被测轴线必须位于距离为公差值 0.05，且垂直于基准平面的两平行平面之间。 ϕd　⊥ 0.05 A　A
∠	公差带是直径为公差值 t 的圆柱面内区域，该圆柱面的中心线应与基准面呈一定角度且平行于另一基准平面 B　t　60°　A	被测轴线必须位于公差值 ϕ0.05 的圆柱面公差带内，该公差带的轴线应与基准面 A(基准平面)呈理论正确角度 60 °且平行于基准平面 B。 ϕd　∠ ϕ0.05 A B　B　A　60°

符　号	公差带定义	标注和释义
⌖	公差带是直径为 ϕt 的圆柱面内的区域。公差带的轴线的位置由相对于三基面体系的理论正确尺寸确定 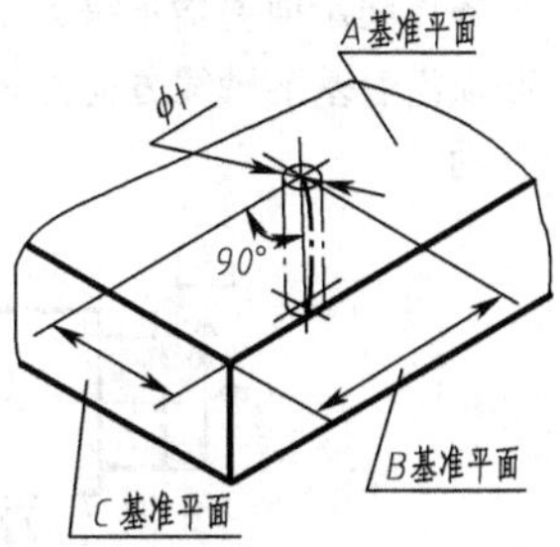 A基准平面　ϕt　90°　B基准平面　C基准平面	每个被测轴线必须位于直径为公差值 $\phi 0.1$，以相对于 C、A、B 基准表面（基准平面）的理论正确尺寸所确定的理想位置为轴线的圆柱内 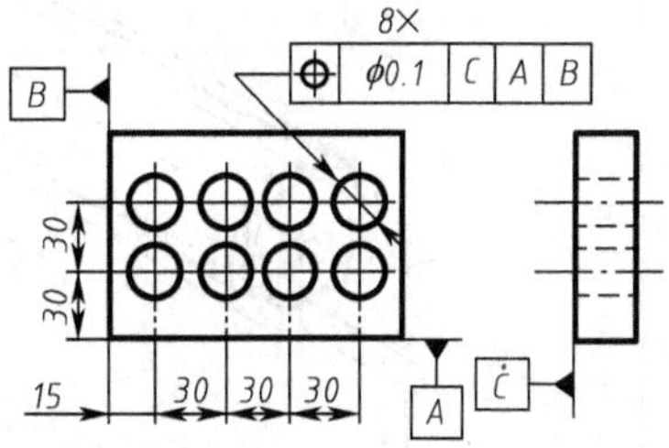 8×　⌖ ϕ0.1 C A B　B　30　30　15　30　30　30　A　C
◎	公差带是直径为公差值 ϕt 且与基准圆心同心的圆内的区域 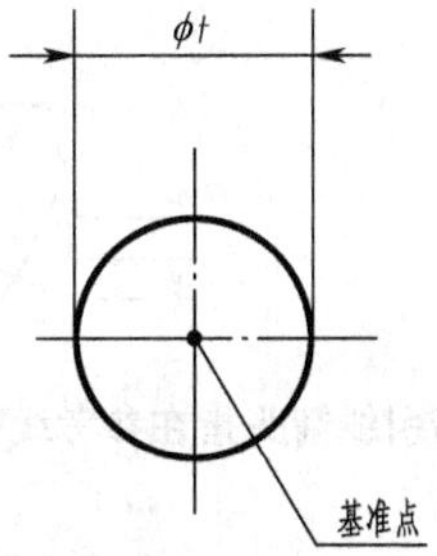 ϕt　基准点	外圆的圆心必须位于直径为公差值 $\phi 0.01$ 且与基准圆心同心的圆内 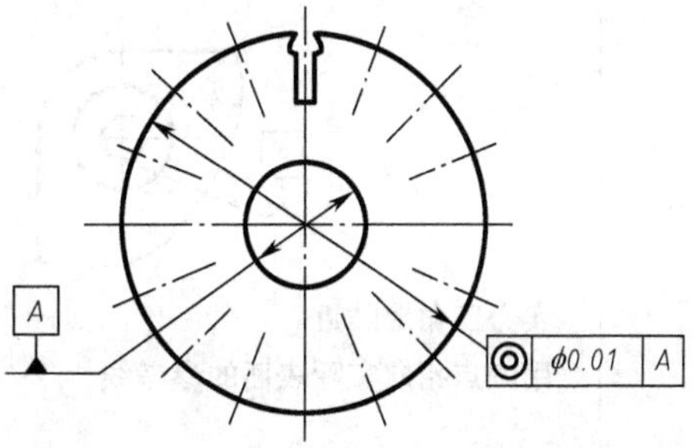 A　◎ ϕ0.01 A
⌯	公差带是距离为公差值 t 且相对基准中心平面对称配置的两平行平面之间的区域 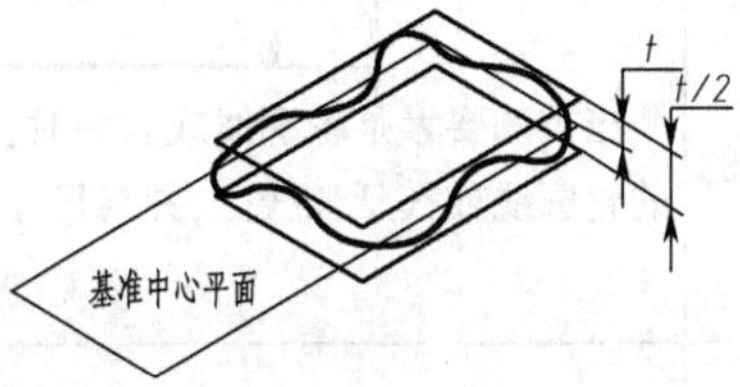 t　t/2　基准中心平面	被测中心面必须位于距离为公差值 0.08 且相对基准中心平面 A 对称配置的两平行平面之间 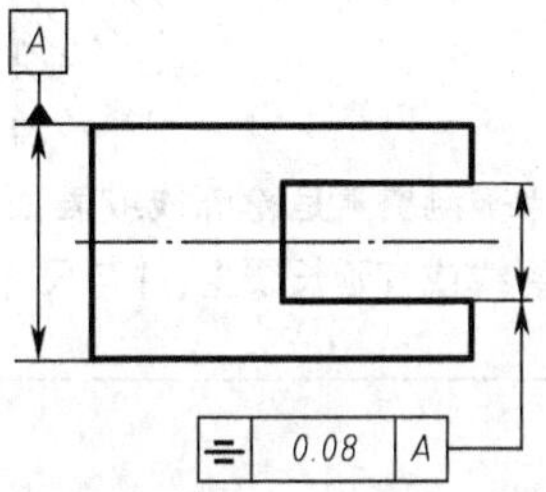 A　⌯ 0.08 A
↗	公差带是在垂直于基准轴线的任一测量平面内，半径差为公差值 t 且圆心在基准轴线上的两同心圆之间的区域 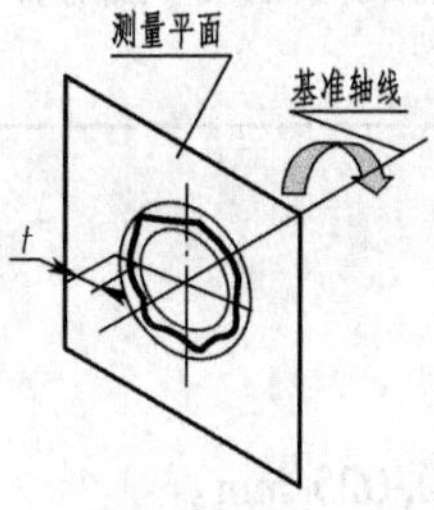 测量平面　基准轴线　t	被测要素围绕基准线 A（基准轴线）并同时受基准表面 B（基准平面）的约束旋转一周时，在任一测量平面内的径向圆跳动量均不得大于 0.08 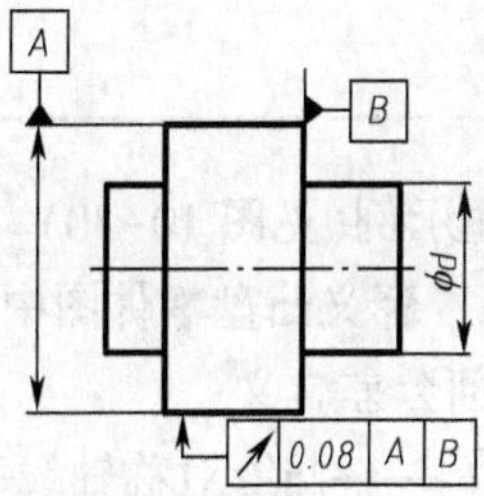 A　B　ϕd　↗ 0.08 A B

续表

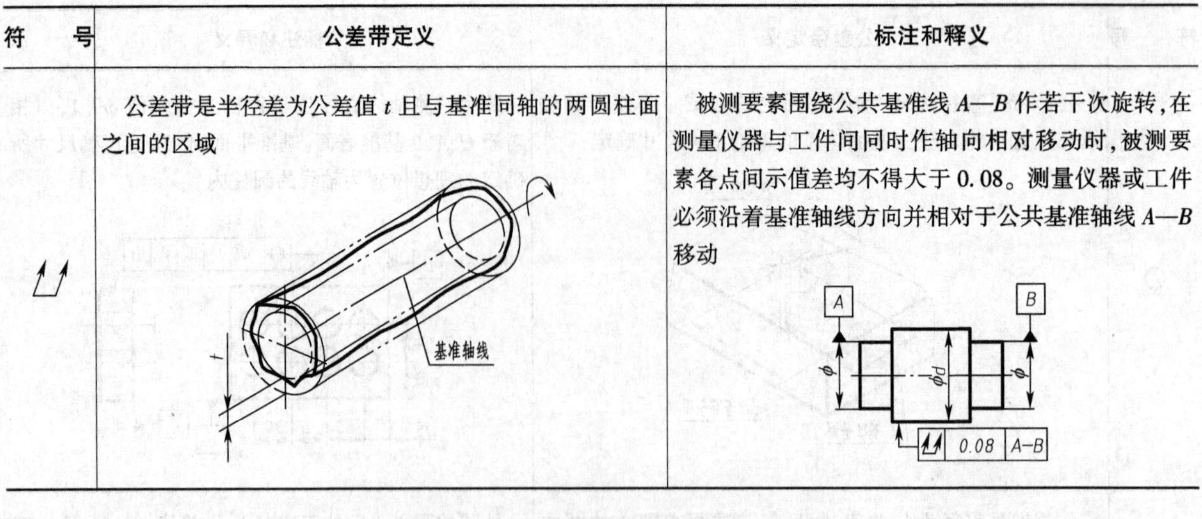

符号	公差带定义	标注和释义
⌰	公差带是半径差为公差值 t 且与基准同轴的两圆柱面之间的区域	被测要素围绕公共基准线 *A*—*B* 作若干次旋转，在测量仪器与工件间同时作轴向相对移动时，被测要素各点间示值差均不得大于 0.08。测量仪器或工件必须沿着基准轴线方向并相对于公共基准轴线 *A*—*B* 移动

表 10-10　基准和被测要素常用表达方法

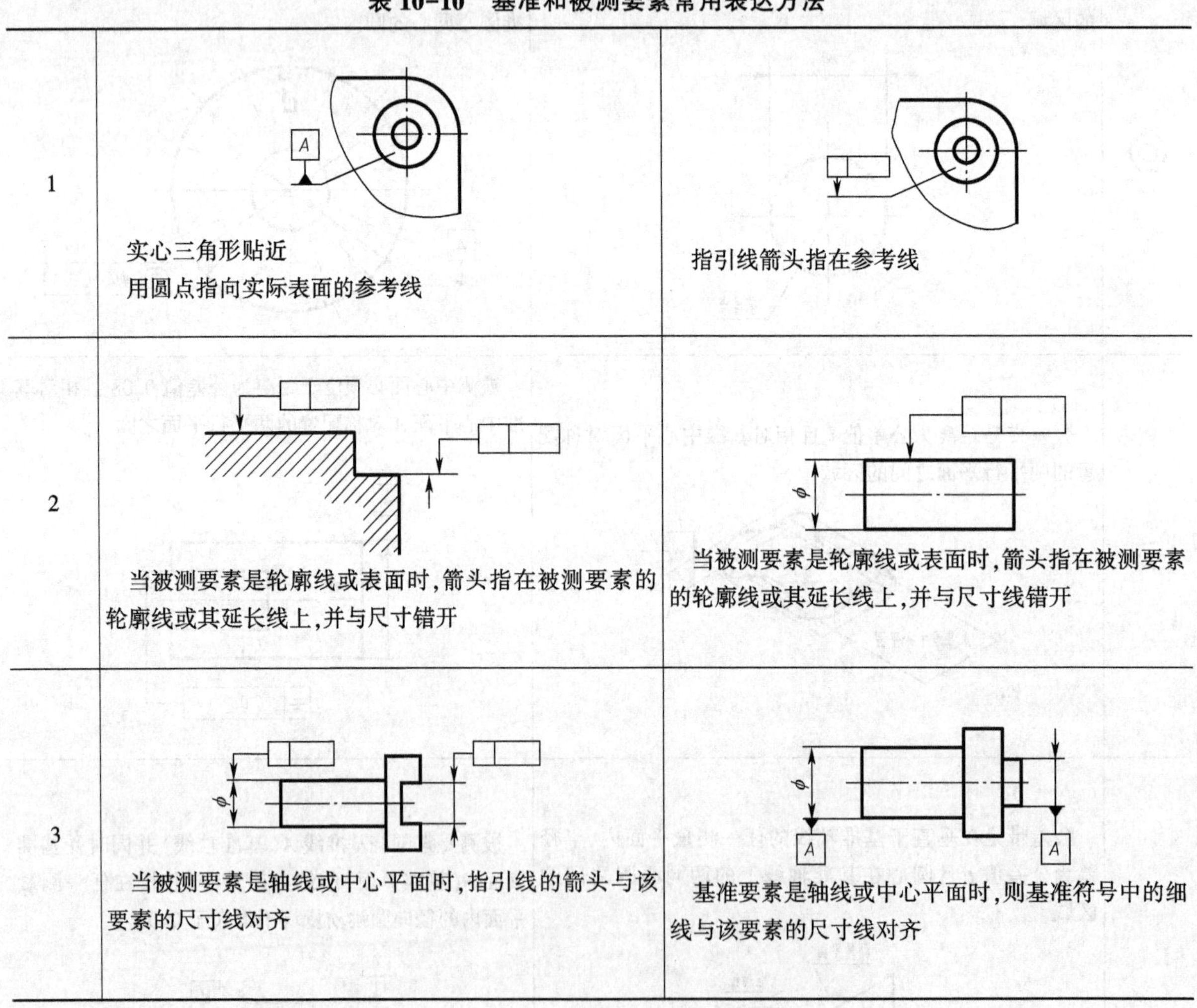

1	实心三角形贴近 用圆点指向实际表面的参考线	指引线箭头指在参考线
2	当被测要素是轮廓线或表面时，箭头指在被测要素的轮廓线或其延长线上，并与尺寸错开	当被测要素是轮廓线或表面时，箭头指在被测要素的轮廓线或其延长线上，并与尺寸线错开
3	当被测要素是轴线或中心平面时，指引线的箭头与该要素的尺寸线对齐	基准要素是轴线或中心平面时，则基准符号中的细线与该要素的尺寸线对齐

(2)标注示例(见图 10-30)

例 10-1　释义凸盘零件图中的几何公差。

图中几何公差含义：

[⊥ | 0.025 | *B*]——凸缘对称轴线垂直于 *B* 基准轴线，垂直度 0.025 mm。

[⌯ | 0.075 | *A*]——被测尺寸以轴线 *A* 为基准，对称度 0.075 mm。

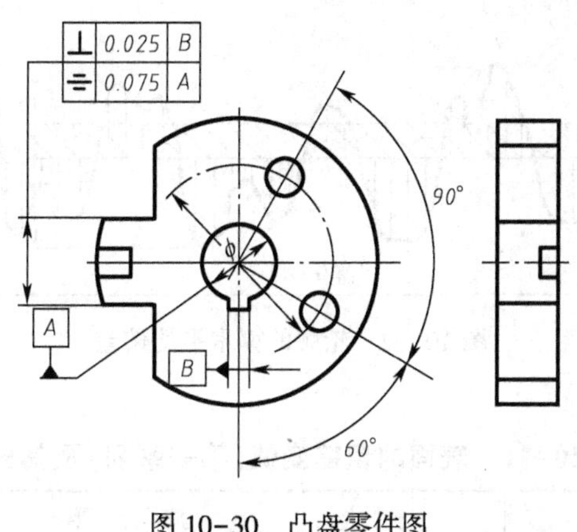

图 10-30　凸盘零件图

10.4　产品的表面结构技术要求

各种产品或零件,由于其功用不同,对产品或零件提出技术要求的侧重点不同,有的产品零件不仅需要对尺寸、形状、位置提出要求,而且需要对实际加工表面结构提出要求。零件在加工过程中,受刀具、机床的振动及切削时表面金属的塑性变形等因素的影响,加工后的表面总会留下加工痕迹,国家标准对这种加工痕迹提出要求,并规定一定的表示法。表示法涉及轮廓参数和图形参数。

轮廓参数在 GB/T 3505 标准中作了相应的规定,规定相关的参数有:R 轮廓(粗糙度参数);w 轮廓(波纹度参数);*P* 轮廓(原始轮廓参数)。

图形参数在 GB/T 18618 标准中规定相关的参数有粗糙度图形,波纹度图形。

10.4.1　产品表面结构表示法

零件加工后的表面总会留下加工痕迹,用显微镜观察,会清楚地看到高低不平的峰谷,如图 10-31 所示。这种实际表面的轮廓可由粗糙度轮廓、波纹度轮廓和原始轮廓来综合描述,零件的表面结构特性是粗糙度、波纹度和原始轮廓特性的统称,这里只介绍粗糙度。

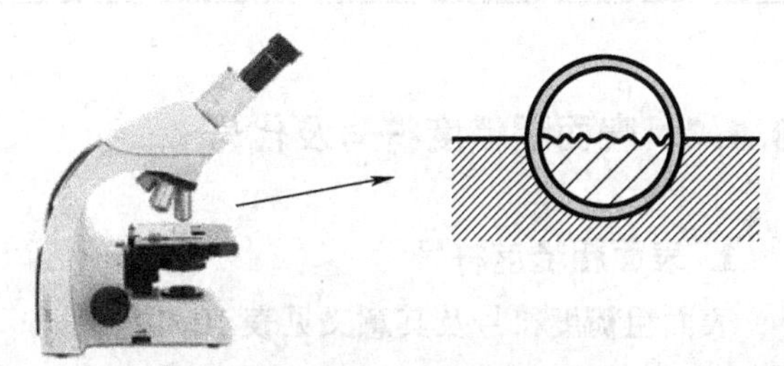

图 10-31　显微镜观察

1. 表面结构粗糙度的概念

零件加工表面上具有的较小间距和峰谷所组成的微观几何形状特性就称为表面粗糙度。

表面粗糙度是评定零件表面质量的重要技术指标之一。它对零件的耐磨性、抗腐蚀性、密封性、抗疲劳的能力、外观等都有非常重要的影响。

2. 表面粗糙度的主要评定参数

国家标准规定了表面粗糙度的评定参数及其数值,可以合理选用。此处只介绍常用的两种评定参数:轮廓算术平均偏差(*Ra*),轮廓的最大高度(*Rz*)。

①轮廓算术平均偏差(*Ra*)。它是指在一个取样长度内,被测轮廓上各点至基准线的距离 y_i 的算术平均值。如图 10-32 所示,可近似表示为:$Ra = \frac{1}{n}\sum_{i=1}^{n}|y_i|$

②轮廓的最大高度(*Rz*):在一个取样长度内,最大轮廓峰高和最大轮廓谷深之间的高度。

在以上两个评定参数中,*Ra* 最为常用。*Ra* 数值越大,零件表面越粗糙;反之,零件表面越平整光滑,但加工成本越高。因此,在保证机器性能的前提下,应尽量降低生产成本。*Ra* 数值(第一系列)

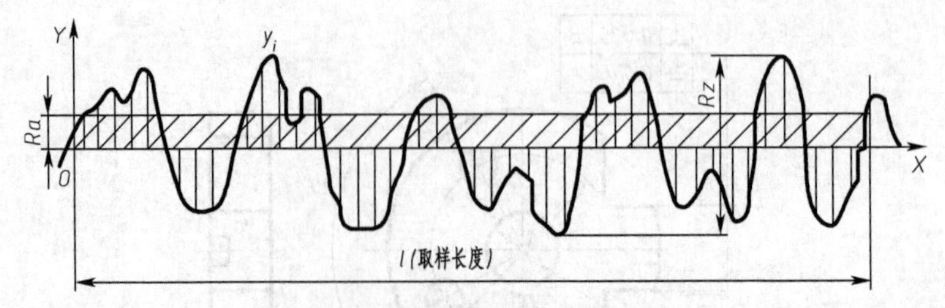

图 10-32 轮廓的算术平均偏差

见表 10-11。

表 10-11 表面的粗糙度值(第一系列)及其应用

Ra/μm	表面特征	应用举例
50 25	明显可见刀痕 可见刀痕	粗加工表面,一般很少使用
12.5	微见刀痕	非接触面、不重要接触面,如螺钉孔、倒角、机座表面等
6.3 3.2 1.6	可见加工痕迹 微见加工痕迹 看不见加工痕迹	没有相对运动的零件接触面,如箱、盖、套筒、要求紧贴的表面、键和键槽工作表面;相对运动速度不高的接触面,如支架孔、衬套、带轮轴孔的工作表面等
0.8 0.4 0.2	可辨加工痕迹的方向 微辨加工痕迹的方向 不可辨加工痕迹的方向	要求很好密合的接触面,如与滚动轴承配合的表面、锥销孔等;相对运动速度较高的接触面,如滑动轴承的配合表面、齿轮轮齿的工作表面等
0.1 0.05 0.025 0.012 0.006	暗光泽面 亮光泽面 镜状光泽面 雾状镜面 镜面	精密量具的表面、极重要零件的摩擦面,如气缸的内表面、精密机床的主轴颈、坐标镗床的主轴颈等

10.4.2 表面粗糙度符号及代号

1. 表面粗糙度符号

表面粗糙度符号及其意义见表 10-12。

表 10-12 表面粗糙度符号

符号	含义及说明
	基本图形符号,表示表面未指定工艺方法,没有补充说明时不能单独使用
	扩展图形符号,表示表面是用去除材料的方法获得,如:车、钻、铣、刨、磨、剪切、抛光、气割等
	扩展图形符号,表示表面是用不去除材料的方法获得,如:铸、锻、冲压、热轧、冷轧、粉末冶金等;或者保持上道工序的状况或原供应状况
	完整图形符号,在上述三个图形符号的长边加一横线,用于标注表面结构的补充信息
	带有补充注释的完整图形符号。在完整图形符号上加一圆圈,表示在某个视图上构成封闭轮廓的各表面有相同的表面粗糙度要求

表面粗糙度符号画法和附加标注的尺寸见表 10-13,其中符号的水平线长度取决于其上下所标注内容的长度,高度 H_2 取决于标注内容。

表 10-13　表面结构符号画法和附加标注的尺寸　　单位:mm

符号画法	数字和字母的高度 h	2.5	3.5	5	7	10	14	20
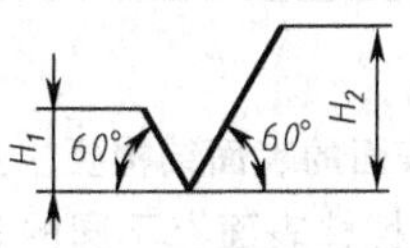	符号线宽 d'	0.25	0.35	0.5	0.7	1	1.4	2
	高度 H_1,	3.5	5	7	10	14	20	28
	高度 H_2(最小值)	7.5	10.5	15	21	30	42	60

2. 表面粗糙度代号

表面粗糙度代号由完整图形符号、参数代号(如 *Ra*,*Rz*)和参数值组成,在参数代号和参数值之间应插入空格。表面粗糙度代号及其含义,见表 10-14。

表 10-14　表面粗糙度代号及其含义

代　号	说　明	代　号	说　明
Ra 3.2	未指定工艺方法,*Ra* 的上限值为 3.2 μm	Ra 3.2	表示去除材料,*Ra* 的上限值为 3.2 μm
Ra max 3.2	表示去除材料,*Ra* 的最大值为 3.2 μm	U Ra 3.2 L Ra 1.6	表示去除材料,*Ra* 的上限值为 3.2 μm,*Ra* 的下限值为 1.6 μm
Ra 3.2	表示不去除材料,*Ra* 的上限值为 3.2 μm	Rz 3.2	表示去除材料,*Rz* 的上限值为 3.2 μm

10.4.3　表面粗糙度标注方法

表面粗糙度在图样上的标注方法及说明,见表 10-15。更详细的规定请查阅有关标准。

表 10-15　表面粗糙度标注方法

图　例	说　明
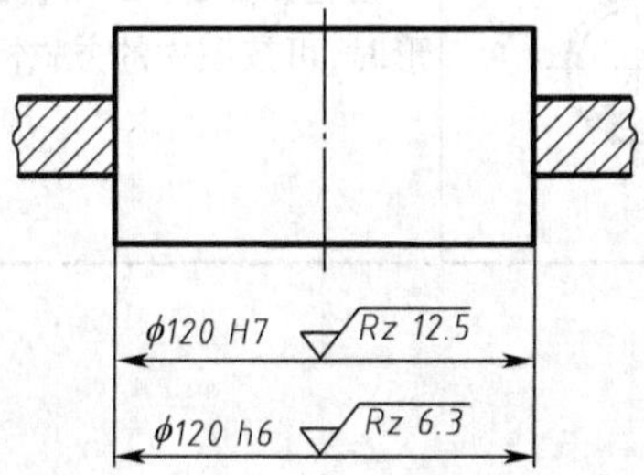 φ120 H7 Rz 12.5 φ120 h6 Rz 6.3	在不致引起误解的情况下,表面结构要求可以标注在给定的尺寸线上
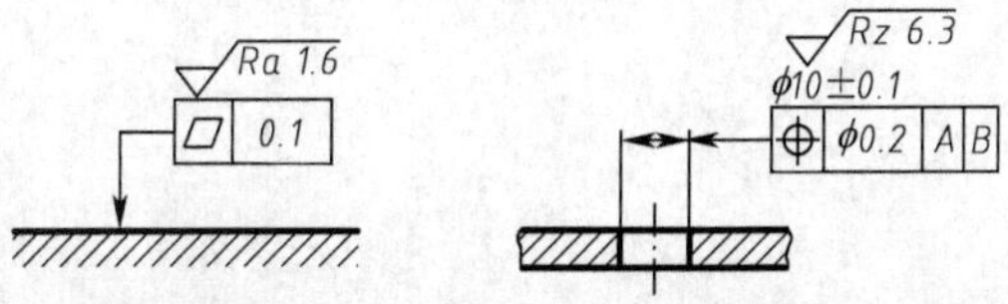 Ra 1.6 ▱ 0.1 Rz 6.3 φ10±0.1 ⌖ φ0.2 A B	表面结构可以标注在形位公差方格的上方
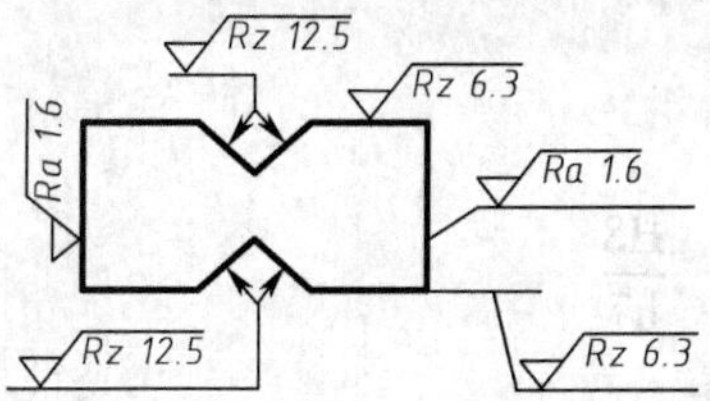 Rz 12.5 Rz 6.3 Ra 1.6 Ra 1.6 Rz 12.5 Rz 6.3	①表面结构要求可注在可见轮廓线、尺寸界线、尺寸线和其延长线上 ②符号尖端必须从材料外指向并接触加工表面 ③表面结构要求的注写和读取的方向与尺寸的注写和读取方向一致

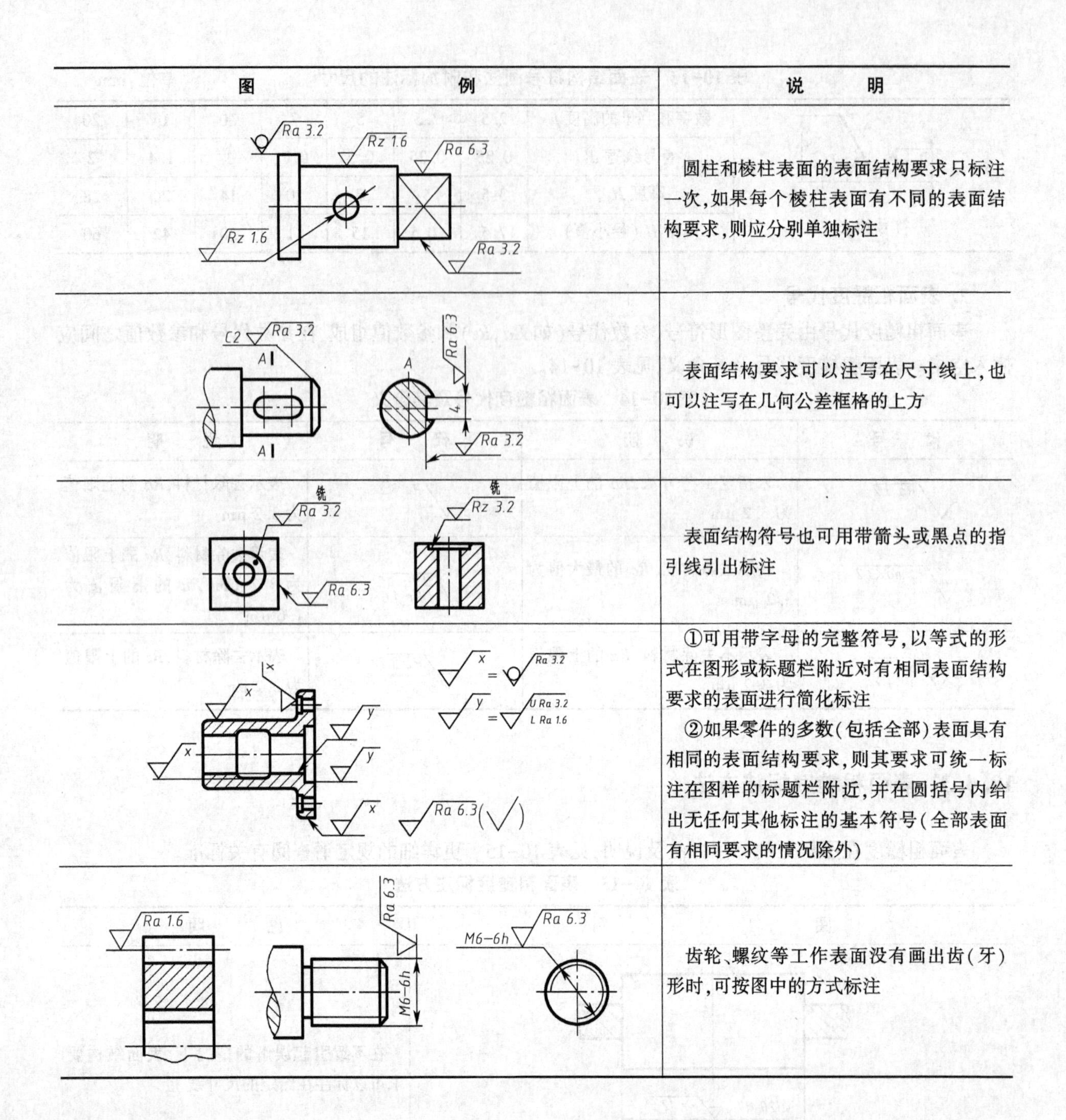

图 例	说 明
	圆柱和棱柱表面的表面结构要求只标注一次，如果每个棱柱表面有不同的表面结构要求，则应分别单独标注
	表面结构要求可以注写在尺寸线上，也可以注写在几何公差框格的上方
	表面结构符号也可用带箭头或黑点的指引线引出标注
	①可用带字母的完整符号，以等式的形式在图形或标题栏附近对有相同表面结构要求的表面进行简化标注 ②如果零件的多数（包括全部）表面具有相同的表面结构要求，则其要求可统一标注在图样的标题栏附近，并在圆括号内给出无任何其他标注的基本符号（全部表面有相同要求的情况除外）
	齿轮、螺纹等工作表面没有画出齿（牙）形时，可按图中的方式标注

思考题

1. 表面结构参数粗糙度代号的意义是什么？
2. 表面粗糙度标注方法应注意哪些内容？
3. 什么是基本尺寸？什么是尺寸公差？
4. 什么是极限偏差？
5. 公差带包括哪两部分内容？它们是由什么来确定的？
6. 公差等级共有多少级？哪一级精确程度最高？
7. 试说明下列表示配合的分数的意义：

$$\frac{H8}{f7} \quad \frac{U7}{h6} \quad \frac{H8}{h7}$$

8. 试述极限与配合在零件图和装配图上的标注方法。

9. 什么是形位公差？

10. ϕ46H8 代表的含义是什么？

11. ϕ70h7 代表的含义是什么？

习　题

1. 将图 10-33 所示的零件的公差尺寸标注在图 10-34 中。

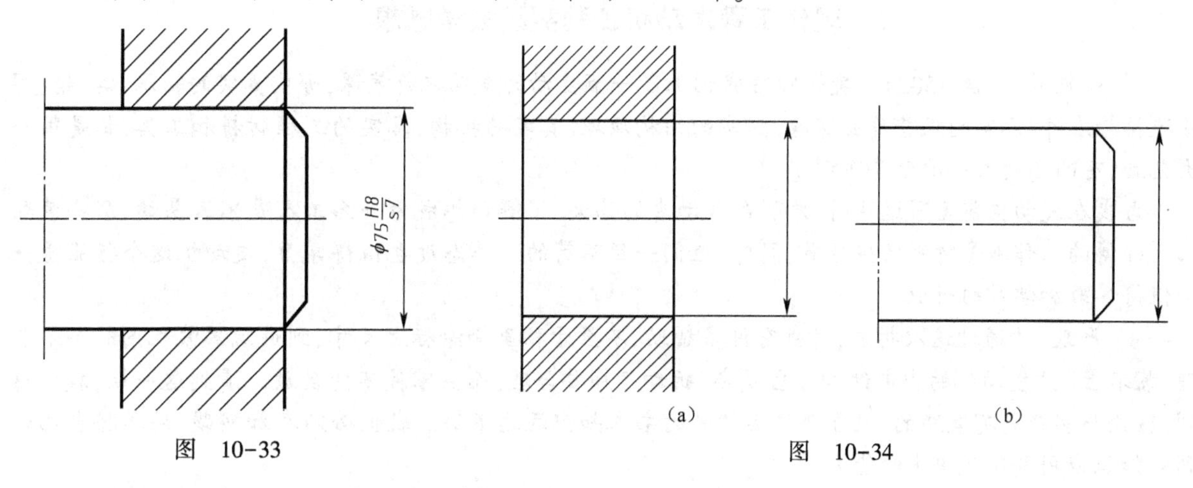

图　10-33　　　图　10-34

2. 将图 10-35 中所示的表面结构参数粗糙度标注在图 10-36 适当处。

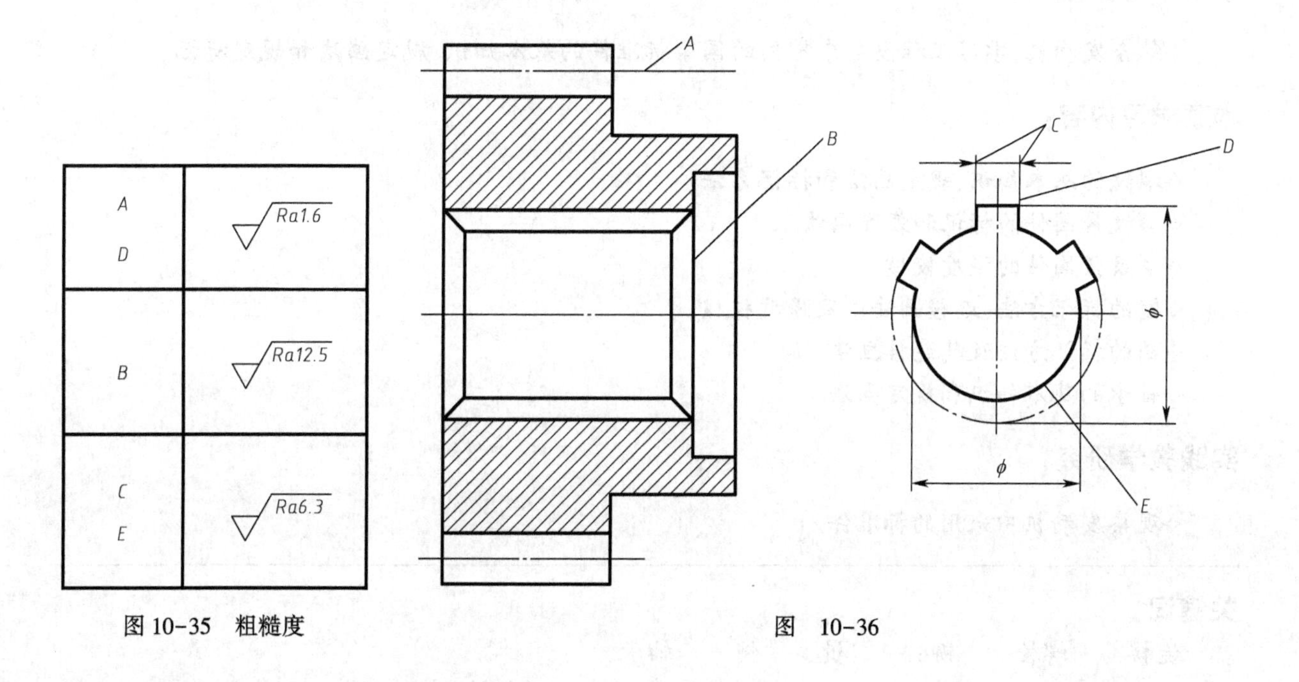

图 10-35　粗糙度　　　图　10-36

参考文献

1. 刘淑英，张顺心．工程制图基础[M]．北京：机械工业出版社，2012.

2. 樊百林．发动机原理与拆装实践教程—现代工程实践教学[M]．北京：人民邮电出版社，2011.

3. 窦忠强．工业产品设计与表达[M]．北京：高等教育出版社，2014.

第11章　工程设计中的标准件

现代工程发动机工程实践教学感想

姚轶薄(物流1502)　樊老师给我们上了一节生动的发动机拆装课,那些真实的轴承、键、销、螺栓连接标准件,真实的艰苦作业环境,真实的结构原理,真实的机构,真实的工程材料和工具,都是第一次见到,有的还是第一次亲耳听到 。

当我在发动机前无所适从时,才明白劳动者的伟大,了解到想成为一名工人是不容易的,那些装配工人师傅的工作真是特别值得尊敬,同样,他们一丝不苟的工作态度也值得学习,发动机这个行业是一个值得尊敬和学习的行业。

严政　"通过这次拆装,对我有许多帮助,不至于稀里糊涂标上尺寸,到最后画装配图时却不合理、装不上","发动机的内部结构相当复杂,拆卸顺序要合理,而且零件不能乱放。看到这一切,我们感到,理论与实践是有差距的,只靠课堂上学到的书本知识远远不够。我们必须参加实践,培养将自己学到的知识应用到实践中去的能力。"

本章学习目标:

✧结合发动机,学习工程设备中常用的国家标准件的基本知识、规定画法和规定标记。

本章学习内容:

✧螺纹的基本知识、规定画法和标记方法
✧螺纹紧固件的标记和装配画法
✧螺纹紧固件的强度校核
✧键的标记方法、连接画法以及强度校核
✧销的标记方法及其连接画法
✧轴承的基本知识和规定画法

实践教学研究

✧观察发动机中采用的标准件。

关键词:

连接　　螺栓　　铆钉　　键　　销　　轴承

11.1　概　　述

2010年6月深圳东部华侨城"太空迷航"发生6死10伤。原因:螺栓M16安装使用不当,导致设备严重设计缺陷;发现隐患未有及时有效的修理;使用中维修保养不到位。

任何机器或部件都是由若干零件按特定的关系装配连接而成的,在厂房、机器、部件的装配和安装过程中,经常大量使用着一些种类不同的标准件,如:起紧固和连接作用的螺栓、螺柱、螺钉、螺母、垫圈、键、销等,如图11-1(a)、(b)、(c)所示;起支承作用的轴承如图11-1(d)所示。当然,除了上述连接标准件外利用铆钉,连接、尺寸配合形状约束也可以起到连接作用如图 11-1(e)图 11-1(d)所示。

为了便于生产和使用,国家标准对这类零件的结构、尺寸以及成品质量等各方面都实行了标准化。

完全符合标准的零件称为标准件,如螺纹紧固件、键、销、滚动轴承等。来完全标准化的称为常用件。

国家标准对标准件和常用件的画法和标记进行了统一的规定, 绘图时必须严格遵守,对所有的标准件还制订了代号和标记,通过代号和标记可以从相应的国标中查出某个标准件的全部尺寸。

在设计时一般不必绘制标准件的零件图。

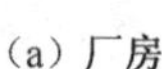

(a) 厂房　　　(b) 摩托车发动机

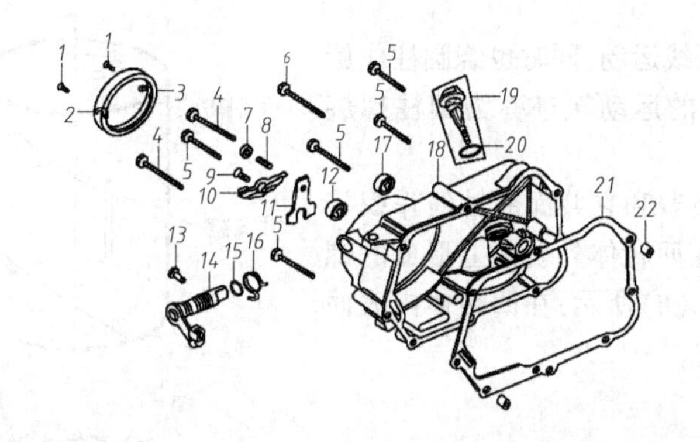

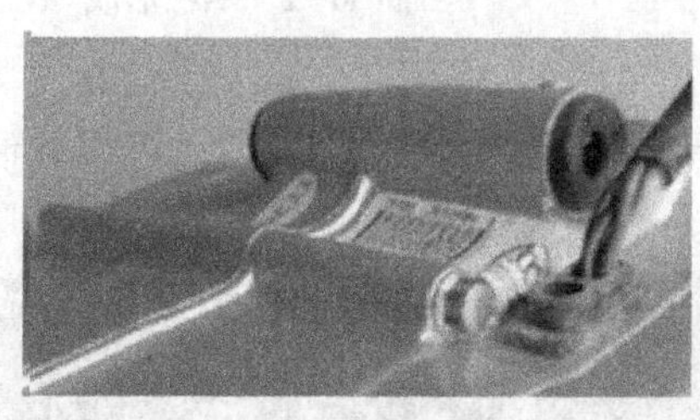

1—螺钉 M6×20;2—右曲轴箱盖装饰盖;3—右装饰盖密封垫;4—小盘螺栓 M6×80;5—小盘螺栓 M6×40;6—小盘螺栓 M6×65;7—螺母 M6;8—离合器调整螺钉;9—螺钉 M6×12;10—离合器分离压板;11—离合器拨板;12—离合器操纵臂油封;13—离合器操纵臂定位销;14—离合器操纵臂组合;15、20—O 形密封圈;16—离合器操纵臂弹簧;17—启动轴油封;18—右曲轴箱盖组合;19—机油尺组合;21—右曲轴箱盖密封垫;22—定位销;23—螺栓;24—左曲轴箱边盖

(c)发动机中的标准件

图 11-1　标准件应用

（d）轴承应用

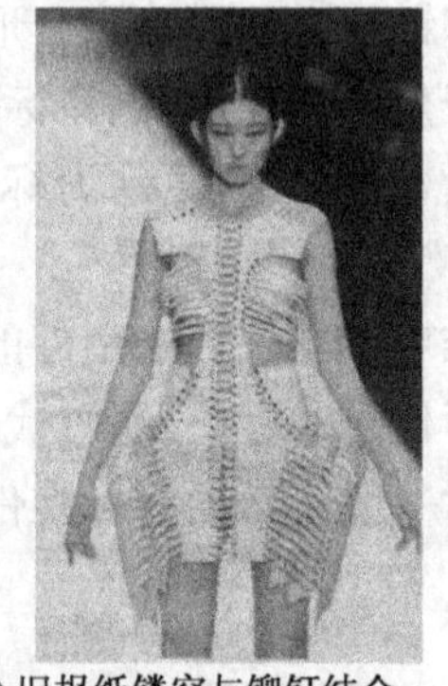

（e）异形连接

（f）旧报纸镂空与铆钉结合新颖前卫的大学生设计展示

图 11-1　标准件应用(续)

11.2　螺　　纹

连接是用机械、物理或化学的方法把两个或两个以上的零件组合成一个整体，使其在运转过程中零件相互间不发生相对运动。

连接分为可拆连接和不可拆连接。可拆连接形式有螺纹连接、键连接和销连接等，不可拆连接有铆接和焊接等。联轴器是连接在不同部件中的轴的可拆式连接最广泛使用的标准部件。

11.2.1　螺纹的形成

1. 螺纹的形成

动点 A 沿着圆柱作直线运动，同时也绕圆柱作旋转运动，A 点在圆柱表面的运动轨迹称为圆柱螺旋线，如图 11-2(a)所示。

螺纹是由平面图形绕着和它共面的轴线作螺旋运动所形成的螺旋体。在回转体外表面上形成的螺纹称为外螺纹，如图 11-2(b)所示；在回转体内表面上形成的螺纹称为内螺纹。

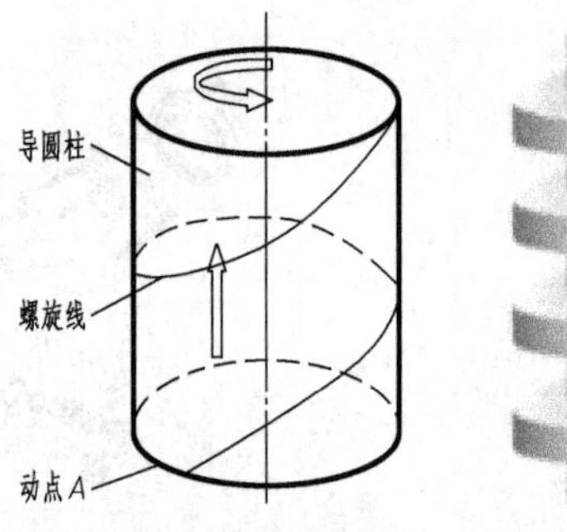

（a）圆柱螺旋线

（b）螺纹

图 11-2　螺纹形成

2. 螺纹加工

螺纹的加工方法很多。单件小批量生产时，通常在车床上加工，工件等速旋转，同时刀具沿轴向等速移动，即可加工出螺纹，图 11-3(a)、(b)所示为加工外螺纹和内螺纹；图 11-3(c)所示为用以色列螺纹刀具车螺纹。大批量生产时，可以轧制螺纹，如图 11-3(d)所示；通过搓丝机加工螺纹如图 11-3(g)所示。

（a）车外螺纹

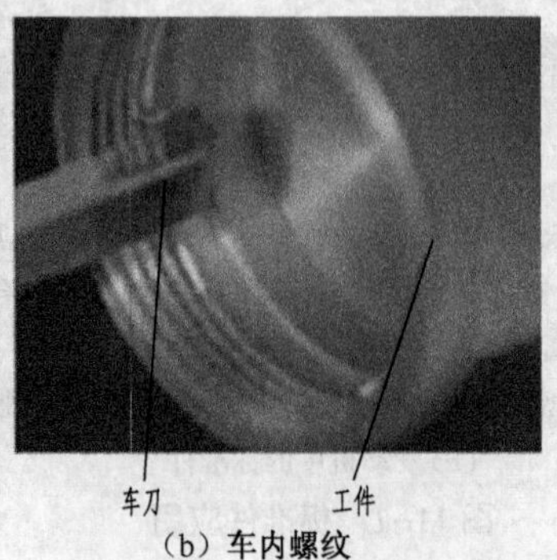

（b）车内螺纹

（c）用以色列刀具车螺纹

图 11-3　螺纹加工

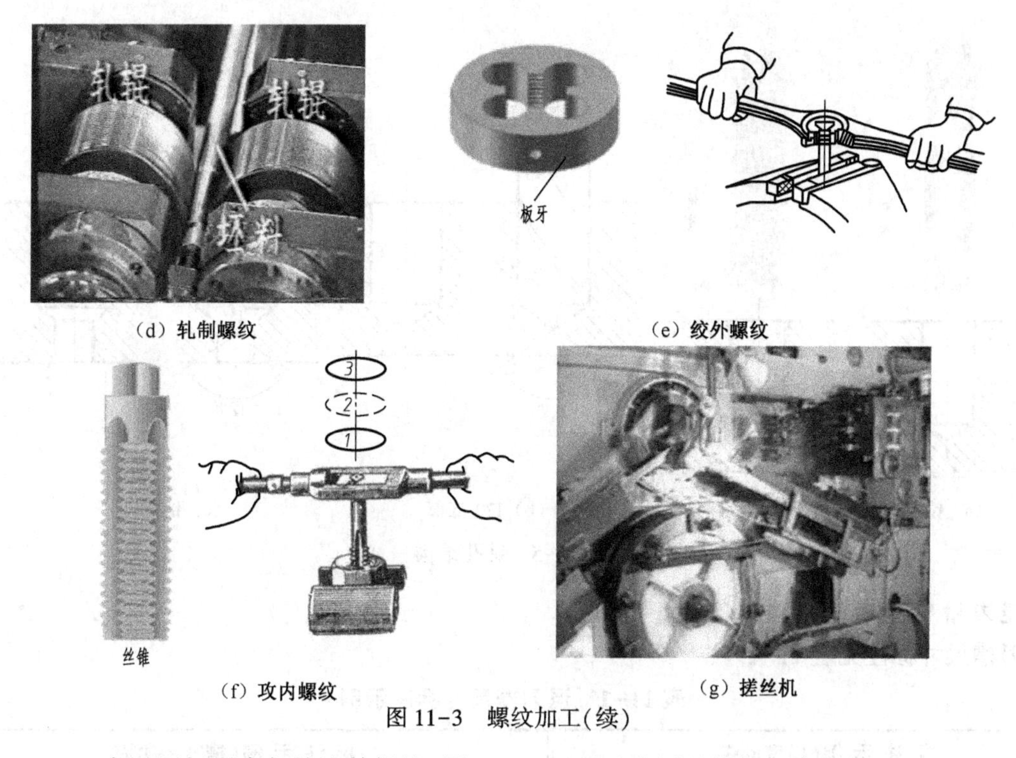

（d）轧制螺纹　　（e）绞外螺纹

（f）攻内螺纹　　（g）搓丝机

图 11-3　螺纹加工(续)

图 11-3(e)表示用板牙套扣绞出外螺纹,图 11-3(f)所示为用丝锥加工内螺纹。

11.2.2　螺纹工艺结构

1)倒角和倒圆

为了便于安装和防止螺纹端部损坏,通常在螺纹的起始端加工成一定的形状,如倒角、倒圆,如图 11-4(a)、(b)、(c)所示。

2)螺尾和退刀槽

加工螺纹时,车刀逐渐离开工件时,会出现一段不完整螺纹,称为螺尾,如图 11-4(a)所示。为避免出现螺尾或避免撞刀,且在装配时与相邻零件保证靠紧,在车床加工中,预先在轴的根部和孔的底部做出的环形空槽,称为退刀槽。退刀槽的作用:一是保证加工到位,二是保证装配时相邻零件的端面靠紧。一般用于车削加工中的(如车外圆、镗孔等)退刀槽,如图 11-4(b)、(c) 、(d)所示。

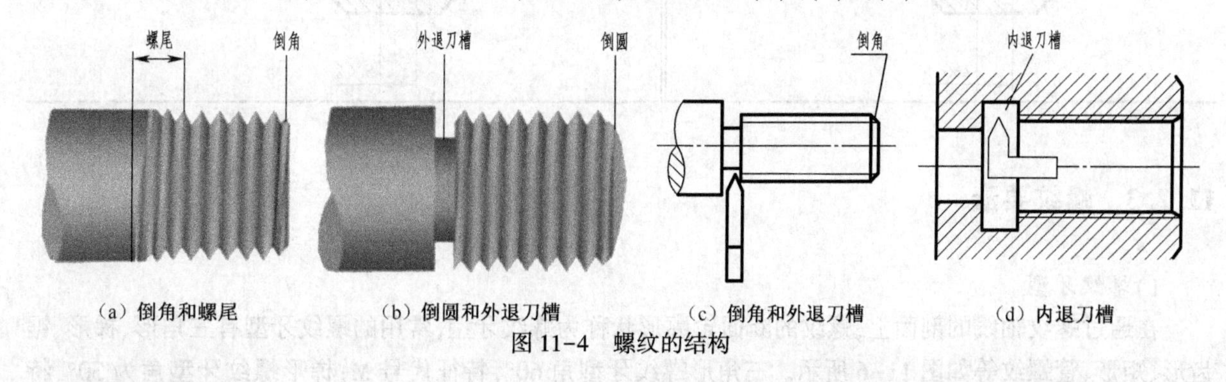

（a）倒角和螺尾　　（b）倒圆和外退刀槽　　（c）倒角和外退刀槽　　（d）内退刀槽

图 11-4　螺纹的结构

3)钻孔结构

内螺纹加工前,首先用钻头在工件上钻孔,再用丝锥攻螺纹得到内螺纹,如图 11-5(a)所示。因用钻头钻孔的缘故,在螺纹的底部出现了 120°的圆锥,如图 11-5(b)所示。对于直径不同的两个孔,其过渡处也有一个顶角接近 120°的圆锥面如图 11-5(c)所示。

脆性材料:钻孔直径=大径-1.1p ;韧性材料:钻孔直径=大径-p。其中:p 为螺纹螺距。

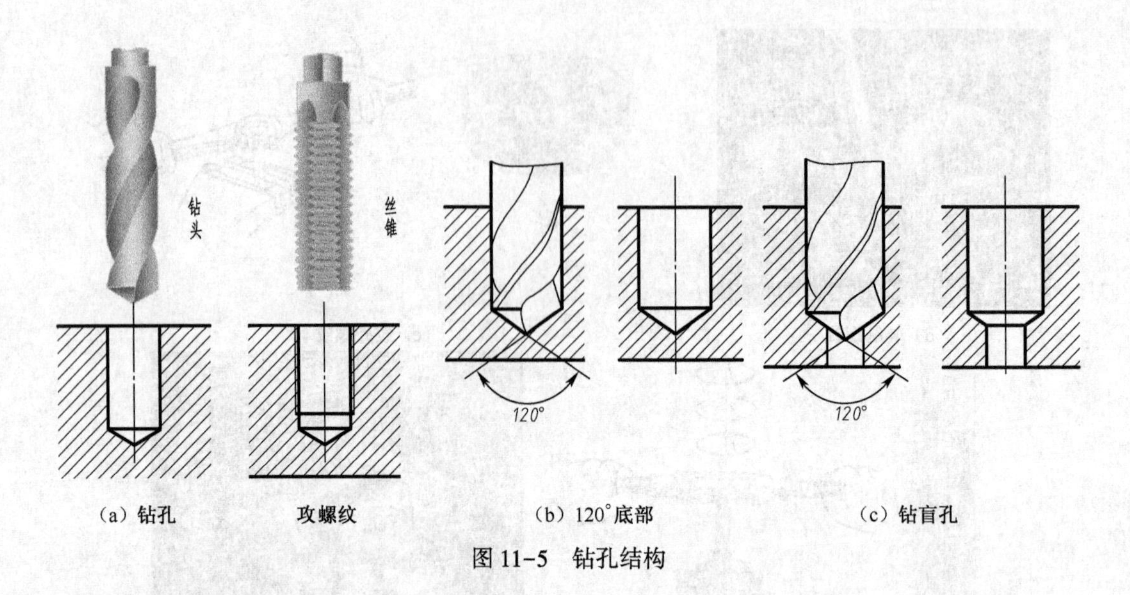

图 11-5　钻孔结构

4) 退刀槽尺寸标注

退刀槽尺寸标注见表 11-1。

表 11-1　退刀槽尺寸标注示例

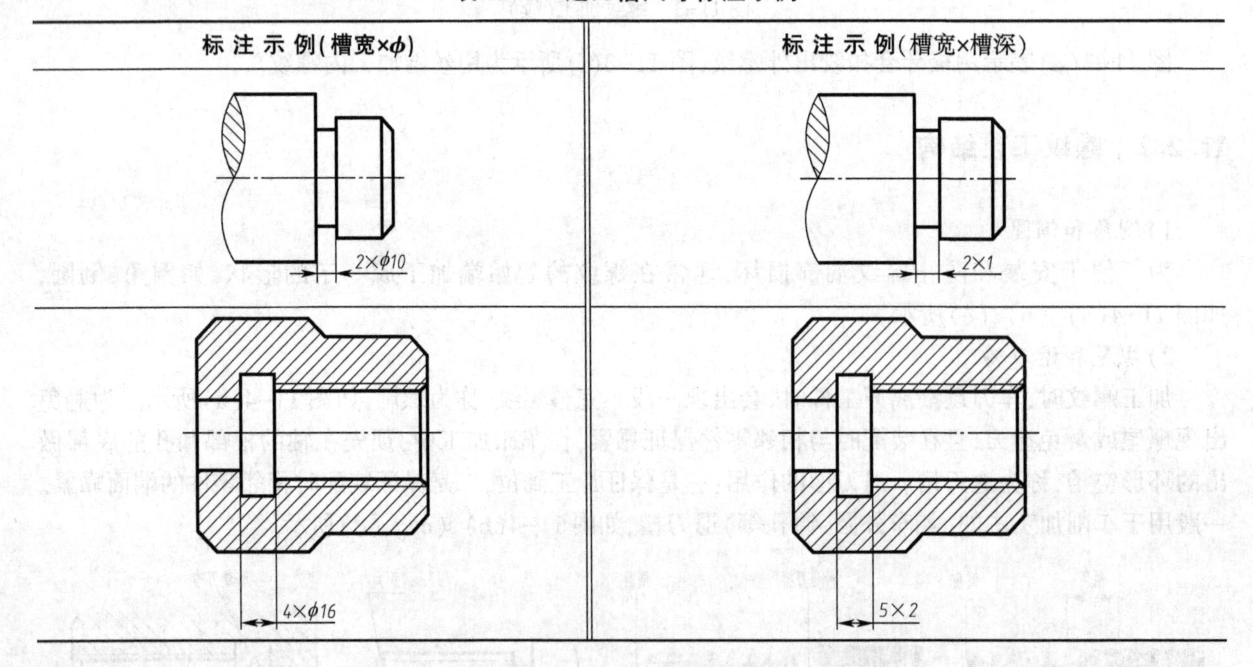

标 注 示 例(槽宽×ϕ)	标 注 示 例(槽宽×槽深)
2×ϕ10	2×1
4×ϕ16	5×2

11.2.3　螺纹要素

1) 螺纹牙型

在通过螺纹轴线的剖面上，螺纹的断面轮廓形状称为螺纹牙型，常用的螺纹牙型有三角形、梯形、锯齿形、矩形、管螺纹等如图 11-6 所示。三角形螺纹牙型角 60°，特征代号 M；梯形螺纹牙型角为 30°，特征代号 Tr；锯齿形螺纹牙型角为工作面 3°、非工作面 30°，特征代号 B；管螺纹牙型角为 55°，特征代号 G 或者 R。

2) 螺纹直径

大径：与外螺纹牙顶或内螺纹牙底相切的假想圆柱面的直径，即螺纹的最大直径，如图 11-7 所示。内外螺纹的大径分别用 D 和 d 表示。

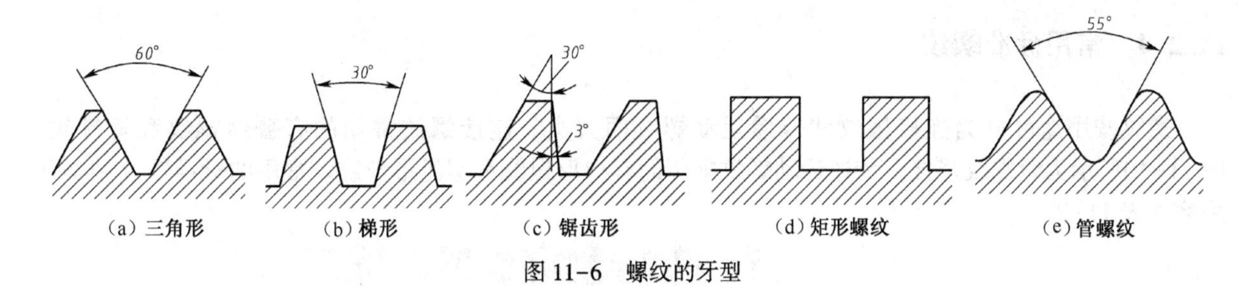

图 11-6　螺纹的牙型

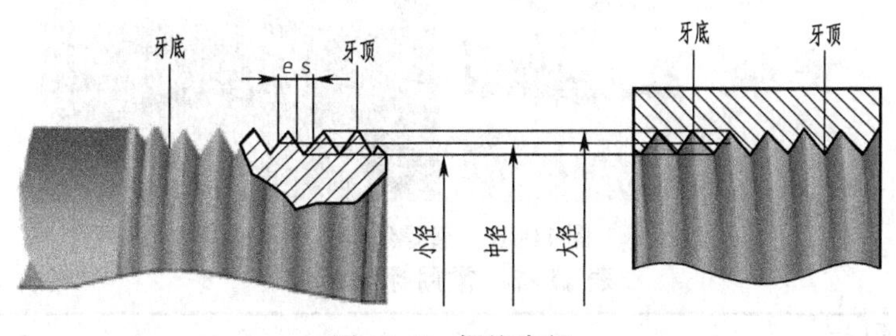

图 11-7　螺纹直径

小径：与外螺纹牙底或内螺纹牙顶相切的假想圆柱面的直径，如图 11-7 所示。内外螺纹的小径分别用 D_1 和 d_1 表示。

中径：一个假想圆柱面的直径，该圆柱面母线上牙型的沟槽和凸起宽度相等（$s=e$），如图 11-7 所示。内外螺纹的中径分别用 D_2 和 d_2 表示。

3）螺纹线数

沿一条螺旋线形成的螺纹称为单线螺纹，如图 11-8(a) 所示；沿两条或两条以上在轴向等距分布的螺旋线所形成的螺纹，称为多线螺纹，如图 11-8(b) 所示。螺纹的线数用 n 表示。

4）螺距和导程

螺距：螺纹相邻两牙在中径线上对应两点间的轴向距离，如图 11-8 所示，用 P 表示。

导程：同一条螺旋线上的相邻两牙在中径线上对应两点间的轴向距离，用 p_h 表示。对于单线螺纹，$p_h=P$；对于多线螺纹，$p_h=nP$。

5）旋向

螺纹分左旋螺纹和右旋螺纹，顺时针旋转时旋进的螺纹称为右旋螺纹；逆时针旋转时旋进的螺纹称为左旋螺纹。常用右旋螺纹，如图 11-9 所示。

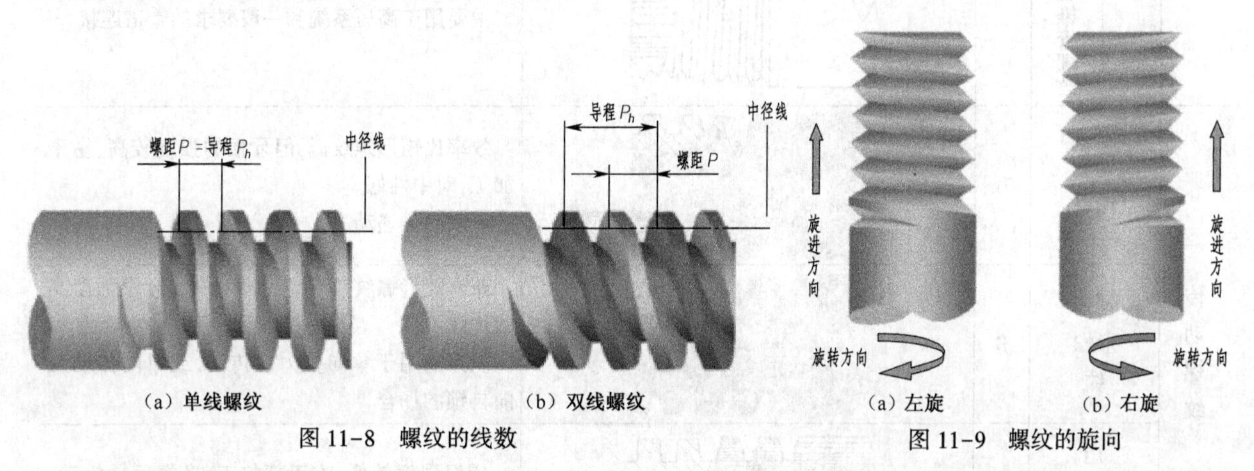

图 11-8　螺纹的线数　　图 11-9　螺纹的旋向

内、外螺纹配合使用时，上述五个要素必须完全相同。其中螺纹牙型、大径和螺距称为螺纹的三要素，凡螺纹的三要素符合国家标准的螺纹称为标准螺纹；只有牙型符合标准，而大径和螺距不符合标准的螺纹称为特殊螺纹；牙型不符合标准的螺纹则为非标准螺纹。

11.2.4 常用标准螺纹

螺纹按用途可分为连接螺纹和传递运动螺纹两大类。连接螺纹常用的有普通螺纹和管螺纹，图 11-10所示为管螺纹连接。传递运动螺纹常用的有梯形螺纹和锯齿形螺纹。常用的标准螺纹种类和用途见表 11-2。

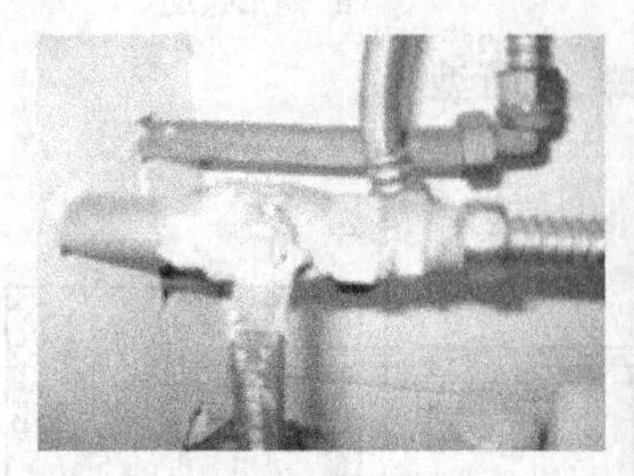

图 11-10　管螺纹连接

表 11-2　常用标准螺纹

种类			特征代号	外形	用途
连接螺纹	普通螺纹	粗牙	M		粗牙螺纹是最常用的连接螺纹,细牙螺纹一般用于薄壁零件或受动载荷的连接
		细牙			
	管螺纹	非螺纹密封的管螺纹	G		一般用于低压管路的连接
		螺纹密封的圆锥管螺纹	R	55°	用螺纹密封的管螺纹的牙型角为 55 °,牙顶呈圆弧形。螺纹分布在 1∶16 的圆锥管壁上。 主要用于高压系统和一般要求的管道连接
传动螺纹	梯形螺纹		Tr		效率比矩形螺纹低,但牙根的强度较高,易于加工,对中性好。 可双向传递动力
	锯齿形螺纹		B		兼有矩形螺纹效率高和梯形螺纹牙根强度高的优点。 但只能用于单向受力的传动,或单向传动反向自锁的场合
	矩形螺纹		—		牙根强度较低,难于精加工,磨损后易松动,间隙难以补偿,对中精度低。传动效率高,故主要用于传动,目前已逐渐被梯形螺纹所替代

11.2.5 螺纹的规定画法

国家标准对螺纹的绘制进行了规定，螺纹不按其真实形状作图，而是采用规定画法绘制，以简化作图，见表 11-3。

表 11-3 螺纹的规定画法

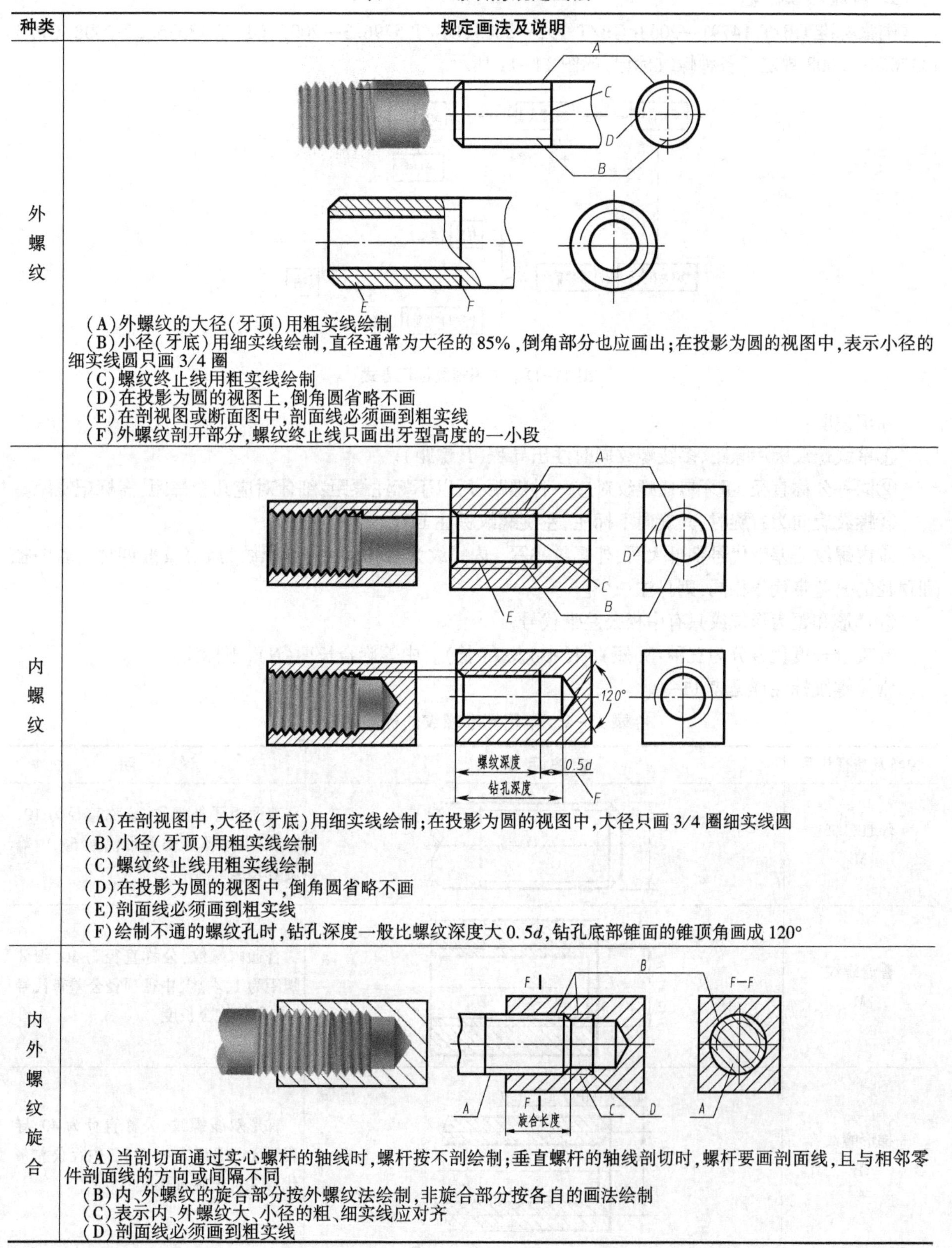

种类	规定画法及说明
外螺纹	(A)外螺纹的大径(牙顶)用粗实线绘制 (B)小径(牙底)用细实线绘制，直径通常为大径的 85%，倒角部分也应画出；在投影为圆的视图中，表示小径的细实线圆只画 3/4 圈 (C)螺纹终止线用粗实线绘制 (D)在投影为圆的视图上，倒角圆省略不画 (E)在剖视图或断面图中，剖面线必须画到粗实线 (F)外螺纹剖开部分，螺纹终止线只画出牙型高度的一小段
内螺纹	螺纹深度 0.5d 钻孔深度 120° (A)在剖视图中，大径(牙底)用细实线绘制；在投影为圆的视图中，大径只画 3/4 圈细实线圆 (B)小径(牙顶)用粗实线绘制 (C)螺纹终止线用粗实线绘制 (D)在投影为圆的视图中，倒角圆省略不画 (E)剖面线必须画到粗实线 (F)绘制不通的螺纹孔时，钻孔深度一般比螺纹深度大 0.5*d*，钻孔底部锥面的锥顶角画成 120°
内外螺纹旋合	F—F 旋合长度 (A)当剖切面通过实心螺杆的轴线时，螺杆按不剖绘制；垂直螺杆的轴线剖切时，螺杆要画剖面线，且与相邻零件剖面线的方向或间隔不同 (B)内、外螺纹的旋合部分按外螺纹法绘制，非旋合部分按各自的画法绘制 (C)表示内、外螺纹大、小径的粗、细实线应对齐 (D)剖面线必须画到粗实线

11.2.6 常用螺纹的标记

采用规定画法后,螺纹的种类及其要素在图中无法表示出来,为了便于识别,在图上应按国家标准规定的内容及格式加以标记。

1. 普通螺纹标记

国家标准 GB/T 14791—2003、GB/T 192—2003、GB/T 5796.3—2005、GB/T 13576.2—2008、GB/T 13576.4—2008 规定了各种螺纹标记,如图 11-11 所示。

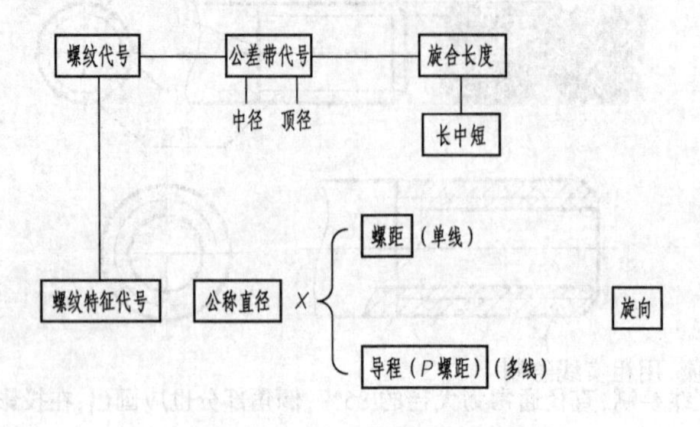

图 11-11 常用螺纹标记方式

标记说明:

①单线螺纹标注螺距,多线螺纹同时注出导程(*P* 螺距)。

②同一公称直径,粗牙普通螺纹对应一种螺距,所以不标注螺距;细牙对应几个螺距,需标记螺距。

③螺纹旋向为右旋时,其旋向不标注,左旋螺纹标注 LH。

④内螺纹公差带代号字母大写,外螺纹小写, 内螺纹为 G、H 两种;外螺纹为 e、f、g、h 四种。若中径和顶径的公差带代号相同,则只注一个。

⑤梯形和锯齿形螺纹只有中径公差带代号;

⑥旋合长度代号分为三种:S(短)、N(中)及 L(长)。中等旋合长度(N),不标注。

常见螺纹标注详见表 11-4。

表 11-4 常用标准螺纹的标注示例

种类及特征代号	标 注 示 例	说 明
普通螺纹 M	M10-6g	普通粗牙外螺纹,公称直径为 10,右旋,中径顶径公差带代号 6g,中等旋合长度
普通螺纹 M	M10×1-7H	普通内螺纹,公称直径为 10,细牙螺距为 1,右旋,中径顶径公差带代号 7H,中等旋合长度
梯形螺纹 Tr	Tr40-14(P7)-LH-7H-L	梯形双线螺纹,公称直径为 40,导程为 14,螺距为 7,左旋,中径公差带代号 7H,长旋合长度

续表

种类及特征代号	标注示例	说明
锯齿形螺纹 B	B32×6LH-7e	锯齿形螺纹，公称直径为32，单线，螺距为6，左旋，中径公差带代号7e，中等旋合长度

2. 管螺纹标注

管螺纹标注格式如图11-12所示。

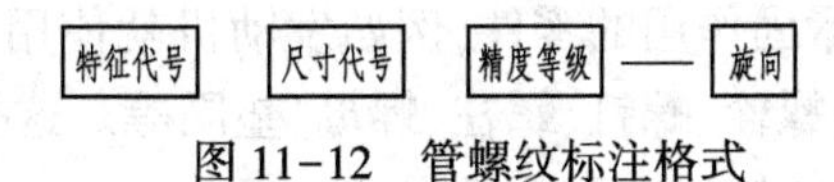

图11-12　管螺纹标注格式

说明：

①55°非螺纹密封的内、外管螺纹特征代号为 G。尺寸代号为管子孔径，用英制的数值（单位为in）表示（1in=25.4 mm）。

②用于螺纹密封的圆柱内管螺纹特征代号为 R_p。

③用于螺纹密封的圆锥内、外管螺纹特征代号分别为 R_c 和 R。

④尺寸代号指管子孔径的大小，不表示螺纹大径，单位为英寸。

⑤ 外螺纹的精度为A、B两级，A级为精密级，B级为粗糙级。内螺纹仅一种，不标注。

⑥左旋螺纹应注"LH"，右旋不注。

管螺纹具体标注方法如表11-5所示。

表11-5　常用管螺纹的标注示例

类型及特征代号	图例	说明
非螺纹密封的外管螺纹 G	G1A	非螺纹密封的圆柱外管螺纹，尺寸代号为1英寸，公差等级为A级。
非螺纹密封的内管螺纹 G	G1/2LH	非螺纹密封的圆柱内管螺纹，尺寸代号为1/2英寸，左旋

3. 特殊螺纹、非标准螺纹的标注

特殊螺纹的画法与标准螺纹相同，其标注是在螺纹代号前加注"特"字，并标注大径和螺距，如图11-13所示。

非标准螺纹的画法除与标准螺纹相同外，还应采用局部剖视或局部放大图表示其牙型，其标注应分别注出螺纹的大径、小径、螺距和牙型的尺寸，如图11-14所示。

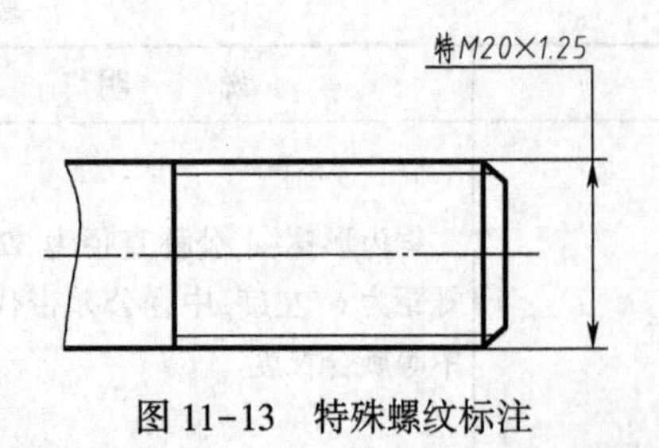

图 11-13　特殊螺纹标注

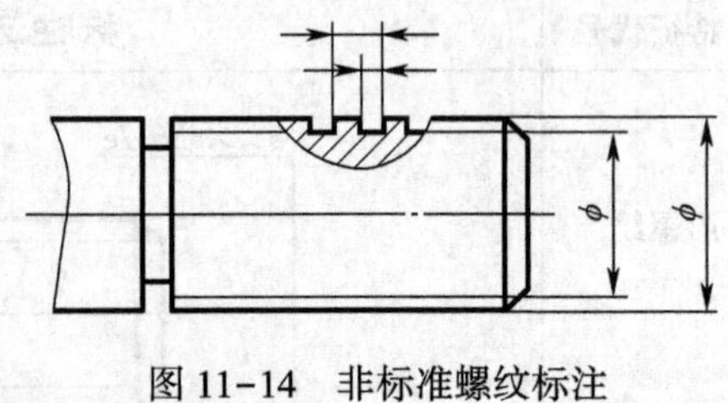

图 11-14　非标准螺纹标注

11.3　螺纹紧固件

螺纹紧固件是通过螺纹连接起紧固作用的零件,例如发动机就使用了直径不同、头部形状不同、长短不同的各种螺纹紧固件,常用的有螺栓、螺钉、螺柱、螺母、垫圈等。这类零件都是标准件,根据它们的标记,在有关标准中可查阅到它们的结构形式和全部尺寸。

11.3.1　工程中常用的螺纹紧固件

1. 常用紧固件

工程中常用各种螺纹紧固件如图 11-15 所示。

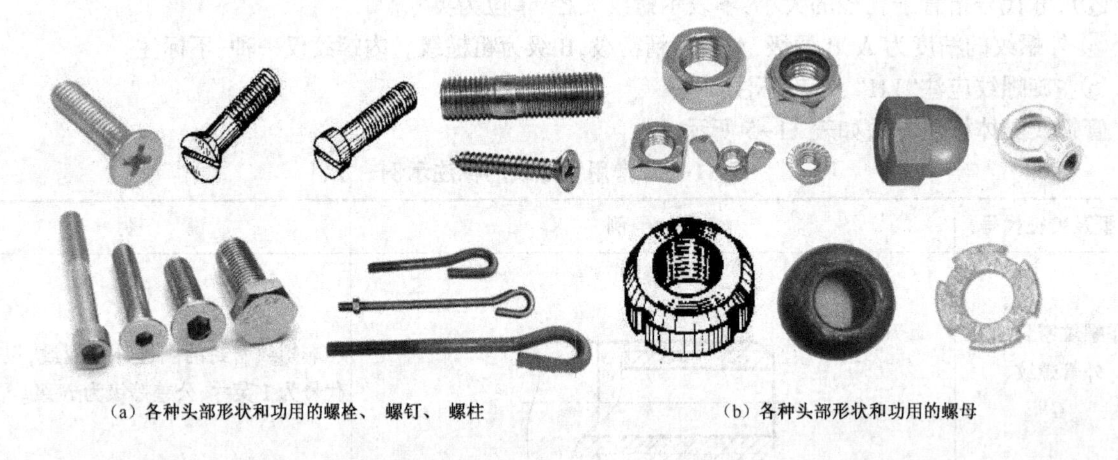

(a) 各种头部形状和功用的螺栓、螺钉、螺柱　　(b) 各种头部形状和功用的螺母

(c) 各种形状和功用的垫圈

图 11-15　常用螺纹紧固件

2. 螺纹紧固件规定标记

螺纹紧固件可采用简化标记,允许省略标准的年代号,简化标记的一般格式如下:

名称　标准号　规格

表 11-6 为几种常用的螺纹紧固件的规定标记。

表 11-6　常用的螺纹紧固件简图及其标记示例

名称	图　片	结构形式、规格尺寸 标记格式	说　明
六角头螺栓		M16 100 螺栓 GB/T 5782—2000　M10×50	螺纹规格 d: M10 公称长度 l:50 mm
六角头铰制孔螺栓		M16 100 螺栓 GB/T 27—2013　M16×100	螺纹规格 d: M16 公称长度 l:100 mm
双头螺柱		M10 b_m　50 螺柱 GB/T 900—1988　M10×50	螺纹规格 d:M10 公称长度 l:50 mm 旋入端长度:$b_m=1.5d$
开槽圆柱头螺钉		M10 45 螺钉 GB/T 65—2016　M10×45	螺纹规格 d: M10 公称长度 l:45 mm
开槽沉头螺钉		M10 50 螺钉 GB/T 68—2016　M10×50	螺纹规格 d:M10 公称长度 l:50 mm

续表

名称	图　片	结构形式、规格尺寸 标记格式	说　明
六角头螺母		螺母 GB/T 6170—2015　M10	螺纹规格 d:M10
平垫圈		垫圈 GB/T 97.1—2002　16~140 HV	规格:16 硬度等级为 140 HV 级
弹簧垫圈		垫圈 GB/T 93—1987　16	规格:16

3. 螺纹紧固件的简化画法

为了作图方便,在画连接装配图时一般采用简化画法。

简化画法说明:

结构简化:螺纹紧固件的工艺结构,如倒角、退刀槽、凸肩等均可省略不画。

比例画法:除公称长度需经计算查其标准值外,其余各部分尺寸都按与螺纹大径 d(或 D)成一定比例确定,如图 11-16 所示。

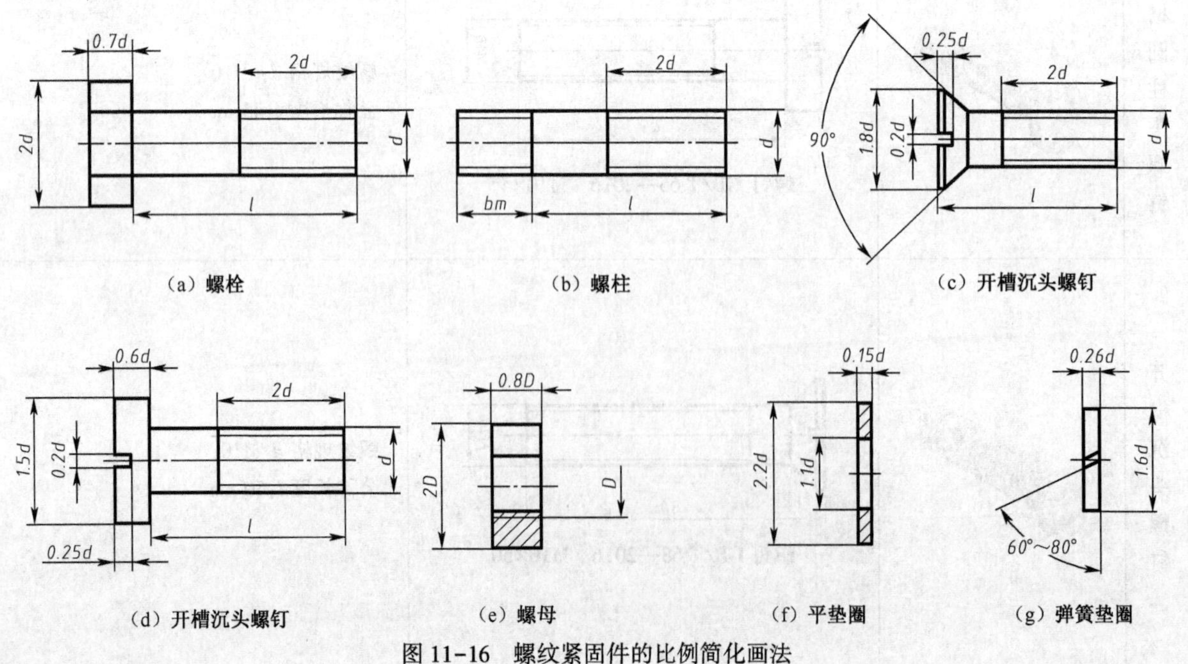

(a) 螺栓　(b) 螺柱　(c) 开槽沉头螺钉

(d) 开槽沉头螺钉　(e) 螺母　(f) 平垫圈　(g) 弹簧垫圈

图 11-16　螺纹紧固件的比例简化画法

11.3.2　螺纹紧固件连接装配图的画法

画螺纹紧固件连接装配图时规定：

①两零件的接触表面应画成一条线，非接触表面应画两条线，以表示其间隙。

②相邻两零件的剖面线应方向相反，或方向一致而间隔不等。

③当剖切平面通过螺纹紧固件的轴线时，均按不剖切绘制。

各种螺纹紧固件可构成常见的三种连接形式：螺栓连接、螺钉连接和螺柱连接。

1. 螺栓连接

螺栓连接用于两零件被连接处厚度不大，而受力较大，且需要经常装拆的场合，如图 11-17(a)所示。图 11-17(b)所示为螺栓连接应用的另一场景。

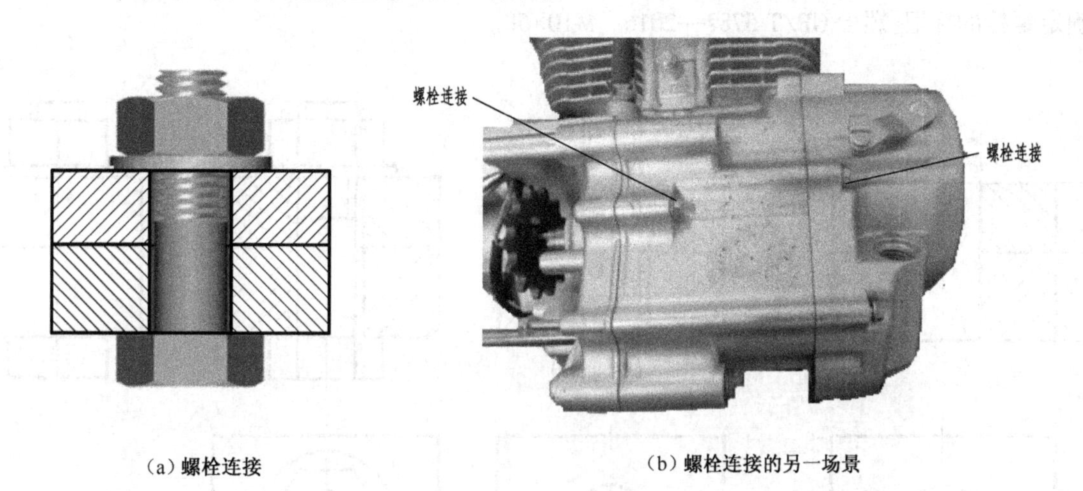

(a) 螺栓连接　　(b) 螺栓连接的另一场景

图 11-17　螺栓连接示例

螺栓连接比例画法如图 11-18 所示，装配图简化画法如图 11-19 所示。

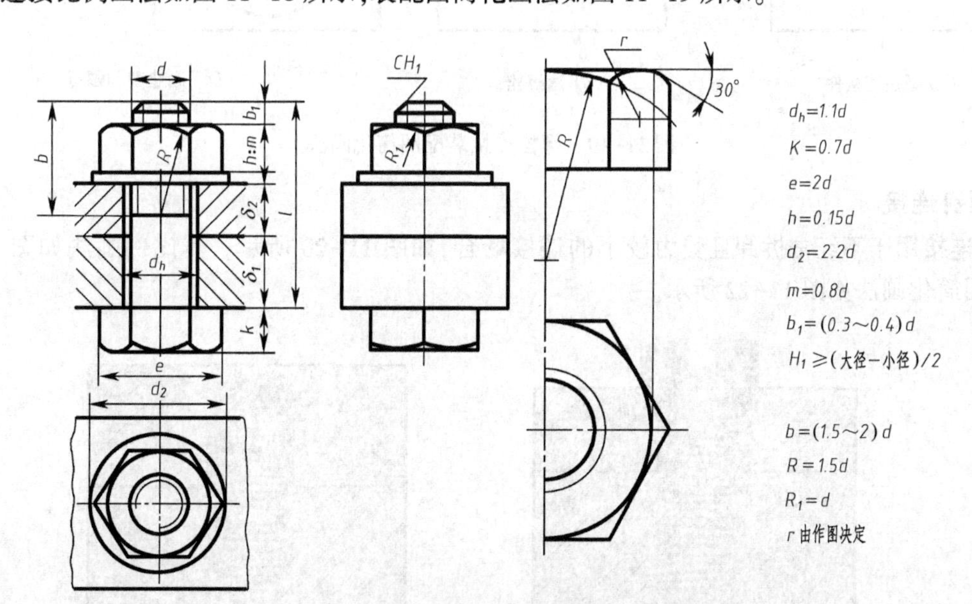

图 11-18　六角头螺栓连接装配图的比例画法

画螺栓连接装配图时应注意以下几点：

①被连接件上通孔的直径 $d_0 \approx 1.1d$。

②螺栓公称长度 l 的确定，应按下式计算：

$l_{计}=\delta_1+\delta_2+0.15d$(垫圈厚度)+ $0.8d$(螺母厚度)+ $0.3d$(螺栓末端伸出高度)

在标准中,选取与 $l_{计}$ 接近的标准长度值,即为螺栓公称长度。

③螺栓的螺纹终止线一般应高于两零件的结合面,低于被连接件的顶面轮廓。

例如,已知连接件的标记为:

螺栓 GB/T 5782—2016　M10×l

螺母 GB/T 6170—2015　M10

垫圈 GB/T 97.1—2002　12~140 HV

被连接零件厚度为:$\delta_1=14$,$\delta_2=22$。

计算 $h=2$,$m=8.5$。

计算出公称长度 $l_{计}=14+22+2+8.4+(0.3\sim0.4)\times10=49.4\sim50.4$(mm),选取标准公称长度$l$=50 mm。

确定螺栓的标记:螺栓 GB/T 5782—2016　M10×50。

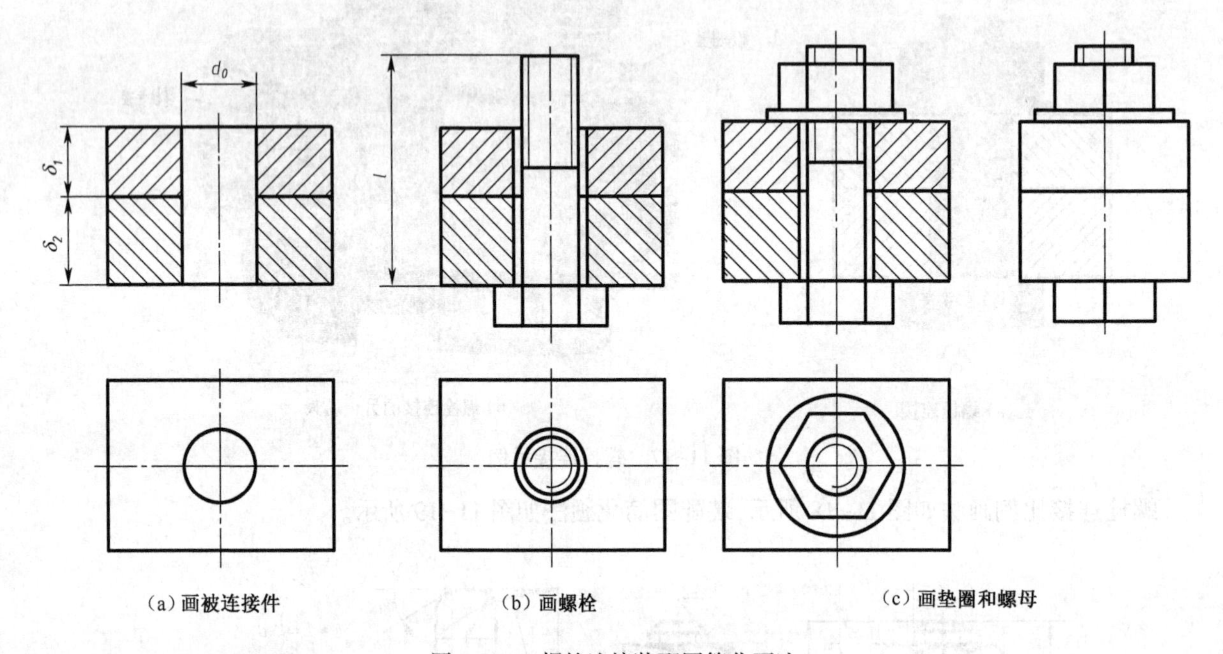

(a)画被连接件　(b)画螺栓　(c)画垫圈和螺母

图 11-19　螺栓连接装配图简化画法

2. 螺钉连接

螺钉连接用于不经常拆卸且受力较小的连接场合,如图 11-20 所示。其比例画法如图 11-21 所示,装配图简化画法如图 11-22 所示。

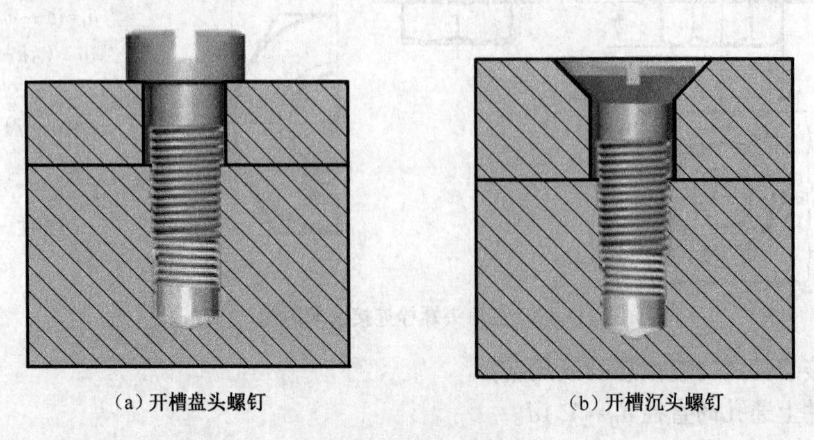

(a)开槽盘头螺钉　(b)开槽沉头螺钉

图 11-20　螺钉连接

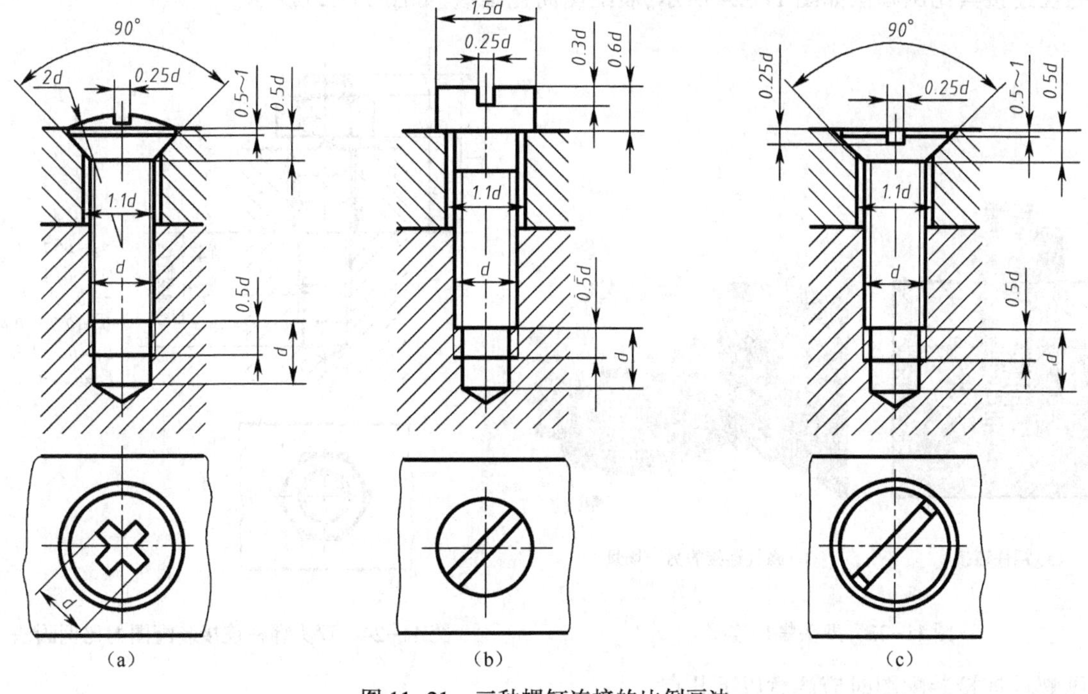

图 11-21　三种螺钉连接的比例画法

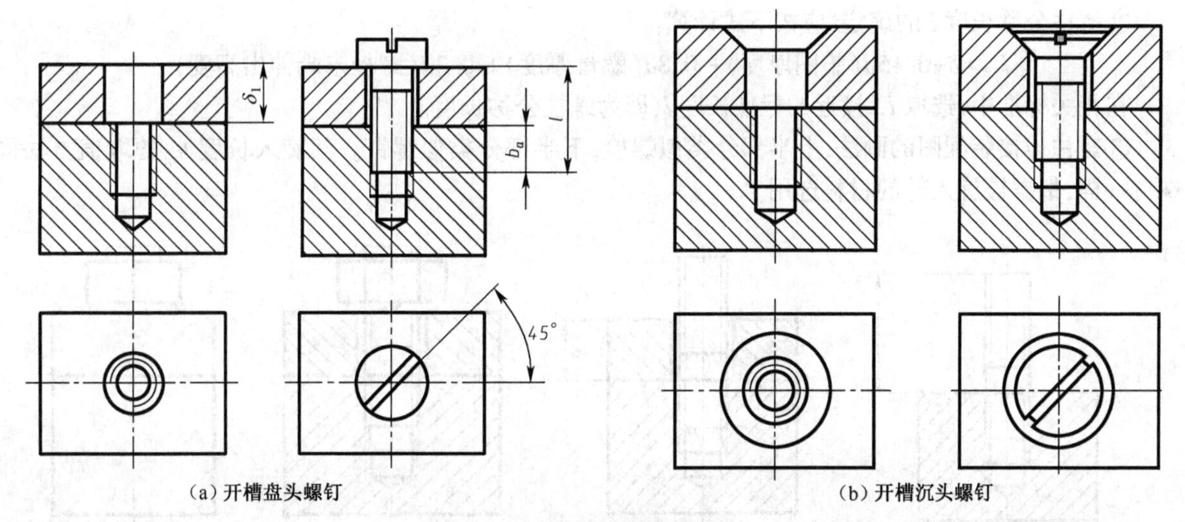

(a) 开槽盘头螺钉　　(b) 开槽沉头螺钉

图 11-22　螺钉连接简化画法

画螺钉连接装配图时应注意以下几点：

①被连接件上通孔的直径 $d_0 \approx 1.1d$。

②螺钉公称长度 l 的确定，应按下式计算：

$$l_{计} = \delta + b_m$$

旋入长度 b_m 值与被旋入件的材料有关，钢 $b_m = d$，铸铁 $b_m = 1.25d$ 或 $b_m = 1.5d$，铝 $b_m = 2d$。在相关中，选取 $l_{计}$ 接近的标准长度 l，即为螺钉公称长度。

③螺钉上的螺纹终止线应高于两零件的结合面，以保证连接时螺钉能旋入和压紧。

④为保证压紧，螺纹孔比螺钉杆末端深 0.5 d，螺纹孔的钻孔深度可省略不画。

⑤螺钉头部槽的投影可涂黑表示，在投影为圆的视图上，规定与水平方向成 45°画出。

3. 螺柱连接

螺柱连接用于被连接件之一较厚，不便或不允许钻成通孔的情况，如图 11-23(a)所示，双头螺柱连接的另一场景如图 11-23(b)所示。

螺柱连接其比例画法如图 11-24 所示,装配图简化画法,如图 11-25 所示。

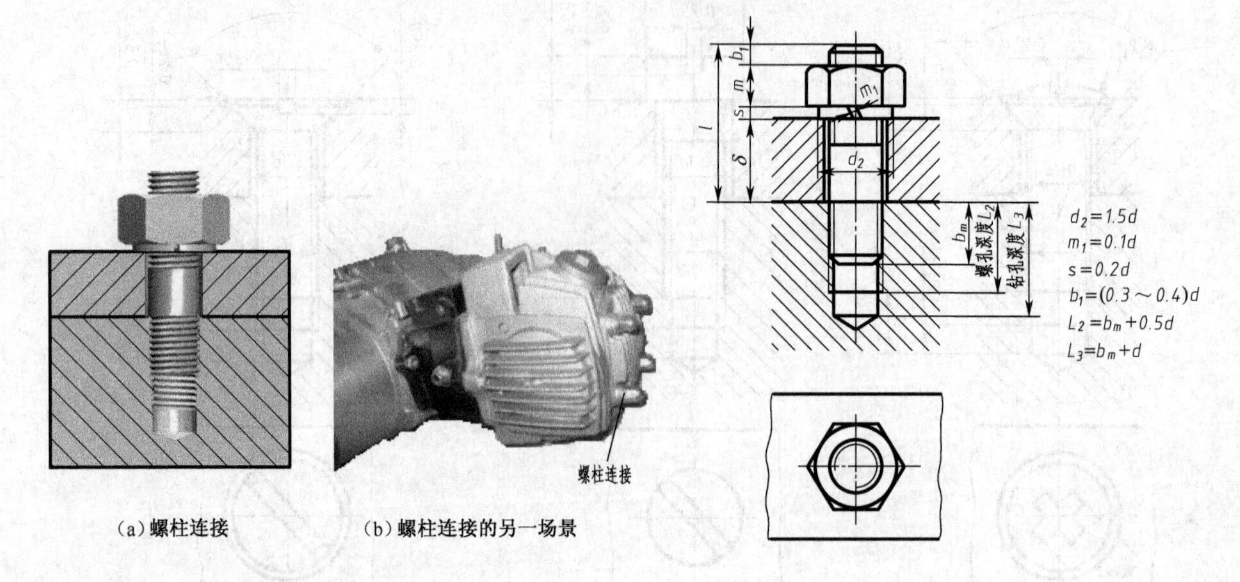

(a) 螺柱连接　(b) 螺柱连接的另一场景

图 11-23　双头螺柱连接

图 11-24　双头螺柱连接装配图的比例画法

画螺柱连接装配图时应注意以下几点:

①被连接件上通孔的直径 $d_0\approx1.1d$。

②螺柱公称长度 l 的确定,应按下式计算:

$$l_{计}=\delta+0.15d(垫圈厚度)+0.8d(螺母厚度)+0.3d(螺栓末端伸出高度)$$

在相关标准中,选取 $l_{计}$ 接近的标准长度 l,即为螺柱公称长度。

③螺柱连接装配图的画法,上半部分类似螺栓,下半部分类似螺钉。其旋入长度 b_m 的取值方法同螺钉一样,根据被旋入件的材料选用。

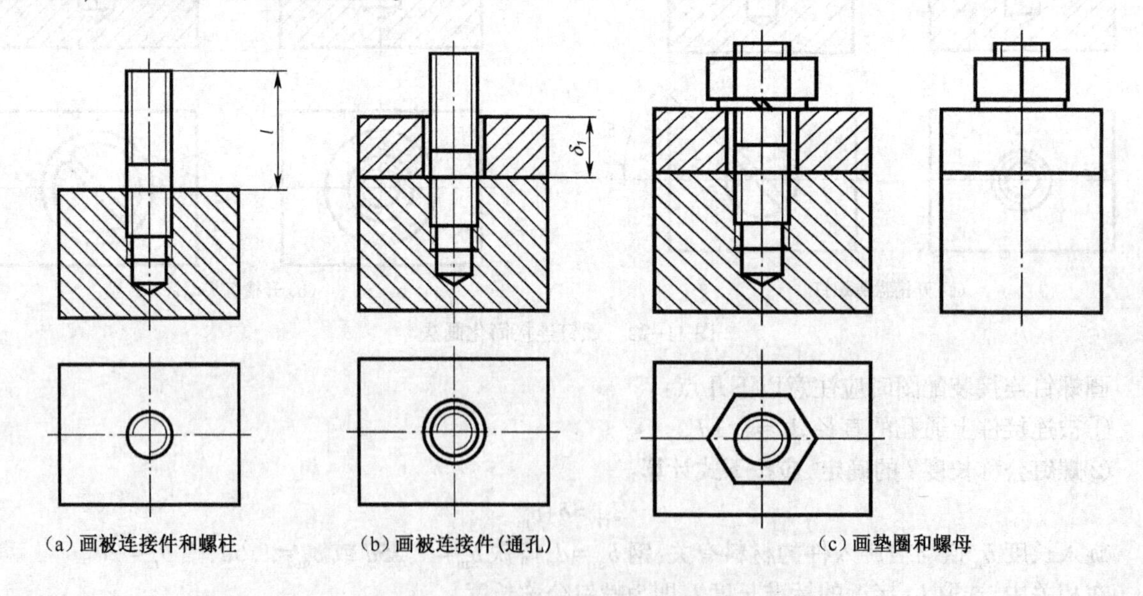

(a) 画被连接件和螺柱　(b) 画被连接件(通孔)　(c) 画垫圈和螺母

图 11-25　螺柱连接装配图简化画法

④特别要注意的是:螺柱连接时,旋入端的螺纹应全部旋入螺纹孔内,拧紧在被连接件上,因此螺柱上螺纹终止线与两零件的结合面平齐。

4. 紧定螺钉

在机器和仪器中常用螺钉来固定两个零件的位置。这种螺钉连接称为紧定螺钉连接。图 11-26 所示为紧定螺钉在蜗轮上的应用。

5. 特殊说明

按照国家标准规定，画螺栓、双头螺柱、螺钉连接装配图时，可采用简化画法：

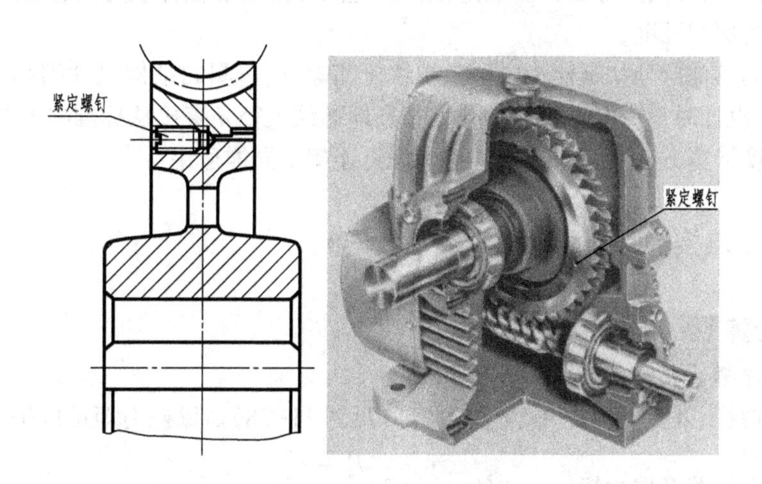

图 11-26　紧定螺钉应用

（1）可以不画零件上的倒角和因倒角而产生的截交线，如图 11-27(a)、(c)所示。

（2）对于不穿通的螺纹孔，可以不画出钻孔深度，仅按螺纹部分的深度画出，如图 11-27(b)、(c)所示。

（3）螺钉头部的起子槽可画成一条加粗的实线，如图 11- 27(b)所示。

（4）弹簧垫圈的开口处也可画成加粗的实线，如图 11-27(a)所示。

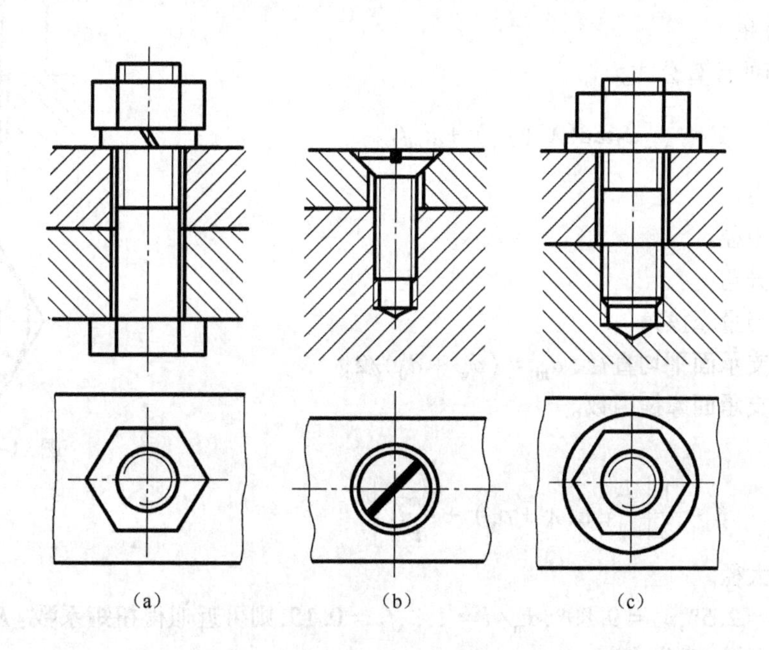

图 11-27　螺栓、螺钉、双头螺柱连接装配图简化画法

11.4　螺栓连接的强度计算

螺栓连接的受力情况是多种多样的，因此，螺栓连接的强度计算，首先要根据连接的类型、装配情况和载荷情况等条件确定螺栓的受力情况，然后按相应的强度条件计算螺栓危险截面的直径，通常取螺纹小径 d_1 或配合螺栓杆直径 d_s 校核其强度。

对单个螺栓而言,其受力形式只有受轴向拉力和受横向剪力两类。对于受拉的普通螺栓,其主要失效形式是螺栓杆螺纹部分发生断裂和塑性变形,因而,其设计准则是保证螺栓的拉伸强度;对于受剪的铰制孔螺栓,其主要失效形式是螺栓杆和被连接件孔壁间压溃或螺栓杆被剪断,其设计准则是保证连接的挤压强度和螺栓的剪切强度。

对于螺栓连接的其他部分如螺栓头、螺杆、螺纹牙和螺母、垫圈的结构尺寸则都是根据等强度条件及使用经验制订的,设计时只需根据螺纹的公称直径即螺纹大径 d 直接从标准中查取。

螺栓连接的强度计算方法对双头螺纹连接和螺钉连接也同样适用。

11.4.1 普通螺栓连接的强度计算

1. 螺纹摩擦计算

1) *螺母支承面摩擦力矩计算公式*

螺母支承面是内径、外径分别为 d_0、d_w 的圆环(见图 11-28)。摩擦力矩可以按下列公式计算:

按跑合止推轴承计算摩擦力矩 $\quad T=\dfrac{1}{3}Ff_1\dfrac{d_w^3-d_0^3}{d_w^2-d_0^2}$

按未跑合止推轴承计算摩擦力矩 $\quad T'=\dfrac{1}{4}Ff_1(d_w+d_0)$

式中:F——螺栓的预紧力;

f_1——螺母支承面摩擦因数。

按六角螺母尺寸(GB/T 6170—2015),$d_0/d_w=0.60\sim0.71$,以上两式的相对误差为 $(T-T')/T=(1\sim2)\%$。

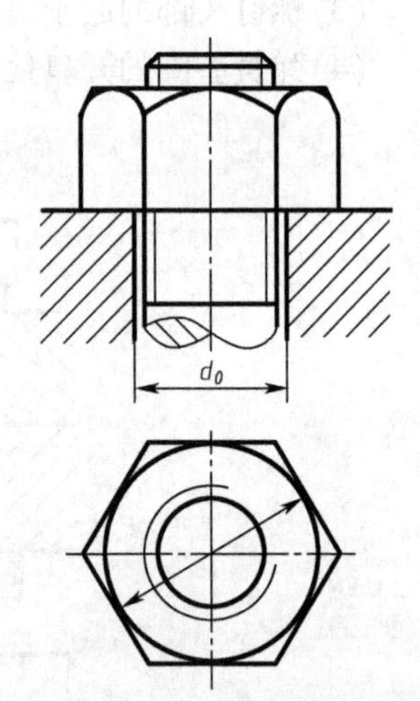

图 11-28 螺母支承面

2) *螺母扭紧力矩*

螺母扭紧力矩的计算公式为

$$T=\frac{F}{2}[d_2\tan(\lambda+\rho_v)+d_mf_1]$$

式中:F——预紧力;

d_2——螺纹中径;

λ——螺纹升角;

ρ_v——螺纹当量摩擦角;

d_m——螺母支承面平均直径,$d_m=(d_w+d_0)/2$;

f_1——螺母支承面摩擦因数。

取扭矩系数:

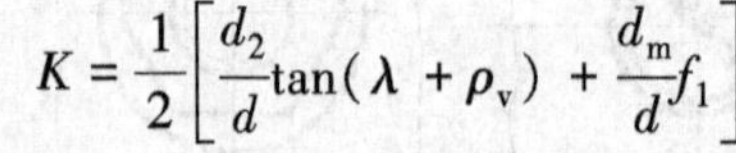

$$K=\frac{1}{2}\left[\frac{d_2}{d}\tan(\lambda+\rho_v)+\frac{d_m}{d}f_1\right]$$

式中:d——螺纹大径。

取 $d_2/d=0.92$,$\lambda=2.5°$,$\rho_v=9.83°$,$d_m/d=1.3$,$f_1=0.15$,则可近似得扭矩系数:$K\approx0.2$。

螺母扭紧力矩的计算公式为

$$T=KFd$$

扭紧螺母的力矩由三部分组成,第一部分由螺纹升角产生,用于产生预紧力使螺栓杆伸长,第二部分为螺纹副摩擦,约占 40%,第三部分为支承面摩擦力矩,约占 50%,后两项约占 90%。

2. 松螺栓连接

在装配时不需要把螺母拧紧,承受工作载荷之前螺栓并不受力的螺栓连接称为松螺栓连接。

起重吊钩尾部的螺栓连接就属于松螺栓连接,如图 11-29 所示。当吊钩起吊重物时,螺栓所受

到的轴向拉力为吊钩的工作载荷 F，故螺栓危险截面的拉伸强度条件为

$$\sigma = \frac{4F}{\pi d_1^2} \leqslant [\sigma]\text{MPa} \tag{11-1}$$

或

$$d_1 = \sqrt{4F/\pi[\sigma]}\ \text{mm} \tag{11-2}$$

式中：d_1——螺纹小径(mm)；

F——螺栓承受的轴向工作载荷(N)；

$[\sigma]$——螺栓材料的许用拉应力(MPa)，见后面表 11-7。

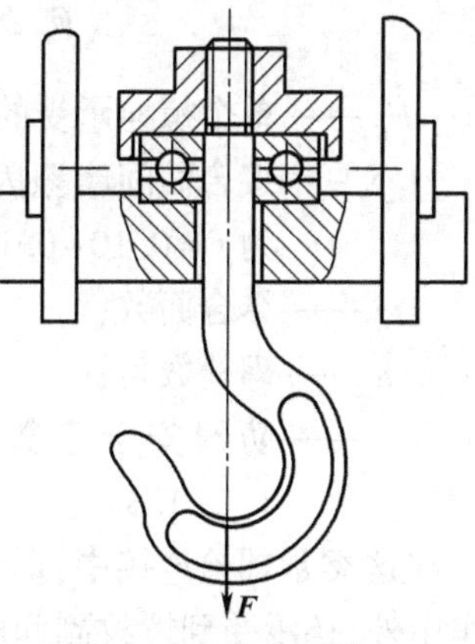

图 11-29　松螺栓连接

3. 紧螺栓连接

在装配时需要把螺母拧紧，使螺栓受到预紧力作用的螺栓连接称为紧螺栓连接。

根据连接的受载情况不同，又分为只受预紧力作用的紧螺栓连接和承受预紧力及轴向工作载荷作用的紧螺栓连接两类。这里介绍只受预紧力 F_s 作用的紧螺栓连接的强度计算方法。

1）受旋转转矩作用的螺栓连接

图 11-30(a)、(b)所示联轴器，属于靠摩擦力传递转矩 T 的紧螺栓连接的结构件。预紧力的大小可根据保证连接的接合面不发生相对滑移的条件来确定，亦即接合面间所产生的最大摩擦力矩必须大于转矩 T，即

(a) 联轴器

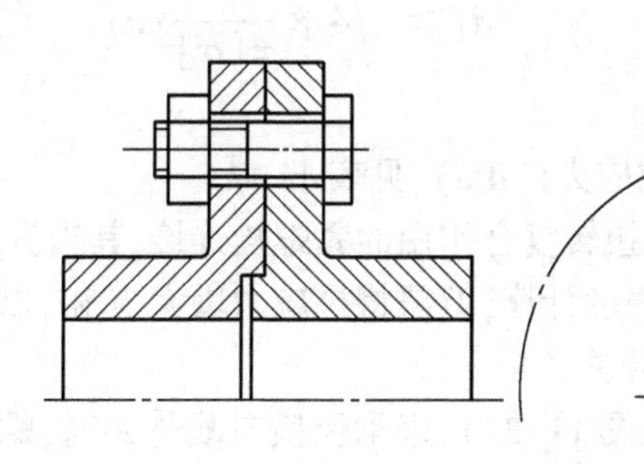

(b) 受旋转矩的螺栓连接

图　11-30

$$\frac{nfF_sD_0}{2} \geqslant cT \tag{11-3}$$

$$F_s \geqslant \frac{2cT}{nfD_0} \tag{11-4}$$

式中：F_s——单个螺栓承受的预紧力(N)；

f——接合面间摩擦因数。对于钢铁零件，干燥表面为 $f=0.10\sim0.16$，对于有润滑的表面 $f=0.06\sim0.10$；

n——螺栓数目；

c——可靠性系数，c 一般为 1.1~1.3。

2）承受横向载荷 F 的紧螺栓连接

图 11-31 所示为螺栓结构连接件，承受横向载荷 F，属于靠摩擦力传递横向载荷 F 的紧螺栓连接。拧紧螺栓的预紧力 F_s 的大小需保证连接的接合面不发生相对滑移。亦即接合面间所产生的最大摩擦力必须大于或等于横向载荷 F，即

$$nF_sm \geqslant cF \tag{11-5}$$

$$F_s \geqslant \frac{cF}{nfm} \quad (11-6)$$

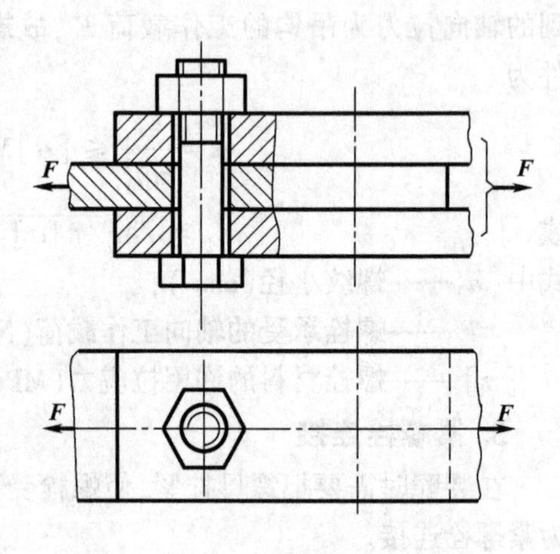

图 11-31　受横向载荷的螺栓连接

式中：F_s——单个螺栓承受的预紧力(N)；

f——接合面间摩擦因数。对于钢铁零件，干燥表面为 $f=0.10\sim0.16$，有油的表面 $f=0.06\sim0.10$；

m——结合面数；

n——螺栓数目；

c——防滑安全系数，又称可靠性系数，c 一般为 1.1～1.3。

在这类紧螺栓连接中，螺栓除受预紧力 F_s 引起的拉应力 σ 作用外，还承受到螺纹副间摩擦力矩 T_1 引起的扭剪应力 τ 作用，螺栓危险截面处于拉伸和扭转的复合应力状态，而螺栓材料通常是塑性的，因此在计算螺栓的强度时，可按照第四强重理论建立其强度条件，当量应力 σ_e 公式

$$\sigma_e = \sqrt{\sigma^2 + 3\tau^2} \leqslant [\sigma] \quad (11-7)$$

对于 M10～M68 的普通螺纹钢制螺栓，可取 $\tau \approx 0.44\sigma$，故有

$$\sigma_e \approx 1.3\sigma = 4 \times \frac{1.3F_s}{\pi d_1^2} \leqslant [\sigma]\text{MPa}$$

或

$$d_1 \geqslant \sqrt{4 \times \frac{1.3F_s}{\pi[\sigma]}}\text{mm} \quad (11-8)$$

式中：d_1——螺纹小径(mm)；

$[\sigma]$——螺栓材料的许用拉应力(MPa)，见表 11-7。

上式说明，对同时受拉伸和扭转复合作用的紧螺栓连接，其当量应力 σ_e 约为拉应力 σ 的 1.3 倍，也就是说紧螺栓连接可按纯拉伸强度计算，但需将拉应力增大 30%，以考虑对扭剪应力的影响。

3)铰制孔螺栓连接的强度计算

当采用铰制孔螺栓连接(见图 11-32)，来承受横向载荷 F 时，螺栓杆在接合面处受剪切，螺栓杆与被连接件的孔壁接触表面受挤压。因此，连接的强度应按螺栓的剪切强度和螺栓杆与孔壁表面的挤压强度进行计算，其强度条件分别为

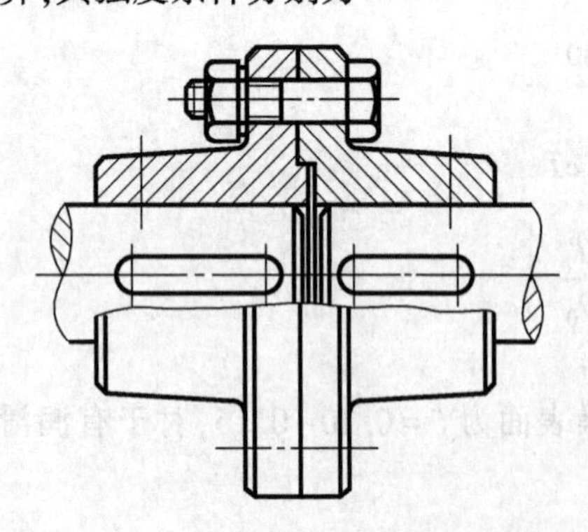

(a) 铰制孔螺栓连接应用

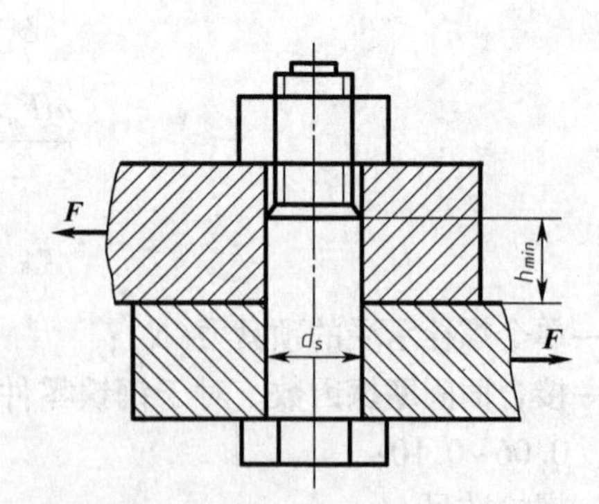

(b) 铰制孔螺栓连接

图 11-32　铰制孔螺栓连接

$$\tau = \frac{4F}{\pi d_s^2} \leqslant [\tau](\text{MPa}) \quad (11-9)$$

$$\sigma_p = \frac{F}{d_s h_{\min}} \leqslant [\sigma_p](\text{MPa}) \quad (11-10)$$

式中：F ——单个螺栓所受的横向载荷(N)；

d_s ——螺栓剪切面直径(mm)；

h_{min} ——螺栓杆与孔壁挤压面的最小高度(mm)；

$[\tau]$ ——螺栓材料的许用剪应力(MPa)，见表 11-8；

$[\sigma_p]$ ——螺栓和孔壁材料中弱者的许用挤压应力(MPa)，见表 11-8。

11.4.2 螺纹连接件的材料和许用应力

表 11-7 受拉螺栓连接的许用应力和安全系数

载荷性质	许用应力	直径/mm 材料	不控制预紧力时的安全系数 S_s			控制预紧力时的安全系数 S_s
			M6~M16	M16~M30	M30~M60	
静载荷	$[\sigma]=\frac{\sigma_s}{S_s}$	碳钢	4~3	3~2	2~1.3	1.2~1.5
		合金钢	5~4	4~2.5	2.5	
变载荷		碳钢	10~6.5	6.5	—	
		合金钢	7.5~5	5	—	

注：松螺栓连接未经淬火的钢 $S_s=1.2$，淬火钢 $S_s=1.6$。

表 11-8 受剪螺栓连接的许用应力和安全系数

载荷性质	材料	剪切		挤压	
		许用应力	安全系数 S_s	许用应力	安全系数 S_p
静载荷	钢	$[\tau]=\frac{\sigma_s}{S_s}$	2.5	$[\sigma_p]=\frac{\sigma_s}{S_p}$	1.25
	铸铁	—	—	$[\sigma_p]=\frac{\sigma_b}{S_p}$	1.25
变载荷	钢	$[\tau]=\frac{\sigma_s}{S_s}$	3.5~5	按静载荷降低20%~30%	
	铸铁	—	—		—

例 11-1 已知罐体与齿圈连接处采用 6 个 GB/T 5782—2016 M 10×60 铰制孔螺栓，螺栓分布圆直径 620 mm，螺栓长度 110 mm，如图 11-33 所示。罐体转矩 T 为 172 N·m，变载荷，罐体材料采用 ZG310~570；齿圈材料采用球铁 QT 700—2。试校核螺栓强度。

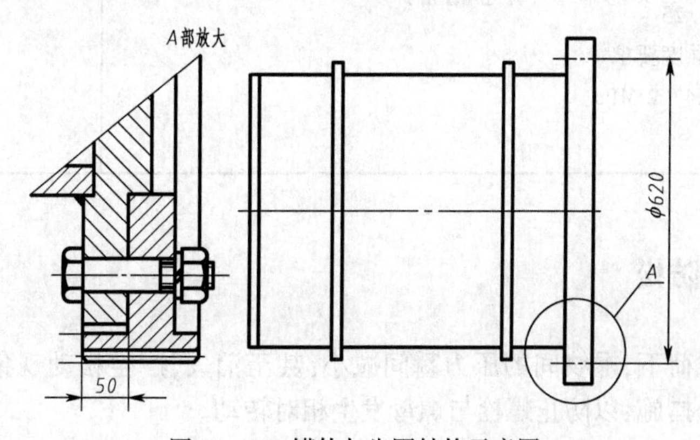

图 11-33 罐体与齿圈结构示意图

解：计算过程见下表。

计算项目	计算与根据	计算结果
1. 螺栓选择	罐体与齿圈连接处采用 M 10×60 铰制孔螺栓 铰制孔螺栓个数 $n = 6$ 螺栓分布圆直径 $D = 620$ mm 罐体转矩 $T = 172$ N · m	
2. 单个螺栓所受横向载荷	$F = \frac{2 \times T}{nD_1} = \frac{2 \times 172 \times 10^3}{6 \times 620} = 92.4(\text{N})$ 查 GB/T 27—2013,知螺栓长度 $l = 110$ mm, $l_0 = 18$ mm, $d_s = 11$ mm。 由式(11-9)得 $\tau = \frac{F}{\frac{\pi d_s^2}{4}} = \frac{92.4}{3.14 \times 11^2} \times 4 = 0.972(\text{MPa})$	$F = 92.4$ N $\tau = 0.972$ MPa
3. 校核螺栓剪切强度	螺栓材料选用 45 钢,考虑转动过程中有中等冲击,由表 11-8 知安全系数 $S_p = 4.0$。 由附表 E-1 知 45 钢的 $\sigma_s = 355$ MPa。 $[\tau] = \frac{355}{4.0} = 88.7(\text{MPa}) > \tau$ 螺栓满足剪切强度要求。	$\sigma_s = 355$ MPa $[\tau] = 88.7$ MPa $[\tau] > \tau$ 满足剪切强度要求。
4. 校核螺栓挤压强度	由式(11-10)得 $\sigma_p = \frac{F}{d_s h_{min}}$ 式中: $h_{min} = 110 - 18 - 50 = 42(\text{mm})$ $\sigma_p = \frac{92.4}{11 \times 42} = 0.2(\text{MPa})$ 由表 11-8 得 $[\sigma_p] = \frac{\sigma_s}{S_p} = \frac{\sigma_s}{1.25}$ 罐体材料采用 ZG230-450; 查附表 E-1, $\sigma_s = 310$ MPa ,其屈服强度小于螺栓 45 钢和大齿圈材料球铁 QT700-2 的屈服强度。 其中考虑到冲击应力降低 20%,所以 $[\sigma_p] = \frac{310}{1.25} \times 80\% = 147.2 \text{ MPa} > \sigma_p$ 满足挤压强度要求 $[\sigma_p] = 147.2$ MPa	$\sigma_s = 310$ MPa $[\sigma_p] = 147.2$ MPa $[\sigma_p] > \sigma_p$ 满足挤压强度要求。

11.4.3 螺纹紧固件防松

在冲击、振动和变载荷下,螺纹间的压力瞬间减小,甚至消失,产生松动现象。为防止这种情况发生,重要场合应采取防松措施,以防止螺栓与螺母发生相对转动。

螺纹紧固件常用防松方法见表 11-9。

表 11-9 螺纹紧固件防松

方法	特点	图例
弹簧垫圈防松	拧紧螺母时,弹簧垫圈被压平,而产生一定的弹力,用于保持螺纹间一定的压紧力。同时垫圈切口处的尖角也有阻止螺母松脱的作用,所以,要注意切口方向。 结构简单,工作可靠,应用广泛。但在冲击、振动很大情况下,防松效果不太好	
双螺母防松	采用主、副螺母,主、副螺母对顶,在两螺母之间的一段螺栓内产生附加拉力,即使外载荷消失,该拉力仍存在,有利于阻止松脱现象发生。 结构简单,可用于一般无剧烈振动的机器上	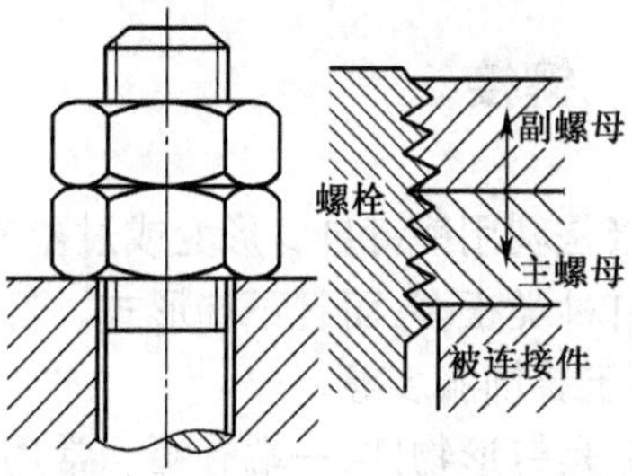 副螺母 螺栓 主螺母 被连接件
开口销防松	在螺栓上钻孔,采用槽型螺母。旋紧螺母后,开口销通过螺母槽插入螺栓孔中,使螺母与螺栓之间不能相对转动。 安全可靠,应用较广,但安装较费工时,不经济,只在承受较大振动、冲击的连接中使用	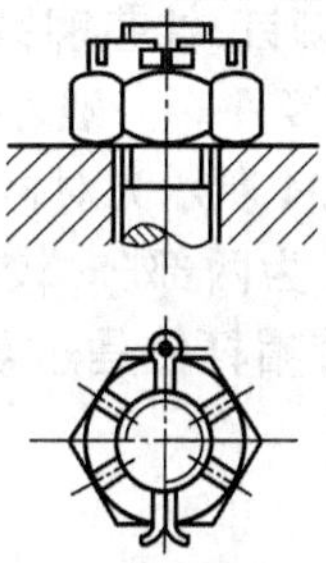 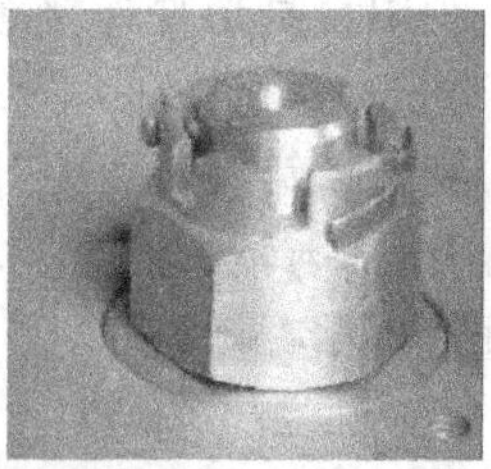
圆螺母用止退垫圈防松	将垫圈内翅插入轴上的槽内,而将垫圈的外翅弯折入螺母的沟槽中时,螺母和螺栓不能相对转动。 简便可靠,多用于轴端固定的防松	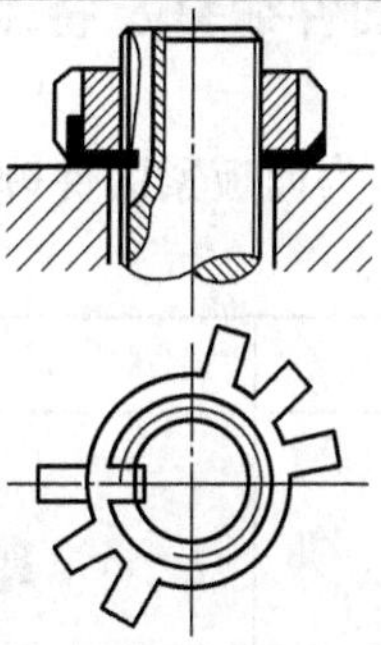
金属丝防松	螺栓紧固后,可在螺栓头部钻孔,再用金属丝捆扎。捆扎时必须注意金属丝的穿绕方向,即某一螺栓要自松时,金属丝应将其余螺栓向旋紧方向转动。 防松可靠,结构轻便。但螺钉加工费较高,安装也较费时	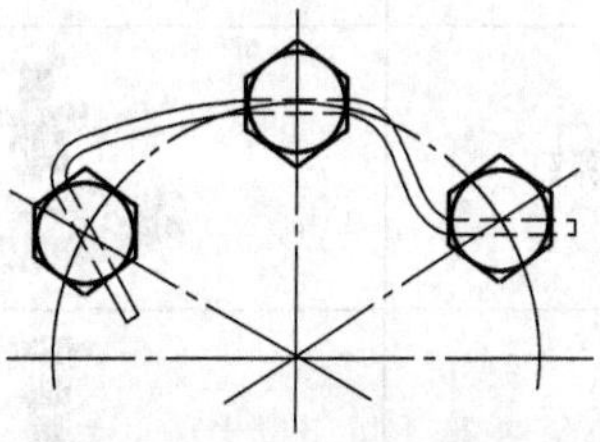 

续表

方法	特　点	图　例
黏结防松	使用厌氧性黏合剂,涂敷在螺纹上,旋紧螺母,即黏为一体。拆卸时,需加温到 200~300℃,使黏结剂分解后,方可拆卸。 安全可靠,但不适合于高温下工作	—

11.5 铆　　接

11.5.1 铆接

铆接是利用铆钉自身形变或过盈连接组合两分离零件的方法。

铆钉种类很多,而且不拘形式。目前铆钉除了用于工程建筑,还用于装饰服装等。

铆钉是钉形物件,一端有帽。常用的铆钉有半圆头、平头、半空心铆钉、实心铆钉、沉头铆钉、抽芯铆钉、空心铆钉,这些通常是利用自身形变连接被铆接件。一般小于 8mm 的用冷铆,大于 8mm 的用热铆。图 11-34 所示为对插铆钉。

特殊铆钉有对插铆钉,分为两部分,较粗的一段带帽杆体中心有孔,与较细的另一段带帽杆体是过盈配合。铆接时,将细杆打入粗杆即可。

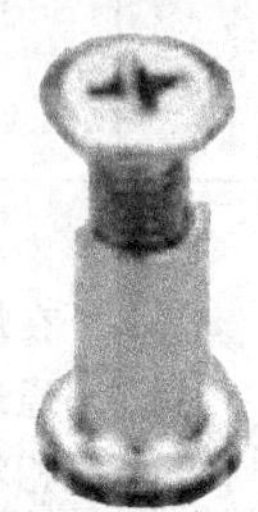

图 11-34　对插铆钉

11.5.2 紧固件铆钉及特点

表 11- 10 为面板紧固件铆钉。

表 11-10　　面板紧固件铆钉

名　称	结 构 组 合	特　点
普通铆钉		由阴铆钉和阳铆钉组合而成
击芯铆钉		设计了开叉脚部分,受力膨胀后起到安装组合作用。可用专用工具安装
膨胀铆钉		放置在光滑的孔中,然后按下头部牢牢锁定在被安装面上。特殊设计的脚受力后膨胀
棘齿型扣件		倒齿设计使安装牢固,难以拔出

续表

名　称	结构组合	特　　点
树形铆钉		特殊圣诞树形铆钉是利用耐腐、耐磨、抗震动的尼龙 66 材料注塑而成的，适用于多种规格的孔径及面板厚度，可适用于盲孔

11.6　键

在机器和设备中，除了大量使用螺纹紧固件外，还经常使用键、销、滚动轴承等标准件。

11.6.1　键连接

键属于标准件，用来连接轴和轴上的转动零件，起传递扭矩的作用，如图 11-35 所示。

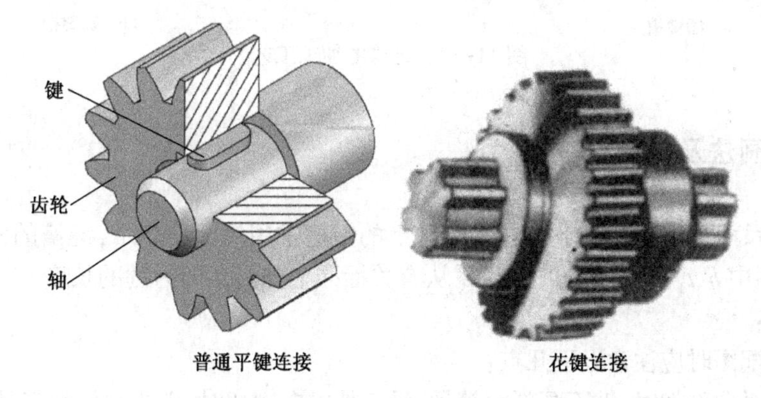

图 11-35　键连接

常用键的种类有：普通平键、半圆键、钩头楔键等，它们都已标准化，如图 11-36 所示。

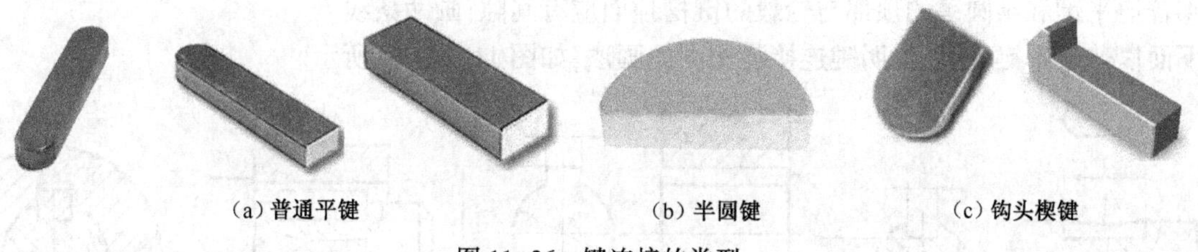

图 11-36　键连接的类型

平键的两侧是工作面，上表面与轮毂槽底之间留有间隙。其定心性能好，装拆方便。常用的平键有普通平键和导向平键两种。

在此只介绍应用最多的普通平键。普通平键分为 A 型(圆头)、B 型(平头)、C 型(单圆头)。

11.6.2　普通平键的标记

普通平键的标记格式：

标准号　键　型号　$b \times h \times l$

在标记时，A 型平键省略字母 A，B 型、C 型应写出字母 B 或 C。

普通平键的公称尺寸 $b\times h$(键宽×键高)可根据轴的直径 d 从有关标准中查出,键长 l 由设计确定,并取相近的标准值。

普通平键标注示例:

GB/T 1096 键 B 18×11×100

表示键宽 b=18 mm、键高 h=11 mm、键长 l=100 mm 的 B 型普通平键。

11.6.3 键槽的加工

键槽的加工工艺如图 11-37 所示,通常在插床和铣床上加工。

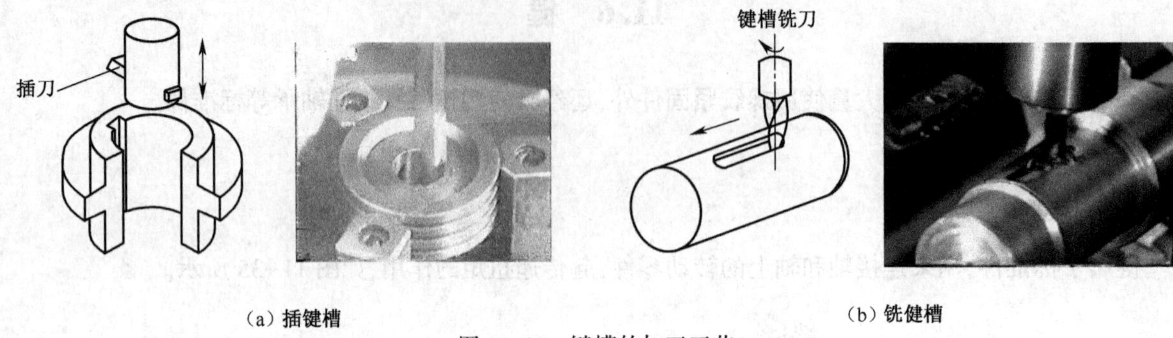

(a) 插键槽　(b) 铣键槽

图 11-37 键槽的加工工艺

11.6.4 键槽的画法及尺寸标注

键槽的画法及尺寸标注,如图 11-38 所示,轴上的键槽常用局部剖表示,键槽的深度和宽度尺寸应标注在断面图中,图中 b、t_1、t_2 可按轴的直径 d 从有关标准中查出,l 即为键的长度。

键连接的画法:

绘制键连接装配图时应注意以下几点:

①当沿着键的纵向剖切时,键不画剖面符号,沿其他方向剖切时,则要画剖面符号。

②通常用局部剖视图表示键与轴及轴上零件之间的连接关系。

③键的两侧面与键槽侧面为工作面应接触,画一条线。

④普通平键和半圆键的顶部与轮毂的键槽顶面应有间隙,画两条线。

下面以普通平键为例,说明键连接装配图的画法,如图 11-38(c)所示。

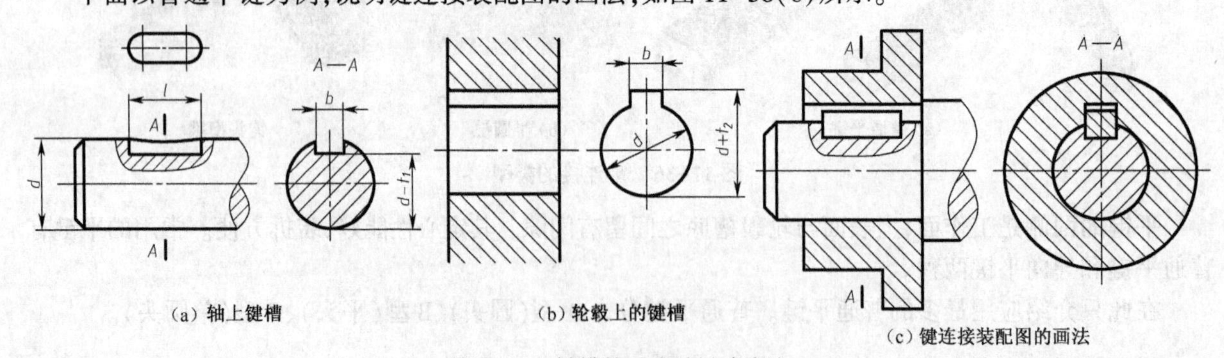

(a) 轴上键槽　(b) 轮毂上的键槽　(c) 键连接装配图的画法

图 11-38 键槽的画法及尺寸注法

11.6.5 键强度校核

1. 键强度校核

键的受力状态是两侧面受压,如图 11-39 所示,所以键的失效形式主要是工作表面被压溃和出现剪断。

进行挤压强度计算时，要选择键、轴、轮毂三者中材料最弱的作为计算对象。

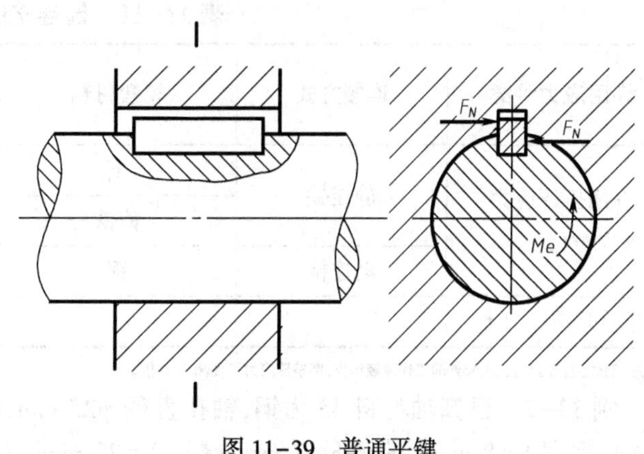

图 11-39　普通平键

挤压强度

$$\sigma_p = \frac{F_N}{kl} = \frac{2M_e}{dkl} \leqslant [\sigma_p] \quad (11-11)$$

剪切强度

$$\tau = \frac{F_N}{bl} = \frac{2M_e}{dbl} \leqslant [\tau] \quad (11-12)$$

式中：M_e——扭矩（N·mm）；

d——轴的直径（mm）；

F_N——轴侧面所受压力（N）；

b——键宽（mm）；

k——键与轴毂的接触高 $k=h/2$，其中 h 为键高（mm）；

l——键的工作长度（mm），$l=L-b$；

$[\tau]$——键的许用剪切应力（MPa）；

$[\sigma_p]$——键连接中最弱的材料的许用挤压应力（MPa）。

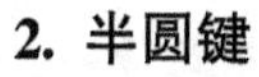

2. 半圆键

半圆键也是以两侧为工作面，有良好的定心性能。半圆键可在轴槽中摆动以适应毂槽底面，但键槽对轴的削弱较大，只适用于轻载连接。半圆键画法如图 11-40 所示。

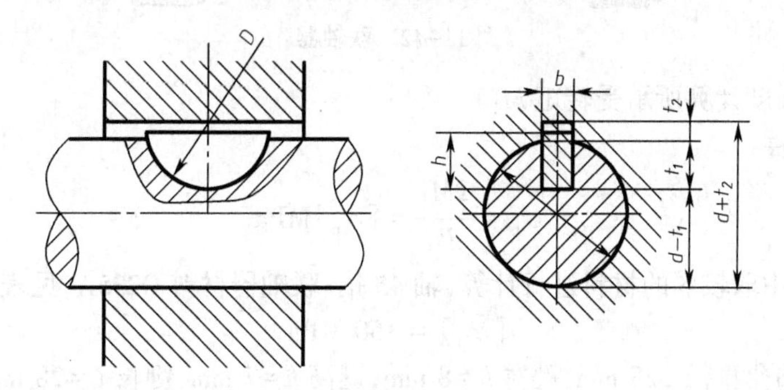

图 11-40　半圆键

3. 楔键

楔键的上下面是工作面，键的上表面有 1∶100 的斜度，轮毂键槽的底面也有1∶100的斜度。把楔键打入轴和轮毂槽内时，其表面产生很大的预紧力，工作时主要靠摩擦力传递扭矩，并能承受单方向的轴向力。其缺点是会迫使轴和轮毂产生偏心，仅适用于对定心精度要求不高、载荷平稳和低速的连接。楔键又分为普通楔键和钩头楔键两种，如图 11-41 所示。键连接的许用应力见表 11-11。

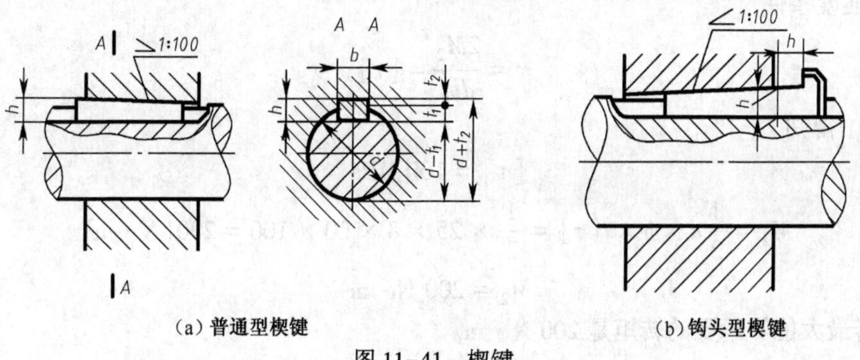

（a）普通型楔键　　（b）钩头型楔键

图 11-41　楔键

4. 键连接的许用应力

表 11-11　键连接的许用应力　　单位:MPa

许用应力种类	连接方式	轮毂材料	载荷性质		
			静载	轻微冲击	冲　击
许用挤压应力 σ_{cp}	静连接	钢	200	150	100
		铸铁	100	75	50
	动连接	钢	50	40	30
许用剪切应力 τ_p			120	100	65

注:动连接,当键与被连接件的工作面经淬火,则挤压应力可提高 2~3 倍。

例 11-2　已知轴材料 45 为钢,轴孔直径 $\phi25$ mm,联轴器材料 Q235A,如图 11-42 所示,键材料为 45 钢,键宽 $b=8$ mm, 键高 $h=7$ mm,键长 $L=28$ mm, 载荷轻微冲击。

求:按键强度计算联轴器承受的转矩。

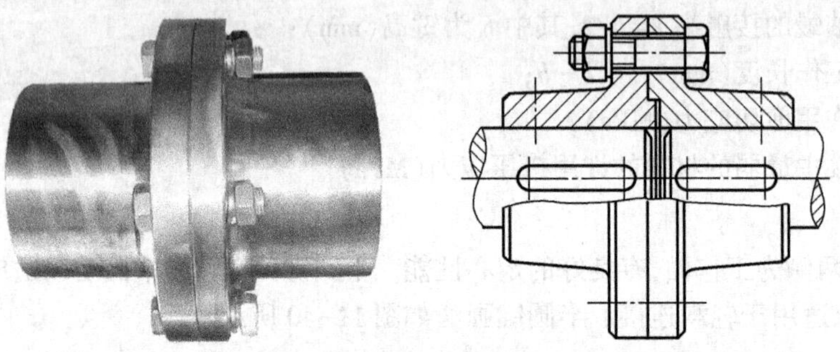

图 11-42　联轴器

解:1)按键挤压强度计算所承受转矩 M_1

根据挤压强度条件

$$\sigma_p = \frac{2M_1}{dkl} = [\sigma_p]\text{MPa}$$

在键、联轴器、轴中取较弱的材料进行计算,轴 45 钢、联轴器材料 Q235A,见表 11-11。

$$[\sigma_p] = 150\ \text{MPa}$$

根据已知条件,轴孔直径 $\phi25$ mm,键宽 $b=8$ mm,键高 $h=7$ mm,键长 $L=28$ mm,$d=25$,键工作长度 $l=L-b=28-8=20$(mm),

$$k=h/2=3.5\ \text{mm}$$

$$M_1 = \frac{1}{2}d \times k \times l \times [\sigma_p] = \frac{1}{2} \times 25 \times 3.5 \times 20 \times 160 = 140(\text{N} \cdot \text{m})$$

$$M_1 = 140\ \text{N} \cdot \text{m}$$

2)按键剪切强度计算所承受的转矩 M_2

根据剪切强度条件

$$\tau = \frac{2M_2}{dbl} = [\tau]$$

查表 11-11 得知

$$[\tau] = 100\ \text{MPa}$$

$$M_2 = \frac{1}{2}d \times b \times l[\tau] = \frac{1}{2} \times 25 \times 8 \times 20 \times 100 = 200(\text{N} \cdot \text{m})$$

$$M_2 = 200\ \text{N} \cdot \text{m}$$

答:联轴器最大能够承受的转矩是 200 N · m。

11.7 销

11.7.1 销的连接

销通常用于两零件之间的连接或定位，如图 11-43 所示。

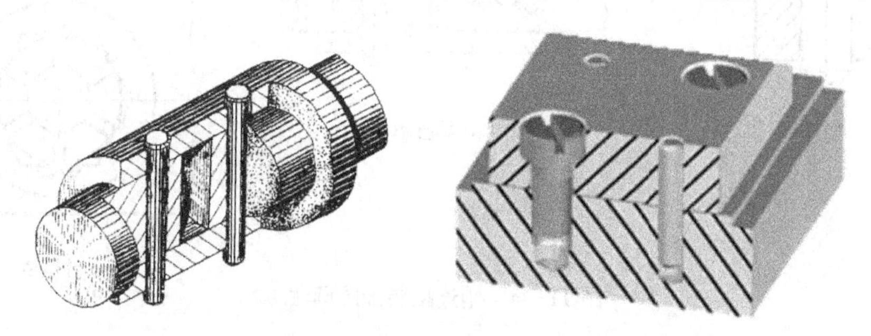

图 11-43 销连接

11.7.2 销的种类和标记

销是标准件，其结构形式、尺寸和标记都可以查阅相关标准。常用的销有圆柱销、圆锥销和开口销三种，其形式及标记示例见表 11-12。

表 11-12 销的形式及标记示例

国家标准编号和名称	简图及规定标记	标 注 示 例
GB/T 119.1—2000 圆柱销	销 GB/T 119.1 d m6×l	公称直径 d = 6 mm，公差为 m6，长度 l = 30 mm，材料为钢，不经淬火，不经表面处理的圆柱销标记： 销 GB/T 119.1 6 m6×30
GB/T 117—2000 圆锥销	1:50 销 GB/T 117 d×l	公称直径 d = 10 mm，长度 l = 60 mm，材料为 35 钢，热处理硬度 28~38 HRC，表面氧化处理的 A 型圆锥销的标记： 销 GB/T 117 A10×60
GB/T 91—2000 开口销	销 GB/T 91 d×l	公称直径 d = 5 mm，长度 l = 50 mm，材料为低碳钢，不经表面处理的开口销的标记： 销 GB/T 91 5×50

11.7.3 销连接装配图的画法

当剖切平面通过销的轴线时，销不画剖面符号；垂直其轴线剖切时，则要画剖面符号。

画轴上的销连接时，通常对轴采用局部剖，表示销和轴之间的配合关系，如图 11-44 所示。

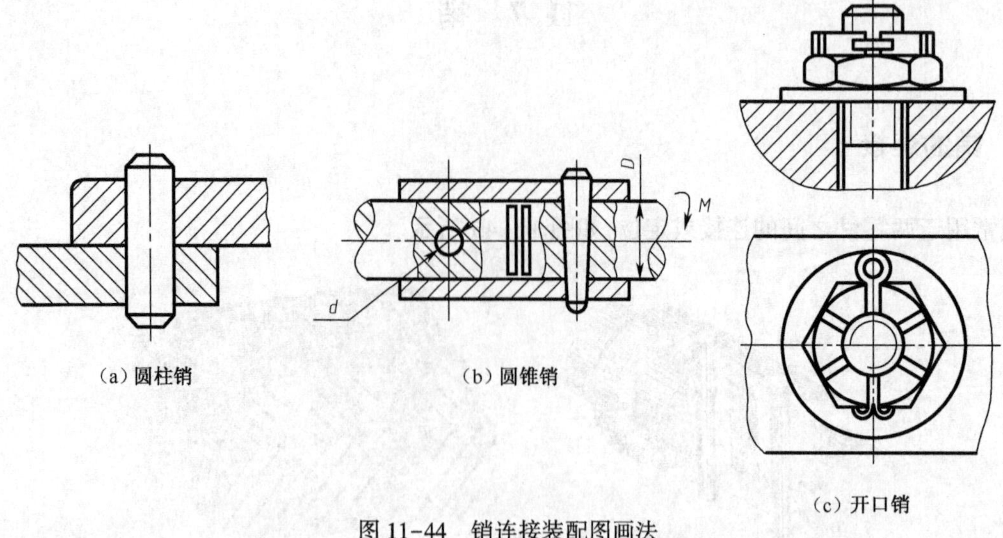

(a) 圆柱销　(b) 圆锥销　(c) 开口销

图 11-44　销连接装配图画法

11.8　滚 动 轴 承

11.8.1　滚动轴承功用与结构

滚动轴承功用:滚动轴承是支承旋转轴的标准部件。用于支承轴及轴上零件;保证轴的旋转精度;减少轴和支承件的摩擦和磨损。它具有结构紧凑、摩擦力小、转动灵活、启动方便等优点,在工程设备中应用广泛,如图 11-45 所示。

图 11-45　滚动轴承在车辆工程中的应用

滚动轴承的结构:按承受载荷的方向,滚动轴承可分为向心轴承、推力轴承和向心推力轴承三类。滚动轴承一般由外圈、内圈、滚动体和保持架组成。滚动体有球、圆柱滚子、圆锥滚子、鼓形滚子、滚子等类型,如图 11-46 所示。

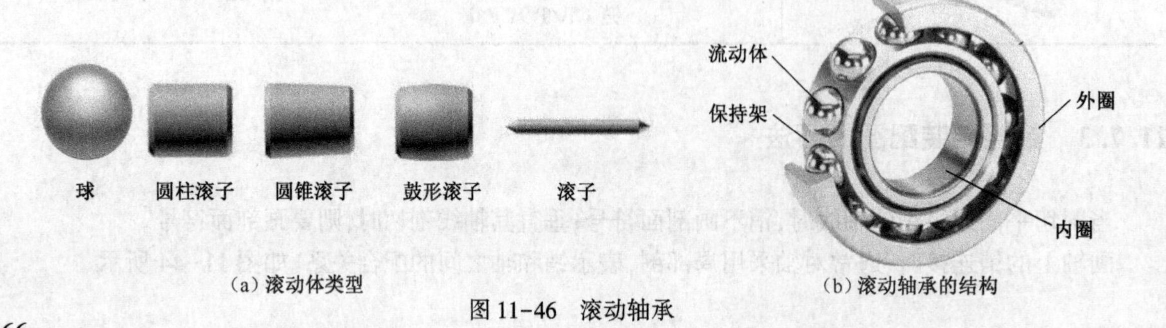

(a) 滚动体类型　(b) 滚动轴承的结构

图 11-46　滚动轴承

11.8.2 滚动轴承代号

国家标准规定,轴承的结构尺寸、公差等级、技术性能等特性由滚动轴承的代号表示。代号代表了唯一的一批结构相同、尺寸相等、可互换使用的轴承。滚动轴承的代号由前置代号、基本代号和后置代号三部分组成。

1. 前置代号和后置代号

前置代号、后置代号是轴承在结构形状、尺寸、公差、技术要求等特性有所改变时,在其基本代号的左右添加的补充代号,需要时可以查阅有关国家标准。

2. 基本代号

基本代号是轴承代号的基础。常用的轴承基本代号由类型代号、尺寸系列代号、内径代号和公差等级代号组成,并按此顺序排列。其中类型代号和尺寸系列代号组合在一起称为组合代号。

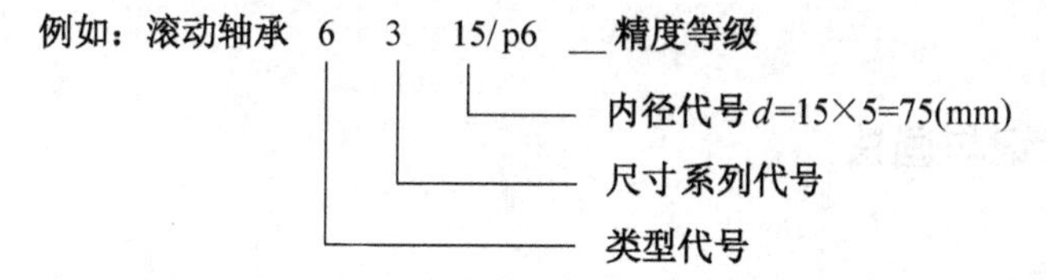

①类型代号:滚动轴承的类型代号用数字或字母表示,其含义见表 11-13。

表 11-13 滚动轴承的类型代号

代 号	轴 承 类 型	代 号	轴 承 类 型
0	双列角接触球轴承	6	深沟球轴承
1	调心球轴承	7	角接触球轴承
2	调心滚子轴承和推力调心滚子轴承	8	推力圆柱滚子轴承
3	圆锥滚子轴承	N	圆柱滚子轴承,双列或多列用字母 NN 表示
4	双列深沟球轴承	U	外球面球轴承
5	推力球轴承	QJ	四点接触球轴承

②尺寸系列代号:尺寸系列代号一般用两位数字表示,第一位表示轴承宽度(高度)系列,第二位表示轴承直径系列代号。对于同一内径的轴承,为了适应不同承载能力、转速的需要,可以做成不同的外径和宽度(对于推力轴承为高度)具体代号可查阅有关标准,见表 11-14,表 11-15。

表 11- 14 轴承宽度(高度)系列代号

轴承类型	向心轴承和角接触轴承(宽度系列)								推力轴承和推力角接触轴承(高)			
系列名称	特窄	窄	正常	宽					特低	低	正常	
宽度系列代号	8	0	1	2	3	4	5	6	7	9	1	2 双向推力轴承

注:窄系列代号"0",除圆锥滚子轴承外均可省略。

表 11- 15 轴承直径系列代号

轴承类型	向心轴承和角接触轴承							推力轴承和推力角接触轴承					
直径系列代号	8、9	1、7	2	5	3	6	4	9	1	2	3	4	5
系列名称	超轻	特轻	轻	轻宽	中	中宽	重	超轻	特轻	轻	中	重	特重

③内径代号:内径代号表示轴承的公称内径,其表示方法根据内径不同而不同。

当内径属于 0.6~10 之间的非整数或者 1~9 之间的整数时,内径表示方法为:直接用该内径值表示,但与组合代号用"/"分开。

当代号数字为 00、01、02、03 时，分别表示内径 $d=10$ mm、12 mm、15 mm、17 mm，如 6 200。

当代号数字为 4～96 时，轴承内径数值为代号数字乘以 5（直径 22、28、32 除外）。当代号数为个位数时左边加“0”如 05 则轴承内径 $d=25$ mm。

例如：轴承

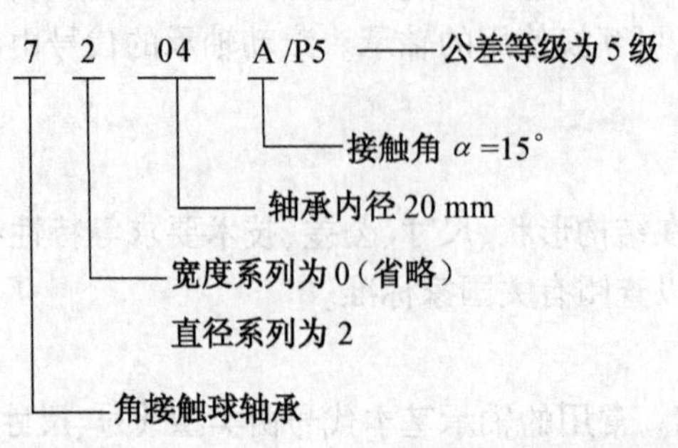

代号数字为 500 以上及 22、28、32，表示方法为直接用该内径值表示，但与组合代号用“/”分开，如 62/28。

11.8.3 滚动轴承标记与画法

1. 滚动轴承的标记

滚动轴承的标记由名称、代号、标准号三部分组成。

例如：滚动轴承 6206 GB/T 276—2013

2. 滚动轴承的画法

一般根据轴承代号采用简化画法（通用画法和特征画法）和规定画法绘制。表 11-16 所示为深沟球轴承、推力球轴承、圆锥滚子轴承的规定画法和特征画法。

表 11-16 常用轴承的规定画法和特征画法

轴承名称	规定画法	特征画法
深沟球轴承 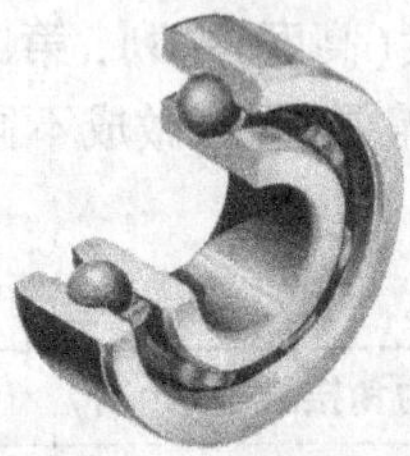	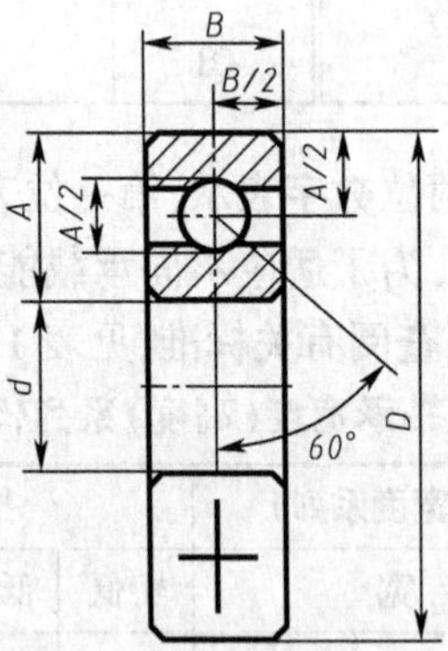	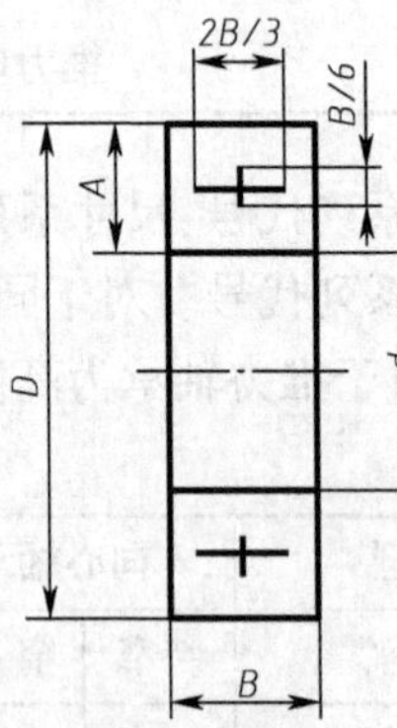
推力球轴承 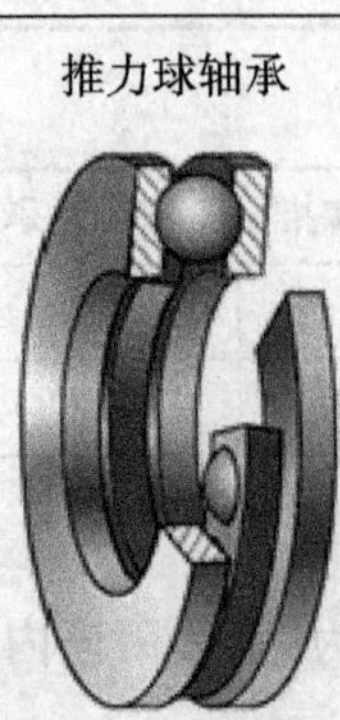	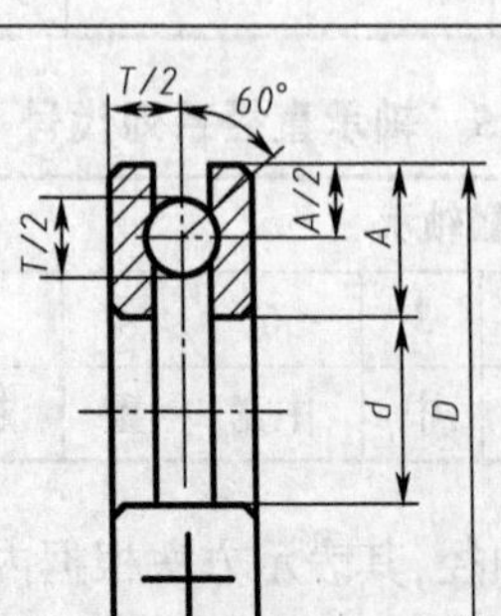	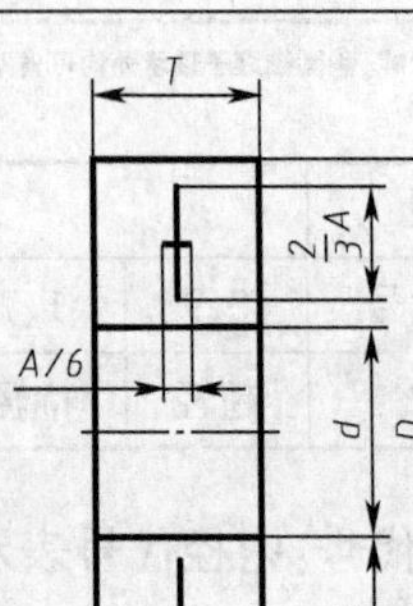

续表

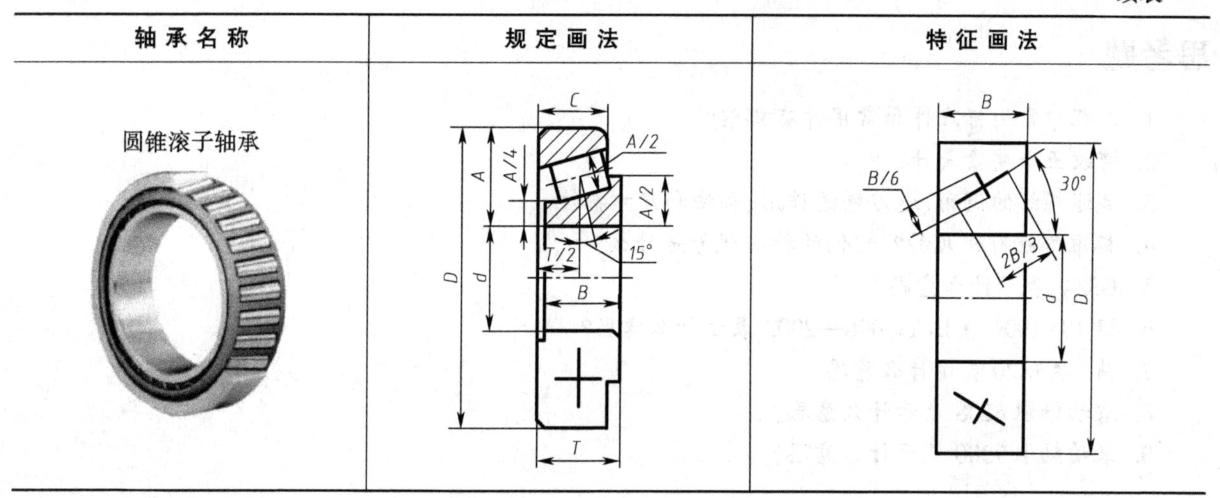

11.9　标准件表达符号

工程件在机构运动简图中的常用符号见表 11-17。

表 11-17　工程键在机构运动简图中的常用符号

名称	符　　号
螺旋副	
零件与轴的连接	活动连接　导键连接　固定连接
向心轴承	滑动轴承　滚动轴承
推力轴承	单向推力　双向推力　推力滚动轴承
向心推力轴承	单向向心推力轴承　双向向心推力轴承　向心推力滚动轴承

思考题

1. 工程中常用标准件和常用件有哪些？
2. 螺纹五个要素是什么？
3. 试述螺纹的倒角、退刀槽的作用、画法和尺寸标注。
4. 标准螺纹有哪几种？它们的特征代号是什么？
5. G3/4,表示什么意思？
6. 键 18×100　GB/T 1096—2003 表示什么意思？
7. 销　A3×20 表示什么意思？
8. 滚动轴承 6208 表示什么意思？
9. 滚动轴承 7300 表示什么意思？

习题

判断图 11-47 所示螺纹画法是否正确。

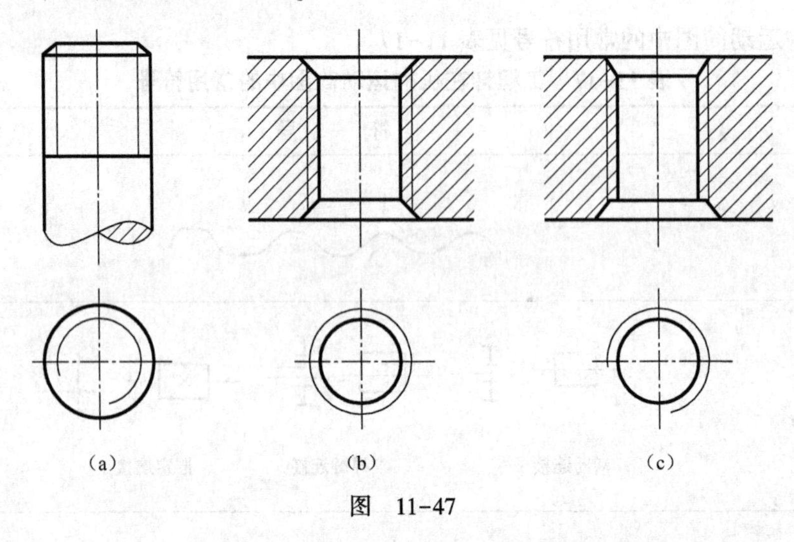

图　11-47

参考文献

1. 樊百林．发动机原理拆装实践教程[M]．北京:人民邮电出版社,2011.
2. 蔡小华．工程制图[M]．北京:中国铁道出版社,2009.
3. 樊百林,甄同乐,彭亚．综合工程意识和能力培养的实践性制图教学哲学思考[J]．中国科技纵横,2011,(6).
4. 朱龙根．简明机械零件设计手册[M]．机械工业出版社,2006.

第12章 工程设计中常用件

现代工程发动机工程实践教学感想

王洪聪(设备14) 进行了发动机实践,见到了很多螺栓,拆开之后发现里面有齿轮、轴承,很复杂,这次实践感触比较深刻,有以下几点:

发动机的设计需要人性化:如螺丝的位置,设计上应便于拆装,很多东西是具有互换性的。

安全实验:无论是实习还是这种发动机的拆装,都需要注意自身的安全,避免安全事故发生。

对工作的严谨态度:拆装需要严格按照要求的拆装顺序进行。

阙福恒(机械) "由三视图想象出来的实物图与真的实物体有一定的差距。只要勤于思考,勤于动手,没有什么不能解决的,前提是要有付出,才有收获。"

鱼江永(冶金) "实践是课堂的延伸,是学习的另一重要组成部分。平时在制图课上,涉及各种零部件、各种机构,但是终究没有实实在在地接触过真实的某些东西,更没有拆装过像发动机这样具有复杂结构的实体。这次拆装发动机,虽然没有说已经很熟悉它的各部分的结构以及功用,但是,对它整体的构型,主要部件的功用有了一个感性加理性的认识,这相比于课堂上靠大脑的想象要容易、印象要深刻得多,这就是一种实践行动,让人认识了动手的重要性、现实性,可以说,实践是课堂的延伸,是学习的另一重要组成部分。"

覃国航(机1036) 最让我感兴趣的是那些挂挡的齿轮,其实,真的,当你弄明白它们的原理后,会有一种很满足的愉悦,然后你就会感叹人类的智慧是那么的登峰造极,那怕你只是一知半解。当我们转动它的时候,笑容满面。

本章学习目标:

✧ 结合金工实习的各种机器以及发动机,学习工程设备中常用的国家常用件的基本知识、规定画法和规定标记。

本章学习内容:

✧ 联轴器的特点和应用范围

✧ 离合器的特点和应用范围

✧ 离合器的标记

✧ 齿轮的基本知识和基本画法

✧ 弹簧的基本知识和基本画法

✧ 制动器的特点和应用范围

✧ 重点介绍齿轮、弹簧的规定画法、标记和标注;

✧ 重点介绍联轴器的标记和轴孔形式;

实践教学研究

✧ 观察发动机,其上采用了哪些常用件。

✧ 观察实习车床,床头箱内采用什么传动方式。

关键词　联轴器　制动器　齿轮　弹簧　符号

12.1　概　　述

在机器中很多部件都是由若干零件按特定的关系装配连接而成的,在机器的传动系统中,除了大量使用着螺栓、键等标准件外,也大量使用着部分标准化的常用件,如:使分离的不同部件中的两轴连接起来,使之共同旋转并传递转矩的联轴器;可使两轴随时接合或分离的离合器装置;起传动、变速等作用的齿轮、齿条、蜗轮、蜗杆等,如图 12-1(a)、(c)所示;起储能、减振作用的弹簧[见图 12-1(b)];使机器设备安全操作,用来降低机械运转速度达到安全运行或迫使机械停止运转或保持停止状态,达到安全控制的制动器装置[见图 12-1(d)]。

为了便于生产和使用,国家标准对这类零件的结构、尺寸以及成品质量等各方面都实行了部分标准化。只是部分重要结构和尺寸标准化的零件称为常用件,如齿轮、弹簧等。

国家标准对标准件和常用件的画法和标记进行了统一的规定,绘图时必须严格遵守,对所有的标准件还制订了代号和标记,通过代号和标记可以从相应的国标中查出某个标准件的全部尺寸。

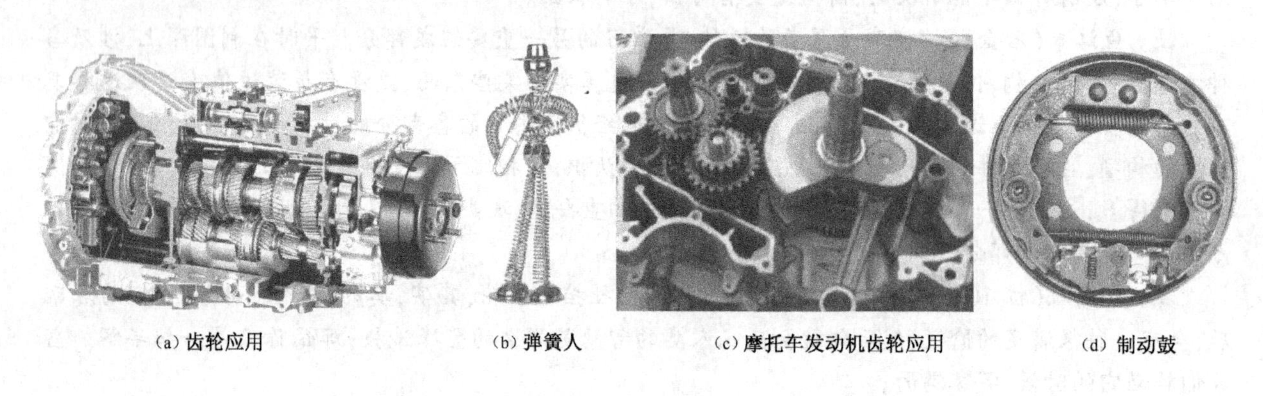

(a) 齿轮应用　(b) 弹簧人　(c) 摩托车发动机齿轮应用　(d) 制动鼓

图 12-1　常用件

12.2　联　轴　器

联轴器是机械传动中常用的部件,主要用来连接不同部件中的两轴或轴与其他回转零件,使之共同旋转并传递转矩,图 12-2 所示为选料机联轴器的应用,在某些场合联轴器也可用作安全装置。

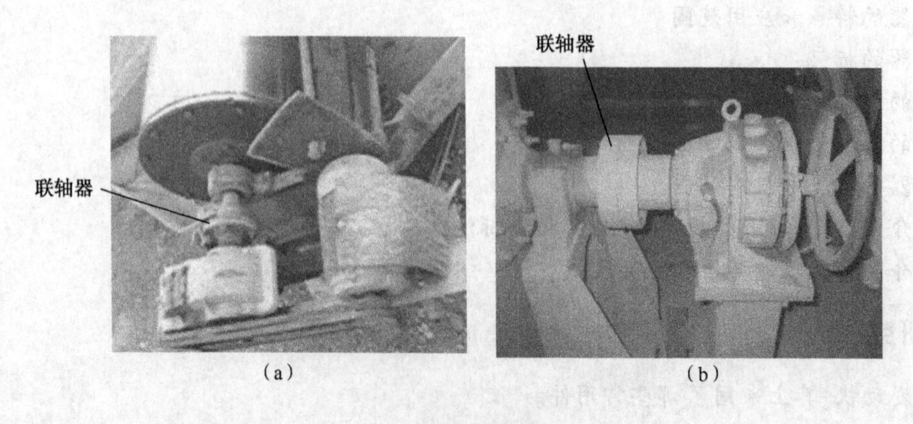

(a)　(b)

图 12-2　选料机联轴器的应用

12.2.1　联轴器类型

联轴器连接的两轴，只有在机器停车时才能拆卸，使其分离。

为了便于设计和选用联轴器，我国已制定了 GB/T 12458—2003《联轴器分类》。

- 联轴器
  - 机械式
    - 刚性联轴器——套筒式、凸缘式、夹壳式等
    - 挠性联轴器
      - 无弹性元件联轴器——滑块、十字滑块、齿式、链条、万向联轴器、球铰式万向联轴器等
      - 金属弹性元件联轴器——膜片(盘)、蛇形弹簧、簧片、挠性杆、波纹管联轴器等
      - 非金属弹性元件联轴器——弹性活塞销、弹性扇形块、弹性套柱销、轮胎式联轴器等
    - 安全联轴器——钢球式、钢砂式、摩擦式、液压式、销钉式安全联轴器等
  - 液力联轴器——液力耦合器、液力变矩器等
  - 磁性联轴器——电磁式、永磁式

根据对各种位移有无补偿能力，联轴器分为刚性联轴器和挠性联轴器。

刚性联轴器按照被连接两轴的相对位置和位置的变动情况，可分为刚性固定式联轴器和刚性可移式联轴器两种。

挠性联轴器根据其内部是否具有弹性元件，分为无弹性元件的挠性联轴器和有弹性元件的挠性联轴器。有弹性元件的挠性联轴器又分为金属弹性元件挠性联轴器和非金属弹性元件挠性联轴器。有弹性元件的挠性联轴器又称为弹性联轴器。

刚性固定式联轴器主要用于两轴要求严格对中并在工作中不发生相对位移的场合，其结构一般较简单，且两轴瞬时转速相同。

刚性可移式联轴器和弹性联轴器对于机器由于制造和安装误差、运转后零件的变形、基础下沉、轴承磨损、温度变化等原因引起的两连接轴之间的相对位移和偏斜，具有一定的补偿能力。图 12-3 所示为轴线的相对位移。

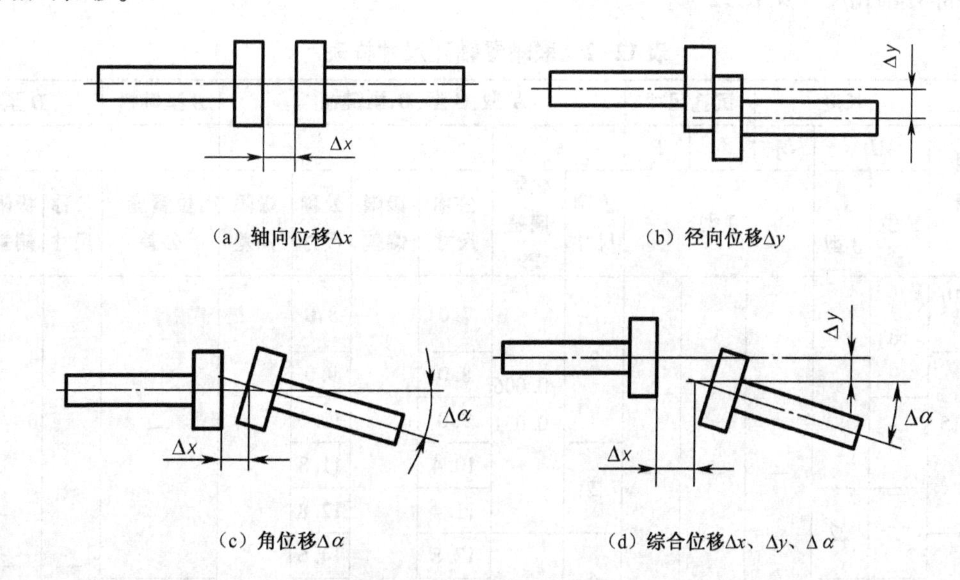

图 12-3　轴线的相对位移

12.2.2　联轴器轴孔和联结形式与尺寸

1. 联轴器联结形式及代号

联轴器轴孔形式及代号见附录 B1-1。联轴器联结形式及代号见表 12-1。

表 12-1　联结形式及代号

名　称	型式及代号	图　示
平键单键槽	A 型	
120°布置平键双键槽	B 型	
180°布置平键双键槽	B1 型	

2. 联轴器轴孔尺寸

联轴器部分轴孔尺寸见表 12-2。

表 12-2　联轴器轴孔尺寸样表

直径 d		长度			沉孔尺寸		A 型、B 型、B_1 型键槽						B 型键槽	D 型键槽		
公称尺寸	极限偏差 H7	L		L_1	d_1	R	b		t		t_1		位置度公差	t_3		b_1
		Y 型	J_1 J 型	J 型			公称尺寸	极限偏差 P9	公称尺寸	极限偏差	公称尺寸	极限偏差		公称尺寸	极限偏差	
6	+0.010 0	18	—	—	—	—	2	-0.006 -0.031	7.0	+0.10	8.0	+0.20 0	—	—	—	—
7	+0.015 0								8.0		9.0					
8		22					3		9.0		10.0					
9									10.4		11.8					
10		25	22						11.4		12.8					
11	+0.018 0						4	-0.012 -0.042	12.8		14.6		0.03			
12		32	27						13.8		15.6					
14							5		16.3		18.6					
16		42	30	42	38	1.5			18.3		20.6					
18							6		20.8		23.6					
19	+0.021 0								21.8		24.6					
20		52	38	52					22.8		25.6					

12.2.3 联轴器型号与标记

联轴器型号与标记按 GB/T 12458 规定。

1. 联轴器型号表示方法

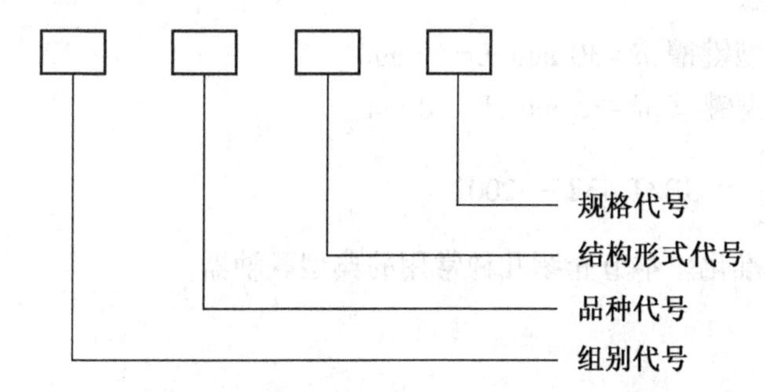

型号示例：

例 1：公称转距为 900 N · m 的有对中榫凸缘联轴器型号为：YGYS 6。

例 2：公称转距为 125 N · m 的基本型弹性柱销联轴器型号为：LT 5。

2. 联轴器标记

联轴器标记方法：

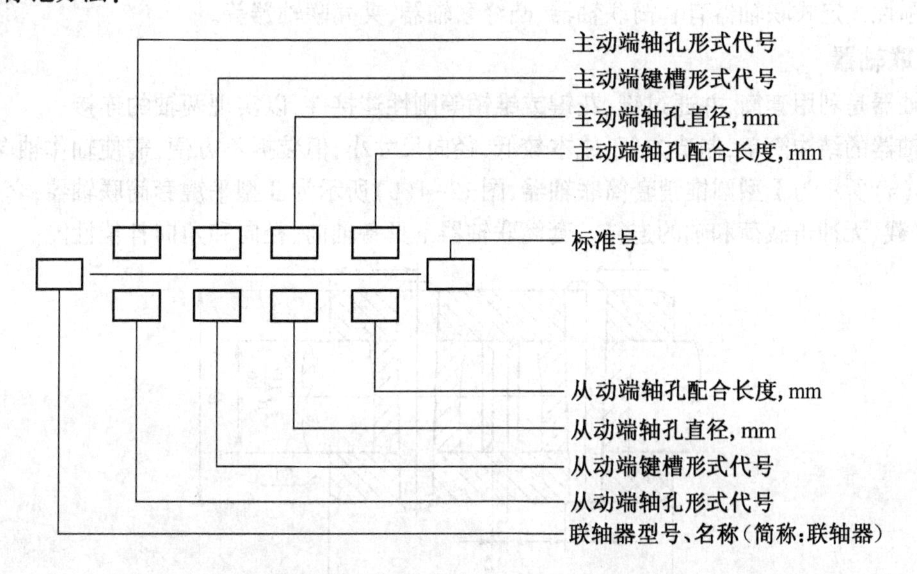

说明：

(1) Y 型孔、A 型键槽的代号，在标记中可省略不注；

(2) 联轴器两端轴孔和键槽的形式与尺寸相同时，只标记一端，另一端省略不注；

(3) 详细标记说明见有关手册和国家标准。

标记示例 1：

GYS2 型凸缘联轴器。

主动端：Y 型轴孔，A 型键槽，$d=25$、$L=62$

从动端：Y 型轴孔、A 型键槽，$d=25$、$L=62$

标记为：GYS2 联轴器　　25×62　GB/T 5843—2003

标记示例 2：

GⅡCLZ4 型鼓形齿式联轴器。

主动端：花键孔齿数 24，模数 2.5，30°平齿根，$L=107$ mm

从动端:J 型轴孔,A 型键槽,$d=70$ mm,$L=107$ mm

$$\text{G II CLZ4 联轴器} \frac{1NT24Z \times 2.5m \times 30P \times 6H \times 107}{\text{J70} \times 107}$$

见 JB/T 8854.2—2001

标记示例 3:

LT5 弹性套柱销联轴器

主动端:J_1 型轴孔,A 型键槽,$d=30$ mm,$L=50$ mm

从动端:J_1 型轴孔,B 型键槽,$d=35$ mm,$L=50$ mm

$$\text{LT5 联轴器} \frac{J_1 30 \times 50}{J_1 35 \times 50} \quad \text{GB/T 4323—2002}$$

我国部分联轴器已标准化。本节介绍几种常用的典型联轴器。

12.2.4 刚性联轴器

刚性固定式联轴器不具有补偿被连接两轴轴线相对偏移的能力,也不具有缓冲减振性能,但结构简单,价格便宜。只有在载荷平稳,转速稳定,能保证被连接两轴轴线相对偏移极小的情况下,才可选用刚性联轴器。因此刚性固定式联轴器所连接的两轴必须保持严格对中,机器安装精度要求较高,否则会在轴中引起很大的附加应力。

常用的刚性固定式联轴器有套筒联轴器、凸缘联轴器、夹壳联轴器等。

1. 套筒联轴器

套筒联轴器是利用套筒,并通过键、花键或锥销等刚性连接件,以实现两轴的连接。

套筒联轴器的结构简单,制造方便,成本较低,径向尺寸小,但装拆不方便,需使轴作轴向移动。

图 12-4(a)所示为Ⅰ型圆锥销套筒联轴器,图 12-4(b)所示为Ⅱ型平键套筒联轴器,套筒联轴器适用于低速、轻载、无冲击载荷和轴的连接。套筒联轴器不具备轴向、径向和角向补偿性能。

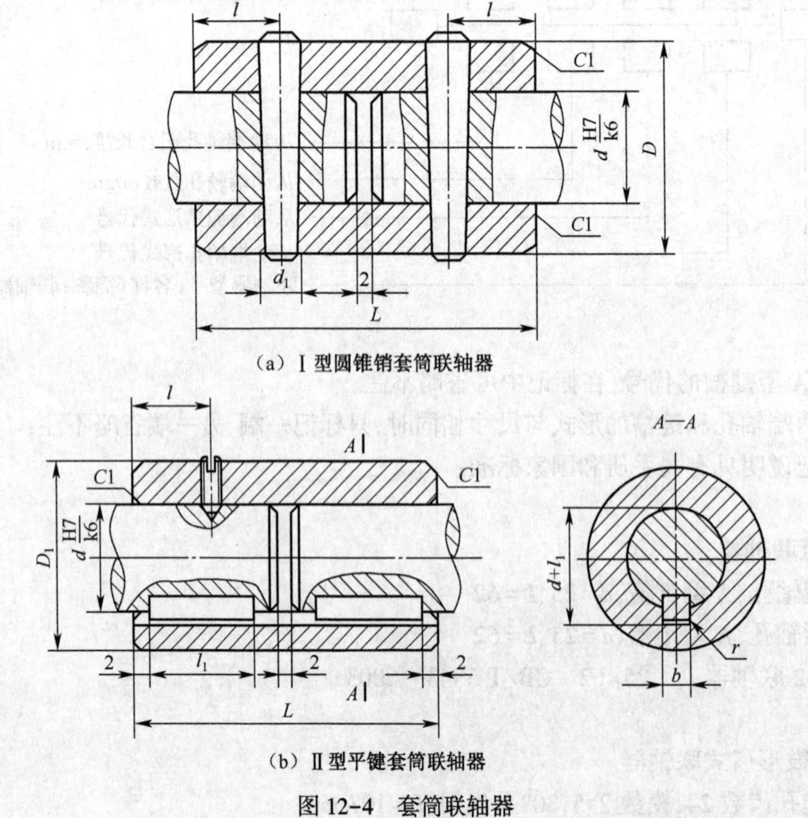

图 12-4 套筒联轴器

2. 凸缘联轴器

凸缘联轴器由两个用键连接在主、从动轴上的带有凸缘的盘式半联轴器组成，可用螺栓把两个半联轴器连为一体，如图 12-5 所示。

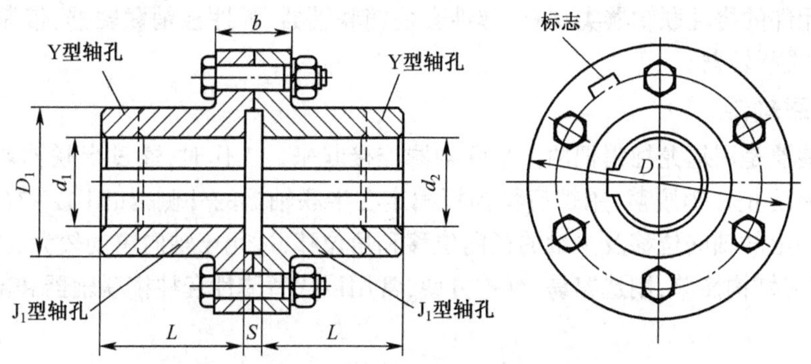

图 12-5　GY 型凸缘联轴器

这种联轴器不能补偿两轴间的位移，而且没有减振、缓冲作用，对安装精度要求高。但它结构简单、价廉，工作性能可靠，并能传递较大的转矩，拆装方便，应用较广。

凸缘联轴器的型号及基本参数

凸缘联轴器已标准化，符合 GB/T 5843—2003。

凸缘联轴器分为 GY、GYS 和 GYH 三种形式，其型号标记按 GB/T 12458 的规定。

GY 型凸缘联轴器，利用铰制孔螺栓连接实现两轴的对中，拆卸时不沿轴向移动，其结构示意图如图 12-5 所示，基本参数和主要尺寸见表 12-3。

GYS 型凸缘联轴器，凸凹榫对中，采用普通螺栓连接，装拆时需轴向移动，结构示意图如图 12-6 所示，基本参数和主要尺寸见表 12-3。

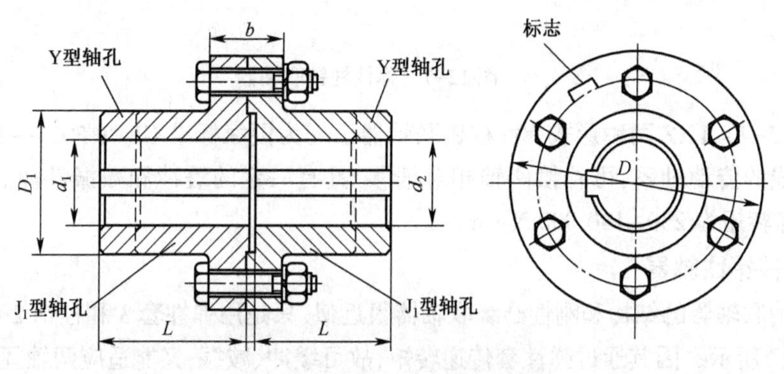

图 12-6　GYS 型有对中榫凸缘联轴器

表 12-3　凸缘联轴器基本参数和主要尺寸　　单位：mm

号	公称转矩 T_n/(N·m)	许用转速 $[n]$/(r/min)	轴孔直径 $d_1(d_2)$	轴孔长度		D	D_1	b	b_1	s	转动惯量 I/(kg·m^2)	质量 m/kg
				Y 型	J_1 型							
GY1 GYS1 GYH1	25	12000	12	32	27	80	30	26	42	6	0.000 8	1.16
			14									
			16	42	30							
			18									
			19									

12.2.5　弹性联轴器

弹性可移式联轴器（简称弹性联轴器）利用弹性元件的弹性变形来补偿两轴的偏斜和位移，同时弹性元件也具有缓冲和减振性能。

非金属弹性元件的挠性联轴器,其特点为在转速不平稳时有很好的缓冲减振性能;但由于非金属(橡胶、尼龙等)弹性元件强度低、寿命短、承载能力小、不耐高温和低温,故适用于高速、轻载和常温的场合。

非金属弹性元件的挠性联轴器类型有:弹性套柱销联轴器、弹性柱销联轴器、带制动轮柱销齿式联轴器、弹性柱销齿式联轴器。

1. 弹性柱销联轴器

弹性柱销联轴器是用尼龙柱销把两个半联轴器连接起来。工作时,通过半联轴器和柱销将转矩传递到从动轴上。为防止柱销脱落,用螺钉将挡板固定在半联轴器的外侧,如图 12-7(a)、(b)所示。这种联轴器允许有一定的轴向位移及少量的径向位移和角位移,适用于轴向窜动较大,正反转变化较多和起动频繁的场合,它结构简单,制造容易,维护方便,常用以代替弹性套柱销联轴器和部分齿轮联轴器。

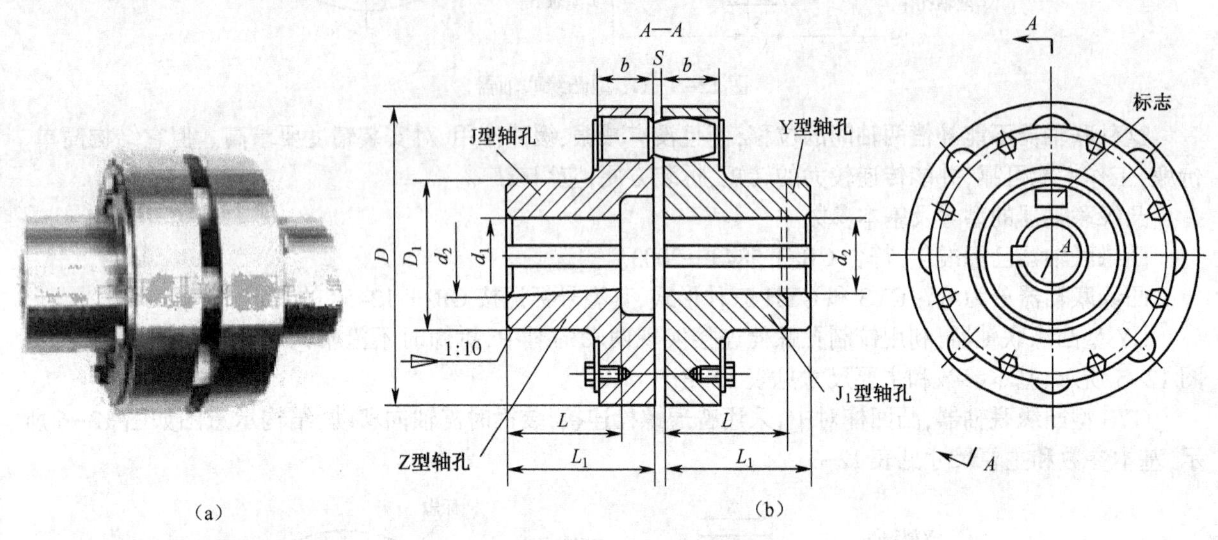

图 12-7 弹性柱销联轴器

LX(见图 12-7)、LXZ 两种形式弹性柱销联轴器已列为国家标准 GB/T 5014—2003,适用于各种机械连接两同轴线的传动轴系,可补偿两轴相对偏移,具有一定的缓冲和减振性能。工作温度为-20~70 ℃;传递公称转矩为 250~180 000 N·m。

2. 弹性套柱销联轴器

弹性套柱销联轴器的结构和刚性凸缘联轴器很近似,只是用弹性套 3 和柱销 2 代替了连接螺栓,如图 12-8(a)、(b)所示。因其通过弹性套传递转矩,故可缓冲、减振,又能适应两轴间的综合位移; 缺点

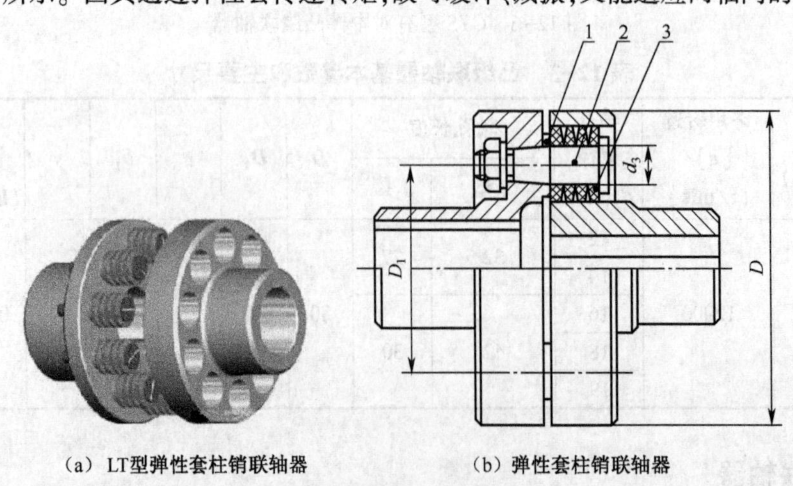

图 12-8 弹性套柱销联轴器

1—挡圈;2—柱销;3—弹性套

是弹性套易磨损,寿命较低。它适用于中小功率和频繁起动、制动和换向的地方。因弹性套传递的转矩小,故多用于高速轴的连接。

LT 型和 LTZ 型弹性套柱销联轴器,已制订国家标准 GB/T 4323—2002,适用于连接两同轴线的传动轴系,具有一定补偿两轴相对偏移和缓冲、减振的能力,工作温度为-20~70 ℃,传递公称转矩为 6.3~16 000 N·m。

LT 型弹性套柱销联轴器弹性套采用热塑性橡胶(TPE)制成,柱销材料 35 钢(GB/T 700),挡圈 A3。轴孔形式有圆柱形(Y)、短圆柱形(J) 和圆锥形(Z)。轴孔和键槽按国家标准 GB 3852—2008《联轴器轴孔和键槽形式及尺寸》的规定加工,轴孔和键槽采用拉制成型。

3. 金属弹性元件挠性联轴器

金属弹性元件挠性联轴器,其特点是除了具有较好的缓冲、减振性能外,承载能力较大,适用于速度和载荷变化较大及高温或低温场合。

金属弹性元件挠性联轴器类型有:蛇形弹簧联轴器、弹性膜片联轴器、波纹管形弹性联轴器、接中间轴型膜片联轴器。

1)弹性杆联轴器

弹性杆联轴器是由圆形截面的金属弹簧钢丝插在两半联轴器凸缘上的孔中。结构简单,价格便宜,弹性元件容易制造,弹性均匀,尺寸小,应用较广泛。其结构简图如图 12-9 所示。

2)膜片联轴器

膜片联轴器具有高弹性和良好的阻尼性能,结构紧凑,安全可靠,主要用于载荷变化大的场合。其结构简图如图 12-10 所示。

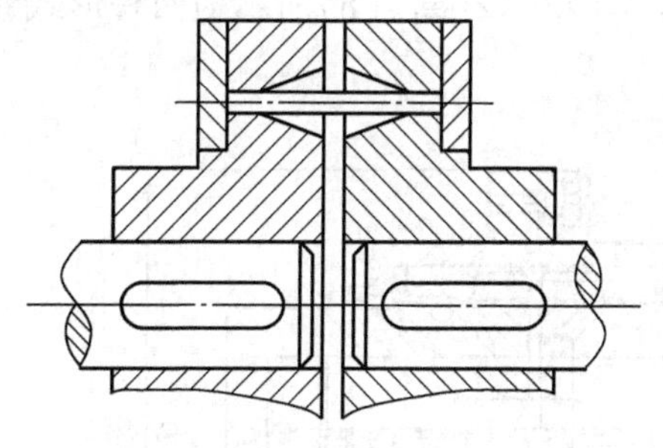

图 12-9　弹性杆联轴器简图

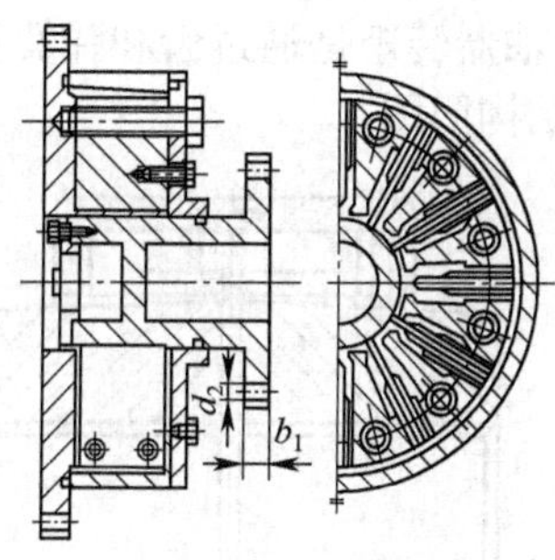

图 12-10　膜片联轴器简图

3)金属膜片联轴器

金属膜片(盘)联轴器是由单片或若干膜片叠在一起来传递运动和动力的。其弹性元件为薄垫圈状的金属簧片(膜片),其圆周上有 4~8 个螺栓孔,用螺栓交错地连于两半联轴器,利用膜片的弹性变形来补偿所连两轴的相对位移,如图 12-11 所示。

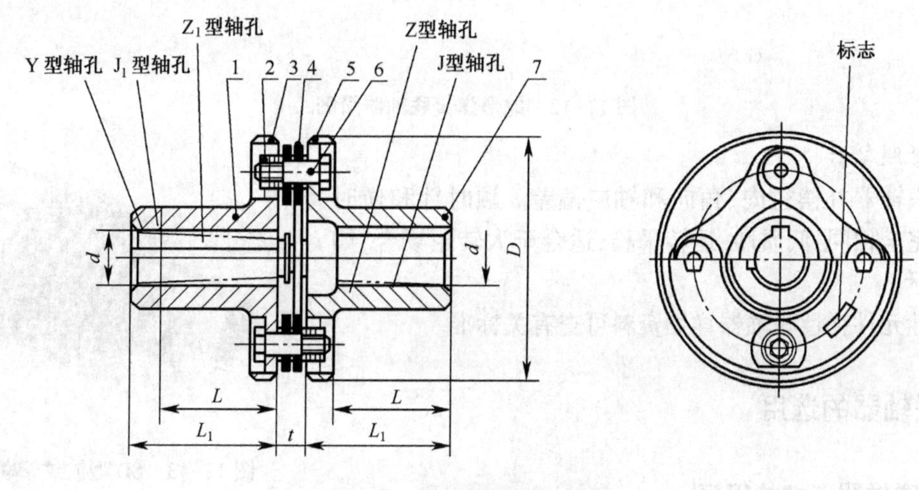

(a) JMI型金属膜片联轴器

图 12-11　金属膜片联轴器

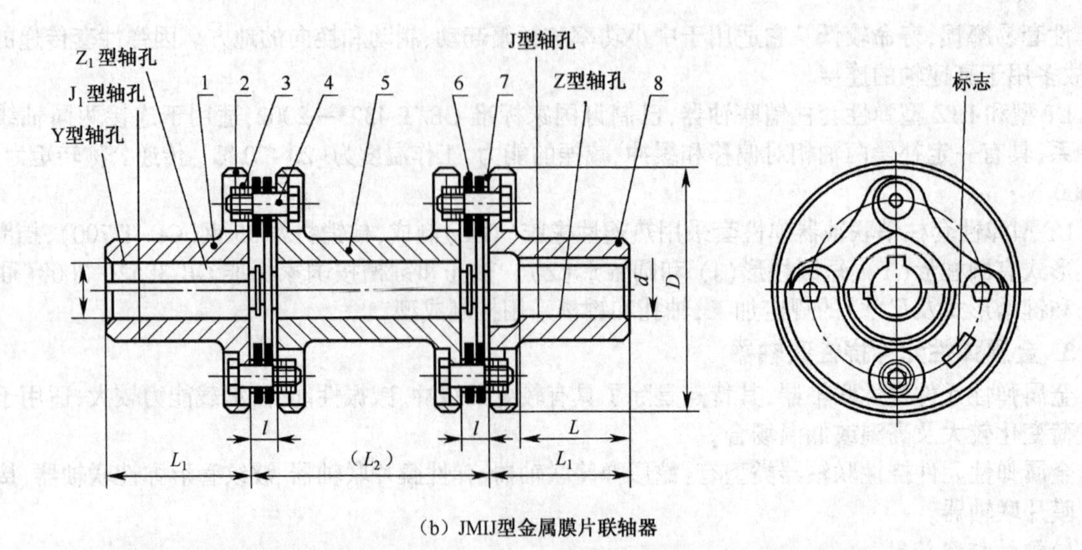

(b) JMIJ型金属膜片联轴器

图 12-11 金属膜片联轴器(续)

1,7—半联轴器;2—扣紧螺母;3—六角螺母;4—隔圈;5—支承圈;6—铰制孔螺栓;8—膜片

金属膜片(盘)联轴器平衡校正容易,没有相对滑动,膜片的扭转弹性小,缓冲、减振能力差。其适用于载荷比较平稳的高速传动和工作环境恶劣的场合。许用角位移 0.5°,径向位移 1 mm,相对位移小于 2.5 mm。

4) 蛇形弹簧联轴器

特点:联轴器转矩是通过齿和弹簧传递的,齿形为棱形。图 12-12(a)、(b)所示为两种形式蛇形弹簧联轴器的结构简图。

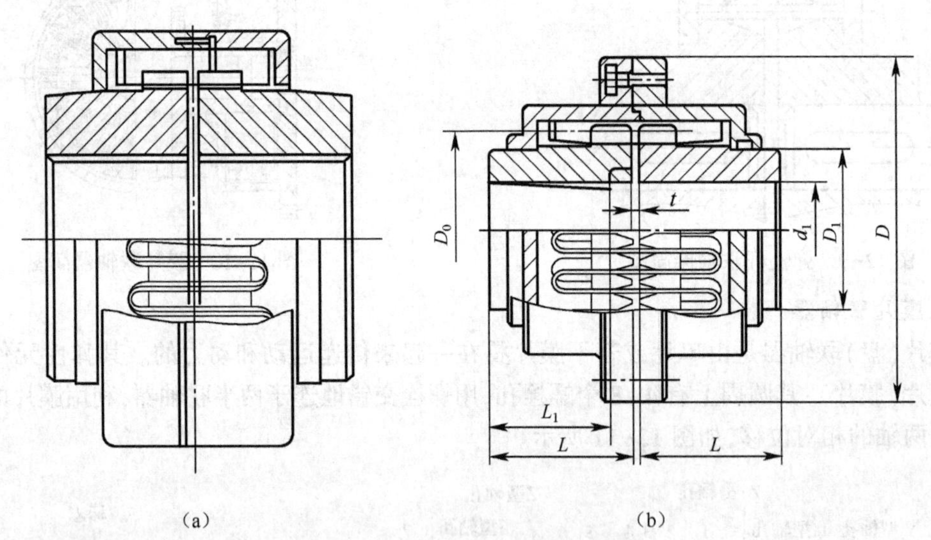

图 12-12 蛇形弹簧联轴器简图

5) 波纹管联轴器

波纹管联轴器补偿径向、角向和轴向偏差。顺时针和逆时针回转特性完全相同,低惯性,运转平稳,适合于大转矩场合,如图 12-13 所示。

金属弹性元件弹性联轴器详细资料可查有关标准。

图 12-13 SD 型波纹管联轴器

12.2.6 联轴器的选用

1. 选用联轴器考虑的因素

上述各种联轴器已标准化,需用时可查有关国家标准及有关手册和样本。

具体选择联轴器类型时，应根据机器的工作特点及要求，结合联轴器的性能，选定合适的类型。选用联轴器应考虑下面几方面因素：

1）动力机的类别是选择联轴器品种的基本因素

动力机功率是确定联轴器规格大小的主要依据之一，与联轴器转矩成正比。在机械传动中，由于动力机工作原理和结构不同，其机械特性差别很大，对传动系统形成不同的影响。根据动力机的机械特性，应选取相应的动力机系数，选择适合于该系统的最佳联轴器。

2）传动系统的载荷类别是选择联轴器品种的基本依据

冲击、振动和转矩变化较大的工作载荷，应选择具有弹性元件的挠性联轴器即弹性联轴器，以缓冲、减振，并补偿轴向偏移，改善传动系统工作性能。

3）联轴器的工作环境

联轴器与各种不同主机产品配套使用，周围的工作环境比较复杂，如温度、湿度、水、蒸汽、粉尘、砂子、油、酸、碱、腐蚀介质、盐水、辐射等状况，是选择联轴器时必须考虑的重要因素之一。

对于高温、低温或有油、酸、碱介质的工作环境，不宜选用以一般橡胶为弹性元件材料的挠性联轴器，应选择金属弹性元件挠性联轴器，例如膜片联轴器、蛇形弹簧联轴器等。

4）联轴器尺寸、安装与维护

联轴器外形尺寸，即最大径向和轴向尺寸，必须在机器设备允许的安装空间以内。应选择装拆方便、不用维护、维护周期长或维护方便、更换易损件不用移动两轴、对中调整容易的联轴器。

5）联轴器的传动精度

小转矩和以传递运动为主的轴系传动，要求联轴器具有较高的传动精度，宜选用非金属弹性元件的挠性联轴器。大转矩和传递动力的轴系传动，对传动精度有要求，高转速时，应避免选用金属弹性元件弹性联轴器和可动元件之间的间隙挠性联轴器，此时宜选用传动精度高的膜片联轴器。

6）选用标准联轴器

在选择联轴器时，首先应该选择国家标准、机械行业标准以及获国家专利的联轴器。只有在现有标准联轴器和专利联轴器不能满足设计需要时才需自己设计联轴器。

2. 联轴器选择计算

1）联轴器类型的选择

了解联轴器在传动系统中的综合功能以后，从传动系统总体设计方面考虑，根据原动机类别和工作载荷类别、工作转速、传动精度、两轴偏移状况、工作环境等综合因素选择联轴器的类型、品种、型号。

2）联轴器的计算转矩

由于机器的起动和制动时的动载荷及在运转过程中可能出现的过载，使联轴器传递的转矩加大，是正常工作时转矩的数倍，所以在选择联轴器的型号之前，首先应计算联轴器转矩，其值为

$$T_C = KT \tag{12-1}$$

式中：T_C——计算转矩（N·m）；

K——工作情况系数，考虑可能出现动载荷以及意外情况，从表12-4中选取；

T——理论转矩，（N·m）。

表12-4 工作情况系数 K（电动机驱动）

机器名称	K	机器名称	K
发电机	1~2	往复式压气机	2.25~3.5
离心水泵	2~3	金属切削机床	1.15~2.5
鼓风机	1.25~2	吊车、升降机	3~5
带式或链式运输机	1.5~2	球磨机、破碎机	2~3

3. 初选联轴器型号

根据计算转矩 T_C，初选联轴器型号

$$T_C \leqslant [T_n] \tag{12-2}$$

式中：$[T_n]$——许用工称转矩（N·m），由联轴器标准查出。

4. 校核最大转速

$$n \leqslant [n] \tag{12-3}$$

式中：n——轴的转速（r/min）；

$[n]$——联轴器的许用转速（r/min），由联轴器标准查出。

5. 检查轴孔直径

一般每一型号的联轴器都有适用的孔径范围。所选联轴器型号的孔径应含被连接的两轴端直径，否则应重选联轴器型号，直到同时满足上述三个条件。

6. 写出联轴器标记

联轴器型号选定后，应将其标记写出。

例 12-1 某起重机用电动机与圆柱齿轮减速器相联。已知电动机输出功率 $P=11$ kW，转速 $n=970$ r/min，输出轴直径为 42 mm，输出轴长 112 mm，用圆头普通平键与联轴器相连接；减速器输入轴直径 45 mm，长 112 mm，用圆头普通平键与联轴器相连接，试选择该处联轴器，并写出联轴器标记。

解：选择步骤见表 12-5。

表 12-5 选 择 步 骤

计算项目	计算内容和说明	计算主要结果
1. 类型选择	因联轴器用于起重机，考虑起动、制动频繁，并且正反转运转，选用缓冲、减振性能较好的弹性联轴器。	弹性柱销联轴器
2. 型号选择 名义转矩	$T=9\,550P/n=9\,550\times 11/970$ $=108.3$（N·m）	
计算转矩	载荷系数 $K=4$ （表 12-5） $T_C=KT=4\times 108.3=433.2$（N·m）	$T_C=433.2$ N·m
联轴器型号	LX3 联轴器 $\dfrac{YA42\times 112}{YA45\times 112}$	LX3 联轴器 $\dfrac{YA42\times 112}{YA45\times 112}$ GB/T 3852—2008
许用转矩 许用转速 轴孔范围	$[T_n]=1\,250$ N·m $T<[T_n]$ $[n]=4\,750$ r/min $n<[n]$ $d=30\sim48$ mm 包括 42 mm 和 45 mm 直径，可用。	此联轴器的 $[T_n]$、$[n]$、d 满足要求

12.3 离 合 器

12.3.1 离合器的功用与类型

1. 离合器的功能

机器由动力机—传动—工作机—控制器四个主要部分组成。离合器是一种在机器运转过程中，可

使两轴随时接合或分离的装置。它的主要功能是：通过操纵传动系统的断续，以便进行变速和换向等。

2. 离合器类型

为了便于设计和选用离合器，我国已制定了 GB/T 10043—2003《离合器分类》和 GB/T 10043—2003《离合器术语》等国家标准。

离合器种类很多，按工作原理分为牙嵌式离合器和摩擦式离合器等。

按离合方式分为：操纵式离合器和自动式离合器。

操纵式离合器分为：机械离合器、电磁离合器、液压离合器、气压离合器。

自动式离合器分为：超越离合器、离心离合器、安全离合器。

离合器主要类型见表 12-6。

表 12-6　离合器分类

类　型		变型或附属型	自动或可控	是否可逆	典　型　应　用
机械式	刚性	牙嵌	可控	是	农业机械、机床等
		齿型	可控	是或否	通用机械传动
		转键	可控	是	曲轴压力机
		滑键	可控	是	一般机械
		拉键	可控	是	小转矩机械传动
	摩擦	干式单片	可控	是	拖拉机、汽车
		湿式单片			
		干式多片	可控	是	汽车、工程机械、机床
		湿式多片			
		锥式	可控	是	机械传动
		涨圈	可控	是	机械传动
		扭簧	可控	是	机械传动
	离心	自由闸块式	自动	否	离心机、压缩机、搅拌机
		弹簧闸块式	自动	否	低启动转矩传动
		钢球式	自动	是或否	特殊传动
	超越	滚柱式	自动	否	升降机、汽车
		棘轮式	自动	否	农机、自行车等
		楔块式	自动	否	飞轮驱动、飞机
		螺旋弹簧式	自动	否	高转矩传动
		同步切换式	自动	否	发电机组等
电磁	磁场	湿式粉末	自动	是或否	专用传动
	磁滞	干式粉末	自动	是或否是	专用传动
	涡流		自动或可控	是	小功率仪表、伺服传动
			自动或可控	是	电铲、拔丝、冲压、石油
流体摩擦	气胎	鼓式	自动	是	船舶
		缘式	自动	是	
		盘式	自动	是	
	液压	盘式	自动	是	船舶、工业机械
流体	液力	变矩器	自动	否	液力变速箱
		耦合器	自动	是	挖掘机、矿山机械

12.3.2 离合器的结构特点

1. 液力偶合器

1)基本结构

液力偶合器主要构件包括对称布置的泵轮、涡轮和壳体,如图 12-14 所示。壳体通过螺栓与泵轮固定连接,其作用是防止工作液体外溢。泵轮与动力机相连,涡轮与负载相连。泵轮与涡轮均具有径向叶片,泵轮和涡轮叶片间的凹腔部分形成了圆环状工作腔,腔内充填液体以传递动力。

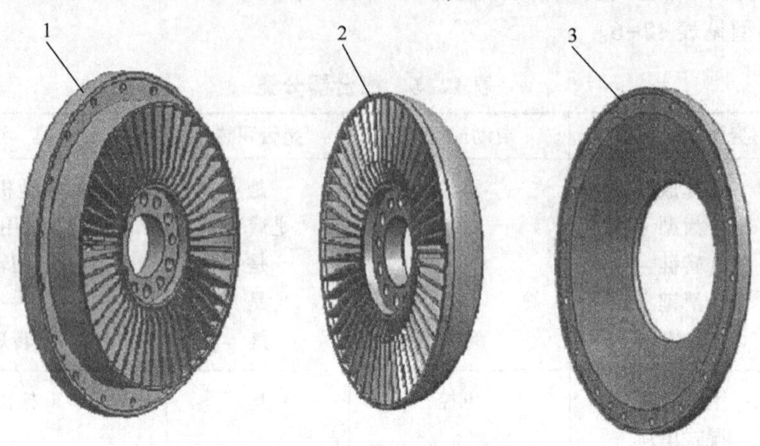

图 12-14 液力偶合器的主要构件

1—泵轮;2—涡轮;3—壳体

2)工作原理

液力偶合器主要通过液体运动来实现能量的转换。动力机带动泵轮旋转时,工作腔内的工作液体同时受到离心力和工作叶片的双重作用,从半径较小的泵轮入口被加速加压抛向半径较大的泵轮出口,液体的动量矩增大,即泵轮将动力机输入的机械能转化成了液体动能;从泵轮抛出的工作液体冲击涡轮叶片,带动涡轮与泵轮同向运动,涡轮带动负载做功,实现了液体动能向机械能的转化。完成动能转化的液体又流回到泵轮,开始下一次循环。这样就可以不通过机械连接实现能量传递,如图 12-15 所示。

3)应用范围

液力偶合器具有结构简单、性能可靠、寿命长、改善传动品质和节约能源等优点,在船舶、冶金、发电、矿山、化工、纺织、起重运输等行业中具有广泛的应用。

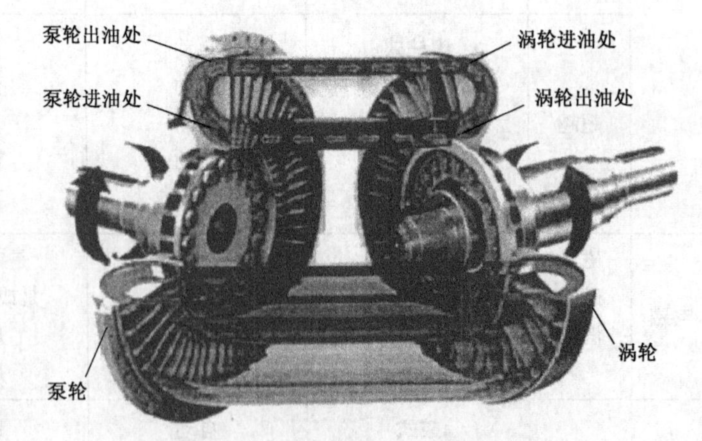

图 12-15 液力偶合器液体流动示意图

液力偶合器具有如下特点:

(1)能使电动机空载起动,提高电动机的起动能力;

(2)减缓冲击、隔离扭震、保护设备的传动部件,延长设备使用寿命;

(3)调速型液力偶合器可进行无级调速,即可手工操作,又易于实现远程控制和自动控制。对于需要调节流量或间歇运行的风机和水泵来说,可节省能源;

(4)维护简便,由于主、从动件不接触,没有机械摩擦,所以寿命长。

2. 气动离合器

1)结构和原理

离合器的啮合是离合器活塞借助从旋转接头过来的压缩空气把摩擦片压靠在挡板上,这样离合器啮合。离合器脱开是由于一旦断开压缩空气,则弹簧把活塞推回初始位置,从而使离合器脱开,如图 12-16所示。

2)应用范围

与一般的电磁式离合器相比,不会发生因放热过多而减弱转矩及产生电气火花的现象,能确保大工作量的完成。并且,转矩控制的范围广,起动柔和,停止动作平稳,热能回收简单。通过控制器的操作,调整,离合器可平稳进行连接,充分发挥制动性能。气动离合器由于构造简单,容易维修。

3. 刚性离合器

1)齿式离合器

齿式离合器由一对内外齿轮组成啮合副。外齿轮套在花键轴上,花键轴一端用轴承支承在内齿轮上,其结构如图 12-17 所示。

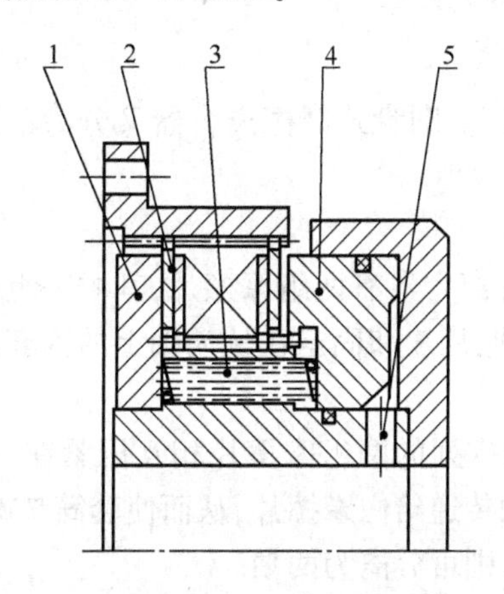

图 12-16　气动离合器

1—挡板;2—摩擦片;3—弹簧;4—活塞;5—旋转接头

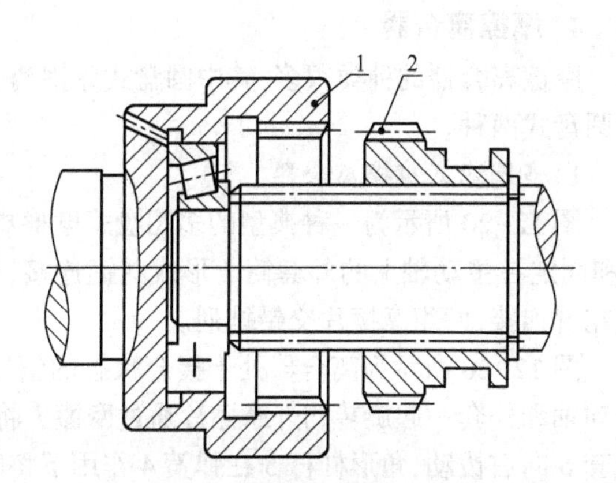

图 12-17　齿式离合器

1—内齿轮;2—外齿轮

齿式离合器利用齿牙传动,传动扭矩比同一尺寸的牙嵌式离合器大。齿式离合器结构紧凑,有时还可以利用脱开后的外齿轮兼作传动用。只能适用于转速差不大,带载荷进行接合且传递转矩较大的机械主传动或变速机械的传动。

2)牙嵌式离合器

工作原理:牙嵌式离合器由两个端面带牙的主、从套筒组成,如图 12-18 所示。套筒 1 固定在主动轴上,套筒 3 用导向平键(或花键)与从动轴连接,并通过操纵机构带动滑环 4 使其作轴向移动,以实现离合器的离合。为使两轴对中,在主动轴套筒 1 上固定有对中环 2,从动轴伸入对中环内自由转动。

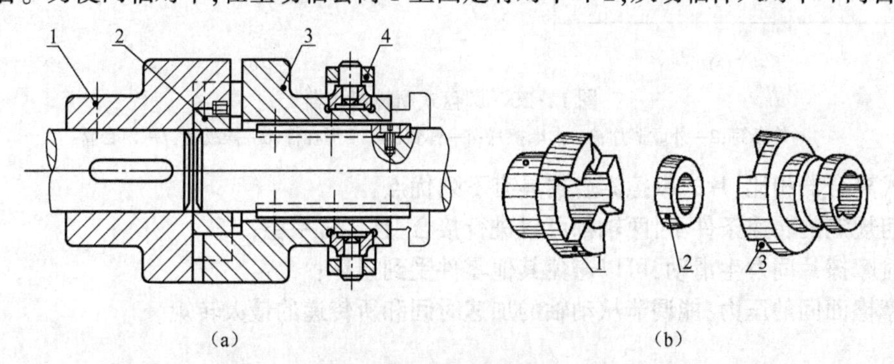

图 12-18　牙嵌式离合器

1—套筒;2—对中环;3—套筒;4—滑环

牙嵌式离合器的牙型有三角形、矩形、梯形、锯齿形,如图 12-19 所示。三角形牙结合分离容易,如图 12-19(a)所示,但轴向分力大,多用于传递小转矩的场合。梯形、锯齿形牙工作面的倾角 α 较小,故牙齿强度高,能传递较大转矩,且又能消除由于磨损产生的牙间间隙,使冲击减少,轴向分力小,故应用广泛,但锯齿形只能传递单向转矩,如图 12-19(b)、(c)所示。矩形牙磨损后间隙无法补偿,且不便结合与分离,使用较少,如图 12-19(d)所示。离合器的牙数一般为 3~60 个。

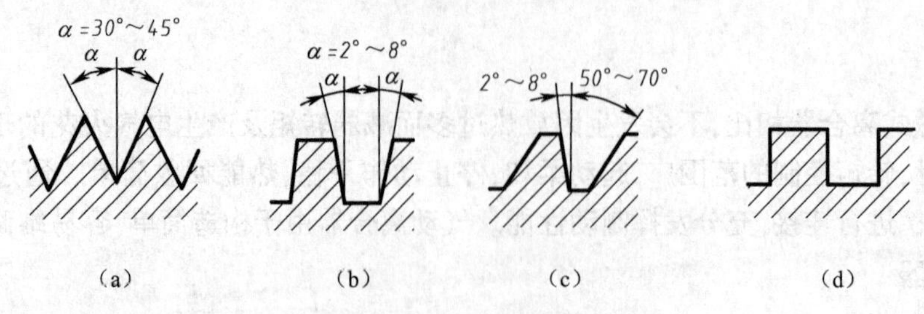

图 12-19　牙嵌式离合器牙型

牙嵌式离合器的优点是结构比较简单,外廓尺寸小,被连接两轴间不会发生相对转动,适用于要求精确传动比的传动机构,缺点是结合时必须使主动轴慢速转动或停车。

4. 摩擦离合器

摩擦离合器的种类很多,其中圆盘式摩擦离合器应用最广。圆盘式摩擦离合器又分为单圆盘式和多圆盘式两种。

1)多圆盘式摩擦离合器

图 12-20 所示为一种典型的多圆盘式摩擦离合器。这种离台器有两组摩擦片,其中一组外摩擦片 2 和固定在主动轴上的外套筒 1 形成花键连接;另一组内摩擦片 3 和固定在从动轴上的内套筒 7 也形成花键连接,两组摩擦片交错排列。

图 12-20 所示为离合器处于接合状态的情况,此时交错排列的两组摩擦片相互压紧在一起,随同主动轴和外套一起旋转的外摩擦片通过摩擦力将转矩和运动传递给内摩擦片,从而使套筒 7 旋转,将操纵套 6 向右拨动,角形杠杆 5 在弹簧 4 作用下将摩擦片放松,则可分离为两轴。

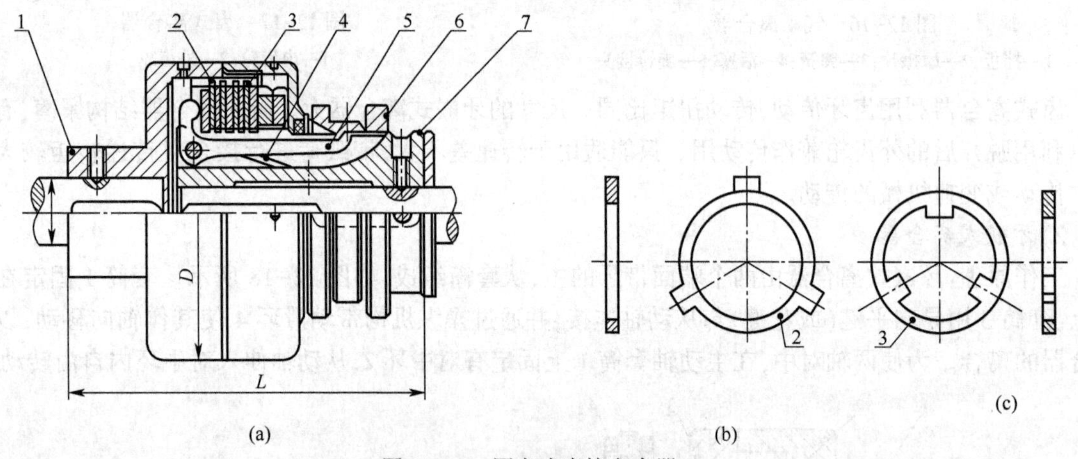

图 12-20　圆盘式摩擦离合器

1—外套筒;2—外摩擦片;3—内摩擦片;4—弹簧;5—角形杠杆;6—操纵套;7—内套筒

和牙嵌式离合器相比,片式摩擦离合器具有下列优点:

①在任何规定的转速条件下,两轴都可以进行接合,且接合平稳;

②过载时摩擦片间发生滑动,可以避免其他零件受到损坏;

③改变摩擦面间的压力,能调节从动轴的加速时间和所传递的最大转矩。

缺点是:

①结构复杂,外廓尺寸较大;

②在接合、分离过程中要产生滑动摩擦,故发热高,磨损大。

摩擦片的磨损和发热是设计和使用中必须注意的重要问题。使用中通常把离合器浸在油中,故可减轻磨损,降低温升。

2)电磁操纵多盘式摩擦离合器

多数摩擦离合器采用机械操纵机构,最简单的是由杠杆、拨叉和滑环组成的杠杆操纵机构。

电磁离合器的工作原理是利用电流通过电磁线圈产生电磁力，使离合器的主动部分与从动部分接合而传递转矩。

与机械离合器相比，电磁离合器的主要特点是：可实现远距离操纵，动作迅速，工作可靠，大多数电磁离合器没有不平衡的轴向力，因而在数控机床等机械中获得了广泛的应用。

图12-21所示一种靠电磁操纵的多盘式摩擦离合器。其工作原理是：线圈不通电时，内外摩擦片分开，转轴和齿轮之间联系，离合器不传递转矩。线圈通电后产生磁通，于是磁轭产生电磁吸引力、吸引衔铁，衔铁就将内外摩擦片压紧，这时运动就可从转轴传递到齿轮，离合器开始传递转矩。

3）安全离合器

图12-22所示摩擦式安全离合器结构示意图。其结构类似多盘摩擦离合器，但不用操纵机构，而是用适当的弹簧1将摩擦盘压紧，弹簧施加的轴向力的大小可由螺母2进行调节。调节完毕后，并将螺母固定使弹簧的压力保持不变。当工作转矩超过要限制的最大转矩时，摩擦盘间即发生打滑，从而起到安全保护作用。但转矩降低到某一值时，离合器又自动恢复接合状态。

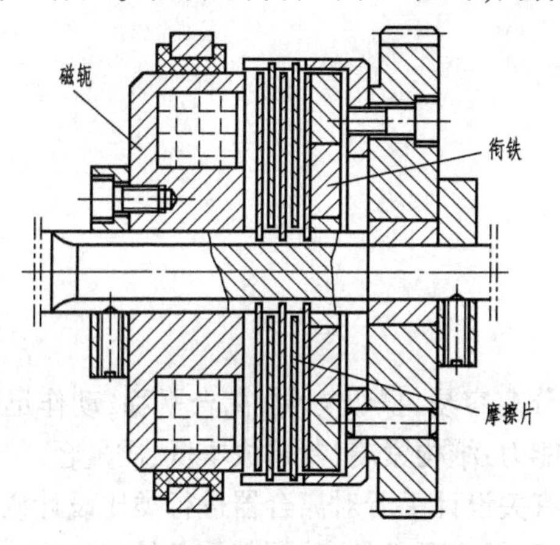

图12-21　电磁操纵的多盘式摩擦离合器

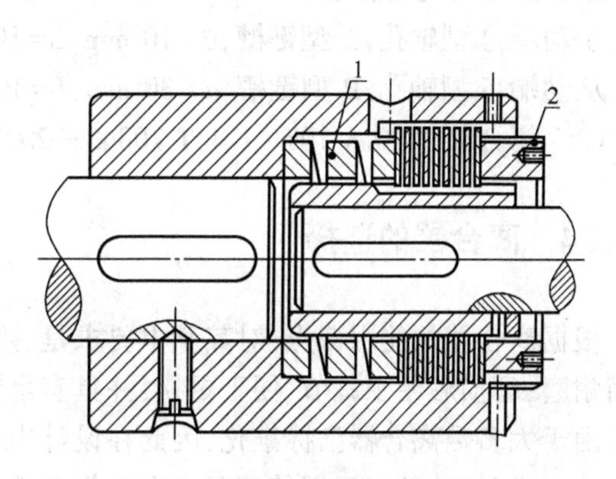

图12-22　安全离合器

1—弹簧；2—螺母

12.3.3　离合器标记

1. 离合器用轴（或轴孔）和键连接时标记方法

离合器用轴（或轴孔）和键连接时按以下标记方法：

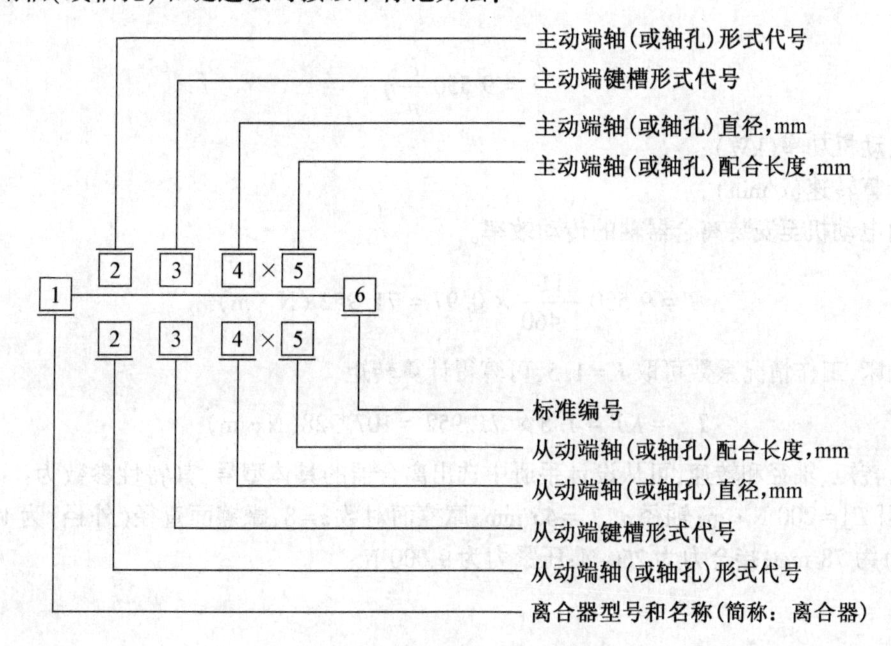

标记注意事项:

(1)Y 型轴(或轴孔)和 A 型键槽的代号,标记中可予以省略。

(2)离合器两端轴(或轴孔)和键槽形式与尺寸相同时,只标记一端,另一端不标。

(3)详细标记说明见有关手册和国家标准。

2. 离合器用轴(或轴孔)和键连接时标记示例

1)标记示例 1

第 3 规格磁粉离合器。

主动端:Z1 型轴,B 型键,$d=25$ mm,$L=62$ mm;

从动端:J1 型轴,B 型键,$d=30$ mm,$L=82$ mm。

DF3 离合器 $\dfrac{Z_1B25\times 62}{J_1B30\times 82}$ GB/T 10043—2003

2)标记示例 2

第 5 规格超越离合器。

主动端:J 型轴孔,A 型键槽,$d=70$ mm,$L=107$ mm;

从动端:J 型轴孔,B 型键槽,$d=30$ mm,$L=107$ mm。

CY5 离合器 JB70 × 107 GB/T 10043—2003

12.3.4 离合器的选择

根据离合器的使用特点,对其基本要求是:接合可靠,分离容易,操纵方便,离合平稳,动作迅速;工作面耐磨,磨损后便于调节、便于更换,并具有足够的散热能力;结构紧凑,制造成本低,质量轻。

由于大多数离合器已标准化,因此在设计中往往参考有关设计手册对离合器进行类比设计或选择。设计或选择时,一般应根据使用要求和工作条件进行选择,确保主要条件,兼顾其他条件。

例 12-2 某中型普通车床主轴变速箱的 I 轴上采用片式摩擦离合器起动和正反转。已知电动机额定功率为 11 kW,I 轴转速为 1 460 r/min,电动机至 I 轴的效率 η 为 0.97,求应选用多大规格的离合器。

解:根据中型普通车床的具体工作情况,可选用径向杠杆式多片摩擦离合器。

由于普通车床是在空载下启动和反向转动,故只需按离台器结合后的静负载扭矩来选定离合器,其静负载扭矩可根据电动机的功率求得。因 I 轴只有一个转速,故此转速即为其计算转速。其名义转矩可按下式计算

$$T=9\,550\frac{P}{n}\eta$$

式中:P——电动机功率(kW);

n——计算转速(r/min);

η——由电动机至安装离合器轴的传动效率。

$$T=9\,550\frac{11}{1\,460}\times 0.97=71.952\ (\mathrm{N\cdot m})$$

对中型机床,工作情况系数可取 $K=1.5$,可算得计算转矩

$$T_{ca}=KT=1.5\times 71.952=107.928(\mathrm{N\cdot m})$$

根据计算转矩、轴径和转速,可从设计手册中选出离合器的具体型号,其特性参数为:

额定转矩$[T]=200$ N·m;轴径 $d_{max}=45$ mm;摩擦面对数 $z=8$;摩擦面直径(外径)为 108 mm;摩擦面直径(内径)为 78 mm;接合力为 250 N;压紧力为 9 000 N。

12.4 齿　　轮

在机器和设备中,齿轮和弹簧是常用零件。

12.4.1 齿轮概述

齿轮传动是机械传动中应用最广的一种传动形式。它的传动比较准确,效率高,结构紧凑,工作可靠,寿命长。齿轮传动的主要作用是传递动力、改变运动的速度和方向。

齿轮是齿轮传动中一种基本的机械元件。根据两轴的相对位置,齿轮传动可分为三类:圆柱齿轮传动,用于两平行轴之间的传动,如图 12-23(a)所示;圆锥齿轮传动,用于两相交轴之间的传动,如图 12-23(b)所示;蜗杆蜗轮传动,用于两交叉轴之间的传动,如图 12-23(c)所示。

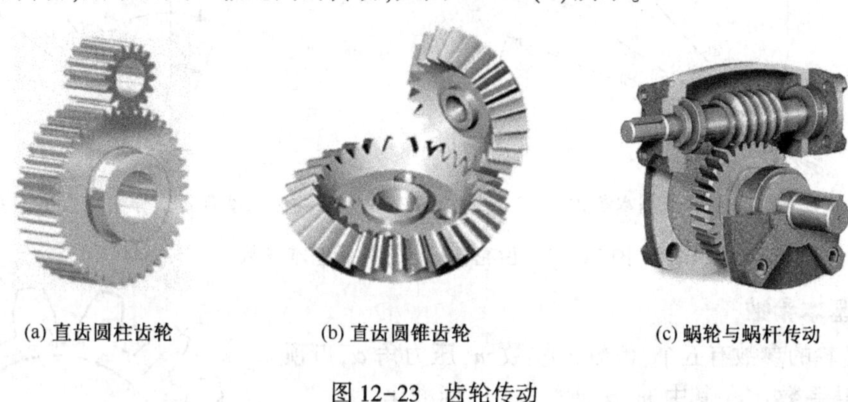

(a) 直齿圆柱齿轮　　(b) 直齿圆锥齿轮　　(c) 蜗轮与蜗杆传动

图 12-23　齿轮传动

圆柱轮齿按方向的不同,分为直齿、斜齿和人字齿,如图 12-24 所示。其中常用的是直齿圆柱齿轮,本节只介绍直齿圆柱齿轮。

(a) 直齿　　(b) 斜齿　　(c) 人字齿

图 12-24　圆柱齿轮

12.4.2 齿轮各部分的名称及基本参数

1. 齿轮各部分的名称

直齿圆柱齿轮各部分的名称及代号,如图 12-25 所示。

①齿顶圆:通过轮齿顶部的圆称为齿顶圆,其直径以 d_a 表示。

②齿根圆:通过轮齿根部的圆称为齿根圆,其直径以 d_f 表示。

③分度圆:用来分齿的圆,该圆使标准齿轮的齿厚和齿间相等,其直径用 d 表示。

④齿厚:各轮齿的两侧齿廓在分度圆上的弧长,用 s 表示。

⑤齿间:各齿槽的两侧齿廓在分度圆上的弧长,用 e 表示。

⑥齿顶高：齿顶圆到分度圆之间的径向距离，用 h_a 表示。

⑦齿根高：分度圆到齿根圆之间的径向距离，用 h_f 表示。

⑧齿高：齿顶圆到齿根圆之间的径向距离，用 h 表示，$h=h_a+h_f$。

⑨齿距：相邻两齿的同侧齿廓在分度圆上的弧长，用 p 表示，对标准齿轮 $s = e = p/2$。

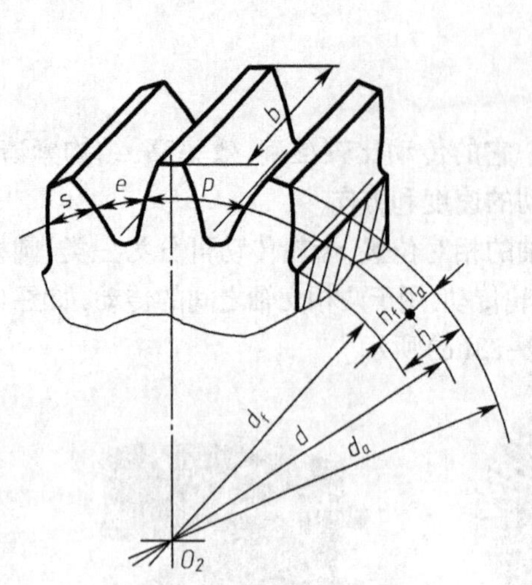

(a) 齿轮各部分名称及基本参数

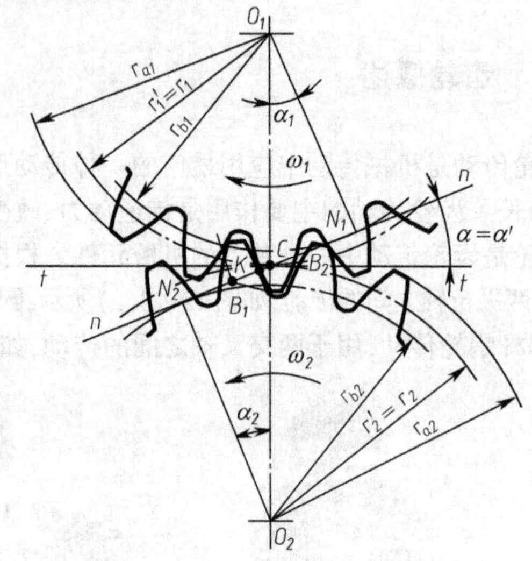

(b) 两齿轮啮合各部分名称及基本参数

图 12-25　齿轮各部分名称及基本参数

2. 齿轮的基本参数

直齿圆柱齿轮的参数有五个：齿数 z，模数 m，压力角 α，齿顶高系数 h_a^*，顶隙系数 c^*。其中 m，α，h_a^*，c^* 已标准化。

①齿数：齿轮上轮齿的个数，用 z 表示。

② 模数：反映轮齿大小和强度的一个重要参数。

齿轮分度圆周长为 $\pi d=zp$，$d = zp/\pi$

令 $p/\pi = m$，则 $d = mz$。

m 称为齿轮的模数，其单位为 mm，它表示了轮齿的大小，如图 12-26 所示。为了便于设计和加工，国家标准对模数规定了标准数值，见表 12-7。

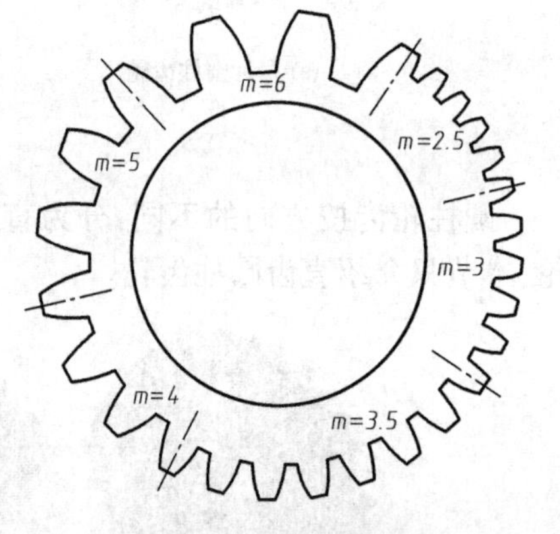

图 12-26　不同模数齿轮的轮齿

表 12-7　圆柱齿轮模数系列（GB/T 1357—2008）　　单位：mm

系列	模数
第一系列	1　1.25　1.5　2　2.5　3　4　5　6　8　10　12　16　20　25　32　40　50
第二系列	1.75　2.25　2.75　(3.25)　3.5　(3.75)　4.5　5.5　(6.5)　7　9　(11)　14　18　22　28　36　45

注 (1) 本标准适用于渐开线圆柱齿轮。对于斜齿轮是指法面模数。

(2) 选用模数时，应优先采用第一系列；括号内的模数尽可能不用。

③ 压力角：在一对齿廓的啮合过程中，齿廓上任一点 K 的压力方向线（法线）与该点速度方向线所夹的锐角，即是压力角，用 α 表示。压力角已标准化，我国规定 $\alpha=20°$。

④ 中心距：两啮合齿轮轴线之间的距离，用 a 表示。一对标准齿轮，正确啮合传动的条件是模数相等、压力角相等。

12.4.3　齿轮各部分尺寸的计算公式

齿轮的基本参数 z、m、α 确定后，其各部分的尺寸可按表 12-8 中的计算公式确定。

表 12-8　标准直齿圆柱齿轮的计算公式

名　称	代　号	计 算 公 式
齿顶高	h_a	$h_a = m$
齿根高	h_f	$h_f = 1.25m$
齿高	h	$h = h_a + h_f = 2.25\ m$
分度圆直径	d	$d = mz$
齿顶圆直径	d_a	$d_a = m(z+2)$
齿根圆直径	d_f	$d_f = m(z-2.5)$
齿距	p	$p = \pi m$
中心距	a	$a = \frac{1}{2}(d_1 + d_2) = \frac{1}{2}m(z_1 + z_2)$

12.4.4　齿轮的规定画法

1. 单个齿轮的画法

单个齿轮一般用两个视图表示，其规定画法如图 12-27 所示。

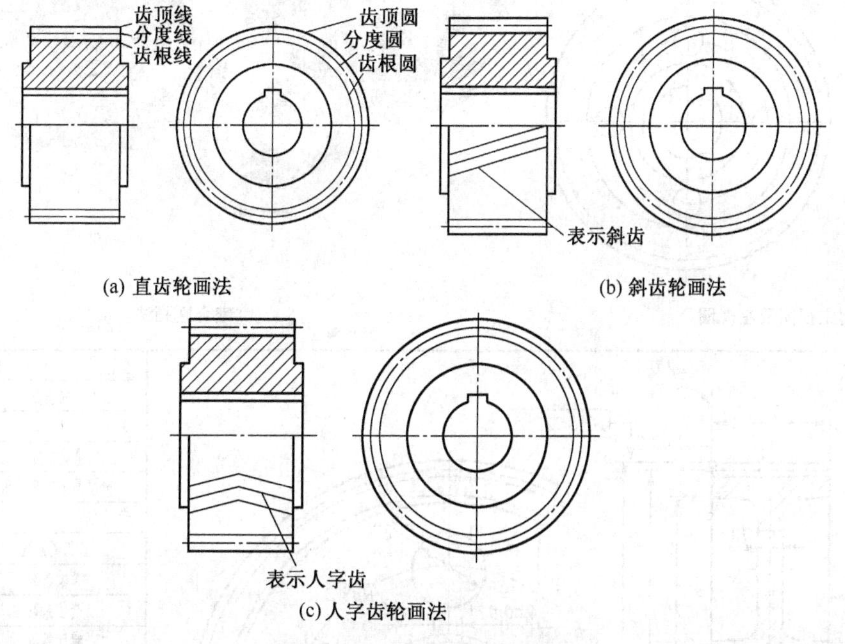

图 12-27　单个齿轮的画法

①在视图中，齿轮的齿顶圆和齿顶线用粗实线绘制；分度圆和分度线用点画线绘制；齿根圆和齿根线用细实线绘制，或省略不画，如图 12-27 所示。

②在剖视图中，当剖切平面通过轮齿的轴线时，轮齿部分按不剖处理，齿根线用粗实线绘制，如图 12-27所示。

③当需要表示轮齿的方向时，可用三条与齿向一致的细实线表示，如图 12-27 所示。

2. 两圆柱齿轮啮合的画法

如图 12-28 所示，两标准齿轮啮合时，两轮的分度圆处于相切的位置。除啮合区外，其余部分均按单个齿轮绘制。啮合区的规定画法如下：

①主视图外形图中，啮合区只在分度线位置画一条粗实线[见图 12-28(b)]，在左视图中，啮合区内的两齿轮的齿顶圆均用粗实线绘制，如图 12-28(c)所示；也可省略不画，如图 12-28(d)所示。

②在剖视图中，规定将啮合区一个齿轮的轮齿用粗实线画出，另一个齿轮的轮齿被遮挡部分用虚线画出，如图 12-28(d)所示。

注意：一个齿轮的齿顶线与另一个齿轮的齿根线之间应有 0.25 mm 的间隙，如图 12-28(f)所示。

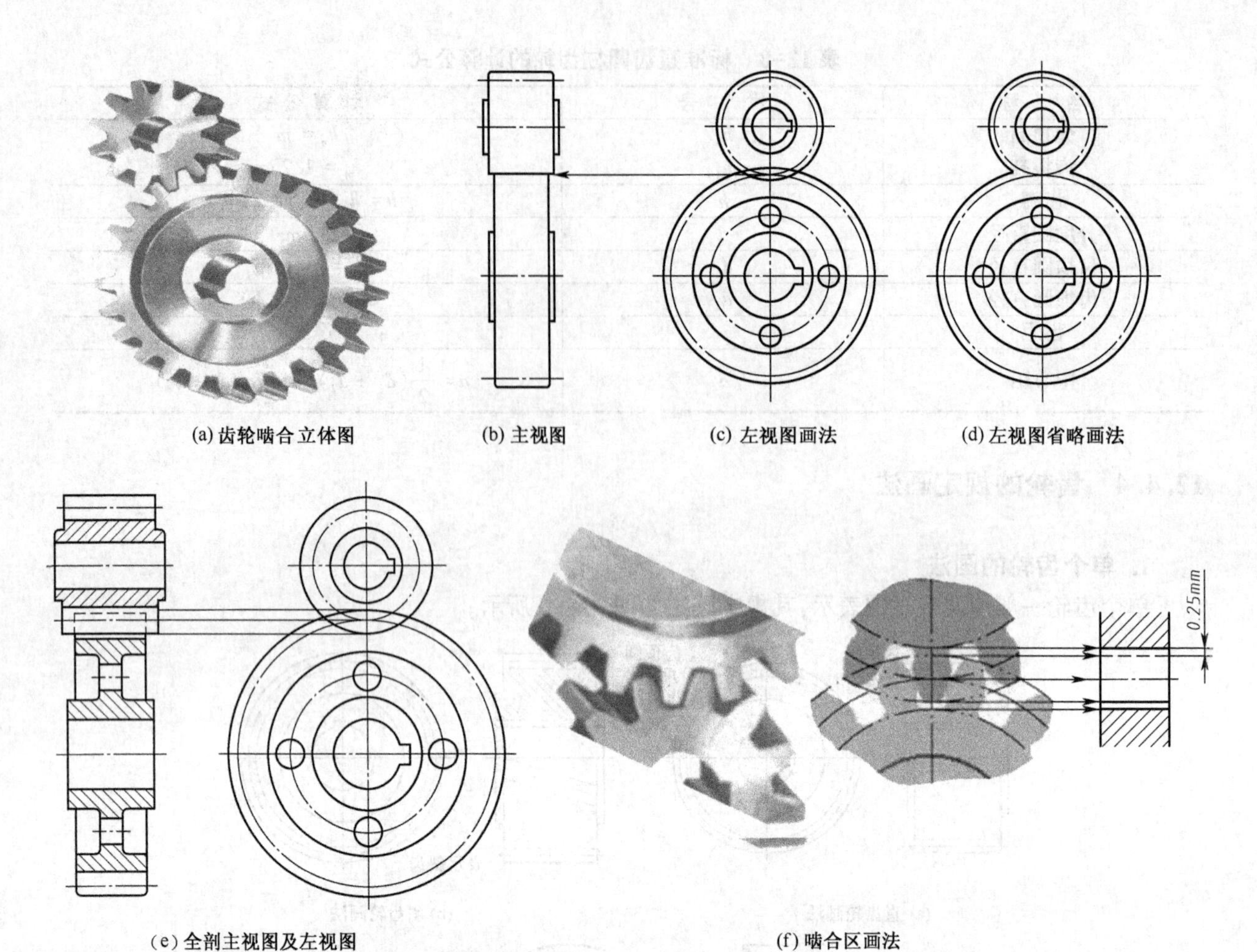

(a) 齿轮啮合立体图　(b) 主视图　(c) 左视图画法　(d) 左视图省略画法

(e) 全剖主视图及左视图　(f) 啮合区画法

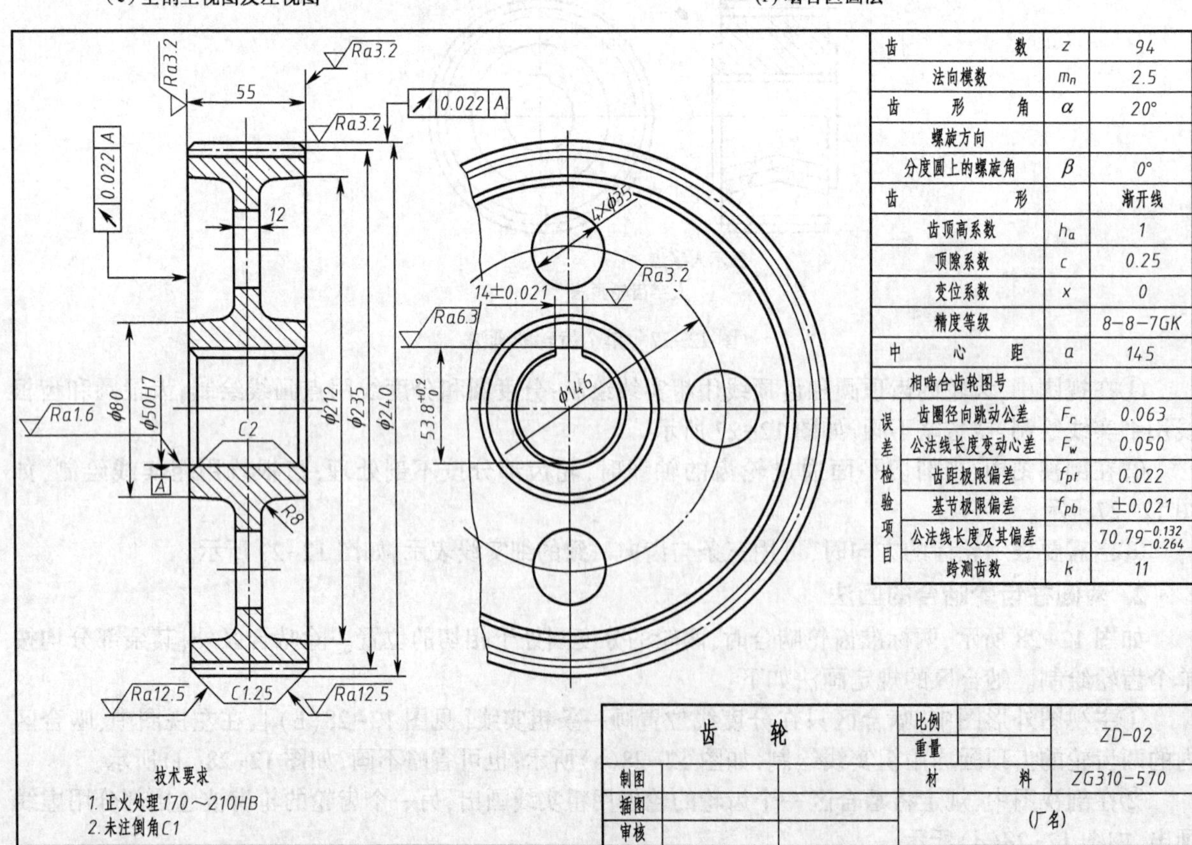

齿数	z	94
法向模数	m_n	2.5
齿形角	α	20°
螺旋方向		
分度圆上的螺旋角	β	0°
齿形		渐开线
齿顶高系数	h_a	1
顶隙系数	c	0.25
变位系数	x	0
精度等级		8-8-7GK
中心距	a	145
相啮合齿轮图号		
误差检验项目 齿圈径向跳动公差	F_r	0.063
公法线长度变动公差	F_w	0.050
齿距极限偏差	f_{pt}	0.022
基节极限偏差	f_{pb}	±0.021
公法线长度及其偏差		$70.79^{-0.132}_{-0.264}$
跨测齿数	k	11

齿轮		比例		ZD-02
		重量		
制图		材料		ZG310-570
插图		（厂名）		
审核				

(g) 齿轮零件图样

图 12-28　齿轮零件图样

12.5 弹　　簧

12.5.1 弹簧概述

弹簧是现代工业和现代生活中常用的一种弹性零件。弹簧一般用弹簧钢制成,其主要用以控制机件的运动、缓冲或减振、储蓄能量、测量等,弹簧广泛用于机器、仪表中,如图 12-29 所示。

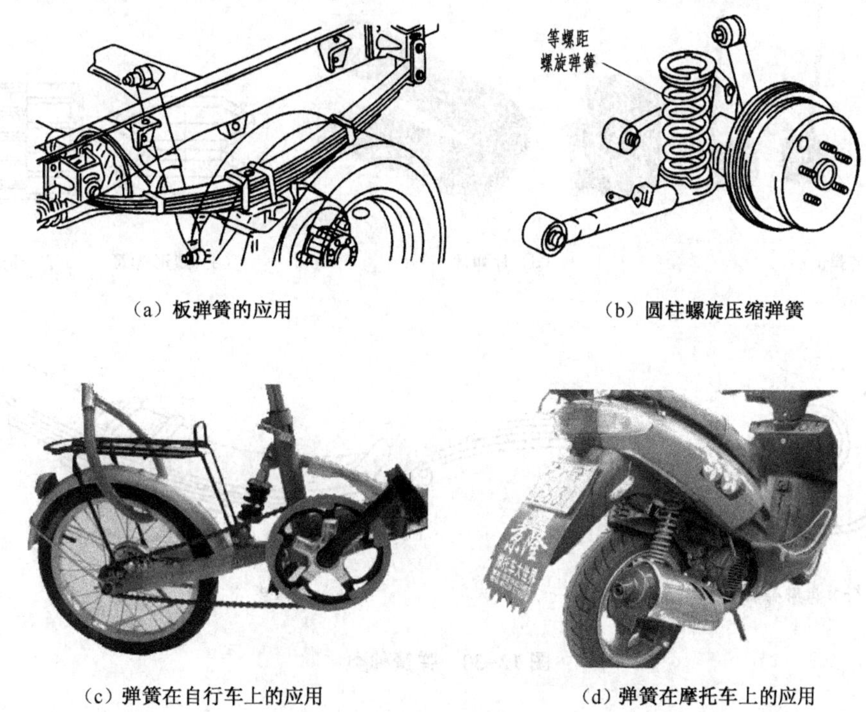

（a）板弹簧的应用　　（b）圆柱螺旋压缩弹簧

（c）弹簧在自行车上的应用　　（d）弹簧在摩托车上的应用

图 12-29　弹簧的应用

12.5.2 弹簧种类

弹簧的种类很多,通常按其形状特征不同可分为螺旋弹簧(有圆柱形和圆锥形)、碟形弹簧、环形弹簧、板弹簧、盘簧等五种。

按照弹簧所承受的载荷性质,弹簧主要分为拉伸弹簧、压缩弹簧、扭转弹簧、弯曲弹簧等四种。弹簧的基本类型如图 12-30 所示。

12.5.3 弹簧标准

我国已经形成了较为完善的弹簧标准化标准体系,与弹簧有关国家标准有 22 项、行业标准有 30 项。1999 年批准成立了全国弹簧标准化技术委员会(SAC/TC235)。2004 年国际上成立了 ISO/TC 227。

弹簧标准目录:

GB/T 1805—2001 弹簧术语

GB/T 4459.4—2003 弹簧表示法

JB/T 10802—2007 圆柱螺旋弹簧喷丸技术规范

JB/T 7757.1—2006 机械密封用圆柱螺旋弹簧

JB/T 10514—2005 农业机械钢板弹簧技术条件

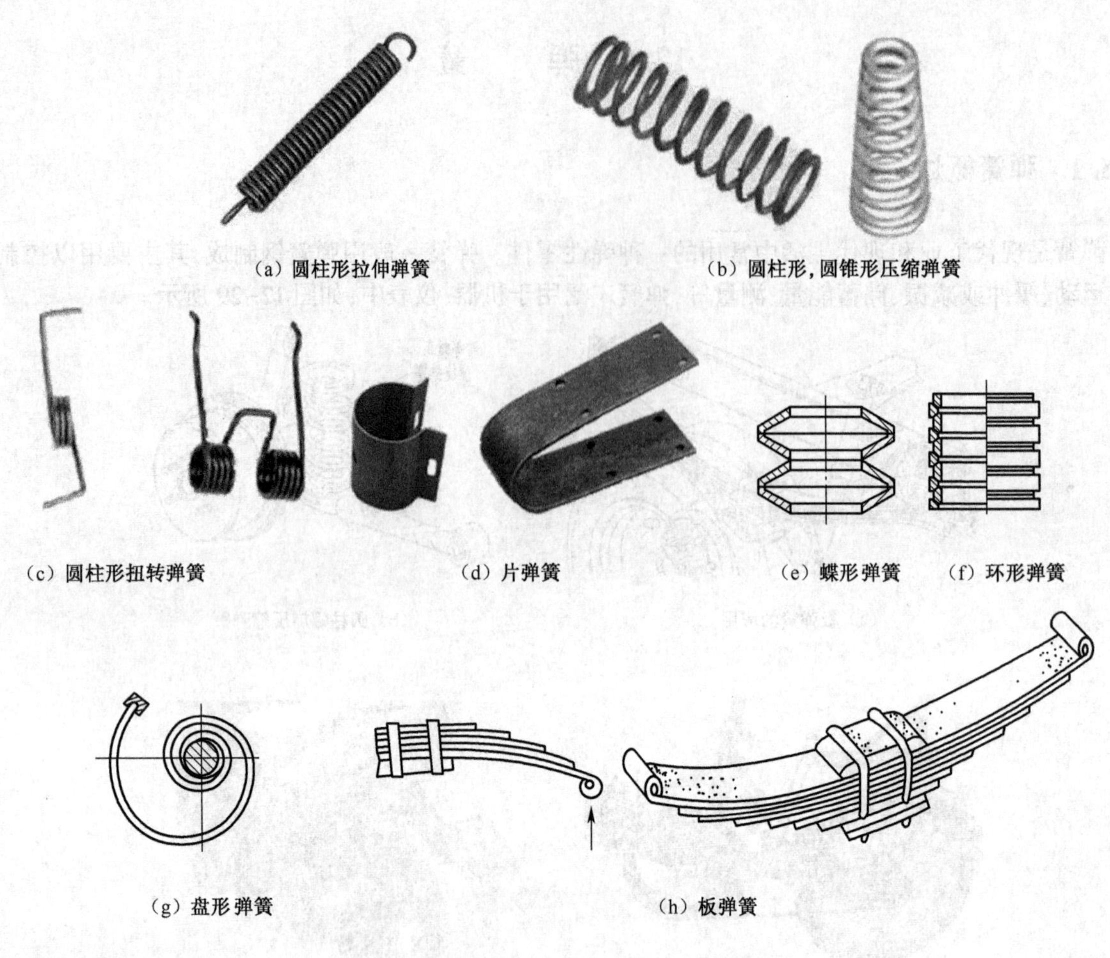
(a) 圆柱形拉伸弹簧　(b) 圆柱形，圆锥形压缩弹簧

(c) 圆柱形扭转弹簧　(d) 片弹簧　(e) 蝶形弹簧　(f) 环形弹簧

(g) 盘形弹簧　(h) 板弹簧

图 12-30　弹簧种类

12.5.4　弹簧的画法

国家标准 GB/T 4459.4—2003 规定了圆柱螺旋弹簧的简化画法。

弹簧可以采用视图、剖视图和示意图进行表达，见表 12-9、表 12-10、表 12-11。

表 12-9　螺旋压缩弹簧画法

圆柱螺旋压缩弹簧	视图		圆柱螺旋压缩弹簧	示意图	
	剖视图		截锥螺旋压缩弹簧	视图	

续表

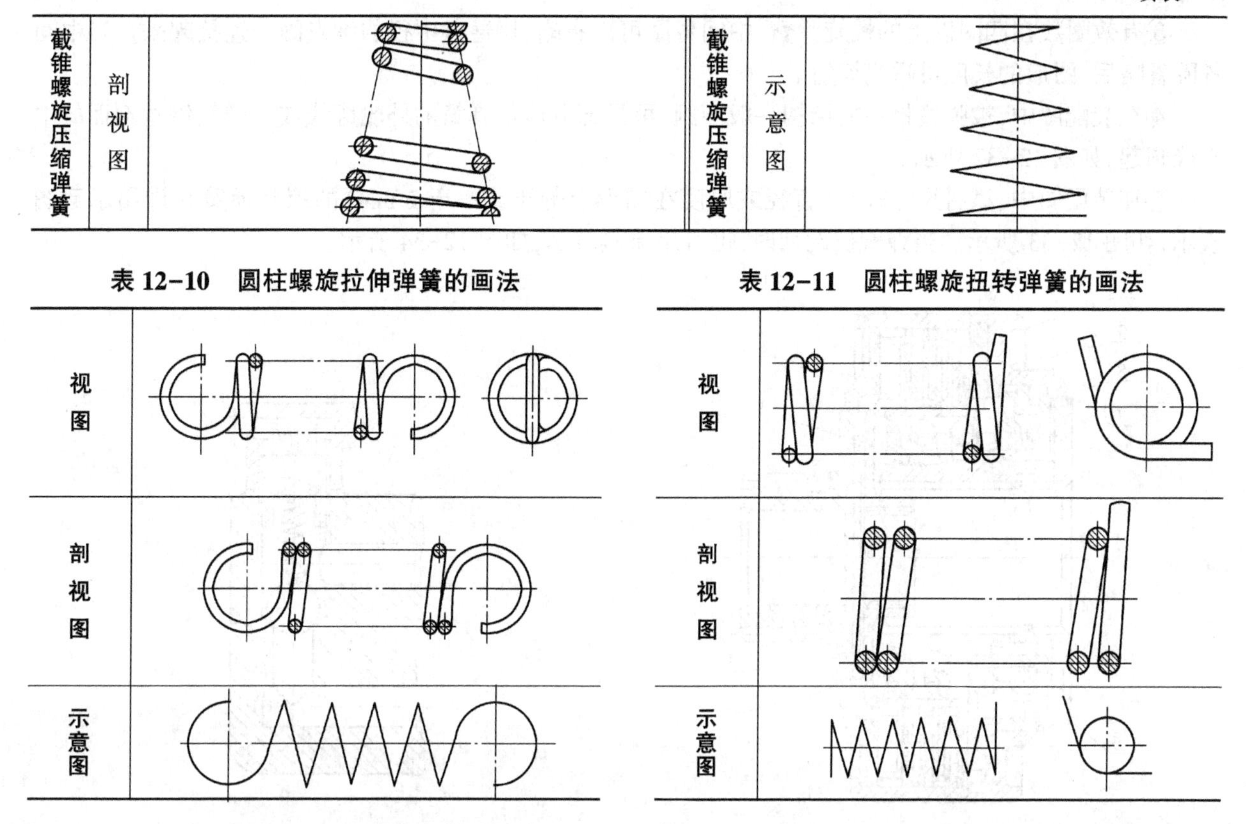

表 12-10　圆柱螺旋拉伸弹簧的画法

表 12-11　圆柱螺旋扭转弹簧的画法

12.5.5　圆柱螺旋压缩弹簧的画图步骤

圆柱螺旋压缩弹簧的作图方法如图 12-31 所示，具体步骤为：

①根据中径 D_2 和自由高度 H_0 画弹簧的中径线和自由高度两端面线，如图 12-31(a)所示。

②根据型材直径 d，画出两端支承圈部分的型材断面图，如图 12-31(b)所示。

③根据节距，画有效圈部分的型材断面图，如图 12-31(c)所示。

④按右旋方向作相应圆的公切线及剖面线，加深并完成作图，如图 12-31(d)所示。若画视图，则按右旋方向作外公切，如图 12-31(e)所示。

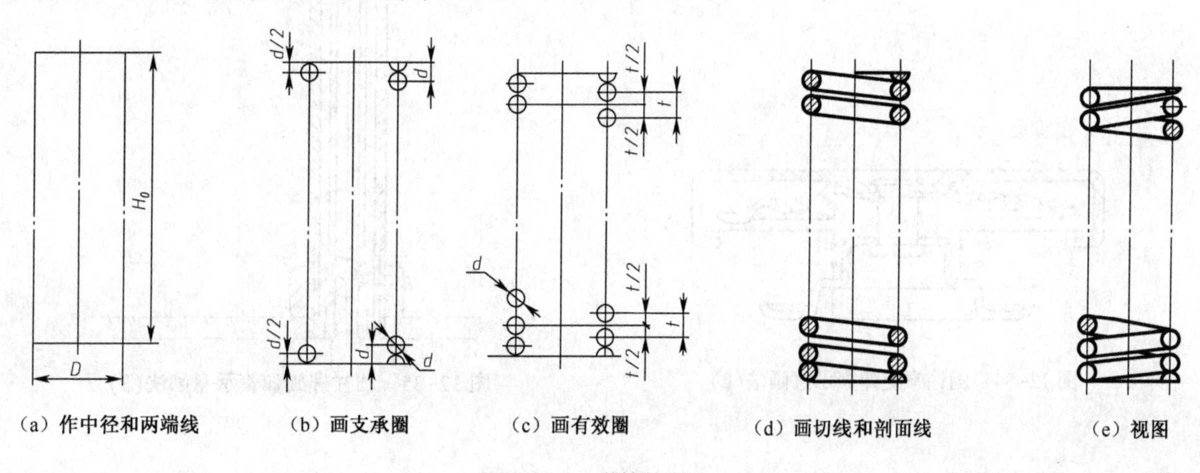

(a) 作中径和两端线　(b) 画支承圈　(c) 画有效圈　(d) 画切线和剖面线　(e) 视图

图 12-31　弹簧的画法

圆柱螺旋压缩弹簧的画法说明：

①螺旋弹簧均可画成右旋，左旋弹簧不论画成左旋还是右旋，一律加注旋向“左”字。

②螺旋压缩弹簧要求两端并紧磨平时，不论支承圈数为多少，均按图 12-31 所示的形式绘制(支承

圈为 2.5 圈)。

③有效圈数在四圈以上的螺旋弹簧,中间各圈可以省略,用通过中径的细点画线连接起来。当中间各圈省略后,图形的长度可适当缩短。

④在装配图中,被弹簧挡住的结构一般不画,可见部分应从弹簧的外轮廓线或从弹簧钢丝剖面的中心线画起,如图 12-32 所示。

⑤在装配图中,型材尺寸较小(直径或厚度在图形上等于或小于 2 mm)的螺旋弹簧允许用示意图表示,如图 12-33 所示。当弹簧被剖切时,也可用涂黑表示,如图 12-34 所示。

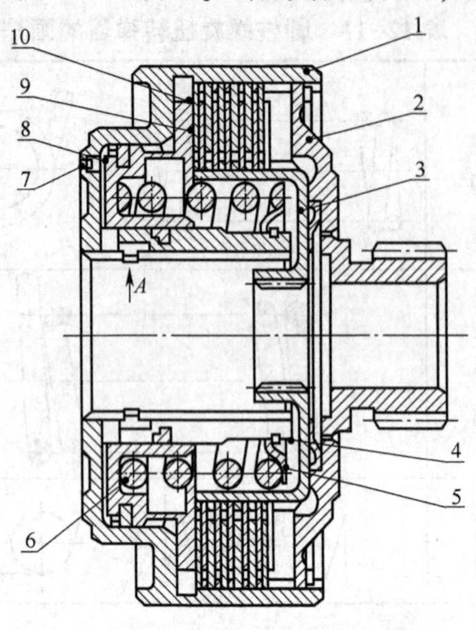

图 12-32 装配图中的弹簧表示法

1—离合器鼓;2—与行星轮机构相连接的凸缘盘;3—花键毂;4—卡环;5—弹簧支承盘;6—弹簧;7—安全阀;8—环形活塞;9—从动片;10—主动片;A—进油孔

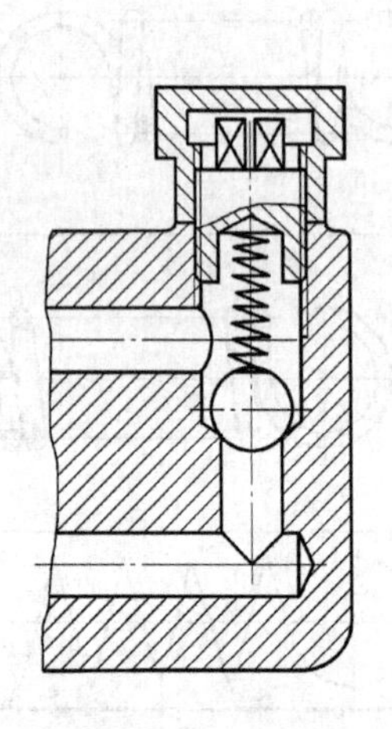

图 12-33 圆柱螺旋弹簧示意画法(1)

⑥在装配图中,被剖切弹簧的截面尺寸在图形上等于或小于 2mm,并且弹簧内部还有零件时,为了便于表达,可用图 12-35 的示意图形式表示。

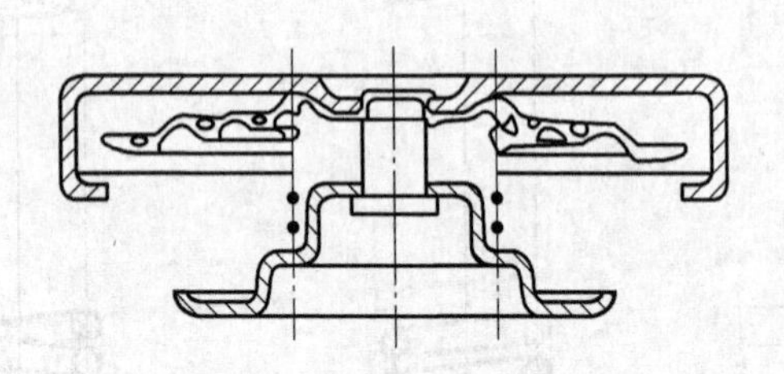

图 12-34 圆柱螺旋弹簧示意画法(2)

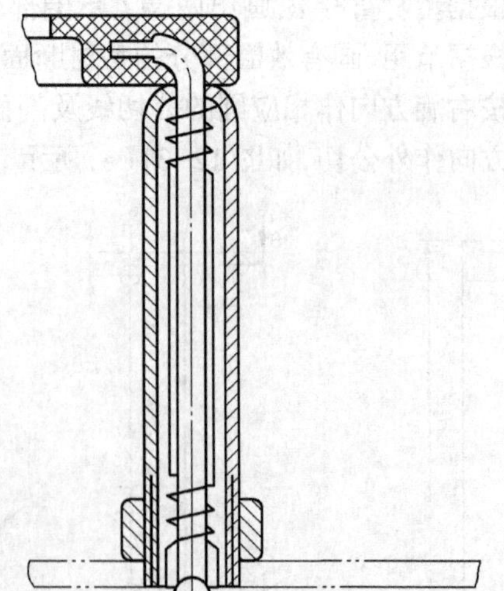

图 12-35 圆柱螺旋弹簧示意画法(3)

12.5.6 弹簧图样

图 12-36 所示为压缩弹簧零件图, 图 12-37 所示为拉伸弹簧零件图, 图 12-38 所示为圆柱螺旋压缩弹簧机械性能曲线图。

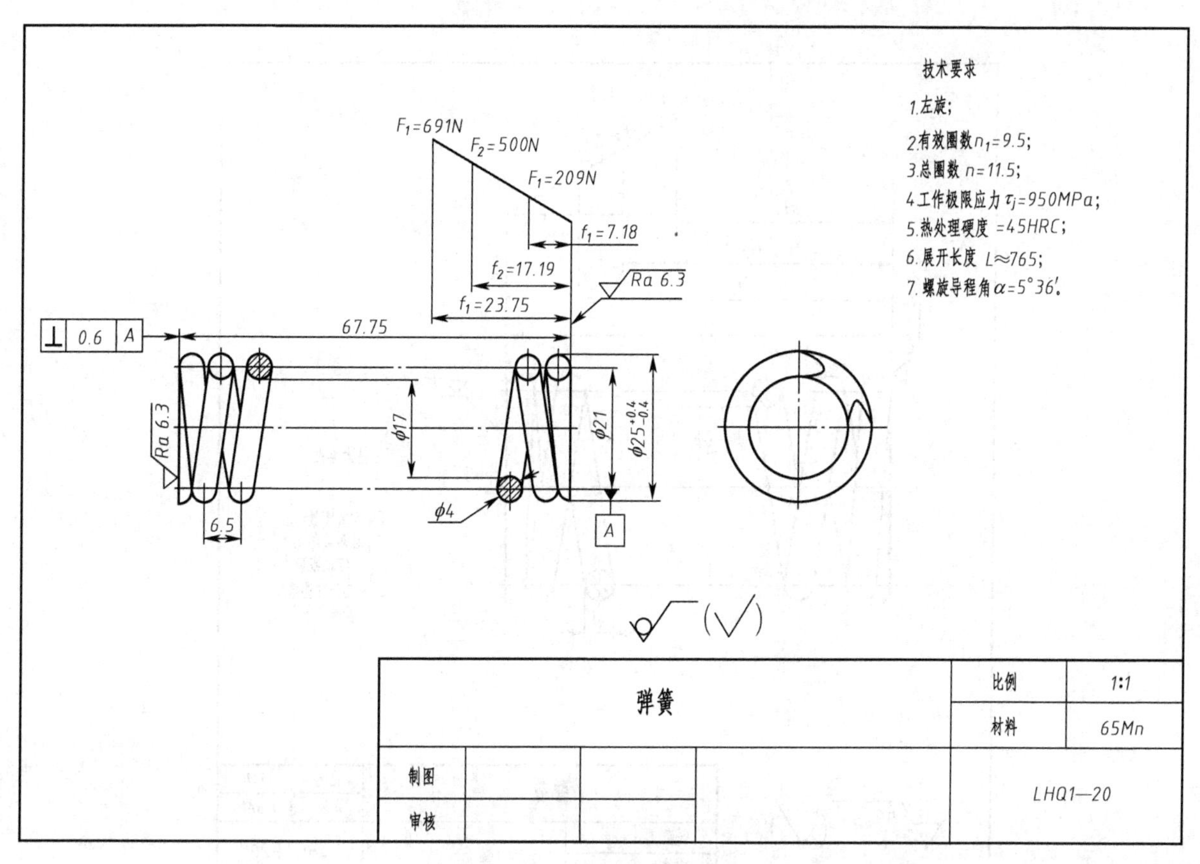

图 12-36　压缩弹簧零件图

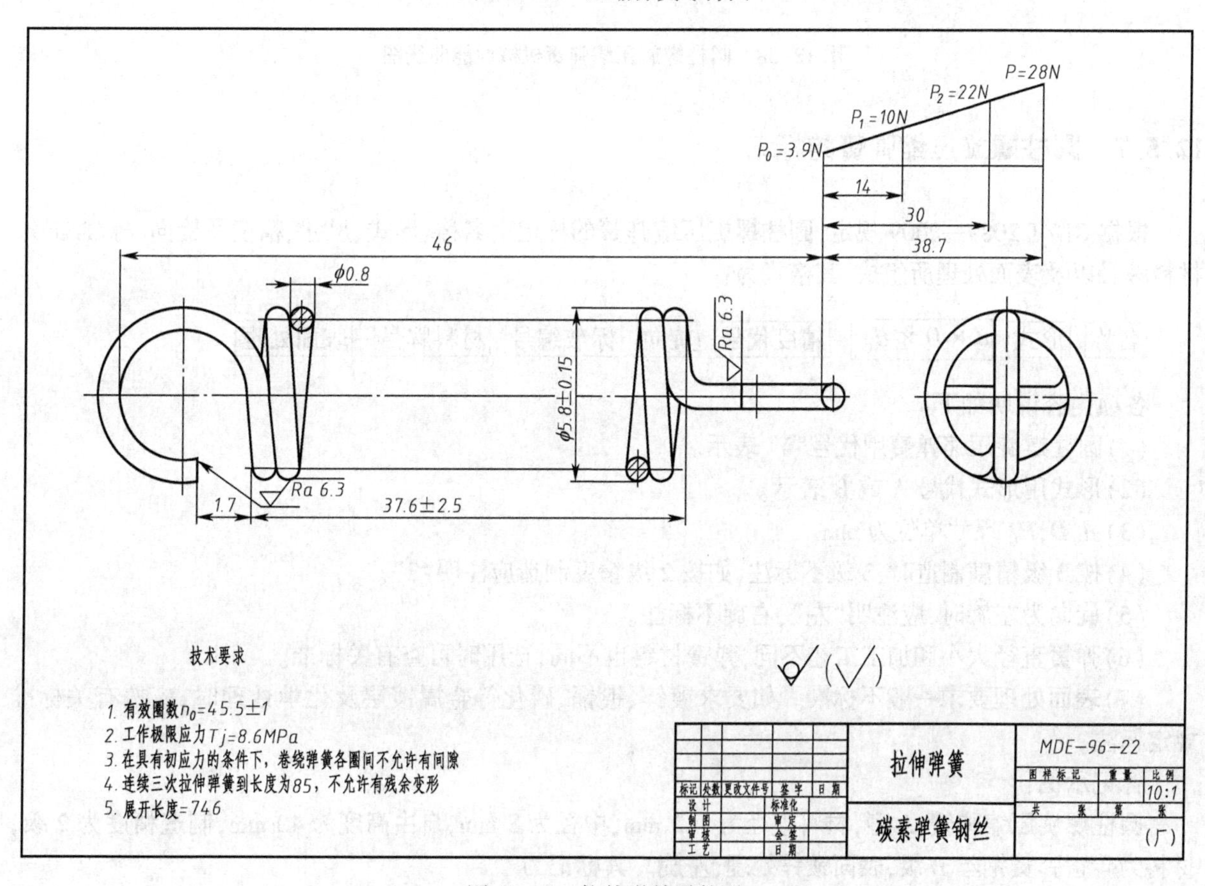

图 12-37　拉伸弹簧零件图

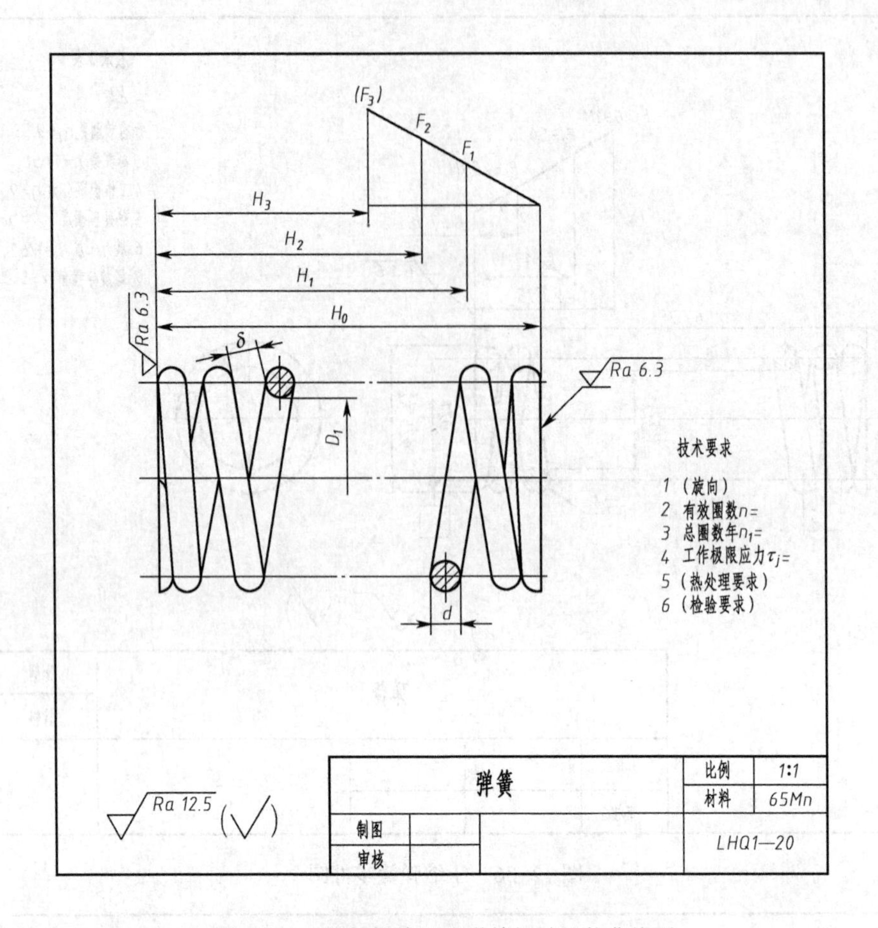

图 12-38　圆柱螺旋压缩弹簧机械性能曲线图

12.5.7　圆柱螺旋压缩弹簧的标记

根据 GB/T 2089—2009 规定，圆柱螺旋压缩弹簧的标记由名称、形式、尺寸、精度及旋向、标准编号、材料牌号以及表面处理所组成，其格式为：

[名称] [形式] [$d \times D \times H_0$] - [精度代号] [旋向] [标准编号] [材料牌号] - [表面处理]

各项内容说明如下：

(1)圆柱螺旋压缩弹簧用代号“Y”表示。

(2)形式用形式代号 A 或 B 表示。

(3) d, D, H_0 尺寸单位为 mm。

(4)按 3 级精度制造时，3 级不标注，如按 2 级精度制造应注明“2”。

(5)旋向为左旋时，应注明“左”，右旋不标注。

(6)弹簧直径大小和加工工艺不同，弹簧材料也不同，选用时可查有关标准。

(7)表面处理要求一般不标准。如要求镀锌、镀镉、磷化等金属镀层及化学处理时，应按有关标准规定标注。

标记示例：

圆柱螺旋压缩弹簧，A 型，材料直径为 1.2 mm，中径为 8 mm，自由高度为 40 mm，制造精度为 2 级，材料为碳素弹簧钢丝 B 级，表面镀锌处理，左旋。其标记为

YA 1.2×8×40-2 左 GB/T 2089—2009 B 级-D · Zn

12.6 制　动　器

本节主要简单介绍常用几种制动器的主要特点、工作原理和适用范围。

12.6.1 制动器功能与类型

制动器多数已标准化、系列化。

JB/T 6406—2006 为电力液压鼓式制动器;

JB/T 7685—2006 直流电磁铁块式制动器;

JB/T 7685.1—2006 电磁块式制动器型式、基本参数和尺寸。

1. 制动器的功能

制动器是用来降低机械运转速度或迫使机械停止运转、或保持停止状态的装置,有时也用作限速装置。

制动器主要由制架、制动件和操纵装置等组成。有些制动器还装有制动件间隙的自动调整装置。为了减小制动力矩和结构尺寸,制动器通常装在设备的高速轴上,但对安全性要求较高的大型设备(如矿井提升机、电梯等)则应装在靠近设备工作部分的低速轴上。

使机械运转部件停止或减速所必须施加的阻力矩称为制动力矩。

2. 制动器的类型

制动器一般可以分为两大类:工业制动器和汽车制动器 。

在工业制动器中,起重机用制动器对于起重机来说既是工作装置,又是安全装置,制动器在起升机构中,可将提升或下降的货物能平稳的停止在需要的高度,或者控制提升或下降的速度,在运行或变幅等机构中,制动器能够让机构平稳的停在需要的位置。

汽车制动器又分为行车制动器(脚刹)和驻车制动器(手刹)。

按结构特征分为:外抱块式制动器、带式制动器和盘式制动器等。

3. 制动器的要求与应用

制动可靠是对制动器的基本要求,同时也应具备操纵灵活、散热好、体积小、寿命长、结构简单、维修方便等特点。

常用的制动器多采用摩擦制动原理,利用摩擦元件之间产生摩擦阻力矩来消耗机械运动部件的动能,以达到制动目的。

制动器通常应装在设备的高速轴上,这样所需要的制动力矩小,有的制动器也装在低速轴上,主要为了安全制动。

制动器广泛应用于车辆、矿山、建筑机械、冶金、起重、电力、铁路、水利、港口、码头、化工等行业。

下面分别对这三种制动器的主要特点、工作原理及适用范围作简要介绍。

12.6.2 制动器的结构特点

1. 鼓式制动器

1)结构和原理

领从蹄式鼓式制动器工作原理如图 12-39 所示,高压气体进入制动气室,作用于膜片,将气体压力转化为机械力,推动气室推杆向前运动,调整臂和凸轮轴将推杆的平动位移转化为旋转位移,从而对滚轮施加作用力,使领蹄绕其支承销转动,并抵靠在制动鼓表面上,对旋转的制动鼓施加摩擦,产生与制动鼓旋转方向相反的制动力矩,此即为制动过程。

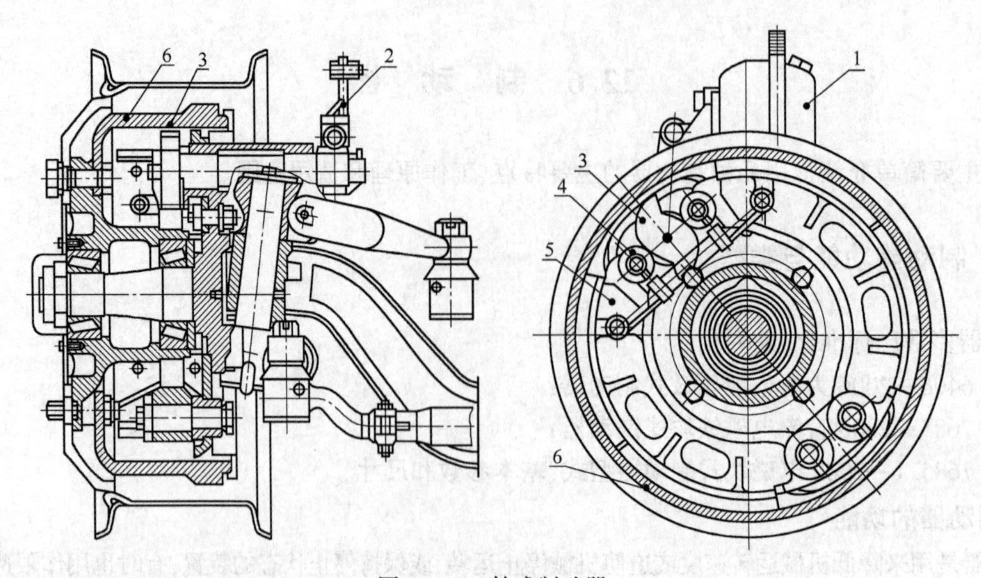

图 12-39　鼓式制动器

1—制动气室；2—制动调整臂；3—制动凸轮；4—支承销；5—制动蹄；6—制动鼓

2）应用范围

图 12-39 所示支点固定的领从蹄式鼓式制动器，由于其顺、倒车时制动性能不变，且构造简单、造价较低、便于加装驻车制动机构，故现在广泛应用于重型载货车、大客车和半挂牵引车。

2. 气压盘式制动器

1）结构和原理

气压盘式制动器由气室顶杆推动压力臂（即增力机构），压力臂通过回位座推动内摩擦片，内摩擦片顶在制动盘后，通过卡钳体的滑动，接触外摩擦片，从而抱死制动盘，如图 12-40 所示。

2）应用范围

盘式制动器具有散热性好、制动效能稳定、抗水退能力强、易于保养和维修等优点，可广泛应用于飞机、铁路、车辆和工程机械。

3. 空压碟式制动器

利用空气压力动作，制动力可任意调整，制动矩范围广，无电气火花，具有防爆性，安全可靠。耐水、耐尘、耐高温，频繁使用时耐久性高，性能稳定。这种制动器散热效果良好，摩擦片耐摩且为两片式，更换容易。应用范围广，如图 12-41 所示。

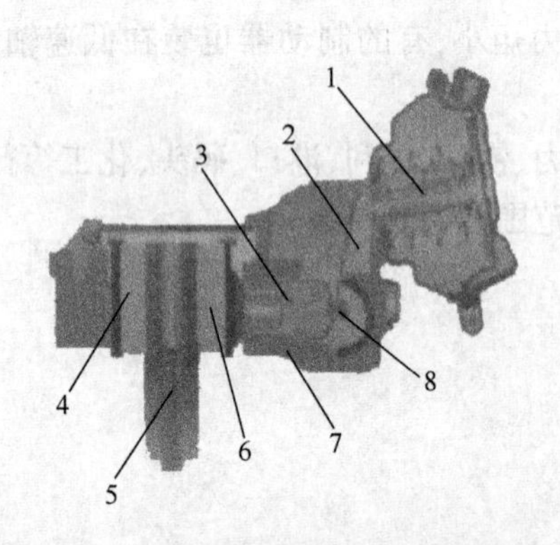

图 12-40　气压盘式制动器组成

1—气室顶杆；2—推动压力臂；3—回位座；4—外摩擦片；

5—制动盘；6—内摩擦片；7—卡钳体；8—转轴

图 12-41　空压碟式制动器

DBG 型气动制动器是利用气压的调整，可在大范围内调整扭矩，适用于紧急制动和张力控制。利用手动式制动器可在无气压情况下压缩弹簧，使其长时间保持制动，任意调整得出必要的扭矩，扭矩范围为2~36 500 N·m。

4. 气动盘式制动器

气动盘式制动器如图12-42所示。

主要特点：

(1)结构紧凑、体积小、动作灵敏、质量轻、使用方便。

(2)常闭式设计：弹簧制动，气动释放(开闸)。

(3)常开式设计：由气压制动，弹簧释放，制动力可随气压的改变而变化，使用时可根据需要灵活改变。

(4)插装时无石棉衬垫，更换十分方便。

气动盘式制动器广泛应用于中小型驱动机构的停车制动或减速制动，卷绕机构的张紧制动，如造纸厂卷纸张紧、新闻印刷时新闻纸的张紧控制、铜板(钢丝)卷展开张紧及电线电缆放线、放缆张紧控制等，图12-43所示为气动盘式制动器应用。

图12-42　气动盘式制动器

图12-43　气动盘式制动器应用

5. 外抱块式制动器

外抱块式制动器所施加外力常用电磁系统、液压系统、电磁液压系统、气压系统或电力液压系统来实现。

外抱块式制动器的主要特点是结构简单，动作快，工作可靠，瓦块有充分的退距，调整间隙方便，在起重运输机中应用较广，适用于工作频繁及空间较大的场合。

图12-44是一种外抱块式制动器简图，其工作原理是通过施加外力带动杠杆，使左、右两侧制动力臂运动，使闸瓦抱住或松开制动轮。

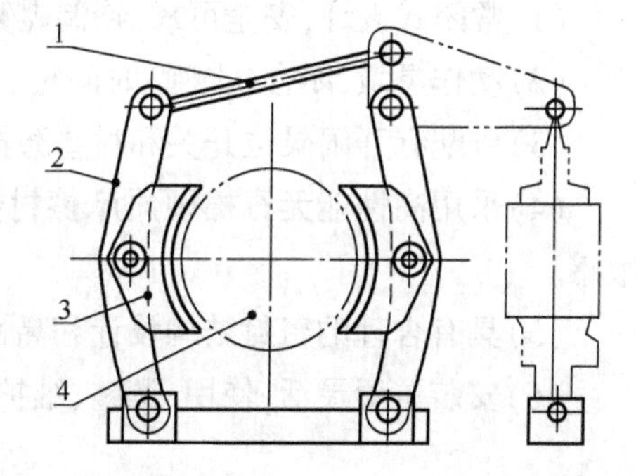

图12-44　外抱块式制动器

1—杠杆机构；2—制动力臂；3—闸瓦；4—制动轮

图12-45所示为一种电力液压块式制动器。

电力液压块式制动器的特点：

全自动免维护电力液压块式制动器，可广泛用于各种起重、传动带运输、港口装卸、冶金及建筑机械中各种机械和停车制动。图12-46所示为块式制动器应用。

其连接尺寸及参数分别符合JB/ZQ 4388—1986、JB/T 6406—2006标准。

可通过增设附加装置实现某些附加功能：

(1)手动释放装置。释放“开闸”或闭合“闭闸”限位开关，可实现制动器是否正常释放或闭合的信号显示。

(2)衬垫磨损极限限位开关，可实现制动衬垫磨损到极限时的信号显示。

(3)制动衬垫磨损自动补偿装置，可实现衬垫磨损时瓦块退距和制动力矩的无级自动补偿。

(4)采用带下降延时阀的推动器驱动，可实现制动器的延时闭合。

(a)电力液压块式制动器

(b)YW2-600/90电力液压块式制动器

图 12-45　电力液压块式制动器

图 12-46　块式制动器应用

6. 液压安全制动器

液压安全紧急制动器,是一种使用在低速轴上的大功率制动装置。

广泛应用于大中型起重机、港口装卸机械起升机构以及臂架俯仰机构低速轴的紧急安全制动;矿用卷扬机、提升机工作制动和紧急安全制动;大中型倾斜式传动带运输机驱动机构的工作制动和紧急安全制动;缆车和索缆起重机驱动机构的安全制动等,如图 12-47、图 12-48 所示。

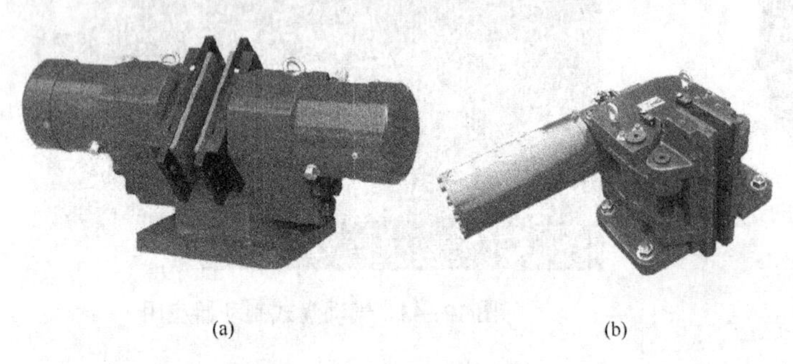

(a)　(b)

图 12-47　安全制动器

图 12-48　安全制动器应用

主要特点:

(1)常闭式设计,安全可靠,特制碟簧施力制动,需另配液压驱动释放装置。

(2)动作灵敏,闭合(上闸)时间短。

(3)可配有开闸限位开关和衬垫磨损极限限位开关,可进行联锁保护和故障显示。

(4)采用高性能无石棉硬质摩擦衬垫,摩擦因数稳定,不损伤制动盘并对水介质和盐雾(海水)不敏感。

(5)具有合理的密封结构设计和高性能密封件,效果好、寿命长;

(6)安装位置灵活,使用、调整、维护简单。

12.6.3　制动器的选择

制动器的选择与联轴器的选择所考虑的条件和选择的内容大致相同,主要是应合理选择类型和结构以及驱动装置(手驱动、液压驱动或电气驱动等),但在制动器型号选择时制动力矩计算较为复杂,具体选择和设计计算方法,可查阅有关资料。

12.7　常用件表达符号

工程中常用件在机构运动简图中的常用符号见表 12-12。

表 12-12　常用件在机构运动简图中的常用符号

名　　称	符　　号
圆柱齿轮传动	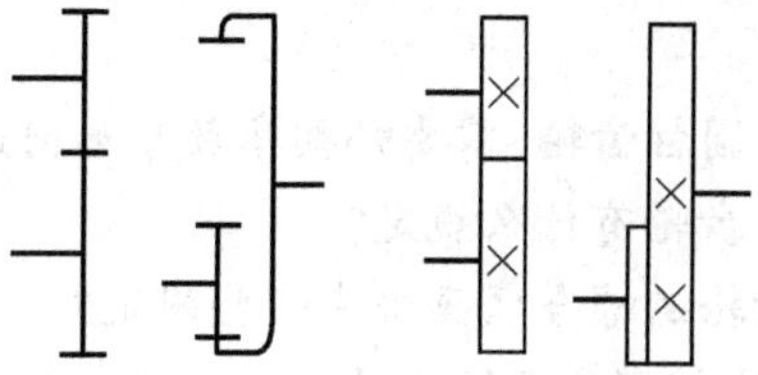
锥齿轮传动	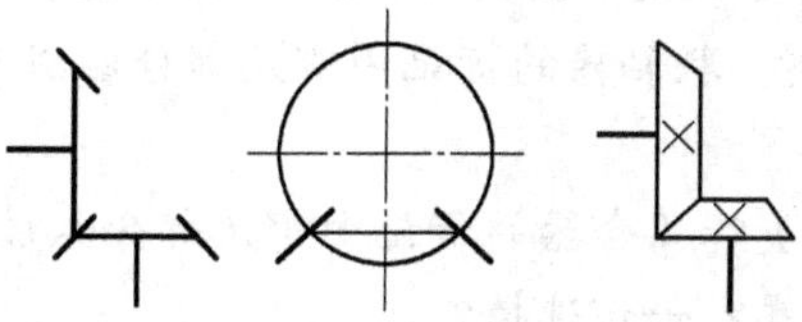
齿轮齿条传动	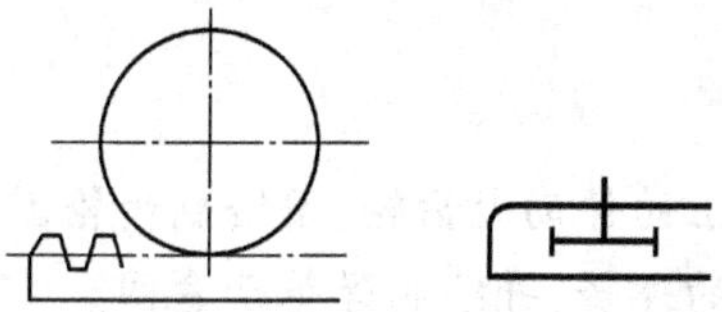
蜗轮与圆柱蜗杆传动	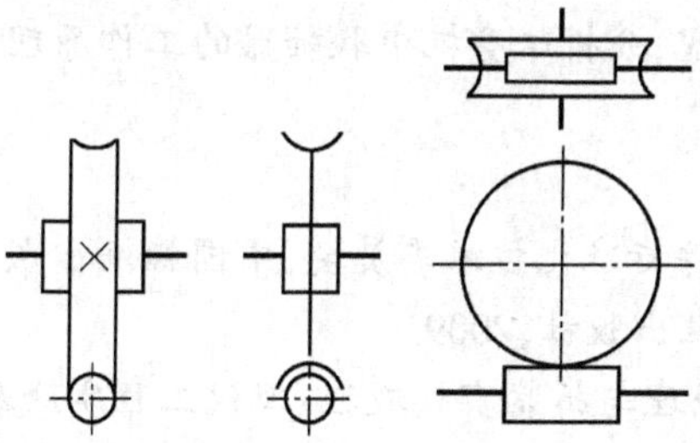
弹簧	压簧　拉簧
联轴器	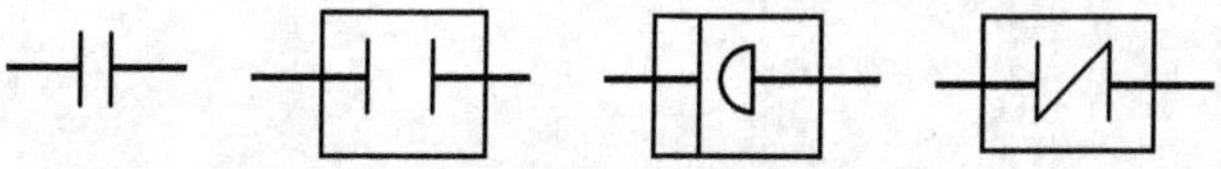 一般符号　固定式　可移式　弹性
离合器	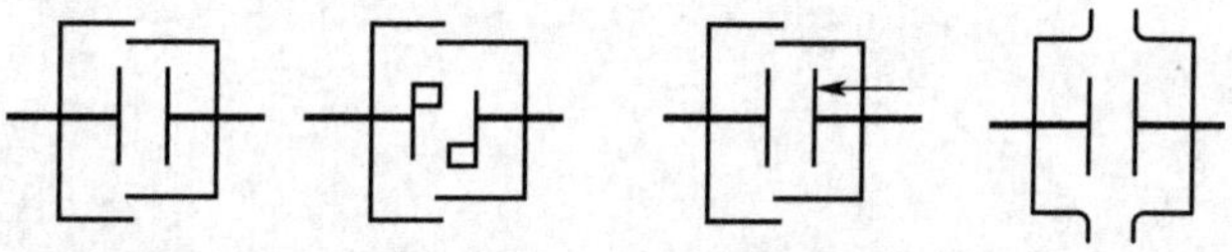 可控　单向啮合　单向摩擦　自动
制动器	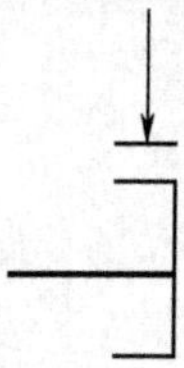

思 考 题

1. 工程中常用件有哪些?
2. 什么是模数?
3. 绘制一个标准直齿圆柱齿轮,需要哪些参数? 如何选择计算?
4. 国家标准对绘制斜齿轮有什么规定?
5. 国家标准对两个齿轮的啮合区画法有哪些规定?
6. 在国家标准中,对绘制螺旋压缩弹簧有哪些规定?
7. YB3×40×100 GB/T 2089—2009 级表示什么意思?
8. 联轴器分为哪几类? 联轴器的标记由哪几部分组成?
9. 如何选择联轴器?
10. 离合器分为哪几类? 离合器的标记由哪几部分组成?
11. 制动器分为哪几类? 如何选择?
12. 什么是制动力矩?

习 题

1. 测绘发动机传动轴上的传动大齿轮,用绘制齿轮图样。
2. 测绘发动机中使用的弹簧,并绘制弹簧示意图。
3. 观察发动机中的离合器,查阅相关资料,说明其作用和工作原理。
4. 参观球磨机实验室,分析球磨机中联轴器的工作原理,并分析采用什么型号。

参考文献

1. 全国技术产品文件标准化技术委员会,中国标准出版社第三编辑室.技术产品文件汇编:机械制图卷[M]. 北京:中国标准出版社,2009.

2. 樊百林. 发动机原理与拆装实践教程:现代工程实践教学[M]. 北京:人民邮电出版社,2011.

3. 蔡小华 . 工程制图[M].北京:中国铁道出版社,2009.

4. 曹彤 . 机械设计制图[M].4 版.北京:机械工业出版社,2011.

5. 阮忠唐.联轴器、离合器设计与选用指南[M].北京:化工出版社,2011.

第6篇　工程设计实践中的安全责任

第13章　以设计为理念的饮水机

现代工程发动机工程实践教学感想

彭亚　樊老师延续以往的教学风格,将设计理念融入制图教学中,一个简单的饮水机和家用压面机,就能引发我们对设计制图的思考,设计是为什么?如果设计出来一大堆图纸,因为制图错误而不能将所设计的东西生产出来,设计的意义是什么?……如果大一我们的专业就开设了这门课程,说不定,我现在就转去机械学院了。

饮水机实践教学进入理论课堂现场

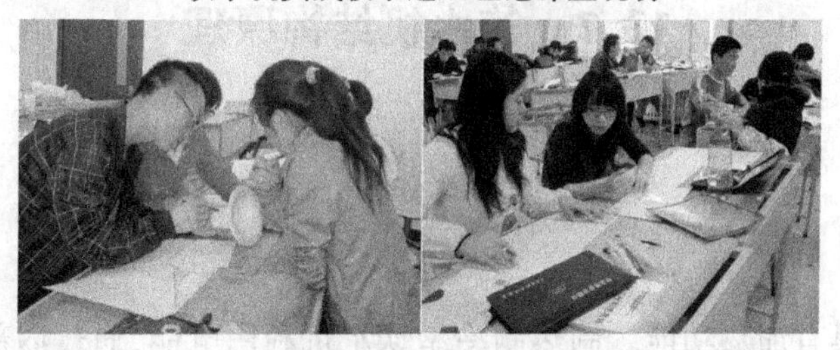

实践教学设计意识培养

本章学习目标:

✧ 培养机器设备的系统设计思想。

本章学习内容:

✧ 饮水机的装配关系
✧ 饮水机的工作原理
✧ 饮水机零件的制造工艺
✧ 饮水机零件的构型特征

实践教学研究:

✧ 参观实践教学基地,分析饮水机结构以及零件特征,分析零件的结构和制造工艺。

✧ 参观实践教学基地,分析饮水机结构以及零件特征,分析现有的设备存在哪些方面的设计缺陷。

关键词: 饮水机　聪明座　虚拟样机

13.1 测　　绘

以民用工程简单设备饮水机为实践设计教学基础,饮水机零件数量少,质量轻,易于测绘。饮水机是机电一体化机器。与发动机相比,饮水机设备结构简单,在短学时内可以熟悉设备结构。发动机和饮水机是两种不同风格的设备,结构不同、材料不同,用于两种不同的工程环境。

以设计为理念的饮水机设计制图一体化教学,使学生在培养兴趣的过程中学习工程意识、设计能力。

13.1.1 教学目的

通过实体拆装分析、结构设计和创新改进,使学生得到了工程实践能力和设计能力的培养;对结构材料的学习,使学生得到了工艺与设计理念的培养;建立虚拟样机和虚拟拆装,使学生在CAD等工程软件应用能力培养的基础上,得到了工程设备系统的设计思维,培养学生研究方法和解决实际问题的思维和能力。

机电一体化的设计制图实践教学,使学生收获的不只是对制图本身简单的工程设备的熟悉,机电一体化的实践创新设计教学使制图课程教学内涵进一步得到升华和拓展。

13.1.2 测绘工具

常用钢板尺,三角板,游标卡尺,内卡钳 ,外卡钳等工具,详见第9章。

13.2 饮水机结构原理

13.2.1 饮水机原理

1. 饮水机的功能

普通制热型饮水机具有加热功能。制热制冷型饮水机利用电能,通过内部的制冷、制热系统及净化、消毒等系统来达到制备冷、热水的功能,并且安全、快捷、健康。智能饮水机除具有上述功能外,还具有杀菌消毒、水活化功能以及自清洗功能。

2. 加热原理

制热系统分为内热式和外热式。内热式是通过不锈钢电加热管直接置于热罐中对水进行加热,外热式是通过加热器在热罐外部通电加热,通过热罐的不锈钢进行热能传递,来加热热罐内的水,外部有保温层以减少热量损失。内部加热热效率高、加热快、耗电量小,但加热管容易结垢,不易清洗;外部加热热损失大,加热较慢,但结垢少没有噪声。

3. 制冷原理

压缩机制冷原理:压缩机制冷系统主要由压缩机、冷凝器、毛细管和蒸发器四个部件组成,它们之间用管道连接,形成一个封闭系统,制冷剂在系统内循环流动,不断地发生状态变化,并与外界进行能量交换,从而达到制冷的目的。

4. 出水原理

饮水机内部的水循环原理是通过负压来实现的,水瓶底部为密封,插入饮水机时,其内部的压力小于外界的大气压力，保证了瓶内的水不会流淌出来，当用户接水时，水罐内水位下降，空气由下面进入瓶内，使得瓶内的水进入水罐。

若水瓶破裂或出现缝隙，外面的空气进入水瓶内，使得瓶内压力增大，破坏了压力平衡，致使水罐水面上升，出现聪明座溢水现象。

13.2.2 饮水机结构

饮水机内部结构详细如图 13-1 至图 13-3 所示。

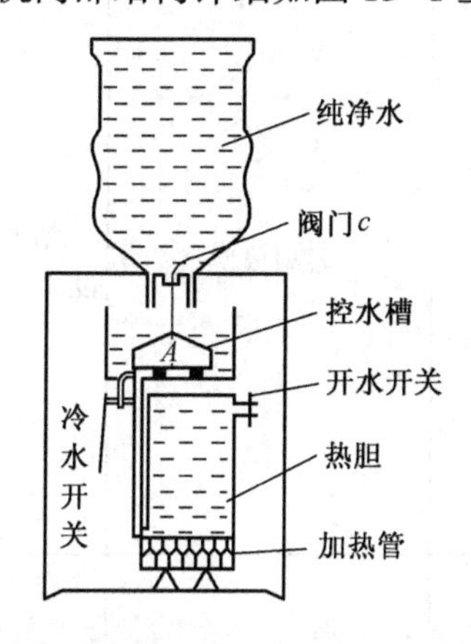

图 13-1 加热饮水机的工作原理简图

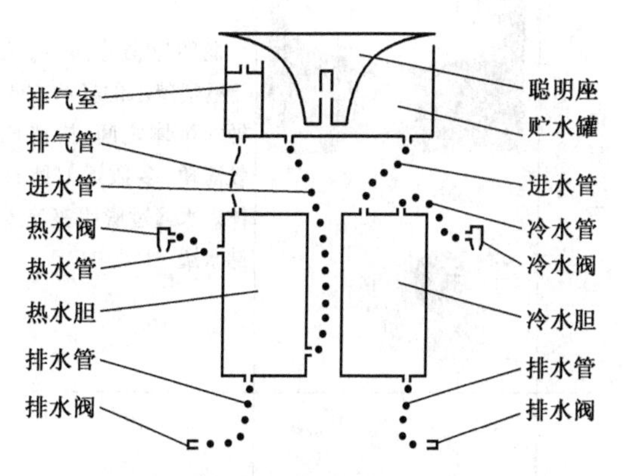

图 13-2 制热制冷饮水机的工作原理简图

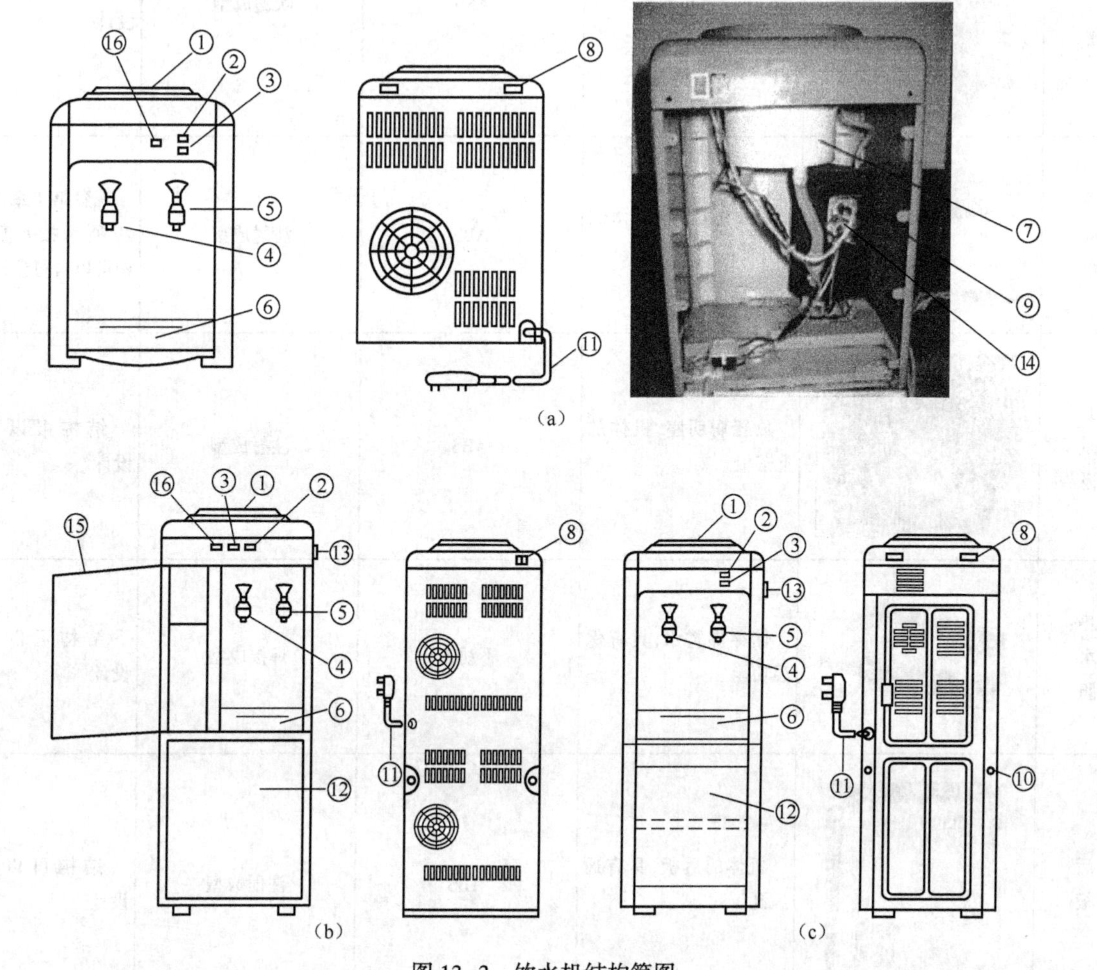

图 13-3 饮水机结构简图

1—聪明座；2—加热指示灯；3—常温指示灯；4—热水龙头；5—常温水龙头；6—接水盒；7—储水罐；8—加热开关；9—热水胆；10—热罐排水阀；11—电源线；12—保鲜柜/展示柜；13—定时器；14—线路板；15—防尘门；16. 电源指示灯

13.3 功能材料与工艺

分析饮水机工作原理后，对每个零件的结构、功能、材料与工艺进行系统分析，见表 13-1。

表 13-1 制造工艺与材料分析

名 称	构形设计与绘图	功 能	材 料	制造工艺	备 注
聪明座		聪明座俗称漏斗；位于盛桶装水的桶和放置桶的机体之间，构造比较简单，多数近似圆柱体。水通过聪明座流入储水罐	ABS	注射成型	结构可以自行设计
储水罐		储存水并且使水分流成为两股水流	ABS	吹塑成型	结构可以自行设计
接水盒		从水龙头渗漏的水储存在此处	ABS	注射成型	观察第 1 章图 1-29 所示接水盒，结构可以自行设计
上面板		放置聪明座，机体的上盖板	ABS	注射成型	结构可以自行设计
热水胆		储存沸腾水，具有保温功能	不锈钢	焊接成型	结构可以自行设计
后板		机体的后板，具有通风孔	ABS	注射成型	结构可以自行设计

续表

名　称	构形设计与绘图	功　　能	材　　料	制造工艺	备　　注
左立板		机体的左立板，具有支承作用	ABS	注射成型	结构可以自行设计
右立板		机体的右立板，具有支承作用	ABS	注射成型	结构可以自行设计
前面板		机体的前面板，具有支承作用。上面开有冷热水龙头安置孔	ABS	注射成型	结构可以自行设计
底板		机体的底板，安装前面板、左右立板、后面板的基础	ABS	注射成型	结构可以自行设计
水龙头		出冷热水	ABS	注射成型	结构可以自行设计

13.4　饮水机实践教学

13.4.1　饮水机实践教学课堂

饮水机实践教学研究课堂如图 13-4、图 13-5 所示。

图 13-4　饮水机实践教学现场

(a)饮水机实践教学现场

(b)饮水机实践教学设计课堂

图 13-5　实践教学课堂

13.4.2　饮水机构形

随着人们生活水平的提高,饮水机在人们生活中扮演着越来越重要的角色。随着技术的不断进步,饮水机的功能也已经更加多样化和人性化。

台式饮水机功能各异、构形各异、丰富多彩,如图 13-7 所示。

立式饮水机除了具备台式饮水机的功能外,下部增加了一个储存功能。外形结构变化不是很大,如图 13-7 所示。

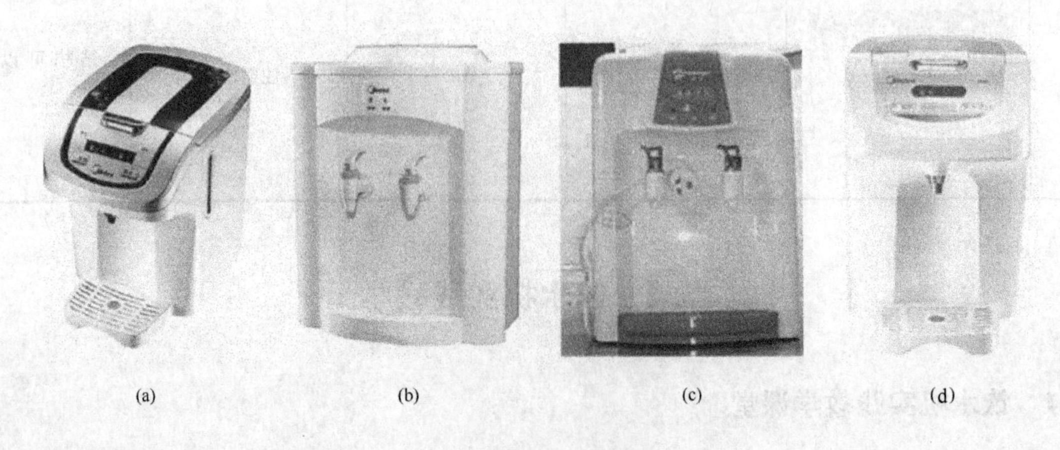

(a)　(b)　(c)　(d)

图 13-7　饮水机外形

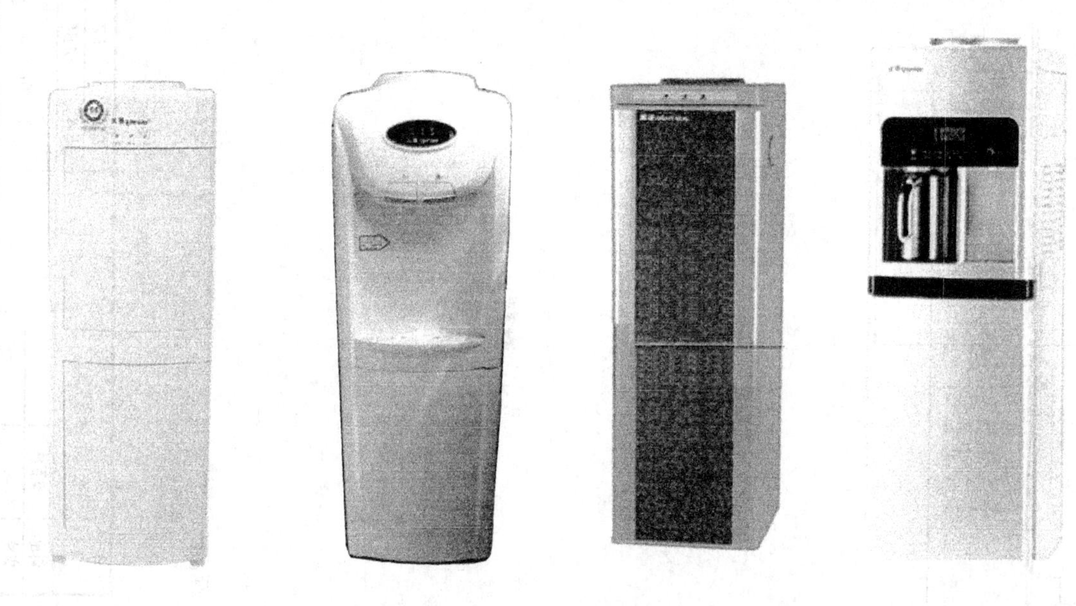

图 13-7　饮水机外形(续)

13.4.3　以设计为理念的虚拟样机设计

饮水机上面板设计凹凸不平并有复杂的曲面,制造工艺复杂,因而成本增大,所以设计人员一定要考虑制造工艺成本,为人类自己生存服务而考虑设计。

1. 储水罐

根据零件的功能,在简化工艺的情况下可以对储水罐进行改型设计,如将储水罐由图 13-8(a)所示结构改为图 13-8(b)所示结构。

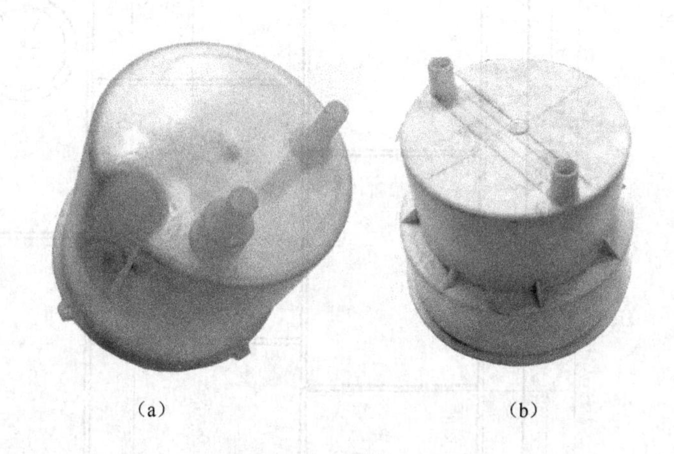

(a)　(b)

图 13-8　储水罐

2. 接水盒

从水龙头渗漏的水可储存在接水盒中,在简化工艺的情况下可对接水盒进行改型设计。

3. 饮水机底座

饮水机底座图样如图 13-9 所示。

现代创意饮水机外形如图 13-10 所示。

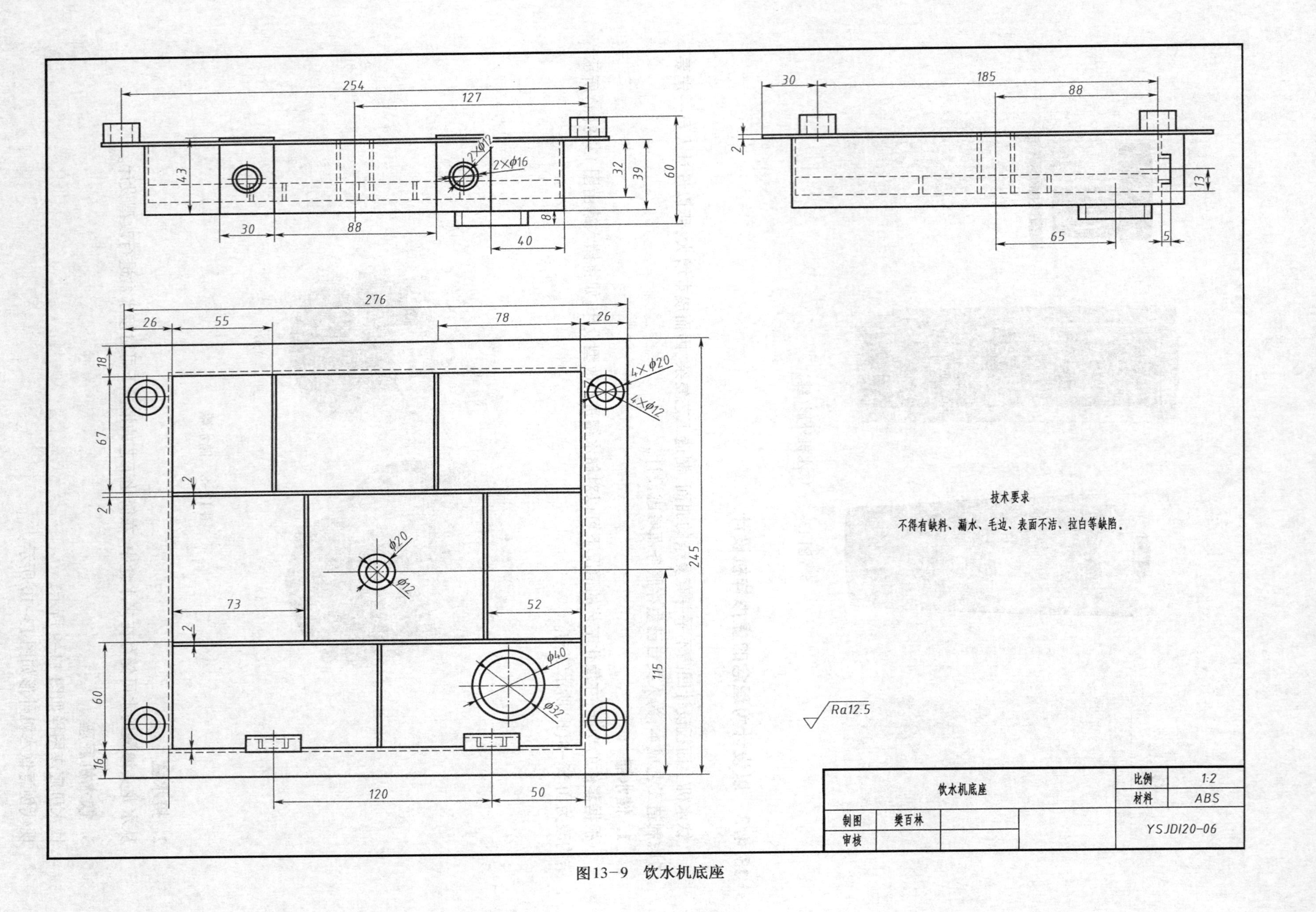
技术要求
不得有缺料、漏水、毛边、表面不洁、拉白等缺陷。
Ra12.5
饮水机底座
比例 1:2
材料 ABS
制图 樊百林
审核
YSJDI20-06

图13-9 饮水机底座

图 13-10　现代创意饮水机

13.4.4　虚拟样机装配

利用三维造型软件进行零件设计，并对零件进行三维虚拟样机装配，如图 13-11、图 13-12 所示。

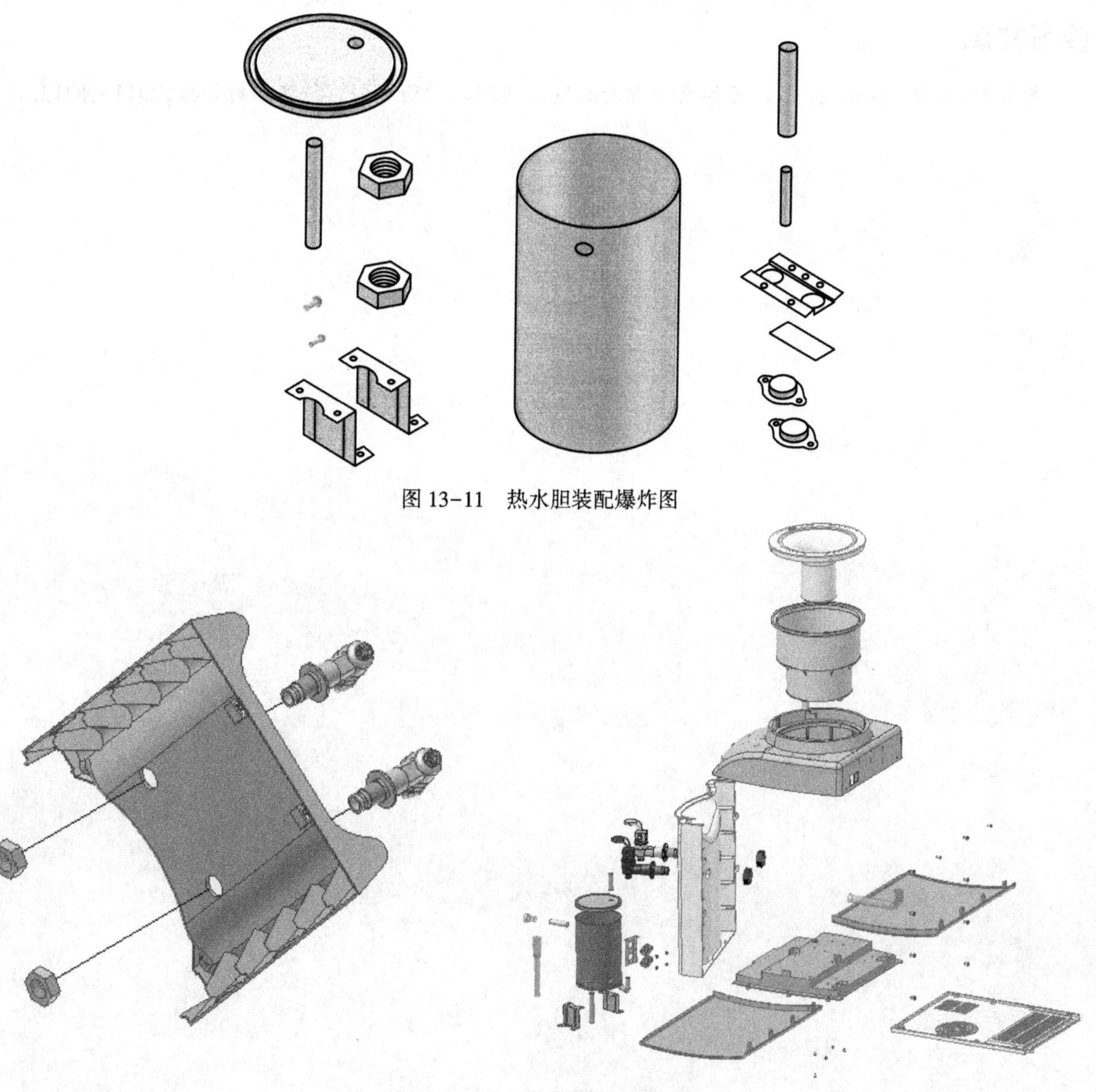

图 13-11　热水胆装配爆炸图

图 13-12　三维虚拟样机拆装

思考题

1. 饮水机零件设计时,应考虑哪几个因素?
2. 零件设计的主要依据是什么?
3. 曲面立体设计时应该注意什么?
4. 热水胆选择什么材料对人体有益?

习　　题

1. 观察零件,对接水盒改型设计,画出接水盒的零件图样。
2. 观察零件,画出聪明座的结构示意图。
3. 观察零件,对热水胆改型设计,画出热水胆的零件图样。
4. 观察零件,使用软件对饮水机零件进行三维造型。
5. 自行设计饮水机结构,并用三维造型表达装配结构关系,画出装配图。
6. 已知饮水机外形尺寸长宽高分别为:280×260×380(mm),请设计一款饮水机外形,并用视图表达。

参考文献

樊百林,陈华,李晓武,等.工艺和设计理念的制图实践教学研究[J].科技创新导报,2011-NO13.

第14章　工程设计实践中的安全责任性

专 家 言 论

干一份工作，担十份责任。

——要守义

质量是企业的灵魂，成本是企业的生命。万分之一的失误，对受害者来说，就是100%的损失。

——叶英

实践教学必然使无数大学生拓宽工程实践意识和创新意识。

——罗圣国

低碳环保要贯穿于工程设计实践的始终。

——林海

现代工程发动机工程实践学习感想

范欣欣(物流1502)　通过本次发动机拆装，让我们体会到做任何事，没有认真的态度，耐心的精神，严谨的素质都是难以完成的。

张杰(冶金0704)　随着樊老师的耐心讲解，我们可以一点点地把这个东西大卸八块了，同时我们也知道樊老师为了讲好这门课，让我们更好地了解发动机，付出了非常多的个人财力和心力，我们真的很幸运，能碰上这样负责任的老师，她在教会我们知识的同时也教会我们做人，从某种角度上讲，这或许比单纯传授知识更令人感到敬佩！……

鱼江永　我对在一线工作的工人有了一种另一个角度的敬佩，他们靠实践总结经验，是他们把理论成果直接变为应用成果。我们应该对"实践"给予高度重视！

张旭　现在的几乎每一个工厂都不可能独立地制造出它所需要的所有零件，一个工人或者技术人员也不可能精通产品制造的每一个过程，因此合作就显得尤为重要。要想配合协调，实现较为完美的合作其实并不是一件简单的事。多动手(脑筋)，多实践，我觉得很重要。

几个小时的拆装实践很快结束了，我真的希望以后能多有些这样的实践。

柳爽(热能14)　通过这次实践，我深刻了解到，对于每一件事情，我们都应该善于分析与总结，我们收获的不止是知识本身，还有我们未来工作中的困难与挫折，这是一次非常有意义的经历。

本章学习目标：

✧ 结合现代工程，培养工程设计人员对工程的安全责任意识。

本章学习内容：

✧ 了解三元桥整体置换工程案例

✧ 了解辛亥革命蜡像馆质量检测

✧ 了解"莲花河畔景苑"工程案例

✧ 了解35年前已知的核环境工程案例

✧ 了解实践教学课程的安全教学

实践教学研究：

✧ 了解现代化建设进程中，体现了环保的工程质量安全的优秀案例。

✧ 了解现代化建设进程中,磁悬浮工程。

关键词

三元桥整体置换　安全　责任　工程质量

14.1　质量与检测

工作质量是指与质量有关的各项工作对产品质量、服务质量的保证程度。工作质量的五大控制过程,即设计质量、制造质量、使用质量、控制质量服务质量。在每一个质量过程要素中,责任要素起到至关重要的作用。

合理地设计结构,正确选择材料,采用合理的制造工艺,对于任何设备结构的设计和制造都是十分必要的。对于任何一位工程设计人员来说,质量意识维系到家庭的幸福和生命的安全。

14.1.1　质量保证

设计在古代已渗透到日常生活的方方面面,如每个家庭必用的锁(见图14-1),不仅美观,而且结构奇特,技术居于世界领先。为了保证质量,古代会在锁上"勒名",即在锁体上刻上锁匠的名号,这也是古代手工业为保证质量采取的常规而又重要的措施之一。

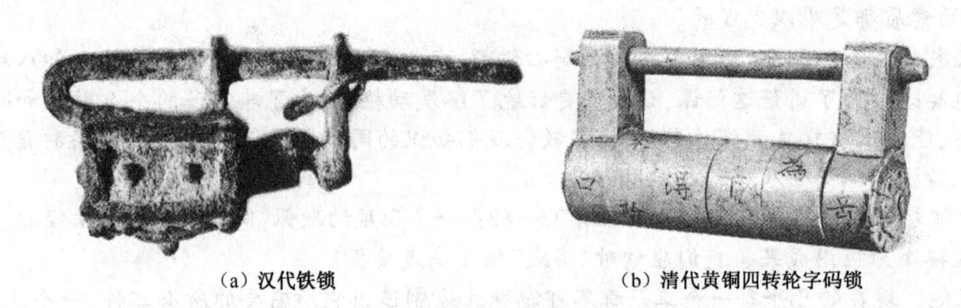

(a) 汉代铁锁　　(b) 清代黄铜四转轮字码锁

图14-1　古代锁

14.1.2　辛亥革命蜡像馆质量检测

南京辛亥革命蜡像馆(见图14-2),又名无梁殿,原称无量殿,因殿内供奉无量寿佛而得名。该殿建成于明初,整个建筑没有一根梁柱,也不用寸木寸钉,自基至顶,全用巨砖垒砌成券洞穹窿顶。砖与砖之间不用任何水泥,全部是用米等食物和植物原料作为黏结剂垒结而成。砖烧成后,检验人员手拿两块砖用力对击,如果砖碎裂,全部工钱扣下不发放,限期三个月时间重烧;第二次检验时,如果对击砖仍然碎裂,即满门抄斩。每块砖上刻着烧砖人的名字,谁还敢冒着满门抄斩的危险不顾质量问题呢!

600多年过去了,无梁殿几经战火,历经沧桑,但凭借它一身坚固的石砖结构,竟得以完好地保存至今。无梁殿内现为阵亡将士公墓祭堂。

2009年6月上海"莲花河畔景苑"楼房倒塌,根据事故原因分析,是由于楼房两侧压力差导致的楼塌。专家组成员说:"对于楼房的倒覆事故,简单地说就是无知导致无畏,是认识上缺乏科学态度,蛮干。"江双成院士在新闻发布会上说:"我从业46年来,这种事情还从未听说过,从未见过。"

(a)辛亥革命蜡像馆

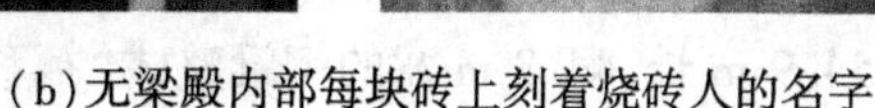

(b)无梁殿内部每块砖上刻着烧砖人的名字

(c)某楼房倒覆事故原因示意图

图 14-2

14.2 安全责任工程

14.2.1 高度和谐的安全责任工程

高效的三元桥整体置换工程，是设计、制图、制造、运输、管理、安全施工等各个环节工程人员责任到位的高度显现(见图 14-3)。

图 14-3 三元桥整体置换

三元桥位于北京市三环路东北角转弯处，是东三环与北三环的交界点。三环主路在桥上通过，桥北侧是京顺路，南侧是机场高速路。该桥建成于 1984 年，为机动车和非机动车混行的首蓿叶形互通式立交桥。

2015 年 11 月启动的三元桥改造工程是国内首次在大城市重要交通节点采用换桥工法，换梁施工仅需 24 小时，实现“一日之内旧桥变新桥”。置换过程如图 14-4 所示。

2015 年 11 月，三元桥“换梁疗伤”从工程启动到结束，整体置换工作仅仅持续了 43 小时。“整体置换工法”是将新旧桥梁整体置换，它的特点是工期短、对交通的影响小、社会成本低，是桥梁维修的创新方法。

总重约 1 300 吨的新梁分 9 片进入指定位置,实现了北京三元桥的“整体置换”。GPS、激光定位、机器人焊接钢梁、驮运架一体机整体置换等,实践了国内大城市重要交通节点桥梁维修的新创新方法。

置换过程分为拆旧换新、桥面施工、收尾工程三个部分。

几百名工作人员在原桥多个切割点同时作业,开启了置换工程。箱梁钢材采用数控切割、机器人焊接,提高了制造质量和尺寸精度。旧桥主梁被切割后,通过两台千吨级“驮运架一体机”整体驮出,新梁可以同时由机器驮入预定位置,在最短时间内实现“整体置换”。但在旧梁试顶时,工程专家发现旧桥情况不能安全承载被整体驮出,存在断裂风险。于是就地拆解主梁,分块运走。这样,切割工作就需要继续占用旧梁原来的位置,耽误了新桥入位的时间。

将 54.9 m 长、44.8 m 宽的钢梁整体“挪移”到原桥墩台上去,落下去的瞬间精度控制在 20 mm 之内,做到“严丝合缝”,这个过程需要“精确测控”。

在整个施工过程中采用三种方法互相矫正:利用 GPS、北斗卫星定位系统进行纵向控制,用激光循迹进行横向控制,再结合传统方法实现精确定位。

在三元桥维修工程指挥部的墙壁上,一张时间与工程进度匹配的指示图精确到每个单元 10 分钟,桥梁置换过程的细节都在图上标出,确保施工安全、精准。

工程造价大约比常规方法需要的 3 600 万元增加 300 万元。

(a)2015 年 11 月 15 日上午 9 时

(b)2015 年 11 月 15 日上午 11 时

(c)2015 年 11 月 15 日晚上 6 时工程改造完成

图 14-4　三元桥置换过程

我国知名桥梁设计师、三元桥设计者罗玲说:“虽然经历了一些波折,但我们成功了。”这次换梁创造了历史,在大城市重要交通节点上一次性完成了大型桥梁的整体置换架设,在国内属首次、在国际上技术领先。成功地运用千吨级驮运架一体机实现了 1 350 吨桥梁整体换梁,创造了大吨位整体换梁新技术范例,创造了新的北京建桥速度。

"在国外需要花 3 年才能建成,或要 3 个总统任期才能完成。"而在中国,三元桥改造工程历时43 h,让外国人震惊,并对中国肃然起敬,向全世界人民显示了中国在基建上的质量和高效。

积极、效率、科学、安全这一工程是各方面工程人员责任到位的显现,设计者的周密设计与制图,制造工程人员的严格精确制造,施工管理人员的严格测控,才使面积 2 000 多平方米的新桥在短时间内架设到位。

从设计、制图、制造、运输、管理到安全施工,做到各个环节工程人员责任到位,效率至上,辛苦感动,感恩荣耀。

14.2.2 磁悬浮的安全意识

北京市郊铁路 S1 线是北京市已经建设的一条中低速磁悬浮轨道线。该线路连接北京城区与门头沟区。工程已经于 2014 年 6 月全线开工建设,计划于 2017 年底通车。

S1 线中低速磁悬浮列车的运行,依靠电磁铁与轨道产生的电磁吸力使列车浮起大约 1 cm,车身与轨道之间保持一定的气隙而不直接接触,从而没有了轮轨激烈摩擦的噪声。

为加强施工个人安全意识,在磁悬浮施工现场让人们感受高空坠落、触电等风体验。同样对于磁悬浮轨道线,也有百姓担心,是否有磁辐射,对此,中科院电工研究所在一份专业检测报告中提出,磁悬浮列车直流磁场强度小于正常看电视对人体的影响,交流磁场强度小于使用电动剃须刀对人体的影响,电磁辐射强度也低于世界卫生组织推荐的国际非电离辐射防护委员会国际标准。

14.3 实践教学中的责任与安全

14.3.1 现代工程实践教学中的责任与安全

汽车工业成为各个国家的支柱性产业之一,汽车工业以材料业、制造业、电子业、化工石油业、汽车零配件制造与修理等工业为基础,汽车工业的发展又带动了这些基础工业的迅速起飞与现代科技的蓬勃发展。世界上一些尖端技术要把它们转化为价格低廉并为整个社会所共享的财富,需经过以大批量汽车产业生产得以实践。例如计算机、机器人、自动控制、柔性加工技术、有限元分析、模态分析等等越来越多引进汽车设计、制造、实验研究中。

实践教学和以往的实验课程的区别在于:发动机部件是直接从生产线上拿下来的设备,而不是非生产设备即模型,所以它的结构要比简单的模型复杂得多,具备了工程知识含量。

开展机械制图、机械设计制图系列"发动机实践教学"课程,教师的责任重大,不同于纯粹理论课堂。理论课教学,教师不用担心天花板和灯管掉下来砸伤学生的脑袋;而实践教学,学生一旦配合不当,发动机就会掉下砸伤学生的脚和腿,教师提心吊胆,身背千斤万担安全责任。正如要守义说:"干一份工作,担十分责任。"迄今为止,笔者送走了 2 万多名学生,学生都安全地、四肢健全和骄傲圆满地离开了实践教学课堂,最后都顺利地大学毕业,走入社会大实践课堂,这是安全责任到位的高度体现。

无论筹建、开展多么艰难,只要学生四肢健全就是我最大的快乐、欣慰和骄傲。

四肢健全来实践,安安全全离课堂;

工程传递靠教师,工程实践你我他。

——樊百林有感于 2011 年 3 月

发动机拆装实践感想

学风严谨,崇尚实践,正是在北京科技大学这个之前的校训引领下,加上老师您的无私奉献,我们在课本上学习的同时,有机会能够亲手拆装一下发动机。听老师课前的讲话,说实在的感触特别多,除了相比于其他学校能够实践的自豪外,也许更多的是从老师那边学到了很多为人处事的原则。周五我们班级是没有课的,开始的时候,听说老师要临时补课,大家都很不情愿,但是,当听说要动手拆发动机,大家立刻就有了劲。记得那一天上午,大家是很早就来到了逸夫楼,脸上洋溢着兴奋的笑容。都急不可待地想早点体验一下。

对于我而言,相比于能够动手的兴奋之外,学到了更多的就是之前说过的为人态度问题。也许很多年以后,我们学到的很多知识都将忘却,但是无论何时,只要回忆起学校,想到逸夫楼,想到机械制图,似乎只要看到发动机,我就会很自然的想到这节课,想到老师的讲话,也许这种收获是多少知识都换不回来的吧。

我自己简单的概括了一下老师您上课的讲话,总结以下几个词:**踏实、坚持、坦然、奉献。这几个词概括了您的品德,也感染了所有同学。**面对极少的报酬,你无怨无悔,踏踏实实坚守自己的岗位,为的是学生能够感受这节别样的课。为了能够使课程更加生动形象,你自己花钱补修相关的知识。

说到这里,如果总结为什么科大办成了这节课,除了学校往里面花钱买硬件设施,更主要的我想就是有老师您一个人的默默付出。你说,学那个知识很难,(没有网络)很苦,当时的待遇很差,但是您坚持过来了。就这一点深深感染了我们,不仅仅在现在的学习中需要努力,在未来的工作中也需要坚持。我想,您坚持的最大的动力还是您心中高尚的老师的品德。也许在您心中教书育人已经深深的占据了第一位置,而那些虚名仅仅是一张空纸而已。课后大家在食堂,在 qq 中谈到这节课的时候,大家很多时候是在讨论老师的为人,很难想象就一节课,就那样短短的几分钟的讲话能够如此的感染学生。说到这里不仅使我明白,得到别人的尊重不是依靠自己不断地标榜,也不是依靠自己身上有多少荣誉的渲染,真正的尊重来自内心的敬仰,而这全然依靠人的品性。正如雷锋没有高位殊荣,但是永远为人敬仰一样。

最后感谢老师,是您的付出使我们能够得到别样的教育,**您的一节课教会我们课程的知识,更教会我们为人的品性。时间冲不淡人格的教育。**科大学子走出去了,我相信有很多学子永远会在心中感激、祝福老师的。

短短一节课,教会了许多知识和人生。这就是我这节课最大的体会和收获。在感谢的同时也祝愿老师身体健康、合家美满。

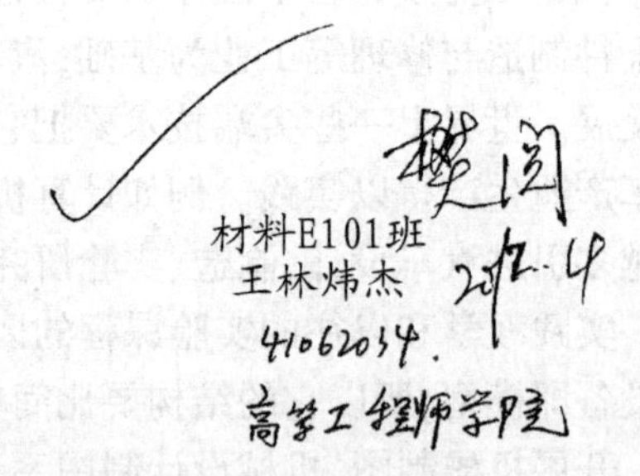

材料E101班

王林炜杰

刘谰冰(管理 2002)“樊老师,希望多开设几门实践课,实践课一直保留下去。我们学生很多都是第一次拆装,第一次接触,学生太缺乏这方面的训练了,初中、高中都忙着学习语数英物化等课程,根本没有时间接触这些机器,很多同学都是第一次拆装……”摘自《发动机原理与拆装实践教程——现代工程实践教学》。

14.3.2 安全专家入课堂

安全工程专家进入课堂,科研与教学相结合,是中国创新、全民创业的必然发展趋势,真实生动的工程设计、安装、生产案例,使大学生得到现代工程设计与生产管理的知识和能力的培养。

将专家金龙哲安全请入制图课堂教学,利用生动真实的工程设计案例,通过分析讲解工程设计中尺寸与尺寸公差的作用,阐述机械设计中工程设计的责任安全重要性和严谨性,使大学生向设计制图的工程化、适用化、实际化、责任化、安全化 、严谨化迈出了划时代的一大步。

14.4　三工程实践教学新理念

14.4.1　绿色工程

1. 35 年前已知的核环境

曾参与福岛反应堆建设的美国专家称，35 年前已经察觉到核电站缺陷，但无应对重大事故配套措施。福岛第一核电站 6 座反应堆由日本东芝和美国通用电气建造，当年通用和日方拒绝关闭核电站，所以通用退休工程师布里登博预见到核辐射的隐患，因为仁爱之心，决定离开设计团队。（2011 年 3 月 17 日 17 版北京晚报）

2. 福岛核电站辐射

2011 年 3 月 11 日，日本地震、海啸引发的福岛核电站安全事故（见图 14-5），放射性污水约 6 万吨，海水超标 750 万倍，福岛核电站辐射量为常态的 6 600 倍，这一事件告诉我们，放射性的碘对于住在核电厂附近的人有危害，1986 年切尔诺贝利核灾难之后有一些甲状腺癌病患即与此有关。放射性铯、铀和钚都是对人体有害的，并且不以某个特定器官为靶标。放射性的氮几秒钟后就很快会衰变，而放射性氩也对身体有害。

仙台市藤塚

地震前后卫星云图

图　14-5

14.4.2 人文工程

科技设计者的安全责任至关重要,如35年前已知的核环境,其实很多事件我们都是可以预见和预防的,人们赖以生存的衣食住行科技工程、环境工程、安全工程乃至于其他任何工程,工程的设计者若坚守职业道德、责任规范,提高安全意识、环保意识,我们就可以避免很多奶粉事件、日本核电站事件等不必要的麻烦和事件。

习近平总书记说:"我们既要绿水青山,也要金山银山。宁要绿水青山,不要金山银山,而且绿水青山就是金山银山。我们绝不能以牺牲生态环境为代价换取经济的一时发展。我们提出了建设生态文明、建设美丽中国的战略任务,给子孙留下天蓝、地绿、水净的美好家园。

在生态环境保护上一定要算大账、算长远账、算整体账、算综合账,不能因小失大、顾此失彼、寅吃卯粮、急功近利。

要着力推进人与自然和谐共生。生态环境没有替代品,用之不觉,失之难存。要树立大局观、长远观、整体观,坚持节约资源和保护环境的基本国策,像保护眼睛一样保护生态环境,像对待生命一样对待生态环境,推动形成绿色发展方式和生活方式,协同推进人民富裕、国家强盛、中国美丽。"

14.4.3 三工程教学理念

三工程教学理念:以人为本的"人文工程、科技工程、绿色工程"三工程实践教学新体系,即着眼于培养德才兼备的优秀人才,优秀人才创作出卓越的工程设计产品,具有高度责任意识的优秀人才和工程设计产品服务于人类自身,共同保护人类和其他生命体共有的地球生态环境家园的教学新体系。摘自《从空中回来》

思考题

1. 设计人员应该培养哪方面的素养。
2. 科技工作者的责任意识体现在哪些方面?

习　题

1. 三元桥桥梁整体置换采用GPS、________、__________,驮运架一体机整体置换等,实践了国内大城市重要交通节点桥梁维修的新创新方法。

2. 三元桥"换梁疗伤"从工程启动到结束,它的特点是__________、__________、__________,是桥梁维修的创新新方法。

3. 日本地震、海啸引发福岛核电站安全事故,该核电站缺陷35年前已知,曾参与福岛反应堆建设的美国专家称,通用退休工程师________预见到核辐射的隐患,因为仁爱之心,决定离开了设计团队。(2011年3月17日17版北京晚报)

4. 磁悬浮线列车运行的时候,磁悬浮列车将浮起大约________。S1线中低速磁悬浮列车的运行,依靠电磁铁与轨道产生的电磁吸力使列车浮起。

5. 中科院电工研究所在一份专业检测报告中提出,交流磁场强度小于使用电动剃须刀对人体的影响,电磁辐射强度也________世界卫生组织推荐的国际非电离辐射防护委员会国际标准。

参考文献

1. 樊百林.机械制图课堂教学中渗透人文与责任意识的探索与实践[J].——金属世界.

2. 樊百林. 从空中回来,时代文化出版社,2014

3. 樊百林,黄钢汉,马佺.培养未来科技人员责任意识的探索与实践[J].中国校外教育,2009(8).

4. 樊百林,黄钢汉,窦忠强.中华民族和谐文化在现代工程设计中的创新实践[J]. 中国校外教育,2009(11).

附录

附录 A　连接与紧固

附表 A-1　普通螺纹基本尺寸(GB/T 196—2003 摘录)　　单位:mm

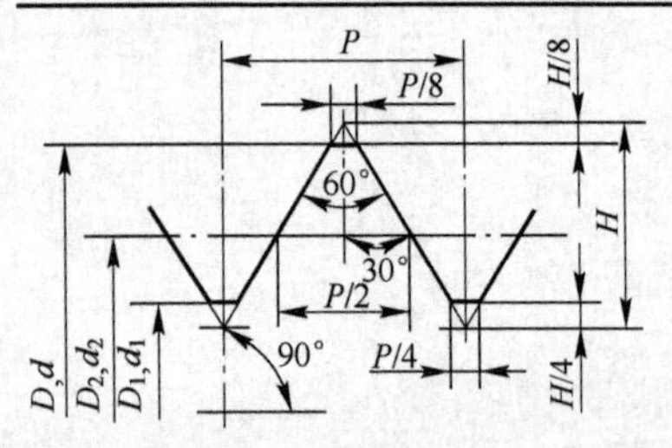

$H=0.866P$

$d_2=d-0.6495P$

$d_1=d-1.0825P$

D,d——内、外螺纹大径

D_2,d_2——内、外螺纹中径

D_1,d_1——内、外螺纹小径

P——螺距

标记示例(参考):

M20-6H(公称直径 20 mm,粗牙右旋内螺纹,中径和大径的公差带均为 6H)

M20-6g(公称直径 20 mm,粗牙右旋外螺纹,中径和大径的公差带均为 6g)

M20-6H/6g(上述规格的螺纹副)

M20×2LH-5g6g-S(公称直径 20 mm,螺距 2 mm,细牙左旋外螺纹,中径,大径的公差带分别为 5g、6g,短旋合长度)

公称直径 D,d 第一系列	公称直径 D,d 第二系列	螺距 P	中径 D_2,d_2	小径 D_1,d_1
3		0.5	2.675	2.459
		0.35	2.773	2.621
	3.5	(0.6)	3.110	2.850
		0.35	3.273	3.121
4		0.7	3.545	3.242
		0.5	3.675	3.459
	4.5	(0.75)	4.013	3.688
		0.5	4.175	3.959
5		0.8	4.480	4.134
		0.5	4.675	4.459
6		1	5.350	4.917
		0.75	5.513	4.188
8		1.25	7.188	6.647
		1	7.350	6.917
		0.75	7.513	7.188
10		1.5	9.026	8.376
		1.25	9.188	8.674
		1	9.350	8.917
		0.75	9.513	9.188
12		1.75	10.863	10.106
		1.5	11.026	10.376
		1.25	11.188	10.647
		1	11.350	10.917
	14	2	12.701	11.835
		1.5	13.026	12.376
		1	13.350	12.917
16		2	14.701	13.835
		1.5	15.026	14.376
		1	15.350	14.917
	18	2.5	16.376	15.294
		2	16.701	15.835

公称直径 D,d 第一系列	公称直径 D,d 第二系列	螺距 P	中径 D_2,d_2	小径 D_1,d_1
	18	1.5	17.026	16.376
		1	17.350	16.917
20		2.5	18.376	17.294
		2	18.701	17.835
		1.5	19.026	18.376
		1	19.350	18.917
	22	2.5	20.376	19.294
		2	20.701	19.835
		1.5	21.026	20.376
		1	21.350	20.917
24		3	22.051	20.752
		2	22.701	21.835
		1.5	23.026	22.376
		1	23.350	22.917
	27	3	25.051	23.752
		2	25.701	24.835
		1.5	26.026	25.376
		1	26.350	25.917
30		3.5	27.727	26.211
		2	28.701	27.835
		1.5	29.026	28.376
		1	29.350	28.917
	33	3.5	30.727	29.211
		2	31.707	30.835
		1.5	32.026	31.376
36		4	33.402	31.670
		3	34.051	32.752
		2	34.701	33.835
		1.5	35.026	34.376
	39	4	36.402	34.670
		3	37.051	35.752

公称直径 D,d 第一系列	公称直径 D,d 第二系列	螺距 P	中径 D_2,d_2	小径 D_1,d_1
	39	2	37.701	36.835
		1.5	38.026	37.376
42		4.5	39.077	37.129
		3	40.051	38.752
		2	40.701	39.835
		1.5	41.026	40.376
	45	4.5	42.077	40.129
		3	43.051	41.752
		2	43.701	42.853
		1.5	44.026	43.376
48		5	44.752	42.587
		3	46.051	44.752
		2	46.701	45.835
		1.5	47.026	46.376
	52	5	48.752	46.587
		3	50.051	48.752
		2	50.701	49.835
		1.5	51.026	50.376
56		5.5	52.428	50.046
		4	53.402	51.670
		3	54.051	52.752
		2	54.701	53.835
		1.5	55.026	54.376
	60	(5.5)	56.728	54.046
		4	57.402	55.670
		3	58.051	56.752
		2	58.701	57.835
		1.5	59.026	58.376
64		6	60.103	57.505
		4	61.402	59.670
		3	62.051	60.752

注:1. "螺距 P"栏中第一个数值为粗牙螺距,其余为细牙螺距。

2. 优先选用第一系列,其次是第二系列,第三系列(表中未列出)尽可能不用。

3. 括号内尺寸尽可能不用。

附表 A-2　梯形螺纹牙型(GB/T 5793.1—2005 摘录)　　单位:mm

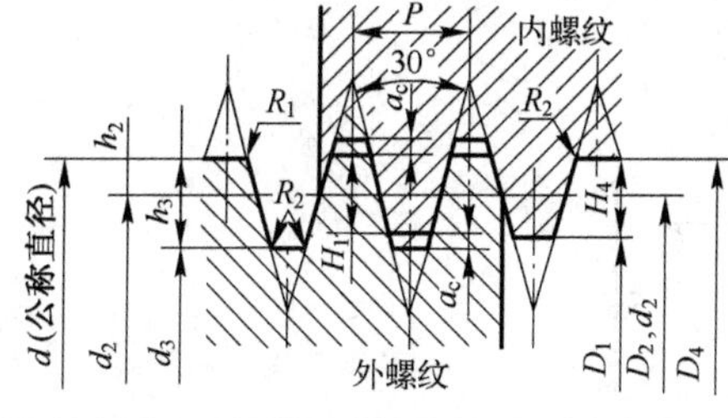

标记示例:

Tr40×7-7H(梯形内螺纹,公称直径 $d=40$ mm,螺距 $P=7$ mm,精度等级 7H)

Tr40×14(P7)LH-7e(多线左旋梯形外螺纹,公称直径 $d=40$ mm,导程 = 14 mm,螺距 $P=7$ mm,精度等级 7e)

Tr40×7-7H/7e(梯形螺旋副,公称直径 $d=40$ mm,螺距 $P=7$ mm,内螺纹精度等级 7H,外螺纹精度等级 7e)

螺距 P	a_c	$H_4=h_3$	R_{1max}	R_{2max}
1.5	0.15	0.9	0.075	0.15
2	0.25	1.25	0.125	0.25
3		1.76		
4		2.25		
5		2.75		
6	0.5	3.5	0.25	0.5
7		4		
8		4.5		

螺距 P	a_c	$H_4=h_3$	R_{1max}	R_{2max}
9	0.5	5	0.25	0.5
10		5.5		
12		6.5		
14	1	8	0.5	1
16		9		
18		10		
20		11		
22		12		

螺距 P	a_c	$H_4=h_3$	R_{1max}	R_{2max}
24	1	13	0.5	1
28		15		
32		17		
36		19		
40		21		
44		23		

附表 A-3　梯形螺纹直径与螺距系列(GB/T 5796.2—2005 摘录)　　单位:mm

公称直径 d		螺距 P	公称直径 d		螺距 P	公称直径 d		螺距 P	公称直径 d		螺距 P
第一系列	第二系列		第一系列	第二系列		第一系列	第二系列		第一系列	第二系列	
8		1.5	28	26	8,5,3	52	50	12,8,3		110	20,12,4
10	9	2,1.5		30	10,6,3		55	14,9,3	120	130	22,14,6
	11	3,2	32		10,6,3	60		14,9,3	140		24,14,6
12		3,2	36	34		70	65	16,10,4		150	24,16,6
16	14	3,2		38	10,7,3	80	75	16,10,4	160		28,16,6
	18	4,2	40	42			85	18,12,4		170	28,16,6
20		4,2	44		12,7,3	90	95	18,12,4	180		28,18,8
24	22	8,5,3	48	46	12,8,3	100		20,12,4		190	32,18,8

注:优先选用第一系列的直径,黑体字为对应直径优先选项用的螺距。

附表 A-4　梯形螺纹基本尺寸(GB/T 5796.3—2005 摘录)　　单位:mm

螺距 P	外螺纹小径 d_3	内、外螺纹中径 D_2、d_2	内螺纹大径 D_4	内螺纹 D_1	螺距 P	外螺纹小径 d_3	内、外螺纹中径 D_2、d_2	内螺纹大径 D_4	内螺纹 D_1
1.5	$d-1.8$	$d-0.75$	$d+0.3$	$d-1.5$	8	$d-9$	$d-4$	$d+1$	$d-8$
2	$d-2.5$	$d-1$	$d+0.5$	$d-2$	9	$d-10$	$d-4.5$	$d+1$	$d-9$
3	$d-3.5$	$d-1.5$	$d+0.5$	$d-3$	10	$d-11$	$d-5$	$d+1$	$d-10$
4	$d-4.5$	$d-2$	$d+0.5$	$d-4$	12	$d-13$	$d-6$	$d+1$	$d-12$
5	$d-5.5$	$d-2.5$	$d+0.5$	$d-5$	14	$d-16$	$d-7$	$d+2$	$d-14$
6	$d-7$	$d-3$	$d+1$	$d-6$	16	$d-18$	$d-8$	$d+2$	$d-16$
7	$d-8$	$d-3.5$	$d+1$	$d-7$	18	$d-20$	$d-9$	$d+2$	$d-18$

注:1. d——设计牙型上的外螺纹大径(公称直径)。

2. 表中所列数值的计算公式:$d_3=d-2h_3$;D_2、$d_2=d-0.5P$;$D_4=d+2a_c$;$D_1=d-P$。

附表 A-5 锯齿形(3°、30°)螺纹(GB/T 13576.3—2008) 单位:mm

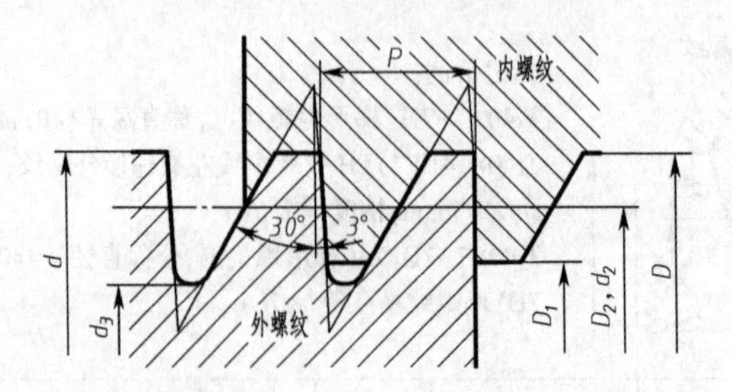

标记示例:

B40×14(P7)LH-7e 双线、左旋锯齿形外螺纹,公称直径 40 mm,螺距 7 mm,导程 14 mm,中径公差带代号为 7e

B40×7-7H/7e-L 锯齿形螺旋副,公称直径 40 mm,螺距 7 mm,内螺纹中径公差带代号为 7H,外螺纹中径公差带代号为 7e,长旋合长度

公称直径 d 第一系列	公称直径 d 第二系列	螺距 P	中径 $d_2=D_2$	小径 d_3	小径 D_1	公称直径 d 第一系列	公称直径 d 第二系列	螺距 P	中径 $d_2=D_2$	小径 d_3	小径 D_1
10		2①	8.5	6.529	7	32		3	29.75	26.793	27.5
								6①	27.5	21.587	23
12		2	10.5	8.529	9			10	24.5	14.645	17
		3①	9.75	6.793	7.5		34	3	31.75	28.793	29.5
	14	2	12.5	10.529	11			6①	29.5	23.587	25
		3①	11.75	8.793	9.5			10	26.5	16.645	19
16		2	14.5	12.529	13	36		3	33.75	30.793	31.5
		4①	13.5	9.058	10			6①	31.5	25.587	27
	18	2	16.5	14.529	15			10	28.5	18.645	21
		4①	15	11.058	12		38	3	35.75	32.793	33.5
20		2	18.5	16.529	17			7①	32.75	25.851	27.5
		4①	17	13.058	14			10	30.5	20.645	23
	22	3	19.75	16.793	17.5	40		3	37.75	34.793	35.5
		5①	18.25	13.322	14.5			7①	34.75	27.851	29.5
		8	16	8.116	10			10	32.5	22.645	25
24		3	21.75	18.793	19.5		42	3	39.75	36.793	37.5
		5①	20.25	15.322	16.5			7①	36.75	29.851	31.5
		8	18	10.116	12			10	34.5	24.645	27
	26	3	23.75	20.793	21.5	44		3	41.75	38.793	39.5
		5①	22.25	17.322	18.5			7①	38.75	31.851	33.5
		8	20	12.116	14			12	35	23.174	26
28		3	25.75	22.793	23.5		46	3	43.75	40.793	41.5
		5①	24.25	19.322	20.5			8①	40	32.116	34
		8	22	14.116	16			12	37	25.174	28
	30	3	27.75	24.793	25.5	48		3	45.75	42.793	43.5
		6①	25.5	19.587	21			8①	42	34.116	36
		10	22.5	12.645	15			12	39	27.174	30

① 优先选用螺距。

附表 A-6　55°非密封管螺纹基本尺寸(GB/T 7307—2001)　　单位:mm

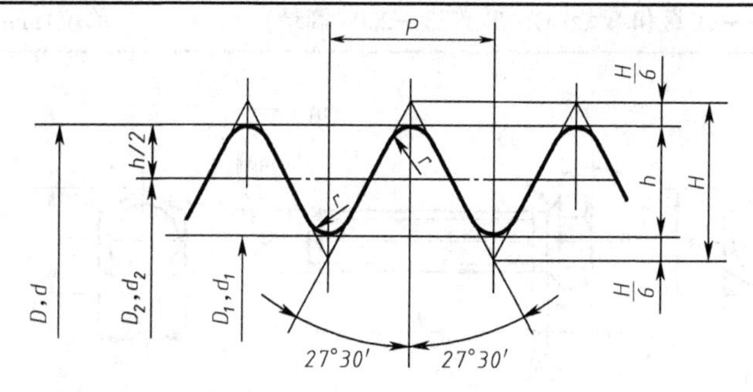

$P=\dfrac{25.4}{n}$

$H=0.960\ 491P$

$h=0.640\ 327P$

$r=0.137\ 329P$

$\dfrac{H}{6}=0.160\ 082P$

$D_2=d_2=d-0.640\ 327P$

$D_1=d_1=d-1.280\ 654P$

标记示例:

G1/2-LH　尺寸代号为 1/2 的左旋内螺纹

G1/2A　尺寸代号为 1/2 的 A 级右旋外螺纹或尺寸代号为 1/2 的右旋内外螺纹旋合,外螺纹的中径公差为 A 级

尺寸代号 /in (1in=25.4 mm)	每 in 内的牙数 n	螺距 P	牙高 h	圆弧半径 $r\approx$	基本直径		
					大径 $d=D$	中径 $d_2=D_2$	小径 $d_1=D_1$
1/4	19	1.337	0.856	0.184	13.157	12.301	11.445
3/8	19	1.337	0.856	0.184	16.662	15.806	14.950
1/2	14	1.814	1.162	0.249	20.955	19.793	18.631
5/8	14	1.814	1.162	0.249	22.911	21.749	20.587
3/4	14	1.814	1.162	0.249	26.441	25.279	24.117
7/8	14	1.814	1.162	0.249	30.201	29.039	27.877
1	11	2.309	1.479	0.317	33.249	31.770	30.291
1⅛	11	2.309	1.479	0.317	37.897	36.418	34.939
1¼	11	2.309	1.479	0.317	41.910	40.431	38.952
1⅓	11	2.309	1.479	0.317	47.803	46.324	44.845
1¾	11	2.309	1.479	0.317	53.746	52.267	50.788
2	11	2.309	1.479	0.317	59.614	58.135	56.656
2¼	11	2.309	1.479	0.317	65.710	64.231	62.752
2½	11	2.309	1.479	0.317	75.184	73.705	72.226
2¾	11	2.309	1.479	0.317	81.534	80.055	78.576
3	11	2.309	1.479	0.317	87.884	86.405	84.926
3½	11	2.309	1.479	0.317	100.330	98.851	97.372
4	11	2.309	1.479	0.317	113.030	111.551	110.072
4½	11	2.309	1.479	0.317	125.730	124.251	122.772
5	11	2.309	1.479	0.317	138.430	136.951	135.472
5½	11	2.309	1.479	0.317	151.130	149.651	148.172
6	11	2.309	1.479	0.317	163.830	162.351	160.872

注:本标准适用于管接头、旋塞、阀门及附件。

附表 A-7　六角头螺栓——A 级和 B 级(GB/T 5782—2000 摘录)

六角头螺栓——全螺纹——A 级和 B 级(GB/T 5783—2000 摘录)　　单位:mm

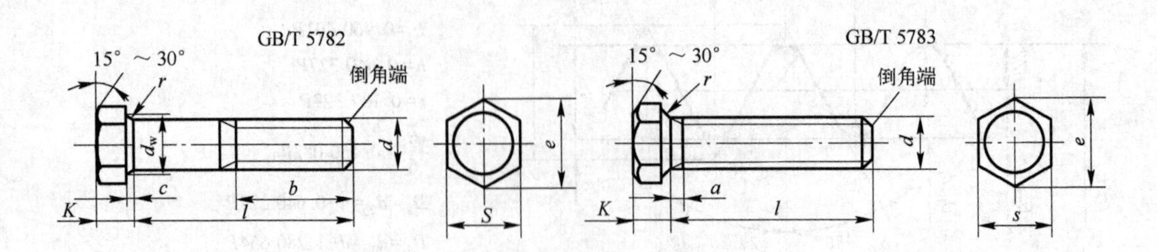

标记示例:

螺纹规格 d=M12,公称长度 l=80 mm,性能等级为 9.8 级,表面氧化,A 级的六角头螺栓

螺栓　GB/T 5782 M12×80

标记示例:

螺纹规格 d=M12,公称长度 l=80 mm,性能等级为 9.8 级,表面氧化,全螺纹,A 级的六角头螺栓

螺栓　GB/T 5783 M12×80

螺纹规格 d			M3	M4	M5	M6	M8	M10	M12	M16	M20	M24	M30	M36
b 参考	l≤125		12	14	16	18	22	26	30	38	46	54	66	78
	125<l≤200		—	—	—	—	28	32	36	44	52	60	72	84
	l>200		—	—	—	—	—	—	—	57	65	73	85	97
a	max		1.5	2.1	2.4	3	3.75	4.5	5.25	6	7.5	9	10.5	12
c	max		0.4	0.4	0.5	0.5	0.6	0.6	0.6	0.8	0.8	0.8	0.8	0.8
d_w	min	A	4.57	5.88	6.88	8.88	11.63	14.63	16.63	22.49	28.19	33.61	—	—
		B	—	—	6.75	8.74	11.47	14.47	16.47	22	27.7	33.25	42.75	51.11
e	min	A	6.01	7.66	8.79	11.05	14.38	17.77	20.03	26.75	33.53	39.98	—	—
		B	5.88	7.50	8.63	10.89	14.20	17.59	19.85	26.17	32.95	39.55	50.85	60.79
K	公称		2	2.8	3.5	4	5.3	6.4	7.5	10	12.5	15	18.7	22.5
r	min		0.1	0.2	0.2	0.25	0.4	0.4	0.6	0.6	0.8	0.8	1	1
s	公称		5.5	7	8	10	12	16	18	24	30	36	46	55
L 范围(GB/T 5782)			20~30	25~40	25~50	30~60	35~80	40~100	45~120	55~160	65~200	80~240	90~30	110~360
L 范围(全螺纹)(GB/T 5783A 级)			6~30	8~40	10~50	12~60	16~80	20~100	25~100	35~100	40~100	40~100	40~100	
l 系列			6,8,10,12,16,20~70(5 进位),80~160(10 进位),180~360(20 进位)											

技术条件	材料	力学性能等级	螺纹公差	公差产品等级	表面处理
	钢	5.6,8.8,9.8,10.9	6g	A 级用于 d≤24 和 l≤10d 或 l≤150 B 级用于 d>24 和 l>10d 或 l>150	氧化
	不锈钢	A2~70,A4~70			简单处理
	有色金属	Cu2,Cu3,A14 等			简单处理

注:(1)A、B 为产品等级,C 级产品螺纹公差为 8g,规格为 M5~M64,性能等级为 3.6、4.6 和 4.8 级,详见 GB/T 5780—2000,GB/T 5781—2000。

(2)、(3)括号内第二系列螺纹直径规格,尽量不采用。

附表 A-8　六角头铰制孔用螺栓——A 级和 B 级(GB/T 27—2013)　单位:mm

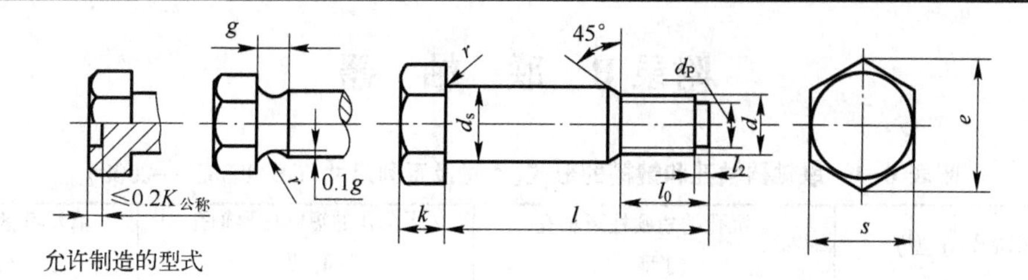

允许制造的型式

标记示例:

螺纹规格 d=M12,d_s尺寸按表规定,公称长度 l=80 mm,性能等级为 8.8 级,表面氧化处理,A 级的六角头铰制孔用螺栓

螺栓 GB/T 27　M12×80

当 d_s按 m6 制造时应标记为:螺栓 GB/T 27　M12×m6×80

螺纹规格 d		M6	M8	M10	M12	(M14)	M16	(M18)	M20	(M22)	M24	(M27)	M30	M36
d_s(h9)	max	7	9	11	13	14	17	19	21	23	25	28	31	38
s	max	10	13	16	18	21	24	27	30	34	36	41	46	55
k	公称	4	5	6	7	8	9	10	11	12	13	15	17	20
r	min	0.25	0.4	0.4	0.6	0.6	0.6	0.6	0.8	0.8	0.8	1	1	1
d_p		4	5.5	7	8.5	10	12	13	15	17	18	21	23	28
l_2		1.5		2		3			4			5		6
e_{min}	A	11.05	14.38	17.77	20.03	23.35	26.75	30.14	33.53	37.72	39.98	—	—	—
	B	10.89	14.20	17.59	19.85	22.78	26.17	29.56	32.95	37.29	39.55	45.2	50.85	60.79
g		2.5				3.5					5			
l_0		12	15	18	22	25	28	30	32	35	38	42	50	55
l 范围		25~65	25~80	30~120	35~180	40~180	45~200	50~200	55~200	60~200	65~200	75~200	80~230	90~300
l 系列		25,(28),30,(32),35,(38),40,45,50,(55),60,(65),70,(75),80,85,90,(95),100~260(10 进位),280,300												

注:(1)公差技术条件见相关技术手册。

(2)括号内为非优选的螺纹规格,尽可能不采用。

表 A-9　内六角圆柱头螺钉(GB/T 70.1—2008 摘录)　单位:mm

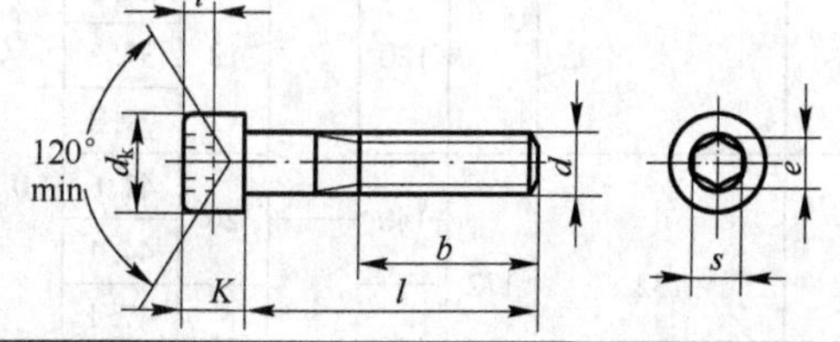

标记示例:

螺纹规格 d=M8,公称长度 l=20 mm,性能等级为 8.8 级,表面氧化的内六角圆柱头螺钉

螺栓　GB/T 70.1　M8×20

螺纹规格 d	M5	M6	M8	M10	M12	M16	M20	M24	M30	M36
b(参考)	22	24	28	32	36	44	52	60	72	84
d_k(max)	8.5	10	13	16	18	24	30	36	45	54
e(min)	4.58	5.72	6.86	9.15	11.43	16	19.44	21.73	25.15	30.85
K(max)	5	6	8	10	12	16	20	24	30	36
s(公称)	4	5	6	8	10	14	17	19	22	27
t(min)	2.5	3	4	5	6	8	10	12	15.5	19
l 范围(公称)	8~50	10~60	12~80	16~100	20~120	25~160	30~200	40~200	45~200	55~200
制成全螺纹时 l≤	25	30	35	40	45	55	65	80	90	110
l 系列(公称)	8,10,12,16,20~70(5 进位),70~160(10 进位),180,200									

注:非优选的螺纹规格未列入。

附录B 联 轴 器

附表 B-1 联轴器轴孔和键槽的形式、代号及系列尺寸(GB/T 3852—2008)

	长圆柱形轴孔(Y 型)	有沉孔的短圆柱形轴孔(J 型)	无沉孔的短圆柱形轴孔(J_1 型)	有沉孔的圆锥形轴孔(Z 型)
轴孔	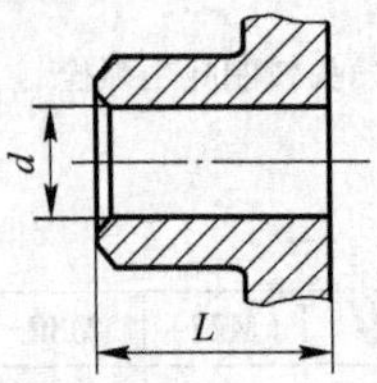 d, L	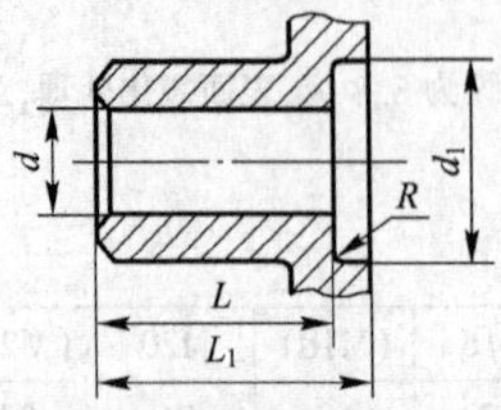 d, d_1, R, L, L_1	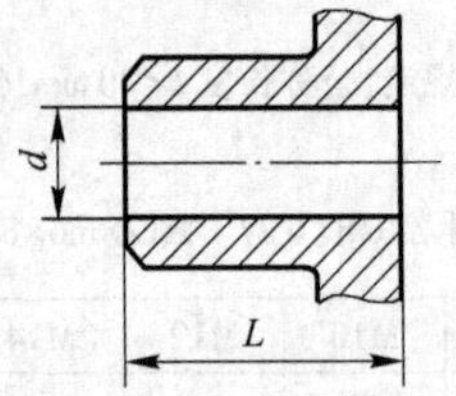 d, L	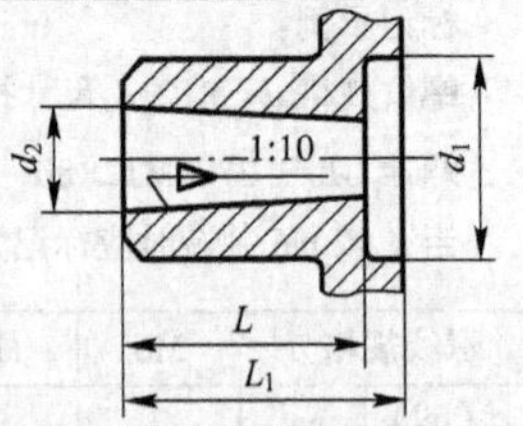 d_2, d_1, 1:10, L, L_1
键槽	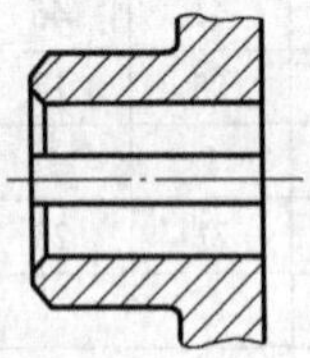 A型:b, l;B型:b, l, 120°	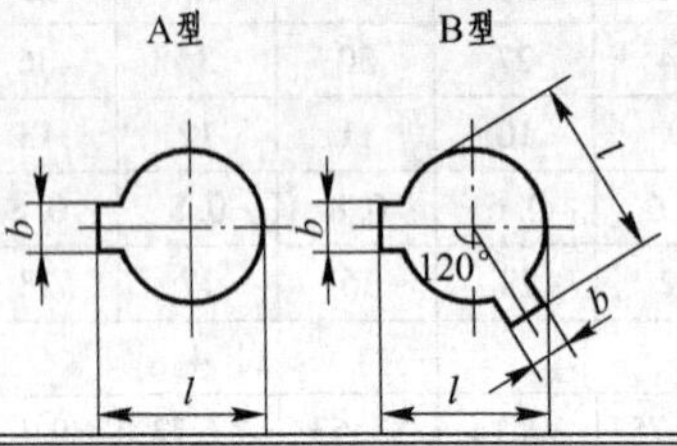	b、t 尺寸参照键连接	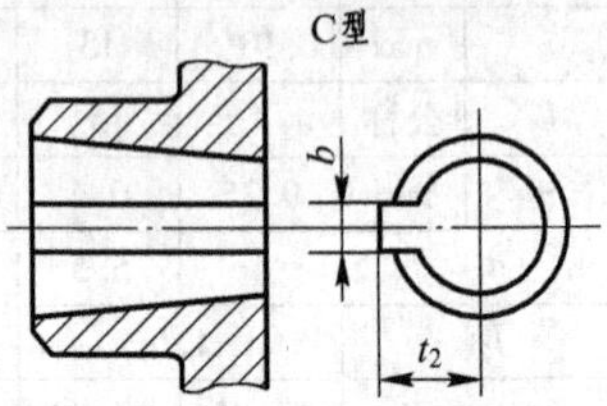 C型:b, t_2

轴孔和C型键槽尺寸 (单位:mm)

直径 d,d_1	轴孔长度 L Y型	轴孔长度 L J,J_1,Z型	L_1	沉孔 d_1	沉孔 R	C型键槽 b	C型键槽 t_2 公称尺寸	C型键槽 t_2 极限偏差
16						3	8.7	
18	42	30	42				10.1	
19							10.6	
20				38		4	10.9	
22	52	38	52		1.5		11.9	
24							13.4	±0.1
25	62	44	62	48		5	13.7	
28							15.2	
30							15.8	
32	82	60	82	55			17.3	
35						6	18.3	
38							20.3	
40				65	2	10	21.2	
42							22.2	
45	112	84	112	80			23.7	±0.2
48						12	25.2	
50				95			26.2	

直径 $d、d_2$	轴孔长度 L Y型	轴孔长度 L J、J_1、Z型	L_1	沉孔 d_1	沉孔 R	C型键槽 b	C型键槽 t_2 公称尺寸	C型键槽 t_2 极限偏差
55	112	84	112	95		14	29.2	
56							29.7	
60							31.7	
63				105		16	32.2	
65					2.5		34.2	
70	142	107	142				36.8	
71				120		18	37.3	
75							39.3	
80				140		20	41.6	±0.2
85	172	132	172				44.1	
90				160		22	47.1	
95					3		49.6	
100				180		25	51.3	
110							56.3	
120	212	167	212	210		28	62.3	
125					4		64.8	
130	252	202	252	235			66.4	

轴孔与轴伸的配合、键槽宽度 b 的极限偏差

$d、d_2$/mm	圆柱形轴孔与轴伸的配合		圆锥形轴孔的直径偏差	键槽宽度 b 的极限偏差
6~30	H7/j6	根据使用要求也可选用 H7/p6 和 H7/n6	JS10(圆锥角度及圆锥形状公差应小于直径公差)	P9(或 JS9,D10)
>30~50	H7/k6			
>50	H7/m6			

注:(1)无沉孔的圆锥形轴孔(Z_1 型)和 B_1 型、D 型键槽尺寸,详见 GB/T 3852。

(2) Y 型限用于圆柱形轴伸的电动机端。

附表 B-2　凸缘联轴器(GB/T 5843—2003)

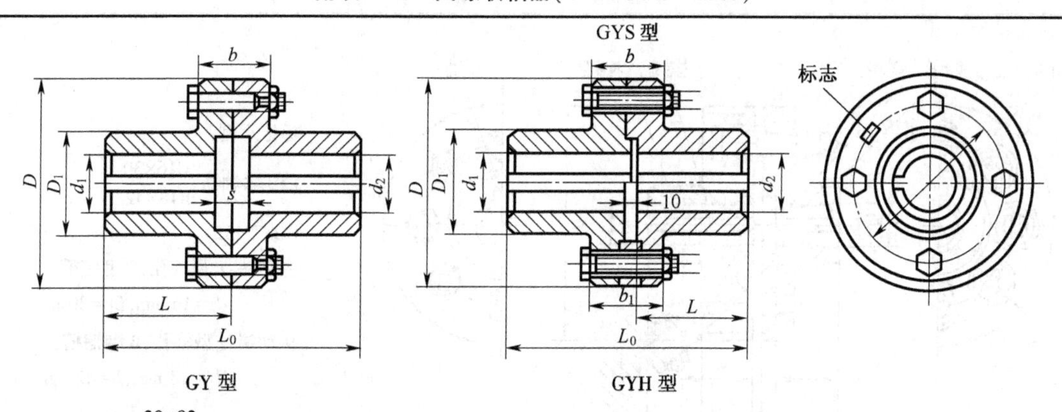

标记示例:GY4 联轴器$\frac{30\times82}{J_1 30\times60}$　GB/T 5843　　主动端:Y 型轴孔,A 型键槽,$d=30$ mm,$L=82$ mm

从动端:J_1 型轴孔,A 型键槽,$d=30$ mm,$L=60$ mm

型　号	公称转矩 /(N·m)	许用转矩 /(r·min)	轴孔直径 d_1,d_2/mm	轴孔长度		D/ mm	D_1/ mm	b/ mm	b_1/ mm	s/ mm	转动惯量 /(kg·m²)	质量 /kg
				Y 型	J_1 型							
GY1 GYS1 GYH1	25	12 000	12,14	32	27	80	30	26	42	6	0.000 8	1.16
			16,18,19	42	30							
GY2 GYS2 GYH2	63	10 000	16,18,19	42	30	90	40	28	44	6	0.001 5	1.72
			20,22,24	52	38							
			25	62	44							
GY3 GYS3 GYH3	112	9 500	20,22,24	52	38	100	45	30	46	6	0.002 5	2.38
			25,28	62	44							
GY4 GYS4 GYH4	224	9 000	25,28	62	44	105	55	32	48	6	0.003	3.15
			30,32,35	82	60							
GY5 GYS5 GYH5	400	8 000	30,32,35,38	82	60	120	68	36	52	8	0.007	5.43
			40,42	112	84							
GY6 GYS6 GYH6	900	6 800	38	82	84	140	80	40	56	8	0.015	7.59
			40,42,45,48,50	112	60							
GY7 GYS7 GYH7	1 600	6 000	48,50,55,56	112	84	160	100	40	56	8	0.031	13.1
			60,63	142	107							
GY8 GYS8 GYH8	3 150	4 800	60,63,65,70,71,75	142	107	200	130	50	68	10	0.103	27.5
			80	172	132							
GY9 GYS9 GYH9	6 300	3 600	75	142	107	260	160	66	84	10	0.319	47.8
			80,85,90,95	172	132							
			100	212	167							
GY10 GYS10 GYH10	10 000	3 200	90,95	172	132	300	200	72	90	10	0.720	82.0
			100,110,120,125	212	167							
GY11 GYS11 GYH11	25 000	2 500	120,125	212	167	380	260	80	98	10	2.278	162.3
			130,140,150	212	202							
			160	252	242							
GY12 GYS12 GYH12	50 000	2 000	150	252	202	460	320	92	112	12	5.923	285.6
			160,170,180	302	242							
			190,200	352	282							

注:(1)质量、转动惯量按 GY 型 Y/J_1 组合和最小轴孔直径计算。
(2)本联轴器不具备径向、轴向和角向的补偿性能,刚性好,传递转矩大,结构简单,工作可靠,维护简便,适用于两轴对中精度良好的一般轴系传动。

附表 B-3　弹性套柱销联轴器（GB/T 4323—2002）

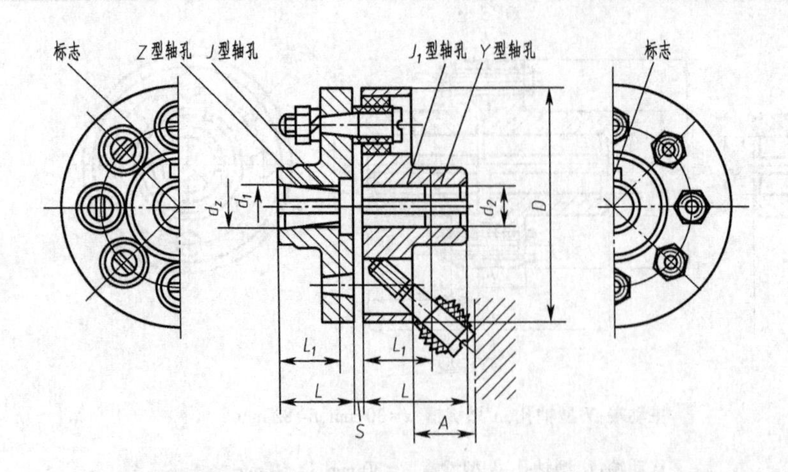

标记示例：

LT3 联轴器 $\frac{ZC16\times30}{JB18\times42}$

GB/T 4323

主动端：Z 型轴孔，C 型键槽，

$d_z=16$ mm，$L_1=30$ mm

从动端：J 型轴孔，B 型键槽，

$d_1=18$ mm，$L=42$ mm

型号	公称转矩 /(N·m)	许用转速 /(r·min⁻¹)	轴孔直径 d_1,d_2,d_z/mm	轴孔长度/mm Y型	J,J₁,Z型		D	S	A	质量 /kg	转动惯量 /kg·m²	许用补偿量(参考) 径向 Δy/mm	角向 Δα
				L	L_1	L	mm						
LT1	6.3	8 800	9	20	14	—	71	3	18	0.82	0.000 5	0.2	1°30′
			10、11	25	17								
			12、14	32	20								
LT2	16	7 600	12、14				80			1.20	0.008		
			16、18、19	42	30	42							
LT3	31.5	6 300	16、18、19				95	4	35	2.20	0.002 3		
			20、22	52	38	52							
LT4	63	5 700	20、22、24				106			2.84	0.003 7		
			25、28	62	44	62							
LT5	125	4 600	25、28				130	5	45	6.05	0.012 0	0.3	
			30、32、35	82	60	82							
LT6	250	3 800	32、35、38				160			9.57	0.028 0		1°
			40、42	112	84	112							
LT7	500	3 600	40、42、45、48				190			14.01	0.055 0		
LT8	710	3 000	45、48、50、55、56				224	6	65	23.12	0.134 0	0.4	
			60、63	142	107	142							
LT9	1 000	2 850	50、55、56	112	84	112	250			30.69	0.203 0		
			60、63、65、70、71	142	107	142							
LT10	2 000	2 300	63、65、70、71、75				315	8	80	61.40	0.660 0		
			80、85、90、95	172	132	172							
LT11	4 000	1 800	80、85、90、95				400	10	100	120.70	2.122 0	0.5	0°30′
			100、110	212	167	212							
LT12	8 000	1 450	100、110、120、125				475	12	130	210.34	5.390 0		
			130	252	202	252							
LT13	16 000	1 150	120、125	212	167	212	600	14	180	419.36	17.580 0	0.6	
			130、140、150	252	202	252							
			160、170	302	242	302							

注：(1)质量、转动惯量按材料为铸钢、无孔、计算近似值。

(2)本联轴器具有一定补偿两轴线相对偏移和减振缓冲能力，适用于安装底座刚性好，冲击载荷不大的中、小功率轴系传动，可用于经常正反转、起动频繁的场合，工作温度为-20~70℃。

附表 B-4　梅花形弹性联轴器(GB/T 5272—2002)

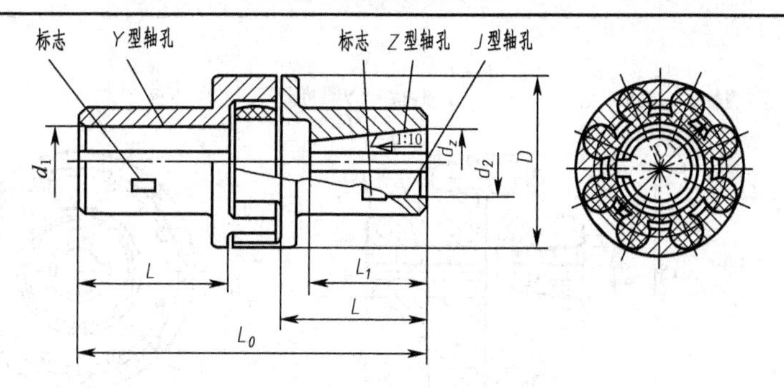

标记示例:

LM3 型联轴器$\frac{\text{ZA}30\times60}{\text{YB}25\times62}$　MT3—a GB/T 5272

主动端:Z 型轴孔,A 型键槽,轴孔直径 $d_z=30$ mm,轴孔长度 $L_1=60$ mm

从动端:Y 型轴孔,B 型键槽,轴孔直径 $d_1=25$ mm,轴孔长度 $L=62$ mm,MT3 型弹性件硬度为 a

型号	公称转矩/(N·m) 弹性件硬度 a/H_A 80±5	b/H_D 60±5	许用转速/r·min^{-1}	轴孔直径 d_1,d_2,d_z/mm	轴孔长度/mm L Y型	Z,J型	$L_{推荐}$	L_0/mm	D/mm	弹性件型号	质量/kg	转动惯量/(kg·m^2)	许用补偿量(参考) 径向 Δy/mm	轴向 Δx/mm	角向 Δα
LM1	25	45	15 300	12、14	32	27	35	86	50	$MT1^{-a}_{-b}$	0.66	0.000 2	0.5	1.2	2°
				16、18、19	42	30									
				20、22、24	52	38									
				25	62	44									
LM2	50	100	12 000	16、18、19	42	30	38	95	60	$MT2^{-a}_{-b}$	0.93	0.000 4	0.8	1.5	
				20、22、24	52	38									
				25、28	62	44									
				30	82	60									
LM3	100	200	10 900	20、22、24	52	38	40	103	70	$MT3^{-a}_{-b}$	1.41	0.000 9		2	
				25、28	62	44									
				30、32	82	60									
LM4	140	280	9 000	22、24	52	38	45	114	85	$MT4^{-a}_{-b}$	2.18	0.002 0	1.0	2.5	
				25、28	62	44									
				30、32、35、38	82	60									
				40	112	84									
LM5	350	400	7 300	25、28	62	44	50	127	105	$MT5^{-a}_{-b}$	3.60	0.005 0		3	1.5°
				30、32、35、38	82	60									
				40、42、45	112	84									
LM6	400	710	6 100	30、32、35、38	82	60	55	143	125	$MT6^{-a}_{-b}$	6.07	0.011 4			
				40、42、45、48	112	84									
LM7	630	1 120	5 300	35*、38*	82	60	60	159	145	$MT7^{-a}_{-b}$	9.09	0.023 2		3.5	
				40*、42*、45、48、50、55	112	84									
LM8	1 120	2 240	4 500	45*、48*、50、55、56	112	84	70	181	170	$MT8^{-a}_{-b}$	13.56	0.046 8	1.5	4	
				60、63、65*	142	107									
LM9	1 800	3 550	3 800	50*、55*、56*	112	84	80	208	200	$MT9^{-a}_{-b}$	21.40	0.104 1		4.5	1°
				60、63、65、70、71、75	142	107									
				80	172	132									

附表 B-5　弹性柱销联轴器(GB/T 5014—2003)

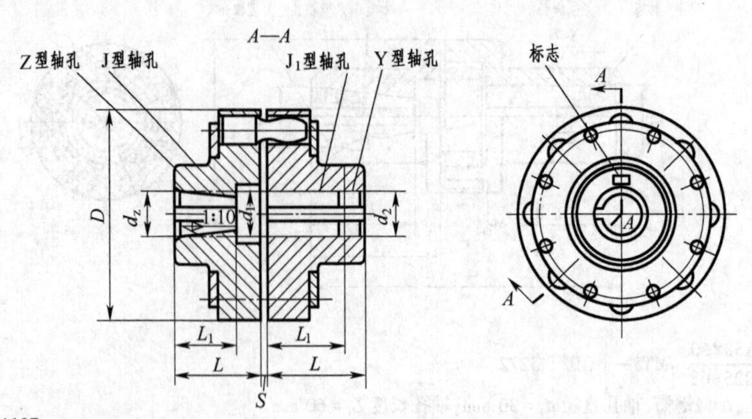

标记示例：LX7联轴器 $\frac{\text{ZC}75\times107}{\text{JB}70\times107}$ GB/T 5014

主动端：Z型轴孔，C型键槽，d_z=75 mm，L_1=107 mm

从动端：J型轴孔，B型键槽，d_1=70 mm，L_1=107 mm

型号	公称转矩 /N·m	许用转速 /r·min^{-1}	轴孔直径 d_1,d_2,d_z/mm	轴孔长度/mm Y型 L	J,J$_1$,Z型 L_1	J,J$_1$,Z型 L	D/mm	S/mm	质量 /kg	转动惯量 /kg·m^2	许用补偿量(参考) 径向 Δy /mm	轴向 Δx /mm	角向 Δα
LX1	250	8 500	12、14	32	27	32	90	2.5	2	0.002	0.15	±0.5	≤0°30′
			16、18、19	42	30	42							
			20、22、24	52	38	52							
LX2	560	6 300	20、22、24				120		5	0.009		±1	
			25、28	62	44	62							
			30、32、35	82	60	82							
LX3	1 250	4 750	30、32、35、38				160		8	0.026			
			40、42、45、48	112	84	112							
LX4	2 500	3 870	40、42、45、48、50、55、56				195	3	22	0.109		±1.5	
			60、63	142	107	142							
LX5	3 150	3 450	50、55、56、60、63、65、70、71、75				220		30	0.191	0.20		
LX6	6 300	2 720	60、63、65、70、71、75、80				280		53	0.543			
			85	172	132	172							
LX7	11 200	2 360	70、71、75	142	107	142	320	4	98	1.314		±2	
			80、85、90、95	172	132	172							
			100、110	212	167	212							
LX8	16 000	2 120	80、85、90、95、100、110、120、125				360		119	2.023			
LX9	22 400	1 850	100、110、120、125				410	5	197	4.386			
			130、140	252	202	252							
LX10	35 500	1 600	110、120、125	212	167	212	480	6	322	9.760	0.25	±2.5	
			130、140、150	252	202	252							
			160、170、180	302	242	302							

注：(1)质量、转动惯量按 Y/J$_1$ 组合型最小轴孔直径计算。

(2)本联轴器结构简单，制造容易，装拆更换弹性元件方便，有微量补偿两轴线偏移和缓冲吸振能力，主要用于载荷较平稳，起动频繁，对缓冲要求不高的中、低速轴系传动，工作温度为-20~70℃。

附表 B-6　GICL 型鼓形齿式联轴器(JB/T 8854.2—2001 摘录)

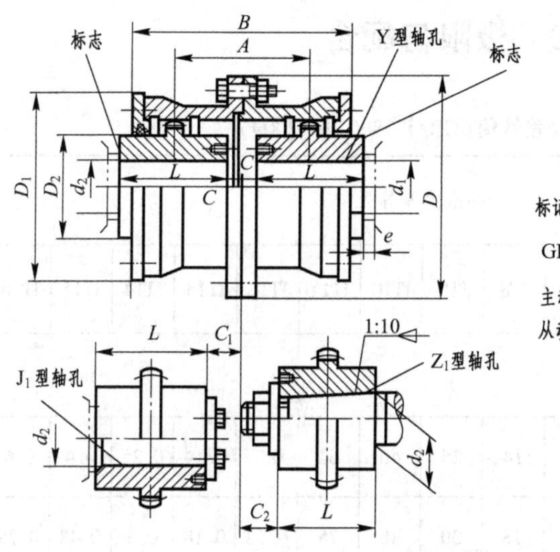

标记示例：

GICL4 联轴器 $\dfrac{50\times112}{J_1B45\times84}$　ZB/T 8854.2

主动端：Y型轴孔，A型键槽，d_1=50 mm，L=112 mm

从动端：J_1型轴孔，B型键槽，d_2=45 mm，L=84 mm

型　号	公称转矩 /r·min^{-1}	许用转速 /r·min^{-1}	轴孔直径 d_1,d_2,d_z	轴孔长度 L Y	轴孔长度 L J_1,Z_1 型	D	D_1	D_2	B	A	C	C_1	C_2	e	转动惯量 /kg·m^2	质量 /kg
			mm													
GICL1	800	7 100	16,18,19	42	—	125	95	60	115	75	20	—	—	30	0.009	5.9
			20,22,24	52	38						10	—	24			
			25,28	62	44						2.5	—	19			
			30,32,35,38	82	60							15	22			
GICL2	1 400	6 300	25,28	62	44	144	120	75	135	88	10.5	—	29	30	0.02	9.7
			30,32,35,38	82	60						2.5	12.5	30			
			40,42,45,48	112	84							13.5	28			
GICL3	2 800	5 900	30,32,35,38	82	60	174	140	95	155	106	3	24.5	25	30	0.047	17.2
			40,42,45,48,50,55,56	112	84							17	28			
			60	142	107								35			
GICL4	5 000	5 400	32,35,38	82	60	196	165	115	178	125	14	37	32	30	0.091	24.9
			40,42,45,48,50,55,56	112	84						3	17	28			
			60,63,65,70	142	107								35			
GICL5	8 000	5 000	40,42,45,48,50,55,56	112	84	224	183	130	198	142	3	25	28	30	0.167	38
			60,63,65,70,71,75	142	107							20	35			
			80	172	132							22	43			
GICL6	1 120	4 800	48,50,55,56	112	84	241	200	145	218	160	6	35	35	30	0.267	48.2
			60,63,65,70,71,75	142	107						4	20	35			
			80,85,90	172	132							22	43			
GICL7	15 000	4 500	60,63,65,70,71,75	142	107	260	230	160	244	180	4	35	35	30	0.453	68.9
			80,85,90,95	172	132							22	43			
			100	212	167								48			
GICL8	2 120	4 000	65,70,71,75	142	107	282	245	175	264	193	5	35	35	30	0.646	83.3
			80,85,90,95	172	132							22	43			
			100,110	212	167								48			

注：(1) J_1 型轴孔根据需要也可以不使用轴端挡圈。

(2)本联轴器具有良好的补偿两轴综合位移的能力，外形尺寸小，承载能力高，能在高转速下可靠地工作，适用于重型机械及长轴的连接，但不宜用于立轴的连接。

附录 C　极限与配合

附表 C-1　标准公差数值(GB/T 1800.4—2009)

基本尺寸/mm		标准公差等级																	
		IT1	IT2	IT3	IT4	IT5	IT6	IT7	IT8	IT9	IT10	IT11	IT12	IT13	IT14	IT15	IT16	IT17	IT18
大于	至	μm											mm						
—	3	0.8	1.2	2	3	4	6	10	14	25	40	60	0.1	0.14	0.25	0.4	0.6	1	1.4
3	6	1	1.5	2.5	4	5	8	12	18	30	48	75	0.12	0.18	0.3	0.48	0.75	1.2	1.8
6	10	1	1.5	2.5	4	6	9	15	22	36	58	90	0.15	0.22	0.36	0.58	0.9	1.5	2.2
10	18	1.2	2	3	5	8	11	18	27	43	70	110	0.18	0.27	0.43	0.7	1.1	1.8	2.7
18	30	1.5	2.5	4	6	9	13	21	33	52	84	130	0.21	0.33	0.52	0.84	1.3	2.1	3.3
30	50	1.5	2.5	4	7	11	16	25	39	62	100	160	0.25	0.39	0.62	1	1.6	2.5	3.9
50	80	2	3	5	8	13	19	30	46	74	120	190	0.3	0.46	0.74	1.2	1.9	3	4.6
80	120	2.5	4	6	10	15	22	35	54	84	140	220	0.35	0.54	0.87	1.4	2.2	3.5	5.4
120	180	3.5	5	8	12	18	25	40	63	100	160	250	0.4	0.63	1	1.6	2.5	4	6.3
180	250	4.5	7	10	14	20	29	46	72	115	185	290	0.46	0.72	1.15	1.85	2.9	4.6	7.2
250	315	6	8	12	16	23	32	52	81	130	210	320	0.52	0.81	1.3	2.1	3.2	5.2	8.1
315	400	7	9	13	18	25	36	57	89	140	230	360	0.57	0.89	1.4	2.3	3.6	5.7	8.9
400	500	8	10	15	20	27	40	63	97	155	250	400	0.63	0.97	1.55	2.5	4	6.3	9.7
500	630	9	11	16	22	32	44	70	110	175	280	440	0.7	1.1	1.75	2.8	4.4	7	11
630	800	10	13	18	25	36	50	80	125	200	320	500	0.8	1.25	2	3.2	5	8	12.5
800	1000	11	15	21	28	40	56	90	140	230	360	560	0.9	1.4	2.3	3.6	5.6	9	14
1000	1250	13	18	24	33	47	66	105	165	260	420	660	1.05	1.65	2.6	4.2	6.6	10.5	16.5
1250	1600	15	21	29	39	55	78	125	195	310	500	780	1.25	1.95	3.1	5	7.8	12.5	19.5

附表 C-2　轴的基本偏差数值(GB/T 1800.4—2009)　　单位:μm

基本尺寸/mm		上偏差 es												下偏差 ei				
		所有标准公差等级												IT5 和 IT6	IT7	IT8	IT4 至 IT7	≤IT3 >IT7
大于	至	a	b	c	cd	d	e	ef	f	fg	g	h	js	j			k	
—	3	-270	-140	-60	-34	-20	-14	-10	-6	-4	-2	0		-2	-4	-6	0	0
3	6	-270	-140	-70	-46	-30	-20	-14	-10	-6	-4	0		-2	-4		+1	0
6	10	-280	-150	-80	-56	-40	-25	-18	-13	-8	-5	0		-2	-5		+1	0
10	14	-290	-150	-95		-50	-32		-16		-6	0		-3	-6		+1	0
14	18																	
18	24	-300	-160	-110		-65	-40		-20		-7	0		-4	-8		+2	0
24	30																	
30	40	-310	-170	-120		-80	-50		-25		-9	0		-5	-10		+2	0
40	50	-320	-180	-130														
50	65	-340	-190	-140		-100	-60		-30		-10	0		-7	-12		+2	0
65	80	-360	-200	-150														
80	100	-380	-220	-170		-120	-72		-36		-12	0	偏差 $=\pm\frac{ITn}{2}$，式中 It*n* 是 IT 值数	-9	-15		+3	0
100	120	-410	-240	-180														
120	140	-460	-260	-200														
140	160	-520	-280	-210		-145	-85		-43		-14	0		-11	-18		+3	0
160	180	-580	-310	-230														
180	200	-660	-340	-240														
200	225	-740	-380	-260	-170	100		-50			-15	0		-13	-21		+4	0
225	250	-820	-420	-280														
250	280	-920	-480	-300		-190	-110		-56		-17	0		-16	-26		+4	0
280	315	-1050	-540	-330														
315	355	-1200	-600	-360		-210	-125		-62		-18	0		-18	-28		+4	0
355	400	-1350	-680	-400														
400	450	-1500	-760	-440		-230	-135		-68		-20	0		-20	-32		+5	0
450	500	-1650	-840	-480														

续表

基本尺寸/mm		下偏差 ei													
		所有标准公差等级													
大于	至	m	n	p	r	s	t	u	v	x	y	z	za	zb	zc
—	3	+2	+4	+6	+10	+14		+18		+20		+26	+32	+40	+60
3	6	+4	+8	+12	+15	+19		+23		+28		+35	+42	+50	+80
6	10	+6	+10	+15	+19	+23		+28		+34		+42	+52	+67	+97
10	14	+7	+12	+18	+23	+28		+33		+40		+50	+64	+90	+130
14	18								+39	+45		+60	+77	+108	+150
18	24	+8	+15	+22	+28	+35		+41	+47	+54	+63	+73	+98	+136	+188
24	30						+41	+48	+55	+64	+75	+88	+118	+160	+218
30	40	+9	+17	+26	+34	+43	+48	+60	+68	+80	+94	+112	+148	+200	+274
40	50						+54	+70	+81	+97	+114	+136	+180	+242	+325
50	65	+11	+20	+32	+41	+53	+66	+87	+102	+122	+14	+172	+226	+300	+405
65	80				+43	+59	+75	+102	+120	+146	+174	+210	+274	+360	+480
80	100	+13	+23	+37	+51	+71	+91	+124	+146	+178	+214	+258	+335	+445	+585
100	120				+54	+79	+104	+144	+172	+210	+254	+310	+400	+525	+690
120	140	+15	+27	+43	+63	+92	+122	+170	+202	+248	+300	+365	+470	+620	+800
140	160				+65	+100	+134	+190	+228	+280	+340	+415	+535	+700	+900
160	180				+68	+108	+146	+210	+252	+310	+380	+465	+600	+780	+1 000
180	200	+17	+31	+50	+77	+122	+166	+236	+284	+350	+425	+520	+670	+880	+1 150
200	225				+80	+130	+180	+258	+310	+385	+470	+575	+740	+960	+1 250
225	250				+84	+140	+196	+284	+340	+425	+520	+640	+820	+1 050	+ 1 350
250	280	+20	+34	+56	+94	+158	+218	+315	+385	+475	+580	+710	+920	+1 200	+1 550
280	315				+98	+170	+240	+350	+425	+525	+650	+790	+1 000	+1 300	+1 700
315	355	+21	+37	+62	+108	+190	+268	+390	+475	+590	+730	+900	+1 150	+1 500	+1 900
355	400				+114	+208	+294	+435	+530	+660	+820	+1 000	+1 300	+1 650	+2 100
400	450	+23	+40	+68	+126	+232	+330	+490	+595	+740	+920	+1 100	+1 450	+1 850	+2 400
450	500				+132	+252	+360	+540	+660	+820	+1 000	+1 250	+1 600	+2 100	+2 600

注：(1)基本尺寸小于或等于 1mm 时，基本偏差 a 和 b 均不采用。

(2)公差带 js7 至 js11，若 ITn 值数是奇数，则取偏差=$\pm\frac{ITn-1}{2}$。

附表 C-3　孔的基本偏差数值(GB/T 1800.4—1999)　　单位：μm

基本尺寸/mm		下偏差 EI												上偏差 ES								
		所有标准公差等级												IT6	IT7	IT8	≤IT8	>IT8	≤IT8	>IT8	≤IT8	>IT8
大于	至	A	B	C	CD	D	E	EF	F	FG	G	H	JS	J			K		M		N	
—	3	+270	+140	+60	+34	+20	+14	+10	+6	+4	+2	0	偏差 $=\pm\frac{ITn}{2}$，式中 IT*n* 是 IT 值数	+2	+4	+6	0	0	−2	−2	−4	−4
3	6	+270	+140	+70	+46	+30	+20	+14	+10	+6	+4	0		+5	+6	+10	−1+Δ		−4+Δ	−4	−8+Δ	0
6	10	+280	+150	+80	+56	+40	+25	+18	+13	+8	+5	0		+5	+8	+12	−1+Δ		−6+Δ	−6	−10+Δ	0
10	14	+290	+150	+95		+50	+32		+16		+6	0		+6	+10	+15	−1+Δ		−7+Δ	−7	−12+Δ	0
14	18																					
18	24	+300	+160	+110		+65	+40		+20		+7	0		+8	+12	+20	−2+Δ		−8+Δ	−8	−15+Δ	0
24	30																					
30	40	+310	+170	+120		+80	+50		+25		+9	0		+10	+14	+24	−2+Δ		−9+Δ	−9	−17+Δ	0
40	50	+320	+180	+130																		
50	65	+340	+190	+140		+100	+60		+30		+10	0		+13	+18	+28	−2+Δ		−11+Δ	−11	−20+Δ	0
65	80	+360	+200	+150																		
80	100	+380	+220	+170		+120	+72		+36		+12	0		+16	+22	+34	−3+Δ		−13+Δ	−13	−23+Δ	0
100	120	+410	+240	+180																		
120	140	+460	+260	+200		+145	+85		+43		+14	0		+18	+26	+41	−3+Δ		−15+Δ	−15	−27+Δ	0
140	160	+520	+280	+210																		
160	180	+580	+310	+230																		
180	200	+660	+340	+240		+170	+100		+50		+15	0		+22	+30	+47	−4+Δ		−17+Δ	−17	−31+Δ	0
200	225	+740	+380	+260																		
225	250	+820	+420	+280																		
250	280	+920	+480	+300		+190	+110		+56		+17	0		+25	+36	+55	−4+Δ		−20+Δ	−20	−34+Δ	0
280	315	+1050	+540	+330																		
315	355	+1200	+600	+360		+210	+125		+62		+18	0		+29	+39	+60	−4+Δ		−21+Δ	−21	−37+Δ	0
355	400	+1350	+680	+400																		
400	450	+1500	+760	+440		+230	+135		+68		+20	0		+33	+43	+66	−5+Δ		−23+Δ	−23	−40+Δ	0
450	500	+1650	+840	+480																		

续表

基本尺寸/mm		上偏差 ES													Δ值					
		≤IT7	标准公差等级大于 IT7												标准公差等级					
大于	至	P至ZC	P	R	S	T	U	V	X	Y	Z	ZA	AB	ZC	IT3	IT4	IT5	IT6	IT7	IT8
—	3		-6	-10	-14		-18		-20		-26	-32	-40	-40	-60	0	0	0	0	0
3	6		-12	-15	-19		-23		-28		-35	-42	-50	-80	1	1.5	1	3	4	6
6	10		-15	-19	-23		-28		-34		-42	-52	-67	-97	1	1.5	2	3	6	7
10	14		-18	-23	-28		-33		-40		-50	-64	-90	-130	1	2	3	3	7	9
14	18							-39	-45		-60	-77	-108	-150						
18	24		-22	-28	-35		-41	-47	-54	-63	-73	-98	-136	-188	1.5	2	3	4	8	12
24	30					-41	-48	-55	-64	-75	-88	-118	-160	-218						
30	40		-26	-34	-43	-48	-60	-68	-80	-94	-112	-148	-200	-274	1.5	3	4	5	9	14
40	50					-54	-70	-81	-97	-114	-136	-180	-242	-325						
50	65		-32	-41	-53	-66	-87	-102	-122	-144	-172	-226	-300	-405	2	3	5	6	11	16
65	80			-43	-59	-75	-102	-120	-146	-174	-210	-274	-360	-480						
80	100		-37	-51	-71	-91	-124	-146	-178	-214	-258	-335	-445	-585	2	4	5	7	13	19
100	120			-54	-79	-104	-144	-172	-210	-254	-310	-400	-525	-690						
120	140		-43	-63	-92	-122	-170	-202	-248	-300	-365	-470	-620	-800	3	4	6	7	15	23
140	160			-65	-100	-134	-190	-228	-280	-340	-415	-535	-700	-900						
160	180			-68	-108	-146	-210	-252	-310	-380	-465	-600	-780	-1 000						
180	200		-50	-77	-122	-166	-236	-284	-350	-425	-520	-670	-880	-1 150	3	4	6	9	17	26
200	225			-80	-130	-180	-258	-310	-385	-470	-575	-740	-960	-1 250						
225	250			-84	-140	-196	-284	-340	-425	-520	-640	-820	-1 050	-1 350						
250	280		-56	-94	-158	-218	-315	-385	-475	-580	-710	-920	-1 200	-1 550	4	4	7	9	20	29
280	315			-98	-170	-240	-350	-425	-525	-650	-790	-1 000	-1 300	-1 700						
315	355		-62	-108	-190	-268	-390	-475	-590	-730	-900	-1 150	-1 500	-1 900	4	5	7	11	21	32
355	400			-114	-208	-294	-435	-530	-660	-820	-1 000	-1 300	-1 650	-2 100						
400	450		-68	-126	-232	-330	-490	-595	-740	-920	-1 100	-1 450	-1 850	-2 400	5	5	7	13	23	34
450	500			-132	-252	-360	-540	-660	-820	-1 000	-1 250	-1 600	-2 100	-2 600						

注：(1)基本尺寸小于或等于 1mm 时，基本偏差 A 和 B 及大于 IT8 的 N 均不采用。

(2)公差带 JS7 至 JS11，若 ITn 值数是奇数，则取偏差=$\pm\frac{ITn-1}{2}$。

(3)对小于或等于 IT8 的 K、M、N 和小于或等于 IT7 的 P 至 ZC，所需 Δ 值从表内右侧选取，例如：18~30 mm 段的 K7，Δ=8 μm，所以 ES=-2+8=+6 μm；18~30 mm 段的 S6，Δ=4 μm，所以 ES=-35+4=-31 μm。

(4)特殊情况：250~315 mm 段的 M6，ES=-9 μm(代替-11 μm)。

附表 C-4　优先配合轴的极限偏差

单位：μm

基本尺寸/mm		公差带												
		c	d	f	g	h				k	n	p	s	u
大于	至	11	9	7	6	6	7	9	11	6	6	6	6	6
—	3	-60 -120	-20 -45	-6 -16	-2 -8	0 -6	0 -10	0 -25	0 -60	+6 0	+10 +4	+12 +6	+20 +14	+24 +18
3	6	-70 -145	-30 -60	-10 -22	-4 -12	0 -8	0 -12	0 -30	0 -75	+9 +1	+16 +8	+20 +12	+27 +9	+31 +23
6	10	-80 -170	-40 -76	-13 -28	-5 -14	0 -9	0 -15	0 -36	0 -90	+10 +1	+19 +10	+24 +15	+32 +23	+37 +28
10	14	-95 -205	-50 -93	-16 -34	-6 -17	0 -11	0 -18	0 -43	0 -110	+12 +1	+23 +12	+29 +18	+39 +28	+44 +33
14	18													
18	24	-110 -240	-65 -117	-20 -41	-7 -20	0 -13	0 -21	0 -52	0 -130	+15 +2	+28 +15	+35 +22	+48 +35	+54 +41
24	30													+61 +48
30	40	-120 -280	-80 -142	-25 -50	-9 -25	0 -16	0 -25	0 -62	0 -160	+18 +2	+33 +17	+42 +26	+59 +43	+76 +60
40	50	-130 -290												+86 +70
50	65	-140 -330	-100 -174	-30 -60	-10 -29	0 -19	0 -30	0 -74	0 -190	+21 +2	+39 +20	+51 +32	+72 +53	+106 +87
65	80	-150 -340											+78 +59	+121 +102
80	100	-170 -390	-120 -207	-36 -71	-12 -34	0 -22	0 -35	0 -87	0 -220	+25 +3	+45 +23	+59 +37	+93 +71	+146 +124
100	120	-180 -400											+101 +79	+146 +144
120	140	-200 -450	-145 -245	-43 -83	-14 -39	0 -25	0 -40	0 -100	0 -250	+28 +3	+52 +27	+68 +43	+117 +92	+195 +170
140	160	-210 -460											+125 +100	+215 +210
160	180	-230 -480											+133 +108	+235 +210
180	200	-240 -530	-170 -285	-50 -96	-15 -44	0 -29	0 -46	0 -115	0 -290	+33 +4	+60 +31	+79 +50	+151 +122	+265 +236
200	225	-260 -550											+159 +130	+287 +257
225	250	-280 -570											+169 +140	+313 +284
250	280	-300 -620	-190 -320	-56 -108	-17 -49	0 -32	0 -52	0 -130	0 -320	+36 +4	+66 +34	+88 +56	+190 +158	+347 +315
280	315	-330 -650											+202 +170	+382 +350
315	355	-360 -720	-210 -350	-62 -119	-18 -54	0 -36	0 -57	0 -140	0 -360	+40 +4	+73 +37	+98 +62	+226 +190	+426 +390
355	400	-400 -760											+244 +208	+471 +435
400	450	-440 -840	-230 -385	-68 -131	-20 -60	0 -40	0 -63	0 -155	0 -400	+45 +5	+80 +40	+108 +68	+272 +232	+530 +490
450	500	-480 -880											+292 +252	+580 +540

附表 C-5　优先配合孔的极限偏差　　单位：μm

基本尺寸/mm		公差带												
		C	D	F	G	H				K	N	P	S	U
大于	至	11	9	8	7	7	8	9	11	7	7	7	7	7
—	3	+120	+45	+20	+12	+10	+14	+25	+60	0	−4	−6	−14	−18
		+60	+20	+6	+2	0	0	0	0	−10	−14	−16	−24	−28
3	6	+145	+60	+28	+16	+12	+18	+30	+75	+9	−4	−8	−15	−19
		+70	+30	+10	+4	0	0	0	0	−9	−16	−20	−27	−31
6	10	+170	+76	+35	+20	+15	+22	+36	+90	+5	−4	−9	−17	−22
		+80	+40	+13	+5	0	0	0	0	−10	−19	−24	−32	−37
10	14	+205	+93	+43	+27	+18	+27	+43	+110	+6	−5	−11	−21	−26
14	18	+95	+50	+16	+6	0	0	0	0	−12	−23	−29	−39	−44
18	24													−33
		+240	+117	+53	+28	+21	+33	+52	+130	+6	−7	−14	−27	−54
24	30	+110	+65	+20	+7	0	0	0	0	−15	−28	−35	−48	−40
														−61
30	40	+280												−51
		+120	+142	+64	+34	+25	+39	+62	+160	+7	−8	−17	−34	−76
40	50	+290	+80	+25	+9	0	0	0	0	−18	−33	−42	−59	−61
		+130												−86
50	65	+330											−42	−76
		+140	+174	+76	+40	+30	+46	+74	+190	+9	−9	−21	−72	−106
65	80	+340	+100	+30	+10	0	0	0	0	−21	−39	−51	−48	−91
		+150											−78	−121
80	100	+390											−58	−111
		+170	+207	+90	+47	+35	+54	+87	+220	+10	−10	−24	−93	−146
100	120	+400	+120	+36	+12	0	0	0	0	−25	−45	−59	−66	−131
		+180											−101	−166
120	140	+450											−77	−155
		+200											−117	−195
140	160	+460	+245	+106	+54	+40	+63	+100	+250	+12	−12	−28	−85	−175
		+210	+145	+43	+14	0	0	0	0	−28	−52	−68	−125	−215
160	180	+480											−93	−195
		+230											−133	−235
180	200	+530											−105	−219
		+240											−151	−265
200	225	+550	+285	+122	+61	+46	+72	+115	+290	+13	−14	−33	−113	−241
		+260	+170	+50	+15	0	0	0	0	−33	−60	−79	−159	−287
225	250	+570											−123	−267
		+280											−169	−313
250	280	+620											−138	−295
		+300	+320	+137	+69	+52	+81	+130	+320	+16	−14	−36	−190	−347
280	315	+650	+190	+56	+17	0	0	0	0	−36	−66	−88	−150	−330
		+330											−202	−382
315	355	+720											−169	−369
		+360	+350	+151	+75	+57	+89	+140	+360	+17	−16	−41	−226	−426
355	400	+760	+210	+62	+18	0	0	0	0	−40	−73	−98	−187	−414
		+360											−244	−471
400	450	+840											−209	−467
		+440	+385	+165	+83	+63	+97	+155	+400	+18	−17	−45	−279	−530
450	500	+880	+230	+68	+20	0	0	0	0	−45	−80	−108	−229	−517
		+480											−292	−580

附表 C-6　轴与孔优先、常用公差带(公称尺寸至 500 mm)(GB/T 1801—2009)

优先、常用和一般用途的轴公差带(优先选用圆圈中的公差带,其次选用方框中的公差带,最后选用其他的公差带)

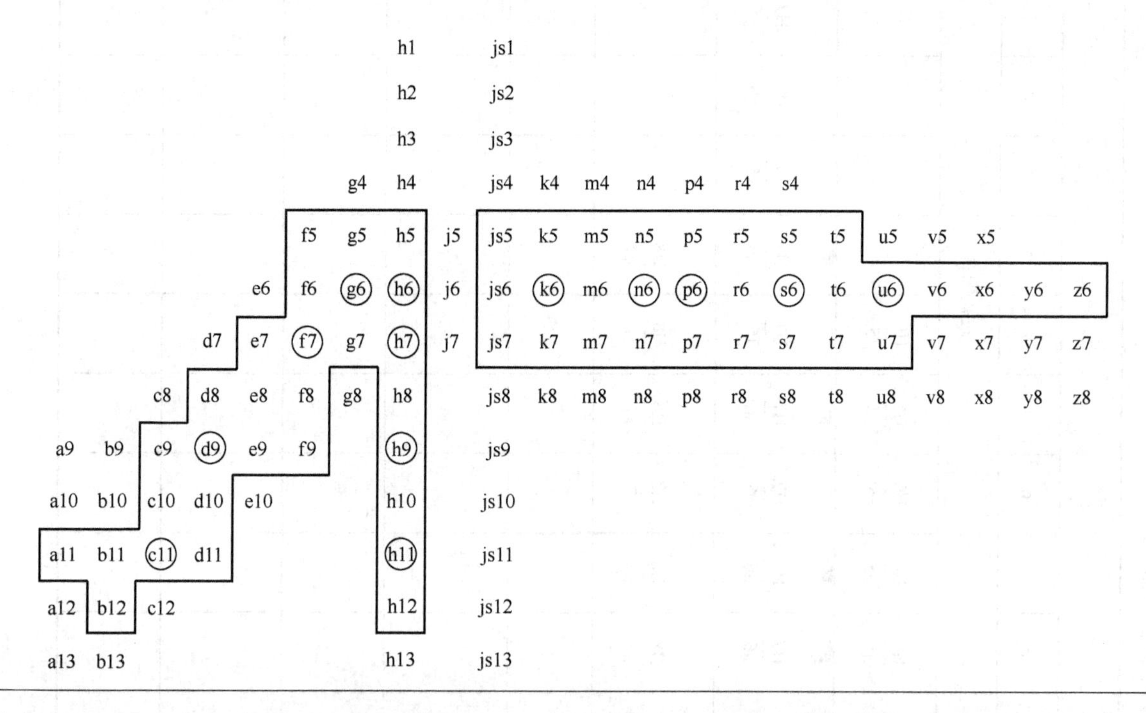

优先、常用和一般用途的孔公差带(优先选用圆圈中的公差带,其次选用方框中的公差带,最后选用其他的公差带)

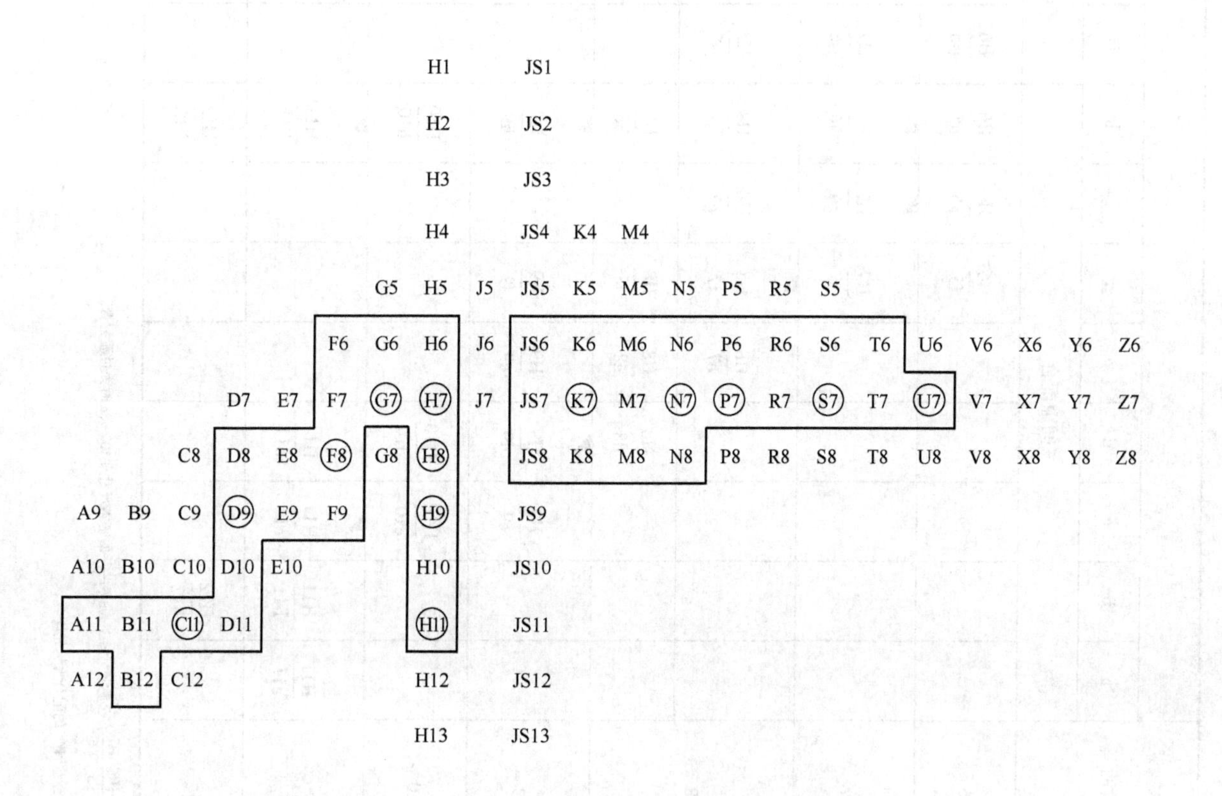

附表 C-7　基孔制优先、常用配合(GB/T 1801—2009)

基准轴	轴																				
	a	b	c	d	e	f	g	h	js	k	m	n	p	q	s	t	u	v	x	y	z
	间隙配合								过渡配合			过盈配合									
H6						$\frac{H6}{f5}$	$\frac{H6}{g5}$	$\frac{H6}{h5}$	$\frac{H6}{js5}$	$\frac{H6}{k5}$	$\frac{H6}{m5}$	$\frac{H6}{n5}$	$\frac{H6}{p5}$	$\frac{H6}{r5}$	$\frac{H6}{a5}$	$\frac{H6}{t5}$					
H7						$\frac{H7}{f6}$	◤ $\frac{H7}{g6}$	◤ $\frac{H7}{h6}$	$\frac{H7}{js6}$	◤ $\frac{H7}{k6}$	$\frac{H7}{m6}$	◤ $\frac{H7}{n6}$	◤ $\frac{H7}{p6}$	$\frac{H7}{r6}$	◤ $\frac{H7}{s6}$	$\frac{H7}{t6}$	◤ $\frac{H7}{u6}$	$\frac{H7}{v6}$	$\frac{H7}{x6}$	$\frac{H7}{y6}$	$\frac{H7}{z6}$
H8					$\frac{H8}{e7}$	◤ $\frac{H8}{f7}$	$\frac{H8}{g7}$	◤ $\frac{H8}{h7}$	$\frac{H8}{js7}$	$\frac{H8}{k7}$	$\frac{H8}{m7}$	$\frac{H8}{n7}$	$\frac{H8}{p7}$	$\frac{H8}{r7}$	$\frac{H8}{s7}$	$\frac{H8}{t7}$	$\frac{H8}{u7}$				
				$\frac{H8}{d8}$	$\frac{H8}{e8}$	$\frac{H8}{f8}$		$\frac{H8}{h8}$													
H9			$\frac{H9}{c9}$	◤ $\frac{H9}{d9}$	$\frac{H9}{e9}$	$\frac{H9}{f9}$		◤ $\frac{H9}{h9}$													
H10			$\frac{H10}{c10}$	$\frac{H10}{d10}$				$\frac{H10}{h10}$													
H11	$\frac{H11}{a11}$	$\frac{H11}{b11}$	◤ $\frac{H11}{c11}$	$\frac{H11}{d11}$				◤ $\frac{H11}{h11}$													
H12		$\frac{H12}{b12}$						$\frac{H12}{h12}$													

注:(1)$\frac{H6}{n5}$、$\frac{H7}{p6}$在公称尺寸≤3 mm 和$\frac{H8}{r7}$的基本尺寸≤100 mm 时为过渡配合。

(2)标注"◤"的配合为优先配合。

附表 C-8　基轴制优先、常用配合(GB/T 1801—2009)

基准轴	孔																			
	A	B	C	D	E	F	G	H	JS	K	M	N	P	R	S	T	U	V	X	Y	Z
	间隙配合								过渡配合			过盈配合									
h5						F6/h5	G6/h5	H6/h5	JS6/h5	K6/h5	M6/h5	N6/h5	P6/h5	R6/h5	S6/h5	T6/h5					
h6						▼F7/h6	▼G7/h6	H7/h6	▼JS7/h6	K7/h6	▼M7/h6	N7/h6	P7/h6	▼R7/h6	S7/h6	▼T7/h6	U7/h6				
h7					E8/h7	▼F8/h7		▼H8/h7	JS8/h7	K8/h7	M8/h7	N8/h7									
h8				D8/h8	E8/h8	F8/h8		H8/h8													
h9				▼D9/h9	E9/h9	F9/h9		▼H9/h9													
h10				D10/h10				H10/h10													
h11	A11/h11	B11/h11	▼C11/h11	D11/h11				▼H11/h11													
h12		B12/h12						H12/h12													

注:标注"▼"的配合为优先配合。

附录D 密 封 件

附表 D-1 六角螺塞(JB/ZQ 4450—1986) 单位:mm

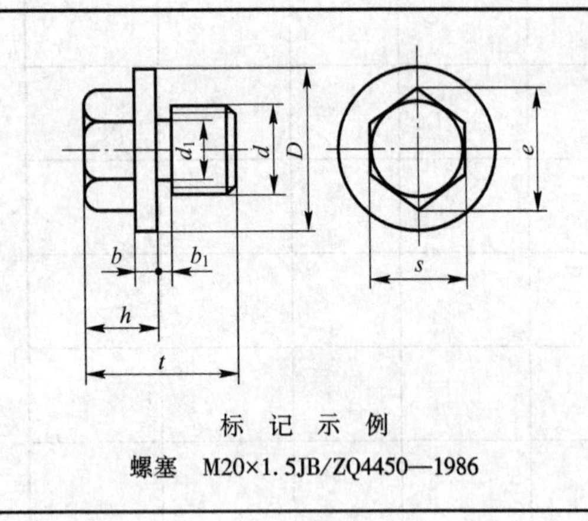

标 记 示 例

螺塞 M20×1.5JB/ZQ4450—1986

d	D	e	s	l	h	d_1	b	b_1
M10×1	18	12.7	12	20	10	8.5	3	2
M12×1.25	22	15	14	24	12	10.2		
M14×1.5	23	20.8	17	25	12	11.8		3
M18×1.5	28	24.2	22	27	15	15.8		
M20×1.5	30	24.2	22	30	15	17.8	4	
M22×1.5	32	27.7	24	30	15	19.8		
M24×2	34	31.2	27	32	16	21		4
M27×2	38	34.6	30	35	17	24		
M30×2	42	39.3	32	38	18	27		

附表 D-2 毡圈油封形式和尺寸(JB/ZQ 4606—1986) 单位:mm

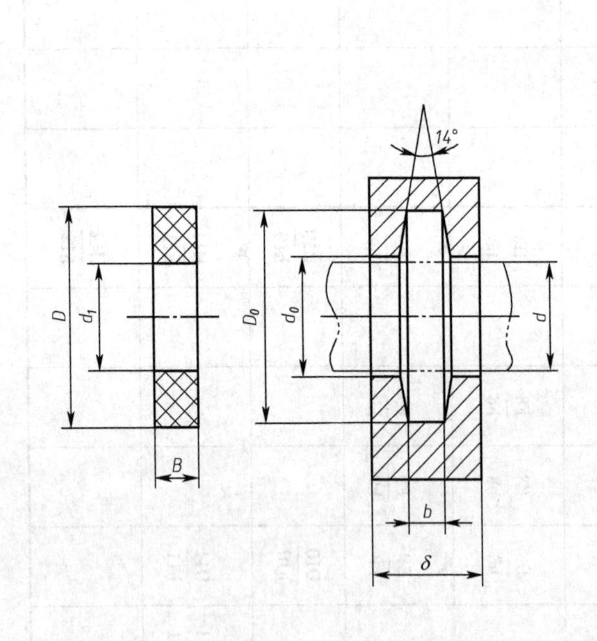

标 记 示 例

d=50mm 的毡圈油封:

毡圈 50 JB/ZQ 4606—1986

轴径	毡圈			槽				
							δ/min	
d	D	d_1	B	D_0	d_0	b	用于钢	用于铁
15	29	14	6	28	16	5	10	12
20	33	19		32	21			
25	39	24	7	38	26	6	12	15
30	45	29		44	31			
35	49	34		48	36			
40	53	89		52	41			
45	61	44	8	60	46	7		
50	69	49		68	51			
55	74	53		72	56			
60	80	58		78	61			
65	84	63		82	66			
70	90	68		88	71			
75	94	73		92	77			
80	102	78	9	100	82	8	15	18
85	107	83		105	87			
90	112	88		110	92			
95	117	93	10	115	97			
100	122	98		120	102			
105	127	103		125	107			
110	132	108	10	130	112	8	15	18
115	137	113		135	117			
120	142	118		140	122			
125	147	123		145	127			

附表 D-3　J 型无骨架橡胶密封圈（HG/T 4-338—1966）

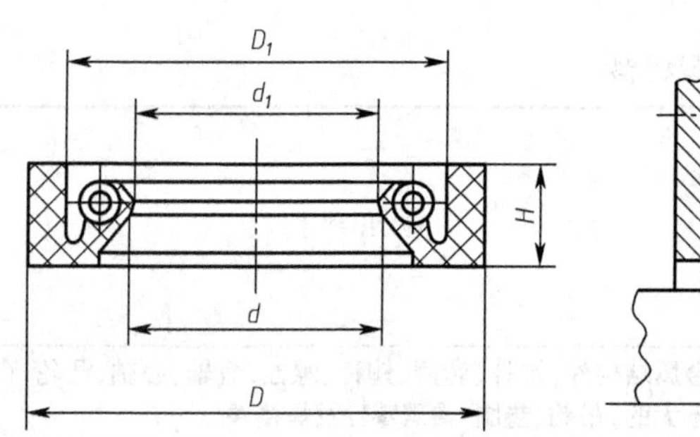

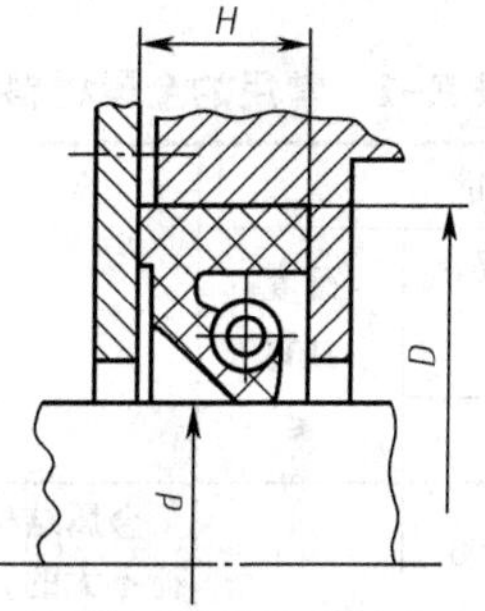

单位：mm

d	30~95
D	d+25
H	12
D_1	d+16
d_1	d-1

标记示例

d=50 mm，D=75 mm，H=12 mm，耐油橡胶Ⅰ-1 的 J 形无骨架橡胶油封：

J 形油封 50×75×12 橡胶Ⅰ-1　HG/T 4-338—1966

附表 D-4　内包骨架旋转轴唇形密封圈（GB/T 9877.1—2008）

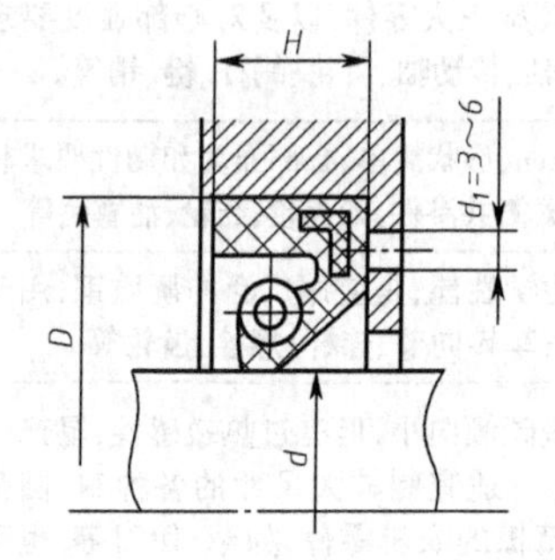

标记示例

d=50 mm，D=72 mm，H=8 mm、

B 型内包骨架旋转轴唇形密封圈：

油封　B50×72×8　GB/T 9877.1—1988

单位：mm

d	D	H	d	D	H	d	D	H
16	(28)、30(35)	7	38	55、58、62	8	70	90、95、(100)	10
18	30、35、(40)		40	55、(60)、62		75	95、100	
20	35、40、(45)		42	55、62、(65)		80	100、(105)、110	12
22	35、40、47		45	62、65、(70)		85	(105)、110、120	
25	40、47、52		50	68、(70)、72		90	(110)、(115)、120	
28	40、47、52		(52)	72、75、80		95	120、(125)、(130)	
30	42、47、(50)、52		55	72、(75)、80		100	125、(130)、(140)	
32	45、47、52		60	80、85、90		(105)	130、140	
35	50、52、55	8	65	85、(90)、(95)	10	(110)	140、(150)	

注：(1) 括弧内尺寸尽量不采用。

(2) 为便于拆卸密封圈，在壳体上应有 d_1 孔 3~4 个。

(3) 在一般情况下（中速），采用胶种为 B 丙烯酸酯橡胶（ACM）。

附录E　材　　料

附表 E-1　常用的金属材料

钢种（标准）	牌号	力学性能			应用举例
		屈服点 σ_s	抗拉强度 σ_b	硬度	
		MPa		HBS	
		≥		≤	
普通碳素结构钢（GB/T 700—2006）	Q215	165~215	335~450		金属结构件，拉杆、套圈、铆钉、螺栓、短轴、心轴、凸轮、（载荷不大的）吊钩、垫圈、渗碳零件及焊接件
	Q235	185~235	370~500		金属结构件，心部强度要求不高的渗碳或氰化零件，如吊钩、拉杆、车钩套筒、气缸、齿轮、螺栓、螺母、连杆、轮轴、楔、盖、焊接件等
优质碳素结构钢（GB/T 699—1999）	35	315	530	197	有好的塑性和适当的强度，多在正火和调质状态下使用，一般不作焊接。用于制造曲轴、转轴、杠杆、连杆、圆盘、套筒、钩环、飞轮、机身、法兰、螺栓、螺母等
	45	355	600	229	强度较高，塑性和韧性尚好，用于制作承受载荷较大的小截面调质件和应力较小的大型正火零件，以及对心部强度要求不高的表面淬火件，如曲轴、传动轴、齿轮、蜗杆、键、销等
合金结构钢（GB/T 3077—1999）	15Cr	490	735	179	用来制造截面小于 30 mm、形状简单、心部强度和韧性要求较高、表面受磨损的渗碳或碳氮共渗件，如齿轮、凸轮、活塞销等
	40Cr	785	980	207	调质后有良好的综合力学性能，是应用广泛的调质钢，用于轴类零件及曲轴、曲柄、汽车转向节、连杆、螺栓、齿轮等
弹簧钢（GB/T 1222—2007）	65Mn	785	981	321	强度高，淬透性较大，脱碳倾向小，但有过热敏感性，易产生淬火裂纹，并有回火脆性。适宜制较大尺寸的各种扁、圆弹簧、发条，以及其他经受摩擦的农机零件，如犁、切刀等，也可制作轻载汽车离合器弹簧
铸造碳钢（GB/T 11352—2009）	ZG230-450	230	450	≥131	用于受力不大，要求韧度较高的各种机械零件，如砧座、外壳、轴承盖、底板、阀体等
	ZG310-570	310	570	≥153	用于负荷较高的零件，如大齿轮、缸体、制动轮、辊子、机架等
灰铸铁（GB/T 9439—2010）	HT150		150（单铸试棒）90~120（附铸试棒或试块）	125~205（单铸试棒）	属中等强度铸铁。用于一般铸件如端盖、汽轮泵体、轴承座、阀壳、管子及管路附件、手轮；一般机床底座、床身及其他形状复杂零件、滑座、工作台等
	HT200		200（单铸试棒）130~170（附铸试棒或试块）	150~230（单铸试棒）	属高强度铸铁。用于较重要的铸件，如气缸、齿轮、底架、机体、飞轮、齿条、衬筒；一般机床铸有导轨的床身及中等压力（0.078 N/m² 以下）液压筒、液压泵和阀的壳体等
球墨铸铁（GB/T 1348—2009）	QT500-7	320	500	170~230	强度与塑性中等，切削性尚好。用于机油泵齿轮、水轮机阀体、汽车车辆轴瓦等
	QT600-3	370	600	190~270	强度和耐磨性较好，塑性与韧性较低。用于柴油机曲轴，轻型柴油机、汽油机凸轮轴，空压机、气压机、冷冻机、制氧机、泵的曲轴，球磨机齿轮，各种车轮及滚轮，机床主轴等
	QT700-2	420	700	225~305	
	QT800-2	480	800	245~335	
	QT900-2	600	900	280~360	有高的强度和耐磨性，较高的弯曲疲劳强度、接触疲劳强度和一定的韧性。用于汽车、拖拉机齿轮，柴油机和汽油机凸轮轴等

附表 E-2　有色金属材料

标　准	名称及代号	应　用　举　例	说　　明
GB/T 1176—2013	铸造锰黄铜 ZCuZn38Mn2Pb2	用于制造轴瓦、轴套及其他耐磨零件	“Z”表示“铸”，ZCuZn38Mn2Pb2 表示含铜57%～60%、锰 1.5%～2.5%、铅 1.5%～2.5%
	铸造锡青铜 ZCuZn5Pb5Zn5	用于受中等冲击载荷和在液体或半液体润滑及耐蚀条件下工作的零件，如轴承、轴瓦、蜗轮	ZCuSn5Pb5Zn5 表示含锡 4%～6%、锌 4%～6%、铅 4%～6%
	铸造铝青铜 ZCuAl10Fe3	用于在蒸汽和海水条件下工作的零件及摩擦和腐蚀的零件，如蜗轮、衬套、耐热管配件	ZCuAl10Fe3 表示含铝 8%～10%、铁 2%～4%
GB/T 1173—2013	铸造铝硅合金 ZL102	用于承受载荷不大的铸造形状复杂的薄壁零件，如仪表壳体、船舶零件	“ZL”表示铸铝，后面第一位数字分别为 1、2、3、4，它分别表示铝硅、铝铜、铝镁、铝锌系列合金，第二、第三位数字为顺序序号。优质合金，其代号后面附加字母“A”
GB/T 5231—2001	白　铜 B19	医疗用具，精密机械及化学工业零件、日用品	白铜是铜镍合金，“B19”为含镍 19%，其余为铜的普通白铜

附表 E-3　非金属材料

标　准	材料名称		代号	应用	材料	标准	名称	应用
GB/T 5574—2008	工业用橡胶板	耐酸碱	2707	冲制各种形状的垫圈、垫板石棉制品	石棉	GB/T 539—1983	耐油石棉橡胶板	用于管道法兰连接处的密封衬垫材料
		耐　油	3707			GB/T 3985—1983	石棉橡胶板	
		耐　热	4708			JC/T 67—1982	橡胶石棉盘根	用于活塞和阀门杆的密封材料
FJ/T 314—1981	工业用毛　毡	细　毛	T112-32～44	用于密封材料		JC/T 68—1982	油浸石棉盘根	
		半粗毛	T122-30～38		尼龙		尼龙 66	用于一般机械零件传动件及耐磨件
		粗　毛	T132-32～36				尼龙 1010	

注：上述各附表均摘自国标的部分内容。

附录F 焊　　接

附表 F－1　有色金属铝单面对接焊坡口

单位：mm

序号	工件厚度 t	名称	基本符号[a]	焊缝示意图	横截面示意图	坡口角 α 或坡口面角 β	间隙 b	钝边 c	其他尺寸	适用的焊接方法[b]	备注
1	$t \leqslant 2$	卷边焊缝	八			—	—	—	—	141	
2	$t \leqslant 4$	I形焊缝	‖			—	$b \leqslant 2$	—	—	141	建议根部倒角
	$2 \leqslant t \leqslant 4$	带衬垫的I形焊缝				—	$b1.5$	—	—	131	
3	$3 \leqslant t \leqslant 5$	V形焊缝	V			$\alpha \geqslant 50°$	$b \leqslant 3$	$t \leqslant 2$	—	141	
						$63° \leqslant \alpha \leqslant 90°$	$b \leqslant 2$			131	
		带衬垫的V形焊缝				$63° \leqslant \alpha \leqslant 90°$	$b \leqslant 4$	$t \leqslant 2$	—	131	

附表 F－2　有色金属铝双面对接焊坡口

单位：mm

序号	工件厚度 t	焊缝 名称	焊缝 基本符号[a]	焊缝示意图	坡口形式及尺寸 横截面示意图	坡口角 α 或坡口面角 β	间隙 b	钝边 c	其他尺寸	适用的焊接方法[b]	备注
1	$6 \leqslant t \leqslant 20$	I 形焊缝	‖			—	$b \leqslant 6$	—	—	131 141	
2	$6 \leqslant t \leqslant 15$	带钝边 V 形焊缝封底				$\alpha \geqslant 50°$	$b \leqslant 3$	$2 \leqslant c \leqslant 4$	—	141 131	
3	$6 \leqslant t \leqslant 15$	双面 V 形焊缝	X			$\alpha \geqslant 60°$	$\leqslant 3$	$c \leqslant 2$	—	141	
	$t > 15$					$\alpha \geqslant 70°$		$c \leqslant 2$		131	
4	$6 \leqslant t \leqslant 15$	带钝边双面 V 形焊缝				$\alpha \geqslant 50°$	$b \leqslant 3$	$2 \leqslant c \leqslant 4$	$h_1 - h_2$	141	
	$t > 15$					$60° \leqslant \alpha \leqslant 70°$		$2 \leqslant c \leqslant 6$		131	

附表 F－3　T形接头

单位：mm

序号	工件厚度 t	焊缝 名称	焊缝 基本符号[a]	焊缝示意图	坡口形式及尺寸 横截面示意图	坡口角 α 或坡口面角 β	间隙 b	钝边 c	其他尺寸	适用的焊接方法[b]	备　注
1	—	单面角焊缝	◿			$\alpha=90°$	$b\leqslant2$	—	—	141 131	
2	—	双面角焊缝	⊳			$\alpha=90°$	$b\leqslant2$	—	—	141 131	
3	$t_1\geqslant5$	单V形焊缝	⋁			$\beta\geqslant50°$	$b\leqslant2$	$c\leqslant2$	$t_1\geqslant5$	141 131	
4	$t_1\geqslant8$	双V形焊缝	K			$\beta\geqslant50°$	$b\leqslant2$	$c\leqslant2$	$t_1\geqslant8$	141 131	采用双人双面同时焊接工艺时，坡口尺寸可适当调整

附表 F-4 平键及键槽各部尺寸（摘自 GB/T 1095、1096—2003） 单位：mm

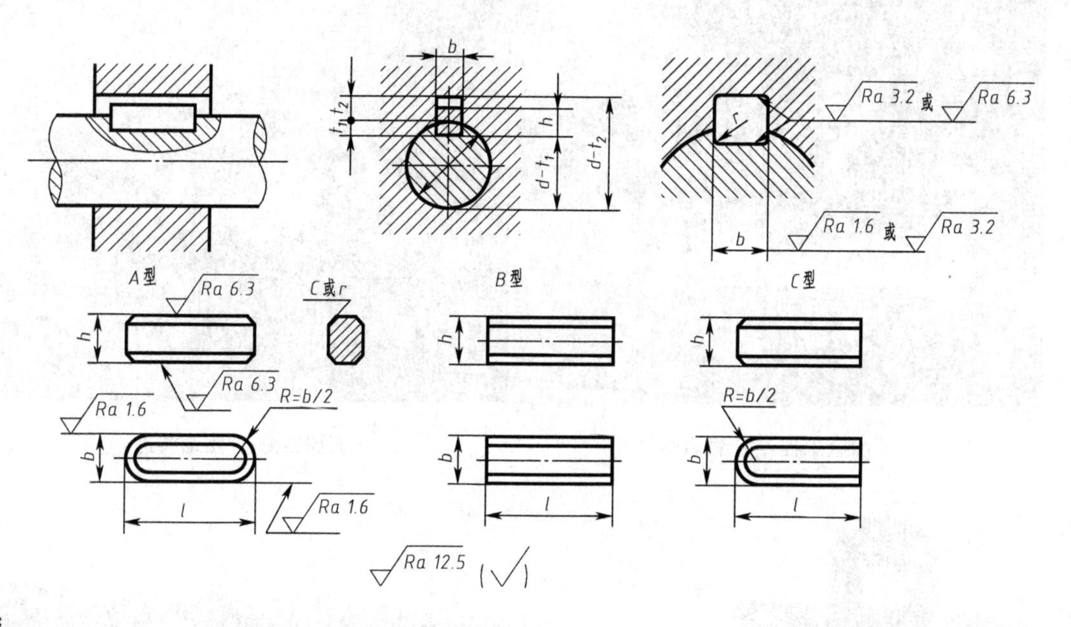

标记示例：

GB/T 1096 键 16×10×100 （圆头普通平键、$b=16$、$h=10$、$L=100$）

GB/T 1096 键 B16×10×100 （平头普通平键、$b=16$、$h=10$、$L=100$）

GB/T 1096 键 C16×10×100 （单圆头普通平键、$b=16$、$h=10$、$L=100$）

键尺寸				键槽											
				宽度 b						深度				半径 r	
				基本尺寸	极限偏差					轴 t_1		毂 t_2			
					松联结		正常联结		紧密联结						
公称直径 d	宽度 b	高度 h	长度 L		轴 H9	毂 D10	轴 N9	毂 JS9	轴和毂 P9	基本尺寸	极限偏差	基本尺寸	极限偏差	min	max
6~8	2	2	6~20	2	+0.025 0	+0.060 +0.020	−0.004 −0.029	±0.012 5	−0.006 0.031	1.2	+0.1 0	1	+0.1 0	0.08	0.16
>8~10	3	3	6~36	3						1.8		1.4			
>10~12	4	4	8~45	4	+0.030 0	+0.078 +0.030	0 −0030	±0.015	−0.012 −0.042	2.5		1.8			
>12~17	5	5	10~56	5						3.0		2.3		1.16	0.25
>17~22	6	6	14~70	6						3.5		2.8			
>22~30	8	7	18~90	8	+0.036 0	+0.098 +0.040	0 −0.036	±0.018	−0.015 −0.051	4.0		3.3			
>30~38	10	8	22~110	10						5.0		3.3		0.25	0.40
>38~44	12	8	28~140	12	+0.043 0	+0.120 +0.050	0 −0.043	±0.021 5	−0.018 −0.061	5.0	+0.2 0	3.3	+0.2 0		
>44~50	14	9	36~160	14						5.5		3.8			
>50~58	16	10	45~180	16						6.0		4.3			
>58~65	18	11	50~200	18						7.0		4.4			
$L_{系列}$	6、8、10、12、14、16、18、20、22、25、28、32、36、40、45、50、56、63、70、80、90、100、110、125、140、160、180、200														

注：(1)$(d-t_1)$和$(d+t_2)$的极限偏差按相应的 t_1 和 t_2 的极限偏差选取，但$(d-t_1)$的极限偏差值应取负号。

(2)GB/T 1095—2003、GB/T 1096—2003 中无轴的公称直径一列，现列出仅供参考。

冶金工程　千锤百炼

五洲四海　团结共进

饮水思源

魂系中国　海外校友敬献北京科技大学母校

奉献双手——在感恩世界生活

逸夫情怀系中华　捐资奉献

钢铁意志——在科技王国翱翔

太原钢铁公司全体校友祝母校建校40周年